The Complete Guide
to the Birds of South and North Korea

by Song Soon-Chang, Song Soon-Kwang

Published by Hangilsa Publishing Co., Ltd., Korea, 2017

세밀화로 보는 야생조류 540종

한반도의 새

The Complete Guide
to the Birds of South and North Korea

송순창 글·사진
송순광 그림

한길사

새와 함께 살아온 40년

• 책을 내면서

책 한 권이 세상 밖에 나오기까지 저자의 지적 깊이는 물론 지식이 창출되는 과정과 독자의 욕구를 충족해야겠다는 일념이 필요하다는 데는 모두 동감할 것이다.

40여 년간 새와 함께 생활해온 무수한 나날, 힘겨웠던 추억을 반추하면서 후회는 없다. 학창시절 내 꿈은 문학도였다. 그러나 운명은 그 꿈을 허락하지 않았다. 나에게는 사생활까지 통제받아야 했던 아픔이 있었다. 그 시절 새 1쌍과 선인장 세 뿌리를 가꾸며 12년을 견뎠다. 새를 보면서 자유를 동경했고, 선인장 가시로 시린 시대의 아픔을 달랬다. 700m² 크기의 비닐하우스가 새와 선인장으로 가득 찰 무렵, 해금통지서를 받았다. 1980년 4월 13일이었다.

해금과 동시에 대한조류협회를 만들었다. 경희대학교 원병오 교수를 찾아가 조언을 들었고 러시아 시베리아 툰드라 지역과 오호츠크해의 무인도를 함께 탐사했다. 경희대학교 윤무부 교수와는 강원도 강릉시 경포호, 경상남도 을숙도와 주남저수지를, 허남주 식물학회 일행과는 몽골고원과 일본 가고시마현 이즈미시의 두루미 도래지를 찾았다. 새에 대한 막연한 동경으로 시작해 지식을 하나씩 쌓아갔다. 2005년에는 30년간 쌓아온 지식을 모아 『한반도 조류도감』을 발간했고 그 뒤로 10여 년이 지난 2015년 기존에 출간한 책을 대거 수정·보완해 이 책의 집필을 완성했다.

산업사회로 진입하면서 단행한 온갖 개발로 황폐해진 자연은 이 땅의 동식물을 멸종시켰고 인간마저 살 수 없게 했다. 1989년 환경정당인 녹색당(ROK Green Party)을 창당하려 한 것은 이런 문제들을 해결하기 위해 의회로 진출해 환경법을 강화하려는 목적에서였다. 그러나 주변의 압력과 환경 때문에 무산되었고, 이후 NGO단체인 녹색연합을 만들게 되었다. 새에 대한 지식의 폭은 1990년에 유럽 7개국 녹색당을 방문했을 때 세계 여러 나라의 조류도감을 보고 넓힐 수 있었다.

새들은 남북한의 하늘을 자유롭게 오가지만 땅 위의 인간들은 단절이라는 벽을 두껍게 쌓아놓은 것이 오늘날 우리의 자화상이다. 소통은 서로 아집을 버리고 상대의 의견을 경청할 때 비로소 원활해진다. 현재 우리나라는 조류 목록의 정리가 미숙한 상황이고, 오류를 넘어 황당한 조류명도 아집과 소통의 부재로 바뀌지 않고 있다. 남북한의 새에 대한 정보를 알기 위해서는 북한의 자료와 지식이 필요했다. 2008년 노무현 정권 말기, 평양 방문을 계기로 북한학자들의 자료를 수집할 수 있었고, 이 책에도 그 내용을 실었다.

남북한의 새 이름을 통일시켜보려는 나의 꿈은 아직 이루어지지 않았지만, 이를 위한 노력은 계속해야 한다. 하루속히 남북한 조류학자들이 한자리에 모여 정보를 공유함으로써 더 좋은 책이 출간되기를 기대해본다.

이 책을 집필하면서 많은 분의 도움을 받았다. 조언과 충언을 아끼지 않으신 원병오 경희대학교 명예교수, 살아생전 두터운 우의와 지식을 나누던 고 우한정 박사, 충언과 더불어 많은 자료를 주신 『부산의 새』의 저자 우용태 경성대학교 명예교수와 우동석 님, 평양을 함께 방문해 북한 도서 구입을 도와준 장원 교수, 공주대학교 조삼례 교수, 도연 스님, 환경부 국립생물자원관 과장 김진한 박사, 국립공원 박종길 님, 이규열 님, 김수만 님, 김광수 님과 서산여고 김현태 교사, 사진을 제공해주신 문성호 님, 포커스뉴스 사진국장 김연수 님, 천안지부 김용일 님, 인천지부 유수종 님과 한현주 님, 충북지부 정은혜 님께 감사드린다. 한길사 김언호 사장님과 편집진은 이 책이 출간될 수 있게 도움을 주셨다. 이 책이 독자와 후학들에게 조금이나마 도움이 되었으면 한다.

나와 함께 엄동설한 철원평야에서 두 손 호호 불어가며 두루미에게 먹이를 주던 아들 송범식(宋範植) 군의 어린 시절 모습이 잔잔하게 다가온다. 아버지를 끝없이 응원해준 아들에게 이 책을 하루 속히 전하고 싶다.

송순창

차례

조류의 진화 과정과 특성

조류의 진화 과정

"새들이 척추동물 가운데 매우 높은 위치에 있는 것은 이들만이 갖고 있는 탁월한 비행능력 때문이다. 이러한 뛰어난 능력은 오랜 세월과 지속적으로 진화한 결과다." 독일의 저명한 조류학자 크리스토퍼 페린스(Christopher Perrins)와 함부르크대학교 동물박물관장 하인리히 회르셸만(Heinrich Hoerschelmann) 박사가 새의 진화 과정에 대해 한 얘기다. 가볍고 빠르고 높이 나는 새에 대한 발전상은 육지에 사는 지표동물과 달리 확실한 학술적 근거가 빈약하다. 새에게서는 화석의 발견처럼 뚜렷한 증거가 부족하기 때문이다. 다만 새는 고생대의 파충류에서 진화된 것으로 추정한다. 공룡의 한 무리인 '수각류'(Theropoda)는 일어서서 뒷다리로 걸었으며 새와 골격이 매우 흡사했다.

이러한 보행습관 덕분에 앞다리를 다른 용도로 활용할 수 있게 되어 더욱 발전할 수 있는 계기가 되었다. 또 다른 공룡들의 정교한 뼈 구조에서 볼 수 있듯이 공룡 가운데 몇몇은 완전한 냉혈동물이 아니라 온혈동물이었음이 최근에 밝혀졌다. 그들은 태양열에 의존하던 다른 동족과 달리 더욱 활동적이었으며, 항상 높은 체온을 유지했고 다른 동족과 격리된 생활을 했다.

새의 깃털은 파충류의 비늘 돌출부와 바깥 절연층에서 형성되었으며 비늘의 성분과 동일한 케라틴(keratin)으로 구성되어 있다. 지금까지 확인된 바에 따르면 파충류와 조류의 밀접한 관계는 독일 바이에른 지방의 후기 쥐라기 지층 졸른호펜(Solnhofen)에서 발견된 조상새 화석으로 입증되었다. 조상새가 새의 직접적인 조상인지 아니면 파충류에서 새가 되기 전까지의 발달 과정에서 다른 역할을 했는지는 그리 중요하지 않다. 특별한 가치를 지닌 화석으로 남아 있으면서 파충류나 새의 특징을 정확하게 나타내는 것으로 충분하다. 그것은 첫눈에 마치 수각류 공룡처럼 보인다. 만약 화석에 남아 있는 정확한 깃털 모양이 분명치 않았다면 무심히 새와 비슷한 파충류로 여겨져 박물관에 소장됐을 것이다.

조상새의 크기 대략 까치와 비슷하다. 파충류의 명확한 특징은 턱에 이빨이 있고 쭉 뻗은 몸에 길다란 꼬리가 달려 있다는 점이다. 조류의 명확한 특징은 가슴뼈에 용골돌기(날개를 움직이는 근육이 붙어 있는 부분)와 깃털이 있다는 점이다. 몸 앞쪽에는 놀랍게도 오늘날 새의 형태와 동일한 날개가 달려 있다. 조상새의 앞발은 명확하게 따로 떨어진 발가락 3개가 달려 있으며 발톱이 구부러져 있다.

그러나 이 조상새가 어떻게 살았는지는 추측만 할 뿐이다. 조상새는 다른 새들처럼 현착지(새의 발 종류로서 수직으로 된 벽에 앉을 수 있는 구조)에 앞으로 뻗은 발가락 3개와 뒷발가락 1개를 갖고 있으며, 발가락마다 구부러진 발톱이 나 있다. 그래서 조상새는 나무 위에서 이리저리 기어올라 다니는 것이 가능했다.

조상새의 비상력에 대해서는 여러 견해가 있다. 조상새에게는 강한 비행근육이 결여되어 있었기 때문에 지속적으로 비행하기는 불가능했을 것으로 짐작할 수 있다. 바람을 가르는 칼깃이 불균형한 것은 그들의 비행이 한 번의 강력한 충격비행에 한했음을 말해준다.

이러한 날개의 발달은 조상새의 선조들에게서 시작되었다. 오늘날 새의 날개는 앞다리 뒤쪽에서 돌출한 비늘이 매끄러운 면 쪽으로 길어진 것이다. 조상새의 선조들도 아주 매끄럽게 나무에서 나무로 날아다닐 수 있었을지 모르지만, 그러한 비상력이 점차 진전되고 분화되면서 비상력이 더 뛰어난 날개로 발전한 것은 사실이다. 이것으로 능동적인 비행이 가능해졌으며, 동시에 크고 강한 근육도 형성될 수 있었다. 이 점은 확실히 증명된 공론은 아니지만, 조상새가 땅에서 걸어 다니는 동물이라는 견해의 전환점이 된 것이다. 이 경우 깃털과 날개의 발달에서 차이가 난다. 조상새는 분명히 깃털로 싸여 있었고 날개도 있었으며 비행능력이 어느 정도 있었다. 따라서 조상새는 오늘날의 새들과 틀림없이 동일한 혈족이라고 강조할 수 있다.

조상새는 약 1억 4,000만 년 전 오늘날 독일의 숲속에서 살았다. 치열만 살펴보아도 알 수 있듯이 이들은 특별히 곤충만을 잡아먹지 않았다. 아마도 앞으로 계속 발굴이 이어진다면 이들의 생활방식을 이해하는 데 도움이 될 것이다.

이후 중생대 백악기(Kreide) 화석에서 발견되어 알려진 조상새와 가장 오래된 새들 사이에는 3,000만 년이라는 긴 공백이 있다. 에날리오르니스(Enaliornis)라 불리는 새는 오늘날의 아비와 모양이 유사하다. 앞쪽 관절이 완전히 퇴화되었고 구조는 날아다니는 새와 같다. 백악기에서 3,000만 년 후의 화석은 많이 발견되었다. 화석으로 밝혀진 헤스페로르니스(Hesperornis)도 날 수 있는 아비의 일종이다. 이크티오르니스(Ichthyornis)는 중간 크기의 새로, 흉골에 강한 깃이 있는 것으로 보아 활공력이 뛰어났을 것이라고 짐작할 수 있다.

백악기 말에 가서야 처음으로 오늘날과 같은 형질의 새가 나타났다. 시신세(Eozun, 신생대 제3기 두 번째), 즉 5,400만 년 전에 살던 새들이 오늘날과 같은 새의 유형임이 증명되었다. 시신세 후기 지층에서 왜가리속 새들과 독수리의 잔재가 발견되었고, 전기 지층에서는 오리와 뜸부기, 플라밍고의 뼈가 출토되었다. 시신세 말기, 즉 약 4,000만 년 전부터 지금까지 그 전형이 최소 30여 종인 근대 새들이 있었던 것으로 밝혀졌다. 이 가운데 몇 종은 참새과에 속한다. 시신세가 끝날 무렵 지구는 오늘날과 같은 종류의 새들로 꽉 찼다.

지금까지 새들의 변천 과정을 비교적 상세히 서술했다. 한 생명체가 오늘날 현존하기까지 무수한 세월과 가혹하리만큼 혹독한 진화 과정이 있었다. 그렇기에 생명은 경이로운 것인지 모른다. 인간의 무모한 과욕과 끊임없는 욕구 때문에 생명의 요람인 산림, 습지, 갯벌, 하천이 무차별 파괴되는 것이 오늘날 현실이다. 생태계는 돌이킬 수 없는 교란기를 맞고 있다. 비극적인 지구의 환경이 개선되지 않는 한 인류의 생존마저 보장하기 어려운 최악의 사태가 도래할 수 있다는 경각심이 그 어느 때보다 절실하게 요구된다.

조류의 형태와 특성

고생대 후기인 2억 5,000만 년 전 지구에서는 파충류가 새로운 형태로 진화하고 있었다. 많은 무리의 공룡은 환경 변화로 멸종의 운명을 맞았고, 몇 종 살아남은 것이 파충류로 진화했다. 이즈음 두 부류의 파충류는 변온동물의 틀에서 좀더 진화해 포유류와 조류가 되었다. 양쪽 모두 파충류에서 진화되었지만 항온동물인 점이 파충류와 다르다. 포유류는 5,000만 년 전에 전성기를 맞았고 현재 쇠퇴 일로에 접어들고 있다. 그러나 조류는 포유류의 2배가 넘는 약 9,000여 종에 달한다. 진화의 정점에 서 있는 것이다.

원시적인 조류는 체형이 바뀌었고 파충류의 비늘에서 깃털로 진화되었다. 또한 앞다리가 멀리 날아다닐 수 있는 날개로 변해 창공을 자유롭게 이동할 수 있게 되었다. 완벽한 날개로 비상하기까지 수백만 년이라는 기나긴 인고의 진화 과정이 필요했다. 새만이 지닌 특별한 골격인 용골돌기는 부력과 추진력을 가져오는 비상기관이다. 강력한 용골돌기에 고정된 강하고 질긴 근육은 먼 창공으로 한숨에 날아오르게 한다. 꼬리깃은 종마다 다르게 생겼지만 몸의 균형을 유지하고 방향을 정하며 날개의 효율을 극대화한다. 날개의 생김새는 표측이 볼록하고 양측이 오목하며 전연이 두껍고 후연은 얇다. 이러한 형태에 대해 항공역학 전문가들은 이 이상의 깃을 만드는 것은 불가능하다고 말한다.

조류는 둥지를 만들어 산좌에 알을 낳아 포란하고 부화시킨 후 육추한다. 이러한 번식방법은 포유류나 파충류와는 다른 것으로, 조류만이 이루어낸 진화의 성공적 사례라고 할 수 있다. 파충류도 알을 낳지만 이들에게 산란은 불리한 점이 있다. 그러나 새는 그러한 산란의 불리함마저 이점으로 이용한다. 한편 포유류는 새끼가 태어날 때까지 불룩한 배를 안고 지내며 출산하고도 여러 달 동안 새끼를 외부의 위험에서 보호해야 한다. 더구나 포유류의 새끼는 체내에서 오랜 기간 머물다 태어나고 그

수도 적다. 이에 비해 조류는 파충류에게서 다산의 산란 양식을 이어받은 동시에 포유류처럼 항온동물이라는 특색을 살려서 양쪽의 이점을 최대한 이용한다.

어린 새끼는 단기간 성장하며 어미새가 되는 시기도 빠르다. 먹이는 어느 장소에서든 다량으로 구할 수 있다. 날개의 훌륭한 지구력은 먼 곳을 쉽게 이동할 수 있게 해주며 온 세계 기후대를 종횡무진 넘나들면서 생존을 위한 선택의 폭을 극대화한다. 새는 지구촌 어느 곳이든 광범위하게 분포한다. 진화 과정을 거쳐 해양, 사막, 호수, 하천, 늪과 갯벌, 심지어 극지까지도 장악할 수 있는 능력을 키워왔고, 이 능력을 슬기롭게 이용하며 인류와 공존하고 있다.

조류의 생활환경은 매우 다양하다. 이는 먹이의 경합을 피하도록 하는 초식, 육식, 과실식, 곤충식, 화밀식, 잡식 등 먹이의 다양성에 기인한다. 하지만 이들이 형성하는 먹이사슬은 점진적으로 식물 영역으로 이동하고 있다. 식물 종자를 먹는 조류와 무척추동물인 곤충을 먹는 조류 두 부류로 크게 나뉜다.

조류의 형질

조류의 신체 구조는 근본적으로 모두 같다. 조류의 단일한 구조는 이들의 진화 성과, 곧 비행으로 알 수 있다. 다만 타조나 키위새, 펭귄처럼 나는 것을 포기한 일부 새는 몸의 형태나 크기가 근본적으로 변했다.

조류가 비행하기에 적합하다는 것은 몸무게가 가벼워졌다는 점으로도 알 수 있다(이는 조류해부학의 모든 영역에서 나타난 것처럼 새의 진화에서 중요한 점이다). 또 다른 측면에서 보면 이는 강한 기동력을 갖추기 위해 필요하다. 비행할 때 최적의 무게는 안정성에 크게 기여한다. 몸은 무거운 부분, 즉 중심부를 이용해 중심을 잡는다. 새가 날기 위해서는 강력한 비상근, 즉 가슴근육이 필요하며 이는 몸무게의 15%를 차지한다. 비상력이 뛰어난 조류일수록 비상근인 가슴근육이 발달하며 그 무게는 몸무게의 20%를 차지한다.

근육은 수축작용으로 움직인다. 이때 가슴근육은 서로 반대쪽 골격을 끌어당긴다. 커다란 근육이 큰 관절에 연결되고, 어깨관절 가까이 붙은 비상근은 상박을 벌릴 때 날개에 영향을 준다. 조류나 포유동물은 모두 근육의 색이 흰색이거나 붉은색 또는 이 두 가지 색이 혼합된 여

러 부분이 서로 조화롭게 일을 분담하고 있다. 순간적으로 큰 힘을 낼 때 밝은색 근육을 사용한다면 어두운색 근육은 그와 반대로 먼 거리를 날아갈 때 사용한다.

새가 땅을 박차고 날아오를 때 밝은색 근육은 이를 담당한다. 찰나에 연소하면서 튀어나오는 에너지는 새가 순발력 있게 허공을 단숨에 삼키게 한다. 그래서 쉽게 피로감에 빠진다. 밝은색 근육은 짧은 거리를 빠른 속력으로 이동할 때 필요하며 어두운색 근육은 먼 거리를 나는 데 이용된다. 이러한 차이점은 닭을 보면 쉽게 알 수 있다. 닭은 가금화된 지 오래되어 비상력이 퇴화했다. 닭의 비상근은 밝은색 근육이며 아주 짧은 거리만 날 수 있다. 그러나 닭의 다리근육은 어두운색이며 대부분 달리는 기능을 한다. 기러기처럼 먼 거리를 이동하는 철새들은 어두운색 근육이 발달되어 있다.

뼈대와 골격

조류의 골격은 여러모로 비행에 적합하다. 조상새나 도마뱀과 현재 새들의 골격을 비교해보면 조류의 진화 과정에서 현저한 변화가 일어났음을 짐작할 수 있다.

뼈의 무게는 여러 방법으로 줄어들었다. 비둘기는 뼈의 무게가 몸무게의 4.5%밖에 차지하지 않는다. 이에 비해 비슷한 크기의 포유류는 6~8%나 차지한다. 조류의 커다란 다리뼈(사지뼈)는 포유동물처럼 뼛속이 꽉 채워져 있지 않고, 공기로 채워진 함기골이라서 가볍다. 다리뼈는 속이 비어 있지만 공기로 채워져 있어 골격이 단단하고 경우에 따라 외부의 충격을 흡수하기도 한다.

근육을 둘러싼 바깥 부분이 휘어지는 강도는 식물의 줄기와 같거나 더 높다. 뼛속 내부 공간은 구조가 정교하기 때문에 휘는 강도가 더욱 높아진다. 공기는 돌기가 달린 공기주머니를 지나 관상골로 빨려 들어가 빈 공간을 메운다. 모든 골격은 구조상으로 더욱 가벼워졌다. 몸체가 짧아졌고 뼈의 수도 줄어들었다. 이빨이 달린 무거운

턱은 이빨이 없는 가벼운 부리로 변했고 긴 척추꼬리는 동강난 채 사라졌다. 몇 개의 손발뼈는 퇴화되거나 완전히 없어졌다. 이처럼 몸무게의 감소뿐만 아니라 뼈 구조의 변화도 조류의 비행에 큰 역할을 한다.

척추뼈 등 많은 뼈가 사라지면서 조류의 몸통은 근육이나 인대 없이 스스로 강해졌다. 뒤쪽에 달린 갈빗대 돌기를 통해 몸통은 더욱 단단해지는데 이것은 뒤쪽 흉골 갈비뼈와 강하게 연결된다. 바다오리 같은 몇몇 잠수조는 갈빗대가 층층이 겹쳐져서 물에 잠겨도 높은 수압을 충분히 견딜 수 있다. 비상근에 붙어 있는 뼈들은 단단한 형질을 유지한다. 흉골에는 주요 동력을 전달해주는 근육이 있으며, 넓고 편평한 깃털은 장방형으로 퍼져 있기 때문에 부착물이 필요하다. 까마귀의 뼈는 흉골과 어깨 관절 사이에 강력한 구심력을 전달해준다.

상벽과 전벽은 척골, 요골과 함께 인간의 팔에 해당하는 부분이다. 손, 즉 앞쪽 날개 부분은 완전히 변형되었다. 5개의 손가락은 3개로 변했고 그중 하나만 길고 크며 나머지 2개는 퇴화되었다. 그 가운데 유일하게 하나가 아직 움직이는 상태인데 날개 앞쪽 끝에 있으며 몇 개의 짧은 깃털을 달고 있다. 그것은 비행할 때 중요한 엄지날개 역할을 한다. 손과 팔꿈치 관절의 힘은 다른 조력 없이도 강한 근육을 유지할 수 있다.

손과 발(사지)

대부분 척추동물은 손과 발을 움직인다. 대다수 동물은 앞발과 뒷발을 거의 동시에 떼어놓는다. 동물의 무게중심은 몸 중앙, 즉 앞다리와 뒷다리 사이에 있다. 새의 이동방법은 이와 차이가 많이 난다. 새는 날거나 달리며 때로는 헤엄도 친다. 잘 날고 재빠르게 달리기 위해 새의 무게중심은 두 발 가까이에 있다.

그것은 새들에게 장애 요인이 되기도 한다. 새가 두 다리로 설 때는 고관절이 앞쪽으로 기울어진다. 하지만 새의 넓적다리는 앞쪽으로 쏠려 있다. 이러한 자세에서 새의 넓적다리는 근육에 의해 몸에 착 달라붙어 있게 된다. 결국 몸의 중심으로 좀더 가까이 옮겨간 무릎이 고관절 역할을 대신하게 된다.

새가 달릴 때는 이렇게 해서 몸의 균형을 유지한다. 인간의 무릎관절은 거의 다리 중앙에 있지만 새들은 반대로 몸체와 아주 가까이 밀착되어 있다. 새의 무릎은 겉에

서 볼 수 없을 정도로 깃털로 덮여 있다. 우리가 볼 수 있는 새의 다리는 인간의 다리 아랫부분과 발에 해당하는 부분이다. 새는 발톱으로 서 있다. 부골(발목)은 달릴 때 사용하는 뼈다. 그것이 부골과 아랫다리 사이에서 뒤쪽으로 있는 것은 인간의 발목에 해당하기 때문이다.

부리의 구조

여러 방법으로 먹이를 찾아내고 잘게 찧고 부수어 삼키려면 부리의 구조가 특별해야 한다. 새의 부리 구조를 보면 먹이 섭취방식을 잘 이해할 수 있다.

부리의 기본적인 구조는 모든 새가 동일하다. 윗부리는 두개골에 매우 단단히 결합되어 있어서 큰 운동을 할 수 있다. 몇몇 새는 두개골과 윗부리 사이에 관절이 단단하게 형성되어 있다. 아랫부리는 두개골과 상관없이 자유롭게 움직인다. 이렇게 아랫부리와 윗부리가 서로 맞물려 움직일 수 있기 때문에 핀셋처럼 정확하게 먹이를 잡을 수 있다. 뼈 위를 덮고 있는 부리의 경계는 깃털이나 발톱처럼 케라틴으로 되어 있다. 부리는 마모되는 정도에 따라 새롭게 형성된다. 대다수 새는 부리가 계속 자라며 상·하 부리의 마찰로 계속 마모된다. 상·하 부리가 더 이상 감당하지 못할 정도로 마모되면 현저한 변형이 일어나게 된다.

부리의 모양

자연도태로 각양각색의 부리 형태가 나타났다. 각각의 부리는 나름대로 먹이섭취 방식을 만들어낸다. 가장 일반적인 부리는 몇몇 지저귀는 새, 예를 들면 휘파람새나 지빠귀들에게서 볼 수 있다. 이들은 부리가 곧고 뾰족하며 특별히 길지 않다. 이런 부리는 벌레를 잡는 것뿐 아니라 씨앗이나 작은 열매를 먹기가 쉽다. 찌르레기는 땅속에 부리를 박고 벌려서 아주 깊숙한 곳에 있는 풀모기의 유충이나 지렁이를 쉽게 잡아먹을 수 있다. 이렇게 이들 대부분은 부리로 먹이를 아주 다양하게 사냥할 수

있다. 때때로 딱딱한 갑충류도 껍질을 부리로 부수고 잡아먹는다. 박새는 개암나무열매 껍질을 벗겨 알맹이를 알맞은 크기로 잘게 쪼개 먹는다.

이 분야의 권위자는 딱따구리 종류다. 청딱따구리는 개암나무열매나 잣송이를 나무기둥이나 줄기의 파인 틈새에 끼워 넣는다. 딱따구리는 강한 부리로 열매를 빠른 속도(1초당 18회)로 쪼아 부순다. 딱따구리는 단단한 나무에 구멍을 깊게 팔 수 있다. 이 같은 방법으로 이들은 둥지나 잠잘 곳을 준비하며 나무 속 벌레를 한 치의 오차 없이 정확히 잡아먹는다. 이들의 부리는 두개골에 탄력성 있게 연결되어 있어 격렬하게 부딪칠 때 생기는 진동을 흡수한다. 혀가 길고 혀 끝에 갈고리나 끈끈액이 있어 나무 속 해충을 끄집어낸다.

참새처럼 곡식을 주로 먹는 새의 부리는 씨앗의 껍질을 잘 깔 수 있도록 되어 있다. 씨앗을 윗부리 속에 파여 있는 홈에 고정하고, 아랫부리의 날카로운 날을 이용해 도정기처럼 껍질을 간다. 이러한 조류 중에서 콩새는 낟알을 쪼아 먹는 가장 강력한 부리를 갖고 있다. 그들의 악근(턱근육)은 매우 강력해서 아무 힘도 들이지 않고 복숭아나 그 외의 씨앗을 깔 수 있다. 상·하 부리가 위·아래로 엇갈린 조류들은 침엽수 씨앗을 까서 혀로 씨앗을 발라낸다.

육식조(맹금류)의 강한 악근(턱근육)

맹금류는 갈고리 부리로 덩치 큰 포획물을 잡아 삼키거나 알맞게 잘 찢어먹는다. 포획물을 물어뜯어 죽이는 맹금류도 있고, 올빼미처럼 부리와 턱 근육이 다른 맹금류보다 약한 육식조는 작은 설치류를 통째로 삼키기도 한다.

오리나 거위의 부리는 넓어서 식물을 잡아채어 뜯는 데 매우 적합하다. 물속 먹이를 물과 함께 흡수해 먹이만 걸러내고 물은 밖으로 내보낸다. 달팽이나 조개 같은 패류 또는 비교적 큰 수서동물을 잡아먹는 조류는 부리가 비교적 가늘고 길며, 먹이를 완전히 움켜쥘 수 있게 되어 있다. 백로나 왜가리 같은 새는 부리 가장자리에 톱날 같은 이가 나 있어서 물고기처럼 미끄러지기 쉬운 포획물을 잘 낚아챌 수 있다. 이런 종류의 부리 형태는 모두 미끄러운 포획물을 놓치지 않기 위한 것이다. 이처럼 섭금류 새의 부리 모양은 다양하다. 부리가 대체로 짧은 물떼새는 땅 표면에 있는 먹이를 포획한다.

도요, 마도요, 깝작도요의 긴 부리는 갯벌이나 진흙, 수렁을 쑤시면서 먹을 것을 더듬는 데 용이하다. 이들의 부리 끝에는 아주 예민한 촉각제가 많이 분포되어 있다. 긴 부리로 먹이를 찾는 대부분의 섭금류는 부리 끝만 벌리면 큰 힘을 들이지 않고도 포획물을 땅속 깊은 곳에서 찾아 끄집어낼 수 있다.

이처럼 촉각은 새가 먹이를 찾을 때 중요한 역할을 한다. 오리류가 흐린 물이나 진흙탕에서 먹이를 쉽게 찾는 것도 촉각을 이용해 먹이와 먹이 아닌 것을 구별하기 때문이다. 한편 장다리물떼새가 위로 굽은 부리로 먹이를 쉽게 찾는 것은 특수한 부리 덕분이며, 이것으로 얕은 물을 갈라 먹이를 얻는다. 부리는 포획물이 닿자마자 닫히는데 이것은 동물의 세계에서 가장 신속한 반사운동 중 하나다. 홍학과 사다새 등이 이처럼 특수한 부리를 지니고 있다. 부리의 다양한 모양은 자신의 생존율을 높이기 위해 먹이를 둘러싼 경합을 피하며 스스로 진화해온 결과다. 새들은 살아남기 위해 최선의 노력을 다한다.

한반도의 새 목록
(우리말 이름 – 북한명 – 학명 – 영문명 순)

아비목 Order Gaviiformes

아비과 Family Gaviidae

아비 붉은목다마지 *Gavia stellata* **Red-throated Diver (Red-throated Loon)**

큰회색머리아비 푸른목다마지 *Gavia arctica* **Black-throated Diver**

회색머리아비 짧은부리다마지 *Gavia pacifica* **Pacific Diver (Pacific Loon)**

흰부리아비 흰부리다마지 *Gavia adamsii* **Yellow-billed Diver (Yellow-billed Loon)**

농병아리(논병아리)목 Order Podicipediformes

농병아리(논병아리)과 Family Podicipedidae

농병아리(논병아리) 농병아리 *Tachybaptus ruficollis* **Little Grebe**

검은목농병아리 검은목농병아리 *Podiceps nigricollis* **Black-necked Grebe**

귀뿔농병아리 귀농병아리 *Podiceps auritus* **Horned Grebe (Slavonian Grebe)**

뿔농병아리 뿔농병아리 *Podiceps cristatus* **Great Crested Grebe**

큰농병아리 붉은목농병아리 *Podiceps grisegena* **Red-necked Grebe**

섬새(슴새)목 Order Procellariiformes

섬새(슴새)과 Family Procellariidae

섬새(슴새) 꽉새 *Calonectris leucomelas* **Streaked Shearwater**

붉은발섬새(붉은발슴새) 붉은발꽉새 *Puffinus carneipes* **Flesh(Pale)-footed Shearwater**

쇠부리섬새 가는부리꽉새 *Puffinus tenuirostris* **Short-tailed Shearwater (Slender-billed Shearwater)**

흰배섬새 없음 *Pterodroma hypoleuca* **Bonin Petrel**

바다제비과 Family Hydrobatidae

바다제비 바다제비(흑해연) *Oceanodroma monorhis* **Swinhoe's Storm Petrel**

신천옹(앨버트로스)과 Family Diomedeidae

신천옹(앨버트로스) 큰꽉새(신천옹) *Phoebastria albatrus* **Short-tailed Albatross**

사다새목 Order Pelecaniformes

사다새과 Family Pelecanidae

사다새 사다새 *Pelecanus crispus* **Dalmatian Pelican**

큰사다새 없음 *Pelecanus onocrotalus* **Great White Pelican**

얼가니새(부비)과 Family Sulidae

갈색얼가니새 없음 *Sula leucogaster* **Brown Booby**

푸른얼굴얼가니새 없음 *Sula dactylatra* **Masked Booby (Blue-faced Booby)**

붉은발얼가니새 없음 *Sula sula* **Red-footed Booby**

군함조과 Family Fregatidae

군함조 군함새 *Fregata ariel* **Lesser Frigatebird**

큰군함조 큰군함새 *Fregata minor* **Great Frigatebird**

가마우지과 Family Phalacrocoracidae

민물가마우지 갯가마우지 *Phalacrocorax carbo* **Great Cormorant**

가마우지 바다가마우지 *Phalacrocorax capillatus* **Temminck's Cormorant**

쇠가마우지 까막가마우지 *Phalacrocorax pelagicus* **Pelagic Cormorant**

붉은뺨가마우지 붉은뺨가마우지 *Phalacrocorax urile* **Red-faced Cormorant**

황새목 Order Ciconiiformes

백로과 Family Ardeidae

덤불해오라비 작은물까마귀 *Ixobrychus sinensis* **Chinese Little Bittern (Yellow Bittern)**

큰덤불해오라비 붉은물까마귀 *Ixobrychus eurhythmus* **Schrenk's Bittern**

열대붉은해오라비 없음 *Ixobrychus cinnamomeus* **Cinnamon Bittern**

검은해오라비 없음 *Ixobrychus flavicollis* **Black Bittern**

붉은해오라비 붉은밤물까마귀(산골물까마귀) *Gorsachius goisagi* **Japanese Night Heron**

푸른눈테해오라비 없음 *Gorsachius melanolophus* **Malayan Night Heron**

해오라비 밤물까마귀 *Nycticorax nycticorax* **Black-crowned Night Heron**

검은댕기해오라비 물까마귀 *Butorides striatus* **Striated Heron**

흰날개해오라비 흰날개물까마귀 *Ardeola bacchus* **Chinese Pond Heron**

알락해오라비 알락왜가리 *Botaurus stellaris* **Eurasian Bittern**

황로 누른물까마귀 *Bubulcus ibis* **Cattle Egret**

흑로 검은왜가리 *Egretta sacra* **Pacific Reef Heron**

중대백로 대백로 *Egretta alba* **Great Egret (Large Egret)**

중백로 검은다리백로 *Egretta intermedia* **Intermediate Egret**

쇠백로 작은백로 *Egretta garzetta* **Little Egret**

노랑부리백로 노랑부리백로 *Egretta eulophotes* **Swinhoe's Egret (Chinese Egret)**

왜가리 왜가리 *Ardea cinerea* **Grey Heron**

붉은왜가리 자지왜가리 *Ardea purpurea* **Purple Heron**

황새과 Family Ciconiidae

황새 황새 *Ciconia boyciana* **Oriental White Stork**

먹황새 검은황새 *Ciconia nigra* **Black Stork**

저어새과 Family Threskiornithidae

노랑부리저어새 누른뺨저어새 *Platalea leucorodia* **Eurasian Spoonbill**

저어새 저어새(검은뺨저어새) *Platalea minor* **Black-faced Spoonbill**

따오기 따오기(땅욱이) *Nipponia nippon* **Crested Ibis (Japanese Crested Ibis)**

검은머리흰따오기 검은머리따오기 *Threskiornis melanocephalus* **Oriental Ibis (Black-headed Ibis)**

기러기목 Order Anseriformes

오리과 Family Anatidae

흰기러기 흰기러기 *Anser caerulescens* **Snow Goose**

흰머리기러기 없음 *Anser canagicus* **Emperor Goose**

개리 물개리 *Anser cygnoides* **Swan Goose**

회색기러기 재기러기 *Anser anser* **Greylag Goose**

쇠기러기 작은기러기 *Anser albifrons* **White-fronted Goose**

흰이마기러기 흰이마기러기 *Anser erythropus* **Lesser White-fronted Goose**

큰기러기 큰기러기 *Anser fabalis serrirostris* **Bean Goose**

큰부리큰기러기 왕기러기 *Anser fabalis middendorffi* **Taiga Bean Goose**

흑줄머리기러기 없음 *Anser indicus* **Bar-headed Goose**

붉은가슴기러기 없음 *Branta ruficollis* **Red-breasted Goose**

캐나다기러기 없음 *Branta canadensis* **Canada Goose**

흑기러기 검은기러기 *Branta bernicla* **Brent Goose**

혹고니 혹고니 *Cygnus olor* **Mute Swan**

큰고니 큰고니 *Cygnus cygnus* **Whooper Swan**

고니 고니 *Cygnus columbianus* **Tundra Swan**

황오리 진경이 *Tadorna ferruginea* **Ruddy Shelduck**

혹부리오리 꽃진경이 *Tadorna tadorna* **Common Shelduck**

원앙이사촌 댕기진경이 *Tadorna cristata* **Crested Shelduck**

원앙이 원앙 *Aix galericulata* **Mandarin Duck**

청둥오리 청뒹오리 *Anas platyrhynchos* **Mallard**

터오리(흰뺨검둥오리) 검둑오리 *Anas poecilorhyncha* **Spot-billed Duck**

미국오리 없음 *Anas rubripes* **American Black Duck**

넓적부리 넙적부리오리 *Anas clypeata* Northern Shoveler

미국쇠오리 없음 *Anas carolinensis* Green-winged Teal

쇠오리 되강오리 *Anas crecca* Common Teal (Eurasian Teal)

가창오리 반달오리(태극오리) *Anas formosa* Baikal Teal

알락오리 알락오리 *Anas strepera* Gadwall

청머리오리 붉은꼭두오리 *Anas falcata* Falcated Teal

발구지 알락발구지 *Anas querquedula* Garganey

홍머리오리 누른꼭두알송오리(알숭오리) *Anas penelope* Eurasian Wigeon

미국홍머리오리 흰이마알숭오리 *Anas americana* American Wigeon

고방오리 가창오리 *Anas acuta* Pintail

붉은부리흰죽지 없음 *Netta rufina* Red-crested Pochard

흰죽지 흰쭉지오리 *Aythya ferina* Pochard

큰흰죽지 없음 *Aythya valisineria* Canvasback

미국붉은머리흰죽지 없음 *Aythya americana* Redhead

북미검은머리흰죽지 없음 *Aythya affinis* Lesser Scaup

붉은가슴흰죽지 푸른머리흰쭉지오리 *Aythya baeri* Bear's Pochard

목테오리 없음 *Aythya collaris* Ring-necked Duck

적갈색흰죽지 없음 *Aythya nyroca* Ferruginous Duck

댕기흰죽지 검은댕기흰쭉지오리 *Aythya fuligula* Tufted Duck

검은머리흰죽지 검은머리흰쭉지오리 *Aythya marila* Greater Scaup

검둥오리 검은오리 *Melanitta nigra* Black Scoter (Common Scoter)

검둥오리사촌 흰눈썹검은오리 *Melanitta fusca* Velvet Scoter (White-winged Scoter)

흰줄박이오리 흰무늬오리 *Histrionicus histrionicus* Harlequin Duck

호사북방오리 없음 *Somateria spectabilis* King Eider

바다꿩 바다꿩 *Clangula hyemalis* Oldsquaw (Long-tailed Duck)

흰뺨오리 흰뺨오리 *Bucephala clangula* Common Goldeneye

북방흰뺨오리 없음 *Bucephala islandica* Barrow's Goldeneye

북미쇠오리 없음 *Bucephala albeola* Bufflehead

흰비오리 까치비오리 *Mergus albellus* Smew

비오리 갯비오리 *Mergus merganser* Common Merganser (Goosander)

바다비오리 바다비오리 *Mergus serrator* Red-breasted Merganser

호사비오리 비오리 *Mergus squamatus* Chinese Merganser (Scaly-sided Merganser)

매목 Order Falconiformes

수리과 Family Accipitridae

물수리 바다수리 *Pandion haliaetus* Osprey

벌매 벌매 *Pernis ptilorhynchus* Oriental Honey Buzzard

솔개 소리개 *Milvus migrans* Black Kite

검은날개솔개(검은어깨솔개) 없음 *Elanus caeruleus* Black-winged Kite

뿔매 수리매 *Spizaetus (Nisaetus) nipalensis* Mountain Hawk Eagle

흰꼬리수리 흰꼬리수리 *Haliaeetus albicilla* White-tailed Sea Eagle

참수리 흰죽지수리 *Haliaeetus pelagicus* Steller's Sea Eagle

검독수리 검독수리 *Aquila chrysaetos* Golden Eagle

관수리 없음 *Spilornis cheela* Crested Serpent Eagle

독수리 번대수리 *Aegypius monachus* Cinereous Vulture (Black Vulture)

수염수리 수염수리 *Gypaetus barbatus* Lammergeier (Bearded Vulture)

항라머리검독수리 붉은등수리 *Aquila clanga* Spotted Eagle (Greater Spotted Eagle)

초원수리 초원수리 *Aquila nipalensis* Steppe Eagle

흰죽지수리 흰어깨수리 *Aquila heliaca* Imperial Eagle

고산대머리수리 없음 *Gyps himalayensis* Himalayan Griffon

참매 핑매(참매) *Accipiter gentilis* Goshawk (Northern Goshawk)

붉은배새매 붉은배새매 *Accipiter soloensis* Chinese Sparrowhawk (Grey Frog Hawk)

조롱이 작은새매 *Accipiter gularis* Japanese Lesser Sparrowhack

새매 큰새매 *Accipiter nisus* Eurasian Sparrowhawk

털발말똥가리 털발저광이 *Buteo lagopus* Rough-legged Buzzard

큰말똥가리 저광수리 *Buteo hemilasius* Upland Buzzard

말똥가리 저광이 *Buteo buteo* Common Buzzard

긴털수리 없음 *Hieraaetus pennatus* Booted Eagle

흰배줄무늬수리 없음 *Hieraaetus fasciatus* Bonelli's Eagle

왕새매 래구매 *Butastur indicus* Grey-faced Buzzard (Buzzard Hawk)

잿빛개구리매 회색택광이 *Circus cyaneus* Hen Harrier

알락개구리매 알락택광이 *Circus melanoleucos* Pied Harrier

개구리매 택광이 *Circus spilonotus* Eastern Marsh Harrier

매과 Family Falconidae

매 핑매 *Falco peregrinus* Peregrine Falcon

옆줄무늬매(세이카매) 옆줄무늬매 *Falco cherrug* Saker Falcon

새홀리기(새호리기) 검은조롱이 *Falco subbuteo* Eurasian Hobby

쇠황조롱이 쇠조롱이(작은조롱이) *Falco columbarius* Merlin

비둘기조롱이 붉은발조롱이 *Falco amurensis* Amur Falcon

황조롱이 조롱이 *Falco tinnunculus* Common Kestrel

흰매 없음 *Falco rusticolus* Gyrfalcon

닭목 Order Galliformes

멧닭과 Family Tetraonidae

멧닭 멧닭 *Tetrao tetrix* Black Grouse

들꿩 들꿩 *Bonasa bonasia* Hazel Grouse

꿩과 Family Phasianidae

꿩 꿩 *Phasianus colchicus* Ring-necked Pheasant

메추라기 메추리 *Coturnix japonica* Common Quail (Japanese Quail)

두루미목 Order Gruiformes

세가락메추라기과 Family Turnicidae

세가락메추라기 세가락메추리 *Turnix tanki* Yellow-legged Buttonquail

뜸부기과 Family Rallidae

알락뜸부기 작은물병아리 *Coturnicops exquisitus* Swinhoe's Rail

흰눈썹뜸부기 작은뜸부기 *Rallus aquaticus* Water Rail

쇠뜸부기 물병아리 *Porzana pusilla* Baillon's Crake

쇠뜸부기사촌 붉은물병아리 *Porzana fusca* Ruddy-breasted Crake (Ruddy Crake)

한국뜸부기 알락배물병아리 *Porzana(Zapornia) paykullii* Band-bellied Crake

흰배뜸부기 흰배물닭 *Amaurornis phoenicurus* White-breasted Waterhen

쇠물닭 물닭 *Gallinula chloropus* Moorhen (Common Gallinule)

뜸부기 뜸부기 *Gallicrex cinerea* Watercock

물닭 큰물닭 *Fulica atra* Coot

두루미과 Family Gruidae

검은목두루미 검은두루미 *Grus grus* Common Crane

두루미 흰두루미 *Grus japonensis* Red-crowned Crane

재두루미 재두루미 *Grus vipio* White-naped Crane

흑두루미 흰목검은두루미 *Grus monacha* Hooded Crane

캐나다두루미 없음 *Grus canadensis* Sandhill Crane

쇠재두루미 댕기두루미 *Anthropoides virgo* Demoiselle Crane

시베리아흰두루미 없음 *Grus leucogeranus* Siberian White Crane

느시과 Family Otididae

느시 너화 *Otis tarda* Great Bustard

도요목 Order Charadriiformes

물떼새과 Family Charadriidae

흰죽지꼬마물떼새 큰알도요 *Charadrius hiaticula* Common Ringed Plover

꼬마물떼새 알도요 *Charadrius dubius* Little Ringed Plover

흰목물떼새 중알도요 *Charadrius placidus* Long-billed Plover

흰물떼새 흰가슴알도요 *Charadrius alexandrinus* Kentish Plover

왕눈물떼새 왕눈도요 *Charadrius mongolus* Mongolian Plover (Lesser Sand Plover)

큰왕눈물떼새 큰왕눈도요 *Charadrius leschenaultii* Greater Sand Plover

큰물떼새 붉은가슴알도요 *Charadrius asiaticus* **Oriental Plover**

검은가슴물떼새 검은가슴알도요 *Pluvialis fulva* **Pacific Golden Plover**

개꿩 검은배도요(검은배알도요) *Pluvialis squatarola* **Grey Plover**

민댕기물떼새 갈매기도요 *Vanellus cinereus* **Grey-headed Lapwing**

댕기물떼새 댕기도요(쟁개비) *Vanellus vanellus* **Northern Lapwing**

흰눈썹물떼새 없음 *Charadrius morinellus* **Eurasian Dotterel**

호사도요과 Family Rostratulidae

호사도요 흰고리눈도요 *Rostratula benghalensis* **Painted Snipe**

검은머리물떼새과 Family Haematopodidae

검은머리물떼새 까치도요 *Haematopus ostralegus* **Eurasian Oystercatcher**

물꿩과 Family Jacanidae

물꿩 없음 *Hydrophasianus chirurgus* **Pheasant-tailed Jacana**

도요과 Family Scolopacidae

좀도요 좀도요 *Calidris ruficollis* **Red-necked Stint**

작은도요 없음 *Calidris minuta* **Little Stint**

종달도요 종달도요 *Calidris subminuta* **Long-toed Stint**

흰꼬리좀도요 흰꼬리좀도요 *Calidris temminckii* **Temminck's Stint**

미국메추라기도요 메추리갯도요 *Calidris melanotos* **Pectoral Sandpiper**

메추라기도요 메추리도요 *Calidris acuminata* **Sharp-tailed Sandpiper**

민물도요 갯도요 *Calidris alpina* **Dunlin**

붉은갯도요 붉은갯도요 *Calidris ferruginea* **Curlew Sandpiper**

붉은가슴도요 붉은배도요 *Calidris canutus* **Red Knot**

붉은어깨도요 붉은어깨갯도요 *Calidris tenuirostris* **Great Knot**

꼬까도요 꼬까도요 *Arenaria interpres* **Ruddy Turnstone**

세가락도요 세가락도요 *Calidris alba* **Sanderling**

넓적부리도요 주걱부리도요 *Eurynorhynchus pygmeus* **Spoon-billed Sandpiper**

누른도요 없음 *Tryngites subruficollis* **Buff-breasted Sandpiper**

송곳부리도요 송곳부리도요 *Limicola falcinellus* **Broad-billed Sandpiper**

붉은배지느러미발도요 없음 *Phalaropus fulicarius* **Grey Phalarope (Red Phalarope)**

지느러미발도요 지느러미발도요 *Phalaropus lobatus* **Red-necked Phalarope**

큰지느러미발도요 없음 *Phalaropus tricolor* **Wilson's Phalarope**

목도리도요 목도리도요 *Philomachus pugnax* **Ruff**

학도요 학도요 *Tringa erythropus* **Spotted Redshank**

붉은발도요 붉은발도요 *Tringa totanus* **Redshank**

쇠청다리도요 작은청다리도요 *Tringa stagnatilis* **Marsh Sandpiper**

청다리도요 푸른다리도요 *Tringa nebularia* Greenshank

큰노랑발도요 없음 *Tringa melanoleuca* Greater Yellowlegs

청다리도요사촌 흰꼬리푸른다리도요 *Tringa guttifer* Spotted Greenshank (Nordmann's Greenshank)

뒷부리도요 뒷부리도요 *Xenus cinereus* Terek Sandpiper

삑삑도요 삑삑도요 *Tringa ochropus* Green Sandpiper

알락도요 알락도요 *Tringa glareola* Wood Sandpiper

노랑발도요 누른발도요 *Heteroscelus brevipes* Grey-tailed Tattler

깝작도요 민물도요 *Actitis hypoleucos* Common Sandpiper

흑꼬리도요 검은꼬리도요 *Limosa limosa* Black-tailed Godwit

큰뒷부리도요 큰뒷부리도요 *Limosa lapponica* Bar-tailed Godwit

큰부리도요 없음 *Limnodromus semipalmatus* Asiatic Dowitcher (Asian Dowitcher)

긴부리도요 없음 *Limnodromus scolopaceus* Long-billed Dowitcher

마도요 마도요 *Numenius arquata* Eurasian Curlew

알락꼬리마도요 알락꼬리마도요 *Numenius madagascariensis* Far Eastern Curlew (Eastern Curlew)

중부리도요 밭도요 *Numenius phaeopus* Whimbrel

쇠부리도요 작은부리도요 *Numenius minutus* Little Curlew

꺅도요 꺅도요 *Gallinago gallinago* Common Snipe

바늘꼬리도요 바늘꼬리도요 *Gallinago stenura* Pintail Snipe

꺅도요사촌 멧꺅도요 *Gallinago megala* Swinhoe's Snipe

큰꺅도요 큰꺅도요 *Gallinago hardwickii* Latham's Snipe

청도요 산골갯도요 *Gallinago solitaria* Solitary Snipe

꼬마도요 애기도요 *Lymnocryptes minimus* Jack Snipe

멧도요 멧도요 *Scolopax rusticola* Eurasian Woodcock

제비물떼새과 Family Glareolidae

제비물떼새 제비도요 *Glareola maldivarum(pratincola)* Oriental Pratincole

장다리물떼새과 Family Recurvirostridae

장다리물떼새 긴다리도요 *Himantopus himantopus* Black-winged Stilt

뒷부리장다리물떼새 키큰뒷부리도요 *Recurvirostra avosetta* Avocet

도둑갈매기과 Family Stercorariidae

북극도둑갈매기 없음 *Stercorarius parasiticus* Arctic Skua (Parasitic Jaeger)

주걱꼬리도둑갈매기 없음 *Stercorarius pomarinus* Pomarine Skua (Pomarine Jaeger)

큰도둑갈매기 없음 *Stercorarius skua* Great Skua

갈매기과 Family Laridae

세가락갈매기 세가락갈매기 *Rissa tridactyla* Black-legged Kittiwake

갈매기 갈매기 *Larus canus* Mew Gull (Common Gull)

괭이갈매기 검은꼬리갈매기 *Larus crassirostris* Black-tailed Gull

붉은부리갈매기 붉은부리갈매기 *Larus ridibundus* Black-headed Gull

검은부리갈매기(검은머리갈매기) 검은머리갈매기 *Larus saundersi* Saunder's Gull

고대갈매기(적호갈매기) 없음 *Larus relictus* Relict Gull

목테갈매기 제비꼬리갈매기 *Xema sabini* Sabine's Gull

쇠목테갈매기 없음 *Rhodostethia rosea* Ross's Gull

재갈매기 재갈매기 *Larus argentatus* Herring Gull

작은재갈매기 없음 *Larus thayeri* Thayer's Gull

엷은재갈매기 없음 *Larus smithsonianus* American Herring Gull

한국재갈매기 없음 *Larus mongolicus* Mongolian Gull

노랑발갈매기 없음 *Larus cachinnans* Yellow-legged Gull

줄무늬노랑발갈매기 없음 *Larus heuglini* Heuglin's Gull

큰재갈매기 큰재갈매기 *Larus schistisagus* Slaty-backed Gull

수리갈매기 없음 *Larus glaucescens* Glaucous-winged Gull

흰갈매기 없음 *Larus hyperboreus* Glaucous Gull

작은흰갈매기 없음 *Larus glaucoides* Iceland Gull

작은갈매기(꼬마갈매기) 없음 *Larus minutus* Little Gull

가는목갈매기(긴목갈매기) 없음 *Larus genei* Slender-billed Gull

큰검은머리갈매기 없음 *Larus ichthyaetus* Great Black-headed Gull

북극흰갈매기 없음 *Pagophila eburnea* Ivory Gull

구레나룻제비갈매기 없음 *Chlidonias hybrida* Whiskered Tern

흰죽지갈매기 흰쭉지작은갈매기(흰죽지쇠갈매기) *Chlidonias leucopterus* White-winged Black Tern

쇠제비갈매기 쇠갈매기(흰이마쇠갈매기) *Sterna albifrons* Little Tern

큰제비갈매기 큰쇠갈매기(남방제비갈매기) *Thalasseus bergii* Great Crested Tern (Crested Tern)

큰부리제비갈매기 없음 *Gelochelidon nilotica* Gull-billed Tern

팔삭둥이제비갈매기(에위니아제비갈매기) 없음 *Sterna anaethetus* Bridled Tern

제비갈매기 검은머리작은갈매기 *Sterna hirundo* Common Tern

검은등제비갈매기 없음 *Sterna fuscata* Sooty Tern

장미색흰제비갈매기 없음 *Sterna dougallii* Roseate Tern

카스피해도둑제비갈매기(붉은부리큰제비갈매기) 없음 *Sterna caspia* Caspian Tern

검은제비갈매기 없음 *Chlidonias niger* Black Tern

바다오리과 Family Alcidae

바다오리 호구니 *Uria aalge* Guillemot(Thin-billed Murre)

댕기머리바다오리 없음 *Lunda cirrhata* Tufted Puffin

흰눈썹바다오리 붉은발바다오리 *Cepphus carbo* Spectacled Guillemot

흰수염바다오리 바다뿔주둥이 *Cerohinca monocerata* Rhinoceros Auklet(Horn-billed Puffin)

알락쇠오리 알락바다오리 *Brachyramphus marmoratus* Marbled Murrelet

바다쇠오리 바다오리 *Synthliboramphus antiquus* Ancient Murreler

뿔쇠오리 뿔바다오리 *Synthliboramphus wumizusume* Crested Murrelet(Japanese Murrelet)

흰수염작은바다오리 없음 *Aethia pygmaea* Ahiskered Auklet

작은바다오리 없음 *Aethia pusilla* Least Auklet

큰부리바다오리 없음 *Uria lomvia* Brünnich's Guillemot(Thick-billed Murre)

비둘기목 Order Columbiformes

사막꿩과 Family Pteroclididae

사막꿩 모래닭(사계) *Syrrhaptes paradoxus* Pallas's Sandgrouse

비둘기과 Family Columbidae

흑비둘기 검은비둘기 *Columba janthina* Black Wood Pigeon

양비둘기 낭비둘기 *Columba rupestris* Hill Pigeon

분홍가슴비둘기 없음 *Columba oenas* Stock Dove

염주비둘기 웃목도리비둘기 *Streptopelia decaocto* Collared Dove

홍비둘기 검은목도리비둘기 *Streptopelia tranquebarica* Red-collared Dove

멧비둘기 멧비둘기 *Streptopelia orientalis* Rufous Turtle Dove

목점박이비둘기 없음 *Streptopelia chinensis* Spotted Dove

녹색비둘기 없음 *Treron sieboldii* White-bellied Green Pigeon

두견이목 Order Cuculiformes

두견이과 Family Cuculidae

매뻐꾸기(매사촌) 새매뻐꾸기 *Cuculus fugax* Hodgson's Hawk-cuckoo

검은등뻐꾸기 검은등뻐꾸기 *Cuculus micropterus* Indian Cuckoo

뻐꾸기 뻐꾸기 *Cuculus canorus* Common Cuckoo

벙어리뻐꾸기 벙어리뻐꾸기 *Cuculus saturatus* Oriental Cuckoo

두견이 두견 *Cuculus poliocephalus* Lesser Cuckoo

밤색날개뻐꾸기 없음 *Clamator coromandus* Chestnut-winged Cuckoo(Red-winged Crested Cuckoo)

큰매뻐꾸기(큰매사촌) 없음 *Cuculus sparverioides* Large Hawk-cuckoo

검은두견이 없음 *Surniculus lugubris* Asian Drongo-cuckoo(Square-tailed Drongo-cuckoo)

검은뻐꾸기 없음 *Eudynamys scolopaceus* Koel(Asian Koel)

작은뻐꾸기사촌 없음 *Centropus bengalensis* Lesser Coucal

올빼미목 Order Strigiformes

올빼미과 Family Strigidae

흰올빼미 흰올빼미 *Nyctea scandiaca* Snowy Owl

수리부엉이 수리부엉이 *Bubo bubo* Eurasian Eagle-owl

칡부엉이 츰부엉이 *Asio otus* Long-eared Owl

쇠부엉이 작은부엉이 *Asio flammeus* Short-eared Owl

올빼미 올빼미 *Strix aluco* Tawny Owl

긴점박이올빼미 북올빼미 *Strix uralensis* **Ural Owl**

긴꼬리올빼미 백두산긴꼬리올빼미(긴꼬리올빼미) *Surnia ulula* **Northern Hawk-owl**

솔부엉이 솔부엉이 *Ninox scutulata* **Brown Hawk-owl**

소쩍새 접동새 *Otus scops* **Eurasian Scops-owl**

큰소쩍새 큰접동새 *Otus lempiji* **Collared Scops-owl**

금눈쇠올빼미 금눈올빼미 *Athene noctua* **Little Owl**

가면올빼미과 Family Tytonidae

가면올빼미 없음 *Tyto longimembris* **Eastern Grass Owl**

쏙독새목 Order Caprimulgiformes

쏙독새과 Family Caprimulgidae

쏙독새 외쑥도기 *Caprimulgus indicus* **Jungle Nightjar (Grey Nightjar)**

칼새목 Order Apodiformes

칼새과 Family Apodidae

바늘꼬리칼새 후리새 *Hirundapus caudacutus* **White-throated Needle-tailed Swift**

쇠칼새 없음 *Apus affinis* **Little Swift (House Swift)**

칼새 칼새 *Apus pacificus* **Fork-tailed Swift**

작은칼새 없음 *Aerodramus brevirostris* **Himalayan Swiftlet**

파랑새목 Order Coraciiformes

물총새과 Family Alcedinidae

뿔호반새 알락호반새 *Ceryle lugubris* **Greater Pied Kingfisher**

청호반새 청호반새 *Halcyon pileata* **Black-capped Kingfisher**

호반새 호반새 *Halcyon coromanda* **Ruddy Kingfisher**

물총새 물촉새 *Alcedo atthis* **Common Kingfisher**

파랑새과 Family Coraciidae

파랑새 청새(청조) *Eurystomus orientalis* **Broad-billed Roller (Dollarbird)**

후투티과 Family Upupidae

후투티 후투디 *Upupa epops* **Hoopoe**

딱따구리목 Order Piciformes

딱따구리과 Family Picidae

개미잡이 개미새 *Jynx torquilla* **Wryneck**

아물쇠딱따구리 검은등알락딱따구리 *Picodes canicapillus* **Grey-capped Woodpecker**

쇠딱따구리 작은딱따구리 *Picoides kizuki* **Japanese Pygmy Woodpecker**

쇠오색딱따구리 작은알락딱따구리 *Picoides minor* **Lesser Spotted Woodpecker**

오색딱따구리 알락딱따구리 *Pieoides major* **Great Spotted Woodpecker**

큰오색딱따구리 큰알락딱따구리 *Picoides leucotos* **White-backed Woodpecker**

붉은배오색딱따구리 붉은알락딱따구리 *Picoides hyperythrus* **Rufous-bellied Woodpecker**

세가락딱따구리 세가락딱따구리 *Picoides tridactylus* **Three-toed Woodpecker**

청딱따구리 푸른딱따구리 *Picus canus* **Grey-headed Woodpecker**

까막딱따구리 까막딱따구리(검은딱따구리) *Dryocopus martius* **Black Woodpecker**

크낙새 클락새 *Dryocopus javensis* **White-bellied Woodpecker**

참새목 Order Passeriformes

팔색조과 Family Pittidae

팔색조 팔색조 *Pitta nympha* **Fairy Pitta**

푸른날개팔색조 없음 *Pitta moluccensis* **Blue-winged Pitta**

종다리과 Family Alaudidae

뿔종다리 뿔종다리 *Galerida cristata* **Crested Lark**

북방쇠종다리 모래빛작은종다리 *Calandrella cheleensis* **Asian Short-toed Lark**

쇠종다리 사막작은종다리 *Calandrella brachydactyla* **Greater Short-toed Lark**

종다리 종다리 *Alauda arvensis* **Eurasian Skylark**

아시아종다리(남방종다리) 없음 *Alauda gulgula* **Oriental Skylark**

귀뿔종다리 없음 *Eremophila alpestris* **Horned Lark**

제비과 Family Hirundinidae

제비 제비 *Hirundo rustica* **Barn Swallow (House Swallow)**

귀제비 붉은허리제비 *Hirundo (Cecropis) daurica* **Red-rumped Swallow**

갈색제비 모래제비 *Riparia riparia* **Sand Martin**

바위산제비 없음 *Ptyonoprogne rupestris* **Eurasian Crag Martin**

흰털발제비 털발제비 *Delichon dasypus* **Asian House Martin**

흰턱제비 없음 *Delichon urbica* **Northern House Martin**

할미새과 Family Motacillidae

긴발톱할미새 긴발톱할미새 *Motacilla flava* **Yellow Wagtail**

노랑머리할미새 없음 *Motacilla citreola* **Citrine Wagtail**

노랑할미새 노랑할미새 *Motacilla cinerea* **Grey Wagtail**

알락할미새 알락할미새 *Motacilla alba* **White Wagtail**

백할미새 없음 *Motacilla lugens* **Black-backed Wagtail**

검은등할미새 검은등할미새 *Motacilla grandis* **Japanese Wagtail**

큰밭종다리 흰눈썹논종다리 *Anthus richardi (novaeseelandiae)* **Richard's Pipit**

쇠밭종다리 쇠흰눈썹논종다리 *Anthus godlewskii* **Blyth's Pipit**

흰등밭종다리 흰등논종다리 *Anthus gustavi* Pechore Pipit

붉은가슴밭종다리 붉은가슴논종다리 *Anthus cervinus* Red-throated Pipit

숲밭종다리(힝둥새) 숲종다리 *Anthus hodgsoni* Olive-backed Pipit (Indian Tree Pipit)

밭종다리 산논종다리 *Anthus rubescens* Buff-bellied Pipit

한국밭종다리 논종다리 *Anthus roseatus* Rosy Pipit

수변밭종다리(옅은밭종다리) 불락키스톤논종다리 *Anthus spinoletta* Water Pipit

숲종다리(나무밭종다리) 없음 *Anthus trivialis* Eurasian Tree Pipit

풀밭종다리(초원종다리) 없음 *Anthus pratensis* Meadow Pipit

물레새 숲할미새 *Dendronanthus indicus* Forest Wagtail

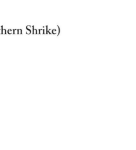

할미새사촌과 Family Campephagidae

할미새사촌 분디새 *Pericrocotus divaricatus* Ashy Minivet

검은할미새사촌 없음 *Coracina melaschistos* Black-winged Cuckooshrike

직박구리과 Family Pycnonotidae

직박구리 찍바구리 *Hypsipetes amaurotis* Brown-eared Bulbul

검은이마직박구리 없음 *Pycnonotus sinensis* Chinese Bulbul

때까치과 Family Laniidae

큰때까치(큰재개구마리) 큰재개구마리 *Lanius excubitor* Great Grey Shrike (Northern Shrike)

물때까치 물개구마리 *Lanius sphenocercus* Chinese Great Grey Shrike

긴꼬리때까치 없음 *Lanius schach* Long-tailed Shrike

칡때까치 츩개구마리 *Lanius tigrinus* Thick-billed Shrike (Tiger Shrike)

때까치 개구마리 *Lanius bucephalus* Bull-headed Shrike

노랑때까치 붉은꼬리개구마리 *Lanius cristatus* Brown Shrike

붉은등때까치 없음 *Lanius collurio* Red-backed Shrike

여새과 Family Bombycillidae

황여새 노랑꼬리여새(노랑여새) *Bombycilla garrulus* Waxwing (Bohemian Waxwing)

홍여새 붉은꼬리여새(붉은여새) *Bombycilla japonica* Japanese Waxwing

물까마귀과 Family Cinclidae

물까마귀 물쥐새 *Cinclus pallasii* Brown Dipper

굴뚝새과 Family Troglodytidae

굴뚝새 쥐새 *Troglodytes troglodytes* Winter Wren

바위종다리과 Family Prunellidae

바위종다리 바위종다리 *Prunella collaris* Alpine Accentor

멧종다리 멧종다리 *Prunella montanella* Siberian Accentor

지빠귀과 Family Turdidae

울새 울타리새 *Luscinia sibilans* Rufous-tailed Robin(Swinhoe's Robin)

진홍가슴 붉은턱울타리새 *Luscinia calliope* Siberian Rubythroat

흰눈썹울새 푸른턱울타리새 *Luscinia svecica* Bluethroat

쇠유리새 작은유리새 *Luscinia cyane* Siberian Blue Robin

유리딱새 류리딱새 *Tarsiger cyanurus* Red-flanked Bluetail(Orange-flanked Blue Robin)

검은머리딱새 검은딱새 *Phoenicurus ochruros* Black Redstart

딱새 딱새 *Phoenicurus auroreus* Daurian Redstart

검은딱새 흰허리딱새 *Saxicola torquata* Common Stonechat

검은뺨딱새 없음 *Saxicola ferreus* Grey Bushchat

붉은가슴울새 붉은가슴울타리새 *Erithacus akahige* Japanese Robin

꼬까울새 없음 *Erithacus rubecula* European Robin

흰머리바위딱새 없음 *Chaimarrornis leucocephalus* White-capped Redstart

부채꼬리바위딱새 없음 *Rhyacornis fuliginosa* Plumbeous Water Redstart

검은등사막딱새 없음 *Oenanthe pleschanka* Pied Wheatear

흰머리딱새 흰머리딱새 *Oenanthe hispanica* Black-eared Wheatear

사막딱새 없음 *Oenanthe oenanthe* Northern Wheatear

검은꼬리사막딱새 없음 *Oenanthe deserti* Desert Wheatear

긴다리사막딱새 없음 *Oenanthe isabellina* Iisabelline Wheatear

바다직박구리 바다찍바구리 *Monticola solitarius* Blue Rock Thrush

꼬까직박구리 흰턱바위찍바구리 *Monticola gularis* White-throated Rock Thrush

귤빛지빠귀 없음 *Zoothera (Geokichla) citrina* Orange-headed Thrush

호랑지빠귀 호랑티티 *Zoothera dauma* White's Thrush(Scaly Thrush)

회색머리지빠귀 없음 *Turdus pilaris* Fieldfare

흰배지빠귀 흰배티티 *Turdus pallidus* Pale Thrush

개똥지빠귀 개티티 *Turdus naumanni eunomus* Dusky Thrush

노랑지빠귀 티티새 *Turdus naumanni naumanni* Naumann's Thrush

흰눈썹지빠귀 흰눈썹티티 *Zoothera sibirica* Siberian Thrush

검은지빠귀 검은티티 *Turdus cardis* Grey Thrush

검은목지빠귀 없음 *Turdus atrogularis* Dark-throated Thrush(Black-throated Thrush)

붉은목지빠귀 없음 *Turdus ruficollis* Red-throated Thrush

붉은배지빠귀 감색배티티 *Turdus chrysolaus* Brown Thrush

흰눈썹붉은배지빠귀 회색머리티티 *Turdus obscurus* Eye-browed Thrush

되지빠귀 붉은배티티 *Turdus hortulorum* Grey-backed Thrush

대륙검은지빠귀 없음 *Turdus merula* Eurasian Blackbird

붉은날개지빠귀 없음 *Turdus iliacus* Redwing

큰흑점지빠귀 없음 *Turdus mupinensis* Chinese Thrush

꼬리치레과 Family Timaliidae

꼬리치레 노래쟁이 *Rhopophilus pekinensis* **Chinese Hill Warbler**

뱁새(붉은머리오목눈이)과 Family Panuridae

뱁새(붉은머리오목눈이) 부비새 *Paradoxornis webbianus* **Vinous-throated Parrotbill**

수염오목눈이 없음 *Panurus biarmicus* **Bearded Tit**

휘파람새과 Family Sylviidae

점무늬가슴쥐발귀 없음 *Bradypterus thoracicus* **Spotted Bush Warbler**

개개비사촌 부채꼬리솔새 *Cisticola juncidis* **Fan-tailed Warbler**

큰개개비 강숲새 *Locustella pryeri* **Japanese Marsh Warbler**

붉은허리개개비 붉은허리쥐발귀(우쑤리쥐발귀) *Locustella fasciolata* **Gray's Grasshopper Warbler**

북방개개비 북쥐발귀(씨비리쥐발귀) *Locustella certhiola* **Pallas's Grasshopper Warbler**

쥐발귀개개비 쥐발귀 *Locustella lanceolata* **Lanceolated Grasshooper Warbler**

알락꼬리쥐발귀 알락꼬리쥐발귀 *Locustella ochotensis* **Middendorff's Grasshopper Warbler**

섬개개비 없음 *Locustella pleskei* **Styan's Grasshopper Warbler**

쇠개개비 작은갈새 *Acrocephalus bistrigiceps* **Black-browed Reed Warbler**

개개비 갈새 *Acrocephalus orientalis* **Oriental Great Reed Warbler**

큰부리개개비 굵은부리갈새 *Acrocephalus aedon* **Thick-billed Warbler**

북방쇠개개비 없음 *Acrocephalus agricola* **Paddyfield Warbler**

숲새 딱새 *Urosphena squameiceps* **Short-tailed Bush Warbler(Asian Stubtail)**

휘파람새 휘파람새 *Cettia diphone borealis* **Japanese Bush Warbler**

제주휘파람새(섬휘파람새) 제주휘파람새 *Cettia diphone cantans* **Takahashii(Korean Bush Warbler)**

쇠흰턱딱새 없음 *Sylvia curruca* **Lesser Whitethroat**

비늘무늬덤불개개비 없음 *Sylvia nisoria* **Barred Warbler**

상모솔새 금상모박새 *Regulus regulus* **Goldcrest**

솔새사촌 갈색숲솔새(갈색솔새) *Phylloscopus fuscatus* **Dusky Warbler**

긴다리솔새사촌 긴다리솔새 *Phylloscopus schwarzi* **Radde's Warbler**

노랑허리솔새 노랑허리솔새 *Phylloscopus proregulus* **Pallas's Leaf Warbler**

노랑눈썹솔새 노랑눈썹솔새 *Phylloscopus inornatus* **Yellow-browed Warbler(Inornate Warbler)**

연노랑눈썹솔새 없음 *Phylloscopus humei* **Hume's Warbler**

노랑배솔새 없음 *Phylloscopus ricketti* **Sulphur-breasted Warbler**

노랑배솔새사촌 없음 *Phylloscopus affinis* **Tickell's Leaf Warbler**

쇠솔새 솔새 *Phylloscopus borealis* **Arctic Warbler**

되솔새 북솔새 *Phylloscopus tenellipes* **Pale-legged Willow(Leaf) Warbler**

산솔새 산솔새 *Phylloscopus coronatus* **Eastern Crowned Warbler**

버들솔새 버들솔새 *Phylloscopus trochiloides* **Greenish Warbler**

검은다리솔새 없음 *Phylloscopus collybita* **Siberian Chiffchaff**

연록잎산솔새 없음 *Phylloscopus claudiae* **Claudia's Leaf Warbler**

사할린되솔새 없음 *Phylloscopus borealides* Sakhalin Leaf Warbler

연노랑솔새 없음 *Phylloscopus trochilus* Willow Warbler

딱새과 Family Muscicapidae

흰눈썹황금새 흰눈썹황금새 *Ficedula zanthopygia* Tricolor Flycatcher

황금새 노랑눈썹황금새 *Ficedula narcissina* Narcissus Flycatcher

노랑딱새 노랑솔딱새 *Ficedula mugimaki* Mugimaki Flycatcher

붉은가슴흰꼬리딱새 흰꼬리솔딱새 *Ficedula parva* Red-breasted Flycatcher

흰꼬리딱새 흰꼬리솔딱새 *Ficedula albicilla* Taiga Flycatcher

큰유리새 큰류리새 *Cyanoptila cyanomelana* Blue-and-white Flycatcher

솔딱새 담색솔딱새 *Muscicapa sibirica* Sooty Flycatcher (Dark-sided Flycatcher)

제비딱새 제비솔딱새 *Muscicapa griseisticta* Grey-spotted Flycatcher (Grey-streaked Flycatcher)

쇠솔딱새 솔딱새 *Muscicapa dauurica* Asian Brown Flycatcher

회색머리딱새 없음 *Muscicapa ferruginea* Ferruginous Flycatcher

파랑딱새 없음 *Eumyias thalassina* Asian Verditer Flycatcher

까치딱새(긴꼬리딱새)과 Family Monarchidae

긴꼬리딱새(삼광조) 검은긴꼬리새 *Terpsiphone atrocaudata* Black Paradise Flycatcher

붉은긴꼬리딱새(별삼광조) 붉은긴꼬리새 *Terpsiphone paradisi* Asian Paradise Flycatcher

오목눈이과 Family Aegithalidae

오목눈이 오목눈 *Aegithalos caudatus* Long-tailed Tit

갈박새(스윈호오목눈이)과 Family Remizidae

갈박새(스윈호오목눈이) 곧은부리박새 *Remiz consobrinus* Chinese Penduline Tit

박새과 Family Paridae

곤줄박이 곤줄메기 *Parus varius* Varied Tit

쇠박새 굵은부리박새 *Parus palustris* Marsh Tit

북방쇠박새 작은박새 *Parus montanus* Willow Tit

진박새 깨새 *Parus ater* Coal Tit

노랑배진박새 없음 *Parus venustulus* Yellow-bellied Tit

박새 박새 *Parus major* Great Tit

동고비과 Family Sittidae

동고비 동고비 *Sitta europaea* Eurasian Nuthatch

쇠동고비 작은동고비 *Sitta villosa* Chinese Nuthatch

나무발발이과 Family Certhiidae

나무발발이 나무발발이 *Certhia familiaris* **Common Treecreeper (Eurasian Treecreeper)**

동박새과 Family Zosteropidae

동박새 동박새(남동박새) *Zosterops japonicus* **Japanese White-eye**

한국동박새 북동박새 *Zosterops erythropleurus* **Chestnut-flanked White-eye**

멧새과 Family Emberizidae

멧새 밭멧새 *Emberiza cioides* **Meadow Bunting**

흰머리멧새 흰머리멧새 *Emberiza leucocephala* **Pine Bunting**

노랑멧새 없음 *Emberiza citrinella* **Yellowhammer**

점박이멧새 힌북멧새 *Emberiza jankowskii* **Jankowski's Bunting (Rufous-backed Bunting)**

쑥새 뿔멧새 *Emberiza rustica* **Rustic Bunting**

흰배멧새 흰배멧새 *Emberiza tristrami* **Tristram's Bunting**

노랑눈썹멧새 노랑눈썹멧새 *Emberiza chrysophrys* **Yellow-browed Bunting**

노랑턱멧새 노랑턱멧새 *Emberiza elegans* **Yellow-throated Bunting**

붉은머리멧새 없음 *Emberiza bruniceps* **Red-headed Bunting**

검은머리촉새 노랑가슴멧새 *Emberiza aureola* **Yellow-breasted Bunting**

꼬까참새 밤등멧새 *Emberiza rutila* **Chestnut Bunting**

무당새 노랑멧새 *Emberiza sulphurata* **Yellow Bunting**

회색머리멧새 없음 *Emberiza hortulana* **Ortolan Bunting**

붉은뺨멧새 붉은뺨멧새 *Emberiza fucata* **Grey-headed Bunting (Chestnut-eared Bunting)**

쇠붉은뺨멧새 작은붉은뺨멧새 *Emberiza pusilla* **Little Bunting**

촉새 버들멧새 *Emberiza spodocephala* **Black-faced Bunting**

검은멧새 검은멧새 *Emberiza variabilis* **Grey Bunting**

쇠검은머리쑥새 검은머리멧새 *Emberiza yessoensis* **Japanese Reed Bunting (Orchre-rumped Bunting)**

북방검은머리쑥새 북검은머리멧새 *Emberiza pallasi* **Pallas's Reed Bunting**

검은머리쑥새 큰검은머리멧새 *Emberiza schoeniclus* **Reed Bunting**

검은머리멧새 없음 *Emberiza melanocephala* **Black-headed Bunting**

노랑줄머리멧새 없음 *Zonotrichia atricapilla* **Golden-crowned Sparrow**

흰줄머리멧새 없음 *Zonotrichia leucophrys* **White-crowned Sparrow**

초원멧새 없음 *Passerculus sandwichensis* **Savannah Sparrow**

긴발톱멧새 긴발톱멧새 *Calcarius lapponicus* **Lapland Longspur**

흰멧새 눈빛멧새 *Plectrophenax nivalis* **Snow Bunting**

되새과 Family Fringillidae

방울새 방울새 *Carduelis sinica* **Oriental Greenfinch**

검은머리방울새 검은머리방울새 *Carduelis spinus* **Siskin**

홍방울새 붉은방울새 *Carduelis flammea* **Common Redpoll**

쇠홍방울새 작은붉은방울새 *Carduelis hornemanni* **Arctic Redpoll**

되새 꽃참새(화계) *Fringilla montifringilla* **Brambling**

푸른머리되새 없음 *Fringilla coelebs* **Common Chaffinch**

붉은양진이(적원자) 붉은양지니 *Carpodacus erythrinus* **Common Rosefinch**

양진이 양지니 *Carpodacus roseus* **Pallas's Rosefinch**

긴꼬리홍양진이 긴꼬리양지니 *Uragus sibiricus* **Long-tailed Rosefinch**

갈색양진이 싸리양지니 *Leucosticte arctoa* **Rosy Finch**

솔양진이 사할린솔양지니(솔양지니) *Pinicola enucleator* **Pine Grosbeak**

솔잣새 잣새 *Loxia curvirostra* **Red Crossbill (Common Crossbill)**

흰죽지솔잣새 흰띠날개잣새 *Loxia leucoptera* **White-winged Crossbill**

멋쟁이새 산까치 *Pyrrhula pyrrhula* **Bullfinch**

밀화부리 밀화부리 *Eophona migratoria* **Yellow-billed Grosbeak**

큰부리밀화부리 큰밀화부리 *Eophona personata* **Japanese Grosbeak**

콩새 콩새 *Coccothraustes coccothraustes* **Hawfinch**

참새과 Family Ploceidae

참새 참새 *Passer montanus* **Tree Sparrow**

섬참새 섬참새 *Passer rutilans* **Russet Sparrow**

집참새 없음 *Passer domesticus* **House Sparrow**

납부리새과 Family Estrildidae

망복조(얼룩무늬납부리새) 없음 *Lonchura punctulata* **Spotted Munia**

찌르레기과 Family Sturnidae

찌르레기 찌르러기 *Sturnus cineraceus* **Grey Starling(White-cheeked Starling)**

쇠찌르레기 붉은뺨찌르러기 *Sturnus philippensis* **Violet-backed Starling(Chestnut-cheeked Starling)**

북방쇠찌르레기 쇠찌르러기 *Sturnus sturninus* **Daurian Starling**

잿빛쇠찌르레기 재빛찌르러기 *Sturnus sinensis* **Grey-backed Starling(White-shouldered Starling)**

은빛머리찌르레기 없음 *Sturnus sericeus* **Red-billed Starling(Silky Starling)**

흰점찌르레기 흰점찌르러기 *Sturnus vulgaris* **Common Starling**

분홍찌르레기 없음 *Sturnus roseus* **Rosy Starling**

꾀꼬리과 Family Oriolidae

꾀꼬리 꾀꼬리 *Oriolus chinensis* **Black-naped Oriole**

바람까마귀과 Family Dicruridae

검은바람까마귀 흑권미(검은권미) *Dicrurus macrocercus* **Black Drongo**

바람까마귀 바람까마귀(권미) *Dicrurus hottentottus* **Hair-crested Drongo**

회색바람까마귀 재권미 *Dicrurus leucophaeus* **Ashy Drongo**

숲제비과 Family Artamidae

회색숲제비 없음 *Artamus fuscus* **Ashy Woodswallow**

흰가슴숲제비 없음 *Artamus leucorhynchus* **White-breasted Woodswallow**

까마귀과 Family Corvidae

어치 어치 *Garrulus glandarius* **Jay**

물까치 물까치 *Cyanopica cyana* **Azure-winged Magpie**

까치 까치 *Pica pica* **Black-billed Magpie**

잣까마귀 잣까마귀 *Nucifraga caryocatactes* **Spotted Nutcracker**

붉은부리까마귀 없음 *Pyrrhocorax pyrrhocorax* **Red-billed Chough**

갈까마귀 당까마귀(갈까마귀) *Corvus dauuricus* **Daurian Jackdaw**

떼까마귀 떼까마귀 *Corvus frugilegus* **Rook**

까마귀 까마귀 *Corvus corone* **Carrion Crow**

큰부리까마귀 굵은부리까마귀 *Corvus macrorhynchos* **Jungle Crow**

큰까마귀 큰까마귀 *Corvus corax* **Northern Raven**

집까마귀 없음 *Corvus splendens* **House Crow**

총 18목 74과 540종

목·과로 분류한 한반도의 새

조류는 진화 과정을 근거로 하는 유연관계를 기준으로 계통별로 분류하는 외에 생태적 습성과 진화에 따른 제반 조건에 따라 분류하는 등 수많은 방법을 종합하여 분류하고 있다.

전 세계에 기록된 종은 26목 157과(20아과) 1,984속 9,021종이며 아종까지 합하면 2만 6,690종이다. 나라마다 학자마다 견해의 차이는 있으나 대략 9,800종이라는 주장도 있다.

한반도에서 기록된 종은 2000년 기준으로 18목 72과 450종이라 하나 검증해볼 여지가 있고 남북한 차이도 있다. 분류에 따른 학자 간의 생각의 차이는 물론 발견되는 종과 미발표종을 합치면 많은 종이 새롭게 등장할 것이다. 이 책에는 18목 74과 540종을 실었다.

아비목 Order Gaviiformes

아비과 Family Gaviidae
전 세계 5종, 남북한 4종
겨울철새로 주로 해안이나 호수, 저수지 등 담수지역에서 생활한다. 발에 물갈퀴가 있으며 비교적 체구가 크고 비상할 때 수면을 박차고 떠오른다. 겨울깃과 여름깃의 색상이 판이하게 다르다. 잠수성 조류로 물속에 들어가 어류, 갑각류, 불가사리나 해삼 등 극피동물과 연체동물을 포획하여 먹는다.

농병아리(논병아리)목 Order Podicipediformes

농병아리(논병아리)과 Family Podicipedidae
전 세계 22종, 남북한 5종
대부분 겨울철새다. 일부 뿔농병아리는 충청남도 대호와 경기도 시화호에서 집단을 이루어 여름철에 번식하는 텃새로 자리 잡았다. 색상이 짙고 아름다우며 발에 물갈퀴 대신 수영하기에 적합한 판족이 있다. 수초를 모아 화산형 둥지를 수중에 만들며 산좌에 부드러운 수초를 깔고 번식한다.

섬새(슴새)목 Order Procellariiformes

섬새(슴새)과 Family Procellariidae
전 세계 95종, 남북한 4종
봄, 여름, 가을에 남북한을 통과하는 나그네새 또는 길잃은새로 도래 시기가 다양하다. 일생 동안 바다를 무대로 생활하는 바닷새로 장거리를 이동한다. 콧구멍이 대롱 모양이며, 날개가 길고 꼬리는 짧으며 발에 물갈퀴가 있다. 섬에서 집단생활을 하므로, 이름을 '섬새'로 바꾸어야 한다. 다른 동물이 파놓은 땅굴이나 나무뿌리 밑에 알을 1개 낳는다.

바다제비과 Family Hydrobatidae

전 세계 20종, 남북한 1종

여름철새로 낮에는 주로 바다에서 생활하며 일몰 후 육지로 올라와 휴식한다. 해양성 소형조류로 콧구멍이 대롱 모양이며 발가락에 물갈퀴가 있다. 물을 스치듯이 비행하면서 수면에 떠 있는 무척추동물이나 작은 물고기, 플랑크톤을 먹는다. 땅굴을 파서 산좌를 마련하고 알을 1개 낳는다.

신천옹(앨버트로스)과 Family Diomedeidae

전 세계 14종, 남북한 1종

1985년 6월 2일 처음으로 부산해협에서 단 한 번 포획된 길잃은새다. 날개가 좁고 길이가 길며 부리가 우람하고 체구가 크다. 대부분 남태평양 먼 바다의 무인도에서 서식하며 일본 도리시마섬에서는 1,000여 마리가 무리를 지어 번식한다. '앨버트로스'라고도 부른다.

사다새목 Order Pelecaniformes

사다새과 Family Pelecanidae

전 세계 7종, 남북한 2종

1914년 11월 3일 인천 연안과 1978년 제주도 남쪽 섬 마라도에서 각각 1개체씩 포획된 기록이 있는 길잃은새다. 대형 물새로 부리가 길고 크며 아랫부리에 거대한 주머니가 있어 먹이를 잡는 데 이용한다. 발에 물갈퀴가 있으며 날개는 길고 넓다. 먹이를 사냥할 때 공중에서 물을 향해 날개를 접고 다이빙하듯 잠수한다. 큰 부리를 물에 넣고 물고기를 잡아먹기도 한다.

얼가니새(부비)과 Family Sulidae

전 세계 7종, 남북한 3종

길잃은새다. 날개 길이가 145cm 정도로 긴 편이며 부리가 두껍고 끝이 매우 뾰족하다. 얼굴은 나출된 피부로 되어 있다. 주로 도서지역에서 생활하며 기류를 이용해 비상하고 수면 가까이에서 선회 비행과 활공을 하면서 먹이를 포획한다. 때로는 바닷새들의 먹이를 약탈하는 습성이 있다. 주로 아열대와 열대지역 섬에서 집단생활을 한다.

군함조과 Family Fregatidae

전 세계 5종, 남북한 2종

경기도 가평군과 한강, 낙동강, 동진강에서 관찰된 기록이 있는 길잃은새다. 대형 바닷새로 꼬리는 제비꼬리형이고 날개가 길다. 다른 바닷새를 공격하여 먹이를 뺏고 청어, 숭어, 날치 등을 즐겨 사냥한다. 수컷은 턱밑과 멱에 있는 붉은 주머니를 부풀려 암컷을 유혹한다. 주로 열대지역에 서식하며 집단을 이루어 번식한다.

가마우지과 Family Phalacrocoracidae

전 세계 30종, 남북한 4종

대부분 겨울철새로 붉은뺨가마우지와 가마우지는 텃새로 자리매김하고 있다. 무리를 지어 생활한다. 깃털은 검은색이고 부리는 길고 갈고리형이다. 부리에 날카로운 톱날 같은 것이 있어서 물고기를 잡는 데 용이하다. 잠수성 조류지만 깃털의 방수성이 떨어져 잠수 후 깃털을 말리는 데 많은 시간을 소모한다. 유영할 때 몸 대부분이 물에 잠기며 목을 길게 뽑아 머리를 수면 밖으로 내밀고 이동한다.

황새목 Order Ciconiiformes

백로과 Family Ardeidae

전 세계 62종, 남북한 18종

대부분 여름철새이지만 겨울철새, 길잃은새 등 도래 시기가 다양하다. 목과 다리가 길고 날 때 목을 움츠리는 특징이 있다. 물가나 습지를 거닐면서 주로 어류, 양서류, 곤충류, 작은 포유류를 잡아먹는다. 계절에 따라 부리와 나출된 얼굴의 피부색, 다리의 색이 변한다.

황새과 Family Ciconiidae

전 세계 17종, 남북한 2종

겨울철새다. 지난날 일부 황새는 텃새였으나 현재는 절종되어 복원을 시도하고 있다. 대형종으로 부리가 굵고 목과 다리가 길며 암수 구분이 어렵다. 습지에서 어류와 양서류, 들쥐, 곤충류 등을 잡아먹으며 소수 무리를 이루기도 한다.

저어새과 Family Threskiornithidae

전 세계 30종, 남북한 4종

겨울철새로, 1991년 전남 영광군 칠발도, 1995년 서해 우도에서 번식한 이래 근래에는 인천시 송도와 기타 여러 곳에서 번식하며 지내면서 텃새화되고 있다. 주걱부리로 물을 휘저으면서 물속의 어류나 양서류, 수서생물, 곤충류, 갑각류 등을 먹이로 삼는다.

기러기목 Order Anseriformes

오리과 Family Anatidae

전 세계 149종, 남북한 54종

겨울철새가 대부분이다. 터오리(흰뺨검둥오리)는 텃새이며, 청둥오리의 일부도 텃새화되고 있다. 채식 형태에 따라 수면성(육압형陸鴨型)과 잠수성 등으로 구별되는데 이는 먹이의 경합을 피하기 위해서다. 넓적한 부리와 긴 목, 짧은 꼬리, 발에 있는 물갈퀴가 특징이며 무리를 지어 생활하는 습성이 있다.

기러기류 Geese

전 세계 14종, 남북한 12종

겨울철새 또는 길잃은새다. 오리류가 주로 물가에서 시간을 보내는 반면 기러기류는 육상인 논이나 밭, 갯벌, 해안, 초습지, 농경지에서 지내는 시간이 더 길다. 무리를 지어 생활하며 식물성 먹이를 먹는다. 비상시에는 V자 형태의 대형을 이루어 이동한다.

고니류 Swans

전 세계 6종, 남북한 3종

겨울철새로, 대형종이며 가족 단위를 기본으로 무리를 이룬다. '호반의 무희'라는 별칭이 있으며, 백조라고 부르기도 한다. 성조는 순백색이며 어린새는 회갈색이다. 암수 구별이 어렵다. 육중한 몸으로 비상할 때는 수면을 15m쯤 달리다가 날아오른다. 주로 얕은 물가에서 수생 식물의 줄기나 뿌리를 먹고 월동지에서 무리를 지어 생활한다.

매목 Order Falconiformes

수리과 Family Accipitridae

전 세계 226종, 남북한 28종

겨울철새가 주류를 이루나 텃새, 나그네새, 길잃은새 등 다양하다. 맹금류다운 날카로운 부리와 발톱, 예리한 눈을 갖고 있으며 생태계 정상의 자리에 군림한다. 포유류, 어류, 조류, 곤충류, 양서류 등을 포획하여 잡아먹는다. 암수 구별이 비교적 용이한데, 암컷이 수컷보다 체구가 큰 것이 특징이다.

매과 Family Falconidae

전 세계 60종, 남북한 7종

텃새, 나그네새, 길잃은새 등 다양하며 겨울철새도 있고 여름철새도 있다. 매과는 주행성 육식조류 중 두 번째로 큰 집단으로, 둥지 짓는 방식과 날개깃의 깃털갈이 진행 순서 등에서 수리과와 다르다. 겉에서 네 번째 깃부터 깃털갈이가 시작되며, 흉강이 더 건장하고 목이 더 짧으며 특수한 울대가 있다.

닭목 Order Galliformes

멧닭과 Family Tetraonidae

전 세계 17종, 남북한 2종

사계절 내내 한곳에 정착하여 생활하는 텃새로 몸통이 비교적 통통하며 다리는 짧고 털로 덮여 있다. 주로 땅 위에서 생활하며 나무 위에 앉기도 한다. 털색이 주위 환경과 흡사해 천적이 가까이 다가와도 위장술만 믿다가 생명을 잃기도 한다. 식물의 씨앗이나 열매, 무척추동물, 곤충류 등을 먹는다.

꿩과 Family Phasianidae

전 세계 183종, 남북한 2종

1종은 텃새이고 다른 1종은 겨울철새다. 부리가 짧다. 잘 발달된 다리로 날기보다는 뛰거나 걸으면서 위험을 피하며 비상시 멀리 날아가지 않고 근거리에 내려앉는다. 식물의 씨앗이나 열매, 곤충류를 주식으로 한다. 일부다처제로 수컷 1마리가 암컷 여러 마리를 거느린다. 포란과 육추는 암컷이 전담한다.

두루미목 Order Gruiformes

세가락메추라기과 Family Turnicidae
전 세계 15종, 남북한 1종
한반도를 통과하는 나그네새다. 몸통 모양은 메추라기와 흡사하며 발가락이 3개인 점이 특징이다. 일처다부제로 일반적으로 암컷이 여러 마리의 수컷을 거느린다. 땅 위에 둥지를 만들고 포란과 육추는 수컷이 맡는다. 식물의 씨앗과 열매, 곤충류를 먹이로 삼는다.

뜸부기과 Family Rallidae
전 세계 124종, 남북한 9종
나그네새와 길잃은새, 겨울철새, 여름철새 등 다양하다. 주로 습지에서 생활하며 소형종 또는 중형종으로 머리가 작고 꼬리는 짧으며 다리와 발가락이 긴 편이다. 물닭은 판족을 갖고 있어 유영에 능하다. 둥지는 수초나 갈대가 우거진 곳에 짓는데 경계심이 강해 좀처럼 모습을 드러내지 않는다. 일반적으로 암수 감별이 어렵다.

두루미과 Family Gruidae
전 세계 14종, 남북한 7종
주로 겨울철새로 나머지 3종은 길잃은새다. 목과 다리가 긴 것이 특징인 대형종으로 주로 농경지, 소택지, 개활지, 초습지, 갯벌, 하구, 호수 등지에서 무리를 지어 생활한다. 먹이는 민물고기, 곤충류, 양서류, 식물의 뿌리, 곡류 등이다. 암수 구별이 어렵지만 수컷의 체구가 더 큰 편이다.

느시과 Family Otididae
전 세계 21종, 남북한 1종
긴 목과 길고 강한 다리, 육중한 체구를 가진 대형 육상 조류다. 넓은 개활지와 농경지, 목초지, 초원 등지를 선호

하며 곡류의 난알과 곤충류, 식물의 새싹을 즐겨 먹는다. 1940년대에는 한반도 전역에서 어렵지 않게 관찰되었으나 1970년대 낙동강 하류에서 1~2개체 발견되었고 1997년 강원도 철원군 민통선 북방에서 3개체가 목격된 이래 아직도 목격된 적이 없는 멸종위기종이다.

도요목 Order Charadriiformes

물떼새과 Family Charadriidae
전 세계 62종, 남북한 12종
여름철새가 있는가 하면 겨울철새와 나그네새도 있다. 남북한에서 번식하는 종은 3종이다. 체구에 따라 소형종과 중형종이 있다. 눈이 크고 부리가 짧으며 비교적 긴 다리로 걷거나 빨리 뛰면서 먹이를 사냥한다.

호사도요과 Family Rostratulidae
전 세계 2종, 남북한 1종
매우 드문 겨울철새이자 나그네새다. 한반도에서 번식도 하며 텃새화되고 있다. 깍도요와 흡사하나 부리가 짧고 아래로 휘어져 있으며 끝이 뭉툭하다. 암컷이 수컷보다 색상이 짙고 화려하며, 일처다부제로 포란과 육추는 수컷이 전담한다.

검은머리물떼새과 Family Haematopodidae
전 세계 11종, 남북한 1종
사계절 내내 이 땅에 서식하는 텃새다. 서해안 무인도서 지역에 소수 무리가 번식하며, 북쪽의 서식 집단은 남쪽으로 이동하여 겨울을 난다. 머리와 목, 앞가슴과 등은 검은색이며 몸통 아랫면은 순백색이고 긴 부리는 붉은색으로 색상대비가 선명하다. 해안가 갯벌이나 모래톱에서 갯지렁이, 조개류, 게를 잡아먹는다. 암수 구별이 어렵고 무리를 지어 생활한다.

물꿩과 Family Jacanidae
전 세계 8종, 남북한 1종
아열대, 온대와 열대지역에 분포하는 종이다. 한반도에 유입된 길잃은새로 제주도, 주남저수지, 서산간척지에서

번식하며 여름을 보내기도 한다. 유난히 긴 발가락은 수초 위를 걷는 데 적합하며 습성은 뜸부기류와 흡사한 점이 많다. 수초나 풀숲 사이에서 곤충류와 식물의 종자, 조개류 등을 먹는다. 일처다부제로 포란과 육추는 수컷이 전담한다.

도요과 Family Scolopacidae
전 세계 81종, 남북한 45종
나그네새로, 여름철새와 길잃은새도 있다. 소형종 또는 중형종으로, 부리와 다리가 체구에 비해 긴 편이고 날개가 길고 좁으며 꼬리는 짧다. 대부분 북반구 북쪽지역에서 번식하며 봄철과 가을철 두 차례에 걸쳐 장거리를 이동하여 번식지인 한대지역과 월동지인 남반구 열대지역을 오간다.

제비물떼새과 Family Glareolidae
전 세계 17종, 남북한 1종
한반도를 경유하여 잠시 쉬었다가 지나가는 나그네새로, 남부 유럽과 아프리카, 아시아 남부에 널리 분포한다. 부리가 매우 짧고 끝이 아래로 휘어졌으며, 다리가 짧고 날개는 길고 끝이 뾰족하며 꼬리는 제비꼬리형이다. 부리를 벌리면 제비처럼 입이 넓어서 재빠르게 날아다니며 곤충류를 쉽게 잡아먹는다. 암수를 구분하기 어렵다.

장다리물떼새과 Family Recurvirostridae
전 세계 13종, 남북한 2종
온대와 아열대, 열대지역에 고르게 분포한다. 부리와 다리가 매우 길고 가늘며 부리가 곧은 종과 위로 올라간 뒷부리 종이 있다. 주로 얕은 물가에서 어류, 패류, 수서생물, 해초류, 양서류 등 동물성 먹이를 잡아먹고 날 때 날개를 완만하게 펄럭이는 날갯짓을 한다. 암수 구별이 어렵다.

도둑갈매기과 Family Stercorariidae
전 세계 6종, 남북한 3종
길잃은새로 분포권은 북반구 한대지역인 알래스카 북부, 알류산열도, 유라시아 북부, 그린란드, 스칸디나비아반도 북부, 영국 북부, 캐나다 중북부, 아르헨티나 남부지역에 이른다. 단독생활을 즐기며 바닷새의 먹이를 빼앗아 먹는 해양성 조류다. 가운데 꼬리깃이 길며 암수 구별이 어렵다.

갈매기과 Family Laridae
전 세계 82종(제비갈매기류 41종), 남북한 33종
텃새, 길잃은새, 겨울철새, 나그네새 등 다양하다. 생김새는 일반적으로 몸 윗면은 회색을 띠며 아랫면은 순백색이다. 부리가 짧고 날개는 폭이 좁고 길며 발에 물갈퀴가 있다. 무리를 지어 생활하며 번식지에서도 집단으로 번식한다. 암수 구분이 어렵다.

바다오리과 Family Alcidae
전 세계 21종, 남북한 10종
대부분 늦가을 도래하여 월동하는 겨울철새로, 몇 종은 길잃은새로, 몇 종은 텃새로 자리 잡고 있다. 대부분 북반구에 분포하며 깃털색은 검은색과 흰색으로 이루어졌고 머리는 크고 꼬리와 다리는 짧다. 잠수하여 물고기를 사냥하여 잡아먹고 주로 바다에서 생활하며 외딴 무인도에서 집단을 이루며 번식한다. 계절에 따라 깃털색이 바뀌며 암수 구별이 어렵다.

비둘기목 Order Columbiformes

사막꿩과 Family Pteroclididae
전 세계 16종, 남북한 1종
길잃은새로 한반도에서 관찰된 기록은 3~4회뿐이다. 몸통이 둥근 편이며 다리가 짧고 발은 털로 덮여 있다. 날개가 긴데 끝부분은 가늘고 송곳처럼 뾰족하다. 꼬리는 가늘고 쐐기형이다. 사바나 지역이나 메마르고 건조한 초원, 목초지로 이루어진 개활지에서 무리를 지어 생활한다.

비둘기과 Family Columbidae
전 세계 320종, 남북한 8종
주로 텃새이며 몇 종은 길잃은새다. 비둘기과 새들은 생김새가 비슷하다. 머리가 작고 다리가 짧으며 주로 땅 위에서 먹이를 구한다. 산란수는 1~2개로, 어미새는 부화한 새끼에게 포유류의 젖처럼 고농도인 '비둘기젖'(Pigeon's milk)을 토해 먹인다. 암수 구별이 어렵다.

두견이목 Order Cuculiformes

두견이과 Family Cuculidae
전 세계 150종, 남북한 10종
여름철새이며 나그네새와 길잃은새도 있다. 맹금류와 체형이 흡사하다. 날개는 뾰족하고 가늘며 뾰족한 부리는 아래로 굽어 있다. 전 세계 두견이과 조류 중 약 40%가 탁란성이다. 발가락 형태가 특이한데, 발가락 4개 중 2개는 앞으로 2개는 뒤로 뻗어 있다. 각 종은 외관상으로는 구별하기 어렵고 울음소리로 구별할 수 있다.

올빼미목 Order Strigiformes

올빼미과 Family Strigidae
전 세계 140종, 남북한 11종
겨울철새, 나그네새, 길잃은새 등 다양하다. 얼굴 면이 편평하여 먹이 사냥에 유리하고 청각과 시각이 발달했다. 날카로운 부리와 발톱으로 각종 먹잇감을 포획하며, 작은 포유류는 통째로 삼키고 소화되지 않은 털과 뼈를 펠릿(pellet)으로 토한다. 주로 야행성이지만 낮에도 먹이 사냥을 한다. 수컷에 비해 암컷이 더 크다.

가면올빼미과 Family Tytonidae
전 세계 16종 한반도 1종
국내에서는 미기록종으로 2003년 전라남도 신안군 흑산도에서 수컷 1개체의 사체가 발견된 바 있다. 주로 중형종 또는 대형종이며 가면을 쓴 것 같은 둥근 하트형 얼굴이 특징이다. 또한 안쪽 발가락이 짧은 올빼미과와 달리 가면올빼미과는 중간 발가락과 안쪽 발가락의 길이가 같다.

쏙독새목 Order Caprimulgiformes

쏙독새과 Family Caprimulgidae
전 세계 89종, 남북한 1종
여름철새로 한반도 전역에서 드물게 볼 수 있다. 대다수 종이 초원과 사막의 삼림 경계지역에 서식하며, 소수 종은 삼림에서도 생활한다. 일몰 직후나 밤에 활동하는 야행성이다. 매우 넓고 큰 제비형 부리로 날아다니는 곤충을 잡아먹는다. 대개 둥지를 짓지 않고 편평한 땅 위에 알을 1~2개 낳는다.

칼새목 Order Apodiformes

칼새과 Family Apodidae
전 세계 70종, 남북한 4종
여름철새와 길잃은새, 나그네새가 있다. 가늘고 긴 날개깃이 낫처럼 휘어져 있고 다리가 짧고 약하다. 번식기를 제외한 나머지 시간은 공중에서 생활한다. 번식기에는 동굴이나 수동, 바위절벽 틈, 건물 틈새에 둥지를 만든다. 날개 근육이 발달하여 비상력이 우수하며 빠르게 날면서 넓은 입으로 공중에서 곤충 등을 잡아먹는다. 집단 생활을 하며 무리를 지어 번식한다.

파랑새목 Order Coraciiformes

물총새과 Family Alcedinidae
전 세계 90종, 남북한 4종
여름철새다. 뿔호반새는 1950년대 이전에는 한반도의 여름철새였으나 그 후 자취를 감추어 9회 채집된 기록이 있다. 부리가 굵고 길며 끝이 뾰족한 것이 특징이다. 물가에서 물고기를 잡아 주식으로 삼으며 양서류와 파충류, 곤충 등도 먹는다. 흙벽에 구멍을 뚫고 산란한다.

파랑새과 Family Coraciidae
전 세계 12종, 남북한 1종
봄철에 한반도에 도래하여 여름을 보내는 여름철새로
강인하고 건강한 새다. 구부러진 붉은색 부리는 입을 벌
리면 유난히 넓어져서 날아다니는 곤충을 쉽게 잡을 수
있다. 온몸에 아름다운 금속광택이 나는 파랑새는 까치
둥지를 빼앗아 자신의 산란 장소로 사용할 만큼 용맹스
럽다.

후투티과 Family Upupidae
전 세계 1종, 남북한 1종
여름철새다. 넓은 두관을 부챗살처럼 폈다 접었다 하는
특징이 있다. 부리가 가늘고 길며 아래로 굽어 있다. 날
개폭이 유난히 넓어서 펄럭이며 난다. 땅속의 먹이를
끌어올려 공중으로 던져 받아먹는 특이한 동작을 한다.
생김새가 인디언을 연상시켜 '인디언 새'라 부르기도
한다.

딱따구리목 Order Piciformes

딱따구리과 Family Picidae
전 세계 380종, 남북한 11종
남북한에 서식하는 종은 대부분 텃새이며 산림성 조류
다. 길고 강한 부리와 긴 혀로 나무 속에 있는 곤충 애벌
레를 잡아먹어서 숲속의 외과의사 역할을 하는 익조다.
튼튼한 다리와 강한 꼬리를 나무를 타고 오르는 데 이용
한다. 암수의 머리 색깔로 구별이 용이하다. 개미잡이류
는 생활 형태와 습성이 딱따구리류와 매우 다르며 겨울
철새이거나 일부는 텃새다.

참새목 Order Passeriformes

팔색조과 Family Pittidae
전 세계 29종, 남북한 2종
봄철에 도래하여 여름을 보내는 여름철새로 산림성 조

류다. 여러 색깔로 아름다운 형태를 갖추고 있으나 개체
수가 빈약하여 모습을 찾아보기 어렵다. 습기가 많고 울
창한 산림에서 서식하며, 긴 다리를 이용하여 낙엽더미
속의 지렁이와 곤충의 유충 등을 잡아먹는다.

종다리과 Family Alaudidae
전 세계 76종, 남북한 6종
텃새와 길잃은새, 겨울철새, 나그네새 등 다양하다. 대체
로 엷은 갈색 바탕에 짙은 갈색 줄무늬가 있다. 다리가
비교적 길며 뒷발가락의 발톱이 유난히 길다. 주로 농경
지와 초지, 초원, 개활지 등에서 생활하며 식물의 씨앗이
나 곤충류를 주식으로 한다. 번식기에는 수컷이 영역권
을 만들어 다른 개체나 타종의 침입을 막는다.

제비과 Family Hirundinidae
전 세계 74종, 남북한 6종
여름철새이며 일부는 한반도를 중간기착지로 삼아 잠시
머물다 지나가는 나그네새다. 농경지나 하천가를 날아다
니며 곤충류를 잡아먹는 식충성 조류로, 부리는 짧지만
입이 넓어서 먹이를 잡아먹는 데 용이하다. 날개와 꼬리
가 긴데, 꼬리는 두 갈래로 갈라진 연미형으로 방향 전환
이 자유롭다.

할미새과 Family Motacillidae
전 세계 54종, 남북한 17종
여름철새와 겨울철새, 길잃은새 등이 있다. 몸매가 날씬
하고 긴 꼬리를 상하로 움직이는 특징이 있다. 뒷발가락
의 발톱이 유난히 길며 땅 위에서 곤충과 애벌레, 거미류
등을 잡아먹는다.

할미새사촌과 Family Campephagidae
전 세계 78종, 남북한 2종
봄철 한반도 북쪽에 도래하여 번식하고 여름을 보내는
여름철새이자 일부는 잠시 머물다 지나가는 나그네새와
길잃은새다. 산림성 조류로 꼬리가 길며, 날개폭이 좁고
길며 비상할 때 날개 밑면에 붉은색과 황색, 흰색 띠가
보인다. 곤충류를 먹고 암수 구별이 가능하다.

직박구리과 Family Pycnonotidae
전 세계 122종, 남북한 2종
한반도 중부 이남에서 번식하는 텃새로 번식 한계지역
은 황해도 이남이다. 나무열매를 주식으로 삼고 곤충류
와 연체동물, 거미류, 화밀 등을 즐겨 먹는다. 날개의 형
태가 짧고 둥글며 꼬리가 길다. 근래에 개체수가 증가하
고 있다.

때까치과 Family Laniidae
전 세계 70종, 남북한 7종
겨울철새와 이른 여름철새, 길잃은새 등이 있다. 머리가
비교적 크고 꼬리가 길며 다리가 강하다. 부리가 날카롭
고 아래로 휘어 있다. 양서류, 곤충류, 거미류, 설치류, 조
류 등 동물성 먹이를 즐기며, 남은 먹이는 철조망이나 가
시나무에 꽂아 갈무리하는 습성이 있다. 단독생활을 즐
긴다.

여새과 Family Bombycillidae
전 세계 8종, 남북한 2종
겨울철새다. 머리에 있는 부드럽고 긴 관모와 짧은 꼬리
끝에 있는 붉은색과 황색 가로띠로 종을 구별할 수 있
다. 해에 따라 도래하는 개체수 변화가 심하며 침엽수
종자, 향나무·쥐똥나무 등의 열매와 곤충류를 먹는다.
번식지가 러시아 극동부에 국한되어 있어 번식에 대한
자료가 부족하다.

물까마귀과 Family Cinclidae
전 세계 5종, 남북한 1종
한반도 전역에서 쉽게 볼 수 있는 텃새다. 개울 상류의
맑은 물 또는 산간 계곡의 맑은 물에서 먹이를 구하며
생활한다. 수서곤충류, 날도래목 유충, 딱정벌레목과 파
리목의 성충을 먹이로 삼는다. 기름샘이 발달하여 깃이
젖지 않고 물속을 잠수하면서 먹이를 사냥할 수 있다

굴뚝새과 Family Troglodytidae
전 세계 59종, 남북한 1종
사계절 내내 한반도에 정착하여 살아가는 텃새다. 소형종
으로 몸이 둥글고 짧은 꼬리가 위로 치켜져 있으며 날개
도 둥글고 짧다. 몸통은 짙은 다갈색에 어두운 적갈색을

띠며 어깨깃에 가는 갈색 줄무늬가 있다. 나무뿌리 밑이
나 바위틈에 둥지를 짓고 번식하며 암수 구분이 어렵다.

바위종다리과 Family Prunellidae
전 세계 13종, 남북한 2종
한반도 북부지역에서 많은 개체수가 번식하고 있는 텃
새다. 남부지역에는 늦가을에 적은 무리가 월동을 위해
남하한다. 주로 바위나 암반으로 이루어진 경사진 곳에
서 생활한다. 먹이로는 곤충류와 거미류, 식물의 씨앗을
즐긴다. 중앙아시아와 유럽 남부, 히말라야, 중국 북서
부, 몽골 등 분포권이 넓다. 암수 구분이 어렵다.

지빠귀과 Family Turdidae
전 세계 304종, 남북한 36종
여름철새, 나그네새, 겨울철새, 길잃은새, 텃새 등 계절
별로 소형종과 중형종에 이르기까지 다양한 새가 한반
도를 찾는다. 곤충류를 먹이로 즐기는 식충성 조류로, 땅
위에서 주로 먹이를 구한다. 암수 구별이 뚜렷하며 대체
로 아름다운 목소리를 내는 명금류다.

꼬리치레과 Family Timaliidae
전 세계 255종, 남북한 1종
북한 전역에 걸쳐 적지 않은 무리가 번식하고 겨울철에
는 평지로 내려오는 비교적 드물지 않은 텃새로, 중부 이
남에서는 거의 찾아보기 어렵다. 지빠귀와 체형이 흡사
하지만 날개가 둥글고 짧은 편이다. 관목이 있는 덤불,
너른 풀밭, 야산의 숲에 산다. 다양한 음색으로 아름다운
소리를 내므로 중국에서는 가정에서 즐겨 기른다.

뱁새(붉은머리오목눈이)과 Family Panuridae
전 세계 19종, 남북한 2종
텃새 또는 겨울철새. 체구가 작고 꼬리가 길며 부리가
짧고 두껍다. 물가의 갈대숲이나 관목에서 생활하는 종과
덤불에서 지내다가 번식기가 지나면 무리를 지어 생활하
는 종이 있다. 곤충류, 거미류, 식물의 씨앗을 즐겨 먹는다.

휘파람새과 Family Sylviidae
전 세계 399종, 남북한 33종
여름철새, 길잃은새, 겨울철새, 나그네새 등 다양하다. 곤

충이나 거미류를 주식으로 하는 소형종이다. 온몸의 깃털색은 녹색 또는 갈색을 띠며 대부분 아름다운 소리를 내는 명금류다. 주로 산림, 하천가 풀숲, 습지의 갈대밭에서 생활한다.

딱새과 Family Muscicapidae
전 세계 150종, 남북한 11종
한반도 전역에서 사계절 내내 터를 잡고 사는 텃새와 여름철새, 길잃은새, 봄철과 가을철에 잠시 머물다 지나가는 나그네새 등 여러 종류가 있다. 색상이 매우 다양하며, 수컷이 화려하고 아름다운 종이 많다. 주로 곤충류와 나무열매를 먹으며, 부리 주변에 강모(剛毛)가 있어 곤충을 포획하는 데 도움을 준다.

까치딱새(긴꼬리딱새)과 Family Monarchidae
전 세계 132종, 남북한 2종
여름철새와 길잃은새가 있다. 머리에 관모가 있으며 유난히 꼬리가 긴 것이 특징이다. 암컷의 꼬리가 수컷에 비해 매우 짧아서 암수 구별이 용이하다. 수컷은 꼬리깃 중간에 긴 꼬리 2개가 길게 늘어져 있다. 숲이 울창하고 습한 곳에 서식하며 곤충류와 거미류를 잡아먹는다.

오목눈이과 Family Aegithalidae
전 세계 8종, 남북한 1종
한반도 전역에서 흔히 볼 수 있는 텃새로 체형이 뱁새와 유사하다. 부리가 짧고 강하며 꼬리가 긴 산림성 조류다. 북한에 서식하는 아종인 흰머리오목눈이는 겨울철에 남하하여 드물게 관찰된다. 곤충류와 거미류, 식물의 씨앗이 주식이다.

갈박새(스윈호오목눈이)과 Family Remizidae
전 세계 10종, 남북한 1종
겨울철새로 일부는 나그네새다. 1980년대에는 을숙도 일대 갈대숲에서 1,000여 마리 이상의 무리가 발견되었다는 기록이 있다. 1950년 출판된 『한국조류명휘』에서 표기한 대로 '스윈호오목눈이'라고 칭하기도 하지만, 갈대밭에서 주로 서식하는 종이므로 '갈박새'로 칭하는 것이 마땅하다.

박새과 Family Paridae
전 세계 54종, 남북한 6종
한반도 전역에서 흔히 볼 수 있는 텃새다. 산림성 소형조류로 산림의 해충을 잡아먹는 대표적인 익조다. 곤충류와 식물의 씨앗이나 열매 등을 주식으로 삼고, 수동이나 딱따구리가 사용했던 둥지, 건물 틈, 인공 새집에 둥지를 튼다. 겨울철에는 다른 소형 조류와 혼성하여 무리를 이룬다. 세계적으로 널리 분포한다.

동고비과 Family Sittidae
전 세계 25종, 남북한 2종
1종은 한반도 전역에서 흔히 볼 수 있는 텃새이며 다른 1종은 북한 고산지역에 서식하는 텃새로 겨울철에는 한반도 중부 이남에서도 월동하는 개체가 매우 드물게 관찰된다. 발가락으로 나무줄기를 위아래로 자유롭게 기어다니는 소형 조류다. 사찰 주변에서 자주 목격되며 활엽수림과 잡목림, 혼효림에서 주로 생활한다.

나무발발이과 Family Certhiidae
전 세계 7종, 남북한 1종
겨울철새이며 한반도 북부지역에서는 흔하지 않은 텃새로 겨울철에는 월동을 위해 남부지역으로 이동한다. 체형이 가늘고 날씬한 산림성 조류다. 부리가 가늘고 길며 아래로 휘었고 다리는 가늘고 발가락이 길고 강해서 나무줄기를 오르내리며 먹이를 찾는다. 암수가 흡사하다.

동박새과 Family Zosteropidae
전 세계 85종, 남북한 2종
한반도 중부 이남 도서지역인 제주도, 울릉도, 거제도 등지에서 사계절 볼 수 있는 텃새로 동백꽃 개화기에 흔히 볼 수 있다. 다른 1종은 학자에 따라 길잃은새 또는 나그네새로 기록하기도 한다. 소형종으로 주로 나무에서 생활한다. 온몸의 깃털이 녹색이며 흰색 눈테가 특징이다. 암수 구분이 어렵다. 동백꽃과 매화꽃 꿀과 곤충류, 진드기류, 거미류, 연체동물(복족류), 식물의 열매를 먹는다.

멧새과 Family Emberizidae
전 세계 583종(유럽 280종), 남북한 26종
대부분 겨울철새, 길잃은새, 나그네새와 텃새 등이다. 갈색을 띤 소형 조류로 검은색 줄무늬가 있다. 원추형 부리는 씨앗이나 알곡의 껍질을 까는 도정기 역할을 한다. 주로 땅 위에서 먹이를 구하며 비번식기에는 식물의 종자나 곡물을 먹고 번식기에는 곤충류를 잡아 새끼를 기른다.

되새과 Family Fringillidae

전 세계 124종, 남북한 17종

대부분 겨울철새로, 여름철에는 유라시아 북쪽지역에서 번식하며 월동을 위해 한반도나 남부지역으로 이동한다. 그 밖에 길잃은새, 나그네새, 여름철새 등 다양하다. 주로 산림성 조류로 나무열매나 씨앗 또는 새싹을 즐긴다. 부리는 종자의 껍질을 벗길 수 있는 원추형이며 꼬리는 오목형이다.

참새과 Family Ploceidae

전 세계 161종, 남북한 3종

대부분 마을 근처에서 인간과 함께 생활하는 텃새다. 소형종으로 부리가 굵고 깃털은 갈색이며 다리가 짧고 강하다. 지표면에서 먹이를 구하며 농작물의 낟알, 씨앗, 나무열매, 곤충류와 애벌레를 먹는다. 섬참새는 울릉도 동북쪽 나리분지의 농경지에서 흔히 볼 수 있다. 제주도에서도 관찰되는데, 겨울에는 보이지 않다가 여름에만 관찰되므로 일부 학자는 여름철새로 기록한다.

납부리새과 Family Estrildidae

전 세계 135종, 남북한 1종

구대륙 열대지역과 오스트레일리아에 주로 분포하며, 한반도에서는 남해와 서해 도서지역에서 관찰되는 길잃은새다. 농경지나 풀밭이 조성된 관목림, 정원, 공원 등지에서 생활하며 식물의 씨앗, 새순, 열매, 곤충류를 먹는다. 암수가 흡사하다.

찌르레기과 Family Sturnidae

전 세계 108종, 남북한 7종

이른 봄철 한반도로 도래하여 여름을 보내는 여름철새이며 일부는 길잃은새다. 부리가 가늘고 긴 편이며 긴 다리로 지표면을 걸어 다니면서 곤충류와 연체동물, 양서류, 농작물의 낟알, 과일, 나무열매를 즐겨 먹는다. 군집 생활을 한다.

꾀꼬리과 Family Oriolidae

전 세계 26종, 남북한 1종

봄철에 한반도에 도래하여 여름철을 풍요롭게 하는 대표적인 여름철새다. 눈부신 황금색과 아름답고 특이한 노랫소리가 만산에 울려 퍼져 싱그러운 여름을 알린다. 부리가 붉고 긴 편이며 아래로 굽어 있다. 나무 위에서 생활하며 곤충류와 거미류, 식물의 열매를 즐긴다. 수컷은 짙은 황금색을 띠므로 구별하기 용이하다. 모성애가 극히 강하다.

바람까마귀과 Family Dicruridae

전 세계 22종, 남북한 3종

길잃은새다. 물결 모양으로 날며 전신줄 위에 앉아 있다가 날아다니는 곤충을 잡아먹은 뒤 다시 제자리로 돌아온다. 꼬리가 길며 회색 깃이 있는 것을 제외한 모든 종은 금속광택이 나는 검은색이다. 개활지와 목초지, 농경지, 대나무 숲, 관목림에서 주로 생활하며 암수 구별이 어렵다.

숲제비과 Family Artamidae

전 세계 10종, 남북한 2종

길잃은새로 아시아 동남부, 인도차이나반도, 오스트레일리아 일대에 분포하는 군집성 조류다. 제주도 산악 절벽에서 번식한 기록이 있으나 아직 확인된 자료는 없다. 제비처럼 비행에 능숙하며 날아다니는 곤충을 잡아먹는다. 산악 절벽이나 나뭇가지에 둥지를 튼다. 암수 구별이 어렵다.

까마귀과 Family Corvidae

전 세계 110종, 남북한 11종

대부분 텃새이며 길잃은새, 겨울철새 등이 있다. 지능이 높고 무리를 지어 생활한다. 중형 또는 대형 조류로 소형 포유류와 양서류, 파충류, 어류, 조류의 알, 연체동물, 농작물, 나무열매, 과일 등을 먹는 잡식성이다. 인가 근처부터 고산지역에 이르기까지 다양한 환경에서 적응하며 살고 있다. 암수 구별이 어렵다.

일러두기

1 이 책은 한반도에서 볼 수 있는 모든 새(텃새, 철새, 나그네새, 길잃은새)에 대한 도감으로, 총 18목 74과 540종을 실었다. 국내 미기록종인 푸른머리되새(2016년 10월 전라남도 신안군 흑산도에서 암컷 1개체 발견), 회색숲제비(2009년 6월에 서해 도서지역인 인천광역시 옹진군 소청도에서 관찰) 등을 추가로 포함했다.

조류는 진화 과정을 근거로 하는 유연관계를 기준으로 계통별로 분류하는 외에 생태적 습성과 진화에 따른 제반 조건에 따라 분류하는 등 수많은 방법을 종합하여 분류하고 있다. 전 세계에서 기록된 종은 26목 157과(20아과) 1,984속 9,021종이며 아종까지 합하면 2만 6,690종이나 된다. 나라마다 학자마다 견해 차이는 있으나 대략 9,800종이라는 주장도 있다.

한반도에서 기록된 종은 2000년 기준으로 18목 72과 450종이라고 하는데, 검증해볼 여지가 있고 남북한 차이도 있다. 분류에 대한 학자 간 생각의 차이는 물론, 발견된 종과 미발표종을 합하면 많은 종이 새롭게 등장할 것이다.

2 새의 이름은 남한명, 북한명, 학명, 영문명을 함께 수록했다. 학명과 영문명은 국제적으로 통용되는 표준명을 따랐으며, ( ) 속 표기는 양쪽 다 통용되는 것을 의미한다. 우리말 새 이름에서 사리에 맞지 않는 잘못된 이름은 바로잡았다. 이들 상당수가 일본 새의 이름을 그대로 번역했기 때문이다. 이름을 잘못 붙이면 새의 형태와 특성을 파악하는 데 혼란을 일으킨다. 개명한 세세한 근거를 현황 항목에 제시하고 구명도 함께 표시했다. 바로잡은 우리말 새 이름은 다음과 같다.

앨버트로스 → 신천옹, 슴새 → 섬새, 붉은머리오목눈이 → 뱁새, 흰뺨검둥오리 → 터오리, 뒷부리도요 → 뒷부리도요, 힝둥새 → 숲밭종다리, 큰개구마리 → 큰때까치, 스윈호오목눈이 → 갈박새, 검은머리갈매기 → 검은부리갈매기, 제주휘파람새 → 섬휘파람새, 적원자 → 붉은양진이, 사할린송원자 → 솔양진이, 논병아리 → 농병아리, 매사촌 → 매뻐꾸기, 헨다손매 → 옆줄무늬매, 해오라기 → 해오라비, 삼광조 → 긴꼬리딱새, 별삼광조 → 붉은긴꼬리딱새

3 세밀화는 각 종별로 수컷, 암컷, 아성조, 어린새, 여름깃, 겨울깃, 변환깃, 나는 모양, 특징 있는 자세 등을 그렸다. 야외에서 유사종과 구별하는 데 도움이 되는 뚜렷한 특징을 화살표로 표시했다.

4 종별로 새의 형태, 노랫소리, 생활권, 산란처, 분포권, 먹이, 현황 순으로 해설했다. IUCN(국제자연보전연맹)과 환경부 지정 멸종위기종 등 개체수에 따른 보호 기준을 밝혔다.

또한 개체수에 따른 도래 현황을 많음(abundant)─흔함(common)─흔하지 않음(uncommon)─적음(scarce)─희귀함(rare) 순으로 표기했다.

천연기념물, 환경부 지정 멸종위기 야생생물 Ⅰ,Ⅱ급, 국제자연보전연맹 적색목록(IUCN Red list) 가운데 절멸(EX, Extinct)─야생절멸(EW, Extinct in the Wild)─위급(CR, Critically Endangered)─위기(EN, Endangered)─취약(VU, Vulnerable)─준위협(NT, Near Threatened) 또는 멸종위기에 처한 야생동식물종의 국제거래에 관한 협약(CITES) Ⅰ,Ⅱ에 해당하는 종은 이를 함께 표시했다.

5 세밀화와 함께 야외에서 촬영한 원색 사진을 실어 생생하고 다양한 새의 모습을 볼 수 있게 했다. 붉은부리까마귀, 바람까마귀, 검은바람까마귀, 흰점찌르레기 등은 최초로 촬영된 것이다. 여러분의 도움을 받아 희귀한 사진들로 도감이 더욱 풍성해졌다. 귀한 사진을 제공해주신 분들께 진심으로 감사드린다.

박종길(국립공원관리공단 연구직): 참매, 벌매, 비둘기조롱이, 붉은가슴밭종다리, 흰꼬리딱새, 무당새, 흰점찌르레기, 검은바람까마귀, 바람까마귀 외

이규열(생태사진작가, 시베리아트립): 뿔농병아리, 황새, 크낙새, 두루미 외

김수만(생태사진작가): 흰눈썹황금새, 팔색조, 녹색비둘기 외

김현태(서산여자고등학교 생물교사, 남극조류 도둑갈매기 생태조사): 장다리물떼새 외

오홍식(제주대학교 교수): 은빛머리찌르레기, 먹황새 외

김연수(『문화일보』 사진부장): 느시 외

박진영(국립환경연구원): 저어새 외

이상학(강원일보 사진부장): 물수리 외

6 용어 풀이

- **겨울깃**(冬羽, Winter Plumage): 비번식깃과 같은 말로, 번식과 관계없는 깃털 색을 뜻한다. 여름깃과 겨울깃의 차이가 없는 종도 많다.

- **겨울철새**(冬鳥, Winter Visitor): 봄부터 여름에 걸쳐 주로 시베리아 등지에서 번식하고 가을에 한반도를 찾아와 겨울을 나며 봄이 되면 북쪽으로 돌아가는 새. 대표적인 새로는 기러기류, 오리류, 고니류, 두루미류 등이 있다.

- **길잃은새**(迷鳥, Vagrant): 태풍 등의 영향으로 다른 새의 무리에 합류하거나 또는 단독으로 본래의 이동 경로나 분포지역으로부터 떨어져 찾아온 새. 신천옹, 흰머리기러기, 쇠재두루미 등이 대표적이다.

- **깃축**(羽軸): 깃털을 지지하는 축.

- **깃털갈이**(Moult): 마모되거나 오염된 깃털이 빠지고 새 깃털이 나는 현상. 계절과 나이에 따라 깃털갈이를 하며, 종마다 방식이 다르다. 많은 종이 번식을 위해 화려한 여름깃(번식깃)을 가졌다가 번식 후에는 눈에 잘 띄지 않는 겨울깃(비번식깃)으로 깃털갈이를 한다. 반면 2년 이상 깃털갈이를 하지 않는 종도 있다.

- **꼬리깃**(Tail Feathers): 꼬리에 난 깃털. 날 때 몸의 회전, 균형, 속도를 조절한다.

- **꼬리덮깃**(Tail coverts): 꼬리깃을 감싸는 깃털. 몸을 감싸 유선형으로 만들어준다. 위에 있는 깃털은 위꼬리덮깃, 아래에 있는 깃털은 아래꼬리덮깃이다.

- **나그네새**(通過鳥, Passage Migrant): 한반도 북쪽에서 번식하고 한반도 남쪽에서 겨울을 나는 새로서 한반도는 봄과 가을에 북상 또는 남하하기 위해 거쳐 간다. 도요

나 물떼새류가 대표적이다.

- **날개덮깃**(Wing coverts): 날개 앞쪽에서 날개를 감싸서 날개 전체를 유선형으로 만들어주는 깃.

- **날개편길이**(翼開長, Wing-span): 날개를 펼쳤을 때, 날개의 한쪽 끝에서 다른 쪽 날개 끝까지의 길이.

- **납막**(蠟膜, Cere): 윗부리 기부를 덮고 있는 부드럽고 불룩한 부분. 매류, 수리류, 멧비둘기류 등에 있다.

- **만성성**(晩成性, Altricial): 부화했을 때 몸에 깃털이 없거나 약간의 솜털만 나 있으며 눈이 감겨 있고 걸을 수 없어서 둥지에서 어미새의 돌봄을 받아야 하는 새끼새. 맹금류, 산새류가 속한다.

- **머리깃**(Crest): 머리 부분에 난 긴 깃털. 끈 모양으로 길게 밑으로 처진 것, 위로 바로 선 것 등 여러 형태가 있다.

- **몸길이**(全身, Total Length): 새의 부리 끝에서부터 꼬리 끝까지 수평선상의 길이.

- **몸의 윗면**(Upperparts), **아랫면**(Underparts): 대체로 눈과 날개를 연결한 선을 경계로 몸의 윗면과 아랫면으로 구별한다. 머리와 몸의 윗면이라고 할 때는 등, 어깨깃, 날개, 허리 등을 말한다.

- **미기록종**(未記錄種): 다른 나라에서 학술적으로 관찰 근거와 자료가 있지만 한반도에서는 처음 관찰되어 학술적 자료가 전혀 없었던 종.

- **범상**(帆翔, Soaring): 날개를 편 채 날갯짓을 하지 않고 상승 기류를 이용하여 날아가는 방법을 말한다. 대형 바닷새나 수리류에게서 많이 관찰된다.

- **변환깃**(Eclipse): 오리류 수컷처럼 번식깃은 화려하나 번식이 끝난 뒤부터 다시 번식쌍을 이룰 때까지 암컷과 같은 수수한 색깔이 되는데 이것을 변환깃이라고 한다. 몸의 색깔은 암컷과 전혀 구별할 수 없는 경우도 있지만, 부리의 색이나 날개 패턴은 암컷과 구별되기도 한다.

- **부리기부**: 머리와 부리가 만나는 부분.

- **어린 새끼**(雛, Chick): 부화하여 깃털을 모두 갖출 때까지의 새끼새. 대개 둥지를 떠나기 전까지를 말한다.

- **아성조**(亞成鳥, Immature): 첫 깃털갈이를 마치고 어미새가 되기 전의 새. 대개 어미새보다 깃털 색이 흐리거나 어둡다. 미성숙새라고도 한다.

- **어린새**(幼鳥, Juvenile): 부화하여 솜털을 벗고 깃털을

날개편길이

몸길이

갖춘 뒤부터 첫 번째 깃털갈이(대부분 첫 번째 겨울깃)
를 하기까지의 새.

- **어미새**(成鳥, Adult): 웬만큼 자라서 깃털갈이를 해도
  깃털 색에 큰 변화가 일어나지 않는 시기에 다다른 새.
  성적으로 번식능력이 있는 새.
- **여름깃**(夏羽, Summer Plumage): 번식깃과 같은 의미로
  번식에 관계가 있는 깃털을 말한다.
- **여름철새**(夏鳥, Summer Visitor): 봄에 동남아시아 등 남
  쪽으로부터 찾아와 한반도에서 번식하고 가을에는 다
  시 남쪽으로 이동하는 새다.
- **육추**(育雛, Parental Care): 조류의 어버이새가 어린 새끼
  를 돌보며 기르는 것.
- **이마판**(額板, Frontal Shield): 윗부리부터 이마까지 깃털
  없이 딱딱한 부분. 물닭, 쇠물닭 등에게 있다.
- **이소**(移巢): 어린새가 둥지를 떠나는 시점 또는 떠나
  는 것.
- **장식깃**(Nuptial Plumage): 번식기에 나타나는 깃털. 수컷
  이 더 화려한 경우가 많다. 구애와 과시, 위협용으로
  쓰인다.
- **정지비행**(Hovering): 새가 빠르게 날갯짓을 하면서 공중
  의 한 지점에 머무르는 것. 먹이를 잡기 위해 지면 또
  는 수면을 주시한다. 물총새, 때까치, 황조롱이 등에게
  서 관찰된다.
- **조성성**(早成性, Precocial): 부화하자마자 몸에 솜털이
  나 있고 바로 눈을 뜨고 걸을 수 있는 어린 새끼. 닭,
  꿩, 메추라기 등에서 관찰된다.
- **탁란**(托卵, Brood Parasitism): 다른 새의 둥지에 알을 낳
  아 새끼를 키우게 하는 행동 방식. 뻐꾸기류에서 주로
  나타난다.
- **텃새**(留鳥, Resident): 일정 지역에서 1년 내내 관찰되
  는 종.
- **판족**(瓣足, Lobate): 물갈퀴처럼 전체가 연결된 것이 아
  니라 발가락마다 독립된 막이 있는 발. 물닭, 농병아
  리, 지느러미발도요 등에게 있다.
- **포란**(抱卵, Incubation): 알을 품는 것.
- **활공**(滑空, Gliding): 새가 날갯짓을 하지 않고 공중을
  나는 것. 에너지 소모를 줄이는 비행 방식이며 신천
  옹, 독수리, 황새, 군함조 등 대형 조류에게서 자주 관
  찰된다.

새의 부위별 명칭

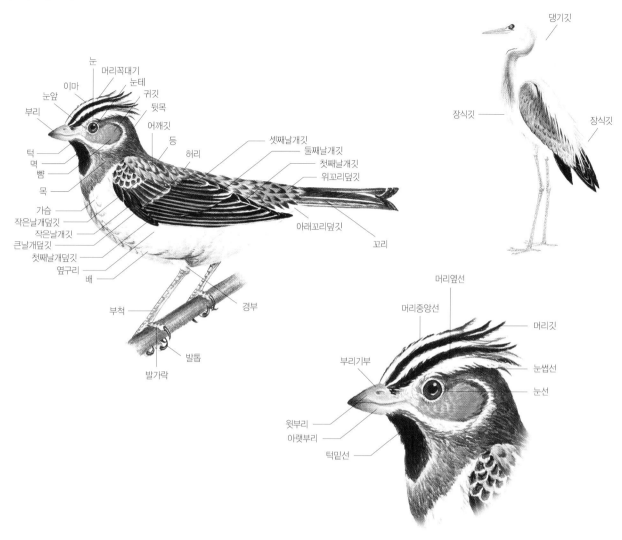

날개깃의 부위별 명칭

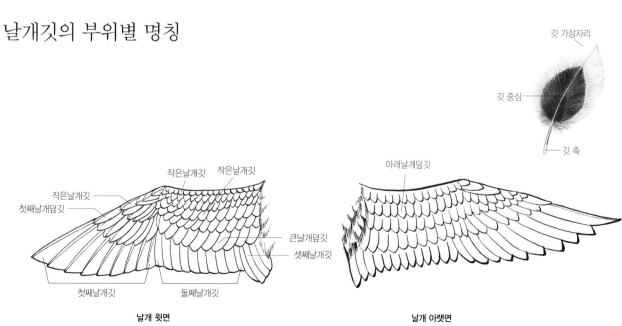

날개 윗면

날개 아랫면

새를 식별하는 방법

- **크기와 형태** 우리가 잘 알고 있는 새와 크기를 비교해본다.

- **몸의 생김새** 콩새처럼 통통한지, 제비처럼 날씬한지를 비교해본다.

- **부리의 크기와 생김새** 부리가 짧은지 긴지, 굵은지 가는지, 곧은지 굽었는지를 비교해본다.

꾀꼬리   밀화부리   새매   중부리도요

호반새   쏙독새   참새

• 꼬리의 길이와 생김새 꼬리의 특색을 살펴본다.

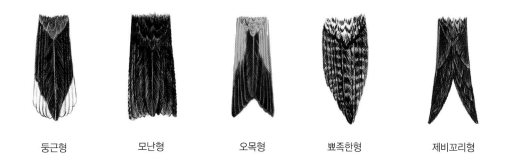

둥근형　　모난형　　오목형　　뾰족한형　　제비꼬리형

• 날개의 형태 날개가 긴지 짧은지, 날개 끝은 둥근지를 비교해본다.

• 머리 모양 눈이나 머리꼭대기를 지나는 선이 있는지, 눈테가 있는지 살펴본다.

눈선 있음　　눈선 없음　　눈테 있음

얼굴선　　머리선

•몸과 날개의 무늬 등이나 날개에 무늬나 줄이 있는지, 가슴과 배 부분이 어떤 색을 띠는지,

줄무늬, 얼룩무늬, 점무늬 등이 어떻게 다른지를 관찰한다.

알락할미새   종다리   노랑딱새 수컷(위)과 암컷   흰점찌르레기

•앉아 있을 때의 자세 앉아 있을 때의 자세가 수직에 가까운지 수평인지, 위로 오르는지 거꾸로 앉아 있는지를 살펴본다.

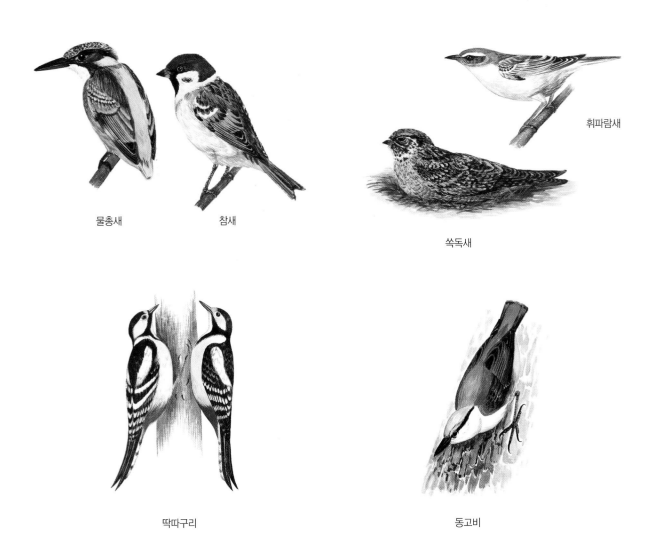

물총새   참새

휘파람새

쏙독새

딱따구리   동고비

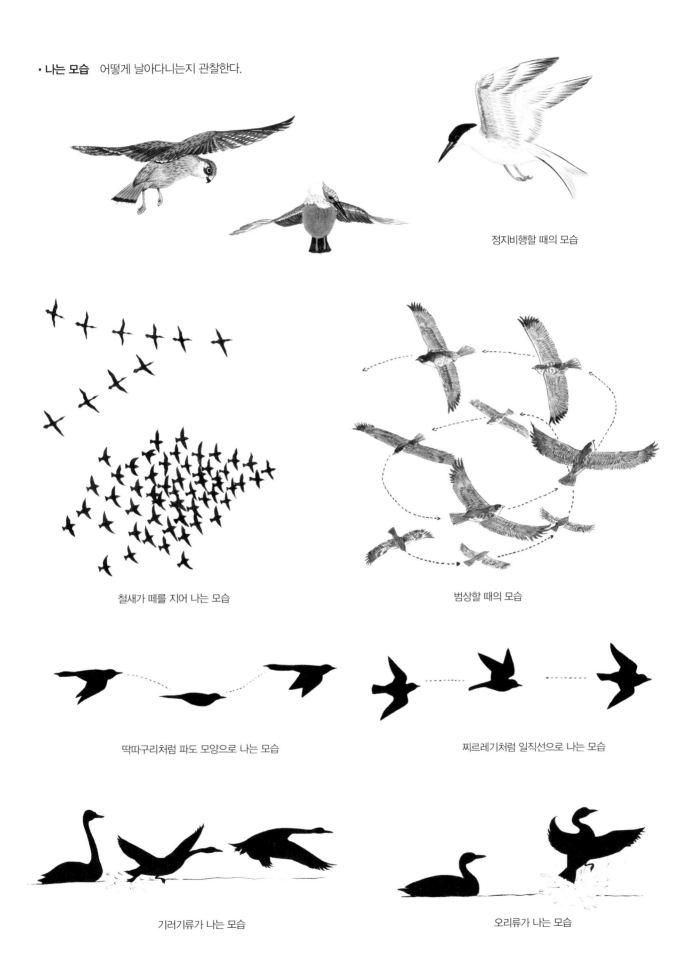

• **나는 모습** 어떻게 날아다니는지 관찰한다.

정지비행할 때의 모습

철새가 떼를 지어 나는 모습

범상할 때의 모습

딱따구리처럼 파도 모양으로 나는 모습

찌르레기처럼 일직선으로 나는 모습

기러기류가 나는 모습

오리류가 나는 모습

49

아비목

한반도에 도래하는 4종 모두 겨울철새다. 체구가 큰 편이고 겨울깃과 여름깃이
아주 다르다. 물갈퀴가 있고 물속에서 어류, 갑각류 등을 잡아먹는 대표적인
잠수성 조류로 영미권에서는 '잠수부'(diver)로 불린다. 다리가 퇴화하여 육지에서
뒤뚱거리므로 '절름발이'를 뜻하는 고대 스칸디나비아어 롬(lomr)에서 유래한
룬(loon)으로도 불린다. 수심 100m쯤 내려갈 수 있고, 평균 45초 이상 물속에 머무를
만큼 잠행 능력이 뛰어나다. 물속에서는 눈을 목표물에 고정한 채 발로 추진력을
얻으면서 날개의 도움으로 방향을 전환하여 먹잇감을 쫓는다.

아비

북한명 | 붉은목다마지
Gavia stellata
Red-throated Diver (Red-throated Loon)

■ 겨울철새 ■ 적음

몸길이 530~680mm **몸무게** ♂1,887g ♀1,652g
부리 67~70mm **날개** 282~275mm **꼬리** 52~64mm **부척** 76~84mm
분포권 북반구의 그린란드, 아이슬란드, 북아메리카, 유라시아
남한 남해안 일대, 동해 연안
북한 함경남도, 강원도, 평안남도 청천강, 서해안

도래 시기[월] 1 2 3 4 5 6 7 8 9 **10 11 12**

형태 아비과 중에서 가장 작고 날씬한 종이다. 부리는 가늘고 날카로우며 약간 위로 비스듬히 올라가 있다. 부리 기부 위쪽에 콧구멍이 길게 뚫려 있다. 등쪽 깃털이 전부 회색이지만, 겨울철에는 수컷의 얼굴과 목이 짙은 회색으로 변하고 등과 날개덮깃에는 흰색 둥근 반점이 서리처럼 내려앉는다. 번식기가 되면 수컷의 앞목 부분에 긴 직사각형의 붉은 고동색 반점이 생겨 암컷의 관심을 유도한다. 또한 뒷머리 상단에서 목 뒷면을 타고 흘러내리는 검은색 줄무늬가 선명하게 빛을 발한다.

노랫소리 다른 아비과 새들이 내는 소리와 달리 보통 저주파 음을 내는 물새류와 흡사하다. 아비의 소리를 '꽉꽉', 물새들의 소리는 '칵칵'으로 분류해 묘사하지만 사실 두 종의 소리는 비슷하다. 번식기가 되면 '가가가 갓', 때로는 '에르르'와 같은 요란한 소리를 낸다.

생활권 번식기에는 주로 담수호에서 생활하며, 한반도에 도래한 겨울철에는 연해 수역에 거주한다. 다른 아비과의 새들은 수면에서 한참 동안 물을 박차고 달린 후에야 날아오를 수 있지만 아비는 면적이 좁은 수역에서도 사뿐하게 날아오를 수 있다. 그 덕분에 아비는 좁은 못, 호수, 물가, 해안가를 생활권으로 즐겨하며 10m² 정도의 좁은 수역에서도 불편 없이 지낼 수 있다.

번식 번식기는 5~7월이다. 이때가 되면 산란기로 접어든다. 물가 주변의 평지에 부드러운 풀을 모아 둥근 접시형 산좌를 마련하고 보통 2개의 알을 낳는다. 알의 색깔은 갈색 또는 올리브색 등으로 다양한 편이며, 갈색 반점이 있다는데 이는 알을 보호하기 위한 위장 전술이다. 평균 알의 크기는 74mm, 무게는 82.7g이다. 포란은 주로 암컷이 하며 포란 기간은 26~28일 정도다. 육추는 암수가 함께 하며 육추 기간은 43일 정도다.

먹이 어류, 연체동물, 파충류, 갑각류, 곤충의 성충과 유충.

현황 겨울철새로 한반도의 남쪽 바다와 북한의 동해 연안과 서해 연안에서 적은 수(2~4마리)가 매년 목격되고 있다. 지난 10년 동안 전 세계적으로 개체수가 감소하고 있다.

겨울깃

여름깃

겨울깃

큰회색머리아비

북한명 | 푸른목다마지
Gavia arctica
Black-throated Diver

■ 겨울철새 ■ 희귀함

형태 머리 깃털이 엷은 회색이며, 양쪽 옆목에서 흘러내린 흰색 깃털이 다발을 이루며 내려와 등선에서 멈춘다. 턱밑에서 폭 넓게 내려온 청록색 목은 가슴선에서 멈추고 배 밑의 넓은 흰색 부분은 등쪽의 암회색과 대비되어 유난히 밝게 빛난다. 겨울철이 되면 등허리는 순회색, 머리는 회색으로 변하고, 목과 배, 옆구리에 작은 흰색 반점이 생긴다. 번식기의 수컷은 앞목과 어깨 깃털에 정렬된 흰색 반점이 눈부시게 빛난다.

노랫소리 보통은 '가가, 가-' 하고 울며, 산좌에 접근하면 '우, 우, 루, 우, 리이-' 하고 경계음을 낸다. 번식기에는 암수가 함께 노래한다.

생활권 가장 선호하는 번식지역은 한적한 만구(灣口)와 어족 자원이 풍부한 담수호다. 작은 규모의 수역에도 아쉬운 대로 머물 수 있지만 큰 수역을 필요로 해 최소 5ha 규모의 담수호에 모인다. 연안 수역에 머무는 시간이 훨씬 많으며 모이는 규모도 크다.

번식 2개의 아종이 있다. 북방 아종은 서유럽에서 번식하며, 큰회색머리아비와 회색머리아비 아종은 시베리아 북부에서 번식한다. 소수는 알래스카에서도 번식한다. 산란기는 5~7월로, 연안에서 교배하며 산란 수는 2개다. 알은 녹색과 올리브색에 검은 반점이 있고, 크기는 85mm 정도다. 포란은 주로 암컷이 하며 기간은 28~30일 정도다. 부화 간격은 24시간을 넘지 않으며 두 번째 알이 첫 번째 알보다 부화시간이 짧다. 부화한 새끼들 사이에 어미의 보호와 먹이를 둘러싼 치열한 경쟁이 벌어지는데, 그 결과 나중에 부화된 새끼가 자주 희생된다. 육추는 암수가 함께 하며 육추 기간은 60~65일 정도다. 부화 후 새끼는 둥지 주변에서 보온과 안전상 필요에 의해 어미의 날개 밑에 숨거나 등에 올라타 지낸다. 2주간 어미에게 극진한 보호를 받으면서 주로 단거리 유영만 하다가, 8~9주 후 어미 곁을 떠난다.

먹이 어류가 주식이며, 가재류, 수서곤충의 유충도 먹는다.

현황 매년 개체수가 감소하고 있다.

몸길이 600~700mm **몸무게** 2,500~3,500g
부리 67~70mm **날개** 282~275mm **꼬리** 297~326mm **부척** 76~84mm
분포권 스칸디나비아반도, 그린란드 등 북유럽, 러시아 북부 시베리아 일대와 툰드라 지역, 캐나다
　　　　남한 강원도 고성군, 속초시, 강릉시, 동해시 등 동해안 일대
　　　　북한 함경남도 북청군, 평안남도 증산군
도래 시기[월] 1 2 3 4 5 6 7 8 9 **10 11 12**

여름깃

겨울깃

겨울깃

53

회색머리아비

북한명 | 짧은부리다마지
Gavia pacifica
Pacific Diver (Pacific Loon)

■ 겨울철새 ■ 흔치 않음

몸길이 650~690mm **몸무게** 3,600g
부리 49~62mm **날개** 275~316mm **꼬리** 55~66mm **부척** 65~72mm
분포권 러시아 사할린 연안, 시베리아 북부, 캄차카반도, 쿠릴열도,
　　　　　아무르강, 바이칼호, 스칸디나비아반도, 캐나다 브리티시컬럼비아,
　　　　　허드슨만, 멕시코 연안, 미국 알래스카, 일본, 중국
　　　　남한 동해안, 남해안, 서해안 일대
　　　　북한 자료 없음
도래 시기[월] 1 2 3 4 5 6 7 8 9 10 11 12

여름깃

형태 아비류 중에서 몸집이 육중한 편이다. 부리가 곧고 흑갈색을 띤다. 다리 안쪽은 살색이며, 바깥쪽은 검다. 겨울깃은 아비와 흡사한데 등은 짙은 암갈색이고 배는 순백색이다. 여름깃은 암수 모두 머리에서 뒷목까지 회색을 띤 회갈색이며, 앞목은 암청색이다. 등의 흰색 반점이 바둑판처럼 정렬되어 눈길을 끈다. 가슴 옆면은 검은색 줄무늬가 다발을 이루고, 아래꼬리덮깃은 검고 각 깃털의 끝부분이 희다. 회색머리아비는 최근 시베리아에서 큰회색머리아비와 같은 지역에서 번식한다는 사실을 발견하기 전까지는 큰회색머리아비의 아종으로 여겨졌다. 눈여겨 관찰하지 않으면 두 종은 매우 흡사하여 구별하기 어렵기 때문이다. 두 종의 차이점은, 회색머리아비의 목 부분에 있는 반점의 광택이 자주색을 띤다는 것이다. 겨울철에 두 종을 구분하는 가장 효과적인 방법은 옆구리의 회색 식우의 유무인데, 회색머리아비는 거의 없으므로 이 점으로 구별이 가능하다.

노랫소리 주로 포란 또는 육추 시 침입자나 약탈자의 접근을 막기 위해 '가가갓갓' 또는 '갓갓과과가가' 하는 경계음을 낸다. 위험수위에 따라 강도가 다르다.

생활권 주로 해안가나 담수지역, 저수지, 소호에서 생활하며 북미지역과 시베리아에도 많은 수가 생활하고 있다. 다른 아비류보다 연안 수역에 머무르는 시간이 훨씬 길고 모이는 무리의 규모도 크다.

번식 시베리아와 알래스카에서 번식한다는 사실이 최근 밝혀졌다. 매년 6~7월경 해안 근처나 습지의 평평한 초지에 산좌를 틀고 갈색이나 녹색 또는 올리브색 바탕에 검은색 반점이 있는 알을 2~3개 정도 낳는다. 포란은 주로 암컷이 하며 포란 기간은 28일 정도다.

먹이 어류, 갑각류, 연체동물, 극피동물(해삼, 멍게, 불가사리).

현황 월동지인 한반도에 1~2마리 또는 수십 마리가 떼를 지어 오기도 하지만, 최근에는 극소수만 관찰될 뿐이다. 북한에서의 기록이 전무한 것으로 보아 남한에만 도래하는 듯하다

겨울깃

겨울깃

54

흰부리아비

북한명 | 흰부리다마지
Gavia adamsii
Yellow-billed Diver (Yellow-billed Loon)

■ 겨울철새
■ 흔치 않음, IUCN Red List NT

형태 다섯 종의 아비류 중 몸집이 가장 크다. 번식기의 모습은 검은 부리아비와 흡사하지만 깃털 색이 다르다. 등에 있는 직사각형의 흰 점무늬가 검은부리아비보다 세 줄 적지만, 반점은 더 크다. 배는 순백 색이며 옆구리, 등, 어깨 사이에 흰색 반점이 질서 있게 무늬를 이룬 다. 겨울철에는 눈뒤쪽 깃털에 검은색 반점이 생긴다. 부리는 크고 엷 은 황색을 띠며 윗부리는 끝이 곧으나 아랫부리는 위로 굽어 있다. 홍 채는 붉고, 머리 위쪽이 납작하게 눌려 있어 길어 보인다.

노랫소리 번식기가 오면 '곡곡고- 각각갓' 하며 소리를 낸다.

생활권 해안과 바다, 툰드라 지역, 해안가 호수, 만과 강 하구 등지에 서 생활한다.

번식 산란기는 6~7월이며, 다른 종류의 아비들과 같이 물가, 특히 작 은 섬이나 비탈진 언덕에 둥지를 튼다. 주로 호수에서 번식하지만, 일 부 분포지역에서는 강가에 둥지를 트는 것이 목격되기도 한다. 물가 의 풀이 우거진 땅에 풀과 이끼를 모아 둥지를 틀고, 산좌에는 이끼류 와 마른풀을 깔고 알을 낳는다. 산란수는 2개이며 알의 색은 올리브 색 바탕에 갈색 얼룩점이 있다. 포란은 암수가 함께 하며 포란 기간은 23~25일 정도다.

먹이 어류, 수서생물을 주식으로 삼는다.

현황 한반도에 도래한 횟수는 1~2회로, 동해안에서 드물게 목격되는 희귀조류다.

몸길이 800~850mm　**몸무게** ♂5,750g ♀4,500g

부리 75~96mmm　**날개** 360~400mm　**꼬리** 64~79mm　**부척** 86.5~96mm

분포권 북아메리카와 북유럽, 유라시아 북극권, 미국 알래스카,
　　　오호츠크해 연안, 노르웨이 북부 해안
　　남한 강원도 동해안(채집 기록 2회), 고성군, 동해시, 다대포 일대
　　북한 강원도 통천군(채집 기록 1회)

도래 시기[월] 1　2　3　4　5　6　7　8　9　10　11　12

겨울깃

여름깃

겨울깃

농병아리(논병아리)목

대부분 겨울철새로, 일부 뿔농병아리는 여름철 충청남도 대호와 경기도
시화호에서 집단을 이루어 번식하는 텃새다. 물갈퀴 대신 수영에 적합한
판족이 있다. 깃털이 많고 조밀하며 꼬리 기름샘 분비물로 깃털을 관리한다.
물고기를 잡아먹을 때 자신의 깃털도 함께 먹는다. 이후 깃털을 토해낼 때
물고기와 함께 먹은 기생충도 뱉어낸다. 소화가 덜 된 먹이를 되새김질한다.
약 7,000만 년 전 지구상에 모습을 보인 농병아리류는 생태·생리적으로
물닭과 가장 가까운 근연종이다. '논병아리'라는 명칭 때문에 논〔畓〕에 사는
종으로 인식되지만 명칭과 서식지는 전혀 무관하다. 체모가 매우 짙고
화려하므로 짙을 농(濃)자를 쓴 '농병아리'로 개칭해야 한다.

농병아리 논병아리

북한명 | 농병아리
Tachybaptus ruficollis
Little Grebe

■ 텃새 ■ 흔함

몸길이 260~280mm　**몸무게** 220~230g
부리 22~23mm **날개** ♂97~107mm ♀95~103mm **꼬리** 30~36mm **부척** 33~38mm
분포권 남북 아메리카, 유라시아, 아프리카, 오스트레일리아
　　남한 남한 전역의 수역
　　북한 황해도, 강원도, 평안북도, 함경남도 일대
도래 시기[월] 텃새

형태 복사뼈 관절과 발가락 관절이 굉장히 유연하여 자유자재로 방향을 전환할 수 있다. 넓적한 판족은 이러한 유연성을 한층 더 강화시켜준다. 발이 몸의 중심부에서 아주 뒤쪽에 위치하기 때문에 꼬리 부분이 너무 비좁아서 꼬리깃은 발달하지 못했다. 이러한 행위적·생태구조적 적응력 덕분에 수중생활에 뛰어나 물밑에서 먹이 사냥이 탁월하며, 잠수할 경우 속도는 초속 2.5m에 이른다. 부척 뒷부분은 톱니 모양 구조로 되어 있어 수중식생을 뚫고 자유롭게 생활할 수 있도록 진화되어왔다. 필요에 따라 더욱 깊은 곳도 잠행이 가능하다. 또한 깃털 사이에서 절연 가스를 배출하고, 기낭을 높이 올려 잠행에 필요한 열량을 줄일 수 있으며, 먹이를 잡을 때도 소리 없이 잠수가 가능하다. 무언가에 놀라면 물밑으로 재빨리 숨을 수 있는데, 이는 깃털의 흡수성이 뛰어나 잠수할 때 받는 부력을 줄일 수 있기 때문이다.

노랫소리 식생이 울창한 지역에 거주하는 종은 다양한 소리로 자신의 의사를 전달한다. '킷킷킷킷' 또는 휘파람 소리와 흡사한 소리를 내며, 때로는 '쿠루루루루 키리킬리' 하고 요란스럽게 지저귄다. 포란기나 육추기에는 침입자가 접근하면 '켓 켓' 하고 경계음을 내기도 한다. 높이가 일정한 이중주로 구애하기도 한다.

생활권 세계 어느 곳에서든지 살아갈 수 있는 종으로, 해발 4,000m 지역에서도 서식한다. 하천이나 연못, 호수, 해안 하구에서 생활하며 겨울철에는 연해 수역으로 이동한다. 서식지를 옮길 때를 제외하고는 날기를 기피한다. 털갈이 모습이 특이한데, 날개깃이 동시에 빠져서 일부는 한 해의 대부분을 날 수 없다. 이는 지방을 비축하는 시기와 뒷다리 근육이 발달하는 시기가 다르기 때문이다. 아주 먼 곳까지 비행할 수 있으며 주로 밤에 이동한다.

번식 산란기는 5~7월이며, 물에 있는 부식된 수생식물의 풀잎이나 줄기를 모아 높게 산좌를 만든다. 흰색 또는 크림색 알을 4~6개 낳는데 시간이 지나면서 상아색으로 변한다. 알의 껍질은 인산칼슘으로 싸여 있어 물에 젖어도 호흡할 수 있다. 포란은 암수가 함께 한다. 포란 기간은 20~22일인데, 알마다 부화시기가 달라서 둥지의 알이 모두 부화하려면 35일 정도다. 육추 기간은 44~50일 정도다.

먹이 수서곤충과 작은 물고기, 갑각류, 연체동물, 올챙이, 절지동물, 연충.

현황 텃새로 한반도 전역에서 흔하게 볼 수 있다.

겨울깃

겨울깃

여름깃

아성조

검은목농병아리

북한명 | 검은목농병아리
Podiceps nigricollis
Black-necked Grebe

■ 겨울철새 ■ 흔함

형태 농병아리보다 크다. 부리가 검고 위로 조금 휘어져 올라갔다. 홍채는 붉고 여름깃은 머리와 등이 짙은 검은색이며 배는 적갈색을 띤다. 수컷의 귀깃은 화려한 황금색 식우가 부챗살처럼 펴져 있어 암컷의 마음을 사로잡는다. 검은색 목과 순백색 가슴, 배의 대비는 시선을 끈다. 다리의 안쪽은 녹색을 띠며 바깥쪽은 검은색이다. 겨울깃은 등이 검고 턱밑과 멱은 흰색이다. 목 앞면은 엷은 회백색으로 변색된다.

노랫소리 번식기가 되면 짝을 찾는 소리가 요란해진다. '게-리립' 소리가 주위의 적막함을 깬다. 수컷의 과시 행위와 경계음인 '휫 휫 휫' 소리가 어우러져 주변이 소란해진다.

생활권 물가의 수생식물이 무성한 곳을 선호하며 호수나 하구, 해안에서 생활한다. 특히 물이 고인 곳을 선호하며 강물 또는 저수지도 생활권에 포함된다. 다른 농병아리류와 같이 번식기에는 식물이 무성한 담수에서 살고, 겨울철에는 연안에서 생활한다. 북한에서는 해발 1,500m 백두산 산림지역인 삼지연과 산악 호수에서 생활권을 이루고 있다.

번식 산란기는 5~6월이며 물가에 수초를 모아 화산형으로 쌓고 산좌에는 마른 잎과 풀줄기를 깔고 알을 낳는다. 산란수는 3~4개 정도이며 알의 색은 귀뿔농병아리와 비슷한 백록색이다. 알의 크기는 43mm다. 포란은 암수가 함께 하며 포란 기간은 20~22일이다. 육추는 암수가 함께 하며 육추 기간은 35~40일 정도다. 어린 새끼는 어미의 극진한 보호를 받으며 자란다.

먹이 어류, 갑각류, 복족류와 수서곤충.

현황 겨울철새로 한반도 전역의 하천이나 호수 또는 남해 연안, 거제도 바닷가, 낙동강 모래톱 주변의 물가에서 주로 발견된다.

몸길이 280~300mm **몸무게** 250~350g
부리 20~25mm **날개** 127~137mm **꼬리** 21~34mm **부척** 34~44mm
분포권 유라시아와 아프리카, 북아메리카, 영국, 아이슬란드,
덴마크, 이탈리아, 발칸반도, 서부 시베리아, 이란,
중국 동북부, 알제리, 앙골라
남한 전역
북한 함경북도 웅기군 굴포리, 황해도, 량강도 보천군 삼지연, 강원도

도래 시기[월] **1 2 3** 4 5 6 7 8 9 **10 11 12**

겨울깃

여름깃

겨울깃

귀뿔농병아리

북한명 | 귀농병아리
Podiceps auritus
Horned Grebe (Slavonian Grebe)

■ 겨울철새
■ 희귀함, IUCN Red List VU

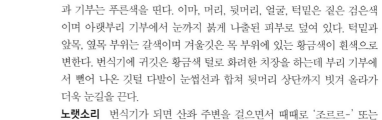

몸길이 330mm **몸무게** 375~450g
부리 21~27mm **날개** 134~148mm **꼬리** 30~37mm **부척** 43~47mm
분포권 주로 유럽 북부와 중북부, 일본 북부, 러시아 시베리아
　　남한 낙동강 하류, 경상남도 거제도 연안, 남해안
　　북한 자강도 만포시, 개성시, 평안남도 증산군
도래 시기[월] 1 2 3 4 5 6 7 8 9 10 11 12

형태 쇠오리보다 약간 작은 중형종이다. 부리가 검은색이며 곧고, 그 끝과 기부는 푸른색을 띤다. 이마, 머리, 뒷머리, 얼굴, 턱밑은 짙은 검은색이며 아랫부리 기부에서 눈까지 붉게 나출된 피부로 덮여 있다. 턱밑과 앞목, 옆목 부위는 갈색이며 겨울깃은 목 부위에 있는 황금색이 흰색으로 변한다. 번식기에 귀깃은 황금색 털로 화려한 치장을 하는데 부리 기부에서 뻗어 나온 깃털 다발이 눈썹선과 합쳐 뒷머리 상단까지 빗겨 올라가 더욱 눈길을 끈다.

노랫소리 번식기가 되면 산좌 주변을 걸으면서 때때로 '조르르-' 또는 굵고 낮은 소리로 '그라, 야르, 역, 팩' 하는 소리를 낸다.

생활권 내수면의 하천과 소호, 해만, 하구, 소택지, 해안 등 물가에서 생활한다. 특히 식생이 풍부하고 햇빛이 잘 드는 곳을 선호하며 이행할 때는 강과 해안을 따라가다가 적당한 곳에서 월동한다. 농병아리류는 영역성이 강해 일반적으로 번식 군거지에 둥지를 짓기도 하지만 먹이 활동을 할 때는 다른 무리와 일정한 거리를 유지하여 서로 간의 다툼을 스스로 피한다.

번식 농병아리류의 짝짓기는 매우 구체적이고 체계적이다. 포즈 선보이기, 머리 흔들기 공연, 깃털 정리, 풀 물기 등을 거쳐 교미한다. 산란기는 5월이며 소호에 산재한 갈대와 줄풀, 골풀 등 수생식물을 긁어모아 수풀이 무성한 곳에 산좌를 튼다. 둥지의 크기는 폭 35~45cm 정도이고 적갈색을 띤 알을 3~7개 정도 낳는다. 포란과 육추는 암수가 함께 한다. 포란 기간은 22~25일 정도, 육추 기간은 55~60일이다.

먹이 곤충과 치어를 주식으로 한다. 그 외에 양서류와 갑각류, 연체류와 거머리말 같은 수생식물(해초), 수초 등을 먹는다.

현황 겨울철새로 낙동강 하류와 거제도 해역 또는 남해안에 주로 서식한다. 검은목농병아리와 함께 무리를 지어 혼성으로 생활한다.

겨울깃

여름깃

겨울깃

뿔농병아리

북한명 | 뿔농병아리
Podiceps cristatus
Great Crested Grebe

형태 여름깃은 이마에서 머리 뒷부분까지는 검고 번식기가 되면 뒷머리 깃털이 길게 뻗어 우관(羽冠)을 이룬다. 뒷목 부분에서 위꼬리덮깃까지는 진갈색이다. 윗부리 기부에서 나출된 피부는 검은 생식깃으로 변한다. 뒷머리에서 옆목까지 흰색인데 안쪽은 붉고 바깥쪽은 검은색이다. 가슴과 배는 순백색이며 옆구리는 적갈색이다. 겨울깃은 등이 어두운 회갈색으로 변한다. 부리는 곧고 날카롭다. 윗부리가 짙은 갈색 또는 붉은색을 띠고 아랫부리는 검붉고 끝이 엷은 갈색이다. 홍채는 붉고 황금색의 가는 실선이 있다. 다리는 검고 물갈퀴는 녹황색 또는 갈색이다.

노랫소리 번식기가 되면 조용했던 물가가 활기차게 소란해진다. 수컷들은 '라라라- 킥킥킥-' 또는 '부부부' 하는 세레나데로 암컷을 유혹한다.

생활권 내륙의 호수나 큰 하천 또는 해안가, 큰 저수지 등에서 생활한다. 농병아리류는 먹이 경쟁의 효율성을 높이기 위해 서로 간의 대립보다는 협상을 선택한다. 뿔농병아리는 주로 넓은 수역에서 활동하며 수면 밑 8m 이내에서 어류를 잡아먹고, 농병아리는 몸이 작고 민첩하기 때문에 수면 위 수생식물로 덮인 소택지에 출몰한다. 큰농병아리나 귀뿔농병아리 등 몸집이 중간인 종들의 생활권은 쟁탈을 벌이는 큰농병아리들이 없는 호수로 제한된다.

번식 구애행위가 매력적이며 복잡하게 의식화되어 있다. 수컷은 절제된 행위로 암컷을 유혹하는데, 수면에서 어깨를 나란히 하고 돌아다니기, 부리로 풀을 물고 잠수한 다음 함께 수면으로 올라오기, 가슴을 맞대고 서서 서로 볼 부비기가 끝나면 암컷이 수컷에게 교미 자세를 취해준다. 산란기는 4월 하순~7월이다. 저수지나 호수의 갈밭 또는 줄풀, 골풀 등이 자라는 물가에서 부지런히 마른 수초나 풀줄기 또는 부산물을 긁어모아 접시형 산좌를 두툼하게 만들고 알을 3~4개 낳는다. 알의 색은 흰색 바탕에 푸른빛이 돌고, 크기는 55mm다. 포란과 육추는 암수가 함께 한다. 포란 기간은 22~25일, 육추 기간은 71~79일 정도다.

먹이 어류, 양서류, 곤충류, 복족류 수서생물, 화본과 식물 등.

현황 겨울철새로 한반도 전역의 항만과 하천, 연안, 만 등지에서 2~3마리 또는 수십 마리의 군집 집단이 고르게 발견된다. 최근에는 텃새화되고 있다. 2000년대 중반에 들어와 경기도 안산시 시화호에 모습을 보이더니 2013년 5월부터 30~40쌍이 군집하여 번식에 성공하고 있다.

몸길이 490mm **몸무게** 750~1,200g
부리 40~52mm **날개** 172~200mm **부척** 62~68mm
분포권 아시아 온대지역권, 유럽 전역, 아프리카, 지중해, 오스트레일리아, 뉴질랜드, 인도, 이란, 툰드라
　　　남한 전역의 해안과 내수면의 호수, 하구, 남해안의 항만 등지, 경기도 안산시 시화호
　　　북한 평안남도 증산군, 개성시 등지(1911, 1917)
도래 시기[월] **1 2 3** 4 5 6 7 8 9 **10 11 12**

겨울깃

여름깃

겨울깃

큰농병아리

북한명 | 붉은목농병아리
Podiceps grisegena
Red-necked Grebe

■ 겨울철새 ■ 희귀함

몸길이 430mm **몸무게** 700~900g
부리 45~59mm **날개** 175~208mm **꼬리** 52~64mm **부척** 55~60mm

분포권 북반구, 러시아 시베리아 동북부, 캄차카반도, 사할린, 쿠릴열도,
아무르강 지역, 만주, 일본 홋카이도, 페르시아만, 북아메리카,
유럽 중부
남한 남해 연안, 경상남도 해안, 거제도 연안
북한 동해 연안, 강원도 통천, 서해안

도래 시기[월] **1 2 3** 4 5 6 7 8 9 **10 11 12**

형태 부리가 짙은 갈색이며 기부는 엷은 황갈색을 띤다. 홍채는 적갈색
또는 진갈색을 띠기도 한다. 다리는 검고 물갈퀴 윗면은 녹색이 도는
크림색이다. 여름깃의 등면은 광택이 나는 진갈색이다. 뒷머리 양쪽에
있는 깃털이 길게 우관을 이룬다. 귀깃과 얼굴, 턱밑은 엷은 회색을 띠
며 목은 밤색이다. 나출된 눈앞 피부는 회색 또는 붉은색이 도는 검은
색이다. 겨울깃은 아래 먹이 회색이고 목과 앞면의 엷은 회갈색이 등을
따라 이어진다. 몸의 하단부는 순백색이 다소 남아 어두운 체모를 밝게
한다. 목의 양옆에는 각각의 깃털마다 회갈색 또는 어두운 잿빛 무늬가
있으며, 부리는 갈색으로 바뀌고 기부가 황색을 띤다.
노랫소리 '우왜애- 우왜애-, 과 과-'하고 투박하고 거친 소리를 낸다.
농병아리류는 종에 따라 소리가 다르다.
생활권 영역성이 강하여 다른 무리와 일정한 거리를 유지하면서 생활
한다. 육식성 조류로서 먹이의 양에 따라 해안이나 소호의 습지에서 생
활한다.
번식 산란기는 4~7월이며 이때가 되면 습지에서 부산한 움직임이 포
착된다. 갈대나 줄풀, 그리고 무성하게 흐트러진 부식된 식생들을 긁어
모아 접시형 둥지를 만들고 엷은 푸른색 알을 4~5개 정도 낳는다. 포란
과 육추는 암수가 함께 하며 포란 기간은 22~25일, 육추 기간은 72일인
데 이때 온갖 정성을 들인다. 어린 새끼는 먹이와 보온, 안전과 학습을
전적으로 어미에게 의존한다. 부모의 등에서 몇 주를 보내고 10일 정도
지나면 어미는 각자 새끼 1~2마리를 데리고 제 갈 길을 간다. 어린새는
6~9주가 되면 날기 시작한다. 1차 번식기에 두 둥지에 새끼를 낳는 종
들은 둥지에 더 오래 머무르면서 어미를 도와 더 늦게 태어난 새끼들을
돌본다.
먹이 어류, 양서류(개구리, 올챙이), 갑각류, 수서곤충(물매미, 송장헤엄
치기), 연체동물.
현황 겨울철새로 동해와 남해 연안에서 드물게 월동하며 회색머리아
비와 큰회색머리아비의 무리 속에서 적은 개체수가 관찰된다. 큰농병
아리의 모피가 여성의 머플러나 장신구의 재료로 쓰이면서 유럽에서
멸종의 문턱까지 이르자 민간 조류단체들이 사냥 반대 운동을 벌였다.
그 후 다시 개체수가 증가하고 있다.

겨울깃

겨울깃

여름깃

섬새(슴새)목

섬새과는 바다를 무대로 생활하는 바닷새로 장거리를 이동하며 한반도에 도래하는

시기는 다양하다. 날개가 길고 꼬리는 짧으며 대롱 모양 콧구멍과 물갈퀴가 있다.

섬에서 집단생활을 하므로 '슴새'보다는 '섬새'로 불러야 한다. 해양성 소형조류인

바다제비과는 주로 여름철새이며 낮에는 바다에서 생활하고 해가 지면 육지로 돌아와

쉰다. 콧구멍이 대롱 모양이고 물갈퀴가 있다. 수면에 떠 있는 작은 물고기와 플랑크톤을

물을 스치듯 비행하면서 잡아먹는다. 신천옹과 4속 중 신천옹(Diomedea)속 6종은 날개의

편길이가 3m에 이르며 특수한 힘줄이 날개에 고정되어 있어 오래 활공할 수 있다.

'앨버트로스'보다는 '신천옹'으로 불러야 한다.

섬새 슴새

북한명 | 꽉새

Calonectris leucomelas
Streaked Shearwater

- 여름철새
- 흔함, IUCN Red List NT

몸길이 480mm   **몸무게** 430∼510g
부리 47∼61mm **날개** 297∼343mm **꼬리** 135∼152mm **부척** 47∼54mm
분포권 일본 홋카이도 북부, 오키나와 남부, 중국 해안 도서,
　　　　　 필리핀 남부, 러시아 사할린, 쿠릴열도
　　남한 경상북도 울릉도, 독도, 제주도, 추자군도, 사수도,
　　　　　 전라남도 신안군 칠발도 등, 기타 해안지역
　　북한 평안북도 서부 해안, 선천군, 평안남도 청천강 유역
도래 시기[월] 1 2 3 **4 5 6 7 8 9** 10 11 12

형태 섬새류는 코 형태가 특이하다. 대롱 모양으로 돌출된 코를 비관이라고 하는데 이 대롱 끝에 콧구멍이 있다. 부리는 회백색이며 꼬리는 짙은 갈색이다. 다리는 황색이 돌며 홍채는 검다. 이마에서 머리 상단까지 흰색이며 이마와 앞머리에는 짙은 회색 반점이 촘촘하다. 뒷머리와 옆목은 갈색이며 털끝마다 흰색을 띤다. 눈밑과 얼굴, 귀깃, 멱은 흰색이며 깃털에는 갈색의 작은 얼룩무늬가 있다. 턱은 흰색이며 목과 어깨깃은 짙은 갈색이다. 등과 허리, 위꼬리덮깃은 짙은 갈색이며 등 중앙의 깃털과 위꼬리덮깃의 끝부분은 흰색 테를 이룬다.

노랫소리 바다 위를 날 때나 이동할 때는 소리를 내지 않는다. 번식기와 먹이를 보았을 때, 경쟁과 다툼이 있을 때, 육추할 때 그리고 야간에 '꽈-애 꽈애' 또는 '효-효-효-호이, 호-호이, 오앗, 오와 이-' 등 다양한 소리를 경우에 따라 각기 다르게 낸다.

생활권 번식기에는 섬이나 해안가, 비번식기에는 멀리 떨어진 해안가에서 생활한다. 바다 이외의 삶을 영위할 수 없는 신체적 특징을 갖고 있다. 섬새(슴새)류의 새들은 '폭풍우 순찰대'(storm patrol)라는 재미있는 속칭이 있는데, 이는 배 뒤편에서 폭풍을 피하는 습관과 물 위를 걸어 다니는 듯한 신기한 비행법을 빗댄 것이다.

번식 일부일처제로 산란기는 남북한이 계절적으로 차이가 많이 난다. 남한에서는 6월에 무인도 외딴섬에 땅굴을 파고 해마다 같은 장소에서 흰색 알을 1개 낳는데, 모체 몸무게의 25%나 되는 큰 알이다. 북한에서는 9월경에 수십만 마리가 군집을 이루며 번식하는데, 자기가 판 구멍에 산란한다. 암석 틈새나 나무뿌리 사이에서 교미한다. 포란은 암수가 함께 하며 포란 기간은 51∼54일이다. 낮에는 바다에서 잡은 먹이를 소낭(小囊)에 보관했다가 밤에 둥지로 돌아와 어느 정도 소화된 먹이와 위액의 혼합물을 어린 새끼에게 먹인다. 어린새는 59∼73일이 되면 야밤을 통해 어미 곁을 떠나 독립한다.

먹이 작은 물고기(청어리, 날치), 두족류, 복족류, 낙지, 해초류 등.

현황 한반도 연안의 무인도서에서 번식하며, 국지적으로 많은 개체수가 목격된다. 이 새의 활동 기반은 섬이기 때문에, 어떤 뜻인지 불분명한 '슴새'보다는 '섬새'로 하루빨리 개명되어야 마땅하다.

붉은발섬새 붉은발슴새

북한명 | 붉은발꽉새
Puffinus carneipes
Flesh(Pale)-footed Shearwater

■ 나그네새
■ 희귀함, IUCN Red List NT

형태 부리는 살색이며 끝부분은 회갈색이다. 윗부리에 비관이 양쪽으로 있고 대롱 끝에 콧구멍이 열려 있다. 홍채는 갈색을 띠며 다리는 짙은 살색이다. 몸매는 크고 육중한 편이며 전체적으로 검게 보인다. 머리와 목은 어두운 갈색이며 등과 어깨깃은 살색이다. 가슴과 옆구리, 아래꼬리덮깃은 등보다 엷고 어두운 갈색이다. 아랫날개덮깃은 탁한 갈색이며 날개깃과 꼬리깃 또한 탁한 갈색으로, 온몸이 탁한 갈색으로 덮여 있다.

노랫소리 번식기가 오면 '키익 키익' 하는 금속성 소리와 함께 예민한 반응을 보인다. 밤이 되면 '마-오, 마-오' 하고 애절한 소리를 낸다.

생활권 나그네새로 바다에서 집단생활을 하며 수영과 잠수에도 능하다. 수면에서는 몸통의 많은 부분을 노출시키고, 비상할 때는 날개를 조용히 좌우로 이동하며 기류를 이용한다. 낮에는 바다에서 먹이활동을 하며, 밤이 되면 외딴 섬에서 안식을 취한다. 남반구의 오스트레일리아와 뉴질랜드 노스 섬에서 번식을 마치고 4~5월에 북반구를 향해 이동한다. 4~5월 상순에 한반도 동해안을 통과하여 북상한다.

번식 산란기는 11월 하순~12월 상순이다. 섬새들은 많거나 적게 무리를 이루어 번식하는데 이 때문에 설치류 등 육식동물의 습격에 쉽게 노출된다. 따라서 대부분 지상의 육식동물이 없는 외딴 무인도에 땅굴을 파고 둥지를 튼다. 주로 지난해 사용했던 둥지를 보수하여 재사용하지만 때로는 둥지를 새로 만들기도 한다. 산란수는 1개이며 포란 기간은 1월 중순까지다. 육추가 끝나는 시기는 5월이다.

먹이 어류(날치), 연체동물, 갑각류.

현황 봄과 가을에 한반도 연안을 통과하는 나그네새로 개체수가 적어 관찰하기 쉽지 않다. 미국국립오듀본협회(National Audubon Society)는 '소리의 유혹' 실험을 통해 조류의 본능을 인위적으로 변화시킬 수 있는지를 알아보았다. 즉 자신의 노랫소리와 비슷하게 녹음된 소리를 들려줌으로써 새들이 종이 같은 다른 새의 번식 군거지를 방문하게 하거나, 고정된 군거지가 아닌 장소로 유인하여 인공적으로 판 굴에 둥지를 틀도록 하는 데 성공한 것이다. 이는 연구 여하에 따라 어떤 섬새류의 경우 번식을 시작하지 않은 4~5살 된 미성년 새를 유인해 정착시킬 수 있는 가능성을 시사한 좋은 예다.

몸길이 500mm **몸무게** 900~980g
부리 37.5mm **날개** 305~330mm **꼬리** 105~115mm **부척** 37.5mm
분포권 오스트레일리아 서남부, 뉴질랜드, 일본, 북아메리카, 인도, 북태평양 도서지역, 콜롬비아
　　　　남한 동해 무인도, 도서지역
　　　　북한 동해 연안 무인도
도래 시기[월] 1 2 **3 4** 5 6 7 8 **9 10** 11 12

쇠부리섬새

북한명 | 가는부리꽉새
Puffinus tenuirostris
Short-tailed Shearwater(Slender-billed Shearwater)

■ 나그네새 ■ 희귀함

몸길이 330~360mm 몸무게 350~430g
부리 31~34.5mm **날개** 260~330mm **꼬리** 77~92mm **부척** 48~52.5mm
분포권 오스트레일리아 남동해안, 태즈메이니아 섬, 배스해협
　　　도서지역, 오호츠크해, 베링해
　　남한 낙동강 하류, 부산 앞바다, 동해안 일대. 제주 앞바다,
　　　전라북도 군산시 어청도
　　북한 강원도, 함경북도 연안

도래 시기[월] 1 2 **3 4** 5 6 7 8 **9 10** 11 12

형태 그리 크지 않은 암갈색 새로 부리는 검고 홍채는 어두운 갈색이다. 다리는 엷은 회색이며 부척의 뒤쪽과 바깥발가락은 검은색이다. 이마, 머리 상단, 뒷머리, 목 부분은 짙은 갈색이다. 턱밑과 멱은 회갈색이며 어깨깃 또한 회갈색으로 각 깃털의 끝부분은 엷은 갈색을 띤다. 등과 허리, 위꼬리덮깃은 짙은 갈색이며 가슴과 배, 옆구리, 아래꼬리덮깃은 회갈색을 띤다. 아랫날개덮깃도 회갈색이며 중앙 부위 역시 회갈색을 띠고 있다.

노랫소리 일반적으로 소리를 잘 내지 않는 종으로 알려졌으나 낮에 바다에서 지내다가 저녁에 둥지가 있는 섬으로 무리를 지어 돌아올 때 어미와 어린 새끼들이 목이 갈린 굵고 낮은 소리로 '꾹-꾹-아-으으' 하는 소리를 낸다. 마치 섬 전체가 활기차게 요동치는 듯한 이 순간은 이들의 소리를 들을 수 있는 유일한 기회다.

생활권 번식기에는 도서지역의 해안에 주로 머물고 비번식기에는 멀리 떨어진 바다에서 보낸다. 주로 넓은 바다에서 생활하며 유영과 잠수에 능하지만, 섬새보다는 둔한 편이다. 비행 속도는 시속 50km 정도로, 대양주와 베링 해를 주기적으로 왕래하며 생활한다.

번식 일부일처제로 번식기는 9~11월이다. 수십만 마리가 군집하여 번식하는 습성이 있다. 낮에는 바다에서 생활하고 밤에 구멍을 파는데, 10~40일 걸려 판 구멍에 순백색 알을 1개 낳는다. 알의 모양은 타원형으로 지름이 69mm다. 특이하게도 수십만 마리가 같은 시기에 일제히 산란한다. 번식밀도가 높은 곳에서는 1m²당 9개의 산좌가 밀집되기도 한다. 포란 기간은 55~56일 정도다. 부화된 새끼는 몸무게가 15g 정도이며 솜털이 촘촘한데, 60일 정도 지나면 깃이 나고 4개월이면 날개털이 여물어 날게 된다.

먹이 작은 새우나 어류, 두족류. 문헌에 따르면 북태평양 알류산열도에 쇠부리섬새가 오는 시기는 고래의 도래 시기와 관련된다고 한다. 이는 두 동물이 같은 먹이를 먹기 때문이다. 고래가 깊은 곳에서부터 물 위로 치솟아 오를 때 바닷속 작은 생물들이 수면으로 노출되는데, 쇠부리섬새는 이를 먹이를 조달하는 방편으로 삼는다.

현황 나그네새로 부산 앞바다와 동해안에서는 5월 중하순에 작은 무리가 떼를 지어 이동한다.

흰배섬새

북한명 | 없음
Pterodroma hypoleuca
Bonin Petrel

■ 나그네새 ■ 희귀함

형태 눈앞과 이마는 흰색이며 머리 상단과 뒷머리는 흑회색이다. 몸통 윗면의 등과 어깨는 흑갈색이며 날개덮깃은 엷은 회색이다. 턱밑과 목, 앞가슴과 아랫가슴, 배는 순백색으로 상하 색상이 산뜻한 여운을 주며 대비된다. 아랫날개덮깃에는 검은색 줄무늬가 선명하여 날개깃의 끝부분이 어둡게 보이므로 다른 섬새류와 쉽게 구별된다. 부리는 검고 홍채는 흑갈색이며 다리는 분홍색이다.

노랫소리 '굿, 굿, 굿' 또는 '규이-, 규이-' 하고 노래한다.

생활권 섬새류는 모든 바닷새 중에서 가장 작고 정교한 조류다. 비행할 때 수면에 머무는 경우가 극히 없으며, 해상과 도서지역 가리지 않고 물이 있으면 날고 또 난다. 낮에는 바다를 무대로 생활하며 밤에는 뭍에서 휴식을 취한다.

번식 흰배섬새에 대한 연구는 빈약해서 자료가 부족하다. 태평양 어딘가에 번식지가 있을 것으로 여겨진다. 북한지역에서는 이 새의 정체조차 밝혀진 것이 없다. 몇 월에 지나가는지, 어디서 번식하고 어디로 이동하는지 추측할 뿐이다. 산란기는 다른 섬새류와 같이 6~7월쯤이며 흰색 알을 1개씩 낳는 것으로 짐작된다. 포란과 육추 기간은 밝혀진 바 없다.

먹이 먹이는 섬새류와 같을 것으로 사료된다.

현황 미기록종이다. 1999년 8월 6일 서울시 강서구 한강변에서 1개체가 채집되어 국립중앙과학관에서 소장표본으로 보관 중이다. 밝혀진 자료에 따르면 이 종은 사람을 무서워하지 않는다고 하는데, 실제로 많은 섬새류는 원양어선 주변에서 먹이를 쉽게 구하며 사람과 배와 관련이 깊다. 몇몇 소수의 종은 배에서 새어나오는 찌꺼기를 얻기 위해 유조선을 선호한다.

몸길이 330~360mm **몸무게** 360~430g
부리 31.5~34.5mm **날개** 253~282mm **꼬리** 77~92mm **부척** 48~52.5mm
분포권 하와이제도, 일본 오가사와라제도, 이오열도, 태평양 해역의 섬
　　　　남한 서울시 강서구 한강변
　　　　북한 자료 없음
도래 시기[월] 1 2 **3 4** 5 6 7 8 **9 10** 11 12

바다제비

북한명 | 바다제비(흑해연)
Oceanodroma monorhis
Swinhoe's Storm Petrel

■ 여름철새 ■ 희귀함, IUCN Red List NT

몸길이 200mm 몸무게 43~50g
부리 13~15mm **날개** 141~164mm **꼬리** 74~84mm **부척** 21~24mm
분포권 러시아 동부, 블라디보스토크, 중국, 일본, 타이완, 싱가포르,
수마트라섬, 자바섬, 인도양의 도서지역
남한 독도, 제주도, 전라남도 신안군 칠발도, 다도해의 동도,
무인도 등지
북한 자료 없음
도래 시기[월] 1 2 3 **4 5 6 7 8 9** 10 11 12

형태 부리가 검고 홍채는 짙은 갈색이며 다리는 검다. 머리는 짙은 갈색인데 머리 상단과 멱은 짙은 회색을 띤다. 어깨깃, 목, 등, 허리, 위꼬리덮깃은 갈색이고, 가슴과 배, 옆구리, 아래꼬리덮깃은 엷은 갈색이다. 온몸의 색상은 흑갈색으로 보인다. 꼬리는 석판색을 띤 검은색이며, 긴 꼬리깃과 짧은 꼬리깃의 차이는 15~17mm다.
노랫소리 '쿳쿳쿳- 쿠치 쿠치 쿠치-', '키치키치' 또는 '찿찿찿' 하는 다양한 소리를 낸다.
생활권 낮에는 주로 바다 위에서 생활하며, 일몰 후에 육지로 올라와 휴식한다.
번식 번식기는 7~8월경이며 바위틈 또는 지난해 사용했던 섬새의 낡은 구멍을 이용하거나 땅을 파서 굴을 만드는데, 그 깊이는 얕으면 20cm, 깊으면 60cm에 이른다. 굴을 파고 산좌를 정리한 다음 흰색 알을 1개 낳는다. 포란은 암수가 함께 하며 포란 기간은 41일이다. 산란기에 위협이 닥치면 냄새가 지독한 등홍색 액체를 토해내 침입자의 위협으로부터 벗어난다.
먹이 어류, 복족류, 갑각류, 작은 수중생물, 플랑크톤 등.
현황 여름철새다. 바다제비과에는 많은 종이 있으나 우리나라에는 한 종뿐이다. 섬새류는 수가 줄어드는 데 반해 바다제비는 번식 집단이 늘고 있는 추세다. 개체수가 증가함에 따라 번식기에는 바다제비를 '똥새'라고 부르기도 한다. 북한에서는 드문 새로 기록된다.

신천옹 앨버트로스

북한명 | 큰꽉새(신천옹)　　■ 길잃은새　■ CITES I, IUCN Red List VU D2

Phoebastria albatrus
Short-tailed Albatross

형태 몸통이 우람하며 머리가 비교적 크고 목이 긴 편이다. 부리는 굵고 우람하며 관 모양 비관이 부리가 시작되는 양편에 위치한다. 큰 주머니처럼 생긴 아랫부리에 먹이를 저장한다. 부리의 색은 연한 핑크색을 띤 자색이며 갈고리처럼 굽어 있는 끝부분은 흰색이다. 홍채는 갈색이며, 다리는 푸른색이 도는 회색이고 검은색 물갈퀴가 있다. 머리 상단과 뒷머리, 뒷목은 담황색이며, 이마와 눈앞, 귀깃, 뺨, 턱밑, 멱은 크림색을 띠는 흰색이다. 온몸이 흰색으로 보이며, 날개는 매우 길고 폭이 좁다. 첫째날개깃은 검고 꼬리는 짙은 갈색이며 비교적 짧고 둥글다. 꼬리깃은 보통 12매이나 종에 따라 20~24매인 경우도 있다. 피부 밑 공기층이 몸의 비중을 감소시켜 수면이나 공중에서 몸이 가볍다.

노랫소리 둥지에 접근하면 '꽉, 꽉-' 경계음을 힘차게 낸다. 위협을 느끼면 악취가 나는 녹황색 액체를 입에서 뿜는다. 기분에 따라 '윗 윗' 또는 '갓 갓 갓, 꽛 꽛 꽛, 과앗 과앗' 하는 다양한 소리로 의사를 알린다.

생활권 주로 넓은 바다에서 살지만 해안과 만, 해협에서도 생활한다. 번식기에는 바위섬 주변에서 먹이를 조달한다.

번식 수명이 평균 30년으로 생후 3~4년 후에야 생리적으로 번식능력을 갖추며 실제로는 수년 후, 일부는 15년이 지나야 번식 가능하다. 발육의 완성 단계가 되면 번식지로 귀향하여 육지에 정착하고 짝을 찾는다. 일부일처제로 번식기에 무리를 형성한다. 산란기는 10월 하순이며 거친 땅 위 움푹 파인 곳이나 맨땅에 풀줄기를 깔아 산좌를 만들고, 황갈색이 도는 회백색 바탕에 갈색 반점이 있는 알을 1개 낳는다. 알의 크기는 109mm다. 포란은 암수가 함께 하며 포란 기간은 41~50일 정도다. 어린 새끼는 어미새가 먹이를 먹여주다가 나중에는 주로 보호만 한다. 부화된 지 20일 후 보호 기간이 끝나면 어미새는 소화가 덜 된 해양동물과 소화된 먹이에서 만들어낸 지방이 풍부하게 함유된 기름을 새끼에게 먹인다. 어미새는 먼 곳에서 먹이를 구해 오는데 짧게는 2~3일, 길면 5일 이상 걸린다.

먹이 물고기, 연체동물, 파충류, 갑각류, 곤충의 성충과 유충.

현황 길잃은새로, 1985년 6월 2일 부산시에서 처음으로 1개체가 채집되었다. 겨울철 남해와 북한 동해, 서해 연안에서 적은 수(2~4마리)가 매년 목격된다. 지난 10년간 전 세계적으로 개체수가 감소하고 있다.

몸길이 910mm　몸무게 7,500~7,700g
부리 131~143mm **날개** 503~580mm **꼬리** 143~190mm **부척** 92~107mm
분포권 북아메리카, 태평양, 러시아 캄차카반도, 사할린,
　　　시베리아 동부, 일본 홋카이도, 혼슈, 오가사와라제도
　　남한 남해 연안, 대한해협, 경상남도 거제도 남단
　　북한 동해안
도래 시기[월] 길잃은새

아성조

사 다 새 목

희귀한 길잃은새인 사다새과는 부리가 길고 크며 아랫부리에 거대한 주머니가 있는

대형 물새로, 물갈퀴와 길고 넓은 날개가 있다. 후각과 시각이 뛰어나며 공중에서 물을

향해 날개를 접고 다이빙하듯 잠수하여 먹이를 사냥한다. 큰 부리로 물고기와 물을

함께 떠먹기도 한다. 얼가니새과도 대부분 길잃은새로, 주로 아열대와 열대지역 섬에

산다. 수면 가까이에서 선회 비행과 활공을 하면서 사냥하거나 다른 바닷새의 먹이를

빼앗는다. 대형 바닷새인 군함조과는 길잃은새로, 다른 바닷새의 먹이를 빼앗거나

청어, 숭어, 날치 등을 사냥한다. 수컷은 턱밑과 멱에 있는 붉은 주머니를 부풀려

암컷을 유혹한다. 잠수성 조류인 가마우지과는 대부분 겨울철새이며 붉은뺨가마우지와

가마우지는 텃새다. 주로 해양성이지만 담수성도 있다. 긴 갈고리형 부리가 물고기를

잡는 데 용이하다.

사다새

북한명 | 사다새
Pelecanus crispus
Dalmatian Pelican

■ 길잃은새　■ 희귀함, CITES I, IUCN Red List VU

몸길이 1,600~1,800mm　몸무게 10,000~12,000g
부리 365~455mm 날개 660~856mm 꼬리 190~235mm 부척 118~124mm
분포권 유럽, 페르시아만, 카스피해, 인도 북부, 이집트, 아시아, 중국,
　　　 일본, 타이완
　　　 남한 인천 연안, 마라도
　　　 북한 자료 없음
도래 시기[월] 길잃은새

겨울깃

여름깃

형태 물 13kg을 담을 수 있는 거대한 부리주머니를 갖고 있다. 부리의 색은 황색이며, 윗부리 중앙과 기부가 짙은 납색이고 끝부분은 오렌지색이다. 홍채는 황색 또는 흰색이고, 다리는 납색이다. 머리와 뒷머리, 어깨깃, 날개덮깃은 회색이며 우축은 검다. 눈앞에 황색 피부가 나출되어 있으며 턱밑과 멱에는 오렌지색 또는 황색의 나출된 사낭(砂囊)이 있다. 앞목에는 황색 얼룩무늬가 있다. 꼬리는 황색으로 우측은 검고 꼬리깃은 22개다. 번식기가 되면 부리가 황색으로 변하고 가슴을 짙은 오렌지색으로 치장한다. 어미새와 어린새의 구별은 체모의 색깔로 하는데 어린새는 등이 갈색이며, 체모가 전체적으로 칙칙한 엷은 회색을 띤다.

노랫소리 일상적으로 소리를 내지 않는다. 헤엄칠 때 가끔씩 동료들과 소통하는 정도로 '괏, 괏, 괏' 하는 소리를 낸다.

생활권 해안이나 내륙의 넓은 호수나 물가에서 생활하며 얕은 물에 부리를 넣어 사냥을 이용하여 물고기를 잡는다. 몸통은 물 위에 떠 있는 상태에서 큰 부리만 물에 넣고 물고기를 몰면서 훑어 잡는다. 사다새는 날개를 수평으로 유지하고 활공 비행을 할 수 있는데, 이는 흉근에 두꺼운 특수 섬유가 있기 때문이다. 이런 적응력 덕분에 사다새는 상승기류를 이용해 매일 150km 이상의 먹이찾기 여정을 떠날 수 있고, 먹이활동 구역을 대폭 확대했다. 짧지만 강인한 다리와 물갈퀴가 있는 발 또한 수영 능력을 높여 준다. 깃털은 방수성을 지니며 꼬리지방샘의 분비물로 방수성을 유지한다. 후두부로 꼬리의 지방분비샘을 부빈 다음 기름을 깃털에 바른다.

번식 사다새는 종에 따라 각각 지상이나 낮은 식생 사이, 호수나 소택지 중간의 작은 섬, 잡초가 우거진 해변의 바위 또는 나무 위 등에서 번식한다. 산란기는 3~7월로, 호반이나 습지나 갈밭 또는 갯벌에서 나뭇가지나 수초를 모아 접시형 둥지를 만들고 흰색 알을 2~3개의 낳는다. 포란은 암수가 함께 하며 일반적으로 며칠에 한 번씩 교대로 품는다. 포란 기간은 65일 정도로, 태어난 지 20일 정도 지난 후 보호 기간이 끝나면 어미새는 정기적으로 육지로 돌아와 어린 새끼에게 소화가 덜 된 지방질이 풍부한 먹이를 준다. 어린 새끼는 낮에는 둥지 반경 30m 내에서 걸어 다니며 그늘에서 쉬다가 어미새가 오면 둥지로 돌아와 먹이를 받아먹는다. 어린 새끼가 완전히 성숙하기까지는 120~270일 정도 걸린다.

먹이 각종 어류, 갑오징어, 갑각류.

현황 길잃은새로, 우리나라에서는 1914년 11월 3일 인천 연안 부근에서 처음 발견되었고, 1978년 제주도 남쪽 마라도에서 각각 1개체씩 채집된 기록이 있다.

아성조

큰사다새

북한명 | 없음
Pelecanus onocrotalus
Great White Pelican

■ 길잃은새 ■ 희귀함

형태 몸집이 우람하고 둔하게 생겼다. 몸통이 흰색, 다리는 황적색이며 홍채가 검다. 윗부리는 가늘고 짙은 청회색을 띠며, 아랫부리는 넓고 깊고 거창한데 마치 거대한 칼의 외형과 흡사하며 짙은 오렌지색이다. 아랫부리는 신축성이 뛰어나서 물고기를 잡는 데 요긴한 도구로 사용된다. 머리는 부리에 비해 작다. 눈 주위의 나출된 피부는 황적색을 띠며, 이마와 뒷머리는 희다. 목은 가늘고 황색이 도는 흰색이다. 가슴은 황적색을 띠며, 윗날개는 흰색, 덮깃은 검은색이다.

노랫소리 잘 울지 않으나, 유영할 때 소통을 위해 단음을 낸다.

생활권 주로 바다나 너른 강, 호수 또는 해안가에서 생활한다.

번식 산란기는 3~4월이며 번식기가 시작되면 수컷이 먼저 번식지로 오고, 나중에 암컷이 합류한다. 번식 과정에서 배우자에게 충실하지 않다. 무리의 상호작용, 지상이나 물 위, 공중에서 무리 짓기 등 일련의 구애행위를 한 다음 암컷은 여러 수컷을 유인해 상대를 노려보거나 빈 곳을 메우거나 억지로 끼어드는 등 여러 의식화된 동작을 한다. 외딴 섬이나 습지, 너른 초지에 집단으로 흙과 식물성 소재로 매우 큰 둥지를 트는데 때로는 수천 쌍의 암수가 함께 둥지를 만들기도 한다. 포란 기간은 67~79일 정도이며, 알을 발 위에 놓고 돌아다니기도 한다. 육추 기간이 20일 지나면 어미는 어린새에게 정기적으로 먹이를 먹인다.

먹이 어류, 썩은 고기, 알, 어린새, 양서류, 갑오징어, 갑각류, 원양어선에서 버린 각종 물고기의 부산물.

현황 외진 곳에서 번식해 천적이 없기 때문에 오랫동안 잘 보존되어왔으나, 원양어선의 출몰과 함께 수난이 시작되었다. 깃털이 옷이나 각종 침구에 쓰이면서 약탈은 더욱 심해져서 수십만 마리가 잡혀 죽었고, 1940년대 후기와 1950년대 초기에는 종의 번식행위도 한동안 완전히 중단될 만큼 멸종위기에 처했다. 1954년 번식이 재개된 이후 200여 쌍에 달하는 개체가 늘어났으나, 태평양 중북부 미드웨이 제도가 미 공군기지로 사용되는 바람에 다시 개체 보존에 심각한 위협을 받게 되었다. 기름 유출과 그 밖에 오염물질 같은 잠재적 위협으로 인해 이들의 생명은 보장될 수 없다. 매년 4만여 마리의 새가 물고기망에 걸려 생명을 잃는 것이 현실이다.

몸길이 1,150~1,350mm **몸무게** 7,200~9,350g
부리 430~538mm **날개편길이** 2,500~3,500mm **꼬리** 190~241mm
부척 143~158mm
분포권 아프리카, 유럽, 남아시아, 중국 남동부, 일본 남부, 타이완
　　　남한 제주도
　　　북한 자료 없음
도래 시기[월] 길잃은새

갈색얼가니새

북한명 | 없음
Sula leucogaster
Brown Booby

■ 길잃은새 ■ 희귀함

몸길이 760mm **몸무게** 1,750~2,250g
날개편길이 1,320~1,500mm
분포권 아열대와 열대지역, 일본 남부(이즈제도, 이오열도, 류큐열도),
중국 상하이, 미국
남한 자료 없음
북한 자료 없음
도래 시기[월] 길잃은새

아성조

형태 머리, 뒷머리 뒷목 등과 엉덩이까지 흑갈색이고, 가슴과 배, 항문부위는 순백색이다. 얼굴에 나출된 피부의 색으로 암수 구별을 쉽게 할 수 있는데, 수컷은 푸른색이고 암컷은 황색이다. 다리는 황색이며 아성조의 몸 아랫면은 흰색이다. 날개의 길이가 대단히 길다. 날개의 안쪽 중앙부는 흰색이며 갈색으로 둘러싸여 있다. 부리는 황색을 띠는데, 기부는 엷은 청백색이다. 얼가니새는 종별로 부리 모양이 다르다. 부리의 횡단면 모양에 각기 특색이 있어 종별로 먹이를 잡는 힘과 부리 끝이 움직이는 속도 등 기능상에 차이가 있다. 이는 각기 먹이를 잡을 때 필요한 상황에 적응하면서 나타난 특색이다. 부리의 옆단은 톱니형이고 끝이 아래로 굽은 상악은 위로 움직일 수 있어 큰 먹이를 쉽게 삼킬 수 있다. 얼가니새는 벌어진 바깥 콧구멍이 없다. 찌르듯이 잠수할 때 상충되기 때문이다. 또한 두 눈의 시력도 삼차원적 감지에 매우 중요하다. 발의 판족은 색이 화려하여 구애시 과시하는 데 요긴하다. 모든 얼가니새는 꼬리지방분비샘의 납질(蠟質) 분비물로 깃털의 방수성을 유지하며 피부의 기생충을 억제한다.

노랫소리 일반적으로 조용하지만, 놀라거나 위협을 느끼면 '구왓 구왓, 구왓' 하고 소리친다.

생활권 너른 대양에서 생활하며 해안과 바다에서 먹이를 구한다. 바다 위를 날다가 물고기를 발견하면 물속으로 급강하여 먹이를 사냥한다. 해양에서 재빠르고 능숙한 몸놀림으로 물속에 들어가 사냥하는 모습이 일품이다. 하지만 뭍에서의 행동은 몸의 구조상 매우 어설프다. 이 새의 명칭은 이처럼 행동이 부자연스럽고 몸의 균형 감각이 익숙지 못해 뒤뚱거리는 모습에서 붙은 것으로 보인다.

번식 주로 아열대지역의 섬이나 해안가에서 산란한다. 산란수는 1~3개 정도이며 알의 색깔은 엷은 녹색이다. 산좌는 맨땅에 작은 나뭇가지나 풀줄기 등을 긁어모아 접시형 둥지를 만든다. 포란은 암수가 함께 하며 포란 기간은 39~40일 정도다. 부화한 새끼에게는 처음에는 면역체가 든 진액을 토해 먹이며 3~4일이 지나면 어미의 위 속에서 소화된 먹이를 먹인다. 시일이 지날수록 소화가 덜 된 거친 먹이를 먹이기 시작한다. 부화한지 3개월이 지나면 날기 시작하며, 4개월이 되면 육추는 끝나고 생활학습으로 들어간다. 성조가 되기까지 3~4년이 소요된다.

먹이 어류.

현황 기상 이변이나 난기류 또는 기타 상황으로 무리에서 이탈하여 길을 잃고 한반도에 유입된 길잃은새다. 주로 도서지역과 바다에서 생활한다.

푸른얼굴얼가니새

북한명 | 없음
Sula dactylatra
Masked Booby (Blue-faced Booby)

■ 길잃은새 ■ 희귀함

형태 얼굴에 나출된 피부가 푸른색을 띤 암회색이다. 부리는 황색이며 부리의 기부는 검은색이다. 홍채는 황색이다. 이마와 머리, 목과 가슴, 배와 몸통 밑면과 꼬리 부분은 흰색으로 전신이 순백색이고 첫째날개 깃과 먹은 검은색이다. 다리는 암회색이며 아성조는 전신이 암갈색을 띠고 있어 구별하기 쉽다.

노랫소리 일반적으로 조용하다.

생활권 몸무게가 무거워 때때로 이륙하는 데 곤란을 겪기도 하므로, 벼랑 가장자리나 지속적으로 기류가 상승하는 곳에 집단 서식지가 위치하곤 한다. 주로 아열대와 열대 해안지역 그리고 바다에 홀로 떨어진 고도(孤島) 또는 암초가 있는 해양에서 소수의 무리가 모여 생활한다.

번식 산란기는 3월경이며 일반적으로 절벽의 편평한 곳 또는 맨땅 위 자갈밭이나 움푹하게 파인 곳에 푸른색이 도는 알을 2개 낳는다. 포란 기간은 43일이고 육추 시기는 4월이나 5월이다. 얼가니새는 모두 집단으로 번식하며 수많은 얼가니새가 빽빽하게 몰려 밀도가 m²당 3~4쌍에 이르기도 한다. 그러나 애보트얼가니새(Abbott's Booby)처럼 둥지가 상당히 분산된 경우도 있다. 번식 집단의 밀도 변화는 종의 유형과 어느 정도 관련이 있다. 둥지가 밀집한 종집단의 변화는 둥지 밀도가 낮은 종집단의 변화보다 적다. 또 페루얼가니새(Peruvian Booby)는 둥지 짓기 3대 조류 중 하나다(다른 2종은 구아노가마우지와 페루잠수바다제비).

먹이 주로 어류.

현황 길잃은새로, 서식지에서 활동반경이 광범위하여 사방 4,000km에 이른다. 일부 학자는 얼가니새를 한반도에 도래하는 새로 인정하지 않는다.

몸길이 860mm 몸무게 1,850~2,450g
날개편길이 1,520mm
분포권 기온이 높은 아열대와 열대지역, 일본 남부, 바하마군도, 서인도 주변의 섬, 오스트레일리아, 대서양, 태평양
남한 자료 없음
북한 자료 없음
도래 시기[월] 길잃은새

아성조

붉은발얼가니새

북한명 | 없음
Sula sula
Red-footed Booby

■ 길잃은새 ■ 희귀함

몸길이 760mm **몸무게** 1,750~2,250g
날개편길이 1,140~1,470mm
분포권 기온이 높은 아열대와 열대지역, 일본 남부, 태평양과 대서양,
인도양의 해안과 도서지역
남한 제주도와 그 주변 도서
북한 자료 없음
도래 시기[월] 길잃은새

형태 부리는 엷은 청회색을 띠며 아랫부리 기부는 붉은색이다. 눈앞 피부가 나출되어 엷은 청회색을 띤다. 이마, 머리는 황색이 도는 흰색으로 얼굴, 머리 상단, 뒷머리 목과 등, 허리, 가슴과 배, 몸통 아랫면까지 온몸이 흰색이다. 첫째날개깃은 검은색이며 다리와 물갈퀴는 붉은색이다. 어린새는 갈색형과 백색형이 있으며 온몸이 칙칙한 갈색으로 앞가슴에 갈색 반점이 띠를 이룬다. 부리는 연붉은색으로 부리 끝은 검다. 아랫부리 기부는 검은색을 띠며 다리는 붉은색이다.

노랫소리 항상 조용하게 생활한다.

생활권 아열대와 열대지역의 멀리 떨어진 바다에서 주로 생활하며, 다른 얼가니새와 어울려 먹이를 구한다. 몸무게가 많이 나가는 얼가니새는 때때로 이륙에 어려움을 겪기도 하므로 이륙이 쉽도록 서식지가 벼랑 근처이거나 지속적으로 기류가 상승하는 곳에 위치한다. 붉은발얼가니새는 다른 얼가니새들과 달리 관목과 나무에 둥지를 짓고 행위도 차이가 난다. 붉은 발이 어떤 기능을 지니는가는 아직 수수께끼다. 이종을 갈라파고스 종으로 분류해야 한다는 학자들도 있으나 사실상 갈색얼가니새와 붉은발얼가니새의 내부 집단의 차이는 푸른얼굴얼가니새보다 더 뚜렷하다.

번식 지상에 둥지를 짓는 종들처럼 구애행위가 복잡하지 않다. 산란기가 오면 수십 또는 수백 개체가 관목지역으로 모여들어 무리를 짓고 나뭇가지 위에 둥지를 만든다. 작고 마른 나뭇가지나 풀줄기 또는 해초를 물어와 부드러운 산좌를 만들고 알을 낳는다. 흰색에 푸른색이 도는 알 1개를 낳는다. 포란은 암수가 함께 하며 포란 기간은 42~46일이다. 부화된 새끼에게는 2~3일간 노란 액체를 먹이며, 그 후 소화가 덜 된 먹이를 토해 먹인다. 육추 기간은 3~4개월이다.

먹이 어류.

현황 길잃은새로 우리나라에서는 제주도와 그 주변의 도서지역에 유입된다. 이들 대부분은 일본 남부지역에 자리 잡고 생활하는 어린새 또는 아성조로, 한반도 남부해역과 대한해협 주변의 도서에서 가끔 목격된다.

군함조

북한명 | 군함새
Fregata ariel
Lesser Frigatebird

■ 길잃은새 ■ 희귀함

형태 날개 끝이 날카롭게 뾰족하며 두 가닥으로 깊게 패인 제비형 꼬리를 갖고 있다. 온몸의 깃털이 검고 수컷은 이마와 뒷머리, 뒷목, 눈앞, 얼굴, 목과 턱이 검은색이며 녹청색 광택이 있다. 옆구리에 흰색 반점과 홍적색 멱이 있어 암컷과 구별된다. 암컷은 체모가 암갈색을 띠며 뒷목에 갈색 가로띠가 있다. 복부는 흰색이다. 아성조는 암컷의 체모와 비슷하나 머리, 얼굴, 목 부위 일부가 살구색을 띤다. 수컷은 부리가 검고, 암컷은 회갈색이다. 홍채는 검다.

노랫소리 번식기가 되면 '꾸루 꾸루, 국, 굴' 하고 소리를 낸다. 수컷의 상징인 목의 '고무풍선'을 더욱 크게 붉히면서 구애행위 동작을 최대로 증폭시켜 암컷을 압도한다.

생활권 해양과 하천, 저수지, 댐 등 물을 끼고 생활한다. 군함조는 직접 사냥할 수 없기 때문에, 다른 새들이 사냥한 것을 빼앗는 것이 먹이를 구하는 유일한 방법이다. 특히 섬새류와 얼가니새, 갈매기 또는 물새류의 먹이를 공중에서 빼앗는다. 단독으로 또는 암수가 함께 도망치는 바닷새를 추격하면 스트레스를 받은 새가 토하게 되는데, 이때가 떨어지는 먹이를 얻을 절호의 기회다. 이처럼 군함조가 직접 먹이를 잡을 수 없는 것은 깃털의 방수가 불량하여 물에 닿으면 젖어서 날지 못하는 신체적 결함 때문이다. 군함조는 이러한 신체적 결함을 며칠씩 비행할 수 있는 우수한 제공(提控)력으로 해결했다.

번식 번식기는 2~10월이다. 번식기가 되면 수컷들의 요란한 구애행위가 볼만하다. 수컷은 둥지 위에 앉아 암컷 앞에서 붉고 아름다운 멱 주머니를 불룩하게 만들고 목을 이리저리 흔들며 소리를 지른다. 버들잎처럼 생긴 어깨깃을 세우며 턱밑과 먹이 고무풍선처럼 부풀어 올라 암컷의 호기심을 극도로 유발한다. 1마리의 수컷이 여러 마리의 암컷을 거느리기도 하는데 이는 구애행위의 상징인 붉은 멱 주머니의 크기와 관계가 있다. 일반적으로 알을 1개 낳는데, 알은 순백색이고 타원형이다. 알의 크기는 67mm인데, 이는 어미새 몸무게의 14%에 달한다. 도서지역의 관목 또는 교목가지 위에 무리를 이루며 번식한다. 둥지는 접시형이며, 크기는 지름 350~500mm 정도다. 수컷이 재료를 구해오면 암컷이 둥지를 만든다. 포란은 암수가 함께 하며 포란 기간은 50~55일이다. 육추 기간이 거의 200일이 넘는 까닭에 1년에 1번밖에 번식하지 못한다.

먹이 어류(청어, 숭어, 날치 등).

현황 열대성 조류로 태풍이나 기상 이변 또는 난기류에 의해 길을 잃고 무리에서 이탈하여 한반도로 유입된 길잃은새다. 경기도 가평군과 한강, 낙동강, 동진강에서 관찰된 기록이 있다.

몸길이 760mm **몸무게** 3,200~3,500g
부리 88~98mm **날개** 481~558mm **꼬리** 355~381mm **부척** 19~20mm
분포권 피지, 오스트레일리아 남부, 뉴질랜드, 필리핀, 말레이시아 등지, 태평양 캐롤라인제도, 마리아나제도, 대서양, 인도양 몰루카제도
　　　남한 경기도 가평군, 한강, 낙동강, 동진강
　　　북한 평안남도 온천군(1964)
도래 시기[월] 길잃은새

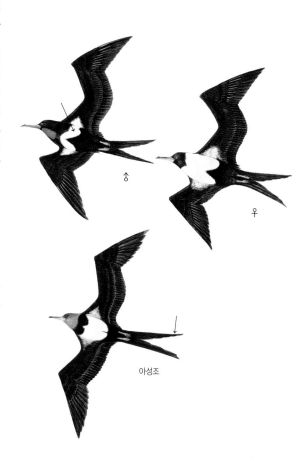

♂

♀

아성조

큰군함조

북한명 | 큰군함새
Fregata minor
Great Frigatebird

몸길이 760~1,000mm **몸무게** 1,045~1,095g
부리 99~103.7mm **날개** 543~575mm **꼬리** 362~378mm **부척** 27mm
분포권 기온이 높은 아열대와 열대지역, 태평양과 대서양,
　　　인도양 섬의 바위나 도서지역, 일본
　　　남한 남해안과 제주도 해역 또는 대한해협 등지
　　　북한 자료 없음
도래 시기[월] 길잃은새

형태 부리는 푸른색이 도는 암회색이며 부리 끝이 갈고리형이다. 머리와 온몸이 검은색인데, 암컷은 턱과 앞목, 가슴이 흰색이다. 수컷은 멱이 붉고 눈테 또한 붉다. 홍채가 검고 꼬리는 제비꼬리형으로 암컷의 꼬리가 수컷의 꼬리보다 길다. 깃털은 길고 뾰족하며 모양이 버들잎과 흡사하다. 수컷은 번식기에 거대한 붉은색 후두 소낭을 완전히 부풀린다.
노랫소리 일반적으로 조용하지만 번식기에는 '굴, 굴, 굴' 하며 의사소통을 한다.
생활권 주로 해양에 떠서 공중에서 생활한다.
번식 번식기는 4~6월이다. 관목이나 수림의 나뭇가지 위에 마른 나뭇가지를 모아 접시형 둥지를 조잡하게 만들고 1~2개의 알을 낳는다. 지상 6~10m 높이에 둥지를 트는데, 둥지의 크기는 직경 35~50cm 정도이며 주로 암컷이 수컷이 물어온 소재로 짓는다. 교미는 둥지 위에서 한다. 포란은 암컷이 주로 하며 포란 기간은 54~59일이다. 육추는 암수가 함께 하며 육추 기간은 220~230일이다.
먹이 어류.
현황 한반도에서는 쉽게 볼 수 없는 열대성 조류로, 기상 이변이나 태풍에 의해 유입된 길잃은새다. 남북한에서 목격되며 채집된 기록은 단 1~2건뿐이다.

우

↥ 번식깃

민물가마우지

북한명 | 갯가마우지
Phalacrocorax carbo
Great Cormorant

■ 겨울철새 ■ 흔함

형태 부리는 살색을 띠며 아랫부리는 살색이 도는 엷은 갈색이다. 홍채는 맑은 청록색이며 머리와 뒷목은 검고 남색 광택이 난다. 부리 기부 주위의 나출된 피부는 황색이다. 얼굴과 멱의 나출된 부분은 크림색인데, 번식기가 되면 이마와 머리 상단, 뒷머리 목 부위에 가는 실 모양의 흰색 생식깃이 돋아나고 허리 양쪽에 삼각무늬의 흰색 반점이 단조로움을 덜어준다. 다리는 검은색이다. 겨울이 되면 뒷머리와 목, 옆구리의 흰색 반점이 사라진다.

노랫소리 '괏 괏 괏 구르 구르' 또는 '구루, 구루' 하는 단조롭고 탁한 소리를 낸다.

생활권 해안가나 파도에 씻긴 암반, 돌출된 바위 또는 항만 내륙의 호수, 바위섬, 하구 주변의 절벽이나 맑은 물, 흐르는 물가처럼 물고기가 많이 모여드는 곳이나 바다가의 절벽과 내수면의 풀과 관목이 어우러진 곳에서 생활권을 형성한다. 유일하게 공해(公海)에서는 찾아볼 수 없다. 20~25cm 정도 크기의 물고기를 먹이로 선호하며, 가끔 큰 물고기를 먹다가 목에 걸려 목숨을 잃는 경우도 있다.

번식 산란기는 4~6월이며 지상 5~20m 높이의 나뭇가지에 마른 나뭇가지와 나뭇잎, 마른풀줄기로 산좌를 만들고 3~4개 정도의 알을 낳는다. 알의 크기는 56mm다. 포란과 육추는 암수가 함께 하며 포란 기간은 28~31일, 육추 기간은 50일 정도다.

먹이 어류, 연체동물과 곤충, 양서류와 수초.

현황 겨울철새로 항만과 소호 등지에서 무리를 지어 생활한다. 주로 물에서 생활하며 9m 깊이의 물속에서 60초 이상 잠수하여 물고기를 사냥한다. 남해의 거제도 바위틈에서 번식한 기록이 있으며 동해와 서해 연안의 섬에서도 흔히 볼 수 있다.

몸길이 900~1,020mm **몸무게** 2,000~2,500g
부리 59~69mm **날개** ♂318~348mm ♀311~326mm **꼬리** 151~161mm
부척 57~60mm
분포권 유럽 중부, 스칸디나비아반도 서부, 영국 해안, 러시아 사할린, 일본 북부, 타이완, 오세아니아, 아프리카
　　　남한 제주도와 남해의 도서지역
　　　북한 함경남도, 함경북도 웅기군, 강원도
도래 시기[월] **1 2 3** 4 5 6 7 8 9 **10 11 12**

여름깃

겨울깃

아성조

가마우지

북한명 | 바다가마우지
Phalacrocorax capillatus
Temminck's Cormorant

■ 겨울철새 ■ 흔함

몸길이 840mm **몸무게** 2,500g
부리 63~75mm **날개편길이** 1,520mm **꼬리** 140~150mm **부척** 60~68mm
분포권 동남아시아와 오스트레일리아, 중국 동해안, 타이완, 우수리강,
러시아 캄차카반도, 시베리아 동부 연안, 일본열도
남한 전라남도 완도군 보길도, 거제도, 제주도 추자군도, 울릉도
북한 함경북도 옹기군, 함경남도 원산만, 평안북도 해안

도래 시기[월] **1 2 3** 4 5 6 7 8 9 **10 11 12**

겨울깃

여름깃

아성조

형태 부리가 다른 새보다 길고 부리 끝에 긴 갈고리가 있다. 부리의 색은 갈색으로, 윗부리는 짙고 아랫부리는 엷다. 홍채는 녹색을 띠고 다리는 검다. 머리 상단과 뒷머리, 목, 뒷목은 검고 푸른색 광택을 띠고 있다. 부리 부근과 눈가에 나출된 피부는 황색이다. 나출된 피부 바깥쪽 얼굴과 멱은 흰색의 큰 반점을 이루며 검은 녹색이 도는 작은 점이 얼룩져 있다. 번식기가 되면 머리 상단과 뒷머리, 목 부위에 흰색의 가는 줄모양의 생식깃이 여러 개 생기고 허리 양쪽에 삼각무늬의 흰색 반점이 생긴다. 꼬리는 바깥쪽 1쌍과 중앙꼬리깃이 생기기 시작하는데 녹회색을 띠고 나머지 10개는 흑회색이다. 큰 판족을 가지고 있어 강한 추진력을 만들어내며 상당히 유연하다. 그 덕분에 일부 종은 나무에 둥지를 짓고 서식할 수 있다. 입과 목 양쪽이 넓게 확대되어 커다란 먹이를 삼킬 수 있다. 눈의 수정체는 조절성이 강해서 물속에서 시력을 높여준다. 사다새와 마찬가지로 흉골이 넓지만, 용골은 강한 비행근육을 가진 조류들처럼 두드러지지 않는다. 저공으로 수면을 따라 비행하고 목을 뻗으며 날개를 계속 퍼덕인다. 골밀도가 사다새보다 훨씬 높다. 또한 체내 지방이 적어서 부력을 줄이는 데 유리하고 물 밑에서 먹이를 잡는 데 용이하다. 물 밑에 있을 때는 물갈퀴와 꼬리로 방향을 제어하고 날개를 몸 양쪽에 딱 붙인다.

노랫소리 일반적으로 조용하며 민물가마우지와 같다.

생활권 무인도서지역이나 해안가 암초 또는 바위섬에서 무리를 지어 군집생활을 하고 그 주변 바다에서 먹이를 구한다. 북한 연구자료에 따르면 번식지가 해안에서 멀리 떨어져 있는 경우에는 먹이를 구하러 먼 바다까지 원정을 가기도 한다.

번식 산란기는 5~7월이다. 둥지는 바위 절벽 틈새의 오목한 곳을 선택하여 마른풀이나 해초를 산좌의 소재로 이용한다. 4~5개 정도의 엷은 푸른색 알을 낳는다. 포란은 암수가 함께 하며 포란 기간은 28~33일, 육추 기간은 60일이다. 쇠가마우지나 바다오리와 함께 혼성하여 번식 집단을 이룬다.

먹이 어류.

현황 가마우지류 중에서 생태연구가 미진한 종으로 주로 넓은 바다에서 생활하며 바위섬에서 군집생활을 한다. 한반도에서 드물게 월동하는 겨울철새이며 소수는 텃새로 자리매김하고 있다. 바다 위에서 가마우지를 민물가마우지와 혼동하는 경향이 있다.

쇠가마우지

북한명 | 까막가마우지
Phalacrocorax pelagicus
Pelagic Cormorant

■ 겨울철새 ■ 적음

형태 소형종으로 부리가 짙은 갈색이며 홍채는 녹색을 띠고 다리는 검다. 머리는 검고 녹색의 금속광택이 난다. 머리 상단과 뒷머리의 깃털은 우관을 이룬다. 부리 주변과 눈가에 나출된 피부는 갈색 바탕에 검붉은 무늬가 밀생한다. 이마에 붉은 광택이 있고, 목은 검다. 번식기가 되면 목에 흰색 식우가 돋아나고, 허리 양편에 흰색 무늬가 나타난다. 꼬리는 검고 꼬리깃이 12개 나 있다. 가마우지과 새들은 모두 물속에서 먹이를 잡아먹고 두 발만으로 추진력을 만든다. 또한 몸무게에 비해 혈액이 차지하는 비중이 높으며, 일부 종은 체내에 저장하는 산소로 물 밑에서 4분간 활동할 수 있다. 가마우지의 총 잠수시간과 물 위에서 보내는 시간의 비율은 추산하기 어렵다. 잠수 속도는 초속 약 0.69~1.01m다. 먼바다에 나가 먹이를 찾는 가마우지는 없지만, 집단 서식지(번식지)에서 먹이를 찾는 곳까지 수십km를 비행해야 한다. 보통 2~3종은 분포가 중첩되지만, 대부분은 각종 서식지에서의 먹이 등 다른 요소들이 겹치지 않는다.

노랫소리 비교적 조용하지만, 간혹 '과- 과-' 또는 '쿠리와- 쿠리압-' 하는 소리를 낸다.

생활권 해안과 섬의 기슭에 있는 바위에서 살며 하천과 하구 또는 항만 연안의 바위에 2~3마리 또는 수십 마리씩 크고 작은 작은 무리를 이뤄 생활한다.

번식 산란기는 5월 중순~7월 중순이다. 바위섬이나 해안의 암벽에 무리를 짓고 여러 마리가 인접하여 둥지를 이룬다. 마른풀줄기와 해초로 둥지를 짓고, 푸른색 알을 3개 정도 산란한다. 포란과 육추는 암수가 함께 하며 포란 기간은 23~26일 정도다.

먹이 어류, 갑각류.

현황 흔하지 않으나 한반도 전역의 해안에서 월동한다. 북한에서는 함경북도 옹기와 평안북도 선천 앞바다의 납도에서 번식하며 남한에서도 해안과 무인도 바위섬에서도 흔치않게 목격되고 있다.

몸길이 640~760mm **몸무게** 1,750~2,250g
부리 46~56mm **날개** 260~271mm **꼬리** 140~161mm **부척** 47~54mm
분포권 미국 캘리포니아 연안, 알래스카, 베링해협, 북태평양 연안, 러시아 사할린, 쿠릴열도, 캄차카반도, 알류샨열도, 일본 북부
　남한 남해안과 경상남도 거제도, 사천시 삼천포, 동해와 서해의 도서지역
　북한 함경북도 화대군 하평리, 강원도 도서지역

도래 시기[월] **1** **2** **3** 4 5 6 7 8 9 **10** **11** **12**

아성조

겨울깃

여름깃

81

붉은뺨가마우지

북한명 | 붉은뺨가마우지
Phalacrocorax urile
Red-faced Cormorant

■ 텃새(북한) ■ 적음

몸길이 840mm　**몸무게** 2,500g
날개 1,150~1,200mm
분포권 미국 알래스카, 러시아 캄차카반도, 시베리아 근처 무인도, 일본 북부
　　　남한 자료 없음
　　　북한 평안북도 선천군 납도, 평안남도 온천군 덕도
도래 시기[월] 텃새

형태 쇠가마우지와 체형이 흡사하나 목이 굵고 체구가 우람하다. 부리는 황색이며 끝이 검고 기부가 푸른색이다. 온몸이 검고 녹색의 금속광택이 햇빛에 눈부시다. 여름깃은 머리 양편으로 귀뿔깃을 갖고 있으며 쇠가마우지의 귀뿔깃보다 크고 넓다. 눈가에 나출된 피부는 선명한 홍적색이며, 옆구리에 흰색 무늬가 뚜렷하다. 겨울깃은 머리의 귀뿔깃과 옆구리의 흰색 반점이 사라져 원래 모습으로 돌아간다. 아성조의 체모는 암갈색을 띠며 부리는 밝은 상아색이다.
노랫소리 번식기에 '코르르-' 하는 소리를 무리를 지어 합창하듯 낸다.
생활권 바닷가와 해상의 암초, 그 주변 바다에서 생활한다.
번식 산란기는 5~8월이다. 해안가 바위섬의 단애(斷崖) 또는 암초와 해안가 절벽에서 무리를 지어 번식한다. 남빛이 도는 알을 3~4개 정도 산란한다. 포란은 암수가 함께 하며 포란 기간은 28~31일 정도다. 육추도 암수가 함께 하며 육추 기간은 50~62일 정도다.
먹이 어류.
현황 납도, 덕도 등 북한 일부 지역에서 번식하며 사계절을 지내는 텃새로 짐작되나, 남한에서는 실증된 자료가 전혀 없으며, 북한의 자료도 확증된 것이 없다. 일부 학자는 국내종으로 인정하지 않고 있다.

아성조

여름깃

겨울깃

황 새 목

백로과는 대부분 여름철새이지만 겨울철새, 길잃은새도 있다. 목과 다리가 길고

날 때 목을 움츠리는 특징이 있다. 물가나 습지에서 어류, 양서류, 곤충류, 작은 포유류를

잡아먹는다. 부리와 나출된 얼굴의 피부색, 다리색이 계절에 따라 변한다. 대형종인

황새과는 겨울철새로 일부는 텃새였으나 절종되었다. 부리가 굵고 목과 다리가 길며

암수 구분이 어렵다. 습지에서 어류와 양서류, 들쥐, 곤충류 등을 잡아먹으며 소수가

무리를 이루기도 한다. 저어새과는 겨울철새인데 근래에는 인천시 송도를 비롯한

여러 곳에서 번식하며 텃새화되고 있다. 주걱부리로 물을 휘저으면서 어류나 양서류,

수서생물, 곤충류, 갑각류 등을 잡아먹는다.

덤불해오라비

북한명 | 작은물까마귀
Ixobrychus sinensis
Chinese Little Bittern (Yellow Bittern)

■ 여름철새 ■ 흔함

몸길이 330~350mm **몸무게** 140~160g
부리 45~52mm **날개** 130~146mm **꼬리** 39~48mm **부척** 40~51mm
분포권 유라시아 동남부, 러시아 사할린, 인도, 말레이시아,
　　　인도네시아, 자바섬, 수마트라섬, 보르네오섬, 필리핀,
　　　중국 동북부, 타이완, 일본, 몰루카제도, 술라웨시섬
　　　남한 전역의 습지
　　　북한 평안북도, 평안남도, 황해도 전역의 습지
도래 시기[월] 1 2 3 **4 5 6 7 8 9** 10 11 12

형태 부리는 엷은 황색을 띤 상아색이며 홍채는 등황색이고 다리는 엷은 황색이 도는 살색이다. 수컷은 머리에서 뒷머리까지 석판색을 띤 검은색이며 등쪽의 갈색이 암컷보다 짙고 줄무늬가 없다. 암컷은 머리가 어두운 갈색이며 등과 목, 복부, 옆면에 갈색 세로줄무늬가 있다. 비상할 때 날개깃과 꼬리깃의 검은색이 뚜렷하게 보이며 목을 S자형으로 움츠린다. 아성조는 암컷과 색이 흡사하나 줄무늬가 뚜렷하다. 꼬리깃은 10개다.
노랫소리 경계할 때 '오-오-오-' 또는 '우-우-우-' 하는 소리를 반복한다.
생활권 야행성이지만 낮에도 활동한다. 주로 풀이 무성한 초습지와 갈대밭, 물가의 풀숲이나 저수지 주변, 호수, 강기슭 등지에서 홀로 또는 쌍으로 생활한다.
번식 산란기는 5월 하순~8월 상순이다. 물가의 갈대나 풀이 무성한 곳 또는 소택지나 논, 관목림이 있고 갈대가 무성한 곳에서 줄풀 줄기 10여 개에 의지하여 밥그릇형 둥지를 만든다. 둥지의 크기는 직경 200~250mm이며 수면 또는 지면에서 0.5~1m 높이에 짓는다. 산좌에 줄기의 잎을 깔고 알을 낳는다. 산란수는 5~6개 정도이며 알의 색은 청록색이다. 포란은 주로 암컷이 하며 포란 기간은 25~26일, 육추 기간은 45~60일이다.
먹이 어류, 갑각류, 양서류, 곤충류.
현황 한반도 전역의 습지에 도래하여 번식하는 여름철새로 단독 또는 쌍으로 생활한다. 물가의 풀숲이나 논 등지에 몸을 숨기며 생활하며 야행성으로 해 질 무렵부터 왕성하게 활동한다. 수질오염으로 인해 매년 개체수가 크게 줄고 있다.

♂

우

♂

아성조

큰덤불해오라비

북한명 | 붉은물까마귀
Ixobrychus eurhythmus
Schrenk's Bittern

■ 여름철새
■ 환경부 지정 멸종위기 야생생물 Ⅱ급

형태 대형종이다. 수컷은 부리가 짙은 갈색이며 아랫부리 주위는 황록색을 띤다. 암컷은 윗부리 옆과 아랫부리가 황록색이다. 눈앞에 나출된 부위가 황록색이며, 홍채는 황색이고, 다리는 올리브색을 띤 녹색이다. 수컷의 번식깃은 이마와 머리 상단, 뒷머리, 등, 어깨가 짙은 밤색이며 눈 위와 귀깃, 옆목은 짙은 붉은 밤색이다. 다른 종과 달리 경부에 깃털이 없다. 암컷의 깃털은 목 앞쪽에 줄무늬가 있고 등과 날개에 촘촘한 흰색 반점이 있다. 아성조는 암컷과 흡사하나 색이 흐리고 줄무늬가 더욱 뚜렷하다.

노랫소리 덤불해오라비와 같은 소리를 낸다.

생활권 강변이나 늪, 연못가, 호숫가의 습지나 갈밭 또는 소택지 등 초습지의 풀이 무성한 곳에서 생활한다.

번식 산란기는 5~7월이다. 물가의 화본과 식물의 줄기나 잎을 모아 둥지를 만든다. 산란수는 4~6개이며 알의 색은 엷은 푸른색이고, 크기는 32mm다. 포란은 암컷이 주로 하며 포란 기간은 18~20일이다. 육추는 암수가 함께 하며 육추 기간은 55~60일 정도다.

먹이 어류, 양서류, 갑각류, 곤충류 등.

현황 한반도를 통과하는 나그네새이며, 일부는 남아서 번식하는 여름철새이기도 하다. 낙동강 하류의 갈밭과 김해평야 등 남부지역에서 일부 개체가 번식하는 것으로 짐작된다.

몸길이 390~420mm **몸무게** 145~171g
부리 50~51mm **날개** 146.5~153mm **꼬리** 42~46mm **부척** 49.5~50.5mm
분포권 동아시아와 동남아시아, 아무르강, 우수리강, 말레이시아, 자바섬, 수마트라섬, 보르네오섬, 타이완, 중국 동부, 일본
　　남한 전역의 습지
　　북한 평안남도 안주시, 개성시, 평양시 대성구역과 그 일대

도래 시기[월] 1 2 3 **4 5 6 7 8 9** 10 11 12

아성조　　우

열대붉은해오라비

북한명 | 없음
Ixobrychus cinnamomeus
Cinnamon Bittern

■ 길잃은새 ■ 희귀함

몸길이 400mm **몸무게** 285〜335g
부리 46〜54mm **날개** 139〜147mm **꼬리** 41〜48mm **부척** 46〜52mm
분포권 중국 남부와 말레이시아, 인도네시아, 타이, 필리핀, 일본
　　　남한 제주도, 전라남도 신안군, 홍도, 흑산도, 전라북도 군산시 어청도
　　　북한 자료 없음
도래 시기[월] 길잃은새

형태 부리는 황색을 띠며 윗부리가 검고 홍채는 황색, 다리는 황록색이다. 수컷의 깃털은 몸통 윗면이 적갈색을 띠고 암컷은 짙은 갈색에 흰색 반점이 산재해 있다. 몸통 아랫면은 엷은 황색을 띠며 멱에는 갈색 세로줄무늬가 중앙부에 자리 잡고 있다. 암컷은 뚜렷한 세로무늬가 여러 줄 있으며 날개에 흰색 반점이 있다. 번식기가 되면 수컷은 눈앞이 짙은 붉은색으로 변한다.
노랫소리 '카카카카카' 또는 '코코코코코' 소리를 간간히 낸다.
생활권 논과 소택지, 갈대밭, 저수지와 같은 물가에 풀이 무성하게 자라고 있는 습지를 선호한다. 일몰 직후부터 먼동이 트기 전까지 왕성하게 활동한다. 단독 또는 암수가 함께 주로 얕은 물가에서 생활하며, 아주 드물게 일정 지역에서 이동기에 목격된다.
번식 산란기인 5~8월이 오면 갈대의 줄기 중간을 엮고 수면 위에 있는 수초의 줄기나 풀잎과 식물의 줄기를 모아 접시형 둥지를 만들고 산좌에 풀잎을 깔고 알을 낳는다. 산란수는 5~6개 정도다. 포란과 육추는 암수가 함께 하며 포란 기간은 22~23일, 육추 기간은 28~34일 정도다.
먹이 어류, 양서류, 곤충류.
현황 길잃은새로 1983년 5월 20일 제주도 제주시 용담동에서 고(故) 박행신 제주대학교 교수가 발견, 채집했다.

아성조

우

검은해오라비

북한명 | 없음
Ixobrychus flavicollis
Black Bittern

■ 길잃은새 ■ 희귀함

형태 수컷은 이마와 머리 상단, 뒷목, 등이 짙은 푸른색이 도는 검은색이며, 턱밑은 희고 목 앞부분은 황갈색 바탕에 흑갈색 세로줄무늬가 선명하다. 암컷은 이마와 머리 상단, 뒷목 등은 흑갈색이며 턱밑과 목에는 황갈색 바탕에 회갈색 세로줄무늬가 있다. 암컷의 부리는 황갈색이며 홍채는 황색을 띠고 다리는 어두운 갈색이다. 어린새는 이마와 머리 상단, 뒷목이 갈색이며 등과 날개는 비늘 문양을 이룬다. 부리가 황록색이며 홍채는 황색이고 다리는 검다.

노랫소리 '고, 코, 코' 하는 소리를 낸다.

생활권 논이나 하천 또는 늪지, 호수, 저수지, 냇물이 흐르는 물가의 습지에서 주로 생활한다. 일몰 시에 활동을 시작하여 일출 시까지 왕성하게 활동하고 낮에는 휴식한다.

번식 산란기는 5~7월이다. 습지 근처의 나뭇가지에 둥지를 튼다. 산란수는 4~6개 정도다. 포란은 주로 암컷이 하며 포란 기간은 24~26일이다. 육추는 암수가 함께 하며 육추 기간은 32~35일이다.

먹이 수생곤충류, 어류, 갑각류, 파충류, 양서류, 곤충류, 패류.

현황 기상 이변이나 태풍 또는 난기류에 의해 한반도에 유입된 길잃은새다. 1995년 6월 제주도 제주시 삼도동에서 1개체가 채집된 기록이 있다.

몸길이 490~580mm **몸무게** 200~360g
날개편길이 780~810mm
분포권 중국 중남부, 일본 남부, 미얀마, 인도네시아, 자바섬, 보르네오섬,
　　　　수마트라섬, 오스트레일리아
　　　남한 제주도
　　　북한 자료 없음
도래 시기[월] 길잃은새

아성조　　　　우　　　　♂

붉은해오라비

북한명 | 붉은밤물까마귀(산골물까마귀)

Gorsachius goisagi

Japanese Night Heron

■ 길잃은새
■ 환경부 지정 멸종위기 야생생물 II급,
IUCN Red List EN C2a(i)

몸길이 430~490mm **몸무게** 270~310g
부리 36~41mm **날개** 248~288mm **꼬리** 83~116mm **부척** 63~73.5mm
분포권 중국 남부, 타이완, 필리핀, 일본 남부, 동남아시아 일대
    남한 부산시 서대신동 구덕, 충청남도 외연도, 전라남도 신안군
      홍도, 진도
    북한 자료 없음
도래 시기[월] 길잃은새

형태 부리는 검은색이 도는 뿔색이며 두껍고 짧다. 아랫부리는 황색이다. 홍채도 황색이다. 다리는 황록색이며 눈가의 나출된 피부는 황색이 도는 녹색이다. 이마와 머리, 어깨 사이는 짙은 적갈색이고 대부분의 등쪽 면은 갈색이며 작은 흰색 반점이 무서리 내리듯 산재되어 있다. 배는 엷은 갈색이며 가슴에서 복부까지 중앙을 흐르는 굵은 암갈색 세로줄무늬가 인상적이다. 턱에서 멱 초입까지 암갈색 가는 줄무늬가 있고 목 하단부에는 갈색 선이 다발을 이루고 가슴과 복부에 산재되어 있다. 비상할 때 보이는 날개 앞면에 크림색 반점과 날개를 가로지르는 검은색 띠가 선명하게 보인다. 꼬리는 갈색이며 꼬리깃은 12개다.

노랫소리 일출시에 '우프-, 위프- 위프-' 또는 '윅우, 윅우--' 하며, 번식기에는 반복하여 지저귄다.

생활권 삼나무와 혼효림이 산재한 수림 속의 계류나 늪과 저수지가 있는 물가를 선호한다. 주로 야간에 활동이 왕성한 야행성 조류다. 보통 낮에는 산림의 나무 위에서 휴식을 취하며, 일몰시 먹이 사냥을 시작한다.

번식 산란기는 5~7월이다. 나무가 우거진 곳의 높은 나뭇가지 위에 마른 나뭇가지로 엉성하게 접시형 틀을 만들고 산좌에는 마른풀과 잎을 깔고 알을 낳는다. 둥지는 보통 지상 7~8m 높이에 짓는다. 산란수는 4~5개다. 포란은 주로 암컷이 하지만 암컷이 자리를 떠나면 수컷이 대신 알을 품는다. 포란 기간은 23~25일, 육추 기간은 30~34일이다.

먹이 어류, 곤충류, 양서류.

현황 한반도에 서식하는 종으로 기록된 바 없는 조류로, 기상 이변이나 난기류 또는 태풍의 영향으로 한반도에 유입된 길잃은새다. 필자는 1994년 7월 22일 대천에서 이미 낙조가 된 상태의 개체를 인수하여 이를 표본으로 보관 중이다. 이 종은 현재까지 여러 곳에서 목격되고 있는데, 이는 한반도의 기후변화가 원인인 것으로 사료된다.

푸른눈테해오라비

북한명 | 없음
Gorsachius melanolophus
Malayan Night Heron

■ 길잃은새 ■ 희귀함

형태 부리가 검고 짧으며 굵다. 부리 기부와 눈테의 나출된 피부가 유난히 푸르다. 이마와 머리 상단, 뒷머리는 검다. 수컷은 번식기에 식우가 길게 나며, 온몸의 깃털이 흑갈색이다. 목과 가슴 중앙 부위에 흑갈색 줄무늬가 줄지어 있고 옆구리에는 가로무늬가 산재해 있다. 어깨와 날개깃에는 흰 반점이 산재해 있다. 암컷은 수컷의 깃털과 유사하나 온몸의 색이 엷은 적갈색이다. 홍채는 황색이고 다리는 푸른색이 도는 살색이다. 어린새는 온몸의 색깔이 흑갈색이며 목과 뒷머리가 검고, 짧은 흰색 가로선 무늬가 있으며 온몸에 가로로 검은색 무늬와 희끗희끗한 무늬가 어지럽게 혼재되어 있다. 다리는 황록색이다.

노랫소리 번식기에 주로 해질녘이나 새벽에 올빼미와 비슷한 소리를 낸다.

생활권 상록수림이 울창한 산림에서 주로 생활하며, 열대 고산지역의 숲속 물가나 늪지를 찾아 생활한다.

번식 산란기는 6월 하순~8월 초순이다. 높은 나무의 가지에 마른 나뭇가지로 엉성하게 둥지를 짓는다. 산란수는 3~5개 정도다. 포란과 육추는 암수가 함께 하며 포란 기간은 20~22일, 육추 기간은 40~50일 정도다.

먹이 어류, 양서류, 환형동물, 곤충류.

현황 우리나라에서 길잃은새로 기록된 지 얼마 안 돼서 이들에 대한 생태조사가 빈약하다. 외국에서도 자료를 찾기 어렵다.

몸길이 540~600mm **몸무게** 400~450g
분포권 동남아시아 전역, 필리핀, 인도 동부, 중국
　　　　 남한 남부 해안의 섬과 서해 연안
　　　　 북한 자료 없음
도래 시기[월] 길잃은새

©Francesco Veronesi, 2011

아성조

해오라비

북한명 | 밤물까마귀
Nycticorax nycticorax
Black-crowned Night Heron

■ 여름철새 ■ 흔함

몸길이 580~600mm **몸무게** 500~700g
부리 62~80mm **날개** 105~112mm **꼬리** 92~112mm **부척** 62~77mm
분포권 유럽의 발칸반도, 지중해 연안, 아시아 전역, 아메리카
　　　　　남한 전역
　　　　　북한 함경북도(1925년 채집), 평안남도 안주시(1931년 채집)
도래 시기[월] 1 2 3 **4 5 6 7 8 9** 10 11 12

아성조

형태 중형종으로, 부리가 검고 다리는 황색이었다가 완숙기에 접어들면 붉은색이 돈다. 홍채가 붉고, 머리 상단과 등, 어깨는 금속광택이 나는 흑록색이다. 뒷머리에 난 가늘고 긴 흰색 식우 2~3가닥이 멋을 더한다. 암수 감별이 어려운데, 식우의 길이가 더 긴 쪽이 수컷이다. 허리와 위꼬리덮깃은 엷은 회색이며 눈가에 나출된 피부는 황록색이다. 몸통 아랫면은 푸른색이 도는 흰색이다. 뺨은 흰색이며 귀깃과 옆목은 회색이다. 꼬리는 회색이며 짧고 모난형으로 꼬리깃은 12개다.
노랫소리 '과, 과' 또는 '가, 가' 하는 시끄러운 소리를 낸다.
생활권 주로 물가나 산림이 우거진 곳에서 생활하며 논과 초습지, 소택지, 호반, 갈대밭에서 먹이를 찾는다. 낮에는 산림지역의 나무 위에서 휴식을 취하고, 일몰과 동시에 왕성한 활동을 시작하는 야행성이다.
번식 산란기는 4~5월이며, 참나무나 삼나무, 소나무가 무성한 잡목림에서 백로군과 함께 집단을 이루어 둥지를 튼다. 나뭇가지 위에 마른 가지나 풀과 줄기를 이용하여 산좌를 만들고 푸른색 알을 낳는다. 알의 크기는 50mm이며 산란수는 3~5개 정도다. 포란은 주로 암컷이 하며 포란 기간은 21~22일이다. 육추는 암수가 함께 하며 육추 기간은 45~50일 정도다.
먹이 어류, 양서류, 파충류, 곤충류, 갑각류, 수서곤충류.
현황 여름철새로 남한 전역에 넓게 분포한다. 남부지역에서는 소수 개체가 월동하기도 한다. 북한에서는 드물게 목격되는 종이다.

아성조

검은댕기해오라비

북한명 | 물까마귀
Butorides striatus
Striated Heron

■ 여름철새 ■ 흔함

형태 부리가 검고 홍채는 황색이다. 다리는 황록색이다. 이마와 머리 상단은 금속광택이 나는 짙은 검은색이며, 뒷머리에 가늘고 긴 검은 댕기 모양 식우가 있다. 눈 주위에 나출된 피부는 녹색을 띠며 눈 아래쪽에서 귀깃 뒤 끝에 이르는 검은색 가는 띠가 있다. 턱밑과 멱의 중심부는 흰색과 갈색의 작은 얼룩무늬가 산재해 있다. 가슴과 배, 옆구리, 경부는 어두운 회색이다. 허리와 위꼬리덮깃은 푸른색이 도는 흑회색이며 금속광택이 있는 짙은 녹색이다. 꼬리는 짧고 둥근데, 꼬리깃은 12개이며 녹색의 금속광택이 도는 짙은 갈색 바탕에 엷은 황갈색의 가는 테가 있다.

노랫소리 비상할 때 '큐-' 또는 '코오-' 소리를 낸다. 침입자나 약탈자가 위협하거나 가까이 접근할 때도 소리를 낸다.

생활권 평야에는 적고 주로 산간지역의 습지나 물가를 찾아 생활한다. 논이나 냇가, 계곡을 끼고 있는 계류와 양식장이나 양어장에 자주 나타나며 하천이나 못, 웅덩이 등지를 찾아 단독으로 또는 암수가 함께 생활한다.

번식 산란기는 5~6월이다. 소나무나 잡목림의 교목가지 위 4m 높이에 둥지를 트는데, 마른 나뭇가지로 엉성하게 틀을 짜고 산좌에 마른 잎과 솔잎을 깐다. 산란수는 3~5개 정도이며 알의 색은 청록색이다. 포란과 육추는 암수가 함께 하며 포란 기간은 21일, 육추 기간은 35~40일이다.

먹이 어류, 양서류, 갑각류, 수서곤충류.

현황 남한 전역에서 흔하게 볼 수 있는 여름철새다. 북한지역에서는 서식지가 한정되어 있고 개체수도 얼마 없어 찾아보기 어려운 종으로 기록되고 있다.

몸길이 400~480mm **몸무게** 254~315g(북한과학원 자료)
부리 ♂51~69mm ♀68mm **날개** ♂186~209mm ♀206mm **꼬리** ♂72~77mm
♀76mm **부척** ♂50~62mm ♀53mm
분포권 러시아·중국의 아무르강 하류, 중국, 타이완, 필리핀, 일본,
인도네시아의 자바섬, 수마트라섬, 술라웨시섬
남한 경기도 등 남한 전역
북한 평안북도, 황해남도 삼천군과 안악군, 개성시
도래 시기[월] 1 2 3 **4 5 6 7 8 9** 10 11 12

어린새

흰날개해오라비

북한명 | 흰날개물까마귀
Ardeola bacchus
Chinese Pond Heron

■ 여름철새　■ 희귀함

몸길이 450mm **몸무게** 240~290g
부리 56~64mm **날개** 241~256mm **꼬리** 72~98mm **부척** 89~99mm
분포권 동남아시아, 인도네시아, 말레이시아, 타이, 필리핀, 중국,
　　　　일본 오가사와라제도
　　남한 강원도 철원군, 경기도 김포시 양촌리, 인천시 강화도,
　　　　경상남도 창원시 주남저수지
　　북한 개성시, 황해남도 해주시(목격지)
도래 시기[월] 1 2 3 **4 5 6 7 8 9** 10 11 12

형태 부리는 등황색이며 끝부분이 검다. 홍채가 황색이고 다리는 등황색이다. 여름깃은 이마와 머리, 목, 가슴 부위가 적갈색을 띠며, 머리깃털은 갈색으로 길게 우관을 이룬다. 등은 검고, 회색 식우를 이룬다. 복부 아랫부분은 흰색이고 날개와 꼬리도 흰색이다. 겨울깃은 머리와 목, 가슴에 암갈색 세로무늬가 뚜렷하다. 아성조는 온몸이 연한 갈색을 띠며 배는 흰색이다. 목과 가슴 부위에 갈색 세로줄무늬가 있다.
노랫소리 '갸갸갸-' 또는 '과과과-', '가가가' 하며 때에 따라 음성의 폭이 다르다.
생활권 논과 습지, 소호, 물가의 초지 해안의 암반 등지에 모습을 드러낸다. 열대지방을 배경으로 터를 잡고 사는 종으로 특히 소나 물소를 방목하는 초원에 즐겨 모인다. 소의 등에 앉아 휴식을 취하며 소들이 이동할 때 날아오르는 곤충이나 기타 먹이를 취한다.
번식 산란기는 5~6월이다. 논가의 잡목림이 울창한 곳이나 강가의 숲을 번식지로 택한다. 지상 7~8m 높이의 나무 위에 마른 나뭇가지로 엉성하게 틀을 만들고 나뭇잎이나 마른풀잎과 줄기를 모아 산좌를 만들어 알을 낳는다. 알은 타원형이며 청록색이며 산란수는 4~5개 정도다. 필자는 철원의 노동당사 건너편 숲에서 5쌍이 번식하는 것을 조사했고, 김포 양촌리 한강가의 작은 섬에 2쌍이 번식하고 있는 것을 확인했다. 포란은 암수가 함께 하며 포란 기간은 정확하게 조사된 것은 없으나 관찰 결과 22~23일로 추정된다. 육추 과정 역시 확실하지 않은데, 주요 번식지역이 지뢰밭지역으로 통제구역이기 때문이다. 멀리서 쌍안경으로 조사한 바, 육추 기간은 30~32일 정도로 관측되었다.
먹이 곤충(메뚜기), 어류, 수서곤충류, 양서류, 파충류, 갑각류.
현황 열대성 조류로 여름철새이며 한반도에 도래한 시기는 1910년경으로 추측된다. 1910년 7월 14일과 1917년 5월 서울 동대문지역에서 채집된 것이 우리나라에서 제작된 유일한 표본이다. 봄철 한반도에 도래하는 개체가 극소수인 희귀한 종이지만, 최근에는 자주 목격되고 있다.

여름깃

겨울깃

여름깃

겨울깃

알락해오라비

북한명 | 알락왜가리
Botaurus stellaris
Eurasian Bittern

■ 겨울철새 ■ 드묾

형태 부리의 기부는 갈색이며 끝은 흑갈색이다. 눈 주위의 나출된 피부는 녹색 또는 납청색을 띤다. 홍채는 황색이고 다리는 엷은 녹색이다. 이마와 머리 상단은 검고 뒷머리와 뒷목도 검다. 깃털의 끝 둘레는 황갈색이며 가로무늬가 침엽수의 잎새무늬를 이루고 있다. 뺨과 턱선은 굵은 검은색이며 가슴에서 흘러내리는 갈색 세로무늬는 복부에서 끝을 맺는다. 등과 어깨의 깃털은 검은색을 띠고 깃가는 황갈색이다. 여름깃은 황갈색이 탈색되어 흐려진다. 꼬리깃은 짧고 개수는 10개다. 암컷은 수컷보다 작고 무늬가 가늘고 엷다.

노랫소리 '우프-우프-' 또는 '아크' 하고 소리 낸다.

생활권 한정된 초습지에서 번식하며 일몰시에 활동량이 많은 야행성 조류다. 갈밭이나 습지, 호수, 저수지 주변의 갈대밭이나 수풀이 우거진 곳에서 생활한다. 사람이나 천적이 접근할 때는 갈대숲에서 미동도 하지 않고 목을 위로 뻗는데, 목의 줄무늬와 갈대의 색이 흡사하여 위장 효과가 뛰어나다. 발견하기가 극히 어렵다.

번식 산란기는 4~7월 하순이다. 물가의 갈대나 풀이 무성한 곳에 풀이나 식물의 줄기와 잎을 모아 접시형 둥지를 만든다. 둥지의 크기는 직경 300~400mm, 높이 100~150mm가 일반적이다. 산란수는 4~6개 정도이며 알의 색깔은 올리브색이 도는 갈색이고 형태는 타원형이다. 산란 간격은 1~3일이며 포란은 암컷이 전담하며 첫 알부터 포란한다. 포란 기간은 25~26일이다. 육추도 주로 암컷이 하며 육추 기간은 50~55일 정도다.

먹이 어류와 양서류, 갑각류, 파충류, 곤충과 유충, 드물게는 작은 설치류와 어린새.

현황 우리나라에서는 겨울철새이며, 일부는 나그네새이기도 하다. 최근 안산 시내에 있는 화랑 저수지와 시화호 갈대밭에서 1~2마리가 매년 도래하여 겨울을 보낸다고 밝혀졌다. 한편 북한에서도 월동 개체가 발견되고 있다는 기록이 있다

몸길이 680~760mm **몸무게** 900~1,100g(북한과학원 자료)
부리 64~70mm **날개** 295~340mm **꼬리** 103mm **부척** 86~95mm
분포권 아메리카, 유럽, 스칸디나비아반도 남부지역, 중국, 만주 동북부. 러시아 사할린, 일본, 타이완, 말레이시아, 인도네시아, 몰루카제도, 인도
　　　남한 경기도 안산시 화랑저수지와 시화호 갈대밭, 남부지방
　　　북한 평안남도 안주시, 함경북도 청진시, 함경남도 흥원군 해중리

도래 시기[월] 1 2 3 4 5 6 7 8 9 **10 11 12**

황로

북한명 | 누른물까마귀
Bubulcus ibis
Cattle Egret

■ 여름철새 ■ 흔함

몸길이 510mm **몸무게** 300~400g
부리 58~64mm **날개** 241~256mm **꼬리** 86.5~96mm **부척** 89~99mm
분포권 유럽 남서부, 동남아시아, 미얀마, 필리핀, 중국 남부, 타이완,
　　　　인도, 스리랑카, 일본, 몰루카제도
　　남한 한반도 전역, 인천시 강화도, 행주산성 부근, 계양산 일대,
　　　　강원도 양양군 현남면 포매리, 전라남도 해남군,
　　　　충청남도 연기군, 경상남도 하동시, 충청북도 청원군 노호리
　　북한 자료 없음

도래 시기[월] 1 2 3 **4 5 6 7 8 9** 10 11 12

형태 부리와 홍채가 황색이고 다리는 검은색을 띤다. 이마와 머리, 목은 짙은 등황색으로 등과 어깨깃, 위꼬리덮깃은 순백색으로 산뜻한 멋을 준다. 번식기에는 등과 어깨깃이 붉은 포도색으로 변하며 180mm의 식우가 돋아난다. 가슴과 배, 옆구리, 아래꼬리덮깃은 순백색으로 번식기에는 가슴에도 붉은 포도색의 긴 생식깃이 다발로 늘어진다. 꼬리깃은 12개며 모난형이다. 어린새는 온몸이 흰색이며 이마와 머리 상단만 등황색으로 어미새의 겨울깃과 구별하기 쉽지 않다. 다만 다리의 색이 검지 않고 암갈색인 것만 다르다.
노랫소리 둥지나 그 주변에서 요란스럽게 '깍, 깍' 또는 '과- 과-' 한다.
생활권 논과 초습지, 습지 주변에서 생활한다. 봄철 논갈이가 시작되면 어김없이 나타나 땅속에서 드러난 각종 먹이를 취한다. 또한 방목장과 목초지를 즐겨 찾는다.
번식 산란기는 5~7월 상순이다. 소나무나 팽나무 등 교목 가지에 접시형 둥지를 튼다. 마른 나뭇가지를 엉성하게 쌓아 둥지를 만들고 산좌에는 마른풀잎과 줄기를 깔고 알을 낳는다. 산란수는 4~5개 정도다. 알은 연한 녹청색이며 타원형이다. 알의 크기는 38mm다. 포란과 육추는 암수가 함께 하며 포란 기간은 22~26일, 육추 기간은 30일 정도다.
먹이 어류, 양서류, 파충류, 곤충류, 설치류, 갑각류.
현황 한반도 중부 이남에 주로 도래하는 여름철새로 매년 번식지가 북상하고 있다. 북한에서는 개체수가 적어 찾아보기 어렵다고 한다. 왜가리 중에서도 해충을 잡아먹는 익조로 취급되며, 과학적·생태적 연구대상 종으로 구분되고 있다.

여름깃

겨울깃

여름깃

흑로

북한명 | 검은왜가리
Egretta sacra
Pacific Reef Heron

형태 중형종이다. 백색형과 흑색형의 두 종류가 있으며 두 형의 중간형도 있다. 흑색형의 겨울깃은 이마와 머리 상단, 등은 모두 짙은 흑회색이며 가슴과 배, 아래꼬리덮깃은 색이 엷다. 눈앞에 나출된 피부는 흑회색이지만 청회색을 띤 것도 있다. 머리 상단에는 실깃이 80mm의 짧은 댕기를 이룬다. 앞목의 아래쪽에 있는 100mm의 생식깃이 어깨에 있는 190mm의 생식깃과 함께 번식기의 위용을 자랑한다. 백색형은 체형이 흑색형과 같지만, 온몸의 털이 흰색이다. 눈앞에 나출된 피부는 황색을 띤다. 중간형의 아종은 보기 힘들다. 턱 아래는 흰색이 적고 뒷머리와 목의 일부, 날개의 일부는 흰색이며 검은색 털이 섞여 있다. 흑색형의 부리는 짙은 흑갈색이며 백색형은 황색, 중간형은 개체에 따라 다르다. 다리는 황록색이며 홍채는 황색이다.

노랫소리 다른 백로류처럼 소란스럽게 발성하지 않는다.

생활권 해안의 암초 또는 바위가 많은 곳에서 홀로 또는 암수가 함께 생활한다. 바위나 산호초 사이를 민첩하게 걸어 다니면서 먹이를 구한다. 열대지역에서는 주로 맹그로브숲에서 서식한다.

번식 산란기는 3~6월이다. 무인도의 암초 또는 나무 위, 암벽 선반 위에 마른 나뭇가지로 접시형으로 둥지의 틀을 만들고 산좌에 마른풀줄기나 잎을 깔고 알을 낳는다. 산란수는 2~4개이고, 알의 색은 청록색이다. 포란 기간은 25~27일, 육추 기간은 28~32일이다.

먹이 어류, 갑각류, 패류, 조개류.

현황 매년 서식지를 바꾸지 않고 한반도 남쪽에 거주하는 텃새다. 남해안지역의 해안과 암초, 바위에서 1~2마리 단위로 생활하며 개체수가 아주 적다.

몸길이 625mm **몸무게** 620~780g
부리 83~96mm **날개** 278~320mm **꼬리** 96~125mm **부척** 76~98mm
분포권 말레이반도, 미얀마, 필리핀, 폴리네시아, 뉴질랜드, 오스트레일리아 북부, 뉴기니, 타이완, 일본 남부, 중국 동남부
　　남한 제주도, 추자도, 전라남도 완도, 경상남도 거제도 남해와 서해 해안
　　북한 자료 없음
도래 시기[월] 텃새

흑색형

백색형

흑색형

백색형

95

중대백로

북한명 | 대백로
Egretta alba
Great Egret (Large Egret)

■ 여름철새 ■ 흔함

몸길이 900mm **몸무게** 950~1,050g
부리 100~117mm **날개** 337~394mm **꼬리** 160~163mm **부척** 135~175mm
분포권 유럽 남부, 동남아시아, 보르네오섬, 수마트라섬, 말레이반도,
술라웨시섬, 오스트레일리아, 중국, 타이완, 필리핀, 일본
남한 전역, 경기도 여주시, 김포시, 인천시, 충청남도 연기군,
강원도 철원군, 횡성군
북한 함경남도, 평안남도 강서군, 온천군, 평원군,
평안북도 곽산군, 염주군, 개성시
도래 시기[월] 1 2 3 **4 5 6 7 8 9** 10 11 12

겨울깃

형태 부리는 여름철에는 검지만, 가을철에서 이듬해 2월 말 겨울철까지는 황색으로 변한다. 겨울깃은 8월부터 갈기 시작하여 11월에 끝나며, 여름깃은 12월에 시작하여 5월에 끝난다. 홍채는 짙은 황색이고 다리는 검고 경부는 갈색이다. 온몸이 눈부신 순백색으로 정갈하며 눈앞에 나출된 피부는 녹색이다. 번식기에는 수컷의 어깨깃에 가늘고 긴 세모(細毛)가 풍성하게 흘러내리고 앞가슴에도 생식깃이 우아한 자태를 연출하여 암컷을 유혹한다. 암컷은 수컷에 비해 체구가 작고 홍채가 검다.
노랫소리 어미새가 '과- 과-', '고아- 고아-' 하며 시끄럽고 요란하게 소리 낸다.
생활권 주로 물가에서 생활한다. 해안과 하천, 논과 못, 늪, 저수지 등의 초습지를 찾아다니며 먹이를 구한다. 단독 또는 5~6마리가 무리를 지어 다닌다. 번식기에는 수십, 수백 마리에서 많게는 수천 마리가 집단 번식을 하는 습성이 있으며 여러 종류가 혼성하여 집단 번식을 한다. 이때 몸집이 큰 종이 나무의 최상단을 차지하며 작은 종일수록 하단에 둥지를 튼다. 이것은 활공에 편익을 도모하기 위해 학습한 방편이다.
번식 산란기는 4월 하순~7월 하순이다. 잡목림이나 잎갈나무, 소나무, 참나무 등에서 수십 또는 수백 마리가 무리를 지어 번식한다. 둥지는 마른 나뭇가지를 쌓아 틀을 만들고 산좌에 잔가지를 깔고 알을 3~5개 낳는다. 알은 푸른색의 난형이고 크기는 62mm다. 포란과 육추는 암수가 함께 하며 포란 기간은 25~26일, 육추 기간은 42일 정도다.
먹이 어류, 양서류, 설치류, 갑각류, 수서곤충류.
현황 한반도 전역에서 흔히 볼 수 있는 여름철새다. 북한에서도 넓은 지역에서 번식하고 있다.

여름깃   겨울깃

대백로

중백로

북한명 | 검은다리백로
Egretta intermedia
Intermediate Egret

■ 여름철새　■ 흔함

형태 중형종으로, 번식기와 비번식기에 부리의 색깔이 다르다. 번식기인 4월이 되면 부리는 점차 검은색으로 변했다가 비번식기가 되면 황색이 되고 부리 끝은 갈색을 띤다. 눈 주위의 나출된 피부는 황색이며 홍채도 황색이다. 다리는 검다. 온몸의 깃털은 순백색이며 여름깃은 목 하단과 어깨깃에 식우가 돋아난다. 발정기 때 수컷은 식우를 부챗살처럼 펼치면서 움직이며 깃털을 요란스럽게 떠는 율동으로 암컷을 유혹한다.

노랫소리 발정기가 오면 '꽈아- 꽈아- 꽈와아-' 또는 '꾸와아- 꾸아' 하며 우렁차게 소리를 질러댄다.

생활권 중대백로와 습성과 생활권이 거의 같다. 논과 늪, 하천과 호수, 냇가의 초지를 따라 생활한다.

번식 산란기는 4~8월이다. 나뭇가지 위에 둥지를 트는데, 중대백로보다 두껍게 만든다. 산란수는 3~5개 정도로, 알의 색깔은 청록색이며 타원형이다. 포란과 육추는 암수가 함께 하며 포란 기간은 23~25일, 육추 기간은 45~50일 정도다.

먹이 어류, 갑각류, 양서류, 곤충류.

현황 여름철새로 한반도에는 소수의 집단이 도래하여 번식하는데, 매년 개체수가 줄고 있다.

몸길이 685mm　**몸무게** ♂409g ♀515g
부리 67~80mm **날개** 272~320mm **꼬리** 100~132mm **부척** 100~121mm
분포권 열대와 아열대지역, 동남아시아, 오세아니아, 아프리카, 인도, 필리핀, 타이완, 일본
　　　　남한 경기도 여주시, 충청남도 연기군, 충청북도 진천군, 강원도 영월군
　　　　북한 함경남도 영흥군, 황해도 해주시

도래 시기[월] 1 2 3 **4 5 6 7 8 9** 10 11 12

겨울깃

겨울깃

여름깃

쇠백로

북한명 | 작은백로
Egretta garzetta
Little Egret

■ 여름철새   ■ 흔함

몸길이 530~560mm   **몸무게** 450~550g
부리 75~92mm **날개** 244~283mm **꼬리** 82~110mm **부척** 87~107mm
분포권 유럽 남부, 아프리카 북부, 마다가스카르섬, 동남아시아 일대,
　　　　인도차이나반도, 미얀마, 인도, 중국, 타이완, 일본
　　남한 전역, 행주산성, 경기도 김포시, 인천시 강화도, 계양산 일대,
　　　　전라남도 해남군, 화산면 방축리
　　　　강원도 철원군 민통선 북방, 양양군 현남면 포매리 등지
　　북한 서해안 일부, 개성지구 풍덕, 평안북도 곽산군
도래 시기[월] 1 2 3 **4 5 6 7 8 9** 10 11 12

형태 백로 중에서 가장 작은 종으로 부리는 검고 홍채는 황색이다. 다리는 검고 발가락은 황색이다. 온몸의 체모가 순백색이며 겨울깃은 눈 앞에 나출된 피부가 녹회색이 되고 약간 검은색이 있다. 번식기에는 머리 상단, 뒷부분에 2개의 긴 장식깃과 목 밑부분의 장식깃 다발이 생긴다. 꼬리깃은 각모이며 12개다. 암수 감별이 어렵다.
노랫소리 다른 백로류처럼 '과아– 과' 또는 '고아– 고아–' 하는 소리를 낸다.
생활권 논이나 하천 또는 간척지, 소호, 늪 등 주로 물가에서 취식하며 생활한다. 단독 또는 4~5마리, 때로는 20~30여 마리가 소수의 군집을 이루며 백로류와 혼성하여 생활하기도 한다.
번식 산란기는 4월 하순~8월 상순이다. 소나무와 참나무가 혼재되어 있는 혼효림의 나뭇가지에 마른 나뭇가지로 지상 8~12m 높이에 둥지를 튼다. 둥지의 크기는 너비 500~550mm, 길이 340~370mm, 두께 250~290mm다. 산좌에는 마른풀줄기와 나뭇잎을 깔고 알을 낳는다. 산란수는 3~5개 정도이며 알의 색은 청록색이다. 알의 크기는 47mm다. 포란과 육추는 암수가 함께 하며 포란 기간은 21~22일, 육추 기간은 40~45일이다.
먹이 작은 물고기, 미꾸라지 등 담수어종, 민물조개류, 수서곤충류, 갑각류, 파충류, 양서류, 연체류.
현황 한반도 전역에서 쉽게 볼 수 있는 여름철새다.

여름깃

여름깃

여름깃

겨울깃

노랑부리백로

북한명 | 노랑부리백로
Egretta eulophotes
Swinhoe's Egret (Chinese Egret)

■ 여름철새 ■ 천연기념물 제361호,
환경부 지정 멸종위기 야생생물 Ⅰ급,
IUCN Red List VU C2a(i)

형태 부리는 짙은 등황색이며 홍채는 황색이다. 다리는 황색을 띤 녹색이며 발가락은 황색이다. 온몸이 눈부신 순백색이며 뒷머리에 난 20여 개의 식우와 목 하단에서 흘러내린 세모 다발이 고결한 멋을 풍긴다. 곧고 긴 식우가 어깨에서 꼬리까지 흘러내리고 우축의 신장도가 낮기 때문에 우지가 밀접해 있다. 눈 주위에 나출된 피부는 녹청색을 띤다. 꼬리깃은 모각을 이루며 개수는 12개다. 한국과 중국에서만 번식하는 유일한 종으로 가을이 되면 대부분 번식지를 떠나 분산하여 이동한다.

노랫소리 일부는 번식지에서 그리 멀리 떠나지 않고 부근에 남는다. 요란스럽지 않고 가끔 '깍깍' 소리를 낸다.

생활권 단독 또는 쌍으로 논이나 갯벌, 호수, 개울가, 하구, 호수, 양어장 등지에 먹이를 구한다. 저녁에는 숲이나 바위가 있는 곳으로 돌아가 휴식을 취하는 주행성이다.

번식 대부분 4월 말~5월에 걸쳐 산란하며 때로는 8월까지 산란하는 무리가 있다. 한정된 일부 도서지역에서 집단 번식한다. 다른 백로종과 달리 맨땅이나 저목(底木), 바위의 선반에 나뭇가지로 틀을 짜고 마른풀과 줄기로 산좌를 만들고 청록색 알을 2~4개 낳는다. 포란은 암수가 함께 하는데, 1일간 조사된 암수의 포란 시간은 각각 수컷 156분, 암컷 575분으로, 합계 731분이다. 포란 기간은 24~26일, 육추 기간은 40~45일이다.

먹이 작은 물고기, 미꾸라지 등 담수어종, 민물조개류, 수서곤충류, 갑각류, 파충류, 양서류, 연체류.

현황 여름철새로 한반도를 비롯한 일부 지역에 국한되어 번식하는 희귀종이다. 현재 북한의 200~250여 마리와 남한의 400여 마리, 기타 지역을 모두 합해 1,500~2,000마리 미만이 생존하고 있으며, IUCN 멸종위기종으로 지정되는 등 세계 여러 나라에서 관심대상종이다.

몸길이 460~680mm **몸무게** 320~650g
부리 71~75mm **날개** 262~286mm **꼬리** 85~87mm **부척** 89~94mm
분포권 중국 남부, 홍콩, 만주, 타이완, 필리핀, 일본
　　남한 인천시 옹진군, 강화군 백령도, 용유도,
　　　　전라남도 영광군 칠산도
　　북한 평안북도 선천군 납도, 정주군 소감도
도래 시기[월] 1 2 3 **4 5 6 7 8 9** 10 11 12

©Drakesketchit, 2007

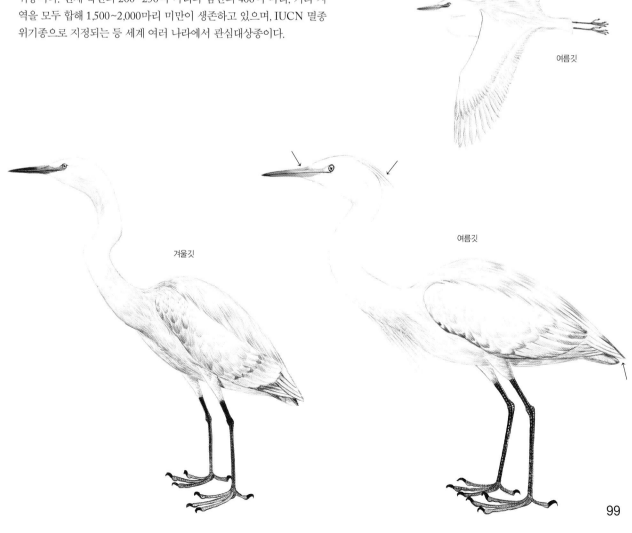

여름깃

겨울깃

여름깃

99

왜가리

북한명 | 왜가리
Ardea cinerea
Grey Heron

■ 여름철새 ■ 흔함

몸길이 750~900mm **몸무게** 1,600~2,000g
부리 110~130mm **날개** 421~480mm **꼬리** 156~181mm **부척** 139~174mm
분포권 유라시아와 아프리카 온대와 열대지역, 중국 동부, 몽골,
　　　　인도차이나반도, 미얀마, 러시아 사할린, 쿠릴열도, 일본, 타이완
　　남한 전역, 경기도 여주시 신접리, 김포군 월곶리, 행주산성,
　　　　계양산, 강원도, 횡성군 압곡리, 철원 비무장지역
　　북한 함경남도 함흥시, 평안북도 곽산군, 강원도,
　　　　평안남도 순천군, 황해남도 삼천군

도래 시기[월] 1 2 3 **4 5 6 7 8 9** 10 11 12

형태 부리는 황갈색 또는 적황색이다. 홍채는 황색이며 눈 주위의 나출된 피부는 녹황색이다. 다리는 갈색이다. 이마와 머리 상단은 흰색이고 이마에서 눈 위를 지나 뒷머리까지 띠가 있고 그 끝에 있는 긴 식우는 길이가 220mm 정도다. 등과 허리, 어깨, 위꼬리덮깃은 청회색이며 어깨깃은 세모처럼 길게 식우를 이룬다. 목 하단에도 세모가 길게 다발을 이루며 목 중앙에는 검은 점무늬가 두세 줄 질서 있게 세로줄을 이룬다. 꼬리는 각모로 꼬리깃은 12개다.

노랫소리 날면서 이따금 '꽈악 꽈악' 또는 '캭 캭' 하는 단음의 날카로운 소리를 낸다.

생활권 초습지와 하천, 하구, 소택지, 논 등 물가에서 단독 또는 작은 무리를 이루며 생활한다. 낮에는 먹이를 구하고 밤에는 나무 위에서 쉰다. 번식기에는 평지 또는 침엽수림과 교목림이 혼재된 삼림지역에서 무리를 지어 나무 위에 둥지를 트는데 이때 다른 백로류보다 가장 높은 곳을 택한다. 이는 비상을 위한 선택으로 사료된다.

번식 산란기는 4~5월 중순이며 나뭇가지 위에 마른 잔가지를 모아 접시형 둥지를 틀고 산좌에는 풀잎과 줄기를 깔고 청록색 알을 3~6개 낳는다. 알의 크기는 58mm다. 포란과 육추는 암수가 함께 하며 포란 기간은 24~26일, 육추 기간은 40일 정도다.

먹이 작은 물고기, 담수어종, 미꾸라지, 민물조개류, 수서곤충류, 갑각류, 파충류, 양서류, 조류. 왜가리류는 모든 종이 산 먹이를 잡아먹는 데 특화된 새들이다. 어류와 수생 갑각류가 주식이지만 곤충류, 양서류, 파충류, 포유류, 조류도 잡아먹는다.

현황 흔한 여름철새로 중남부 이남에서 소수 무리가 월동하며 텃새화되고 있다. 이는 한반도의 기온 상승과 더불어 지구온난화가 원인으로 여겨진다. 번식지인 진천 노원리, 여주 신접리, 무안 용월리, 양양 포매리, 횡성 압곡리 등은 천연기념물로 지정해 보호하고 있다.

아성조

붉은왜가리

북한명 | 자지왜가리
Ardea purpurea
Purple Heron

형태 부리는 황갈색으로 아랫부리의 색이 짙다. 홍채는 황색이며 눈앞은 녹색을 띤다. 다리의 앞쪽은 짙은 갈색이며 뒷면은 황색이다. 수컷의 이마와 머리 상단, 뒷머리는 광택이 나는 검은색이며 검은색 식우가 길게 뻗쳐 있다. 등과 어깨 위, 허리, 위꼬리덮깃은 석판색으로 어깨깃의 중앙부는 엷은 회색과 구별되며 밑으로 내려갈수록 황갈색 또는 짙은 붉은 밤색으로 변한다. 등과 어깨깃은 세모가 길게 식우를 이루며 특히 후단의 깃은 길게 늘어져 아름다움을 뽐낸다. 꼬리깃은 모난형이며 그 수는 12개다.

노랫소리 '과악- 과악-' 하며 날아오른다.

생활권 식물이 무성한 물가에서 주로 생활한다. 먹이를 구하고 번식하는 장소가 왜가리와 같은데, 못과 늪, 논, 초습지, 소택지, 호수 주변 풀이 무성한 곳을 찾아다니며 평지에서 번식한다. 먹이를 구하기 위해 조그마한 물웅덩이나 못, 늪 근처의 물가에서 주로 시간을 보낸다. 일몰시와 새벽에 활동하는 야행성 조류이지만 낮에도 활동한다.

번식 산란기는 4~7월이며 때로는 7~8월에도 산란한다. 갈대밭과 초지, 교목 등에 집단으로 둥지를 틀고 번식한다. 수초를 소재로 접시형 둥지를 만드는데, 수면에서 400~1,200mm 높이로 쌓는다. 산란수는 4~5개 정도이며 알의 크기는 57mm다. 포란은 주로 암컷이 하며 포란 기간은 25~26일이다. 육추는 암수가 함께 하며 육추 기간은 45~50일 정도다.

먹이 어류, 설치류, 양서류, 갑각류, 곤충류, 소형 조류.

현황 봄철과 가을철에 한반도를 통과하는 나그네새로 소수 개체는 제주도에서 월동하는 겨울철새이기도 하다. 제주도를 비롯하여 서울 근교인 파주시 문산읍지역에서도 목격되었다. 가을과 봄에 북한도 드물게 통과하는 것으로 기록되고 있다. 1960년 5월 23일 평안북도 철산군 동창리의 침엽수와 활엽수의 혼효림에서 왜가리와 함께 생활하는 것이 목격되었고 함경도와 강원도에서 채집된 기록이 있다.

몸길이 800~850mm **몸무게** 600~1,200g

부리 120~141mm **날개** 340~395mm **꼬리** 125~395mm **부척** 120~148mm

분포권 유럽 남부, 인도네시아, 자바섬, 수마트라섬, 보르네오섬, 미얀마, 말레이시아, 필리핀, 인도, 중국 남동부, 만주, 러시아 사할린, 일본

남한 전라남도 영산포, 제주도

북한 평안북도, 함경도, 강원도

도래 시기[월] 1 2 **3 4** 5 6 7 8 **9 10** 11 12

아성조

아성조

101

황새

북한명 | 황새
Ciconia boyciana
Oriental White Stork

■ 겨울철새 ■ 천연기념물 제199호,
환경부 지정 멸종위기 야생생물 Ⅰ급, CITES Ⅰ,
IUCN Red List EN C2a(ii)

몸길이 1,120mm **몸무게** 3,100~3,500g
부리 200~273mm **날개** 620~670mm **꼬리** 216~257mm **부척** 240~280mm
분포권 유라시아, 아프리카, 러시아 시베리아, 아무르강, 하바로프스크,
　　　　연해주 남부, 중국 동북부, 일본
　　남한 서산간척지와 전라남도 해남군, 제주도, 낙동강 하류
　　북한 개성시, 황해북도 평산군, 황해남도 배천군,
　　　　평안남도 강동군, 문덕군, 온천군, 함경북도 김책시,
　　　　함경남도 함흥시, 청천강 하구

도래 시기[월] **1 2 3** 4 5 6 7 8 9 **10 11 12**

형태 목과 부리가 긴 대형조류다. 매우 긴 목은 17개의 경추로 이어져 있다. 부리는 매우 단단하며 곧고 위로 약간 굽어 있다. 콧구멍이 길지만 홈으로 되어 있지 않고 옆면에 열려 있다. 부리는 검은색 또는 흑갈색을 띠고 끝부분은 갈색을 띤 뿔색이다. 홍채는 밝은 주황색을 띤 흰색이며 다리는 붉은 주황색이다. 이마와 머리, 등, 몸통의 대부분은 흰색이다. 눈꺼풀은 붉은색이고 눈가, 턱밑의 나출된 피부는 붉다. 날개깃은 검고 날개를 접고 앉았을 때는 마치 꼬리가 검은 듯이 보인다. 꼬리는 흰색이며 꼬리깃은 12개다.

노랫소리 위협을 느끼면 부리를 서로 부딪치고 목을 떨면서 '고르록, 고록-', '가르락, 가락-' 하는 둔탁한 소리를 낸다.

생활권 번식기에는 주로 하천이나 강가에서 생활한다. 월동지에서는 소택지와 농경지, 하구, 호반, 밭, 저수지 등에서 단독 또는 5~6마리가 무리를 지어 생활한다. 생활 반경이 20km에 이른다.

번식 산란기는 3~4월이다. 소나무와 느릅나무, 물푸레나무, 팽나무, 미루나무, 은행나무, 감나무 등 오래된 독립수의 최상단에 둥지를 튼다. 둥지를 매년 보수하여 사용하는데 새롭게 만들기도 한다. 둥지의 크기는 직경 1~2m, 높이 0.5~3m다. 마른 나뭇가지와 짚, 마른풀, 흙 등으로 접시형 둥지를 만들고, 산좌를 오목하게 하여 마른풀과 지푸라기를 깔고 알을 낳는다. 산란수가 3~4개 또는 2~5개일 경우도 있다. 알의 색은 청록색이며 크기는 77mm다. 포란과 육추는 암수가 함께 하며 포란 기간은 31~34일, 육추 기간은 58~60일 정도다. 어린새가 어미새가 되기까지 4~5년이 걸리며, 수명은 48년이다.

먹이 민물고기, 양서류, 파충류, 곤충류, 설치류, 조류, 거미류.

현황 겨울철새로 1960년대 이전에는 남북한에 산재한 여러 곳에서 텃새로 번식하고 있었다. 그러나 충청북도 음성군 생극면의 황새를 마지막으로 텃새는 사라졌으며, 개체수 감소로 인해 멸종위기종으로 전락했다. 교원대학교 박시룡 교수의 주도로 복원사업을 활발히 진행하고 있으며, 개체수가 수십 마리로 증가하여 성공적인 복원이 이루어지고 있다.

먹황새

북한명 | 검은황새
Ciconia nigra
Black Stork

■ 겨울철새 ■ 천연기념물 제200호,
환경부 지정 멸종위기 야생생물 Ⅱ급, CITES Ⅱ

형태 대형종으로 암수 구분이 어렵다. 부리가 황새보다 조금 가늘고 위로 굽어 있다. 부리는 봄과 여름에는 붉은색이 선명하며 가을과 겨울에는 갈색을 띤 암적색이 된다. 홍채는 갈색이며 눈꺼풀과 눈 주변에 붉은색 피부가 나출되어 있다. 다리도 번식기에는 선홍색이나 비번식기에는 검붉은색으로 변한다. 이마와 머리, 멱, 목은 녹색 광택이 도는 검은색이다. 턱은 적갈색으로 윤기가 흐른다. 목 하단에 푸른색 띠가 있으며, 가슴 상단과 겨드랑이의 깃, 옆구리, 배, 아래꼬리덮깃은 순백색이다. 검은색과 흰색 그리고 붉은색의 조화로움은 이 새의 고결한 기품을 돋보이게 한다. 꼬리깃은 12개다.

노랫소리 침입자나 위협을 느끼면 부리를 부딪쳐 내는 소리와 '휘유-오-' 또는 '호이- 오-' 하는 소리를 낸다.

생활권 구북구 한대지역에서 온대지역까지 넓은 분포권을 갖고 있다. 주로 물가에서 생활한다. 논과 하천가에서 지내다가 번식기가 되면 오래된 고목이나 울창한 숲, 바위나 근처에 늪 또는 못, 강, 하천과 호수 등이 있는 장소를 찾아 번식지로 택한다.

번식 산란기는 4월 중순~7월이다. 황새와 달리 인가에서 멀리 떨어진 외진 곳의 절벽 등 사람이 접근할 수 없는 곳을 택해 번식한다. 한국과 중국에서는 산간 암반에 집을 짓고, 유럽에서는 울창한 수림지역의 나무 위에 집을 짓는다. 둥지는 암반의 움푹한 곳에 마른 나뭇가지로 접시형 틀을 만들고 산좌에 마른풀줄기와 잎, 짚 또는 흙을 깔고 알을 3~5개 낳는다. 알의 색은 흰색이고, 크기는 64mm다. 포란과 육추는 암수가 함께 하며 포란 기간은 35~36일, 육추 기간은 63~71일 정도다.

먹이 민물고기, 갑각류, 양서류, 곤충류, 파충류.

현황 1900년대 초에는 3월과 4월 초 얼음이 풀리지 않은 이른 봄부터 5월 말까지 연해주지역에 있던 많은 무리가 북한으로 도래하여 여름을 나며 번식하던 것으로 기록되고 있다. 그러나 최근에는 매년 국지적으로 도래하는 수가 줄고 있다. 남부지방에서 월동도 하는 희귀한 겨울철새이기도 하다.

몸길이 970mm **몸무게** 3,000g

부리 175~196mm **날개** 499~578mm **꼬리** 200~257mm **부척** 176~200mm

분포권 유럽, 러시아 시베리아 남부, 사할린, 아무르강, 우수리강,
바이칼 지역, 아프리카, 인도 동부, 이란, 중국, 일본, 타이완

남한 전라남도 해남군, 경상북도 청도군, 안동시, 제주도

북한 청천강 유역, 평안남도 덕천시 풍덕면, 금성산(대동강 상류)

도래 시기[월] 1 2 3 4 5 6 7 8 9 **10 11 12**

아성조

노랑부리저어새

북한명 | 누른뺨저어새
Platalea leucorodia
Eurasian Spoonbill

■ 겨울철새 ■ 천연기념물 제205-2호, 환경부 지정 멸종위기 야생생물 II급. CITES II

몸길이 860mm **몸무게** 1,200~1,700g
부리 180~238mm **날개** 1,150~1,350mm **꼬리** 110~132mm **부척** 130~165mm
분포권 아프리카, 유라시아, 중국 동남부, 일본 남부
　　남한 경상남도 창원시 주남저수지, 거제도, 충청남도 서산간척지,
　　제주도 성산포, 전라남도 해남군, 경기도 안산시 시화호,
　　인천시 강화도, 길상면 해안
　　북한 자료 없음
도래 시기[월] **1** **2** **3** 4 5 6 7 8 9 **10** **11** **12**

아성조

형태 다리와 부리가 긴 섭금류로, 부리가 주걱같이 넓적하고 기부의 끝 부위는 황색이다. 홍채가 붉고 다리는 검다. 겨울깃은 흰색인데, 여름철 수컷의 번식깃은 목의 황금색 띠와 뒷머리의 황금색 세모 식우 다발이 암컷을 유혹한다. 암컷은 수컷보다 체구가 작고 식우가 없다. 꼬리는 짧고 모각을 이루며 꼬리깃은 12개다.

노랫소리 위협이 닥쳐올 때 부리를 부딪쳐 '가락-, 가락-, 가락' 소리를 내며 때로는 '허허허-', '으르험' 하기도 한다. 평상시에는 '큐우우-, 큐리리-' 하고 목 끓는 소리를 낸다.

생활권 수풀이 우거진 호숫가와 저수지, 하천, 소호, 갯벌, 하구, 냇가, 섬에서 생활한다. 시각이 아니라 촉각으로 먹이를 찾는다. 저어새류는 깊이가 100~300mm 정도로 배에 물이 닿지 않는 물속에 부리를 넣고 좌우로 휘저어 자맥질을 하면서 먹이를 찾는다. 이렇게 하면 넓은 부리가 먹이에 접촉할 확률이 높아지는데, 부리에 먹이가 닿으면 반사 신경으로 인해 자동으로 닫힌다.

번식 산란기는 4~7월이다. 습지 가까운 숲 또는 호안의 풀밭이나 맨땅에서 집단으로 번식한다. 수컷은 보금자리 터를 고른 뒤 구애동작을 시작한다. 몸을 펼치고 허리 굽혀 인사하며 화려한 몸동작으로 자신의 둥지 영역을 적극적으로 보호한다. 유인된 암컷이 수컷 곁에 날아와 앉아 공손한 자세를 취하는데, 처음에는 수컷이 거절하다가 받아들이면 암수는 서로 절하기, 부리 비비기, 깃털 고르기를 한다. 짝짓기를 마치면, 수컷이 마른 나뭇가지 등 둥지의 소재를 물어온다. 암컷은 접시형 틀을 만들고 마른풀줄기나 잎을 깔아 산좌를 만들고 흰색에 엷은 갈색 또는 적갈색 반점이 있는 타원형 알을 3~5개 낳는다. 알의 크기는 70mm다. 포란과 육추는 암수가 함께 하며 포란 기간은 24~25일, 육추 기간은 40~45일 정도다.

먹이 민어류, 양서류, 조개류, 연체동물, 곤충류, 수서생물, 수생식물과 열매.

현황 겨울철새이며 희귀종으로 일부 지역에서 소수 개체만이 명맥을 유지하고 있다. 최근 인천광역시 남동공단 저수지 인공섬에 매년 수십 마리가 도래하여 번식하고 있고, 경기도 안산시 시화호에도 2~3년 전부터 10여 마리가 정기적으로 도래하여 여름을 난다. 몽골, 중국 동부, 러시아 연해주에 있는 무리는 겨울철 북한지역으로 도래한다. 아프리카, 유럽, 아시아, 대양주에 밀접한 유연관계가 있는 3종이 산발적으로 분포하며, 북유럽에서도 소수 무리가 번식한다.

여름깃

겨울깃

아성조

저어새

북한명 | 저어새(검은뺨저어새)
Platalea minor
Black-faced Spoonbill

■ 겨울철새 ■ 천연기념물 제205−1호,
환경부 지정 멸종위기 야생생물 Ⅰ급,
IUCN Red List EN C2a(ii)

형태 부리는 주걱형으로 석판색이며 융기된 돌출면이 검다. 홍채는 붉고 다리는 검다. 겨울깃은 온몸의 체모가 흰색이다. 수컷의 여름깃은 목에 화려한 황금색 목 띠가 생기고 뒷머리에 생식깃인 식우가 다발을 이루며 갈기를 형성하는데, 이는 암컷을 유혹하는 데 결정적 역할을 한다. 이마와 눈앞, 눈 주위, 아래턱 사이는 검은색이며 눈앞에 황색 반달무늬가 있다. 암컷은 수컷에 비해 체구가 작고 온몸의 색깔이 모두 희다. 꼬리는 모각을 이루며 꼬리깃은 12개다.

노랫소리 '큐우우−, 큐리리−' 하며 저음의 소리를 낸다.

생활권 간척지와 물가의 갈대밭, 소택지, 하구, 갯벌, 저수지 등에서 1~2마리 또는 10~20여 마리씩 무리를 지어 생활한다. 부리를 물속에 넣고 목을 좌우로 휘저으며 먹이를 걸러 먹는다.

번식 산란기는 5~7월 하순경이다. 물가 근처 바위틈이나 맨땅의 오목한 곳 또는 절벽의 암반에 마른 나뭇가지로 접시형 둥지를 조잡하게 만들고, 산좌에 마른풀이나 잎을 깔고 알을 낳는다. 산란수는 4~6개 정도다. 알은 타원형이며 흰색 바탕에 엷은 자색과 갈색의 얼룩반점이 있다. 알의 크기는 65mm다. 포란과 육추는 암수가 함께 하며 포란 기간은 34일, 육추 기간은 45~49일이다.

먹이 민물고기, 갑각류, 조개류, 곤충류, 수서생물, 연체동물.

현황 겨울철새로 동북아시아 고유종이다. 2000년대 초반만 해도 중국과 일본, 한반도에 광범위하게 분포했지만 현재는 개체수가 3,000여 마리에 불과한 가장 위험한 수준의 멸종위기종이다.

몸길이 740mm **몸무게** 1,070~1,450g
부리 145~193mm **날개** 329~376mm **꼬리** 100~122mm **부척** 119~134mm
분포권 중국과 만주의 동북부, 일본
　　남한 경상남도 창원시 주남저수지, 제주도 성산포, 낙동강 하구,
　　　　　인천시 남동공단 저수지, 강화도 길상면 갯벌, 여차리,
　　　　　충청남도 서산간척지, 경기도 안산시 시화호
　　북한 함경북도(채집지), 평안남도 덕천시와 평안북도 곽산군(번식지)

도래 시기[월] **1 2 3** 4 5 6 7 8 9 **10 11 12**

아성조

여름깃

겨울깃

105

따오기

북한명 | 따오기(땅욱이)
Nipponia nippon
Crested Ibis (Japanese Crested Ibis)

■ 겨울철새 ■ 천연기념물 제98호,
환경부 지정 멸종위기 야생생물 Ⅱ급,
CITES Ⅰ, IUCN Red List EN B1ab(iii)

몸길이 670~690mm **몸무게** ♂1,700g, ♀1,465g
부리 183~184mm **날개** 407~413mm **꼬리** 169~184mm **부척** 70~83mm
분포권 러시아 연해주와 우수리강 지역, 중국 남부, 타이완, 일본
남한 경기도 파주시 문산읍
북한 함경남도 영흥군

도래 시기[월] **1 2 3** 4 5 6 7 8 9 **10 11 12**

겨울깃

형태 동북아시아 고유종으로 부리는 아래로 휘어져 있고 검은색이며 끝이 붉고 선단과 기부도 붉은색이다. 홍채는 진홍색이고 다리는 갈색을 띤 붉은색이다. 겨울깃은 머리가 흰색이며, 이마, 머리, 눈앞, 눈 주위, 턱밑 부위의 나출된 피부는 선홍색이다. 뒷머리에서 뒷목까지 가늘고 긴 세모 다발이 엷은 선홍색 갈기를 이룬다. 등과 허리의 위꼬리덮깃과 아래꼬리덮깃은 흰색이며 각 깃털의 기부는 붉다. 가슴과 배는 순백색으로, 날개깃과 날개덮깃은 붉은색을 띤 흰색이며 기타 부위도 흰색이다.
노랫소리 비상할 때 내는 '따욱 따욱' 소리에서 새 이름을 따왔다. 북한에서는 '땅욱, 땅욱'이라고 표현한다. 평상시에는 떼까마귀와 흡사한 '과-과, 과-과' 소리를 자주 낸다.
생활권 주로 넓고 습한 곳에서 생활한다. 동틀 무렵이나 일몰시, 야간에 먹이를 찾곤 하며, 연해에 서식하는 종의 먹이 활동은 조수간만의 영향을 많이 받는다. 대개 먹이 활동지 근처에서 다른 종과 무리를 이루어 생활한다. 지역에 따라 서식처가 다르며, 한반도에서는 활엽수나 갈밭 또는 풀이 무성한 곳, 소택지나 강가, 때로는 산속에서 생활한다. 논이나 개천 부근에서 단독 또는 암수가 함께 지내다가 번식기가 끝나면 2~10여 마리씩 무리를 지어 먹이를 찾는다.
번식 산란기는 4월 상순~5월 중순이며 산란수는 2~4개 정도다. 알은 엷은 푸른색 바탕에 엷은 갈색과 어둡고 작은 반점이 가득하다. 둥지는 소나무나 밤나무에 마른 나뭇가지로 틀을 짜고 마른 덩굴을 산좌에 깔아 접시형 둥지를 만든다. 포란과 육추는 암수가 함께 하며 포란 기간은 28~30일 정도, 육추 기간은 45~50일 정도다. 성장 기간은 3년이며 수명은 17년이다.
먹이 민물고기, 양서류, 갑각류, 연체동물, 패류, 곤충류, 식물성 먹이.
현황 겨울철새로 1940년대에는 남한 전역에서 쉽게 볼 수 있었지만, 1966년 경기도 파주시 문산읍 북방 판문점 부근에서 1마리를 발견한 이후 목격된 적이 없다. 『조선조류지』에 따르면 1940년 3월23일 함경남도 영흥군에서 6마리가 논에서 취식하는 것이 목격된 이후 북한에서도 자취를 감추었다. 러시아의 연해주와 우수리강 지역에서도 오래전부터 모습을 찾아볼 수 없으며, 20세기 이전에는 중국과 일본, 한반도에 광범위하게 분포했지만, 포획과 서식지 파괴로 지금은 야생 개체수가 수십 마리에 불과한 가장 위험한 상황에 놓인 종이 되었다. 늦게나마 정부의 후원으로 우포늪 부근에 '따오기복원센터'를 만들어 중국에서 기증받은 따오기를 복원 중이다.

겨울깃

여름깃

검은머리흰따오기

북한명 | 검은머리따오기
Threskiornis melanocephalus
Oriental Ibis (Black-headed Ibis)

■ 길잃은새 ■ 희귀함,
IUCN Red List NT

형태 겨울깃은 이마와 머리 상단, 얼굴, 뒷머리, 목은 푸른빛이 도는 검은색 피부가 나출되어 있다. 번식기가 되면 목과 어깨깃, 셋째날개깃이 길게 자라서 생식깃이 되며, 색은 흰색이다. 몸통 털은 흰색으로 꼬리는 짧고 흰색이다. 부리는 검고 아래로 굽어 있고 홍채는 흑갈색이며 다리는 검은색이다.

노랫소리 '부우- 부우-' 하며 소리 낸다.

생활권 습지나 소호, 해안, 늪 소택지에 홀로 또는 3~4마리가 무리를 지어 생활한다.

번식 산란기는 5~8월이며 물가의 노거수에 둥지를 튼다. 마른 나뭇가지로 접시형 틀을 만들고 산좌에 마른풀줄기와 나뭇잎을 깔고 알을 낳는다. 산란수는 2~4개 정도다. 포란과 육추는 암수가 함께 하며 포란 기간은 23~25일, 육추 기간은 40일 정도다.

먹이 어류, 어패류, 곤충류, 수서곤충류, 수생동물, 파충류.

현황 기상 이변이나 난기류 또는 태풍 등 기타 상황으로 무리에서 이탈하여 한반도로 유입된 길잃은새다. 1982년 11월 23일과 1983년 1월 중순 제주도 구좌읍 하도리 양식장에서 월동 중인 것을 제주대학교 고 박행신 교수가 처음으로 목격했다.

몸길이 650~765mm **몸무게** 1,250g
부리 135~175mm **날개** 343~370mm **꼬리** 120~145mm **부척** 95~116mm
분포권 아프리카 사하라사막 남부, 마다카스카르, 인도, 스리랑카, 이라크, 동남아시아, 자바섬, 수마트라섬, 보르네오섬, 미얀마, 베트남, 중국 남부, 타이완, 일본
  남한 제주도
  북한 자료 없음
도래 시기[월] 길잃은새

아성조

아성조

기 러 기 목

오리류는 대부분 겨울철새로 터오리는 텃새다. 일부 청둥오리도 텃새화되었다.

먹이 잡는 방식에 따라 수면성(육압형陸鴨型)과 잠수성으로 구분한다. 넓적한 부리,

긴 목, 짧은 꼬리, 물갈퀴가 특징이며 물가에서 무리를 지어 살아간다.

기러기류는 겨울철새와 길잃은새로 농경지나 해안, 초습지 등 주로 육상에서

식물성 먹이를 먹으며 무리를 지어 지낸다. 이동할 때 V자 형태를 이룬다.

겨울철새로 대형종인 고니류는 가족 단위 무리를 이룬다. 어린새는 회갈색이지만

성조는 순백색이며 '호반의 무희' 또는 '백조'로 불린다. 얕은 물가에서

수생식물을 먹는다. 날 때는 수면을 15m쯤 달리다가 비상한다.

흰기러기

북한명 | 흰기러기
Anser caerulescens
Snow Goose

■ 겨울철새 ■ 희귀함

몸길이 584~736mm **몸무게** 2,300~3,000g
부리 50~61mm **날개** 368~440mm **꼬리** 127~146mm **부척** 72~85mm
분포권 일본, 러시아 시베리아 동북부, 북아메리카, 북유럽
남한 강원도 철원군 두루미 도래지, 충청남도 서산간척지,
인천시 강화도
북한 자료 없음

도래 시기[월] **1** **2** **3** 4 5 6 7 8 9 **10** **11** **12**

형태 부리는 붉고 끝부분은 흰색을 띤 뿔색이다. 홍채는 갈색이며 다리는 오렌지색이다. 몸통의 상단과 하단은 모두 흰색이다. 첫째날개깃은 검은색이나 바깥쪽은 회색이며 우축은 검고 날개깃의 우축기부 부근은 흰색이다. 둘째날개깃과 셋째날개깃은 옅은 회색으로 우축은 검은색이다. 꼬리는 순백색으로 끝이 둥근형이며 꼬리깃은 8쌍이다.
노랫소리 ‘과아- 과, 우-, 우, 과-와, 우-’ 하는 단음으로 노래한다.
생활권 월동기에는 기러기와 함께 논과 밭, 소택지, 소호, 초습지, 해상에서 주로 생활한다. 밤에는 농경지에서 먹이를 구하고 낮에는 소호나 해상에서 주로 휴식을 즐긴다.
번식 산란기는 6~7월이다. 시베리아 툰드라, 초원지역 또는 낮은 교목이 밀생한 곳에서 풀밭의 바닥에 나뭇가지와 이끼류와 마른 잎을 깔고 알을 낳는다. 산란수는 3~6개 정도이며 푸른색이 도는 흰색 알을 낳는다. 포란은 암컷이 전담하며 포란 기간은 22~25일, 육추 기간은 40일 정도다.
먹이 식물성 먹이, 육초, 해조류(겨울), 식물성 먹이, 수서 연체동물과 곤충류, 패류 등(여름).
현황 매우 드물게 도래하는 겨울철새로 기러기류와 함께 1~2마리가 매년 일정 지역에서 목격된다.

아성조

흰머리기러기

북한명 | 없음

Anser canagicus
Emperor Goose

■ 길잃은새　■ 희귀함, IUCN Red List NT

형태 부리는 분홍색이며 이마와 눈앞, 얼굴은 담황색이 도는 흰색이다. 머리와 얼굴, 뒷머리, 뒷목은 흰색이며 턱밑과 멱, 앞목, 짙은 검은색이다. 몸통의 체모는 은회색을 띠며, 깃은 가는 테를 이루며 색은 흰색으로 마치 물고기 비늘처럼 보인다. 검은색 가로줄무늬가 산재해 있기 때문이다. 꼬리는 짧고 흰색이다. 아성조의 머리는 회갈색을 띠며 홍채는 갈색이고 부리와 다리는 녹갈색이다.

노랫소리 '크라-하, 크라-하' 하며 소리 낸다.

생활권 툰드라 지역, 해안가 바위, 농경지, 갯벌, 호수, 습지에서 생활한다.

번식 자세한 생태 자료는 조사 내용이 빈약하다. 다만 산란기는 그 지역의 해동기에 맞춰 시작된다. 주로 습지나 물가의 풀숲 툰드라 지역의 낙엽진 편평한 곳에 마른풀줄기를 모아 접시형 틀을 만들고 자신의 앞가슴털을 뽑아 산좌를 만든다. 산란수는 그해 먹이의 양에 따라 3~8개 정도로 적고 많은 개수가 결정된다. 알의 색깔은 흰색이다. 포란은 암컷이 주로 하고 포란 기간은 28~30일 정도로 추측된다. 육추는 암수가 함께 하는 것으로 사료되나 정확히 밝혀진 자료가 없다. 육추 기간은 50~60일 정도로 추측된다.

먹이 수생식물의 줄기와 잎, 뿌리, 난알 등 식물성 먹이, 연체동물, 곤충류.

현황 길잃은새로 1995년 12월 17일 철원지역에서 한 탐사대원이 기러기 떼에 섞여 있는 1개체를 한 차례 목격했다고 하나 확실한 근거는 남기지 않았다. 기러기류의 월동지에서 아주 드물게 관찰되는 종이다.

몸길이 660~710mm　몸무게 2,000~2,600g
부리 28.3~37.5mm 날개 345~396mm 꼬리 85~109mm 부척 51~65.5mm
분포권 러시아 시베리아 극동부, 캄차카반도 동부, 미국 알래스카 서부
　　남한 강원도 철원군
　　북한 자료 없음
도래 시기[월] 길잃은새

아성조

개리

북한명 | 물개리
Anser cygnoides
Swan Goose

■ 겨울철새 ■ 천연기념물325-1호,
환경부 지정 멸종위기 야생생물 Ⅱ급,
IUCN Red List VU

몸길이 810~940mm **몸무게** 1,100~1,300g
부리 85~93mm **날개** 462~478mm **꼬리** 153~170mm **부척** 77~85.5mm
분포권 러시아 시베리아 중남부, 캄차카반도, 사할린, 몽골 북부와 남부
　　　　중국, 타이완, 일본
　　남한 낙동강 하류, 경상남도 창원시 주남저수지, 전라남도 무안군
　　북한 대동강 하구, 청천강 하구

도래 시기[월] **1** **2** **3** 4 5 6 7 8 9 **10** **11** **12**

형태 부리는 검고 홍채는 적갈색이다. 앞이마에서 윗부리 주위에 흰색의 띠가 있다. 이마와 머리 상단, 뒷머리, 뒷목, 옆머리는 짙은 적갈색이다. 귀깃과 뺨, 멱, 옆목, 앞목은 엷은 갈색을 띤다. 어깨사이, 등, 어깨깃, 허리, 위꼬리덮깃은 회갈색이며 끝부분은 흰색이다. 가슴은 연한 황갈색으로 배와 아래꼬리덮깃은 흰색이다. 꼬리는 갈색을 띤 석판색으로 꼬리깃은 17~18개다. 몸 전체가 갯벌 색과 흡사하여 갯벌에서 보호색 구실을 한다. 꼬리는 회갈색이며 부리는 검은색이고 홍채는 적갈색이며 다리는 등황색이다.

노랫소리 큰 소리를 길게 낸다. '과- 과-' 또는 '과아- 오-' 등 거위 소리와 흡사하다.

생활권 갯벌과 간척지 논, 소호, 소택지, 해만, 저수지, 하구 등에서 생활하며 때로는 초원에서도 볼 수 있다.

번식 산란기는 4~6월이다. 맨땅 위 움푹 들어간 곳에 마른풀과 식물의 줄기를 모아 접시형 산좌를 만들고 알을 낳는다. 산란수는 4~8개 정도이며 알의 색깔은 흰색이다. 포란은 암컷이 주로 하며 포란 기간은 28~30일, 육추 기간은 45일 정도다.

먹이 수생식물의 뿌리, 해조류, 육상식물의 뿌리, 곡물류, 패류.

현황 비교적 드문 겨울철새로, 매년 일정한 장소에 도래하며 봄철과 가을철에 한반도를 통과하는 나그네새이기도 하다. 한강 하류인 경기도 파주시 탄현면 전망대 밑 갯벌은 국내 최대 도래지로 1,000~1,500마리가 매년 목격된다. 거위의 조상으로 알려져 있다.

아성조

회색기러기

북한명 | 재기러기
Anser anser
Greylag Goose

■ 길잃은새   ■ 적음

형태 체구가 크고 잿빛을 띤다. 부리는 분홍색이며 홍채는 갈색이다. 이마와 머리 상단, 뒷머리는 회갈색이며 어깨깃과 어깨 사이는 갈색이며 깃털 가장자리는 회색을 띤 흰색이다. 등과 허리, 위꼬리덮깃은 회색이며 가슴은 엷은 회갈색으로 밑으로 갈수록 흰색이다. 가슴과 배는 검고 석판색 얼룩무늬가 세로선을 긋고 하복부는 흰색이다. 꼬리깃은 짙은 회색이며 깃털 끝에 흰색 테가 있다. 다리는 분홍색, 홍채는 적갈색이다. 꼬리가 짧고 꼬리깃은 16~18개다.

노랫소리 '가-가-각-' 또는 '갸-가 각' 하는 크고 날카로운 소리를 낸다.

생활권 하천이나 하구 초습지, 초원과 갈밭이 무성한 담수호 등 앞이 확 트인 곳을 선호한다. 겨울에는 하구, 연안, 강가와 저수지에서 생활한다. 일몰 직전부터 가족 단위로 또는 2~3마리씩 무리를 지어 먹이활동을 한다.

번식 산란기는 4~6월이다. 해만이나 소호 부근의 초습지와 갈밭이 무성하게 형성된 습지의 움푹 들어간 곳에 접시형 둥지를 튼다. 주변의 마른풀줄기나 이끼와 자신의 앞가슴 털을 뽑아 산좌를 만들고 알을 낳는다. 산란수는 4~6개 정도이며 알의 색은 크림색이고 크기는 85mm다. 포란은 암컷이 전담하며 포란 기간은 27~28일이다. 육추는 암수가 함께 하며 육추 기간은 50~60일 정도다.

먹이 육상식물의 잎, 줄기, 뿌리, 덩이줄기, 식물의 씨앗과 낟알, 수생식물, 조류(藻類).

현황 태평양에서 대서양에 이르는 구북권지역에 널리 분포하고 있으나 개체수가 줄고 있다. 한반도에서는 남부지역의 일부 습지에서 드물게 관찰된다. 국립과학원 김진영 박사가 처음으로 발견하여 알려진 종이다.

몸길이 760~890mm   **몸무게** ♂3,400~3,700 ♀2,900~3,100g
부리 59.2~77.7mm **날개** 435~513mm **꼬리** 130~160mm **부척** 66~87mm
분포권 지중해, 덴마크, 아이슬란드, 영국, 스코틀랜드, 스칸디나비아, 이라크, 이란, 아프가니스탄, 아프리카 연안, 중앙아시아, 중국 동북부, 몽골
남한 제주도, 경상남도 창원시 주남저수지
북한 자료 없음
도래 시기[월] 길잃은새

아성조

쇠기러기

북한명 | 작은기러기
Anser albifrons
White-fronted Goose

몸길이 660~860mm　**몸무게** 1,900~2,700g
부리 ♂48~57mm ♀43~54mm　**날개** ♂433~440mm ♀419~431mm
꼬리 ♂123~129mm ♀137mm　**부척** ♂78~81mm ♀74mm
분포권 유라시아, 북아메리카, 미국 알래스카, 중국 남부, 러시아 사할린,
　　　　타이완, 일본
　　남한 전역의 논과 밭, 경상남도 창원시 주남저수지,
　　　　낙동강 하구 을숙도, 강원도 철원군, 김해평야, 금강 유역,
　　　　충청남도 서산간척지, 전라남도 해남군
　　북한 황해도 개풍군 풍덕면

도래 시기[월] 1 2 3 4 5 6 7 8 9 10 11 12

형태 부리는 분홍색이며 끝부분이 희다. 이마와 머리 상단, 뒷머리는 짙은 갈색이며 윗부리 기부에서 앞이마까지 흰색 테가 선명하고 귀깃, 뺨, 목, 턱밑, 멱은 갈색이다. 어깨 사이와 어깨깃은 회갈색으로 각각의 깃털에는 엷은 갈색이 도는 흰색 테를 이루고 있다. 등과 허리, 위꼬리덮깃은 회색을 띤 갈색으로 위꼬리덮깃 옆과 앞 끝부분은 흰색이다. 가슴과 배는 회갈색에서 흰색을 이루며 검은색 얼룩무늬가 있다. 하복부는 흰색이며 꼬리는 짙은 회갈색으로 꼬리깃은 16~18개다. 부리는 장미색이 도는 엷은 살색이며 홍채는 암갈색이며 다리와 발가락은 등황색이다.

노랫소리 날 때나 경계할 때 '끼럭, 끼럭' 하는 소리를 낸다. 모여 있을 때는 '콰하, 콰하' 또는 '큐위- 큐위이-' 하는 소리가 시끄럽게 들린다.

생활권 번식기에는 갈풀이 자라는 동토대의 호수와 하천에서 무리를 지어 지낸다. 겨울철 월동지에서는 해안가나 추수가 끝난 내륙지역의 논과 밭 또는 저수지가 있는 곳에서 지낸다.

번식 산란기는 6월 상순~7월이다. 번식 장소는 툰드라의 초습지나 강 기슭이나 하천 계곡의 암벽, 강 또는 호수 가까이의 언덕 등 다소 건조한 곳이다. 주로 소택지의 풀숲에 접시형 둥지를 틀며, 산란수는 5~6개 정도다. 알은 흰색이며 크기는 80mm다. 포란은 암컷이 전담하며 포란 기간은 27~28일이다. 육추는 암수가 함께 하며 육추 기간은 40~43일이다.

먹이 육지의 각종 풀잎과 줄기, 뿌리, 보리나 밀, 벼의 낟알, 해안가의 풀과 뿌리.

현황 한반도 전역에 고르게 도래하여 겨울을 보내는 겨울철새이며 개체수도 안정적이다.

아성조

흰이마기러기

북한명 | 흰이마기러기
Anser erythropus
Lesser White-fronted Goose

■ 길잃은새
■ 환경부 지정 멸종위기 야생생물 II급,
IUCN Red List VU

형태 부리는 엷은 장미색이며 부리 끝은 흰색이다. 홍채는 진갈색이다. 쇠기러기와 흡사하나 앞이마에 있는 흰색 무늬가 머리 상단까지 확실하게 자리 잡고 있다. 부리도 쇠기러기보다 훨씬 짧지만, 등황색 눈테는 나이가 들수록 더욱 뚜렷해진다. 회갈색 복부에는 쇠기러기같이 불규칙한 검은색 가로무늬가 선명하다. 다른 기러기류와 달리 앉아 있을 때 날개 끝이 꼬리깃보다 길어 보인다는 특징이 있다. 또한 경사지게 줄을 짓거나 원을 그리면서 날고, 다른 기러기류와 섞이지 않는 습성이 있다. 다리는 황색을 띤 오렌지색이며 꼬리깃은 16~18개다.

노랫소리 '큐-이-' 또는 '과-하, 과하-' 하는 소리를 낸다. 날아올랐을 때는 '크룩- 키룩' 하고 소리 낸다.

생활권 번식기에는 동토대의 산간 하천가와 호수 등지에서 생활한다. 겨울철에는 온화한 지역으로 이동하여 식물이 풍부한 풀밭이나 초지, 간척지, 소호, 해만, 초원 등 논과 밭이 있는 곳에서 생활한다.

번식 산란기는 5~7월이다. 북아시아 툰드라 북부 산림지역의 작은 교목이 밀생하고 호수나 저수지가 있는 언덕의 벼랑이나 물가의 돌밭에 둥지를 튼다. 이끼류와 침엽수의 잎을 주워 모아 산좌를 만들고 크림색 알을 4~8개 낳는다. 알의 크기는 73mm, 무게는 7.375g이다. 포란은 암컷이 전담하며 포란 기간은 25~28일이다. 육추는 암수가 함께 하며 육추 기간은 35~40일 정도다.

먹이 초식성 조류로 풀잎과 북극지역의 버들잎을 주식으로 한다.

현황 한반도에서는 극소수 개체가 도래하는 나그네새이자 길잃은새로 기록되고 있다. 간혹 기러기류의 무리 속에서 어렵게 적은 수가 목격될 뿐이다. 북한지역에서는 극히 보기 어려운 조류로, 이동기에 간혹 쉼터에서 목격된 자료 이외는 없다.

몸길이 600mm **몸무게** ♂1,800~2,000g ♀1,400~1,800g
부리 31~35.5mm **날개** 391.6mm **꼬리** 86~109mm **부척** 51~66mm
분포권 유라시아와 북극대를 제외한 동토대, 러시아 사할린, 타이완, 일본 북부
　　　　남한 경상남도 창원시 주남저수지, 강원도 철원군
　　　　북한 자료 없음
도래 시기[월] 길잃은새

아성조

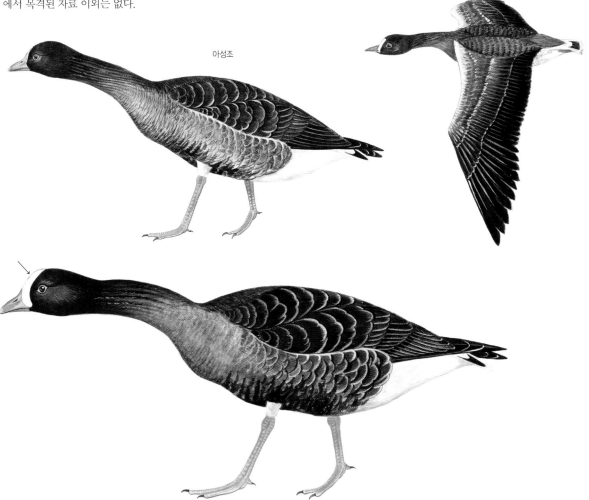

큰기러기

북한명 | 큰기러기
Anser fabalis serrirostris
Bean Goose

■ 겨울철새 ■ 흔함.
환경부 지정 멸종위기 야생생물 Ⅱ급

몸길이 750mm **몸무게** ♂2,600~3,200g ♀2,300~2,800g
부리 62~66mm **날개** ♂458~520mm ♀440~474mm **꼬리** 125~170mm
부척 64~98mm
분포권 아한대 또는 한대지역, 러시아 시베리아 툰드라, 캄차카반도,
　　　　몽골 북부
　남한 강원도 철원군, 강릉시 경포호, 경기도 일대의 해안가 갯벌,
　　　　김포평야, 충청남도 서산간척지, 금강 유역,
　　　　전라북도 군산시의 농경지, 전라남도 해남군
　북한 서해안 갯벌

도래 시기[월] **1** **2** **3** 4 5 6 7 8 9 **10** **11** **12**

형태 부리는 검고 끝 부위에 황색 띠가 있으며 끝은 검다. 홍채는 갈색이며 이마와 머리 상단, 뒷머리, 뒷목은 짙은 갈색이다. 뺨과 귀깃, 턱밑, 멱, 옆목은 머리 상단보다 색이 엷고 어두운 갈색이다. 어깨 사이와 어깨깃은 회색을 띤 짙은 갈색으로 각 깃털 끝에 엷은 테두리가 있어 가로무늬를 이룬다. 등과 허리, 위꼬리덮깃은 갈색이며 그 옆면과 깃털 끝은 흰색 가로무늬를 이룬다. 배는 엷은 회갈색이며 다리는 오렌지색이고 발톱은 검은색이다. 꼬리는 짙은 갈색이며 끝부분에 폭넓은 흰색 테가 있다. 꼬리깃은 16~18개다.

노랫소리 평상시에는 소리를 내지 않고 간혹 변화 있는 첫소리를 낸다. 노래하기 전에는 '슈-' 하는 소리가 혼성하여 무리 속에서 시끄럽게 들리기도 한다.

생활권 월동시에는 주로 해안가나 큰 저수지 가까운 논과 밭에서 먹이를 구한다. 낮에는 물 위에서 떼를 지어 휴식을 취한다. 번식기에는 호수와 하천, 저수지 등 큰 하천가와 삼림의 동토대에서 지내며 주로 하천 상류에 자리를 잡는다.

번식 산란기는 5~7월이다. 시베리아 툰드라 동토대의 평지나 초원의 오목한 곳을 선택하며 물 빠짐이 좋고 건조한 곳에 무리를 지어 둥지를 튼다. 산란수는 4~6개 정도다. 알의 색은 크림색이며 크기는 84mm다. 포란은 암컷이 전담하며 포란 기간은 26~27일인데 군집 집단의 부화가 동시에 이루어진다. 육추는 암수가 함께 하며 육추 기간은 56일이다.

먹이 논밭에 떨어진 낟알과 식물의 잎과 줄기, 뿌리, 식물의 열매와 씨앗. 봄에는 초본을 주식으로 삼고, 가을에는 장과류를 먹는다. 큰기러기의 먹이 선호도는 먹이의 50%가 풀뿌리인 것으로 밝혀졌다.

현황 한반도 전역에 도래하는 겨울철새로 10월 하순경에 도래하여 3월에 번식지로 가기 위해 북상한다. 개체수가 쇠기러기 다음으로 많은 종이며, 주로 한정된 곳에서 군집한다.

아성조

큰부리큰기러기

북한명 | 왕기러기
Anser fabalis middendorffi
Taiga Bean Goose

■ 겨울철새 ■ 희귀함

형태 부리는 가늘고 길며 기부에서 부리 중간까지는 검은색, 중간부분은 황색, 끝부분은 검은색이다. 부리 끝에서 머리 상단까지 일직선으로 이어져 있다. 온몸의 체모는 회갈색으로 보이며 이마와 머리, 뒷머리, 목은 흑갈색이다. 목은 굵고 목 앞면은 엷은 갈색이다. 등은 짙은 흑갈색에 털끝은 흰색으로 가로띠처럼 보인다. 가슴과 복부는 흰색을 띠며 옆구리는 엷은 갈색에 짙은 진갈색 세로줄무늬가 산재해 있다. 항문 주위가 순백색이다. 다리는 적황색이다.

노랫소리 '과이앙- 과이앙-' 하고 낮고 날카로운 소리를 낸다.

생활권 농경지, 소호, 저수지, 해안에서 생활한다. 숲이 울창한 개활지에 있는 호수, 이끼가 깔린 습지, 하천 계곡, 아고산대의 호수나 하천, 산중 호수 등지에서 생활하며 해발 2,400m 고지에서 생활한다.

번식 산란기는 5월 초순~6월 하순이며 동토의 넓은 초원에서 이끼류와 식물의 줄기를 모아 접시형 둥지를 만들고 산좌에 자신의 앞가슴 털을 뽑아 알자리를 만든다. 산란수는 5~7개 정도이며, 알의 색은 크림색이다. 알의 크기는 74mm이고, 무게는 평균 20.58g이다. 포란은 암컷이 주로 하며 포란 기간은 27~29일 정도다. 육추는 암수가 함께 하며 육추 기간은 56~58일 정도다.

먹이 식물의 잎이나 줄기, 뿌리와 씨앗, 장과, 곤충류.

현황 한반도 전역에서 소수 개체가 큰기러기와 기러기 무리 속에서 섞여 월동하는 겨울철새다.

몸길이 710mm **몸무게** 자료 없음
부리 74~90mm **날개** 442~520mm **꼬리** 145~547mm **부척** 90~105mm
분포권 유럽 중서부, 중앙아시아, 러시아 툰드라 지역, 사할린, 캄차카반도
　　남한 경상남도 창원시 주남저수지, 전라남도 해남군, 금강 하구,
　　　　충청남도 서산간척지, 경기도 김포평야
　　북한 함경남도 영흥군, 평안도 일대, 황해도 일대, 개성시

도래 시기[월] 1 2 3 4 5 6 7 8 9 10 11 12

흑줄머리기러기

북한명 | 없음
Anser indicus
Bar-headed Goose

■ 길잃은새 ■ 귀함

몸길이 710~760mm **몸무게** 1,200~1,310g
날개편길이 1,400~1,600mm
분포권 바이칼호 남부, 히말라야 북쪽, 중앙아시아 고산지역,
　　　　중국 동서부지역, 양쯔강 이남, 몽골, 인도 북부, 미얀마
　　　　남한 한강 하구
　　　　북한 자료 없음
도래 시기[월] 길잃은새

형태 부리는 등황색이며 부리 끝은 검다. 홍채는 검고 다리는 적황색이다. 이마와 머리 상단, 뒷머리는 흰색인데, 2개의 검은색 줄무늬가 선명하다. 뒷목은 검고 빰과 턱밑과 멱, 앞목은 흰색이다. 온몸의 색깔은 청회색을 띠며 등쪽의 털끝은 흰색으로 마치 가로줄무늬처럼 보인다. 윗날개덮깃은 청회색이며 위꼬리덮깃은 검은색이다. 가슴과 배는 포도색이 도는 청회색이며 복부와 옆구리도 청회색으로 끝 부위는 검은색이며 하복부 양쪽은 흰색이다. 꼬리는 엷은 청회색을 띠며 항문 주위는 흑청색이다.
노랫소리 '가아아아, 가아아아' 또는 '쿠아아아, 쿠아아아' 하는 소리를 낸다.
생활권 하천과 소호에서 주로 생활한다.
번식 산란기는 4월 말~5월 중순이다. 호수 주변이나 섬에 마른풀줄기나 잎과 이끼로 접시형 둥지를 만들고 산좌에 자신의 앞가슴 털을 뽑아깔고 알을 낳는다. 산란수는 4개 정도다. 포란은 암컷이 주로 하며 포란 기간은 28~30일 정도다. 육추는 암수가 함께 하며 육추 기간은 46~48일 정도다.
먹이 식물의 잎이나 줄기, 열매나 씨앗, 패류, 연체동물, 소형 척추동물.
현황 기상 이변이나 난기류 또는 기타 상황으로 무리나 지역에서 이탈하여 한반도로 유입된 길잃은새다.

붉은가슴기러기

북한명 | 없음
Branta ruficollis
Red-breasted Goose

■ 길잃은새　　■ 희귀함, CITES II,
　　　　　　　 IUCN Red List VU

형태 수컷은 앞이마와 머리 상단, 뒷머리, 뒷목이 검은색이고 몸통 윗면도 검은색이다. 날개도 검은색인데 흰색 줄무늬가 두 줄 자리 잡고 있다. 부리는 검은색이며 기부에 조그마한 흰 점무늬가 있다. 옆목과 가슴은 적갈색이며 몸통의 아랫부분은 검은색이다. 옆구리의 흰색 무늬가 가로로 길고 넓게 뻗어서 목의 흰색과 연결된다. 홍채는 검고 부리와 다리도 검다. 암컷은 수컷과 흡사하나 색이 옅고 체구가 조금 작다.

노랫소리 이따금 '카-와, 우아' 하는 소리를 낸다.

생활권 주로 해안, 하천가, 저수지, 농경지의 풀밭에서 생활한다. 번식기에는 툰드라의 풀밭에서 지낸다.

번식 번식기는 4~6월이다. 산란기가 되면 여러 마리가 군체를 이룬다. 풀이 우거진 편평한 땅바닥의 움푹 들어간 곳에 마른풀줄기로 둥지를 틀고 산좌에 부드러운 앞가슴 털을 깐 뒤 알을 4~5개 정도 낳는다. 알은 갈색빛이 도는 흰색이며, 크기는 71mm다. 포란은 암컷이 전담하며 포란 기간은 24~25일이다. 육추는 암수가 함께 하며 육추 기간은 조사된 바 없다.

먹이 주로 식물성 먹이인 풀이나 식물의 싹을 뜯어 먹는다.

현황 기상 이변이나 난기류 또는 기타 상황으로 무리에서 이탈하여 한반도로 유입된 길잃은새다. 2012년 10월 충청남도 서산간척지에서 관찰된 기록이 있으나 자세한 정보는 없다.

몸길이 550~570mm　**몸무게** ♂1,2000~1,500g ♀1,000~1,200g
분포권 러시아 시베리아, 흑해, 루마니아, 불가리아, 우크라이나,
　　　　아제르바이잔, 유럽 서부
　　남한 강원도 속초시 청초호, 강릉시 경포호, 고성군 화진포호,
　　　　송지호, 동해안의 석호, 경상남도 창원시 주남저수지,
　　　　낙동강 하류, 부산시 을숙도 등지
　　북한 강원도 원산시, 평안남도 광량만 일대
도래 시기[월] 길잃은새

캐나다기러기

북한명 | 없음
Branta canadensis
Canada Goose

■ 길잃은새 ■ 희귀함

몸길이 890~950mm **몸무게** 4,700~5,000g
부리 31~42mm **날개** 1,220~1,300mm **꼬리** 126~147mm **부척** 69~80mm
분포권 북아메리카 캐나다와 미국 알래스카, 알류산열도, 유럽, 영국,
　　　　스칸디나비아반도 일부 지역, 중국 동부, 일본
　　남한 충청남도 천수만과 강원도 강릉시, 철원군 두루미 도래지,
　　　　경기도 김포시, 낙동강 을숙도
　　북한 자료 없음
도래 시기[월] 길잃은새

형태 부리는 검고 홍채는 어두운 갈색을 띠고 다리는 흑회색이다. 이마
와 머리 상단, 뒷머리, 긴 목은 검은색이며 뺨과 턱밑으로 긴 타원형의
순백색 무늬가 턱에서 귀까지 자리 잡고 있다. 몸통은 회갈색이며 아랫
배와 위꼬리덮깃과 아래꼬리덮깃은 흰색이다. 꼬리깃은 짧은 편이다.
노랫소리 비상할 때 '아이오에-' 또는 '아-홍' 하는 낮은 소리를 낸다.
생활권 호숫가, 소택지, 초원, 농경지 등에서 생활한다.
번식 산란기는 4~6월이다. 강가 모래톱이나 습지 또는 호수 주변 평지
에 마른풀줄기나 식물의 잎을 모아 둥글고 긴 접시형 둥지를 튼다. 산
란수는 5~6개 정도이며 알의 색깔은 우유색이다. 알의 크기는 86mm
다. 포란과 육추는 암수가 함께 하며 포란 기간은 28~30일 정도, 육추
기간은 40~48일이다.
먹이 식물성 먹이, 수생식물.
현황 길잃은새이며 세계적으로 12종이 분포한다. 종마다 몸 크기와 색
깔에 다소 차이가 난다. 1992년 1월 23일 경상남도 주남저수지에서 월
동하는 2개체를 국립환경연구원 박진영 박사가 발견한 기록이 있다.

아성조

흑기러기

북한명 | 검은기러기
Branta bernicla
Brent Goose

■ 겨울철새 ■ 천연기념물 제325-2호,
환경부 지정 멸종위기 야생생물 II급

형태 부리는 검은색, 홍채는 흑갈색이며 다리는 검다. 이마와 머리, 뒷목도 검다. 앞목에는 검은색 얼룩무늬가 있는 흰색 띠가 있는데 정면은 폭이 넓고 뒤쪽은 폭이 좁다. 등과 어깨깃, 허리, 위꼬리덮깃은 탈색된 어두운 갈색으로 허리 양쪽과 위꼬리덮깃의 끝부분은 흰색이다. 가슴과 배도 흑갈색이나 아랫부분으로 내려갈수록 색은 엷어진다. 꼬리는 흑갈색이며 꼬리깃은 16개다.

노랫소리 여름철 번식기에는 '깍까라라-, 깍까라라-' 하는 고음을 내며 비번식기인 겨울철에는 '꾸르르- 꾸르르' 하는 낮은 소리를 낸다.

생활권 물가에서 항상 지내며 월동지에서는 주로 해상과 해만, 해안가에서 단독 또는 작은 무리를 이루며 생활한다. 번식기에는 이끼류와 낙엽이 쌓인 습지지역인 툰드라의 늪이나 호수 또는 갯벌가 하구에서 생활한다.

번식 산란기는 6~7월 중순경이며 산란지는 시베리아 툰드라 지역이다. 산란지는 습한 이끼류가 덮인 호수나 갯벌의 하안, 하구다. 암석 틈이나 땅 위에 이끼류와 자신의 앞가슴털을 뽑아 접시형 둥지를 튼다. 산란수는 3~5개 정도이며 알의 색은 회백색, 알의 크기는 70mm다. 포란은 암컷이 전담하며 수컷은 둥지를 경계한다. 포란 기간은 24~26일이다. 육추는 암수가 함께 하며 육추 기간은 40일 정도다.

먹이 육초(陸草), 해조류, 식물의 씨앗, 새순의 줄기와 잎, 풀뿌리.

현황 가을철 한반도 남쪽 바다에 도래하여 겨울을 보내는 겨울철새다. 바다 오염으로 인해 먹이인 해조류가 감소하면서 해가 갈수록 개체수가 급격히 줄고 있는데, 이는 먹이의 양에 따라 어미새의 산란수가 좌우되기 때문이다. 현재 남해안에 매년 100여 마리의 소규모 무리가 규칙적으로 도래하고 있다.

몸길이 580~600mm **몸무게** ♂1,400~1,600g ♀1,300~1,500g
부리 31~37mm **날개** ♂340~349mm ♀296~300mm **꼬리** 87~97.5mm
부척 58~65.5mm

분포권 유럽, 러시아 시베리아, 카스피해, 인도 북부, 북미 서부 연안, 캐나다 서부지역, 몽골, 중국 북부, 일본
　　　　남한 남해안지역, 전라남도 여수, 부산 다대포, 제주도
　　　　북한 자료 없음

도래 시기[월] **1 2 3** 4 5 6 7 8 9 **10 11 12**

아성조

121

혹고니

북한명 | 혹고니
Cygnus olor
Mute Swan

■ 겨울철새   ■ 천연기념물 제201-3호,
환경부 지정 멸종위기 야생생물 Ⅰ급

몸길이 1,520mm   **몸무게** ♂12,000g ♀10,000g
부리 98~108mm **날개** ♂560~622mm ♀535~570mm **꼬리** 189~198mm
부척 98~120mm
분포권 영국, 덴마크, 독일 북부, 러시아 시베리아 동북부,
스칸디나비아반도 남부, 아프리카 북부, 흑해, 아시아 서남부,
인도 서북부, 일본, 오스트레일리아, 뉴질랜드
남한 강원도 속초시 청초호, 강릉시 경포호, 고성군 화진포,
송지호, 동해안의 석호, 경상남도 창원시 주남저수지,
낙동강 하류, 을숙도
북한 강원도 원산시, 평안남도 광량만 일대
도래 시기[월] **1 2 3** 4 5 6 7 8 9 **10 11 12**

형태 온몸의 체모가 순백색으로 우아한 외모 덕분에 '호반의 무희', '백조'라 칭한다. 부리는 주황색이며 부리의 기부와 눈앞 부위가 검게 나출되어 혹처럼 튀어나와 있다. 윗부리를 둘러싸고 있는 테두리는 검은색이며 홍채는 회갈색을 띤다. 물갈퀴는 엷은 회색을 띠며 발톱은 뿔색이고 발톱 기부는 흰색이다. 다리는 짧은 편이며 엷은 흑회색 또는 짙은 회색이다. 꼬리깃은 11~12쌍이다.
노랫소리 좀처럼 소리를 내지 않는 새로 유명하다. 간혹 변화 있는 쇳소리를 내며 노래하기 전에는 '슈-' 소리와 함께 '휘히익' 소리를 낸다. 번식기에 수컷은 '꾸-르', 암컷은 '꼬르' 하고 소리 낸다.
생활권 엄동설한에는 바다에서 지내며 물이 얼지 않을 때는 저수지나 호수, 호반, 하구, 해안, 습지의 섬에서 생활한다. 겁이 매우 많아서 인적이 드문 곳에서 생활한다.
번식 산란기는 4월 중순~6월까지이며 주로 갈대나 해안의 수생식물이 울창한 곳에서 번식한다. 암수가 협동하여 갈대나 수초의 뿌리 또는 나뭇가지 등으로 화산형 둥지를 높게 쌓고 산좌에는 마른풀줄기와 잎, 수초 등을 깔고 알을 낳는다. 산란수는 5~8개 정도이며 알의 색은 청백색이다. 알의 크기는 115mm다. 포란은 암컷이 전담하며 포란 기간은 34~38일이다. 육추는 암수가 함께 하며 육추 기간은 120~150일이다.
먹이 물밑에 잠긴 수생식물의 뿌리, 새싹, 수서생물.
현황 겨울철새로 한정된 지역에 매년 도래하고 있으나 개체수가 급감하는 추세다.

아성조

큰고니

북한명 | 큰고니
Cygnus cygnus
Whooper Swan

■ 겨울철새 ■ 천연기념물 제201-2호,
환경부 지정 멸종위기 야생생물 Ⅱ급

형태 '백조'란 이름에 걸맞게 온몸의 체모가 순백색이다. 햇빛에 반사된 이 눈부신 순백색은 이 새가 지닌 내면의 아름다움까지 발산하여 '호반의 무희'라는 별칭이 낯설지 않게 한다. 윗부리는 선명한 황색인데 부리 끝에서 콧구멍 부근까지는 검은색이다. 아랫부리도 검다. 홍채가 작고 검다. 아성조는 어두운 회백색이며 부리가 엷은 황색을 띤다. 다리는 검은색으로 보이지만 짙은 흑회색이다.

노랫소리 고니류는 소리를 내지 않는 새로 유명하다. 그러나 외부의 침입이나 위협을 느낄 때는 '끄르륵, 끄르륵' 또는 '클릭, 클릭' 하고 큰 몸집에서 나오는 우렁찬 소리를 낸다. 이는 침입자의 위협으로부터 벗어날 비장의 무기로 이용되기도 한다.

생활권 저수지나 강, 호수, 하구, 소택지, 하천, 해만 등 다양한 곳에서 생활한다. 특히 수생식물이 무성한 넓은 수역을 선호한다.

번식 산란기는 5월 하순~6월이다. 짝짓기는 월동지에서 한다. 둥지는 호안에서 조금 떨어진 수심 30cm 정도의 얕은 곳에 풀줄기와 잎과 잔가지를 이용하여 만든다. 바닥 넓이 약 1,000mm, 높이 600~800mm인 비교적 큰 화산형 둥지를 암수가 함께 만든다. 둥지 위에 오목하게 산좌를 만들며 자신의 앞가슴 털을 깔고 알을 낳는다. 산란수는 5~6개 정도다. 알의 색은 청회색이 도는 흰색이며 포란 시에는 엷은 황색으로 변한다. 알의 크기는 113mm다. 포란은 암컷이 전담하며 포란 기간은 35일이다. 육추는 암수가 함께 하며 육추 기간은 78~96일이다. 어린새는 4년이 지나면 성조의 반열에 오른다.

먹이 담수성 수생식물의 잎과 줄기, 뿌리, 장과, 수서곤충류, 담수의 소형 동물.

현황 한반도 전역에 도래하는 흔하지 않은 겨울철새다. 매년 생활터전이 훼손·오염되어 생존의 위협을 받고 있다.

몸길이 1,520mm **몸무게** ♂10,000~11,000g ♀8,000~9,000g
부리 92~116mm **날개** 580~635mm **꼬리** 170~205mm **부척** 98~124mm
분포권 유라시아, 러시아 동부, 캄차카반도, 인도, 중국, 몽골, 일본
　　남한 강원도 강릉시 경포호, 화진포, 송지호,
　　　　낙동강 하구 을숙도, 금강 유역, 경상남도 창원시
　　　　주남저수지, 전라남도 진도, 팔당댐
　　북한 함경북도 웅기군, 함경남도 원산만, 황해도 연백군, 해주시
도래 시기[월] **1 2 3** 4 5 6 7 8 9 **10 11 12**

아성조

고니

북한명 | 고니
Cygnus columbianus
Tundra Swan

■ 겨울철새 ■ 천연기념물 제201-1호,
환경부 지정 멸종위기 야생생물 Ⅱ급

몸길이 1,220mm **몸무게** ♂6,500g ♀5,700g
부리 94~100mm **날개** 490~550mm **꼬리** 140~175mm **부척** 98~117mm
분포권 영국, 네덜란드, 덴마크, 노르웨이 서남부, 카스피해 일대,
　　　　인도 서북부, 중국 연안, 러시아 시베리아 동북부, 캄차카반도,
　　　　사할린, 타이완, 일본
남한 강원도 강릉시 경포호, 속초시 청초호, 화진포,
　　　　낙동강 을숙도, 금강 일대, 주남저수지, 전라남도 진도
북한 함경남도 정평군, 황해남도 강령군 순위도,
　　　　황해북도 개풍군 풍덕면

도래 시기[월] 1 2 3 4 5 6 7 8 9 **10 11 12**

형태 온몸의 체모가 순백색이다. 우아한 자태 덕에 '호반의 무희', '백조'라고도 불린다. 눈앞에 나출된 피부는 황색이다. 큰고니와 흡사하지만 부리 색깔로 구별할 수 있다. 부리가 황색인데, 부리 끝에서 콧구멍 뒤쪽까지와 아랫부리는 검다. 홍채는 짙은 갈색이다. 어린새는 머리가 황갈색이며 몸통의 체모에 황갈색 흔적이 산재해 있다. 2년 후에야 흰색으로 변하나 자세히 보면 머리와 등, 가슴에 지저분하고 누런 잡티가 그대로 남아 있다.
노랫소리 소리가 큰고니보다 작다. '꼭-꼭' 또는 '끄룩 끄룩', '꾸- 꾸- 꾸- 꾸-', '과아아- 과아' 하고 운다.
생활권 겁이 많고, 넓은 수역의 중앙에서 유영하며 무리를 지어 생활한다. 월동지에서는 무리를 지어 생활하는데 호수와 저수지, 강과 바다, 하구, 해만 등지에서 고니류와 함께 유영한다. 주로 가족 단위로 행동한다.
번식 산란기는 5~6월이다. 번식지는 러시아 레나강 유역의 모래톱이나 동토대의 삼림지역이다. 하천의 삼각주와 하안의 얕은 곳에 주로 이끼류와 기타 나뭇잎이나 풀줄기로 높이 700mm 정도의 화산형 둥지를 만든다. 상단부의 중앙을 움푹하게 하고 자신의 앞가슴 털을 뽑아 부드러운 알자리를 만들고 알을 3~5개 낳는다. 알의 색은 회색이 도는 흰색이며 포란 시에는 황갈색으로 변한다. 알의 크기는 102mm다. 일반적인 습성은 큰고니와 비슷하다. 포란은 암컷이 전담하며 포란 기간은 29~30일이다. 육추는 암수가 함께 하며 육추 기간은 40~45일 정도다.
먹이 초본, 수생식물 등 식물성 먹이, 작은 물고기, 메뚜기 등 곤충류.
현황 가을철 한반도에 도래하여 월동하는 겨울철새로 큰고니보다 개체수가 적다.

먹이 먹는 모습

아성조

오리류

기러기류

고니류

황오리

북한명 | 진경이
Tadorna ferruginea
Ruddy Shelduck

■ 겨울철새 ■ 적음

형태 부리가 검고 홍채는 갈색이다. 다리는 흑갈색이다. 수컷의 이마와 머리 상단, 뒷머리, 뒷목은 붉게 녹슨 색이며 옆목은 흰색이다. 턱밑과 멱, 뺨, 귀깃은 붉게 녹슨 색이며 목도 같은 색인데 목 아랫부분에 검은색 띠가 선명하다. 어깨 사이, 어깨깃, 가슴, 배, 옆구리도 붉게 녹슨 색이다. 등과 허리 위로 검은빛이 돌고 황색빛이 있는 붉게 녹슨 색 선 여러 개가 짙은 줄무늬를 이루고 있다. 첫째날개깃과 꼬리깃은 검은색이다. 암컷은 머리가 희고 검은색 목테가 없다. 꼬리깃은 14개다.

노랫소리 평상시에는 '과아 과아 구로-' 하며 경계 시에는 '호우- 호우-' 한다.

생활권 물이나 육지에서 먹이를 구한다. 봄철 이동 시에는 육지의 농경지에서 주로 먹이를 구한다. 겨울에는 물이 얼지 않는 소호, 하구, 하천, 하구, 저수지, 강에서 지내며, 물이 얼고 몹시 추울 때는 밭과 논 등의 농경지나 초원, 간척지에서 생활한다.

번식 산란기는 5~6월이다. 평지에서 고산지역에 이르기까지 염분이 있는 곳을 선호한다. 둥지는 오래된 나무의 수동(樹洞)이나 초원에서 여우, 삵, 오소리가 사용하던 땅구멍 또는 바위틈을 이용하기도 한다. 구멍에 산좌를 만들고 자신의 앞가슴 털을 뽑아 깔고 알을 8~9개 낳는다. 알은 크림색이며 크기는 68mm, 무게는 78~85g이다. 포란은 암컷이 전담하며 포란 기간은 28~29일이다. 육추는 암수가 함께 하며 육추 기간은 55일 정도다.

먹이 식물과 곡물의 낟알, 풀뿌리, 곤충류, 부패된 동물의 사체.

현황 한반도 중부 이남의 해안가 농경지에서 적게는 5~6마리, 많게는 수십 마리가 떼를 지어 먹이를 구한다. 한강 하류 행주산성 근처의 시금치밭 주변 또는 2009년 이후에는 경기도 안산시의 시화호에서 수백 마리가 취식을 하며 월동한다.

몸길이 640mm **몸무게** ♂1,200~1,500g, ♀900~1,250g
부리 40.5~50.5mm **날개** ♂341~383mm ♀307~357mm **꼬리** 105~150mm
부척 53.5~66mm
분포권 북아메리카, 유라시아, 스페인, 아프리카, 인도 북부,
　　　　미얀마 등 동남아시아, 중국 남부, 몽골. 일본
　　남한 서울 난지도 일대, 인천시 강화도, 충청남도 서산간척지
　　북한 함경북도, 함경남도, 황해도 개풍군, 평안남도 문덕군,
　　　　평안북도 염주군
도래 시기[월] 1 2 3 4 5 6 7 8 9 **10 11 12**

♂

♀

아성조

혹부리오리

북한명 | 꽃진경이
Tadorna tadorna
Common Shelduck

몸길이 610mm **몸무게** ♂1,100~1,450g ♀850~1,250g
부리 48~60mm **날개** ♂318~350mm ♀290~334mm **꼬리** 95~123mm
부척 48~57mm
분포권 유라시아 온대지역, 스페인 남부에서 아프리카 북부,
　　　　　인도 북부에서 중국 남부지역, 미얀마, 몽골, 북아메리카, 일본
　　남한 낙동강 하구 을숙도, 남해 도서지역, 전라남도 진도 연안,
　　　　　완도, 금강 하구
　　북한 평안북도 염주군, 황해도 해안, 서해안 갯벌

도래 시기[월] **1** **2** **3** 4 5 6 7 8 9 **10** **11** **12**

형태 부리는 붉은색인데, 번식기가 오면 수컷의 윗부리 기부에 혹처럼 선홍색 돌기가 생긴다. 수컷의 이마와 머리 상단, 뒷머리는 청록색 금속광택이 난다. 목 하단과 등, 허리, 위꼬리덮깃, 가슴, 배, 옆구리는 순백색이다. 배에서 등으로 폭 넓은 밤색 띠가 둘러져 있다. 가슴과 배 중앙으로 뻗어난 검은 세로줄무늬는 어깨깃의 검은색과 색상의 교합이 어우러져 산뜻하고 멋스럽다. 꼬리는 흰색이며 꼬리깃은 14개다. 홍채는 갈색이고 다리는 연한 붉은색이다.

노랫소리 굵고 부드러운 '가- 가- 가-' 소리를 낸다. 때로는 '곽 곽 곽 가' 하는 소리와 암컷의 '아악, 아악, 아악' 소리, 수컷의 '고로- 고로-' 하는 하모니가 수면 위 휘파람소리와 바람소리의 어울림처럼 여운을 남긴다.

생활권 주로 갯벌에서 무리를 지어 먹이 사냥을 한다. 도서지역에서는 낮에는 바다 위에서, 밤에는 내륙의 농경지를 찾아 먹이를 구한다. 갯벌에서 구덩이를 파기 좋은 모래톱으로 자주 이동한다.

번식 산란기는 4~6월이다. 나무의 수공(樹空)이나 어두운 동굴 또는 토끼 굴을 둥지로 이용한다. 마땅한 곳을 찾지 못하면 직접 구멍을 파고, 파기가 어려울 때는 바위 밑에 둥지를 튼다. 자신의 앞가슴 털을 뽑아 알자리를 만들고 알을 8~11개 낳는다. 알의 색깔은 흰색이며 크기는 66mm, 무게는 약 85g이다. 포란은 암컷이 전담하며 포란 기간은 29~31일이다. 육추는 암수가 함께 하며 육추 기간은 45~50일 정도다.

먹이 수서곤충류, 작은 물고기, 패류, 조류(藻類).

현황 남해 도서지역을 배경으로 겨울을 나는 겨울철새다. 낙동강 하구는 이들이 선호하는 도래지로, 많을 때는 1,000~3,000여 마리가 몰려오는 대군집이 장관이다.

♂

♂

우

아성조

원앙이사촌

북한명 | 댕기진경이
Tadorna cristata
Crested Shelduck

■ 겨울철새 ■ 멸종된 것으로 추정,
IUCN Red List CR

형태 부리가 넓고 곧다. 수컷은 부리가 황색을 띠며 기부는 엷은 붉은 색이다. 암컷은 아랫부리가 황갈색이다. 수컷의 깃은 이마와 머리 상단, 뒷머리, 뒷목의 중간까지 검은색이며 암록색 광택이 난다. 뒷머리와 뒷목의 깃은 댕기 모양으로 늘어져 있다. 턱 아래에는 큰 흑록색 무늬가 있다. 얼굴 옆, 옆목, 앞목은 엷은 회백색이다. 어깨 사이는 검은색 바탕에 짙은 녹색의 광택이 나며 윗가슴깃은 순백색이다. 어깨깃의 바깥쪽은 밤색이다. 암컷은 갈색을 띠며 흰 이마와 머리에 검은 댕기가 있고 눈 주위가 흰색이며, 검은색 테가 머리와 뒷목으로 합쳐진다. 홍채는 짙은 적갈색이고, 다리는 황갈색이다.

노랫소리 기록 없음.

생활권 낙동강 하구와 금강 하구에서 각각 포획된 바 있는데, 이것으로 보아 일반 오리류와 같은 환경에서 생활한 것으로 짐작된다.

번식 번식지·번식처에 대한 자료가 전무하다.

먹이 일반 오리류와 흡사한 것으로 사료되나 자료가 없다.

현황 겨울철새로 지금까지 4개체가 수집된 기록만 있는 진귀한 오리다. 1968년 일본조류학회에서 조선대학교 정모 교수를 통해 북한 보천강 지역에서 매년 8마리의 원앙이사촌이 목격된다는 정보를 입수했으나 이를 확인할 방법은 없다. 1877년 4월 러시아의 블라디보스토크 부근에서 암컷 1마리를 포획했으며, 1916년 2월에는 각각 군산과 부산 부근에서 수컷 1개체, 암컷 2개체를 포획했다. 그 밖에 1916년 3월 서울 부근의 서해안에서 6마리로 된 무리에서 3마리를 포획했으나 유감스럽게도 표본은 없다. 이상으로 보아 원앙이사촌은 개체수가 매우 빈약하여 멸종되어가는 종이며, 주로 한반도에 분포했고 러시아 연해주지역에도 아주 희귀하게 분포했다는 점을 짐작할 수 있다. 1983년 국제자연보존연맹(IUCN)에서 '이 새를 보셨나요?'라는 내용을 담은 전단지 300만 장을 전 세계 유관단체에 배포하고 현상금을 걸었으나, 아직도 믿을 만한 단서조차 나타나지 않는 것으로 보아 멸종된 것으로 추정되는 비련의 종이다.

몸길이 640mm **몸무게** 자료 없음
부리 ♂45mm ♀40~41.5mm **날개** ♂320mm ♀305~310mm **꼬리** ♂117mm ♀115mm
부척 ♀49.5mm ♀47mm
분포권 러시아
　　　　남한 낙동강 하구와 금강 하구
　　　　북한 보천강 유역
도래 시기[월] **1 2 3** 4 5 6 7 8 9 **10 11 12**

127

원앙이

북한명 | 원앙
Aix galericulata
Mandarin Duck

몸길이 ♂430mm ♀410mm **몸무게** ♂500~700g ♀400~600g
부리 27~32mm **날개** ♂214~240mm ♀214~230mm **꼬리** 90~118mm **부척** 33~40mm
분포권 구북구 온대지역, 러시아 사할린, 우수리강, 중국, 타이완, 일본
　　　남한 전역의 산간 계류, 경기도 포천시 광릉,
　　　　　강원도 영월군 동강, 주천강, 팔당댐
　　　북한 강원도, 함경북도 무산군, 경성군, 웅기군,
　　　　　함경남도 영흥군, 평안남도 증산군, 황해남도 배천군
도래 시기[월] 텃새

형태 수컷의 부리는 짙은 붉은색이며 끝은 흰색을 띤 뿔색이다. 암컷은 자주색을 띤 회색이며 홍채가 갈색이다. 수컷의 번식깃은 이마와 머리 상단의 중심부는 짙은 녹색이며 뒷머리의 깃털은 갈기를 이룬 우관으로 자색 광택이 있는 적갈색을 띤다. 흰 눈썹은 폭이 넓고 은행잎처럼 생긴 큰 셋째날개깃이 인상적이다. 가슴은 자색을 띤 갈색이며 옆면에는 검은색과 흰색 깃털이 두 줄로 선을 긋고 목테를 두른다. 온몸에 난 황금색 깃털과 화려한 배색은 이 새의 기품을 돋보이게 한다. 번식기 이후의 변환깃은 암수가 동일한 자주색을 띤 갈색으로 돌아간다. 다리는 붉은 황색이며 물갈퀴가 검다. 꼬리깃은 14개다.

노랫소리 수컷의 구애 소리가 '구애- 구애-' 하고 호반에 길게 퍼지면 어디선가 암컷의 화답 소리가 '꾸악 꾸악' 하고 정겹게 들린다.

생활권 여름에는 산간 계류와 계곡의 숲속 연못에서 지내다가 겨울에는 강과 저수지, 소호, 냇물을 찾아 지낸다. 여름에는 소수 개체가 생활하지만, 겨울철에는 수십 또는 수백 마리가 군집을 이룬다.

번식 산란기는 6월이다. 물가의 숲속 고목 수공이나 대형 딱따구리가 사용했던 둥지 또는 돌담 틈이나 인공새집을 번식 둥지로 이용한다. 화본과 식물의 마른 잎과 자신의 가슴털로 산좌를 만든다. 산란수는 9~12개 정도다. 알의 색은 엷은 황갈색이며 크기는 49mm다. 포란과 육추는 암컷이 전담하며 포란 기간은 28~30일, 육추 기간은 40~45일이다. 부화된 새끼의 첫 번째 난관은 높은 나무에서 땅으로 뛰어내려 물가로 안전하게 가는 일이다.

먹이 작은 물고기, 수서곤충, 작은 골패류, 식물의 씨앗이나 열매, 도토리.

현황 한반도 전역의 산간 계류에서 흔하지 않게 서식하는 텃새로 개체수는 안정적이다.

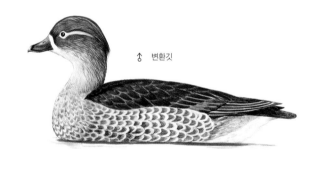

♂ 변환깃

♂

우

청둥오리

북한명 | 청둥오리
Anas platyrhynchos
Mallard

■ 겨울철새　■ 흔함

형태 수컷의 부리는 황록색이며 끝은 검다. 암컷의 부리는 회색빛을 띤 주황색이며 끝은 검다. 홍채는 갈색이다. 수컷의 겨울깃은 머리와 목이 짙은 청록색이며 광택이 난다. 목에는 흰색 띠가 있고 가슴은 흑갈색이다. 허리와 위꼬리덮깃은 검은색으로 광택이 난다. 아래꼬리덮깃의 앞쪽은 검은색이고 뒤쪽은 흰색이다. 암컷의 가슴과 배, 옆구리에는 적갈색의 얼룩무늬가 있다. 다리는 황적색이며 꼬리깃은 18개다.

노랫소리 '꽛꽛꽛' 또는 '꿰, 꿰' 하는 소리가 크고 요란하다.

생활권 냇가와 강, 하구, 저수지, 소호, 해만, 간척지, 농경지 등 넓고 트인 곳을 찾아 2~3마리 또는 큰 무리를 이루어 생활한다.

번식 산란기는 4월 하순~6월이다. 물가의 초지를 선호하며 맨땅 위에 마른풀과 식물의 줄기와 잎 등을 소재로 접시형 둥지를 만든다. 산좌에는 자신의 부드러운 앞가슴털을 뽑아 산좌를 만들고 알을 낳는다. 산란수는 9~13개 정도이며 알의 색은 엷은 크림색을 띤다. 알의 크기는 50mm이며 무게는 40~52g이다. 포란과 육추는 암수가 함께 한다. 둥지를 비울 때는 알 온도가 내려가지 않게 하고 약탈자의 시선을 피하기 위해 알을 털로 덮기도 한다. 포란 기간은 27~28일, 육추 기간은 50~60일 정도다.

먹이 풀씨와 열매, 곡식의 낟알, 곤충류, 무척추동물. 잡식성 조류로서 동물성 먹이와 식물성 먹이를 균일하게 먹는다.

현황 한반도에서 월동하는 겨울철새 중에서 개체수가 가장 많은 종이다. 일부는 여름철에도 번식하며 텃새화하고 있다. 최근에는 청둥오리와 집오리의 잡종교배로 인한 문제점이 대두되고 있다.

몸길이 ♂610mm ♀530mm　**몸무게** 850~1,400g
부리 44~64mm　**날개** ♂245~300mm ♀239~275mm　**꼬리** 74~99mm
부척 40~51.5mm
분포권 전 세계 온대지역과 아열대지역
　　남한 전역의 강과 습지, 부산시 을숙도, 충청남도 서산시 천수만, 강원도 강릉시 경포호, 금강, 한강, 경상남도 창원시 주남저수지, 전라남도 해남군
　　북한 평안도, 황해도, 강원도 등 전역의 하천과 강, 냇가, 소호, 저수지
도래 시기[월] 1　2　3　4　5　6　7　8　9　10　11　12

♂ 변환깃

♀

♀

♂

오리과

터오리 흰뺨검둥오리

북한명 | 검둥오리
Anas poecilorhyncha
Spot-billed Duck

● 텃새 ● 흔함

몸길이 ♂630mm ♀530mm **몸무게** ♂900~1,350g ♀795~1,245g
부리 ♂47.5~59mm ♀45~58mm **날개** ♂248~292mm ♀245~274mm
꼬리 79~102mm **부척** 41~51mm
분포권 아시아 동부, 중국, 일본, 러시아 사할린, 아무르강, 타이완, 티베트,
　　　　 미얀마
　　남한 전역, 강이나 냇가, 농경지
　　북한 전역, 평안남도 순천군, 황해북도 서흥군, 황해남도 삼천군
도래 시기[월] 텃새

형태 암수 구별이 어렵다. 부리가 검고 끝부분에 황색 띠가 있으며 끝이 검다. 홍채는 황갈색이다. 이마와 머리 상단, 뒷머리는 짙은 갈색이다. 눈위에 크림색을 띠는 흰 눈썹선이 폭 넓게 자리 잡고 있으며, 눈앞에는 눈을 가로지르는 짙은 갈색 눈선이 있다. 어깨 사이와 어깨깃이 짙은 갈색이며 등과 허리, 위꼬리덮깃은 검은 갈색이다. 가슴과 배, 옆구리는 짙은 갈색이며, 깃털마다 붉게 녹슨 크림색 테가 있다. 다리는 붉은 오렌지색이고 갈색 물갈퀴가 있다. 꼬리는 짙은 갈색이며 꼬리깃은 16~20개다.

노랫소리 비상하여 공중을 날 때 '휘휘휘' 소리를 내며 위험이 닥쳐오면 '꿱 꿱 꿱' 하고 차갑고 짧은 단음을 낸다.

생활권 논과 밭, 소호, 강, 하구, 간척지 저수지, 농경지, 해안 연못 등 오리류가 가는 곳이라면 빠짐없이 찾아드는 종이다. 2~3마리 또는 수십, 수백 마리씩 대군집을 이루기도 한다.

번식 논과 호수, 간척지, 하천 등 물가의 풀숲에 둥지를 튼다. 마른풀과 풀줄기를 모아 접시형 틀을 만들고 산좌에는 자신의 앞가슴 털을 뽑아 알자리를 잡는다. 도심을 중심으로 사는 새는 도심의 옥상이나 주택가 근처에도 둥지를 트는 습성이 있다. 산란기는 4~7월 초순이며 흰색 알을 낳는다. 산란수는 10~12개 정도이고 알의 크기는 54mm다. 포란은 암컷이 주로 하며 포란 기간은 24~26일 정도, 육추 기간은 45~50일 정도다.

먹이 식물의 씨앗, 열매, 나락, 곤충류. 잡식성이지만 식물성 먹이를 주로 먹는다. 북한 자료에 따르면 8 대 2 비율로 식물성 먹이를 더 많이 섭취한다.

현황 한반도 전역에 고르게 분포한다. 겨울철에는 무리를 이루며 집단으로 생활한다. '흰뺨검둥오리'로 불리지만, 생김새는 이 이름과 전혀 상관없다. 한반도에서 사계절을 보내며 새끼를 치고 기르는 텃새이므로, 이 새의 이름을 '터오리'로 부르는 것이 더 타당하다.

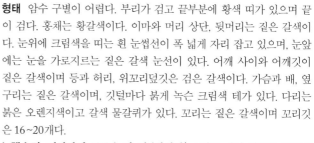

미국오리

북한명 | 없음
Anas rubripes
American Black Duck

■ 길잃은새 ■ 희귀함

형태 부리는 엷은 황색 바탕에 엷은 등황색을 띠며, 부리 끝이 검은색이다. 이마와 머리 상단, 뒷목은 흑갈색이며 뺨과 얼굴은 엷은 황갈색이다. 턱밑과 멱은 엷은 황색이고 부리 기부에서부터 눈동자를 지나는 흑갈색 눈선이 보인다. 수컷은 몸통의 체모가 흑갈색이며, 암컷은 수컷보다 체모가 엷고 밝아 보인다. 날개 아랫면은 흰색이고, 깃털 가장자리가 갈색을 띤다. 꼬리가 짧고 홍채는 적갈색이다. 다리는 붉은색을 띤 적황색이다.

노랫소리 '꽥 꽥 꽥' 하는 전형적인 집오리 소리와 흡사하다.

생활권 강과 냇가, 저수지, 하구, 소호, 간척지, 소택지, 물가의 초지, 농경지에서 먹이를 구하며 생활한다.

번식 산란기는 늦은 봄철 해동기가 지난 5월 초순~6월 중순이다. 맨땅에 마른풀과 줄기와 잔가지를 모아 접시형 둥지의 틀을 만들고 자신의 앞가슴 털을 뽑아 산좌를 만들어 알을 낳는다. 산란수는 9~12개 정도이며 알의 색깔은 녹색이 도는 담황색이다. 포란 기간은 23~25일, 육추 기간은 45일 정도다.

먹이 화본과 식물의 잎이나 줄기, 씨앗, 장과 등 주로 식물성 먹이를 선호한다.

현황 수변에서 드물게 목격되는 길잃은새이며 포획된 자료는 없다. 기상 이변이나 태풍 또는 이상기류에 의해 한반도로 유입된 것으로 사료된다. 전라북도 군산시에서 1개체를 채집했다는 기록은 있으나 측정기록이 발표된 것은 없다.

몸길이 480~560mm **몸무게** 895~960g
부리 40.7~51.5mm **날개편길이** 850~960mm
분포권 북아메리카 동부, 미국 텍사스, 플로리다
　　남한 전라북도 군산시
　　북한 자료 없음
도래 시기[월] 길잃은새

♂

우

♂

넓적부리

북한명 | 넙적부리오리
Anas clypeata
Northern Shoveler

■ 겨울철새   ■ 흔하지 않음

몸길이 ♂510mm ♀440mm **몸무게** 500~700g
부리 56~69mm **날개** ♂217~253mm ♀203~235mm **꼬리** 69~89mm
부척 32.5~39.5mm
분포권 북아메리카, 멕시코, 콜롬비아, 유럽, 영국, 프랑스 남부, 흑해,
　　　　러시아 시베리아, 캄차카반도, 사할린, 동남아시아, 타이완, 일본
　　남한 한강 유역, 중부 이남, 서울시 탄천과 중랑천,
　　　　인천시 소래포구, 낙동강 하구, 제주도 성산포
　　북한 함경북도 옹기군, 평안북도 염주군, 황해도, 강원도 일대
도래 시기[월] **1 2 3** 4 5 6 7 8 9 **10 11 12**

형태 부리가 유난히 넓고 크다. 수컷은 부리가 검고, 암컷은 윗부리가 갈색이며 아랫부리는 오렌지색이다. 홍채는 황색 또는 오렌지색이다. 다리는 짙은 오렌지색이다. 수컷의 겨울깃은 이마와 머리 상단, 목은 짙은 청록색을 띠며 금속광택이 빛난다. 뒷목의 깃털은 약간 길며 목 하단은 넓은 흰색 띠를 이루며 윗가슴과 합쳐진다. 양쪽 면과 가슴은 적갈색이 넓게 자리 잡고 있다. 어깨의 깃털 안쪽은 가늘고 긴 형태의 검은색을 이루며 외판은 회색이고 내판에는 흰색 가로선이 있다. 암컷은 짙은 갈색으로 가슴과 옆구리, 아랫배에 얼룩무늬가 있다. 꼬리깃은 14~16개다.

노랫소리 평소에는 소리를 내지 않는 조용한 새다. 간혹 수컷이 '꽛, 꽛' 또는 '코-코-코-' 하고 조용하고 낮은 소리를 낸다.

생활권 중부 이남의 해안과 하구, 냇가, 저수지, 강, 소택지, 간척지, 하천, 초습지, 논, 해만 등지에서 몇 마리 또는 수십 마리가 무리를 지어 생활한다. 전 세계적으로는 아한대 북구의 북극에서 온대지역에 걸쳐 폭넓게 분포한다.

번식 산란기는 4월 상순~6월 상순이며 물가에 풀이 무성한 곳이나 갈밭, 관목이 밀집된 평지에 집을 짓는다. 건조한 맨땅 위 약간 오목한 곳에 마른풀과 줄기를 모아 접시형 둥지를 만든다. 산좌에는 자신의 앞가슴 털을 뽑아 깔고 알을 낳는다. 산란수는 9~11개 정도이며 알의 색은 황갈색 또는 녹색빛이 도는 흰색이다. 포란과 육추는 암컷이 전담하며 포란 기간은 22~23일, 육추 기간은 40~45일이다.

먹이 수서곤충류, 갑각류, 연체동물, 무척추동물, 수생식물.

현황 중부 이남지역에 규칙적으로 도래하는 흔하지 않은 겨울철새다. 개체수가 매년 줄고 있다.

♂

우

♂ 변환깃

♂

미국쇠오리

북한명 | 없음
Anas carolinensis
Green-winged Teal

■ 길잃은새(겨울철새)　■ 희귀함

형태 쇠오리와 모습이 매우 흡사하다. 수컷의 윗부리는 납색 바탕에 검은색을 띠며 아랫부리는 납색이다. 이마와 머리 상단, 얼굴은 짙은 밤색이며 눈에서 뒷목까지 굵은 녹색 띠가 목 아래쪽으로 이어진다. 어깨와 어깨 사이는 엷은 갈색이며 가슴과 옆구리는 엷은 밤색을 띠며 가슴과 배의 경계선을 이루는 흰색 줄무늬가 선명하다. 윗날개덮깃은 녹색 반점이 자리 잡고 있다. 암컷도 쇠오리와 흡사하다. 부리가 납색을 띠며 온몸의 체모는 갈색이다. 다리는 엷은 붉은색이 도는 갈색이다.

노랫소리 쇠오리와 소리가 흡사한데, 수컷은 맑은 휘파람 소리를 되풀이한다. 암컷은 이에 반응하며 빠르게 짧은 소리로 화답한다.

생활권 냇가, 저수지, 소호, 해안가, 소택지, 습지에서 먹이를 구하며 생활한다. 번식지는 알래스카 북쪽에 있는 매니토바와 캐나다 퀘벡 북부이며 미국 캘리포니아, 뉴욕, 콜로라도, 네브래스카에서 겨울을 난다. 일부는 유럽으로 이동하고 극소수 개체가 한반도와 중국 중남부, 일본에서 관찰되기도 한다.

번식 산란기는 4월 하순~6월 하순이다. 풀밭이 조성된 연못이나 호반가 맨땅 위에 마른 잎과 줄기를 모아 접시형 둥지를 만들고 산좌에 자신의 앞가슴 털을 뽑아 깐 다음 알을 10~12개 정도 낳는다. 알의 색은 흰색 바탕에 담황색 얼룩무늬가 있다. 포란과 육추는 암컷이 전담하며 포란 기간은 22~24일이다. 수컷은 암컷의 포란을 돕기 위해 주변을 경계한다. 육추 기간은 35~40일 정도다.

먹이 수생식물, 무척추동물.

현황 서식지로부터 멀리 떨어져 있기 때문에 길잃은새 또는 겨울철새로 기록할 것인지 불명확하다. 한반도 남부 일부 지역에서 목격된다는 기록이 있으나 확인할 자료가 미비하다.

몸길이 300~410mm　**몸무게** 335~355g
날개편길이 537~572mm
분포권 미국 알래스카, 캘리포니아, 뉴욕, 콜로라도, 네브래스카,
　　　　캐나다 퀘벡, 유럽, 중국 중남부, 일본
　　　　남한 남부지역 일부
　　　　북한 자료 없음
도래 시기[월] 길잃은새

1　2　3　4　5　6　7　8　9　**10　11　12**

ⓒIngrid Taylar

어린새

우

♂

쇠오리

북한명 | 되강오리
Anas crecca
Common Teal (Eurasian Teal)

■ 겨울철새　■ 흔함

몸길이 ♂350mm ♀340mm　**몸무게** 250~400g
부리 ♂33~41mm ♀30.5~40mm　**날개** ♂165~194mm ♀160~185mm
꼬리 ♂60~79mm ♀58~74mm　**부척** 26~33.5mm
분포권 북아메리카 서부, 아프리카, 구북구의 유럽과 러시아 시베리아,
　　　사할린, 이란, 인도, 필리핀, 중국, 몽골, 타이완, 일본
　　남한 전역, 한강 밤섬, 탄천, 중랑천, 낙동강, 부산시 을숙도,
　　　경상남도 창원시 주남저수지, 충청남도 서산시 서산간척지와
　　　천수만, 강원도 강릉시 경포호, 제주도
　　북한 함경북도, 평안북도 염주군, 평안남도 평원군, 안주시,
　　　황해남도 재령군, 서해안 전역

도래 시기[월] **1 2 3** 4 5 6 7 8 9 **10 11 12**

↑ 변환깃

우

↑

형태 부리가 검고 홍채는 갈색이다. 다리는 회갈색이다. 수컷의 겨울깃은 이마와 머리 상단, 뒷머리는 갈색이며, 눈을 둘러싸고 있는 짙은 녹색 띠가 뒷목까지 이른다. 또한 뺨과 옆목, 앞목은 갈색이며 가슴에 작은 회색 반점이 얼룩져 있다. 등과 허리, 몸통에는 실 같은 가는 무늬가 일정한 방향으로 모양을 이루며 무늬지어 있다. 배는 흰색이며 아랫날개덮깃과 겨드랑이 깃도 흰색으로 뚜렷하게 자리 잡고 있으며, 꼬리 쪽 양편의 황색 깃털은 이 새의 특징이다. 암컷은 온몸의 체모가 짙은 갈색 얼룩문양으로 덮여 있는데, 날개 밑에 감추어진 청록색 무늬가 단조로움을 덜어준다. 꼬리깃은 16개다.

노랫소리 수컷은 '삐리 삐리 삐리', 암컷은 '켓 케' 하는 짧고 탁한 소리를 낸다.

생활권 매년 10월마다 월동을 위해 북쪽에서 남쪽으로 이동한다. 황해도 남부를 거쳐 중부 이남으로 생활 근거지를 옮긴다. 낮에는 주로 냇가나 하안, 강, 호수, 저수지, 소택지, 간척지, 물가의 초식지에서 군집을 이루어 휴식을 취한다. 밤에는 논이나 밭, 경작지, 초식지, 냇가에서 무리를 지어 먹이를 구한다.

번식 산란기는 4월 하순~6월 상순이다. 번식지역은 중국 동북부와 일본 서북부, 몽골 북서부, 아시아 중부, 러시아 동토지역을 제외한 전역, 유럽 서부, 북아메리카 서부 등이다. 물가의 초지에 둥지를 튼다. 마른풀줄기와 잎을 모아 둥지의 틀을 만들고 자신의 앞가슴 털을 뽑아 부드러운 산좌를 만든다. 둥지의 크기는 직경 약 140~180mm, 깊이 100mm, 높이 70~90mm 정도다. 산란수는 8~11개 정도이며, 알의 색깔은 녹색을 띤 황갈색이다. 알의 크기는 46mm다. 포란과 육추는 암컷이 전담한다. 포란 기간은 21~23일, 육추 기간은 25~30일 정도다.

먹이 수생식물의 잎과 줄기, 식물의 씨앗, 열매, 작은 연체동물, 무척추동물.

현황 한반도 전역에서 월동하는 겨울철새로 개체수가 안정되어 있다. 다른 오리류와 혼성하여 생활하기를 기피하는 경향이 있다.

가창오리

북한명 | 반달오리(태극오리)
Anas formosa
Baikal Teal

■ 겨울철새 ■ CITES Ⅱ

형태 부리가 납색이며 홍채는 갈색이다. 수컷의 이마와 머리 상단, 뒷머리는 흑갈색이며 머리 양쪽에 가는 흰색 띠가 있다. 얼굴은 부리와 접한 면은 황색이며 검은색의 경계선이 있는 옆면도 황색을 띤다. 녹색 반달형 무늬와 함께 얼굴이 태극 문양을 이룬다. 가슴은 엷은 갈색을 띠며 옆면은 짙은 갈색의 둥근 반점이 촘촘하게 산재해 있고 옆구리와 흰색 경계선이 뚜렷하다. 어깨깃이 길게 늘어져 있고 꼬리는 갈색이다. 암컷은 체모의 대부분이 짙은 갈색인데, 가슴에 붉은색을 띤 진갈색 반달문양이 얼룩져 있다. 다리는 회색빛이 도는 황색이다. 꼬리깃은 14개다.

노랫소리 수컷은 낮고 부드러운 소리를 자주 낸다. 특히 봄철에는 앉아서 또는 날면서 '코르 코르 코르' 하는 소리를 계속 낸다. 암컷은 쇠오리와 소리가 흡사하며 '꽛, 꽛, 꽛' 하는 단음을 자주 낸다.

생활권 대륙 안의 수역에서 생활한다. 가을과 봄철 이동 시에 저수지와 논이나 농경지와 개울의 여울목에서 생활하고, 여름에는 산림과 호수나 강 어귀의 섬에서 생활한다. 소택지와 간척지, 저수지, 하천, 해안 등 주로 광활한 곳을 선호하며, 일출과 일몰 때 수천, 수만 마리가 무리를 지어 군무하는 장엄한 광경을 선보인다.

번식 산란기는 4월 상순~7월 상순이다. 활엽수림이 울창한 건조한 곳을 찾아 나무 그늘이나 풀이 무성한 곳의 맨땅에 마른풀잎이나 줄기로 둥지를 튼다. 산좌에는 자신의 앞가슴 털을 뽑아 부드러운 알자리를 마련하고 알을 낳는다. 산란수는 6~9개 정도이며 알의 색은 녹회색이다. 알의 크기는 47mm다. 포란은 암컷이 전담하며 포란 기간은 23~25일이다. 육추도 암컷이 주로 하며 육추 기간은 38~40일이다.

먹이 식물의 씨앗, 곡물의 낟알, 수생식물, 장과, 수서곤충류, 무척추동물, 다슬기 등.

현황 비교적 드문 겨울철새이자 나그네새다. 이동기인 봄철과 가을철에 서해안에서 대군집을 볼 수 있으며, 이때 북한을 경유한다.

몸길이 ♂430mm ♀380mm **몸무게** 350~551g
부리 34~40mm **날개** ♂167~220mm ♀194~205.5mm **꼬리** ♂78.5~98mm
♀75.5mm~85.5mm **부척** 32~38mm
분포권 러시아 시베리아 동부, 사할린, 캄차카반도 동부, 중국, 일본
　　남한 전라남도 해남군, 경상남도 창원시 주남저수지, 충청남도
　　　　서산시 서산간척지와 천수만, 서해안
　　북한 함경북도 평안남도 중산군, 안주시, 황해도 개성시
도래 시기[월] **1** **2** **3** 4 5 6 7 8 9 **10** **11** **12**

♂ 변환깃

♂

♀

♂

♀

알락오리

북한명 | 알락오리
Anas strepera
Gadwall

몸길이 510mm   **몸무게** ♂700~900g ♀650~850g
부리 39mm **날개** 257mm **꼬리** 83mm **부척** 39mm
분포권 온대지역과 아한대지역, 북아메리카, 멕시코, 북아프리카,
　　　카스피해, 유라시아, 아이슬란드, 러시아 시베리아, 사할린, 인도,
　　　중국 남부, 일본
　　남한 낙동강 하구, 경상남도 창녕군, 제주도 성산포, 서울시 한강,
　　　탄천, 인천시, 임진강 하류 등 전역 수계
　　북한 전역 수계
도래 시기[월] **1** **2** **3** 4 5 6 7 8 9 **10** **11** **12**

형태 수컷은 부리가 회색이고 부리 가장자리는 주황색이다. 암컷은
부리가 황갈색이다. 홍채는 갈색이며 다리는 오렌지색이다. 수컷의
겨울깃은 이마와 머리 상단, 뒷머리, 뒷목은 갈색을 띤 흰색이며 짙은
갈색 얼룩무늬가 있다. 눈 위에 갈색 선이 있고 귀깃, 뺨, 턱, 멱에 짙
은 갈색 얼룩무늬가 있다. 등과 어깨깃은 짙은 갈색이며 가는 흰색 가
로선이 밀생해 있다. 가슴의 깃털 가는 검은색으로 바늘무늬처럼 보
인다. 암컷은 청둥오리 암컷과 흡사하며 둘째날개깃이 흰색이다. 꼬
리는 회갈색을 띠고 깃가는 흰색이다. 꼬리깃은 16개다. 날개깃은 회
갈색이다. 다른 종의 갈색종보다 검게 보인다.
노랫소리 일상적으로 조용하지만, 비상할 때는 '과, 과, 과' 하는 짧은
소리를 낸다.
생활권 강, 하구, 저수지, 소택지, 소호, 초습지 등 물가에서 생활한다.
번식 산란기는 4~6월이다. 소호나 물가의 우거진 풀숲 또는 갈밭 속
맨땅 위에 둥지를 튼다. 주변의 마른풀잎과 줄기, 뿌리를 모아 접시형
둥지를 만들고 산좌에 자신의 앞가슴과 배의 털을 뽑아 깔고 알을 낳
는다. 산란수는 8~12개로, 알의 색은 엷은 황갈색을 띤 크림색이며
알의 크기는 54mm다. 포란과 육추는 암컷이 전담한다. 포란 기간은
21~23일, 육추 기간은 45~50일이다.
먹이 수초의 씨앗, 잎과 줄기, 수서곤충류, 어류, 패류.
현황 가을철에 한반도에 도래하여 월동하는 겨울철새이며, 낙동강
하류에는 20~30마리의 작은 무리가 매년 찾아온다. 한반도 전역 수
계에 소수 개체가 모습을 보인다.

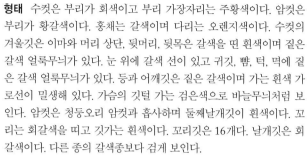

♂

♀

♀

♂ 변환깃

♂

청머리오리

북한명 | 붉은꼭두오리
Anas falcata
Falcated Teal

■ 겨울철새   ■ 드묾, IUCN Red List NT

형태 부리가 검고 홍채는 갈색이다. 수컷의 겨울깃은 이마와 머리 상단, 뒷머리는 짙은 청자색이다. 얼굴과 뒷목은 검고 녹색의 광택이 나며 뒷머리와 뒷목에 난 깃털은 가늘고 길며 우관을 이룬다. 턱은 흰색이며 검은색 목테가 있다. 등과 어깨깃은 흰색이며 가슴은 흰색 바탕에 검은색 비늘무양이 좁쌀처럼 깔려 있다. 가슴의 옆면과 배, 옆구리는 가는 갈색 줄무늬가 조밀하게 자리 잡고 있다. 암컷은 머리에 짧은 댕기가 있고 체모가 전체적으로 갈색이며 흑갈색 얼룩점이 깃털마다 박혀 있다. 다리는 회갈색이며 꼬리깃은 14~16개다.

노랫소리 암컷의 소리는 청둥오리와 흡사하며 수컷은 휘파람 소리 같은 매우 높고 경쾌한 소리를 낸다.

생활권 봄철 도래 시기에는 강과 호수 근처에서 생활하며 해안에서도 목격된다. 번식기에는 강과 저수지 주변 숲속의 하천에서 주로 시간을 보낸다. 월동시에는 평지의 내수면이나 농경지에서 곡식의 낟알을 주워 먹고 낮에는 큰 무리를 이루어 호수나 저수지, 해안가에서 휴식한다.

번식 산란기는 6~7월이며 호반이나 초습지의 풀이 우거진 맨땅 위에 마른풀줄기와 잎을 모아 틀을 만들고 가슴과 배의 부드러운 털을 뽑아 산좌를 만든 다음 알을 낳는다. 산란수는 8~9개 정도이며 알의 색은 크림색 또는 황갈색이다. 알의 크기는 56mm이며, 포란 전반기에는 암컷이 알을 품고 후반기에는 암컷이 먹이를 먹으러 간 사이 수컷이 품는다. 포란 기간은 24~25일, 육추 기간은 38~42일 정도다.

먹이 곡식의 낟알, 식물의 씨앗, 열매, 뿌리, 줄기, 잎, 수서곤충류, 연체동물, 무척추동물.

현황 전라남도 해남군과 낙동강 유역, 남해 도서지역, 내륙의 하천과 소호, 저수지 등에 도래하여 월동하는 겨울철새로 개체수가 드물다.

몸길이 430mm   **몸무게** ♂550~900g ♀530~830g
부리 37~48.5mm **날개** ♂232~257mm ♀216~245mm **꼬리** 65~83.5mm
부척 33~42.8mm
분포권 러시아 시베리아 동부, 오호츠크해 연안, 캄차카반도, 사할린, 인도, 미얀마, 중국 남부, 몽골, 일본
   남한 한강, 탄천, 낙동강 하류, 부산 앞바다, 전라남도 해남군, 남해 도서지역, 제주도, 내륙의 하천과 소호, 저수지
   북한 함경북도 웅기군, 평안남도 안주시, 그 외 하천과 냇가

도래 시기[월] 1 2 3 4 5 6 7 8 9 **10 11 12**

우

우

♂

♂ 변환깃

♂

137

발구지

북한명 | 알락발구지
Anas querquedula
Garganey

■ 겨울철새 ■ 흔치 않음

몸길이 380mm **몸무게** 310~440g
부리 34~39mm **날개** ♂168~198mm ♀166~192mm **꼬리** 60~66mm **부척** 26~30mm
분포권 아프리카 서부지역, 오스트레일리아, 남부 유럽 지중해 연안,
　　　　러시아 사할린, 동남아시아, 뉴기니, 필리핀,
　　　　동남아시아 등 온대지역, 타이완
　　　　남한 한강, 탄천, 낙동강 등 전역의 수계
　　　　북한 평안북도 염주군, 량강도 백암군

도래 시기[월] **1 2 3** 4 5 6 7 8 9 **10 11 12**

형태 부리가 검고 홍채는 갈색이다. 수컷은 이마와 머리 상단, 뒷머리, 뒷목이 짙은 갈색이고 눈 위에 흰색 눈썹선이 뚜렷하다. 얼굴은 적갈색인데 깃털마다 흰색 얼룩무늬가 있다. 어깨깃은 엷은 회색이며 안쪽에는 가늘고 긴 검은색 식우가 빗살처럼 여러 개 있다. 가슴은 엷은 황갈색이며 각 깃털에는 손톱 같은 무늬가 얼룩져 있다. 배는 흰색이며 아랫배에는 검은색 무늬가 산재해 있다. 옆구리는 흰색이며 검은색 가는 실선이 가로로 흘러내린다. 암컷은 온몸의 체모가 갈색이며 얼굴과 앞목은 흰색이다. 다리는 회갈색이며 꼬리깃은 14개다.
노랫소리 수컷은 이따금씩 '쿠라-, 쿠라-, 쿠라-' 하고, 암컷의 '꽉 꽉' 소리가 매우 우렁차다.
생활권 호수나 저수지 등에서 생활하며 개활지의 호수를 선호한다. 크지 않은 호수와 소택지에서 주로 생활하며 논에도 모습을 보인다. 하구, 해안가, 하천, 해만 등지를 즐겨 찾는다.
번식 산란기는 4월 하순~6월 상순이다. 수풀이 무성한 하천가의 마른 곳에 땅을 약간 파서 식물의 마른줄기와 잎을 모아 둥지를 만든다. 산좌에 자신의 앞가슴 털을 뽑아 깔고 그 위에 알을 낳는다. 산란수는 보통 8~11개 정도다. 알은 엷은 황갈색을 띤 크림색으로 타원형이며 크기는 45mm, 무게는 27g 정도다. 포란은 암컷이 전담하는데 이때 수컷은 암컷을 보호한다. 포란 기간은 21~23일이다. 육추 또한 암컷이 하며 육추 기간은 35~40일 정도다.
먹이 주로 동물성 먹이인 연체동물과 수서곤충류, 갑각류, 패류, 곡식의 난알, 풀씨.
현황 흔하지 않은 겨울철새로 한반도 수계에 소수 개체가 도래한다. 봄철인 3~5월까지 북한을 통과하여 남쪽으로 이동한다.

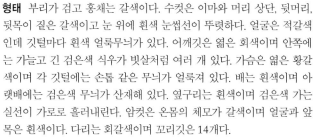

홍머리오리

북한명 | 누른꼭두알송오리(알숭오리)
Anas penelope
Eurasian Wigeon

■ 겨울철새 ■ 흔함

형태 부리는 납빛을 띤 회색이며 끝이 검다. 홍채는 적갈색이다. 수컷의 겨울깃은 이마와 머리 상단은 황색이며 얼굴의 대부분은 밤색이다. 등과 어깨깃, 허리는 흰색인데 가는 줄무늬가 가로로 조밀하게 나 있다. 가슴은 분홍색을 띤 갈색이고 배는 흰색이다. 아래꼬리덮깃이 검고, 눈뒤로 뻗어난 녹색 무늬가 눈길을 끈다. 암컷은 다른 종류의 암컷보다 붉은색을 띤 갈색이다. 다리는 녹색을 띤 회색이며 석판색 물갈퀴가 있다. 꼬리는 짙은 회색인데, 꼬리깃은 14~16개다.

노랫소리 일상적으로 자주 노래한다. '퓨- 호-, 퓨- 호-, 삐루르- 삐루르-' 하는 맑은 소리를 낸다.

생활권 번식기에는 수생식물이 풍부한 호수나 강에서 생활하지만, 기후에 따라 남쪽으로 이동하여 월동하기도 한다. 월동시에는 넓은 습지성 평원에 모여 군집생활을 한다. 낮에는 물가나 호수에서 휴식을 취하고 저녁이면 먹이를 찾아 주로 얕은 물가인 강 하구와 초습지, 호반, 저수지, 소호, 해안 등지에 30~60여 마리 또는 200~300여 마리씩 큰 무리를 이루기도 한다.

번식 산란기는 5월 상순~7월이다. 초습지, 소호, 호반 근처의 풀숲이 우거져 은폐하기 좋은 장소를 찾아 5~7cm 깊이의 구덩이를 파고 마른풀과 줄기, 잔가지 등을 소재로 접시형 둥지를 튼다. 산좌에는 자신의 앞가슴 털을 뽑아서 깔고 알을 낳는다. 산란수는 8~9개 정도다. 알의 색깔은 엷은 황색이며 크기는 54mm, 무게는 24~25g 정도다. 포란과 육추는 암컷이 전담하며 포란 기간은 24~25일, 육추 기간은 40~45일 정도다.

먹이 수조류 같은 식물성이 주식이며 극소량의 동물성 먹이도 먹는다.

현황 겨울철새로 큰 무리를 이루며 때로는 여러 종류의 오리류와 혼성하기도 한다. 수심이 얕은 곳에서 먹이를 구하는데, 남해 연안과 낙동강 모래톱에 많은 수가 도래한다. 한반도 수계에서 흔히 볼 수 있는 종이며 안정된 개체수를 유지하고 있으나 매년 그 수가 줄어들고 있다.

몸길이 ♂530mm ♀430mm **몸무게** ♂700~900g ♀500~850g
부리 ♂32.5~38mm ♀28.5~37.5mm **날개** ♂242~272mm ♀220~258mm
꼬리 77~120mm **부척** 34~41mm
분포권 북아메리카, 유라시아 북부, 아이슬란드, 러시아 시베리아, 사할린
　　　　　캄차카반도, 대서양제도, 인도, 미얀마, 보르네오섬, 필리핀,
　　　　　중국 남부, 타이완, 일본
　　남한 낙동강 하구, 경상남도 창원시 주남저수지, 제주도 성산포
　　북한 평안도, 황해도 전역의 수역

도래 시기[월] **1** **2** **3** 4 5 6 7 8 9 **10** **11** **12**

♂ 눈 주위가 녹색인 개체

우

♂ 변환깃

♂

139

미국홍머리오리

북한명 | 흰이마알숭오리
Anas americana
American Wigeon

■ 겨울철새 ■ 희귀함

몸길이 460~580mm **몸무게** ♂800~1,000g ♀860~1,200g
부리 ♂35~37mm ♀33~37mm **날개** ♂254~279mm ♀236~258mm
꼬리 86~120mm **부척** 36~42mm
분포권 북극, 미국 동서해안, 알래스카, 캘리포니아, 코스타리카,
캐나다, 멕시코
남한 강원도 속초시, 고성군, 제주도 성산포
북한 강원도
도래 시기[월] 1 2 3 4 5 6 7 8 9 10 11 12

형태 수컷은 부리가 밝은 회색이며 끝이 검고, 암컷은 어두운 납색이다. 수컷은 이마와 머리 상단 중앙이 흰색이며 눈 주위에 짙은 녹색 태극무늬가 있다. 얼굴은 회갈색이 도는 흰색에 검은 점무늬가 촘촘하게 산재해 있다. 등과 어깨깃은 홍머리오리보다 색이 짙으며 앞가슴과 옆구리에 붉은 밤색이 선명하다. 암컷은 홍머리오리와 비슷하다. 다리는 녹색을 띤 짙은 회색이다. 꼬리깃은 14~16개다. 홍채가 짙은 갈색이다.
노랫소리 홍머리오리와 소리가 흡사하다. 수컷은 부드러운 소리로 '퓨-오-, 퓨-오- 삐루르-, 삐루르-' 하고, 암컷은 '꽉 꽉 꽉' 하는 탁한 단음을 낸다.
생활권 겨울철 남부지방에서 드물게 목격된다. 낮에는 소택지와 풀숲에서 휴식하며 일몰시부터 일출시까지 논과 호수에서 먹이를 구한다. 툰드라의 번식기에는 광활한 곳과 초지에서 생활한다.
번식 산란기는 5~7월이다. 툰드라의 습지와 호수 모래톱, 물가의 풀숲이나 초원 등지 맨땅에 움푹 파인 곳에 마른풀과 줄기, 잎을 모아 접시형 둥지를 만들고 산좌에 자신의 가슴과 배의 털을 뽑아 알자리를 만들고 그 위에 알을 7~10개 낳는다. 알의 색깔은 짙은 크림색이며 흰색 얼룩무늬가 있다. 포란과 육추는 암컷이 전담하며 포란 기간은 24~25일, 육추 기간은 40~45일 정도다.
먹이 수생식물, 화본, 사초과의 열매, 수서곤충류, 패류.
현황 겨울철새다. 북아메리카 중서부에서 흔히 번식하는 조류로, 한반도에는 극소수 개체만이 도래하여 월동하는 희귀종이다. 제주도 성산포에 매년 소수 개체가 도래하고 있으며 강원도 남부 해안까지 북상한다고 하나 아직 목격된 바는 없다.

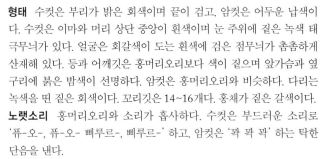

♂

♀

우

♂ 변환깃

♂

고방오리

북한명 | 가창오리
Anas acuta
Pintail

형태 수컷은 부리가 납색을 띤 회색이고, 암컷은 검다. 홍채는 짙은 갈색이다. 수컷의 겨울깃은 이마와 머리가 갈색이고 머리 상단과 뒷목은 짙은 갈색이다. 앞목과 앞가슴은 흰색이며 멱과 턱은 얼굴색과 같이 갈색으로 뒷머리와 얼굴 사이로 반달형의 가는 흰색 줄무늬가 선명하다. 등과 어깻깃 안쪽은 짙은 갈색이며 회백색 파도 문양이 가로띠를 이룬다. 허리는 검고 흰색 가로줄무늬가 잔잔한 문양을 이룬다. 가슴과 배는 흰색이다. 꼬리는 흑갈색이며 꼬리깃 16개 가운데 중앙깃 2개가 대단히 긴데 이는 이 새의 날렵함을 보여주는 특징이며 '고방오리'라는 이름도 이에 따른 것이다. 암컷은 몸통의 체모가 짙은 갈색이며 얼룩무늬가 산재해 있다. 다리는 납색을 띤 회색, 물갈퀴는 석판색이다.

노랫소리 수컷의 '뿌리-, 뿌리-' 하는 소리가 멀리까지 들린다. 암컷은 '괏, 괏, 괏' 하는 탁한 단음을 낸다.

생활권 강가, 하천, 간척지, 초습지, 소택지, 저수지, 논 등 얕은 물가에서 생활한다. 낮에는 큰 무리 속에서 한가롭게 휴식을 취하고, 일몰부터 일출 때까지 논과 밭에서 먹이를 구하면서 왕성히 활동한다.

번식 산란기는 4~6월이다. 물가에서 100m 이상 떨어진 풀숲의 맨땅 위에 마른풀과 줄기, 잎을 모아 접시형 둥지를 틀고 자신의 앞가슴 털을 뽑아 산좌를 만든 다음 황록색 또는 황색을 띤 크림색 알을 7~9개 낳는다. 둥지의 크기는 높이 110~130mm, 너비 190~200mm, 깊이 90~110mm다. 알의 크기는 54mm다. 포란과 육추는 암컷이 전담하며 포란 기간은 22~24일, 육추 기간은 40~45일 정도다.

먹이 무척추동물, 연체동물, 수생동물(번식기), 수초의 풀씨, 잎과 줄기, 곡식의 낟알(비번식기).

현황 흔한 겨울철새로 중부 이남에서 다른 오리류와 혼성하여 큰 무리를 이룬다. 북한지역의 수계에서 월동하는데, 기상과 기온에 따라 남쪽으로 이동할 때도 많다. 1960년대에 비해 월동하는 개체수가 많이 줄어드는 추세다.

몸길이 ♂660mm ♀560mm **몸무게** ♂750~1,050g ♀600~850g
부리 ♂460~570mm ♀435~510mm **날개** ♂245~282mm ♀225~257mm
꼬리 ♂134~210mm ♀91.5~121mm **부척** 37~47mm
분포권 아메리카 온대와 아열대지역, 캐나다, 아한대지역, 유라시아, 러시아 시베리아 일대, 사할린, 미얀마, 보르네오섬, 필리핀, 서인도제도, 파나마, 중국 남부, 일본, 타이완
　　남한 전역의 수계, 서울시 한강, 중랑천 하류, 탄천, 안양천, 낙동강, 경상남도 창원시, 주남저수지, 강원도 강릉시 경포호, 고성군 송지호, 화진포호
　　북한 황해도, 함경북도 웅기군, 평안북도 문덕군

도래 시기[월] 1 2 3 4 5 6 7 8 9 10 11 12

♂　　　우

우

♂ 변환깃

♂

붉은부리흰죽지

북한명 | 없음

Netta rufina
Red-crested Pochard

■ 길잃은새　■ 희귀함

몸길이 560~570mm　**몸무게** 950~1,300g
부리 45~52mm **날개** 250~273mm **꼬리** 65~75mm **부척** 44.5~51.3mm
분포권 유럽 남부, 스페인, 네덜란드, 덴마크, 체코, 러시아 남부,
　　　터키, 몽골, 일본
　　남한 한강 하류, 중랑천, 탄천, 경기도 안산시 화랑저수지
　　북한 자료 없음

도래 시기[월] 길잃은새

형태 부리가 붉은색이며 홍채 역시 붉다. 수컷은 이마와 얼굴, 머리 상단, 뺨, 턱과 멱, 윗목이 모두 붉은색이며, 아래 목과 가슴, 배 부분은 녹색이 도는 검은색이다. 뒷목을 타고 올라간 검은색은 뒷머리 부분의 꼭짓점에서 만나 머리 부분의 붉은색과 목 부분의 검은색이 대비를 이룬다. 등과 어깨깃은 황갈색이며 위꼬리덮깃이 검고 옆구리는 흰색이다. 암컷은 부리가 납색을 띤 회색이며 홍채는 암적색이다. 머리 상단과 뒷목, 등, 어깨는 짙은 회갈색을 띠고 가슴과 옆구리는 엷은 회갈색이다. 다리가 붉고 뺨과 앞목은 흰색이다.

노랫소리 수컷이 '곡, 곡, 곡' 또는 '쿠르르, 쿠루르' 하면 암컷은 '레르르' 하고 장단을 맞춘다.

생활권 하천이나 강 하구, 저수지, 소호, 담수호 등 습지에 풀이 무성하게 자란 곳에서 주로 생활하며, 여러 종류의 오리류와 혼성하여 군집하기도 한다.

번식 산란기는 5~6월이다. 소호, 담수호의 물가나 풀숲이 조성된 모래톱이나 사구에 둥지를 튼다. 맨땅 위에 마른풀이나 수초의 잎과 줄기를 모아 접시형 둥지를 만들고 산좌에는 자신의 가슴 털을 깔고 그 위에 알을 8~11개 낳는다. 알의 색깔은 엷은 녹색빛이 도는 크림색으로, 크기는 58mm다. 포란과 육추는 암컷이 전담하며 포란 기간은 26~28일, 육추 기간은 45~50일 정도다.

먹이 주식은 수생식물의 잎과 줄기, 뿌리, 조류 등 식물성이며, 수서곤충류, 연체동물도 먹는다.

현황 길잃은새로 그간 미기록종이었으나, 1998년 2월 7일 서울 중랑천 하류에서 필자와 함께 국립생물자원관 환경연구원 김진한 박사가 처음으로 수컷 1개체를 발견하여 촬영했다. 그 후 두 차례 더 발견되었다.

♂

우

우

♂

♂ 변환깃

흰죽지

북한명 | 흰쭉지오리
Aythya ferina
Pochard

■ 겨울철새 ■ 흔함, IUCN Red List VU

형태 부리는 엷은 납색이 도는 회색이며, 기부는 짙은 석판색이다. 수컷의 홍채는 짙은 황색 또는 짙은 오렌지색이다. 수컷의 겨울깃은 머리와 목이 짙은 적갈색이며 가슴은 검고 몸통의 체모는 회색이다. 암컷은 머리와 가슴이 갈색이며 몸통은 회갈색이다. 눈에 둥근 황갈색 뺨선이 있으며 눈 주위가 흰색이다. 다리는 회색이며 물갈퀴는 수컷은 석판색이며 암컷은 납색이 도는 회색이다. 꼬리는 짙은 회색이다.

노랫소리 '쿠루르, 쿠루르 쿠루르' 하는 맑은 소리를 낸다.

생활권 하천과 저수지, 호수, 하구, 못, 냇가 등지에서 무리를 지어 생활한다. 댕기흰죽지나 검은머리흰죽지 등과 혼성집단을 이루곤 한다.

번식 산란기는 4월 하순~6월 상순이다. 물가의 풀숲이 우거진 곳에 갈대의 줄기와 잎으로 접시형 둥지를 튼다. 앞가슴 털을 뽑아 산좌에 깔고 알을 8~10개 낳는다. 알은 녹색을 띤 회색이며 크기는 61mm다. 포란과 육추는 암컷이 전담하며 수컷은 알자리를 지킨다. 포란 기간은 24~25일, 육추 기간은 50~55일이다.

먹이 수생식물의 잎, 줄기, 뿌리와 열매, 수생동물, 수서곤충류, 무척추동물.

현황 한반도 전역의 수계에 흔히 볼 수 있는 겨울철새다. 매년 수많은 개체가 안정적으로 도래하고 있으나 2000년대에 들어 개체수가 현저하게 줄고 있다.

몸길이 ♂480mm ♀460mm **몸무게** ♂700~1,100g ♀660~1,050g
부리 44~52mm **날개** ♂198~214mm ♀95~208mm **꼬리** 51.5~62mm **부척** 34~42mm
분포권 북아프리카, 스칸디나비아반도, 유럽 동부, 흑해, 스페인, 알제리, 인도, 미얀마, 중국, 러시아 사할린, 바이칼호, 타이완, 일본
　　남한 전역의 수계, 서울시 한강 밤섬 일대, 난지도, 중랑천 하류, 충청남도 서산간척지, 낙동강 하류, 부산시 을숙도 일대, 경상남도 창원시 주남저수지, 강원도 강릉시 경포호, 속초시 청초호, 경기도 안산시 시화호와 화랑저수지
　　북한 평안도, 황해도 수계

도래 시기[월] **1 2 3** 4 5 6 7 8 9 **10 11 12**

우

↑

우

↑ 변환깃

↑

↓

큰흰죽지

북한명 | 없음
Aythya valisineria
Canvasback

몸길이 480~610mm   **몸무게** 880~1,375g
날개편길이 670~875mm
분포권 미국 알래스카 남동부, 네브라스카, 미네소타, 미시시피,
   애리조나, 콜롬비아, 영국 남부
   남한 남부지역
   북한 자료 없음
도래 시기[월] 길잃은새

우

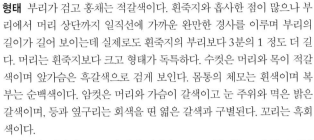

변환깃

형태 부리가 검고 홍채는 적갈색이다. 흰죽지와 흡사한 점이 많으나 부리에서 머리 상단까지 일직선에 가까운 완만한 경사를 이루며 부리의 길이가 길어 보이는데 실제로도 흰죽지의 부리보다 3분의 1 정도 더 길다. 머리는 흰죽지보다 크고 형태가 독특하다. 수컷은 머리와 목이 적갈색이며 앞가슴은 흑갈색으로 검게 보인다. 몸통의 체모는 흰색이며 복부는 순백색이다. 암컷은 머리와 가슴이 갈색이고 눈 주위와 멱은 밝은 갈색이며, 등과 옆구리는 회색을 띤 엷은 갈색과 구별된다. 꼬리는 흑회색이다.

노랫소리 일반적으로 조용하며 간혹 '크록, 크록' 하는 조용한 소리를 낸다.

생활권 물과 습지를 떠나 살 수 없는 종이며, 저수지와 하천, 호수, 강, 습지나 초지에서 주로 생활한다. 소수의 무리를 이루거나 여러 종류의 다른 오리류와 혼성하여 큰 무리를 이룬다. 잠수성 오리로 물속에 잠수하여 먹이를 구한다. 일상적인 잠수 시간은 20~25초 정도다.

번식 산란기는 5월 상순~6월 하순이다. 소택지나 풀이 무성한 초지에 접시형 둥지를 튼다. 마른풀과 줄기, 잎을 모아 둥지의 틀을 만들고 산좌에 자신의 앞가슴 털을 뽑아 깐 다음 알을 7~10개 정도 낳는다. 알의 색은 암갈색 또는 녹색을 띤 올리브색이다. 포란과 육추는 암컷이 전담하며 포란 기간은 25~28일, 육추 기간은 40~45일이다.

먹이 수생식물, 해조류.

현황 길잃은새로, 매년 남부지역에서 소수 개체가 간혹 흰죽지 무리에 섞여 목격되고 있지만, 겨울철새로 기록하기에는 아직 미진하다.

미국붉은머리흰죽지

북한명 | 없음
Aythya americana
Redhead

■ 길잃은새   ■ 희귀함

형태 흰죽지와 흡사한 종으로 부리는 납색이며 부리 끝은 검은색이다. 머리는 둥근형인데, 부리와 머리의 경사 각도가 약간 가파르다. 수컷의 깃은 이마와 머리 상단, 뒷목, 얼굴, 턱밑, 멱이 짙은 적갈색이고, 앞가슴은 청동색이 도는 검은색이다. 어깨깃과 등이 청회색이며 날개 윗면은 짙은 회색이다. 둘째날개깃은 희게 보인다. 암컷은 머리와 목이 적갈색을 띠고 등은 갈색이다. 위꼬리덮깃과 아래꼬리덮깃은 흰색이며 부리는 회색이고 끝이 검다. 홍채는 황색이며 꼬리깃은 엷은 갈색이다.

노랫소리 고양이와 흡사한 '야홍- 야홍-' 소리를 빠르게 반복한다.

생활권 저수지나 소호, 냇가, 하천, 하구의 습지, 늪의 풀밭에서 생활한다. 단독 또는 소수의 무리를 이루며 때로는 다른 종류의 오리들과 혼성하여 큰 무리를 이루어 생활하기도 한다.

번식 산란기는 4월 하순~7월 초순이다. 늪 안에 마른 모래톱이나 마른 언덕에 수초나 기타 소재를 이용하여 둥지의 틀을 만든다. 자신의 가슴과 배에서 털을 뽑아 산좌를 만들고 그 위에 알을 10~16개 정도 낳는다. 때로는 숲으로 둘러싸인 소금기가 있는 호숫가에 둥지를 틀고 알을 품기도 한다. 포란과 육추는 암컷이 전담하며 포란 기간은 23~25일, 육추 기간은 38~42일이다.

먹이 수생식물의 줄기나 잎, 뿌리, 열매.

현황 미국 알래스카나 북아메리카 해안, 강에 서식하는 이 종은 태풍이나 난기류 등 기상 이변에 의해 한반도 남부지역으로 유입되는 길잃은 새다.

몸길이 460~560mm   **몸무게** 970~1,189g

분포권 미국 알래스카, 콜롬비아 동부, 미네소타 남부, 캘리포니아, 콜로라도, 영국
　　　　남한 남부지역
　　　　북한 자료 없음

도래 시기[월] 길잃은새

♂ 변환깃

145

북미검은머리흰죽지

북한명 | 없음
Aythya affinis
Lesser Scaup

■ 미기록종　■ 희귀함

몸길이 380~460mm
분포권 미국 알래스카, 콜로라도 남부, 콜롬비아, 멕시코, 캐나다, 영국
　　　남한 강원도 강릉시 경포호와 영랑호
　　　북한 자료 없음
도래 시기[월] 미기록종

형태 검은머리흰죽지와 흡사하다. 수컷의 부리는 엷은 석판색이며 홍채는 황색, 다리는 청회색, 암컷은 갈색빛이 도는 석판색이다. 턱밑과 멱, 앞가슴은 검고 등과 꼬리덮깃은 검다. 어깨덮깃은 흰색에 검은 실줄무늬가 물결처럼 무늬지어 있다. 옆면은 순백색으로 흰 죽지를 이루고 있다. 암컷은 온몸의 색깔이 갈색이고 옆면의 깃털 끝은 흰색이어서 얼룩덜룩한 무늬를 이룬다.
노랫소리 가끔 휘파람 소리를 낸다.
생활권 호수와 연못, 연안, 하구나 늪지에서 생활한다.
번식 번식기는 6~7월이다. 늪지 부근의 풀이 무성한 땅 위에 풀과 식물의 줄기를 모아 접시형 틀을 만들고 산좌에는 마른풀과 깃털을 깔고 9~12개 정도 산란한다. 알의 색은 탁한 올리브색에 담황색을 띤다. 포란은 암컷이 전담하며 포란 기간은 19~23일이다. 육추는 암수가 함께 하며 육추 기간은 25~30일이다.
먹이 수생식물과 씨앗, 열매, 곤충류, 패류, 연체동물, 무척추동물.
현황 미기록종으로 2014년 겨울 강원도 강릉의 경포호와 영랑호에서 월동 중인 수컷 1개체를 관찰했다는 기록이 있으나 확인된 바 없다.

♀

♂

붉은가슴흰죽지

북한명 | 푸른머리흰죽지오리
Aythya baeri
Bear's Pochard

■ 겨울철새 ■ 희귀함,
IUCN Red List CR

형태 수컷의 부리는 남색이 도는 검은색이고 끝은 청백색이다. 홍채는 청백색이다. 이마와 머리 상단, 뒷머리, 뒷목은 푸른색이 도는 검은색이며 몸통의 윗면은 암갈색이고 가슴은 짙은 적갈색이다. 옆구리는 암갈색을 띠며 배와 항문 주변은 순백색이다. 수컷은 털갈이 후에 암컷의 체색과 흡사해지는데 암컷은 이마와 머리 상단, 뒷머리가 갈색이며 부리 기부와 뺨은 흰색이 도는 엷은 황갈색이고 홍채는 갈색이다. 잠수형 오리는 대부분 시간을 강이나 바다 또는 하천에서 지낸다. 수생류는 기본적으로 모두 물에서 생활하는 종으로, 몸이 넓적하고 배 쪽은 편평하며 목은 중간 길이다. 다리가 짧고 발가락 사이에 난 물갈퀴가 체형에 비해 큰 편이다. 잠수하는 습성은 여러 대를 거쳐 진화되어왔는데, 잠수에 능한 종들은 체형도 유선형이다. 부리는 일반적으로 넓적하고 부리 끝에 각피가 있으며, 일부 종은 약간 갈고리형이다. 턱뼈 양편에 빗 모양의 '빗판'이 있는데 몇몇 종은 이것을 사용해 물속에서 먹이를 거르기도 한다. 혀가 짧고 두꺼우며 톱니 모양의 부리 가장자리로 먹이를 물거나 처리한다.

노랫소리 '쿠루룻, 쿠룻, 쿠루룻, 쿠룻' 하면서 의사를 전달한다.

생활권 하천, 강, 호수 소택지에서 생활한다. 갈대밭이 무성하며 수생식물이 잘 보존되어 있는 냇가나 하천가가 이들이 선호하는 최상의 생활 터전이다. 단독 또는 무리를 지어 혼성하기도 한다.

번식 산란기는 4월 하순~6월 초순이다. 냇가나 하천가에 식물이나 갈대가 무성한 곳에 갈대 줄기나 풀줄기를 높게 쌓아올려 화산형 둥지를 만들고, 자신의 앞가슴과 배의 털을 뽑아 산좌를 만들어 엷은 갈색 알을 8~12개 낳는다. 포란과 육추는 암컷이 전담하며 포란 기간은 26~28일 정도, 육추 기간은 45~50일 정도다.

먹이 주로 수생식물의 줄기, 잎, 씨앗, 열매, 뿌리를 즐긴다. 수서곤충류, 무척추동물과 어류, 갑각류 등.

현황 겨울철새이며 한반도를 통과하는 나그네새이기도 하다. 근래에 발견된 조류로서 아직 확실한 정보가 부족하다. 한반도 수계인 낙동강 하구와 남해안 갯벌의 흰죽지 무리 속에서 1~2개체가 월동하는 희귀한 조류로서 간혹 목격된다.

몸길이 450~480mm **몸무게** 650~870g
부리 40.5~48.3mm **날개** 690~720mm **꼬리** 58~61mm **부척** 34~37mm
분포권 러시아 시베리아 동부, 캄차카반도, 아무르강, 우수리강, 일본, 중국, 만주, 동남아시아, 미얀마, 인도
　　　　남한 경기도 왕숙천, 낙동강 하구, 남해안 갯벌
　　　　북한 자료 없음

도래 시기[월] **1 2 3** 4 5 6 7 8 9 **10 11 12**

우

♂ 변환깃

♂

♂

우

147

목테오리

북한명 | 없음
Aythya collaris
Ring-necked Duck

■ 미기록종 ■ 희귀함

몸길이 360~460mm
날개편길이 610~750mm **몸무게** ♂542~910mm ♀490~894mm
분포권 캐나다 매니토바, 미국 알래스카, 뉴펀들랜드, 캘리포니아,
　　　　애리조나, 뉴잉글랜드, 걸프만
　　　남한 충청북도 충주댐
　　　북한 자료 없음
도래 시기[월] 미기록종

©Bill Bouton, 2011

형태 수컷의 부리는 석판색이며, 부리 끝은 검은색인데 중간에 흰색 띠가 있다. 암컷은 부리가 흑갈색이고 부리 중간에 희미한 흰색 띠가 있고 부리 끝은 검다. 수컷은 홍채가 홍백색이며 암컷은 갈색이고, 다리가 청회색이다. 수컷의 이마와 앞머리, 머리 상단은 녹색 광택이 도는 검은색이고, 뒷머리의 깃털이 조금 길어 관모 형태처럼 보인다. 등은 흑갈색이고 뒷머리는 어깨덮깃, 턱밑과 멱, 앞가슴이 짙은 흑갈색이며 옆구리와 옆면은 흰색이다. 암컷은 수컷과 흡사하지만 색이 엷고, 앞가슴과 옆구리, 옆면은 적갈색이 도는 흰색이다. 꼬리가 짧고 갈색이며 아랫면은 흐린 흰색이다.

노랫소리 일반적으로 조용하다.

생활권 주로 얕은 물가를 선호하며 호수, 강 하구, 연안, 늪지, 만에서 생활한다.

번식 번식기는 6~7월이다. 호수와 늪, 연못의 수생식물이 우거진 땅 위에 풀줄기와 잎을 모아 접시형 틀을 만들고 산좌에 잎과 자신의 앞가슴털을 뽑아 깔고 올리브색 알을 8~12개 산란한다. 포란은 암컷이 주로 하며 포란 기간은 23~24일이다. 육추는 암수가 함께 하며 육추 기간은 60일 정도다.

먹이 수생식물과 열매, 수서곤충류, 패류.

현황 미기록종이다. 2014년 충청북도 충주댐에서 암컷 1개체가 목격되었다고 하나 확실한 기록은 미진하다. '북미댕기흰죽지'로도 불린다.

♀

♂

148

적갈색흰죽지

북한명 | 없음
Aythya nyroca
Ferruginous Duck

■ 겨울철새　■ 희귀함, IUCN Red List NT

형태 수컷의 부리는 엷은 푸른색이 도는 회색이며 부리 끝은 검은색이다. 홍채는 흰색이며 이마와 머리 상단, 뒷머리, 얼굴은 적갈색이다. 온몸의 체모는 적갈색을 띠며 등면은 흑갈색이다. 복부와 항문 주위는 순백색이다. 윗날개덮깃은 암갈색이고 꼬리 부분은 흰색이다.

노랫소리 '가갓, 가갓' 하며 소리 낸다.

생활권 하천과 냇물, 소호, 저수지, 강, 하구, 소택지에서 생활한다. 흰죽지류는 대개 잠수에 능하다. 다리가 몸의 중심부에서 뒤쪽에 붙어 있어서 육지에서는 불안스럽게 느릿느릿 행동한다. 그러나 물에서는 자유롭게 유영하며 잠수하거나 물에서 먹이를 사냥할 때 능숙하게 행동한다. 이러한 신체 구조는 이들이 선택한 진화의 산물로, 육지가 아닌 하천, 강과 바다에서 생활할 수밖에 없다.

번식 5~6월이 되면 물가의 갈대숲이 우거진 곳에 마른풀과 줄기, 잎을 모아 접시형 틀을 짜고 산좌에 마른풀과 줄기, 잎을 깔아 둥지를 만든다. 산란수는 8~10개이며 알의 색은 크림색 바탕에 갈색 무늬가 있고 크기는 52mm다. 포란과 육추는 암컷이 전담하며 포란 기간은 25~27일, 육추 기간은 55~60일이다.

먹이 수생식물의 잎과 줄기, 열매, 씨앗, 뿌리, 수서곤충류, 연체동물, 갑각류.

현황 한반도 전역의 수계에서 월동하는 겨울철새로, 많은 탐조가들이 발견한 바에 따르면 소수 개체가 매년 도래하고 있다. 찾아보기 어려운 종으로, 남한의 수계에서는 간혹 흰죽지 무리에 섞여 목격되며 북한의 수계에서도 이동 중 중간기착지로서 충분히 목격될 수 있다고 여겨진다. 최근 중랑천 하류에서 여러 종류의 오리류와 함께 유영하는 것이 목격되었다.

몸길이 410~415mm　**몸무게** 650~800g
날개펼길이 630~670mm
분포권 서유럽, 중앙아시아, 중국, 타이완, 일본
　　　남한 남한 수계 전역, 서울시 중랑천 하류
　　　북한 자료 없음
도래 시기[월] 1 2 3 4 5 6 7 8 9 10 11 12

우

♂

149

댕기흰죽지

북한명 | 검은댕기흰쭉지오리
Aythya fuligula
Tufted Duck

■ 겨울철새 ■ 흔함

몸길이 ♂430mm ♀380mm **몸무게** ♂550~900g ♀525~877g
부리 34~42mm **날개** 180~210mm **꼬리** 50~60.5mm **부척** 30~37mm
분포권 한대지역과 냉온대지역, 미국 캘리포니아, 아프리카 북부,
유럽, 발칸반도, 아이슬란드, 러시아 시베리아, 사할린, 바이칼호,
싱카이호, 인도, 미얀마, 말레이반도, 보르네오, 필리핀, 중국 남부,
타이완, 일본
　남한 한강 하류, 강원도 강릉시 경포호, 화진포, 고성군 송지호,
속초시 영랑호, 청초호, 낙동강 하구, 중랑천, 탄천, 천수만 등
전국 수계
　북한 함경북도 웅기군, 청진시, 함경남도 영흥군, 평안남도 증산군,
황해남도 연백군, 강원도 등 전국 수계
도래 시기[월] **1 2 3** 4 5 6 7 8 9 **10 11 12**

형태 부리는 회색이며 끝에 검은 점이 있다. 홍채는 황색이다. 수컷은 이마와 머리 상단, 목이 검다. 뒷목에 65mm 정도 길게 늘어진 검은색 댕기는 이 새의 특징이다. 머리와 목은 엷은 자색 광택이 빛나며, 등과 어깨깃이 검다. 가슴은 윤기 흐르는 검은색인데 아랫가슴과 배는 흰색으로 흑백의 색상대비가 산뜻하다. 허리가 검고 위꼬리덮깃은 다소 갈색빛이 도는 검은색이다. 암컷은 이마와 머리, 목이 어두운 갈색이며, 뒷목에 짧은 댕기가 있고 온몸의 체모가 어두운 갈색이다. 다리는 회색이며 물갈퀴는 검다. 꼬리는 흑갈색이며 꼬리깃은 14~15개다.

노랫소리 수컷이 '쿠아, 쿠아, 쿠르르' 하며 소리 낸다.

생활권 평지의 하천 또는 냇가, 강, 늪, 못, 간척지, 하구, 석호, 저수지 등 한반도 수계 어느 곳이고 가리지 않고 생활한다. 2~3마리 또는 10~20여 마리의 적은 무리를 이루거나, 여러 종류의 오리들과 수백 마리의 혼성군을 이루며 생활한다.

번식 산란기는 4~6월이다. 구애동작에서 짝짓기까지 모두 수중에서 이루어진다. 소택지나 하천가의 풀숲 안의 맨땅 위에 마른풀이나 식물의 줄기를 모아 접시형 둥지를 튼다. 둥지의 크기는 너비 200~230mm, 높이 100mm로 가운데에 자신의 가슴 털을 뽑아 산좌를 만들고 녹색을 띤 올리브색 알을 8~11개 정도 낳는다. 알의 크기는 58mm다. 포란과 육추는 암컷이 전담하며 포란 기간은 24~25일, 육추 기간은 45~50일 정도다.

먹이 연체동물, 수서곤충류, 갑각류, 수생식물의 잎과 줄기 열매, 씨앗.

현황 한반도 전역의 수계에서 많은 수가 월동하는 겨울철새다. 개체수는 안정적이지만, 1900년대에 비하면 2000년대에는 월동 개체수가 절반 수준으로 격감하는 추세다.

우

♂ 변환깃

♂

검은머리흰죽지

북한명 | 검은머리흰쭉지오리
Aythya marila
Greater Scaup

■ 겨울철새　■ 흔함

형태 부리는 밝은 청회색이며 끝에 검은색 점이 있다. 수컷의 홍채는 선명한 황색이며 암컷은 어두운 황색이다. 수컷의 겨울깃은 이마와 머리 상단, 뒷머리, 얼굴, 목 부위는 검은색으로 녹색 광택이 난다. 어깨깃과 등은 흰색 바탕에 검은색의 가는 줄무늬가 촘촘하게 산재해 있다. 윗가슴은 검고 아랫가슴과 배는 흰색이다. 암컷은 이마와 머리, 얼굴, 뺨, 목 등이 진갈색이며 부리의 기부에 흰색 줄무늬가 있다. 다리는 녹색을 띤 납빛이며 물갈퀴는 검다. 꼬리는 흑갈색이며 꼬리깃은 14개다.
노랫소리 수컷은 '꾸꾸, 꾸쿠' 하는 소리를 낸다. 암컷은 '까르르-' 하는 큰 소리로 하천의 정적을 깬다.
생활권 번식기에는 동토대와 산림이 우거진 북부 임대림의 식물이 풍부한 호숫가에서 생활한다. 월동지에서는 해안과 하구, 소호, 하천, 못과 늪지의 습지에서 2~3마리 또는 20~30마리가 일상적으로 생활한다. 많은 무리일 때는 1,000여 마리가 다른 종류의 오리류와 집단생활을 하기도 한다.
번식 산란기는 5월 하순~6월이다. 짝짓기는 주로 월동지에서 이루어진다. 구애행동을 하는 수컷은 암컷 가까이 접근하면서 목과 머리 깃털을 치켜세우고 머리와 목을 등 쪽으로 굽혔다 폈다 반복하며 '꾸룩' 소리를 내며 암컷을 압도한다. 강이나 하천, 호수 가까이에서 마른 사초와 풀숲 밑에 둥지를 튼다. 마른 잎과 줄기로 틀을 만들고 접시형 둥지를 만든다. 산좌에 자신의 앞가슴 털을 뽑아 깔고 알을 낳는다. 둥지의 크기는 직경 275mm, 높이 170mm 정도다. 산란수는 8~11개 정도다. 알의 색은 엷은 녹색이며 크기는 62mm, 무게는 57~72.5g이다. 포란과 육추는 암컷이 전담하며 포란 기간은 26~28일, 육추 기간은 40~45일 정도다.
먹이 잡식성으로 연체동물, 수서곤충류의 유충, 소형 물고기와 수생식물의 잎과 줄기, 열매, 씨앗, 뿌리 등을 먹는다.
현황 한반도 전역에서 겨울을 보내는 겨울철새. 한반도의 모든 하천과 수계에서 서식하는데, 기온이 내려가 강물이 얼면 남쪽으로 이동한다. 아직은 안정된 개체수를 유지하고 있으나 2000년대에 들어 개체수가 격감하고 있다.

몸길이 ♂480mm ♀430mm　**몸무게** 700~1,100g
부리 39~46.5mm **날개** ♂204~220mm ♀192~206mm **꼬리** 50~60mm
부척 37.5~44mm
분포권 아메리카, 유라시아와 러시아 시베리아 동부, 사할린, 스칸디나비아반도, 영국, 필리핀, 중국, 일본, 타이완
　남한 강원도 속초시 청초호, 낙동강 하구, 충청남도 천수만, 중랑천, 안양천 등 전국 수계
　북한 함경북도, 함경남도, 황해도, 강원도 등 전국 수계
도래 시기[월] 1 2 3 4 5 6 7 8 9 10 11 12

우

♂

우

♂ 변환깃

♂

검둥오리

북한명 | 검은오리
Melanitta nigra
Black Scoter (Common Scoter)

■ 겨울철새　■ 흔함

몸길이 ♂480mm ♀430mm　**몸무게** ♂1,300~1,450g ♀1,200~1,300g
부리 40~45mm **날개** 207~223mm **꼬리** 70~100.5mm **부척** 40~47mm
분포권 미국 알래스카 서부 연안, 유라시아 북부, 러시아 시베리아 북부,
　　　　알류산열도, 캄차카반도, 스칸디나비아반도, 일본, 중국
　　남한 강원도 강릉시 경포호, 남해 연안, 경상남도 사천시 삼천포,
　　　　거제도
　　북한 함경북도 동해 연안, 강원도 동해 연안, 함경남도 함흥시 서호
도래 시기[월] 1 2 3 4 5 6 7 8 9 10 11 12

형태 수컷은 부리가 검은색이며 윗부리의 기부에 넓게 융기된 납막이 황색이다. 암컷의 부리는 어두운 회색이며 윗부리 기부에 융기된 것은 없다. 홍채는 암갈색이다. 수컷의 겨울깃은 온몸의 체모가 검고 윤기가 돈다. 암컷은 온몸의 체모가 갈색이며 뺨과 목 앞부분은 엷은 흰색 바탕에 황갈색이 돈다. 다리는 짙은 회색이며 꼬리는 짙은 갈색이다.
노랫소리 산란기를 맞이하면 수컷은 구애동작을 하면서 방울 같은 소리를 낸다.
생활권 번식기에는 하천가 호수에서 주로 생활하며, 겨울에는 바위가 많은 해안 기슭에서 생활한다. 해안, 하구, 먼 바다, 소호, 하천, 못 등지에서 큰 무리를 이루며, 주로 해상생활을 한다.
번식 산란기는 6월 하순~7월 상순이다. 툰드라나 산림지대의 못이나 호수, 하천 가까이 있는 풀숲 땅 위에 마른풀과 줄기, 잎을 모아 접시형 둥지를 만들고 산좌에 자신의 앞가슴 털을 뽑아 깐 다음 알을 낳는다. 산란수는 6~8개 정도다. 알의 색은 회갈색이 도는 크림색이며, 크기는 65mm다. 포란과 육추는 암컷이 전담하며 포란 기간은 30~31일, 육추 기간은 45~50일 정도다.
먹이 갑각류, 연체동물, 수서곤충류, 패류, 수생식물.
현황 남북한의 동해 연안과 남쪽 해안에서 매년 많은 무리가 집단을 이루어 겨울을 지내는 겨울철새다. 함경남도 서호부터 그 이북 연안에서 매년 관찰된다고 한다.

우

우

♂

검둥오리사촌

북한명 | 흰눈썹검은오리
Melanitta fusca
Velvet Scoter(White-winged Scoter)

■ 겨울철새   ■ 흔함, IUCN Red List VU

형태 수컷은 부리 중앙에 흰색 띠가 있고, 부리 끝이 황색이며 옆 부분은 붉은색이다. 기부에 융기된 부위는 흑갈색이다. 암컷의 부리 기부에는 융기가 없고 갈색이다. 홍채 색깔은 수컷은 유백색이며 암컷은 어두운 갈색이다. 수컷의 체모는 전신이 검지만, 눈 밑에 초승달처럼 생긴 순백의 무늬가 단조로움을 만회한다. 암컷은 전신의 체모가 어두운 갈색이며 부리 기부와 눈 밑에 있는 회색 둥근 반점이 그런대로 모습의 단조로움을 반감해준다. 암수의 둘째날개깃은 흰색인데, 비상할 때나 날개를 모으고 앉아 있을 때 이 선명한 흰색 무늬가 드러나 눈길을 끈다. 수컷은 다리가 붉고 암컷은 황색이다. 물갈퀴는 검고 꼬리는 어두운 갈색이다.

노랫소리 수컷은 '휘이-' 하는 휘파람소리를 내며 암컷은 '크라, 크라' 소리를 낸다.

생활권 한반도에서의 월동기간에는 주로 바다에서 생활하며 봄철에 얼음이 풀리면 저수지나 하천 때로는 논에서도 목격된다. 번식지에서는 침엽수림지역에 있는 소호, 해안 등지에서 생활한다.

번식 산란기는 6~7월이다. 호반의 풀숲이나 툰드라의 초지에 생명의 기운이 시작되면 맨땅 위에 마른풀이나 식물의 줄기나 잎을 모아 둥지를 만든다. 산좌에 자신의 가슴에서 뽑은 털로 산좌를 만들고 그 위에 알을 낳는다. 산란수는 7~9개 정도이며 알의 색은 크림색이다. 포란과 육추는 암컷이 전담한다. 포란 기간은 27~28일, 육추 기간은 50~55일이다.

먹이 연체동물, 갑각류, 패류, 소량의 수생식물.

현황 남해안의 거제도와 동해안에서 흔히 월동하는 검둥오리와 혼성하여 집단을 이루며, 매년 도래하여 월동하는 겨울철새다.

몸길이 ♂560mm ♀500mm   **몸무게** ♂1,200~2,000g ♀1,100~1,250g
부리 41~51mm **날개** ♂252~286mm ♀238~248mm **꼬리** 75~90m **부척** 44~51mm
분포권 북아메리카의 아한대와 한대지역, 유라시아, 러시아 시베리아 동부,
　　　　캄차카반도, 민스크, 쿠릴열도 북부, 스칸디나비아반도, 중국, 일본
　　남한 경상남도 사천시 삼천포, 강원도 강릉시 경포호, 제주도
　　북한 함경북도 옹기군, 함경남도 동부 해안, 황해도 서해안,
　　　　평안남도 룡강군, 증산군

도래 시기[월] **1 2 3** 4 5 6 7 8 9 **10 11 12**

153

흰줄박이오리

북한명 | 흰무늬오리
Histrionicus histrionicus
Harlequin Duck

■ 겨울철새   ■ 흔치 않음

몸길이 430mm   **몸무게** 500~700g
부리 26~30mm **날개** 183~210mm **꼬리** 86~107mm **부척** 34~39mm
분포권 한대지역, 온대 연안, 북아메리카 연안, 미국 알래스카,
　　　　러시아 시베리아 동부, 바이칼호, 캄차카반도, 사할린,
　　　　알류산열도, 아이슬란드, 그린란드
　　남한 강원도 고성군 아야진 등 동해 연안, 경상남도 거제도 등
　　　　남해안, 제주도 성산포
　　북한 자강도 화평군 하천, 함경북도 경성군 하천

도래 시기[월] **1 2 3** 4 5 6 7 8 9 **10 11 12**

형태 부리는 납빛을 띤 회색이며 홍채는 갈색이다. 수컷은 이마와 머리 상단, 뒷머리가 청회색이며, 부리의 기부와 눈 위의 흰색선이 머리 위로 지나가고, 눈 옆에 둥근 흰색 반점이 있다. 얼굴과 목은 청회색이며 뒷목에 흰색 세로선이 있다. 등과 가슴, 배는 청회색이며 가슴 양쪽에 가늘고 긴 흰색 반월 무늬가 있다. 옆구리에 검적갈색 무늬가 크게 자리 잡고 있고 꼬리 양쪽에는 작은 흰색 점이 있다. 암컷은 전신의 체모가 어두운 갈색이며 눈앞과 앞이마에 흰색 반점이 있고 눈뒤에 흰색 점이 있다. 눈뒤의 아래쪽에도 작은 흰색 반점이 있고 그 바로 밑에 가는 흰색 줄무늬가 있다. 다리는 갈색이며 물갈퀴는 회색이 도는 검은색이다. 꼬리깃은 14~16개다.

노랫소리 수컷은 '후이- 후이-' 하며 암컷은 '괏, 괏' 하고 짧고 빠른 소리를 낸다.

생활권 북한에서는 여름에 고지대와 그 인접지역의 산간 계곡과 하천에서 번식하고 겨울에 해안으로 이동한다. 남한에서의 관찰기록에 따르면 보통 암초가 산재해 있는 해안과 해상 또는 해만 등지의 바다에서 10여 마리 또는 수십 마리가 무리를 지어 생활한다.

번식 산란기는 6~7월이다. 구애동작을 보면, 먼저 수컷은 가슴을 펴고 날개를 펼치면서 헤엄을 친 다음 머리를 구부리고 부리를 쫙 벌리면서 등에 댔다가 떼면서 '케엑 케엑' 하는 큰 소리로 암컷을 압도한다. 암컷은 그때야 '케엑' 하고 화답한다. 이러한 구애동작 끝에 짝짓기를 한다. 계류의 물가 바위틈과 풀이 무성한 수풀, 관목 수림이 밀집된 맨땅에 나뭇가지나 마른풀과 줄기를 모아 접시형 둥지를 만들고, 산좌에는 자신의 앞가슴 털을 뽑아 그 위에 엷은 붉은색을 띤 크림색 알을 5~7개 정도 낳는다. 알의 크기는 58mm다. 포란과 육추는 암컷이 전담하며 포란 기간은 27~29일, 육추 기간은 60~70일 정도다.

먹이 작은 물고기, 갑각류, 연체동물, 갑각류, 게류, 곤충류, 수서곤충류의 유충. 1959~98년 10월 함경북도 옹기군 굴포리에서 잡은 암컷의 위 속 먹이의 비율은 수조류 60%, 연체동물 40%였고, 1998년 5월 15일 자강도 화평군 가람리에서 잡은 개체와 함경북도 경성군 관모봉에서 잡은 암컷 개체의 위 속에는 100% 곤충의 유충만 들어 있었다.

현황 동해와 남해의 암초가 산재한 해상에 매년 도래하여 월동하는 겨울철새다. 북한 일부 고산지역에서는 번식도 하고 있으며 북한의 텃새로 자리매김하고 있다.

우

↑♂

우

↑♂ 변환깃

↑♂

호사북방오리

북한명 | 없음
Somateria spectabilis
King Eider

■ 길잃은새   ■ 희귀함

형태 수컷의 부리는 장미색을 띠며 기부에 융기된 부분은 황색이다. 수컷의 머리와 뒷머리는 엷은 회백색이며 부리 기부와 눈 밑은 청록색을 띤다. 멱과 가슴은 엷은 적갈색이다. 온몸의 체모는 검은색이며 양쪽 어깨에 흰색 줄무늬가 늘어져 있다. 꼬리 부위에는 넓은 흰색 반점이 자리 잡고 있다. 암컷은 온몸의 깃털이 짙은 적갈색이며 부리가 흑회색이다. 가슴과 옆구리, 등에 뚜렷한 검은색 비늘 문양이 산재해 있다.

노랫소리 수컷은 번식기에 '후우우우' 하며 요란스럽게 소리 내고, 암컷은 '곡, 곡곡' 하며 소리 낸다.

생활권 주로 해상이나 툰드라 지역에서 생활한다.

번식 산란기는 6~7월이다. 툰드라 지역 하천가의 모래톱이나 풀이 우거진 땅 위에 마른풀이나 이끼류, 나뭇잎과 자신의 앞가슴 털을 뽑아 산좌를 만들고 알을 낳는다. 산란수는 4~5개 정도로, 알의 색은 담색의 올리브색이다. 알의 크기는 67mm다. 포란은 암컷이 전담하며 포란 기간은 22~24일이다. 육추도 암컷이 전담하며 육추 기간은 45~50일이다.

먹이 주로 패류, 복족류, 무척추동물.

현황 길잃은새로 2009년 1월에 동해 죽변항 근처에서 수컷 1개체가 목격된 기록이 있다. 같은 해 거진항에서 암컷 1개체가 목격되었다는 기록은 있으나 확인된 바 없다.

몸길이 560mm   **몸무게** 1,500~1,800g
부리 ♂30.7mm ♀33.7mm **날개** ♂280mm ♀275mm **꼬리** ♂83mm ♀81mm
부척 ♂47.7mm ♀47.0mm
분포권 미국 알래스카 연안, 캐나다, 북유럽, 스칸디나비아 북부 연안, 아이슬란드 동부
　　남한 경상북도 울진군 죽변항, 강원도 고성군 거진항 등 동해안
　　북한 자료 없음
도래 시기[월] 길잃은새

♂

♀

♂

♂

바다꿩

북한명 | 바다꿩
Clangula hyemalis
Oldsquaw (Long-tailed Duck)

■ 겨울철새   ■ 희귀함, IUCN Red List VU

몸길이 ♂530mm ♀410mm **몸무게** 600~900g
부리 24~29mm **날개** ♂210~236mm ♀195~215mm **꼬리** 168~250mm
부척 31.5~37mm
분포권 북아메리카, 미국 캘리포니아, 알래스카 연안, 그린란드, 카스피해,
　　　　유럽 중부, 아이슬란드, 베링해협, 러시아 알류샨열도, 캄차카반도,
　　　　사할린, 쿠릴열도, 중국, 일본 북부
　　　남한 낙동강 하구, 경상북도 해안, 전라남도 해안, 제주도
　　　북한 함경북도 해안, 함경남도 함흥시 서호, 강원도 해안

도래 시기[월] **1 2 3** 4 5 6 7 8 9 **10 11 12**

우 여름깃

♂ 여름깃

우 겨울깃

형태 머리가 비교적 작은 편이며 꼬리가 긴 중형 오리다. 부리는 비
교적 짧고 윗부리 기반부는 어두운 갈색이며 끝은 검고 부리 중간 부
분은 황색이다. 윗부리가 아랫부리를 덮고 있으며 부리의 가장자리는
날카롭다. 암컷의 부리는 어두운 갈색이며, 홍채 또한 갈색이다. 수컷
의 이마와 머리 상단, 뒷머리는 흰색이며 눈 주위와 귀깃은 회갈색이
다. 목은 흰색으로 뺨밑에 짙은 갈색 무늬가 크게 자리 잡고 있다. 등
과 허리, 위꼬리덮깃은 흑갈색이며 가슴은 폭 넓은 흑갈색으로 덮여
있다. 꼬리는 검고 길고 가늘다. 수컷의 꼬리 중앙에는 1쌍의 긴 꼬리
깃이 있는데 그 길이는 175~210mm나 되며 이 꼬리깃 덕분에 더욱
날씬한 체형으로 보인다. 다리는 청회색이고, 회색 물갈퀴가 있다. 꼬
리깃 개수는 14~16개다.
노랫소리 수컷이 '오우 오우 오울우' 또는 '아오 아오 아울아오' 하
면, 암컷은 '꾸아' 하며 답한다.
생활권 동북 연안과 남부 연안의 해상에서 월동하며, 내수면의 수계
에서는 볼 수 없다. 주로 바다에서 10여 마리씩 작은 무리를 지어 생
활한다. 빨리 날고 잠수에 능해 수심 9m에서 30~40여 초간 잠행하
면서 먹이를 구한다.
번식 산란기는 6월 상순~7월 상순이다. 툰드라의 하천에서 가까운
맨땅에 둥지를 튼다. 나뭇가지와 마른풀잎과 줄기를 모아 접시형 둥
지를 만드는데, 직경 190mm, 안쪽 직경 130mm, 깊이 80mm 정도다.
이 둥지 안에 자신의 가슴털을 뽑아 산좌를 만들고 알을 낳는다. 산란
수는 개체에 따라 6~9개 또는 10~12개를 낳는 경우도 있다. 알은 녹
회색 또는 황갈색이며 크기는 54mm이다. 포란과 육추는 암컷이 전담
하며 포란 기간은 24~29일, 육추 기간은 35~40일이다.
먹이 어류, 수서곤충류, 환형동물, 복조류, 갑각류와 수생식물의 뿌리
와 수조류.
현황 드문 겨울철새로, 낙동강 하류에 매년 도래하여 월동하는 다른
오리류와 섞여 2~3마리씩 목격된다. 북한지역에서는 20~30여 마리
가 매년 동해 연안에서 월동한다.

우

♂

♂ 겨울깃

흰뺨오리

북한명 | 흰뺨오리
Bucephala clangula
Common Goldeneye

■ 겨울철새　■ 흔함

형태 부리가 짧고 기부에서 이마의 경사도가 높다. 부리 폭은 좁고 콧구멍은 기부의 끝 쪽에 있다. 수컷은 부리가 흑갈색이며, 암컷은 검은색으로 부리 끝부분은 황색이고 끝이 검다. 홍채는 황색이다. 수컷은 이마와 머리 상단, 뒷머리, 얼굴은 푸른색이 도는 검은색이며 눈과 부리 사이에 타원형의 흰색 반점이 자리 잡고 있다. 어깨와 등은 검고 주변 깃털은 갈색이며 허리는 회색이다. 몸의 하단부는 흰색이다. 암컷의 머리는 갈색이며, 몸통의 체모는 회색을 띤다. 다리는 황색이며 꼬리가 검고 꼬리깃은 14~18개다.

노랫소리 번식기에 수컷은 방울소리 같은 맑은 소리로 암컷을 유혹한다.

생활권 이동 시 결빙일 때는 습지나 초원에서 볼 수 있다. 번식기에는 수풀이 울창한 한적한 곳이나 하천과 호수에서 생활한다. 해안, 해상, 초습지, 저수지, 소호, 하구, 사구지역 또는 내륙의 계류에서도 간혹 눈에 띈다. 3~5마리 또는 10여 마리 때로는 100여 마리 이상의 대군집을 이룬다.

번식 산란기는 5~6월이며 이때 수컷의 구애행동이 활발해진다. 꼬리를 펼쳐 보이며 부리와 머리를 등으로 구부렸다 펴거나 좌우로 굽혔다 폈다 반복한다. 또 방울소리를 내며 머리깃을 부풀리는 몸짓을 계속한다. 이때 뺨의 흰색 무늬가 암컷을 유혹하는 결정적인 자극제가 된다. 구애동작의 마지막 단계는 머리를 길게 뽑아 암컷을 압도하는 것으로, 이후 교미가 이루어진다. 둥지는 딱따구리가 사용했던 수공을 이용하며 산란수는 8~11개다. 알의 색깔은 푸른색이 도는 암록색이고 크기는 59mm다. 포란과 육추는 암컷이 전담하며 포란 기간은 29~30일, 육추 기간은 57~66일이다.

먹이 4m 정도 깊은 물속에 잠수하여 수생식물의 잎이나 줄기, 뿌리를 먹고, 연체동물과 물고기, 수서곤충류, 패류, 복족류 등을 잡아먹는다.

현황 한반도 전역의 해안선을 따라 월동하는 겨울철새다. 특히 북한 지역의 해수면에서 월동하는 개체수가 월등히 많은 것으로 밝혀졌다.

몸길이 ♂460mm ♀400mm　**몸무게** ♂820~1,150g ♀600~900g
부리 30~39mm **날개** ♂211~227mm ♀182~194mm **꼬리** 70~94mm **부척** 32~41mm
분포권 북아메리카, 유라시아, 지중해, 쿠릴열도, 인도 북부,
　　　　중국 남부, 러시아 캄차카반도, 아무르강, 사할린, 일본
　　남한 한강, 동해 연안, 경상남도 사천시 삼천포, 거제도,
　　　　낙동강 하구, 남해 연안
　　북한 함경북도 청진시, 함경남도 연안, 동해 연안, 평안남도 안주시,
　　　　황해남도 연안, 개성시

도래 시기[월] **1** **2** **3** 4 5 6 7 8 9 **10** **11** **12**

송 겨울깃

북방흰뺨오리

북한명 | 없음
Bucephala islandica
Barrow's Goldeneye

■ 길잃은새 ■ 희귀함

몸길이 530mm **몸무게** ♂1,150~2,000g ♀700~950g
날개편길이 670~840mm
분포권 아메리카 북부, 미국 알래스카 남서부, 콜롬비아, 캐나다 북동부,
영국 북부, 아이슬란드, 그린란드
남한 낙동강 하구
북한 자료 없음
도래 시기[월] 길잃은새

형태 부리가 짧으며 번식기에는 오렌지색이 도는 황색이 된다. 암컷은 부리가 흰뺨오리에 비해 넓고 간혹 부리 전체가 황색인 것도 있다. 홍채도 황색이다. 일반적으로 흰뺨오리와 흡사하나 부리와 이마의 경사 각도가 더 높다. 수컷의 이마와 머리 상단, 뒷머리는 검게 보이며 보라색 금속광택이 돌고 부리와 눈 사이에 큰 반달형 흰색 무늬가 자리 잡고 있다. 앞목과 가슴, 배는 순백색이며 등과 날개는 검다. 어깨깃에는 순백의 점무늬가 나란히 정렬되어 있다. 옆구리의 밑 부분은 검다. 암컷은 몸 전체의 체모가 갈색이며 특히 머리는 짙은 갈색이고 목은 흰색이다. 그 외의 체모는 회색이다. 다리는 엷은 황색이다.
노랫소리 평소에는 조용하다가 번식기에 수컷은 '카, 카아-오, 헤' 하고 낮은 소리를 내며 암컷은 '게게 게르르' 하는 소리를 낸다.
생활권 해안가와 해만, 해구에서 소수의 무리를 지어 생활한다.
번식 산란기는 5~6월이다. 호수 늪, 못, 강기슭의 개활지를 찾아 숲속의 수공이나 딱따구리가 사용했던 번식처 또는 벼랑의 틈새에 풀잎과 마른 줄기로 둥지를 만든다. 자신의 앞가슴 털을 뽑아 산좌에 깔고 알을 낳는다. 산란수는 8~11개 정도다. 알의 색깔은 청록색이며 크기는 62mm다. 포란과 육추는 암컷이 전담하며 포란 기간은 28~30일 정도, 육추 기간은 55~60일 정도다.
먹이 수서곤충류, 복족류 등.
현황 이상기류 또는 태풍 등 기상 이변으로 인해 한반도로 유입된 길잃은새다. 낙동강 하구에서 1개체가 발견되었으나, 이를 겨울철새나 길잃은새로 기록할 수 있는가는 불명확하다.

우

♂

우

♂ 변환깃

♂

북미쇠오리

북한명 | 없음

Bucephala albeola

Bufflehead

■ 길잃은새　■ 희귀함

형태 수컷의 이마는 금속광택이 나는 녹색이며 머리 상단은 갈색빛이 도는 검은색이다. 뒷머리의 순백색이 유난히 눈길을 끈다. 턱밑과 목은 검은색이며 등 사이는 얼굴과 뺨의 검은색과 연결되어 띠를 이룬다. 몸통 윗면은 검은색이며 몸통 아랫면이 순백색으로 깔끔한 색상대비가 돋보인다. 첫째날개깃은 검고 둘째날개덮깃과 작은 날개깃은 순백색이다. 암컷은 수컷에 비해 체구가 작고 몸통의 윗면, 앞이마와 머리 상단, 뒷머리 턱밑과 멱, 얼굴까지 갈색이며 뺨에는 흰색 반점이 있다. 수컷의 부리는 납색이며 암컷은 갈색이 도는 납색을 띤다. 홍채는 흑갈색이며 다리는 붉은색이 도는 살색이다.

노랫소리 수컷은 '찍찍, 객객'거리며, 암컷은 짧고 목쉰 소리를 낸다.

생활권 여름에는 한대지역의 숲이 무성한 호반이나 연못에서 생활하고, 겨울에는 소금기가 있는 바닷물과 강물이 섞이는 강어귀에서 생활한다.

번식 산란기가 오면 수컷은 머리털을 부풀리고 암컷에게 구애동작을 한다. 짝이 이루어지면 딱따구리가 사용했던 나무구멍이나 노거수의 나무구멍 또는 6m 깊이 굴속에 마른풀잎과 줄기, 자신의 가슴털을 뽑아 산좌를 만들고 알을 낳는다. 산란수는 6~12개 정도이며 알의 색은 뿔색 또는 우유색이다. 포란과 육추는 암컷이 주로 하며 포란 기간은 28~30일, 육추 기간은 46~48일이다.

먹이 물고기, 무척추동물, 갑각류, 곤충류.

현황 기상 이변이나 난기류 또는 태풍으로 무리에서 떨어져 나와 한반도로 유입된 길잃은새다. 2013~15년에 강원도 속초시 영랑호와 동해에 수컷 1개체가 매년 도래했다. '꼬마오리'로도 불린다.

몸길이 330~380mm　**몸무게** 420~450g

부리 27~30mm **날개** 165~177mm **부척** 32~35mm

분포권 미국 알래스카, 워싱턴, 몬태나, 캐나다 퀘백(번식기), 애틀랜타, 플로리다 남부, 멕시코와 걸프만(겨울, 비번식기)

　　　남한 동해안 남부

　　　북한 자료 없음

도래 시기[월] 길잃은새

ⓒBill Bouton, 2012

흰비오리

북한명 | 까치비오리
Mergus albellus
Smew

■ 겨울철새 ■ 흔함

몸길이 ♂440mm ♀390mm **몸무게** 590~945g
부리 22.5~30.5mm **날개** 170~190mm **꼬리** 60~80mm **부척** 28~34mm
분포권 유라시아, 아한대지역, 스칸디나비아반도, 러시아 시베리아,
　　　　지중해, 카스피해, 이란, 인도, 중국, 일본
　　남한 강원도 속초시 청초호, 강릉시 경포호, 남대천, 낙동강 하류
　　북한 평안남도 증산군, 평덕군

도래 시기[월] 1 2 3 4 5 6 7 8 9 10 11 12

형태 부리가 청회색이다. 수컷은 홍채가 청백색이며 암컷은 짙은 갈색
이다. 수컷의 겨울깃은 머리가 순백색이며 눈 주위는 마치 안경을 쓴
것처럼 검다. 뒷머리 양쪽으로 검은색 깃털이 나 있고 뒷머리 깃털은
우관처럼 부풀어 올라 있다. 목은 순백색이며 등과 허리는 검다. 가슴
과 배는 순백색으로 가슴 양쪽으로 검은색 줄무늬가 2개 있다. 1개는
윗가슴 옆에 있고 또 1개는 날개 경계 부분에 있다. 옆구리는 흰색 바탕
에 가는 실선이 조밀하게 세로로 무늬지어 있다. 위꼬리덮깃 언저리는
흑갈색이며 가운데는 흰색이다. 암컷은 머리 상단, 뒷머리, 뒷목이 밝
은 갈색이고 이마는 회색이다. 눈 주위는 검은 갈색이고 뺨과 턱, 멱은
순백색으로 뚜렷한 색상대비가 산뜻한 느낌을 준다. 옆구리는 회갈색
이며 엷은 세로줄무늬가 잔잔하게 있다. 꼬리깃은 16~18개다.
노랫소리 수컷은 '긱긱긱 긱에르르' 하며 암컷은 '꽤꽤' 하는 소리를
낸다.
생활권 번식기에는 삼림이 울창한 하천이나 호수에서 생활한다. 먹이
가 많은 곳을 선택하기 위해 부지런히 장소를 물색한다. 저수지, 강기
슭, 하구 등에서 소일한다.
번식 산란기는 5~6월이다. 하천과 강기슭의 울창하게 우거진 숲의 나
무구멍이나 딱따구리가 사용했던 구멍 또는 인공 새집에 둥지를 튼다.
산좌에는 자신의 배의 털을 뽑아 산좌를 만들고 그 위에 알을 7~9개 정
도 낳는다. 알은 엷은 황록색이며 크기는 52mm다. 포란과 육추는 암컷
이 전담하며 포란 기간은 26~28일, 육추 기간은 50~55일 정도다.
먹이 물고기, 갑각류, 연체동물, 수서곤충류. 북한 여러 곳에 서식하는
흰비오리를 잡아 위 속의 먹이를 분석한 결과, 물고기가 대부분이었고
그 밖에 갑각류 등이 나왔다.
현황 한반도 전역의 수계에서 매년 월동하는 겨울철새로, 저수지, 호수,
하천에서 생활하며 개체수는 많지 않은 것으로 추산된다.

♂

♀

♀

♂

비오리

북한명 | 갯비오리

Mergus merganser

Common Merganser (Goosander)

■ 겨울철새 ■ 흔함

형태 부리는 붉고 가늘며 끝이 검다. 홍채는 회갈색이다. 수컷의 이마와 머리 상단, 뒷머리는 검은색이며 녹색의 윤기가 돈다. 뒷머리 깃털은 다소 긴 편이며 목 위쪽은 검고 아래쪽은 순백색이다. 어깨깃 바깥쪽은 흰색이며 안쪽은 검다. 가슴과 배, 옆구리는 흰색이다. 허리와 위꼬리덮깃은 회색이며 아래꼬리덮깃은 흰색이다. 검은색과 흰색의 대비로 산뜻한 멋스러움이 있다. 암컷은 이마와 머리 상단, 뒷머리, 목 위쪽은 짙은 적갈색이며 특히 뒷머리의 우관은 멋스러운 갈기의 형태로 수컷보다 길다. 가슴과 배는 흰색이며 옆구리는 흰색이 도는 회색으로 검은색 잔무늬가 산재되어 있다. 다리는 적황색이며 물갈퀴는 색이 엷다. 꼬리는 회색이며 꼬리깃은 18개다.

노랫소리 비상할 때 수컷은 '바- 아- 바브' 하고 소리 내며 암컷은 '까르, 까르' 하고 화답한다. 때로는 수컷이 '카루르, 카루르' 하면 암컷은 '콰르, 콰르' 하는 탁한 소리를 내기도 한다.

생활권 특히 번식기에는 물고기가 풍부한 호수나 하천과 강에서 생활하며 평지보다 언덕이나 구릉지대를 선호하는 편이다. 바다에는 겨울철이나 환우기에만 간다.

번식 산란기는 5~7월이다. 수컷의 구애동작은 가슴을 수면에 잠그고 몸통 뒷부분을 일으켜 세우는 위협적인 자세를 취하다가 날개를 펼쳐 흰색 어깨깃을 과시하고 재빠르게 물살을 가르면서 건강하고 힘찬 유전자를 갖고 있다는 신호를 암컷에게 보낸다. 짝짓기가 성사되면 둥지를 짓기 시작한다. 고목의 수공이나 딱따구리가 사용했던 둥지를 이용하며, 여의치 않을 때는 맨땅의 움푹 들어간 곳에 마른풀줄기와 잎을 모아 둥지를 튼다. 산좌에는 자신의 털을 뽑아 깔고 알을 7~12개 정도 낳는다. 알은 엷은 담황색 또는 크림색이며 크기는 66mm다. 포란과 육추는 암컷이 전담하며 포란 기간은 30~34일, 육추 기간은 60~70일 정도다.

먹이 어류, 수서곤충류.

현황 한반도 전역의 수계에 많은 무리가 매년 도래하여 월동하는 겨울철새로 개체수는 안정적이다. 내륙지역에서도 번식하는데, 필자는 1995년 강원도 영월군 동강에서 새끼를 기르고 있는 장면을 공개한 바 있다.

몸길이 ♂620mm ♀600mm **몸무게** ♂1,550~1,650g, ♀1,050~1,250g

부리 ♂48~57mm ♀40~49mm **날개** ♂275~280mm ♀243~257mm

꼬리 80.5~106mm **부척** ♂49.5~52.5mm ♀45.5~48mm

분포권 미국 알래스카, 뉴펀들랜드, 뉴멕시코, 캐나다, 유라시아, 영국, 스위스, 폴란드, 리투아니아, 지중해, 흑해, 카스피해, 러시아 시베리아, 캄차카반도, 인도 북부, 중국, 일본

　　　　남한 제주도를 제외한 전역의 저수지, 하천, 호수, 강

　　　　북한 서해안, 동해안 북부 일부 지역 등 전역의 수계

도래 시기[월] **1 2 3** 4 5 6 7 8 9 **10 11 12**

♀

♂

♀

♂ 변환깃

♂

161

바다비오리

몸길이 ♂550mm ♀520mm　**몸무게** 1,000~1,250g
부리 ♂48~57mm ♀40~49mm **날개** ♂275~280mm ♀243~257mm
꼬리 80.5~105mm **부척** ♂49.5~52.5mm ♀45.5~48mm
분포권 미국 알래스카, 뉴펀들랜드, 캘리포니아, 콜로라도, 캐나다 북부,
　　　　러시아 캄차카반도, 쿠릴열도, 알류산열도, 걸프해협, 지중해,
　　　　페르시아만, 중국, 일본, 타이완
　남한 동해안, 강원도 속초시, 고성군, 낙동강 하구,
　　　　전라남도 진도 해역
　북한 함경북도 해안, 함경남도 해안, 강원도 해안, 남포시 초도,
　　　　대동강 유역

도래 시기[월] **1** **2** **3** 4 5 6 7 8 9 **10** **11** **12**

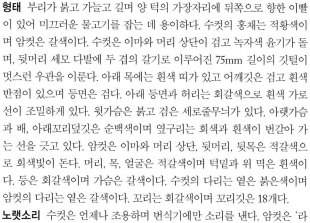

형태 부리가 붉고 가늘고 길며 양 턱의 가장자리에 뒤쪽으로 향한 이빨이 있어 미끄러운 물고기를 잡는 데 용이하다. 수컷의 홍채는 적황색이며 암컷은 갈색이다. 수컷은 이마와 머리 상단이 검고 녹자색 윤기가 돌며, 뒷머리 세모 다발에 두 겹의 갈기로 이루어진 75mm 길이의 깃털이 멋스런 우관을 이룬다. 아래 목에는 흰색 띠가 있고 어깨깃은 검고 흰색 반점이 있으며 등면은 검다. 아래 등면과 허리는 회갈색으로 흰색 가로선이 조밀하게 있다. 윗가슴은 붉고 검은 세로줄무늬가 있다. 아랫가슴과 배, 아래꼬리덮깃은 순백색이며 옆구리는 회색과 흰색이 번갈아 가는 선을 긋고 있다. 암컷은 이마와 머리 상단, 뒷머리, 뒷목은 적갈색으로 회색빛이 돈다. 머리, 목, 얼굴은 적갈색이며 턱밑과 위 멱은 흰색이다. 등은 회갈색이며 가슴은 갈색이다. 수컷의 다리는 옅은 붉은색이며 암컷의 다리는 옅은 갈색이다. 꼬리는 회갈색이며 꼬리깃은 18개다.

노랫소리 수컷은 언제나 조용하며 번식기에만 소리를 낸다. 암컷은 '라락 라락 오에' 한다.

생활권 주로 해안과 하구, 해상에서 10여 마리씩 무리를 이루며 생활한다. 이동 시에는 강이나 호수의 넓은 물가에서, 월동지에서는 바다와 넓은 하천이나 강에서 생활한다.

번식 산란기는 5월 초순~7월 하순이다. 바닷가, 호숫가, 하천, 동토대의 냇가와 호수, 산간의 하천과 북부 산림지역과 섬에서 번식한다. 수컷의 구애동작은 머리와 목을 수직으로 치켜세우며 우관을 목에 착 붙이고 머리를 수면에 닿게 숙이면서 날개를 벌리고 암컷을 쫓으며 위협적인 행동을 한다. 일련의 행위가 끝나고 짝짓기가 이루어지면 고목의 수공이나 딱따구리의 번식 장소를 이용하여 둥지를 짓는다. 이 새는 둥지 관리에 관심이 없으며 둥지 안에 풀줄기나 잎을 조금 깔고 그대로 산란한다. 산란수는 8~11개 정도다. 알은 올리브색이 도는 담황색이며 크기는 65mm, 무게는 70.7g이다. 포란과 육추는 암컷이 전담하며 포란 기간은 31~32일, 육추 기간은 60~65일이다.

먹이 어류, 수서곤충류, 갑각류.

현황 동해와 남해에 매년 도래하는 겨울철새다. 큰 저수지나 소호, 냇가에서 흔히 볼 수 있으며 비교적 안정된 개체수를 유지하고 있다.

우

♂

호사비오리

북한명 | 비오리
Mergus squamatus
Chinese Merganser
(Scaly-sided Merganser)

■ 겨울철새 ■ 천연기념물 제448호,
환경부 지정 멸종위기 야생생물 II급,
IUCN Red List EN C2a(ii)

형태 부리의 폭이 좁고 길며 날카로운 이빨이 있다. 수컷의 부리는 홍적색이며 끝은 오렌지색이고 암컷의 부리는 연한 홍적색이며 끝은 오렌지색이다. 홍채는 검다. 수컷의 이마와 머리 상단, 뒷머리, 목은 검은색이며 암녹색 윤기가 흐른다. 뒷머리에서 뻗어 나온 긴 다발 세모이 우관을 이루는데, 길이는 111mm이며 깃털 개수는 45개다. 등은 검고 외곽에 흰색 깃털무늬가 톱니처럼 각을 이루고 있다. 아랫목과 가슴, 배는 순백색이며 허리와 옆구리에 검은 반월무늬가 정연하다. 암컷은 이마와 머리 상단, 목이 짙은 밤색을 띠며 특히 뒷목에서 솟아난 갈기는 길이 62mm로 수컷보다는 짧지만 비오리 암컷보다 훨씬 길다. 등은 갈색이 도는 회색이며 허리와 옆구리에 회색이 도는 흰 바탕에 검은색 물결문양이 조밀하게 판박되어 있다. 다리는 오렌지색이며 꼬리는 옅은 회색이다.

노랫소리 평소에 소리를 내지 않는 조용한 새로 이따금 '가르르락, 가르르락' 하는 소리를 낸다.

생활권 번식기에는 숲이 울창한 산간 하천에서 지내고, 겨울에는 얼지 않는 하천의 하류에서 생활한다. 주로 물살이 급한 계곡이나 강, 산지의 수질이 맑은 계곡에서 2~3마리 또는 소수의 무리를 지어 생활한다.

번식 산란기는 4월 하순~6월 중순이다. 강가의 수림이 형성된 지역에서 고목의 수공에 둥지를 튼다. 산란수는 8~12개다. 그 밖에 생태적인 조사가 확실히 이루어지지는 않았다.

먹이 어류. 북한 자료에 따르면 호사비오리의 위 속을 조사해본 결과 식도에 12~15cm 정도의 산천어와 송어가 들어 있었다.

현황 국내에서는 1960년대 이후 자취를 감췄다가 1990년대 초부터 소수 개체가 매년 도래하여 월동한다. 1994년 10월 필자는 7일간 잠복을 거쳐 충청남도 대청호에서 7마리를 근접 촬영하여 신문에 공개한 바 있다. 2000년대에는 매년 강원도 강촌지역에서 10여 마리가 월동하고 있다.

몸길이 610mm　**몸무게** 1,545~1,645g
부리 ♂57mm ♀43mm　**날개** ♂265mm ♀240mm　**꼬리** 89mm　**부척** 44~46mm
분포권 러시아 시베리아, 우수리강, 중국 동북부(번식지)와 중남부, 일본
　　　　남한 경기도 임진강, 강원도 철원군, 춘천시, 충청북도 대청호
　　　　북한 함경북도 부령군, 청진지역의 수계
도래 시기[월] **1 2 3** 4 5 6 7 8 9 **10 11 12**

우

♂

우

♂

매 목

수리과는 주로 겨울철새이며 텃새, 나그네새, 길잃은새도 있다.

먹이사슬의 정상에 군림하는 대표적인 육식조류로, 맹금류다운 날카로운 부리와 발톱,

예리한 눈으로 먹이를 사냥한다. 암컷의 체구가 수컷보다 크며

2배 이상 무거운 종도 있다. 주행성 육식조류 중 두 번째로 큰 집단인 매과도

텃새부터 길잃은새까지 도래 시기가 다양하다. 둥지 짓는 방식이나

날개깃의 깃털갈이 진행 순서 등이 수리과와 다르다. 매과는 겉에서 네 번째 깃부터

깃털갈이가 시작되며, 흉강이 건장하고 목이 더 짧으며 특수한 울대가 있다.

물수리

북한명 | 바다수리
Pandion haliaetus
Osprey

■ 겨울철새　■ 환경부 지정 멸종위기 야생생물 Ⅱ급,
CITES Ⅱ

몸길이 ♂570mm ♀610mm　몸무게 750~1,490g
부리 31.5~35mm **날개** ♂455~475mm ♀452~530mm **꼬리** 187~235mm
부척 50~61mm
분포권 아프리카, 유라시아, 러시아 시베리아, 캄차카반도, 인도, 미얀마,
　　　　필리핀, 인도네시아, 중국 남부, 일본
　　남한 강원도, 경기도, 전라북도, 경상북도, 경상남도, 부산시,
　　　　낙동강 하구, 금강지역, 제주도의 하천과 강, 호수,
　　　　해안가, 양어장
　　북한 북한 수계

도래 시기[월] **1 2 3** 4 5 6 7 8 9 **10 11 12**

형태 암수의 형태가 매우 흡사하여 구분이 어렵다. 부리가 검고 날카로우며 기부는 푸른색, 납막은 엷은 청회색이다. 홍채는 황색이다. 수컷의 이마와 머리 상단은 흰색이며 깃마다 암갈색 축무늬가 있다. 뒷머리는 황갈색으로 작은 모관을 이룬다. 흑갈색 눈선은 부리 기부에서 눈을 통과하여 목 뒤, 등과 연결된다. 몸통 윗면의 깃은 갈색이며 긴 버들잎 모양이고, 몸통 아랫면은 흰색으로 색상대비가 극명하다. 가슴과 배, 옆구리, 경부, 아래꼬리덮깃은 흰색이다. 다리는 길고 엷은 청록색이며 발이 크다. 발바닥에 까칠까칠한 살이 있고, 바깥쪽 발가락이 크고 뒤쪽으로 움직일 수 있어서 움켜쥘 수 있는 범위가 확대된다. 발끝에 길고 구부러진 날카로운 검은색 발톱이 있어서 미끄러운 물고기를 잡을 때 유용한 무기가 된다. 꼬리깃은 회갈색이고 1쌍의 긴 갈색 깃털이 중앙에 있다. 꼬리깃은 12개다.

노랫소리 번식기에 '쿠잇 쿠잇' 또는 '킷 킷' 하고 소리를 낸다.

생활권 바닷가와 해안, 하구, 하천, 저수지, 강 또는 양어장에서 단독으로 생활한다. 사냥할 때는 강하고 날카로운 두 다리로 물고기를 낚아챈다. 머리가 좁아서 잠수할 때 물의 저항이 적은 편이며, 매과에서 흔히 보이는 눈 위에 융기된 부분이 없다. 콧구멍의 판막은 입수시에 닫혀서 물이 들어가는 것을 방지한다. 물고기를 먹는 조류에게 전형적인 긴 장이 있어서 물고기를 충분히 소화할 수 있다. 날개는 좁고 길며 갈매기와 비슷하게 생겨서 공중에서 오랜 시간 먹이를 찾을 수 있다.

번식 산란기는 4~5월이다. 강이나 하천, 도서의 암벽 교목가지 위에 둥지를 튼다. 나뭇가지로 접시형 틀을 만들고 마른풀과 풀줄기, 해초 또는 이끼류로 마감하고, 산좌에 부드러운 풀과 털을 깔고 알을 2~3개 정도 낳는다. 알은 흰색이며 황색과 갈색의 얼룩점이 있고 크기는 62mm다. 포란은 주로 암컷이 하며 포란 기간은 37일이다. 육추는 암수가 함께 하며 육추 기간은 44~59일이다.

먹이 담수어종과 해수어종 어류.

현황 한반도 수계와 해상에서 가끔 1개체씩 목격되는 겨울철새이자 나그네새다. 북한에서는 해조(害鳥)로 취급되나 남한에서는 멸종위기종으로 보호받고 있다. 월동 이동범위는 물고기를 먹는 다른 맹금류와 대체로 일치하며 일부 지역에서는 먹이 경쟁을 피하기 위해 호수와 강 하류 부근에 나타난다.

아성조

벌매

북한명 | 벌매
Pernis ptilorhynchus
Oriental Honey Buzzard

■ 여름철새(나그네새) ■ 환경부 지정 멸종위기 야생생물 Ⅱ급, CITES Ⅱ

형태 부리는 검고 홍채는 적황색이다. 수컷의 겨울깃은 이마와 머리 상단, 뒷머리, 옆목의 깃털이 흑갈색이다. 뒷머리와 등, 어깨, 허리, 위꼬리 덮깃은 짙은 갈색이며 꼬리도 짙은 갈색으로 굵은 회갈색 가로띠가 세 줄로 무늬지어 있다. 눈앞과 뺨, 귀깃은 갈색을 띤 회색이다. 턱밑과 멱은 흰색이고 흑갈색 턱선과 앞쪽이 가늘고 뒤쪽은 굵은 흑갈색 턱밑선이 합쳐져 멱에 굵은 W자형 문양을 만든다. 가슴에 세로로 된 얼룩무늬가 있다. 암컷의 꼬리는 갈색이며 흰색의 가로띠가 선명하다. 암컷은 수컷보다 체구가 크다. 다리는 황색이며 발이 크다. 발가락 길이는 보통 45mm이며 검다. 꼬리깃은 12매이며 모난 듯하지만 둥근형이다. 깃털 색에 따라 3종류로 구분하며 암색형과 담색형, 중간형이 있다.

노랫소리 평상시에는 조용하지만 간혹 '삐요오-' 하고 소리 낸다.

생활권 주로 낮은 산지와 평지, 개활지, 해안에서 단독으로 생활권을 형성하고 있다.

번식 산란기는 5월 하순~6월 하순이다. 낙엽활엽수림이나 침엽수림에 둥지를 튼다. 다른 맹금류인 참매나 말똥가리가 사용했던 둥지에 나뭇잎을 깔고 산좌로 이용한다. 산란수는 1~3개 정도이다. 알은 엷은 황색에 얼룩점이 산재해 있다. 포란은 암수가 함께 하나 주로 암컷이 하며 포란 기간은 32~33일이다. 육추는 암수가 함께 한다.

먹이 벌과 그 유충, 벌목, 메뚜기목, 나비목, 딱정벌레목 등 주로 곤충류.

현황 희귀한 여름철새이며 나그네새이기도 하다. 한반도에서는 보기 드문 종으로 극소수가 도래하여 여름을 나거나 통과하는데, 1958~70년 경기도 포천시 소흘읍 소재 광릉(국립)수목원에서 번식한 기록이 있다.

몸길이 ♂570mm ♀610mm **몸무게** 750~1,490g
날개 450~475mm **꼬리** 238~241mm **발가락** 45mm
분포권 아한대와 온대, 아열대지역, 유라시아, 인도차이나반도, 말레이반도, 인도, 스리랑카, 중국, 몽골 남부, 러시아 사할린, 바이칼호(번식지), 동남아시아(월동지)
　　　남한 경기도 포천시 광릉수목원
　　　북한 자료 없음

도래 시기[월] 1 2 **3** **4** 5 6 7 8 **9** **10** 11 12

어두운색 개체

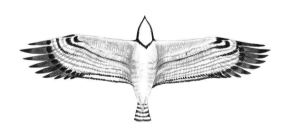

밝은색 개체

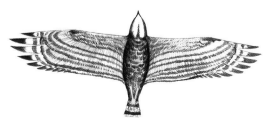

갈색 개체

솔개

북한 | 소리개
Milvus migrans
Black Kite

몸길이 ♂590mm ♀690mm   몸무게 650~950g
부리 24~31.5mm **날개** ♂450~494mm ♀475~530mm **꼬리** 270~335mm
부척 57.5~66.5mm
분포권 아한대 이남지역, 유라시아, 러시아 시베리아와 우랄 지역, 몽골,
중국 남동부, 파키스탄, 티베트, 히말라야, 카슈미르, 일본
남한 전역
북한 함경북도, 평안북도 염주군, 평안남도, 개성시
도래 시기[월] **1** **2** **3** 4 5 6 7 8 9 **10** **11** **12**

형태 암수의 형태가 흡사하다. 부리는 암회색으로 구각과 아랫부리의 기부는 녹색을 띤 황색이며 납막도 황색이다. 홍채는 갈색이다. 수컷의 겨울깃은 이마와 머리 상단, 뒷머리, 뒷목, 옆목 부분이 적갈색이고 멱과 가슴은 엷은 적갈색으로 얼룩무늬가 있다. 어깨와 등, 허리, 위꼬리덮깃은 엷은 갈색이다. 다리는 엷은 황색 또는 회색을 띤 황색이다. 꼬리깃은 12개이며 꼬리 모양은 중간이 들어간 오목형이다. 꼬리에 흐린 가로띠가 9개 있다.

노랫소리 번식기에 '삐이잇, 뺘로르, 효요르르, 히요르르' 한다.

생활권 번식기에는 산림지대에서 살고 겨울에는 평지로 내려와 상공을 배회하면서 먹이를 구한다. 경작지와 해안, 하천, 하구 등의 개활지에서 3~4마리가 무리를 이루어 생활한다.

번식 산란기는 4월 중순~6월 하순이다. 도서, 해안가, 호반 등의 산림지역에서 나무 위에 둥지를 튼다. 마른 나뭇가지로 접시형 틀을 짜고 산좌에는 동물의 털과 휴지, 헝겊 등을 깔고 그 위에 알을 낳는다. 산란수는 2~3개다. 알의 크기는 53mm이며 흰색에 적갈색의 얼룩점이 있다. 포란은 암컷이 전담하며 포란 기간은 34~38일이다. 육추는 암수가 함께 하며 육추 기간은 40~42일이다.

먹이 어류, 곤충류, 파충류, 양서류, 설치류, 소형 조류, 동물의 사체.

현황 겨울철새다. 1960년대에는 도시와 농촌 가릴 것 없이 많은 수의 무리가 창공을 떠돌아다니면서 가금류인 닭이나 병아리 등을 사냥하여 공중에서 빼앗고 빼앗기는 광경을 쉽게 볼 수 있었다. 또한 종묘와 창덕궁이 이들의 잠자리로 이용되었으며 200~300마리가 서울 상공에 모여들었다. 필자도 어린 시절 동네에서 병아리를 채가는 것을 목격하기도 했다. 흔한 텃새이자 나그네새였던 소리개(옛 이름)는 이제 찾아보기 어려운 새가 되고 말았다. 기록에 따르면 부산시 영도구와 사하구에서 소수 개체가 번식했으며, 겨울철 낙동강 하구에서도 수십 개체가 목격되고 있다. 북한지역에서는 소수 개체가 번식하기도 하는 것으로 기록되고 있다.

아성조

검은날개솔개 검은어깨솔개

북한명 | 없음
Elanus caeruleus
Black-winged Kite

■ 미기록종
■ 희귀함, CITES II

형태 부리는 희고 납막은 황색이며 끝은 검다. 홍채는 붉고, 다리는 오렌지색이다. 암컷은 수컷과 흡사하며 이마와 머리, 뒷머리, 뒷목, 등과 온몸이 밝은 흰색이 도는 회색이다. 눈 주위는 검은색이며 어깨덮깃은 흑갈색이다.

노랫소리 날카로운 소리로 '크리-애' 한다.

생활권 숲이 울창한 산림지역, 개활지.

번식 산란기는 3~5월이다. 산림이 울창한 지역과 개활지의 나뭇가지 위에 주로 마른 나뭇가지와 마른풀, 식물의 줄기로 접시형 둥지를 암컷과 수컷이 함께 짓는다. 산란수는 3~4개이며 알의 색은 크림색 바탕에 갈색빛이 돈다. 알의 크기는 39mm다. 포란은 주로 암컷이 하며 포란 기간은 26일이다. 육추는 암수가 함께 하고 육추 기간은 30~35일이다.

먹이 곤충류, 작은 포유류, 조류.

현황 미기록종으로, 2013년 서울 강서구에서 월동 중인 것을 목격한 기록이 있으나 확인된 바 없다. '검은어깨매'로도 불린다.

몸길이 330mm 몸무게 200~250g
분포권 아프리카 북부, 유럽 중남부, 동남아시아
　　　남한 서울시 강서구
　　　북한 자료 없음
도래 시기[월] 미기록종

뿔매

북한명 | 수리매
Spizaetus(Nisaetus) nipalensis
Mountain Hawk Eagle

■ 길잃은새   ■ CITES II

몸길이 ♂720mm ♀800mm   몸무게 1,650~2,370g
부리 32~36mm **날개** ♂470~518mm ♀500~540mm **꼬리** ♂325~359mm
♀335~395mm **부척** 104~126mm
분포권 네팔, 히말라야, 인도, 말레이반도, 필리핀, 중국 동북부, 만주, 일본
　　　 남한 동해안, 강원도 산악지대의 산림
　　　 북한 강원도 산악지역, 동해안

도래 시기[월] 길잃은새

형태 대형 조류이며 암수의 구별이 어렵다. 여름깃과 겨울깃이 거의 같다. 부리는 암검은색이며 납막은 흑회색이고 홍채는 황색이다. 날개는 폭이 넓어 짧고 둥글어 보인다. 이마와 머리, 뺨, 얼굴은 암갈색이며 뒷머리 깃은 길고 다발을 이루며 솟아 있다. 목의 중앙부는 흰색이며 가슴에는 가는 암갈색 세로줄무늬가 있고 주변은 흰색이며 담갈색 줄무늬가 조밀하게 판박되어 있다. 다리는 엷은 황색이며 발톱은 검다. 꼬리는 짙은 갈색이며 예닐곱 줄의 암갈색 띠가 선명하고 모난형이다. 꼬리깃은 12개이며 바깥쪽 깃의 길이가 20mm 더 길다.

노랫소리 때때로 '삐이, 삐이' 또는 '삐삐삐' 하고, 연속적으로 소리를 지르기도 한다.

생활권 주로 산악지대를 무대로 생활한다. 침엽수와 활엽수가 혼재된 혼효림을 무대로 해발 500~1,500m에 이르는 곳에서도 생활영역을 관장하고 있다.

번식 산란기는 4~5월이다. 침엽수와 활엽수가 혼재된 혼효림의 큰 나무둥치나 굵은 가지에 마른 나뭇가지를 모아 둥근 틀을 만들고 동물의 털이나 부드러운 나뭇잎 또는 마른풀을 깔아 산좌를 만들고 그 위에 알을 낳는다. 알의 색은 회백색이며 산란수는 2개다. 포란은 암컷이 전담하며 포란 기간은 28~30일 정도다. 육추는 암수가 함께 한다.

먹이 설치류(들쥐)와 들꿩, 꿩.

현황 길잃은새로, 북한 자료에 따르면 강원도에서 3회 채집된 기록이 있다(1914년 1월, 1925년 2월, 1934년 9월). 남한에서는 조사자료가 빈약하며, 생태에 대한 연구가 앞으로 절실히 요구된다.

아성조

흰꼬리수리

북한명 | 흰꼬리수리
Haliaeetus albicilla
White-tailed Sea Eagle

■ 겨울철새　■ 천연기념물 제243-4호,
환경부 지정 멸종위기 야생생물 Ⅰ급,
CITES Ⅰ

매목

수리과

형태 암수 구별이 어렵다. 부리는 엷은 황색이며 납막도 황색이다. 홍채는 황갈색이다. 수컷은 겨울깃이 이마와 머리 상단, 뒷머리, 옆목은 버들잎형의 밝은 황갈색이며 어깨깃은 더욱 짙고 등면은 조금 엷어진다. 배는 자색의 윤기가 도는 짙은 갈색이고 날개덮깃은 밤색이며 날개깃과 옆구리, 넓적다리깃, 아래꼬리덮깃은 검은색이 도는 회갈색이다. 꼬리는 중앙이 불룩하게 나온 둥근형이며 성조의 꼬리는 순백색인데, 이 종의 이름은 꼬리에서 기인한 것이다. 꼬리깃은 12개다. 다리는 황색이며 발톱은 길고 검다.

노랫소리 경계하거나 침입자가 접근할 때 '캭, 캭, 킷킷' 또는 '카앗, 카앗, 캭캭' 하고 위험의 강도에 따라 다른 소리를 낸다.

생활권 농경지나 하천, 소택지, 해안의 하구 등 개활지나 산림에서 단독생활을 즐긴다.

번식 산란기는 3월 하순~4월이다. 바닷가 암벽이나 하천가의 큰 나뭇가지 위에 마른 나뭇가지로 틀을 짜고 마른풀이나 줄기로 둥지를 만든다. 부드러운 헝겊이나 짐승의 털로 산좌를 만들고 흰색 또는 회백색 알을 2개 낳는다. 알의 크기는 76mm다. 포란은 주로 암컷이 하며 포란 기간은 36~42일이다. 육추는 암수가 함께 하며 육추 기간은 70~75일 정도다. 육추의 성공률은 50% 정도다.

먹이 어류, 조류, 작은 포유류, 설치류.

현황 겨울철새로 소수 개체가 일정 지역에 매년 도래하여 월동하고 있다. 개체수가 줄고 있다.

몸길이 ♂800mm ♀940mm　몸무게 ♂3,100~5,500g ♀4,100~7,000g
부리 48~55mm **날개** ♂570~650mm ♀610~720mm **꼬리** 225~336mm **부척** 90~117mm
분포권 유라시아 아한대와 온대지역, 그린란드, 아이슬란드, 스칸디나비아반도
러시아 시베리아, 캄차카반도, 유럽 서부, 지중해, 아시아 동부, 몽골,
만주, 일본
　남한 경기도 한탄강, 인천시 강화도, 강원도 철원군, 고성군, 양양군,
경상남도 창원시 주남저수지, 낙동강, 내림천
　북한 함경남도 수계, 평안남도 대동강, 개성시, 얼지 않는 수계

도래 시기[월] **1 2 3** 4 5 6 7 8 9 **10 11 12**

아성조

아성조

171

참수리

북한명 | 흰죽지수리
Haliaeetus pelagicus
Steller's Sea Eagle

■ 겨울철새　■ 천연기념물 제243-3호,
환경부 지정 멸종위기 야생생물 Ⅰ급,
CITES Ⅱ, IUCN Red List Vu C2a(ii)

몸길이 ♂880mm ♀1,020mm　**몸무게** 7,000~11,000g
부리 62~75mm **높이** 38~50mm **날개** ♂570~645mm ♀600~710mm
꼬리 330~400mm **부척** 90~115mm
분포권 오호츠크해 무인도, 러시아 캄차카반도, 아무르강, 사할린,
　　　　우수리강, 쿠릴열도, 일본 홋카이도
　　남한 한반도 중남부, 임진강, 경기도 여주시의 북한강, 남해안,
　　　　제주도 성산포, 천수만, 전라남도 해남군
　　북한 함경북도 내수면 수계, 동해안 중북부, 강원도 내수면과
　　　　동해 연안

도래 시기[월] **1 2 3** 4 5 6 7 8 9 **10 11 12**

3년생 아성조

형태 부리가 황색이며 크고 투박하다. 홍채는 엷은 황색이다. 수컷의
겨울깃은 이마가 흰색이고 눈앞의 깃은 황갈색이며 머리 상단과 뒷머
리, 목, 가슴, 배는 갈색이다. 허리와 위꼬리덮깃은 흰색이며, 작은 순백
색 날개덮깃과 황색 부리, 순백색의 쐐기형 꼬리는 이 종의 특징으로
범상치 않은 위용을 과시한다. 꼬리깃은 14개다.
노랫소리 때때로 사주경계를 하면서 '캇, 캇, 캇-' 위엄을 보인다. '캇,
캇, 캇' 하며 새끼에게 먹이를 먹이기도 한다.
생활권 번식기에는 먹이를 구하기 위해 망망대해와 개활지, 넓은 들을
무대로 생활한다. 주로 해안, 하구, 하천, 거대한 호수와 개활지, 산지,
도서지역에서 단독 또는 암수가 함께 생활하다가 번식기가 지나면 단
독으로 생활한다.
번식 산란기는 5월이며 해안의 절벽 암반에 나뭇가지를 모아 큰 원형
의 둥지를 만든다. 부드러운 형겊, 비닐, 동물의 털과 흙으로 산좌를 만
들고 푸른색이 도는 흰색 알을 2~3개 정도 낳는다. 포란은 주로 암컷이
하며 포란 기간은 40~45일이다. 육추는 암수가 함께 한다.
먹이 연어, 송어 등 어류, 작은 포유류, 조류(오리류), 동물의 사체.
현황 한반도에서는 극소수 개체가 얼지 않는 수계를 따라 간혹 발견된
다. 10월 말 도래하여 3월에 번식지로 돌아가는 희귀한 겨울철새다. 필
자는 1995년 6월 24일 오호츠크해 무인도 생태조사를 하던 중 러시아
탈란섬 해발 200m 해안절벽에서 둥지 안의 알 3개 중 2개가 부화되어
어미가 육추 중인 새끼를 근접 촬영할 수 있었다. 드넓고 푸른 오호츠
크해에서 물살을 가르고 수면에 떠오른 물고기를 움켜쥐고 둥지로 돌
아가 새끼에게 먹이를 건네주는 어미의 모습이 눈앞에 선하다.

아성조

검독수리

북한명 | 검독수리
Aquila chrysaetos
Golden Eagle

■ 겨울철새(텃새)　■ 천연기념물 제243-2호.
환경부 지정 멸종위기 야생생물 Ⅰ급.
CITES Ⅱ

형태 부리는 뿔빛을 띤 흑회색이며 갈고리형으로 투박하지만 강대하다. 부리 기부는 엷은 회색이며 납막은 황색이다. 홍채는 짙은 갈색이다. 수컷의 겨울깃은 머리 상단과 옆목의 깃은 버들잎형이며 짙은 적갈색이다. 뒷목의 깃털은 밝고 맑은 황금색이 유난히 빛나고 등과 어깨, 허리는 갈색을 띠고 몸통의 체모는 아랫면이 윗면보다 진한 갈색이다. 암컷의 체모도 수컷과 흡사하나 체구가 더 크고 우람하다. 다리는 황색이며 발목의 대부분이 긴 털로 덮여 있다. 부척은 단단한 각질로 덮여 있다. 꼬리깃은 14개이며 긴 편이다.

노랫소리 조용하여 소리를 잘 내지 않으나 동료를 만날 때는 '삐잇 삐잇' 한다. 새로운 종을 만날 때는 '캇, 캇, 캇' 하고 짧고 강한 경계음을 낸다.

생활권 농경지와 고산지역, 광활한 평지 또는 해안선을 따라 넓은 생활영역권을 관장하며 단독으로 생활한다. 번식기에는 산악지대에서 지내며 겨울에는 평야지대에 출몰하여 공중에서 먹이를 구한다.

번식 산란기는 3월 중순~5월 상순이다. 해안 절벽이나 산악지역의 암반 위에 나뭇가지를 쌓아 직경 2m 정도의 둥지를 만든다. 안에 마른풀이나 작은 나뭇가지를 깔고 알을 낳는다. 2~3일에 1개씩 모두 2개 산란하며 알의 크기는 77mm이고 푸른색이 도는 흰색 또는 탁한 흰색에 적갈색 반점이 있다. 포란은 주로 암컷이 첫 알을 산란하면서 바로 하며 포란 기간은 43~45일이다. 육추는 암수가 함께 하며 육추 기간은 65~70일이다.

먹이 중형 조류와 산토끼, 너구리, 새끼 노루, 설치류. 주로 작은 짐승을 잡아먹는데, 멧토끼를 제일 많이 먹고 우는토끼, 청설모, 다람쥐, 올무에 걸린 노루나 새끼 사슴, 산양, 들꿩, 오리, 드물게는 꿩 등을 먹는다. 2마리가 협력하여 노루를 잡아먹을 때도 있고, 농촌에서 닭, 고양이, 강아지, 기타 가축의 새끼를 해치는 일도 드물지 않다.

현황 가을철에 도래하여 월동하는 겨울철새이자 한반도 전역에서 번식하며 사계절을 보내는 텃새이기도 하다. 수리류 중에서 우점종이지만 개체수가 매년 줄고 있다. 북한지역에서는 남한보다 개체수가 양호한 편으로 여겨진다.

몸길이 ♂810mm ♀89mm　몸무게 ♂2,850~4,500g ♀3,850~6,700g
부리 38~44mm **날개** ♂573~590mm ♀602~603mm **꼬리** 310~347mm
부척 96~107mm
분포권 북반구의 극북부, 유라시아, 북아메리카, 스칸디나비아반도,
　　　영국 남북부, 쿠릴열도, 일본
　　남한 천마산, 지리산, 대둔산, 설악산 등 남한 전역의 산악지역
　　북한 량강도 풍산군, 신파군, 함경북도 길주군, 어랑군,
　　　함경남도 요덕군, 흥원군, 평안남도 양덕군, 문덕군,
　　　강원도 철원군, 황해남도 연안군, 자강도 회천군 등 북한 전역

도래 시기[월] **1 2 3** 4 5 6 7 8 9 **10 11 12**

아성조

아성조

173

관수리

북한명 | 없음
Spilornis cheela
Crested Serpent Eagle

몸길이 550mm   몸무게 600~1,250g
부리 27~30mm **날개** 1,200~1,380mm **꼬리** 230~237mm **부척** 79~81mm
분포권 인도, 동남아시아, 말레이시아, 인도네시아, 자바섬, 보르네오섬,
수마트라섬, 필리핀, 스리랑카, 중국 남동부, 타이완
남한 강원도 춘천시, 경상남도 김해시, 통영시, 부산시
북한 기록 없음
도래 시기[월] 길잃은새

형태 부리가 검고 기부는 뿔색을 띠며 납막은 황색이다. 홍채도 황색이다. 이마는 희고 머리에 흑백 문양의 반점이 있는 짧은 관모가 특징적이다. 체모는 전체적으로 어두운 갈색이며 가슴과 배에 흰색 반점이 산재해 있다. 복부는 적갈색인데 흰색 반점이 가로줄무늬 형태를 이루며 비상시 날개의 아랫면과 꼬리에 있는 검은 가로줄무늬가 굵고 선명하게 보인다. 날개는 폭이 넓고 둥근 형태로 비교적 작게 보인다. 다리는 황색이며 꼬리는 둥근형이며 날개와 꼬리 중앙에 흰색 줄무늬가 선명하게 보인다.

노랫소리 번식기에는 나뭇가지에 앉아 '뽀뽀- 뽀이요-' 또는 '삐- 삐- 삐유이-' 하며 연속적으로 소리를 낸다.

생활권 농경지나 초습지, 개활지, 산림, 하천 등지에 생활한다. 주로 나뭇가지나 전신주에 앉는다. 관수리와 뱀독수리(5속 16종)는 대형 맹금류로 짧은 발가락과 비늘이 많은 발로 뱀을 잡아 죽이는 데 능숙하다.

번식 산란기는 3월 하순~4월 하순이다. 숲속 나뭇가지 위에 마른 나뭇가지를 쌓아올려 접시형 둥지를 만들고 산좌에는 부드러운 풀줄기나 잎을 깔고 알을 1개 낳는다. 포란은 주로 암컷이 하며 포란 기간은 35~37일이다. 육추는 암수가 함께 한다.

먹이 큰 머리와 발바닥의 두꺼운 비늘층은 파충류인 뱀과 양서류를 잡아먹기 용이하게 진화되어온 것이다. 그 밖에 작은 포유류 등을 잡아먹는다.

현황 기상 이변이나 난기류 또는 태풍 등 기타 상황으로 무리에서 이탈하여 한반도에 유입된 길잃은새다. 1988년 12월 29일 경상남도 김해시에서 사체가 1구 발견된 바 있고, 1998년 2월 24일에는 부산시에서 1개체가 채집되었으며, 같은 해 경상남도 통영시에서 1개체가 목격되었고, 2003년 강원도 춘천시에서 1개체가 포획된 기록이 있다.

독수리

북한명 | 번대수리
Aegypius monachus
Cinereous Vulture (Black Vulture)

■ 겨울철새　■ 천연기념물 제243-1호,
환경부 멸종위기 야생생물 II급,
CITES II, IUCN Red List NT

형태 부리는 뿔빛 검은색이며 기부는 살색이다. 홍채는 우유색이다. 전신의 체모가 갈색빛이 도는 검은색이며 이마에서 뒷머리의 털은 성숙해지면서 빠지고 성조가 되면 깃털이 솜털로 변한다. 이는 썩은 고기, 즉 부육식성(腐肉食性) 먹잇감을 즐길 때 불순물을 묻히지 않기 위해서다. 엷고 짙은 갈색 털이 목도리처럼 뒷머리에서 목까지 이어져 갈기를 이룬다. 뒷목의 피부는 나출되어 있고 다리는 크림색이며 꼬리는 검고 가운데가 나온 각진 둥근형이다. 꼬리깃은 12개다. 아성조는 전신의 체모에 갈색빛이 뚜렷하다.

노랫소리 먹이 문제로 경쟁할 때 '과아-, 과-' 하는 소리를 낸다.

생활권 농경지나 개활지, 하천 하구 등에서 단독으로 또는 암수가 함께 생활하며 소수의 무리를 이루기도 한다. 충분한 먹이가 확보되면 200~300마리의 대군집을 이루며 먹이의 양에 따라 동료들을 불러 모아 함께 먹는 지극한 동료애를 지녔다.

번식 산란기는 2~5월경이며 교목이나 암벽의 암반 위에 마른 나뭇가지와 나무껍질, 마른풀줄기나 잎을 쌓아올려 접시형 둥지를 만든다. 둥지가 완성되면 그 위에서 교미하며 1~2개의 알을 낳는다. 알은 흰색 바탕에 적갈색 반점이 있으며 크기는 84mm다. 포란과 육추는 암수가 함께 하며 포란 기간은 53~55일, 육추 기간은 100~120일 정도다.

먹이 동물의 사체나 병들어 거동이 불편한 포유류와 조류를 포획하여 먹기 때문에 '대지의 청소부'라 불린다. 먹이 중 소화되지 않는 펠릿을 토해낸다.

현황 주로 10월경에 한반도에 도래하여 월동하는 겨울철새로 이듬해 3월경 번식지로 되돌아간다. 휴전선 일대에 서식하는데, 먹이가 부족하여 인공적으로 먹이를 조달해주고 있으나 어려움이 많다.

몸길이 98~105mm　몸무게 6,800~10,100g
부리 56~67mm **날개** 718~887mm **꼬리** 350~410mm **부척** 130~146mm
분포권 이베리아반도, 에스파냐, 그리스, 불가리아, 유고슬라비아,
　　　　알바니아, 헝가리, 인도, 몽골, 티베트, 중국 동북부, 만주,
　　　　타이완, 일본
　　남한 경기도 연천군 미산면, 파주시 후평리, 판문점 일대,
　　　　김포시, 강원도 철원군 양지리, 낙동강 하류
　　북한 함경북도, 함경남도, 강원도

도래 시기[월] **1 2 3** 4 5 6 7 8 9 **10 11 12**

수염수리

북한명 | 수염수리
Gypaetus barbatus
Lammergeier (Bearded Vulture)

■ 길잃은새　■ 희귀함, CITES II,
IUCN Red List NT

몸길이 1,110~1,130mm　**몸무게** 5,000~7,000g
부리 45mm **날개** 823mm **꼬리** 546mm **부척** 105.5mm
분포권 아프리카 북부, 에티오피아, 이베리아반도, 발칸반도, 에스파냐, 그리스
유고슬라비아, 불가리아, 헝가리, 아시아 남서부, 중국, 티베트
남한 강원도 고성군(정확한 기록 없음)
북한 함경도, 강원도
도래 시기[월] 길잃은새

아성조

형태 부리가 길고 황색이며 홍채 또한 황색이다. 머리는 계란색을 띤 엷은 흰색이며 눈 주위가 검고 눈과 부리 사이에 검은 털이 수염처럼 나 있다. 등과 어깨, 날개, 꼬리 부분은 흑회색이며 목과 가슴, 배 부분은 황갈색을 띠고 있다. 날개는 검은색이며 폭이 좁고 길며 뾰족하다. 꼬리도 길고 쐐기형이다. 다리는 황색으로, 발톱이 둔하고 발가락이 비교적 짧고 부척 또한 짧다. 아성조는 체모가 흑회색인데 성조가 될수록 엷어진다.

노랫소리 평상시에는 조용하지만, 번식기나 경계할 때는 '피-요, 피요' 하며 높고 낮은 소리를 연속적으로 해댄다.

생활권 주로 높은 산악지대의 암반을 배경으로 단독생활을 즐긴다. 먹이를 구하기 위해 행동반경이 대단히 광범위하나 기류를 이용하여 힘들이지 않고 오래도록 비행할 수 있다.

번식 산란기는 2월 하순~4월 하순이다. 암반의 절벽 위에 나뭇가지나 동물의 뼈로 엉성한 둥지를 만들고 1~2개의 알을 낳는다. 알은 흰색에 갈색 또는 붉은색 얼룩점이 있고 크기는 86mm다. 포란은 주로 암컷이 하며 포란 기간은 55~60일이다. 육추는 암수가 함께 하며 육추 기간은 100~110일 정도로 오래 걸린다.

먹이 이들의 먹이는 동물의 사체다. 특히 좋아하는 골수를 빼먹기 위해 동물의 뼈를 물고 공중 높이 올라가 암석에 떨어뜨려 부순 다음 숟가락처럼 생긴 혀로 말끔히 핥아 먹는다. 파충류와 양서류, 설치류, 조류, 어류, 중소형 포유류 등도 즐겨 먹는다.

현황 이제까지 확인되고 채집된 기록이 3회밖에 없는, 보기 드문 길잃은새다. 강원도 고성군에서 어린새로 보이는 것을 목격했다고 하나 몇 년 몇 월 며칠에 누구와 함께 보았는지 또는 촬영된 기록도 없으므로 믿을 수 없다. 1912년 함경남도, 1916년 12월 21일, 1918년 1월 6일, 강원도와 함경도에서 채집된 기록이 있으며 북한에서 아종(*Gypaetus barbatus aureus*)이 채집되었다. 알프스 일대에 200여 마리가 서식하는 것으로 알려져 있다.

아성조

항라머리검독수리

북한명 | 붉은등수리
Aquila clanga
Spotted Eagle
(Greater Spotted Eagle)

■ 겨울철새 ■ 환경부 지정 멸종위기
야생생물 Ⅱ급, CITES Ⅱ,
IUCN Red List VU C2a(ii)

형태 부리가 검고 납작은 황색이다. 홍채는 갈색이다. 수컷의 겨울 깃은 머리 상단과 목의 깃이 버들잎 모양이며 전신의 체모가 흑갈색이다. 어깨깃은 탈색된 황갈색 반점이 뚜렷하게 산재해 있다. 날개폭이 넓고 꼬리가 짧다. 암컷은 수컷과 체모는 같고 체구가 더 크다. 다리는 황색인데 발목까지 깃털로 덮여 있다. 진정한 의미의 수리류는 총 9속 33종으로, 이처럼 깃으로 덮인 다리가 다른 류와 구별되는 점이다. 그중 체형이 가장 크고 사람들에게 가장 잘 알려진 것은 수리(Aquila)속의 독수리로, 북반구의 검독수리와 오스트레일리아의 쐐기꼬리독수리가 이에 포함된다. 꼬리는 모각을 이루며 꼬리깃이 짧다. 꼬리깃은 12개다. 어린새는 등면에 엷은 황갈색의 장방형 얼룩무늬가 있는데, 성장함에 따라 어미와 같은 색으로 변한다.

노랫소리 이따금 '과, 과, 과' 또는 '삐요-, 삐요-' 하며 소리 낸다.

생활권 너른 하천이나 저수지, 개활지, 농경지, 소택지, 갈밭, 호수 등지의 우거진 활엽수림이나 침엽수림과 너른 초원을 배경으로 단독생활을 즐긴다.

번식 산란기는 5~6월이다. 산림, 소택지의 독립수나 암벽 위에 둥지를 튼다. 나뭇가지를 쌓아 틀을 만들고 산좌에는 작은 나무 조각과 마른 풀을 깔고 알을 2개 낳는다. 알은 엷은 회색을 띤 흰색 바탕에 갈색 얼룩점이 있으며, 크기는 67mm다. 포란은 암컷이 전담하며 포란 기간은 42~44일이다. 육추는 암수가 함께 하고 육추 기간은 63~77일이다.

먹이 설치류, 파충류, 양서류, 조류, 어류.

현황 보기 드문 희귀한 겨울철새로, 경기도 일대와 경상남도에서 채집된 바 있다.

몸길이 ♂700mm ♀710mm 몸무게 ♂1,650~1,950g ♀1,750~2,500g
부리 33~40mm 날개 475~550mm 꼬리 219~270mm 부척 90~115mm
분포권 유럽 동남부, 핀란드, 카스피해, 러시아 시베리아 남부, 아무르강, 우수리강, 쿠릴열도, 사할린, 이집트, 이란, 인도, 인도네시아, 몽골, 만주, 중국 남부, 일본, 타이완
남한 경기도 포천시, 경상남도 김해시, 낙동강 하류, 전라남도 여수시, 해남군, 충청남도 서산시 천수만
북한 자료 없음

도래 시기[월] **1** **2** **3** 4 5 6 7 8 9 **10** **11** **12**

아성조

아성조

초원수리

북한명 | 초원수리
Aquila nipalensis
Steppe Eagle

몸길이 ♂650mm ♀780mm　몸무게 ♂1,950~3,110g ♀2,270~4,850g
날개편길이 ♂1,650mm ♀2,130mm
분포권 아프리카, 러시아, 시베리아 동남부, 카자흐스탄, 중앙아시아,
　　　 인도, 중국, 몽골 서부, 일본
　　남한 인천시, 전라남도 해남군, 신안군 홍도, 경상남도 진주시
　　북한 함경남도 요덕군
도래 시기[월] 길잃은새

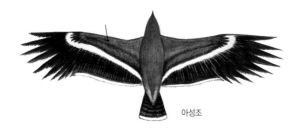

아성조

형태 부리는 회색이며 납막은 황색이다. 뒷머리와 목은 밝은 황갈색을 띠며 허리부분은 흰색이다. 날개를 펼쳤을 때 날개깃과 꼬리깃의 가로줄무늬가 선명하며 날개 끝부분은 검다. 비행할 때 날개가 수평을 이루고 활공한다. 다리는 황색이며 발목까지 깃털로 덮여 있다. 아성조는 밝은색을 띠며 날개의 깃털, 꼬리깃에 흰색 또는 갈색 줄이 있다.
노랫소리 좀처럼 소리 내는 것을 들을 수 없으나 가끔 '키유' 하는 소리를 낸다.
생활권 초지나 개활지, 반사막지역, 사바나, 농경지 등 광활한 평지를 선호한다.
번식 산란기는 4~6월로, 일정한 세력권을 형성한 후 주변이 탁 트인 절벽에 나뭇가지를 모아 접시형 둥지를 만든다. 둥지의 크기는 폭 700~1,300mm이며 마른 건초와 주변의 동물 털로 산좌를 만들고 흰색 바탕에 적갈색 반점이 있는 알을 2~3개 낳는다. 포란은 암컷이 전담하며 포란 기간은 42~45일이다. 육추는 암수가 함께 하며 육추 기간은 75~80일 정도다.
먹이 중소형 포유류, 조류, 양서류, 파충류, 곤충류, 동물의 사체.
현황 길잃은새로 1959년 12월 함경남도 요덕에서 1개체 생포하여 평양동물원에서 7년간 사육한 오래된 기록이 있다. 남한에서는 목격된 곳이 드물었으나 근래에 여러 곳에서 관찰, 기록되고 있다. 2005년 12월 28일 경상남도 진주시 수곡면 관정리에서 관찰된 자료가 있고, 2007년 2월 진주시에서 1개체가 월동했으며 2006년 10월 인천시에서 어린새 1개체가 발견되었다. 2008년 11월 11일 전라남도 신안군 홍도에서 국립관리공단 연구원이 발견했으며, 2009년 1월 전라남도 해남군 영암호 인근에서 1개체가 목격되었다. 이는 개체수가 늘어서라기보다는 탐조 인구의 증가와 촬영하려는 동호인이 많아졌기 때문인 것으로 사료된다.

아성조

흰죽지수리

북한명 | 흰어깨수리

Aquila heliaca

Imperial Eagle

■ 겨울철새　■ 희귀함, 환경부 지정 멸종위기 야생생물 Ⅱ급,
CITES Ⅰ, IUCN Red List VU 2Ca(ii)

형태 부리는 검고 기부 쪽은 엷다. 납막은 황색이며 홍채는 어두운 황갈색이다. 수컷의 겨울깃은 이마와 머리 상단의 앞부분은 흑갈색이며 뺨과 몸통의 하단도 흑갈색이다. 뒷머리와 뒷목은 엷은 황갈색이며 그 외의 체모는 흑갈색이다. 등과 위꼬리덮깃은 색은 엷다. 이 새의 특징은 어깨깃이 순백색이라는 점이다. 다리는 긴 털로 덮여 있고 발가락은 황색이다. 꼬리는 모난형이며 흑갈색이다. 날개깃은 검독수리와 같고 콧구멍은 둥글지 않고 길며 발은 검독수리보다 약하다.

노랫소리 경계시에는 '꽈, 꽈, 꽈, 꽈' 소리를 내며, 평온할 때는 '삐요-삐요-' 하고 부드럽고 간지러운 소리를 낸다.

생활권 주행성인 수리과는 현재까지 세계에서 가장 큰 육식조류 집단이다. 종이 많고 체형도 각양각색이며 생활권 또한 다르다. 흰죽지수리는 농경지나 개활지, 저수지, 하구, 습지에서 단독으로 생활을 즐긴다. 먹이를 구하기 위해 공중을 날 때는 주로 기류를 이용하여 날갯짓 없이 오랜 시간 활공하다 큰 나무에서 장시간 휴식을 취한다.

번식 산란기는 2~4월이다. 자신이 사용했던 둥지를 찾아 보수하거나 여의치 않을 때는 산비탈이나 울창한 활엽수림의 오래된 독립수 나뭇가지 위에 둥지를 튼다. 마른 나뭇가지를 쌓아올려 틀을 만들고 산좌에 마른풀과 헝겊 또는 동물의 털을 주워모아 알자리를 만든 다음 알을 낳는다. 알의 색은 흰색 또는 황백색 바탕에 적갈색의 얼룩점이 산재해 있다. 산란수는 2개이며 알의 크기는 71mm다. 포란은 주로 암컷이 하며 포란 기간은 43~45일이다. 육추는 암수가 함께 하며 육추 기간은 63~67일이다.

먹이 중소형 포유류, 파충류, 설치류, 조류, 어류.

현황 한반도에서는 희귀한 품종으로 가을철에 도래하여 월동하는 겨울철새다. 남한에서 4회, 북한에서 1회 채집된 기록이 있다고는 하지만, 아직까지 살아 있는 개체의 채집 기록이 없고 확증할 목격자도 없는 것으로 보아 한반도 유입종인지는 불확실하다.

몸길이 ♂800mm ♀830mm　**몸무게** ♂2,450~2,700g ♀3,150~4,000g
부리 41~47mm **날개** ♂545~610mm ♀605~668mm **꼬리** ♂275~310mm
♀300~330mm **부척** 80.5~110mm
분포권 모로코, 이베리아반도 남부, 발칸반도, 헝가리, 바이칼호, 이란,
　　　　인도네시아, 인도 북부, 중국 남부
　　남한 경기도 파주시 대성동, 시화호, 강원도 철원군, 낙동강 하류
　　　　부산시 을숙도, 경상남도 창원시 주남저수지,
　　　　전라남도 해남군, 금강 하류, 충청남도 서산시 천수만
　　북한 황해도 연백군, 황해남도 벽성군

도래 시기[월] **1 2 3** 4 5 6 7 8 9 **10 11 12**

아성조

아성조

고산대머리수리

북한명 | 없음
Gyps himalayensis
Himalayan Griffon

■ 길잃은새 ■ 희귀함, CITES II,
IUCN Red List NT

몸길이 1,200~1,400mm 몸무게 8,000~12,000g
날개편길이 2,600~2,900mm
분포권 러시아 시베리아 남부, 아시아 중서부, 티베트, 인도 북동부,
파키스탄, 히말라야 일대, 중국 서북부, 몽골 북부와 고원지대
남한 경기도 포천시, 경상남도 진주시, 산청군
북한 자료 없음
도래 시기[월] 길잃은새

형태 부리는 황색이며 끝은 갈고리형이다. 이마와 머리 상단, 뒷머리는 깃털이 빠진 나출된 피부에 솜털만이 밀생하고 있다. 전신의 체모는 담황색이며 날개덮깃 또한 담황색이고 날개깃은 검은색이다. 홍채는 짙은 갈색이다. 아성조는 전신이 흑갈색이며 가슴과 배는 적갈색을 띠며 검은색 세로줄무늬가 있다. 다리는 황색이다.
노랫소리 평소에는 조용하나 먹이를 놓고 치열하게 먹이 다툼을 할 때는 '꽥, 꽥, 꽉, 꽥' 요란스럽게 소리 낸다.
생활권 대머리수리류는 9속 15종이 지구상에 존재하며 모두 썩은 먹이를 먹도록 특화되어 있다. 이들의 대단히 넓고 광대하다. 해발 9,000m 고지까지인데, 혈액 속에 헤모글로빈 알파D가 함유되어 있어 산소가 희박한 고도에서도 산소결핍 장애를 겪지 않는다. 다윈은 대머리수리가 '썩은 것에 탐닉한다'고 했는데, 이처럼 이들은 발달된 후각을 이용하여 동물의 사체를 찾아내는 데 천부적인 소질을 갖고 있다. 대다수 대머리수리류는 대형조류로 머리와 목은 피부가 나출되거나 솜털로 덮여 있고 넓은 날개는 기류를 이용하여 힘들이지 않고 허공을 마음껏 선회하며 동물의 사체 잔해를 찾는 데 용이하다. 일부 종은 부리가 정교해서 뼈 틈에서 소량의 살점을 발라낼 수 있다.
번식 번식기에 1개의 알을 산란하는 것으로 알려져 있다. 산란기가 몇 월인지 포란 기간이 며칠이고 육추 기간은 얼마나 되는지 등 번식 생태에 관한 자료는 아직 조사된 것이 없다.
먹이 죽은 동물의 사체, 가축의 사체.
현황 기상 이변이나 난기류 또는 태풍으로 인해 한반도에 유입된 길잃은새로 2007년 7월 13일 경상남도 진주시에서 1개체, 2007년 8월 경기도 포천시 포천동 왕방산에서 1개체, 2009년 1월 경상남도 산청군 단성면에서 1개체 관찰되었다. 모두 어린새가 길을 잃고 유입된 것으로 기록되고 있다.

참매

북한명 | 꿩매(참매)
Accipiter gentilis
Goshawk (Northern Goshawk)

- 겨울철새 · 천연기념물 제323-1호,
환경부 지정 멸종위기 야생생물 II급,
CITES II

형태 대형종에 속한다. 부리는 푸른색이 도는 검은색이며 납막은 등황색이다. 홍채는 수컷은 붉고 암컷은 황색이다. 수컷의 겨울깃은 앞이마와 눈썹선은 흰색이며 얼룩무늬가 있다. 머리 상단과 뒷머리는 검고 눈앞은 크림색이다. 뺨과 턱밑, 멱은 흰색이며 축은 검다. 뒷목은 갈색을 띤 검은색으로 흰색 얼룩점이 있다. 몸통 윗면은 어두운 청회색을 띠고 아랫면은 조밀한 가로줄무늬가 있다. 암컷은 수컷과 흡사하지만 몸집이 더 크고 머리 상단과 귀깃은 흑갈색을 띤다. 날개는 길고 날카로우며 흉근이 발달했고 꼬리가 상대적으로 짧은 편이다. 꼬리깃은 12개이며 꼬리는 볼록형이다.

노랫소리 평상시에는 소리를 내지 않는다. 위험이 닥칠 때나 다른 종의 새가 가까이 접근할 때 '킷, 킷, 킷' 하며 요란스럽게 지저귄다.

생활권 번식기나 여름철에는 농경지나 하천, 수변, 고산지나 평지의 숲 속에서 단독 또는 암수가 함께 생활하고, 가을과 겨울철에는 낮은 산이나 평지에서 생활한다. 예로부터 꿩사냥 매로 이용했고 송골매로 부르기도 한다. 몸이 강건하고 비행속도가 빠르고 정확하다. 고공에서 탄알처럼 급강하해서 내리꽂는 최대속도는 시속 180km 이상이다. 전속력으로 비행하면서 발톱으로 사냥감을 잡아채어 지상으로 끌고 간 다음, 톱니 같은 강한 부리로 숨통을 끊는다.

번식 산란기는 4월 상순~5월이며 잡목림의 교목가지나 해안 절벽의 암반에 영소한다. 나뭇가지로 접시형 틀을 만들고 산좌에는 마른풀줄기나 잎, 동물의 털을 깔고 엷은 청백색 알을 2~3개 낳는다. 알의 크기는 57mm다. 포란은 암컷이 전담하며 포란 기간은 35~38일이다. 육추는 암수가 함께 하고 육추 기간은 35~42일이다.

먹이 멧토끼, 설치류, 조류(들꿩, 꿩), 중소형 포유류 등.

현황 보기 드문 겨울철새로, 최근 강원도 계방산과 서해안 굴업도에서 번식하는 것이 확인되었다.

몸길이 ♂500mm ♀600mm **몸무게** ♂500~1,100g ♀800~1,350g
부리 24~25.5mm **날개** 300~365mm **꼬리** 223~262mm **부척** 72~83mm
분포권 스칸디나비아반도, 유럽, 영국, 러시아 시베리아 남부, 우랄 동부, 사할린, 쿠릴열도, 중국 서부, 만주, 몽골, 티베트, 일본
남한 전역의 숲과 해안, 강원도 계방산, 서해안 굴업도
북한 함경북도, 함경남도, 황해도 일대

도래 시기[월] **1 2 3** 4 5 6 7 8 9 **10 11 12**

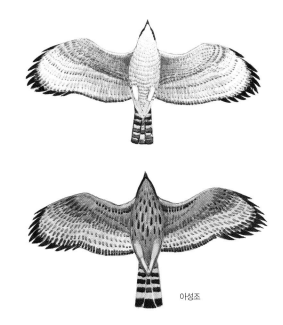

아성조

흰참매

아성조

붉은배새매

북한명 | 붉은배새매
Accipiter soloensis
**Chinese Sparrowhawk
(Grey Frog Hawk)**

■ 여름철새   ■ 천연기념물 제323−2호,
환경부 지정 멸종위기 야생생물 Ⅱ급,
CITES Ⅱ

몸길이 280mm 몸무게 80∼160g
부리 12∼46.0mm **날개** 186∼187.5mm **꼬리** 124∼128.5mm **부척** 41.2∼44mm
분포권 온대에서 아열대에 이르는 아시아 동부지역, 타이완, 필리핀,
인도네시아, 말레이반도, 선다섬, 술라웨시섬, 몰루카제도,
뉴기니 등지, 중국 만주
남한 전역
북한 함경도 일부 지역을 제외한 전역

도래 시기[월] 1 2 3 **4 5 6 7 8 9** 10 11 12

형태 부리는 푸른색을 띤 검은색이며 기부가 엷다. 수컷의 홍채는 암적색이며 암컷은 황색이다. 납막과 부척, 발가락은 등황색이다. 암수 모두 머리 상단과 위꼬리덮깃은 푸른색을 띤 짙은 회색이다. 눈앞과 귀깃은 회색이며 턱밑과 멱은 크림색을 띤 흰색이다. 가슴과 배는 주황색이며 아랫배와 아래꼬리덮깃은 흰색이다. 날개 밑부분은 엷은 색으로 무늬가 없고 끝은 검다. 꼬리는 모난형이며 짙은 회색을 띤 갈색으로 짙은 갈색 가로띠가 다섯 줄 있다.
노랫소리 수컷은 '키리, 키리키리리리' 하고 경쾌한 소리를 낸다.
생활권 평지나 야산의 숲, 구릉지, 논, 개활지, 농촌의 인가 근처에 있는 침엽수나 활엽수림에서 생활한다.
번식 산란기인 5월이 오면 분주하게 활동하는 붉은배새매는 짝과 함께 마른 나뭇가지를 모아 둥지를 만든다. 인가 주변의 침엽수나 활엽수 나뭇가지 위에 접시형 틀을 만들고, 산좌에 나뭇잎을 깔고 알자리를 만든 다음 흰색 알을 3∼4개 낳는다. 둥지의 크기는 직경 180mm, 깊이 50mm, 높이 85mm 정도다. 알의 크기는 380mm다. 포란은 암수가 함께 하지만 주로 암컷이 하며 포란 기간은 19일이다.
먹이 양서류, 설치류, 소형 조류.
현황 한반도 전역에서 쉽게 볼 수 있는 여름철새다. 인가 근처 숲속에서 번식하며 지내던 붉은배새매는 1900년대 후반에는 개체수가 안정권을 유지하고 있었으나, 2000년대 들어와 개체수가 급감하여 요즘은 찾아보기조차 어렵다.

아성조

아성조

♀

♂

조롱이

북한명 | 작은새매
Accipiter gularis
Japanese Lesser Sparrowhack

■ 텃새　■ 환경부 지정 멸종위기 야생생물 Ⅱ급, CITES Ⅱ

형태 소형종으로 부리는 회색이며 끝이 검고 납막은 황색이다. 홍채도 황색이다. 수컷의 겨울깃은 이마와 머리 상단, 뒷목, 등, 어깨는 시멘트색을 띤 검은색이다. 뺨과 귀깃은 회색이고 턱밑과 멱은 흰색 또는 황갈색으로 중앙에 가는 턱밑선이 있고(없는 것도 있음) 가슴 아래는 황갈색을 띤 회백색 또는 주황색의 가로줄무늬가 있다(암컷은 색깔이 엷다). 복부에는 황갈색 얼룩반점이 대부분 있다. 꼬리는 모각을 이루며 꼬리깃은 12개이고 짙은 회색 가로띠가 선명하다.

노랫소리 약탈자나 침입자가 나타날 때 경계음으로 '캬앗, 캬앗' 또는 '뾱, 뾰옥, 뾱' 하는 금속성의 날카로운 소리를 낸다.

생활권 야산이나 평지의 숲속, 개활지에서 단독으로 생활하기를 즐긴다. 매과는 세계적으로 널리 분포하지만 작은 매는 아시아, 아프리카, 남미, 즉 곤드와나(Gondwana) 대륙을 구성하는 지역에서 볼 수 있다.

번식 산란기는 5월이며 삼림지의 교목 가지 위에 나뭇가지를 두껍게 쌓아올려 접시형 둥지를 틀고 산좌에는 나뭇잎을 깔고 알을 낳는다. 알은 푸른색을 띤 흰색이며 갈색의 엷은 얼룩무늬가 있다. 산란수는 2~5개 정도로 보통 2개를 낳는다. 포란은 암수가 함께 하는데 암컷이 더 많은 시간을 할애하며 포란 기간은 29~30일이다.

먹이 작은 새, 포유류, 곤충류(나비, 메뚜기, 잠자리).

현황 한반도 중부와 남부 일부에서 드물게 서식하는 텃새다. 매년 개체수가 줄고 있다.

몸길이 ♂270mm ♀300mm　**몸무게** ♂80~150g ♀130~200g
부리 10~14.5mm **날개** 163~200mm **꼬리** 114~145mm **부척** 47~55mm
분포권 러시아 시베리아 남부, 아시아 동부 온대지역, 아무르강 남부, 우수리강, 미얀마, 인도네시아, 말레이시아, 필리핀, 중국 동부, 몽골 북부, 만주, 일본
　남한 경기도, 경상남도, 충청남도
　북한 함경남도 단천군, 평안북도 구성군, 평안남도 안주시, 황해남도 삼천군, 개성시

도래 시기[월] 텃새

♂

아성조

아성조

우

♂

새매

북한명 | 큰새매
Accipiter nisus
Eurasian Sparrowhawk

■ 텃새 ■ 천연기념물 제323-4호,
환경부 지정 멸종위기 야생생물 Ⅱ급,
CITES Ⅱ

몸길이 ♂300mm ♀380mm **몸무게** ♂100~200g ♀200~350g
부리 ♂10~12mm ♀14~16mm **날개** ♂206~220mm ♀225~258mm
꼬리 ♂145~161mm ♀172~193mm **부척** ♂52~55mm ♀61~65mm
분포권 러시아 시베리아 동부지역, 사할린, 중국, 일본, 쿠릴열도,
　　　　인도차이나반도, 미얀마, 인도, 보르네오
　　남한 강원도, 경기도, 제주도
　　북한 황해남도, 강원도, 개성시

도래 시기[월] 텃새

아성조

형태 부리가 시멘트색으로 끝은 검고, 납막은 녹황색이다. 홍채가 등황색이며 다리는 녹색을 띤 황색이다. 수컷의 겨울깃은 앞이마가 회백색이며 눈 위의 눈썹선이 가늘고 길게 늘어져 있다. 짙은 시멘트색이 머리 상단과 등에 걸쳐 위꼬리덮깃까지 이어져 있고, 암컷은 갈색을 띤 시멘트색이다. 눈 주위는 흑회색이며 턱밑과 멱은 흰색에 어두운 갈색의 얼룩무늬가 조밀하게 있고 암컷은 넓다. 몸통 하단은 흰색이며 녹슨 황갈색과 짙은 갈색의 가로띠가 있다. 암컷은 짙은 갈색 가로띠가 수컷에 비해 매우 넓고 녹슨 황갈색 띠는 오히려 좁다. 꼬리는 모각을 이루고 꼬리깃은 12개로 중앙의 꼬리깃은 짙은 시멘트색이다.

노랫소리 번식기가 되면 유난스럽게 소리의 빈도가 잦아지며 '캬앗, 캬앗' 소란스럽게 지저귄다.

생활권 번식기에는 숲과 삼림지역에 단독으로 출몰하며 평시에는 개활지 또는 평지, 교외, 농경지, 주변의 숲 등지에서 모습을 드러낸다. 성비의 차이가 심해서 암컷은 자주 눈에 띄지만 수컷을 보기 어렵다.

번식 산란기는 5~6월이며 잡목림에 영소한다. 높은 침엽수의 나뭇가지에 소나무 가지를 이용하여 접시형 둥지를 만들고 알을 낳는다. 산란수는 3~5개 정도다. 알의 색깔은 푸른색 바탕에 적갈색 얼룩무늬가 있다. 포란은 암컷이 전담하며 포란 기간은 33~35일이다. 육추는 암수가 함께 하며 육추 기간은 30~32일이다.

먹이 소형조류, 설치류, 포유류.

현황 한반도 일부 지역에서 흔히 볼 수 있는 텃새다. 수리과 중 가장 널리 분포하는 큰 세 집단인 수리, 말똥가리, 독수리는 대표적인 육식조류로, 다른 여러 매 종류와 분포 범위가 겹친다. 이 중 잘 알려진 수리류는 6속 58종이며 대부분 참매(*Accipiter gentilis*)와 새매(*Accipiter nisus*) 등 수리속이다. 이들은 중소형의 수리로 날개가 짧고 둥글며 꼬리가 길어서 숲이나 삼림지의 복잡한 곳을 지나는 데 능숙하고 빠른 속도로 작은 새와 파충류, 포유동물을 쫓아서 잡는다. 대다수는 서식지에 은밀하게 숨어 있어서 관찰하기 어렵다. 보편적으로 암컷이 수컷보다 크며 일부 종은 2배 이상 무겁기도 하다. 맹금류는 체형의 차이 정도와 성별 역할의 분화 정도가 먹이 사냥의 속도와 민첩성에 비례한다.

아성조　　　　　　♀　　　　　　　♂

털발말똥가리

북한명 | 털발저광이
Buteo lagopus
Rough-legged Buzzard

■ 겨울철새
■ 희귀함, CITES II

매목

수리과

형태 부리는 짙은 뿔색을 띠며 끝은 검다. 기부가 엷고 시멘트색이나 푸른색을 띤다. 납막은 황색이며 홍채는 적갈색 또는 갈색이다. 암수의 겨울깃은 이마와 머리 상단, 뒷목은 흰색 또는 황갈색을 띤 흰색이며 갈색 얼룩점이 있다. 뺨과 귀깃, 턱밑, 멱, 가슴은 흰색 바탕에 갈색의 세로줄 얼룩점이 있다. 배는 검은 갈색에 흰색 얼룩반점이 있다. 등과 어깨 역시 같은 색이다. 허리와 위꼬리덮깃은 어두운 갈색이며 아래꼬리덮깃에는 흰색의 얼룩점이 없다. 다리는 털로 덮여 있고 발가락은 황색이다. 꼬리깃은 12개다.

노랫소리 주로 비상하거나 암수가 만날 때 '삐요오' 하며 소리 낸다.

생활권 한반도 전역에 서식하는데, 특히 하천가나 농경지, 개활지, 구릉지, 교외를 무대로 누비며 생활한다. 말똥가리류는 큰 집단의 조류로 13속 57종으로 세분화되어 있다. 유럽의 말똥가리(*Buteo buteo*, Common Buzzatd), 북미의 붉은꼬리말똥가리(*Buteo jamaicensis*), 남미의 큰부리말똥가리(*Buteo magnirostris*), 아프리카의 아프리카말똥가리(*Buteo augur*) 등이 있으며 신대륙에서 가장 다양성을 보인다.

번식 산란기는 5~6월 상순이다. 해안가의 절벽 바위틈, 툰드라의 구릉지와 나무 위에 마른 나뭇가지로 틀을 짜고 마른풀과 흙 등으로 둥지를 만든다. 산좌에는 부드러운 마른풀과 나뭇잎을 깔고 흰색 바탕에 적갈색 얼룩점이 산재해 있는 알을 3~4개 낳는다. 알의 크기는 55mm다. 포란은 주로 암컷이 하며 포란 기간은 28~31일이다. 육추는 암수가 함께 하며 육추 기간은 39~43일이다.

먹이 소형 조류, 설치류.

현황 한반도 전역에서 월동하는 비교적 드문 겨울철새로 개체수가 매년 줄고 있다. 먹이인 설치류의 개체수는 3~4년마다 최고조에 달하는데 그 포식자도 마찬가지이며, 산토끼와 들꿩 개체수의 순환주기는 7~10년인데 그 포식자도 마찬가지다. 먹이 공급이 안정적인 지역에서는 번식 개체수도 안정적이며 먹이 공급이 변동적인 지역에서는 기복이 생긴다.

몸길이 510~610mm 몸무게 ♂600~950g ♀950~1,300g
부리 22~25mm 날개 ♂417~432mm ♀436~453mm 꼬리 ♂218~235mm
♀241~232mm 부척 62~76mm
분포권 아메리카 북부, 유라시아 북부, 러시아 시베리아 북부
　　남한 강원도, 경기도 일대의 농경지와 구릉지
　　북한 황해도, 평안남도 개천군, 안주시, 강동군 시족면, 개성시
도래 시기[월] 1 2 3 4 5 6 7 8 9 10 11 12

아성조

큰말똥가리

북한명 | 저광수리
Buteo hemilasius
Upland Buzzard

■ 겨울철새　■ 환경부 지정 멸종위기 야생생물 Ⅱ급,
CITES Ⅱ

몸길이 ♂610~660mm ♀670~720mm　몸무게 970~2,050g
부리 23.5~28.5mm **날개** ♂429~475mm ♀439~510mm **꼬리** 207~277mm
부척 83~95mm
분포권 구북구와 중부 온대지역, 인도 북부, 중국 서북부, 티베트,
　　　만주 서부, 몽골, 우수리강, 일본
　　남한 한반도 중부 이남, 경기도 포천시 광릉, 광주시, 남양주시
　　북한 황해도, 평안남도 개천시, 안주시
도래 시기[월] **1 2 3** 4 5 6 7 8 9 **10 11 12**

형태 부리는 엷은 검은색이며 기부와 납막은 푸른색이다. 홍채는 갈색
또는 다갈색이다. 수컷의 머리 상단은 갈색이며 뒷목과 등, 허리는 짙
다. 눈앞은 흰색을 띠며 뺨과 귀깃은 황갈색을 띤다. 턱밑과 멱에는 갈
색 세로무늬가 있다. 윗가슴에는 큰 갈색 반점이 있고 아랫가슴에 다양
한 색상의 얼룩점이 있는 것과 없는 것이 있다. 암컷은 수컷과 색이 같
고 체구는 수컷보다 훨씬 크다. 부척의 앞면과 옆면에는 흰색의 솜털이
나 있으며 발가락 사이까지 털이 있고 발가락 색깔은 황색이다. 꼬리는
모각을 이루고 가는 암갈색 띠가 있다. 꼬리깃은 12개다.
노랫소리 번식기에 수컷은 암컷을 찾으면서 '삐이요, 삐이요, 삐요' 하
며 소리 낸다.
생활권 주로 한반도 중부와 남부에 서식하며 초원이나 암벽지, 농경지,
초습지, 하천, 갯벌, 개활지에서 생활한다.
번식 산란기는 4~6월이며 암벽이나 산지의 수목에 둥지를 짓는다. 마
른 나뭇가지를 모아 둥지의 틀을 접시형으로 만들고, 산좌에 부드러운
마른풀과 잎을 깔고 알을 낳는다. 알은 황백색이며 적갈색과 회색 얼룩
점이 있다. 포란은 암컷이 전담하며 포란 기간은 28~30일 정도다. 육추
는 암수가 함께 한다.
먹이 설치류, 파충류, 양서류, 곤충류.
현황 한반도 중부 이남에서 드물지 않게 볼 수 있었으나, 1990년대 이
후 희귀한 겨울철새가 되었다. 이는 먹이 사냥터가 좁아져 먹이가 부족
해졌기 때문이다. 인간들이 각종 개발을 하면서 서식지를 잠식한 것이
가장 심각한 원인이다.

아성조

말똥가리

북한명 | 저광이
Buteo buteo
Common Buzzard

■ 겨울철새(텃새) ■ CITES Ⅱ

형태 부리는 뿔색을 띤 검은색으로 기부는 엷다. 납막은 황색이며 홍채는 갈색 또는 황갈색이다. 수컷의 겨울깃은 이마와 머리 상단, 뒷머리는 갈색이며 일반적으로 윗면은 짙고 아랫면은 엷은 갈색으로 보인다. 배와 옆구리, 날개 끝부분은 짙은 갈색이다. 비상할 때 날개 밑면은 암갈색 무늬가 선명하게 보인다. 다리는 황색이며 꼬리깃은 12개이며 꼬리는 모각을 이룬다. 암컷의 깃털은 수컷과 흡사하여 구별하기 어렵다. 보통 체구가 큰 쪽이 암컷이다.

노랫소리 '삐이요' 또는 '히이요' 한다.

생활권 겨울철에는 농경지와 습지, 초원, 하천, 해안가, 숲 등에서 단독 또는 암수가 함께 생활한다. 여름철에는 깊은 산속에서 번식하며 생활하기 때문에 찾아보기가 어렵다.

번식 산란기는 4~6월이며 잡목림에 둥지를 튼다. 교목의 큰 가지에 마른 나뭇가지를 쌓아올려 둥근 모양의 틀을 만들고 산좌에는 부드러운 나뭇잎과 잔가지를 깔고 그 위에 알을 낳는다. 알의 색깔은 푸른빛이 도는 흰색 바탕에 적갈색과 적보라, 회색 등의 얼룩반점이 산재해 있다. 알의 크기는 57mm이며 산란수는 2~4개 정도다. 포란은 주로 암컷이 하며 포란 기간은 36~38일이다. 육추는 암수가 함께 하며 육추 기간은 50~55일이다.

먹이 설치류, 소형 조류, 파충류, 양서류, 곤충류.

현황 겨울철새로 한반도 전역에서 쉽게 볼 수 있는 종이나 매년 수가 줄고 있다. 울릉도 같은 도서지역에서 번식하는 텃새이기도 하다. 육식조류의 개체수가 지속적으로 현저히 줄고 있는 원인은 다음과 같다. 첫째는 자연지표가 농업경작에 이용되거나 산림이 훼손되는 등 서식지 파괴로 인한 직접적이고 광범위한 타격이다. 둘째는 맹금류가 가축을 먹이로 삼는 경우 인간과 충돌이 발생하여 총격, 덫, 독극물에 의한 피해를 입기도 한다. 셋째는 살충제의 성분인 DDT나 PCBs 등이 직간접적으로 체내에 축적되기 때문이다.

몸길이 ♂540mm ♀57mm 몸무게 ♂550~850g ♀700~1,200g
부리 ♂20~23.5mm ♀23~25.5mm 날개 ♂351~411mm ♀360~401mm
꼬리 ♂191~221mm ♀215~235mm 부척 ♂63.5~74.5mm ♀67~77mm

분포권 아프리카, 유라시아 일대의 온대지역과 아한대지역, 애틀랜틱제도와 유럽을 거쳐 시베리아 남부, 오호츠크해 연안, 이란, 인도, 만주, 중국 서부, 티베트, 일본
　　　남한 전역
　　　북한 평안북도 남쪽, 평안남도 일부, 황해남도, 강원도 일부

도래 시기[월] **1** **2** **3** 4 5 6 7 8 9 **10** **11** **12**

아성조

187

긴털수리

북한명 | 없음
Hieraaetus pennatus
Booted Eagle

■ 미기록종 ■ 매우 희귀함, CITES Ⅱ

몸길이 500~623mm 몸무게 ♂500~800g ♀850~1,250g
날개편길이 ♂997~1,280mm ♀1,157~1,289mm
분포권 아프리카 서남부, 유라시아, 유럽 남서부, 러시아, 인도, 중국 동부
남한 전라남도 군산시, 신안군 흑산도, 남서 도서지역
북한 자료 없음
도래 시기[월] 미기록종

형태 암색형과 일반형 두 종류가 있다. 부리는 황색이며 부리 끝부분은 검은색이다. 이마와 머리 상단, 뒷머리, 뒷목과 등은 갈색이며 등에는 짙은 흑갈색 얼룩무늬가 있다. 윗날개덮깃은 짙은 흑갈색이며 위꼬리덮깃은 흰색이다. 날개깃은 버들잎 문양이며 중앙에는 짙은 갈색이다. 멱은 짙은 갈색이며 가슴과 배는 등황색이다. 어깨에는 흰색 반점이 뚜렷하게 자리 잡고 있으며 암색형은 전신이 흑갈색이나 일반형은 암색형에 비해 담갈색이다. 꼬리는 짙은 흑갈색이며 긴 편이다.
노랫소리 이따금 '킷킷킷' 하며 소리 낸다.
생활권 개활지와 소택지, 침엽수림지역과 광활한 초지에서 생활한다.
번식 산란기는 4~6월경이다. 대부분 수리과 맹금류는 1년에 배우자가 하나뿐이며 어떤 종은 수년 동안 같은 배우자를 유지한다. 소수의 대형 독수리는 평생 반려자를 갖기도 하는데 아직 확인된 바는 아니다. 수리과의 모든 종은 스스로 둥지를 짓는다. 재료는 나뭇가지와 풀줄기이며 신선한 풀로 마감한다. 보통 나뭇가지나 암벽에 둥지를 짓지만, 지상이나 갈대 습지에 짓기도 한다. 다른 종끼리 둥지터를 상호 교환하기도 한다. 대부분 맹금류는 번식기에 분업체계가 분명하다. 수컷이 밖에 나가 먹이를 구하고 암컷은 둥지를 지키면서 포란과 육추에 전념한다. 이런 행위는 새끼들이 절반쯤 성장할 때까지 지속되며 그 후에는 암컷도 둥지를 떠나 수컷을 도와 먹잇감을 구한다. 둥지를 짓는 대부분의 조류와 달리 맹금류의 새끼는 부화하자마자 솜털로 덮여 있고 눈도 뜨고 있으며 먹이를 먹을 때 호응하면서 앞으로 나서서 삼킨다. 둥지의 크기는 폭 900~1,200mm이며, 2~3일 간격으로 알을 산란한다. 산란수는 2개이며 알의 색은 갈색이 도는 흰색이고 크기는 55mm다. 포란은 암컷이 전담하고 포란 기간은 36~38일이다. 육추는 암수가 함께 하며 기간은 50~55일이다.
먹이 소형 조류, 포유류, 파충류.
현황 미기록종으로 한반도에서는 찾아보기 힘든 조류다. 서해안과 남해안의 일부 도서지역에서 목격된 기록이 있으나 확인된 자료가 아직 없다. 독수리과의 9속 33종 중 한 종으로 긴목독수리, 털발뿔매와 유사한 종으로 기록되고 있다.

흰배줄무늬수리

북한명 | 없음
Hieraaetus fasciatus
Bonelli's Eagle

■ 길잃은새　■ 희귀함, CITES II

형태 이마와 머리 상단, 뒷머리, 뒷목은 엷은 흑갈색이며 등과 어깨깃, 위꼬리덮깃은 짙은 흑갈색이다. 턱밑과 멱은 황갈색이고 가슴과 복부는 엷은 황갈색이며 가슴에 흑갈색 세로줄무늬가 산재해 있다. 다리의 깃털은 풍성하며 황갈색이다. 암컷은 온몸의 깃털이 황갈색을 띠며 턱밑은 엷은 황갈색이며 멱과 가슴에 갈색 줄무늬가 있다. 부리는 석판색이며 납막은 엷은 황색이다. 홍채는 황색이며 다리가 털로 덮여 있다.

노랫소리 '쥡, 쥡, 쥡' 또는 '기옥, 기옥' 하며 소리 낸다.

생활권 주로 고산지역 편편한 개활지의 침엽수림과 낙엽활엽수림이 혼재된 수림지역에서 생활한다.

번식 산란기는 2~3월이다. 무성한 침엽수림 또는 활엽수림의 낭떠러지 바위에 나뭇가지로 둥지의 틀을 편평하게 만들고, 마른풀과 동물의 털 등으로 산좌를 만들고 알을 낳는다. 둥지의 크기는 외경 2,000mm, 내경 1,600mm, 높이 600~800mm다. 산란수는 2개이며, 알은 갈색 얼룩점이 있는 흰색으로 그기는 69mm다. 포란은 암컷이 수로 하며 포란 기간은 37~40일이다. 육추는 암수가 함께 하고 육추 기간은 60~65일이다.

먹이 조류, 멧토끼, 포유류.

현황 기상 이변이나 난기류 또는 기타 상황으로 무리에서 이탈하여 한반도로 유입된 길잃은새다. 2007년 4월에 전라남도 도서지역에서 아사한 사체 1구를 발견한 기록이 있지만, 생존한 상태로 발견한 것은 없다.

몸길이 700mm　몸무게 1,600~2,500g
날개편길이 1,430~1,760mm
분포권 아프리카, 유럽 중서부, 중동, 터키, 인도, 파키스탄, 인도네시아, 말레이반도, 중국 남부
　　　남한 전라남도 도서지역
　　　북한 자료 없음
도래 시기[월] 길잃은새

우

♂

왕새매

북한명 | 래구매
Butastur indicus
Grey-faced Buzzard (Buzzard Hawk)

■ 나그네새 　■ CITES Ⅱ

몸길이 ♂ 470mm ♀ 510mm 　몸무게 ♂ 375g ♀ 642~846g
부리 ♂ 19~22.5mm ♀ 18~20mm **날개** ♂ 290~~316mm ♀ 317~347mm
꼬리 ♂ 180~216mm ♀ 201~209mm **부척** 55~67.5mm

분포권 일본, 중국 동북지역, 푸젠, 허베이, 러시아 연해주(번식지), 타이완,
필리핀, 동남아시아(월동지)
남한 경기도 북부
북한 평안남도 순천시(번식지), 평안북도 묘향산, 운산군,
동림군, 황해북도 연탄군, 온천군, 장풍군, 함경남도 광천군,
평양시, 개성시

도래 시기[월] 1 2 **3** **4** 5 6 7 8 **9** **10** 11 12

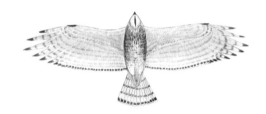

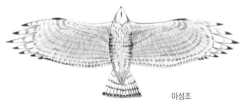

아성조

형태 부리는 기부가 황색이고 끝부분은 검으며 납막은 등황색이다. 홍채는 황색을 띠고 있다. 암컷은 흰색 눈썹선과 턱밑선이 있으나 수컷은 눈썹선이 없거나 아주 희미하여 잘 보이지 않는다. 이마와 머리 상단, 뒷목, 등, 꼬리는 붉은 회갈색을 띤다. 멱에는 갈색 반점이 있고 윗가슴에는 갈색 세로무늬가 선명하다. 암색형은 전신의 체모가 어두운 갈색이다. 어린새는 가슴과 복부에 세로줄무늬가 있다. 다리는 어두운 황색이며 꼬리는 적갈색 바탕에 흑갈색 가로띠가 세 줄 그어져 있다. 꼬리깃은 12개로 모각을 이룬다.

노랫소리 '삐요-, 삐요-, 삐요우-'하며 소리 낸다.

생활권 얕은 야산, 산림지, 농경지나 숲속에서 단독으로 또는 암수가 함께 생활한다. 이동기에는 무리를 형성한다. 5월 26일 평안남도 순천시에서 포획한 개체의 위에 개구리만 있었고, 발에서 부척까지 진흙이 묻어 있는 것으로 보아 서식지가 습지임을 알 수 있다.

번식 산란기는 5~6월이다. 산림의 지상 7m 높이 교목 가지에 마른 나뭇가지를 쌓고 접시형 둥지를 튼다. 산좌에 부드러운 솔잎이나 나뭇잎을 깔고 알을 낳는다. 알은 흰색 바탕에 회색빛이 돌며 산란수는 2~4개 정도다. 포란은 암컷이 주로 하며 포란 기간은 28~30일이다. 육추는 암수가 함께 한다.

먹이 파충류, 양서류, 곤충류. 여름에는 주로 개구리와 도마뱀, 설치류 등을 잡아먹는다.

현황 봄철(3, 4월)과 가을철(9, 10월)에 이동 시 남해안과 서해안 농경지나 강과 하천 주변의 개활지 등지에서 가끔 목격되는 나그네새로, 적은 수의 개체가 한반도에서 번식하는 여름철새이기도 하다. 1948년 경기도 안양시와 파주시에서 번식한 기록이 있으며, 1968년에는 남양주시 진접면에서 채집된 바 있다.

아성조

잿빛개구리매

북한명 | 회색택광이
Circus cyaneus
Hen Harrier

■ 겨울철새 ■ 천연기념물 제323–6호, 환경부 지정 멸종위기 야생생물 Ⅱ급, CITES Ⅱ

형태 체형이 날씬하며 수컷은 이마와 머리 상단, 뒷목, 등, 꼬리, 앞가슴이 회색을 띠고 복부는 흰색이다. 이 새의 특징은 허리가 눈부신 순백색이라는 점이다. 암컷은 갈색 바탕에 짙은 갈색 무늬가 있으며 암수 모두 날개의 끝부분이 검은색이다. 부리는 석판색이며 납막은 황색이고 홍채 역시 황색이다. 다리는 긴 편이며 황갈색을 띤다. 꼬리깃은 12개로 모각을 이루고 짙은 갈색 가로띠가 3~5개 있다.

노랫소리 번식기에 암컷을 찾을 때 또는 새끼를 기를 때 외부에서 다른 종이나 침입자 또는 포식자가 나타나면 '켓켓켓', '켁케이, 켓' 하고 강약을 조절하여 소리 낸다.

생활권 주로 개활지를 무대로 생활한다. 농경지나 갈대밭, 하천 부지의 초지, 야산 구릉지, 초습지, 평지에서 일상적으로 생활하지만, 숲속에서 지내는 데도 익숙하다. 이는 매우 뛰어난 청각 덕분이다. 매류의 짧고 넓은 날개는 작은 조류를 빠른 속도로 뒤쫓아 잡을 때 유용한 무기가 된다. 무리를 따라다니는 곤충이나 작은 동물을 발견하여 먹이로 삼는다. 다리와 꼬리가 길어서 울창한 숲속을 날 때 방향을 잡기 쉬우며 부딪힘 없이 먹이를 잘 포획한다.

번식 산란기는 5~6월이며 습지나 초습지, 소택지 등에 산재한 교목가지 위에 나뭇가지를 쌓아 직경 500~800mm, 높이 300mm 크기의 접시형 둥지를 만들고 나뭇잎이나 솔잎 등 부드러운 재료로 알자리를 만든 다음 알을 4~6개 낳는다. 알의 색은 푸른빛이 도는 흰색이고, 크기는 46.2mm다. 포란과 육추는 암컷이 주로 하며 포란 기간은 29~31일, 육추 기간은 32~42일이다.

먹이 조류, 조류의 알과 어린 새끼, 설치류 등 소형 포유류.

현황 한반도 전역에서 월동하는 보기 드문 겨울철새다. 번식지나 월동지를 막론하고 번식 밀도나 생활 여건이 매년 불리해지고 있다.

몸길이 ♂470mm ♀530mm   몸무게 ♂300~400g ♀400~700g
부리 15~19mm **날개** ♂330~360mm ♀350~400mm **꼬리** ♂216~240mm
♀239~275mm **부척** ♂65~75mm ♀75~80mm

분포권 아프리카 북부, 유라시아, 이베리아반도, 스칸디나비아반도, 러시아 시베리아, 인도 북부, 이란, 인도네시아, 미얀마, 중국, 몽골, 일본
　　　남한 전역의 농경지와 개활지
　　　북한 함경북도, 평안남도 개천, 평안북도 연주군, 개성시

도래 시기[월] **1 2 3** 4 5 6 7 8 9 **10 11 12**

알락개구리매

북한명 | 알락택광이
Circus melanoleucos
Pied Harrier

■ 나그네새 ■ 천연기념물 제323-5호,
환경부 지정 멸종위기 야생생물 Ⅱ급,
CITES Ⅱ

몸길이 ♂450mm ♀455mm 몸무게 ♂300~350g ♀400~450g
부리 13.5~18mm **날개** ♂348~352mm ♀360~390mm **꼬리** ♂200~208mm
♀230~235mm **부척** ♂74~78mm ♀73~80.5mm
분포권 유라시아에서 북아메리카, 아프리카 북부에 걸친 온대와 한대지역,
인도 북부, 인도네시아, 필리핀, 중국, 만주, 일본
남한 하천이나 농경지, 갈대밭, 강, 하천 등 습지의 풀밭과 비무장지대
북한 백두산 일대, 개마고원, 함경남도 장진군 장진호반 근처,
함경북도 무산군, 강원도

도래 시기[월] 1 2 **3 4** 5 6 7 8 **9 10** 11 12

형태 부리는 석판색으로 기부가 황색을 띠며 부리 끝은 검고 납막은 어두운 황색이다. 홍채는 밝은 황색이다. 수컷은 이마와 머리 상단, 목, 멱, 어깨깃, 윗가슴이 검은색이며 위꼬리덮깃의 상단은 흐린 회색을 띠고 복부와 아랫부분은 흰색이다. 꼬리는 흑갈색이며 모각을 이룬다. 암컷은 전신의 체모가 갈색이지만 날개덮깃과 날개깃, 꼬리는 회색을 띠고 검은색 가로띠가 4~5개 있다. 다리는 황색이고 발톱은 검다.
노랫소리 비행할 때 '켓 켓 켓 삐이요-' 하는 경쾌한 소리를 때때로 내며, 다른 종의 새가 접근할 때는 '꽷 꽷 꽷' 하는 짧고 단호한 소리를 낸다.
생활권 번식기에도 보기 드문 종이다. 백두산 농사동고원과 함경남도 장진호반 등 고원지대에서 생활하며, 겨울에는 저지대의 평지로 이동하여 초습지와 소택지, 갈대밭, 농경지, 하천가의 초지 또는 산림지의 풀밭에서 주로 생활한다.
번식 산란기는 5~6월이다. 장진호반에서 6월 21일 포란 중인 둥지를 발견했고 7월 23일 4마리의 새끼를 목격했다. 5월 중순에 주로 하천이나 호반 부근의 건조한 초지 또는 산림이 있는 풀밭 위 오목한 곳에 마른풀과 줄기와 잎을 성글게 깔고 알을 4~5개 낳는다. 둥지의 크기는 직경 250mm 정도다. 알은 청백색에 엷은 갈색 반점이 있으며, 크기는 47mm다. 포란은 암컷이 전담하며 포란 기간은 28~29일이다. 육추는 암수가 함께 하며 육추 기간은 35~40일이다.
먹이 양서류, 어류, 소형 조류, 설치류.
현황 개구리매류 가운데 개체수가 가장 적으며, 봄철과 가을철에 한반도를 드물게 통과하는 나그네새다. 일부는 한반도 중부 이북지역에서 번식한 자료가 다수 발견된다.

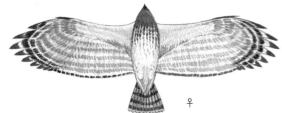

개구리매

북한명 | 택광이
Circus spilonotus
Eastern Marsh Harrier

■ 겨울철새   ■ 천연기념물 제323-3호,
　　　　　　　　　　CITES Ⅱ

형태 개구리매류 중에서 몸집이 큰 편이며 날개폭도 넓다. 수컷은 이마와 머리 상단, 가슴, 등에 검은색과 흰색, 짙은 갈색 줄무늬가 있다. 암컷은 머리 상단과 뒷목에는 황갈색에 다갈색 세로얼룩무늬가 있고, 등과 어깨에도 짙은 황갈색 바탕에 넓은 세로얼룩점이 산재해 있다. 부리는 회색이며 납막과 홍채는 황색이다. 수컷은 다리가 황색이고 암컷은 황갈색이다. 꼬리는 모각을 이루고 꼬리깃은 12개다.

노랫소리 수컷은 '키유-우, 키유-우' 하며 암컷은 '퓨유우-, 퓨이-' 하고 소리 낸다.

생활권 갈대가 무성한 초지, 소택지나 농경지, 야산, 구릉지, 호숫가에서 생활한다.

번식 산란기는 4월 중순~5월 하순이며 습지나 소택지의 수초 위에 식물의 줄기나 잎을 모아 접시형 둥지를 틀고 부드러운 소재로 만든 산좌에 3~5개의 알을 낳는다. 알은 매우 긴 모양이며 껍질은 무광택이고 바탕색이 흰색인 것과 푸른색이 도는 흰색 또는 담황색인 것도 있다. 알의 크기는 53mm다. 포란은 암컷이 주로 하며 포란 기간은 31~38일이다. 육추는 암수가 함께 하며 육추 기간은 35~40일 정도다.

먹이 번식지에서는 양서류(개구리)와 파충류(뱀), 어류(담수어)를 주로 먹고 설치류 등 소형 포유류, 오리류, 물닭, 갈매기 등 조류의 알과 어린 새끼 등도 잡아먹는다. 월동지에서는 들쥐 등 설치류를 주로 잡아먹는다.

현황 봄철과 가을철에 한반도를 통과하며 드물게 월동하는 겨울철새다. 지상 또는 초원 위에 앉기도 하며 바위나 말뚝 위와 낮은 곳에 주로 앉지만 높은 나뭇가지에는 앉지 않는 버릇이 있다.

몸길이 ♂520mm ♀580mm   몸무게 ♂400~650g ♀550~800g
부리 21.5~26.5mm 날개 ♂370~425mm ♀339~443mm 꼬리 230~260mm
부척 88~99mm
분포권 유라시아 아한대지역, 러시아 시베리아 동부, 사할린, 바이칼호,
　　　　아무르강, 우수리강, 만주, 몽골 북부, 일본
　　　　남한 경기도, 충청남도, 전라남도
　　　　북한 함경북도, 평안북도, 황해도
도래 시기[월] **1 2 3** 4 5 6 7 8 9 **10 11 12**

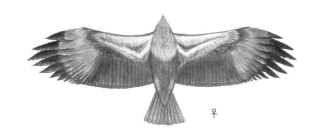

♀

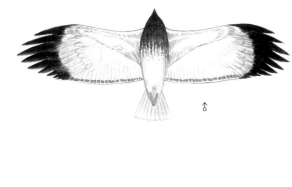

♂

♀

♂

아성조

매

북한명 | 꿩매
Falco peregrinus
Peregrine Falcon

■ 텃새　■ 천연기념물 제323–7호,
환경부 지정 멸종위기 야생생물 Ⅰ급,
CITES Ⅰ

몸길이 ♂400mm ♀460mm **몸무게** ♂600~750g ♀900~1,300g
부리 ♂20~21mm ♀22.5~26mm **날개** ♂305~333mm ♀348~378mm
꼬리 ♂136~152mm ♀136~181mm **부척** ♂43~48mm ♀52~57mm
분포권 북아메리카, 오스트레일리아, 유라시아, 오호츠크해 연안,
　　　　러시아 캄차카반도, 사할린, 타이완, 일본
　　남한 서해안과 도서지역, 경기도, 강원도, 경상남도
　　북한 함경북도, 함경남도, 평안남도, 황해도

도래 시기[월] 텃새

아성조

형태 부리는 기부 쪽이 황색이며 끝은 검고 납막은 황색이다. 머리와
뺨 등은 짙은 회색을 띤다. 배는 황갈색을 띤 흰색에 가는 검은색 가
로줄무늬가 있다. 뺨에는 눈 밑에서 이어진 검은 무늬가 있고 암컷은
수컷보다 어두운 색이다. 아성조는 머리와 등은 갈색이며 배에는 짙
은 갈색의 굵은 세로줄무늬가 있다. 꼬리는 짧고 약간 둥근 편이다.
발가락은 가늘고 길다.

노랫소리 외부에 새가 접근할 때나 위험이 닥쳐올 때 '켓켓켓켓'
하는 소리를 연속해서 낸다.

생활권 무인도나 외따로 떨어진 외로운 섬의 암반 절벽이나 호수, 농
경지, 개활지, 산림 등에서 생활한다. 겨울에는 평탄한 지역으로 이동
하여 생활한다.

번식 산란기는 4~6월이며 외딴섬 절벽의 움푹하게 파인 곳의 맨땅
위에 흰색에 적갈색 반점이 있는 알을 3~4개 낳는다. 알의 크기는
52mm이다. 포란은 암컷이 주로 하며 포란 기간은 29~32일이다. 육
추는 암수가 함께 하며 육추 기간은 35~42일이다. 매과의 매종은 둥
지를 짓지 않는다. 이들은 콩새매에 기원을 두고 있을 가능성이 큰데
콩새매도 둥지를 짓지 않고 다른 조류가 버린 둥지에서 번식한다. 이
는 구멍에 둥지를 짓는 조류의 전형적인 특징으로, 매과 중 유일하다.

먹이 조류인 꿩과 비둘기, 어치, 도요새, 오리류, 물떼새류와 설치류
인 들쥐 등을 잡아먹는다.

현황 텃새다. 매속의 매종은 진화 과정의 마지막 수백만 년 동안 세
계적인 확대를 거쳐서 행위, 노랫소리, 짙은 수염무늬를 포함한 외형
이 상당히 통일된 모습을 갖게 되었다. '매'라는 말을 들으면 주로 황
조롱이나 사냥매로 훈련시키는 매(*Falco peregrinus*)를 떠올릴 것이다.
둘 다 매속의 일원이고 긴 날개를 갖고 있으며 개활지에서 생활하지
만 이들이 속한 매과는 주행성 육식조류 중 두 번째로 큰 집단이며
수리과(*Accipitridae*)와 비교적 큰 차이가 있다. 먹이사슬 최상층의 종
으로 환경오염 때문에 매년 개체수가 감소하고 있다.

아성조

옆줄무늬매 세이카매

형태 다른 매류와는 달리 눈 밑의 검은색 줄무늬 반점이 뚜렷하지 않고 아래로 흘러 있다. 수컷의 머리 상단은 붉게 녹슨색을 띠고 흑갈색 세로줄무늬가 선명하다. 머리와 배는 흰색을 띠며 굵은 암갈색 세로줄무늬는 이 새의 명칭으로 삼기에 손색없는 특징이기도 하다. 등은 흑갈색이며 꼬리는 길고 암갈색 띠가 있다. 암수가 흡사하나 암컷은 어두운 색이며 복부는 얼룩반점이 조밀하게 산재되어 있다. 부리는 갈색이고 납막은 황색이며 다리도 황색이다. 어린새는 부리와 다리가 흑회색이며 가슴과 복부는 암갈색 무늬가 굵고 선명하다.

노랫소리 '켓-켓' 하며 소리 낸다.

생활권 개활지 또는 계곡, 초습지, 초원, 황무지, 잡목이 성긴 곳에서 생활한다.

번식 산란기는 4~5월 초순이다. 오래된 거수목에 있는 다른 새의 둥지를 이용한다. 알의 색깔은 엷은 크림색이며 갈색과 적갈색의 얼룩반점이 있다. 알의 크기는 52mm이며 산란수는 3~5개 정도다. 포란과 육추는 암수가 함께 한다. 포란 기간은 28~30일 정도, 육추 기간은 40~45일이다.

먹이 설치류, 소형포유류, 조류.

현황 길잃은새로 오래된 기록에 따르면 1887년 1월 6일 경기도에서 1개체가 채집된 이후 한 세기가 지난 1998년 겨울 충청남도 대호저수지, 아산만, 천수만에서 목격된 것이 전부다. 구학명인 *Falco cherr hendersoni hume*'에서 이름을 따와 헨다손매라 칭했으나 이는 부적합한 명칭이며, 옆구리에 줄무늬가 선명한 것이 특징이므로 북한에서와 같이 '옆줄무늬매'로 부르는 것이 옳다.

몸길이 ♂450mm ♀550mm **몸무게** ♂750~1,000g ♀1,000~1,300g
부리 25~27mm **날개** ♂340~351mm ♀374~435mm **꼬리** 188~260mm
부척 50~60mm

분포권 아프리카 북부, 유럽 동부의 초원지대와 삼림지대. 러시아 시베리아, 중앙아시아, 파미르고원, 티베트고원, 알타이 지역, 아시아 북부
　　　　남한 경기도, 충청남도 서산시 대호저수지, 아산만, 천수만
　　　　북한 자료 없음

도래 시기[월] 길잃은새

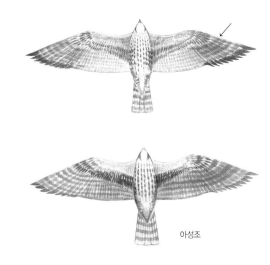

아성조

아성조

195

새홀리기 새호리기

북한명 | 검은조롱이
Falco subbuteo
Eurasian Hobby

■ 나그네새   ■ CITES II

몸길이 ♂335mm ♀350mm   **몸무게** ♂130~230g ♀140~340g
부리 13mm **날개** ♂224~272mm ♀265~280mm **꼬리** ♂122~147mm
♀150~155mm **부척** 36~38mm
분포권 아프리카 북부, 유라시아, 러시아 시베리아 툰드라 남부지역,
사할린, 쿠릴열도, 소아시아, 중국, 몽골 서부, 일본 북부
남한 도시지역을 포함한 전역
북한 함경북도, 함경남도 대흥군, 평안북도 묘향산, 염주군, 강원도
도래 시기[월] 1 2 **3 4** 5 6 7 8 **9 10** 11 12

형태 수컷은 이마와 머리 상단, 뒷머리, 등, 위꼬리덮깃과 꼬리까지 어두운 흑갈색이며 아랫배와 아래꼬리덮깃은 붉은색을 띤다. 가슴과 배는 굵은 흑갈색 세로줄무늬가 산재해 있으며, 암컷은 더욱 무늬가 크고 선명하다. 날개는 가늘고 좁게 보이며 부리는 회색을 띠며 납막은 황색, 홍채는 짙은 갈색이다. 다리는 황색이고 가늘다. 꼬리깃은 12개다.
노랫소리 비교적 드물게 '키리, 키리, 키리' 또는 '킷, 킷, 킷' 하는 날카로운 소리를 낸다.
생활권 개활지나 농경지, 평지의 숲 또는 넓은 삼림에서 주로 생활하고 초원과 들, 하천의 계곡, 무성한 소나무 숲이나 혼효림에서도 생활한다. 최근에는 도시 주변에서 자주 목격되며 인공구조물에서도 번식한다.
번식 산란기는 5월 하순~7월 하순이다. 둥지는 까치와 까마귀의 묵은 둥지를 이용하며 산란수는 2~3개 정도다. 알의 색깔은 황백색 바탕에 작은 적갈색 반점이 있다. 알의 크기는 41mm다. 포란은 암컷이 전담하며 포란 기간은 28~31일이다. 육추는 암수가 함께 하며 육추 기간은 28~34일이다.
먹이 소형 조류, 곤충류, 박쥐, 양서류, 파충류.
현황 봄철과 가을철에 드물게 통과하는 나그네새로, 여름철에 일부 개체는 번식도 하며 겨울철에 월동하는 개체가 늘어나고 있다. 강원도 홍천군과 충청남도에서 번식한 기록이 있다. 필자는 1998~99년에 서울 강남구 소재 현대백화점 옥탑에서 번식하는 것을 KBS와 방송한 바 있는데, 이처럼 도심에서 번식하는 것이 자주 목격되고 있다.

아성조

아성조

쇠황조롱이

북한명 | 쇠조롱이(작은조롱이)
Falco columbarius
Merlin

■ 겨울철새   ■ 희귀함, CITES II

매목

매과

형태 황조롱이와 흡사하지만 체구가 작다. 암수 모두 흰 눈썹선이 있으며 꼬리는 짧고 눈 밑의 얼룩무늬가 뚜렷하지 않다. 머리 상단과 뒷머리는 시멘트색으로 검은색 얼룩무늬가 있다. 이마와 머리는 황갈색을 띠며 눈뒤에서 옆목을 지나는 선과 뒷목은 적갈색으로 띠를 이룬다. 턱밑은 희고 뺨과 귀깃은 크림색으로 짙은 갈색의 얼룩무늬가 있다. 수컷은 주황색 뺨과 뒷목을 제외한 윗면이 청회색이며 검은색 깃축이 있다. 가슴에는 세밀한 황백색 세로줄무늬가 있다. 암컷은 윗면이 회갈색이며 깃털 중앙에 황갈색 반점이 있다. 가슴에는 굵은 세로줄무늬가 있고 꼬리 끝은 검은색의 띠가 선명하다. 부리는 푸른색을 띠고 납막은 황색이며 홍채는 갈색, 다리는 황색이다. 꼬리깃은 12개다. 지역에 따라 크기와 모양에 차이가 나는데, 함경북도 무산산은 날개 203mm, 꼬리 123mm, 부리 12mm, 부척 36mm이며 제주도산은 날개 255mm, 꼬리 134mm, 부리 43mm다.

노랫소리 수컷은 '킷, 킷, 킷, 킷' 또는 '꺅, 꺅, 꺅, 꺅' 하며 암컷은 '쿠잇, 쿠잇, 쿠잇' 한다.

생활권 삼림지역의 개활지와 동토대, 초원, 해안, 농경지, 간척지에서 단독으로 또는 1~2마리가 생활한다.

번식 산란기는 5월 초순~6월 초순이다. 북부지역의 종은 세력권을 형성한 곳에서 나뭇가지와 이끼류를 모아 땅 위나 암반 위에 틀을 만들고 산란하는 반면 남부지역의 종은 까마귀나 매류가 사용했던 나무 위 둥지를 이용한다. 산란수는 3~5개 정도인데, 이틀 간격으로 산란한다. 알은 황백색 바탕에 적갈색의 반점이 있으며, 알의 크기는 40mm다. 포란은 암컷이 전담하며 포란 기간은 28~32일이다. 육추는 암수가 함께 하며 육추 기간은 28~32일 정도다.

먹이 소형 조류, 곤충류, 설치류.

현황 한반도 전역에 드물게 도래하는 겨울철새로 각 대륙 어디서나 개체수 감소현상이 뚜렷이 나타나고 있다.

몸길이 ♂327~340mm ♀315~340mm   **몸무게** ♂130~230g ♀140~340g
부리 12~15.5mm **날개** ♂193~214mm ♀213~232mm **꼬리** ♂117~129mm
♀123~140mm **부척** ♂35~39mm ♀45~48mm
분포권 아메리카 북부, 아시아, 유럽 북부, 러시아 시베리아 동부, 이란,
　　　　이집트, 중국, 일본
　　남한 서해안과 남해안, 경기도, 충청남도, 전라남도, 경상남도
　　북한 함경북도 무산군, 화대군, 평안남도 평원군, 안주시, 개성시,
　　　　황해북도 평산군
도래 시기[월] **1 2 3** 4 5 6 7 8 9 **10 11 12**

♂

♀

♂

♀

197

비둘기조롱이

북한명 | 붉은발조롱이
Falco amurensis
Amur Falcon

■ 나그네새   ■ 희귀함, CITES Ⅱ

몸길이 ♂270mm ♀300mm 몸무게 ♂97~155g ♀275~300g
부리 12.5~16.5mm **날개** 227~247mm **꼬리** 110~132mm **부척** 27~31mm
분포권 아프리카 북동부, 유럽 동부, 아시아 동부, 인도, 우수리강, 중국 북부
　　남한 경기도 안양시, 파주시, 남양주시, 비무장지대 일대, 강원도 철원군
　　북한 함경북도, 평안북도, 룡암포, 금강산

도래 시기[월] 1 2 **3 4** 5 6 7 8 **9 10** 11 12

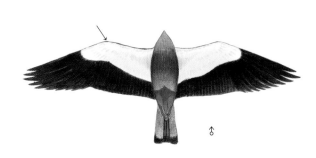

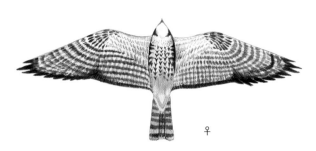

형태 수컷은 머리 상단, 뒷머리, 뒷목, 등, 어깨는 어두운 암청색을 띠며 눈 주위의 나출된 부위는 황색이고 아랫날개덮깃은 순백색이다. 특히 아랫배와 아래꼬리덮깃은 붉은색이다. 암컷의 아랫부분은 희고 검은색 가로무늬가 있으며 등은 청회색이고 이마는 흰색이다. 홍채는 갈색이고 부리는 등황색이다. 다리는 짙은 적홍색이다. 꼬리는 회색이며 7~9개의 검은색 가로띠가 있고 꼬리깃은 12개다.

노랫소리 수컷은 '킷킷킷킷킷' 하며 소리를 낸다.

생활권 농경지나 개활지, 초지, 구릉지, 하천, 평야지역, 산림지를 선호한다.

번식 산란기는 5~6월이다. 둥지로 가장 흔하게 쓰는 것은 암벽의 얕은 구덩이고 때로는 개활지나 하천가의 활엽수 또는 침엽수에 있는 까치나 까마귀의 묵은 둥지를 찾아 사용하거나 나무구멍을 이용한다. 산란수는 4~5개 정도이며 보통 2~3일 간격으로 산란한다. 알의 색깔은 황백색 바탕에 갈색 얼룩점이 산재해 있다. 포란은 암컷이 전담하며 포란 기간은 28~30일 정도다. 이때 수컷은 먹이를 공급한다. 육추는 암수가 함께 한다. 매속 매종의 번식습성은 상당히 통일된 양상을 띤다. 수컷은 공중과 나뭇가지 위에서 구애행각을 시작하며, 일반적으로 세력권 형성지역을 중심으로 날개를 펼쳐 올려 날개 밑의 색상을 드러낸 다음 몸을 굽히는 동작을 하고 소리를 지른다. 수리과 종의 알 껍데기는 엷은 녹색이지만, 매과 종의 알은 크고 적갈색이며 햇빛에 놓고 살펴보면 껍질이 담황색이다.

먹이 곤충류, 소형조류, 양서류, 파충류.

현황 한반도 중북부를 통과하는 희귀한 나그네새이며 북한의 고산지역에서는 작은 무리가 번식하는 여름철새이기도 하다. 1948년 경기도 안양시와 경기도 파주시에서 번식한 기록이 있으며 1968년에는 경기도 남양주시 진접면에서 채집되기도 했다.

황조롱이

북한명 | 조롱이
Falco tinnunculus
Common Kestrel

■ 여름철새   ■ 천연기념물 제323-8호,
CITES Ⅱ

형태 부리는 청회색이고 납막은 황색이며 홍채는 갈색이다. 수컷은 윗면이 적갈색이고 머리와 꼬리는 청회색이다. 머리 상단과 뒷머리, 뒷목, 옆목은 회색으로 검은색 얼룩무늬가 있다. 눈 밑에 검은색 세로줄이 선명하며 배는 크림색에 짙은 밤색 무늬가 있다. 암컷은 윗면이 적갈색이며 암갈색 무늬가 있다. 꼬리는 길고 끝에 폭이 넓은 검은색 띠가 있다. 다리는 황색이며 발톱이 검다.

노랫소리 '키 키 키' 또는 '킷 킷 킷' 하는 소리를 낸다.

생활권 평지나 산지와 개활지에서 생활한다. 근래에는 도시의 빌딩에 둥지를 틀고 거주하는 개체수가 늘어나 거주민과 마찰이 적지 않다. 이는 암반에서 지내는 생활습관에 따른 것으로, 시멘트 건물을 암반으로 착각하기 때문이다.

번식 산란기는 4~6월이며 개활지와 절벽의 암반이나 나무의 돌출부 같은 후미진 곳, 도시의 건물 또는 인공구조물에 둥지를 튼다. 나뭇가지나 풀과 줄기를 이용하여 둥지를 만들거나 맹금류의 묵은 둥지를 이용하기도 한다. 알은 흰색에 적갈색 반점이 있고 산란수는 3~6개 정도이며 크기는 37mm다. 포란은 암컷이 주로 하며 포란 기간은 27~29일이다. 육추는 암수가 함께 하며 육추 기간은 27~32일이다.

먹이 일반적으로 곤충과 작은 척추동물, 소형 조류, 파충류, 설치류 등을 먹이로 삼는다. 사냥감을 찾을 때 오랫동안 선회할 수 있는 능력을 가진 것으로 유명하다.

현황 한반도 전역에서 흔히 볼 수 있는 여름철새다. 여름에는 산지에서 번식하고 겨울에는 평지로 내려와 생활한다. 근자에 와서 생활공간을 도시로 옮기는 경향이 뚜렷해지고 있다. 가장 작은 매종은 이름에 'Kestrel'(황조롱이)이 포함되어 있는데 총 10종이며 대부분 아프리카와 섬에서 발견되고 모두 같은 색깔을 지닌다. 어미새의 눈은 담황색인데, 매과의 다른 모든 종은 홍채가 갈색이다.

몸길이 ♂340mm ♀385mm   **몸무게** ♂190~240g ♀220~300g
부리 ♂12~15mm ♀13~16mm **날개** ♂221~247mm ♀240~247mm **꼬리** 157~183mm
부척 37~45mm
분포권 유럽, 아프리카, 아시아, 필리핀, 인도, 말레이반도, 인도네시아,
　　　　중국, 타이완, 일본
　　　남한 전역
　　　북한 평안남도 은산군, 순천시 군자산, 증산군, 황해남도 온천군,
　　　　　구월산, 강령군, 평안북도 신미도, 함경북도 웅기군,
　　　　　자강도 만포시, 함경남도 흥원군

도래 시기[월] 1 2 3 **4 5 6 7 8 9** 10 11 12

♂

♀

♂

♂

♀

흰매

북한명 | 없음
Falco rusticolus
Gyrfalcon

몸길이 ♂530mm ♀560mm   몸무게 ♂800∼1,300g ♀1,400∼2,100g
부리 12.5∼16.5mm **날개** 227∼247mm **꼬리** 110∼132mm **부척** 27∼31mm
분포권 북아메리카, 캐나다, 미국 알래스카, 북극 도서지역,
　　　　스칸디나비아반도, 러시아 북부, 캄차카반도
　　남한 경상북도 상주시
　　북한 자료 없음
도래 시기[월] 길잃은새

형태 이 종은 날개 색깔에 따라 담색형(淡色型), 중간형(中間型), 암색형(暗色型) 3종류로 나뉜다. 매보다 크고 통통하며 날개폭이 넓어 보인다. 담색형은 앞이마와 머리 상단이 희고 몸통 전체가 순백색이며, 몸통 윗면과 날개에 짙은 흑갈색 점무늬가 산재해 있다. 중간형은 이마와 머리 상단이 순백색이며, 눈가와 눈앞은 암회색이고, 몸통 윗면과 꼬리는 청회색 바탕에 작은 암회색 반점이 있다. 몸통 아랫면은 흰색인데 복부에 흑갈색 반점이 있다. 암색형은 몸통이 암갈색이고 깃마다 담색 무늬가 있다. 홍채는 흑갈색이며 부리는 청백색이고 꼬리는 모난형이다.
노랫소리 '캐애애애, 캐애애애' 하는 날카롭고 예리한 소리를 낸다.
생활권 개활지와 해안, 하천, 초원에서 주로 생활한다.
번식 번식기는 4∼5월이다. 오래된 거목이나 암반 위에 산란하는데, 누런빛이 도는 흰색에 적갈색 얼룩무늬가 있는 알을 3∼4개 낳는다. 알의 크기는 59mm다. 포란은 주로 암컷이 하며 포란 기간은 35일이다. 육추는 암수가 함께 하며 육추 기간은 46∼49일이다. 수리과와 매과의 가장 큰 차이점은 둥지를 짓는 방식과 날개깃의 깃털갈이를 진행하는 순서다. 매과는 겉에서 네 번째 깃부터 깃털갈이가 시작된다. 또한 생리구조상 미세한 차이가 있는데 매과는 흉강이 더 건장하고 목이 더 짧으며 특수한 울대가 있다. 매과와 수리과는 3,500만 년 전 시신세에서 기원하지만 각자 진화방향은 상당히 다르다. 매과는 남반구에서 기원했고 300만 년 전에야 북반구 대륙과 분리되었을 확률이 높다. 남반구에서는 매의 원시 다양성이 보존되어 있으며 현재까지 발견된 10속의 매 중 7속은 남반구에만 존재한다.
먹이 중간 크기의 새와 큰 새, 바닷새, 오리류, 멧닭을 사냥하여 먹는다.
현황 기상 이변이나 그 밖의 상황으로 무리에서 이탈하여 한반도에 유입된 길잃은새다. 2010년 3월 경상북도 상주시에서 백색형이 관찰되었다고 하나 자세한 정보는 없다.

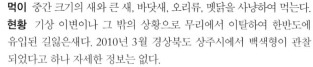

닭 목

멧닭과는 텃새로 몸통이 비교적 통통하며 다리는 짧고 털로 덮여 있다.

땅 위에서 주로 지내며 나무 위에 앉기도 한다. 주위 환경과 털색이 비슷해서

친적이 다가와도 위장술만 믿다가 생명을 잃기도 한다. 잡식성이다.

꿩과는 텃새와 겨울철새가 있다. 다리가 잘 발달하여 뛰거나 걸으면서 위험을 피한다.

비상시에도 멀리 날아가지 않고 가까운 곳에 내려앉는다. 부리가 짧으며 씨앗이나 열매,

곤충류를 주식으로 삼는다. 수컷 1마리가 여러 암컷을 배우자로 삼으며

포란과 육추는 암컷이 전담한다.

멧닭

북한명 | 멧닭
Tetrao tetrix
Black Grouse

몸길이 ♂410mm ♀350mm　**몸무게** ♂1,000~1,400g ♀750~1,100g
부리 23~25mm　**날개** 234~238mm　**부척** 48~51.2mm
분포권 고산지역이나 추운 곳, 북위 76~47도 사이의 유라시아와
　　　　 북아메리카 아북권, 툰드라 지역, 유럽 북부, 독일, 영국, 핀란드,
　　　　 네덜란드, 폴란드, 벨기에, 프랑스, 이탈리아 북부, 유고슬라비키아,
　　　　 스칸디나비아반도, 러시아 서북부, 시베리아 동남부, 몽골, 만주
　　　　 남한 강원도 고산지역, 설악산
　　　　 북한 백두산을 중심으로 양강도 장안리, 운흥군, 강두수,
　　　　 함경북도 연사군

도래 시기[월] 텃새

형태 겨울철 동상을 막기 위해 발에 깃털이 덮여 있으며, 콧구멍이 독특하고, 며느리발톱이 길지 않다. 추운 지역에서 특히 혹한기에 다양한 적응력을 발휘함으로써 생존할 수 있도록 진화해온 것이다. 일부 종, 특히 일부다처제를 하는 종은 암수 구별이 확실하다. 수컷은 체모가 화려하지만 암컷은 몸집이 작고 주변과 흡사한 갈색이다. 수컷은 이마와 머리 상단, 몸통이 검고, 눈 위에 있던 나출된 황색 피부가 성장하면서 붉은색으로 변하며, 꼬리가 길고 좌우에서 밖으로 말려 구부러져 있다. 암컷의 꼬리는 짧고 오목하다. 홍채는 검고 다리는 털로 덮여 있다.

생활권 멧닭 종군(種群)들은 주로 내륙의 깊은 산지나 고산지역의 초원, 툰드라, 산림, 늪가나 개활지에서 생활하며 국지적으로 이동한다. 산지에서 생활하는 경우 여름에는 해발이 높은 서식지로, 겨울에 낮은 지역으로 이동한다.

노랫소리 '쉬잇, 뚜뚜' 또는 '꾸꾸, 꺅꺅' 등 여러 소리를 내며 휘파람소리도 종종 낸다. 암컷은 '꾸꾸' 또는 닭이나 거위와 흡사한 소리를 낸다.

번식 산란기는 4~6월이다. 국내에 서식하는 멧닭은 일부일처제로, 봄철 눈이 녹기 시작하면 수컷들은 목과 꼬리, 날개, 기낭(氣囊)을 과시하면서 구애행동을 한다. 짝짓기를 마치면 식물의 잎과 줄기를 모아 둥지를 만들고 1~2일 걸러 알을 6~11개 정도 낳는다. 알은 흰색 바탕에 황색을 띠고 갈색 반점이 있다. 포란은 암컷이 전담하며 포란 기간은 25~27일이다. 육추는 암수가 함께 하는데 육추 기간은 40~50일이다. 어린새는 부화 후 곧 둥지를 벗어나 처음 몇 주는 고열량 먹이인 무척추동물을 주로 먹고 가을까지 어미의 보호를 받고 자란다. 이 시기가 되면 어미와 몸무게가 거의 같아진다.

먹이 갑충류 곤충, 지상과 관목들의 새순과 잎, 꽃, 들쭉, 산딸기 등 열매(여름), 침엽수 잎(겨울).

현황 텃새로 남한에서는 제한된 일부 지역(설악산)에서 목격된 사례가 있다. 북한의 함경북도 백두산 일대에서 둥지가 여럿 발견되었고, 6월과 7월 사이에 알과 어린 새끼도 발견되었으며, 8월에 채집했다는 기록이 있다. 닭목은 분포가 광범위하며 서식지가 외진 덕분에 큰 멧닭류의 보호는 절박하지 않아 보인다.

들꿩

북한명 | 들꿩
Bonasa bonasia
Hazel Grouse

형태 이마와 머리 상단, 뒷머리는 적갈색을 띤 회색으로 흑갈색 가로 띠가 있다. 머리깃은 우관을 이룬다. 온몸에 회갈색 또는 흑갈색 얼룩 무늬가 있으며 부리 기부에서 멱의 검은색 반점을 둘러싼 흰색 선이 선명하다. 꼬리 끝과 어깨깃의 끝은 흰색이다. 수컷은 턱밑과 멱에 크고 뚜렷한 검은 반점이 있으며 암컷은 엷은 흑갈색이다. 옆구리에는 붉은 점과 흑갈색 무늬가 어우러져 있다. 암컷은 수컷에 비해 암갈색을 띤다. 수컷의 깃은 전체적으로 윗면은 흑갈색을 띠며 날개덮깃은 적갈색을 띤다. 꼬리는 끝이 뾰족한 모양으로, 갈색이며 검은색과 회색 띠가 있다. 부리는 검고 홍채는 흑갈색이다. 다리는 붉게 녹슨 회갈색이다.

노랫소리 수컷은 '삐루루-' 또는 '휘- 삣, 삣, 삣' 하며 암컷은 '싯, 싯, 싯' 또는 '칫, 칫, 칫' 하기도 한다.

생활권 침엽수림이나 활엽수림 또는 혼효림지역에서 생활한다.

번식 산란기는 4~6월이다. 관목의 뿌리가 있는 지면 위나 나뭇잎이 쌓여 잘 보이지 않는 곳에 마른풀을 깔아 둥지를 만들고 알을 7~11개 정도 낳는다. 둥지의 크기는 직경 203mm, 깊이 58mm, 높이 96mm다. 알은 크림색과 엷은 황갈색에 적갈색 반점이 있으며, 크기는 41mm다. 포란과 육추는 암컷이 전담하며 포란 기간은 24~25일, 육추 기간은 35~40일 정도다.

먹이 풀씨, 열매, 갑충의 유충, 달팽이, 메뚜기 등. 북한 자료에 따르면 오가산 일대에서 서식하는 들꿩 7개체의 위 속을 조사한 결과 달팽이, 메뚜기, 갑충의 유충, 갈매나무 순과 분비나무 잎, 산벚나무열매, 풀씨, 다래, 도토리, 찔레나무열매, 클로버 등이 나왔다.

현황 흔한 텃새로 숲이 우거지고 장과가 많은 지역에서 쉽게 볼 수 있다. 평지의 우거진 수림과 해발 1,700~1,800m 자연림에서 생활한다. 사람이 둥지에 50~60cm 가까이 다가가도 날아가지 않는데 이는 모성애의 발로라기보다 위장술에 대한 자신감으로 사료된다.

몸길이 350mm **몸무게** 300~450g
부리 10~14mm **날개** 153~173mm **꼬리** 108~135mm **부척** 35~37mm
분포권 이탈리아 북부, 유고슬라비아, 불가리아, 스칸디나비아반도, 우랄산맥, 알타이 지역, 러시아 시베리아 툰드라 지역, 아무르강, 우수리강, 사할린, 만주, 몽골 북부, 일본
　　　남한 야산의 혼효림
　　　북한 해발 800m 고산지역과 삼림지역
도래 시기[월] 텃새

꿩

북한명 | 꿩

Phasianus colchicus
Ring-necked Pheasant

몸길이 ♂850~890mm ♀580~660mm **몸무게** ♂985~1,123g ♀695~705g
부리 30~35mm **날개** 210~244mm **꼬리** ♂325~565mm ♀260~310mm **부척** 55~71mm
분포권 유라시아 온대지역, 중국 남부, 만주 남부
    남한 전역
    북한 북부 고원지대를 제외한 전역
도래 시기[월] 텃새

형태 수컷은 현란한 색깔로 화려함의 극치를 이룬다. 전신의 체모가 적갈색의 금속광택을 내고 흑갈색 반점이 산재해 있다. 머리와 목은 청동색이고 눈 주위에 닭 벼슬처럼 나출된 붉은색 피부가 화려함을 더한다. 목에 흰 테가 선명하게 둘러 있고 꼬리는 길며 흐린 회갈색 바탕에 검은색 가로띠가 일정한 간격으로 배열되어 있다. 암컷은 흐린 암갈색 바탕에 흑갈색 반점이 산재해 있고 꼬리가 수컷에 비해 짧다. 부리는 엷은 황갈색을 띠고 홍채는 적갈색이며 다리는 회갈색이다.

노랫소리 수컷이 우렁찬 소리로 '꿩, 꿩, 꿩' 하면 암컷은 낮은 소리로 '쵸, 쵸, 쵸' 또는 '픽, 픽, 픽' 화답한다. 수컷이 다가가 날개를 파닥이며 암컷의 옆으로 기어들면 교미가 이루어진다.

생활권 농경지와 산간 초지, 농어촌, 공원, 숲, 산기슭, 들녘에서 생활하며 지역에 따라 해발 1,500m 또는 2,500~2,600m 고산지역에서도 목격된다. 꿩의 자연분포 한계는 대체로 눈이 적은 평야나 산록, 그리고 겨울에 눈이 적게 쌓이는 적설량 10~20cm 미만의 건조한 고원과 일치한다.

번식 산란기는 4~6월이다. 산기슭이나 숲속의 땅바닥을 오목하게 판 다음 풀이나 나뭇잎을 깔아 산좌를 만들고 알을 낳는다. 둥지의 크기는 길이 180~220mm, 너비 160~200mm, 깊이 60~80mm 정도다. 산란수는 평균 8~15개 정도이며 알의 크기는 36mm, 무게는 평균 20.1~25.84g이다. 포란과 육추는 암컷이 전담하며 포란 기간은 23~28일, 육추 기간은 70~80일이다.

먹이 식물의 씨앗, 곡물의 낟알, 곤충류, 개미.

현황 한반도 전역 어디서나 쉽게 볼 수 있는 텃새다. 번식기를 제외하고 수렵이 허가된 대표적인 새로 개체수가 안정적이다.

204

메추라기

북한명 | 메추리
Coturnix japonica
Common Quail (Japanese Quail)

■ 나그네새   ■ 흔함, IUCN Red List NT

형태 황갈색 바탕에 검은색 줄무늬가 산재해 있다. 꼬리는 짧고 몸은 둥근 타원형을 이루며 긴 황백색 눈썹선이 선명하다. 등과 가슴에 흰색과 검은색 무늬가 주변 환경과 흡사한 보호색을 이루어 발견하기 쉽지 않다. 수컷은 뺨과 목이 적갈색을 띠고 암컷은 목이 흰색이며 가슴에 반점이 많다. 부리는 회갈색을 띠고 홍채는 갈색이다. 다리는 엷은 담황색이다.

노랫소리 번식기에는 '쮸쮸르, 쮸르' 하며 요란스럽게 지저귄다. 또는 '구루, 구루 구르르-과르르-' 하거나 '쥬루르- 쮸루르-' 하기도 한다.

생활권 초원과 농경지, 평지, 목야지, 산악, 관목과 초지에서 주로 생활한다. 몸 색깔이 주변색과 구별할 수 없을 만큼 완벽한 보호색을 띠고 있다는 사실을 스스로 인지하고 포식자나 다른 동물이 가까이 접근해도 피하지 않는 버릇이 있다.

번식 산란기는 4~5월 하순이며 초지의 땅바닥을 오목하게 파고 부드러운 마른풀과 잎을 깔고 황회색 바탕에 갈색 얼룩반점이 산재해 있는 알을 8~13개 정도 낳는다. 포란과 육추는 암컷이 전담하며 포란 기간은 18~20일 정도다.

먹이 식물의 씨앗, 장과, 곤충류, 거미류.

현황 봄철과 가을철에 한반도를 통과하는 나그네새이며 일부는 남부지역에서 월동하는 겨울철새. 위장술이 능해 쉽게 목격되지 않는다. 꿩과 함께 대표적인 수렵용 새로 간주된다.

몸길이 200mm   몸무게 84~123g
부리 10~15mm **날개** 92~100mm **꼬리** 31~42mm **부척** 25~28mm
분포권 유라시아와 아프리카, 아무르강, 우수리강, 만주, 몽골 북부,
　　　중국 북부, 일본
　　　남한 전역
　　　북한 전역
도래 시기[월] 1 2 **3 4** 5 6 7 8 **9 10** 11 12

205

두루미목

세가락메추라기과는 나그네새로, 몸통이 메추라기와 비슷하며 발가락이 3개다.

암컷 1마리가 여러 수컷을 거느리며 포란과 육추는 수컷이 맡는다.

습지에서 생활하는 소형종 또는 중형종인 뜸부기과는 겨울철새, 여름철새 등

도래 시기가 다양하다. 작은 머리, 긴 꼬리와 다리, 발가락이 특징이다.

물닭류는 판족이 있어 유영에 뛰어나다. 대형종인 두루미과는 주로 겨울철새로

길잃은새도 있다. 농경지와 초습지, 갯벌 등에서 무리를 지어 생활한다.

긴 목과 다리가 특징이며 수컷이 좀더 몸집이 크다. 느시과는 긴 목과 길고

강한 다리, 체구가 육중한 대형 육상조류로 한반도 전역에서 어렵지 않게

관찰되었지만 현재 멸종위기종이다.

세가락메추라기

북한명 | 세가락메추리
Turnix tanki
Yellow-legged Buttonquail

■ 나그네새 ■ 귀함

몸길이 120~180mm **몸무게** 35~120g
부리 11~13mm **날개** ♂99~100mm ♀97~98mm **꼬리** 40mm **부척** 25mm
분포권 인도차이나반도, 인도, 중국 북동지역, 러시아 연해주
　　　남한 경기도 일부, 강원도 비무장지대, 서해안, 전라남도
　　　북한 함경북도, 평안남도 증산군, 개성시
도래 시기[월] 1 2 **3 4** 5 6 7 8 **9 10** 11 12

형태 메추라기와 비슷하지만 몸집이 더 작다. 암컷이 수컷보다 체구가 크다. 부리는 회백색이며 기부는 황색을 띠고 부리 윗면은 암갈색이다. 머리 상단은 검은색이며 깃가는 붉은색빛이 도는 황색이다. 이마에는 크림색 점무늬가 있다. 옆머리는 크림색이며 갈색 점무늬가 있다. 머리 중앙에는 희미한 크림색 선이 있다. 뒷목과 합부는 적갈색이고 등은 회갈색이며 검은색 점무늬가 있다. 날개는 회갈색이며 외면은 크림색이다. 날개깃은 갈색이며 끝에는 둥근 검은색 점무늬가 있다. 목은 회백색이며 아랫목은 적갈색이다. 윗가슴과 옆면은 담색이고 옆구리에는 둥근 검은색 점무늬가 있다. 복부 중심부는 흰색이다. 꼬리는 부드럽고 꼬리깃은 12개다. 다리는 황색이며 발가락은 3개다. 홍채는 황백색이며 부척에 깃이 없고 앞뒤로 각질판이 덮여 있다.
노랫소리 주로 번식기에 '쥬리리, 쥬리' 또는 '꾸루루, 꾸리리-' 하거나 '부- 부- 부-' 하고 소리를 낸다.
생활권 관목이 산재한 풀밭, 농경지나 공원 부근, 하천의 풀밭, 관목이 무성한 언덕, 초원의 모래언덕, 야산 등지에서 생활한다.
번식 산란기는 4~9월이다. 초지의 맨땅을 오목하게 파고 부드러운 마른풀이나 줄기를 깔고 산좌를 만든다. 산란수는 3~4개 정도다. 알은 흰색 바탕에 희미한 회갈색 줄무늬와 작은 흑갈색 반점이 있고 크기는 25mm다. 포란과 육추를 수컷이 전담하는 특징이 있으며 포란 기간은 12~16일 정도, 육추 기간은 28~30일 정도로 추측된다.
먹이 식물의 씨앗과 새순, 장과, 곤충류.
현황 매년 봄철인 3~4월 또는 가을철 9~10월에 한반도를 중간기착지로 삼아 번식지와 월동지를 오가는 나그네새로 매우 드물게 목격된다. 메추라기와 비슷하게 생겼으며 잘 날지 않고 땅 위에서 주로 생활한다. 닭처럼 땅을 파헤치는 버릇이 있고 위험이 닥쳐오면 20~30m 정도 날거나 숨는다.

알락뜸부기

북한명 | 작은물병아리
Coturnicops exquisitus
Swinhoe's Rail

■ 나그네새　■ IUCN Red List VU C2a(ii)

형태 뜸부기류에서 가장 작은 소형종으로 등은 짙은 갈색 바탕에 검은 반점과 작은 흰색 세로줄반점이 산재해 있다. 날개는 검은 세로줄무늬와 흰색 가로줄무늬가 혼재되어 있다. 멱과 턱, 복부는 흰색이고 가슴은 황색을 띤 갈색이다. 부리는 암갈색이며 기부와 아랫부리는 녹황색이다. 홍채는 갈색이며 다리는 엷은 갈색이다.

노랫소리 '콧 쿄로루루-' 하며 밝은 소리를 낸다.

생활권 소택지나 소호, 논, 내륙의 습지, 초습지에서 생활한다. 뜸부기류는 분포 범위가 가장 광범위한 조류 중 하나로, 남극을 제외한 각 대륙과 대부분의 도서지역 등 사막을 제외한 항설선(恒雪線) 이하의 거의 모든 서식지에서 볼 수 있다. 울창한 식생을 선호하며 겁이 많고 인적을 피해 모습을 드러내지 않기 때문에 더 발견해야 할 미기록종이 아직 많다. 외부에서 들어온 육식동물의 공격을 자주 받으므로 많은 종이 멸종위기에 처했거나 이미 멸종된 것으로 여겨진다.

번식 산란기는 5~8월 상순이다. 논이나 초습지 또는 소호의 풀숲 사이 땅 위에 수초의 잎이나 줄기를 모아 접시형 둥지를 튼다. 산란수는 5~6개 정도다. 알은 갈색 바탕에 적갈색 얼룩점이 산재해 있고 크기는 28mm다. 번식에 대한 더 자세한 생태 조사는 아직 이루어지지 않았다.

먹이 화본과 식물의 종자, 곤충류(딱정벌레목, 파리목), 거미류.

현황 북한 자료에 따르면 가을철에 4번, 봄철에 2번 잡혔는데, 포획된 시기로 보아 평안북도 어디선가 번식하고 있는 것으로 판단된다. 남한에서는 경기도와 낙동강 하류, 제주도에서 가을철 4회, 봄철 2회 목격된 기록이 있을 뿐인 희귀한 나그네새이자 겨울철새다. 동남아시아의 습지 감소로 인한 환경파괴가 개체군의 급격한 감소로 이어지고 있다. 개체수가 1만 마리를 넘지 못하는 것으로 추정되는 국제보호종이다.

몸길이 130~150mm　**몸무게** 81~127g
부리 12~13mm **날개** 77~83mm **꼬리** 32~36mm **부척** 22~23mm
분포권 중국 북동부, 만주, 싱카이호, 우수리강, 일본
　　　　남한 경기도, 낙동강 하류, 제주도
　　　　북한 평안북도
도래 시기[월] 1 2 **3 4** 5 6 7 8 **9 10** 11 12

흰눈썹뜸부기

북한명 | 작은뜸부기

Rallus aquaticus
Water Rail

■ 겨울철새 ■ 적음

몸길이 280~290mm **몸무게** 101~195g
부리 ♂39~43mm ♀34~39mm **날개** ♂127~136mm ♀120~126mm
꼬리 50~62mm **부척** ♂38~43mm ♀36~39mm
분포권 유라시아 온대지역, 러시아 시베리아 동부, 사할린, 만주,
　　　　아무르강, 우수리강, 타이완, 일본
　　　남한 낙동강 하류
　　　북한 자료 없음

도래 시기[월] **1** **2** **3** 4 5 6 7 8 9 **10** **11** **12**

형태 얼굴과 뺨, 목, 가슴과 복부는 청회색이며 이마와 머리 상단, 뒷머리는 흑갈색이다. 깃털 끝부분은 올리브색에 엷은 갈색이 감돌고 눈 위에는 넓은 회갈색 눈썹선이 자리 잡고 있다. 등과 날개는 회갈색을 띠며 검은색 세로줄무늬가 있다. 옆구리와 아래꼬리덮깃은 검은색에 흰색 가로줄무늬가 뚜렷하다. 부리는 길고 가늘며 살짝 구부러져 있고 흑갈색을 띠는데 아랫부리는 붉다. 부리는 흙이나 물에서 먹이를 찾거나 알껍데기 부수기, 메뚜기 깨물기, 개구리나 새끼오리를 죽이는 데 사용된다. 홍채는 붉은 오렌지색 또는 붉은색이다. 다리는 살갗 빛이 도는 갈색이다. 뜸부기과 중에서 뜸부기류는 대규모 집단을 이루며 작고 단단한 몸과 짧고 둥근 날개가 대표적 특징이다.
노랫소리 '찍-직찍' 또는 '끼 끼 끼 끼욱-' 하는 소리를 낸다.
생활권 수풀이 울창한 곳, 갈밭, 수초지역, 소호, 소택지 등에서 생활한다. 대다수의 뜸부기류는 비행능력이 떨어지며 완전히 상실한 종도 있는 반면 여러 종이 월동지와 번식지로 장거리 이동을 한다.
번식 산란기는 5~7월이며 늦게는 8월에도 산란한다. 갈대밭의 수초 사이 땅 위에 갈잎이나 풀줄기를 모아 접시형 둥지를 만든다. 5월부터 구애동작이 시작되며 일반적으로 6월에 알을 낳는다. 산란수는 6~11개 정도다. 알은 크림색이 도는 갈색 바탕에 적갈색 얼룩무늬가 있고 크기는 38mm다. 포란과 육추를 암수가 함께 하며 포란 기간은 19~22일, 육추 기간은 25~30일 정도다.
먹이 씨앗이나 열매 등 식물성 먹이, 무척추동물, 소형 양서류, 어류, 조류의 알, 썩은 고기, 갑각류(새우), 복족류, 곤충류, 거미류.
현황 봄, 가을철에 한반도를 중간기착지로 삼고 머물렀다 지나가는 나그네새이자 일부는 월동하는 겨울철새다. 낙동강 하류지역에서 주로 월동한다. 뜸부기류의 집단서식, 조직을 비롯한 여러 행위는 지금까지도 수수께끼로 남아 있다. 대부분의 종이 후각이 민감하다고 알려져 있다.

쇠뜸부기

북한명 | 물병아리
Porzana pusilla
Baillon's Crake

■ 나그네새 ■ 적음

두루미목

뜸부기과

형태 암수의 체모가 흡사하며 이마 가운데, 머리 상단과 뒷목은 적갈색을 띠고 흑갈색 얼룩무늬가 있다. 얼굴과 가슴은 청회색이며 등은 밤색 바탕에 검은색 반점이 어우러져 있다. 옆구리와 아래꼬리덮깃은 검은색 가로줄무늬와 흰색 줄무늬가 혼재되어 있다. 눈썹선은 밤색이고 턱 밑과 멱은 흰색이다. 부리는 초록색을 띠며 홍채는 짙은 붉은색이다. 다리는 엷은 갈색이다. 뜸부기과는 다리가 튼튼하고 근육이 발달했으며 앞발가락 3개와 뒷발가락 1개가 있다. 걸을 때 뒷발가락이 몸을 지지해 주고 머리와 꼬리를 상하좌우로 흔드는 습성이 있다.

노랫소리 영역을 지키기 위한 소리가 우렁차며 '삐욧, 삐욧, 뾧, 뾧', '따 따- 따다', '까르륵, 콰륵- 콰륵-' 등 반복성을 지닌다. 서식지 50m 밖에서는 보이지 않지만 소리는 서식지에서 2~3km 떨어진 곳까지 전달된다. 마치 복화술을 하듯 들리는데 모습은 찾을 수 없는 경우가 많다.

생활권 주행성 조류다. 주로 민물에서 서식하나 간혹 바닷물이 있는 곳에서도 생활하며 강가의 무성한 갈대숲, 논과 내륙 습지, 소택지, 소호, 초지, 풀밭에서 지낸다. 습하고 부드러운 소택지에만 의존하지 않고 여러 서식지에서 생활할 수 있다. 다른 뜸부기류에 비해 부리가 더 짧아서 흙 속에서 먹이를 찾기에 역부족이므로 땅 위에서 더 많은 먹이를 얻는다. 주로 초식성이며 일부 종은 식물성 먹이만을 섭취한다.

번식 산란기는 5월 하순~6월이다. 논이나 소호 등지에 수초의 잎이나 줄기 또는 볏잎을 모아 직경 100mm, 깊이 40mm 정도의 접시형 둥지를 만들고, 황갈색 바탕에 암갈색 무늬가 조밀하게 산재되어 있는 알을 6~8개 낳는다. 알의 크기는 28.7mm다. 포란과 육추는 암수가 함께 하며 포란 기간은 17~20일, 육추 기간은 35~40일이다.

먹이 식물의 씨앗, 열매, 곤충류, 패류, 작은 무척추동물.

현황 봄, 가을철에 한반도를 통과하는 나그네새로 풀밭이나 초습지 또는 갈밭에 몸을 숨기고 생활하므로 관찰하기 쉽지 않다.

몸길이 180~200mm **몸무게** ♂40~56g ♀27~48g
부리 15~17mm **날개** 81~92mm **꼬리** 43~47mm **부척** 25~30mm
분포권 유럽 중부, 러시아 남동부, 시베리아 남부, 바이칼호, 우수리강,
중국 동북부, 몽골, 만주, 타이완, 일본
　　　남한 전역의 습지
　　　북한 함경북도, 평안북도, 평안남도 안주시
도래 시기[월] 1 2 **3 4** 5 6 7 8 **9 10** 11 12

쇠뜸부기사촌

북한명 | 붉은물병아리
Porzana fusca
Ruddy-breasted Crake(Ruddy Crake)

■ 여름철새 ■ 흔함

몸길이 180~225mm **몸무게** 60~127g
부리 20~23mm **날개** 108~118mm **꼬리** 47~54mm **부척** 34~39mm
분포권 아시아 온대지역과 열대지역, 인도네시아, 미얀마, 중국 동부,
　　　　 만주 남부, 일본
　　　　남한 남한 전역의 논과 습지
　　　　북한 강원도 일대의 논과 갈밭, 습지, 평안북도 철산군, 개성시
도래 시기[월] 1 2 3 **4 5 6 7 8 9** 10 11 12

형태 부리는 녹갈색이며 이마와 머리 상단, 뒷목은 적갈색이다. 등 면은 어두운 갈색이고 멱과 턱은 흰색이며 윗가슴과 옆목은 적갈색을 띠고 아랫면인 하복부는 회갈색에 흰색 가로띠가 있다. 윗날개덮깃은 회갈색으로 끝부위는 흑갈색이다. 꼬리는 짧고 흑갈색을 띤다. 다리는 적갈색이며 발톱은 검다.
노랫소리 번식기가 되면 일출시 또는 일몰시에 요란스럽게 지저귄다. '쿄, 쿄, 쿄, 삐욧, 삐욧, 삐욧' 하며 때로는 '삐욧, 삐욧 뿅, 뿅' 한다.
생활권 논과 소택지, 물가의 풀숲, 내륙의 습지가 생활 터전이다. 그러나 인간의 개발로 인해 전 세계 서식지의 4분의 1이 파괴되어 현재 18종 중 13종이 생존에 위협을 받고 있다.
번식 산란기는 5월 하순~8월 초순이며 강가나 풀숲 또는 논이랑 사이에 있는 벼포기를 말거나 풀숲 땅 위에 있는 풀로 접시형 둥지를 튼다. 산란수는 6~8개 정도이며 알은 엷은 황갈색 바탕에 적갈색 얼룩점과 회색 반점이 있다. 포란과 육추는 암컷이 전담하며 포란 기간은 18~20일이다.
먹이 식물의 종자와 열매, 곤충류, 양서류, 연체동물.
현황 한반도 전역에서 흔히 번식하면서 여름을 지내는 여름철새이며 물가나 논에서 생활하고 있으나 2000년대 들어와 개체수가 현저하게 급감하고 있다. 세계 도처에서 뜸부기류의 개체수가 줄어들고 있는데, 이는 지난 1세기 동안 토지사용에 커다란 변화가 있었기 때문이다. 특히 습지의 감소현상에 따라 이들의 서식지가 많이 줄어든 것과 농업의 집약화 때문에 인해 건초를 수확하는 초지가 사료 생산지로 변모한 것이 가장 큰 위협 요소다. 수확 빈도가 크게 증가함에 따라 둥지의 파괴와 어미새의 사망이 늘어났기 때문이다.

한국뜸부기

북한명 | 알락배물병아리
Porzana(Zapornia) paykullii
Band-bellied Crake

■ 나그네새　　■ 멸종위기 근접종,
　　　　　　　IUCN Red List NT

형태 부리는 녹색 또는 청회색이다. 이마와 머리 상단, 뒷목 그리고 등과 몸통의 윗면은 꼬리까지 짙은 갈색이다. 쇠뜸부기사촌과 흡사하지만 멱이 희고 아래꼬리덮깃에 있는 흰색 줄무늬가 넓고 선명하다. 다른 뜸부기류보다 부리가 크고 강해 보인다. 눈에는 희미한 눈썹선이 있으며 홍채는 붉은색이고 다리는 붉은빛이 도는 담황색이다.

노랫소리 아주 희귀하며 보기가 매우 힘든 새지만, 독특한 노랫소리로 이들이 있는지를 알 수 있다. 맑고 높은 음으로 '삐르르, 삐르르' 하는 소리를 반복한다.

생활권 논과 소택지, 내륙의 습지, 소호의 풀밭, 냇가의 풀숲이 형성된 관목숲에서 생활한다. 북한 자료에 따르면 자강도 화평군 가림리 오가산에서 포획한 수컷의 위에는 곤충류가 100% 들어 있었고, 6월에 포획한 4마리의 위에는 작은 갑충류와 연체동물이 들어 있었다. 이로써 이들이 곤충류와 식물의 종자나 열매를 주식으로 하는 것이 밝혀졌다.

번식 한국뜸부기에 대한 자료는 남북한 모두 매우 빈약하다. 수풀 사이의 맨땅 위에 수초와 마른 풀잎과 줄기로 둥지를 만들고 알을 낳는다. 산란수는 7~9개 정도이며 알의 크기는 35.4mm다. 여름에 2번 번식하며, 포란은 암컷이 전담하지만 포란 기간과 육추에 대한 자료는 없다.

먹이 식물의 종자와 열매, 곤충류.

현황 나그네새다. 연해주 등 러시아 극동지역과 중국 동북부지역에서 번식하는 종으로 서식지가 국지적이어서 개체군이 크지 않다. 한반도에서는 주로 북부지역에서 번식하고 있다. 남한에서는 중부 이북의 서해안에서 간혹 볼 수 있으며, 이동 중에 목격되거나 포획된 사례가 10여 차례 있었다. 1993년 경기도 포천시 국립(광릉)수목원과 제주도에서 부상 중인 1개체가 포획되었으며, 필자 역시 2007년 여름에 부상 중인 개체를 목격했다.

몸길이 200~220mm　**몸무게** 80~138g
부리 ♂24~27mm ♀23~28mm **날개** ♂128mm ♀129mm **꼬리** ♂55~56.3mm
♀55mm **부척** ♂39~39.5mm ♀38mm
분포권 아무르강 중류, 중국 동북부, 러시아 연해주 남부
　　남한 중부 이북 서해안, 경기도 포천시, 제주도
　　북한 강원도, 평안북도 룡천군, 평안남도 평원군, 안주시,
　　　　자강도 화평군, 평양시
도래 시기[월] 1 2 **3 4** 5 6 7 8 **9 10** 11 12

흰배뜸부기

북한명 | 흰배물닭
Amaurornis phoenicurus
White-breasted Waterhen

몸길이 ♂340mm ♀320mm　**몸무게** 335g
부리 ♂38~41mm ♀34~37.5mm **날개** ♂165~174mm ♀152~174mm **꼬리**
♂66~76.5mm ♀63~70mm **부척** ♂55~60mm ♀52~58mm
분포권 아시아, 파키스탄 서부. 인도 북부, 미얀마, 인도네시아, 중국, 일본
　　　　남한 전역의 습지와 하천가
　　　　북한 자료 없음
도래 시기[월] 1 2 **3 4** 5 6 7 8 **9 10** 11 12

형태 이마와 얼굴, 옆목과 뺨, 앞목, 가슴과 복부가 순백색이고 머리 상단, 뒷목, 어깨, 등, 날개는 짙은 흑갈색으로 색상대비가 선명하다. 부리는 녹황색으로 윗부리 기부는 선홍색을 띤다. 아랫배의 적갈색은 이 새의 품위를 높여주는 색의 조화다. 홍채는 진홍색이다. 다리는 엷은 황색이며 긴 발가락은 하천가나 저수지, 늪지의 수초 위를 자유롭게 다니도록 진화한 것이다.
노랫소리 이따금 '콰, 콰, 콰' 하며 단음으로 자주 지저귄다.
생활권 논이나 내륙의 습지, 소호의 풀숲, 초습지, 갈밭 등지에서 숨어 생활을 즐긴다.
번식 산란기는 5~7월이며 갈대나 물가의 풀숲이 있는 땅 위에 마른 풀줄기나 잎을 모아 접시형 둥지를 튼다. 산란수는 6~8개 정도이며 알의 색은 진한 크림색 바탕에 회색과 자색빛이 도는 반점이 산재해 있다. 포란은 암수가 함께 하며 포란 기간은 20~21일이다.
먹이 곤충류와 연체동물, 식물의 종자와 열매, 곡식의 낟알.
현황 봄철과 가을철에 한반도를 통과하는 나그네새로 주로 서해안을 끼고 이동하는 것으로 알려져 있다. 2001년 전라북도 남원의 한 저수지에서 처음으로 번식하는 것이 목격되었다(이두표, 신동만, 김인규). 필자는 1999년 경기도 시흥시 능곡동의 논에서 취식하는 모습을 촬영했고, 서울시 마포구 경기공업고등학교에서 신고한 것을 인수해 오기도 했다.

쇠물닭

북한명 | 물닭
Gallinula chloropus
Moorhen (Common Gallinule)

■ 여름철새　■ 흔함

형태 머리와 목은 짙은 흑회색이며 이마의 나출된 피부(볏)는 붉은색이다. 홍채가 붉고 부리는 기부의 3분의 2가 붉은색이며 3분의 1은 녹황색이다. 먹과 목, 가슴, 옆구리는 암흑회색이고 등은 암갈색이며 전신의 체모가 검게 보이며 옆구리에는 짧은 선이 끊겨졌다 이어진 형태로 흰색 무늬가 5~6개 있다. 아랫가슴은 흰색 깃털이 혼재되어 있고 아래꼬리덮깃은 흰색 반점 2개가 자리 잡고 있다. 다리는 녹황색이며 발가락은 길며 넓은 판족이 있다.

노랫소리 '뾰루 뾰루르' 또는 '쿠루르 쿠룩, 쿠루루르르-' 하며 소리낸다.

생활권 수초가 무성하게 자란 습지 또는 수림이 우거진 수역에서 산다. 북한에 서식하는 쇠물닭은 평지에서도 살며 산에 사는 아종도 있다. 일반적으로 내륙의 습지나 연못, 저수지, 호반가, 강 하구 수초가 무성한 곳에서 생활한다.

번식 산란기는 5월 중순~8월 상순이다. 수초가 무성한 그늘 속에 수초더미를 쌓고 마른풀과 줄기를 모아 수면 위까지 쌓아올려 접시형 둥지를 만들고 산좌를 만든 다음 알을 낳는다. 산란수는 6~10개 정도이며 알의 색깔은 연한 회갈색 바탕에 적갈색과 회색 반점이 산재해 있다. 포란은 암수가 함께 하는데 수컷은 낮에 암컷은 밤에 포란하며 포란 기간은 20~22일이다. 일부 쇠물닭은 다른 암컷이 둥지에 버린 알을 대신 포란해주기도 한다. 육추 기간은 45~50일 정도다. 어린 새끼는 부화하고 나서 곧 활동 능력을 지니게 되지만 날갯깃이 자랄 때까지는 어미새의 보살핌에 의지하며 대개 부화 후 4~8주가 걸린다. 첫 번째 알을 산란 후 바로 포란을 시작하는 경우 한 둥지에서 자라는 어린 새끼의 출생 시기가 다르다. 첫 번째 알이 다른 알보다 먼저 부화하므로, 가장 먼저 태어난 어린 새끼가 독립적으로 먹이를 찾을 수 있게 되었을 때 형제자매들은 아직 부화되지 않은 경우가 많다.

먹이 식물의 씨앗 수초, 달팽이, 곤충류, 수서생물.

현황 한반도 전역에 도래하여 번식하면서 여름을 보내는 여름철새다. 남한지역에서는 수초가 무성한 곳에서 쉽게 찾아볼 수 있으나 북한지역에서는 찾아보기 어렵다.

몸길이 320~330mm　**몸무게** ♂260~340g ♀190~280g
부리 31~44mm **날개** 154~176mm **꼬리** 65~74mm **부척** 48~52mm
분포권 온대지역과 아열대지역, 인도, 말레이반도, 미얀마, 스리랑카, 티베트, 중국, 일본
　　남한 강원도 고성군 송지호, 강릉시 경포호, 충청남도 천수만, 부산시 을숙도, 경상남도 창원시 주남저수지 외 남한 전역의 다수 수역
　　북한 평안남도 대동군 문동 수계, 개성지구, 평양시 형제산 앞 수계
도래 시기[월] 1 2 3 **4 5 6 7 8 9** 10 11 12

아성조

뜸부기

북한명 | 뜸부기
Gallicrex cinerea
Watercock

■ 여름철새 ■ 천연기념물 제446호,
환경부 지정 멸종위기 야생조류 Ⅱ급

몸길이 ♂380~420mm ♀300~330mm **몸무게** ♂380~510g ♀228~370g
부리 30~38mm **날개** 166~227mm **꼬리** 66~88mm **부척** 60~81mm
분포권 오스트레일리아, 유럽 온대와 한대지역, 유라시아 온대지역,
　　　　러시아 시베리아 남부, 사할린, 아무르강 중류, 중국, 인도차이나반도,
　　　　타이완, 일본
　　　　남한 전역의 논
　　　　북한 함경북도 웅기군, 함경남도 단천군, 평안북도 정주군,
　　　　평안남도 순천시 칠산군, 황해남도 삼천군 달천리, 개성시,
　　　　평양시, 만경대
도래 시기[월] 1 2 3 **4 5 6 7 8 9** 10 11 12

형태 수컷의 여름깃은 온몸의 체모가 흑회색이며 이마에서 머리 위로 치켜 올라간 붉은색 볏이 발정기에 더욱 돋보인다. 머리와 목, 아랫면은 회색이며 옆구리와 복부의 깃은 엷은 회색을 띤다. 뒷목과 등, 어깨깃은 흑갈색이다. 허리와 위꼬리덮깃은 갈색이며 바깥쪽은 암갈색을 띠고 아래꼬리덮깃은 갈색 무늬가 있다. 홍채는 붉고 부리의 기부도 붉은색이며 끝부분은 황색이다. 번식기가 지난 수컷은 암컷과 흡사하지만 부리가 굵고 홍채가 적갈색이다. 암컷은 전신의 체모가 황갈색 바탕에 회갈색 얼룩무늬가 산재해 있다. 다리는 녹회색으로 벼 이랑과 풀숲 사이로 몸을 숨기면 찾아보기가 쉽지 않다.

노랫소리 수컷은 '우르르르-' 한 다음 '뜸 뜸 뜸북, 뜸 뜸북' 하는 소리를 계속 내며, 일몰과 일출시 자주 지저귄다.

생활권 주로 논에서 생활한다. 벼싹이 20cm 정도 자라서 몸을 가려줄 무렵 한반도에 도래한다. 논의 위치에 따라 산골짜기건 해안지대건 가리지 않고 생활권을 형성한다.

번식 발정기 때 수컷은 먹이를 먹지 않고 암컷에 집중한다. 산란기는 5~7월이다. 벼싹이 20cm 정도 자라면 주로 논이나 논 가장자리의 풀숲에 마른 풀줄기를 모아 둥지를 튼다. 둥지의 크기는 270×245mm이며 벼의 줄기를 말아 틀을 만들고 산좌에 볏잎을 깔고 흰색에 적갈색 얼룩무늬가 있는 알을 8~10개 정도 낳는다. 알의 크기는 40mm이며 무게는 18.15g이다. 포란과 육추는 암수가 함께 하는데 포란은 주로 암컷이 한다. 포란 기간은 21~23일, 육추 기간은 55~60일 정도다.

먹이 곤충류, 달팽이, 수서생물, 식물의 씨앗, 새순.

현황 한반도 전역에 걸쳐 서식하는 여름철새로 논에서 쉽게 볼 수 있었지만, 1990년대 후반부터 개체수가 급감했다. 천연기념물 제446호로 지정하여 보호 중이나 이들의 서식지에 농약 살포가 계속되는 한 멸종은 불가피한 실정이다.

♂ 여름깃

♂ 겨울깃

♀

물닭

북한명 | 큰물닭
Fulica atra
Coot

■ 여름철새(텃새) ■ 흔함

형태 부리는 흰색이며 이마에서 머리 상단까지 흰색의 액판이 뚜렷이 자리 잡고 있다. 온몸의 체모가 검은색이며 어깨와 등, 허리, 위꼬리덮깃은 암갈색을 띤다. 비상할 때 둘째날개깃의 끝부분이 흰색인 것이 눈에 띈다. 꼬리는 짧고 검다. 다리는 녹회색이며 판족이 있어 유영하거나 잠수하는 데 도움을 주고 수초 위를 걸을 때 편리하다.

노랫소리 '쿠- 쿠-, 쿄로-' 하며 소리를 낸다.

생활권 수초가 우거진 물가, 호수, 저수지, 강가, 초습지에서 생활하며 일부 지역에서는 드물게 바닷물인 섞인 짠물에서도 서식한다. 갈밭이나 수생식물 또는 물에 잠긴 관목림에서도 지낸다. 생활 조건이 맞으면 평지나 산에서도 생활한다. 암컷은 수초가 충분히 자라서 먹이가 풍부해지고 은폐 조건이 좋은 곳에 수컷보다 늦게 무리를 지어 도래한다.

번식 매년 같은 장소에서 번식하는 습성이 있다. 산란기인 5~7월이 오면 수컷의 구애활동이 활발해진다. 수컷은 물에 날개를 치면서 서로 쫓으며 소리를 지르고, 이를 지켜본 암컷은 가장 활기차고 힘센 동작으로 구애행동을 한 수컷에게 교미를 허락한다. 둥지는 서로 가깝거나 떨어져 있다. 물에 잠긴 가지나 물 표면에 떠 있는 수초를 모아 수면에서 20~30cm 높이로 둥지를 튼다. 일부 관찰에 따르면 암컷이 둥지에 알을 산란한 다음 수컷은 그 옆에 다시 둥지를 틀고 그 위에서 쉬면서 암컷을 보호한다. 산란수는 8~10개 정도다. 알의 색은 황회색 바탕에 작은 회색 반점이 산재해 있으며, 크기는 일반적으로 50mm다. 포란과 육추는 암수가 함께 하며 포란은 7 대 3 비율로 암컷이 더 많이 한다. 포란 기간은 21~23일, 육추 기간은 55~60일 정도다.

먹이 곤충류와 물고기, 연체동물, 복족류, 새알, 수초의 어린 싹.

현황 한반도 전역 수계에서 쉽게 목격된다. 일부는 겨울철에 남부지방에서 월동하는 여름철새이자 텃새화되고 있다. 뜸부기과의 구성원은 모두 수영을 할 수 있지만 물닭만이 진정한 수생조류다. 발가락이 넓고 큰 판족이어서 자유자재로 수영과 잠수를 할 수 있으며 물에서 멀리 떨어진 곳을 가지 않는다. 울창한 식생 속에 정착해 서식하고 있으므로 몸을 숨길 필요가 없기 때문에 물닭류는 다른 뜸부기보다 몸집이 크다.

몸길이 400~410mm **몸무게** ♂671~960g ♀407~895g
부리 44~50mm **날개** 194~220mm **꼬리** 52~62mm **부척** 52~63mm

분포권 오스트레일리아, 유라시아 온대지역, 유럽 한대와 온대지역, 러시아 시베리아 남부, 사할린, 아무르강 중류, 중국, 인도차이나반도, 타이완, 일본

　　　남한 전역의 수계, 강원도 고성군 송지호, 속초시 영랑호, 강릉시 경포호, 경기도 양평군 양수리 수변, 충청남도 서산간척지, 경상남도 창원시 주남저수지, 부산시 을숙도, 시화호 이외 수계

　　　북한 평안남도 안주 수계, 중산군 장안리 수계, 량강도 부천군 수계, 개성시

도래 시기[월] 1 2 3 **4 5 6 7 8 9** 10 11 12

아성조

검은목두루미

북한명 | 검은두루미
Grus grus
Common Crane

■ 겨울철새 ■ 천연기념물 제451호,
환경부 지정 멸종위기 야생조류 Ⅱ급,
CITES Ⅱ

몸길이 1150mm **몸무게** 4,000~7,000g
부리 ♂114~118mm ♀105~112mm **날개** 600~630mm **꼬리** 188~230mm
부척 210~295mm
분포권 유라시아 온대와 아한대지역, 유럽, 러시아 시베리아, 몽골,
　　　　중국 동북부, 터키, 이란, 일본
　　남한 강원도 철원평야, 대성동, 주남저수지, 천수만, 순천만 일대
　　북한 강원도 일부 지역

도래 시기[월] **1** **2** **3** 4 5 6 7 8 9 **10** **11** **12**

형태 이마와 머리 상단, 눈앞은 나출된 피부가 있고 머리 상단에 거센 검은색 털이 나 있다. 머리 중앙부와 뒷머리 초입에 걸쳐 붉은색 타원형 반점이 있다. 목 앞부분은 검은색이며 뒷면은 회백색이다. 어깨깃과 등, 허리, 위꼬리덮깃은 엷은 회색이다. 부리는 녹회색이고 기부는 적갈색이다. 홍채도 적갈색이며 다리는 검은색이다. 두루미류는 부리가 길고 곧으며 힘이 있다. 또한 모두 목과 다리가 길고 가늘다. 그 기원은 지구상에서 가장 오래된 기원전 6,000만 년 전 팔레오세까지 거슬러 올라가며 수명도 길어서 자연 상태에서 40년, 인공 사육시에는 70~80년 살 수 있다. 비행할 때 목을 길게 빼고 다리는 꼿꼿하게 뻗어 짧고 몽툭한 꼬리보다 높이 올린다. 추운 지역에서는 다리를 구부리고 발을 가슴깃 아래쪽 깃털 속에 묻고 난다. 대부분 수생조류이지만 발에 물갈퀴가 없으며 얕은 수역에서 먹이 활동을 한다.
노랫소리 수컷이 '꾸루르, 꾸루르-' 선창하면 암컷은 '크르르, 크르르' 하며 화답한 다음 함께 소리를 내는 이중주로 노래한다.
생활권 주된 생활공간은 습지이며 개활지와 농경지, 초습지와 갯벌 또한 중요한 생활공간이다. 갈대의 밀생지는 약탈자로부터 몸을 숨기며 먹이를 구하는 곳이기도 하다.
번식 산란기는 5~6월경이며 습지나 소택지의 땅 위에 갈대풀이나 식물의 줄기 또는 이끼류를 쌓아올려 둥지를 틀고 엷은 갈색 바탕에 짙은 갈색 반점이 있는 알을 2개 낳는다. 알의 크기는 평균 95mm이며 무게는 평균 182.4g이다. 포란과 육추는 암수가 함께 하며 포란 기간은 28~30일, 육추 기간은 65~70일 정도다. 대다수 두루미는 3~5년이 되어야 번식능력이 생긴다. 암수는 서로 관계가 확고해지면 이중주를 주고받는다. 관계가 확정된 배우자는 호르몬 주기를 조절해서 생식 상태의 보조를 맞추는데 이는 낮의 길이와 이중주, 결혼춤(학춤) 등 복잡한 구애행위 요소의 영향을 받는다. 산란 몇 주 전에 교배를 시작하는데, 번식 성공률을 유지하려면 산란 2~6일 전에 수정해야 한다.
먹이 곤충류, 양서류, 설치류, 복족류, 환형동물, 곡류, 풀뿌리, 수생식물.
현황 겨울철새로 한반도에서는 극소수 개체가 도래한다. 두루미와 재두루미 무리에 섞여 1~2마리가 목격된다.

아성조

두루미

북한명 | 흰두루미
Grus japonensis
Red-crowned Crane

■ 겨울철새 ■ 천연기념물 제202호, 환경부 지정 멸종위기 야생조류 Ⅰ급, CITES Ⅰ, IUCN Red List EN C1

형태 우아하고 아름다우며 고결한 선비의 새로 사랑받는 새다. 이마와 머리 상단에 붉은색 피부가 나출되어 있으며 거센 검은색 털이 있다. 멱과 목은 검고 온몸의 깃털이 순백색이다. 이러한 색상대비는 깔끔하고 고결한 느낌까지 준다. 둘째날개깃과 셋째날개깃이 검은색이어서 날개를 접고 앉았을 때 꼬리가 검은 것처럼 착각을 불러 일으킨다. 부리는 녹황색이며 홍채는 짙은 갈색이다. 다리는 길고 회색이다. 어린새는 머리와 뒷목, 목이 밝은 갈색을 띠고 온몸의 깃털이 희다.

노랫소리 '꾹꾸르르, 꾹꾸르르' 소리 낸다.

생활권 개방된 곳을 선호하며 평지의 농경지와 개활지, 초습지와 갯벌, 강 하구, 갈대의 밀생지를 생활 터전으로 삼는다. 밤에는 저수지나 강, 하천에 모여 휴식을 취한다.

번식 산란기는 3월 하순~4월 하순이며, 월동지에서 부부의 연을 맺고 번식지로 이동한다. 갈대가 밀생한 은밀한 곳에 갈대 등 식물의 잎과 줄기를 모아 직경 약 980mm의 접시형 둥지를 만들고 1~2개의 알을 낳는다. 포란은 암수가 함께 하는데 낮에는 수컷이 밤에는 암컷이 알을 품으며 포란 기간은 29~34일 정도다. 육추도 암수가 함께 한다. 어린 새끼는 어미새를 따라 얕은 수역에서 먹이 학습을 받는다. 2~4개월이 지나면 날개깃이 자라는 등 발육이 빠른 편인데, 북극 쪽에서는 기후 때문에 먹이가 풍부한 시간이 짧아 이 기간에 성장해야 하기 때문이다. 두루미의 알은 잘 부화되지만 많은 새끼가 요절한다. 이처럼 멸종위기종으로 명시된 종들은 번식할 때마다 새끼를 1마리만 기를 확률이 높다. 어린새는 날 수 있게 된 후에도 다음 번식기가 될 때까지 어미새와 함께 생활한다. 어떤 종은 어미새를 따라 수천km 밖의 월동지로 남하하면서 이동 경로를 익히기도 한다.

먹이 식물의 종자, 곡식의 낟알(벼, 밀, 옥수수), 민물고기, 곤충류, 양서류. 황해북도와 평안남도에서 잡힌 두루미의 위 속에서 콩, 팥, 수수, 벼, 등 곡물의 낟알이 나왔고, 메뚜기와 닭장 안 병아리도 잡아먹었다.

현황 겨울철새로 한반도에 10월 말경부터 도래하여 이듬해 3월까지 월동한다. 월동지는 주로 민통선 북방인 철원평야와 대성동, 강화도에 국한되어 있다. 한반도에 도래하는 개체수는 200~300마리 정도로 추산되는데, 이는 1980년대의 1,000마리에 비해 급감한 숫자다. 현재 두루미의 야생종은 총 1,800마리로 추산하고 있다.

몸길이 1,360~1,450mm **몸무게** 6,500~9,500g
부리 150~170mm **날개** 625~650mm **꼬리** 240~275mm **부척** 266~301mm
분포권 러시아 시베리아, 아무르강, 우수리강, 중국, 몽골, 일본 홋카이도
　　남한 경기도 김포시, 강원도 철원군 비무장지대 북방, 천수만, 낙동강 하류, 주남저수지, 전라남도 해남군
　　북한 황해남도 강령, 재령군, 황해북도 평산군, 평안남도 개천시, 중산군, 개성시

도래 시기[월] 1 2 3 4 5 6 7 8 9 10 11 12

아성조

재두루미

북한명 | 재두루미

Grus vipio

White-naped Crane

■ 겨울철새   ■ 천연기념물 제203호,
환경부 지정 멸종위기 야생조류 II급,
CITES I , IUCN Red List VU

몸길이 1,200∼1,270mm   **몸무게** 5,100∼6,000g
부리 115∼160mm **날개** 530∼610mm **꼬리** 164∼230mm **부척** 230∼305mm
분포권 러시아 시베리아 동북지역인 아무르강, 우수리강, 싱카이호, 몽골,
　　　　만주, 일본
　　남한 강원도 철원군, 경기도 연천군, 파주시, 김포시,
　　　　경상남도 창원시 주남저수지
　　북한 황해남도 신천군, 웅진군, 개성시
도래 시기[월] **1** **2** **3** 4 5 6 7 8 9 **10** **11** **12**

형태 이마와 눈앞, 귀깃, 눈 주위에 붉은색 피부가 나출되어 있고 강모
는 검은색이다. 뒷머리, 뒷목, 턱은 순백색이다. 앞목, 가슴, 배, 등은 짙
은 청회색이고 셋째날개깃은 희다. 부리는 황록색이며 홍채는 적황색
을 띤다. 다리는 길며 담홍색이다.
노랫소리 일반적으로 두루미류는 구애행위나 과시행위를 할 때 짝과
함께 노래하는데 수컷과 암컷의 소리가 뚜렷하게 차이가 난다. 수컷이
길고 나지막한 소리를 내면 암컷이 짧고 높은 소리로 화답한다. 수컷이
'큐웃, 큐루루롤- 꼬로로, 꼬로로' 또는 '꾸루루루루-, 꾸루, 꾸루, 꾸루
루-' 하면 암컷은 '피-잇, 피-잇' 하고 후창한다.
생활권 앞이 탁 트인 개활지나 농경지 또는 소택지, 초습지, 하천가, 갯
벌 하구, 저수지 등지에서 먹이를 구하며 생활한다.
번식 산란기는 4∼6월 상순이며 초습지의 땅 위에 풀이나 식물의 풀줄기
를 모아 둥지를 만들고 산좌에는 부드러운 잎이나 털을 깔고 알을 2개 낳
는다. 알의 크기는 98mm이며 무게는 18∼22g이다. 알의 색은 두루미와
비슷하며 푸른빛이 도는 갈색에 흑갈색 얼룩점이 산재해 있다. 포란과
육추는 암수가 함께 하며 포란 기간은 31∼33일, 육추 기간은 60∼70일
정도다.
먹이 곡식의 낟알, 풀씨, 식물의 뿌리, 어류, 곤충류, 갑각류, 복족류. 북
한 자료에 따르면 포획된 개체의 위 속 먹이는 대부분 벼였고, 그 외에
메뚜기가 들어 있었다.
현황 겨울철새다. 가을철에 남하하는데, 한강 하구, 경기도 파주시, 강
원도 철원군, 주남저수지 등지에 300여 마리가 매년 찾아와 겨울을 보
낸다. 1900년대 후반에는 1,000여 마리가 월동했으나 해가 갈수록 개
체수가 줄고 있다.

아성조

흑두루미

북한명 | 흰목검은두루미
Grus monacha
Hooded Crane

■ 겨울철새 ■ 천연기념물 제228호, 환경부 지정
멸종위기 야생조류 Ⅱ급,
CITES Ⅰ, IUCN Red List VU

형태 온몸의 깃털이 회색빛이 도는 검은색이며 머리와 목은 희고 이마는 검다. 이마 상단에 나출된 피부에는 붉은색 반점이 자리 잡고 있고 강모가 있다. 날개깃과 꼬리는 검은색이며 셋째날개깃은 깃이 길어 날개를 접으면 꼬리를 덮어 보이지 않게 된다. 몸통 밑면은 회색빛이 도는 흑회색이다. 부리는 황갈색이며 홍채는 갈색이 도는 황색이다. 다리는 길고 흑회색이다.

노랫소리 과시행위나 먹이 경쟁을 할 때 '꾸루루르, 꾸루루르' 또는 '카-오, 칵' 하는 소리를 낸다.

생활권 넓은 농경지나 개활지, 하구, 갯벌, 논, 초원 등지에서 생활한다.

번식 산란기는 5~7월이다. 습지의 맨땅 위에 갈대와 식물의 줄기나 잎을 모아 접시형 둥지를 만든다. 산란수는 2개이며 알의 색깔은 녹색빛이 도는 엷은 갈색 바탕에 큰 검은색 반점이 있다. 알의 크기는 104mm이며 무게는 19.5~22.5g이나. 포란은 암수가 함께 하나 주로 암컷이 한다. 포란 기간은 29~31일 정도, 육추 기간은 65~67일 정도다.

먹이 어류, 갑각류, 곤충류, 곡류(벼, 보리), 식물의 뿌리.

현황 겨울철새로 가을철 한반도에 도래하여 겨울을 난다. 경상북도 고령군 다산면 화원유원지 부근의 강변에 매년 수백 마리가 도래하여 한반도 최대 규모의 월동지로 유명했다. 지금은 비닐하우스가 들어차 서식지를 잃고 주로 일본 가고시마현 이즈미시로 이동했으며, 나머지 지역의 재두루미와 흑두루미도 일본으로 이주하고 있다. 이즈미시에 몰려 있는 대다수 두루미류는 전염병으로 인해 멸종위기에 처했으므로, 그중 일부를 한반도에 묶어두는 전략을 서둘러 세워야 한다.

몸길이 800~1,000mm **몸무게** 3,300~8,800g
부리 ♂114~118mm ♀105~112mm **날개** ♂600~630mm ♀550~590mm
꼬리 160~190mm **부척** 210~295mm
분포권 러시아 시베리아 동부 아한대지역, 아무르강 유역, 중국 동북부, 일본
　　　남한 전라남도 천수만과 순천만, 경상북도 고령군
　　　북한 평안남도 안주시, 개성시
도래 시기[월] **1** **2** **3** 4 5 6 7 8 9 **10** **11** **12**

아성조

검은목두루미와 흑두루미의 잡종

캐나다두루미

몸길이 860~1,220mm **몸무게** 5,200~6,100g
부리 95~106mm **날개** 460~490mm **꼬리** 170~180mm **부척** 170~214mm
분포권 러시아 시베리아 동부, 미국 알래스카 동부, 캐나다 북부, 허드슨만
　　　　 남한 철원평야
　　　　 북한 도래한 사실이 없음

도래 시기[월] **1 2 3** 4 5 6 7 8 9 **10 11 12**

형태 온몸의 체모가 회색이다. 부리와 목, 다리가 길다. 이마와 머리 상단에 붉은색 피부가 나출되어 있다. 뺨과 멱은 회백색이고 목과 뒷머리, 가슴과 복부는 회갈색이며 윗날개덮깃은 갈색이 도는 회색이다. 부리는 흑갈색이며 길고 뾰족하다. 홍채는 붉은색이 도는 황갈색이며 다리는 검다.
노랫소리 '카르르, 꾸루, 꾸루, 꾸루루' 하며 요란스러운 소리를 낸다.
생활권 광활한 민물의 습지, 대초원의 못, 툰드라의 습지에서 서식하며, 월동지와 이동 주기에는 대초원과 농경지를 선택하여 생활한다.
번식 산란기는 4월 하순~6월 하순이다. 초지의 은밀한 곳에 둥지를 튼다. 풀이나 수초의 잎과 줄기를 모아 조그마한 둔덕을 쌓아올려 산좌를 만든다. 산란수는 2개다. 알은 엷은 황갈색 바탕에 적갈색 반점이 있다. 포란은 암컷이 전담하며 포란 기간은 28~31일이다. 육추는 암수가 함께 하며 육추 기간은 63~68일 정도다.
먹이 어류, 곤충류, 갑각류와 곡식의 낟알, 식물의 씨앗이나 열매, 식물의 뿌리 등.
현황 겨울철새다. 주로 목격되는 장소는 철원평야이며 두루미와 재두루미 무리에 섞여 1~2마리가 목격된다. 두루미류의 시각적·청각적 구애행위가 선천적인 본능이라면 뽐내기행위는 후천적인 학습에 의해 결정된다. 예를 들면 사람이 사육한 어린새는 두루미보다는 사람과 교류하기를 선호하며 발정기가 되면 사람을 유혹하거나 협박하기도 한다. 한편 어미새는 어린새에게 먹이 구하는 방법과 어떤 먹이를 찾아야 하는지를 가르친다. 두루미 가족은 시베리아 툰드라 지역과 알래스카에서 번식하여 그곳에서 자라고 봄철이 되면 곡창지대를 찾아 이동하는데, 다음 세대에서도 어린새는 어미새에게 학습한 대로 똑같은 곳에서 번식하며 이동주기에 따라 똑같은 여행을 한다.

아성조

쇠재두루미

북한명 | 댕기두루미
Anthropoides virgo
Demoiselle Crane

■ 길잃은새　■ 희귀함, CITES Ⅱ

형태 온몸의 체모가 담청회색으로 얼굴과 목, 멱 가슴은 짙은 검은색이다. 눈뒤부터 순백색 귀깃다발이 길게 늘어져 있다. 목 하단부와 윗가슴에서부터 길게 늘어진 검은 털 다발은 수컷의 기상을 뽐내는 상징이다. 등과 허리, 어깨깃, 위꼬리덮깃은 엷은 청회색을 띤다. 부리는 엷은 황색이며 끝은 적황색을 띤다. 홍채는 짙은 적갈색이며 다리는 길고 검다.

노랫소리 과시행위를 할 때 '카라라, 카라라, 크르르, 크르르' 하며 소리낸다.

생활권 농경지나 대초원, 개활지, 소택지, 초습지, 하구 등지에서 생활한다. 아프리카에 서식하는 쇠재두루미는 아프리카에서 월동한 뒤 다시 번식지로 무리를 지어 이동하는데, 이는 봄철과 가을철 두 차례씩 5,000~8,000m의 히말라야 산맥을 넘는 대장정이다.

번식 산란기는 4~7월경이며 초원과 습지의 강가에서 둥지를 튼다. 땅위에 식물의 줄기와 잎을 쌓아올리거나 작은 돌을 모아 산좌를 만들고 엷은 갈색 바탕에 진갈색과 적갈색의 얼룩무늬가 산재해 있는 알을 1~3개 낳는다. 포란은 암수가 함께 하며 포란 기간은 29~30일이다. 육추도 암수가 공동으로 한다.

먹이 곤충류, 연체동물, 환형동물, 곡류, 식물의 새순과 뿌리.

현황 길잃은새로 기상 이변이나 난기류 또는 기타 상황으로 무리에서 이탈하여 한반도에 유입된 종이다. 1940~45년에 인천시 강화도에서 목격했다는 자료가 남아 있을 뿐이다. 1998년 7월 필자는 생태조사차 방문한 몽골고원에서 쇠재두루미가 번식하여 새끼들과 나들이하는 장면을 촬영했다.

몸길이 950~970mm　**몸무게** 4,500~5,500g
부리 60~72mm　**날개** 445~525mm　**꼬리** 152~185mm　**부척** 173~220mm
분포권 아프리카 북부, 유럽 남동부, 몽골, 이라크, 이란, 인도,
　　　　중국 북동부, 일본
　　　남한 인천시 강화도
　　　북한 자료 없음
도래 시기[월] 길잃은새

아성조

시베리아흰두루미

Grus leucogeranus
Siberian White Crane

■ 길잃은새　　■ 희귀함, CITES I,
IUCN Red List CR

몸길이 1,300~1,400mm　**몸무게** 4,580~7,125g
부리 176~187mm **날개** 601~635mm **꼬리** 201~239mm **부척** 261~276mm
분포권 러시아 동부, 아시아 북부, 이란, 아프가니스탄, 인도,
　　　　중국 동북부 양쯔강 중하류지역, 일본
　　남한 강원도 철원군, 경기도 파주시, 전라남도 순천만, 천수만
　　북한 자료 없음
　도래 시기[월] 길잃은새

형태 대형종에 속하며 온몸의 깃털이 순백색이다. 이마와 얼굴에 밝은 선홍색의 나출된 피부가 있다. 첫째날개깃은 검은데 날개를 접으면 흰색 셋째날개깃에 가려 검은색이 보이지 않는다. 아성조는 머리와 목, 셋째날개깃이 황갈색이며 날개덮깃에 짙은 황갈색 무늬가 있다. 부리와 홍채는 황색을 띤다. 다리는 길고 선홍색이다.
노랫소리 다른 두루미와 다른 특이한 소리를 낸다. '에이륵, 에에룩, 에룩, 에룩' 하고 소리 낸다.
생활권 농경지와 개활지, 소택지, 초지, 호숫가 등 얕은 수역에서 주로 생활한다. 단독으로 또는 짝을 지어 생활하며 때로는 무리를 지어 활동한다. 겁이 많고 기민하다.
번식 산란기는 6~8월이다. 툰드라의 북쪽 낮은 지역이나 몽골 대초원에서 수초와 갈대의 줄기와 잎을 모아 둥근 틀을 만들고 둥지의 소재를 높이 쌓은 다음 산좌에는 부드러운 풀을 깔고 알을 낳는다. 산란수는 2개이며 녹갈색 바탕에 갈색 무늬와 점이 산재해 있다. 포란은 암컷이 주로 하며 포란 기간은 28~30일 정도다. 육추는 암수가 함께 하며 육추 기간은 65~70일 정도다.
먹이 식물의 줄기와 뿌리, 괴근, 수생식물의 잎과 새싹, 민물조개, 권패류, 곤충류, 갑각류.
현황 기상 이변이나 난기류 또는 기타 상황으로 무리에서 이탈하여 한반도로 유입된 길잃은새다. 경기도 파주시 대성동과 강원도 철원평야, 순천만 등지에서 매년 1~2마리가 두루미 무리에 섞여 목격되고 있다.

아성조

224

느시

북한명 | 너화
Otis tarda
Great Bustard

■ 겨울철새　■ 천연기념물 제206호,
환경부 지정 멸종위기 야생조류 Ⅱ급,
CITES Ⅱ, IUCN Red List VU

형태 수컷은 체구가 크고 머리와 목은 푸른색이 도는 회색이며 가슴에 갈색 띠가 있다. 등과 꼬리, 어깨깃은 붉은 황갈색으로 검은색 가로무늬가 산재해 있다. 가슴과 배는 흰색이며 날개는 검으나 첫째날개깃은 앞부분만 검은색이다. 위꼬리덮깃과 꼬리는 엷은 청갈색에 가로무늬가 있으며 꼬리깃의 끝부분은 흰색이다. 번식기에 수컷은 턱밑에 수염 같은 긴 강모가 솟아난다. 암컷은 목이 가늘고 가슴에 갈색 띠가 없다. 부리는 회색이며 홍채는 짙은 갈색이다. 다리는 붉은색이 도는 회색이다.

노랫소리 '후, 후' 하며 소리 낸다

생활권 겨울에는 넓은 들판이나 농경지 또는 드물게는 삼림지역에서도 모습을 보인다. 번식기에는 삼림지역의 초원에 살며 해발 2,000m까지 생활권으로 한다. 한반도에서 월동할 때는 넓은 논밭에서 무리를 지어 군집하며 드물게는 삼림지역에서도 생활한다. 걷는 모습 때문에 '느림보 새'라는 별명을 얻었다. 느시류는 모두 지상형 조류이며 개활한 평원에서 생활한다. 번식이 늦고 수명이 길며 체구가 크고 몸이 무거운 편이나 쾌속한 비행능력이 있다.

번식 산란기는 4~7월이다. 수컷은 영역권의 모든 암컷에게 구애행위를 하며, 여러 암컷과 교배한 다음 평원의 초지 맨땅을 오목하게 파고 깃털을 뽑아 깔고 산란을 유도한다. 산란수는 2~3개 정도다. 알은 녹색 또는 황록색 바탕에 흑갈색과 회색 무늬의 얼룩점이 산재해 있고 크기는 79mm다. 포란과 육추는 암컷이 전담하며 포란 기간은 32~35일, 육추 기간은 35~37일이다.

먹이 곡식의 낟알(콩, 옥수수, 수수, 벼, 밀), 식물의 새순, 곤충류(메뚜기). 북한 자료에 따르면 평안남도 중화군에서 포획한 개체의 위 속 내용물은 100%가 콩이었다고 한다.

현황 겨울철새로 1940년대에는 한반도 전역에 다수의 무리가 도래했으나 현재는 멸종위기종이다. 1970년대까지 낙동강 하류에서 1~2개체가 목격되었고, 1997년 강원도 철원군에서 3마리가 목격된 이래 아직 목격된 바 없다. 러시아에서 느시 개체수는 1970년대 초기 8,650마리에서 1970년대 말에는 2,980마리 정도로 크게 줄었으며 울창한 초지가 대량으로 사라짐에 따라 유럽 각지에서도 거의 멸종 단계에 이르렀다. 사우디아라비아는 인공번식센터를 만들어 느시의 번식을 연구하는 한편 향후 인공번식된 느시를 방생할 목표를 두고 있다.

몸길이 ♂900~1,050mm ♀740~770mm
몸무게 ♂7,000~18,000g ♀3,500~4,100g
부리 50mm **날개** 560~645mm **꼬리** 250~270mm **부척** 140~158mm
분포권 아프리카, 유럽 남부, 우수리강, 싱카이호, 미얀마, 몽골, 중국, 만주, 일본
　　　　남한 강원도 철원군
　　　　북한 함경남도, 평안북도, 평안남도 중화군, 황해남도 연안군, 옹진군, 개성시

도래 시기[월] 1 2 3 4 5 6 7 8 9 10 11 12

♂

♀

♂ 번식기

♀

225

도요목

도요목은 모두 물새 또는 바닷새이며 텃새나 철새, 나그네새 등 한반도에 도래하는

시기가 다양하다. 물떼새과는 소형종과 중형종으로 긴 다리로 걷거나 뛰면서

먹이를 사냥한다. 호사도요과는 깍도요와 흡사하며 짧은 부리가 아래로 휘었고

끝이 뭉툭하다. 암컷이 수컷보다 화려하고 일처다부제다.

검은머리물떼새과는 서해안 무인도에 소수의 무리가 번식하는 텃새로,

남쪽으로 이동하여 월동한다. 물꿩과는 발가락이 길어서 수초 위를 걷는 데 적합하며

일처다부제다. 소형종 또는 중형종인 도요과는 부리와 다리가 긴 편이고 날개가 길고

좁으며 꼬리는 짧다. 제비물떼새과는 날개가 길고 뾰족하며 꼬리도 제비꼬리형이다.

부리를 벌리면 입이 넓어져 곤충류를 쉽게 잡아먹는다.

장다리물떼새과는 다리와 부리가 매우 길고 가늘다. 부리가 곧은 종과 위로 올라간

뒷부리종이 있으며 얕은 물가에서 동물성 먹이를 잡아먹는다.

도둑갈매기과는 바닷새의 먹이를 빼앗는 해양성 조류로 단독생활을 즐긴다.

반면 갈매기과는 무리를 지어 생활하는데 몸 윗면이 회색이고 아랫면은 순백색이다.

부리가 짧고 날개폭은 좁고 길며 발에 물갈퀴가 있다. 바다오리과는 무인도에서

집단 번식하며 바닷속을 잠수하여 물고기를 잡아먹는다. 계절에 따라 깃털색이 바뀐다.

흰죽지꼬마물떼새

북한명 | 큰알도요
Charadrius hiaticula
Common Ringed Plover

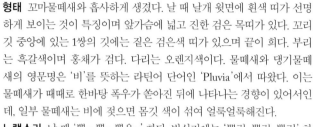

몸길이 190~200mm 몸무게 55~75g
부리 12~13mm 날개 117~132mm 꼬리 53~60mm 부척 23~25mm
분포권 아프리카, 유럽, 인도 서부, 러시아 시베리아 동부, 사할린 등지, 일본
　　　남한 전역의 갯벌과 하구의 모래톱
　　　북한 평안남도 안주시, 은산군, 순천군, 개성시, 평양시, 대성산
도래 시기[월] 1 2 **3 4** 5 6 7 8 **9 10** 11 12

형태 꼬마물떼새와 흡사하게 생겼다. 날 때 날개 윗면에 흰색 띠가 선명하게 보이는 것이 특징이며 앞가슴에 넓고 진한 검은 목띠가 있다. 꼬리깃 중앙에 있는 1쌍의 깃에는 짙은 검은색 띠가 있으며 끝이 희다. 부리는 흑갈색이며 홍채가 검다. 다리는 오렌지색이다. 물떼새와 댕기물떼새의 영문명은 '비'를 뜻하는 라틴어 단어인 'Pluvia'에서 따왔다. 이는 물떼새가 때때로 한바탕 폭우가 쏟아진 뒤에 나타나는 경향이 있어서인데, 일부 물떼새는 비에 젖으면 몸깃 색이 섞여 얼룩얼룩해진다.

노랫소리 날 때 '쀼- 쀼- 쀼우-' 한다. 번식기에는 '쀼릿, 쀼릿, 쀼릿' 하고 반복적으로 빠르게 지저귄다.

생활권 갯벌과 하구의 삼각주, 해안의 모래톱, 해안의 간척지 등에서 생활한다. 전북구의 철새종은 진화의 역사에 가까운 변화를 거쳤다. 신생대 첫 시기인 플라이스토세(Pleistocene)에 빙하 작용이 쇠퇴하고 북반구에 대규모의 계절성 번식 서식지가 등장하면서 과거 2만 년 동안 번식해온 것으로 보인다. 흥미로운 것은 전북구의 철새종이 그 후에 일부 남반구 텃새종의 출현을 촉진했다는 점이다. 예를 들어 오스트레일리아의 레드캡트플러버와 동남아시아의 말레이시아플러버는 전북구에서 번식하는 흰죽지꼬마물떼새와 밀접한 근연관계를 가진다. 유사하게 구북구(Palearctic)에서 번식하는 꼬마물떼새는 동남아시아에 서식하는 텃새의 아종이다. 전북구에서 번식하는 여러 종은 번식지역이 넓고 주로 남반구에서 번식하는 종은 기본적으로 정착해서 서식한다.

번식 산란기는 4~7월 중순이며 해안의 사구, 하천의 모래땅 위에 오목한 곳을 찾아 둥지를 튼다. 산좌에는 잔돌과 조개껍데기를 깔고 알을 낳는다. 산란수는 3~4개이며 알의 색은 엷은 회색을 띠고 흑갈색과 회색 반점이 얼룩져 있다. 알의 크기는 36mm다. 포란과 육추는 암수가 함께 하며 포란 기간은 23~24일, 육추 기간은 24~27일이다.

먹이 곤충류, 환형동물, 작은 패류, 갑충류.

현황 나그네새로 소수 무리가 매년 한반도의 서해안을 따라 이동한다. 이는 염전이나 갯벌 또는 온전한 서식지가 있는 중간기착지 덕분이다. 이들의 생존과 직결되는 서식지 파괴를 더 이상 방치해서는 안 될 이유다.

아성조

여름깃

겨울깃

꼬마물떼새

북한명 | 알도요
Charadrius dubius
Little Ringed Plover

■ 여름철새 ■ 흔함

형태 부리 기부와 이마 사이에 가는 흰색 선이 있고 그 위로 이마를 가로질러 굵은 검은색 띠가 눈을 덮고 지나간다. 머리 상단은 갈색이며 가는 흰색 줄이 이마의 검은색 띠와 경계를 이룬다. 멱과 뺨은 흰색이며 윗가슴에 굵고 넓은 검은색 띠가 선명하다. 등과 날개는 갈색이며 아랫가슴과 옆구리, 복부는 순백색이다. 부리는 검고 홍채는 갈색이다. 다리는 황색을 띤다.

노랫소리 '삐요, 삐이-요, 삐이-요' 또는 '쀼- 쀼-' 하고 지저귀며 번식기에는 요란스럽게 '삐삐, 삐삐' 또는 '삣, 삣, 삣' 하며 요란을 떤다.

생활권 전북구의 하천가나 개울, 소호, 자갈밭, 모래사장, 강가, 논 등에서 주로 생활한다. 물떼새류는 남극 대륙을 제외한 세계 각 대륙에 분포한다. 등조선(等潮線)부터 수목한계선 이상의 초지까지 다양한 종이 분포하고 있으며, 개활한 공간에서 생활하기를 선호한다. 섭금류 또는 강변이나 바닷가에 사는 새로 생각하지만 실제로는 먹이를 구할 때 물을 건너는 종은 별로 없다. 대다수 종은 연해안, 만, 강 하류, 냇가, 호수에서 먹이를 찾지만 일부 물떼새류와 여러 댕기물떼새류는 초지에 사는 종으로 습지와 큰 관련이 없다. 이들 중 몇몇 종은 목장과 경작지를 이용하는 법까지 터득하고 있다.

번식 산란기는 4월 하순~7월 상순이며 하천가 모래톱의 잔돌이 있는 오목한 곳에 둥지를 튼다. 잔돌과 마른풀 또는 조개껍데기 등을 산좌에 깔고 황갈색 바탕에 작은 흑갈색 반점이 있는 알을 4개 정도 낳는다. 알의 크기는 30mm다. 포란과 육추는 암수가 함께 하며 포란 기간은 24~25일, 육추 기간은 24~27일 정도다.

먹이 작은 갑충류, 곤충류, 유충, 수서곤충류.

현황 여름철새로 한반도 전역에서 흔히 볼 수 있는 종이다. 해안의 모래톱, 하천가의 모래사장, 하구의 삼각주, 논과 개울가 같은 습지라면 어디에서나 쉽게 볼 수 있다. 물떼새과는 차이가 명확한 2개의 아과, 즉 물떼새 아과와 댕기물떼새 아과로 크게 나뉜다. 물떼새 아과에 속하는 새는 몸집이 작고 머리가 크며 대부분 영문명을 'Plover'나 'Sand Plover'로 명명한다. 예외로는 이름에 'Dotterel'이 포함되어 있는 오스트레일리아와 남미의 몇몇 흰눈썹물떼새 종이 있다.

몸길이 150~160mm **몸무게** 30~50g
부리 11.5~14.5mm **날개** 106~121mm **꼬리** 53~63mm **부척** 22~26mm
분포권 아프리카 북부, 유라시아, 러시아 사할린, 인도, 몽골, 중국 북부, 타이완, 일본
남한 전역의 하천과 강 하구의 모래톱, 개울과 논
북한 전역의 수계
도래 시기[월] 1 2 3 **4 5 6 7 8 9** 10 11 12

여름깃   겨울깃   아성조

흰목물떼새

북한명 | 중알도요
Charadrius placidus
Long-billed Plover

■ 나그네새 ■ 환경부 지정 멸종위기 야생조류 Ⅱ급

몸길이 20~21mm 몸무게 41~95g
부리 19~23mm **날개** 130~152mm **꼬리** 70~78mm **부척** 30~34mm
분포권 아시아 동부, 중국 북부, 만주, 일본
　　남한 영산강 유역, 전라남도 담양하천
　　북한 자료 없음
도래 시기[월] 1 2 **3 4** 5 6 7 8 **9 10** 11 12

형태 이마는 흰색이고 이마와 머리의 경계에 굵고 뚜렷한 검은색 띠가 있다. 부리의 기부에서 눈과 뺨까지 엷은 흑회색 띠가 있다. 먹은 흰색이며 목과 가슴의 경계에 좁고 검은색 띠가 둘러 있고 가슴과 복부, 옆구리, 아래꼬리덮깃은 순백색이다. 머리 상단과 등, 어깨깃, 위꼬리덮깃은 회갈색이다. 부리는 검고 뾰족하며 아랫부리 기부는 황색이다. 홍채는 흑갈색이며 다리는 황갈색을 띤다.
노랫소리 '삐잇, 삐잇, 삐잇' 하며 맑은 소리를 낸다.
생활권 하천이나 강가의 모래톱, 논과 하구의 삼각주, 호반과 소호, 해안의 모래톱.
번식 산란기는 3월 하순~7월 상순이다. 물가 모래톱의 오목한 곳에 작은 돌과 조개껍데기로 둥지의 틀을 만든다. 산좌에 마른풀을 깔고 붉은색이 도는 갈색과 회색 작은 반점이 얼룩져 있는 알을 4개 정도 낳는다. 포란은 암수가 함께 하며 포란 기간은 23~24일 정도다. 육추는 암수가 함께 하나 주로 암컷이 한다.
먹이 주로 소형 곤충류와 갑충류, 수서곤충류의 유충과 성충.
현황 전 세계에 생존하는 개체수가 1만 마리 내외로 추산되는 멸종위기종이다. 봄과 가을에만 목격되는 나그네새로, 봄에 한반도를 중간기착지로 삼아 번식지로 이동하며 가을철에 월동지로 가기 위해 다시 한반도를 기착지로 삼는다. 4대강 사업 이전에는 영산강 유역에서 머물던 조류였으나 환경의 변화로 전라남도 담양하천으로 이동했다. 국립환경과학원 국립습지센터의 공식발표에 따르면 2014년 담양하천을 정밀 조사한 결과 16마리의 성체와 어린새 20여 마리, 부화되기 전의 알 20여 개가 발견되었다.

여름깃

겨울깃

아성조

흰물떼새

북한명 | 흰가슴알도요
Charadrius alexandrinus
Kentish Plover

■ 나그네새(텃새) ■ 흔함

형태 여름깃은 머리 상단과 어깨 등은 담갈색이며 가슴과 배는 순백색이다. 이마와 뺨, 턱밑, 멱은 흰색이며 눈앞에서 귀깃까지는 검고, 눈에는 흰색 눈썹선이 지나고 있다. 양쪽 목 밑에는 검은색 띠가 있다. 부리는 검고, 홍채는 짙은 갈색이며 다리는 흑회색이다. 수컷의 겨울깃은 암컷의 겨울깃과 흡사하나 머리 상단과 몸통 윗면의 체모가 암갈색이다. 수컷의 이마와 가슴에 있는 검은색 가로무늬는 여름깃과 같다.

노랫소리 '뾰이, 뾰이, 뾰이, 삐 삐 삐' 하며 날 때는 '삐릿, 삐릿' 한다.

생활권 모래가 있는 해안, 갯벌, 하구의 삼각주, 하천가, 염전, 간척지 등에서 생활한다.

번식 산란기는 4월 하순~6월이다. 물가의 모래나 잔돌이 있는 오목한 곳에 둥지를 튼다. 산좌에는 조개껍질이나 나무 부스러기, 작은 돌을 깔고 크림색 또는 붉은색이 도는 크림색 바탕에 암갈색 점무늬와 곡선형 반점과 회색점이 산재해 있는 알을 3~4개 낳는다. 알의 크기는 31mm이며 무게는 10~12g이다. 포란과 육추는 암수가 함께 하며 포란 기간은 24~27일, 육추 기간은 26~31일이다.

먹이 식물의 풀씨, 갈게, 수서곤충류, 곤충류, 거미류, 갑각류.

현황 한반도를 지나가는 대표적인 나그네새이자 일부는 번식하며 사계절을 지내는 텃새. 낙동강 하구, 서해안에서는 매년 수백에서 수천 마리가 떼를 지어 날아든다. 특히 서해안을 따라 많은 수가 서식하며 1~2월에도 제주도와 전라남도에서 포획된 자료가 있는 것으로 보아 남부지역에서 월동하는 것으로 보인다. 물떼새 아과는 광범위하게 분포한다. 18종이 전북구의 철새이며 북반구에서 번식한 다음 겨울철에 남쪽으로 이동한다. 그중 일부 종의 이동 목적지는 여전히 북반구이며 북극권에 속하는 북아메리카, 유럽, 아시아 지역에서 번식하는 기타 종은 비번식기에 남아메리카, 아프리카 남부, 오세아니아 남부까지 이동한다. 북반구의 경우 물떼새 아과 종은 거의 철새이지만 남반구에는 전북구에서 온 철새도 많을 뿐 아니라 현지의 텃새이거나 국지적으로 이동하는 종도 있다.

몸길이 160mm 몸무게 40~60g
부리 16~19mm 날개 102~119mm 꼬리 44~54mm 부척 25~30mm
분포권 유럽, 아프리카, 멕시코만, 칠레, 오스트레일리아, 인도네시아, 일본 등 전 세계 온대권
남한 전역의 수계
북한 평안북도 선천군, 평안남도 증산군, 함경북도 웅기군

도래 시기[월] 1 2 **3 4** 5 6 7 8 **9 10** 11 12

여름깃

겨울깃

아성조

231

왕눈물떼새

북한명 | 왕눈도요
Charadrius mongolus
Mongolian Plover(Lesser Sand Plover)

몸길이 210~220mm **몸무게** 90~145g
부리 15.5~19mm **날개** 124~142mm **꼬리** 47~58mm **부척** 27~33mm
분포권 아프리카, 아시아 동부, 러시아 캄차카반도, 인도, 티베트,
　　　말레이반도, 필리핀, 일본
　　　남한 전역의 수계
　　　북한 함경북도 화대군, 황해도 연백군 수계, 평안북도 다사도,
　　　개성시, 평양시 두루섬
도래 시기[월] 1 2 **3** **4** 5 6 7 8 **9** **10** 11 12

형태 여름깃은 이마가 흰색이며 머리 상단과의 경계에 검은색 가로띠가 있다. 머리, 뒷머리, 뒷목은 적갈색이다. 몸통 윗면은 회갈색을 띠며 눈에서 귀깃까지 짙은 검은색 눈선이 있고 턱밑과 멱은 순백색이며 멱과 윗가슴 사이에는 적갈색이 폭 넓게 자리 잡고 있다. 윗가슴과 배 사이에는 흰색 가로띠가 선명하다. 배, 옆구리, 아래꼬리덮깃은 흰색이다. 부리는 검고 가늘고 뾰족하며 홍채는 진갈색이다. 다리는 황색이 도는 회갈색이다.

노랫소리 '호이-요, 호이-요, 삐이요 삐이요' 또는 '쀼루, 쀼루, 삐리 삐리' 등 다양한 소리를 낸다.

생활권 해안과 갯벌, 하구의 삼각주, 간척지, 염전 등지에서 생활하며 번식지인 툰드라 지역에서는 높은 산악지대에서 생활한다.

번식 산란기는 5~6월 상순경이며 모래땅 위 오목한 곳에 둥지를 튼다. 산좌에는 풀잎과 마른 식물의 줄기를 깔고 알을 낳는다. 산란수는 3개 정도이며 알의 색은 갈색 바탕에 진갈색 또는 흑갈색의 얼룩무늬가 있다. 알의 무게는 9~11g 정도다. 포란과 육추는 암수가 함께 하며 포란 기간은 23~25일, 육추 기간은 48~51일 정도다.

먹이 곤충류, 지렁이, 소형 게류, 식물의 씨앗. 함경북도 화대군에서 포획한 5개체의 위에서는 갑각류, 초시목 곤충이 나왔으며 평안남도 중산에서 포획한 개체의 위에서도 초시목 곤충이 나왔다. 물떼새과는 주로 소형 무척추동물을 잡아먹고 가끔씩 작은 척추동물도 포획하여 먹는다.

현황 봄철과 가을철에 한반도를 중간기착지로 삼아 흔히 지나가는 나그네새다. 특히 낙동강 하구의 삼각주에서 볼 수 있으나 개체수가 많지 않다.

아성조

여름깃

겨울깃

큰왕눈물떼새

북한명 | 큰왕눈도요
Charadrius leschenaultii
Greater Sand Plover

■ 나그네새   ■ 드묾

형태 몸 윗부분은 담갈색이고 아랫면은 순백색이다. 이마는 흰색이며 머리 상단과 맞닿는 곳에 검은색 띠가 있고 머리와 뒷머리, 뒷목은 엷은 빛이 도는 붉은색이다. 눈앞에서 귀깃까지 검고 넓은 눈선이 있다. 뺨과 턱밑, 멱은 흰색이며 목 아랫부분은 엷은 색이 도는 붉은색 띠가 뒷목까지 연이어져 있다. 부리는 검고 뾰족하며 가늘다. 홍채는 진갈색이며 다리는 황갈색이다.

노랫소리 '쀼루, 쀼루' 또는 '삐리, 삐리' 하고 지저귄다.

생활권 해안과 갯벌, 하구 등지에서 서식한다. 몽골에서는 사막과 사바나 경계지역에서 생활한다.

번식 산란기는 5~6월 상순경이다. 해안의 모래톱 또는 물가에 작은 잔돌이 있는 오목한 곳에 둥지를 튼다. 산좌에는 소재 없이 알을 낳는다. 산란수는 3개 정도다. 알의 색은 광택이 있는 짙은 회갈색이며 둔부에 흑갈색 얼룩점이 많이 산재되어 있다. 알의 크기는 왕눈물떼새보다 훨씬 큰 38mm다. 포란은 암수가 함께 하나 주로 암컷이 한다. 포란 기간은 21~23일, 육추 기간은 28~32일이다. 어미와 함께 생활하면서 생존에 대한 학습이 끝나면 새끼는 어미 곁을 미련 없이 떠난다.

먹이 곤충류와 소형 게류. 북한에서 포획한 새의 위를 조사한 결과 주로 갑충과 개미 등을 먹은 것으로 조사되었다. 물떼새류의 먹이 사냥 패턴은 '관망 → 돌진 → 쪼아 먹기 → 잠시 중단 → 관망 → 돌진 → 쪼아 먹기'의 순환이다.

현황 봄철과 가을철에 한반도를 통과하는 나그네새로 한반도를 중간 기착지로 삼아 1년에 2번 머물다 간다. 주로 해안의 모래톱이나 갯벌을 따라 이동하며 에너지를 비축한다. 특히 낙동강 하구의 삼각주는 이들의 취식 장소로 중요한 역할을 하며, 매년 왕눈물떼새와 함께 있는 것이 목격되고 있으나 개체수가 줄고 있다.

몸길이 215~240mm   **몸무게** 75~150g

부리 22~27mm **날개** 128~149mm **꼬리** 48~62mm **부척** 34~39mm

분포권 아프리카, 오세아니아, 아르메니아, 카스피해, 러시아 시베리아 남부, 아시아 중동부, 인도, 말레이시아, 아라비아반도, 몽골, 일본, 타이완

남한 서해안지역의 해안과 하구의 모래톱, 갯벌 등지

북한 자료 없음

도래 시기[월] 1 2 **3 4** 5 6 7 8 **9 10** 11 12

여름깃

겨울깃

아성조

233

큰물떼새

북한명 | 붉은가슴알도요
Charadrius asiaticus
Oriental Plover

■ 나그네새 ■ 드묾

몸길이 200~240mm **몸무게** 88~98g
부리 21.5~26mm **날개** ♂156~175mm ♀152~160mm **꼬리** 58~62mm **부척** 38~47.5mm
분포권 오스트레일리아, 러시아 바이칼호 남동부, 시베리아,
아시아 동부, 베트남, 중국 북동부, 몽골, 일본
남한 인천시 강화도 여차리, 영종도, 영흥도, 경기도 안산시 대부도,
충청남도 서산시 천수만, 부산시 을숙도, 전라남도 신안군
가거도, 흑산도
북한 자료 없음
도래 시기[월] 1 2 **3** **4** 5 6 7 8 **9** **10** 11 12

형태 암컷의 여름깃은 이마와 얼굴, 앞가슴은 황색이 도는 적갈색이
며 턱밑과 배, 아랫배 부분은 순백색이다. 머리 상단과 뒷머리, 뒷목,
등은 회갈색이다. 수컷의 여름깃은 이마와 얼굴, 턱밑, 목은 흰색이
며 등은 회갈색이다. 앞가슴은 황색이 도는 적갈색이며 그 아래쪽에
굵은 검은색 가로띠가 선명하다. 등과 어깨, 허리, 위꼬리덮깃은 엷은
갈색이다. 꼬리는 짙은 갈색이며 바깥쪽 1쌍의 깃은 색이 엷어 흰색
으로 보인다. 부리는 검고 홍채는 갈색이며 다리는 등황색이다.
노랫소리 '칩-, 칩-, 칩-' 또는 휘파람소리를 빠르게 낸다.
생활권 보통 때는 건조한 초지, 호반의 모래톱, 냇가의 모래 부지에
서 지내며, 번식기에는 사바나와 사막(반사막)의 경계지역에서 생활
한다. 모래 위에서 먹이를 보았을 때는 재빠르게 걸어가서 잡아먹고
날아가는 속력도 대단히 빠르다.
번식 산란기는 6~7월 상순이며 땅 위 오목한 곳에 둥지를 튼다. 산좌
에는 이끼류를 깔고 알을 낳는다. 산란수는 4개 정도이며 알의 색깔
은 엷은 녹갈색 바탕에 작은 갈색 반점이 산재해 있다. 포란과 육추에
대한 생태조사는 아직 이루어지지 않았다.
먹이 곤충류, 갑각류.
현황 한반도를 봄철과 가을철에 드물게 지나가는 나그네새로 인천광
역시 영종도를 거쳐 전라북도 만경강, 낙동강 하류의 삼각주와 제주
도에서 목격된다. 1911년과 1913년에 제주도에서 포획한 표본이 유
일하며 북한 자료는 전무하다.

우 여름깃

아성조

겨울깃

♂ 여름깃

검은가슴물떼새

북한명 | 검은가슴알도요
Pluvialis fulva
Pacific Golden Plover

■ 나그네새　■ 흔하지 않음

형태 여름깃은 몸통 윗면은 황갈색에 검은색 무늬가 혼재되어 있다. 목과 얼굴, 가슴, 배는 짙은 검은색이며 이마는 흰색으로 흰색 눈썹선과 연결되어 옆목으로 흘러 가슴 양쪽까지 연이어져 있다. 겨울에는 검은색이 없어지고 연한 황갈색으로 변한다. 꼬리는 흑갈색이며 흰색 가로띠가 있다. 부리는 검고 홍채는 진갈색이며 다리는 갈색이다.

노랫소리 '뾰뾰, 뾰뾰, 삐-, 뾰뾰, 뾰뾰 삐-, 뾰이- 뾰이요- 뾰이-' 하면서 연속적으로 소리를 낸다.

생활권 번식기에는 주로 건조한 동토대와 암벽에서 생활하며 이동할 때는 넓은 개활지의 초원의 호숫가나 개울가에 서식한다. 월동지에서는 해안가와 갯벌, 논, 초습지, 염전, 하구의 삼각주 등지에서 생활한다.

번식 알래스카, 시베리아, 오호츠크해 서쪽 연안, 바이칼 북부 산지에서 번식한다. 산란기는 6~7월 상순이며 땅 위 오목한 곳에 둥지를 튼다. 산좌에는 이끼류를 깔고 알을 낳는다. 산란수는 4~5개 정도이며 알은 황갈색에 흑갈색 얼룩무늬가 있고 간혹 엷은 회색 점무늬가 있는 것도 있다. 알의 크기는 52mm다. 포란과 육추는 암수가 함께 하며 포란 기간은 26~27일, 육추 기간은 35~45일이다.

먹이 작은 연체동물, 곤충류, 연충, 환형동물, 갑각류, 식물의 열매와 씨앗, 장과류.

현황 봄철과 가을철에 흔하지 않게 한반도를 통과하는 나그네새로 강이나 냇가 또는 갯벌에서 먹이를 얻고 이동한다. 매년 낙동강 하구의 모래톱에서 소수 개체가 목격되며 20~30여 마리 또는 200~300여 마리의 대군집도 목격된다.

몸길이 280~290mm　**몸무게** 140~210g

부리 21.5~27mm **날개** 158~178mm **꼬리** 55~68mm **부척** 40~48mm

분포권 오스트레일리아, 뉴질랜드, 알래스카, 유라시아, 러시아 시베리아 툰드라 지역, 아시아 동부, 중국, 타이완

　　남한 서해안의 갯벌과 강 하구, 경상남도 창원시 주남저수지, 낙동강 하류의 삼각주

　　북한 함경북도 수계, 함경남도 수계, 평안북도, 평안남도 안주시, 개풍군의 수계

도래 시기[월] 1 2 **3 4** 5 6 7 8 **9 10** 11 12

여름깃

겨울깃

여름깃　　겨울깃　　아성조

개꿩

Pluvialis squatarola
Grey Plover

■ 나그네새   ■ 흔함

몸길이 280~300mm   **몸무게** 170~240g
부리 ♂28~32mm ♀27~30mm **날개** ♂198~199mm ♀192~199mm
꼬리 ♂77~79mm ♀79~80mm **부척** ♂48~51mm ♀52~54mm
분포권 아프리카, 아메리카, 미국 알래스카, 오세아니아, 러시아 시베리아
　　　　툰드라 동토지역, 인도, 갈라파고스, 일본, 타이완
　　남한 낙동강 하구, 강원도 속초시, 인천시 소래포구,
　　　　해안지역이나 염전 또는 수계의 모래사장
　　북한 함경북도 화대군, 증산군, 평안북도 정주군 수계,
　　　　평안남도 안주시 수계
도래 시기[월] 1 2 **3 4** 5 6 7 8 **9 10** 11 12

형태 여름깃은 머리 상단과 뒷목, 등은 검은색과 흰색 무늬가 혼재되어 있고 이마와 눈썹선이 목으로 연결되어 옆구리로 이어져 있다. 얼굴과 턱밑, 목, 가슴, 복부는 짙은 검은색이다. 배 아랫부분은 순백색이며 꼬리는 검다. 겨울깃은 머리 상단과 뒷목, 등은 짙은 갈색에 짙은 회갈색 잎새무늬 문양이 있다. 턱밑은 희고 목과 앞가슴, 배에는 회갈색 무늬가 있으며 아랫배와 그 밑부분은 순백색이다. 부리는 검고 홍채는 짙은 갈색이며 다리는 검다.

노랫소리 '푸이- 푸이-' 또는 '삐리 삐리, 삐리', '피오-, 피오-, 피오-' 하며 지저귄다.

생활권 전 세계적으로 구대륙과 신대륙 극권의 동토지역에서 생활한다. 이동 시에는 갯벌과 해안의 사구, 해안가의 초습지, 하구, 간척지에서 먹이를 구한다.

번식 산란기는 6~7월 상순이다. 전북구 철새종은 모두 짧은 계절에 서둘러 번식한다. 툰드라 지역에서의 번식도 속전속결로 이루어진다. 이끼가 자라는 땅 위 오목한 곳에 둥지를 튼 다음 산좌에 잔가지와 이끼, 식물의 줄기와 잎을 깔고 알을 3~4개 정도 낳는다. 알은 적회색 바탕에 회색 얼룩무늬와 점이 산재해 있고 크기는 52mm다. 포란과 육추는 암수가 함께 하며 포란 기간은 26~27일, 육추 기간은 35~45일 정도다.

먹이 지렁이, 새우, 패류, 곤충류, 식물의 씨앗. 평안북도 염주군 학소리에서 포획한 수컷의 위에는 벼메뚜기가 많이 들어 있었다.

현황 나그네새로 봄철과 가을철에 경상남도 낙동강 하구, 강원도 속초시 청초호, 인천광역시 소래포구 등 해안가를 따라 이동한다. 개체 수가 많은 편이다.

여름깃

겨울깃

여름깃

겨울깃

아성조

민댕기물떼새

북한명 | 갈매기도요

Vanellus cinereus

Grey-headed Lapwing

형태 물떼새과의 대형종으로 여름깃은 이마와 머리 상단, 뒷목, 멱과 윗가슴은 밝은 회색이며 윗가슴과 아랫가슴 사이에 폭 넓은 검은색 띠가 뚜렷하다. 등은 엷은 갈색에 청동색 광택이 난다. 허리와 위꼬리 덮깃, 꼬리의 기부는 순백색이다. 꼬리의 3분의 1은 검은색이며 갈색 띠가 있고 끝은 흰색이며 바깥쪽 깃도 흰색이다. 암컷의 윗가슴 띠는 폭이 좁다. 겨울깃은 머리와 뒷머리, 윗가슴은 갈색을 띠고 가슴의 검은색 띠도 옅어진다.

노랫소리 '치이-잇 치이-잇' 또는 '게리리, 게리리' 하고 지저귄다.

생활권 초습지, 논, 강가, 소택지, 하천가, 강 하구, 갯벌 등지에서 생활한다.

번식 산란기는 5월 하순~7월 상순이며 초지나 하천가 모래톱의 오목한 곳에 둥지를 튼다. 둥지의 크기는 직경이 230~280mm이며 깊이는 38~46mm이다. 산좌에는 마른풀의 줄기와 잎, 이끼류를 깔고 알을 4개 정도 낳는다. 알은 녹회색에 짙은 갈색이나 회색을 띤 자색 얼룩무늬가 있다. 포란 기간은 27~29일이다. 육추는 암수가 함께 하며 육추 기간은 조사된 자료가 없다.

먹이 어류, 곤충류, 파충류, 지렁이.

현황 봄철과 가을철에 한반도를 중간기착지로 삼는 나그네새이며 개체수가 매우 적어 목격하기 어렵다. 경기도에서 5회, 경상남도에서 1회 관찰되었다는 기록이 있고 1999년 6월 9일 충청남도 서산시 천수만에서 목격된 기록도 있다. 그 외에도 알려지지 않은 목격이 더 있을 것이라 사료된다.

몸길이 350~360mm　**몸무게** 245~350g

부리 35~36mm **날개** 225~255mm **꼬리** 100~118mm **부척** 70~79mm

분포권 러시아 시베리아 중남부, 아시아 동남부, 중국, 몽골, 일본

　남한 인천시 강화도, 충청남도 서산간척지, 낙동강 하구, 전라남도 신안군 흑산도, 제주도

　북한 자료 없음

도래 시기[월] 1　2　**3**　**4**　5　6　7　8　**9**　**10**　11　12

여름깃

아성조

댕기물떼새

북한명 | 댕기도요(쟁개비)

Vanellus vanellus
Northern Lapwing

■ 겨울철새   ■ 흔함, IUCN Red List NT

몸길이 290~340mm   **몸무게** 180~275g
부리 27.5~28mm **날개** ♂217~222mm ♀214~230mm **꼬리** 104~167mm
부척 49~56mm
분포권 유럽, 중앙아시아, 러시아 시베리아 남부, 몽골, 중국 북동부,
   인도 북서부, 일본
   남한 전역의 농경지 갯벌, 소택지
   북한 함경북도 웅기군, 평안남도 안주시, 증산군, 대동군, 개성시
도래 시기[월] 1 2 3 4 5 6 7 8 9 10 11 12

형태 몸통의 윗면은 검고 녹색 광택이 나며 아랫면은 순백색이다. 머리에는 검은색 긴 머리깃이 허공으로 치솟고 가슴에 검은색 가로띠가 폭넓게 자리 잡고 있다. 위꼬리덮깃은 짙고 붉게 녹슨색이며 아래꼬리덮깃은 연붉게 녹슨 색이다. 부리는 짧고 검은색이며 홍채는 진갈색이고 다리는 오렌지색이다.

노랫소리 '쿠우-잇, 쿠우-잇, 삐이-잇' 하며 지저귄다.

생활권 보통 해안선에서 멀리 떨어져 있는 내륙종이며 논이나 습지에서 먹이를 구하고 갯벌, 소택지, 하구 등지에서 생활한다. 주로 습기가 있는 초원이나 소택지에서 살며 건조한 장소에서는 농경지에서 생활한다.

번식 산란기는 4~6월 하순이며 초습지의 건조한 맨땅 오목한 곳에 접시형 둥지를 튼다. 산좌에는 이끼와 마른풀 또는 수초의 줄기를 깔고 회갈색에 흑갈색 점무늬가 산재해 있는 알을 4개 낳는다. 알의 크기는 47mm다. 포란은 주로 암컷이 하며 포란 기간은 26~28일이다. 육추는 암수가 함께 하며 육추 기간은 35~40일이다.

먹이 곤충류, 지렁이, 식물의 씨앗, 열매. 북한 자료에 따르면 포획한 개체의 위 속에는 돌드래(하늘소)를 비롯한 곤충이 들어 있었다.

현황 겨울철새로 봄철과 가을철에 흔히 한반도를 지나가며 중부 이남에서 주로 월동한다. 매년 개체수가 급감하고 있다. 강가나 논, 습지의 한정된 곳에서 목격된다.

여름깃

겨울깃

아성조

흰눈썹물떼새

북한명 | 없음
Charadrius morinellus
Eurasian Dotterel

■ 미기록종　■ 희귀함

형태 부리는 검고 짧다. 이마는 엷은 회색이며 머리 상단은 짙은 흑갈색이다. 눈썹선은 순백색으로 길고 굵으며 선명하다. 뺨과 멱도 흰색이며 목은 엷은 회색을 띠고 목과 윗가슴 사이에 순백색 가로무늬가 뚜렷하다. 가슴은 적갈색이며 배는 흑갈색으로 밑으로 내려갈수록 검은색을 띤다. 날개덮깃은 버들잎형이며 깃가는 엷은 황갈색의 테를 이룬다. 꼬리는 갈색이며 깃가는 흰색의 깃이 있다. 홍채는 흑갈색이며 다리는 적갈색이다.

노랫소리 '핏, 핏, 핏' 또는 '디르, 디르' 하며 소리를 낸다.

생활권 주로 농경지나 논, 갯벌, 냇가, 초지, 개활지, 소택지에서 생활한다.

번식 물떼새류 중 독보적으로 일처다부제를 한다. 암컷은 수컷보다 색이 화려하며 여러 수컷과 교미하여 알을 여러 개 낳는다. 짝짓기 과정에서 복잡한 공중 뽐내기, 날개 접기, 날개 치기, 몸 굽히기, 무릎 굽히기 등 일련의 구애행위를 하며, 귀를 자극하는 떨림음과 구성진 소리 등 각종 노랫소리를 낸다. 영역을 지키거나 약탈자를 저지하는 행동에도 특색이 있다. 산란기는 5~7월이며 땅 위에 간단하게 구덩이를 파고 풀과 작은 조개껍데기, 돌로 둥지를 튼다. 산란수는 3개다. 알은 엷은 적갈색 바탕에 흑갈색 반점이 얼룩져 있으며, 크기는 44mm다. 암컷은 산란 후 둥지를 떠나며 포란과 육추를 수컷이 전담한다. 포란 기간은 24~28일, 육추 기간은 25~30일이다. 유럽의 기록에 따르면 암수 배우자는 적절한 서식지에서 단독으로 번식하거나 느슨한 번식집단을 이룬다. 가까이 이웃한 암수 짝은 각자 영역을 지키면서 둥지 간격을 4~150m로 유지한다. 전북구에서 번식하는 종들의 번식 성공률은 매년 달라지는데, 이는 북극 동물의 개체수 주기와 관련이 깊다. 소형 포유동물의 개체수가 적어지면 지상에 둥지를 트는 조류에 대한 북극여우의 약탈이 크게 증가한다. 한 연구에 따르면 부화한 새끼의 10%만이 날 수 있을 때까지 성장하며, 연평균 사망률은 23~29%다. 수명은 8~9세 정도다.

먹이 곤충류, 패류, 무척추동물, 환형동물.

현황 미기록종이다. 봄철과 가을철에 번식지에서 월동지로, 월동지에서 번식지로 이동하면서 한반도를 경유하지 않는 것으로 여겨지나, 2005년 가을철 이동기에 충청남도 천수만에서 목격된 기록이 있으며 확인된 바는 없다.

몸길이 220~250mm　몸무게 90~145g
분포권 유럽, 스칸디나비아반도, 러시아 시베리아 동북부, 중국 서북부
　　　남한 충청남도 서산시 천수만
　　　북한 자료 없음
도래 시기[월] 미기록종

호사도요

북한명 | 흰고리눈도요
Rostratula benghalensis
Painted Snipe

■ 겨울철새　■ 천연기념물 제449호

몸길이 240~280mm　몸무게 112~221g
부리 41~46mm **날개** ♂127~137mm ♀131~142mm **꼬리** 36~47mm **부척** 38~45mm
분포권 아프리카, 아시아, 인도, 필리핀, 스리랑카, 중국, 타이완, 일본
　　　남한 전역의 논과 저수지 하천가의 풀숲
　　　북한 자료 없음
도래 시기[월] **1 2 3** 4 5 6 7 8 9 **10 11 12**

형태 몸통 윗면은 갈색을 띠며 암컷이 더 호화롭고 진하다. 눈 주위에 황색이 도는 흰색 테가 있으며 눈뒤로 띠를 이룬다. 이마에서 머리 상단까지 황갈색 띠가 있다. 암컷은 얼굴과 목이 적갈색이며 배와 가슴은 순백색이고 양쪽 가슴 옆으로 폭 넓은 흰색 선이 선명하다. 부리는 가늘고 길며 아래로 약간 휘어졌으며 황갈색이다. 홍채는 짙은 갈색이며 다리는 회갈색 또는 황갈색이다.

노랫소리 번식기가 되면 암컷은 저녁마다 구애를 위해 지상에서 소리를 내는데, 멧도요가 뒤로 물러서듯 비행하는 저공 뽐내기 때 내는 소리와 흡사하다. 기관이 길어서 나선형처럼 보이며, 메아리 효과를 내면서 이어지는 묵직한 소리는 1km 밖에서도 들을 수 있다. 암컷의 소낭은 소화기능이 없으며 보조적인 울림대 구실을 한다.

생활권 내륙의 습지, 논, 저수지, 하구, 강가, 물가의 풀숲, 연못, 초습지에서 먹이를 구하며 생활한다.

번식 암컷 1마리가 여러 마리 수컷을 거느린다. 암컷은 뽐내기로 영역을 지키고 수컷을 유인한다. 산란기는 5~7월이며 논가에 풀 또는 벼포기를 모아 둥지를 틀고 풀과 줄기로 산좌를 만든다. 산란수는 4~6개 정도이며 알의 색은 황회색 바탕에 흑갈색과 적갈색 반점이 얼룩져 있고, 크기는 39mm다. 포란은 수컷이 전담하며 포란 기간은 18~19일 정도다. 어린 새끼는 부화 후 바로 둥지를 떠나 수컷의 보호를 받으며 자란다. 수컷은 암컷에 비해 화려하지 않고 황갈색과 갈색에서 어두운 색에 가까운 것도 있고 머리와 어깨에 담황색 띠무늬가 있어서 미혹성이 강하다. 일몰 때나 황혼녘에 비밀스럽게 행동하며 놀라면 얼어붙어서 움직이지 않으므로 잘 발각되지 않는다. 이런 보호색 덕분에 수컷은 알을 품고 새끼를 돌보는 일을 맡게 되었다.

먹이 곤충류, 패류, 갑각류, 환형동물, 식물의 씨앗.

현황 매우 드문 겨울철새다. 사계절 내내 한반도에서 번식하며 월동하는 텃새가 되고 있는데, 이는 지구온난화가 주원인일 것으로 여겨진다. 호사도요 2종은 전형적인 열대 습지에 서식하는 새다. 구대륙인 아프리카 사하라 남부에서 오스트레일리아(호사도요)까지, 신대륙(남미호사도요*Nycticryphes semicollaris*)에서 발견된다.

우　　　♂

검은머리물떼새

북한명 | 까치도요
Haematopus ostralegus
Eurasian Oystercatcher

■ 텃새 ■ 천연기념물 제326호,
환경부 지정 멸종위기 야생조류 Ⅱ급,
IUCN Red List NT

형태 부리가 곧고 길며 붉은색을 띠고 끝이 무디거나 예리한 것이 특징이다. 이마와 머리 상단, 뒷목과 등, 목과 윗가슴은 짙은 검은색이며 배와 옆구리, 아래꼬리덮깃과 겨드랑이깃은 순백색이다. 꼬리의 기부와 날개의 안쪽 면도 흰색이다. 흰색과 검은색의 조화로움에 붉은색이 가미된 색상 대비가 품격 있다. 눈테와 홍채는 붉다. 다리는 짧은 편이며 붉은색이다.

노랫소리 번식기에 '뽀삐이-요 뽀삐이-요', '삐삐삐삣, 삣, 삣, 삣' 또는 '쿠잇 쿠잇 쿠잇 키잇 키잇' 하는 다양한 소리를 낸다. 평상시에는 '쿠 쿠 쿠' 하며 반복적으로 소리를 낸다.

생활권 암석이 많은 바다나 도서지역의 해안 모래사장을 선호하며 갯벌, 바위섬과 하구 등지에서 생활한다. 모래 속에서 먹이를 탐색할 때는 부리를 조개 껍데기 사이에 쑥 집어넣은 다음 가위 같은 동작으로 속살을 꺼내어 먹는다. 껍데기가 꽉 오므라진 조개는 부리로 한 면을 쪼아서 부순 다음 살을 꺼내 먹는다. 특정한 먹잇감을 공략하면서 자신만의 사냥 기술을 발전시키는 경우가 많다.

번식 산란기는 4월 중순~5월이며 바다 위 암초나 사력지 또는 바닷가 초지의 오목한 곳에 풀잎이나 식물의 줄기 등으로 엉성하게 접시형 둥지를 튼다. 산좌에는 마른풀과 잎을 깔고 알을 3~4개 낳는다. 알의 크기는 57mm이며 무게는 42~43g이고, 황갈색 바탕에 흑갈색 얼룩점이 있다. 포란은 암수가 함께 하나 주로 암컷이 하며 포란 기간은 22~24일 정도다. 육추는 암수가 함께 하며 육추 기간은 30일 정도이나 어린새가 독립하기까지는 160~170일 정도 걸린다.

먹이 연체동물, 게류, 환형동물, 곤충류, 어류, 해조류. 북한 자료에 따르면 평안북도 선천군에서 채집한 암컷 개체의 위 속에 수서곤충류가 있었고, 함경북도 영흥군 해중리에서 잡은 암컷의 위에는 물고기와 풀, 감탕 등이 있었다. 그 외에 무당게, 조개 등을 먹는다.

현황 텃새로 서해안의 무인도서에서 소수의 집단이 번식하고 있다. 인천시 송도의 초지에서도 번식했으나 개발로 인해 다른 곳으로 이동했다. 겨울에는 북쪽 집단이 남쪽으로 이동하기도 하며 금강 하구, 남양만에서는 수백 마리가 무리를 이루기도 한다.

몸길이 430~450mm   몸무게 487~642g
부리 ♂90~114mm ♀90~114mm **날개** ♂250~272mm ♀267~278mm
꼬리 ♂100~126mm ♀103~114.8mm **부척** ♂53~~63mm ♀51~60mm
분포권 오스트레일리아, 아메리카, 아프리카, 유럽과 아시아 전역, 러시아 캄차카반도 동부 해안, 오호츠크해 북단
남한 서해 연안 일대
북한 함경남도 영흥군, 평안북도 선천군, 룡천군, 신도군
도래 시기[월] 텃새

아성조

241

물꿩

북한명 | 없음
Hydrophasianus chirurgus
Pheasant-tailed Jacana

몸길이 310∼580mm **몸무게** 138∼245g
부리 29∼30mm **날개** 190∼218mm **꼬리** 280∼309mm **부척** 55∼58mm
분포권 온대지역과 아열대지역, 인도, 타이, 동남아시아, 인도네시아,
　　　　 필리핀, 말레이시아, 중국 장강 이남지역, 타이완
　　　남한 충청남도 서산간척지. 경상남도 창원시 주남저수지, 제주도
　　　북한 자료 없음
도래 시기[월] 길잃은새

여름깃

형태 유난히 발가락이 긴 덕분에 물에 떠 있는 식물이나 수면에 깊게 잠겨 있는 식생 위에서 느긋하게 걸을 수 있다. 특히 연잎 위에서 잘 걸어서 '연잎 위에서 나는 새'라는 별명을 얻었다. 체모는 갈색과 검은색, 흰색이 뚜렷하다. 겨울깃은 이마와 머리 상단, 뒷머리는 황회색을 띠며 뒷목은 황색이고 등과 어깨, 날개는 회갈색이다. 얼굴과 앞목은 흰색이며 갈색 눈선이 긴 목을 따라 아래로 흘러내려 가슴까지 이어진다. 가슴과 배의 경계면에 엷은 검은색의 좁은 가로띠가 있으며 배는 흰색이다. 꼬리는 짧고 흑갈색이다. 여름깃은 이마와 머리 상단, 얼굴, 긴 앞목이 순백색으로 변하고 뒷목은 밝은 황색이 된다. 뒷목과 앞목의 경계에 긴 검은색 선이 이어져 있다. 등과 어깨깃은 회갈색이며 가슴과 배는 흑갈색이다. 긴 검은색 꼬리가 특징적인데 평소 길이는 300mm에 달하고 번식기에는 250mm로 중앙꼬리깃이 길게 자란다. 날개는 흰색이다. 부리는 가늘고 흑회색이며 홍채는 갈색이다. 다리는 길고 황색을 띤 회색이다.

노랫소리 물꿩류는 꽤 시끄러운 조류로 종에 따라서 또는 같은 종 내에서도 소리가 다르다. 어린 새끼를 동반하는 수컷은 '미-미-' 또는 '미-이-오-' 하며 부드러운 소리를 낸다.

생활권 물가의 수초 위, 습지, 소호, 저수지, 논에서 주로 생활한다.

번식 산란기는 4∼9월이며 수련과 가시연 같은 넓고 큰 잎 위에 수생식물의 줄기와 잎을 모아 접시형 둥지를 틀고 산좌를 만든 다음 알을 4개 정도 낳는다. 알의 색은 녹갈색 바탕에 엷은 검은색 반점이 있다. 포란은 암수가 함께 하며 포란 기간은 25∼26일이다. 육추 기간은 조금씩 연장되기도 하는데 같은 둥지에서도 새끼들의 발육 수준 차이가 크기 때문이다. 새끼를 데리고 둥지를 떠나야 할 때 어미새는 새끼를 날개 아래에 넣고 긴 다리를 늘어뜨린다. 새끼는 30∼40일 정도 집중적으로 학습을 받고 200일 정도 지난 후 완전히 독립한다.

먹이 수서곤충류, 갑각류, 연체동물.

현황 길잃은새로 제주도에서 1회, 주남저수지에서 3회 목격되었고 근래에는 서산간척지, 천수만에서도 목격되었으며 해가 갈수록 북상 중인 것으로 생각된다. 필자는 주남저수지에서 번식 중인 것을 확인했는데 머지않아 시화호에서도 볼 기회가 올 것으로 추측된다. 물꿩은 아열대성 조류이며 날개가 짧기 때문에 비행능력이 약하나 번식기가 지나면 상당히 먼 거리를 이동한다.

여름깃

겨울깃

좀도요

북한명 | 좀도요
Calidris ruficollis
Red-necked Stint

■ 나그네새 ■ 흔함, IUCN Red List NT

형태 여름깃은 얼굴, 목, 윗가슴은 적갈색이며 몸 윗면은 다갈색이다. 아랫면은 순백색으로 가슴에 흑갈색 세로줄무늬가 있다. 겨울깃은 머리와 뒷목 등은 회갈색이고 어깨깃은 다갈색을 띤다. 이마와 얼굴은 희고 턱밑과 가슴, 배는 순백색이다. 윗가슴에는 갈색 얼룩무늬가 있는 가로띠가 있다. 부리는 검고 홍채는 갈색이며 다리는 검다.

노랫소리 '쥬리잇, 쥬리잇, 찌릿, 찌릿' 또는 '치리리, 치리리, 삐삐삐삐, 삐삐삐삐, 쭈리릿' 하며 반복적으로 지저귄다.

생활권 논과 갯벌, 염전, 강 하구, 해만, 간척지, 초습지, 소택지 등에서 먹이를 구하며 생활한다.

번식 산란기는 6월 하순~7월 상순이며 툰드라의 초습지 땅 위 오목한 곳에 접시형 둥지를 튼다. 산좌에는 이끼와 마른풀을 깔고 알을 4개 정도 낳는다. 알의 색은 황갈색 바탕에 적갈색 얼룩무늬가 있다. 알의 크기는 27mm다. 포란은 암수가 함께 하며 포란 기간은 18~19일, 육추 기간은 20~25일 정도다.

먹이 곤충류, 패류, 환형동물, 갑각류. 북한 자료에 따르면 평안북도 다사도에서 포획한 4마리의 위에 해조류가 들어 있었고 평안남도 평원군에서 포획한 암컷 위에는 수변곤충(수서곤충류)이, 평안북도 염주군에서 포획한 8마리의 위에는 해초와 수서곤충 60%, 모래 40%가 들어 있었다.

현황 나그네새로 봄철과 가을철에 한반도 전역에 걸쳐 많은 무리가 번식지에서 월동지로, 월동지에서 번식지로 매년 두 번씩 오고 간다. 특히 서해안을 따라 적게는 20~30마리, 많게는 2,000~3,000마리씩 대집단이 이동한다.

몸길이 150mm　**몸무게** ♂23.5~51g ♀22.1~31g
부리 ♂17~20mm ♀15~17.5mm **날개** ♂90~105mm ♀84~100mm **꼬리** ♂43~48mm ♀41~44mm **부척** ♂18~21mm ♀17~19mm
분포권 오스트레일리아, 뉴질랜드, 러시아 사할린, 시베리아 동북부, 아시아 동부, 인도, 미얀마, 필리핀, 말레이시아, 중국 동부, 일본
　　남한 초습지, 갯벌, 염전
　　북한 강원도, 평안북도 다사도, 임주군, 평안남도 평원군, 함경남도 장진호반, 개성시

도래 시기[월] 1 2 **3 4** 5 6 7 8 **9 10** 11 12

겨울깃

아성조

여름깃

243

작은도요

북한명 | 없음
Calidris minuta
Little Stint

몸길이 130~135mm   **몸무게** 20~40g
날개편길이 270~300mm
분포권 러시아 시베리아 북부, 스칸디나비아반도 북부, 유럽 남부
    남한 충청남도 천수만, 전라남도 신안군 흑산도, 강원도 경포호,
      경기도 화성시 운평리 염전
    북한 자료 없음

도래 시기[월] 1 2 **3 4** 5 6 7 8 **9 10** 11 12

아성조

여름깃

겨울깃

형태 좀도요와 매우 흡사하나 어깨깃 끝의 흰색 V자 무늬가 넓고 뚜렷
하다. 여름깃은 이마가 희고 머리 상단과 뒷머리, 뒷목은 엷은 적갈색을
띠며 흑갈색 무늬가 있다. 얼굴은 적갈색을 띠며 흰색 눈썹선이 있고
옆목에 적갈색 점무늬가 있다. 몸통 윗면은 적갈색에 흰색 테가 있다.
턱과 멱, 가슴, 배는 순백색이다. 겨울깃은 몸통 윗면의 색깔이 엷어지
며 몸통 아랫면은 흰색이고 가슴에 회색 무늬가 있다. 부리는 약간 아
래로 휘어 있고 흑회색이며 홍채는 흑갈색이고 다리는 검다.
노랫소리 '팃, 팃, 팃' 또는 '칫, 칫, 칫' 하며 단음을 연속적으로 낸다.
생활권 논이나 염전, 갯벌, 하구 등지에서 생활한다.
번식 산란기는 6~7월이며 툰드라 지역의 풀이 무성한 풀숲 밑의 맨땅
에 풀잎이나 줄기로 접시형 둥지를 만들고 산좌에 풀잎을 깔고 알을 4개
정도 낳는다. 알은 밝은 올리브색에 어두운 갈색 무늬가 있으며 크기는
29mm다. 알의 무게는 암컷 몸무게의 90%에 달하는데 이는 도요류 중
에서 가장 무겁고 큰 것이다. 포란과 육추는 암수가 함께 하며 포란 기간
은 20~21일, 육추 기간은 24~26일 정도다.
먹이 곤충류의 성충과 애벌레.
현황 나그네새로 1996년 10월 경기도 화성시 운평리 염전에서 1개체
가 목격된 기록이 있다. 작은도요는 민물도요 아과 16속 61종의 한 종
으로, 민물도요와 도요로 구성되는 도요과(*Scolopacidae*)는 섭금류 중 가
장 큰 과다. 소형종인 작은도요와 멸종위기에 처한 투아모투샌디피퍼
(*Tuamotu Sandpiper*)에서 대형종인 넓적부리도요와 긴부리마도요에 이
르기까지 다양하며, 근연관계가 가장 가까운 종으로 물꿩과, 호사도
요과, 씨도요과(*Thinocoridae*)와 오스트레일리아의 떠돌이메추라기과
(*Pedionomidae*)가 있다.

종달도요

북한명 | 종달도요
Calidris subminuta
Long-toed Stint

■ 나그네새 ■ 흔하지 않음

형태 겨울깃은 좀도요와 비슷하다. 암수의 색깔이 흡사하며 여름깃은 머리와 몸통 윗면은 다갈색을 띠고 검은색 축무늬가 있으며 눈에 흰색 눈썹선이 뚜렷하다. 배는 흰색에 황갈색을 띠며 가슴 옆부분에 줄무늬가 있다. 겨울깃은 온몸이 엷은 다갈색으로 변하며 등에 줄무늬가 선명하다. 부리는 검고 가늘며 홍채는 갈색이고 다리는 황록색을 띤다.

노랫소리 날 때 '츄리릿, 츄리릿' 또는 '프-릿, 프-릿' 하며 소리 낸다.

생활권 해안과 간척지, 논, 습지, 염전, 소택지에서 생활한다.

번식 산란기는 5월 하순~6월 하순이며 해안가 또는 초지 위 풀숲 밑 오목한 곳에 접시형 둥지를 튼다. 둥지의 크기는 너비 70~80mm 정도이며 산좌에 마른풀과 잎을 깔고 알을 4개 정도 낳는다. 알의 색은 녹회색 바탕에 남청색 얼룩무늬가 있고 크기는 29mm다. 포란은 암수가 함께 하며 포란 기간은 18~20일 정도, 육추 기간은 18일이다. 어린 새끼는 50일 정도 어미새의 보호를 받는 것으로 여겨진다.

먹이 소형 어패류, 거미류, 곤충류, 식물의 씨앗이나 열매. 북한 자료에 따르면 함경북도 화대군에서 포획한 2마리의 위에는 복종류(골뱅이)가 있었고 16일에 포획한 개체의 위에는 갑충류가 있었다.

현황 봄철과 가을철에 적은 무리가 한반도를 통과하는 나그네새로, 낙동강 하류의 습지에서 드물게 목격되며 서해안과 남해안 일대에서 좀도요와 민물도요 무리에 섞여 이동한다. 전 세계의 주요 갯벌에는 많은 섭금류가 모여드는데 그중 대다수가 도요과다. 이들은 이동 중에 잠시 머물거나 겨울을 보내는 등 오랜 시간을 갯벌에서 보낸다. 이렇게 한정된 지역에 많은 개체가 의존하다 보니 도요과는 서식지의 파괴나 오염 그리고 먹이로 삼는 무척추동물을 인간이 과도하게 취함으로써 동반되는 영향을 쉽게 받으며 해가 갈수록 개체수가 줄어 멸종 수준에 이르고 있다.

몸길이 140~150mm 몸무게 23~40g
부리 ♂18~19mm ♀18mm 날개 ♂105~107mm ♀99mm 꼬리 ♂44.5~47mm ♀44mm
부척 ♂19.5~21mm ♀20mm
분포권 러시아 시베리아 남서부, 오호츠크해 연안, 사할린, 알타이 남부, 코만도르섬, 캄차카반도, 연해주, 몽골, 인도, 미얀마
  남한 중남부지역 염전이나 갯벌 또는 논과 저수지
  북한 평안북도 다사도, 함경북도, 개성시
도래 시기[월] 1 2 **3 4** 5 6 7 8 **9 10** 11 12

아성조

여름깃

겨울깃

흰꼬리좀도요

북한명 | 흰꼬리좀도요
Calidris temminckii
Temminck's Stint

몸길이 140~150mm   **몸무게** 17~32g
부리 ♂43~47mm ♀40~43mm **날개** ♂186~191mm ♀173~190mm
꼬리 ♂60~70mm ♀59~82mm **부척** ♂35~36mm ♀30~36mm
분포권 유라시아 한대지역(번식지), 러시아 시베리아 툰드라,
　　　스칸디나비아반도, 아프리카 북동부, 인도, 인도네시아, 필리핀,
　　　중국 남부, 일본
　　　남한 남해안과 서해안 일대
　　　북한 자료 없음

도래 시기[월] 1 2 **3 4** 5 6 7 8 **9 10** 11 12

형태 여름깃은 이마와 머리 상단, 등이 회갈색이며 검은색 얼룩무늬가 있다. 앞목, 옆목, 가슴은 적갈색을 띠고 짙은 갈색 세로무늬가 있다. 배와 옆구리, 아래꼬리덮깃은 흰색이다. 겨울깃은 몸통 윗면이 짙은 회갈색으로 변하고 깃털에는 검은색 얼룩무늬가 있다. 몸통 아랫면은 흰색으로 앞목과 윗가슴은 회색을 띤다. 부리는 검고 홍채는 진갈색이며 다리는 황갈색이다.
노랫소리 '츄리잇, 츄리잇' 또는 '푸르릿, 푸르릿' 하고 소리 낸다.
생활권 초습지와 간척지, 갯벌, 하구의 삼각지, 강가, 논, 하천가, 호숫가 등지에서 먹이를 구하며 생활한다. 번식기에는 도서지역의 해안가와 동토대에서 생활한다.
번식 산란기는 6월 상순~7월 상순이며 해안가의 초지 또는 툰드라 지역의 땅 위 오목한 곳에 둥지를 튼다. 산좌에는 풀줄기나 잎을 깔고 알을 낳는다. 산란수는 3~4개 정도이며 알의 색은 황갈색 바탕에 갈색 반점 또는 청회색 얼룩점이 산재해 있고 크기는 28mm다. 포란은 암수가 함께 하며 21~22일이다. 육추 기간은 28일이나 어미로부터 생존에 대한 학습을 48~60일 정도 받은 뒤 독립한다.
먹이 곤충류, 갑각류, 환형동물, 수서생물.
현황 봄과 가을에 적은 무리가 번식지와 월동지를 오가는 길목에 자리한 남해안과 서해안을 지나는 나그네새다.

겨울깃

여름깃

아성조

미국메추라기도요

북한명 | 메추리갯도요
Calidris melanotos
Pectoral Sandpiper

■ 나그네새   ■ 희귀함

형태 여름깃은 머리 상단과 몸 윗면은 암갈색이고 목과 가슴은 갈색이며 흑갈색 세로무늬가 조밀하게 있다. 배와 아래꼬리덮깃은 흰색이고 허리와 위꼬리덮깃은 검은색이다. 겨울깃은 몸 윗면이 회갈색으로 변하고 윗가슴의 띠가 선명하다. 꼬리깃은 끝이 뾰족하지 않고 둥그스름하며 꼬리의 중앙깃은 주위 깃보다 훨씬 길다. 부리는 흑갈색이며 홍채는 진갈색이다. 다리는 황록색이다.

노랫소리 평상시에 '쮸릿, 쮸릿' 또는 '추릿, 추릿' 하며 소리를 낸다.

생활권 논과 호수, 소택지, 갯벌에서 생활하며 먹이를 구한다. 동토대인 번식기에는 건조한 곳이나 강기슭에서 생활한다.

번식 산란기는 6월 중순~7월 하순이다. 번식지인 툰드라 지역에 도착하면 교미를 시작하며 하루 종일 지저귄다. 수컷은 땅 위에서 암컷의 주위를 맴돌며 구애행위를 한다. 이때 머리는 어깨 위로 젖히고 부리는 앞으로 곧게 뻗는다. 그다음 이따금씩 머리를 어깨 위로 길게 뻗고 꼬리를 아래로 드리우며 독특한 소리를 내면서 땅 위를 낮게 난다. 때로는 20m까지 올라갔다가 내려온다. 그리고 나서 부부의 연을 맺는다. 물가의 마른 오목한 곳에 접시형 둥지를 만들고 산좌에 마른풀을 깔고 알을 낳는다. 산란수는 4개 정도이며 알의 색은 녹갈색에 갈색 무늬가 산재해 있다. 알의 크기는 36mm다. 포란은 암컷이 전담하며 포란 기간은 21~23일이다.

먹이 곤충류(딱정벌레목, 벌목, 메뚜기목, 파리목), 연체동물(유폐류), 갑각류. 북한 자료에 따르면 평안북도 염주군에서 포획한 3마리의 위 속에서 새우와 골뱅이가 나왔으며 그 후에 잡은 3마리의 위에서는 수서곤충류와 해초가 나왔다.

현황 봄철과 가을철에 소수 개체가 남해안과 서해안을 끼고 이동하는 나그네새다. 낙동강 하구의 모래톱에서 이따금 1~2마리가 목격되곤 한다.

몸길이 220~230mm   **몸무게** 104~213g
부리 27~30mm **날개** ♂135~149mm ♀120~144mm **꼬리** 51~63mm **부척** 28~31.5mm
분포권 미국 알래스카, 캐나다 북부, 남아메리카, 러시아 시베리아 동부
      툰드라 지역, 일본
    남한 주로 서해안과 남해안 갯벌
    북한 함경북도 수계, 서해안

도래 시기[월] 1 2 **3 4** 5 6 7 8 **9 10** 11 12

여름깃

겨울깃

아성조

메추라기도요

북한명 | 메추리도요
Calidris acuminata
Sharp-tailed Sandpiper

■ 나그네새 ■ 흔함

몸길이 190~220mm **몸무게** 42~117g
부리 ♂24~32mm ♀24~32mm **날개** ♂116~139mm ♀126~131mm **꼬리** ♂47~63mm
♀51~58mm **부척** ♂28~31.5mm ♀25.5~29.5mm
분포권 오세아니아, 아메리카 서부, 아프리카 남부, 러시아 시베리아
　　　　 북동부, 사할린, 쿠릴열도, 캄차카반도, 유럽 동부 툰드라 지역, 인도,
　　　　 말레이시아, 뉴기니, 타이완
　　　 남한 남해안과 동해안
　　　 북한 평안북도 언주군, 평안남도 승호군, 함경남도 장진호반, 개성시
도래 시기[월] 1 2 **3 4** 5 6 7 8 **9 10** 11 12

형태 여름깃은 몸통 윗면이 흑갈색이며 깃털 둘레가 갈색을 띤다. 머리 상단은 적갈색이며 눈에는 흰색 눈썹선이 뚜렷하다. 목과 가슴에 검은색 반점이 있고 몸통 아랫면은 흰색이다. 겨울깃은 몸통 윗면은 흐린 갈색으로 바뀌고 목과 가슴의 무늬도 흐려진다. 부리는 흑갈색이며 홍채는 짙은 갈색이고 다리는 녹황색이다. 꼬리가 약간 길고 뾰족한 것이 특징이며 중앙부로 갈수록 길어진다. 중앙부의 꼬리깃은 주변의 꼬리깃보다 10~14mm 정도 더 길다.
노랫소리 '삐이-삐이-삐이-' 하며 때로는 '쯔이-잇, 쯔이-잇', '휘이- 휘이-' 반복적으로 다양한 소리를 낸다.
생활권 소택지, 염전, 논, 갯벌, 호수, 간척지, 해만 하구의 모래톱에서 먹이를 구하며 생활한다.
번식 산란기는 6월 중순~7월 하순이며 번식은 툰드라 지역에서 한다. 물가의 가까운 마른땅 위에 오목한 곳에 둥지를 만들어 마른풀과 잎, 이끼를 깔고 알을 4개 정도 낳는다. 알은 녹갈색 바탕에 갈색 얼룩무늬가 있고 크기는 34mm다. 포란은 암컷이 전담하며 포란 기간은 19~21일, 육추 기간은 18~20일이다. 이후 새끼는 30일 정도 어미에게 생존에 관한 학습을 받고 독립한다.
먹이 식물의 씨앗, 열매, 곤충류, 갑각류. 북한 자료에 따르면 포획된 개체의 위 속에 새우 등 갑각류와 골뱅이 등이 들어 있었다.
현황 봄철과 가을철에 한반도 해안을 따라 이동하는 흔한 나그네새로 부산의 낙동강 하구와 서해안 일대의 갯벌, 인천시 소래포구에서 목격된다.

아성조

여름깃

겨울깃

민물도요

북한명 | 갯도요
Calidris alpina
Dunlin

■ 나그네새 ■ 흔함

형태 여름깃은 머리 상단과 등이 적갈색이며 어깨깃에 검은색 세로무늬가 있고, 가슴은 흰색 바탕에 회갈색 세로줄무늬가 있다. 배는 순백색이며 큰 검은색 무늬가 있다. 겨울깃은 몸통 윗면이 회색으로 변하고 배의 검은색 무늬는 사라진다. 날 때 날개의 흰색 띠가 선명하게 보인다. 부리는 길고 검은색이며 홍채는 짙은 흑갈색이고 다리는 검다.

노랫소리 '지지 배배, 쩩 쩩, 츄-이, 츄-이' 또는 '츄릿-, 츄릿-' 하며 경계할 때는 '삐루-, 츄-릿' 하고 소리 낸다.

생활권 논이나 초습지, 간척지, 염전, 호숫가, 강가, 해안, 해만 등지에서 먹이를 구하며 생활한다.

번식 산란기는 5월 중순~6월 중순이다. 풀이나 작은 나무가 자라는 땅 위 오목한 곳에 둥지를 튼다. 산좌에 이끼류와 마른풀과 줄기를 깔고 알을 4개 낳는다. 알은 청갈색 바탕에 적갈색 얼룩무늬가 있고 크기는 35mm다. 포란은 암수가 함께 하며 포란 기간은 21~22일이다. 육추는 주로 수컷이 하며 육추 기간은 19~21일 정도다. 암컷은 수컷에게 새끼를 돌보라고 남겨두고, 번식하지 않았거나 번식에 실패한 다른 동종에 협조하기도 한다. 민물도요와 도요류의 번식 생태는 다양성을 지니고 있다. 일부 종의 암컷은 1년에 3둥지에 산란하며, 각 둥지의 알을 서로 다른 수컷이 포란한다. 때로는 두 번 산란하여 두 번째 둥지의 알은 암컷 스스로 포란한다. '뽐내기 영역'에서 번식하는 종의 수컷은 앞다투어 암컷에게 접근한다.

먹이 곤충류, 패류, 달팽이, 갑각류, 거미류, 환형동물. 북한 자료에 따르면 포획한 개체의 위 속에 복족류와 수서곤충, 녹조류, 잡초와 씨앗, 게와 물고기 등이 들어 있었다.

현황 도요류 중에서 개체수가 가장 많은 종이다. 봄철과 가을철에 해안가나 갯벌 등지에서 쉽게 볼 수 있는 나그네새로 일부 집단은 월동도 한다. 북반구에 겨울이 오면 유럽 대서양 연안, 해만(海灣)에 200여 만 마리의 섭금류가 모여드는데 그중 대부분이 민물도요다. 네덜란드 바덴해는 섭금류의 대표적인 월동지이자 중간기착지다.

몸길이 180~190mm   몸무게 40~50g
부리 ♂30~39mm ♀35~39mm **날개** ♂102~117mm ♀114~119mm **꼬리** ♂56~58mm
♀58~59mm **부척** ♂26~28mm ♀27~28mm
분포권 유라시아와 북아메리카 툰드라 지역, 오호츠크해 연안,
　　　중국 동부, 일본
　　남한 해안가 습지
　　북한 평안북도 다사도, 정주군 림포면 해안, 염주군, 선천군,
　　　　룡천군, 평안남도 증산군

도래 시기[월] 1 2 **3** 4 5 6 7 8 **9** **10** 11 12

아성조

여름깃

겨울깃

붉은갯도요

북한명 | 붉은갯도요
Calidris ferruginea
Curlew Sandpiper

■ 나그네새   ■ 흔치 않음, IUCN Red List NT

몸길이 190~200mm **몸무게** 45~90g
부리 33~43mm **날개** 122~137mm **꼬리** 42~52mm **부척** 28~31mm
분포권 아프리카 남부, 미국 알래스카, 그린란드, 오스트레일리아,
유럽, 러시아 시베리아 북부 툰드라 지역, 인도, 인도차이나반도, 일본
남한 금강 하구, 만경강 하구, 강원도 강릉시 경포호,
인천시 소래포구, 제주도
북한 자료 없음
도래 시기[월] 1 2 **3 4** 5 6 7 8 **9 10** 11 12

형태 여름깃은 이마와 머리 상단, 뒷목은 황갈색이며 흑갈색 세로줄
무늬가 있다. 얼굴과 목, 가슴, 배는 붉은색이며 어깨깃의 가장자리는
흰색이다. 옆구리에는 적갈색 가로줄무늬가 있다. 겨울깃은 머리 상
단과 몸통 윗면이 회갈색으로 변하고 아랫면은 순백색이다. 비상할
때 보이는 날개의 흰색 띠와 흰색 허리, 검은색 꼬리가 특징적이다.
부리는 검고 길며 가늘면서 아래로 굽어 있다. 홍채는 갈색이며 다리
는 검다.
노랫소리 '삐-잇 삐이-' 또는 '치르루움, 치르릅' 또는 '츄이-잇 츄
이-잇' 하고 소리 낸다.
생활권 논과 갯벌, 간척지, 염전, 강 하류의 삼각주, 소택지, 모래톱, 해
만에서 먹이를 구하며 생활한다.
번식 산란기는 5월 중순~6월 상순이며 툰드라 지역의 땅 위 오목한
곳에 둥지를 튼다. 산좌에는 이끼류와 마른풀을 깔고 알을 낳는다. 산
란수는 3~4개 정도다. 알은 녹회색 바탕에 암갈색 얼룩무늬가 있고,
크기는 35mm다. 포란은 암수가 함께 하며 포란 기간은 19~21일 정
도다. 육추는 수컷이 주로 하는데 육추 기간은 19~21일 정도다.
먹이 곤충류, 패류, 달팽이류, 갑각류, 거미류, 환형동물.
현황 도요류 중에서 개체수가 많은 종으로 봄철과 가을철에 한반도를
지나가는 나그네새다. 해안이나 갯벌 등지에서 쉽게 목격되며 일부 집
단은 월동도 한다.

아성조

여름깃

겨울깃

붉은가슴도요

형태 수컷의 여름깃은 몸통 윗면은 진갈색 바탕에 검은색과 흰색, 적갈색 무늬가 산재해 있고 얼굴과 몸통 아랫면은 붉은 오렌지색이다. 암컷은 수컷에 비해 색이 엷다. 겨울깃은 몸통 윗면이 회갈색으로 변한다. 날개덮깃의 깃털은 가는 축무늬가 있고 깃가는 흰색이다. 몸통 아랫면은 희며 가슴에서 겨드랑이에 걸쳐 회갈색 무늬가 있다. 부리는 검고 홍채는 진갈색이며 다리는 검다.

노랫소리 '삐이-잇 삐이-잇' 또는 '츄이-잇 츄이-잇' 하며 지저귄다.

생활권 강 하구와 갯벌, 소택지, 염전, 초습지, 삼각주, 하천가에서 먹이를 구하고 생활한다. 번식지는 캐나다의 북극권이고 월동지는 남아메리카 남단의 티에라델푸에고로 매년 3,000km를 왕복한다. 이 새가 13년 이상 산다면 지구에서 달까지 비행하는 셈이다.

번식 산란기는 6월 중순~7월 상순이며 툰드라 지역의 이끼류 등으로 덮인 오목한 곳에 둥지를 튼다. 산좌에 이끼류와 마른풀을 깔고 알을 4개 낳는다. 알의 색은 올리브녹색 바탕에 검은색 무늬가 있고 크기는 43mm다. 포란과 육추는 주로 암컷이 하며 포란 기간은 21~22일이다. 육추 기간은 18~20일인데 새끼는 어미와 함께 지내면서 생존에 대한 경험을 쌓는다.

먹이 곤충류, 환형동물, 갑각류.

현황 봄철과 가을철에 한반도를 중간기착지로 삼고 드물게 지나가는 나그네새다. 특히 낙동강 하구와 강원도 해안지역을 따라 이동하며 서해안과 경기도 해안가에서 매년 목격된다.

몸길이 250~260mm **몸무게** 125~215g
부리 31~32mm **날개** 150~175mm **꼬리** 54~65mm **부척** 29~31mm
분포권 아프리카, 오스트레일리아, 뉴질랜드, 남아메리카, 유라시아 북부 툰드라 지역, 그린란드, 인도
　　　　남한 낙동강 하구, 강원도 해안, 서해안, 경기도 해안
　　　　북한 자료 없음

도래 시기[월] 1 2 **3 4** 5 6 7 8 **9 10** 11 12

여름깃

아성조

겨울깃

여름깃

붉은어깨도요

북한명 | 붉은어깨갯도요
Calidris tenuirostris
Great Knot

■ 나그네새   ■ 흔함, IUCN Red List EN

몸길이 290~310mm **몸무게** 106~207g
부리 39~49mm **날개** 165~195mm **꼬리** 60~71mm **부척** 34~38mm
분포권 미국 알래스카, 오스트레일리아, 러시아 시베리아 북부,
　　　　오호츠크해 연안, 사할린, 쿠릴열도, 아시아 남부, 인도, 타이완, 일본
　남한 낙동강 하구, 금강 하구, 만경강 하구, 천수만,
　　　　인천시 강화도, 영종도, 제주도 성산포
　북한 서해안 일대

도래 시기[월] 1 2 **3** **4** 5 6 7 8 **9** **10** 11 12

형태 여름깃은 이마와 머리 상단, 뒷목과 몸통의 윗면은 흑갈색이며 어깨깃은 적갈색을 띤다. 배는 흰색이며 가슴에는 굵은 검은색 반점이 밀집되어 검게 보인다. 겨울깃은 몸통의 윗면이 회갈색으로 변하고 얼굴과 가슴에 흑갈색 세로무늬가 생긴다. 비상할 때 날개에 흰색 띠가 선명하게 보이며 허리도 희게 보인다. 부리는 검고 곧다. 홍채는 짙은 갈색이며 다리는 암녹색이다.
노랫소리 '삐이-삐, 삐이-삐' 또는 '삐이, 삐이, 삐, 삐' 또는 '킷이, 킷' 하고 지저귄다.
생활권 갯벌과 염전, 간척지, 하구의 삼각주, 소택지 등지에서 먹이를 구하며 이동한다.
번식 산란기는 6월 중순~7월 하순이다. 툰드라 언덕의 땅 위 오목한 곳에 둥지를 튼다. 산좌에는 이끼류와 풀잎을 깔고 알을 낳는다. 산란수는 4개 정도다. 알의 색은 황색이 도는 회색 바탕에 적갈색과 청회색의 얼룩점이 있다. 포란은 암컷이 전담하며 포란 기간은 18~20일 정도다.
먹이 패류, 달팽이류, 곤충류, 거미류, 갑각류, 환형동물.
현황 매년 봄철과 가을철에 두 차례 오고 가는 나그네새다. 한반도의 남해안과 서해안, 동해안을 따라 번식지와 월동지로 이동하는 중간기착지로 삼는다. 낙동강 하류와 인천시 소래포구와 갯벌, 강원도 속초시 청초호 등지에서 흔히 볼 수 있다.

여름깃

겨울깃

아성조

여름깃

꼬까도요

북한명 | 꼬까도요
Arenaria interpres
Ruddy Turnstone

■ 나그네새   ■ 흔함

형태 수컷의 여름깃은 이마가 흰색이고 머리 상단과 뒷머리는 검고 흰 세로무늬가 선명하다. 머리에서 가슴까지는 흰색 바탕에 검은색 줄무늬가 특징적이며 윗가슴과 복부 사이에 넓은 검은색 무늬가 있고 어깨와 목 밑부분에도 검은색 무늬가 넓게 자리 잡고 있다. 비상할 때는 검은색과 흰색, 적갈색의 무늬를 볼 수 있다. 암컷은 수컷보다 색이 흐리고 머리 상단의 흑갈색 가는 줄무늬가 더 조밀하다. 부리는 검고 짧으며 위쪽으로 약간 휘어져 있다. 홍채는 짙은 갈색이며 다리는 짧고 주황색이다.

노랫소리 '퓨-이, 삐삐삐, 퓨-이, 삐삐삐' 또는 '키리 키리', '튜릭-튜-튜-튜-' 하고 소리 낸다.

생활권 강 하구의 모래톱, 해안가의 바위, 갯벌, 염전 등지에서 먹이를 구하며 생활한다. 한반도의 남해안이나 서해안보다 동해안에서 쉽게 목격된다.

번식 북극 고위도지역에 둥지를 짓는다. 산란기는 6월 하순~7월 하순이며 매년 같은 장소에서 번식하는 습성을 갖고 있다. 풀숲이 있어 엄폐 조건이 좋은 장소를 골라 모래밭이나 초지의 오목한 곳에 둥지를 튼다. 둥지의 크기는 80×80×20mm 정도이며, 산좌에 풀잎과 이끼류 등을 깔고 알을 낳는다. 산란수는 4개 정도다. 알은 엷은 회색 또는 갈색 바탕에 흑갈색 반점이 산재해 있고 크기는 45mm다. 포란과 육추는 주로 암컷이 맡으며 포란 기간은 22~24일, 육추 기간은 19~21일 정도다.

먹이 작은 물고기, 연체류, 갑각류, 곤충류(갑충류, 쌍시류와 유충, 나비류), 무척추동물, 환형동물, 거미류, 갑각류, 식물의 씨앗, 장과.

현황 도요과 중에서 소형종으로 봄철과 가을철에 흔히 볼 수 있는 나그네새다. 적게는 30~40마리에서 많게는 400~500여 마리씩 집단을 이루며 이동한다.

몸길이 220~230mm   **몸무게** ♂80~110g ♀97~150g
부리 ♂19~21mm ♀25~27mm   **날개** ♂146~153mm ♀145~157mm **꼬리** 57~69mm
부척 23~27mm
분포권 아프리카, 북아메리카, 오스트레일리아, 뉴질랜드, 북극, 그린란드, 유럽, 아시아, 이란, 인도, 인도차이나반도, 일본
　　　　 남한 동해안 일대
　　　　 북한 함경북도 수계, 함경남도 수계

도래 시기[월] 1 2 **3 4** 5 6 7 8 **9 10** 11 12

♂ 여름깃

우 여름깃

겨울깃

아성조

253

세가락도요

북한명 | 세가락도요
Calidris alba
Sanderling

■ 나그네새(겨울철새) ■ 드묾

몸길이 190~200mm 몸무게 45~85g
부리 22~28mm **날개** ♂115~125mm ♀114~125mm **꼬리** 43~55mm **부척** 22~26mm
분포권 아프리카 남부, 북아메리카, 오스트레일리아, 북극권 툰드라 지역,
유럽 도서지역, 아시아, 일본
남한 제주도, 낙동강 하류, 서해안, 동해안 일대
북한 동해안, 함경북도 해안, 강원도 해안

도래 시기[월] 1 2 **3 4** 5 6 7 8 **9 10** 11 12

형태 여름깃은 머리와 얼굴, 몸통의 윗면, 가슴은 적갈색이며 검은색
세로무늬가 있고, 이마와 턱밑, 배는 순백색이다. 겨울깃은 등이 회백
색을 띠며 아랫면은 순백색이다. 어깨깃은 검은색이며 비상할 때는 날
개에 흰색 띠가 선명하다. 부리는 짧고 검은색이며 홍채는 짙은 갈색
이다. 다리는 짧고 검으며 뒷발가락이 없어 발가락이 3개뿐이라 세가
락도요라는 이름이 붙었다.
노랫소리 '츄리리, 츄리리' 또는 '끼리리, 끼리리' 하고 소리를 낸다.
생활권 갯벌과 하구, 모래톱, 간척지, 해만 등지에서 생활하며 먹이를
구한다.
번식 산란기는 6월 중순~7월 중순이며 북극 툰드라 지역에서 번식한
다. 풀밭의 땅 위 오목한 곳을 찾아 둥지를 튼다. 산좌에는 나뭇잎이나
풀잎을 조금 깔고 알을 낳는다. 산란수는 4개 정도이나 드물게는 3개
를 낳기도 한다. 알의 색은 황갈색 바탕에 갈색 얼룩무늬가 산재해 있
다. 북한 자료에 따르면 알의 크기는 36mm다. 암컷이 두 둥지에 산란
하면 암수가 각각 한 둥지씩 맡아 포란한다. 포란 기간은 24~27일이
다. 육추는 암수가 함께 하며 육추 기간은 23~24일 정도. 새끼의 부
화 간격은 24시간을 넘지 않으며, 부화된 새끼는 활동 능력이 있다. 새
끼의 솜털은 보온은 물론 은폐성을 지니며 솜털이 마르면 부모가 돌
보면서 적합한 먹이 사냥지로 데려간다.
먹이 작은 물고기, 작은 갑각류, 연체류, 연충과 곤충류, 패류, 환형동물.
현황 봄철과 가을철에 큰 개체군이 낙동강 하류, 서해안과 동해안을
따라 이동하는 나그네새이며 일부는 월동하는 겨울철새이기도 하다.
세가락도요는 지구상의 숱한 해안선을 지나 남쪽으로 이동하여 머나
먼 오스트레일리아, 칠레, 아프리카 남부에 도착한다.

겨울깃

아성조

여름깃

넓적부리도요

북한명 | 주걱부리도요
Eurynorhynchus pygmeus
Spoon-billed Sandpiper

- 나그네새
- 환경부 지정 멸종위기 야생조류 Ⅰ급,
  IUCN Red List CR

형태 여름깃은 이마와 머리 상단, 얼굴, 몸통 윗면은 적갈색이며 암갈색 비늘무늬가 있다. 가슴은 붉은 오렌지색이며 몸 아랫면은 흰색이다. 겨울깃은 몸통 윗면이 회갈색을 띠며 암갈색 비늘무늬가 있다. 비상할 때는 날개의 흰색 띠무늬가 선명하게 보인다. 부리는 검고 부리 끝이 주걱 모양으로 넓고 삼각형을 이룬다. 홍채는 짙은 갈색이며 다리는 검다.

노랫소리 '피이- 피이-' 또는 '프르-, 프리-' 하고 소리를 낸다.

생활권 간척지, 갯벌, 하구, 염전, 소택지 등에서 먹이를 구하며 생활한다. 자세한 자료는 없으나 물에서 모이를 먹으며 지상에서는 낮게 날거나 지표를 날아다니는 곤충류를 잡아먹는다고 알려져 있다.

번식 산란기는 6월 하순~7월 중순이다. 툰드라 지역의 땅 위 오목한 곳에 둥지를 튼다. 산좌에는 마른풀과 이끼를 깔고 그 위에 알을 낳는다. 산란수는 4개 정도다. 알은 엷은 올리브색에 작은 암갈색 반점이 산재해 있고, 크기는 30.4mm다. 독일의 조류학자 클라인슈미트(Otto Kleinschmidt)에 따르면 포란은 수컷이 전담하며, 암컷 1마리가 수컷을 2마리 거느리는 것으로 조사되고 있다. 포란 기간과 육추 기간은 확실히 밝혀지지 않았다. 생태에 대한 연구가 세계적으로 미진한 종이다.

먹이 게류, 갑각류, 수서곤충류.

현황 봄철과 가을철에 한반도를 중간기착지로 삼고 월동지에서 번식지로, 번식지에서 월동지로 매년 두 번씩 오고 가는 나그네새다. 개체수가 매우 적어 목격하기 어려운 종이다.

몸길이 160~170mm **몸무게** 28~46g
부리 21~23mm **날개** ♂99.7~102mm ♀101~103mm **꼬리** 34~41mm **부척** 20~22mm
분포권 러시아 시베리아 북동부, 사할린, 쿠릴열도, 아시아 동부, 인도차이나반도
　　　　남한 염전이나 강하구, 간척지 갯벌
　　　　북한 함경북도 수계와 해안, 강원도 연안

도래 시기[월] 1 2 **3 4** 5 6 7 8 **9 10** 11 12

겨울깃

아성조

여름깃

누른도요

북한명 | 없음

Tryngites subruficollis
Buff-breasted Sandpiper

■ 길잃은새   ■ 희귀함, IUCN Red List NT

몸길이 190~200mm 몸무게 48~106g
부리 19.9~21.3mm **날개** 128.2~138.7mm **꼬리** 56.8~61.4mm **부척** 31.8~34mm
분포권 캐나다 북부, 알래스카, 러시아 북동부
　　　남한 제주도, 전라남도 신안군 홍도
　　　북한 자료 없음
도래 시기[월] 길잃은새

형태 이마와 머리 상단은 갈색 바탕에 작은 검은색 점무늬가 산재해 있고 몸통 윗면은 황갈색에 흑갈색 비늘무늬가 배열되어 있다. 배는 엷은 황갈색이며 얼굴과 목은 엷은 갈색이며 앞가슴과 옆부분은 갈색 바탕에 흑갈색 반점이 산재해 있다. 비상할 때 보이는 날개 아랫면은 흰색이다. 아성조의 이마는 황백색이며 머리 상단은 황갈색 바탕에 검은색 작은 반점이 산재해 있다. 등과 어깨, 날개덮깃은 짙은 흑회색 줄무늬가 있다. 몸 위쪽은 밝고 아래쪽은 흐리다. 부리는 짧고 검은색이며 홍채는 암갈색이고 다리는 황색이다.

노랫소리 도요과의 노랫소리는 단음절에서 삼음절까지 다양하다. '키르르, 키르르' 하고 소리 낸다.

생활권 초지와 논, 강하구, 내륙의 물가, 휴경지, 목초지에서 먹이를 구하며 생활한다.

번식 툰드라 지역의 초지 위 오목한 곳에 둥지를 튼다. 산좌에 이끼류와 마른 풀줄기, 잎을 깔고 알을 낳는다. 산란수는 4개 정도다. 알의 색은 엷은 황색 바탕에 갈색 얼룩반점이 있다. 포란은 암컷이 전담하며 포란 기간은 21~23일 정도로 추측된다. 육추 기간은 20일 정도로 추산된다. 번식지가 북극에 가까운 종은 짝을 지어 번식지에 도착하고 2~10일 내에 신속하게 배우자와 관계를 맺어 짧은 번식기를 충분히 활용한다. 온대지역에서 번식하는 종은 번식기가 비교적 길기 때문에 개체가 단독으로 번식지에서 몇 주간 지낸 다음 둥지를 짓기 시작한다.

먹이 곤충류.

현황 기상 이변이나 난기류 또는 태풍으로 무리에서 이탈하여 한반도에 유입된 길잃은새이며, 미기록종이다.

아성조

송곳부리도요

북한명 | 송곳부리도요
Limicola falcinellus
Broad-billed Sandpiper

■ 나그네새 ■ 귀함

형태 여름깃은 이마와 머리 상단, 뒷머리, 뒷목은 적갈색 바탕에 암갈색 반점이 조밀하게 산재해 있고, 몸통 윗면은 적갈색에 검은색 무늬가 있다. 눈에는 흰색 눈썹선이 뚜렷하다. 윗가슴과 옆목에는 가는 줄무늬가 있으며 배는 흰색이다. 겨울깃은 몸 윗면이 회색으로 변하며 흑갈색 얼룩무늬가 생긴다. 부리는 길고 검으며 끝부분이 휘어졌다. 홍채는 짙은 갈색이며 다리는 흑갈색이다.
노랫소리 '치리잇, 치리잇' 하며 '츄리잇, 츄리잇' 하고 구르는 소리를 낸다.
생활권 논과 갯벌, 염전, 강 하구 등지에서 먹이를 구하며 생활한다.
번식 산란기는 6월 상순~7월 하순이며 수컷이 마른 땅 위 오목한 곳에 접시형 둥지를 튼다. 산좌에는 이끼와 마른풀을 깔고 알을 4개 낳는다. 알의 색은 엷은 갈색 바탕에 적갈색 얼룩이 산재해 있고 크기는 32mm다. 포란은 암수가 함께 하며 포란 기간은 21일 정도다.
먹이 곤충류, 패류, 환형동물, 식물의 종자와 열매 등.
현황 봄철과 가을철에 오고 가는 나그네새이며 적은 무리가 낙동강 하구, 소래포구의 염전 등지에서 드물게 목격된다. 숨어 사는 생활양식 때문에 세계적으로 분포권이 충분히 밝혀지지 않고 있다.

몸길이 160~170mm **몸무게** 30~45g
부리 ♂31.5~35mm ♀31.5~32mm **날개** ♂111~117mm ♀116.5~117mm
꼬리 ♂41~48mm ♀52~52.5mm **부척** ♂24.5~26mm ♀24~25mm
분포권 아프리카, 오스트레일리아, 유라시아 북부, 지중해 연안,
　　　　노르웨이 북부, 스웨덴, 러시아 시베리아 동부, 아시아 동남부,
　　　　인도, 일본
　　　　남한 강원도 강릉시 경포호, 남대천, 동해 연안, 낙동강 하구
　　　　북한 함경북도 해안, 평안북도 염주군, 개성시

도래 시기[월] 1 2 **3 4** 5 6 7 8 **9 10** 11 12

아성조

겨울깃

여름깃

257

붉은배지느러미발도요

북한명 | 없음
Phalaropus fulicarius
Grey Phalarope(Red Phalarope)

- 길잃은새
- 희귀함

몸길이 200~220mm **몸무게** 50~75g
부리 21~23mm **날개** 121~132mm **꼬리** 58.5~67.1mm **부척** 21.8~23mm
분포권 툰드라와 북온대지역, 그린란드, 미국 알래스카, 캐나다 북부,
　　　　러시아 시베리아 북동부
　　남한 낙동강 하구
　　북한 자료 없음
도래 시기[월] 길잃은새

형태 암컷의 여름깃은 눈앞과 이마, 머리 상단까지는 짙은 검은색이
며 눈 주위에 둥근 흰색 반점이 크게 자리 잡고 있다. 몸통 아랫면은 진
한 붉은색이 화려하다. 수컷은 머리 부분의 검은색과 몸통 아랫면의 붉
은색이 암컷보다 훨씬 엷다. 겨울깃은 등이 엷은 회색으로 변하며 날개
윗면의 깃털이 검어진다. 몸통 아랫면의 붉은색도 흰색으로 변한다. 부
리는 여름에는 황색을 띠고 끝은 검은데 겨울에는 전체가 검게 변한다.
홍채는 흑갈색이며 다리는 엷은 회색이 도는 포도색이다.
노랫소리 단음절로 '킷, 킷, 킷' 또는 '픽, 픽' 하며 노래한다.
생활권 번식지인 툰드라 지역에서는 웅덩이를 선호하며, 이동 시에는
해안, 해상, 연안 등에서 먹이를 구한다.
번식 산란기는 6~7월이다. 고위도인 북극 툰드라 지역에 둥지를 틀고
산란한다. 북극제비갈매기의 집단번식지와 그 부근에 둥지를 트는데,
이는 약탈자를 저지하기 더 쉽기 때문이다. 짝짓기는 속전속결로 이뤄
지며 일처다부제인데 이는 짧은 번식기에 적응하기 위해서다. 지상에
서 교배한 뒤 24~30시간 간격으로 산란한다. 첫 번째 알과 세 번째 알
이 산란되는 사이에 수컷이 포란을 시작한다. 산란이 끝나고 주위에 수
컷이 충분히 있을 경우, 암컷은 다른 수컷과도 교배하며 첫 번째 알을
낳은 후 7~10일 뒤에 다른 수컷의 알을 산란하기 시작한다. 암컷은 계
속 번식지에 머물면서 첫 번째 수컷이나 두 번째 수컷과의 교배로 산
란한 알이 훼손되면 다시 알을 낳는다. 포란하는 수컷은 둥지를 떠나
지 않는다. 같은 둥지의 어린새들은 거의 동시에 부화되며, 조성조로서
3~6시간 내에 둥지를 떠난다. 포란과 육추는 수컷이 하며 포란 기간은
18~20일, 육추 기간은 16~18일이다.
먹이 소형 무척추동물, 플랑크톤, 갑충류, 연체동물.
현황 길잃은새로 1994년 5월 낙동강 하구에서 암컷 1개체가 채집된 기
록이 있다. 비번식기에 세계 어느 곳에서나 볼 수 있는 종으로, 비행능
력이 약해서 센 바람과 기상에 따라 이곳저곳으로 떠밀려 돌아다니기
때문이다. 캐나다 뉴펀들랜드에서는 이 새를 '바람 속의 새'라고 부른다.

송　여름깃

우　여름깃

겨울깃

아성조

지느러미발도요

북한명 | 지느러미발도요
Phalaropus lobatus
Red-necked Phalarope

■ 나그네새 ■ 귀함

형태 목이 상대적으로 길다. 번식기에 체모의 아름다움이 극치에 이른다. 암컷이 수컷보다 몸집이 10% 정도 더 크고 여름깃의 색깔도 짙고 아름답다. 이마와 머리 상단, 뒷머리, 뒷목, 옆목은 검고 턱밑은 순백색이다. 가슴과 옆목은 짙은 적갈색이며 몸통의 윗면은 흑회색에 갈색 줄무늬가 있고 몸통 아랫면은 희다. 비상시에는 날개에 흰색 띠가 선명하게 보인다. 겨울깃은 머리와 몸 윗면은 흑회색이며 눈썹선은 희고 어깨깃과 몸 아랫면은 흰색이다. 부리는 가늘고 뾰족하며 검다. 홍채는 진갈색이며 다리는 청회색이다.

노랫소리 3음절로 '삐리잇, 삐리잇' 또는 '푸리잇, 푸리잇' 한다.

생활권 영속적인 담수지역을 선호하며 해안가나 하천, 호수, 하구, 염전, 초습지에서 먹이를 구하며 생활한다. 지느러미발도요는 해안선을 따라 얕은 수역이나 해초 부유물에서 먹이를 찾는다. 먹이를 찾을 때 매우 활발하고 먹잇감을 쪼아 먹을 때도 끊임없이 작은 원을 그리며 빠른 속도로 움직이는데 이는 물을 휘저어 물 속의 무척추동물을 수면 위로 떠오르게 하기 위해서다. 좁고 긴 부리와 커다란 눈은 신속하게 먹이를 잡아먹는 데 유리하다.

번식 산란기는 6월 상순~7월이다. 넓은 초원이나 강과 호수 등 물가의 나무로 둘러싸인 풀밭에 오목하게 땅을 파고 둥지를 튼다. 둥지 만들기를 담당하는 수컷의 체모는 암컷에 비해 훨씬 은폐성을 띤다. 이러한 차이는 영역 보호, 뽐내기, 짝짓기 경쟁 등에서 암컷이 주도적인 역할을 한다는 사실을 반영한다. 산란수는 4개 정도이며 알은 엷은 담황색 바탕에 갈색 얼룩점이 있고 크기는 30mm다. 포란은 일반적으로 수컷이 하지만, 아이슬란드에서는 암수가 함께 한 기록이 있다. 포란 기간은 17~21일이다. 갓 부화된 새끼의 무게는 3.7g이다. 육추 기간은 16~18일이며, 이 기간이 지나면 날거나 헤엄을 칠 수 있다.

먹이 수서곤충류, 곤충류, 권패류, 갑각류, 플랑크톤, 연체동물. 북한 자료에 따르면 함경북도 화대군에서 포획한 2개체의 위에 갑각류와 갑충류가 들어 있었다.

현황 봄철과 가을철에 동해와 서해상을 지나가는 나그네새다. 지느러미발도요류 3종은 다른 도요류와 달리 수영 실력이 뛰어나 해안에서 관찰하기 어렵다.

몸길이 180~190mm **몸무게** 25~50g
부리 20~23mm **날개** ♂103~110mm ♀105~119mm **꼬리** 44~54mm **부척** 19~22mm
분포권 아메리카 북부, 미국 캘리포니아, 텍사스, 캐나다 북부, 유라시아 북부
　　남한 인천시 강화도, 경기도 화성포구, 강원도 강릉시 남대천, 경상남도 거제도, 제주도, 내륙의 습지
　　북한 함경북도 화대군
도래 시기[월] 1 2 **3** **4** 5 6 7 8 **9** **10** 11 12

♂ 여름깃

겨울깃

♀ 여름깃

아성조

큰지느러미발도요

북한명 | 없음
Phalaropus tricolor
Wilson's Phalarope

■ 길잃은새   ■ 희귀함

몸길이 230mm   **몸무게** 60~92g
부리 ♂29.6mm ♀32.8mm **날개** ♂127.1mm ♀137.7mm **부척** ♂36.5mm ♀38.5mm
분포권 북아메리카 중부 내륙지역, 영국, 아일랜드
   남한 낙동강 하구
   북한 자료 없음
도래 시기[월] 길잃은새

형태 지느러미발도요류 중에서 가장 큰 대형종이다. 수컷의 여름깃은 머리와 뒷머리는 흑갈색이고 몸통의 윗면이 엷은 회갈색을 띠며 흑갈색 비늘무늬가 있다. 눈에는 흰 눈썹선이 있으며 얼굴은 희고 목과 가슴은 엷은 적황색이다. 암컷은 수컷에 비해 색이 진하고 검은색 눈선이 목의 양쪽으로 길게 흐른다. 겨울깃은 몸통의 윗부분은 엷은 회색으로 변하고 아랫면은 흰색이다. 부리는 가늘고 긴 편이며 검다. 홍채는 짙은 흑갈색이며 다리는 흑황색을 띤다.
노랫소리 단음절로 '투, 투, 투' 또는 '퀴잇- 퀴잇-' 하는 소리를 낸다.
생활권 초지와 근접한 얕은 수역, 소택지, 못, 호숫가와 담수와 염수 모두 가능한 반영속적인 수역을 선호한다.
번식 산란기는 6월이다. 보통 암컷이 번식지에 수컷보다 먼저 도착하지만, 암수가 함께 도착할 때도 있는데 이 경우 암수는 이미 짝을 지은 것이 분명하다. 그렇지 않은 경우 번식지에 도착하고 수일 이내에 짝짓기를 마무리한다. 암수가 함께 구덩이 형태의 둥지를 짓는데 암컷은 둥지터를 고르고 수컷이 둥지를 짓는 경우가 더 많다. 물가의 마른풀이나 선태 더미에 둥지를 튼다. 포란과 육추는 수컷이 전담한다. 배우자관계를 유지하는 암수는 멀리 떨어지는 경우가 별로 없으며, 반복되는 짧은 소리로 연락을 유지한다. 번식기가 지나면 짠물이 있는 호수에 대규모로 집결한다. 미국 유타주 함수호에는 60만 마리가 집결한다. 여기서 털갈이를 하고 에너지를 비축한 후 남아메리카로 이동한다.
먹이 수서곤충류, 연체동물, 갑각류 등.
현황 길잃은새다. 이 종은 1954년 윌슨에 의해 처음 발견되어 유럽 학술지에 발표되었고 영문명은 그의 이름을 딴 것이다. 미국 또는 유럽의 영국과 아일랜드에서는 매년 관찰되며 일부 지역에서만 서식하는 종이다. 한반도에 유입된 기록은 단 한 번뿐으로 낙동강 하구에서 관찰된 기록이 있다. 지느러미발도요류 3종 중 기원적으로 다소 차이가 있는 큰지느러미발도요는 북아메리카 중부 내륙지역에서 번식하며 다른 2종의 번식지는 환북극지역에 분포한다.

♂ 여름깃

우 여름깃

겨울깃

아성조

목도리도요

북한명 | 목도리도요
Philomachus pugnax
Ruff

■ 나그네새 ■ 희귀함

형태 암컷에 비해 수컷의 몸집이 매우 크다. 여름깃은 개체에 따라 목에 붉은색과 흰색, 갈색 등 다양한 장식깃이 나온다. 멱과 앞머리에서부터 뒷목과 옆목에 난 이 식우는 마치 사자의 갈기 같은 모양이다. 암컷은 장식깃이 없고 등과 날개덮깃은 흑갈색이며 깃 주변은 밝은색을 띤다. 수컷의 겨울깃은 화려한 장식깃이 없어지고 암컷과 흡사하게 변한다. 위꼬리덮깃에서 꼬리까지 검은색 줄무늬가 있으며 양옆은 흰색이다. 부리는 짧고 아래로 약간 굽었으며 담황색과 회색, 장미색 등 색이 다양하다. 홍채는 진한 갈색이며 다리도 다양한 황색 또는 오렌지색을 띤다.

노랫소리 '삐-위-' 하기도 하나 보통은 잘 소리 내지 않는다.

생활권 갯벌과 염전, 논, 소택지, 소호, 간척지, 내륙의 물가 등지에서 먹이를 구하며 생활한다.

번식 산란기는 5~6월이며 풀숲 또는 관목이 있는 초지의 오목한 곳에 접시형 둥지를 튼다. 산좌에는 마른풀을 깔고 알을 4개 낳는다. 알의 색은 흰색 바탕에 녹색이 도는 갈색 얼룩무늬와 회색 반점이 있다. 알의 크기는 45mm 정도다. 포란과 육추는 암컷이 전담하며 포란 기간은 20~23일, 육추 기간은 26~28일 정도다.

먹이 곤충류, 작은 패류, 갑각류, 환형동물, 식물의 씨앗, 벼, 옥수수 등 곡식류.

현황 극히 적은 개체가 불규칙하게 한반도 서해안과 동해안을 끼고 이동하는 나그네새다. 동해안과 서해안, 강원도 강릉시와 인천시 소래포구 주변의 염전에서 목격된 바 있다. 이동할 때 먼저 서쪽으로 향해 유럽 북서부를 지난 다음 지중해와 사하라 사막으로 남하하고 마지막에 서아프리카 세네갈강 하구의 삼각주에 도착한다. 이곳에서 100여 마리가 집단 서식하는 것이 발견된 적이 있다.

몸길이 ♂290mm ♀230mm **몸무게** ♂130~230g ♀70~150g
부리 ♂32~41mm ♀28~33mm **날개** 167~193mm **꼬리** 64~70mm
부척 ♂46.5~53mm ♀38~47mm
분포권 아프리카, 북아메리카, 유럽 북부, 스웨덴 북부, 노르웨이 북부,
　　　　덴마크, 네덜란드, 독일, 시베리아 동부, 페르시아만,
　　　　아시아 남부, 인도, 미얀마, 중국, 일본
　　　　남한 동해안과 서해안, 강원도 강릉시,
　　　　　　인천시 소래포구 주변 염전
　　　　북한 함경남도 신포시

도래 시기[월] 1 2 **3** 4 5 6 7 8 **9** **10** 11 12

♂ 겨울깃

♂ 겨울깃

우 겨울깃

♂ 다양한 번식깃(여름깃)

261

학도요

북한명 | 학도요
Tringa erythropus
Spotted Redshank

몸길이 300~310mm   **몸무게** ♂135~170g ♀160~205g
부리 ♂53~65mm ♀54~55mm **날개** ♂150~175mm ♀157~168mm **꼬리** ♂50~56mm
♀62~68mm **부척** ♂52~61mm ♀51~63mm
분포권 아프리카, 스칸디나비아반도, 노르웨이 북동부, 스웨덴, 핀란드,
영국, 러시아 시베리아 동부, 사할린, 인도, 말레이반도, 미얀마,
타이완, 일본
남한 전역의 바닷가 일대, 낙동강 하류, 금강 하구, 만경강 하구,
천수만, 서산간척지, 인천시 소래포구, 강화도, 영종도
북한 평안남도 안주군 수계, 증산군, 온천군, 함경북도 웅기군,
함경남도 영흥군

도래 시기[월] 1 2 **3 4** 5 6 7 8 **9 10** 11 12

형태 여름깃은 온몸 전체의 체모가 검은색이다. 위꼬리덮깃은 흰색이
며 흑갈색 가로띠가 여러 개 있다. 옆구리와 아래꼬리덮깃은 흑회색이
며 흰색 가로띠가 있고 등에는 흰색 점무늬가 조밀하게 있다. 눈테는
순백색이다. 겨울깃은 몸 윗면은 회갈색이며 눈썹선이 희다. 몸 아랫면
은 순백색이다. 부리는 가늘고 길며 흑갈색이다. 아랫부리 기부는 붉고
홍채는 갈색이다. 다리는 길며 여름에는 선홍색이지만 겨울에는 오렌
지색으로 변한다.
노랫소리 2음절로 '츄-잇, 츄-잇' 또는 '퓨-잇, 퓨-잇' 하며 경쾌하게
지저귄다.
생활권 갯벌과 논, 호수, 소택지, 하구, 염전 등의 초지에서 먹이를 구하
며 생활한다.
번식 산란기는 5월 하순~6월 중순이다. 툰드라 지역의 땅 위 오목한
곳에 접시형 둥지를 튼다. 산좌에는 부드러운 잎과 풀줄기를 깔고 알을
낳는다. 산란수는 4개 정도다. 알은 녹색 바탕에 올리브색이 도는 적갈
색 얼룩무늬가 있고 크기는 48mm다. 포란과 육추는 주로 수컷이 하며
포란 기간은 23~24일이다. 육추 기간은 알려지지 않았으나 24~25일로
짐작된다.
먹이 곤충류, 패류, 양서류, 갑각류. 북한 자료에 따르면 포획한 개체의
위 속에 작은 물고기, 새우와 수서곤충류가 들어 있었다.
현황 봄철과 가을철에 한반도를 지나가는 흔한 나그네새로 갯벌이나
논에서 많은 무리를 쉽게 목격할 수 있다.

겨울깃

여름깃

아성조

여름깃

붉은발도요

북한명 | 붉은발도요
Tringa totanus
Redshank

■ 나그네새 ■ 흔함

형태 여름깃은 이마와 머리 상단, 뒷머리는 엷은 붉은색이며 어깨깃과 등은 적갈색에 검은색 얼룩무늬가 있고 허리와 위꼬리덮깃은 흰색이며 흑갈색 가로띠가 있다. 몸통 아랫면은 진갈색 줄무늬가 선명하다. 겨울 깃은 몸통 윗면이 회색으로 변하며 배의 줄무늬가 사라진다. 부리는 기부가 붉고 끝부분은 검다. 홍채는 갈색이며 다리는 선홍색이다.

노랫소리 낭랑한 피리소리를 낸다. 비상할 때 '삐-요, 삐-요, 삐-요, 삐쵸- 삐리- 삐리-'하며 밝고 맑은 소리를 낸다.

생활권 갯벌과 해안가의 소택지, 간척지, 염전, 해만, 하구의 삼각주, 초습지, 호수, 논 등에서 먹이를 구하며 생활한다.

번식 산란기는 4월 초순~6월 초순이며 소택지 또는 툰드라 지역의 땅 위 풀숲 오목한 곳에 접시형 둥지를 튼다. 산좌에는 마른 풀잎과 줄기를 깔고 알을 4개 정도 낳는다. 알은 엷은 담황색 바탕에 갈색 얼룩점이 있고, 크기는 45mm다. 포란은 암수가 함께 하며 포란 기간은 날씨에 따라 차이가 난다. 보통 23~24일인데, 추울 때는 26~27일이다. 독일의 조류학자 나우만에 따르면 날씨가 포근할 때는 14~16일 만에 부화되기도 한다. 육추는 암수가 함께 하며 육추 기간은 25~30일이다. 붉은발도요와 멧도요는 새끼를 다리 사이에 끼워 데리고 가는 것으로 알려져 있지만, 생물학자가 야외에서 이런 장면을 목격한 바는 없다.

먹이 곤충류, 연체동물, 갑각류, 환형동물. 북한 자료에 따르면 평안북도 염주군에서 포획한 개체의 위 속에서 갈게와 수서곤충, 지렁이, 연체동물이 나왔다.

현황 봄철과 가을철에 한반도를 통과하는 나그네새이자 여름철새다. 1998년 6월 13일 김포매립지에서 3쌍이 번식하고 있는 것을 필자와 함께 3~4명이 촬영했다.

몸길이 280mm　**몸무게** ♂85~140g ♀110~155g
부리 ♂39~45mm ♀45~46mm　**날개** ♂141~146mm ♀147~168mm　**꼬리** ♂56~71mm ♀58~64mm　**부척** ♂47~56mm ♀43~48mm

분포권 유라시아 중북부, 중앙아시아 동부, 몽골, 아무르강, 만주, 러시아 사할린, 인도, 미얀마, 필리핀, 말레이시아, 타이완, 일본
남한 전역의 바닷가 일대, 경기도 김포시
북한 함경북도 청진시, 평안북도 염주군, 황해도, 개풍군, 개성시

도래 시기[월] 1 2 **3 4** 5 6 7 8 **9 10** 11 12

여름깃

여름깃

겨울깃

아성조

263

쇠청다리도요

북한명 | 작은청다리도요
Tringa stagnatilis
Marsh Sandpiper

■ 나그네새　■ 흔하지 않음

몸길이 230mm　**몸무게** 55~90g
부리 ♂37~42.7mm ♀39~43mm **날개** ♂128~140mm ♀133~142mm **꼬리** 51~63mm
부척 43~60mm
분포권 아프리카 동부, 오스트레일리아, 유라시아 온대지역, 유럽 동부,
　　　　러시아 시베리아 동남부, 사할린, 인도, 미얀마, 일본
　　　　남한 서해안의 강과 하구, 논, 소택지
　　　　북한 함경북도, 개풍군, 평안북도 염주군

도래 시기[월] 1 2 **3 4** 5 6 7 8 **9 10** 11 12

형태 여름깃은 몸통의 윗면이 회갈색이며 깃털에는 검은색 얼룩무늬와 가로얼룩무늬가 있다. 가슴과 배, 허리는 순백색이고 옆구리는 검은색 얼룩무늬가 있다. 위꼬리덮깃은 흰색에 검은색 가로띠가 있다. 겨울깃은 몸통의 윗면은 엷은 회색으로 변한다. 몸매가 날씬하고 머리는 작고 부리는 검고 가늘다. 홍채는 짙은 갈색이며 다리는 길고 녹황색이다.
노랫소리 '삐루루루, 삐루, 피유, 피유' 또는 '퓨- 퓨-', '쩨쥬-, 쩨쥬-' 하며 소리 낸다.
생활권 호수와 강, 담수의 습지와 소택지, 해안가, 하구, 연못가 등에서 먹이를 구하며 생활한다.
번식 산란기는 5월 상순~6월이다. 해안 소택지의 마른땅 위에 접시형 둥지를 튼다. 둥지는 홀로 또는 무리를 이루어 지으며 개체수가 많은 곳에서는 10여 개 또는 100여 개의 둥지를 짓기도 한다. 산좌에 마른풀과 잎을 깔고 알을 4개 낳는다. 알은 도요알과 같은데, 크기는 39mm이며, 크림색 바탕에 회갈색이거나 드물게는 붉은색 또는 녹색빛이 도는 황색에 암갈색과 흑갈색 얼룩반점이 산재해 있다. 포란은 암수가 함께 하며 포란 기간은 18~21일 정도다. 육추 기간은 조사된 자료가 없다.
먹이 곤충류, 패류, 연체동물, 지렁이. 북한 자료에 따르면 평안북도 염주군에서 포획한 암컷의 위 속에 갈게와 수서곤충, 지렁이, 연체동물 등이 들어 있었다.
현황 주로 서해안을 따라 정기적으로 봄철과 가을철에 지나가는 나그네새로 적은 무리가 관찰된다.

여름깃

여름깃

겨울깃

아성조

청다리도요

북한명 | 푸른다리도요
Tringa nebularia
Greenshank

■ 나그네새 ■ 흔함

형태 여름깃은 얼굴, 머리 상단, 뒷머리, 뒷목, 눈앞은 흰색이며 몸통의 윗면은 회색이고 허리는 흰색이다. 몸통 아랫면은 순백색이다. 머리와 목, 가슴에 회갈색 줄무늬가 선명하다. 겨울깃은 머리 상단과 뒷머리, 뒷목은 흰색이며 흑갈색 얼룩무늬가 있고 몸통 윗면은 회갈색이며 흑갈색 줄무늬가 있다. 부리는 검고 기부의 겉은 청회색이다. 홍채는 짙은 갈색이고 다리는 녹색이며 관절 마디는 청회색을 띤다.

노랫소리 2음절로 '삐-요, 삐-요, 삐삐 삐삐' 하며 시끄럽게 지저귄다.

생활권 바다가 가까운 초원의 넓은 지역에 풀과 관목이 무성한 곳과 교목이 드문드문 조성된 넓은 습지를 선호하며 갯벌과 논, 하구, 소택지, 간척지, 염전, 냇가, 연못, 하천 저수지 등에서 먹이를 구하며 생활한다. 수면의 표층에서 먹이를 구하며, 지표에서 먹이를 구하는 일은 드물다.

번식 산란기는 5~6월 초순이다. 번식지인 툰드라의 타이가 대삼림지역(침엽수림)에 도착한 지 3주가 지나면 짝짓기를 시작한다. 공중에서 날면서 또는 높은 나뭇가지에서 교미한다. 이끼가 깔린 오목한 곳에 접시형 둥지를 틀고 산좌에 마른풀과 줄기, 잎을 깔고 알을 낳는다. 산란수는 4개이며 알은 황갈색 또는 황백색이며 검은색 또는 적갈색 반점이 산재해 있고, 크기는 41mm다. 포란과 육추는 암수가 함께 하며 포란 기간은 24~25일, 육추 기간은 25~31일이다.

먹이 곤충류, 패류, 어류, 양서류의 새끼(올챙이). 북한 자료에 따르면 포획한 2마리의 위에서 수서생물과 무척추동물, 곤충류의 갑충 등이 발견되었다.

현황 봄철과 가을철에 한반도의 해안과 내륙의 초습지를 따라 이동하는 나그네새다. 낙동강 하구와 서해안의 갯벌에서 흔히 관찰된다.

몸길이 310mm **몸무게** 140~270g
부리 50~57mm **날개** 172~200mm **꼬리** 65~100mm **부척** 54~66mm
분포권 아프리카, 유라시아 북부, 오스트레일리아, 뉴질랜드, 러시아 시베리아 툰드라 지역, 사할린, 인도, 아시아 남동부, 일본
남한 서해 갯벌과 하구, 소택지, 농경지
북한 평안북도 정주시, 평안남도 평원군 한천, 안주시, 개풍군, 함경북도 해안

도래 시기[월] 1 2 **3 4** 5 6 7 8 **9 10** 11 12

겨울깃

여름깃

겨울깃

아성조

265

큰노랑발도요

북한명 | 없음
Tringa melanoleuca
Greater Yellowlegs

■ 길잃은새 ■ 희귀함

몸길이 350~360mm 몸무게 33~45g
분포권 북아메리카 북부, 미국 알래스카 남부, 캐나다 중앙부와 서해안,
　　　뉴펀들랜드
　　　남한 인천시 소래포구 주변 염전
　　　북한 자료 없음
도래 시기[월] 길잃은새

형태 여름깃은 머리와 얼굴, 목에 가는 흑갈색 줄무늬가 조밀하게 있고 가슴에 굵은 흑회색 점무늬가 있다. 몸통의 윗면은 흑회색을 띠며 몸 아랫부분은 순백색이다. 겨울깃은 배면에 담갈색 무늬가 있고 머리와 얼굴에는 가는 암갈색 줄무늬가 있다. 부리는 곧고 길며 흑갈색이다. 홍채는 진갈색이며 다리는 길고 황색이다.
노랫소리 '티유-, 티유-티유-' 하며 맑고 큰 소리를 낸다.
생활권 해안 또는 툰드라의 습지, 호수, 초습지, 갯벌, 만 등지에서 먹이를 구하며 생활한다.
번식 산란기는 5~7월이다. 툰드라의 습기가 있는 맨땅 위 오목한 곳에 접시형 둥지를 튼다. 산좌에는 마른 풀잎과 줄기를 깔고 알을 4개 정도 낳는다. 알의 색은 담황색 바탕에 회갈색 점이 산재해 있다. 포란과 육추는 암수가 함께 하며 포란 기간은 19~21일, 육추 기간은 28~30일 정도다.
먹이 곤충류, 수서동물.
현황 한반도에 유입된 길잃은새다. 1993년 9월 인천시 소래포구 주변 염전지역에서 1개체가 관찰된 것이 기록의 전부다. 세계의 주요 만에 모이는 섭금류 가운데 대다수가 도요과 새들이다. 이동 도중 잠시 머무르거나 겨울을 나는 등 이러한 지역에서 많은 시간을 보내면서 먹이를 먹고 에너지를 보충한다. 이처럼 소수의 지역에 주로 의존하다 보니, 도요과 새들은 서식지 파괴와 오염에 쉽게 영향을 받는다. 또한 먹이로 삼는 무척추동물을 인간이 과도하게 채취하고 있는 점도 이들의 개체 수가 치명적으로 감소하는 것으로 이어져 멸종을 불러올 수 있다.

겨울깃

겨울깃

아성조

여름깃

청다리도요사촌

북한명 | 흰꼬리푸른다리도요
Tringa guttifer
Spotted Greenshank
(Nordmann's Greenshank)

■ 나그네새
■ 환경부 지정 멸종위기 야생조류 Ⅰ급,
CITES Ⅰ, IUCN Red List EN C2a(i)

형태 중형 도요류로 청다리도요와 매우 흡사하다. 두 종은 발가락 기부의 막을 보고 구별할 수 있다. 여름깃은 머리와 가슴에는 검은색 반점이 있고 몸통의 윗면은 암회색 바탕에 흰색 무늬가 있다. 등과 어깨깃은 회갈색으로 흑갈색 줄무늬가 있다. 겨울깃은 머리와 목에 있는 회갈색 깃이 엷게 퇴색되며 몸통의 윗면도 엷은 회색으로 변한다. 부리는 굵고 진한 갈색이고 끝은 검다. 홍채는 갈색이다. 다리는 짧고 녹황색이며 발가락은 비교적 긴 편이다.

노랫소리 '퓸-퓸-' 또는 '쩨쮸- 쩨쮸-' 하며 소리 낸다.

생활권 티베트에서는 4,000m 이상의 높이에서도 발견되며 갯벌과 간척지, 초습지, 하천, 하구 등에서 먹이를 구하며 생활한다.

번식 산란기는 5월 하순~6월 중순이다. 해안 소택지의 땅 위에 접시형 둥지를 튼다. 산좌에는 마른풀의 줄기나 잎을 깔고 알을 낳는다. 산란수는 4개 정도다. 알은 엷은 황색 바탕에 갈색과 청회색의 얼룩점이 산재해 있고, 크기는 48mm나. 포란은 암수가 함께 하며 포란 기간은 22~24일, 육추 기간은 28~30일이다.

먹이 새우, 어류, 패류, 연체동물.

현황 봄철과 가을철에 극히 드물게 낙동강 하류와 서해안을 끼고 지나가는 나그네새로 개체수가 매우 적은 멸종위기종이다. 흔히 쇠청다리도요사촌으로 알고 있는 경우가 많지만 '청다리도요사촌'으로 불러야 맞다.

몸길이 300mm **몸무게** 157g
부리 39~42mm **날개** 168~181mm **꼬리** 66~74mm **부척** 37~38mm
분포권 유라시아 북부, 오호츠크해 연안, 러시아 캄차카반도 연안,
사할린, 인도, 필리핀, 말레이시아, 미얀마, 중국, 타이완, 일본
남한 서해안 일대
북한 함경남도, 평안북도 정주시 림포면

도래 시기[월] 1 2 **3 4** 5 6 7 8 **9 10** 11 12

겨울깃

여름깃

아성조

겨울깃

267

뒷부리도요

북한명 | 뒷부리도요
Xenus cinereus
Terek Sandpiper

■ 나그네새 ■ 흔함

몸길이 230mm **몸무게** 60~90g
부리 41~54mm **날개** 122~140mm **꼬리** 46~58mm **부척** 25~30mm
분포권 아프리카, 오스트레일리아, 유라시아 북부, 러시아 사할린,
바이칼호 북부, 오호츠크해 연안, 아무르강, 우수리강, 말레이반도,
인도, 동남아시아, 일본
남한 서해안 일대의 갯벌과 하구와 습지
북한 함경북도 해안과 습지, 평안북도 정주시, 다사도, 개성시

도래 시기[월] 1 2 **3 4** 5 6 7 8 **9 10** 11 12

형태 여름깃은 머리와 뒷머리, 뒷목은 회갈색으로 검은색 얼룩무늬가 있다. 눈에 흰색 눈썹선이 뚜렷하고 턱밑과 몸통 아랫면은 희고 등에는 검은색 세로무늬가 있다. 몸통 윗면은 갈색이 도는 회색이며 어깨깃 중앙에 검은색 줄무늬가 선명하다. 겨울깃은 어깨에 있던 검은색 줄무늬가 사라진다. 부리는 길고 위로 휘어져 있고 흑갈색이다. 홍채는 황색이며 다리는 황갈색이다.
노랫소리 '삐-이 삐-이 삐리 삐리 삐리 삐-이 삐-이' 하며 경쾌하게 지저귄다.
생활권 주로 삼림 소택지에서 생활하며 동토대와 초원 습지에서도 생활한다. 번식기에는 습지성 관목이 우거진 강이나 호수 기슭을 선호하며 이동기에는 갯벌과 하구 간척지, 염전, 초습지에서 먹이를 구한다.
번식 산란기는 5월 하순~6월 중순이며 하천가의 초지나 하구의 모래톱, 덤불의 그늘진 땅 위 오목한 곳에 둥지를 튼다. 둥지의 크기는 직경 80mm 정도이며 산좌에는 마른 풀줄기나 깃을 깔고 알을 4개 정도 낳는다. 알의 크기는 38mm이며 엷은 황갈색 바탕에 갈색 얼룩점이 산재해 있다. 포란과 육추는 암수가 함께 하며 포란 기간은 21~23일이다.
먹이 곤충류, 갑각류, 무척추동물, 식물의 씨앗. 북한 자료에 따르면 평안북도 다사도에서 포획한 개체의 위에 수서곤충류가 들어 있었다.
현황 나그네새로 봄, 가을에 흔히 강과 갯벌에서 수백 마리가 관찰된다. 이 종은 조류의 부리가 일반적으로 아래로 굽어 있는 데 반해 이 종은 부리가 위쪽으로 굽어 있으므로 명칭을 뒷부리가 아닌 '뒷부리'로 바꿔야 옳다.

겨울깃

여름깃

아성조

겨울깃

삑삑도요

북한명 | 삑삑도요
Tringa ochropus
Green Sandpiper

■ 나그네새 ■ 흔하지 않음

형태 여름깃은 이마와 머리 상단, 뒷목이 흑갈색으로 몸통 윗면까지 이어지며 작은 흰색 반점이 산재해 있다. 눈앞에 흰 눈썹선이 있다. 얼굴과 윗가슴에는 가는 흑갈색 세로무늬가 있고 몸통 아랫면은 순백색이다. 겨울깃은 얼굴과 윗가슴의 세로줄무늬가 엷어지며 온몸의 색깔도 여름색보다 엷어진다. 부리는 곧고 검으며 홍채는 갈색이다. 다리는 녹갈색을 띤다.

노랫소리 3음절로 '쥬이-이 쥬이-이' 또는 '퓨이-리, 퓨이- 리' 하며 소리 낸다.

생활권 논과 저수지, 개울가, 소택지, 간척지, 산간계류, 하구 등에서 생활한다. 북한 자료에 따르면 이동 시기에 북한을 통과할 때 관개수로나 하천가, 저수지 주변에서 목격된다. 또한 높은 산에도 올라가며 백두산 무두봉 하천가에서도 목격된다. 다른 나라에서는 목본식물이 울창한 산림 소택지와 하천계류, 도랑, 풀이나 관목이 자라는 개울가에서 생활하기도 한다.

번식 산란기는 5~6월이며 스스로 둥지를 짓지 않고 남이 사용했던 둥지를 이용한다. 일반적으로 나뭇가지 위에 있는 어치와 지빠귀류가 사용했던 둥지나 청설모의 낡은 둥지를 산좌로 이용한다. 그 외에 나뭇가지가 쌓여 있는 곳을 둥지로 삼기도 하며, 때로는 땅에서 번식하기도 한다. 나무가 울창한 지역을 찾아 번식하는 경향이 있다. 알의 크기는 39mm이며 산란수는 4개다. 알의 색은 엷은 녹색이 도는 크림색에 적갈색 얼룩점이 산재해 있다. 포란 기간은 20~23일, 육추 기간은 28일이다.

먹이 곤충류, 거미류, 연체동물의 복족류, 환형동물, 갑각류. 포획한 개체의 위 속에서 수변곤충류, 곤충류, 갑충류 등이 나왔다.

현황 봄철과 가을철에 한반도를 통과하는 나그네새이며 중부 이남지역에서는 소수의 무리가 흔하지 않게 월동하며 겨울을 보낸다.

몸길이 230mm 몸무게 70~90g
부리 33~39mm **날개** 135~147mm **꼬리** 60~66mm **부척** 32~36mm
분포권 아프리카, 유라시아 중북부, 스칸디나비아반도, 독일 남부, 러시아 시베리아, 바이칼호, 아무르강, 인도, 필리핀, 몽골 북서부, 만주, 일본
　　남한 산간 계류, 논, 초습지 냇가, 하천가
　　북한 황해남도 삼천군, 함경북도, 함경남도 장진호, 평안북도 곽산군, 평안남도 대동군, 개성시
도래 시기[월] 1 2 **3 4** 5 6 7 8 **9 10** 11 12

겨울깃

겨울깃

아성조

여름깃

알락도요

북한명 | 알락도요
Tringa glareola
Wood Sandpiper

몸길이 200mm　**몸무게** 50~90g
부리 26~32mm **날개** 120~128mm **꼬리** 43~57mm **부척** 34~40mm
분포권 아프리카, 오스트레일리아, 유라시아 북동부, 러시아 시베리아,
　　　　캄차카반도, 몽골, 바이칼호, 아무르강, 우수리강, 인도, 말레이시아,
　　　　아시아 남동부, 중국 남부, 만주
　　　　남한 중부 이남의 서해 연안, 내륙의 수계와 습지
　　　　북한 함경북도 해안, 평안북도, 평안남도 안주시, 황해도,
　　　　강원도 습지

도래 시기[월] 1 2 **3 4** 5 6 7 8 **9 10** 11 12

형태 여름깃은 머리 상단과 몸통 윗면은 흑갈색을 띠고 작은 흰색 반점
이 있다. 눈에는 흰색 눈썹선이 흐르고 턱밑과 멱, 앞목, 옆목은 흰색 바
탕에 흑갈색 세로얼룩무늬가 있다. 배와 옆구리는 흰색이며 진갈색 가
로띠가 있다. 겨울깃은 등 면과 가슴의 무늬가 흐려진다. 부리는 검고
곧으며 홍채는 진갈색이고 다리는 황록색이다.
노랫소리 단음으로 노래하며 '삣 삣 삣 삐-익 삐-익, 삐-유리, 삐-유
리' 하며 지저귄다.
생활권 세계적으로 구북구 전역에 분포하며 서부에서 동부 한계까지와
북부지역에 널리 분포하고 있다. 갯벌이나 논, 염전, 내륙의 물가, 초습
지에서 먹이를 구하며 한반도를 통과한다.
번식 동토대에서는 홀로 짝을 찾아 번식하며 따뜻한 곳에서는 작은 무
리를 지어 번식한다. 산란기는 5월 하순~6월 하순이며 나뭇가지 위에
있는 지빠귀와 물때까치의 낡은 둥지를 이용하거나 물가 초지의 땅 위
에 둥지를 튼다. 산좌에 마른풀을 깔고 알을 4개 정도 낳는다. 알의 색
은 올리브녹색 바탕에 암갈색 얼룩무늬가 있고, 크기는 38mm다. 포란
은 암수가 함께 하며 포란 기간은 22~23일이다. 육추는 수컷이 주로 하
며 육추 기간은 30일 정도다.
먹이 수서 무척추동물, 곤충류의 성충과 유충, 게류, 패류, 갑충류, 거미
류, 연충류.
현황 봄철과 가을철에 한반도를 지나가는 나그네새로 해안과 내륙의
하천에서 쉽게 볼 수 있으며 바닷물과 민물이 만나는 곳 어디서나 목격
된다.

겨울깃

겨울깃

아성조

겨울깃

여름깃

노랑발도요

북한명 | 누른발도요
Heteroscelus brevipes
Grey-tailed Tattler

■ 나그네새 ■ 흔하지 않음, IUCN Red List NT

형태 여름깃은 머리 상단과 뒷머리, 몸통 윗면은 회갈색이며 얼굴과 옆구리는 흰색 바탕에 회갈색 무늬가 있다. 가슴과 배, 아래꼬리덮깃은 흰색이며 물결무늬 같은 가는 회갈색 가로무늬가 있다. 겨울깃은 몸통 아랫면에 있던 무늬가 사라지고 배는 희다. 아성조는 줄무늬가 없으며 온몸이 엷은 회갈색에 배는 희다. 날개덮깃의 깃가는 흰색이다. 부리는 흑회색이며 홍채는 암갈색이고 다리는 녹황색이다.

노랫소리 '삐위– 삐위– 삐 삐 삐 삐리 삐리' 하며 경쾌한 소리를 낸다.

생활권 높은 산 속의 냇가에서 지낸다. 바이칼 지역에서는 일상적으로 해발 1,500~1,800m, 캄차카반도에서는 500~600m 산간의 하천 기슭에서 생활한다. 번식기에는 산간 계류의 바위 기슭이나 나무가 없는 높은 산에서 살며 비번식기에는 해안 등지에서 생활한다. 봄철 이동 시에는 하천의 자갈밭에 머물며 가을에는 동토대의 호수나 바닷가의 연안이나 내수면에서 생활한다. 한반도를 통과할 때는 수로 논이나 갯벌, 간척지, 강 하구, 염전, 초습지, 해안을 따라 이동한다.

번식 확실한 생태조사가 이루어지지 않아서 번식에 대한 자료는 알려진 것이 거의 없다. 다만 러시아 학계의 자료를 보면 시베리아 북동부의 툰드라 지역에서 둥지를 틀고 번식한다고 한다. 산란기는 6~7월 하순이며 산란수가 4개일 것으로 여겨진다. 필자는 시베리아 북동부 툰드라 지역을 7일간 조사한 경험이 있으나 이 종에 대한 자료는 얻지 못했다. 일반 도요의 번식 형태와 흡사할 것이라는 막연한 추측뿐이다.

먹이 어류, 연체동물, 갑각류, 곤충류 등. 북한 자료에 따르면 포획한 개체의 위 속에는 갑각류와 쇠뜨기, 곤충류가 들어 있었다.

현황 봄철과 가을철에 한반도를 지나가는 나그네새로 갯벌이나 내륙의 초습지, 염전, 논에서 무리를 지어 먹이를 구하며 이동한다. 특히 낙동강 하구에서 많은 무리의 집단을 관찰할 수 있다.

몸길이 25~27mm **몸무게** 75~172g
부리 33~39mm **날개** 155~171mm **꼬리** 64~74mm **부척** 29~35mm
분포권 오스트레일리아, 뉴질랜드, 미국 알래스카, 러시아 시베리아
　　　　 북동부, 바이칼호 북부, 사할린, 캄차카반도, 필리핀,
　　　　 말레이시아, 뉴기니, 타이완, 일본
　　남한 서해안 갯벌, 염전, 해안, 간척지
　　북한 함경북도 화대군 화평리, 함경남도 해안, 평안북도 다사도

도래 시기[월] 1 2 **3 4** 5 6 7 8 **9 10** 11 12

겨울깃

겨울깃

아성조

여름깃

깝작도요

북한명 | 민물도요
Actitis hypoleucos
Common Sandpiper

몸길이 200~202mm **몸무게** 40~60g
부리 24.5~25mm **날개** 106~110mm **꼬리** 45~61mm **부척** 26~27mm
분포권 오스트레일리아, 유라시아 중북부, 스칸디나비아반도, 영국,
러시아 시베리아, 캄차카반도, 사할린, 이란, 티베트, 인도 북부,
필리핀, 보르네오섬, 수마트라섬, 자바섬, 미얀마, 말레이반도,
중국 북부, 일본
남한 하천, 강, 논, 내륙의 습지, 염전
북한 백두산, 함경북도 웅기군, 함경남도 요덕군, 장진호,
평안북도 증산군, 평안남도 안주시, 쑥섬, 대성산,
량강도 보촌군, 개성시, 평양시
도래 시기[월] 1 2 **3 4** 5 6 7 8 **9 10** 11 12

형태 여름깃은 머리 상단에서 몸통의 등쪽은 흑갈색을 띠고 얼굴과 윗가슴은 흰색 바탕에 갈색 세로무늬가 있다. 눈에는 흰색 눈썹선이 흐르고 가슴과 배, 옆구리, 아래꼬리덮깃은 흰색이다. 비상할 때 날개의 흰색 줄이 뚜렷하게 보인다. 겨울깃은 몸통 윗면에 흐르는 윤기가 사라지고 앞가슴의 흑갈색이 엷어진다. 부리는 흑갈색이며 홍채는 갈색이고 다리는 황갈색이다.

노랫소리 일상적일 때는 '삐잇- 삐잇-삐, 삐, 삐' 또는 '쯔이- 쯔이- 쯔이-' 한다. 새끼를 동반할 때는 '삣, 삣, 삣' 하며 새끼를 유도한다.

생활권 가능한 모든 수역에서 생활하며 특히 흐르는 물에서 생활하기를 선호한다. 바닷물은 피한다. 내륙의 물가와 냇가, 강 하구의 모래톱, 호수, 논에서 먹이를 구하며 생활한다.

번식 산란기는 5월 하순~6월 상순이며 냇가의 자갈밭이나 관목이 있는 초지의 건조한 맨땅 위에 오목한 곳을 찾아 둥지를 튼다. 둥지의 크기는 외경 115mm. 내경 85mm, 깊이 38mm이며 산좌에 풀이나 줄기, 잎을 깔고 알을 낳는다. 산란수는 일반적으로 4개이지만 먹이가 풍부하고 새끼를 기르기에 적합한 곳에서는 5~6개 낳기도 한다. 알의 색은 흰색 바탕에 엷은 황갈색과 회갈색, 적회색의 얼룩점이 산재해 있고, 크기는 36mm다. 포란과 육추는 암수가 함께 하며 포란 기간은 21~22일, 육추 기간은 26~28일 정도다.

먹이 곤충류, 갑각류, 거미류, 작은 패류. 북한 자료에 따르면 함경북도 화대군 화평리에서 포획한 개체의 위에는 갑각류, 곤충류와 빈데기 등이 들어 있었다.

현황 봄철과 가을철에 한반도 전역에서 흔히 볼 수 있는 나그네새로, 일부는 번식도 하며 여름을 보내고, 일부는 남부지방에서 월동하기도 한다. 물가에서 먹이를 구하기도 하지만 물속에 몸을 담그는 특이한 습성이 있다. 단독으로 또는 작은 무리를 지어 이동한다.

겨울깃

아성조

겨울깃

여름깃

흑꼬리도요

북한명 | 검은꼬리도요
Limosa limosa
Black-tailed Godwit

■ 나그네새   ■ 흔함, IUCN Red List NT

형태 여름깃은 이마와 머리 상단, 가슴은 적갈색이고 가슴과 배에 갈색 가로줄무늬가 있다. 눈에는 황백색 눈썹선이 흐르고 눈뒤에는 갈색 얼룩무늬가 있다. 턱밑과 멱은 희다. 겨울깃은 머리와 몸통 윗면, 날개덮깃은 회갈색이 도는 흰색이다. 꼬리는 검고 부리는 담황색이며 길고 곧다. 홍채는 갈색이며 다리는 짙은 흑갈색이다.

노랫소리 '삐쇼, 삐쵸, 삐쵸' 또는 '피쵸, 피쵸, 피쵸' 하며 지저귄다.

생활권 넓은 초습지 또는 키 작은 관목이 우거진 소택지, 간척지, 갯벌, 하구의 모래톱, 염전, 논, 하천 등지에서 먹이를 구하며 생활한다.

번식 산란기는 4월 하순~6월 중순이며 초습지의 오목한 땅 위에 접시형 둥지를 튼다. 식생을 이용해 둥지 위에 돔 형태를 만들어 은폐성을 강화하고 둥지를 보호한다. 산좌에는 이끼와 마른 풀잎을 깔고 알을 낳는다. 산란수는 4개이며 알의 색은 황갈색 바탕에 갈색과 적갈색의 얼룩무늬가 산재해 있다. 알의 크기는 55mm다. 포란과 육추는 암수가 함께 하며 포란 기간은 22~24일, 육추 기간은 25~30일 정도다.

먹이 게류, 조개류, 곤충류, 거미류, 달팽이, 올챙이, 환형동물, 연체동물. 북한 자료에 따르면 평안북도 곽산군에서 포획한 개체의 위 속에는 수조류만 들어 있었다.

현황 봄철과 가을철에 한반도를 통과하는 나그네새이며, 20~30마리의 작은 무리에서 200~300여 마리의 큰 무리를 이루며 이동한다.

몸길이 410mm **몸무게** ♂280~400g ♀300~500g
부리 74~92mm **날개** 176~208mm **꼬리** 56~86mm **부척** 56~73mm
분포권 아프리카, 오스트레일리아, 아이슬란드, 벨기에, 네덜란드, 러시아 시베리아 동부, 캄차카반도, 인도, 몽골, 일본
남한 서해안의 갯벌이나 염전, 하천 논, 강 하구 등지
북한 함경북도, 평안북도 곽산군, 평안남도 안주시, 황해도, 개성시

도래 시기[월] 1 2 **3 4** 5 6 7 8 **9 10** 11 12

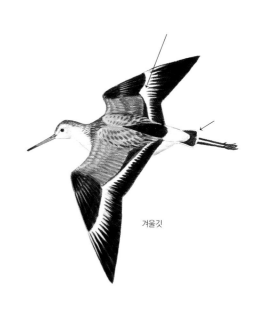
겨울깃

여름깃

아성조

겨울깃

큰됫부리도요

북한명 | 큰됫부리도요
Limosa lapponica
Bar-tailed Godwit

■ 나그네새　■ 흔함, IUCN Red List NT

몸길이 380~390mm　**몸무게** ♂280~380g ♀400~450g
부리 ♂70~89mm ♀88~121mm **날개** ♂206~230mm ♀224~249mm **꼬리** 70~84mm
부척 48~59mm
분포권 오스트레일리아, 뉴질랜드, 사모아, 미국 하와이, 알래스카 서북부,
　　　　스칸디나비아 북부, 아시아 남부, 러시아 시베리아 북동부, 사할린,
　　　　쿠릴열도, 일본
　　　　남한 갯벌이나 간척지, 강 하구, 염전, 논
　　　　북한 함경도, 강원도 해안, 황해도, 평안북도 다사도, 정주군, 신도군,
　　　　평안남도 증산군, 개성시
도래 시기[월] 1 2 **3 4** 5 6 7 8 **9 10** 11 12

형태 여름깃은 이마와 머리 상단, 뒷목, 등은 흑갈색이며 깃털 자락은 붉은색을 띤다. 눈에는 가는 검은색 눈선이 있고 엷은 황색 눈썹선이 있다. 턱밑과 멱, 목은 선홍색이며 어깨깃은 흑갈색이다. 암컷은 수컷에 비해 체구가 크고 몸통 아랫면은 흐린 갈색이다. 허리는 희고 꼬리에 검은 가로띠가 있다. 부리는 길며 위로 휘어져 있고 부리 끝이 검다. 홍채는 갈색이며 다리는 검다.
노랫소리 ‘삐-요 삐-요, 삐, 삐, 삐, 삐-요’하며 경쾌한 소리를 낸다.
생활권 동토대에서는 언덕의 경사지를 선호한다. 이동 기간에는 주로 갯벌과 간척지, 염전, 논, 해안, 해만의 습지에서 먹이를 구한다.
번식 산란기는 6월 상순이며 툰드라의 진흙땅 위 오목한 곳에 둥지를 튼다. 산좌에는 깃을 깔기도 하며 둥지의 크기는 직경 150~170mm, 깊이 70~120mm 정도다. 산란수는 4개 정도이며 알의 색은 담녹색 바탕에 갈색 얼룩점이 산재해 있고 크기는 53mm다. 포란은 주로 수컷이 하며 포란 기간은 20~21일이다. 육추는 암수가 함께 한다.
먹이 곤충류, 갑각류, 새우류, 환형동물. 북한 자료에 따르면 포획한 개체의 위 속에는 갈게, 갑충류와 풀씨가 들어 있었다.
현황 봄철과 가을철에 이동하는 나그네새이며 낙동강 하구의 삼각주와 갯벌에서 수십 마리가 무리를 지어 취식하는 것을 쉽게 볼 수 있다.

아성조

겨울깃

겨울깃

여름깃

큰부리도요

북한명 | 없음
Limnodromus semipalmatus
Asiatic Dowitcher(Asian Dowitcher)

■ 나그네새   ■ 희귀함, IUCN Red List NT

형태 암수가 흡사하며 도요류 중에서 체구가 중형에 속한다. 여름깃은 머리 상단은 적갈색을 띠며 흑갈색 세로무늬가 있다. 눈에는 황갈색 눈썹선이 흐르고 몸통의 윗면은 적갈색 바탕에 흑갈색 반점이 있다. 배와 허리, 꼬리에는 흑갈색 가로무늬가 있다. 겨울깃은 머리는 회갈색에 검은색 세로무늬가 있고 눈썹선은 흰색이다. 몸통의 윗면이 흑갈색으로 변하고 배는 순백색으로 변한다. 부리는 곧고 투박하며 끝부분이 검다. 홍채는 갈색이며 다리는 길고 검은색이다.

노랫소리 '구- 구- 구-' 또는 '칩- 칩- 칩-' 하며 소리 낸다.

생활권 갯벌과 강가, 갯벌 호수, 늪, 논, 하구, 습지, 간척지 또는 물속 깊은 곳에 들어가 먹이를 구한다. 단독생활을 하며 때로는 2~3마리의 무리를 짓기도 한다.

번식 산란기는 5월 하순~6월이며 툰드라 산악지역의 경사진 땅 위 오목한 곳에 둥지를 튼다. 산좌에는 이끼류와 깃을 깔고 알을 낳는다. 산란수는 3~4개 정도이며 포란과 육추는 암수가 함께 한다.

먹이 곤충류, 환형동물, 갑각류.

현황 나그네새로 한반도에서 채집된 자료는 없으나, 1993년 9월 인천시 소래포구 염전에서, 1994년 8월 인천시 삼목도 갯벌, 전라남도 순천만에서 관찰된 기록이 있다.

몸길이 330~350mm   **몸무게** 85~125g

분포권 오스트레일리아, 뉴질랜드, 러시아 극동부, 시베리아 동부, 몽골, 만주와 러시아의 국경지역, 필리핀, 인도네시아, 일본

남한 서해안, 강화도 갯벌, 인천시 소래포구 염전, 천수만, 낙동강 하구, 제주도

북한 자료 없음

도래 시기[월] 1 2 **3 4** 5 6 7 8 **9 10** 11 12

아성조

겨울깃

여름깃

긴부리도요

북한명 | 없음
Limnodromus scolopaceus
Long-billed Dowitcher

■ 길잃은새   ■ 희귀함

몸길이 290~300mm   **몸무게** 220~402g
분포권 북극권의 러시아 북동부, 미국 알래스카 극단의 북서부,
　　　　버지니아주 연안
　　남한 인천시 강화도, 충청남도 서산간척지, 금강 하구, 낙동강 하구,
　　　　경상남도 창원시 주남저수지
　　북한 자료 없음
도래 시기[월] 길잃은새

형태 중형종이다. 여름깃은 머리는 적갈색 바탕에 흑회색 무늬가 있
다. 눈에 희미한 흰색 눈썹선이 흐른다. 몸통의 윗면은 적갈색 바탕에
검은 무늬가 넓게 자리 잡고 있으며 작은 흰색 반점이 있다. 몸통 아랫
면은 붉은색에 흑갈색 반점이 산재해 있다. 겨울깃은 몸통의 윗면이
회갈색으로 변하고 가슴은 회색, 아랫면은 흰색이 된다. 허리와 꼬리
에 검은색 줄무늬가 있다. 부리는 길고 곧으며 색이 검다. 홍채는 짙은
흑갈색이며 다리는 황색이다.
노랫소리 비상할 때 '피-잉, 피-잉' 한다.
생활권 해안가, 소호, 늪지, 습지, 논, 하구, 저수지, 간척지 등지에서
먹이를 구하며 단독으로 생활한다.
번식 산란기는 5월 하순~7월 초순이며 툰드라 습지의 오목한 땅 위에
이끼와 풀을 깔고 접시형 둥지를 튼다. 산란수는 4개이며 알의 색깔은
올리브색 바탕에 갈색 얼룩무늬가 산재해 있다. 포란은 암수가 함께
하며 포란 기간은 18~20일 정도다. 부화 후 바로 이소한다. 그 밖의
자세한 자료는 조사된 것이 없다.
먹이 수서곤충류, 환형동물, 무척추동물, 갑각류.
현황 길잃은새로 주남저수지, 천수만, 낙동강 하구 등 남부지역 철새
도래지에서 3~4회 관찰된 기록이 있을 뿐이다.

아성조

여름깃

겨울깃

마도요

북한명 | 마도요
Numenius arquata
Eurasian Curlew

■ 나그네새   ■ 흔함, IUCN Red List NT

형태 대형종으로 몸통 윗면은 연한 갈색이며 암갈색 세로무늬가 조밀하게 산재해 있다. 등 아랫부분과 허리는 흰색이며 흑갈색 얼룩무늬가 있고 가슴과 배에는 붉은색을 띤 엷은 회갈색의 가는 얼룩무늬가 있다. 눈에는 희미한 흰색 눈썹선이 흐른다. 옆구리와 배 중앙, 날개의 아랫면은 순백색이다. 부리는 검고 아래로 휘어졌으며 기부는 갈색이고 아랫부리 기부는 붉은색이 돈다. 부리 길이는 연륜이 쌓일수록 길어지며 수컷이 짧다. 홍채는 갈색이며 다리는 길고 청회색이다.

노랫소리 '삐-요, 삐-요, 호-이, 호-이, 삐리, 삐리' 하고 소리 낸다.

생활권 갯벌과 내륙의 물가, 간척지, 소택지, 염전, 논, 밭, 초습지 등에서 먹이를 구하며 생활한다.

번식 산란기는 5월 초순~6월이며 번식기가 되면 수컷의 구애행동이 시작된다. 날개를 쳐들고 날아올랐다가 내려오고를 반복하는 독특한 구애행위를 거쳐 쌍을 짓거나 무리를 지어 번식한다. 초원지역의 건조한 땅 위 오목한 곳에 둥지를 튼다. 산좌에 마른풀과 깃을 깔고 알을 낳는다. 둥지의 크기는 길이 300~500mm, 직경 1,800~2,200mm이며, 산란수는 4개다. 알의 크기는 71mm이며 회녹색 바탕에 갈색 얼룩점이 산재해 있다. 포란과 육추는 암수가 함께 하며 포란 기간은 27~29일, 육추 기간은 32~38일 정도다.

먹이 어류, 곤충류, 연체동물, 갑각류, 패류, 식물의 씨앗, 장과. 북한 자료에 따르면 포획한 개체의 위 속에 게, 갑충류, 곤충류 등이 들어 있었다.

현황 나그네새로 한반도 전역에서 흔하게 관찰된다. 200~300마리의 무리가 목격되며 남해안과 제주도, 특히 서해안 갯벌에서 많은 개체가 서식하고 있다.

몸길이 550mm   **몸무게** ♂575~800g ♀675~950g
부리 ♂128~150mm ♀145~164mm **날개** ♂280~312mm ♀294~318mm
꼬리 113~129mm **부척** 70~84mm
분포권 유럽과 러시아의 볼가강, 우랄 지역, 중국 북동부, 만주, 필리핀, 인도, 자바섬, 아프리카 동부, 쿠릴열도, 일본, 타이완
   남한 전국의 갯벌과 저수지, 염전, 초습지, 강 하구, 간척지
   북한 함경남도 장진호, 해안, 평안남도 안주시, 평안북도 정주군 림포면, 곽산군, 룡천군, 신도군, 개성시
도래 시기[월] 1 2 **3 4** 5 6 7 8 **9 10** 11 12

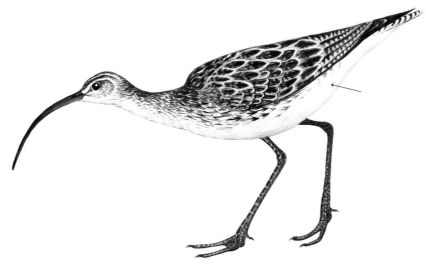

277

알락꼬리마도요

북한명 | 알락꼬리마도요
Numenius madagascariensis
Far Eastern Curlew
(Eastern Curlew)

- 나그네새
- 환경부 지정 멸종위기 야생조류 Ⅱ급.
IUCN Red List EN

몸길이 540~640mm　**몸무게** 725~1,100g
부리 105~190mm **날개** 280~330mm **꼬리** 104~106mm **부척** 81~86mm
분포권 러시아 시베리아 북동부, 캄차카반도, 오호츠크해 연안, 우수리강,
　　　　연해주, 사할린, 쿠릴열도, 필리핀, 인도네시아와 부속섬,
　　　　오스트레일리아, 중국 북동부, 일본, 타이완
　　　　남한 서해 연안의 갯벌, 간척지, 염전, 강 하구
　　　　북한 함경남도 영흥군, 평안북도 염주군, 룡천군, 다사도,
　　　　평안남도 영유군

도래 시기[월] 1 2 **3 4** 5 6 7 8 **9 10** 11 12

형태 한반도에서 볼 수 있는 도요류 중에서 가장 큰 대형종이다. 몸통 윗면은 연한 갈색이며 흑갈색 세로무늬가 조밀하게 산재해 있다. 눈에는 엷은 붉은색 바탕에 희미한 흰색 눈썹선이 흐른다. 마도요와 흡사하나 몸 전체의 갈색이 더욱 진하며 허리와 날개 아랫면이 희지 않고 갈색을 띠는 것이 특징이다. 꼬리는 엷은 갈색으로 진갈색 가로띠가 있다. 부리는 검고 아래로 휘어졌으며 아랫부리의 기부는 담황색이다. 홍채는 갈색이며 다리는 길고 청회색이다.
노랫소리 '삐-요, 삐-요, 삐-요, 호이, 호이' 하며 소리 낸다.
생활권 넓은 소택지, 초본이 무성한 습지와 초지와 내륙의 물가, 염전, 논, 밭, 간척지 등에서 먹이를 구하고 생활한다.
번식 산란기는 4~7월이며 번식기가 되면 수컷의 구애행동이 활발해진다. 수컷은 공중으로 날아 올랐다 내려오면서 자신의 강건함을 알리는데 그 높이는 무려 10~15m나 된다. 보통 2~3쌍의 적은 무리를 지어 번식하는 습성이 있다. 툰드라의 풀숲이 있는 앞이 확 트인 땅 위 오목한 곳에 둥지를 튼다. 산좌에는 마른풀과 이끼를 깐 뒤 그 위에 알을 낳는다. 산란수는 4개 정도이며 알의 색은 올리브녹색 바탕에 작은 갈색 점이 산재해 있다. 알의 크기는 평균 69.8×48.6mm다. 포란과 육추는 암수가 함께 하며 포란 기간은 25~27일 정도다. 육추 기간은 50~55일이다.
먹이 어류, 곤충류, 갑각류, 패류. 북한 자료에 따르면 포획한 개체의 위 속에 작은 조개가 있었고 3월 28일 포획한 개체의 위 속에는 갈게 등이 들어 있었다.
현황 봄철과 가을철에 쉽게 볼 수 있는 나그네새로 매년 개체수가 감소하고 있다.

중부리도요

북한명 | 밭도요
Numenius phaeopus
Whimbrel

■ 나그네새 ■ 흔함

형태 마도요와 흡사하나 체구가 작다. 이마와 머리 상단, 뒷머리가 흑갈색이며 중앙에 작은 흰색 반점이 머리 중심선을 이루며 그 양쪽에 굵은 진갈색 선이 있다. 몸통의 윗면은 암갈색을 띠고 깃가에는 담갈색 무늬가 있다. 몸 아랫면은 크림색이며 옆구리에 흑갈색 가로줄무늬가 있다. 부리는 검은색이며 길이가 비교적 길고 아래로 휘어져 있다. 홍채는 진갈색이며 다리는 청회색이다.

노랫소리 2음절로 '삐이 삐삐, 삐삐, 휘요- 휘요-, 호이, 호이' 하며 다양한 소리를 낸다.

생활권 내륙지방에서는 무리를 지어 보리밭의 굼벵이를 파내어 먹는 것이 특징이다. 갯벌, 해만, 염전, 농경지, 소택지, 초습지에서 먹이를 구하며 생활한다.

번식 산란기는 5월 하순~6월 중순이며 툰드라 초지의 맨땅 위 오목한 곳에 접시형 둥지를 튼다. 산좌에는 마른풀과 이끼를 깔고 알을 낳는다. 산란수는 3~4개 정도이며 알의 색은 녹색빛이 도는 올리브갈색에 암갈색 얼룩점이 있다. 포란은 암수가 함께 하며 포란 기간은 27~28일이다. 육추는 주로 수컷이 하며 육추 기간은 조사된 자료가 없다.

먹이 어류, 연체동물, 곤충류, 조개류, 갑각류, 환형동물 등 동물성 먹이와 식물의 씨앗, 장과 등 식물성 먹이.

현황 봄철과 가을철에 한반도를 통과하는 나그네새로 낙동강 하구, 갯벌, 염전 등지에서 쉽게 목격되나 해가 갈수록 개체수가 줄고 있다.

몸길이 410mm **몸무게** 270~457g
부리 ♂78~93mm ♀85~86mm **날개** ♂216~250mm ♀225~248mm
꼬리 ♂78~93mm ♀93~98mm **부척** ♂58~65mm ♀53.5~60mm
분포권 아프리카, 오스트레일리아, 뉴질랜드, 미국 알래스카, 캐나다 북부, 툰드라 지역, 유럽, 러시아 시베리아 동부, 아시아 남부
　　　　남한 서해안 갯벌, 강 하구, 초습지, 포구, 염전
　　　　북한 평안북도 곽산군, 염주군, 신천군, 선천군, 다사도, 평안남도 증산군, 온천군

도래 시기[월] 1 2 **3 4** 5 6 7 8 **9 10** 11 12

쇠부리도요

북한명 | 작은부리도요
Numenius minutus
Little Curlew

몸길이 300mm   **몸무게** 108~240g
부리 41~51mm **날개** 176~196mm **꼬리** 68~79mm **부척** 45~55mm
분포권 오스트레일리아, 뉴기니, 필리핀, 보르네오섬, 술라웨시섬,
　　　　몰루카제도, 타이완, 일본, 알래스카, 캐나다 북부, 시베리아 중부,
　　　　바이칼호 남부, 아무르강(번식지)
　　　　남한 공항의 풀밭, 보리밭, 경기도 남양만, 충청남도 천수만
　　　　북한 황해도, 평안북도, 개성시
도래 시기[월] 1 2 **3 4** 5 6 7 8 **9 10** 11 12

형태 암수의 여름깃은 이마와 머리 상단, 뒷머리는 흑갈색이며 중앙에는 황갈색을 띤 선이 있고 눈에 황갈색 눈썹선이 흐른다. 어깨깃과 몸통 윗면은 흑갈색이며 가슴과 배, 옆구리는 엷은 황갈색이다. 윗가슴에 갈색 축선이 있고 아랫가슴에는 +형 무늬가 있다. 옆구리에는 갈색 가로띠가 있으며 아랫배는 흰색이다. 꼬리는 회갈색으로 흑갈색의 가로띠가 있다. 겨울깃은 암수 모두 몸통 윗면의 색이 엷게 변한다. 부리는 검고 아래로 휘었으며 홍채는 흑갈색이다. 다리는 청회색이다.
노랫소리 '피-유-, 피-유-' 또는 '퓨-류- 퓨-류-', '퀵, 퀵, 퀵' 하며 소리 낸다.
생활권 다른 마도요류와 달리 주로 풀밭이나 보리밭, 공항의 잔디밭을 선호하는 특징이 있다. 산악 희립지, 특히 산불로 소실된 곳을 선호한다. 여름에는 아고산대와 동토대에서 생활하고 이동 시에는 초원과 초지와 산악, 하천, 소택 계곡에서 자주 목격된다. 보리밭이나 매립지, 해만, 해안, 강 하류의 삼각주, 저수지 등에서 먹이를 구하며 생활한다.
번식 번식에 대한 자료가 전무하다.
먹이 어류, 곤충류, 복족류, 조개류.
현황 나그네새로 남양만과 천수만에서 관찰된 기록이 있다. 필자는 남양만의 초지에서 오래전에 촬영에 성공한 바 있다.

꺅도요

북한명 | 꺅도요
Gallinago gallinago
Common Snipe

■ 나그네새 ■ 흔함

형태 머리 상단에 연한 황색선이 있고 머리 양쪽, 눈과 뺨을 지나는 선은 모두 흑갈색이다. 뒷목과 옆목, 앞목은 엷은 황갈색으로 작은 흑갈색 세로무늬가 있다. 목과 가슴은 담갈색을 띠고 검은색 세로무늬가 있으며 옆구리에는 흑갈색 가로무늬가 있다. 배는 희고 홍채는 갈색이며 부리는 곧고 길며 검은색이다.

노랫소리 '캇, 캇, 캇' 또는 '챠앗, 챠앗', '치비-, 치비-, 치기-, 치기-', '꺅, 꺅' 하며 다양한 소리를 낸다.

생활권 소택지나 습지에서 주로 생활하며 논, 해안, 간척지, 초습지, 강가, 소호 등지에서 먹이를 구한다.

번식 산란기는 4월 초순~6월 하순이다. 수컷은 공중에서 원을 그리면서 하강하는 동시에 꼬리깃을 부챗살처럼 쭉 펴고 '꺅, 꺅' 하고 소리를 크게 지르는 넓은 나선형 곡예비행으로 암컷에게 구애한다. 10~20m 높이로 오르내리고를 반복하며 공중에서 북 두드리는 것 같은 뽐내기행위가 유명하다. 소택지 또는 습지의 풀숲 오목한 땅 위에 접시형 둥지를 틀고 산좌에 마른풀을 깐 다음 알을 4개 낳는다. 알의 색은 밝은 녹색 바탕에 올리브갈색 얼룩무늬가 있고 크기는 39mm다. 포란은 암컷이 전담하며 포란 기간은 18~20일이다. 육추는 암수가 함께 하며 육추 기간은 19~20일 정도다. 부화된 어린 새끼는 암수가 각자 반씩 나누어 데리고 가서 육추한다.

먹이 어류, 곤충류, 거미류, 환형동물, 갑각류, 패류, 달팽이. 북한 자료에 따르면 룡암포에서 포획한 개체의 위 속에는 수생식물의 씨앗, 수서곤충류, 잡초 씨앗, 녹조류, 그 외에 곤충류, 연충 등이 들어 있었다.

현황 봄철과 가을철에 흔히 한반도를 지나가는 나그네새로 일부는 중부 이남에서 월동하기도 한다. 낙동강 하류, 소래포구, 염전과 갯벌에서 쉽게 관찰된다.

몸길이 270mm **몸무게** 80~120g
부리 59~75mm **날개** 122~142mm **꼬리** 55~62mm **부척** 29~35mm
분포권 아프리카, 남아메리카, 유라시아 북부, 스칸디나비아반도, 러시아 시베리아 동북부, 캄차카반도, 사할린, 만주, 아무르강, 우수리강, 쿠릴열도, 인도, 필리핀, 일본
남한 서해 연안, 중부 이남, 낙동강 하류, 소래포구, 갯벌과 염전
북한 평안북도 룡천군, 정주군, 선천군, 염주군, 평안남도 순천군, 평원군, 개성시

도래 시기[월] 1 2 **3 4** 5 6 7 8 **9 10** 11 12

바늘꼬리도요

북한명 | 바늘꼬리도요
Gallinago stenura
Pintail Snipe

■ 나그네새 ■ 희귀함

몸길이 250~280mm **몸무게** 106~155g
부리 58~67mm **날개** 123~135mm **꼬리** 43~52mm **부척** 30~32mm
분포권 아프리카, 러시아 시베리아 툰드라 지역, 사할린, 우랄 지역,
　　　　우수리강, 오호츠크해 연안, 아무르강, 인도, 말레이시아, 필리핀,
　　　　인도네시아 보르네오섬, 수마트라섬, 자바섬, 만주 북부, 티베트,
　　　　중국 남부, 타이완, 일본
　　남한 서해안 내륙의 논, 소택지, 연못, 저수지, 강가, 습지
　　북한 함경북도, 평안북도, 평안남도 안주시, 황해도, 개성시

도래 시기[월] 1 2 **3** **4** 5 6 7 8 **9** **10** 11 12

형태 몸통 윗면은 흑갈색이며 엷은 붉은색을 띤 갈색 가로띠가 있다. 눈
에는 희미한 황백색 눈썹선이 흐르고 눈앞쪽에서 뒤쪽으로 흑갈색 눈선
이 지난다. 뺨에는 흑갈색 선이 있고 턱밑과 멱은 흰색이다. 목에는 붉
은빛을 띤 흑갈색 세로얼룩무늬가 있고 꼬리깃은 바늘 모양이다. 부리
는 담황색이며 끝은 갈색이다. 홍채는 흑갈색이고 다리는 황갈색이다.
노랫소리 일반적으로 소리를 내지 않는다. 한 러시아 생물학자가 조사
한 바에 따르면 번식기 초반에는 드물게 소리를 내지만 그다음에는 자
주 반복하여 '츠윈, 츠윈' 하며 구애소리를 낸다. 그 소리는 점차 높아지
고 빨라지면서 서로 어울려 아름다운 금속성 소리로 '친, 친, 친' 하다가
나중에는 '칫즈, 칫즈' 하고 끝을 맺는다.
생활권 주로 논이나 소택지, 습지, 강가에서 먹이를 구하면서 목적지로
이동한다. 북한에서는 백두산 동록인 농사동 습지에서 목격되었다.
번식 산란기는 5월 하순~6월 중순이며 때로는 여름철에도 계속된다.
습지의 풀밭이나 오목한 초지에 접시형 둥지를 튼다. 산좌에는 마른풀
과 잎을 깔고 알을 4개 정도 낳는다. 알의 색은 올리브녹색 바탕에 갈색
얼룩무늬가 산재해 있고 크기는 40mm다. 포란은 암컷이 전담하며 포
란 기간은 19~20일 정도다.
먹이 곤충류, 갑각류, 연체동물, 연충류, 환형동물.
현황 봄철과 가을철에 꺅도요와 함께 이동하는 나그네새로 주로 경작
지에서 먹이를 구하면서 목적지로 향한다. 해가 갈수록 개체수가 줄어
들어 관찰하기 어려워지고 있다.

꺅도요사촌

북한명 | 멧꺅도요
Gallinago megala
Swinhoe's Snipe

■ 나그네새   ■ 희귀함

형태 꺅도요와 흡사하나 조금 큰 편이다. 몸통 윗면은 흑갈색으로 옅은 적갈색 얼룩무늬가 있다. 머리에 검은색 세로줄무늬가 두 줄 지나가며 눈에는 옅은 갈색의 눈썹선이 흐르고 눈앞에서 뒤쪽까지 검은색 눈선이 지나간다. 멱은 옅은 적갈색을 띤 흐린 갈색으로 진한 얼룩무늬가 있다. 배는 흰색이며 옆구리는 적갈색으로 갈색 가로띠가 있다. 곧고 긴 부리는 황갈색이며 끝은 검다. 홍채는 흑갈색이며 다리는 황갈색이다. 꼬리깃은 10~12쌍 또는 8~13쌍이다. 가장자리의 꼬리깃은 매우 좁으며 끝이 5~4mm이고 기부는 4~6mm다. 꼬리깃의 가장자리 쌍은 꼬리 끝보다 5~15mm 짧다.

노랫소리 '과, 과, 과' 하며 꼬리깃을 움직여 단음으로 소리를 낸다.

생활권 주로 논에서 목격되며 삼림으로 둘러싸인 넓은 초원, 소택지, 삼림초원, 숲이 울창한 곳의 하천, 평원, 산악, 활엽수림, 갈밭 등지에서 먹이를 구하며 생활한다.

번식 산란기는 5월 하순~7월경이다. 이때 수컷은 구애동작이 활발해지는데 공중에서 원을 그리고 특별한 소리를 지르면서 암컷의 관심을 끈다. 습지나 초지의 땅 위, 관목이 우거진 삼림 또는 습지 또는 소택지 가운데의 마른 둔덕을 택하여 땅을 파서 오목하게 한 다음 접시형 둥지를 튼다. 산좌에는 풀잎과 줄기를 깔고 알을 3~5개 낳는다. 알의 색은 옅은 황갈색 바탕에 갈색 또는 적갈색 얼룩점이 산재해 있고 크기는 42mm다. 포란과 육추에 대한 자료는 전무하다.

먹이 곤충류, 환형동물, 식물의 씨앗. 북한 자료에 따르면 포획된 개체의 위에서 수서곤충류 등이 나왔다.

현황 봄철과 가을철에 한반도를 매우 드물게 지나가는 나그네새로 소수 개체를 낙동강 하구의 습지나 논에서 관찰할 수 있다.

몸길이 270~290mm   몸무게 112~164g
부리 58~72mm 날개 128~142mm 꼬리 52~60mm 부척 31~36mm
분포권 오스트레일리아, 러시아 시베리아 중동부, 바이칼호, 사할린, 몽골, 아무르강, 우수리강, 중앙아시아, 인도, 필리핀, 미얀마, 인도네시아 일대, 중국, 타이완, 일본
　　　남한 낙동강 하구의 삼각주, 습지나 논
　　　북한 함경북도 수계, 평안북도 선천군 신봉리 수계

도래 시기[월] 1 2 **3 4** 5 6 7 8 **9 10** 11 12

큰꺅도요

북한명 | 큰꺅도요
Gallinago hardwickii
Latham's Snipe

몸길이 1,020~1,130mm **몸무게** 139.5g
부리 65~75mm **날개** 153~167mm **꼬리** 55~69mm **부척** 36~37mm
분포권 러시아 극동부, 일본
　　남한 전라남도 신안군 홍도, 제주도, 강원도 강릉시
　　북한 자료 없음
도래 시기[월] 1 2 **3 4** 5 6 7 8 **9 10** 11 12

형태 다갈색 중형종으로 암컷과 수컷이 흡사하며 대체로 꺅도요와 비슷하다. 머리와 뒷목에는 검은색 세로선이 있으며 눈앞에서 눈뒤까지 검은 눈선이 있고 눈썹선은 엷은 갈색이다. 뺨에는 검은색 선이 있다. 멱과 목은 엷은 갈색 바탕에 검은색 점이 있다. 등은 검은색을 띠며 적갈색 세로줄무늬가 있다. 가슴은 다갈색 바탕에 검은색 점이 있고 옆구리는 검은색 세로줄이 있다. 배는 희고 옆구리에 흑갈색 가로무늬가 뚜렷하다. 꼬리깃은 9쌍이며 가운데에서 가장자리로 가면서 점차 좁아진다. 가장자리 깃의 너비는 약 3.5~4mm 정도다. 부리 기부는 황록색이며 곧고 길다. 홍채는 흑갈색이며 다리는 황색이다.
노랫소리 '꽉, 꽉, 꽉' 또는 '칫, 치' 하며 소리 낸다.
생활권 해발 1,500m 높이 산악 초지와 풀숲이 우거진 곳, 어린 전나무 숲에서 생활한다. 이동 시에는 강가나 산지의 초원, 소택지, 습지, 논, 소호, 저수지, 연못 등에서 먹이를 구한다.
번식 4월 말에 첫 알을 낳기 시작하여 5월 초순~6월까지 산란기다. 둥지는 풀밭이나 식물이 자라는 땅을 오목하게 파고 마른풀을 깐 다음 알을 낳는다. 산란수는 4개이며 알의 색은 황갈색 바탕에 암적색 얼룩무늬가 산재해 있다. 알의 크기는 44mm다. 포란은 주로 암컷이 하는 것으로 추측되나 자세한 자료는 없다.
먹이 거미류, 곤충류, 환형동물, 식물의 종자.
현황 봄철과 가을철에 한반도를 지나가는 희귀한 나그네새로 경상남도 주남저수지와 제주도에서 관찰된 적이 있으며 강원도 강릉비행장에서는 여러 번 목격되었다.

청도요

북한명 | 산골갯도요
Gallinago solitaria
Solitary Snipe

형태 이마와 머리에 두 줄의 흑갈색 선이 흐르고 그 사이에 흰색 선이 있다. 몸통의 윗면은 흑갈색으로 담색과 적갈색 무늬가 혼재해 있고 흰색 세로줄무늬가 있다. 눈에는 흰색 눈썹선이 흐르고 부리 기부에서 눈 뒤로 흑갈색 선이 이어져 있다. 등 아래쪽과 허리는 흑갈색이며 갈색과 흰색의 가로무늬가 뚜렷하고 가슴은 갈색에 흰색의 얼룩무늬가 어우러져 있다. 배, 옆구리, 아래꼬리덮깃은 흰색이며 갈색의 가로띠가 있다. 부리는 흑갈색이며 기부가 황갈색이고 끝은 검다. 홍채는 흑갈색이고 다리는 암녹색이다.

노랫소리 잘 소리 내지 않는다. 간혹 '퀸쉬' 또는 '쳇' 하기도 한다.

생활권 다른 나라에서는 고산지대에서 생활하지만, 북한에서는 산골과 개천에서 산다. 남한에서도 산간 계류의 맑은 개울과 하천, 구릉지, 소택지, 계류의 웅덩이, 습지 등에서 먹이를 구하며 이동한다.

번식 산란기는 늦은 봄이며 해발 1,500~2,300m 산지의 고준지대에 둥지를 튼다. 물가에서 가까운 땅을 오목하게 판 다음 산좌에 나뭇잎이나 마른 풀줄기를 깔고 알을 낳는다. 산란수는 4개이며 알의 색은 엷은 황갈색 바탕에 회갈색 얼룩점이 있다. 포란은 암컷이 주로 하며 포란 기간은 19~21일이다. 육추는 암수가 함께 하며 육추 기간은 알려진 자료가 없다.

먹이 곤충류, 달팽이류, 환형동물 등. 북한 자료에 따르면 평안남도 순천군 자산에서 포획한 수컷의 위 속에 수서곤충류가 들어 있었다.

현황 봄철과 가을철에 한반도를 지나가는 나그네새로 주로 계곡의 맑은 물, 숲의 습지에서 먹이를 구하며 이동한다. 개체수가 드물어 보기 어려운 종으로 일부는 남쪽지역에서 월동하기도 한다.

몸길이 300mm　**몸무게** 127~245g
부리 66~79mm　**날개** 149~170mm　**꼬리** 63~73mm　**부척** 28~38mm
분포권 러시아 시베리아 남동부, 사할린, 쿠릴열도, 캄차카반도, 몽골 북동부, 티베트를 중심으로 한 아시아 산악고지대, 중국 북서부, 일본
　　　　남한 충청북도, 경상남도 울릉도, 제주도
　　　　북한 평안남도 순천군

도래 시기[월] 1 2 **3 4** 5 6 7 8 **9 10** 11 12

285

꼬마도요

북한명 | 애기도요
Lymnocryptes minimus
Jack Snipe

■ 길잃은새 ■ 희귀함

몸길이 190mm **몸무게** 35~70g
부리 38~47mm **날개** 97~120mm **꼬리** 35~70mm **부척** 19~25mm
분포권 아프리카, 유럽 남부, 유럽 북부 한대지역의 산지, 스칸디나비아
반도의 노르웨이, 스웨덴, 러시아 중앙부, 우랄 지역, 시베리아
툰드라 지역, 이란, 인도, 미얀마, 중국, 타이완, 일본
　　남한 낙동강 하구 삼각주, 만경강 하구 갯벌, 강화도 갯벌
　　북한 자료 없음
도래 시기[월] 길잃은새

형태 소형종으로 머리는 검은색이며 몸통의 윗면은 갈색이다. 넓은 황갈색 선이 등을 타고 흘러내리며 그 중앙에는 검은색 선도 따라 흐른다. 부리 기부에서 눈을 지나 눈뒤까지 갈색 선이 그어져 있고 눈썹선 안의 갈색 선은 눈썹선을 두 줄처럼 보이게 한다. 가슴과 배, 옆구리, 아래꼬리덮깃은 흰색이며 갈색 세로무늬가 있다. 부리는 황색이며 홍채는 갈색이다. 다리는 계절에 따라 색이 변한다.
노랫소리 비상할 때 놀란 듯이 '걋' 하며 평소에는 꼬리깃을 움직이며 '고, 돗, 고, 돗' 하고 소란스럽게 지저귄다.
생활권 풀이 적게 난 넓은 초지 또는 논과 호수, 저수지, 소택지, 갈밭, 연못 등지에서 먹이를 구하며 생활한다.
번식 산란기는 4월 상순~6월 상순이며 번식지에 도착하면 바로 구애 동작이 이루어진다. 툰드라 지역 풀숲의 오목한 땅에 접시형 둥지를 틀고 산좌에는 마른 풀잎과 줄기, 이끼를 깔고 알을 낳는다. 산란수는 4개이며(핀란드에서 6월 17~20일에 발견된 둥지에 4개의 알이 있었다), 알의 색은 올리브녹색 바탕에 작은 암갈색 얼룩점이 산재해 있고, 크기는 39mm다. 포란과 육추는 암컷이 하며 포란 기간은 24일이다. 육추 기간은 자료가 없다. 북극에서 번식하는 종은 짝을 지어 번식지에 도착한 이후 2~10일 이내에 신속히 짝과 관계를 맺어 짧은 번식기를 충분히 활용하는 반면, 온대에서 번식하는 종은 번식기가 비교적 길기 때문에 개체가 단독으로 번식지에서 몇 주간 지낸 후 둥지를 짓기 시작한다.
먹이 식물성 씨앗, 곤충류와 그 유충, 연충류, 연체동물, 패류, 환형동물. 대부분 도요류는 번식기 때 쌍시류 곤충, 특히 각다귀 등을 주로 먹이로 삼으며, 이동 중이거나 갑자기 먹을 만한 곤충이 없으면 식물성 먹이도 섭취한다.
현황 기상 이변이나 난기류 또는 기타 상황으로 무리에서 이탈하여 한반도로 유입된 길잃은새다. 1916년 10월 서울에서 1개체 채집된 기록이 있는 희귀한 종으로, 같은 해 10월 15일 북한 조류학자가 채집한 자료가 있다.

멧도요

북한명 | 멧도요
Scolopax rusticola
Eurasian Woodcock

■ 나그네새   ■ 흔하지 않음

도요목
도요과

형태 이마와 머리는 회색을 띠고 뒷머리에 굵은 검은색 가로무늬가 뚜렷하다. 아랫부리 기부에서 눈까지 흑갈색 가로무늬가 선명하다. 몸통의 윗면은 적갈색이며 검은색과 회백색 얼룩무늬가 산만하게 자리 잡고 있으며 몸통 아랫면은 담황색에 흑갈색의 가로무늬가 있다. 몸통은 통통하고 투박하며 머리가 체형에 비해 큰 편이다. 앞목과 가슴, 배는 담황색으로 회갈색 가로띠가 있다. 부리는 황갈색이며 곧고 길다. 눈이 크고 홍채는 짙은 갈색이며 다리는 회갈색을 띤다.

노랫소리 '코록, 코록' 또는 '쿠룩, 쿠룩' 하며, '키잇' 하며 날아오른다.

생활권 높지 않은 산록지대의 무성한 잡목림에서 먹이를 구하며 생활한다. 일반적으로 침엽수림, 활엽수림이 혼재된 울창한 곳을 선호하며 그곳에서 먹이를 구하면서 이동한다. 월동지에서는 강과 계류를 따라 식생이 무성한 곳을 선호한다. 습한 숲에서 먹이를 잡는다. 도요과 새들은 표층 식물을 먹을 때 시각으로 위치를 파악하지만 표층 밑에 있는 먹이는 촉각으로 더듬어서 찾는다. 섭금류는 먹이를 찾을 때 머리 꼭대기에 있는 눈으로 넓은 시야를 확보할 수 있는데 이런 특징은 멧도요에게 특히 두드러져서 시야가 전방위적이다.

번식 산란기는 3월 하순~6월이며 으슥한 산림 속 관목이 무성한 땅위에 둥근 모양의 둥지를 튼다. 풀과 마른 풀줄기를 모아 산좌를 만들고 알을 낳는다. 둥지의 크기는 직경 150mm이며 산좌의 두께는 20~30mm 정도다. 알은 길죽한 배 모양으로 갈색 또는 장미색과 보라색, 암갈색 등 색이 다양하며 크기는 44mm다. 포란은 암컷이 전담하며 포란 기간은 22~23일이다. 육추는 암컷이 전담하며 육추 기간은 15~20일이다. 일부 학자들은 암컷이 위협을 받으면 새끼를 발로 움켜쥐고 다른 안전한 장소로 이동 시키는 것을 관찰했다고 한다.

먹이 환형동물, 곤충류, 다족류, 갑각류, 패류 등. 북한 자료에 따르면 평안남도 덕천시에서 포획한 위 속에 천우충(하늘소)과 식물의 씨앗, 환형동물, 곤충의 유충과 성충이 들어 있었다.

현황 봄철과 가을철에 한반도를 중간기착지로 삼고 지나가는 나그네새로 드물지 않게 관찰할 수 있다. 중부 이남에서 월동한다.

몸길이 340~360mm   **몸무게** 250~420g
부리 68~83mm **날개** 180~219mm **꼬리** 75~94mm **부척** 35~41mm
분포권 오스트레일리아, 유라시아, 러시아 사할린, 쿠릴열도, 연해주,
　　　　유럽 북부와 남부, 아시아 온대와 열대지역, 몽골, 미얀마,
　　　　인도차이나반도, 인도, 티베트 동부, 필리핀, 말레이반도, 중국,
　　　　만주, 일본
　　　　남한 전역
　　　　북한 평안북도, 평안남도 덕천시, 강원도

도래 시기[월] 1 2 **3 4** 5 6 7 8 **9 10** 11 12

287

제비물떼새

북한명 | 제비도요
Glareola maldivarum (*pratincola*)
Oriental Pratincole

몸길이 240~250mm **몸무게** 70~90g
부리 12~19mm **날개** 173~196mm **꼬리** 71~85mm **부척** 29~36mm
분포권 아프리카, 오세아니아, 유럽, 아시아, 몽골 동부, 중국, 만주, 미얀마,
　　　　인도, 티베트, 인도차이나반도, 필리핀, 말레이반도, 러시아 사할린,
　　　　일본
　　　　남한 낙동강 하구, 한강, 동진강
　　　　북한 평안남도 안주시
도래 시기[월] 1 2 **3** **4** 5 6 7 8 **9** **10** 11 12

겨울깃

여름깃

아성조

형태 제비물떼새류는 비행능력이 뛰어나다. 날개가 길고 뾰족하며 꼬리가 ×자 모양이라서 나는 곤충을 잡을 때 몸놀림이 민첩하다. 또한 칼새나 제비갈매기와 달리 땅 위에서 곤충을 잡아먹기도 하고 달리기에도 능하다. 여름깃은 이마와 머리 상단, 뒷목 등은 회갈색으로 황색을 띤다. 턱밑과 멱은 황백색으로 검은색 띠무늬가 원형을 이루면서 이를 둘러싸고 있다. 가슴은 갈색을 띠며 배와 옆구리는 희다. 날개깃과 꼬리깃은 검고 제비형 꼬리다. 겨울깃은 온몸의 색과 멱 둘레의 검은색이 엷어진다. 부리는 기부가 넓고 여름에는 붉은색, 겨울에는 회갈색을 띠며 아래로 굽어 있다. 홍채는 흑갈색이며 다리는 짧고 짙은 갈색이다.

노랫소리 피리소리와 흡사하다. 낭랑하고 듣기 좋으며 떨림음이 있다. 비상할 때 빈번히 소리를 내며 지상에서는 조용하다. 주로 접촉이나 경고를 위해 소리를 낸다.

생활권 평탄하고 광활한 지역 또는 하구와 호숫가의 진흙사장이나 물가의 건조한 지역에 주로 모이는데, 곤충이 풍부하기 때문이다. 번식기든 비번식기든 항상 집단을 이루어 생활한다.

번식 둥지를 지을 때는 느슨한 작은 집단을 형성하고 각각의 영역을 지킨다. 산란기는 5월 하순~6월이며 모래사장이나 자갈밭의 얕고 오목한 곳에 둥지를 튼다. 산좌는 없거나 성기며 바닥에 직접 알을 낳는다. 산란수는 2~3개(간혹 1, 4, 5개) 정도다. 알의 색은 황갈색 바탕에 미색, 흑갈색, 갈색, 회색의 얼룩점과 무늬가 있고, 크기는 31mm, 무게는 15g 정도다. 포란과 육추는 암수가 함께 하며 포란 기간은 17~19일, 육추 기간은 24~27일이다. 부화된 어린새는 둥지 안이나 근처에서 2~3일간 머무는데 이때 어미새가 먹이를 먹여주다가 점차 스스로 먹이 찾는 법을 학습한다. 다른 섭금류와 마찬가지로 어미새는 공들여 편성한 '날개 꺾기'(의태현상) 공연을 통해 약탈자를 미혹하고 새끼들을 보호한다.

먹이 곤충류, 잠자리, 환형동물, 거미류. 북한 자료에 따르면 포획된 개체의 위 속에 수서갑충류가 들어 있었다.

현황 나그네새로 간혹 낙동강 하류 삼각주에서 관찰되며 한강, 동진강과 경상남도 김해시에서 목격된 기록이 있다.

여름깃

겨울깃

장다리물떼새

북한명 | 긴다리도요
Himantopus himantopus
Black-winged Stilt

■ 나그네새 ■ 희귀함

형태 머리 상단이 검고 목은 순백색이다. 여름깃은 뒷머리와 뒷목에 검은색 얼룩무늬가 생긴다. 어깨깃과 등은 검푸른 광택이 나는 검은색이며, 암컷의 등은 갈색이다. 가슴과 배, 옆구리, 허리, 아래꼬리덮깃은 순백색이며 위꼬리덮깃은 흰색으로 끝부위가 회갈색을 띤다. 부리는 가늘고 길며 뾰족하고 검다. 홍채는 적갈색이며 다리가 유난히 길고 진한 핑크색이다. 발가락은 3개이며 꼬리의 단면은 편평하다.

노랫소리 번식기에는 무리를 지어 소리를 내며 '호이-잇, 호이-잇' 또는 '후-잇, 후이-잇' 한다. 떼를 지어 소리 낼 때 강아지울음과 흡사한 소리도 낸다.

생활권 넓은 어울이 있는 기슭이나 갈밭, 초습지, 저수지 등의 풀이 무성한 기슭에서 먹이를 찾는다. 짠물보다는 민물에서 주로 먹이를 구한다.

번식 무리를 지어 번식한다. 산란기는 5월 하순~6월 하순이다. 강 하구 삼각주의 모래톱처럼 사방이 물에 둘러싸인 모래사장이나 마른 진흙 땅 위에 나뭇가지나 풀줄기, 진흙 등을 쌓아올려 마치 화산처럼 둥지를 만들고 산좌에 부드러운 풀과 작은 돌과 조개껍질 등을 깔고 알을 낳는다. 알의 색은 갈색 또는 엷은 황갈색 바탕에 흑갈색 얼룩점이 있고 크기는 44mm다. 포란과 육추는 암수가 함께 한다. 포란 기간은 22~25일, 육추 기간은 28~32일 정도다.

먹이 곤충류, 패류, 어류, 양서류, 도마뱀. 북한 자료에 따르면 물빈대 (*Corixa*)를 주로 잡아먹고 흔히 물속에서 먹이를 구한다.

현황 전 세계에 넓게 분포한다. 소수 개체가 봄철과 가을철에 한반도를 지나가는 나그네새로 일부는 중부 이북에서 번식하며 여름을 지내는 여름철새이기도 하다. 1998년 충청남도 서산간척지에서 번식하고 있는 것을 서산여고 김현태 교사와 김수만 생태사진작가가 촬영하는 데 성공했다. 물떼새 아과는 9속 41종이며 일부 종은 개체수가 많고 분포 역시 광범위한 반면 개체수가 빈약해 멸종의 문턱에 있는 종도 있다. 그 원인은 고양이, 족제비, 쥐 등 천적의 위협과 이동하면서 각 지역에서 위험에 노출되기 때문이다.

몸길이 380mm **몸무게** 160~200g
부리 55~69mm **날개** 220~253mm **꼬리** 80~86mm **부척** 112~145mm
분포권 오스트레일리아, 중앙아프리카, 남아메리카, 유럽 남서부, 중앙아시아, 인도, 인도차이나반도, 일본
　남한 강화도, 전라남도 해남군, 충청남도 서산간척지, 천수만
　북한 자료 없음

도래 시기[월] 1 2 **3 4** 5 6 7 8 **9 10** 11 12

아성조

♂

♀

뒷부리장다리물떼새

북한명 | 키큰뒷부리도요
Recurvirostra avosetta
Avocet

■ 나그네새 ■ 희귀함

몸길이 430mm **몸무게** 250~400g
부리 ♂87mm ♀80mm **날개** ♂222mm ♀222mm **꼬리** 80~86mm
부척 ♂93mm ♀90mm
분포권 아프리카, 포르투갈, 스웨덴, 유라시아, 영국, 발트해, 이란, 인도,
　　　　몽골, 중국 남부, 만주, 타이완, 일본
　　남한 충청남도 천수만, 낙동강 하류, 금강 하구, 제주도
　　북한 황해남도 연안

도래 시기[월] 1 2 **3** **4** 5 6 7 8 **9** **10** 11 12

형태 여름깃은 이마와 머리 상단, 눈 위쪽, 뒷목과 첫째날개깃은 검은
색이며 그 외의 부위는 순백색이다. 꼬리깃도 흰색이다. 겨울깃은 등의
흰색 깃털이 회색으로 변하고 검은색이었던 곳은 갈색으로 바뀐다. 부
리는 검고 가늘고 길며 앞쪽 절반은 위로 휘어졌고 끝이 뾰족하다. 홍
채는 갈색이다. 다리는 길고 청회색이며 발가락 4개와 지간막(물갈퀴)
이 깊이 잘려 들어간 모양으로 뻗어 있다. 꼬리는 곧다.
노랫소리 '삐-잇, 삣, 삣' 또는 '쿠루잇, 쿠루잇, 푸릿' 한다.
생활권 민물과 바닷물이 섞이는 곳을 선호한다. 이동 시에 하구와 호
수, 저수지, 연안, 매립지의 물가 등에서 먹이를 구하며 생활한다.
번식 산란기는 4월 하순~6월 하순이며 모래톱이나 마른 진흙땅의 오
목한 곳에 둥지를 튼다. 산좌에는 모래나 건조한 흙을 깔고 알을 4개 낳
는다. 알의 색은 장미빛이 도는 담황색 바탕에 갈색 얼룩점과 검은색
작은 얼룩점이 산재해 있다. 포란과 육추는 암수가 함께 하며 포란 기
간은 23~25일, 육추 기간은 35~42일이다.
먹이 게류, 무척추동물, 조개류, 해초류.
현황 한반도에 드물게 도래하는 나그네새로 봄과 가을에 간혹 목격된
다. 낙동강 하구와 금강 하구, 천수만, 서산간척지, 서해 연안 등지에서
목격되며, 제주도에서는 월동하기도 한다.

아성조

우

북극도둑갈매기

북한명 | 없음

Stercorarius parasiticus

Arctic Skua (Parasitic Jaeger)

■ 길잃은새　■ 희귀함

형태 이 종은 담색형과 암색형, 중간형의 세 가지 형이 있다. 담색형은 머리 상단이 검은색이며 얼굴은 황색이다. 몸통의 윗면은 흑회색을 띤 갈색이며 가슴에 회갈색 띠가 있고 배 부분은 흰색이다. 암색형은 머리가 검은색이며 몸통 전체가 흑회색을 띤 갈색이다. 얼굴과 목은 황색이 돈다. 중간형은 깃털의 색이 밝지도 않고 어둡지도 않다. 꼬리의 중앙 깃은 길고 뾰족하며 첫째날개깃의 안쪽은 밝다. 부리는 흑회색이며 홍채는 어두운 갈색이다. 다리는 검다.

노랫소리 번식기에는 고양이 소리와 흡사한 소리를 내며 날카롭고 다양한 소리를 낸다.

생활권 태평양 해역, 해안, 개활지, 북극 툰드라 지역 해안이나 습지, 내륙의 호수, 해상, 해안가에서 먹이를 구하며 생활한다. 북극 툰드라 연해지역에서 서식하는 북극도둑갈매기는 거의 약탈에 의지하며 그 대상은 제비갈매기, 세가락갈매기, 바다오리다.

번식 산란기는 5월 중순~7월 하순이며 툰드라 지역의 해안이나 습지 또는 개활지, 암석 틈이나 풀밭의 움푹 파인 곳에 마른 풀잎이나 줄기, 이끼 등을 깔고 알을 2개 정도 낳는다. 알의 색은 갈색과 녹색, 푸른색 바탕에 암갈색과 짙은 자주색 얼룩무늬가 산재해 있고 크기는 57mm다. 포란과 육추는 암수가 함께 하며 포란 기간은 25~28일, 육추 기간은 25~30일 정도이나 경우에 따라 24~36일이기도 한다.

먹이 해상조류의 먹이 탈취, 작은 포유류, 조류의 알, 어류, 갑각류, 동물의 사체.

현황 길잃은새로 1987년 9월 15일 경상북도 포항 앞바다에서 4개체를 부커(J.Booker)가 처음으로 발견한 기록이 있다. 겨울철 해상과 연안에서 드물게 목격된다. 도둑갈매기과는 번식기에 고위도지역의 공중 해적이자 약탈자가 된다. 제비갈매기와 세가락갈매기 등 바닷새에게 빈번히 훼방을 놓으며 습격해서 사냥감을 놓치게 만들거나 소량의 먹이까지 토하게 만들며 공중에서 먹이를 낚아챈다.

몸길이 460mm　**몸무게** 380~600g

부리 32~42mm **날개** 307~335mm **꼬리** 123~143mm **부척** 32~37mm

분포권 태평양, 아프리카 남서부, 미국 알래스카, 그린란드 남부,
　　　　　캐나다 중부, 아르헨티나 남부, 유라시아, 러시아 시베리아 동북부
　　　　　툰드라 지역, 알류산열도, 캄차카반도, 대서양, 영국 북부,
　　　　　스칸디나비아반도 북부, 일본 북부

　　　　　남한 포항 앞바다, 해상과 연안

　　　　　북한 자료 없음

도래 시기[월] 길잃은새

어두운색 개체

밝은색 개체

아성조

밝은색 개체

어두운색 개체

주걱꼬리도둑갈매기

북한명 | 없음
Stercorarius pomarinus
Pomarine Skua(Pomarine Jaeger)

■ 미기록종
■ 매우 희귀함

몸길이 510mm **몸무게** 550~900g
분포권 아메리카 북부, 캐나다 북부, 미국 알래스카, 유라시아 북부
남한 남해안, 서해안, 울산 앞바다, 부산 앞바다, 인천시 소청도,
전라남도 신안군 홍도
북한 자료 없음
도래 시기[월] 미기록종

형태 담색형과 암색형 두 종이 있다. 담색형의 여름깃은 머리가 검고 등과 어깨, 날개덮깃은 짙은 회갈색이다. 턱밑과 멱, 얼굴, 가슴과 복부는 순백색이며 목에는 황갈색 목테가 있다. 첫째날개깃과 아래덮깃에 흰색 삼각형 무늬가 있다. 겨울깃은 목과 허리, 꼬리깃이 길고 주걱같이 끝 부위가 넓은 것이 특징이며 회갈색 얼룩무늬가 산재해 있다. 어린새는 부리 끝이 검고 윗날개덮깃과 꼬리깃이 황갈색을 띤다. 암색형의 여름깃은 온몸의 체모가 흑갈색이다. 첫째날개깃과 덮깃은 암회색이 산재해 있다. 다리는 검고 부리는 녹황색을 띠며 부리 끝은 검다. 어린새는 날개 밑과 꼬리깃 윗면에 흑갈색 반점이 산재해 있다.
노랫소리 '켈, 켈' 또는 '아그, 아아그, 아그' 하는 소리를 낸다.
생활권 북극의 툰드라 지역, 소택지, 늪에서 먹이를 구하며 생활한다. 도둑갈매기류는 남극의 극지 가까이에서 생활하며 북반구에서는 노르웨이 스발바르 제도와 러시아 북부까지 생활권을 확장했다. 이는 여러 생리학적 특징이 한랭한 환경에 적응되어 있기 때문인데, 곧 빠른 기초대사와 높은 체온 유지, 체모의 강한 절연성, 두꺼운 비늘과 껍데기로 덮인 복부, 왕성한 식욕으로 영양공급이 원활히 되는 덕분에 극한의 추위를 견딜 수 있다.
번식 산란기는 6~7월이며 편평한 맨땅에 오목하게 둥지를 튼다. 산좌에는 이끼를 깔고 알을 2~3개 낳는다. 알의 색은 적갈색에 갈색과 검은색 얼룩점이 산재해 있고 크기는 65mm다. 포란과 육추는 암수가 함께하며 포란 기간은 25~27일, 육추 기간은 31~32일 정도다.
먹이 설치류, 작은 포유류, 어류, 바닷새, 다른 새의 먹이.
현황 한반도 남부와 서해안, 울산 앞바다, 부산 앞바다, 소청도, 홍도에서 목격된 기록이 있다. '넓적꼬리도둑갈매기'로도 불린다.

큰도둑갈매기

북한명 | 없음
Stercorarius skua
Great Skua

■ 미기록종
■ 매우 희귀함

형태 이마와 뺨과 목, 가슴은 엷은 갈색을 띠고 복부는 회백색이며 첫째날개깃에 큰 흰색 반점이 자리 잡고 있다. 목이 굵고 머리와 등에 엷은 얼룩무늬가 있다. 날개덮깃은 회갈색을 띤다. 부리는 흑갈색이며 끝이 갈고리처럼 굽었고 홍채는 짙은 갈색이다. 다리는 검고 꼬리는 폭이 넓고 짧다. 대형 도둑갈매기속의 4종은 온몸의 체모가 짙은 갈색이다. 남극도둑갈매기는 담색형과 암색형이 있는데 극지에 가까이 갈수록 담색형이 뚜렷해진다. 북극도둑갈매기와 주걱꼬리도둑갈매기는 지리 분포에 따라 비율이 각기 다르다. 영국 선덜랜드에서는 25% 미만의 북극도둑갈매기가 담색형인데 이 비율은 북쪽으로 갈수록 높아져서 노르웨이와 북극권 내의 캐나다 지역에서는 100%에 육박한다. 담색형은 북반구에서 우위를 차지하며 남반구에서는 1950년대 이래로 암색형의 비율이 줄곧 상승하고 있다. 도둑갈매기류의 어미새는 가운데 꼬리깃 두 가닥이 유난히 긴데 북극도둑갈매기에서 이 특징이 확연히 드러난다.

노랫소리 '에래-액, 옥, 옥' 하는 소리를 낸다.

생활권 기생성 해양조류로 주로 해안가에서 먹이를 구하며 원양생활도 한다.

번식 산란기는 5~6월이며 해안가의 풀이 우거진 편평한 맨땅 오목한 곳에 둥지를 튼다. 산좌에는 마른풀을 깔고 알을 2개 낳는다. 알은 둥글고 길며 붉은빛이 도는 갈색 바탕에 어두운 갈색 점이 있고 크기는 71mm다. 포란은 주로 암컷이 하며 포란 기간은 29일이다. 육추는 암수가 함께 하며 육추 기간은 42~49일 정도다.

먹이 어류, 바닷새, 동물의 썩은 사체. 도둑갈매기류는 다양한 먹이를 먹는다. 여름에는 레밍을 대량으로 잡아먹고 겨울에는 소형 바닷새를 잡아먹는다. 물고기를 먹거나 주로 제비갈매기의 먹이를 약탈하기도 한다. 북극 툰드라 지역에서 북극도둑갈매기는 곤충, 작은 새와 알, 설치류를 먹는다. 연해지역에서는 거의 완전히 약탈에 의지하며 대상은 제비갈매기와 세가락갈매기, 바다오리다. 남반구의 대형 도둑갈매기는 펭귄의 먹이를 가로채거나 어류, 갑각류, 산토끼 등 다른 여러 사냥감을 잡아먹는다.

현황 가을철 한반도 남서해안인 부산 앞바다와 흑산도, 소청도에서 관찰된 기록이 있다.

몸길이 580mm **몸무게** 1,200~1,650g

분포권 남극(번식지), 유럽 남서부, 대서양 북부, 중국 남동부 연안, 태평양 북부, 일본 남동부(월동지)

남한 부산 앞바다, 전라남도 신안군 흑산도, 인천시 소청도

북한 자료 없음

도래 시기[월] 미기록종

세가락갈매기

북한명 | 세가락갈매기
Rissa tridactyla
Black-legged Kittiwake

■ 겨울철새　■ 흔하지 않음

몸길이 410~420mm　**몸무게** 300~500g
부리 32~42mm **날개** 307~335mm **꼬리** 123~143mm **부척** 32~37mm
분포권 미국 알래스카, 러시아 캄차카반도, 쿠릴열도, 사할린, 알류샨열도,
　　　　스칸디나비아반도, 영국 해안, 일본
　　남한 동해안 북부지역, 남해, 강원도 속초시 청초호, 경상남도 거제도
　　북한 함경북도 청진시
도래 시기[월] **1** **2** **3** 4 5 6 7 8 9 **10** **11** **12**

형태 여름깃은 이마와 머리 상단, 목, 어깨 사이는 순백색이며 등과 어깨깃, 허리는 엷은 청회색이다. 가슴과 배, 옆구리, 위꼬리덮깃, 아래꼬리덮깃은 순백색이다. 첫째날개깃은 검고 흰색 무늬가 없다. 겨울깃은 눈앞에 검은 강모가 드물게 나며 뒷머리와 뒷목은 흑갈색으로 변하고 검은색의 띠가 생긴다. 부리는 황색이며 홍채는 갈색이다. 다리는 검고 뒷발가락이 없다. 수컷이 암컷보다 체구가 크다.

노랫소리 '킷, 킷, 킷' 하거나 '쿠잇, 쿠잇' 하기도 한다.

생활권 사할린, 쿠릴열도에서는 여름철새로 해안과 연안에 있는 험한 절벽이나 도서지역의 바위 또는 암초, 암벽 등지와 해상, 모래사장, 하구, 해만 등지에서 먹이를 구하며 생활한다. 이 종은 공중에서 물속으로 들어가 물고기를 잡아먹을 수 있으며 주로 해상에서 먹이활동을 한다. 세찬 겨울바다에서 바닷물에 떠 있는 먹이를 얻거나 공중에서 날다가 먹이를 보면 떨어지듯 물에 부리를 박고 먹이를 취한다.

번식 산란기는 5월 초순~7월 하순이며 암초의 벼랑에 접시형 둥지를 틀고 산좌에 해초와 마른풀을 깔고 알을 낳는다. 산란수는 2~3개 정도이며 알의 색은 회갈색 바탕에 회색 또는 갈색과 회색의 얼룩점이 산재해 있다. 포란과 육추는 암수가 함께 하며 포란 기간은 25~32일 정도, 육추 기간은 33~54일 정도다. 갈매기류는 일부일처제를 중심으로 생활하나 세가락갈매기에게는 '이혼'도 상당히 보편적이다. 현재의 배우자가 생식능력이 없음을 알게 되면 곧바로 새로운 반려자를 물색한다.

먹이 어류, 갑각류, 연체동물, 곤충류, 식물성 조류, 환형동물.

현황 드물게 도래하는 겨울철새로 극히 일부 지역에서 목격된다. 강원도 속초시 청초호와 경상남도 거제도 해안과 주로 동해안 북부지역에 출몰하는 빈도가 높다. 북한에서는 1964년 11월 5일에 함경북도 청진 앞바다에서 처음으로 포획했다.

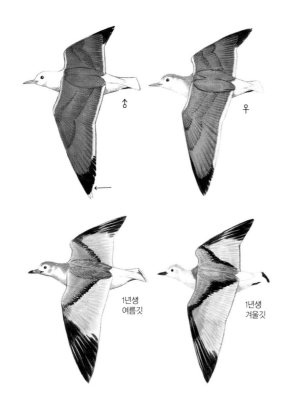

수컷 ♂
암컷 ♀
1년생 여름깃
1년생 겨울깃

겨울깃

아성조

갈매기

북한명 | 갈매기
Larus canus
Mew Gull(Common Gull)

■ 겨울철새 ■ 흔함

형태 여름깃은 이마와 머리, 목, 몸통 아랫면은 순백색이고 어깨깃과 등, 허리는 청회색이다. 첫째날개깃과 둘째깃은 검은색이며 흰색 무늬가 있다. 겨울깃은 이마와 머리, 뒷목에 작은 담갈색 세로얼룩무늬가 산재해 있다. 꼬리는 희고 부리는 녹황색이며 끝은 황색이다. 홍채는 황색 또는 회갈색을 띠며 다리는 녹황색이다.
노랫소리 '냐-오, 냐-오' 또는 '꽈-오, 꽈-오' 하고 소리 낸다.
생활권 하천을 즐겨 찾는다. 해안과, 해상, 강, 어장에서 먹이를 구하며 생활한다.
번식 산란기는 5월 중순~7월이며 바닷가 섬에서 작은 집단을 이루며 둥지를 튼다. 나뭇가지나 마른풀, 해조류 등을 모아 접시형 산좌를 만들고 알을 2~3개 낳는다. 알의 색은 엷은 담황색 또는 엷은 푸른색 바탕에 적갈색 얼룩무늬가 있고, 크기는 58mm다. 포란과 육추는 암수가 함께 하며 포란 기간은 22~28일, 육추 기간은 35~40일 정도다. 갈매기류는 일반적으로 일부일처제이며 배우자관계를 평생 유지하는 경우가 많다. 일부 종은 성비가 불균형하면 암컷이 여러 수컷과 교배하고 나서 한 둥지에 산란하기도 한다. 번식기가 다가오면 갈매기는 규모가 크고 밀집된 번식집단을 형성하는데, 번식지는 그전 해에 사용한 지역이 되곤 한다. 많은 종들이 절벽 바위턱이나 연해 섬에서 번식하지만 내륙종들은 소택지를 선택하기도 한다. 지상 10m 높이의 나무 둥치나 곁가지에 둥지를 짓는데 때로는 돌담과 건축물 위에 짓기도 한다.
먹이 작은 새, 조류의 알, 어류, 연체동물, 환형동물, 곤충류, 거미류, 갑각류, 과일, 감자, 식물의 씨앗, 바닷말, 이끼류, 동물의 사체.
현황 겨울철새로 괭이갈매기 무리에 섞여 있거나 단독으로 생활하기도 한다. 남해, 동해, 서해, 한강에서 드물게 목격되며 동해안 속초시의 청초호에서 수백 마리의 갈매기류 가운데 소수 개체가 목격된다.

몸길이 410mm **몸무게** 300~500g
부리 36~43mm **날개** 340~383mm **꼬리** 130~150mm **부척** 48~60mm
분포권 북아프리카, 유라시아, 아메리카 북부, 미국 알래스카, 러시아 시베리아 동부, 연해주, 오호츠크해, 캄차카반도, 사할린, 유럽, 중국 북부, 타이완, 일본
　　　　남한 남해, 동해, 서해, 낙동강, 한강
　　　　북한 서해, 동해
도래 시기[월] **1** **2** **3** 4 5 6 7 8 9 **10** **11** **12**

여름깃

아성조

아성조

괭이갈매기

북한명 | 검은꼬리갈매기
Larus crassirostris
Black-tailed Gull

■ 텃새 ■ 흔함

몸길이 470~480mm **몸무게** ♂500~642g ♀480~630g
부리 44~56mm **날개** 340~390mm **꼬리** 129~155mm **부척** 50~61mm
분포권 몽골, 중국, 만주, 우수리강, 러시아 사할린, 연해주 남부, 타이완, 일본
　　남한 전 해상과 도서지역
　　북한 전 해상과 도서지역
도래 시기[월] 텃새

형태 여름깃은 이마와 머리, 목, 가슴, 배가 순백색이며 등과 날개의 겉면은 청회색이다. 첫째날개깃과 둘째날개깃의 끝부분은 검다. 꼬리는 흰색이며 넓은 검은색 가로띠가 있다. 겨울깃은 머리와 뒷목에 갈색 줄무늬가 생긴다. 부리는 황색이며 끝은 붉다. 홍채는 밝은 황색이고 다리는 황록색이다.

노랫소리 고양이 울음소리와 흡사한 '냐오옹, 냐오옹' 또는 '꽈아오, 꽈아오' 하는 큰 소리를 낸다.

생활권 주로 해상과 해안, 강, 하구, 섬에 서식하며 어촌마을과 고깃배를 따라다니며 배에서 버린 것들을 주어먹고 생활한다.

번식 4월 하순~6월 중순이며 도서지역의 암반에서 집단 번식한다. 귀소본능이 강해 매년 번식하던 곳을 찾는데 암초의 절벽이나 암반의 오목하게 파인 곳에 둥지를 튼다. 둥지의 크기는 200~250mm 정도다. 산좌에 마른풀과 식물의 줄기나 잎, 해초, 나뭇조각, 깃털 등을 깔고 알을 낳는다. 알의 크기는 66mm이고, 올리브색 바탕에 갈색 얼룩무늬가 있다. 포란과 육추는 암수가 함께 한다. 포란 기간은 24~25일, 육추 기간은 1개월 정도이며, 이 기간이 지나면 어린새가 날 수 있게 된다.

먹이 어류, 동물의 사체, 양서류, 연체동물, 곤충류, 음식물찌꺼기, 사람이 던져주는 과자나 빵.

현황 동북아 특산종이다. 한반도 전 해상과 도서지역에서 흔히 볼 수 있는 대표적인 텃새다.

여름깃

아성조

겨울깃

아성조

붉은부리갈매기

북한명 | 붉은부리갈매기
Larus ridibundus
Black-headed Gull

■ 겨울철새 ■ 흔함

형태 여름깃은 머리가 흑갈색이며 뒷머리, 뒷목, 앞목, 가슴, 배, 옆구리, 위꼬리덮깃, 아래꼬리덮깃은 순백색이다. 등과 어깨, 날개의 윗면, 허리는 엷은 청회색을 띤다. 겨울깃은 머리와 가슴, 몸통 아랫면, 꼬리는 흰색이고 눈뒤에 갈색 무늬가 있다. 등과 날개 윗면은 연한 청회색이고 바깥쪽 첫째날개깃은 검다. 부리는 선홍색이며 홍채는 갈색, 다리는 짙은 붉은색이다. 체형이 상대적으로 작고, 짙은 우관이나 갓이 있다. 번식깃의 큰 특징은 머리가 초콜릿색 또는 검은색이 된다는 점이다. 겨울에 우관이 빠지면 머리는 거의 흰색이 된다.

노랫소리 '콰아오, 콰아오' 또는 '갸아오, 갸아오' 한다. 경계할 때는 '킷, 킷, 킷, 크라' 하며 요란스럽게 우짖는다.

생활권 갯벌과 해안, 강, 하구, 호수, 어장, 항구 등에서 먹이를 구하며 생활한다.

번식 산란기는 4월 중순~7월경이다. 해안 모래밭이나 습지 풀밭의 덤불에서 집단으로 번식한다. 땅 위 오목하게 파인 곳에 둥지를 튼다. 둥지의 크기는 직경 400~500mm, 높이 250~300mm다. 산좌에 마른풀과 수초를 깔고 알을 3개 낳는다. 알은 크림색이 도는 회갈색에 흑갈색 얼룩무늬가 있다. 포란과 육추는 암수가 함께 한다. 포란 기간은 23~26일이고, 육추 기간은 35일이다.

먹이 어류, 곤충류, 거미류, 갑각류, 환형동물, 조류의 알, 설치류, 양서류, 음식물 찌꺼기.

현황 흔한 겨울철새로 도서지역이나 낙동강 하구에서 매년 수천 마리의 많은 무리를 볼 수 있다.

몸길이 360~380mm **몸무게** 225~360g
부리 33~41mm **날개** 283~325mm **꼬리** 112~129mm **부척** 41~50mm
분포권 북아프리카, 아메리카 동부, 러시아 시베리아 동부, 캄차카반도, 사할린, 유럽, 카스피해, 영국, 아이슬란드, 동남아시아, 타이완, 일본
　　　남한 전역의 도서지역, 낙동강 하구
　　　북한 함경북도 동해안

도래 시기[월] **1 2 3** 4 5 6 7 8 9 **10 11 12**

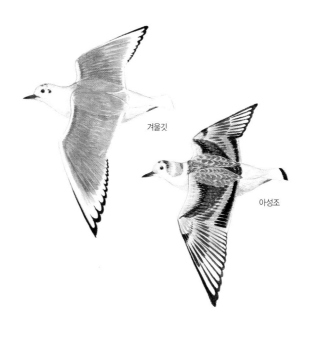

겨울깃

아성조

겨울깃

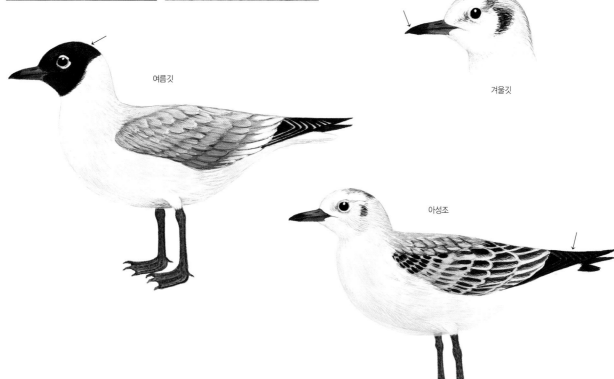

여름깃

아성조

검은부리갈매기
검은머리갈매기

북한명 | 검은머리갈매기
Larus saundersi
Saunder's Gull

■ 겨울철새
■ 환경부 지정 멸종위기 야생조류 II급.
IUCN Red List VU

몸길이 320~330mm **몸무게** 170~220g
부리 25~28mm **날개** 271~298mm **꼬리** 99~112mm **부척** 37~43mm
분포권 유라시아 북동부, 중국 동부, 러시아 연해주, 지중해, 인도, 몽골,
　　　중국 남부, 타이완
　남한 인천시 영종도, 경기도 김포매립지, 금강 하구, 천수만,
　　　남해안 갯벌
　북한 함경북도, 함경남도 웅기군, 영흥군, 평안북도 정주시,
　　　염주군, 평안남도 증산군, 황해남도 은천군 제도리,
　　　강원도 통천군

도래 시기[월] **1** **2** **3** 4 5 6 7 8 9 **10** **11** **12**

형태 여름깃은 머리와 윗목이 검고 목과 가슴, 배, 꼬리는 순백색이다. 등과 날개 윗면은 엷은 청회색이며 첫째날개깃의 바깥쪽 깃은 희고 끝부분에 검은색 점무늬가 있다. 겨울깃은 머리가 희고 눈뒤에 검은색 무늬가 있다. 수컷이 암컷보다 크다. 부리는 좌우로 측압되어 높고 짧으며 검은색이고 홍채는 갈색이다. 다리는 어두운 붉은색이며 부척이 약하고 가늘다.
노랫소리 '킥-킥-' 하며 짧은 소리를 낸다.
생활권 갯벌과 하구, 항구, 어장에서 먹이를 구하며 생활한다.
번식 산란기는 4월 중순~6월이다. 해안가 모래사장이나 풀밭에서 집단으로 번식한다. 땅 위에 마른 풀줄기로 접시형 둥지를 만들고 산좌에는 주변의 해초와 칠면초 등 마른풀을 깔고 알을 2~3개 낳는다. 알의 색은 엷은 회갈색 바탕에 흑갈색 얼룩반점이 있다. 포란은 암컷과 수컷이 7 대 3 비율로 함께 하며 포란 기간은 25~28일 정도, 육추 기간은 32~38일 정도이다.
먹이 갑각류.
현황 희귀한 겨울철새로, 여름철에는 인천시 송도신도시 매립지(지금은 번식지가 개발로 훼손되었다), 영종도, 경기도 김포매립지에서 100여 쌍 이상이 번식했다. 겨울철에는 금강 하구, 천수만, 남해안 갯벌 등지에서 월동한다. 전 세계적으로 3,000~5,000마리가 있다고 추산되며 IUCN Red List에 기재된 멸종위기종으로 범세계적으로 보호받고 있다. 이 새의 종명에 대해 붉은부리갈매기의 영명(Black-headed Gull)과 혼동하기 쉽다는 경성대학교 우용태 교수의 주장이 합리적이라는 결론에 따라 이 책에서도 그를 따랐다. 한국에서 기록된 많은 갈매기류 중 이 종만이 부리가 검다는 특징이 있으므로 검은부리갈매기로 개명되는 것이 옳다.

겨울깃

아성조

여름깃

여름깃

아성조

겨울깃

고대갈매기
적호갈매기

북한명 | 없음
Larus relictus
Relict Gull

■ 겨울철새
■ 환경부 지정 멸종위기 야생조류 Ⅰ급,
CITES Ⅰ, IUCN Red List VU

형태 여름깃은 이마와 머리는 검고 목, 가슴, 배, 꼬리는 순백색이다. 등과 날개깃의 윗면은 엷은 청회색이며 바깥쪽 첫째날개깃에는 검은색 띠무늬가 있다. 눈에는 흰색 눈테가 뚜렷하다. 겨울깃은 머리의 검은색이 사라지고 희게 변하며 귀깃 부위에 검은색 반점이 생긴다. 부리는 투박하며 검고 붉은색이 돈다. 홍채는 흑갈색이며 다리는 적갈색이다.

노랫소리 경계할 때는 '까르르르' 하고 날카로운 소리를 내며 평상시에는 '끼익, 끼익, 끽, 끽' 한다. 새끼를 불러 모을 때는 '캣, 캣, 캣' 하는 소리를 낸다.

생활권 갯벌이나 해안, 하구, 물가의 초원 등지에서 먹이를 구하며 생활한다. 큰검은등갈매기와 함께 중앙아시아 초원의 내륙해와 러시아 내지의 알라쿨호, 바룬-토레이호에서 번식하는데 이 지역은 가장 가까운 바나와의 거리가 수백km에 달한다.

번식 산란기는 5월 중순~6월 초순이며 소집단을 이루어 번식한다. 평지 또는 개활지의 초지 위 맨땅에 둥지를 틀고 산좌에는 주변의 마른풀과 깃털로 엉성한 알자리를 잡고 알을 낳는다. 산란수는 3개 정도이며 알의 색은 엷은 황갈색 바탕에 갈색 또는 검은색 반점이 있다. 포란과 육추는 암수가 함께 하며 포란 기간은 25~28일 정도, 육추 기간은 42~45일이다.

먹이 조개류, 게류, 물고기, 갑각류, 환형동물.

현황 겨울철새로 낙동강 하구에서 50~60개체가 소집단을 이루어 월동한다. 전 세계적으로 개체수가 1,500~1,800쌍으로 추정되는 멸종위기종이다. '적호갈매기'라는 이름으로 널리 알려져 있으나 '고대갈매기'로 부르는 것이 타당하다.

몸길이 400~410mm **몸무게** 230~397g
부리 24~27mm **날개** 270~289mm **꼬리** 99~109mm **부척** 37~42mm
분포권 카자흐스탄, 러시아 시베리아 동남부,
트랜스바이칼리아의 바룬-토레이호, 몽골, 중국, 타이완
남한 낙동강 하구
북한 자료 없음

도래 시기[월] **1 2 3** 4 5 6 7 8 9 **10 11 12**

여름깃

1년생 겨울깃

겨울깃

1년생 겨울깃

목테갈매기

북한명 | 제비꼬리갈매기

Xema sabini
Sabine's Gull

■ 길잃은새 ■ 희귀함

몸길이 330~360mm **몸무게** 150~210g
부리 22~29mm **날개** 265~295mm **꼬리** 117~130mm **부척** 30~35mm
분포권 아메리카 북부, 미국 알래스카, 유럽 북서부,
　　　　러시아 시베리아 동북부, 아시아 동부
　　　　남한 경상북도 포항시
　　　　북한 자료 없음
도래 시기[월] 길잃은새

형태 여름깃은 머리가 흑회색이며 흰색 아랫목과의 경계에 가는 검은색 목띠가 있다. 등과 어깨깃, 허리는 청회색이다. 가슴과 배, 옆구리, 위꼬리덮깃, 아래꼬리덮깃은 순백색이다. 겨울깃은 머리와 목이 흰색으로 변하고 뒷머리, 머리 상단, 귀깃에 청회색 얼룩반점이 생긴다. 부리는 검고 끝은 황색이다. 홍채는 짙은 갈색이며 다리는 흑회색이다. 꼬리는 제비꼬리형이며 날개는 길고 폭이 좁다.
노랫소리 '끼-에르, 끼-에르' 또는 '크리잇, 크리잇' 하고 소리 낸다.
생활권 해양, 소택지, 담수호 등지에서 먹이를 구하며 생활한다.
번식 산란기는 4월 하순~7월 상순이며 툰드라의 맨땅 위 오목한 곳에 둥지를 튼다. 산좌에는 마른풀이나 줄기, 이끼를 깔고 알을 낳는다. 산란수는 2~3개이며 알의 색은 엷은 녹갈색 바탕에 암녹색 얼룩점이 산재해 있다. 포란과 육추는 암수가 함께 하며 포란 기간은 23~24일, 육추 기간은 40일 정도다.
먹이 곤충류, 연체동물, 어류, 무척추동물.
현황 길잃은새로 1970년 8월 30일 경상북도 포항시에서 1개체가 처음으로 목격된 기록이 있다. 대다수의 갈매기는 여름깃에 따라 크게 두 그룹으로 분류할 수 있다. '흰머리' 그룹에는 대형 갈매기가 포함되는데 유럽과 북미에 광범위하게 분포하는 재갈매기와 밀접한 근연관계가 있고 해양성이 강한 줄무늬노랑발갈매기가 이에 해당된다. 북쪽으로 가면 흰갈매기 등 환극지역에 분포하는 여러 종도 포함된다. 다른 그룹은 체형이 작고 짙은 우관이나 갓이 있는 갈매기로, 번식깃의 머리깃이 초콜릿색이나 검은색이라는 특징이 있고, 겨울에 우관이 빠지면 머리는 거의 흰색이 된다. 이 그룹에 속하는 유럽의 대표적 종은 붉은부리갈매기가 있다. 목테갈매기는 이와 근연관계가 덜 밀접하므로 단독으로 목테갈매기속으로 분류되며, 시베리아 동북부에서 번식하는 쇠목테갈매기도 쇠목테갈매기속으로 따로 분류된다.

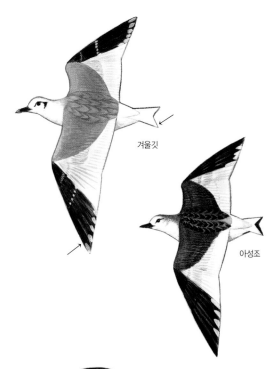

겨울깃

아성조

여름깃

겨울깃

아성조

쇠목테갈매기

북한명 | 없음
Rhodostethia rosea
Ross's Gull

■ 길잃은새   ■ 희귀함

형태 여름깃은 머리와 목은 흰색이며 검은색 목테가 있다. 완전하지 않은 우관이 있다. 가슴과 배는 붉은 장미색이고, 등과 날개 윗면은 연한 회색이며, 꼬리는 쐐기형이다. 겨울깃은 머리와 목이 희고 날개 윗면은 엷은 청회색이다. 부리는 검은색이며 홍채가 붉고 다리는 선홍색이다.
노랫소리 '아-호흐, 아-호흐' 하는 맑고 투명한 소리를 낸다.
생활권 해상과 해안, 연못, 늪, 호수, 강과 툰드라에서 먹이를 구하며 생활한다.
번식 산란기는 5월 중순~7월 상순이며 습지나 늪가의 풀숲에 둥지를 튼다. 산좌에 사초류 풀을 깔고 알을 3개 정도 낳는다. 알의 색은 올리브색 바탕에 엷은 갈색 얼룩무늬가 있다. 제비갈매기와 섞여 집단 번식한다. 북극에서 번식하는 종은 짝을 지어 번식지에 도착한 후 2~10일 내에 신속히 배우자와 관계를 맺어 짧은 번식기를 충분히 활용한다. 온대에서 번식하는 종은 번식기가 비교적 길기 때문에 개체가 단독으로 번식지에서 몇 주간 지낸 후 둥지를 짓기 시작한다. 모든 종은 복잡한 구애행위 비행을 한다. 이 종에 대한 생태조사가 미진하여 그 밖의 자세한 자료는 없다.
먹이 곤충류, 어류, 연체동물, 갑각류.
현황 길잃은새로, 1999년 11월 3일 부산시 해운대에서 붉은부리갈매기 무리와 함께 있는 것을 국제신문사 강덕칠 기자가 촬영한 것이 국내 최초의 기록이다.

몸길이 310~320mm   **몸무게** 145~203g
날개편길이 840mm
분포권 캐나다 최북단, 그린란드 연안, 러시아 시베리아의 북극권
　　　　남한 부산시 해운대
　　　　북한 자료 없음
도래 시기[월] 길잃은새

아성조

아성조

재갈매기

북한명 | 재갈매기

Larus argentatus
Herring Gull

■ 겨울철새 　■ 흔함

몸길이 600~610mm　**몸무게** 750~1,250g
부리 50~62mm **날개** 400~465mm **꼬리** 152~188mm **부척** 63~71mm
분포권 중앙아메리카, 유라시아 중북부, 러시아 시베리아 북부,
　　　오호츠크해 북부 연안, 사할린, 인도, 동남아시아, 필리핀,
　　　중국 연안, 일본
　　　남한 전역, 남해안, 낙동강 하구
　　　북한 전역

도래 시기[월] **1 2 3** 4 5 6 7 8 9 **10 11 12**

형태 여름깃은 머리와 목, 몸통의 아랫면, 꼬리가 순백색이고 등과 날개 윗면은 청회색이며 바깥쪽 첫째날개깃은 검고 끝부분에 흰색 무늬가 있다. 겨울깃은 머리 상단과 목, 몸통 윗면에 작은 갈색 얼룩무늬가 있다. 부리는 황색으로 끝부분에 붉은색 반점이 있다. 홍채는 황색이며 다리는 담황색 또는 담갈색이다.
노랫소리 번식기에는 '쿠우왓, 쿠우왓, 쿠왓' 하며 '핫, 핫, 핫, 꽈오' 하고 소란스런 소리를 낸다.
생활권 해안이나 항구, 어장, 강, 하구, 항만 등지에서 먹이를 구하며 생활한다.
번식 산란기는 6월 상순~7월 상순이며 외딴섬의 암초나 풀밭에 집단을 이루어 번식한다. 풀밭이나 암초 위에 나뭇가지나 바닷말을 모아 접시형 둥지를 만든다. 산좌에는 마른풀과 깃털을 깔고 알을 3개 낳는다. 알의 색은 엷은 갈색이나 녹색 바탕에 흑갈색 얼룩무늬가 있고 크기는 70mm다. 포란과 육추는 암수가 함께 하며 포란 기간은 28~30일, 육추 기간은 35~40일 정도다.
먹이 어류, 갑각류, 환형동물, 조류의 알, 곤충류, 식물성 먹이, 동물의 사체. 북한 자료에 따르면 평안남도 증산군에서 잡은 2마리의 위 속에 돌드래(하늘소), 물고기가 들어 있었다. 죽은 물고기, 수서무척추동물, 새알 등도 들어 있었다.
현황 한반도 전역에서 흔히 볼 수 있는 겨울철새다. 특히 남해안과 낙동강 하구에서는 많은 개체가 월동한다.

겨울깃

1년생 겨울깃

여름깃

3년생

2년생

1년생
여름깃

1년생 겨울깃

작은재갈매기

북한명 | 없음
Larus thayeri
Thayer's Gull

■ 겨울철새 ■ 드묾

형태 중형 갈매기로 이마와 머리 상단, 뒷머리, 목과 가슴, 배, 꼬리가 순백색이며 어깨와 등, 날개덮깃은 청회색이다. 겨울깃은 날개깃 끝부분이 검은색이며 흰색 반점이 있다. 등과 어깨는 회색빛이 도는 엷은 청회색이며 아래덮깃은 흰색이다. 머리는 희고 부리는 황색이며 아랫부리 끝에는 붉은 반점이 있다. 꼬리는 흰색에 검은색 가로줄무늬가 있다. 홍채는 황색이며 다리는 분홍색이다. 어린새는 부리가 검고 등은 흑갈색에 흰색 반점이 산재해 있다.

노랫소리 자료 없음.

생활권 갯벌과 연안, 해상, 하구의 모래사장에서 먹이를 구하며 지낸다.

번식 산란기는 4월 하순~7월이며 도서지역에서 무리를 지어 번식한다. 풀밭이나 암벽 등에 마른풀과 암초, 작은 나뭇가지 등으로 접시형 둥지를 만들고 산좌에는 마른풀과 깃털을 깔고 알을 2~3개 낳는다. 포란과 육추에 대한 자료는 얻지 못했다.

먹이 작은 포유류, 어류, 환형동물, 갑각류, 동물의 사체.

현황 겨울철새로 남부지역에서 극소수 개체가 목격되었다. 이 종에 대한 자세한 생태조사는 아직 이루어지지 않았다.

몸길이 550~650mm 몸무게 900~1,150g
부리 44~55mm 날개 384~442mm 부척 52~69mm
분포권 북아메리카 북부, 캐나다 북부, 그린란드, 미국 알래스카 연안, 멕시코, 일본
　　　 남한 남부지역
　　　 북한 자료 없음

도래 시기[월] **1 2 3** 4 5 6 7 8 9 **10 11 12**

아성조

겨울깃

303

엷은재갈매기

북한명 | 없음
Larus smithsonianus
American Herring Gull

몸길이 580~620mm **몸무게** 980~1,118g
부리 44~62mm **날개** 412~468mm **부척** 55~76mm
분포권 아메리카 북동부, 미국 알래스카, 캐나다, 오호츠크해 북동부,
　　　　동남아시아 일대, 일본
　　　　남한 동해안
　　　　북한 동해안
도래 시기[월] 길잃은새

ⒸD. Gordon E. Robertson, 2010

형태 비교적 재갈매기와 흡사하여 구별이 용이하지 않지만, 재갈매기
보다 색이 엷어 더 밝아 보인다. 등과 날개덮깃의 회색은 탈색된 것처
럼 확실하게 회백색으로 보여 구별이 가능하다. 어른 새는 첫째날개깃
의 끝부분이 검은색으로 날개 색과 뚜렷하게 색상이 대비되어 더 밝아
보인다. 등은 엷은 청색이 도는 회색이다. 부리는 황색인데 아랫부리 끝
에 붉은 반점이 뚜렷하다. 홍채는 은황색이며 눈테가 붉고 다리는 분홍
색이다.

노랫소리 재갈매기의 노랫소리와 흡사하다.

생활권 해안가와 그 주변 돌섬이나 바닷가, 강 하구나 호수 등지에서
생활한다.

번식 번식기는 4~8월이다. 해안가나 암반의 오목한 곳에 엷은 분홍
빛이 도는 올리브색 알을 3개 정도 낳는다. 알의 크기는 42~43mm다.
포란과 육추는 암수가 함께 하며 포란 기간은 22~24일, 육추 기간은
32~33일 정도다.

먹이 청어를 비롯한 어류와 게, 오징어 등.

현황 길잃은새로, 겨울철 동해안에서 매우 드물게 관찰된다.

겨울깃

2년생

3년생

1년생 아성조 겨울깃

한국재갈매기

북한명 | 없음
Larus mongolicus
Mongolian Gull

■ 겨울철새(텃새)　■ 흔치 않음

형태 온몸의 깃털이 청회색이다. 머리, 얼굴, 턱밑, 목, 가슴은 흰색이고 등과 날개 윗면은 청회색으로 재갈매기보다 엷고 밝아 보인다. 날개 끝에는 흰 반점이 1~2개 있다. 여름에는 뒷목에 엷은 갈색 줄무늬가 있지만 겨울에는 사라진다. 부리는 짙은 황색이고 아랫부리 끝에 붉은색 반점이 있다. 다리는 일반적으로 엷은 분홍색이지만 황색을 띠기도 한다. 눈테는 붉고 홍채는 황색이다. 어린새는 짙은 회갈색이며 해가 갈수록 색이 옅어진다. 어린새의 부리는 검고, 꼬리와 날개 끝에 검은색 띠가 있다.

노랫소리 갈매기류는 공통적으로 웃음소리, 방울소리, 개 짖는 소리, 고양이 소리, 슬피 우는 소리와 비슷한 다양한 소리를 낸다.

생활권 주로 연해수역인 해안과 하구, 하천, 호수 등에서 생활권을 형성한다.

번식 암벽이나 오목하게 판 땅에 식물 줄기나 잔가지로 조잡하게 둥지를 만든다. 남살색이나 연녹색 바탕에 얼룩무늬가 있는 타원형 알을 2~3개 낳는다. 포란과 육추는 암수가 함께 하며 포란 기간은 28~30일, 육추 기간은 40~50일 정도다. 육추기에 소낭에 대량의 먹이를 저장할 수 있어서, 수컷은 사냥해온 먹이를 둥지의 암컷이나 어린 새끼에게 토해줄 수 있다. 갈매기류의 번식기는 종과 서식지에 따라 다르며, 둥지의 밀도는 먹이 공급 상황과 갈매기의 몸집 크기, 경쟁 정도에 달려 있다.

먹이 주로 어류와 갑각류, 연체동물, 연충과 곤충류를 먹이로 삼고, 식물성 먹이나 썩은 고기도 먹는다. 일부는 조류나 포유류를 잡아먹기도 한다.

현황 겨울철새로, 일부는 1년 내내 전국 해안이나 하천에서 관찰된다.

몸길이 610~650mm　**몸무게** 1,100~1,200g
분포권 러시아 시베리아 북동부, 중국 북동부, 타이완, 일본
　　남한 전역의 해안, 하천
　　북한 전역의 해안, 하천
도래 시기[월] **1** **2** **3** 4 5 6 7 8 9 **10** **11** **12**

겨울깃

노랑발갈매기

북한명 | 없음
Larus cachinnans
Yellow-legged Gull

■ 겨울철새 ■ 흔치 않음

몸길이 600~620mm **몸무게** 770~1,250g
부리 550~670mm **날개** 1,510mm **꼬리** 153~192mm **부척** 62~69mm
분포권 유럽과 아시아, 북아메리카, 몽골, 중국 북동부, 일본 북부
　　남한 동해안, 서해안, 남해안
　　북한 동해안, 서해안

도래 시기[월] **1** **2** **3** 4 5 6 7 8 9 **10** **11** **12**

형태 겨울깃은 이마와 머리 상단, 뒷목은 순백색이며 등과 날개 윗면은 짙은 회색을 띤다. 날개깃의 끝부분에 흰색 반점이 1개 자리 잡고 있다. 부리는 짙은 황색이며 아랫부리에는 붉은색 점무늬가 있다. 줄무늬노랑발갈매기와 달리 머리 부분과 목에 갈색 줄무늬가 없다. 홍채는 황색을 띠며 다리도 황색이지만 간혹 분홍색을 띠기도 한다.
노랫소리 '키아우, 가가가' 또는 '키리자, 키리자' 하며 소리 낸다.
생활권 강과 호수, 해안, 하구, 소택지, 어항에서 소수의 무리를 짓고 먹이를 구하며 생활한다.
번식 산란기는 4~7월이며 해안가 절벽의 암반이나 맨땅 위에 둥지를 틀고 주변의 마른풀이나 잎 또는 이끼를 깔아 산좌를 만든다. 산란수는 2~3개 정도로 알의 색은 녹색빛이 도는 올리브색 바탕에 회갈색과 흑갈색 얼룩무늬가 있고 크기는 70mm다. 포란과 육추는 암수가 함께 하며 포란 기간은 28~30일, 육추 기간은 35~40일이다.
먹이 어류, 작은 척추동물, 동물의 사체.
현황 한반도 삼면의 해안가에서 목격되며 개체수가 흔하지 않다. 가을철에 도래하여 월동하는 겨울철새다.

겨울깃

줄무늬노랑발갈매기

북한명 | 없음
Larus heuglini
Heuglin's Gull

■ 겨울철새 ■ 흔하지 않음

형태 노랑발갈매기와 흡사하다. 겨울깃은 이마와 머리 상단, 뒷목은 흰색을 띠나 회갈색 잔줄무늬가 산재해 있다. 등과 날개 윗면은 회색을 띤다. 날개 끝부분에 작은 흰색 무늬가 있다. 부리는 황색이며 아랫부리에는 붉은색 점무늬가 자리 잡고 있다. 홍채는 황색을 띠며 다리도 황색이다.

노랫소리 자료 없음.

생활권 강과 호수, 강 하구, 해안, 어항에서 먹이를 구하며 생활한다. 잠수능력은 제비갈매기보다 못하지만 세가락갈매기 등 일부 종과 마찬가지로 공중에서 물속으로 들어가 물고기를 잡아먹는다. 주로 물고기를 잡아먹는 새이지만 일부 지역에서는 곤충을 많이 섭취하기도 한다. 가을철에는 추수가 끝난 농경지에서 주로 먹이를 구한다.

번식 산란기는 6월 초순~7월이며 외딴섬의 암초나 절벽 또는 풀밭의 맨땅 위에 마른풀과 식물의 잎과 줄기를 모아 둥지를 튼다. 산란수는 2~3개 정도이며 알의 색은 올리브색 바탕에 자주색 얼룩무늬가 있다. 포란과 육추는 암수가 함께 하며 포란 기간은 28~30일 정도, 육추 기간은 32~35일 정도다.

먹이 어류, 연체동물, 환형동물, 갑각류, 동물의 사체.

현황 겨울철새로 분류에 대한 견해가 엇갈리는 종이다. 학자에 따라 재갈매기 또는 작은갈매기의 아종으로 간주하기도 하지만 최근에는 별개의 종으로 분류하는 추세다. 갈매기과는 북온대지역에서 가장 흔한 바닷새로 해안선을 따라 밀물과 썰물에 의해 나타나는 사냥감을 잡아먹거나 내륙으로 깊숙이 들어가 먹이와 번식지를 찾는다. 갈매기과는 먹이를 구하는 행동에서 대개 강한 기회주의성을 드러내는데, 이는 이들과 밀접한 근연관계가 있으면서도 상대적으로 더 특화된 제비갈매기과나 도둑갈매기과와 구별되는 중요한 특징이다.

몸길이 620~630mm   **몸무게** 600~1,200g
부리 52~60mm **날개** 420~480mm **꼬리** 150~185mm **부척** 62~70.5mm
분포권 아프리카 서부, 흑해, 유라시아 북동부, 중국 북부
　　남한 동해안, 서해안, 남해안, 금강 하구, 한강, 낙동강 하구
　　북한 자료 없음

도래 시기[월] **1** **2** **3** 4 5 6 7 8 9 **10** **11** **12**

겨울깃

큰재갈매기

북한명 | 큰재갈매기
Larus schistisagus
Slaty-backed Gull

몸길이 610~660mm 몸무게 787~1,290g
부리 53~67mm 날개 415~450mm 꼬리 160~193mm 부척 62~73mm
분포권 러시아 시베리아 북부 연안, 오호츠크해 북부 연안, 캄차카반도,
　　　쿠릴열도, 사할린, 연해주, 중국 동북부 산둥지방, 일본 북부
　　　남한 동해안, 서해안, 남해안
　　　북한 동해안, 서해안

도래 시기[월] **1 2 3** 4 5 6 7 8 9 **10 11 12**

겨울깃

2년생 겨울깃

1년생 겨울깃

형태 여름깃은 이마와 머리 상단, 목, 가슴, 몸통의 아랫면, 꼬리가 순백색이고 어깨깃과 등, 허리, 위꼬리덮깃은 흑회색이다. 첫째날개깃은 검고 흰색 반점이 있다. 겨울깃은 목에 작은 담갈색 얼룩무늬가 있고 등과 날개깃 윗면은 엷은 회색으로 변한다. 부리는 황색이고 아랫부리 끝에 붉은색 점이 있다. 홍채는 황색이며 다리는 담홍색이다.
노랫소리 '꾸왓, 꾸왓, 꾸왓' 하며 큰 소리를 낸다.
생활권 바닷가 암초, 하구, 항구, 하천가 등에서 먹이를 구하며 생활한다.
번식 산란기는 5월 하순~7월이며 도서지역의 암벽이나 암초 위 또는 풀밭 등지에서 무리를 지어 집단으로 번식한다. 해초나 마른풀을 모아 접시형 둥지를 튼다. 산좌에는 마른풀과 동물의 털을 깔고 알을 3~4개 낳는다. 알의 색은 적갈색 또는 올리브색 바탕에 갈색 또는 흑갈색 얼룩무늬가 있고, 크기는 74mm다. 포란은 암수가 함께 하며 포란 기간은 24~26일, 육추 기간은 45~50일 정도다. 재갈매기를 비롯한 대형 갈매기는 어린 새끼의 사망률이 높다. 먹이가 부족할 때 많은 어미새들이 다른 둥지의 새끼를 죽여 자기의 새끼에게 먹이기 때문이다. 4분의 1이 출생 초기에 이런 식으로 잔인한 죽음을 당하므로 몇 주는 위험한 시기다.
먹이 어류, 갑각류, 곤충류, 환형동물, 연체동물, 무척추동물, 설치류, 동물의 사체.
현황 겨울철새로 북한지역에서는 보기 드문 종이다. 남한지역 해안에서는 괭이갈매기나 재갈매기 무리 속에 섞여 흔하게 목격되나 비교적 개체수가 적은 편이다.

겨울깃

아성조

수리갈매기

북한명 | 없음
Larus glaucescens
Glaucous-winged Gull

■ 겨울철새 ■ 희귀함

형태 대형종으로 여름깃은 이마와 머리, 가슴, 배, 꼬리는 순백색이며 등과 날개 윗면은 청회색이다. 첫째날개깃의 끝부분은 암회색이다. 날개는 일반 갈매기보다 짧다. 겨울깃은 머리와 목에 갈색 잔무늬가 산재해 있다. 부리는 황색이며 아랫부리 끝부분에 붉은색 반점이 있다. 홍채는 황색이며 다리는 핑크색이다. 1년생 어린새는 전신에 흑갈색 반점이 산재해 있고 2년생은 머리와 가슴, 배 부분은 흑갈색이 엷어지고 등 부분은 회색을 띤다. 3년생은 어미새와 흡사하지만 부리 끝에 검은색이 선명하며 4년이 지나야 부리 끝의 검은 부분에 어미와 같이 붉은 반점이 생긴다.

노랫소리 '가과, 가과' 또는 '큐-, 큐-' 하기도 하며 '구왓, 구왓' 하며 다양한 소리를 낸다.

생활권 해안, 하구, 어항, 암초, 해양 등지에서 먹이를 구하며 생활한다.

번식 산란기는 5~7월 하순이며 육지에서 멀리 떨어진 무인도 해안가 절벽 또는 섬의 풀밭 위 오목한 곳에 집단을 이루어 둥지를 튼다. 산좌에는 마른풀과 해초를 깔고 알을 낳는다. 산란수는 2~3개 정도이며 알의 색은 엷은 황갈색 바탕에 어두운 얼룩점이 있다. 포란 기간은 25~26일, 육추 기간은 45~50일 정도다.

먹이 어류, 동물의 사체, 조류의 알, 패류.

현황 겨울철새로 주로 동해 연안에서 생활하며 간혹 낙동강 하구에서 관찰되는 종으로 경성대학교 우용태 교수가 처음 기록했다. 개체수가 극히 적다.

몸길이 640~650mm 몸무게 760~1,010g
날개편길이 1,350mm
분포권 아메리카 동부, 캐나다, 미국 알래스카 동부 연안, 알류산열도, 일본
남한 동해 연안 일대, 강원도 속초 앞바다, 청초호, 고성군 대진항, 강릉시 주문진항, 낙동강 하구
북한 자료 없음
도래 시기[월] 1 2 3 4 5 6 7 8 9 10 11 12

겨울깃

1년생 겨울깃

2년생 겨울깃

여름깃

겨울깃

1년생 겨울깃

2년생 겨울깃

흰갈매기

북한명 | 없음
Larus hyperboreus
Glaucous Gull

■ 겨울철새 ■ 적음

몸길이 700~720mm **몸무게** 1,000~2,200g
부리 68~74mm **날개** 410~487mm **꼬리** 160~200mm **부척** 54~65mm
분포권 북아메리카, 캐나다 북동부, 유라시아, 그린란드 북부, 중국, 일본 북부
　　남한 낙동강 하구, 동해안의 어장, 금강 하구, 제주도
　　북한 자료 없음

도래 시기[월] 1 2 3 4 5 6 7 8 9 **10 11 12**

1년생 겨울깃

2년생
겨울깃

형태 우리나라에 도래하는 갈매기류 중에서 가장 큰 대형종이다. 여름깃은 이마와 머리, 목, 가슴, 배, 꼬리는 순백색이고 등과 날개 윗면은 연한 청회색을 띠며 희게 보인다. 첫째날개깃과 둘째날개깃의 끝부분은 회색이다. 겨울깃은 머리에 엷은 갈색 무늬가 생긴다. 부리는 황색이며 아랫부리 끝에 붉은색 점이 있다. 홍채는 담황색이며 다리는 분홍색이다.

노랫소리 재갈매기와 흡사하나 더 큰 고음을 낸다. '가과 가과, 큐-큐-, 구리옷-, 구리옷-' 하며 소리를 낸다.

생활권 해안과 하구, 해상, 호수, 강가에서 먹이를 구하며 생활한다. 흰갈매기는 작은바다오리의 최대 천적으로 탐식성 조류다. 갈매기류 중 다수종의 먹이 구하기 습성은 다른 조류에 비해 한참 뒤처진다. 북극에서 흰갈매기와 북극흰갈매기는 해양성 포유동물의 배설물을 먹는 경우가 많다. 고래와 연합해 고래에게 쫓겨 수면으로 올라온 무척추동물을 잡아먹기도 한다.

번식 산란기는 5~6월이다. 북극권의 해안 가까운 곳에서 집단으로 번식하며 암반이나 맨땅 위에 둥지를 튼다. 산좌에는 마른 식물의 잎이나 줄기 이끼와 깃털을 깔고 알을 낳는다. 산란수는 3개 정도이며 알의 색은 모래색이 도는 갈색 바탕에 올리브갈색과 검은색 점이 산재해 있다. 알의 크기는 77mm다. 포란과 육추는 암수가 함께 하며 포란기간은 27~28일, 육추 기간은 45~50일이다.

먹이 동물의 사체, 조류, 무척추동물, 어류, 갑각류.

현황 한반도 전역의 해안이나 하구에서 매우 드물게 도래하여 월동하는 겨울철새로 낙동강 하구, 동해안의 어장, 금강 하구, 제주도에서 관찰된다.

1년생
겨울깃

2년생
겨울깃

여름깃

겨울깃

작은흰갈매기

북한명 | 없음
Larus glaucoides
Iceland Gull

■ 길잃은새 ■ 희귀함

형태 재갈매기보다 작고 날개 끝부분에 검은색 무늬가 없으며 등과 날개의 청회색이 엷다. 이마와 머리, 목, 턱밑, 가슴, 배 부분은 흰색이다. 흰갈매기보다 부리가 작고 머리는 둥근형이다. 다리는 짧고 앉아 있을 때 첫째날개깃이 꼬리보다 상대적으로 길다. 부리는 황색이며 아랫부리 끝부분에 붉은색 점이 있다. 홍채는 황색이며 다리는 분홍색이다.

노랫소리 재갈매기와 흡사하나 고음을 낸다.

생활권 해양과 해안가, 호수 등지에서 먹이를 구하며 생활한다.

번식 산란기는 5~6월이며 해안가 모래밭이나 절벽의 암반 바닥에 둥지를 튼다. 산좌에는 해초와 이끼 또는 마른풀을 깔고 알을 낳는다. 산란수는 2~3개 정도이며 알의 색은 엷은 갈색 바탕에 큰 적갈색 얼룩무늬가 있다. 알의 크기는 76mm이며 포란과 육추는 암수가 함께 한다. 포란 기간과 육추 기간은 조사된 자료가 없다.

먹이 어류, 동물의 사체.

현황 기상 이변이나 난기류 또는 기타 상황으로 무리에서 이탈하여 한반도에 유입된 길잃은새로 1997년 12월 강원도 고성군의 해안에서 1회 관찰되었다. 갈매기과 새들은 각자 생활방식에 적응하기 위해 종들 간의 체형 차이가 매우 큰데 깜찍한 작은갈매기부터 몸이 건장하고 종종 먹이를 강탈하는 큰검은등갈매기까지 크기가 다양하다. 체구가 큰 종은 부리가 약간 갈고리형이며 강하다. 작은 종의 부리는 좁고 긴 핀셋형이다. 대부분의 종은 몸통 아랫면이 흰색인데 이는 비행할 때 얕은 해수면의 사냥감인 물고기에게 잘 발각되지 않기 위해서다.

몸길이 600mm **몸무게** 750~1,000g
부리 36~54mm **날개** 379~443mm **부척** 49~67mm
분포권 아메리카 북동부, 캐나다 동부와 배핀섬 동부, 유럽, 영국 북부, 그린란드 연안
　　　　남한 강원도 고성군
　　　　북한 자료 없음
도래 시기[월] 길잃은새

1년생

2년생

여름깃

겨울깃

2년생

311

작은갈매기 꼬마갈매기

북한명 | 없음
Larus minutus
Little Gull

■ 길잃은새 ■ 희귀함

몸길이 280mm **몸무게** 90~150g
날개편길이 610~780mm
분포권 북극, 캐나다 북부, 미국 알래스카 연안, 유럽 중부, 지중해, 유럽 북부, 러시아 시베리아 툰드라 지역
남한 동해안
북한 자료 없음
도래 시기[월] 길잃은새

형태 소형종으로, 여름깃은 부리와 머리, 얼굴, 멱과 턱은 검은색이며 등과 어깨 부위는 엷은 회색이고 목은 흰색이며 가슴, 복부, 꼬리는 흰색이나 엷은 핑크색이 감돈다. 날개 아랫면은 검다. 부리는 검고 홍채는 황색이며 다리는 붉다. 겨울깃은 이마와 턱, 배 부위가 엷은 회색이며 흰 뺨에 검은 반점이 생긴다.

노랫소리 '크라오, 크라오.' 또는 위험이 닥칠 때 경보음을 동료에게 전달 할 때는 '가가가' 하는 다급한 소리를 낸다.

생활권 툰드라 지역, 북극 내륙지역, 바닷가, 해상, 소택지 등지에서 먹이를 구하며 생활한다.

번식 산란기는 5~7월이며 초원의 풀이 난 땅 위 오목한 곳에 둥지를 튼다. 산좌에는 마른풀과 이끼, 깃털을 깔고 알을 3개 낳는다. 알의 색은 녹색이 도는 올리브색 바탕에 어두운 갈색 얼룩점이 산재해 있고, 크기는 42mm다. 포란과 육추는 암수가 함께 하며 포란 기간은 23~25일, 육추 기간은 21~24일 정도다. 갈매기류는 모두 소낭에 대량의 먹이를 저장해 둥지로 돌아가 새끼와 암컷에게 뱉어주는 것이 가능하다. 야간에는 보통 소낭이 꽉 차 있다가 서서히 소화되며, 소화되지 않은 먹이는 얼마간의 시간이 흐르면 덩어리로 토해내는데 이 토사물을 분석하면 갈매기의 먹이를 파악할 수 있다.

먹이 어류, 게 등 갑각류, 무척추동물.

현황 기상 이변이나 난기류 또는 기타 상황으로 무리에서 이탈하여 한반도로 유입된 길잃은새로 극히 목격하기 어려운 종이다.

여름깃

겨울깃

여름깃

가는목갈매기 긴목갈매기

북한명 | 없음
Larus genei
Slender-billed Gull

■ 길잃은새 ■ 희귀함

형태 이마와 머리, 얼굴, 턱밑, 멱, 목, 가슴, 어깨, 복부, 꼬리는 순백색이다. 등과 날개덮깃은 엷은 청회색을 띠며 가슴에는 엷은 핑크빛이 돈다. 눈테가 붉고 부리는 가늘고 길며 여름철에는 검붉은색이다가 겨울철에는 붉은색으로 변한다. 여름철이 되면 등과 날개덮깃은 엷은 청회색을 띠며 첫째날개깃 끝은 검은색이다. 귀깃에는 엷은 회색 얼룩점이 보인다. 어린 새끼는 날개덮깃과 등에 갈색 반점이 산재해 있고 부리와 다리는 엷은 황색을 띤다.

노랫소리 '그라, 그라' 또는 '그로아-그라-' 하는 거친 소리를 낸다.

생활권 내륙의 담수호, 해안호, 해안, 하천, 하구 등에서 먹이를 구하며 생활한다.

번식 산란기는 5월 하순~6월 하순이며 내륙의 담수호 부근 편평한 곳에 둥지를 튼다. 풀숲 땅 위에 마른풀과 이끼를 깔고 알을 낳는다. 알의 색은 흰색 바탕에 어두운 갈색 무늬가 있고 크기는 56mm다. 포란과 육추는 암수가 함께 하며 포란 기간은 22일이다. 육추 기간은 밝혀진 것이 없다.

먹이 무척추동물, 어류, 수생식물.

현황 기상 이변이나 난기류 또는 기타 상황으로 무리에서 이탈하여 한반도로 유입된 길잃은새다.

몸길이 430mm **몸무게** 250~350g
날개편길이 1,020~1,100mm
분포권 아프리카 북부, 유럽 중부, 흑해, 지중해 연안, 카스피해,
　　　　러시아 북부, 인도, 중동지역
　　　남한 남해안
　　　북한 자료 없음
도래 시기[월] 길잃은새

ⓒGabriel Buissart, 2007

겨울깃

313

큰검은머리갈매기

북한명 | 없음
Larus ichthyaetus
Great Black-headed Gull

■ 길잃은새   ■ 희귀함

몸길이 630~700mm   **몸무게** 2,000g
날개편길이 1,550~1,700mm
분포권 아메리카 중부, 북아메리카 북부, 유럽 남부, 지중해 연안,
유라시아 북동부, 러시아, 인도, 몽골, 중국 북동부
남한 한강, 낙동강, 전라북도 군산시 어청도
북한 자료 없음
도래 시기[월] 길잃은새

형태 여름깃은 이마와 머리, 뒷머리, 얼굴이 검은색이며 목과 가슴, 배와 옆구리는 순백색이다. 눈테는 희고 등과 날개덮깃은 청회색이며 첫째날개깃의 끝은 검고, 흰색 반점 4개가 뚜렷하게 자리 잡고 있다. 부리는 붉고 다리는 황색이다. 겨울깃은 머리의 검은색이 엷어진다. 한반도에서 보기 어려운 종으로 고대갈매기나 검은머리갈매기, 붉은부리갈매기와 흡사하여 혼동하기 쉽다.
노랫소리 자료 없음.
생활권 해안이나 내륙의 담수호, 도서지역, 소택지에서 단독 또는 소수가 무리를 지어 생활한다.
번식 산란기는 4~6월이며 해안이나 호반 주변의 절벽 또는 모래사장의 땅 위 오목한 곳에 둥지를 튼다. 산란수는 2~4개 정도이며 포란 기간은 28~30일, 육추 기간은 40~45일 정도. 생후 얼마 되지 않은 어린새는 부모새의 부리를 쪼아서 먹이를 조른다. 일부 종의 어미새는 부리 끝 쪽에 눈에 띄는 색의 점이 있어서 새끼들이 먹이를 조를 때 이곳을 공략한다. 부모가 먹이를 먹여주지 않아도 될 만큼 자라면 새끼는 둥지 주변의 식생이나 다른 피신처에서 보호 장소를 찾는다. 인근 영역을 침범하면 주인의 맹렬한 공격을 받아 상처를 입거나 죽을 수도 있으며 특히 대형종에서 이런 일이 잘 발생한다.
먹이 어류, 갑각류, 곤충류, 작은 무척추동물.
현황 기상 이변이나 난기류 또는 기타 상황으로 무리에서 이탈하여 한반도로 유입된 길잃은새다.

여름깃

북극흰갈매기

북한명 | 없음
Pagophila eburnea
Ivory Gull

■ 길잃은새 ■ 희귀함, IUCN Red List NT

형태 소형종에 속한다. 머리는 검은빛이 돌며, 몸통은 담황색을 띤 순백색에 가깝고 다리와 목이 짧다. 가운데꼬리깃이 두 가닥 뾰족하게 솟아 있다. 계절에 따라 색이 변하지 않는다. 부리는 굵고 짧으며 기부는 청회색, 끝부분은 황색이다. 홍채는 흑갈색이며 다리는 짧고 검다.

노랫소리 귀에 거슬리는 거친 소리로 '에, 에, 에, 에르' 또는 '쁘리-에르', '키에르, 키에르'한다.

생활권 해양, 암초, 북극의 결빙 언저리, 내륙의 물가, 툰드라 지역에서 서식한다.

번식 산란기는 6~7월이다. 극지 가까운 곳의 바위 절벽 편평한 암반 위에 무리를 지어 둥지 바탕에 암갈색 얼룩무늬가 있는 알을 1~2개 낳는다. 포란과 육추는 암수가 함께 하며 포란 기간은 25일, 육추 기간은 35일이다.

먹이 무척추동물, 어류, 동물의 썩은 사체.

현황 길잃은새다. 1987년 9월 포항 앞바다에서 부커(J.Booker)가 성조 3개체와 아성조 1개체를 관찰했고, 1996년 10월 울릉도에서 1개체가 관찰된 것이 한반도에 도래한 기록의 전부다.

몸길이 440~460mm **몸무게** 480~540g
날개편길이 1,000mm
분포권 캐나다 북부 연안, 미국 알래스카 북부, 아르헨티나 남부, 유라시아 북부, 알류산열도, 북극해 연안
남한 경상북도 울릉도, 포항 앞바다
북한 자료 없음
도래 시기[월] 길잃은새

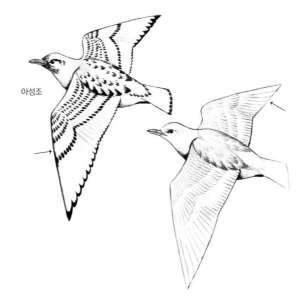

아성조

아성조

구레나룻제비갈매기

북한명 | 없음
Chlidonias hybrida
Whiskered Tern

■ 겨울철새　■ 희귀함

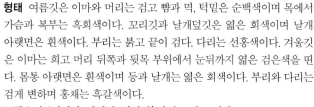

몸길이 240~250mm　**몸무게** 80~95g
날개편길이 690mm
분포권 아프리카, 오스트레일리아, 유럽 남서부, 인도 동부, 아시아
남한 경기도 화성시, 충청남도 천수만, 인천시 영종도,
　　　강원도 고성군 송지호
북한 자료 없음

도래 시기[월] **1** **2** **3** 4 5 6 7 8 9 **10** **11** **12**

아성조

여름깃

겨울깃

형태 여름깃은 이마와 머리는 검고 뺨과 멱, 턱밑은 순백색이며 목에서 가슴과 복부는 흑회색이다. 꼬리깃과 날개덮깃은 엷은 회색이며 날개 아랫면은 흰색이다. 부리는 붉고 끝이 검다. 다리는 선홍색이다. 겨울깃은 이마는 희고 머리 뒤쪽과 뒷목 부위에서 눈뒤까지 엷은 검은색을 띤다. 몸통 아랫면은 흰색이며 등과 날개는 엷은 회색이다. 부리와 다리는 검게 변하며 홍채는 흑갈색이다.
노랫소리 '커리리, 커리리, 커리리' 하며 소리를 낸다.
생활권 해안, 소호, 담수의 습지, 강, 호수, 소택지, 농경지에서 먹이를 구하며 생활한다.
번식 산란기는 6~7월 중순이며 내륙의 습지에서 집단을 이루며 둥지를 튼다. 주로 갈대밭 안에서 헤엄을 치며 수초를 쌓아올려 둥지를 튼다. 산좌에는 마른풀과 줄기를 깔고 알을 3개 낳는다. 알의 색은 엷은 갈색 바탕에 흑갈색 무늬가 있고 크기는 39mm다. 포란은 주로 암컷이 하는데, 암컷이 자리를 비울 때는 수컷이 잠깐 품는다. 포란 기간은 18~20일이다. 육추는 암수가 함께 하며 육추 기간은 21~28일이다.
먹이 작은 물고기, 곤충류, 갑각류, 양서류.
현황 겨울철새로 1988년 5월 경기도 화성시 남양만 운평리 저수지 부근에서 1개체가 관찰되었고, 천수만, 영종도, 강원도 송지호에서 관찰된 기록이 있다. 갈매기류는 귀소본능이 강하다. 번식 연령에 이르면 대부분의 종들은 출생한 집단 번식지로 돌아가 영역을 구축하며 자신이 출생한 둥지터와 매우 가까운 곳으로 가기도 한다. 다른 종들은 상당히 먼 거리를 이동해 다른 번식 집단에 합류한다. 이런 확산 현상은 근친 번식으로 인한 부정적 효과를 줄이기 위함으로 보인다.

아성조

여름깃

겨울깃

흰죽지갈매기

북한명 | 흰쭉지작은갈매기(흰죽지쇠갈매기)

Chlidonias leucopterus

White-winged Black Tern

■ 나그네새 ■ 희귀함

형태 여름깃은 이마와 머리, 목, 윗등, 어깨깃이 검은색이며 몸통의 아랫면과 허리는 짙은 회색이다. 가슴과 배, 옆구리는 검고, 위꼬리덮깃과 아래꼬리덮깃은 흰색이며 부리는 검붉은색이다. 겨울깃은 머리와 목, 등이 흰색으로 변하고 머리 상단과 뒷머리에 검은색 얼룩무늬가 생긴다. 가슴과 배, 옆구리, 아랫날개덮깃, 겨드랑이깃도 흰색이다. 부리는 검고 홍채는 짙은 갈색이며 다리는 검붉다.

노랫소리 주로 날면서 '커리잇, 커리잇, 커리잇' 또는 '께르르, 께르르' 하며 소리 낸다.

생활권 소택지를 생활권으로 삼는 흰죽지갈매기속의 3종은 보통 몸깃이 짙고 검은색도 있다. 번식기에는 호수, 하천, 초습지 등의 수서·연안 식물이 무성한 곳에서 생활하며 해안과 강, 호수, 소택지, 습지에서 먹이를 구하며 생활한다.

번식 산란기는 6~8월 상순이며 소택지나 습지에서 무리를 이루며 집단으로 둥지를 튼다. 신과는 수초 위에 물풀이나 수생식물을 쌓아올려 만든다. 산란수는 2~3개 정도이며 알의 색은 갈색 바탕에 올리브갈색 얼룩점이 산재해 있다. 알의 크기는 33mm다. 포란과 육추는 암수가 함께 하며 포란 기간은 18~22일, 육추 기간은 24~25일 정도다.

먹이 수서곤충류, 양서류, 어류, 연충, 거미류.

현황 봄철과 가을철에 한반도를 지나가는 나그네새다. 1919년 서울 북방과 1961년 8월 18일 백두산 삼지연에서 1개체씩 채집한 기록이 있으며, 근래에는 서해안과 낙동강 하구, 동해안 속초 앞바다에서 드물게 목격된다.

몸길이 240~260mm 몸무게 50~75g

부리 22~29mm **날개** 203~212mm **꼬리** 71~81mm **부척** 18~21mm

분포권 아프리카, 오스트레일리아, 뉴질랜드, 유럽 남동부, 러시아 아무르강, 사할린, 일본

남한 서해안, 낙동강 하구, 동해안 속초 앞바다

북한 자료 없음

도래 시기[월] 1 2 **3 4** 5 6 7 8 **9 10** 11 12

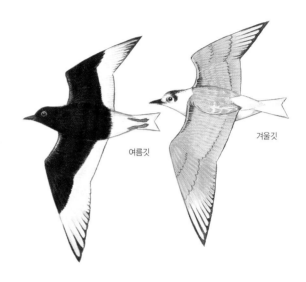

겨울깃

여름깃

아성조

아성조

겨울깃

여름깃

쇠제비갈매기

북한명 | 쇠갈매기(흰이마쇠갈매기)
Sterna albifrons
Little Tern

■ 여름철새 ■ 흔함

몸길이 240~280mm **몸무게** 50~65g
부리 28~32mm **날개** 167~192mm **꼬리** 65~114mm **부척** 17~18mm
분포권 열대지역과 온대지역, 북아메리카 북부, 멕시코만, 오스트레일리아,
유럽, 지중해 연안, 러시아, 연해주, 뉴기니, 동남아시아, 싱카이호,
우수리강, 필리핀, 인도, 스리랑카, 중국 동부 연안, 만주, 일본
남한 강 하구, 경기도 한강, 부산시 을숙도 모래톱, 시화호 등지의
모래사장
북한 평안남도 대동강, 안주시 청천강 모래사장

도래 시기[월] 1 2 3 **4 5 6 7 8 9** 10 11 12

형태 제비갈매기류 중에서 가장 작은 종으로 여름깃은 이마와 눈썹선
이 희고 머리 상단과 뒷머리는 검다. 어깨깃, 등, 허리는 밝은 회색이며
목과 가슴, 배는 순백색이다. 부리는 황색이며 끝은 검다. 꼬리는 제비
형으로 날씬하며 다리는 짧고 적황색이다. 겨울깃은 이마와 머리 상단
이 흰색이며 뒷머리는 검은색과 흰색 반점이 혼재되어 있다. 부리는 황
색이며 끝부분이 검고 홍채는 흑갈색이며 다리는 황갈색이다.
노랫소리 '삐우이-, 삐우이-' 또는 '키잇, 키잇', '키리, 키리' 하며 다양
한 소리를 낸다.
생활권 강변, 해안, 논과 호수, 내륙의 담수호 등지에서 먹이를 구하고
서식하며 목욕을 하곤 한다. 갈매기류가 가장 좋아하는 서식지는 광활
한 개활지역인데, 전방위적인 시야를 확보할 수 있어 적시에 지상의 먹
이 약탈자를 발견할 수 있기 때문이다.
번식 산란기는 5월 하순~6월이며 해안이나 강변, 내륙의 담수호 모래
사장이나 자갈밭에서 무리를 지어 번식한다. 모래밭이나 자갈밭의 오
목한 곳에 둥지를 만든다. 산좌에는 조개껍데기나 잔돌을 깔고 알을
2~4개 낳는다. 알의 색은 청회색이며 갈색 또는 흑갈색 얼룩무늬가 있
다. 알의 크기는 33mm이며 포란과 육추는 암수가 함께 한다. 포란 기
간은 19~22일, 육추 기간은 15~17일이다.
먹이 작은 물고기.
현황 봄철에 도래하여 여름을 보내는 여름철새로 일부는 봄철과 가을
철에 한반도를 중간기착지로 삼아 잠시 머물다 가는 나그네새이기도
하다. 한반도 전역의 하천이나 강 또는 해안에서 흔히 볼 수 있다.

여름깃

아성조

여름깃

겨울깃

큰제비갈매기

북한명 | 큰쇠갈매기(남방제비갈매기)
Thalasseus bergii
Great Crested Tern (Crested Tern)

■ 길잃은새 ■ 희귀함

형태 제비갈매기류 중에서 대형종이다. 여름깃은 이마는 흰색이며 머리 상단은 검고 뒷머리에 검은색 갈기가 있다. 얼굴과 목, 가슴, 배, 부분은 순백색이고 등과 날개깃은 회색이며 꼬리는 제비형이다. 겨울깃은 이마에서 머리 상단까지 흰색으로 변하며 작은 회색 얼룩무늬가 생긴다. 부리는 황색이며 기부는 검은색이고 홍채는 갈색이며 다리는 흑갈색이다. 어린새는 이마와 머리 상단은 흰색이며 흑갈색 세로줄무늬가 있다. 합부에는 검은색과 황백색 점무늬가 있다. 1년생의 날개깃은 주로 암갈색이며 꼬리는 암회색이다. 각각의 깃 끝은 흰색이다. 턱과 목에는 갈색 세로줄무늬가 있다. 부리는 검은색을 띤 황색이다.

노랫소리 자료 없음.

생활권 해안과 하구, 강, 호수 등지에서 먹이를 구하며 생활한다. 제비갈매기류는 생활권에 따라 크게 해양성 제비갈매기와 소택지 제비갈매기로 분류한다. 해양성 제비갈매기는 보통 모래사장이나 도서지역에 둥지를 틀고, 소택지 제비갈매기는 담수, 소택지에 풀로 접시형 둥지를 만들거나 얕은 구덩이에 둥지를 튼다.

번식 산란기는 5~6월이며 해안의 작은 섬이나 암초의 모래밭이나 오목한 곳에 접시형 둥지를 틀고 산좌에는 식물의 줄기와 잎을 깔고 알을 낳는다. 산란수는 1~2개 정도이며 알은 엷은 황갈색 바탕에 흑갈색 무늬가 있다. 포란과 육추는 암수가 함께 하며 포란 기간은 21~23일, 육추 기간은 35일 정도다.

먹이 작은 물고기.

현황 길잃은새로 1917년 7월 경기도 서해안 인근 무인도에서 1개체 채집되었고, 같은 달에 인천 연안에서 일본인 구로다에 의해 포획된 기록이 있다.

몸길이 460mm **몸무게** 236~292g
부리 56.5~65.5mm **날개** 322~333mm **꼬리** 162.5~189.5mm **부척** 27~30mm
분포권 동남아시아, 필리핀, 인도네시아, 자바섬, 수마트라섬, 보르네오섬,
중국 남동해안, 일본
남한 서해안 인근 섬
북한 자료 없음
도래 시기[월] 길잃은새

여름깃

아성조

큰부리제비갈매기

북한명 | 없음
Gelochelidon nilotica
Gull-billed Tern

■ 길잃은새   ■ 희귀함

몸길이 380mm   **몸무게** 200~300g
날개편길이 830~980mm
분포권 유럽 남부, 지중해, 동남아시아, 필리핀, 인도네시아, 중국 내륙의
　　　담수지역, 일본
　　　남한 제주도, 충청남도 아산만
　　　북한 자료 없음
도래 시기[월] 길잃은새

형태 여름깃은 이마와 머리 상단, 뒷목은 검고 얼굴과 앞목, 어깨, 가슴, 배는 순백색이다. 등과 날개 윗면은 엷은 청회색이다. 겨울깃은 이마와 머리가 흰색으로 변하며 눈 위부터 귀깃까지 검은색 반점이 생긴다. 다른 제비갈매기류에 비해 날개폭이 넓으며 몸과 부리가 크고 투박한 편이다. 부리는 검고 홍채는 황갈색이며 다리는 흑갈색이다.
노랫소리 '구루윅, 구루윅, 게윅' 또는 '게게' 한다.
생활권 해안과 하천, 강, 하구, 호수 등지에서 먹이를 구하며 생활한다. 주로 곤충류, 수서생물을 날아가면서 포획하여 먹는다.
번식 산란기는 5~6월이며 해안이나 해안호 또는 초호(礁湖)의 풀이 있는 습지의 땅 위 오목한 곳에 무리를 지어 접시형 둥지를 튼다. 암수 배우자가 함께 둥지의 터를 정하고 영역을 지키는데 보통 1m² 크기이며 밀도가 높을 경우 이웃 간의 간격이 손에 닿을 듯 가깝다. 제비갈매기류의 영역은 몸집 크기와 반비례한다. 즉 대형 제비갈매기는 영역이 작다. 일부 종의 암컷은 영역 내에 남아 지키고 수컷이 밖에 나가 먹이를 구해 암컷에게 먹여준다. 이런 분업을 통해 암컷은 영역을 지키고 수컷은 암컷에게 먹이를 조달한다. 산좌에는 식물의 줄기나 잎을 깔고 알을 2~3개 낳는다. 알의 색은 엷은 황갈색 바탕에 흑갈색 무늬가 있으며 크기는 49mm다. 포란과 육추는 암수가 함께 하며 포란 기간은 22~23일, 육추 기간은 28~35일이다.
먹이 곤충류, 수서생물.
현황 길잃은새로 1993년 4월과 9월에 제주도와 아산만에서 각각 1개체와 2개체를 관찰한 기록이 있다.

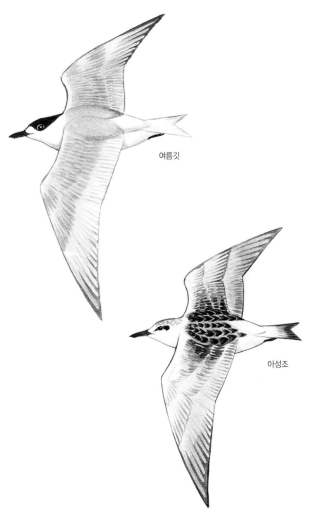

여름깃

아성조

여름깃

겨울깃

아성조

팔삭둥이제비갈매기
에위니아제비갈매기

북한명 | 없음
Sterna anaethetus
Bridled Tern

■ 길잃은새   ■ 희귀함

형태 중형종으로, 여름깃은 이마가 희고 머리와 뒷머리는 검다. 멱과 턱밑, 가슴과 복부는 순백색이고 등과 날개덮깃은 흑갈색이다. 눈에는 흰색 눈썹선이 선명하며 눈선은 검다. 꼬리깃은 흑갈색을 띠며 길다. 부리는 검고 홍채는 짙은 갈색이며 다리는 검다.

노랫소리 '쿠라, 쿠라' 하며 소리 낸다.

생활권 해안과 도서지역에서 먹이를 구하며 생활한다.

번식 산란기는 5~7월이며 둥지를 따로 만들지 않고 해안의 풀숲이나 풀밑 오목한 곳에 알을 1~2개 낳는다. 포란과 육추는 암수가 함께 하며 포란 기간은 28~29일이다. 제비갈매기류는 육추 기간이 보통 20~30일 정도이나 이 종은 65일 정도다. 생후 4년이 지나야 번식능력을 갖게 되며 열대종은 보편적으로 번식능력을 갖는 시기가 늦다. 위도가 높은 지역에서는 보통 고정적인 번식기를 한 번 갖는데 유럽과 북아메리카는 5~7월이다. 반면 열대지역에서 번식은 보편적으로 한 시기에 고정되지 않느나. 일부 제비갈매기종 집단의 번식 간격은 1년이 채 되지 않지만 기본적으로 진행 속도는 맞춘다. 인도양의 자매섬에서 팔삭둥제비갈매기는 7개월에 한 번씩 번식을 하고 적응력이 강한 검둥제비갈매기는 구체적인 장소에 따라 번식 간격이 6~12개월로 상이하다.

먹이 어류.

현황 기상 이변이나 난기류 또는 기타 상황으로 무리에서 이탈하여 한반도로 유입된 길잃은새로, 2006년 제주도에서 관찰된 사례가 있다 하나 확인되지 않고 있다.

몸길이 350~380mm   **몸무게** 95~105g
날개편길이 760~810mm
분포권 태평양과 대서양, 아프리카, 동남아시아, 중앙아메리카, 오세아니아
　　　　남한 제주도
　　　　북한 자료 없음
도래 시기[월] 길잃은새

321

제비갈매기

북한명 | 검은머리작은갈매기
Sterna hirundo
Common Tern

■ 나그네새　■ 흔함

몸길이 350∼360mm　**몸무게** 90∼150g
부리 33∼39mm **날개** 260∼297mm **꼬리** 142∼176mm **부척** 19∼20mm
분포권 아프리카 남부, 아메리카 북부, 오스트레일리아, 유라시아 북부,
러시아 시베리아 동부, 캄차카반도, 사할린, 몽골, 동남아시아, 일본
　남한 해안과 내륙의 담수호
　북한 자료 없음

도래 시기[월] 1 2 **3 4** 5 6 7 8 **9 10** 11 12

형태 여름깃은 이마와 머리 상단, 뒷머리가 검고 목과 뺨, 턱밑, 멱, 가슴, 배, 위꼬리덮깃, 아래꼬리덮깃, 꼬리는 흰색이다. 어깨깃과 등, 허리는 회색을 띤다. 부리는 흑갈색 또는 황록색이다. 겨울깃은 이마와 머리 상단이 희어지고 뒷머리가 검게 변한다. 홍채는 진갈색이며 다리는 검다. 어린새는 합부에 회갈색 무늬가 있고 꼬리의 바깥쪽은 암회색이다. 부리와 다리는 검은색이다. 제비갈매기류 44종 중 24종은 정수리가 검은색이다. 꼬리의 형태와 비행의 민첩성 때문에 '바다제비'라고도 불리는데, 몸이 좁고 길며 날개는 길고 뾰족하고 꼬리는 뚜렷한 포크형이다. 흰색, 회색, 검은색이 전형적이다. 긴꼬리제비갈매기 등은 번식기가 다가오면 가슴깃이 엷은 분홍색을 띠는데 이 색은 번식지에 도착하고 얼마 후 사라진다.

노랫소리 날 때 '키이릿, 키이릿' 또는 '키잇, 키잇' 하며, 경계음을 낼 때는 '삐이릿, 삐이릿, 키잇, 키잇' 한다.

생활권 내륙의 담수호와 강 하구, 동토대의 호수 등지의 풀이 무성한 곳에서 먹이를 구하며 생활한다.

번식 산란기는 5∼6월 하순이며 호수와 늪가 갈대밭의 풀이 무성한 건조한 자갈밭이나 마른 모래사장에 마른풀이나 줄기를 모아 쌓고 둥지를 튼다. 산란수는 2∼3개 정도다. 알의 모양은 둥글고 길며 크기는 43mm이고 크림색 바탕에 올리브색과 적갈색, 흑갈색의 얼룩무늬가 산재해 있다. 포란과 육추는 암수가 함께 하며 포란 기간은 22∼26일, 육추 기간은 21∼26일이다.

먹이 주로 작은 물고기, 곤충류(쌍시류), 갑각류, 연체동물.

현황 나그네새로, 봄철과 가을철에 한반도를 중간기착지로 삼고 해안과 내륙의 담수호를 따라 이동하는 것을 쉽게 볼 수 있다. 제비갈매기는 부리와 다리가 검은색이지만 아종인 붉은발제비갈매기는 부리와 다리가 붉다.

여름깃

겨울깃　　　　　　붉은발제비갈매기

여름깃　　　　　　아성조

검은등제비갈매기

북한명 | 없음
Sterna fuscata
Sooty Tern

■ 길잃은새(나그네새) ■ 희귀함

형태 체모가 계절에 따라 변하지 않는다. 이마는 희고 머리 상단과 뒷머리는 검다. 눈에는 검은색 눈선이 지나고 얼굴은 흰색이다. 몸통의 윗면과 날개의 바깥쪽은 검고 비상할 때는 아랫날개덮깃과 꼬리깃 가장자리는 흰색이다. 턱밑과 멱은 순백색이며 가슴과 옆구리, 허리, 배도 순백색이다. 꼬리는 제비형이며 부리는 가늘고 검다. 홍채는 갈색이며 다리는 검다.

노랫소리 날카롭고 쉰 듯한 소리를 낸다.

생활권 해안과 해양, 개활지에서 먹이를 구하며 생활한다.

번식 산란기는 4~6월 초순이며 섬의 해안가 모래사장 암반이나 암초의 초지 밑 오목한 곳에 둥지를 튼다. 산좌에는 마른 풀잎을 깔고 알을 낳는다. 산란수는 보통 1개이며 알의 색은 흰색 바탕에 적갈색 얼룩무늬가 있다. 포란은 주로 암컷이 하며 포란 기간은 28~31일이다. 육추 기간은 자료가 없다.

먹이 작은 물고기.

현황 봄철과 가을철 이동기에 소수의 무리가 한반도로 유입되어 지나가는 희귀한 길잃은새 또는 나그네새다. 갈매기과가 북반구에 집중되어 있는 것과 달리 제비갈매기류는 세계 각 대륙에서 번식하며 아열대와 열대에 분포하는 종이 가장 많다.

몸길이 400~410mm 몸무게 161~237g
분포권 양극지역을 제외한 전 세계 모든 지역, 북아메리카, 동남아시아,
　　　말레이시아, 타이완, 일본
　　　남한 부산시, 경상남도 거제도
　　　북한 자료 없음
도래 시기[월] 길잃은새

아성조

아성조

장미색흰제비갈매기

북한명 | 없음
Sterna dougallii
Roseate Tern

■ 길잃은새 ■ 귀함

몸길이 360~380mm   몸무게 90~130g
날개편길이 685~792mm
분포권 유럽, 대서양 무인도, 인도양 연안, 태평양 연안, 중국 남부 연안,
　　　 일본 남부
　　　남한 낙동강 하구
　　　북한 자료 없음
도래 시기[월] 길잃은새

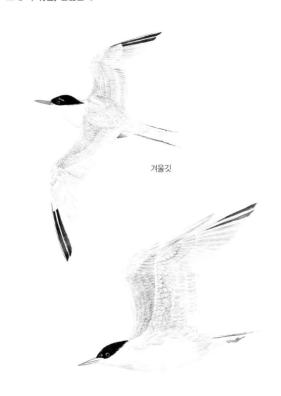

겨울깃

형태 제비갈매기보다 약간 작고 날씬한 하얀 새로, 여름깃은 이마와 머리 상단이 검고 얼굴과 턱밑, 멱, 목, 가슴은 흰색이며 복부를 제외한 몸통 아랫면은 순백색이다. 등과 복부는 밝은 회색을 띠며 허리와 꼬리도 흰색이며 꼬리가 길다. 홍채는 진갈색이고 부리와 다리는 장미색이다. 겨울깃은 등과 배는 엷고 밝은 회색이나 희게 보인다. 부리는 검게 변하며 다리는 회갈색으로 변한다.
노랫소리 '츄우이-, 츄우이-' 또는 '쿠릿, 쿠릿' 하며 소리 낸다.
생활권 도서지역, 암초, 해안가에서 먹이를 구하며 생활한다.
번식 산란기는 5월이다. 하천의 모래사장 또는 편편한 자갈밭의 풀 밑에 둥지를 틀고 산좌에는 자갈이나 조개껍질을 깔고 알을 1~2개 낳는다. 알의 색은 크림색 바탕에 회갈색과 어두운 흑갈색 점이 있고 크기는 44mm다. 포란과 육추는 암수가 함께 하며 포란 기간은 22일, 육추 기간은 21~28일 정도다. 제비갈매기류의 구애행위는 매우 복잡한데 특히 처음 배우자를 찾는 개체의 경우 더욱 복잡하다. 수컷은 자신의 왕성한 힘을 보여주기 위해 수백m 상공까지 고속으로 날아오르고 암컷이 그 뒤를 따른다. 정상까지 날아오른 미래의 짝은 함께 활강한 후 이리저리 돌면서 지상을 향해 비행한다. 점차 서로 익숙해지면 수컷은 암컷에게 끊임없이 물고기 등 먹이를 먹인다. 이는 상징적인 구애행위일 뿐 아니라 암컷의 영양보충을 도와 알의 형성을 촉진하는 것이며, 암컷이 수컷의 고기잡이 능력을 가늠해보는 과정이기도 하다. 지상에서의 구애는 수컷이 선택한 둥지터 부근에서 일어나는데 고개를 높이 들고 활보하며 우아하게 발끝으로 회전하는 동시에 꼬리를 곧추세우고 날개를 내려뜨리는 동작 등이 포함된다. 영역에 착륙하면 2마리가 함께 고공으로 날아오르고 다른 제비갈매기 1~2마리가 합류하기도 하면서 함께 활강하고 선회하며 날개를 궁형으로 만든다. 또한 독특한 비행 노랫소리를 낸다. 이렇게 복잡한 요식행위 뒤에 수컷이 암컷에게 다시 물고기를 주고 나면 교미가 이루어진다.
먹이 작은 물고기.
현황 기상 이변이나 난기류 또는 기타 상황으로 한반도로 유입된 길잃은새로 낙동강 하구에서 목격되었다고 하나 확인된 것이 없다. '긴꼬리제비갈매기'로도 불린다.

여름깃

카스피해도둑제비갈매기
붉은부리큰제비갈매기

북한명 | 없음
Sterna caspia
Caspian Tern

■ 길잃은새 ■ 드묾

형태 머리 상단은 검은색이며 얼굴과 뺨, 턱과 멱, 목, 가슴, 복부 옆구리와 몸통 아랫면은 순백색이다. 날개의 밑면은 흰색이며 날개 끝부분은 검다. 등과 어깨, 날개의 바깥면은 청회색이며 겨울깃은 머리 상단의 검은 털이 회색으로 변한다. 부리는 크고 붉은빛이 도는 오렌지색이며 끝 부위에 회색 반점이 있다. 홍채는 검고 다리도 검다.

노랫소리 '크레르, 크레르, 케르레' 하며 크게 소리 지른다.

생활권 해안가, 해상, 암초, 연안 등지에서 먹이를 구하며 생활한다. 대부분 제비갈매기류는 집단거주지에서 번식하는데 밀도가 매우 높다. 집단으로 생활하는 것은 서식지를 침입하는 약탈자에게 공동으로 대항하기 위해서다.

번식 산란기는 5~6월이며 모래사장이나 자갈밭의 풀숲 편평한 땅 위에 둥지를 튼다. 산란수는 2~3개 정도이며 알의 색은 크림색 바탕에 회갈색과 아주 작은 갈색과 회색 반점이 산재해 있고 크기는 64mm다. 포란과 육추는 암수가 함께 하며 포란 기간은 20~22일, 육추 기간은 26~30일 정도다. 제비갈매기류의 배우자관계는 보통 평생 지속되며 비번식기에 배우자와 떨어져 있더라도 새로운 번식기가 다가올 때마다 전에 번식에 성공했던 곳으로 돌아오면 배우자와 다시 만난다. 대부분 제비갈매기류는 해마다 같은 집단 번식지로 돌아간다. 임시로 둥지터에서 번식을 하는 종들은 환경의 변화에 따라 번식지를 바꾼다. 담수 소택지나 강가의 모래톱 등은 1년 또는 수년만 사용하면 번식하기에 부적합해지지만 어미새는 보통 집단거주지로 돌아가 배우자를 찾은 후 함께 새로운 둥지터를 물색한다.

먹이 어류.

현황 길잃은새로 분류되며 겨울철 한반도 해역에서 소수 개체가 매년 목격되고 있다.

몸길이 530mm **몸무게** 550~750g
날개편길이 1,270~1,400mm
분포권 아프리카, 아메리카 북부, 오스트레일리아, 유럽, 중앙아시아, 일본
　　　남한 낙동강 하구, 제주도, 전라남도 신안군 흑산도
　　　북한 자료 없음
도래 시기[월] 길잃은새

검은제비갈매기

북한명 | 없음
Chlidonias niger
Black Tern

■ 길잃은새　■ 희귀함

몸길이 240mm　**몸무게** 50~75g
날개편길이 570~650mm
분포권 유럽, 아시아 중앙부, 남아프리카 북부, 중국 남부, 타이완, 일본
남한 서해안, 금강 하구
북한 자료 없음
도래 시기[월] 길잃은새

겨울깃

형태 여름깃은 이마와 머리, 뒷머리, 얼굴과 목, 가슴과 몸통 아랫면이 온통 검은색이고 등과 날개 바깥면과 위꼬리덮깃은 검은빛이 도는 옅은 갈색을 띠며 어깨와 날개 기부에는 흰색 털이 보인다. 부리는 검고 홍채는 흑갈색이며 다리는 옅은 붉은색을 띤다. 겨울깃은 부리와 뒷머리는 검고 이마와 멱, 턱밑, 가슴, 배는 흰색으로 변한다.
노랫소리 '크리르, 크리- 에-'하고 소리 낸다.
생활권 갯벌, 매립지 주변의 냇가, 소호 등지에서 먹이를 구하며 생활한다. 제비갈매기류는 같은 종끼리 무리를 짓기도 하지만, 일부 종은 갈매기, 얼가니새, 바다오리, 신천옹, 가마우지, 오리류 등과 한곳에 모여 생활하기도 한다. 이렇게 혼합종의 집단거주지가 나타나는 것은 서식지가 제한적이기 때문으로 보인다. 규모가 큰 혼합종 집단 내에서 제비갈매기류는 동일종의 구성원과 함께 둥지를 짓는 경우가 많지만, 검은제비갈매기 등 일부 종은 다른 종이 정착해 둥지를 짓기 시작한 후 둥지터를 선정한다.
번식 산란기는 5~6월이며 담수호나 소호 등지에서 수생식물 위에 갈대나 수초를 이용하여 둥지를 만들며 때로는 풀이 무성한 곳에서 둥지를 튼다. 산란수는 3개이며, 알의 색은 회색빛이 도는 올리브갈색 바탕에 검은색과 갈색 점이 산재해 있고 크기는 35mm다. 포란과 육추는 암수가 함께 하며 포란 기간은 14~17일, 육추 기간은 21~28일 정도다.
먹이 작은 물고기, 수서곤충류.
현황 길잃은새로 매우 드물게 목격되기도 하나 확인된 것은 없다.

여름깃

바다오리

북한명 | 호구니
Uria aalge
Guillemot(Thin-billed Murre)

형태 여름깃은 이마와 머리 상단, 뒷머리, 목, 턱밑, 멱과 몸통의 윗면이 흑갈색이며 끝부분은 갈색이다. 둘째날개깃의 끝부분과 가슴, 배, 날개의 안쪽은 순백색이다. 몸통 윗면과 아랫면이 흰색과 검은색으로 대비를 이룬다. 겨울깃은 머리 옆 부분과 목, 얼굴, 앞목은 흰색이며 눈뒤의 검은색 줄무늬와 입안이 유난히 붉은 것이 특징이다. 부리는 길고 뾰족하며 검고 홍채는 진갈색이며 다리는 검다. 어린새는 어미새와 흡사하나 등이 암갈색을 띠며 깃가는 흑갈색이고 아랫면은 탁한 흰색이다. 꼬리는 둥글고 12매다. 다리는 어두운 흑갈색이다.

노랫소리 '오로롱, 오로롱' 또는 '우루루룽, 우루루룽' 하며 소리 낸다.

생활권 몸이 다부지고 건장하며 물속에서 헤엄을 칠 때는 날개가 노를 젓는 구실을 한다. 200m 이하까지 잠수할 수 있고 물속에서의 속도와 잠수시간도 매우 뛰어나다. 해안의 절벽, 해양 등지 모두가 생활권이다.

번식 산란기는 5~6월이며 해안의 암벽이나 절벽에 무리를 지어 번식한다. 암벽의 편편한 곳에 둥지를 틀고 산좌에는 아무것도 깔지 않고 알을 낳는다. 산란수는 1~2개 정도이며 알의 색은 녹청색과 황백색, 회백색 바탕에 갈색 또는 흑갈색 얼룩무늬가 있고 크기는 81mm다. 포란과 육추는 암수가 함께 하며 포란 기간은 28~34일, 육추 기간은 18~24일 정도다.

먹이 어류, 갑각류, 연체동물, 수생식물, 화본과 식물.

현황 남한에서는 겨울철새나 북한에서는 여름철새로 번식 집단을 이루기도 한다. 북한의 동해 연안에서 많은 무리가 번식하며 남한 해역으로 월동하기 위해 소수가 도래한다. 바다오리는 지구상에서 가장 번성한 바닷새 중 하나로 개체군이 수백만 마리에 이른다. 바다오리과의 서식지는 북극, 아북극, 온대 수역에 제한되어 있고 1년 내내 바다에서 생활하며 대륙붕 수역에서 흔히 관찰된다. 대서양에서는 남쪽으로 포르투갈, 동쪽으로 지중해, 서쪽으로 미국 메사추세츠주까지 가고, 태평양에서는 캘리포니아 해역에서 한반도와 황해까지 간다. 바다오리는 북극과 아북극 여러 수역의 주요 바닷새로 집단 번식지 주변의 부유생물과 작은 물고기에게는 천적이다. 필자는 1996년 러시아의 무인도 딸란섬에서 수십만 마리의 번식 집단을 촬영했다.

몸길이 420~440mm **몸무게** 850~1,130g
부리 41~46mm **날개** 200~221mm **꼬리** 44~54mm **부척** 35~38mm
분포권 유럽 북부, 아시아 동북부, 아메리카 북부, 미국 알래스카, 러시아 캄차카반도, 오호츠크해 동북부, 사할린, 일본
   남한 동해 연안
   북한 함경북도 동해 연안 웅기 알섬, 고저 알섬, 무인고도

도래 시기[월] **1** **2** **3** 4 5 6 7 8 9 **10** **11** **12**

여름깃

여름깃

겨울깃

327

댕기머리바다오리

몸길이 360~410mm 몸무게 540~570g
분포권 북태평양, 미국 알래스카 연안, 오호츠크해 연안,
　　　 러시아 쿠릴열도, 북대서양, 북극해와 연해지역
　　　 남한 자료 없음
　　　 북한 함경북도 해안
도래 시기[월] 길잃은새

형태 암컷과 수컷의 여름깃은 앞이마와 머리 상단, 뒷머리가 검고 뺨은 황백색이며 몸통은 검은색이다. 홍채는 황색인데, 눈테가 붉고 눈이 옆부분에 황금색 댕기가 다발을 이룬다. 부리는 주황색으로 매우 두껍고 투박한 도끼형이며 가는 황색 줄무늬가 있다. 다리와 물갈퀴는 주황색이다. 겨울깃은 황백색이었던 뺨이 검은색으로 변하고 댕기도 사라지며, 부리와 다리의 주황색이 탈색되어 엷어진다. 부리 크기도 여름에 비해 작아진다.

노랫소리 바다오리과 새들은 대부분 휘파람소리를 내거나 낮게 '쿠루루루르' 하며, 때로는 개 짖는 소리와 비슷한 소리, 목젖 굴리는 소리를 내며, 일부 종은 거의 소리를 내지 않는다.

생활권 주로 바다에서 생활한다. 번식기에 섬의 해안, 곶에서 지내고, 비번식기에는 주로 연해수역이나 대륙붕 수역에서 산다.

산란기 번식기는 6~7월이다. 평탄한 암석이나 벼랑 바위 턱에 산란하거나 바위틈이나 후미진 굴 또는 구멍에 간단하게 산좌를 튼다. 산란 2~3주 전부터 교배를 빈번히 하는데 매회 평균 20초간 지속된다. 산란수는 1~2개 정도다. 알은 타원형에 단색이며, 크기가 큰 편으로 암컷 체중의 10~23%에 달한다. 포란 기간은 29~46일이다. 새끼가 둥지에 머무는 기간은 2~50일로 매우 큰 차이가 나는데 이는 조성종과 반조성종에 따른 차이이다.

먹이 주로 빙어, 붕장어, 정어리 등 작은 물고기, 해양 무척추동물.

현황 길잃은새로, 1933년 함경북도 해안에서 처음으로 채집된 자료가 있다. 이 종이 속한 바다오리류는 여러 종이 수백만 마리에 이르는, 지구상에서 가장 번성한 바닷새 중 하나다. 바다오리, 큰부리바다오리, 작은바다오리, 각시바다쇠오리 등은 1,000만 마리가 넘을 정도다. 북극, 아북극, 온대 수역으로 분포권이 제한되어 있으며, 집단번식지 주변의 부유생물과 작은 물고기의 천적이다. 몸이 다부지고 잠수에 능해(잠수기록 210m) 물속에서 속도(약 2m/초)와 잠행시간(3분)이 매우 뛰어나다.

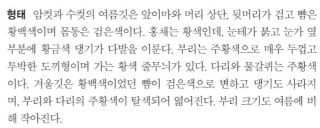

2년생 어린새

1년생 어린새

우

♂ 여름깃

흰눈썹바다오리

북한명 | 붉은발바다오리
Cepphus carbo
Spectacled Guillemot

■ 겨울철새 ■ 적음

형태 여름깃은 온몸의 깃털이 검다. 머리와 목, 등, 어깨, 허리, 위꼬리덮깃은 갈색이 도는 검은색이며 눈 주위는 흰색 반점이 있다. 겨울깃은 몸통 아랫면과 앞목이 흰색으로 변하고 목과 몸통의 흰색과 검은색의 경계면에 작은 흑갈색 얼룩무늬가 생긴다. 부리는 검고 홍채는 진갈색이며 다리는 담홍색이다.

노랫소리 일반적으로 소리를 내지 않으나 이따금 '삐이, 삐이, 삐이' 또는 '찍-찍-찍-' 하며 위험이 닥쳐올 때는 '쮸르르-, 쮸르르-' 하기도 한다.

생활권 해양과 해안에서 먹이를 구하며 생활한다.

번식 산란기는 5월 하순~7월이며 해안가의 바위틈이나 암반 사이에 둥지를 튼다. 산좌에는 아무것도 깔지 않고 맨바닥에 알을 2개 낳는다. 알의 색은 엷은 흰색 또는 적갈색이 도는 흰색에 갈색과 회색 얼룩무늬가 있고, 크기는 69mm다. 포란과 육추는 암수가 함께 한다. 포란 기간은 28~30일, 육추 기간은 25~30일 정도다. 흰눈썹바다오리는 물밑에 잠수하여 베도라치와 둑중개 등 크기가 비슷한 물고기를 잡는다. 어미새는 물고기를 부리에 가로로 끼고 하루 9번 정도 새끼에게 먹인다.

먹이 어류, 무척추동물, 갑각류, 연체동물.

현황 가을철과 겨울철에 동해안과 간혹 남해안에서 관찰되는 희귀한 겨울철새다. 북한에서는 봄철에 도래하여 번식하면서 여름을 보내는 여름철새이기도 하다. 1966년 겨울 경상남도 양산시 원동면과 부산시 다대포에서 관찰된 기록이 있으며 근자에는 동해안에 드물게 모습을 보인다. 필자는 1996년 생태조사차 방문한 러시아령 오호츠크해 무인도에서 수만 마리가 무리를 지어 해안 암벽에서 번식하고 있는 장면을 관찰·촬영했다.

몸길이 360~370mm **몸무게** 730~970g
부리 39~42mm **날개** 181~202mm **꼬리** 43~56mm **부척** 34~37mm
분포권 오호츠크해 연안, 러시아 캄차카반도, 아무르강, 사할린,
아시아 동북부, 일본 북부
남한 동해안, 남해안
북한 강원도 통천군 고저 종석장, 알섬, 국도
도래 시기[월] **1 2 3** 4 5 6 7 8 9 **10 11 12**

여름깃

여름깃

겨울깃

329

흰수염바다오리

북한명 | 바다뿔주둥이
Cerohinca monocerata
Rhinoceros Auklet(Horn-billed Puffin)

몸길이 320~410mm　**몸무게** 480~520g
부리 26.5mm **날개** 183mm **꼬리** 45mm **부척** 29mm
분포권 북아메리카, 미국 캘리포니아, 알래스카 남부 연안, 태평양 북부,
　　　　오호츠크해 남부 연안, 러시아 사할린, 아무르강, 일본 북부
남한 울릉도, 동해 연안
북한 동해 연안과 서해 연안, 함경북도 웅기군, 평안남도
　　　　남포 앞바다, 강서군, 강원도 북부 연안
도래 시기[월] **1** **2** **3** 4 5 6 7 8 9 **10** **11** **12**

형태 여름깃은 이마와 머리 상단, 뒷목, 등과 허리, 위꼬리덮깃은 흑
갈색이며 깃가는 약간 엷다. 등은 비늘모양으로 보인다. 눈옆과 부리
기부에서 흘러내린 흰색 깃털이 나란히 늘어져 있고 윗부리 기부에
돌기처럼 솟아오른 깃털이 특징적이다. 부리 기부에 약 20mm의 육
질뿔이 돌출되어 있다. 이 돌출물은 매우 단단하고 겨울에도 떨어지
지 않으며 어린 새끼에게도 있는데 기능은 아직 밝혀진 것이 없다. 몸
체가 검게 보이나 몸통의 윗면은 짙고 아랫면은 회갈색이다. 겨울깃
은 턱밑과 멱이 회색이며 뺨에는 흰색 털과 부리의 돌기가 사라진다.
가슴과 배는 흰색이다. 부리는 투박하고 오렌지색이며 윗부리는 검
다. 홍채는 어두운 황색이고 다리와 발가락은 황백색이며 관절은 검
다. 부척의 뒷면과 발가락 뒷면은 검은색이다. 꼬리깃은 18매다.
노랫소리 일반적으로 소리를 내지 않으나 가끔 '구, 구, 구' 한다.
생활권 번식기에는 구멍을 파기 쉬운 부드러운 해안이나 수직으로
깎아 세운 절벽에 거주하며 비번식기에는 연안이나 해양, 해안가에서
생활한다.
번식 산란기는 4~7월 초순이며 큰 집단을 이루며 외딴섬의 경사진 곳
이나 초지의 토굴을 1~1.5m 정도 파고 둥지를 튼다. 때로는 고목의 수
공에서도 둥지를 틀기도 한다. 산좌에는 아무것도 깔지 않고 알을 1개
낳는다. 알의 색은 갈색이며 엷은 회색과 황색, 갈색 얼룩점이 혼재되
어 있고 알의 크기는 69mm다. 포란은 암수가 함께 하며 포란 기간은
21일 정도다. 육추 기간은 짧게는 50일 정도, 길게는 57일이다.
먹이 어류, 무척추동물, 연체동물.
현황 북한의 강원도 통천군, 함경북도 선봉지구, 평안남도 덕도, 평
안북도 납도 등지에서 번식하며 겨울에는 동해안 남쪽으로 이동하여
월동하는 겨울철새다.

여름깃

겨울깃

여름깃

알락쇠오리

북한명 | 알락바다오리
Brachyramphus marmoratus
Marbled Murrelet

■ 겨울철새 ■ 적음, IUCN Red List EN

형태 여름깃은 이마와 머리 상단, 뒷머리, 뒷목은 흑갈색이며 턱밑과 멱, 뺨, 목, 가슴, 배, 옆구리는 흰색 바탕에 암갈색 얼룩무늬가 산재해 있다. 등과 날개덮깃은 갈색 바탕에 황갈색 비늘문양이 산재해 있다. 겨울깃은 등은 흑회색이며 어깨깃과 몸통 아랫면은 흰색이다. 부리는 검은빛이 도는 뿔색이며 다리와 발가락은 살색이고 홍채는 암갈색이다. 꼬리깃은 14매다. 어린새는 등이 회갈색이며 깃가는 흰색을 띤 황백색이고 몸통의 아랫면은 깃가가 엷은 갈색이다. 알락쇠오리와 대부분의 바다오리류는 다리가 뒤쪽에 있어서 직립 자세를 취할 수 있는 종이 많다. 특히 알락쇠오리는 지상에 있을 때 복부로 의지하는 경우가 많고 똑바로 서 있는 경우는 드물다. 일부 종은 다리가 편평하며 이는 헤엄칠 때의 적응력이 드러나는 부분이다. 발가락은 3개이고 물갈퀴로 연결되어 있다. 바다오리류와 알락쇠오리의 다리와 발은 푸른색이다. 각 종의 부리 모양은 먹이와 먹이 잡는 방법에 따라 다르다. 부유생물인 무척추동물과 치어를 주식으로 하는 종은 부리가 넓고 짧으며 어류를 잡아먹는 종의 부리는 길고 비수처럼 생겼다. 부유생물을 먹는 종은 입천장과 혀가 뿔 모양 돌기로 덮여 있는데 사냥감을 더 잘 제압하기 위해서다. 해파리와 갑각류를 먹는 종은 특이하게 생긴 국자형 부리를 갖고 있다.

노랫소리 간혹 '휘이, 휘이' 하는 작은 소리를 낸다.

생활권 주로 바다에서 생활한다.

번식 상세한 자료가 부족한 종이다. 산란기는 5~6월이며 특이하게도 해안가 높은 산악지역의 침엽수림에서 커다란 나뭇가지에 둥지를 튼다. 러시아 메드니섬에서 발견된 알을 기록한 자료에 따르면 산란수는 1개이며 알의 색은 엷은 적갈색 바탕에 흑회색과 적갈색의 점무늬가 혼재되어 있고, 크기는 63mm다. 베르그만은 캄차카반도 연안에서 8월 중순경에 다 자란 어린새를 포획했다고 기록하고 있다.

먹이 패류, 어류, 갑각류.

현황 겨울철새로, 동해안과 남해안에서 소수 개체가 바다쇠오리와 함께 섞여 있는 것이 간혹 목격된다.

몸길이 245mm **몸무게** 268~357g
부리 17~22mm **날개** 138~140mm **꼬리** 30~38mm **부척** 18~20mm
분포권 아시아 동북부, 오호츠크해 연안, 러시아 캄차카반도 동부, 사할린, 쿠릴열도, 베링해, 일본 북부
　　　　남한 동해안, 남해안
　　　　북한 자료 없음

도래 시기[월] **1 2 3** 4 5 6 7 8 9 **10 11 12**

겨울깃

여름깃

겨울깃

바다쇠오리

북한명 | 바다오리
Synthliboramphus antiquus
Ancient Murreler

■ 텃새　■ 흔함

몸길이 245~260mm　**몸무게** 213~240g
부리 13~16mm **날개** 130~143mm **꼬리** 33~40.5mm **부척** 26~28.5mm
분포권 북아메리카 서부 연안, 미국 알래스카 남부, 캘리포니아 남부,
　　　　캐나다 서부 연안, 북태평양 연안, 오호츠크해 연안,
　　　　러시아 캄차카반도, 알류샨열도, 아무르강, 사할린, 타이완, 일본
　　　　남한 경상북도 울릉도, 전라남도 신안군 칠발도, 구굴도
　　　　북한 함경북도 웅기군
도래 시기[월] 텃새

형태 여름깃은 이마와 머리 상단, 뒷머리, 뒷목은 검고 눈의 뒤쪽에
서 뒷목까지 가늘고 짧은 흰색 깃털이 있다. 멱은 검고 몸통 윗면은
회색이며 윗등 양쪽으로 가늘고 긴 흰색 털무늬가 있다. 몸통의 아랫
면은 순백색이다. 겨울깃은 눈뒤와 뒷목의 흰색 줄무늬가 사라지고
멱도 흰색으로 변한다. 몸통 아랫면도 흰색이다. 부리는 짧고 회백색
이며 홍채는 갈색이고 다리는 푸른색을 띤 회백색이다.
노랫소리 일반적으로 소리를 내지 않는 조용한 새다. 번식기가 되면
'쓰, 쓰, 쓰, 찌, 찌, 찌' 하며 소리를 낸다.
생활권 번식기에는 주로 연안의 바위에서 산다. 비번식기에는 해양
과 해안에서 먹이를 구하며 생활한다.
번식 산란기는 3월 중순~4월 중순이며 외딴섬과 암초에서 무리를
이루며 새끼를 친다. 해발고도가 높은 곳의 바위틈이나 초지의 토굴
을 파서 둥지를 틀고 맨땅에 알을 낳는다. 산란수는 2개 정도로, 알의
색은 황백색 바탕에 갈색 얼룩무늬가 있고 크기는 62mm다. 포란은
암수가 함께 하며 포란 기간은 30~32일 정도다.
먹이 어류, 연체동물(패류), 갑각류.
현황 동해안에서 자주 목격되며 전라남도 신안군 칠발도와 구굴도,
경상북도 울릉도에서 번식하는 텃새다.

겨울깃

겨울깃

여름깃

뿔쇠오리

북한명 | 뿔바다오리

Synthliboramphus wumizusume

Crested Murrelet(Japanese Murrelet)

■ 텃새 ■ 천연기념물 제450호,
환경부 지정 멸종위기 야생조류 Ⅱ급,
IUCN Red List VU

형태 여름깃은 이마와 앞머리가 검고 귀뿔의 깃털은 40~50mm 길이로 10~12개의 다발이 우관을 이루고 있다. 머리 상단에서 뒷목까지 두 줄의 흰색 깃이 나란히 자리 잡고 있다. 몸통 윗면은 흑갈색이며 아랫면은 순백색이다. 겨울깃은 앞머리의 우관이 짧아지고 머리 상단에 있던 두 줄의 흰색 깃이 사라진다. 부리는 회백색이며 짧고 굵다. 홍채는 갈색이고 다리는 푸른색이 도는 회백색이다.

노랫소리 일상적으로 조용하다. 번식기에는 '쓰, 쓰, 쓰, 지, 지, 지' 하며 소리를 낸다.

생활권 번식기에는 바닷가에서 생활하며 겨울철에는 연안에서 지낸다.

번식 산란기는 3월 하순~5월 하순이며 도서지역의 해안 절벽이나 암초에서 무리를 지어 번식한다. 바위 사이 또는 땅 위나 초지의 토굴을 둥지로 삼고 알을 낳는다. 산란수는 1~2개 정도이며 알의 색은 황갈색이나 흰색 바탕에 회색과 갈색 점이 산재해 있다. 알의 크기는 53mm다. 포란은 낮에는 암컷이 하며 밤에는 수컷이 한다. 포란 기간은 약 32~33일이다.

먹이 어류, 갑각류, 연체동물 등.

현황 한반도에서 적은 수가 번식하며 월동도 하는 희귀한 텃새다. 1983년 전라남도 신안군 가거도와 구굴도 등지에서 번식하는 것이 이정우에 의해 처음으로 밝혀진 이래 번식지를 천연기념물 제341호로 지정, 보호하고 있다. 바다오리과 중 4종은 국제자연보전연맹에서 취약종(vulnerable species)으로 분류하고 있다. 이 중 3종(뿔쇠오리, 크라베리멀리트, 과달루멀리트)은 어린 새끼가 알에서 부화되면 바로 헤엄을 칠 수 있는 조성종이며 모두 바다오리과의 태평양 분포범위 남단에서 발견된다. 이 지역은 외지에서 유입된 육식성 포유류, 육식성 갈매기와 까마귀의 증가, 심각한 바다오염 등 문제점이 나타나고 있다. 네 번째 종인 알락쇠오리는 북태평양의 외진 지역에서 생활한다. 이들이 좋아하는 원시삼림 번식지는 현재 벌목 위협을 받고 있다.

몸길이 240mm 몸무게 175g

부리 16~19mm **날개** 120~130mm **꼬리** 36~40mm **부척** 26~28mm

분포권 태평양 동북부, 러시아 사할린, 타이완, 일본 중남부, 규슈, 이즈섬, 나가사키현

　　　　남한 전라남도 신안군 가거도, 구굴도, 여수시 백도(난류지역)

　　　　북한 자료 없음

도래 시기[월] 텃새

겨울깃

겨울깃

여름깃

333

흰수염작은바다오리

북한명 | 없음
Aethia pygmaea
Ahiskered Auklet

몸길이 350mm 몸무게 450~480g
분포권 미국 알래스카 남부, 쿠릴열도, 러시아 알류산열도, 캄차카반도,
　　　 일본 북부
　　남한 경상북도 울릉도, 강원도 고성군 거진읍, 속초 앞바다
　　북한 동해안, 강원도 원산시, 함경남도 금야군
도래 시기[월] **1 2 3** 4 5 6 7 8 9 **10 11 12**

형태 바다오리과 중에서 소형종에 속한다. 여름깃은 이마와 머리, 몸통의 윗면은 검은색이다. 턱밑과 멱은 검고 몸통 아랫면은 암갈색이다. 이마에는 흰색과 검은색으로 길게 늘어진 깃털 모양의 귀뿔이 앞쪽으로 굽어 있다. 머리에 흰색 줄이 3개 있고 부리는 짧고 붉다. 겨울깃은 귀뿔이 짧아지고 머리의 흰색 줄도 흔적만 남는다. 홍채는 황백색이다. 아성조는 암컷과 흡사하며 머리의 귀뿔깃이 없고 머리의 흰색 줄무늬가 흐리다. 바다오리과는 몸집이 중형 또는 소형인 조류로 꼬리가 짧고 날개가 작아서 물속에서 활동하기 좋은 대신 비행할 때 획획 소리를 내며 날개를 쳐야 한다. 발가락 3개가 물갈퀴로 연결되어 물에서 생활하기 좋다.
노랫소리 자료 없음.
생활권 해상에서 군집을 이루며 비교적 연안에서 먹이를 구하며 생활한다. 이들의 생활 터전은 해상이며 물을 떠나서 생존할 수 없다.
번식 해안가 바위틈이나 움푹 파인 곳의 바닥에 알을 1개 낳는다. 포란과 육추는 암수가 함께 하며 포란 기간은 28~32일, 육추 기간은 45~55일 정도다.
먹이 작은 물고기, 멍게, 해삼 등.
현황 겨울철새로 한반도 북부의 동해안 원산만 등지에서 월동한 기록이 있으며 경상북도 울릉도와 강원도 고성군 거진읍, 속초 앞바다에서도 출몰한 기록이 있다.

겨울깃

겨울깃

여름깃

작은바다오리

북한명 | 없음
Aethia pusilla
Least Auklet

■ 길잃은새　■ 희귀함

형태 바다오리과 중에서 가장 작은 종이다. 암수의 외형이 흡사하다. 여름깃은 이마가 희고 검은색 줄무늬가 있으며 머리 상단과 몸통 윗면은 검고 아랫면은 흰색이다. 턱밑은 희고 눈뒤로 흰색 줄무늬가 있으며 옆구리에 흑갈색 얼룩점이 있다. 부리는 짧고 기부는 검고 끝은 붉다. 겨울깃은 어깨의 흰색 무늬가 특징이며 목과 가슴이 순백색으로 변하고 눈뒤의 흰색 줄무늬도 희미하게 흔적만 남는다. 부리는 검고 홍채는 황백색이다. 다리는 회백색이고 물갈퀴는 검다.

노랫소리 자료 없음.

생활권 해양, 해안, 암초 등지에서 먹이를 구하며 생활한다. 바다오리과는 장수하는 새로, 표식을 해놓은 바다오리와 큰부리바다오리 어미새가 20년 후에도 번식하고 있는 모습이 수차례 발견됐다.

번식 산란기는 5~6월이며 번식기가 되면 해안가 경사진 곳에서 거대한 집단을 이루며 둥지를 튼다. 바위틈이나 바위 사이에 산좌를 만들고 알을 낳는다. 알의 색은 흰색이며 산란수는 1개다. 포란은 암수가 함께 하며 포란 기간은 28~30일 정도다. 육추는 암수가 함께 하며 한 달 정도다. 동물성 프랑크톤이나 요각류 등을 반쯤 소화시킨 뒤 어린 새끼에게 먹여 키운다. 어린새는 번식을 시작하기 전에 바다에서 2~3년을 보내며 3세 이전에 번식하는 개체는 드물다. 바다오리류는 보통 동일한 배우자를 유지하고 해가 바뀌어도 같은 번식지를 사용한다.

먹이 작은 물고기, 갑각류, 연체동물. 물 표면으로 잠수하여 주걱으로 뜨듯 수생 무척추동물을 잡아먹는다.

현황 동해안에서 목격된 기록이 3회 있을 뿐이다. 기상 이변이나 난기류 또는 기타 상황으로 무리에서 이탈하여 한반도로 유입된 길잃은새다.

몸길이 150mm　몸무게 83~95g
분포권 미국 알래스카, 북태평양, 베링해, 러시아 캄차카반도 동부, 일본 북부
　　　　남한 동해안
　　　　북한 자료 없음
도래 시기[월] 길잃은새

겨울깃

겨울깃

여름깃

큰부리바다오리

Uria lomvia

Brünnich's Guillemot(Thick-billed Murre)

■ 겨울철새　■ 희귀함

몸길이 430~480mm　몸무게 736~1,481g

날개편길이 640~810mm

분포권 미국 알래스카, 유라시아 북극 연안, 러시아 캄차카반도, 일본

　　　남한 강원도 비무장지대 부근 해역, 강릉시, 경상북도 울릉도 근해

　　　북한 자료 없음

도래 시기[월] **1　2　3**　4　5　6　7　8　9　**10　11　12**

겨울깃

형태 여름깃은 이마, 머리, 얼굴 빰, 턱밑, 멱, 목, 어깨, 몸통 윗면은 암흑갈색이다. 가슴과 몸통 아랫면은 순백색이다. 부리는 투박하고 검은색이며 윗부리 기부에 흰색 선이 뚜렷하다. 둘째날개깃 선단에 흰색 무늬가 있고 꼬리는 짧다. 다리는 검고 짧으며 홍채는 흑갈색이다. 겨울깃은 몸통이 흑갈색이며 목과 멱이 흰색으로 변한다.

노랫소리 '쿠아, 쿠아, 쿠아, 쿠아아아아' 하며 요란스럽게 소리 낸다.

생활권 먼 바다, 해안, 도서지역 등지에서 먹이를 구하며 생활한다. 큰부리바다오리와 바다오리, 레이저빌 등 대형종은 날개 하중이 매우 커서 다른 조류처럼 간헐적으로 깃털갈이를 해도 비행능력을 잃기 때문에 한번에 깃털갈이를 끝내면 날지 못하는 기간을 최대한 단축할 수 있다. 몸집이 큰 종은 날개깃도 동시에 깃털갈이를 하므로 45일 가까이 날지 못하게 된다. 바다오리류는 200m 아래까지 잠수할 수 있는 것으로 알려져 있는데 다수 종의 최대 잠수 깊이는 약 60m다. 최근 몇 초마다 1회씩 심도를 기록하는 장치인 작은 심도기록계를 바다오리의 몸에 장착해본 결과 바다오리는 연속 20회 잠수가 가능하며 매회 잠수하는 중간에 물 밖에서 1분 이하로 머물고 일이 일단락되고 나면 몇 분 동안 휴식한다는 것이 밝혀졌다. 이들은 물속에서 포획한 먹이를 바로 삼켜 포획 후 물 밖으로 나오는 번거로움을 피한다.

번식 산란기는 6월 초순~8월 하순이다. 번식기가 되면 집단을 이루며 해안가 절벽 바위틈이나 편평한 곳에 둥지를 틀고 알을 낳는다. 산란수는 1개이며 알의 색은 녹색 바탕에 분홍색 얼룩점이 산재해 있다. 포란과 육추는 암수가 함께 하며 포란 기간은 30~32일 정도, 육추 기간은 25~30일 정도다.

먹이 어류, 연체동물, 갑각류, 해양척추동물.

현황 겨울철새로 동해안에서 월동한다. 강원도 비무장지대 부근 해역, 강릉시, 경상북도 울릉도 근해에서 관찰된다.

여름깃

겨울깃

비둘기목

사막꿩과는 사바나 지역이나 메마르고 건조한 사막의 초원 또는 목초지로 이루어진

개활지에서 무리를 지어 생활한다. 한반도에서는 관찰된 기록이 3~4회뿐인 길잃은새다.

비둘기과는 주로 텃새이며 몇 종은 길잃은새다. 비둘기과의 외형은 상당히 비슷한데

대부분 머리가 작고 다리는 짧으며 암수 구분이 어렵다. 주로 땅 위에서 먹이를 구한다.

산란수는 1~2개로, 어미새는 부화한 어린 새끼에게 고농도의 비둘기젖(Pigeon's milk)을

토해 먹인다.

사막꿩

북한명 | 모래닭(사계)
Syrrhaptes paradoxus
Pallas's Sandgrouse

■ 길잃은새   ■ 희귀함

몸길이 ♂380~440mm ♀355~389mm   몸무게 230~300g
부리 10~12mm **날개** ♂223~265mm ♀205~235mm **꼬리** ♂160~235mm
♀163~205mm

분포권 아프리카, 유럽, 아시아 동부의 넓고 건조한 곳, 이란, 몽골,
만주 남서부, 중국 북부, 일본
남한 자료 없음
북한 평안북도 의주군

도래 시기[월] 길잃은새

우

형태 비둘기보다 작은 중형 크기이며 머리가 작고 목은 짧으며 체형은
통통하다. 흉근이 발달되어 있고 날개는 길고 뾰족하다. 전형적인 사막
형으로 황색과 모래색으로 보호색을 띤다. 수컷은 암컷보다 체모의 색
깔이 선명하다. 이마와 턱밑, 멱, 눈뒤에서 옆목까지 담황색을 띠며 멱
은 짙다. 몸통의 윗면은 황갈색에 검은색 반점이 있고 뺨은 회색이다.
가슴은 회갈색에 가로얼룩무늬의 띠가 있다. 몸통의 아랫면은 엷은 갈
색이며 복부는 검은색이고 꼬리는 황백색이다. 암컷은 머리가 황갈색
으로 뺨과 머리에 검은색 반점이 있고 윗목과 뒷목, 가슴에 검은색 반
점이 없고 멱은 황색이다. 부리는 짧고 흑갈색이며 홍채는 담황색이다.
다리는 짧고 청회색을 띠며 부척과 발가락은 털로 덮여 있고 뒷발가락
이 없다. 꼬리깃은 14~16매다. 뜨거운 모래땅 위에서 먹이를 구하므로
발바닥에 얇은 피부보호막이 있다.

노랫소리 부드럽고 듣기 좋은 소리를 낸다. 2개 이상의 고정 음절이 있
으며 보통 비행시 소리를 낸다. 종별로 소리가 다르다.

생활권 사막꿩류는 넓고 건조한 지역에 사는 종으로 아시아 최북단
에서 이동하는 것들을 제외하고는 반사막과 초원 또는 사바나의 평
지 또는 언덕진 곳, 구릉지, 개활지 등지에서 생활한다. 몽골에서는 해
발 2,400m에서 발견되었고 키르기스스탄 천산의 나린강 수역에서는
3,250m, 몽골 고비알타이에서는 1,850m에서 볼 수 있다.

번식 산란기는 5~7월 하순이며 4월 중순에 짝을 찾는 것이 목격되었
다. 번식기가 되면 무리를 짓는 것이 특징인데 수컷은 암컷의 주위를
소리 지르며 돌아다니거나 원을 그리며 난다. 산란수는 2~3개, 때로는
4개도 낳는다(랏데). 알은 광택이 없고 회색 또는 황색빛이 돌며 선명한
적갈색 무늬가 있고 크기는 44mm다(스판겐베르). 첫 알을 산란하면 바
로 암수가 함께 포란하며 포란 기간은 28일 정도다.

먹이 식물의 싹, 초원과 사막 식물의 조그마한 씨앗, 곤충류. 단백질 함
량이 높은 콩과 식물을 즐기는데 어미새는 소낭에 대청엽 씨앗 8,700개
를 담을 수 있으며 모래와 자갈을 섭취하여 모이주머니에서 씨앗을 부
수는 것을 돕는다.

현황 1920년대 한강 상류에서 30리 떨어진 양평군 양수리 부근에서
3~4월에 2마리를 포획했다. 북한 자료에 따르면 평안북도 의주군 부근
에서 1마리(신의주교원대학교)를 포획한 것으로 보아 드물게 한반도를
지나가는 철새 또는 길잃은새인 것으로 추정된다.

♂   우

흑비둘기

북한명 | 검은비둘기
Columba janthina
Black Wood Pigeon

■ 텃새 ■ 천연기념물 제215호,
환경부 지정 멸종위기 야생조류 Ⅱ급,
IUCN Red List NT

형태 한반도에 서식하는 비둘기류 중에서 가장 큰 종이다. 온몸의 체모가 흑회색이며 붉은 보라색과 녹색의 금속성 광택이 난다. 머리는 흑회색으로 자색 광택이 나며 멱과 목에는 녹색 광택이 난다. 꼬리깃은 흑회색이다. 부리는 푸른색이 도는 흑회색이며 끝은 흰색이 도는 녹색이다. 홍채는 갈색이고 다리는 붉다.
노랫소리 '구루욱, 구루욱, 구루구루' 하며 소리를 낸다.
생활권 주로 도서지역의 후박나무 숲에서 생활한다.
번식 벚나무, 메밀나무, 감탕나무 등의 수공 또는 풀숲의 암석 위에 둥지를 튼다. 산란기는 2~9월이며 주로 5~6월 사이에 왕성한 번식력을 자랑한다. 벚나무나 감탕나무 등 교목의 가지에 나뭇가지를 얽어 엉성한 접시형 둥지를 만들고 알을 낳는다. 산란수는 1개이며 알의 색은 흰색이다. 포란은 암수가 함께 하며 포란 기간은 18~19일 정도다. 갓 깨어난 어린 새끼에게는 어미가 반소화 상태인 고농도의 영양분이 함축된 '비둘기젖'을 토해 먹이는데 이로써 면역성을 길러주고 건강하게 성장할 수 있게 한다.
먹이 후박나무열매(주식), 식물의 열매와 씨앗.
현황 텃새로 일부 해안 도서지역의 후박나무와 동백나무, 마가목이 서식하는 곳에서 나무열매를 먹으며 수십 마리가 생활하고 있다. 한반도의 대표적인 서식지는 경상북도 울릉도 사동리의 오래된 후박나무가 모여 있는 곳으로, 이곳을 천연기념물 제237호로 지정했다.

몸길이 380~400mm 몸무게 300~350g
부리 20~21.5mm **날개** 225~350mm **꼬리** 154~190mm **부척** 33~39mm
분포권 중국 산둥성, 일본 남부
　　　남한 경상북도 울릉도, 독도, 제주도 사수도, 횡간도,
　　　　　전라남도 신안군 가거도, 소흑산도, 흑산도, 진도군 관매도,
　　　　　완도군 보길도
　　　북한 자료 없음
도래 시기[월] 텃새

양비둘기

북한명 | 낭비둘기
Columba rupestris
Hill Pigeon

■ 텃새 ■ 적음

몸길이 330mm **몸무게** 240~300g
부리 15.5~16.5mm **날개** ♂225mm ♀204~217mm **꼬리** 113~123mm **부척** 26~32mm
분포권 아시아 중동부, 중국 북부, 만주, 러시아 시베리아 동부, 히말라야,
티베트 등 온대와 열대지역에 광범위하게 분포.
남한 남해 도서지역(거문도, 완도, 청산도, 보길도, 우의도,
대흑산도, 거제도, 남도, 연와도, 욕지도, 비전도, 매물도,
제주도 등), 경기도 파주시 임진각, 속리산, 강원도 월정사,
고성군의 수문
북한 함경도, 평안북도 구성군, 녕변군, 묘향산, 평안남도, 덕천시,
개성시, 황해도

도래 시기[월] 텃새

형태 이마와 머리, 얼굴, 턱밑은 짙은 회색이며 뒷목과 가슴은 광택
이 있는 녹색이다. 어깨와 날개덮깃, 가슴 아랫부분은 회색이며 허리
는 순백색이다. 날개에 폭 넓은 검은색 띠가 두 줄 있다. 날개 밑면은
흰색이며 꼬리 끝에는 흰색과 검은색 띠가 있다. 부리는 검고 홍채는
붉은색이며 다리도 붉다. 꼬리깃은 흑회색이고 중앙부분은 흰색이며
끝에 검은색 띠가 있다.
노랫소리 '구우, 궁, 궁, 구구구, 굿굿굿' 하며 소리 낸다.
생활권 해안의 절벽, 암벽, 내륙의 산악, 석회동굴 속에서 생활한다.
비둘기는 생존에 가장 성공한 조류 중 하나로 세계 도처에서 쉽게 볼
수 있다. 도시라는 환경에서 비둘기는 천적이 없다. 건축물에 둥지를
틀고 서식할 수 있으며 사람들이 종종 먹이를 주므로 개체수가 번성
하게 되었고 이에 따른 오염문제가 초래되기도 한다. 시골의 비둘기
류는 농업발전의 수혜자다. 일부 양비둘기의 후대들은 비둘기 경주에
이용되어 귀소본능을 뽐낸다.
번식 번식에 대한 생태학적 연구가 부족하다. 산란기는 5~6월이 절
정기이며 산간 계류 바위 절벽, 교외의 교각, 내륙의 바위산, 해안의
바위 절벽 등지에서 둥지를 튼다. 산란수는 2개이며 알의 색은 흰색
이다. 포란과 육추는 암수가 함께 하며 포란 기간은 17~18일, 육추
기간은 20~21일이다.
먹이 곡식의 낟알, 곡물.
현황 드문 텃새로 집비둘기와 흡사하다. 절벽에 산다 하여 예전부터
낭비둘기라 칭했다. 북한에서는 지금도 같은 명칭으로 부르며 개성
시에서는 낭비둘기, 덕천시에서는 꿀비둘기라고도 부른다. 남극을
제외한 세계 각 대륙에서 생활하며, 염주비둘기와 함께 북극권 최북
단에서 발견되기도 한다.

분홍가슴비둘기

북한명 | 없음
Columba oenas
Stock Dove

■ 길잃은새 ■ 희귀함

형태 이마와 머리, 뒷머리, 얼굴, 뺨, 목은 회색이며 뒷목은 광택이 없는 흐린 녹색이다. 뺨의 아래쪽에서 가슴 윗부분까지 윤기 없는 분홍색이며 몸통의 윗면은 회색을 띤다. 날개를 접었을 때 날개 윗면에 두 줄의 검은색 띠가 자리 잡고 있다. 부리는 분홍색이며 끝부분은 황색이다. 홍채는 황갈색을 띠고 다리는 분홍색이다. 꼬리깃은 검다.

노랫소리 '꾸루-꾸, 꾸루-우, 꾸-우-후' 하며 소리 낸다.

생활권 수목이 우거진 교외, 고목이 있는 공원, 절벽, 모래언덕, 농장, 개활지 등에서 먹이를 구하며 생활한다.

번식 산란기는 3~9월이며 보통 나무의 빈구멍에 둥지를 트나 일부는 땅구멍 또는 절벽의 움푹 들어간 곳에 둥지를 틀기도 한다. 산좌에는 잔가지와 마른식물의 줄기와 잎을 깔고 알을 낳는다. 산란수는 2개이며 알의 색은 흰색이고 크기는 38mm다. 포란과 육추는 암수가 함께 하며 포란 기간은 16~18일, 육추 기간은 20~30일이다. 날개깃이 자랄 때 새끼의 체형과 몸무게는 어미새에 상당한다.

먹이 식물의 열매, 장과, 꽃잎, 식물의 종자.

현황 길잃은새로 1998년 2월에 경기도 파주시 문산읍과 1999년 11월에 전라남도 해남군에서 관찰된 기록이 있다. 2002년에 홍도에서 국립공원관리공단 박종길 연구원에 의해 촬영되었다.

몸길이 330mm 몸무게 250~340g
분포권 유럽, 중앙아시아 건조지대
　　　남한 경기도 파주시 문산읍, 전라남도 해남군
　　　북한 자료 없음
도래 시기[월] 길잃은새

염주비둘기

북한명 | 웃목도리비둘기
Streptopelia decaocto
Collared Dove

■ 텃새   ■ 희귀함

몸길이 325~330mm   몸무게 150~225g
부리 15~17mm **날개** ♂173~180mm ♀159~171mm **꼬리** 118~146mm **부척** 21~25mm
분포권 유럽, 영국, 인도, 소아시아, 이란, 스리랑카, 미얀마, 몽골, 만주,
　　　　 중국, 일본
　　　　 남한 서해 도서지역
　　　　 북한 함경도, 평안북도, 황해도, 강원도 인가 근처의 산림지대
도래 시기[월] 텃새

형태 이마와 머리, 뒷머리는 분홍색이 도는 회갈색이다. 목에는 옆에서 뒤쪽으로 이어지는 검은색 띠가 상징적으로 뚜렷하다. 몸통의 윗면은 회색이 도는 황갈색이며 허리와 위꼬리덮깃은 흑회색이다. 가슴과 배는 분홍빛이 도는 회색이다. 부리는 검고 홍채와 다리는 붉은색이다. 날개 끝과 바깥쪽꼬리깃 기부는 검은색이며 가장자리는 흰색이다. 날개는 짧고 둔하며 꼬리깃이 첫째날개깃보다 길다. 어린새는 머리와 몸통 아랫면은 갈색빛이 돌며 뒷목의 검은색 띠가 처음에는 없다가 차츰 시간이 지나면서 나타난다.

노랫소리 '구욱 구, 우구구 꾸욱' 하며 소리 낸다

생활권 해안 도서지역과 농경지, 인가 부근의 산림에서 먹이를 구하며 생활한다.

번식 산란기는 3~5월이며 북한 문헌에 따르면 몽골 내륙과 중국에서는 흔히 나무에서 번식한다. 둥지는 지상 2~3m 높이에 노출이 되지 않게 숨겨 튼다. 잔가지로 접시형 둥지를 만드는데 크기는 너비 145mm, 직경 75mm, 중심부의 높이 30mm다. 산좌에는 마른 풀잎과 줄기를 깔고 알을 낳는다. 산란수는 2개이며 알의 색은 흰색, 크기는 32mm다. 포란과 육추는 암수가 함께 하며 포란 기간은 14~16일, 육추 기간은 17일이다.

먹이 식물의 씨앗, 식물의 열매, 곤충류, 빵과 과자 부스러기 등 음식물.

현황 텃새로 과거에는 한반도 전역에 걸쳐 쉽게 볼 수 있었으나 근자에 들어와 찾아보기 어렵게 되었다. 주로 한정된 도서지역에서 드물게 관찰된다. 북한에서는 함경도, 평안북도, 황해도, 강원도 인가 근처의 삼림지대에서 드물게 생활하고 있다. 이 새는 20세기 중엽에 분포 범위를 대대적으로 확장했다. 그전에는 유럽 동남쪽에서만 번식했는데 20세기 초에 발칸반도를 통해 서서히 확대하여 1930년 전후로 유럽 서북부로 신속히 진출했다. 1956년에 처음으로 영국에서 번식했고 3년 후에는 아일랜드로 퍼져나갔다. 1974년에는 포르투갈, 현재는 세력 범위가 북아메리카 서부까지 확대되었다.

홍비둘기

북한명 | 검은목도리비둘기
Streptopelia tranquebarica
Red-collared Dove

■ 길잃은새 ■ 희귀함

형태 한반도에 서식하는 비둘기류 중에서 가장 작은 종이다. 수컷의 체모는 이마, 머리, 뒷머리는 청회색이고 몸통 윗면과 아랫면 전체의 색깔은 적갈색이며 첫째날개깃은 검다. 목 뒤쪽의 회색 부분과 등 부분의 적갈색 경계면에 검고 가는 가로 목띠가 있다. 몸통의 아랫배와 아래꼬리덮깃은 거의 흰색이다. 암컷은 붉은색이 엷고 갈색이 짙다. 꼬리의 양쪽에 가는 흰색 무늬가 보인다. 홍채는 검은색이며 부리와 다리는 흑회색이다.

노랫소리 '끄루, 우, 우우' 하면서 빠르게 소리 낸다.

생활권 평지의 농경지, 과수원, 인가 근처의 농경지 등에서 먹이를 구하며 생활한다.

번식 산란기는 지상 2~8월이나 번식력이 왕성한 시기는 6~7월이다. 대밭이나 삼림이 무성한 곳의 지상 2~5m 높이 나뭇가지에 잔가지로 접시형 둥지를 틀고 산좌에 마른풀과 줄기를 깔고 알을 2개 낳는다. 알의 크기는 20mm이며 흰색이다. 포란은 수로 암컷이 하며 포란 기간은 14~15일, 육추 기간은 17~20일 정도다.

먹이 식물의 씨앗과 곡물의 낟알, 곤충류.

현황 기상 이변이나 난기류 또는 기타 상황으로 무리에서 이탈하여 한반도로 유입된 길잃은새다. 남한에서는 1993년 8월 제주도 추자군도와 2003년 10월 전라남도 신안군 대흑산도에서 목격된 자료가 있고, 북한에서는 함경북도 명천군과 평안북도 용암포에서 1949년 5월 11일 포획한 자료가 있다.

몸길이 225~230mm 몸무게 96~103g
부리 135~155mm **날개** ♂132~137mm ♀129~137mm **꼬리** 81~83mm
부척 170~220mm
분포권 동남아시아, 미얀마, 인도차이나반도, 필리핀, 인도, 중국 남부, 타이완, 일본
  남한 제주도 추자군도, 전라남도 신안군 대흑산도
  북한 함경북도 명천군, 평안북도 용암포
도래 시기[월] 길잃은새

멧비둘기

북한명 | 멧비둘기
Streptopelia orientalis
Rufous Turtle Dove

■ 텃새 ■ 흔함

몸길이 330mm 몸무게 202~225g
부리 15~19mm **날개** ♂173~180mm ♀159~171mm **꼬리** 118~146mm
부척 21~25mm
분포권 아시아 동부, 아프가니스탄, 이란, 인도 남부, 스리랑카, 미얀마,
　　　　몽골, 키르기스스탄 천산, 파미르고원, 알타이, 카슈미르, 히말라야,
　　　　중국, 몽골, 만주, 타이완, 일본
　　　　남한 전역
　　　　북한 전역
도래 시기[월] 텃새

형태 암컷과 수컷이 흡사하다. 이마와 머리, 뒷머리는 분홍색이 도는
회갈색이며 옆목에서 뒷목에 걸쳐 가는 군청색과 검은색 줄무늬 목띠
가 있다. 등과 어깨, 허리, 위꼬리덮깃은 회색이 도는 황갈색이고 가슴
과 배는 적회색이다. 첫째날개깃과 꼬리는 검은색이며 날개에는 비늘
무늬 반점이 얼룩져 있다. 부리는 검다. 홍채는 붉고 다리는 암적색을
띤다.
노랫소리 ‘꾸- 꾸루- 꾸꾸-’ 또는 ‘꾸- 꾸- 꾸-’ 하며 번식기에는 밤낮
없이 소리를 계속 낸다.
생활권 농경지, 인가 근처의 농경지. 산림지, 개활지, 공원 등지에서 먹
이를 구하며 생활한다.
번식 산란기는 3월 하순~8월이며 인가 부근의 숲의 나뭇가지 위에 잔
가지를 엉성하게 얽어놓고 접시형 둥지를 튼다. 산좌에는 마른풀과 깃
털을 깔고 순백색 알을 2개 낳는다. 알의 크기는 23mm다. 포란과 육추
는 암수가 함께 하며 포란 기간은 16~17일, 육추 기간은 20~23일이다.
먹이 곡식의 낟알, 콩, 고추씨, 식물의 씨앗, 열매.
현황 한반도 전역에서 흔하게 볼 수 있는 텃새로 수렵대상종이다. 비둘
기는 생존에 가장 성공한 조류 중 하나로 세계 도처에서 흔하게 볼 수
있다.

목점박이비둘기

북한명 | 없음
Streptopelia chinensis
Spotted Dove

■ 길잃은새 ■ 희귀함

형태 이마와 머리, 뒷머리는 청회색을 띠며 먹과 턱, 앞목, 가슴, 복부는 엷은 회색 바탕에 적갈색이다. 어깨와 등은 황갈색을 띠며 각 깃 중앙부위에 검은색 무늬가 자리 잡고 있다. 옆목에서 뒷목을 거쳐 반대쪽 옆목까지 검은색 바탕에 흰색 점이 산재한 목테가 이 새의 특징이다. 부리는 가늘고 검다. 홍채는 적갈색이며 다리는 붉은색이다.

노랫소리 자료 없음.

생활권 농경지와 산림에서 먹이를 구하며 생활한다.

번식 산란기는 3~7월이며 나무 위에 잔가지를 엉성하게 엮어 접시형 둥지를 튼다. 산좌에 깃털이나 마른 풀줄기와 잎을 깔고 흰색 알을 2개 낳는다. 포란과 육추는 암수가 함께 하며 포란 기간은 17~19일이다. 5~6일간은 어미가 토해내는 고농도 면역물질이 함유된 비둘기젖을 먹인다. 육추 기간은 18~22일 정도다.

먹이 식물의 종자, 열매, 곡식의 낟알, 곤충류.

현황 기상 이변이나 난기류 또는 기타 상황으로 무리에서 이탈하여 한반도로 유입된 길잃은새로, 매년 남부 도서지역인 홍도나 대청도, 소청도에서 소수 개체가 관찰되고 있다. 비둘기과 전체는 4개 아과로 분류된다. 식물의 씨앗을 주식으로 삼는 비둘기아과는 분포지가 폭넓게 관찰되며, 과일비둘기아과(*Treroninae*)는 아프리카 열대지역에서 관찰된다. 왕관비둘기아과(*Gourinae*)에는 뉴기니 현지의 3종이 포함되며, 사모아비둘기(*Didunculus strigirostris*, Tooth-billed Pigeon)는 단독으로 한 아과를 형성한다.

몸길이 270~340mm 몸무게 120~205g
분포권 인도, 파키스탄, 중국, 타이완
　　　　남한 전라남도 신안군 홍도, 인천시 대청도, 소청도
　　　　북한 자료 없음
도래 시기[월] 길잃은새

녹색비둘기

북한명 | 없음
Treron sieboldii
White-bellied Green Pigeon

■ 길잃은새 ■ 희귀함

몸길이 330mm 몸무게 217~300g
부리 18~21mm **날개** ♂183~196mm ♀177~187mm **꼬리** ♂109~133mm ♀103~123mm
부척 24~28mm
분포권 중국 남동부, 타이완, 인도차이나반도, 일본 홋카이도와 규슈
　　남한 경상북도 울릉도, 독도, 제주도, 부산시 태종대
　　북한 자료 없음
도래 시기[월] 길잃은새

형태 온몸의 체모가 녹색을 띤다. 이마와 얼굴 부분은 황색이 도는 녹색이다. 어깨깃은 적갈색의 어두운 올리브갈색이다. 등은 회색을 띤 녹색이다. 멱과 가슴은 연둣빛이 도는 녹색이며 옆구리는 우윳빛이다. 아랫배와 옆구리에는 어두운 올리브녹색의 얼룩무늬가 있다. 수컷의 날개깃은 어두운 보라색을 띤 갈색이며 암컷은 녹색이다. 부리는 엷은 회색이며 끝은 황색이다. 홍채는 적갈색이며 다리는 붉다.
노랫소리 '아우-, 아우-, 아오-, 아오-'하며 소리를 낸다.
생활권 낙엽활엽수림이나 혼효림, 해안지역의 숲에서 생활한다. 여름에는 해발 400~1,300m 활엽수림에서 생활하고 겨울에는 해발고도가 낮은 지역으로 이동하여 지낸다.
번식 번식 생태는 자세히 밝혀지지 않았다. 산란기는 6월이며 지상 3~6m 높이의 낙엽활엽수림 나뭇가지 위에 마른 나뭇가지로 접시형 둥지를 튼다. 산란수는 2개이며 알의 색은 흰색이다. 포란과 육추에 대해서는 밝혀진 바 없다.
먹이 식물의 씨앗이나 열매를 먹고 가끔 미네랄을 섭취하기 위해 바닷물을 마시기도 한다.
현황 길잃은새로 한반도 남부와 동부 도서지역에서 가끔 관찰된다. 울릉도, 독도, 제주도, 부산시 영도구 태종대 등지에서 목격된 기록이 있다. 생태사진작가 김수만이 독도에서 촬영했다.

두견이목

두견이과는 봄철 한반도에 도래하여 여름을 보내는 여름철새이며, 나그네새와
길잃은새도 있다. 체형이 맹금류와 비슷하다. 날개가 뾰족하고 부리도 가늘고 뾰족하며
아래로 굽어 있다. 발가락 형태가 특이한데, 4개 중 2개는 앞으로, 2개는 뒤로 뻗어 있다.
각 종은 외관상 비슷해서 울음소리로 구별할 수 있다. 전 세계 두견이과 중
약 40%가 탁란성이다. 두견이과는 6개 아과를 포함하는데 3개 아과는 구대륙에,
나머지 3개 아과는 신대륙에 분포한다. 생리 특성상 서로 여러 측면에서 다르다.

매뻐꾸기 매사촌

몸길이 300~320mm   **몸무게** 82~104g
부리 20~22mm   **날개** 191~215mm   **꼬리** 131~156mm   **부척** 20~23mm
분포권 러시아, 아무르강, 우수리강, 인도, 네팔, 말레이시아, 필리핀,
　　　　수마트라섬, 보르네오섬, 자바섬, 만주, 중국, 일본
　　　　남한 전역
　　　　북한 전역, 중부 이북 산간지역, 서북부
도래 시기[월] 1 2 **3** 4 5 6 7 8 **9** **10** 11 12

형태 이마와 머리, 등, 날개는 짙은 회색이며 몸통 아랫면은 흰색으로 가슴 부분이 주황색을 띤다. 암컷은 갈색이 돈다. 목 뒤쪽과 셋째날개깃에 흰색 무늬가 유난히 시선을 끈다. 턱밑은 엷은 검은색이며 멱 윗부분은 흰색 또는 황갈색이다. 꼬리는 회갈색이며 적갈색과 검은색의 폭 넓은 가로띠가 뚜렷하다. 부리는 검고 아랫부리 기부와 끝은 올리브색이다. 홍채는 황색 또는 적갈색이며 다리는 황색이다.
노랫소리 '쥬우이 씨-, 쥬우이 씨-, 쥬우이 씨-' 또는 '기찌, 기찌, 쥬끄, 쥬그' 하며 소리를 낸다.
생활권 주로 산림지역에서 먹이를 구하며 생활한다.
번식 산란기는 5~7월 중순이며, 뻐꾸기 종류와 같이 포란과 육추를 스스로 하지 않고 다른 새에게 탁란한다. 평소에 보아왔던 숙주 새의 둥지에 자신의 알을 낳는데 새끼는 숙주 새의 알보다 하루나 이틀 일찍 부화하여 어미가 주는 먹이를 거의 독차지하므로 숙주 새의 새끼는 생존하기 어렵다. 숙주 새의 종류는 휘파람새, 숲새, 맵새, 솔새, 동박새, 촉새 등이다.
먹이 곤충류, 애벌레, 거미류.
현황 봄철과 가을철에 한반도를 지나가는 나그네새이며 일부는 여름을 보내는 여름철새이기도 하다. 한반도 서북부와 중부 이북의 산간지역에서는 번식도 하고 있다. 종래 '매사촌'이라 칭해왔으나, 매의 종류로 혼동할 수 있으며 번식형태가 뻐꾸기의 습성을 갖고 있으므로 '매뻐꾸기' 개칭하는 것이 사리에 맞다.

아성조

검은등뻐꾸기

형태 뻐꾸기와 흡사하나 꼬리가 회갈색이며 꼬리 뒤쪽에 넓은 검은색 가로띠가 있고 끝이 흰색이라는 점이 다르다. 수컷의 깃은 이마와 머리, 목이 회색이며 등과 허리는 회갈색이다. 얼굴과 멱, 윗가슴은 회색이며 아랫가슴과 배는 흰색 바탕에 흑갈색 가로무늬가 선명하게 줄지어 있다. 암컷은 수컷과 흡사하나 윗가슴이 적갈색을 띤다. 부리는 검고 홍채는 적갈색으로 눈테가 다른 뻐꾸기류에 비해 선명하지 않다. 다리는 황색이다.

노랫소리 수컷은 '보-, 보-, 보-' 또는 '부붕-, 부붕-, 부붕-' 하고 암컷은 '빗, 빗, 빗' 하고 소리를 낸다.

생활권 주로 산속의 숲과 인가 근처의 숲에서 먹이를 구하며 생활한다.

번식 산란기는 5~7월이며 뻐꾸기와 같이 다른 새의 둥지에 탁란한다. 알은 흰색 바탕에 적갈색 또는 짙은 갈색 점이 있다. 솔새, 꼬까참새, 휘파람새, 바람까마귀 등에게 탁란시키며 육추하게 한다.

먹이 곤충류의 유충과 성충.

현황 한반도 전역에 도래하는 흔하지 않은 여름철새다. 주로 산림에서 생활하기 때문에 목격하기가 쉽지 않다.

몸길이 320~330mm　**몸무게** 76~159g
부리 22~26mm　**날개** 169~207mm　**꼬리** 137~157mm　**부척** 20~22mm
분포권 인도, 미얀마, 말레이시아, 인도차이나반도, 필리핀, 수마트라섬, 보르네오섬, 스리랑카, 아무르강, 우수리강, 만주, 중국
　　　　남한 전역
　　　　북한 전역
도래 시기[월] 1　2　3　**4　5　6　7　8　9**　10　11　12

우 붉은색 개체

뻐꾸기

북한명 | 뻐꾸기
Cuculus canorus
Common Cuckoo

■ 여름철새 ■ 흔함

몸길이 330~350mm **몸무게** 70~138g
부리 20~25mm **날개** 200~234mm **꼬리** 148~180mm **부척** 19~24mm
분포권 아프리카, 유라시아 전역, 러시아 시베리아 동부, 캄차카반도,
  사할린, 아무르강, 우수리강, 만주, 인도, 동남아시아 일대,
  말레이시아, 필리핀, 인도네시아, 수마트라섬, 자바섬, 보르네오섬,
  중국 북부, 일본
  남한 전역
  북한 전역
도래 시기[월] 1 2 3 **4 5 6 7 8 9** 10 11 12

형태 수컷의 깃털은 몸통 윗면이 모두 흑회색이다. 허리와 위꼬리덮
깃도 회색이며 꼬리와 날개 끝은 검다. 아랫가슴과 배는 흰색이며 가
느다란 흑갈색 줄무늬 띠가 선명하게 자리 잡고 있다. 암컷은 수컷과
흡사하나 윗가슴과 목 아랫부분의 흑갈색 띠가 선명하지 않다. 암컷
중에는 적색형이 간혹 눈에 띤다. 뻐꾸기의 모양새는 매와 비슷하게
생겼으며 부리는 갈색을 띠고 입 속은 선홍색이다. 홍채와 다리는 황
색이다.
노랫소리 수컷은 '뻐꾹, 뻐꾹, 곽, 곽, 곽' 하고 암컷은 '삣, 삣, 삣, 삐
이' 하며 소리 낸다.
생활권 산림과 개활지, 공원 등지에서 먹이를 구하며 생활한다.
번식 산란기는 5월 하순~7월 하순이며, 다른 종의 둥지를 찾아 알을
탁란한다. 한 둥지에 1개씩 탁란하며 최고 25개까지 산란한다. 한 아
비의 것이 아닌 여러 수컷과의 사이에서 생겨난 것으로 조사되었다.
알의 크기는 평균 23mm다. 알의 색깔은 탁란하는 둥지의 알과 같은
데 일반적으로 갈색 또는 푸른색이다. 알을 품고 있는 숙주 새의 알보
다 1~2일 먼저 부화되어 숙주 새의 알이나 부화된 새끼를 둥지 밖으
로 밀어낸다. 육추 기간은 20~23일 정도다.
먹이 주로 곤충류의 성충과 애벌레.
현황 한반도 전역에서 흔히 볼 수 있는 여름철새다.

우

우 붉은색 개체

♂

벙어리뻐꾸기

북한명 | 벙어리뻐꾸기
Cuculus saturatus
Oriental Cuckoo

■ 여름철새   ■ 흔하지 않음

형태 모양과 크기는 뻐꾸기와 매우 흡사하지만 배의 가로무늬가 거친 점이 특징이다. 몸통 윗면은 푸른색을 띤 회색이며 턱밑과 멱, 윗가슴은 짙은 청회색이다. 아랫가슴과 옆구리, 배는 흰색 바탕에 가는 검은색 가로띠가 있다. 암컷의 등면은 푸른색이 적고 가슴에는 갈색이 돌며 적색형도 있다. 암컷은 비교적 적색형이 많고 등은 적갈색이며 앞면에 암갈색 가로띠가 있고 붉은빛이 돈다. 꼬리는 길고 암갈색의 V자형 띠가 있다. 부리는 갈색을 띠고 홍채는 황색이며 다리도 황색이다.

노랫소리 '뽀우-, 뽀우-, 봉 봉 봉-' 또는 '뽕, 뽕, 뽕, 궁, 궁, 궁' 하며 소리를 낸다고 해 개성지역에서는 '궁궁새'라 부른다. 높은 소리는 아니지만 아주 멀리 들린다. 암컷의 소리는 뻐꾸기 암컷과 비슷하다.

생활권 깊은 산림 속에서 홀로 지내며 경계심이 매우 강하여 좀처럼 모습을 드러내지 않는다.

번식 산란기는 5월 상순~6월 하순이다. 명금류인 멧새류와 휘파람새, 촉새, 숲새, 솔새, 동박새 등의 둥지에 각각 1개씩 알을 낳는다. 산란수는 10~12개 정도이며 알의 색은 숙주 새의 알과 같은데, 흰색 또는 엷은 갈색 바탕에 갈색이나 엷은 자주색 반점이 있다. 알의 크기는 평균 20mm이며, 숙주 새의 알이 부화하기 하루 전에 부화한다. 부화하여 둥지의 알을 둥지 밖으로 밀어서 떨어트리고 먹이를 독차지한다.

먹이 곤충류의 성충과 애벌레, 돌두레, 털벌레, 직시류와 초시류, 가끔 식물의 열매.

현황 한반도 중부지역에서 흔히 관찰되었으나 근래에는 개체수가 급속하게 줄어 흔하지 않은 여름철새가 되었다.

몸길이 31~33mm   **몸무게** 74~156g
부리 20~24mm **날개** 180~215mm **꼬리** 124~169mm **부척** 17.5~24mm
분포권 오스트레일리아, 러시아 중부, 시베리아, 캄차카반도,
　　　　사할린, 우수리강, 아무르강, 히말라야, 말레이시아, 필리핀,
　　　　보르네오섬, 수마트라섬, 자바섬, 뉴기니, 중국, 만주, 일본
　　　남한 경기도, 강원도, 전라남도, 경상남도, 제주도
　　　북한 평안도
도래 시기[월] 1　2　3　**4　5　6　7　8　9**　10　11　12

우　붉은색 개체

아성조

♂

우

두견이

북한명 | 두견
Cuculus poliocephalus
Lesser Cuckoo

몸길이 260~280mm   **몸무게** 54~74g
부리 17~20mm **날개** 152~171mm **꼬리** 119~139mm **부척** 16~19mm
분포권 아시아 동부, 동아프가니스탄, 우수리강, 인도, 스리랑카, 미얀마,
　　　　 히말라야, 중국 북동부, 일본
　　　　 남한 전역
　　　　 북한 전역
도래 시기[월] 1 2 3 **4 5 6 7 8 9** 10 11 12

형태 온몸의 깃털 색이 뻐꾸기류와 흡사하다. 몸매가 가늘고 작으며 배에는 굵고 거칠며 간격이 넓은 검은색 가로띠가 여러 개 있다. 수컷의 머리와 뒷목, 등, 허리는 회색이고 배는 흰색 바탕에 흑갈색 가로띠가 있다. 날개는 짙은 갈색이다. 꼬리깃이 40~45mm로 긴 편인데, 근사종보다 가늘고 길며 쐐기꼴이다. 암컷 중에는 몸통 윗면이 적갈색을 띠는 것도 있다. 암컷은 수컷에 비해 배의 흰색이 엷다. 부리는 검고 홍채는 갈색이며 다리는 황색이다. 어린새는 대개 적색형인데 머리 상단과 뒷목, 어깨 등, 허리, 위꼬리덮깃은 암갈색이고 적갈색 무늬가 산재해 있다. 꼬리와 날개깃은 암컷의 적색형과 같고 턱밑에서 아래꼬리덮깃까지 흑갈색 가로무늬가 있으며 검은색 띠는 넓고 바탕색은 크림색이다.
노랫소리 보통 일출과 일몰 시에 소리 내지만, 깊은 산속이나 계곡에서는 흐린 날 낮에도 소리를 낸다. 수컷은 '켁켁케케', '쭉쭉쭉', '키욧, 교, 교' 하고 암컷은 '삐삐, 삐이' 한다.
생활권 깊은 산 교목림, 산악이나 임지에서 먹이를 구하며 홀로 생활한다.
번식 산란기는 6월 상순~8월 하순이다. 번식 형태는 뻐꾸기와 흡사한데 자신의 둥지를 틀지 않고 다른 명금류인 휘파람새와 솔새, 숲새, 솔새, 동박새 둥지에 알을 낳는다. 탁란한 둥지의 알과 같은 색으로 변화시킨 알을 낳는데, 주로 갈색과 푸른색이다. 부화된 어린새는 둥지의 모든 알이나 새끼를 등으로 밀어내어 떨어트리고 숙주 새의 먹이를 독차지하면서 자란다. 또한 양부모에게서 먹이를 얻기 위해 양부모가 새끼들과 교류하는 신호를 모방하여 눈속임을 계속한다. 이는 두견이류의 습성으로 큰점무늬뻐꾸기(*Clamator glandarius*)의 경우, 새끼 방울새가 먹이를 조르는 울음소리를 모방하고, 먹이를 조를 때 더 크게 입을 벌려 한 둥지에 있는 새끼들보다 더 많은 관심을 양부모에게 받기도 한다.
먹이 곤충류의 성충과 애벌레, 다족류. 북한 자료에 따르면 5월 23일 채집된 개체의 위에 송충이가 다수 들어 있었다.
현황 깊은 산속에서 비교적 어렵지 않게 관찰할 수 있는 여름철새로 한반도 전역에 도래한다. 두견이과에는 6개 아과가 포함된다. 3과는 구대륙, 3과는 신대륙에 분포하며 서로 차이가 크다. 구대륙에서 가장 큰 아과에는 54종이 있는데 한결같이 기생 두견으로 뻐꾸기 아과의 탁란종 3종을 포함하여 57종이 다른 새의 둥지에 알을 낳는다.

우 붉은색 개체

♂

밤색날개뻐꾸기

북한명 | 없음
Clamator coromandus
Chestnut-winged Cuckoo
(Red-winged Crested Cuckoo)

■ 길잃은새　■ 희귀함

형태 두견이과 중 대형종이다. 이마와 머리 상단, 뒷목은 금속광택이 나는 검은색이다. 머리 뒤쪽으로 검은색 관우(冠羽)가 솟아 있고 등이 검고 꼬리도 검고 길다. 턱밑과 멱, 윗가슴은 주황색이고 배는 순백색이다. 날개덮깃과 날개깃은 적갈색이다. 부리는 흑회색이고 홍채는 갈색이며 다리는 흑회색을 띤다.

노랫소리 '크리치, 크리치, 크리치' 하며 크고 탁한 소리를 낸다.

생활권 산림, 인가 근처에서 해발 1,500m까지 생활 영역으로 삼으며 자주 목격된다.

번식 번식 생태에 관한 자세한 자료가 없다. 다만 뻐꾸기와 같이 탁란성이며 다른 새의 둥지에 1개씩 탁란한다. 알의 색이 비슷한 숙주의 둥지에서 숙주의 알을 삼킨 후 빠르게 자신의 알을 낳고 자리를 뜬다. 산란기는 5~7월이며 산란수는 18개 정도다. 육추 기간은 16~24일 정도로 추정된다.

먹이 주로 곤충류의 성충과 애벌레.

현황 1994년 4월 제주도 서귀포시 서귀포고등학교 교정에서 아성조로 보이는 1개체가 까치와 함께 생활하는 모습이 제주대학교 고(故) 박행신 교수팀에 의해 처음으로 관찰되었다. 한반도에서는 미기록종이며 길잃은새다.

몸길이 350~420mm　**몸무게** 67~114g

분포권 동남아시아, 인도, 중국 남동부, 타이완, 필리핀, 술라웨시섬, 말레이시아, 일본

　　　남한 제주도

　　　북한 자료 없음

도래 시기[월] 길잃은새

큰매뻐꾸기 큰매사촌

북한명 | 없음
Cuculus sparverioides
Large Hawk-cuckoo

- 길잃은새 • 희귀함

몸길이 350∼420mm **몸무게** 130∼168g
분포권 동남아시아, 필리핀, 중국 남부
남한 전라남도 신안군 홍도, 가거도, 완도군 보길도,
인천시 소청도, 경상남도 거제도 등 서남 도서지역
북한 자료 없음
도래 시기[월] 길잃은새

형태 이마와 머리 상단, 얼굴, 뒷머리, 뒷목은 회색이고 턱에는 검은색 반점이 자리 잡고 있으며 멱은 흰색 바탕에 세로줄무늬가 있다. 윗가슴 위쪽은 적갈색이며 아랫가슴은 흰색 바탕에 갈색 가로줄무늬가 마치 뻐꾸기의 문양처럼 넓게 자리 잡고 있다. 눈테는 황색이며 홍채는 적갈색이다. 다리는 분홍색이다. 어린새의 이마와 머리 뺨, 뒷머리, 뒷목은 회색이고 등과 어깨는 짙은 흑갈색을 띠며 날개덮깃과 위꼬리덮깃은 엷은 흑갈색이다. 멱에 세로줄무늬가 있고 목과 가슴, 복부에는 흑갈색 점으로 이루어진 줄무늬가 길게 산재해 있다.
노랫소리 날카로운 매 소리를 낸다.
생활권 활엽수림과 혼효림, 개활지, 평지 등에서 먹이를 구하며 단독 생활을 즐긴다.
번식 산란기는 4∼7월이며 솔새나 숲새, 동박새, 휘파람새 등의 둥지를 찾아 1개씩 산란하고 탁란한다. 탁란 둥지의 알과 같은 색의 알을 낳는 데 주로 갈색과 푸른색이다. 탁란 둥지의 알보다 하루 전이나 함께 부화해 주변의 알이나 새끼들을 모두 둥지 밖으로 밀어내어 떨어트린 다음 홀로 먹이를 얻어먹고 성장한다.
먹이 곤충류의 성충과 애벌레, 다족류, 송충이.
현황 한반도 서남 도서지역인 홍도, 가거도, 소청도, 보길도, 거제도에서 이따금 관찰되나 보기가 쉽지 않은 길잃은새다.

♂

어린새

검은두견이

북한명 | 없음
Surniculus lugubris
Asian Drongo-cuckoo (Square-tailed Drongo-cuckoo)

■ 길잃은새 ■ 희귀함

형태 이 종은 바람까마귀와 흡사하게 생겼다. 이마와 머리 상단, 뒷머리, 얼굴, 멱, 턱밑은 검은색이며 녹색 광택이 난다. 가슴, 복부, 위꼬리덮깃은 검은색이고 윗날개덮깃은 녹색 광택이 나며 첫째날개의 끝깃과 둘째날개덮깃 끝은 검은색이다. 부리는 가늘고 검으며 밑으로 약간 굽었다. 홍채는 황색이며 다리는 암회색이다. 수컷의 홍채는 갈색이다. 어린새는 온몸의 체모가 회색을 띠며 멱과 허리, 날개덮깃에는 작은 흰색 반점이 산재해 있고 아래꼬리덮깃과 꼬리깃에는 흰 가로줄무늬가 산재한다.

노랫소리 호루라기 같은 소리를 빠르게 낸다.

생활권 혼효림과 관목림이 무성한 곳에서 먹이를 구하며 무리 지어 생활한다.

번식 산란기는 5~7월이며 명금류인 휘파람새, 숲새, 동박새, 솔새 등의 둥지에 1개씩 알을 낳는다. 몇 개의 알을 낳는지 등에 대해서는 번식 생태에 관한 연구가 부족하여 자료를 얻을 수 없다.

먹이 식물의 열매 등.

현황 길잃은새로 2006년 5월 국립공원관리공단에서 홍도와 그 부근의 도서에서 관찰한 기록이 있다. 두견이과에는 6개 아과가 포함된다. 3과는 구대륙에, 나머지 3과는 신대륙에 분포하며 서로 차이가 크다. 구대륙에서 가장 큰 아과는 54종이 있고 한결같이 기생 두견이다. 구대륙의 다른 2개 아과 중 하나는 28종의 두견이로 구성되고 아프리카, 동남아시아, 오스트레일리아에 분포한다. 다른 하나는 26종의 두견이와 땅뻐꾸기(ground cuckoo)로 구성되며 각각 마다가스카르와 동남아시아에 제한적으로 분포한다. 그중 18종은 두견이의 비기생종으로 구대륙 근연종과 상이한 하나의 아과를 구성한다. 집단으로 둥지를 짓는 아니(*Crotophga*, ani)와 줄무늬뻐꾸기(*Tapera*, Striped Cuckoo)는 각각 신대륙의 아과를 형성한다. 신대륙의 또다른 아과는 10종의 두견이로 구성되며 이 중 3종은 탁란성이다.

몸길이 250mm **몸무게** 30~35g
분포권 동남아시아, 스리랑카, 말레이시아, 필리핀, 중국 중남부, 인도네시아, 보르네오섬, 미얀마 등지
　　　　남한 전라남도 신안군 홍도와 부근 도서
　　　　북한 자료 없음
도래 시기[월] 길잃은새

어린새

검은뻐꾸기

북한명 | 없음
Eudynamys scolopaceus
Koel(Asian Koel)

몸길이 400~430mm **몸무게** 175~242g
분포권 인도, 인도네시아, 스리랑카, 중국 남부
　　　남한 남부지방
　　　북한 자료 없음
도래 시기[월] 길잃은새

♀

형태 수컷은 온몸의 체모가 검은색으로 이마와 머리 상단, 뒷목, 턱밑과 멱, 가슴은 검고 녹청색 광택이 난다. 등과 어깨는 검은색이고 날개는 녹청색 광택이 나며 꼬리는 검고 길다. 부리는 엷은 뿔색이며 홍채는 붉은색이다. 암컷은 온몸의 체모가 갈색이며 등에 흰색 반점이 산재해 있다. 턱밑과 멱에는 흑갈색 세로줄무늬가 있고 복부에는 흰색 바탕에 갈색 줄무늬가 산재해 있다. 홍채는 붉다. 어린새의 수컷은 온몸의 깃털이 검고 깃털 끝은 흰색이며, 암컷은 온몸에 흰색 무늬가 산재해 있고 꼬리 밑쪽에는 엷은 황백색 가로줄무늬가 있다.

노랫소리 자료 없음.

생활권 산림지와 개활지의 숲, 농경지에서 홀로 먹이를 구하며 생활한다.

번식 산란기는 3~8월이며 탁란성으로 숙주의 둥지에 알을 낳으면 12~13일간 대리모가 포란하고 육추한다. 산란기가 오면 암컷은 자신의 알을 키워줄 새들에게 관심을 기울인다. 여러 종류의 새들 중에서 알의 색이 자신의 알과 잘 어울리는 잠재적 숙주를 찾아야 하기 때문이다. 알맞은 둥지를 찾으면 조용히 접근하여 숙주의 알을 하나 이상 입에 삼킨 후 신속하게 자기 알을 낳고 떠난다. 이 모든 동작은 10초 안에 마무리된다. 그 밖의 생태에 관한 자료는 부족하다.

먹이 곤충류의 성충과 애벌레, 식물의 열매, 무척추동물.

현황 기상 이변이나 난기류 또는 기타 상황으로 무리에서 이탈하여 한반도로 유입된 길잃은새다. 한반도 남쪽에서 간혹 목격되고 있으나 채집된 것은 없다.

어린새

♂

작은뻐꾸기사촌

북한명 | 없음
Centropus bengalensis
Lesser Coucal

■ 길잃은새   ■ 희귀함

형태 이마와 머리, 뒷머리, 뺨과 얼굴, 턱밑과 멱, 목과 앞가슴과 복부는 검고 날개덮깃과 날개깃은 적갈색이다. 꼬리가 길고 부리는 흑회색을 띠며 홍채는 엷은 적갈색에 다리는 회색이다. 어린새의 이마와 머리, 얼굴과 뺨, 턱밑과 멱과 목, 앞가슴은 갈색 바탕에 황색 세로줄무늬가 산재해 있다. 날개덮깃은 적갈색 바탕에 회색과 갈색이 혼재되어 있다. 꼬리는 적갈색 바탕에 검은 줄무늬가 산재해 있다.

노랫소리 자료 없음.

생활권 혼효림이 무성한 숲 또는 개활지의 산림, 초원, 구릉지역의 관목이 무성한 곳에서 홀로 먹이를 구하며 생활한다.

번식 산란기는 3~8월이다. 나무 위에 돔형의 둥지를 만드는데 아래쪽에 작은 출입구를 만들어 드나든다. 산란수는 4~5개 정도이며 포란과 육추는 스스로 한다. 이처럼 여타 뻐꾸기류 새와 다른 번식형태를 갖춘 것으로 보이나 번식 생태에 관한 자세한 조사가 이루어지지 않아 확실한 자료는 구할 수 없다.

먹이 곤충류, 식물의 열매.

현황 중국과 타이완의 고유종으로 기상 이변이나 난기류 또는 기타 상황으로 무리에서 이탈하여 한반도로 유입된 길잃은새다. 제주도와 외연도 등지에서 관찰되었다 하나 아직 확실한 조사는 이루어지지 않은 종이다.

몸길이 280~350mm   **몸무게** 85~139g
분포권 중국, 타이완, 인도, 동남아시아, 필리핀, 인도네시아
　　　　 남한 제주도, 충청남도 보령시 외연도
　　　　 북한 자료 없음
도래 시기[월] 길잃은새

아성조

여름깃

357

올빼미목

올빼미과에는 겨울철새, 나그네새, 길잃은새 등이 있다. 암컷이 수컷에 비해 더 크다.

얼굴이 편평하여 먹이 사냥에 유리하고 청각과 시각이 발달했다. 날카로운 부리와

발톱으로 각종 먹잇감을 포획하며, 자신의 몸집 크기와 기거하는 서식지에 따라 종류가

다양하다. 작은 포유류는 통째로 삼키고 소화되지 않은 털과 뼈는 펠릿으로 토한다.

주로 야행성이지만 낮에도 먹이를 사냥한다. 가면올빼미과는 국내에서는 미기록종으로

2003년 전라남도 신안군 흑산도에서 수컷 1개체의 사체가 발견된 바 있다.

주로 중형종 또는 대형종이며 가면을 쓴 것 같은 둥근 하트형 얼굴이 특징이다.

생리 특성상 여러 측면에서 올빼미과와 다르다.

흰올빼미

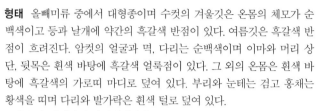

북한명 | 흰올빼미
Nyctea scandiaca
Snowy Owl

■ 길잃은새   ■ CITES II

몸길이 550~650mm   **몸무게** ♂1,500~2,000g ♀1,900~2,400g
부리 25~30mm **날개** 397~475mm **꼬리** 195~245mm **부척** 42~45mm
분포권 툰드라 지역, 미국 알래스카, 캐나다, 스칸디나비아반도, 영국,
독일, 스위스, 인도 서부, 몽골, 중국 북부, 만주, 일본
남한 충청남도 예산군
북한 강원도 원산시
도래 시기[월] 길잃은새

형태 올빼미류 중에서 대형종이며 수컷의 겨울깃은 온몸의 체모가 순백색이고 등과 날개에 약간의 흑갈색 반점이 있다. 여름깃은 흑갈색 반점이 흐려진다. 암컷의 얼굴과 멱, 다리는 순백색이며 이마와 머리 상단, 뒷목은 흰색 바탕에 흑갈색 얼룩점이 있다. 그 외의 온몸은 흰색 바탕에 흑갈색의 가로띠 마디로 덮여 있다. 부리와 눈테는 검고 홍채는 황색을 띠며 다리와 발가락은 흰색 털로 덮여 있다.
노랫소리 번식기가 가까워지면 '고롯 호-, 고롯 호-, 고롯 호-' 하며 소리를 3~4회 연속적으로 낸다. 경계 시에는 '끼릿, 끼릿, 끼릿' 하고 약탈자나 침입자가 가까이 오면 아랫부리와 윗부리를 부딪쳐 '딱딱딱' 소리를 내면서 깃을 세우고 몸을 가로로 흔든다.
생활권 항상 동토대에서 살며 번식기에는 평지나 산악의 분수령에서 생활한다. 개활지나 해안가, 소택지, 초원, 구릉지, 농경지에서 목격되기도 한다.
번식 산란기는 5~8월이며 툰드라 동토지역의 높은 곳이나 낮은 곳 또는 벼랑, 바위틈의 오목한 곳에 접시형 둥지를 튼다. 산좌에는 이끼류와 깃털을 깔고 알을 낳는다. 알의 색은 순백색이며 산란수는 주로 설치류의 많고 적음에 따라 차이가 난다. 한배에서 보통 3~5개, 8~9개, 때로는 11개까지도 산란한다. 알의 크기는 54mm이며 첫 알을 낳고 바로 포란에 들어간다. 포란은 암컷이 전담하며 포란 기간은 약 30일 또는 32~34일 정도다. 포란 도중 암컷이 사망했을 때는 수컷이 포란을 대행한다. 육추는 암수가 함께 하며 육추 기간은 43~50일 정도다.
먹이 설치류와 족제비, 두더지, 조류, 곤충류, 토끼, 다람쥐 등.
현황 길잃은새다. 강원도 원산시와 1912년 12월에는 충청남도 예산군에서 1개체를 포획한 기록이 있다.

♂

♀

수리부엉이

북한명 | 수리부엉이
Bubo bubo
Eurasian Eagle-owl

■ 텃새 ■ 천연기념물 제324-2호,
환경부 지정 멸종위기 야생조류 Ⅱ급,
CITES Ⅱ

형태 한반도의 올빼미과 중에서 가장 큰 종이다. 암수의 형태는 흡사하지만 암컷이 수컷보다 훨씬 크다. 온몸의 색깔은 적갈색에 검은색 무늬가 산재해 있다. 머리 상단은 갈색을 띤 검은색이며 한 줄의 긴 깃으로 된 크림색 우각이 나 있는데 그 길이는 55~80mm이며 뒷머리는 엷은 붉은색이다. 너비 7~12mm의 엷은 검은색 세로무늬가 있다. 등과 어깨와 허리의 깃과 위꼬리덮깃은 붉은빛이 돌며 검은색 잔무늬가 산재해 있고 가슴과 복부에도 잔세로줄무늬가 산재해 있다. 부리는 검고 갈고리처럼 굽어 있고 홍채는 주황색을 띤다. 꼬리는 비교적 짧고 끝이 둥글다. 다리는 부드러운 털로 덮여 있고 날카로운 발톱은 검은색이다.

노랫소리 '우, 우, 우' 또는 '우-후', '부엉 부엉' 하고 은은한 소리를 내는데 4km 밖에서도 들린다. 다른 맹금류와 마찬가지로 암수 배우자가 서로 관계를 유지하기 위해 빈번하게 교신한다. 경계할 때는 날개를 펴고 온몸의 깃털을 세우고 부리를 부딪쳐 '딱딱딱' 소리를 내며 위협하기도 한다.

생활권 번식기에는 암반이나 계곡, 바위산과 산림에서 먹이를 구하면서 생활한다. 크고 흔치 않은 먹이를 사냥하기 때문에 더 큰 영역이 필요하며 둥지 간격은 4~5km다.

번식 산란기는 12월이며 암벽의 벼랑이나 바위틈, 고목의 움푹 파인 곳에 둥지를 튼다. 산란수는 먹이의 양과 비례하며 일반적으로 2~3개이지만 때로는 4개를 낳기도 한다. 알의 색은 순백색이며 크기는 61mm다. 포란은 암컷이 전담하며 수컷은 먹이를 조달한다. 포란 기간은 34~36일이다. 육추는 암수가 함께 하며 육추 기간은 50~60일 정도다.

먹이 꿩, 멧토끼, 설치류, 양서류, 파충류, 곤충류.

현황 한반도 전역에서 서식하는 보기 드문 텃새다. 산림보다 바위산이나 암벽 등을 서식지로 선호한다.

몸길이 650~700mm **몸무게** ♂1,500~2,000g ♀2,300~3,000g
부리 ♂45~52mm ♀53mm **날개** ♂419~485mm ♀450mm **꼬리** ♂243~298mm
♀248mm **부척** ♂80~82mm ♀85mm
분포권 아프리카 북부, 유라시아, 러시아 시베리아, 우수리강, 사할린,
　　　　 스칸디나비아 북부, 시리아, 이라크, 이란, 중국, 티베트, 몽골, 일본
　　남한 강원도, 경상북도, 경상남도, 울산광역시, 충청남도, 충청북도,
　　　　 부산시, 전라남도, 제주도 등
　　북한 전역
도래 시기[월] 텃새

칡부엉이

북한명 | 츩부엉이
Asio otus
Long-eared Owl

■ 겨울철새　■ 천연기념물 제324-5호, CITES II

몸길이 360~380mm　**몸무게** ♂210~270g ♀240~330g
부리 15~17mm **날개** 287~295mm **꼬리** 138~155mm **부척** 25~30mm
분포권 유럽 북부, 영국, 스칸디나비아반도 남부, 러시아 시베리아 남부,
　　　　 아무르강, 우수리강, 알타이, 이란, 인도 북부, 중국 남부, 몽골, 일본
　　　　 남한 충청남도 서산시 간월호, 낙동강 하구, 전라남도 신안군 홍도 등 전역
　　　　 북한 전역

도래 시기[월] **1** **2** **3** 4 5 6 7 8 9 **10** **11** **12**

형태 긴 귀뿔(40~45mm)을 지닌 중형종의 부엉이다. 암컷과 수컷의 겨울깃은 머리 상단과 뒷머리에 회백색과 갈색의 얼룩무늬가 있다. 뒷목, 어깨깃, 등, 허리는 회색과 황갈색 바탕에 흑갈색 세로무늬가 있다. 안반과 눈앞 장모는 황갈색이며 끝은 검다. 몸통의 아랫면은 엷은 갈색이고 세로무늬는 선명한 갈색이다. 꼬리와 날개는 황갈색이며 갈색 가로무늬가 있다. 부리는 흑회색이며 홍채는 주황색이고 다리는 황갈색 털로 덮여 있다. 꼬리깃은 12매이며 끝은 둥글다.
노랫소리 번식기가 되면 '부- 부- 부-' 또는 '우-우-우-' 한다.
생활권 야행성 조류로 활엽수림이나 침엽수림지역을 선호하며 산악과 계곡의 교목림이나 침엽수림 또는 풀이 무성한 평지에서 먹이를 구하며 생활한다.
번식 산란기는 4~6월이며 말똥가리나 매 종류가 사용했던 낡은 둥지를 이용한다. 산란수는 그해의 먹이의 조건에 따라 변한다. 일반적으로 3~5개의 알을 낳는데 환경 조건이 나쁜 해에는 산란을 포기하기도 하지만 설치류가 많이 번식하여 조건이 매우 좋은 해에는 늦여름과 가을에 걸쳐 또 한 번 번식한다. 알의 색은 순백색으로 크기는 평균 45mm다. 포란은 암컷이 전담하며 포란 기간은 28~30일이다. 수컷은 포란과 육추 기간에 먹이를 조달하는 일을 맡는다. 육추 기간은 30~32일 정도다.
먹이 설치류, 두더지, 조류, 곤충류.
현황 한반도 전역에서 드물게 관찰되는 겨울철새다. 산림훼손 등으로 인한 서식지 감소로 개체수가 줄고 있다.

쇠부엉이

북한명 | 작은부엉이
Asio flammeus
Short-eared Owl

■ 겨울철새   ■ 천연기념물 제324-4호, CITES II

형태 암수의 모습이 같다. 겨울깃은 머리 상단과 등이 황갈색을 띠고 짙은 갈색의 굵은 줄무늬가 있다. 귀뿔의 길이는 15~16mm로 매우 짧아 흔적만 보인다. 안반은 잘 발달되어 있으며 원형을 이룬다. 눈의 둘레는 검고 가슴과 복부는 황갈색으로 가는 줄무늬가 있다. 아랫배와 아래꼬리덮깃, 다리의 털은 황갈색이다. 부리는 회색이며 홍채는 황색이다. 꼬리는 깃축에 따라 갈색을 띠며 가로줄무늬가 있고 부드럽다.

노랫소리 번식기가 되면 '부, 부, 부' 하고, 경계할 때는 부리를 부딪쳐 '딱딱딱' 소리를 낸다.

생활권 주로 하천이나 갈대밭, 농경지, 개활지에서 먹이를 구하며 생활한다. 쇠부엉이는 이동하며 생활하는 버릇이 있어서 먹이가 부족하면 자신이 구축해놓은 영역을 미련 없이 버리고 먹이를 찾아 나선다. 산지에 서식하는 일부 종은 수직으로 이동한다. 즉 겨울 폭풍우가 치는 시기나 폭설로 산간이 눈에 덮이면 산에서 내려와 근처로 이동한다.

번식 산란기는 4월 하순~6월이며 소택지와 갈대밭, 관목지역의 풀숲 땅 위 오목한 곳에 둥지를 튼다. 산란수는 4~8개 정도이나 그해의 먹이 조건에 따라 조정된다. 알의 색은 순백색이며 크기는 40mm다. 포란은 암컷이 전담한다. 포란 기간은 24~29일이며 수컷은 암컷에게 먹이를 조달하는 일을 맡는다. 육추는 암수가 함께 하며 육추 기간은 24~27일 정도다.

먹이 설치류, 조류, 곤충류.

현황 한반도 전역에서 드물게 관찰되는 겨울철새다. 습지와 개활지의 축소로 서식지가 줄어들고 있으며 개체수가 감소하고 있다.

몸길이 380mm   **몸무게** ♂260~310g ♀290~350g
부리 16.5mm **날개** ♂281~329mm ♀295~300mm **꼬리** 140~160mm
부척 40~44mm
분포권 북아메리카, 남아메리카, 미국 하와이, 갈라파고스제도, 서인도제도, 안데스 산맥 북단, 베네수엘라, 유라시아, 러시아 시베리아 툰드라 지역, 캄차카반도, 우수리강, 사할린, 몽골 북부, 만주, 일본
   남한 강원도 철원군, 한강 하구, 낙동강 하구, 대구시 화원습지, 충청북도 미호천 등
   북한 함경북도, 평안북도, 평안남도
도래 시기[월] **1 2 3** 4 5 6 7 8 9 **10 11 12**

올빼미

북한명 | 올빼미
Strix aluco
Tawny Owl

■ 텃새 ■ 천연기념물 제324-1호,
환경부 지정 멸종위기 야생조류 Ⅱ급,
CITES Ⅱ

몸길이 380~410mm **몸무게** ♂330~440g ♀420~590g
부리 23mm **날개** 272mm **꼬리** 171~192mm **부척** 57mm
분포권 유라시아, 중국 남부와 동북부, 만주 남부
 남한 충청도 부여군, 울릉도, 제주도, 강원도, 경기도 광릉 등 전역
 북한 평안남도 안주시, 강동군, 강원도, 황해북도 장풍군,
  량강도 해산시
도래 시기[월] 텃새

형태 귀뿔이 없는 원형 얼굴이 특징이며 온몸이 회갈색이다. 머리 상단과 뒷목, 윗등은 황갈색을 띠며 흑갈색 얼룩무늬와 2~3개의 가로띠가 있다. 어깨와 날개에는 흰색 무늬가 있고 얼굴은 담갈색과 회갈색이며 가슴과 복부는 황갈색을 띤 흰색으로 갈색 얼룩무늬와 가로띠가 있다. 암컷은 수컷의 깃과 흡사하나 무늬가 크고 짙다. 부리는 녹황색이며 홍채는 흑갈색이다. 다리는 털로 덮여 있으며 가느다란 가로무늬만 있다. 발톱은 날카롭고 암회색을 띠며 기부는 담회색이다.

노랫소리 '우-, 우-, 우-' 또는 '우후후후' 하고 소리를 낸다. 올빼미는 발달된 발성 시스템을 가지고 있다. 주간에 육식성 조류를 사냥할 때보다 더 빈번하게 노래한다. 올빼미들의 영역을 지키기 위한 소리는 기타 조류의 소리와 비슷하며 성별이 같은 경쟁자에게 경고하고 이성을 유인하는 데 이용한다. 이들은 교류할 때 시각이 아닌 청각에 많이 의존하므로 몸깃의 양식 및 색은 식별 기능보다는 은폐 기능에 더 중점을 두고 있다. 그러므로 올빼미류의 깃털은 대동소이해 보인다.

생활권 단독으로 생활하며 야행성이다. 평지에 숲이 무성한 곳이나 산림이 무성한 곳에서 먹이를 구한다. 올빼미는 여러 동물을 잡아먹는데 그 구체적인 종류는 몸집 크기와 기거하는 서식지에 달려 있다. 임지에서 생활할 때는 설치류를 주식으로 하지만 도시에서는 특히 참새를 주식으로 한다. 소형종은 주로 곤충이나 벌레를 먹고, 중형종은 작은 설치류나 조류를 먹는다. 대형종은 산토끼나 작은 사슴까지 잡아먹고 다른 올빼미와 육식성 조류를 포함한 중간 크기의 새를 잡아먹는다.

번식 산란기는 3~4월이며 주로 고목의 수공 또는 까마귀나 맹금류가 사용했던 낡은 둥지를 이용한다. 땅 위에 알을 낳기도 한다. 산란수는 2~4개 정도이며 먹이의 풍족도에 따라 6개까지 산란하기도 한다. 알은 2일 간격으로 낳는다. 알의 색은 흰색이며 크기는 평균적으로 48mm다. 포란은 암컷이 전담하며 포란 기간은 28~30일이다. 육추는 암수가 함께 하며 육추 기간은 32~37일 정도다.

먹이 설치류, 조류, 곤충류.

현황 한반도 전역의 평지나 산지에서 서식하는 흔치 않은 텃새이며 매년 개체수가 줄고 있다.

긴점박이올빼미

북한명 | 북올빼미
Strix uralensis
Ural Owl

■ 텃새
■ 환경부 지정 멸종위기 야생조류 Ⅱ급,
CITES Ⅱ

형태 올빼미류 중에서 대형종에 속하며 생김새가 올빼미와 비슷하다. 이마와 머리 상단, 뒷머리, 뒷목은 황갈색을 띠고 폭 넓은 흑갈색 세로 얼룩무늬와 흰색 얼룩점이 있다. 얼굴은 둥글고 크림색을 띤 흰색이며 안반 둘레는 엷은 황갈색으로 검은색과 흰색 얼룩선이 원형을 이룬다. 몸통의 윗면은 황갈색이며 넓은 흑갈색 얼룩무늬가 있다. 가슴과 배 부분에는 갈색 세로줄무늬가 있고 긴 꼬리에는 진갈색 가로무늬가 있다. 부리는 황색이며 홍채는 흑갈색이다. 다리와 발가락에는 털이 빽빽하게 덮여 있다.

노랫소리 '후우흐, 우후후, 후후' 또는 '화우- 화우-' 한다.

생활권 비교적 고산지역의 혼효림에서 생활한다.

번식 산란기는 3~5월이다. 고목의 수공이나 까마귀나 맹금류가 쓰던 낡은 둥지를 사용한다. 산란수는 2~4개 정도이며 3~5일 간격으로 낳는다. 알의 색은 흰색이며, 크기는 51mm, 무게는 43.9g이다. 포란은 암컷이 전담하며 수컷은 암컷의 먹이를 조달한다. 포란 기간은 27~29일이다. 육추는 암수가 함께 하며 육추 기간은 30~40일 정도다.

먹이 설치류, 조류, 곤충류, 식충류(땃쥐, 뒤쥐), 소형포유류, 무척추동물.

현황 한반도 북부지역인 백두산 고산지역에서 서식하는 텃새로 강원도 산간지역에서도 드물게 관찰되고 있다. 경기도 포천시 일동에서 지역 주민이 사체 1구를 발견하여 운악산에도 서식하고 있는 것이 밝혀졌다.

몸길이 600~610mm **몸무게** ♂680~750g ♀820~970g

부리 22~25mm **날개** ♂300~321mm ♀315~338mm **꼬리** ♂220~240mm ♀230~260mm **부척** 44~50mm

분포권 유럽 북부, 러시아 사할린, 아무르강, 우수리강, 몽골, 만주, 일본
　　남한 경기도 포천시 운악산, 설악산, 오대산 일대
　　북한 함경북도 대안산, 백두산

도래 시기[월] 텃새

긴꼬리올빼미

북한명 | 백두산긴꼬리올빼미(긴꼬리올빼미)

Surnia ulula
Northern Hawk-owl

■ 길잃은새
■ 희귀함, CITES Ⅱ

몸길이 350~400mm 몸무게 281~375g

부리 20~23mm 날개 ♂235mm ♀230mm 꼬리 182mm 부척 35mm

분포권 유럽, 독일 북부, 덴마크, 네덜란드, 벨기에, 영국, 프랑스, 루마니아,
러시아 쿠릴열도, 시베리아, 우수리강, 사할린, 캄차카반도, 알타이,
연해주, 몽골 북부, 중국 만주 북부

남한 자료 없음

북한 백두산 차일봉, 간삼봉 일대, 갑산 두루봉 일대

도래 시기[월] 길잃은새

형태 머리 상단은 암갈색이며 작은 흰색 점무늬가 밀집하여 산재해 있다. 뒷머리에는 흰색 반점과 큰 검은색 점이 자리 잡고 있다. 머리와 뒷목의 가장자리는 황갈색이다. 안반은 둥글고 흰 눈썹선이 있으며 눈 가에서 얼굴을 둘러싼 흑갈색 안반테가 뚜렷하다. 가슴과 배는 흰색 바탕에 갈색 가로줄무늬가 있다. 꼬리는 길며 갈색과 흰색의 줄무늬가 있다. 부리는 회색이며 부리 옆과 아랫부리는 암색이다. 홍채는 황색이며 다리와 발가락은 털로 덮여 있다. 아래꼬리덮깃은 흰색 바탕에 굵은 갈색 줄무늬가 있다.

노래 '끼- 끼- 끼-' 또는 '끼야- 끼야- 꺅-' 한다. 또한 수컷은 '후후후 우우우우' 하며 암컷은 '키이이이르르' 하는 등 다양한 소리를 낸다.

생활권 다른 여러 북부 침엽수림의 올빼미류, 북방올빼미와 마찬가지로 이 종도 신·구 대륙을 횡단하는 고위도지역의 좁고 긴 지대에 분포한다. 주로 숲이 우거진 고산지역과 소택지에서 먹이를 구하며 생활한다.

번식 산란기는 4~6월이며 고목의 수공이나 까마귀나 까치 또는 맹금류가 사용했던 둥지나 딱따구리의 구멍을 이용한다. 산좌에 자신의 털을 깔고 알을 낳는다. 알의 색은 순백색으로 산란수는 6~10개 정도이며 크기는 40mm다. 포란은 암컷이 전담하며 수컷은 암컷의 포란 기간 동안 먹이를 공급해준다. 포란 기간은 25~30일이다. 육추는 암수가 함께 하며 육추 기간은 27~35일 정도다.

먹이 설치류, 조류, 곤충류.

현황 북한 자료에 따르면 백두산 일대와 한반도 북부 고산지역에서 번식하고 있는 텃새이며, 남한에서는 길잃은새다.

솔부엉이

북한명 | 솔부엉이
Ninox scutulata
Brown Hawk-owl

형태 얼굴이 둥글고 귀뿔이 없다. 이마와 머리 상단, 뒷머리, 목, 등은 짙은 흑갈색이며 몸통의 아랫면은 흰색 바탕에 굵은 갈색 세로무늬가 있다. 꼬리는 엷은 황갈색 바탕에 갈색 가로띠가 있으며 꼬리깃은 12매다. 부리는 남색이 도는 흑갈색이며 홍채는 황색이다. 다리는 털이 있고 발가락도 황색이다.

노랫소리 번식기에는 해질 무렵부터 '보-, 보-, 보-' 하며 때로는 '후-후- 후-' 하기도 하고 어린새는 '쥬리-, 쥬리-' 하며 소리를 낸다.

생활권 인가 부근의 숲, 산림, 야산, 공원 등지에서 생활한다. 낮에는 나무에서 휴식을 취하고 밤에 먹이를 구하며 활동한다. 포획한 먹이는 모두 부리로 해결한다. 대형 사냥감은 머리를 제거한 후 몸과 꼬리만 삼키고 소형 사냥감은 통째로 삼키는데, 영양이 풍부한 부위는 소화하고 골격이나 털가죽 등 소화가 안 되는 부위는 토해낸다. 이 토사물은 먹이 연구에 사용된다. 먹이를 저장할 수 있는 소낭이 없지만 은신처에 숨겨놓기도 한다.

번식 산란기는 5~7월이다. 고목의 수공이나 인공새집을 둥지로 이용한다. 산란수는 3~5개 정도이며 알의 색은 순백색이다. 포란은 암컷이 전담하며 포란 기간은 24~25일이다. 육추는 암수가 함께 하며 육추 기간은 28~30일이다.

먹이 곤충류, 조류, 설치류, 박쥐.

현황 한반도 전역에서 흔히 관찰할 수 있는 여름철새.

몸길이 280~290mm **몸무게** 127~188g
부리 14mm **날개** ♂212~213mm ♀209~211mm **꼬리** 115mm **부척** 27mm
분포권 아시아 동남부, 우수리강, 히말라야, 스리랑카, 말레이반도, 보르네오섬, 자바섬, 수마트라섬, 필리핀, 인도, 중국, 일본
남한 전역
북한 전역
도래 시기[월] 1 2 3 **4 5 6 7 8 9** 10 11 12

소쩍새

북한명 | 접동새
Otus scops
Eurasian Scops-owl

■ 텃새 ■ 천연기념물 제324-6호. CITES II

몸길이 190~200mm **몸무게** ♂75~80g ♀90~95g
부리 10~11mm **날개** 137~147mm **꼬리** 59~68mm **부척** 22.5~27.5mm
분포권 아프리카, 유라시아, 러시아 사할린, 아무르강, 우수리강, 동남아시아,
중국 남동부, 만주, 일본
남한 전역
북한 전역
도래 시기[월] 텃새

형태 회갈색형과 적색형이 있다. 회갈색형의 겨울깃은 이마와 머리 상단, 목이 엷은 회갈색이며 온몸은 회갈색에 흑갈색 얼룩무늬가 있다. 적색형의 깃은 안반이 엷은 암갈색이며 온몸이 적갈색이다. 머리 상단과 윗면에는 흑갈색 줄무늬가 있고 가슴과 배에는 적갈색 줄무늬가 뚜렷한 것과 엷은 것이 있다. 머리에는 귀뿔이 있고 부리는 녹회색이다. 눈은 크고 둥글며 홍채는 황색이다.

노랫소리 지방에 따라 소리의 표현이 다르다. 보통 두 음절로 소리를 내는데 평안남도에서는 '접동, 접동'이라 표현하고 경기도 이남에서는 '접-접-동', '솟쩍다'라고 표현하기도 한다. 때로는 '홋, 홋, 홋', '윗, 윗' 다양한 소리를 낸다.

생활권 야행성으로 야산의 숲, 정원, 시골 인가 근처에서 먹이를 구하며 생활한다.

번식 산란기는 5월 상순~6월 중순이며 고목의 수공에 둥지를 튼다. 산란수는 4~5개 정도이며 알의 색은 순백색이다. 크기는 31mm다. 포란은 암컷이 전담하며 수컷은 먹이를 공급해준다. 포란 기간은 24~25일 걸린다. 육추는 암수가 함께 하고 육추 기간은 21~29일 정도다.

먹이 곤충류, 거미류, 설치류 등 소형 척추동물

현황 한반도 전역에서 흔하게 볼 수 있는 텃새로 천연기념물로 지정하기에는 개체수가 많은 편이다.

적색형 개체

큰소쩍새

북한명 | 큰접동새
Otus lempiji
Collared Scops-owl

■ 텃새 ■ 천연기념물 제324-7호, CITES II

형태 소쩍새와 매우 흡사하나 몸통이 크고 암컷이 수컷보다 크다. 머리 상단과 뒷목, 등, 어깨깃, 허리, 위꼬리덮깃은 회갈색을 띠고 흑갈색의 가로, 세로줄무늬가 어우러져 있다. 안반은 엷은 황회색이며 흑갈색 잔무늬가 있다. 눈썹선은 탈색된 흰색이다. 귀뿔은 크고 턱밑과 멱, 아랫배의 중앙부위는 흰색이다. 그 외에는 황갈색을 띠며 검은색 얼룩무늬가 있다. 여름깃은 겨울깃보다 다소 엷다. 부리는 황갈색이고 홍채는 황적색이며 다리는 털로 덮여 있다.

노랫소리 '포포포, 훗, 훗, 윗, 윗' 하고 소리 낸다.

생활권 야산과 산림이 우거진 곳, 정원이나 인가 근처의 수풀 속에서 먹이를 구하며 생활한다.

번식 산란기는 5~6월이며 보통 고목의 수공을 이용하여 둥지를 튼다. 산란수는 4~5개 정도이며 알의 색은 순백색이다. 알의 크기는 38mm이며 무게는 평균 18.2g이다. 포란은 암컷이 전담하며 수컷은 먹이를 공급해준다. 포란 기간은 23~25일 정도다.

먹이 곤충류, 소형 조류, 설치류, 양서류, 파충류, 거미류, 게류.

현황 한반도 전역에서 드물게 보이는 텃새다. 중부 이북지역에서 주로 서식하는 무리는 겨울철에 남하하여 추운 겨울을 보낸다. 근래에 개체수가 급감하는 추세다.

몸길이 200~240mm **몸무게** ♂90~98g ♀107~121g
부리 15~17mm **날개** 162~189mm **꼬리** 70~95mm **부척** 34~39mm
분포권 러시아 사할린, 우수리강, 히말라야, 인도, 스리랑카, 미얀마, 필리핀, 타이, 필리핀, 말레이시아, 보르네오섬, 자바섬, 수마트라섬, 발리섬, 중국 북동부, 타이완, 일본
　　　　남한 전역
　　　　북한 전역, 중부 이북지방
도래 시기[월] 텃새

금눈쇠올빼미

북한명 | 금눈올빼미
Athene noctua
Little Owl

■ 텃새 ■ CITES Ⅱ

몸길이 220mm **몸무게** ♂140~180g ♀150~200g
부리 15~16mm **날개** 148~158mm **꼬리** 71~82mm **부척** 28~32mm
분포권 유럽 중남부, 중국, 몽골, 알타이 남동부
남한 중부 이북지역
북한 황해북도 중화군, 금천군, 평안북도 운산군, 평안남도,
　　　개성시, 평양시, 강동군
도래 시기[월] 텃새

형태 올빼미 중 가장 소형종으로 큰 황금색 눈이 특징이며 귀뿔이 없다. 수컷의 겨울깃은 몸통이 짙은 갈색을 띤 황갈색으로 머리 상단에는 황갈색 얼룩무늬가 있다. 턱밑은 흰색이고 목과 가슴, 옆구리, 복부는 황갈색과 흰색 얼룩무늬가 있다. 아랫배와 아래꼬리덮깃, 다리의 깃털은 모두 황갈색이다. 암컷은 수컷보다 안반에 갈색이 더 많고 다소 크다. 부리는 황색이며 홍채는 황금색이다. 다리와 부척과 발가락깃은 황백색 털로 덮여 있다. 발톱이 날카롭고 뿔빛 갈색을 띤다.
노랫소리 '보오, 보오' 또는 '보-, 보-, 보보보' 하며 소리 낸다.
생활권 개활지나 평탄한 산림지, 인가 근처의 숲에서 생활한다. 언덕진 초원 반사막, 건조한 임야가 있는 산악(알타이)에서는 해발 2,000~2,800m에서도 먹이를 구하며 생활한다. 지면에 붙어 앉아 무척추동물을 찾거나 파충류, 양서류 등을 사냥하여 잡아먹는다.
번식 산란기는 4~6월이며 고목의 수공이나 벼랑의 돌 틈에 둥지를 튼다. 산란수는 2~5개 정도이며 알의 색은 흰색이다. 포란은 암컷이 전담하며 수컷은 먹이를 공급한다. 포란 기간은 27~28일이다. 육추는 암수가 함께 하며 육추 기간은 30~36일 정도다.
먹이 파충류, 무척추동물, 양서류, 설치류, 조류, 곤충류.
현황 한반도 중부 이북지역에서 번식하는 희귀한 텃새다. 북한 자료에 따르면 북한에서는 많은 지역에서 번식하고 있다.

가면올빼미

북한명 | 없음
Tyto longimembris
Eastern Grass Owl

■ 미기록종   ■ 희귀함, CITES Ⅱ

형태 이 종은 생리 특성상 여러 측면에서 올빼미과와 다르다. 올빼미와 같이 얼굴이 원형이지만 올빼미는 안쪽 발가락이 짧은 반면 이 종은 중간 발가락과 안쪽 발가락의 길이가 같다. 중간 발톱은 톱니 모양이며 창사골(暢思骨)이 흉골에 들어가 있다. 머리 앞쪽에는 흑갈색 털이 있고 머리와 뒷머리는 황갈색에 흑갈색 털이 섞여 있으며 얼굴은 하트형 가면을 쓴 것 같은 특이한 형태다. 턱밑과 멱, 앞가슴은 황적색이며 복부는 검은색이다. 등과 어깨는 담황색에 검은색 털이 혼재되어 있고 등은 담황색에 흑갈색 무늬가 산재해 있다. 귀깃과 옆구리에는 검은 점무늬가 있다. 부리는 엷은 살색이며 홍채는 진갈색이다. 다리는 길고 다리와 발가락은 담황색 털로 덮여 있다.

노랫소리 자극적인 '쉿 쉿' 또는 휘파람소리 같은 큰 소리를 낸다.

생활권 개활지에서 생활하며 분포도가 광범위하다. 시각이 아니라 극도로 예민한 청각으로 사냥감의 위치를 인지하고 먹이를 포획한다.

번식 산란기는 4~7월이며 곡식 창고나 헛간, 강가의 동굴, 바위구멍이나 나무의 수공 또는 땅 위에 둥지를 짓는다. 산란수는 4~7개 정도이며 알의 색은 흰색이다. 포란은 암컷이 전담하며 포란 기간은 27~34일이다. 육추는 암수가 함께 하며 육추 기간은 49~64일이다.

먹이 소형 포유류(쥐, 산토끼), 조류, 어류, 양서류, 파충류, 대형 곤충류.

현황 국내에서는 미기록종으로 가면올빼미과는 2속 16종이 있다. 2003년 12월 25일 전라남도 신안군 흑산도에서 수컷 1개체의 사체가 습득된 바 있다.

몸길이 ♂320~360mm ♀350~380mm   몸무게 ♂265~375g ♀320~450g
분포권 아프리카, 북아메리카, 오스트레일리아, 유럽, 인도, 동남아시아,
　　　 중국 동부, 타이완, 일본
　　　 남한 전라남도 신안군 흑산도
　　　 북한 자료 없음
도래 시기[월] 미기록종

쏙독새목

쏙독새과는 한반도 전역에서 드물게 볼 수 있는 여름철새다. 대다수 종은

초원과 사막의 삼림 경계지역에 서식하며, 소수 종이 삼림에도 서식한다.

낮에는 눈에 띄지 않는 보호색으로 위장한 채 굵은 나뭇가지에 앉아 있다가

해질녘부터 활동하는 야행성이다. 매우 넓고 큰 제비형 부리로 날아다니는 곤충을

잡아먹는다. 일반적으로 둥지를 짓지 않고 편평한 땅 위에 알을 1~2개 낳는다.

쏙독새

북한명 | 외쏙도기
Caprimulgus indicus
Jungle Nightjar(Grey Nightjar)

몸길이 280~290mm　몸무게 73~95g
부리 7.5~13mm **날개** 200~225mm **꼬리** 117~146mm **부척** 15~18mm
분포권 아시아 남동부, 인도, 말레이반도, 자바섬, 수마트라섬, 보르네오섬,
　　　 필리핀, 뉴기니, 우수리강, 아무르강, 중국, 몽골 동부, 만주, 일본
　　　 남한 전역
　　　 북한 전역

도래 시기[월] 1 2 3 **4 5 6 7 8 9** 10 11 12

형태 커다랗고 부드러운 나방처럼 보이며 주로 갈색, 담황색, 계피색, 회색이다. 상대적으로 눈에 띄는 흰색 얼룩이나 흑백 얼룩은 대개 접혀 있는 날개와 꼬리 안쪽 또는 목 위쪽에 숨겨져 있는데 수컷은 구애행위를 할 때 이를 드러낸다. 입이 매우 넓어서 큰 나방을 한입에 삼킬 수 있다. 날개는 길고 넓다. 부리 기부 주위에 뻣뻣한 수염이 나 있는데 이는 사냥감이 벌린 입으로 들어오도록 만드는 그물 기능과 딱정벌레 같은 단단한 사냥감에 눈이 다치지 않도록 보호하는 기능을 한다. 이마와 머리 상단, 뒷머리는 황갈색과 적갈색이 혼재되어 있다. 수컷은 턱밑과 얼굴 밑, 날개와 꼬리깃의 아랫부분에 흰색 반점이 있고, 몸통 윗면은 황갈색, 흑갈색, 적갈색이 혼재되어 있다. 암컷은 턱밑과 날개에 작은 흰색 점이 산재해 있고 꼬리에 흰 부분이 없다. 부리는 흑갈색이며 홍채는 갈색이다. 다리는 짧고 담갈색이다.

노랫소리 기이한 노랫소리로 유명하다. '쏙둑, 쏙둑, 쏙둑' 하고 빠르게 반복하며 소리를 낸다.

생활권 수림지역과 야산, 교외, 벌채지역에서 먹이를 구하며 생활한다. 큰 입을 이용하여 날면서 주로 초시목 곤충과 나비 등 여러 유형의 곤충류를 잡아먹는다. 낮에는 눈에 띄지 않는 보호색으로 무장한 채 굵은 나뭇가지에 앉아 있다가 해질녘부터 활동한다. 먹이 사냥 활동은 대부분 일출과 일몰 무렵에 하고 한밤중에는 잠시 중단한다. 너무 어두우면 날아다니는 사냥감을 제대로 볼 수 없기 때문이다.

번식 산란기는 5~7월이며 수림이 우거진 풀숲 맨땅 위에 둥지를 튼다. 산좌에는 낙엽과 마른풀을 깔고 알을 1~2개 낳는다. 알의 색은 회백색 바탕에 적갈색과 흑갈색의 작은 점이 산재해 있고 모양은 타원형이다. 알의 크기는 31mm다. 포란은 주로 암컷이 하며 포란 기간은 17~18일이다. 육추는 암수가 함께 하며 육추 기간은 16~17일 정도다.

먹이 초시목 곤충, 곤충류.

현황 여름철새로 한반도 전역에서 드물게 볼 수 있는 종이다.

칼새목

칼새과에는 여름철새, 길잃은새, 나그네새가 있다. 가늘고 긴 날개깃이
낫처럼 휘어져 있고 다리가 짧고 약하다. 번식기를 제외한 나머지 시간은
공중에서 생활한다. 번식기에는 동굴이나 나무의 수동, 바위절벽 틈, 건물 틈새에
둥지를 만든다. 날개 근육이 발달하여 비상력이 우수하며 빠르게 날면서 넓은
입으로 공중에서 곤충 등을 잡아먹는다. 집단생활을 하며 무리를 지어 번식한다.

바늘꼬리칼새

북한명 | 후리새
Hirundapus caudacutus
White-throated Needle-tailed Swift

■ 나그네새 ■ 드묾

몸길이 200~210mm **몸무게** 75~115g
부리 8~10mm **날개** 196~214mm **꼬리** 47~54mm **부척** 16~18mm
분포권 오스트레일리아, 뉴기니, 러시아 시베리아 중앙부, 사할린, 쿠릴열도,
아무르강, 우수리강, 중국 북부, 몽골, 일본
남한 강원도
북한 함경북도 무산군, 평안북도 용암포, 평안남도 안주시,
강원도 통천군, 황해남도 삼천군, 량강도 삼지연,
함경남도 요덕군, 개성시

도래 시기[월] 1 2 **3** **4** 5 6 7 8 **9** **10** 11 12

형태 암수의 색상이 같다. 온몸의 깃털은 대부분 흑갈색을 띤다. 이마와 눈앞은 크림색이며 머리 상단과 뒷머리, 뒷목은 녹색의 금속광택이 나는 흑갈색이다. 귀깃은 암갈색이며 녹색의 광택이 난다. 턱은 순백색이고 등과 어깨, 허리는 갈색이며 등과 허리 중앙은 엷은 갈색이 도는 회갈색이다. 가슴과 배, 옆구리는 암갈색으로 위꼬리덮깃은 크림색이며 희미한 흑갈색 가로무늬가 보인다. 아래꼬리덮깃은 흰색이다. 날개깃은 길고 검은색이며 부리는 검고 작으며 홍채는 흑갈색이다. 다리는 짧고 자색을 띤 갈색이며 부척은 짧다. 발가락과 발톱은 강하고 굽어져 있다. 꼬리깃의 깃축 끝이 길게 돌출하여 바늘 모양을 이룬다. 꼬리깃의 깃축이 우편(羽片, 깃 조각)보다 길어 '바늘 침'을 형성하는데 이 단단한 꼬리깃은 칼새가 수직면의 지형에 붙어 있을 때 지탱해주는 기능을 한다.
노랫소리 이따금 '쮸리리, 쮸리리' 하며 가냘픈 소리를 낸다.
생활권 산악과 평지, 개활지, 임야에서 먹이를 구하며 생활한다.
번식 산란기는 5~6월이며 산지의 벼랑이나 절벽의 바위틈 또는 산림 속에 있는 고목의 수공에 둥지를 튼다. 공중에 떠다니는 티끌이나 마른 풀을 잡아 끈끈한 타액으로 접착시켜 밥그릇형 둥지를 만들기도 한다. 산란수는 3~4개 정도이며 알의 색은 순백색이다. 알의 크기는 30mm이며 타원형이다. 포란은 암수가 함께 하며 포란 기간은 20~23일, 육추 기간은 30일 정도 걸리는 것으로 추정하고 있다.
먹이 곤충류.
현황 봄철과 가을철에 한반도를 통과하는 나그네새다. 북한지역에서는 번식을 하고 있다. 4종의 아종이 있는데 크기, 색깔 등으로 구별한다.

쇠칼새

북한명 | 없음
Apus affinis
Little Swift(House Swift)

형태 칼새류 중에서 소형종에 속한다. 온몸의 깃털이 흑갈색이며 녹청색 광택이 난다. 멱과 허리는 흰색이고 꼬리는 평평하며 끝이 둥글고 가운데가 약간 파였다. 다리가 매우 짧고 날개는 흑갈색을 띠며 폭이 넓고 둥근 원형이다. 배 밑부분은 갈색이 도는 흰색에 탁한 얼룩무늬가 있다. 칼새류는 첫째날개깃이 길고 둘째날개깃이 짧은데 이러한 좁고 긴 낫 모양의 날개 덕분에 빠른 속도로 날개를 치며 날아갈 수 있고 활강할 때 많은 에너지를 절약할 수 있다. 이러한 날개 구조는 칼새류의 비교적 느린 비행대사와 강한 흉근이 없다는 점을 설명해주기도 한다. 칼새류는 주로 공중에서 생활하는 까닭에 지상에 내려앉는 습관이 없다. 실제로 날개 길이에 비해 다리 길이가 짧아서 지상에서 이륙하기가 어렵다. 그럼에도 작은 발은 힘이 대단하며 날카로운 발톱으로 수직면의 지형에서 잘 버틸 수 있다.

노랫소리 '쮸리리리' 하고 날카로운 고음을 낸다.

생활권 큰 무리를 이루어 해안가에서 생활하며, 실험을 통해 입증된 바로는 공중에서 밤을 지내는 습성이 있다. 쉬지 않고 날 수 있는 것은 혈액 중 헤모글로빈의 함량이 높아서 산소가 적은 조건에서도 산소 공급을 최적화할 수 있기 때문이다. 또한 부리가 짧아도 넓게 벌릴 수 있어서 비행 중에 날아다니는 곤충을 쉽게 잡을 수 있다.

번식 산란기는 4~6월이다. 다른 칼새류가 쓰던 둥지를 빼앗아 사용하기도 하는데, 매년 사용했던 둥지를 이용하는 경향이 있다. 벼랑의 바위틈이나 동굴에서 번식하기도 한다. 공중에 떠다니는 지푸라기나 깃털 또는 둥지의 소재가 되는 티끌이나 마른풀을 잡아 끈끈한 타액으로 접착시켜 터널형 둥지를 만들기도 한다. 산란수는 2~4개 정도이며 알의 색은 흰색이다. 포란은 암수가 함께 하며 포란 기간은 19~22일 정도, 육추 기간은 41~53일이다.

먹이 주로 곤충류.

현황 길잃은새로 제주도 제주시 오라동에서 1개체가 채집된 기록이 있으며, 제주대학교 고(故) 박행신 교수가 서귀포 부근에서 번식 중인 것을 확인한 기록이 있다.

몸길이 130~140mm **몸무게** 25~31g
분포권 아시아 남동부, 인도네시아, 미얀마, 베트남, 필리핀, 중국 남부, 타이완, 일본
　　　　남한 제주도
　　　　북한 자료 없음
도래 시기[월] 길잃은새

칼새

북한명 | 칼새
Apus pacificus
Fork-tailed Swift

몸길이 170~190mm **몸무게** 35~51g
부리 7~9mm **날개** 170~184mm **꼬리** 72~86mm **부척** 10~13mm
분포권 오스트레일리아, 뉴기니, 러시아 시베리아 동부, 캄차카반도,
　　　　히말라야 북서부, 동남아시아, 중국, 타이완, 일본
　　　남한 전국의 해안가, 고산지역
　　　북한 함경북도 웅기군, 평안북도 철산군, 평안남도 안주시,
　　　　황해도 은률군, 서도, 백두산 천지, 평안북도 화대군, 염주군,
　　　　황해남도 구월산
도래 시기[월] 1 2 3 **4 5 6 7 8 9** 10 11 12

형태 암수의 모양이 같다. 여름깃은 온몸의 깃털이 대부분 흑갈색이며 허리는 흰색이다. 등과 위꼬리덮깃은 검고 푸른색 광택이 있다. 턱과 멱은 흰색이며 각 깃털의 축은 갈색을 띤다. 꼬리깃은 10매다. 꼬리는 날카로운 제비형으로 비상할 때 낫처럼 굽어 있고 가늘며 길어서 비상력이 뛰어나 연작목의 제비보다 공중생활에 더 적응되었다. 꼬리덮깃은 흰색이다. 부리는 흑갈색으로, 부리를 벌리면 입이 매우 넓고 크다. 홍채는 갈색이며 다리는 검다. 어린 새끼는 머리 상단이 암갈색이며 각 깃의 언저리는 흰색이 있다. 날개는 흑갈색이며 언저리가 흰색이다.
노랫소리 '찌이, 찌이' 또는 '찌리리' 한다.
생활권 해안의 암반, 산악지역에서 생활한다.
번식 산란기는 5~7월이며 도서지역의 암벽과 고산의 암석굴 또는 바위 절벽의 작은 틈에 밥그릇형 둥지를 튼다. 식물의 줄기와 티끌 등을 타액으로 접착시켜 밥그릇형 둥지를 암벽에 부착하기도 한다. 특이하게 짝짓기는 공중에서 날면서 한다. 산란수는 2~3개 정도이며 알의 색은 흰색이다. 알의 크기는 27mm이며 무게는 4.1g이다(구로다). 포란은 암컷이 주로 하며 포란 기간은 20~23일이다.
먹이 곤충류, 거미류, 꿀벌, 말벌, 개미, 파리, 빈대, 딱정벌레 등.
현황 한반도 전역의 해안가나 고산지역에서 자주 볼 수 있는 여름철새다.

작은칼새

북한명 | 없음
Aerodramus brevirostris
Himalayan Swiftlet

형태 암수가 같은 색이다. 이마와 머리 상단, 뒷머리는 흑갈색이고 얼굴과 뺨, 턱과 멱은 황갈색이며 세로줄무늬가 있다. 등과 어깨깃은 검고 몸통 아랫면인 가슴과 배, 하복부, 옆구리는 흰색 바탕에 회갈색을 띤다. 날개는 검고 허리에는 비늘무늬가 있다. 부리는 짧고 작으며 입을 벌리면 크고 넓다. 홍채는 흑갈색이며 다리는 검고 짧다. 꼬리깃은 오목형이다.

노랫소리 날카로운 소리로 노래한다.

생활권 산림지역에서 생활하는 고산종이며 강과 계곡에서 먹이를 구하며 생활한다. 번식할 때를 빼고는 육지로 돌아오지 않는 것으로 여겨진다. 이는 어린새가 늦여름에 날기 시작하여 2년 후 여름에야 처음으로 잠재적인 둥지터에 착륙함을 의미하며, 끊임없이 50만km를 날았다는 뜻이기도 하다

번식 산란기는 5~7월이다. 주로 동굴이나 암벽에 이끼나 마른풀과 잎 또는 티끌과 깃털을 타액으로 접착시켜 둥근 밥그릇형 둥지를 만들어 동굴이나 암벽에 붙인다. 산란수는 2~3개 정도이며 알의 색은 흰색이다. 포란은 주로 암컷이 하며 포란 기간은 21~22일 정도다.

먹이 곤충류.

현황 한반도를 통과하는 나그네새로 봄철과 가을철에 관찰되지만 확실한 자료가 없다. 칼새과의 속칭인 'swift'는 쉴 새 없이 공중에서 빠른 속도로 선회하고 비상하며 거의 지상이나 나무에 내려앉지 않는 이 새의 특징을 매우 적절하게 표현한다. 칼새속의 학명 'Apus'도 같은 의미로, 이 그리스어는 '발 없는 새'라는 표현이 무엇을 의미하는지 알려준다.

몸길이 140mm **몸무게** 12~13g

분포권 중앙아시아, 히말라야, 필리핀, 타이, 중국 서남부, 타이완, 일본 남부

남한 전라남도 신안군 가거도, 홍도, 전라북도 군산시 어청도

북한 자료 없음

도래 시기[월] 1 2 **3 4** 5 6 7 8 **9 10** 11 12

파랑새목

파랑새목 새들은 모두 여름철새다. 물가에서 생활하는 물총새과는

부리가 굵고 길며 끝이 뾰족하다. 물고기를 주로 잡아먹으며

흙벽에 구멍을 뚫고 산란한다. 파랑새과는 붉고 구부러진 부리를 벌리면

입이 유난히 넓어져서 날아다니는 곤충을 쉽게 잡는다.

파랑새는 까치의 둥지를 빼앗아 산란 장소로 쓸 만큼 용맹하다.

넓은 두관을 부챗살처럼 접었다 폈다 하는 후투티과는 생김새 때문에

'인디언 새'라고도 불린다. 가늘고 긴 부리가 아래로 굽어 있으며

날개폭이 유난히 넓다. 땅속의 먹이를 공중으로 던져 받아먹는 특이한 동작을 한다.

뿔호반새

북한명 | 알락호반새
Ceryle lugubris
Greater Pied Kingfisher

몸길이 375~420mm   몸무게 244~500g
부리 63~70mm **날개** 179~196mm **꼬리** 106~124mm **부척** 12~15mm
분포권 아시아 동부, 라오스, 미얀마, 히말라야, 중국, 일본
　　남한 경기도, 경상북도
　　북한 함경남도, 강원도
도래 시기[월] 1 2 3 **4 5 6 7 8 9** 10 11 12

형태 대형종으로 큰 머리깃이 특징적이다. 이마와 머리는 흑회색이며 머리에 두관이 크게 자리 잡고 있다. 몸통의 윗면은 흰색과 검은색이 혼재되어 있고 모관은 검은색으로 각 깃털에 작은 흰색 반점이 있다. 뺨에서 등까지 흰색 뺨선이 흐르고 턱선 아래 끝부분에는 황갈색 얼룩무늬가 있다. 가슴과 배 옆부분에는 검은색 가로줄무늬가 있다. 암컷은 복부가 수컷과 흡사하나 턱선 아랫부분과 윗가슴은 검다. 부리는 흑회색이며 홍채는 흑갈색이고 다리는 올리브녹회색이다.

노랫소리 '카랏, 카랏' 또는 '케레, 케레' 하며 날카로운 소리를 낸다.

생활권 산간 계곡이나 내륙의 하천, 해안의 물가에서 먹이를 구하며 단독생활을 즐긴다.

번식 산란기는 5월 하순~6월 하순이다. 산간 계곡의 벼랑이나 언덕 또는 흙무더기에 90~140cm 깊이로 구멍을 파고 그 안에 둥지를 튼다. 산란수는 4~7개 정도이고 알의 색은 흰색이며 타원형이다. 알의 크기는 40mm이며 무게는 18.7~23.3g이다. 포란은 암컷이 주로 하며 포란 기간은 23~24일이다. 육추는 암수가 함께 하며 육추 기간은 26~30일 정도다.

먹이 물총새과에서 가장 진화된 종이다. 물총새과의 새들은 대부분 나뭇가지에 앉아 물고기를 기다렸다 포획하지만 뿔호반새는 물속에 잠수하면서 물고기를 쫓아 포획하여 먹는다. 물속 2m 깊이에 있는 물고기를 겨냥한 다음 지상 2~3m 높이에서 물속으로 잠수한다. 입수하는 순간에 날개로 어깨관절을 감싸 뒤쪽으로 돌리는 동시에 순막(瞬膜, 반투명한 살갗)을 앞뒤로 움직여 눈을 보호한다.

현황 1950년대에는 한반도에서 쉽게 볼 수 있었던 여름철새로 필자도 어렸을 때 하천가에서 본 기억이 있다. 그러나 1960년대 이후 한반도에서 자취를 감춘 이래 아직까지 목격되지 않고 있다. 경기도(1990년 2월)와 경상북도(1912)에서 채집한 기록이 있다.

청호반새

북한명 | 청호반새
Halcyon pileata
Black-capped Kingfisher

■ 여름철새 ■ 흔하지 않음

형태 암컷과 수컷이 흡사하다. 이마와 머리, 눈앞, 뒷머리는 검고 턱 밑과 멱, 가슴, 목띠는 흰색이다. 등과 어깨, 허리, 위꼬리덮깃, 꼬리덮깃은 광택이 나는 푸른색이다. 아래꼬리덮깃과 아랫날개덮깃, 첫째날개덮깃은 푸른색이며 그 외의 날개덮깃은 검은색이다. 배와 아래꼬리덮깃까지는 주황색을 띤다. 암컷은 가슴 깃털가에 검은색이 돈다. 부리는 크고 강하며 붉은색이다. 홍채는 흑갈색이며 다리는 붉다. 꼬리는 짧다.

노랫소리 '교로, 교로, 교로', '꼬르르-, 꼬르르-' 하며 예리한 소리를 낸다.

생활권 대개 하천 연안에 살지만 물가의 활엽수림, 농경지, 개활지 등에서 먹이를 구하며 단독생활을 즐긴다.

번식 산란기는 4~6월이며 산간 절개지의 흙 벼랑에 90~110cm 깊이의 구멍을 뚫고 둥지를 튼다. 때로는 고목의 수공에도 둥지를 튼다. 산좌에는 물고기 뼈나 갑각류의 껍데기를 깔고 알을 낳는다. 산란수는 4~6개 정도이며 알의 색은 순백색이고 크기는 31mm다. 포란은 주로 암컷이 하며 포란 기간은 18~21일이다. 새끼는 태어날 때 육안으로 사물을 보지 못하는 맹목(盲目)이다. 육추는 암수가 함께 하는데 새끼는 청각을 통해 어미의 먹이를 입을 벌려 받아먹는다. 육추 기간은 25~28일 정도다.

먹이 어류, 양서류, 파충류, 갑각류, 곤충류.

현황 여름철새이며 한반도 전역에서 드물게 관찰된다. 하천의 수질 오염도가 심화되면서 매년 개체수가 급감하고 있다.

몸길이 250~300mm 몸무게 64~115g
부리 38mm **날개** 105mm **꼬리** 80.5mm **부척** 17mm
분포권 아시아 동부, 라오스, 미얀마, 히말라야, 중국, 타이완, 일본
　　남한 경기도, 포천시 광릉, 전라북도, 경상남도
　　북한 평안북도
도래 시기[월] 1 2 3 **4 5 6 7 8 9** 10 11 12

호반새

북한명 | 호반새
Halcyon coromanda
Ruddy Kingfisher

■ 여름철새 ■ 흔하지 않음

몸길이 250∼270mm 몸무게 60∼65g
부리 53∼59mm **날개** 118∼128mm **꼬리** 60∼75mm **부척** 15∼18mm
분포권 인도 안다만제도, 네팔, 필리핀, 인도차이나반도, 중국 동부,
　　　타이완, 일본
　　　남한 전역
　　　북한 전역
도래 시기[월] 1 2 3 **4 5 6 7 8 9** 10 11 12

형태 몸통의 색깔은 엷은 갈색을 띤 주황색이다. 이마와 머리 상단, 꼬리는 자색 광택이 돌며 턱밑과 멱은 황갈색이다. 아랫부리 기부에서 목쪽으로 흰색 줄무늬가 있다. 암컷은 수컷에 비해 몸통 아랫면의 자색 광택이 흐리고 색도 엷다. 부리는 붉고 굵으며 아랫부리가 위로 굽어 있다. 홍채는 적갈색이며 다리도 붉다.
노랫소리 '교르르르르- 삐요오-, 삐요오-' 하는 옥구슬 굴러가는 맑은 소리를 낸다.
생활권 산간 계류를 낀 계곡과 산림, 산, 호수를 낀 산림이나 냇가에서 생활한다. 배우자 1쌍이 영역을 지키고 다른 동종의 침입을 결코 허락하지 않는 습성이 있다.
번식 산란기는 6~7월이다. 산림 속 고목의 수공이나 흙벽에 구멍을 뚫거나 썩은 나무기둥의 움푹 파인 구멍 속에 둥지를 틀고 알을 낳는다. 산란수는 4~6개 정도이며 알의 색은 흰색이다. 알의 크기는 34×30mm이며 무게는 15.5g이다. 포란과 육추는 암수가 함께 하며 포란 기간은 18~19일, 육추 기간은 25~28일이다.
먹이 양서류, 파충류, 갑각류, 어류, 거미, 지네.
현황 여름철새로 한반도 전역에서 번식하며 1990년대 이후 급격히 개체수가 줄어들고 있는 추세다. 물총새과의 새들은 대부분 일부일처제를 고수하고 영역성을 강하게 지닌다.

물총새

북한명 | 물촉새
Alcedo atthis
Common Kingfisher

■ 여름철새 ■ 흔함

파랑새목

물총새과

형태 소형종으로 몸집에 비해 머리와 부리가 크고 꼬리는 짧다. 이마와 머리, 뒷머리는 청록색이고 눈의 앞면과 측면은 황갈색이며 턱밑과 멱은 흰색이다. 가슴 양쪽에 녹청색 얼룩무늬가 있다. 몸통 윗면은 금속광택이 나는 푸른색이며 암컷은 수컷에 비해 색상이 엷다. 몸통 아랫면은 적갈색이다. 부리는 곧고 길며 검다. 홍채는 암갈색이며 다리는 짧고 붉다. 꼬리깃은 12매이며 모난 꼬리에 가까운 둥근 꼬리형이다.

노랫소리 '찌이-잇쯔, 찌이-잇쯔' 하며 소리를 낸다.

생활권 냇가와 계류, 하천, 호수, 계곡에서 먹이를 구하며 홀로 또는 쌍으로 생활한다. 물총새는 눈 중앙에 2개의 '시망막'이 움푹 들어가 있어 빛을 감지하는 대량의 원추세포가 모여 있으며 시야가 정면에서 겹쳐져 두 눈의 시각을 이룬다. 움푹 들어간 부분 중 한쪽은 두 눈의 시야를 형성하는 데 사용되고 다른 한쪽은 한쪽 눈의 시야를 형성하는 데 사용된다. 실험에 따르면 물총새는 물고기를 잡을 때 우선 한쪽 눈 중앙의 움푹 들어간 곳에 생긴 상을 통해 사냥감을 발견한 후 머리를 60도 각도로 살짝 돌려서 사냥감의 상이 한쪽 눈이나 두 눈의 움푹 들어간 곳 모두에 맺히게 함으로써 사냥감의 거리를 정확히 계산해낸다.

번식 산란기는 4월 하순~7월 하순이다. 냇가의 흙벼랑이나 물가에서 떨어진 절벽에 60~70cm 깊이로 구멍을 파고 둥지를 튼다. 산좌에는 부드러운 흙과 물고기 뼈를 깔고 알을 낳는다. 알의 색은 순백색이며 알의 크기는 20mm다. 포란과 육추는 암수가 함께 하며 포란 기간은 19~21일, 육추 기간은 23~27일이다. 일반적으로 1년에 1회 번식하지만 조건이 좋고 먹이가 풍부하면 2회 하는 경우도 있다.

먹이 어류, 수서곤충류, 갑각류, 양서류.

현황 여름철새로 한반도 전역에서 흔히 볼 수 있는 종이다. 남부지방에서는 월동하는 무리가 있어 텃새화되고 있다.

몸길이 160~170mm 몸무게 36~45g
부리 30~45mm **날개** 66~67mm **꼬리** 28~35mm **부척** 8.5~10mm
분포권 아프리카, 유라시아, 러시아 사할린, 아무르강, 우수리강,
동남아시아, 말레이반도, 인도, 만주, 몽골, 중국, 타이완, 일본
남한 전역, 남부지방(월동지)
북한 전역
도래 시기[월] 1 2 3 **4 5 6 7 8 9** 10 11 12

우

♂

아성조

파랑새

북한명 | 청새(청조)
Eurystomus orientalis
Broad-billed Roller(Dollarbird)

■ 여름철새 ■ 흔하지 않음

몸길이 280~300mm 몸무게 109~185g
부리 21~23mm **날개** 180~200mm **꼬리** 87~103mm **부척** 17~21mm
분포권 아시아 동부, 아무르강, 우수리강, 히말라야, 인도차이나반도,
말레이시아, 자바섬, 미얀마, 인도, 중국 남동부, 일본
남한 전역
북한 전역

도래 시기[월] 1 2 3 **4 5 6 7 8 9** 10 11 12

형태 이마와 머리는 푸른빛을 띤 검은색이며 몸통 대부분과 등과 배,
날개덮깃은 청록색이고 턱밑과 날개깃, 꼬리는 검은색이 도는 청록색
이다. 비상할 때 첫째날개깃의 흰색 반점이 뚜렷하게 보인다. 꼬리는 모
각을 이루며 부리는 굵고 붉다. 홍채는 갈색이며 다리는 짧고 붉다. 발
톱은 검은색이다.
노랫소리 '케엣, 케엣' 또는 '케에케켓, 케케케켓' 하며 요란스럽게 소리
를 낸다.
생활권 농경지, 산림지, 개활지, 사찰 주변 등지에서 먹이를 구하며 홀
로 또는 짝과 함께 생활한다.
번식 산란기는 5월 하순~7월 상순이며 고목의 수공이나 까치집을 빼
앗아 자신의 둥지로 삼는다. 때로는 딱따구리의 낡은 둥지를 이용하
기도 한다. 산란수는 나라별로 차이가 있다. 연해주에서는 4~6개, 중
국에서는 3~4개, 인도와 인도차이나반도에서는 4개, 우리나라에서는
3~5개 정도를 낳는다. 알은 순백색이며 나라별로 무게와 크기도 각각
다르다. 일본산은 크기 29mm, 무게 12~13g이며 중국산은 36mm, 인
도산은 37mm다. 포란은 암컷이 전담하며 포란 기간은 22~23일이다.
육추는 암수가 함께 하며 20일 정도다. 이소 이후에도 새끼는 보름간
어미의 보호하에 많은 학습을 받고 독립한다.
먹이 곤충류.
현황 한반도 전 지역에 서식하는 흔치 않은 여름철새로, 북한에서는 천
연기념물 제82호로 지정하여 보호하고 있다.

후투티

북한명 | 후투디
Upupa epops
Hoopoe

■ 여름철새 ■ 흔함

형태 특이하게 생긴 관모를 기분에 따라 부챗살처럼 폈다 접었다 할수 있다. 이마와 머리, 뒷목의 깃은 엷은 핑크빛 갈색을 띠며 관모는 황갈색에 검은색과 흰색의 띠가 있다. 날개는 흰색과 검은색의 폭 넓은 줄무늬가 질서를 이룬다. 꼬리는 길고 검은색이며 중앙에 흰색 가로띠가 있다. 꼬리깃은 10매이며 모난 꼬리형이다. 부리는 검은색으로 가늘고 길며 아래로 굽어 있다. 홍채는 갈색이며 다리는 회색이다.
노랫소리 '뽀뽀, 뽀뽀' 또는 '보보보, 보보보', '뿅뿅뿅' 하는 낮고 부드러운 소리를 낸다.
생활권 농경지나 목장 부근, 초지나 개활지에서 먹이를 구하며 생활한다.
번식 산란기는 5~6월이다. 고목의 수공이나 돌담의 틈, 성곽의 돌 틈, 처마 밑에 둥지를 튼다. 산좌에는 식물의 줄기나 잎 또는 헝겊, 깃털을 깔기도 하며 때로는 소재를 사용하지 않기도 한다. 산란수는 5~8개 정도이며 알의 색은 엷은 회색이 도는 흰색이나 황색을 띤 올리브색이다. 알의 크기는 26mm다. 포란은 암컷이 전담하며 포란 기간은 16~18일이다. 육추는 암수가 함께 하며 육추 기간은 26~29일 정도다.
먹이 곤충류의 유충, 환형동물(지렁이), 거미류, 땅강아지.
현황 한반도 전역에서 흔히 볼 수 있는 여름철새로 특이한 관모 때문에 '인디언 추장새'라는 별명이 있다. 방언으로 '오디새'라고도 부른다. 여름철새 중 가장 빨리 한반도를 찾고 가장 빨리 월동지로 떠나는 새다.

몸길이 280~300mm **몸무게** 56~88g
부리 48~62mm **날개** 139~157mm **꼬리** 99~110mm **부척** 20~24mm
분포권 아프리카 북부, 유럽 중남부, 마다가스카르, 아시아 남부, 아무르강, 우수리강, 히말라야, 타이, 미얀마, 벵골, 중국, 만주, 몽골, 티베트, 타이완
    남한 전역, 중부 이북지역
    북한 전역
도래 시기[월] 1 2 3 **4 5 6 7 8 9** 10 11 12

딱따구리목

산림성 조류인 딱따구리류는 대부분 텃새다. 길고 강한 부리와 긴 혀로

나무 속 유충을 잡아먹어 '숲속의 외과의사' 역할을 하는 익조다.

튼튼한 다리와 강한 꼬리로 나무를 쉽게 타고 오른다. 암수는 머리 색깔로

쉽게 구분할 수 있다. 겨울철새 또는 텃새인 개미잡이류는 생활 형태와

습성이 딱따구리류와 매우 다르다.

개미잡이

북한명 | 개미새

Jynx torquilla
Wryneck

몸길이 160~170mm **몸무게** 30~45g
부리 13.5~16mm **날개** 80~90mm **꼬리** 60~73mm **부척** 18.5~22mm
분포권 유라시아, 러시아 시베리아, 오호츠크해 연안, 사할린, 우수리강,
아무르강, 인도, 중국 동북부, 몽골 북부, 타이완, 일본
남한 경기도
북한 백두산 일대, 함경북도 무산군과 농사동, 평안북도 염주군,
룡천군 신도, 평안남도 안주시, 평양시 아미산
도래 시기[월] **1 2 3** 4 5 6 7 8 9 **10 11 12**

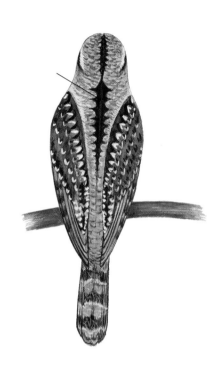

형태 딱따구리목에 속하나 꼬리가 유연하고 부드럽다. 암수가 같은 색으로, 이마와 머리, 뒷목의 깃은 회갈색이며 등과 꼬리는 회색과 갈색으로 이루어져 있다. 배는 담황색 바탕에 회색 무늬가 촘촘하게 자리 잡고 있으며 턱밑과 멱, 가슴, 옆구리, 배 양쪽, 아래꼬리덮깃에는 흑갈색 가로띠가 있고 꼬리는 가늘며 검은색 가로띠가 있다. 부리는 곧고 회갈색이며 홍채는 적갈색이고 다리는 회갈색이다. 어린새는 이마에서 머리 상단과 위꼬리덮깃에 이르기까지 회백색이며 흐린 흑갈색의 잔가로무늬가 있다. 뒷목에서 등까지는 검은색 축무늬가 있다. 몸통 아랫면인 복부에 있는 흑갈색 가로무늬는 어미새보다 폭이 넓다.

노랫소리 '키이, 키이, 키이' 하는 소리를 반복적으로 하며 위험이 닥칠 때는 '슈우, 슈우' 하며 몸의 깃털을 부풀린다.

생활권 산림이 우거진 곳이나 관목림 언저리에서 생활한다.

번식 산란기는 5~6월이다. 지상 5m 높이의 나무줄기에 직경 30~40mm, 깊이 150~300mm로 구멍을 뚫어 둥지를 튼다. 간혹 나무 구멍이나 딱따구리가 사용했던 낡은 둥지를 이용하기도 한다. 산란수는 7~10개 정도이며 알의 색은 흰색, 크기는 21mm다. 포란과 육추는 암수가 함께 하며 포란 기간은 12~14일, 육추 기간은 24~28일이다.

먹이 주로 개미, 딱정벌레, 벌, 나비와 같은 곤충류.

현황 겨울철새로 경기지역에서 매우 드물게 관찰된다. 한반도 북부지역인 백두산 일대에서는 번식도 하며 텃새로 자리 잡고 있다.

아물쇠딱따구리

북한명 | 검은등알락딱따구리
Picodes canicapillus
Grey-capped Woodpecker

■ 텃새 ■ 적음

형태 이마와 머리 상단, 뒷머리는 회백색이다. 수컷은 뒷머리 양쪽으로 붉은색 세로무늬가 있다. 등은 흑회색으로 굵은 흰색 가로무늬가 있고 날개는 검고 흰색 무늬가 뚜렷하다. 복부는 갈색을 띠고 가슴과 옆구리에는 검은색 세로무늬가 있다. 암컷은 수컷과 달리 뒷머리 양쪽에 붉은색 무늬가 없다. 꼬리깃의 중앙 2쌍은 검은색이며 외판 가장자리 깃은 대부분 흐린 흰색이다. 부리는 흑회색이며 홍채는 붉은색이다. 다리는 회갈색이다.

노랫소리 '끼이, 끼이, 끽끽끽' 소리를 되풀이한다.

생활권 산림지역에서 고산지역에 이르기까지 활엽수림에 널리 분포하며 드물게 목격된다.

번식 산란기는 5~6월이며 나무줄기에 구멍을 뚫어 둥지를 튼다. 산란수는 3~5개 정도이며 알의 색은 흰색이다. 포란은 암컷이 주로 하며 포란 기간은 15~16일로 추측된다. 그 밖에 자세한 번식 생태는 조사된 것이 없다.

먹이 곤충류의 애벌레, 갑충류.

현황 지금은 희귀한 텃새이나 지난날에는 경기도 광릉수목원 일대와 지리산의 활엽수림, 혼효림지역에서 흔하게 관찰할 수 있었던 종이다. 겨울에는 북쪽의 서식 집단이 남쪽으로 이동하여 겨울을 지낸다. 인천시 문학산에서 필자가 목격한 것은 1990년대다.

몸길이 140~155mm 몸무게 16~18g
부리 19~21mm **날개** 104~112mm **꼬리** 60~62mm **부척** 15~17mm
분포권 러시아 극동부와 남부, 우수리강, 보르네오섬, 수마트라섬, 베트남,
　　　자바섬, 중국, 만주
　　　남한 경기도 포천시 광릉수목원, 지리산, 인천시 문학산
　　　북한 강원도, 함경북도 산림지, 평안남도, 백두산 간산봉,
　　　　　자강도 화평군, 개성시, 평양시
도래 시기[월] 텃새

쇠딱따구리

북한명 | 작은딱따구리
Picoides kizuki
Japanese Pygmy Woodpecker

몸길이 150mm   **몸무게** 12~21g
부리 13~16mm **날개** 80~90mm **꼬리** 44~55mm **부척** 13~16mm
분포권 러시아 사할린, 캄차카반도, 우수리강, 중국 동북부, 만주, 일본
남한 전역
북한 전역
도래 시기[월] 텃새

형태 딱따구리류 중에서 가장 작은 종으로 이마와 머리 상단, 뒷머리, 뒷목은 회갈색이다. 수컷은 뒷머리 양쪽에 붉은색 반점이 있으나 암컷에게는 없다. 몸통 윗면은 검고 폭 넓은 흰색 가로띠가 여러 줄 질서 있게 자리 잡고 있으며 얼굴은 회갈색을 띠고 흰 눈썹선이 있다. 몸통 아랫면은 흰색이며 양옆에 흑갈색 가로무늬가 있다. 꼬리는 검고 가운데 깃 1쌍은 검은색이며 다음 깃 1쌍의 깃가는 대부분 흰색이고 내판의 끝부분은 갈색을 띤 흰색이며 흑갈색 가로무늬가 있다.

노랫소리 '찌이-, 찌이-' 또는 '끼이- 끼이- 지르르릇' 하는 소리를 낸다.

생활권 야산과 산림 또는 공원에서 먹이를 구하며 생활한다.

번식 산란기는 5~6월 중순이며 숲속 나무줄기에 구멍을 뚫고 둥지를 튼다. 둥지의 크기는 직경 30~40mm, 깊이 150~300mm 정도다. 산좌에는 나무 부스러기를 깔고 알을 낳는데, 산란수는 5~7개다. 알의 색은 광택이 나는 흰색이며 약간 타원형이다. 포란은 암컷이 주로 하며 포란 기간은 12~14일이다. 육추는 암수가 함께 하며 육추 기간은 20~22일이다. 둥지에서 이소한 후에도 20일 정도 생존에 필요한 학습을 한다.

먹이 곤충류의 애벌레, 식물의 열매, 거미류, 다족류, 진딧물.

현황 한반도 전역에서 흔히 볼 수 있는 텃새로 북한에는 부리의 길이가 14~16mm로 차이가 나는 금강산쇠딱따구리가 있으나 아종으로 감정한 자료는 얻지 못한 상태이다. 그 외에도 개마고원쇠오색딱따구리 등이 있다.

♂

♀

♂

쇠오색딱따구리

북한명 | 작은알락딱따구리
Picoides minor
Lesser Spotted Woodpecker

■ 텃새 ■ 희귀함

형태 소형종이며 아물쇠딱따구리, 쇠딱따구리와 흡사하다. 수컷의 머리 상단에 붉은색 무늬가 뚜렷하게 자리 잡고 있으며 암컷의 것은 검다. 이마와 뺨, 멱, 턱밑, 옆목은 흰색이다. 등과 몸통 아랫면인 가슴과 배, 옆구리 역시 흰색이다. 몸통의 윗면과 날개는 검고 가로무늬는 흰색이다. 부리는 흑회색이고 홍채는 갈색이며 다리는 회색이다.

노랫소리 '키-키-키-' 하며 소리를 낸다.

생활권 활엽수림 및 혼효림의 산림에서 생활한다.

번식 산란기는 4~6월이며 공원이나 키가 작은 관목림의 양지바른 곳에 있는 나무나 썩은 나무줄기에 구멍을 뚫고 둥지를 튼다. 산란수는 4~6개 정도이며 알의 색은 순백색이고, 크기는 19mm다. 포란과 육추는 암수가 함께 하며 포란 기간은 12~14일, 육추 기간은 18~20일 정도다.

먹이 곤충류와 애벌레.

현황 함경북도 고산지역에서 번식하는 텃새다. 소수의 무리가 월동을 위해 경기도 일부 지역으로 도래하고 있는 것으로 추측된다. 주로 깃의 암색 부위 색깔의 진하기에 따라 아종으로 나뉜다. 아종들은 더 짙은 암색이며 대다수 개체들이 소형이다. 시베리아의 아종들은 색이 가장 선명하고 대형이다. 특성에 따라 15개의 아종이 알려져 있다.

몸길이 150~160mm   몸무게 18~22g
분포권 유럽, 스칸디나비아반도, 영국 남부, 발칸반도, 러시아 사할린, 시베리아 남동부, 캄차카반도, 이란, 몽골, 만주, 일본
　　　남한 경기도 일부 지역
　　　북한 함경북도 고산지역
도래 시기[월] 텃새

393

오색딱따구리

북한명 | 알락딱따구리

Pieoides major

Great Spotted Woodpecker

■ 텃새 ■ 흔함

몸길이 230~250mm **몸무게** 70~90g
부리 25~29mm **날개** 124~135.5mm **꼬리** 76.5~92mm **부척** 18~23mm
분포권 유럽, 러시아 사할린, 미얀마, 인도차이나반도 북부, 중국 동북부, 일본
　　　　남한 전역
　　　　북한 전역
도래 시기[월] 텃새

형태 이마는 흰색이며 머리 상단은 검은색이다. 수컷은 뒷머리에 붉은색 무늬가 뚜렷하며 암컷은 없다. 뒷목과 등, 어깨, 허리는 검은색이며 어깨깃의 끝은 흰색이다. 날개의 윗부분은 검고 날개깃은 흰색과 검은색의 가로무늬가 있다. 몸통 윗면도 검은색이며 턱밑과 멱, 옆목은 갈색이 도는 흰색이다. 아랫부리 기부에는 검은색 뺨선이 흐르고 아랫배는 붉다. 꼬리는 검고 부리는 회색이다. 홍채는 적갈색이며 다리는 흑회색이다.
노랫소리 '끼욧, 끼욧' 하며 머리를 좌우로 흔들면서 소리를 낸다.
생활권 야산과 산림에서 생활하며 관목과 농경지의 독립수, 마을의 숲에서 먹이를 구하며 지낸다.
번식 산란기는 5월 상순~7월 상순이다. 산림 속 나무줄기의 지상 2m 높이에 구멍을 뚫고 둥지를 튼다. 둥지의 출입구는 직경 40~59mm, 깊이 225~450mm 정도다. 산좌에는 나무 부스러기를 깔고 알을 4~6개 정도 낳는다. 알의 색은 순백색이며 크기는 26mm, 무게는 약 5.1g이다. 포란과 육추는 암수가 함께 하며 포란 기간은 15~16일이다. 육추 기간은 20~24일인데, 어린새는 둥지에서 이소한 이후에도 어미에게 생존에 관한 학습을 받는다.
먹이 곤충류와 애벌레, 거미류, 식물의 열매.
현황 한반도 전역에서 흔히 볼 수 있는 텃새로 딱따구리류 중에서 우점종이다.

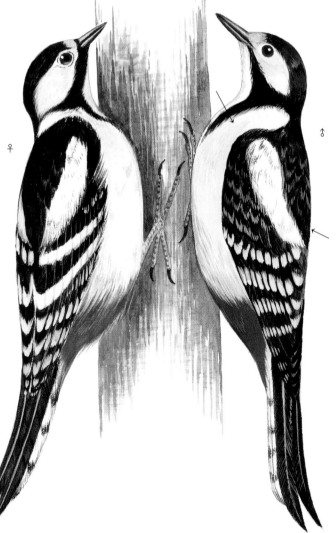

큰오색딱따구리

북한명 | 큰알락딱따구리
Picoides leucotos
White-backed Woodpecker

■ 텃새　■ 흔하지 않음

형태 외형은 오색딱따구리와 흡사하다. 이마는 황갈색이 도는 흰색이다. 수컷의 머리와 뒷머리는 붉은색이며 암컷의 머리와 뒷머리는 검은색이다. 등과 어깨, 위꼬리덮깃은 검고 가슴과 배, 허리는 황갈색이 도는 흰색이며 흑갈색 세로무늬가 있다. 눈 주위, 귀깃은 흰색이며 턱밑과 멱, 옆목은 적갈색을 띤 흰색이다. 날개의 흰색 무늬는 오색딱따구리가 폭이 넓은 것에 반해 폭이 좁고 촘촘하다. 배와 옆구리, 아래꼬리덮깃은 붉은색을 띤다. 부리는 회색이며 홍채는 적갈색이고 다리는 흑회색이다.

노랫소리 '끼욧, 끼욧' 하며 큰 소리를 낸다.

생활권 활엽수림과 침엽수림이 혼재된 울창한 숲에서 먹이를 구하며 단독생활을 즐긴다.

번식 산란기는 4~6월이며 활엽수림과 혼효림이 울창한 숲의 나무줄기에 구멍을 뚫고 둥지를 튼다. 산좌의 깊이는 400mm 정도다. 산란수는 3~5개 정도로, 알의 색은 순백색이고 크기는 28mm다. 포란과 육추는 암수가 함께 하며 포란 기간은 12~14일이다. 육추 기간은 24~28일 정도 걸리며 어린새는 둥지를 떠난 다음 어미새에게 생존에 관한 학습을 받는다.

먹이 곤충류와 애벌레, 다족류, 식물의 열매.

현황 한반도 전역에서 관찰되지만 흔하지 않은 텃새다.

몸길이 250~280mm　몸무게 100~115g
부리 35~43mm **날개** 144~151mm **꼬리** 81~95mm **부척** 25~27mm
분포권 유라시아, 유럽 동부, 스칸디나비아반도, 러시아 시베리아 남부, 우수리강, 중국, 몽골, 타이완, 일본
　　　　남한 전역
　　　　북한 전역
도래 시기[월] 텃새

우

♂

395

붉은배오색딱따구리

북한명 | 붉은알락딱따구리
Picoides hyperythrus
Rufous-bellied Woodpecker

■ 길잃은새 ■ 희귀함

몸길이 200~240mm 몸무게 41~65g
부리 24.5~29mm **날개** 124~134mm **꼬리** 74~82mm **부척** 20~22mm
분포권 만주 중남부, 우수리강, 타이, 베트남, 중국 중북부
　　　남한 경기도 포천시 광릉
　　　북한 평안남도, 평안북도
도래 시기[월] 길잃은새

형태 이마와 눈앞은 흰색이며 뺨과 가슴, 배는 적갈색이다. 아래꼬리 덮깃과 뒷목은 붉다. 수컷은 머리 상단이 붉으나 턱밑은 갈색이며 등과 허리는 검은색으로 흰색 가로띠가 있다. 꼬리는 쐐기형이며 검다. 암컷은 머리 상단이 검은색이며 흰색 반점이 조밀하게 산재해 있다. 부리는 회색이 도는 황갈색이며 홍채는 적갈색이고 다리는 회색을 띤다.
노랫소리 자료 없음.
생활권 침엽수림과 혼효림에서 먹이를 구하며 생활한다.
번식 산란기는 4~6월이며 침엽수림과 혼효림이 울창한 산림 속 고목의 수공에 둥지를 튼다. 산란수는 2~5개 정도이며 알의 색은 순백색이다. 포란은 암수가 함께 하나 수컷이 주로 포란하는 것으로 알려져 있다. 번식에 대한 정확한 자료가 없는 미확인 종이다.
먹이 곤충류와 애벌레.
현황 길잃은새로 1968년 경기도 광릉에서 채집된 기록이 있으며 1929~39년 사이에 3회에 걸쳐 5개체가 평안북도와 평안남도에서 채집되었다. 북한에서는 번식기에 여러 차례 채집된 기록으로 미루어 텃새인 것으로 짐작된다.

세가락딱따구리

북한명 | 세가락딱따구리
Picoides tridactylus
Three-toed Woodpecker

■ 텃새   ■ 북한 천연기념물 제353호

형태 암컷의 머리 상단과 뒷머리는 검은색이며 작은 흰색 점무늬가 산재해 있다. 수컷의 이마와 앞머리는 황색이다. 뺨과 턱밑, 멱은 흰색이며 흰눈썹선이 옆목을 거쳐 등쪽의 커다란 흰색 무늬와 연결된다. 가슴과 배는 흰색이며 검은색 점무늬가 산재해 있다. 꼬리는 쐐기형이며 검은색이다. 부리는 흑회색이고 다리는 회백색이며 발가락은 3개로 후지가 없다. 어린새의 이마와 머리 상단, 뒷머리는 검은색인데, 머리 상단의 황색과 흰색 무늬가 눈에 띈다. 등의 흰색 깃 언저리는 검은색이 돌고 날개깃의 흰색 무늬는 어미새보다 작다. 몸통 아랫면은 흐린 흰색으로 가슴과 배에는 검은색 무늬가 흐리게 보인다.

노랫소리 쇠오색딱따구리와 비슷한 소리를 낸다.

생활권 침엽수림지역에서 먹이를 구하며 생활한다.

번식 산란기는 5~6월이며 죽은 침엽수 고목의 지상 1~6m 높이에 구멍을 뚫고 둥지를 튼다. 출입구의 구경은 60~140mm이며 깊이는 200mm 내외다. 산란수는 3~5개 정도이며 알은 순백색이고 크기는 23mm다. 포란과 육추는 암수가 함께 하며 포란 기간은 12~14일, 육추 기간은 22~23일이다. 어린 새끼는 이소한 후에도 어미에게서 생존에 관한 학습을 받는다.

먹이 곤충류와 애벌레, 좀벌레, 딱정벌레.

현황 함경북도와 함경남도 고산지역에서 번식하며 겨울이 오면 저지대로 이동해 겨울을 나는 텃새다. 북한에서는 천연기념물로 지정된 종이다.

몸길이 220mm   몸무게 60~75g
부리 ♂31~34mm ♀33mm **날개** ♂123~127mm ♀122mm **꼬리** ♂73~76mm ♀71mm **부척** ♂31~34mm ♀24mm
분포권 유럽 북부, 스칸디나비아반도, 러시아 캄차카반도, 시베리아 남동부, 사할린, 몽골, 만주, 중국 동부, 일본
　　　남한 자료 없음
　　　북한 함경북도, 함경남도 고산지역, 백두산 삼지연, 량강도 보천군, 혜산시, 백암군
도래 시기[월] 텃새

청딱따구리

북한명 | 푸른딱따구리
Picus canus
Grey-headed Woodpecker

■ 텃새 ■ 흔치 않음

몸길이 250~300mm **몸무게** 125~165g
부리 30~39mm **날개** 136~150mm **꼬리** 87~110mm **부척** 25~28mm
분포권 유럽 중부, 스칸디나비아 남부, 러시아 시베리아 중앙부, 사할린,
　　　　 우수리강, 미얀마, 인도네시아, 중국, 몽골, 일본
　　　　 남한 전역
　　　　 북한 전역
도래 시기[월] 텃새

형태 수컷은 이마와 머리에 타원형 붉은색 무늬가 있으나 암컷은 없다. 뒷목은 녹회색을 띠며 턱에는 검은색 턱선이 흐른다. 등과 어깨는 황색이 도는 녹회색이며 허리는 황록색이다. 배는 회색을 띠고 꼬리는 암갈색에 검은색 가로무늬가 있다. 첫째날개깃은 갈색으로 외판과 내판의 안쪽과 기반부에 흰색 무늬가 나란히 자리 잡고 있다. 길고 뾰족한 부리는 흑회색이며 아랫부리의 기부는 황백색이다. 홍채는 붉고 다리는 회갈색이다.
노랫소리 '히요, 히요' 또는 '삐-요, 삐-요' 하며 부드럽고 맑은 소리를 되풀이하여 낸다.
생활권 야산이나 인가 근처의 나무에 자주 모습을 드러내는데, 산림 속에서 홀로 먹이를 구하며 생활한다.
번식 산란기는 4월 하순~6월이다. 숲속의 교목줄기에 구멍을 뚫고 둥지를 튼다. 둥지는 지상 2~3m 높이에 짓고 산좌에는 나무 부스러기를 깔거나 아무것도 깔지 않고 알을 낳는다. 산란수는 7~9개 정도이며 알의 색은 순백색, 크기는 27mm다. 포란과 육추는 암수가 함께 하며 포란 기간은 14~15일, 육추 기간은 24~28일이다. 둥지에서 이소한 어린 새는 생존을 위한 학습을 어미에게 받는다.
먹이 곤충류와 애벌레, 개미, 식물의 열매.
현황 한반도 전역에서 드물게 볼 수 있는 텃새다.

까막딱따구리

북한명 | 까막딱따구리(검은딱따구리)
Dryocopus martius
Black Woodpecker

■ 텃새 ■ 천연기념물 제242호,
환경부 지정 멸종위기 야생조류 Ⅱ급

형태 대형종으로 온몸의 깃털이 검다. 수컷은 이마에서 머리, 뒷머리까지 광택이 나는 붉은색 깃털로 덮여 있는데 황홀감을 자아낸다. 얼굴과 복부의 검은색은 등면보다 흐리고 광택도 없는 탈색된 검은색이다. 날개와 첫째날개깃은 흑갈색이다. 암컷의 이마와 머리는 광택이 없는 검은색이며 뒷머리 일부에 붉은색 흔적이 남아 있다. 꼬리는 쐐기형이며 길고 단단한 부리는 황백색이다. 홍채는 엷은 황색이 도는 흰색이다. 다리는 청회색이다.

노랫소리 '끼이야, 끼이야' 또는 '끄리, 끄리, 끄리' 한다.

생활권 사찰 주변의 산림이나 노거수림, 울창한 수림이나 혼효림에서 먹이를 구하며 생활한다.

번식 산란기는 4월 하순~6월 초순이다. 참나무나 소나무, 밤나무에 구멍을 뚫고 둥지를 튼다. 지상 8~12m 높이에 입구를 내고 산좌에 아무것도 깔지 않고 알을 낳는다. 산란수는 4~5개 정도이며 알의 색은 순백색이고 크기는 37mm다. 포란과 육추는 암수가 함께 하며 포란 기간은 12~14일, 육추 기간은 24~28일 정도다. 둥지에서 이소한 어린새는 어미에게 생존에 관한 학습을 받는다.

먹이 곤충류와 애벌레, 식물의 열매.

현황 한반도 전역에서 관찰되는 텃새다. 근래에 들어와 개체수가 증가하고 있다.

몸길이 450mm 몸무게 300~350g

부리 55~64mm **날개** 228~258mm **꼬리** 151~195mm **부척** 34~38.5mm

분포권 유라시아, 러시아 시베리아, 캄차카반도, 사할린, 몽골, 중국, 일본

　　　남한 전역

　　　북한 전역

도래 시기[월] 텃새

우

크낙새

북한명 | 클락새
Dryocopus javensis
White-bellied Woodpecker

몸길이 460mm   몸무게 310~360g
부리 58~66mm **날개** 242~257mm **꼬리** 170~190mm **부척** 31~37mm
분포권 일본
　　　남한 경기도 포천시 광릉, 양평군, 군포시, 수원시, 충청남도 보령시,
　　　　　천안시, 전라북도, 강원도 설악산 등지
　　　북한 황해북도 평산군, 온성군, 금천군 금교면, 개성시 박연폭포
　　　　　부근과 송악산
도래 시기[월] 텃새

형태 대형종으로 수컷은 이마와 머리, 뒷머리 전체가 진홍색 두관으로 장식되어 있어 범상치 않은 위용을 나타낸다. 아랫부리 기부에서부터 나 있는 붉은색 뺨선은 길이가 27mm이며 폭은 9mm다. 배와 허리, 아랫날개덮깃은 순백색이고 나머지 몸통의 대부분은 검은색이다. 암컷은 머리 전체가 검은색이다. 길고 단단한 부리는 검은색이며 검은색 강모가 있다. 홍채는 황색이며 다리는 흑회색이다.
노랫소리 '클락, 클락, 클락' 또는 '끼-악, 끼-악' 하며 반복적으로 소리를 낸다.
생활권 방대한 혼효림과 우거진 숲을 먹이 사냥터로 삼는다. 대식가로 알려진 이 종은 이러한 조건이 갖추어진 곳에서 생존이 가능하다.
번식 산란기는 4~6월이며 인가 근처의 잡목림에서 번식한다. 주로 밤나무와 상수리나무의 고목에 구멍을 뚫고 둥지를 튼다. 출입구의 직경은 100mm이며 깊이는 500~600mm 정도. 산좌에는 마른 진흙과 나무 부스러기를 깔고 알을 낳는다. 산란수는 3~4개이며 알의 색은 순백색이고 크기는 37.8mm다. 포란과 육추는 암수가 함께 한다. 포란기간은 14일 정도, 육추 기간은 27~28일 정도. 어린 새끼는 이소한 뒤에도 생존에 관한 학습을 받는다.
먹이 좀벌레, 개미알, 미끈이하늘소 유충, 지네, 곤충류의 유충.
현황 텃새로, 남한에서는 1989년 이후 현재까지 목격된 적이 없고 절종된 것으로 추정된다. 북한의 생존 개체는 20여 마리로 추정한 기록이 있을 뿐이다. 1878년 한 영국인이 일본 쓰시마섬에서 채집한 1개체를 기표본(基標本)으로 크낙새의 기산지를 쓰시마섬으로 삼았으나 1933년 이후 여러 차례 조사로 절종한 것을 확인했다.

참새목

32개 과로 이뤄져 있어 모든 새의 거의 절반 정도가 참새목에 속한다.

모든 지역에 고르게 분포하며 텃새, 철새, 나그네새, 길잃은새 등 한반도에

도래하는 시기가 다양하다. 잘 날며 대부분 소형종이거나 중형종이다.

발가락이 4개인데 그중 1개는 뒤쪽으로, 나머지 3개는 앞으로 향해 있고

물갈퀴는 없다. 곡식, 열매, 곤충, 양서류 등 다양한 먹이를 먹고,

다른 동물의 먹이가 되기도 한다.

팔색조

북한명 | 팔색조
Pitta nympha
Fairy Pitta

■ 여름철새 ■ 천연기념물 제204호,
환경부 지정 멸종위기 야생조류 Ⅱ급,
CITES Ⅱ, IUCN Red List VU

몸길이 170~200mm 몸무게 48~70g
부리 22~27mm **날개** 118~127mm **꼬리** 35~44mm **부척** 38~42mm
분포권 오스트레일리아, 동남아시아, 인도, 스리랑카, 인도차이나반도,
보르네오섬, 뉴기니, 중국 남동부, 타이완, 일본
남한 경상남도 거제도, 제주도 한라산, 경기도 포천시 광릉
북한 황해남도 장연군

도래 시기[월] 1 2 3 **4 5 6 7 8 9** 10 11 12

형태 화려한 색상과 통통한 몸매의 팔색조는 사람들의 주목을 끄는 열대조류다. 다리는 길고 꼬리는 짧은 새로 암수의 색이 흡사하다. 이마와 머리는 다갈색이며 가운데 검은색 선이 흐른다. 눈 위를 흐르는 황색 눈썹선과 부리 기부에서 시작해 눈을 지나는 폭 넓은 검은색 띠는 뒷목까지 이어진다. 등과 날개는 청록색이며 날개의 작은덮깃과 꼬리 부분은 녹색을 띤다. 꼬리깃과 날개깃은 검고 첫째날개깃 중앙에는 흰색 무늬가 있다. 턱밑은 희고 가슴과 옆구리는 황갈색이다. 배의 중앙부는 아래꼬리까지 선홍색이 연이어져 있으며 꼬리는 짧다. 부리는 흑갈색이며 홍채는 진갈색이다. 발은 강하며 담황색이다.

노랫소리 자신의 울음소리를 흉내 내는 소리에 바로 반응한다. '호이호잇- 호이호잇-' 또는 '호오-잇, 호오-잇' 한다.

생활권 영역성이 강하며, 부리와 발, 발가락이 강해 삼림이나 지상에서 활동하기에 적합하다. 습하고 그늘진 활엽수림에서 먹이를 구하는데 낙엽층과 부식층에서 작은 동물, 특히 연충, 달팽이, 곤충류를 찾는 경우가 많다. 강한 부리로 나뭇잎과 조각들을 뒤집거나 발로 낙엽을 한쪽으로 긁어 모아 먹이를 찾는다. 때로는 머리를 옆으로 돌려 청각을 통해 먹이를 사냥한다.

번식 번식기가 오면 수컷은 암컷 주위에서 직립 자세로 날개를 펼치고 뛰면서 춤을 추며 구애한다. 산란기는 5~7월이며 대부분 바위틈이나 갈라진 나뭇가지 사이에 둥지를 튼다. 지상 1~2m 높이의 전방이 트이고 인적이 없으며 습기가 찬 어두운 계곡을 번식처로 삼는다. 잔가지와 이끼, 솔잎으로 타원형 둥지를 만들고 출입구를 아래쪽에 작게 낸다. 산란수는 4~8개 정도이며 알의 색은 회백색 바탕에 옅은 자갈색 반점이 있고, 크기는 26mm다. 포란과 육추는 암수가 함께 하며 포란 기간은 16~18일 정도, 육추 기간은 14~16일 정도다. 육추가 끝나면 바로 2차 번식에 들어간다.

먹이 곤충류, 환형동물(지렁이), 갑각류.

현황 여름철새로 한반도 남쪽 도서지역인 거제도 학동, 제주도 한라산과 내륙지역인 경기도 포천시 광릉에서 목격된 적이 있으며 북한 자료에 의하면 황해남도 장연군에서 채집된 기록이 있다. 팔색조는 아시아의 열대지역에 광범위하게 분포하며 평지에서 해발 2,500m 사이 지역에 분포한다.

푸른날개팔색조

북한명 | 없음

Pitta moluccensis
Blue-winged Pitta

■ 길잃은새 ■ 희귀함

형태 이마와 머리는 황색에 검은색 깃털이 보이고 눈썹선은 황색이다. 부리의 기부에서 시작해 뒷머리를 휘감고 있는 폭 넓은 검은색 눈선은 이 종의 특징이다. 턱밑과 멱에서 목을 휘어 감는 노란색 띠는 검은색 눈선 띠를 따라 뒷목에서 멈춘다. 몸통 아랫면인 가슴, 복부와 하복부는 적황색이며 중심부와 꼬리 부근에는 붉은색 깃털이 자리 잡고 있다. 등과 날개는 청록색이고 첫째날개덮깃은 푸른색이며 팔색조에 비해 색깔이 짙다. 부리는 흑회색이고 홍채는 흑갈색이며 다리는 흑회색이다.

노랫소리 자료 없음.

생활권 열대지역과 아열대지역의 저지대 혼효림의 숲에서 먹이를 찾고 생활하며 습지를 선호한다.

번식 산란기는 5~10월이며 우기 직전에 번식한다. 바위틈이나 나뭇가지 위 또는 경사진 언덕 그늘진 곳에 둥지를 튼다. 잔가지나 이끼와 솔잎으로 둥근 둥지를 만들고 출입구는 아래쪽에 뚫는다. 산란수는 3~5개 정도이며 알의 색은 크림색 바탕에 적갈색 반점이 산재해 있다. 알의 크기는 26mm다. 포란과 육추는 암수가 함께 하며 포란 기간은 14~16일 정도, 육추 기간은 14~16일 정도다. 이소 후 어미는 새끼에게 생존에 대한 학습을 시작한다.

먹이 환형동물, 귀뚜라미, 지네, 메뚜기.

현황 근래에 관찰되기 시작했으며 2009년 6월에 제주도 남쪽 마라도에서 처음으로 목격되었다. 기상 이변이나 난기류 또는 기타 상황으로 한반도로 유입된 길잃은새다.

몸길이 180~210mm 몸무게 57~86g

분포권 아프리카, 유럽 남부, 동남아시아, 캄보디아, 인도차이나반도, 라오스, 미얀마, 베트남, 싱가포르, 중국 남부, 타이완

남한 마라도

북한 자료 없음

도래 시기[월] 길잃은새

©JJ Harrison

뿔종다리

북한명 | 뿔종다리
Galerida cristata
Crested Lark

■ 텃새   ■ 환경부 지정 멸종위기 야생조류 Ⅱ급

몸길이 170~180mm 몸무게 35~45g
부리 17~19mm **날개** 99~107mm **꼬리** 61~65mm **부척** 24~25mm
분포권 유라시아, 아프리카, 중앙아시아, 인도 북부, 중국 중북부, 만주
　　남한 중부 이북지역
　　북한 전역
도래 시기[월] 텃새

형태 암수의 색깔이 같다. 온몸이 갈색으로 이마와 머리 상단에서 뒷머리 쪽으로 긴 관모가 솟아 있다. 몸통 윗면은 갈색을 띠며 암갈색 세로무늬가 있고 몸통 아랫면은 흰색이 도는 담색이다. 가슴에는 암갈색 세로줄무늬가 있고 꼬리는 짧은 편이며 황갈색을 띤다. 부리는 회갈색이며 홍채와 다리는 갈색이다. 발가락과 발톱이 비교적 길다.
노랫소리 '피리, 피리' 또는 '삐리, 삐리삐-', '휴우- 휴우-' 하며 경쾌하게 소리 낸다.
생활권 들녘, 초원, 벌판, 경작지, 강변 등지에서 먹이를 구하며 생활한다. 날아오르고 내릴 때 수직으로 움직이는 것이 특징이다.
번식 산란기는 5~7월 중순경이며 경작지나 들녘의 풀밭에 오목하게 파인 곳에 둥지를 튼다. 마른풀과 잎으로 밥그릇형 둥지를 만들며 산좌에는 부드러운 풀잎을 깔고 알을 낳는다. 산란수는 4~5개 정도이며 알의 색은 흰색 또는 황색이 도는 흰색으로 흑갈색과 황갈색의 얼룩무늬가 있다. 포란은 암컷이 주로 하나 수컷도 품는다. 포란 기간은 12~13일이다. 육추는 암수가 함께 하며 육추 기간은 13~15일이다. 무덥고 건조한 지역에서 종다리류의 산란수는 매우 적은 경우가 많다. 적도 부근에서 번식하는 종의 경우 한배에 2개의 알만 낳는다. 반면 온대지역에서 번식하는 종다리, 숲종다리와 유럽에서 번식하는 종들은 산란수가 4~6개에 달한다.
먹이 곤충류, 식물의 씨앗, 낟알.
현황 한반도 전역에서 볼 수 있는 텃새로 특히 중부 이북지역에서 흔하게 번식했으나 최근에는 찾아보기 쉽지 않다.

북방쇠종다리

북한명 | 모래빛작은종다리
Calandrella cheleensis
Asian Short-toed Lark

■ 나그네새 ■ 흔치 않음

형태 몸의 윗면은 색깔이 황갈색으로 흑갈색 줄무늬가 있다. 눈에는 엷은 황갈색 눈썹선이 흐르고 머리와 등, 작은날개덮깃은 적갈색이다. 가슴에는 검은색 줄무늬가 있고 배는 엷은 황갈색이 도는 흰색이다. 머리깃은 짧고 둥글며 꼬리는 다소 오목형이고 갈색이다. 부리는 뿔회색이며 홍채는 갈색이고 다리는 담황색이다. 꼬리는 얕은 오목형이다.

노랫소리 '찍찍찌리리리' 한다. 번식기에 수컷은 하늘 높이 오르면서 '삐리잇 삐릿, 죠이, 죠이 죠이' 하며 경쾌한 소리를 낸다.

생활권 주로 모래땅이나 강가 또는 마른논, 개활지, 경작지, 하구에서 먹이를 구하며 생활한다.

번식 산란기는 4월 중순~6월 하순에 걸쳐 2회 번식한다. 유럽이나 중국 북부에서는 첫 번째 번식을 4월 중순께 하고 두 번째를 6월에 한다. 모래땅이나 자갈밭 오목한 곳에 둥지를 튼다. 마른풀의 줄기나 풀뿌리로 엉성하게 산좌를 만들고 알을 낳는다. 산란수는 3~4개 정도이며 알의 색은 황백색 또는 녹색이 도는 흰색 바탕에 회색 얼룩점과 황갈색 무늬가 있다. 알의 크기는 20mm다. 포란과 육추는 암수가 함께 하며 포란 기간은 12~13일, 육추 기간은 12~13일 정도다.

먹이 곤충류, 식물의 씨앗과 열매.

현황 봄철과 가을철에 한반도를 지나가는 흔하지 않은 나그네새다.

몸길이 140mm 몸무게 22~28g
부리 10~12mm **날개** 85~98mm **꼬리** 62~72mm **부척** 18~20mm
분포권 지중해 연안, 중앙아시아, 중국, 몽골 동부, 만주 남부
     남한 한강, 낙동강 하구
     북한 자료 없음
도래 시기[월] 1 2 **3 4** 5 6 7 8 **9 10** 11 12

쇠종다리

북한명 | 사막작은종다리
Calandrella brachydactyla
Greater Short-toed Lark

■ 길잃은새 ■ 적음

몸길이 140mm 몸무게 19~25g
부리 12~13mm **날개** 90.5~95mm **꼬리** 56~58.5mm **부척** 20~21mm
분포권 유럽 남부, 중국 북서부, 몽골
　　남한 제주도, 경상남도 거제도, 전라남도 신안군 흑산도와 홍도,
　　　　이어도, 충청남도 보령시 외연도
　　북한 평안북도
도래 시기[월] 길잃은새

형태 수컷이 암컷보다 좀더 크지만 색깔은 같다. 겨울깃은 몸통 윗면이 엷은 모래색이며 암갈색 세로무늬가 있는데 이마와 뒷목에서는 뚜렷하지 않고 위꼬리덮깃은 무늬가 없다. 등은 엷은 갈색이며 굵고 검은색 무늬가 있고 가슴 옆면에는 암갈색 줄무늬가 있다. 몸통의 아랫면은 엷은 황색빛이 도는 흰색이다. 여름깃은 등쪽의 암갈색 무늬가 밝아지고 날개 깃의 끝부분이 엷게 변한다. 윗부리는 흑갈색을 띤다. 다리는 튼튼하나 비교적 작으며 부척은 갈색이고 발가락은 암갈색이다. 홍채는 갈색이다. 꼬리는 약간 오목형이며 중앙의 1쌍이 다른 것에 비해 2~4mm 짧다.

노랫소리 날아오르면서 '쥬리, 쮸리, 쮸리, 쮸리' 한다.

생활권 사막이나 황폐한 땅 또는 습지, 농경지, 하천의 모래밭에서 먹이를 구하며 생활한다.

번식 산란기는 4~7월 상순이며 풀과 흙으로 둘러싸인 땅바닥에 마른 풀과 줄기로 밥그릇형 둥지를 튼다. 산좌에는 부드러운 털을 깔고 알을 낳는다. 알의 색은 흰색 바탕에 회색과 갈색 얼룩무늬가 산재해 있다. 알의 크기는 21mm이며 산란수는 3~5개 정도다. 포란은 암컷이 전담하며 포란 기간은 12~13일이다. 육추는 암수가 함께 하며 육추 기간은 12일이다. 1년에 2번 번식한다.

먹이 곤충류, 식물의 종자.

현황 길잃은새로 북한 자료에 따르면 1929년 4월 17일에 평안북도에서 1회 채집된 기록이 있다. 남한에서는 이동기인 3~4월, 9~10월에 제주도와 거제도, 흑산도, 홍도, 이어도, 외연도에서 드물게 목격된다.

종다리

북한명 | 종다리
Alauda arvensis
Eurasian Skylark

형태 암컷과 수컷의 색이 같다. 이마와 머리 상단, 뒷머리, 목은 엷은 적갈색이며 검은색 가로무늬가 있다. 눈에는 크림색 눈썹선이 흐르고 귀깃은 엷은 적갈색이며 검은색 가로무늬가 있다. 목 양쪽에 흑갈색 무늬로 된 축선이 있고 등과 어깨, 허리와 위꼬리덮깃도 연한 적갈색이며 검은색 가로무늬가 있다. 가을이 되면 깃가는 크림색으로 변하고 가슴도 연한 적갈색이 되며 검은색 가로무늬가 생긴다. 아래꼬리덮깃은 붉은색빛이 도는 크림색으로 변한다. 부리는 암갈색이며 홍채는 갈색이고 다리는 암갈색이며 다리털은 크림색이다. 꼬리깃의 윗면은 크림색이 도는 흰색이며 안쪽 면은 흑갈색이다.

노랫소리 '찌릿삐리리, 찌릿삐리리리, 쪼이쪼이' 하는 밝고 맑은 소리로 경쾌감을 준다.

생활권 주로 해안가 넓은 초원이나 보리밭과 개활지, 농경지, 마른 장과림이나 동토대 등에서 서식한다. 일반적으로 해발 400m까지가 생활공간이지만 해발 600m 이상의 고원지대에서도 번식과 일상생활이 가능하다. 깃이 대개 주변의 색과 흡사한데 이 보호색은 지상에서 활동하거나 포란하고 있을 때 은폐하기에 좋다. 부리가 아래로 굽고 두텁고 강해서 씨앗의 단단한 껍질을 깨물어 부수기에 적합하며 흙 속의 먹이를 파기에도 적합하다.

번식 대다수 종다리는 번식할 때 강한 영역성을 지닌다. 수컷은 날면서 지저귐으로써 영역을 지키고 이성을 유인한다. 산란기는 4~7월로 보리밭이나 밀밭 또는 풀밭의 맨땅 위에 마른풀이나 줄기와 풀뿌리로 밥그릇형 둥지를 튼다. 산좌에는 마른 풀줄기나 풀뿌리를 깔고 알을 3~5개 낳는다. 알의 색은 회백색 바탕에 회색 또는 갈색의 얼룩점이 산재해 있으며 크기는 24mm, 무게는 3.4~3.6g 이다. 포란과 육추는 암수가 함께 하며 포란 기간은 11~12일, 육추 기간은 18~20일 정도다.

먹이 곤충류, 거미류, 식물의 종자.

현황 한반도 전역에서 번식하는 텃새이자 중부 이남지역에서는 겨울철새다. 흔한 텃새였으나 근래에 개체수가 급감하여 보기조차 어렵다. 신대륙의 대부분 개활지역에서 종다리과를 볼 수 있고 아프리카의 건조지역에서는 종이 특히 풍부하고 다양하다. 한 지역에 10여 종의 종다리가 모이기도 한다.

몸길이 180mm **몸무게** 33~45g
부리 12~15mm **날개** 102~109mm **꼬리** 59~71mm **부척** 21~25mm
분포권 유라시아, 유럽, 아프리카 서북부, 우수리강, 러시아 시베리아 동북부, 캄차카반도, 이란, 중국 북부, 몽골
　　　남한 전역
　　　북한 전역
도래 시기[월] 텃새

아시아종다리 남방종다리

북한명 | 없음

Alauda gulgula
Oriental Skylark

■ 길잃은새   ■ 희귀함

몸길이 140~150mm   몸무게 22~28g
분포권 중국 중남부, 타이완, 동남아시아, 소아시아
　　　남한 경상북도 울릉도
　　　북한 자료 없음
도래 시기[월] 길잃은새

형태 암수 형태가 흡사하다. 앞이마와 머리 상단, 뒷머리, 뒷목은 갈색을 띠고 흑갈색 가는 세로줄무늬가 있다. 몸통의 윗면도 갈색이며 흑갈색 세로줄무늬가 있다. 머리깃이 짧게 돌출되어 있고, 턱밑과 멱은 엷은 황갈색, 가슴과 옆구리는 엷은 적갈색이다. 몸통의 아랫면은 회백색이다. 첫째날개깃이 셋째날개깃보다 길고, 뒤로 돌출된 정도가 종다리보다 짧다. 부리는 흑회색이며 가늘고 긴 편이다. 홍채는 검고 다리는 황적색이다. 꼬리는 흑회색이며 오목한 모양이다.

노랫소리 땅에서 탁한 소리로 '삐즈, 삐즈, 쯔삣, 쯔삣' 하며 지저귄다.

생활권 주로 농경지나 개활지의 풀밭에서 먹이를 구하며 홀로 생활한다.

번식 번식기는 4~5월이다. 하천가 또는 개활지의 풀밭 땅바닥에 마른 풀줄기나 잎, 풀뿌리로 밥그릇형 둥지를 튼다. 산좌에 부드러운 동물 털을 간 뒤, 회백색 바탕에 지저분한 얼룩무늬가 있는 알을 3~4개 낳는다. 알의 크기는 22mm다. 포란은 주로 암컷이 하며 포란 기간은 12~14일이다. 육추는 암수가 함께 하며 육추 기간은 12~13일이다.

먹이 곤충류와 애벌레, 식물의 씨앗이나 작은 열매.

현황 기상 이변이나 난기류 또는 기타 상황으로 무리에서 이탈하여 한반도로 유입된 길잃은새다. 2013년 봄에 울릉도에서 관찰된 기록이 있다.

귀뿔종다리

북한명 | 없음
Eremophila alpestris
Horned Lark

형태 종다리보다 크기가 약간 작다. 수컷은 마치 뿔과 같이 솟아 있는 귀깃이 특징이다. 앞이마의 순백색은 눈썹선과 연결된다. 머리 상단과 뒷머리, 뒷목은 연갈색을 띠며 몸통 윗면은 연갈색에 흑갈색 무늬가 있다. 턱밑과 멱은 순백색이며 목과 가슴의 경계선에 폭 넓은 검은색 가로띠가 뚜렷하게 자리 잡고 있다. 아랫가슴과 복부는 황갈색이 도는 흰색이며 날개덮깃은 회갈색이다. 암컷은 귀뿔이 없으며 전체적으로 색깔이 엷다. 다리는 검은색이다.

노랫소리 자료 없음.

생활권 개활지와 경작지 풀밭, 툰드라 등지에 먹이를 구하며 생활한다.

번식 산란기는 5~7월이며 풀밭이나 초지의 맨땅 위에 오목하게 알자리를 잡고 산좌에는 털과 부드러운 마른풀을 깔고 알을 낳는다. 산란수는 4개로 알의 색은 흰색빛이 도는 담색이며 적갈색과 검은색의 얼룩점이 있다. 포란은 암컷이 전담하며 포란 기간은 10~14일이다. 육추는 암수가 함께 하며 육추 기간은 12일 정도다.

먹이 곤충류와 식물의 씨앗.

현황 길잃은새로 한반도를 중간기착지로 삼아 매년 봄철인 3~4월, 가을철인 9~10월에 목격되나 아직까지 공식적으로 확인된 바 없다. 근자의 기록으로는 홍도와 흑산도 등 일부 도서지역에서 목격되었다.

몸길이 158~160mm 몸무게 33~45g
분포권 북아메리카, 유럽 북부, 독일, 덴마크, 핀란드, 러시아, 몽골,
　　　중국 북동부
　　　남한 전라남도 신안군 홍도, 흑산도
　　　북한 자료 없음
도래 시기[월] 길잃은새

제비

북한명 | 제비
Hirundo rustica
Barn Swallow(House Swallow)

몸길이 190mm **몸무게** 16~25g
부리 7~10mm **날개** ♂107~120mm ♀105~115mm **꼬리** ♂72~100mm ♀69~86mm
부척 9~10.5mm
분포권 아프리카 북부, 오스트레일리아, 뉴기니섬, 유라시아, 아시아 남동부,
　　　　미얀마, 아무르강, 우수리강, 히말라야 동부, 러시아 사할린, 몽골,
　　　　중국, 만주, 타이완, 일본
　　　　남한 전역
　　　　북한 전역

도래 시기[월] 1 2 3 **4 5 6 7 8 9** 10 11 12

둥지

아성조

형태 제비과는 대부분 사람들에게 사랑을 받는다. 비행능력이 뛰어나고 외모가 매력적인 여름을 알리는 새이기 때문이다. 제비의 좁고 긴 몸은 비행 과정에서 공기의 저항을 줄여주고, 날개 모양은 종횡비가 높아서 큰 부력을 만들기 때문에 역시 공기의 저항을 줄여준다. 하지만 이렇게 공기동력학에 부합하는 고효율은 기동력이 떨어진다는 대가를 치러야 한다. 이러한 열세는 ×자형 꼬리가 어느 정도 보완해 기동 능력을 높여준다. 이마는 짙은 밤색을 띠며 머리 상단, 뒷머리, 뒷목, 뺨, 귀깃은 검은색으로 남색 광택이 난다. 눈앞은 검은색이며 턱밑과 멱은 밤색이다. 등과 어깨, 허리, 위꼬리덮깃은 광택이 나는 검은색이다. 가슴과 배, 아래꼬리덮깃은 흰색이다. 아랫배와 옆구리는 담홍색이고 꼬리는 검은색이며 남색 또는 녹색 광택이 난다. 꼬리는 길고 두 갈래로 깊게 갈라져 제비꼬리의 대명사가 되었다. 부리는 검고 편평하며 입을 벌리면 넓고 크다. 홍채는 갈색이며 다리는 갈색을 띤다.
노랫소리 '삐찌, 삐지' 또는 '쫏 쫏 쫏 쮸르르' 하며 때로는 '지지배배, 지지배배' 하기도 한다.
생활권 도심에서 이미 사라졌고 교외나 농경지, 소택지, 개활지에서 1~2마리 또는 여러 마리가 모여 먹이를 구하며 생활한다.
번식 산란기는 4월 하순~7월이며 시골집 처마 밑이나 다리 밑에 둥지를 튼다. 진흙과 식물의 줄기를 섞어 밥그릇형 틀을 만들고 산좌에는 마른풀과 깃털을 깔고 알을 낳는다. 산란수는 4~6개 정도이며 알의 색은 흰색 바탕에 적갈색 얼룩점이 있다. 알의 크기는 21mm다. 포란은 암컷이 전담하며 포란 기간은 14~16일이다. 육추는 암수가 함께 하며 육추 기간은 18~20일 정도다.
먹이 곤충류의 성충.
현황 한반도 전역에서 흔히 볼 수 있는 대표적인 여름철새다. 근래에 들어와 개체수가 급감하고 있다. 도시에서 보기는 어렵고 교외나 농경지가 있는 농촌에서도 흔히 볼 수 없다.

귀제비

북한명 | 붉은허리제비
Hirundo (Cecropis) daurica
Red-rumped Swallow

■ 여름철새 ■ 흔치 않음

형태 암수의 색깔이 같다. 이마와 머리 상단, 뒷목은 금속광택이 나는 검은색이다. 목 양쪽에는 붉은색 띠가 있고 이마 옆에서 뒷목까지 적갈색이다. 턱밑과 옆목, 가슴, 배는 엷은 황색에 검은색 세로줄무늬가 있다. 꼬리는 두 갈래로 깊게 갈라진 제비꼬리형이다. 부리는 흑회색이며 홍채는 갈색이고 다리는 짙은 갈색이다. 어린새는 어미새와 흡사하며 머리와 등, 위꼬리덮깃은 어미새보다 광택이 적고 깃가마다 좁게 흑회색이 있다. 허리의 붉은색은 엷다.

노랫소리 '찌릿, 찌리리, 찌릿 비리 비리리' 하는 경쾌한 소리를 낸다.

생활권 사찰이나 인가 근처에서 먹이를 구하며 생활한다.

번식 산란기는 4~7월이며 단독 또는 3~4마리씩 무리를 지어 소규모 집단으로 번식한다. 인가나 산사의 처마 밑 또는 다리 밑에 둥지를 튼다. 진흙과 짚을 섞어 출구가 긴 에스키모 이글루와 같은 터널식 둥지를 만든다. 산좌에는 마른풀과 깃털을 깔고 알을 낳는다. 산란수는 3~5개 정도이며 알의 색은 순백색, 크기는 21mm다. 포란은 암컷이 전담하며 포란 기간은 14~15일이다. 육추는 암수가 함께 하며 육추 기간은 23~25일 정도다.

먹이 곤충류의 성충.

현황 한반도 일부 지역에서 번식하는 여름철새다. 흔히 볼 수 있었으나 근래에 들어와 개체수가 급격히 줄고 있다.

몸길이 180mm **몸무게** 18~21g
부리 7~8mm **날개** 110~126mm **꼬리** 85~112mm **부척** 12~13mm
분포권 아프리카 북서부, 이베리아반도, 발칸반도, 인도, 스리랑카, 동남아시아, 필리핀, 중앙아시아, 우수리강, 중국 북부, 일본
   남한 전역
   북한 전역
도래 시기[월] 1 2 3 **4 5 6 7 8 9** 10 11 12

둥지

갈색제비

북한명 | 모래제비
Riparia riparia
Sand Martin

■ 나그네새 ■ 흔치 않음

몸길이 120mm **몸무게** 12~18g
부리 6~7.5mm **날개** 98~110mm **꼬리** 50~56mm **부척** 10~10.5mm
분포권 유럽 전역, 러시아 시베리아 동남부, 아무르강, 사할린, 인도네시아,
　　　　 인도차이나반도, 만주, 중국, 일본
　　　　 남한 전역
　　　　 북한 자강도 만포지역

도래 시기[월] 1 2 **3 4** 5 6 7 8 **9 10** 11 12

형태 소형종으로 암수의 색깔이 같다. 이마와 머리, 뒷머리, 눈앞, 귀깃, 뺨은 진흙색과 같은 갈색이며 턱밑과 멱은 흰색이다. 등과 어깨깃, 위꼬리덮깃은 갈색이다. 몸통 아랫면인 가슴과 배, 옆구리, 아래꼬리덮깃은 흰색으로 가슴에 폭 넓은 갈색 가로띠가 있다. 옆구리의 각 깃털 끝은 어두운 갈색이다. 부리는 검고 홍채는 갈색이며 다리는 회갈색을 띠고 있다. 꼬리는 암갈색이다.
노랫소리 '찌리, 찌리립, 쮸리, 쮸리, 쮸리' 하며 소리를 낸다.
생활권 하천가 모래톱이나 호숫가, 개활지에서 먹이를 구하며 생활한다.
번식 산란기는 5~7월이며 호수와 하천가의 모래땅이나 흙벼랑에 구멍을 파고 집단으로 번식한다. 출입구의 구경은 50~90mm이며 깊이는 200~600mm다. 산좌에는 마른풀과 깃털, 종이 등을 깔고 알을 4~5개 낳는다. 알의 색은 순백색이며 크기는 18mm, 무게는 1.4~1.6g이다. 포란과 육추는 암수가 함께 하며 포란 기간은 14~15일, 육추 기간은 19일 정도다.
먹이 곤충류의 성충.
현황 봄철과 가을철의 한반도를 흔하지 않게 지나가는 나그네새로 제비무리에 섞여 이동한다. 북한 자료에 따르면 일부가 자강도지역에서 번식한다.

바위산제비

북한명 | 없음

Ptyonoprogne rupestris
Eurasian Crag Martin

■ 나그네새　■ 희귀함

형태 암수가 같은 색이다. 이마와 머리 상단, 뒷머리, 뒷목은 흑갈색이다. 빰과 얼굴은 황갈색이고 턱밑과 멱은 흰색 바탕에 흑갈색 세로줄무늬가 조밀하게 산재해 있다. 가슴과 배, 하복부는 엷은 황갈색이 도는 흰색이다. 등과 어깨깃은 흑갈색이며 날개덮깃과 꼬리깃도 검은색빛이 도는 흑갈색이다. 아래꼬리덮깃에는 비늘무늬가 있고 복부는 붉은색빛이 도는 갈색이다. 부리는 검고 홍채는 흑갈색이며 다리는 살색을 띤다.
노랫소리 '핏, 핏' 또는 '트립, 트' 하는 낮은 소리를 낸다.
생활권 바위계곡, 암벽, 넓은 초지, 좁은 협곡에서 먹이를 구하며 생활한다.
번식 산란기는 5~7월이며 암벽의 벼랑이나 바위 절벽의 갈라진 틈에 진흙과 식물의 줄기를 타액으로 섞어 밥그릇형 둥지를 만든다. 산좌에는 마른풀과 깃털을 깔고 알을 낳는다. 산란수는 3~5개 정도이며 알의 색은 흰색 비탕에 적갈색 얼룩무늬가 있고 크기는 21mm다. 포란은 암컷이 전담하며 포란 기간은 14일이다. 육추는 암수가 함께 하며 육추 기간은 25~26일이다.
먹이 곤충류.
현황 봄철과 가을철에 한반도를 지나가는 나그네새이며 한반도 남부 도서지역에서 관찰된다. 근자에는 홍도와 어청도, 흑산도지역에서 일정 기간 목격된다.

몸길이 140mm　**몸무게** 20~22g
분포권 아프리카 북서부, 유라시아, 유럽 남부, 페르시아, 히말라야, 몽골,
　　　　중국 북동부
　남한 한반도 남부 도서지역, 전라남도 신안군 홍도, 흑산도,
　　　　전라북도 군산시 어청도
　북한 자료 없음

도래 시기[월] 1 2 **3 4** 5 6 7 8 **9 10** 11 12

흰털발제비

북한명 | 털발제비
Delichon dasypus
Asian House Martin

■ 나그네새 ■ 희귀함

몸길이 120~130mm **몸무게** 15~21g
부리 6~8mm **날개** 102~113mm **꼬리** 42~52mm **부척** 8~11mm
분포권 유라시아 유럽, 스칸디나비아, 우수리강, 러시아 사할린, 필리핀,
　　　　 인도네시아, 중국, 일본
　　　남한 남부지방, 경기도 고양시
　　　북한 함경남도 장진호, 량강도 부전군

도래 시기[월] 1 2 **3 4** 5 6 7 8 **9 10** 11 12

형태 암수의 색깔이 같다. 이마와 머리 상단, 뒷머리, 뒷목은 금속광택이 나는 검은색이다. 눈앞과 눈밑, 귀깃은 검은색이며 턱밑과 멱, 가슴과 복부는 모두 순백색이다. 등과 어깨깃, 허리는 금속광택이 나는 검은색이다. 아래 허리와 위꼬리덮깃의 윗부분은 흰색이고 깃축의 끝부분은 검은색인데 그 길이는 10mm다. 위꼬리덮깃의 아랫부분은 짙은 검은색이다. 꼬리와 날개는 갈색이 도는 검은색이며 아랫면도 흰색이 도는 흑갈색이다. 부리는 검고 홍채는 암갈색이며 다리와 발가락은 흰색 털로 덮여 있다.

노랫소리 '찌찌-쪼, 찌찌-쪼 칫, 칫, 칫' 또는 '쮜리, 쮜리' 한다.

생활권 인가 부근의 개활지 절벽지역, 산간의 숲에서 생활한다. 북한의 번식지인 장진호와 부전에서는 인가에 둥지를 틀며 사람의 접근도 허락한다. 대륙에서는 강가의 동굴에서 목격된다. 사할린에서는 집과 다리 밑에서 볼 수 있으며 일본 혼슈와 북알프스 중부지역에서는 해발 500~3,000m 고산지대 산록의 인가와 산지, 바위벽에 둥지를 틀고 생활한다.

번식 산란기는 5월 하순~8월 상순이다. 군서성이 강하여 번식기에 집단을 이룬다. 건물의 처마 밑과 산사의 천정, 산지의 암벽, 고산의 암벽 등에 둥지를 튼다. 진흙과 마른풀을 섞어 밥그릇형 둥지를 만드는데 출입구는 긴 것이 90mm, 짧은 것은 50mm다. 산좌에는 마른풀과 깃털을 깔고 순백색 알을 4~5개 정도 낳는다. 알의 크기는 19mm다. 포란과 육추는 암수가 함께 하며 포란 기간은 14~15일, 육추 기간은 19~22일이다.

먹이 곤충류의 성충.

현황 봄철과 가을철에 한반도 남부지역을 통과하는 나그네새로 북한에서 소수의 무리가 번식하는 희귀한 여름철새이기도 하다. 함경남도 장진호와 량강도 부전군 한대리 림산마을(해발 1,500m)에서 집 추녀 밑에 있는 2개의 둥지와 그 근처에 있는 4개의 둥지를 발견했다. 1950년 경기도 고양시에서 번식한 기록도 있다.

흰턱제비

북한명 | 없음
Delichon urbica
Northern House Martin

■ 나그네새   ■ 희귀함

형태 암수가 같은 색이다. 이마와 머리 상단, 뒷머리, 뒷목은 광택이 도는 검은색이고 턱밑과 멱, 가슴과 복부는 순백색이다. 등면과 어깨깃은 검고 날개덮깃과 첫째날개깃, 둘째날개깃은 암갈색이다. 허리는 흰색이다. 부리는 짧고 검은색이며 홍채는 흑갈색이다. 다리는 흰색 털로 덮여 있고 발가락은 흑회색이다.

노랫소리 '프롯, 프롯' 또는 '찌루르, 찌르르' 하며 소리 낸다.

생활권 산악 암벽지역과 계곡의 절벽, 개활지 초지에서 먹이를 구하며 생활한다.

번식 산란기는 5~8월이며 암벽과 절개지 암반, 협곡의 낭떠러지 암벽에 진흙과 식물의 줄기와 잎을 타액과 섞어 밥그릇형 둥지를 만든다. 산좌에는 마른 잎과 줄기, 깃털을 깔고 알을 낳는다. 산란수는 4~5개 정도다. 알의 색은 흰색이며 크기는 19mm다. 포란과 육추는 암수가 함께 한다. 포란 기간은 14일, 육추 기간은 19~22일 정도다.

먹이 곤충류.

현황 봄철과 가을철 한반도를 통과하는 나그네새다. 4월경 홍도와 어청도 등 도서지역에서 관찰된 기록이 있으나 확인된 자료는 미비하다.

몸길이 120mm   **몸무게** 15~21g

분포권 아프리카, 유럽 중부, 러시아 동부, 히말라야, 네팔 동부, 인도 동북부 동남아시아, 미얀마, 중국 북부

　　　　남한 홍도, 어청도

　　　　북한 자료 없음

도래 시기[월] 1 2 **3** **4** 5 6 7 8 **9** **10** 11 12

긴발톱할미새

북한명 | 긴발톱할미새
Motacilla flava
Yellow Wagtail

■ 나그네새   ■ 흔치 않음

몸길이 170mm   **몸무게** 16~22g
부리 12~15mm **날개** 77~87mm **꼬리** 64~78mm **부척** 23~27mm
분포권 유라시아 온대와 아한대, 스칸디나비아반도, 미국 알래스카,
러시아 시베리아 남동부, 사할린, 오호츠크해 연안, 아무르강,
동남아시아, 필리핀, 중국 남북부, 만주, 타이완, 일본
남한 서해 도서지방
북한 자료 없음

도래 시기[월] 1 2 **3 4** 5 6 7 8 **9 10** 11 12

형태 수컷의 여름깃은 이마와 머리 상단, 뒷목과 눈앞, 귀깃이 녹색이 도는 회갈색이며 눈 위로는 황록색 눈썹선이 흐른다. 턱밑과 멱, 목, 가슴, 배, 옆구리, 아래꼬리덮깃은 황록색이며 등과 어깨, 허리, 위꼬리덮깃은 녹색이 도는 회갈색이다. 날개는 암갈색이다. 부리는 가늘고 길며 검다. 홍채는 흑갈색이며 다리도 흑갈색인데 발톱이 유난히 길다. 암컷은 이마와 머리 상단, 뒷목, 눈앞, 귀깃이 올리브회갈색이며 턱밑과 멱, 목, 가슴, 배, 옆구리, 아래꼬리덮깃은 황색이고 등과 어깨, 허리, 위꼬리덮깃은 올리브회갈색이다. 꼬리는 흑갈색이며 깃가에는 황록색빛이 돈다.
노랫소리 '찌이, 찌이, 찌찌찌찌, 찌찌찌찌' 하는 소리를 낸다.
생활권 물가와 소택지, 농경지, 논가, 방목지 등에서 먹이를 구하며 생활한다.
번식 산란기는 5~7월이며 초원 또는 툰드라 땅 위의 오목한 곳에 화본과 식물의 뿌리와 마른 줄기, 잎, 이끼로 밥그릇형 둥지를 튼다. 둥지의 크기는 외경 100~130mm, 내경 60~70mm, 깊이 20mm, 높이 40mm 정도다. 산좌에 식물의 마른 줄기나 동물의 털을 깔고 타원형 알을 5~6개 낳는다. 알의 색은 회백색 바탕에 갈색 또는 적갈색 반점이 산재해 있고, 크기는 19mm다. 포란은 암컷이 전담하며 포란 기간은 13~14일이다. 육추는 암수가 함께 하며 육추 기간은 12~13일이다.
먹이 곤충류(주로 메뚜기, 귀뚜라미)와 애벌레, 거미류, 복족류.
현황 한반도를 봄철과 가을철에 지나가는 나그네새다. 긴발톱할미새와 알락할미새는 소규모 집단으로 이동하고 70시간 가량 계속 비행해 사막과 수역을 지난다. 장거리 비행을 하기 전에 중도 정착지에서 큰 집단을 이루어 먹이를 구한다.

아성조

겨울깃

여름깃

흰눈썹북방긴발톱할미새

북방긴발톱할미새

흰눈썹긴발톱할미새

여름깃

겨울깃

노랑머리할미새

북한명 | 없음
Motacilla citreola
Citrine Wagtail

■ 길잃은새 ■ 희귀함

형태 수컷은 이마와 머리, 뒷머리, 턱밑, 멱이 모두 선황색이며 등과 뒷목 사이에 굵은 검은색 띠가 있다. 얼굴과 가슴, 배, 아랫배는 엷은 회색빛이 도는 황색이며 어깨와 등은 푸른빛이 도는 회색이고 눈썹선은 황색이다. 날개덮깃의 깃가는 흰색이다. 부리는 가늘고 길며 흑회색이다. 홍채는 짙은 갈색이며 다리는 검고 발톱이 긴 편이다. 꼬리깃은 길며 가운데가 검고 깃가는 흰색이다. 암컷은 이마와 머리 상단, 뒷머리가 회갈색이며 눈가도 회갈색을 띤다. 턱밑과 멱은 엷은 황색을 띠며 복부는 흰색 바탕에 회색빛이 감돈다. 수컷에 비해 깃털 색이 대체로 옅다.

노랫소리 '찌르, 찌르' 하며 짧은 소리를 낸다.

생활권 강가, 냇가, 연못가, 논, 경작지에서 먹이를 구하며 생활한다. 할미새와 밭종다리의 주식은 육상과 수서생물인 무척추동물, 특히 절지동물이다. 구체적인 먹이는 종별로 다른데, 일부 긴발톱할미새 종은 방목 가축과 공생한다. 일반적으로 소규모 집단을 이루어 가축의 머리, 발 근처에 서식하며 가축들과 함께 움직인다. 또한 위치를 계속 바꾸는 가축 때문에 놀라 일어나는 곤충을 쪼아 먹는다. 할미새는 가축의 등에서 공중으로 날아올라 먹이를 잡거나 바로 가축 몸에서 곤충을 쪼아 먹는다. 이렇게 가축의 힘을 빌려 먹이를 잡을 때의 성공률은 혼자 잡는 경우에 비해 2배가 된다.

번식 산란기는 5~7월이며 무성한 풀밭 밑 맨땅 오목한 곳에 접시형 둥지를 튼다. 산좌에 동물의 털과 식물의 잔뿌리를 깔고 알을 낳는다. 산란수는 5~6개 정도이며 알의 색은 밝은 모래색에 적갈색 얼룩점이 산재해 있다. 알의 크기는 19mm다. 포란은 암컷이 전담하며 포란 기간은 12~13일이다. 육추는 암수가 함께 하며 12~13일 정도다.

먹이 곤충류와 애벌레.

현황 길잃은새로 1999년 4월 제주도 하도리에서 수컷 1개체를 발견했고 5월 2일 먹이 활동 중인 것을 제주대학교 오홍식 교수팀이 목격했다.

몸길이 170mm 몸무게 16~22g
부리 12~15mm **날개** 73~87mm **꼬리** 83~100mm **부척** 19~22mm
분포권 오스트레일리아, 유럽, 러시아 시베리아, 서남아시아, 이스라엘, 요르단, 시리아, 쿠웨이트, 아랍에미리트, 만주, 베트남, 중국 북서부, 몽골 남부, 일본
남한 제주도 하도리
북한 자료 없음
도래 시기[월] 길잃은새

아성조

우

♂

417

노랑할미새

북한명 | 노랑할미새
Motacilla cinerea
Grey Wagtail

■ 여름철새　■ 흔함

몸길이 190~200mm　**몸무게** 15~23g
부리 11~15mm **날개** 73~87mm **꼬리** 83~100mm **부척** 19~22mm
분포권 유럽 남부, 아시아 온대와 아한대, 러시아 캄차카반도,
　　　　 오호츠크해 연안, 사할린, 아무르강, 우수리강, 동남아시아,
　　　　 인도네시아, 필리핀, 중국 북부, 만주, 일본
　　　　 남한 전역
　　　　 북한 전역

도래 시기[월] 1 2 3 **4 5 6 7 8 9** 10 11 12

형태 암수의 색깔이 흡사하나 약간의 차이점이 있다. 이마와 머리 상단, 뒷머리, 뺨과 얼굴은 푸른색이 도는 회색이며 눈에는 순백색 눈썹선이 흐르고 흰색 턱선이 부리 기부에서 옆목까지 흐른다. 수컷은 턱밑이 검고 가슴과 배는 흰색이 도는 엷은 황색이다. 꼬리는 할미새류 중에서 가장 길다. 꼬리 중앙부 깃털은 검고 꼬리깃가 깃털은 흰색이다. 부리는 가늘고 길며 검다. 홍채는 검은색, 다리는 가늘고 담갈색이다. 암컷은 수컷에 비해 색깔이 옅고 턱밑이 흰색이다.
노랫소리 '찌짓 찌찌찌찌 찌르찌르' 하며 소리를 낸다.
생활권 냇가나 하천가, 강가, 계곡의 물가, 연못가 등에서 먹이를 찾고 생활한다. 월동지에서는 흰개미를 잡아먹기도 하며 씨앗이나 다육과를 섭취하기도 한다.
번식 산란기는 4~6월이며 냇가의 나무뿌리 틈이나 인가의 구조물, 돌 틈에 둥지를 튼다. 식물의 잔뿌리와 마른 풀뿌리, 잎, 이끼, 잔가지 등으로 밥그릇형 둥지를 만든다. 둥지의 크기는 외경 65mm, 내경 64mm, 높이 70mm다. 산좌에 동물의 털이나 잔뿌리, 풀뿌리를 깔고 알을 낳는다. 산란수는 4~6개 정도이며 알의 색은 녹색이 도는 회백색 바탕에 갈색 얼룩점이 있다. 알의 크기는 19~21mm 또는 15~16mm다. 포란은 암컷이 전담하며 포란 기간은 13~14일이다. 육추는 암수가 함께 하며 육추 기간은 12일이다.
먹이 각종 소형 연체동물, 도마뱀, 곤충류(파리목, 딱정벌레목, 나비목, 메뚜기목, 벌목)와 애벌레, 씨앗이나 다육과.
현황 한반도 전역에서 흔하게 볼 수 있는 여름철새로 소수 무리가 한반도 남부지역에서 월동하고 있다.

♀

♂

알락할미새

북한명 | 알락할미새
Motacilla alba
White Wagtail

■ 여름철새　■ 흔함

형태 암수의 색깔이 흡사하여 구별하기 어렵다. 수컷의 여름깃은 이마와 머리 상단, 뒷머리, 등과 날개덮깃, 가슴이 검다. 몸통 아랫면은 순백색이다. 암컷은 수컷에 비해 색깔이 엷다. 겨울깃은 이마와 머리 상단이 흰색으로 바뀐다. 뒷머리와 뒷목은 수컷은 검고 암컷은 회색이다. 등과 윗허리는 회색이며 허리 아래와 위꼬리덮깃은 검은색이다. 검은색 눈선이 특징이다. 부리는 가늘고 길며 검다. 홍채는 갈색, 다리는 흑갈색이다.

노랫소리 '피시 피시, 찌짓, 찌짓' 하면서 소리를 낸다.

생활권 하천가와 냇가, 산간 계류, 염전 주변, 강 하구, 구릉지, 교외와 농촌, 농경지, 개활지 등에서 먹이를 찾고 생활한다.

번식 산란기는 4월 하순~6월이며 농촌의 돌담이나 바위틈, 냇가의 벼랑 틈, 잡초가 무성한 풀밭의 맨땅에 둥지를 튼다. 둥지의 크기는 외경 160mm, 내경 90mm, 깊이 45mm, 높이 80mm다. 풀뿌리나 마른 풀줄기와 잎으로 밥그릇형 둥지를 만들고 산좌에는 동물의 털이나 마른풀을 깔고 알을 낳는다. 산란수는 5~6개 정도이며 알의 색은 푸른색이 도는 회백색 바탕에 갈색과 흑회색 얼룩점이 있다. 알의 크기는 20mm이며 무게는 2.05g이다. 포란은 암컷이 전담하며 포란 기간은 13~14일이다. 육추는 암수가 함께 하며 육추 기간은 14~16일 정도다.

먹이 곤충류와 애벌레, 거미류.

현황 한반도 전역에서 흔히 볼 수 있는 여름철새다. 한반도의 아종으로 알락할미새, 검은턱할미새, 시베리아알락할미새 3종이 있다.

몸길이 180mm　**몸무게** 19~27g
부리 13~16mm **날개** 84~96mm **꼬리** 78~95mm **부척** 20~25mm
분포권 구북구권 전역, 아무르강, 우수리강, 동남아시아, 티베트, 네팔, 히말라야, 중국, 만주, 몽골 남부, 타이완, 일본
　　　　남한 전역
　　　　북한 전역
도래 시기[월] 1 2 3 **4 5 6 7 8 9** 10 11 12

검은턱할미새

시베리아알락할미새

♂

우

419

백할미새

북한명 | 없음
Motacilla lugens
Black-backed Wagtail

몸길이 210mm   **몸무게** 25~28g
부리 12~17.5mm **날개** 90~102mm **꼬리** 83~103mm **부척** 22~26mm
분포권 러시아 시베리아 남부, 캄차카반도, 쿠릴열도, 사할린, 아무르강,
　　　　우수리강, 중국 동부, 만주, 일본
　　　　남한 전역
　　　　북한 전역
도래 시기[월] 1 2 **3 4** 5 6 7 8 **9 10** 11 12

형태 수컷의 여름깃은 이마와 머리 상단, 뒷머리, 등이 짙은 검은색이며 날개덮깃과 가슴은 검다. 암컷은 수컷에 비해 색깔이 흐리다. 몸통의 아랫면은 순백색이고 가슴은 검다. 겨울깃은 이마와 머리 상단이 흰색이며 뒷머리와 뒷목은 수컷은 검은색이나 암컷은 회색을 띤다. 등과 허리 상부는 회색이며 허리 아래와 위꼬리덮깃은 검다. 검은색 눈선이 특징이다. 부리는 가늘고 길며 검다. 홍채는 갈색이며 다리는 흑갈색이다.
노랫소리 '휘이쯔, 휘이쯔' 또는 '찌짓, 찌짓' 하면서 난다.
생활권 강가나 호숫가, 냇가, 농경지, 인가 주변에서 생활한다.
번식 산란기는 5~7월이며 물가의 비탈진 곳이나 농촌의 돌담, 바위틈, 풀숲의 맨땅 위에 둥지를 튼다. 식물의 마른 줄기나 잎, 잔뿌리로 밥그릇형 둥지를 만들고 산좌에 잔뿌리와 섬유질 끈이나 풀줄기, 새들의 깃털을 깔고 알을 낳는다. 산란수는 4~5개 정도이며 알의 색은 푸른색이 도는 회백색 바탕에 갈색과 회색의 작은 점들이 산재해 있다. 포란은 암컷이 전담하며 포란 기간은 12~13일이다. 육추는 암수가 함께 하며 육추 기간은 13~14일이다.
먹이 곤충류, 거미류.
현황 알락할미새의 아종으로 취급되었으나 최근에는 별개의 종으로 분류한다. 봄철과 가을철에 한반도를 지나가는 나그네새다.

우

겨울깃

여름깃

검은등할미새

북한명 | 검은등할미새
Motacilla grandis
Japanese Wagtail

■ 겨울철새 ■ 적음

형태 암수 구별이 어려울 정도로 흡사하다. 이마와 눈썹선은 흰색이고 머리 상단과 뒷머리, 뒷목은 검은색이다. 몸통 윗면인 등과 어깨, 위꼬리덮깃은 검은색이다. 첫째와 둘째날개깃은 검은색이나 기반부는 흰색이다. 턱밑은 흰색이며 가슴이 검고 아랫가슴과 복부, 꼬리깃의 밑쪽은 순백색이다. 부리는 가늘고 길며 검은색이다. 홍채는 갈색이며 다리는 검다.

노랫소리 '삣, 삐빗, 삣, 찌-찌-' 또는 '쭈, 쭈우- 쭈, 쭈우-' 하며 소리를 낸다.

생활권 겨울에는 냇가, 강가, 해안가에서 생활하며 여름철에는 진흙땅에서 생활하는 것을 즐긴다.

번식 산란기는 3~7월 중순이며 냇가의 비탈진 곳이나 물가의 풀숲, 노출된 관목 뿌리 밑, 인가 지붕 틈 등 다양한 곳에 밥그릇형 둥지를 튼다. 둥지의 크기는 외경 135~150mm, 내경 80~90mm, 깊이 25~45mm다. 식물의 마른 줄기와 뿌리를 둥지의 소재로 쓰며 산좌에는 동물의 털이나 깃털 또는 섬유를 깔고 알을 낳는다. 산란수는 4~6개 정도이며 알의 색은 흰색 바탕에 짙은 회색 또는 자갈색 얼룩반점이 산재해 있고 크기는 20mm다. 포란은 암컷이 전담하며 포란 기간은 12~13일이다. 육추는 암수가 함께 하며 육추 기간은 13~15일이다.

먹이 곤충류, 거미류, 복족류, 갑각류, 곡물, 열매 등.

현황 주로 일본에 서식하는 겨울철새인데, 한반도 중남부지역에서 월동하며 중부권에서 번식한 사례도 있다.

몸길이 210mm 몸무게 24~27g
부리 14~15mm **날개** 81~98mm **꼬리** 90~97mm **부척** 24~27mm
분포권 러시아 사할린, 중국, 타이완, 일본
　　　남한 중부지역, 중남부지역
　　　북한 자료 없음
도래 시기[월] **1 2 3** 4 5 6 7 8 9 **10 11 12**

큰밭종다리

북한명 | 흰눈썹논종다리
Anthus richardi(*novaeseelandiae*)
Richard's Pipit

■ 나그네새　■ 적음

몸길이 180mm　**몸무게** 27~39g
부리 13.3~14mm **날개** 87~96mm **꼬리** 67.3~81mm **부척** 31mm
분포권 오스트레일리아, 아시아 중동부, 우수리강, 아무르강, 동남아시아,
　　　만주, 중국, 타이완, 일본
　　　남한 전역
　　　북한 전역

도래 시기[월] 1 2 **3** **4** 5 6 7 8 **9** **10** 11 12

형태 대형종으로 암수의 색이 구별되며 수컷이 암컷보다 몸집이 크다. 수컷의 이마와 머리 상단, 뒷목은 암갈색이며 각 깃에는 적황색이 감돈다. 눈에는 황갈색 눈썹선이 뚜렷하다. 귀깃은 연한 황갈색이며 작은 갈색 반점이 있다. 턱밑과 멱, 뺨은 엷은 황갈색으로 턱선과 가슴에는 흑갈색 세로줄무늬가 있다. 암컷은 몸통 윗면의 색이 연하고 아랫면은 흰색이다. 부리는 갈색이고 홍채는 어두운 갈색을 띠며 다리는 황갈색에 뒷발가락의 발톱이 유난히 길다. 꼬리도 길다.
노랫소리 '찌지 쭈우 찌지 쭈우' 하면서 소리를 낸다.
생활권 소택지나 논, 앞이 탁 트인 개활지와 초원지역과 산림 초원에서 먹이를 구하며 생활한다.
번식 산란기는 5월 하순~7월 상순이며 물가나 소택지, 냇가 등지의 풀숲이나 고산 초지의 풀뿌리 밑에 마른풀과 줄기, 이끼류로 밥그릇형 둥지를 만든다. 둥지의 크기는 외경 104mm, 내경 80mm, 깊이 85mm이다. 산좌에 잔뿌리와 마른 풀줄기를 깔고 알을 4~6개 정도 낳는다. 알의 색은 녹회색과 황백색, 엷은 황색 바탕에 적갈색과 회색 얼룩점이 산재해 있고, 크기는 22mm다. 포란은 암컷이 전담하며 포란 기간은 13~14일이다. 육추는 암수가 함께 하며 육추 기간은 13~14일이다.
먹이 곤충류와 애벌레.
현황 봄철과 가을철에 한반도를 지나가는 나그네새로 개체수가 적어서 보기 드문 종이다.

아성조 겨울깃

여름깃

쇠밭종다리

북한명 | 쇠흰눈썹논종다리
Anthus godlewskii
Blyth's Pipit

■ 나그네새 ■ 희귀함

형태 암수의 색이 흡사하다. 이마와 머리 상단, 뒷머리, 뒷목은 회색을 띤 회갈색이며 깃가는 황색을 띠고 암색 무늬가 있다. 눈앞은 엷은 황갈색이며 눈에 황갈색 눈썹선이 뚜렷하다. 멱과 턱밑, 뺨은 엷은 황갈색이며 목 양쪽에는 암갈색 점무늬가 줄지어 있다. 등과 어깨깃, 허리, 위꼬리덮깃은 회색을 띤 갈색이며 깃가는 황색빛이 돈다. 가슴은 엷은 갈색을 띠며 흑갈색 세로줄무늬가 있다. 꼬리깃, 부리, 홍채 모두 갈색이고 다리는 담황색이다.

노랫소리 '찌짓, 찌짓' 또는 '치푸-, 치푸-, 치푸-' 하며 소리 낸다.

생활권 나무가 적고 건조하며 바위가 있는 경사진 곳과 개활지, 농경지, 논과 풀밭에서 먹이를 구하며 생활한다.

번식 산란기는 5월 하순~7월 상순이며 넓은 초원에서 번식한다. 돌 틈이나 돌출된 나무뿌리 밑에 마른 풀줄기와 이끼류, 마른 잎을 모아 밥그릇형 둥지를 만든다. 산좌에는 마른 풀줄기와 동물의 털, 풀뿌리를 깔고 알을 낳는다. 알의 색은 녹색이 도는 흰색 또는 황색이 도는 흰색 바탕에 갈색과 적갈색 얼룩점이 산재해 있다. 알의 크기는 21mm다. 포란은 암컷이 전담하며 포란 기간은 13~14일이다. 육추는 암수가 함께 하며 육추 기간은 12~13일 정도다.

먹이 곤충류와 애벌레.

현황 봄철과 가을철에 소수의 무리가 한반도를 중간기착지로 삼아 잠깐 들렀다 지나가는 나그네새다.

몸길이 170mm 몸무게 21~29g
부리 12~15mm **날개** 84~97mm **꼬리** 63~72.5mm **부척** 25~28mm
분포권 구북구, 히말라야, 네팔, 중국 서북부, 만주 서북부, 몽골, 티베트
　　　남한 전역
　　　북한 전역
도래 시기[월] 1 2 **3 4** 5 6 7 8 **9 10** 11 12

아성조 겨울깃

여름깃

흰등밭종다리

북한명 | 흰등논종다리
Anthus gustavi
Pechore Pipit

■ 나그네새 ■ 적음

몸길이 145mm 몸무게 18~25g
부리 12.5~14mm **날개** 75~87mm **꼬리** 49.5~59.5mm **부척** 21.5~24mm
분포권 러시아 동북부, 시베리아 북부, 캄차카반도, 코모도제도, 보르네오섬,
　　　　몰루카제도, 술라웨시섬, 우수리강 남부, 몽골, 중국 동북부, 만주,
　　　　타이완, 일본
　　　　남한 전역
　　　　북한 전역

도래 시기[월] 1 2 **3** **4** 5 6 7 8 **9** **10** 11 12

형태 암수의 색이 같다. 이마와 머리 상단, 뒷머리, 뒷목은 담갈색이며
눈에 크림색 눈썹선이 있다. 멱과 턱밑은 크림색을 띠며 아랫부리 기부
에서 양쪽 옆목으로 흘러내린 흑갈색 턱선이 선명하다. 가슴과 복부, 아
래꼬리덮깃도 크림색이며 가슴에 흑갈색 세로줄무늬가 있다. 배의 중
앙부와 옆구리는 크림색이며 흑갈색 세로줄무늬가 있다. 몸통 윗면은
올리브갈색이며 등 양쪽으로 흰색 줄무늬가 뚜렷하다. 꼬리깃은 흑갈
색이다. 부리는 암갈색이며 아랫부리 기부는 갈색이다. 홍채도 갈색이
고 다리는 엷은 갈색이다.
노랫소리 ‘찌지리 지지리’ 또는 ‘지짓, 지짓, 칩, 칩’ 하며 소리 낸다.
생활권 번식지인 툰드라의 약간 언덕진 곳, 작은 관목이 울창한 곳과
초원에서 생활한다. 이동 시에는 농경지와 초습지, 초원과 소림지에서
먹이를 구한다.
번식 산란기는 6월 하순~7월 상순이다. 초습지나 관목이 산재한 무성
한 풀밭 은밀한 곳에 마른풀이나 수초류로 밥그릇형 둥지를 만든다. 산
좌에는 마른 잎과 풀줄기를 깔고 알을 낳는다. 산란수는 4~5개 정도이
며 알의 색은 갈색이 도는 흰색 바탕에 갈색과 회색 얼룩점이 산재해
있다. 포란은 암컷이 전담하며 포란 기간은 12~13일이다. 육추는 암수
가 함께 하며 육추 기간은 13~14일 정도다. 1년에 2회 번식한다.
먹이 곤충류와 거미류.
현황 봄철과 가을철에 한반도를 경유하여 이동하는 나그네새로 소수
의 무리가 관찰된다.

붉은가슴밭종다리

북한명 | 붉은가슴논종다리
Anthus cervinus
Red-throated Pipit

■ 나그네새 ■ 적음

형태 암수의 색이 같다. 수컷의 여름깃은 이마와 머리 상단, 뒷머리, 뒷목, 등, 어깨깃, 허리, 위꼬리덮깃에 이르는 몸통 윗면이 황갈색을 띠며 흑갈색 줄무늬가 있다. 날개는 엷은 황갈색에 검은색 줄무늬가 있고 윗가슴은 적갈색이며 배 아랫부분은 황색이다. 눈에는 엷은 황갈색 눈썹선이 있고 뺨은 적갈색이다. 겨울깃도 암수가 흡사하다. 암컷의 몸통 윗면은 황갈색에 흑갈색 얼룩무늬가 있고 옆구리에 흑갈색 세로줄무늬가 있다. 부리는 흑갈색이며 홍채는 갈색, 다리는 연한 살색이다.

노랫소리 '삐이- 삐-' 하며 때로는 '삐삐삐' 하며 노래한다.

생활권 번식기에는 습지에서 생활하며 이동기에는 개활지나 소택지, 습지, 논, 해안을 따라 먹이를 구한다.

번식 산란기는 6~7월이며 습한 초지의 풀숲 밑 오목한 땅에 둥지를 튼다. 마른풀과 줄기, 이끼로 밥그릇형 둥지를 만들고 산좌에는 마른 풀줄기와 동물의 털을 깔고 알을 낳는다. 둥지의 크기는 외경 109mm, 내경 72mm다. 산란수는 5~6개 정도이며 알의 색은 청회색 바탕에 적갈색과 황갈색 얼룩무늬가 산재해 있고, 크기는 13.7~17.9mm다. 포란은 암컷이 전담하며 포란 기간은 12~14일이다. 육추는 암수가 함께 하며 육추 기간은 12~13일이다. 번식은 1년에 1번 한다.

먹이 곤충류, 식물의 씨앗과 열매.

현황 봄철과 가을철에 한반도를 지나가는 드물지 않은 나그네새다.

몸길이 140mm 몸무게 16~23g
부리 10~13mm **날개** ♂85~90mm ♀77~84mm **꼬리** 52~65mm **부척** 21~23mm
분포권 유럽 북부, 스칸디나비아반도 북부, 러시아 시베리아 툰드라, 캄차카반도, 쿠릴열도, 사할린, 동남아시아, 필리핀, 중국 동부, 일본, 타이완
남한 전역
북한 전역

도래 시기[월] 1 2 **3 4** 5 6 7 8 **9 10** 11 12

우 여름깃, ♂ 겨울깃

♂ 여름깃

425

숲밭종다리 힝둥새

북한명 | 숲종다리
Anthus hodgsoni
Olive-backed Pipit(Indian Tree Pipit)

■ 여름철새　■ 희귀함

몸길이 160mm　**몸무게** 16~30g
부리 11~12mm　**날개** 77~87mm　**꼬리** 56~64mm　**부척** 20~22mm
분포권 아시아 온대에서 아한대지역, 러시아 극동지역, 툰드라 지역,
아시아 동부, 네팔, 히말라야, 만주 서북부, 몽골, 티베트, 일본
남한 남부지역
북한 량강도 무두봉과 삼지연, 백두산 초원, 함경북도 연사군,
선봉지구 만포

도래 시기[월] 1 2 3 **4 5 6 7 8 9** 10 11 12

형태 암수의 색이 흡사하다. 겨울깃은 이마와 머리 상단, 뒷머리가 황록색이며 몸통 윗면은 녹갈색에 흑갈색 세로줄무늬가 있다. 눈썹선은 황갈색이며 턱밑과 먹은 엷은 황색을 띤다. 아랫부리 기부에서 옆목으로 흑갈색 줄무늬가 이어지고 가슴은 엷은 황색에 흑갈색 세로줄무늬가 있다. 여름깃은 겨울깃과 흡사하다. 윗부리는 흑갈색이며 아랫부리는 갈색이다. 홍채는 흑갈색이다. 다리는 연한 갈색이며 다리 깃은 크림색이다.
노랫소리 '쯔이- 쯔이-, 쯔이- 쓰가, 쓰가, 지, 지, 찌' 하며 노래한다.
생활권 함경북도 고산지역 산림에서 생활하며 번식한다. 봄철과 가을철에는 평야지대 관목림과 개활지, 경작지에서 먹이를 구하며 지낸다.
번식 산란기는 6~7월 하순이다. 관목 근처의 풀밭이나 벼랑 둔덕의 오목한 곳에 마른 풀줄기나 잎을 모아 밥그릇형 둥지를 튼다. 산란수는 4~5개 정도이며 알의 색은 짙은 흑갈색 바탕에 적갈색 얼룩무늬가 있고 크기는 21mm, 무게는 22.7g이다. 포란은 암컷이 전담하며 포란 기간은 12~13일 정도다. 육추는 암수가 함께 하며 육추 기간은 14~15일이다.
먹이 곤충류, 거미류, 식물의 씨앗과 열매.
현황 한반도 남부지역에서 소수의 무리가 월동하며, 북한에서는 여름철새다. 필자는 1980년대 러시아 극동지역 툰드라 생태조사에서 포란 중인 어미새와 알을 촬영했다. 밭종다리속(*Anthus*)은 7종이며 밭종다리, 큰밭종다리, 쇠밭종다리, 붉은가슴밭종다리, 한국밭종다리, 흰등밭종다리처럼 모두 '밭종다리'라는 명칭이 붙어 있다. 그런데 유독 이 종만을 힝둥새로 부르는 이유를 알 수 없다. 그 명칭의 뜻도 이해할 수 없다. 이 종은 서식처가 숲이나 농경지로 북한에서도 숲종다리로 명기하고 있으므로 우리도 같은 명칭을 쓰거나 숲밭종다리로 고치는 게 이치에 맞다.

붉은가슴밭종다리

숲밭종다리

밭종다리

밭종다리

북한명 | 산논종다리
Anthus rubescens
Buff-bellied Pipit

형태 겨울깃은 이마와 머리 상단, 뒷머리, 뒷목이 적갈색이며 등은 적갈색에 검은색 세로무늬가 있다. 턱은 흰색이며 가슴은 황갈색이고 검은색 무늬가 옆구리와 배 양쪽에 있다. 여름깃은 눈썹선이 더욱 선명해지며 몸통 윗면이 회색으로 변하고 몸통 아랫면은 황갈색이 짙어지고 갈색 얼룩무늬가 작고 엷어진다. 부리는 어두운 갈색인데 겨울철에는 황갈색이다. 홍채는 흑갈색이며 다리는 살색이다.

노랫소리 '쮸이, 쮸이, 찌가 찌가 쯔쯔쯔쯔' 하며 노래한다.

생활권 번식기에는 고지대나 바위가 많은 해변가에서 주로 생활하며 이동기에는 냇가나 강가, 연못가, 호숫가, 농경지에서 먹이를 구하며 지낸다. 할미새류와 밭종다리류는 일부일처제이지만 배우자 외의 새와 교배하는 종들도 있다. 검은등할미새 수컷의 약 4%는 암컷 2마리와 교배하고 일부 밭종다리는 수컷의 6~20%가 암컷 2마리와 배우자관계를 맺는다.

번식 산란기는 4~6월이며 풀숲의 맨땅 오목한 곳에 마른 풀줄기와 잎을 이용하여 밥그릇형 둥지를 튼다. 둥지의 크기는 외경 90~120mm, 내경 60~70mm, 깊이 15~25mm, 높이 30~50mm다. 산좌에는 식물의 가는 줄기와 동물의 털을 깔고 알을 낳는다. 산란수는 4~5개 정도이며 알의 색은 회백색 또는 푸른색이 도는 회백색 바탕에 갈색 얼룩점이 산재해 있다. 알의 크기는 18mm다. 포란은 암컷이 전담하며 포란 기간은 14일 정도다. 육추는 암수가 함께 하며 육추 기간은 15~16일이다.

먹이 곤충류, 거미류, 식물의 씨앗.

현황 봄철과 가을철에 한반도 전역을 중간기착지로 삼고 지나가는 흔한 나그네새다. 거제도, 진도, 제주도 남쪽 따뜻한 곳에서 월동하는 겨울철새이기도 하다.

몸길이 170mm   **몸무게** 21~30g
부리 12.5~14mm **날개** 81~87mm **꼬리** 56~65mm **부척** 21.5~23mm
분포권 미국 알래스카, 유럽 남부, 스칸디나비아반도 북부, 러시아 사할린, 시베리아 동남부, 캄차카반도, 아무르강, 인도 북부, 중국 동부, 일본
남한 경상남도 거제도, 전라남도 진도, 제주도
북한 전역

도래 시기[월] 1 2 **3 4** 5 6 7 8 **9 10** 11 12

겨울깃

여름깃

한국밭종다리

북한명 | 논종다리
Anthus roseatus
Rosy Pipit

■ 길잃은새   ■ 희귀함

몸길이 150mm   **몸무게** 18~25g
부리 11~13mm **날개** 82~95mm **꼬리** 59~69.5mm **부척** 22~24mm
분포권 아프가니스탄, 네팔, 히말라야, 투르키스탄, 중국 고산지역, 미얀마,
　　　　 동남아시아(월동지)
　　　　남한 경기도 고양시, 전라남도
　　　　북한 자료 없음
도래 시기[월] 길잃은새

형태 겨울깃은 이마와 머리 상단, 뒷머리, 뒷목이 황갈색을 띠며 등은 갈색을 띤 녹색에 검은색 줄무늬가 있다. 턱밑과 멱, 가슴은 엷은 포도색이 도는 엷은 분홍색에 검은색 점무늬가 있다. 배는 황색이 도는 흰색으로 옆면에는 검은색 세로줄무늬가 있다. 눈에는 붉은빛이 도는 황갈색 눈썹선이 흐른다. 여름깃은 멱과 가슴이 분홍색이며 앞가슴에 있던 검은색 점무늬는 사라진다. 부리는 흑회색이고 홍채는 갈색이며 다리는 담황색이다.

노랫소리 자료 없음.

생활권 해발 3,500~4,000m 정도의 고산지역 소택지나 초지, 습지, 개활지에서 먹이를 구하며 생활한다.

번식 산란기는 6~7월이다. 번식기가 되면 해발 2,000m 이상 고산지역으로 이동하여 풀숲 밑 오목한 곳에 마른 풀줄기나 잎, 이끼류 등으로 밥그릇형 둥지를 튼다. 둥지의 크기는 외경 75~112mm, 내경 57~64mm, 깊이 13~23mm, 높이 25mm다. 산좌에 마른 풀줄기나 동물의 털과 깃털을 깔고 알을 낳는다. 알의 색은 회백색 바탕에 적갈색과 흑갈색 반점이 산재해 있고 크기는 20mm다. 포란은 암컷이 전담하며 포란 기간은 13~14일이다. 육추는 암수가 함께 하며 육추 기간은 14~15일 정도다.

먹이 곤충류와 애벌레, 식물의 씨앗.

현황 기상 이변이나 난기류 또는 기타 상황으로 무리에서 이탈하여 한반도로 유입된 길잃은새다. 중국의 윈난성, 쓰촨성에서 서식하는 고산종으로 경기도 고양시와 전라남도에서 3회 채집된 기록이 있을 뿐 보기 어렵다.

겨울깃

여름깃

수변밭종다리 옅은밭종다리

형태 암수의 색이 같다. 다른 아종에 비해 짙은 남색을 띤다. 이마와 머리 상단, 뒷머리, 뒷목은 엷은 갈색이며 몸통 윗면인 등과 위꼬리덮깃은 회색이고 몸통 아랫면은 흰색이다. 가슴은 흰색 바탕에 흑갈색 세로줄무늬가 있고 다리는 흑갈색 또는 검은색으로 다른 아종과 쉽게 구별할 수 있다.

노랫소리 자료 없음.

생활권 알프스 초원과 알타이에서는 해발 1,900~2,200m 또는 그 이상의 고산지대에서도 생활권을 형성하고 있다.

번식 1년에 2회 번식하며 첫 번째 번식시기는 4월 하순~5월 상순이며 두 번째 번식시기는 6월이다. 동부아시아에서는 첫 번째 산란수가 5~6개이며 두 번째 산란수는 4~5개다. 유럽에서는 고산지대의 설산 부근이나 좁은 강변에 인접한 절벽 위 바위틈에 마른 풀줄기로 밥그릇형 둥지를 엉성하게 튼다. 산좌에는 약간의 털과 이끼 또는 해초를 깔고 알을 낳는다. 둥지의 크기는 외경 105~115mm, 내경 65~75mm이며 알의 색은 회색 또는 청회색 바탕에 갈색과 흑갈색 반점이 산재해 있고 크기는 22mm다. 포란은 암컷이 전담하며 포란 기간은 14일이다. 육추는 암수가 함께 하며 육추 기간은 15일 정도다.

먹이 곤충류, 식물의 씨앗.

현황 기상 이변이나 난기류 또는 기타 상황으로 무리에서 이탈하여 한반도로 유입된 길잃은새다. 드물게 한반도 남부지역인 제주도, 어청도, 홍도 등지에서 목격된다.

몸길이 170mm 몸무게 21~30g

한국산♂ / **부리** 14mm **날개** 89.5mm **꼬리** 70mm **부척** 24mm **뒷발가락** 10.2mm

중국 동부산♂ / **부리** 12~15mm **날개** 90~98mm **부척** 21~24mm **뒷발가락** 9~11.5mm

분포권 아프리카 북부, 유럽, 영국, 덴마크, 독일, 스페인, 프랑스, 인도, 중국 동남부

　　　남한 제주도, 전라북도 군산시 어청도, 전라남도 신안군 홍도 등지

　　　북한 자료 없음

도래 시기[월] 길잃은새

숲종다리 나무밭종다리

북한명 | 없음
Anthus trivialis
Eurasian Tree Pipit

■ 길잃은새 ■ 희귀함

몸길이 150mm **몸무게** 20∼25g
분포권 아프리카 북부, 유럽, 유럽 남부, 인도, 중앙아시아, 러시아
  남한 전라남도 신안군 흑산도, 홍도, 가거도, 제주도
  북한 자료 없음
도래 시기[월] 길잃은새

형태 이마와 머리 상단, 뒷머리, 뒷목은 회갈색을 띠고 흑갈색 세로무
늬가 있다. 몸통 윗면인 등과 위꼬리덮깃은 적갈색에 흑갈색 무늬가 있
다. 가운데날개덮깃은 끝이 흰색으로 가로줄무늬를 이룬다. 가슴은 황
갈색에 흑갈색 세로줄무늬가 뚜렷하다. 복부는 황백색이며 아래꼬리덮
깃은 엷은 황백색이다. 윗부리는 흑갈색을 띠며 아랫부리는 살색을 띤
다. 홍채는 적갈색이며 다리는 살색이다.
노랫소리 '찌지, 찌이 찌' 또는 '프시, 프시' 하며 노래한다.
생활권 관목이 울창한 곳과 관목이 있는 초지에서 먹이를 구하며 생활
한다.
번식 산란기는 5∼7월이며 숲의 나무 밑이나 풀숲 밑 오목한 맨땅에 마
른 풀줄기나 이끼를 이용하여 밥그릇형 둥지를 튼다. 산좌에는 잔풀줄
기와 털을 깔고 알을 낳는다. 산란수는 4∼6개 정도이며 알의 색은 갈색
바탕에 적갈색과 갈색 얼룩반점이 산재해 있다. 알의 크기는 21mm다.
포란은 암컷이 전담하며 포란 기간은 13∼14일이다. 육추는 암수가 함
께 하며 육추 기간은 12∼13일 정도다.
먹이 곤충류, 식물의 씨앗.
현황 기상 이변이나 난기류 또는 기타 상황으로 무리에서 이탈하여 한
반도로 유입된 길잃은새다. 한반도 남쪽과 서쪽의 도서지역인 흑산도
와 홍도, 가거도, 제주도에서 드물게 관찰되었다고 하나 확인된 자료는
부족하다.

여름깃

풀밭종다리 초원종다리

북한명 | 없음
Anthus pratensis
Meadow Pipit

■ 길잃은새   ■ 희귀함, IUCN Red List NT

형태 이마와 머리 상단, 뒷머리, 뒷목은 회갈색에 검은색 줄무늬가 있다. 등과 위꼬리덮깃은 갈색에 검은색 줄무늬가 있다. 턱밑과 멱은 황백색이며 아랫부리 기부에서 이어지는 검은색 턱선이 있다. 가슴과 배는 황백색에 검은색 세로줄무늬가 있으며 하복부는 황백색이다. 윗부리는 흑갈색이며 아랫부리는 적황색이다. 홍채는 붉고 다리는 엷은 적황색이다. 뒷발톱이 유난히 길다.

노랫소리 '쮸 쮸 쮸, 찌-찌-' 하며 노래한다.

생활권 초원, 초습지, 하천가 풀밭, 관목 주변 초지에서 먹이를 구하며 생활한다.

번식 산란기는 4~6월이며 초원 풀숲 오목한 맨땅에 접시형 둥지를 튼다. 산좌에는 동물의 털을 깔고 알을 낳는다. 산란수는 4~5개 정도이며 알의 색은 광택이 나는 갈색 바탕에 작은 갈색 반점이 산재해 있다. 알의 크기는 20mm다. 포란은 암컷이 전담하며 포란 기간은 13~14일이다. 육추는 암수가 함께 하며 육추 기간은 14일 정도다.

먹이 곤충류, 식물의 씨앗.

현황 기상 이변이나 난기류 또는 기타 상황으로 무리에서 이탈하여 한반도로 유입된 길잃은새다. 도서지역인 홍도, 흑산도에서 관찰된 기록이 있다.

몸길이 140mm   **몸무게** 16~25g

분포권 아프리카 북부, 유럽, 중동, 터키, 시베리아 서북부, 히말라야, 중국
　　　남한 전라남도 신안군 홍도, 흑산도
　　　북한 자료 없음

도래 시기[월] 길잃은새

겨울깃

여름깃

물레새

북한명 | 숲할미새
Dendronanthus indicus
Forest Wagtail

■ 여름철새　■ 흔치 않음

몸길이 160mm　**몸무게** 13~18g
부리 12.5~14.8mm **날개** 71~83mm **꼬리** 63~72mm **부척** 19~24mm
분포권 우수리강, 인도, 스리랑카, 동남아시아, 자바섬, 수마트라섬,
　　　　 보르네오섬, 중국 동부와 남부, 만주, 일본
　　　　 남한 전역
　　　　 북한 전역
도래 시기[월] 1 2 3 **4 5 6 7 8 9** 10 11 12

형태 이마와 머리 상단, 뒷머리, 뒷목, 등, 허리는 올리브색이 도는 갈색이다. 위꼬리덮깃은 짙은 갈색이고 꼬리는 흑갈색이다. 날개는 흑갈색이며 흰색 줄무늬 두 줄이 나란히 있다. 눈썹선은 황갈색이며 턱밑은 흰색이다. 가슴에는 흑갈색 가로띠가 두 줄 나란히 있고 중앙에 세로띠가 있다. 부리는 담황색이며 홍채는 갈색이고 다리는 담갈색이다. 수컷이 암컷보다 크다.

노랫소리 '짓트, 짓트, 지이-' 또는 '찌-꿍, 찌-꿍, 찌-꿍', '힐꿍 힐꿍' 하며 물레질 소리와 같은 소리를 낸다.

생활권 산림 특히 활엽수림지역의 숲에서 먹이를 구하며 생활한다.

번식 산란기는 5월 상순~7월 초순이며 낙엽활엽수림의 나뭇가지에 잔가지, 마른풀, 줄기, 잔뿌리, 이끼류 등을 거미줄로 엮어 밥그릇형 둥지를 튼다. 산좌에는 동물의 털과 잔뿌리를 깔고 알을 4~5개 낳는다. 알의 색은 청회색 바탕에 갈색과 붉은색, 흑갈색의 얼룩점과 줄무늬가 있고 크기는 18.5mm, 무게는 2~2.25g이다. 포란은 암컷이 전담하며 포란 기간은 12~13일이다. 육추는 암수가 함께 하며 육추 기간은 13~14일이다.

먹이 곤충류와 애벌레, 연체동물.

현황 한반도 전역에서 번식하는 여름철새로 노랫소리가 마치 물레 돌아가는 소리와 같다 하여 물레새로 불렸다. 개체수가 급감하여 찾아보기 어렵게 되었다.

할미새사촌

북한명 | 분디새
Pericrocotus divaricatus
Ashy Minivet

형태 수컷은 이마와 앞머리가 순백색이며 뒷머리, 뒷목은 검은색이고 앞머리에서 연결된 순백색 눈썹선은 매우 짧다. 검은색 눈선이 부리 기부에서 뒷목으로 이어지고 턱밑과 멱, 앞목은 순백색이며 등에서 위꼬리덮깃까지는 푸른색이 도는 회색이다. 가슴과 복부, 아래꼬리덮깃은 순백색이며 옆구리는 회백색이다. 날개깃은 흑갈색이며 부리는 검고 홍채는 갈색이며 다리는 검은색이다.

노랫소리 자료 없음.

생활권 울창한 관목림과 침엽수림, 낙엽활엽수림, 혼효림에서 먹이를 구하며 생활한다.

번식 산란기는 5~6월이며 산림 속 나뭇가지 위에 둥지를 튼다. 마른풀의 줄기와 잎으로 밥그릇형 둥지를 만들고 산좌에는 마른 풀뿌리와 줄기, 잎을 깔고 알을 낳는다. 산란수는 4~5개 정도이며 알의 색은 푸른색이 도는 회색 바탕에 엷은 회갈색 얼룩점이 산재해 있다. 알의 크기는 21mm다. 포란은 주로 암컷이 하며 포란 기간은 15~16일 정도다. 육추는 암수가 함께 하며 육추 기간은 아직 밝혀진 자료가 없다.

먹이 초시목 곤충과 그 유충. 북한 자료에 따르면 포획한 5개체의 위 속 내용물을 조사한 결과 초시목 곤충을 먹은 것이 3마리, 곤충의 유충을 먹은 것이 2마리였다.

현황 1900년대에는 전라남도 칠발도와 제주도, 경상남도에서 번식한 기록이 있으나 현재는 주로 북한지역에서 번식하는 여름철새다.

몸길이 190~200mm **몸무게** 18~20g
부리 ♂12mm ♀12mm **날개** ♂95mm ♀92~97mm **꼬리** ♂88~90mm ♀91mm
부척 ♂15~16mm ♀14mm
분포권 러시아 북동부, 우수리강, 만주, 필리핀 군도, 자바섬, 수마트라섬, 보르네오섬
　　남한 전라남도 칠발도, 제주도, 경상남도
　　북한 평안북도 룡암포, 강원도 외금강, 평안북도 다사도, 염주군, 묘향산, 평안남도 증산군 만석리, 개성시
도래 시기[월] 1 2 3 **4 5 6 7 8 9** 10 11 12

433

검은할미새사촌

북한명 | 없음
Coracina melaschistos
Black-winged Cuckooshrike

몸길이 280mm　몸무게 102~119g
분포권 인도, 히말라야, 중국, 동남아시아
　　　남한 전라남도 진도군 조도, 인천시 소청도
　　　북한 자료 없음
도래 시기[월] 길잃은새

형태 수컷은 온몸의 체모가 회색이고 날개깃과 꼬리깃, 부리, 다리는 남색이 도는 회색이다. 아래꼬리덮깃은 검은색이며 끝부분에는 흰색의 원형 반점이 뚜렷하다. 암컷은 온몸의 체모가 엷은 갈색을 띤다. 아랫가슴과 복부는 엷은 붉은색이 도는 흰색이며 갈색 비늘무늬가 산재해 있다. 아래꼬리덮깃은 검은색이며 흰색 줄무늬가 있다. 부리가 검고 홍채는 붉은색을 띠며 다리는 검다.
노랫소리 구애행위를 할 때 수컷은 8~12m 또는 30m까지 공중으로 날아올라서 날개를 치며 지상으로 내려오며 지저귄다. 이러한 노랫소리는 영역을 지키고 소통을 위한 것이다.
생활권 주로 고산지역의 혼효림과 개활지에서 홀로 또는 짝과 함께 생활한다.
번식 이 종에 대한 생태조사는 거의 이루어지지 않았다. 세계 조류학자가 연구해야 할 미지의 새다.
먹이 곤충류, 식물의 열매.
현황 기상 이변이나 난기류 또는 기타 상황으로 무리에서 이탈하여 한반도로 유입된 길잃은새다. 한반도 남부 도서지역에서 목격되었다고 하나 확인된 기록이 없다. 할미새과는 5속 65~70여 종에 달한다. 할미새류는 주로 구대륙에서 보이고 밭종다리류는 각 대륙에 분포한다. 긴발톱할미새종과 *Golden Pipit*는 아프리카에 분포한다.

직박구리

북한명 | 찍바구리
Hypsipetes amaurotis
Brown-eared Bulbul

■ 텃새 ■ 흔함

형태 이마와 머리 상단, 뒷머리, 뒷목은 남빛이 도는 엷은 회색이고 뺨에는 밤색 무늬가 자리 잡고 있으며 몸통은 회갈색이다. 꼬리가 길며 등과 허리는 흑회색이고 날개와 위꼬리덮깃은 암갈색을 띤다. 턱 밑과 멱, 목은 엷은 회색이며 아랫가슴과 배는 회색인데 깃털에 흰색 얼룩무늬가 있다. 배 양쪽은 황갈색을 띠며 부리는 검고 홍채는 갈색이다. 다리는 짧고 갈색이다.

노랫소리 '삐요, 삐이요, 삐삐' 하며 맑고 밝은 소리로 노래한다.

생활권 산림이나 공원, 과수원과 인가 근처는 물론 근래에는 도심 깊숙이 들어와서 생활하기도 한다.

번식 산란기는 5~6월이며 관목림과 잡목림 또는 낙엽활엽수에 둥지를 튼다. 나뭇가지 위에 잔가지와 식물의 줄기나 칡 등으로 밥그릇형 둥지를 만들고 산좌에 나뭇잎이나 마른풀과 솔잎을 깔고 알을 낳는다. 둥지의 크기는 외경 110~160mm, 내경 75~90mm, 깊이 45~50mm, 높이 60~65mm다. 산란수는 4~6개 정도이며 알의 색은 흰색 바탕에 적갈색 얼룩무늬가 있고, 크기는 28mm다. 포란 기간은 13~14일이다. 육추는 암수가 함께 하며 육추 기간은 12~13일 정도다.

먹이 곤충류, 연체동물, 식물의 열매.

현황 한반도 중부 이남지역에서 주로 번식하는 텃새로 번식한계선은 황해도 이남지역이다. 근래에 개체수가 빠르게 증가하는 추세다.

몸길이 270~280mm 몸무게 60~75g
부리 24~29mm **날개** ♂123~136mm ♀122~135mm **꼬리** ♂113~125mm ♀109~123mm
부척 20~24mm
분포권 아시아 동부, 필리핀, 타이완, 일본
　　　남한 제주도, 울릉도를 포함한 전역
　　　북한 황해도 이남지역
도래 시기[월] 텃새

검은이마직박구리

북한명 | 없음
Pycnonotus sinensis
Chinese Bulbul

■ 길잃은새　■ 희귀함

몸길이 160~220mm　몸무게 26~43g
분포권 베트남, 미안마, 중국 남동부, 타이완, 일본 남부
　　　남한 전라남도 신안군 장도, 홍도, 가거도, 전라북도 군산시 어청도
　　　북한 자료 없음
도래 시기[월] 길잃은새

형태 이마가 검고 머리 상단은 순백색이며 등과 날개덮깃, 꼬리덮깃은 녹회색이다. 턱밑과 멱은 회백색이며 가슴은 흰색 바탕에 적갈색이다. 첫째날개깃과 위꼬리덮깃은 황록색이다. 아랫부리 기부와 앞이마에서 흘러내린 굵은 흑갈색 눈선이 뒷목까지 이르고 귀깃 부위에는 흰색 반점이 있다. 복부는 흰색이며 아래꼬리덮깃은 회백색인데 수컷이 암컷보다 색이 짙다. 부리는 흑갈색이며 홍채는 흑갈색, 다리는 흑회색이다.
노랫소리 '챠꼬리, 챠꼬리' 하며 맑고 경쾌한 목소리로 노래한다.
생활권 침엽수림지역과 때로는 야산 구릉지에서 먹이를 구하며 생활한다.
번식 산란기는 4~7월 하순이며 나뭇가지 위에 마른 풀줄기나 풀뿌리, 풀잎으로 밥그릇형 둥지를 튼다. 산좌에는 부드러운 풀잎을 깔고 알을 낳는다. 산란수는 3~4개 정도이며 알의 크기는 23mm다. 알의 색은 옅은 붉은색 바탕에 짙은 자주색 반점이 산재해 있다. 포란 기간은 12~13일, 육추 기간은 14~15일이다. 먹이가 많고 생활환경이 좋으면 1년에 2번 번식하기도 한다.
먹이 곤충류, 거미류, 식물의 씨앗이나 열매.
현황 기상 이변이나 난기류 또는 기타 상황으로 무리에서 이탈하여 길을 잃고 한반도로 유입된 길잃은새다. 2007년 한반도 남부 도서지역인 전라남도 신안군 장도와 홍도 등지에서 관찰된 기록이 있고, 매년 개체수가 증가하고 있다. 아열대성 조류로, 타이완과 중국 남부에서는 텃새다.

큰때까치 큰재개구마리

북한명 | 큰재개구마리

■ 겨울철새 ■ 희귀함

Lanius excubitor
Great Grey Shrike(Northern Shrike)

형태 때까치류 가운데 몸집이 큰 편이다. 암수의 색이 다르다. 수컷은 이마와 머리 상단, 뒷머리, 뒷목이 회색이며 암컷은 회갈색이다. 몸통 윗면은 회색이며 어깨깃 바깥쪽은 흰색이다. 부리 기부에서 눈뒤까지 굵고 검은색 눈선이 이어진다. 눈썹선은 흰색이며 턱밑과 멱도 흰색이다. 몸통 아랫면인 가슴과 복부도 흰색이다. 암컷의 복부는 흰색 바탕에 회갈색 가로띠가 있다. 꼬리는 검고 깃가의 꼬리깃은 흰색이며 긴 깃과 짧은 깃의 차이는 15~28mm다. 부리는 여름에 흑회색이고 겨울에는 갈색을 띤다. 홍채는 암갈색이며 다리는 검다.

노랫소리 '키요우, 키유우' 또는 '키찌, 키찌' 하며 노래한다.

생활권 강가나 해변, 개활지 또는 습기 있는 숲이나 평탄한 초지, 농경지 등에서 먹이를 구하며 생활한다.

번식 산란기는 4~6월 상순이며 교목의 나뭇가지 위에 둥지를 튼다. 잔가지나 풀줄기, 이끼를 이용하여 밥그릇형 둥지를 만들고 산좌에는 마른풀이나 동물의 털, 깃털을 깔고 알을 낳는다. 산란수는 5~7개 정도이며 알의 색은 회백색 바탕에 회갈색과 자회색 얼룩점이 산재해 있다. 알의 크기는 26mm다. 포란은 암컷이 전담하며 포란 기간은 14~15일 정도다. 육추는 암수가 함께 하며 육추 기간은 19~20일이다.

먹이 곤충류, 거미류, 파충류, 양서류, 설치류, 조류.

현황 가을철에 한반도에 드물게 도래하여 주로 경기도와 강원도에서 월동하는 새로, 관찰하기 쉽지 않다. 때까치속(*Lanius*)에는 5종이 있으며 그중 때까치, 노랑때까치, 물때까치, 칡때까치는 그 명칭에 모두 '때까치'가 들어간다. 이 종만을 유독 개구마리로 부르는 것은 이치에 맞지 않는다. 영문명 또한 'Great Grey Shrike'이므로 '큰때까치' 또는 '잿빛때까치'로 개명해야 한다.

몸길이 240mm 몸무게 55~80g
부리 17mm **날개** 112~113mm **꼬리** 106~107mm **부척** 26~27mm
분포권 유라시아 전역, 유럽, 스칸디나비아반도, 러시아 시베리아 툰드라, 사할린, 중국, 만주, 몽골, 일본
남한 경기도, 강원도
북한 자료 없음

도래 시기[월] **1 2 3** 4 5 6 7 8 9 **10 11 12**

우

아성조

♂

물때까치

북한명 | 물개구마리
Lanius sphenocercus
Chinese Great Grey Shrike

■ 겨울철새 ■ 적음

몸길이 310mm 몸무게 79~90g
부리 ♂18~19mm ♀18~19mm 날개 ♂125mm ♀121~125mm 꼬리 ♂139~149mm
♀141~150mm 부척 ♂30~33mm ♀30.5~32mm
분포권 중국 북부, 몽골, 우수리강, 만주, 일본
　　　남한 충청남도 서산시 천수만
　　　북한 전역

도래 시기[월] 1 2 3 4 5 6 7 8 9 10 11 12

형태 대형종으로 암수의 색이 흡사하다. 겨울깃은 앞이마와 눈썹선이 순백색이고 머리 상단과 뒷머리, 뒷목은 회색이며 암컷은 회갈색이다. 턱밑과 멱은 흰색이며 몸통 아랫면도 흰색이다. 암컷의 몸통 아랫면은 흰색에 회갈색 가로띠가 있다. 날개덮깃과 꼬리덮깃은 검고 깃가는 흰색이다. 꼬리깃은 뾰족하며 바깥쪽 3쌍은 순백색이다. 부리는 날카롭고 검다. 홍채는 갈색이며 다리는 검다.

노랫소리 '키요우, 키요우' 또는 '키찌, 키찌, 키찌' 하며 노래를 한다.

생활권 야산이나 농경지, 개활지, 초원, 관목림이 있고 풀밭이 조성된 곳에서 먹이를 구하며 생활한다.

번식 산란기는 5월 상순~6월이며 관목이나 교목의 나뭇가지 위에 둥지를 튼다. 마른 잔가지와 풀줄기, 식물의 풀뿌리를 이용하여 밥그릇형 둥지를 만들고 산좌에는 마른 풀줄기나 동물의 털 또는 깃털을 깔고 알을 낳는다. 산란수는 6~9개 정도이며 알의 색은 회백색 바탕에 회갈색과 자회색 얼룩점이 산재해 있다. 알의 크기는 29mm다. 포란은 암컷이 하며 포란 기간은 14~15일이다. 육추는 암수가 함께 하며 육추 기간은 20~23일 정도다.

먹이 곤충류, 거미류, 파충류, 양서류, 설치류, 조류.

현황 한반도 전역에서 적은 수가 월동하는 겨울철새로 주로 북한지역에 생활권을 형성한다. 성격이 거칠고 경쟁심이 강하다. 전깃줄이나 나뭇가지에 앉아 휴식을 취할 때 꼬리를 상하로 흔드는 습성과 날다가 제자리로 돌아오는 습성이 있으며, 사냥한 먹이를 가시나 나뭇가지 또는 뾰족한 곳에 꽂아 갈무리하기도 한다.

긴꼬리때까치

북한명 | 없음
Lanius schach
Long-tailed Shrike

형태 이마에서 눈선을 따라 굵고 넓은 검은색 띠가 있다. 머리 상단과 뒷머리, 뒷목, 어깨깃은 회색이고 윗등의 일부와 날개덮깃, 허리, 옆구리, 아래꼬리덮깃은 적갈색이다. 꼬리는 길며 검은색을 띤다. 뺨과 턱밑, 멱, 가슴과 복부는 흰색이다. 날개는 검은색이다. 부리는 날카롭고 갈고리형이며 흑회색이다. 홍채는 흑갈색이고 다리는 회갈색을 띤다.

노랫소리 '캣 캣 캣' 하며 단음을 반복해서 낸다.

생활권 수림이 적은 농경지 및 관목림에서 먹이를 사냥하며 생활한다. 갈대밭과 개활지, 뚝방의 덤불 또는 평지에서 쉽게 목격할 수 있다. 때까치 종들은 대개 나무의 유리한 위치를 차지하고 지상의 사냥감을 수색한 다음 급강하해서 공격하는데, 공중에서 나는 곤충을 잡기도 한다.

번식 산란기는 4월 초순~5월이다. 높은 나뭇가지 위에 마른 잔가지와 마른 풀줄기로 밥그릇형 둥지를 만들고 산좌에는 마른풀과 동물의 털을 깔고 알을 낳는다. 산란수는 4~6개 정도다. 포란은 암컷이 전담하며 포란 기간은 12~14일 정도다. 육추는 암수가 함께 한다.

먹이 곤충류, 거미류, 양서류, 파충류 등. 때까치들은 사냥한 먹이를 가시덤불이나 갈고리가 있는 철망에 꽂아놓는 등 후일을 위해 갈무리하는 습성이 있다. 맹금류처럼 부리나 발톱의 힘이 강하지 않기 때문이다. 또한 향후 날씨가 나빠 곤충이 나오지 않아서 먹이를 잡기 어려울 때 유용하기 때문이다.

현황 길잃은새로 미기록종이며 1994년 12월 19일 충청남도 서산시 화곡리, 당진군 석문면 교로리의 대호방조제에서 성조 1개체가 관찰되었고 1999년 10월 전라북도 만경강가에서 1개체가 관찰되었다. 전 세계적으로 긴꼬리때까치는 광범위하게 분포한다. 투르크메니스탄부터 아시아를 거쳐 뉴기니까지 이른다.

몸길이 220~290mm **몸무게** 40~88g
부리 15.5~20.5mm **날개** 93~102mm **꼬리** 98~108mm **부척** 24~28mm
분포권 이란, 터키, 이스라엘, 동남아시아, 타이, 베트남, 미얀마, 필리핀, 말레이시아, 중국 남부, 홍콩, 일본 남부
남한 충청남도 서산시, 당진군, 전라북도 만경강가
북한 자료 없음
도래 시기[월] 길잃은새

칡때까치

북한명 | 즙개구마리
Lanius tigrinus
Thick-billed Shrike(Tiger Shrike)

■ 여름철새 ■ 흔치 않음

몸길이 180mm 몸무게 27~34g
부리 15~16mm **날개** 82~90mm **꼬리** 69~81mm **부척** 21~25mm
분포권 우수리강, 아무르강, 말레이시아, 인도네시아, 발리섬, 타이,
　　　　중국 북동부, 일본
　　　　남한 전역
　　　　북한 전역

도래 시기[월] 1 2 3 **4 5 6 7 8 9** 10 11 12

형태 한반도에서 서식하는 때까치류 중에서 가장 작은 소형종이다. 이마와 머리 상단, 뒷머리, 뒷목은 청회색이며 몸통 윗면은 적갈색 바탕에 작은 검은색 가로무늬가 산재해 있다. 날개와 꼬리는 갈색에 담색 가로무늬가 있다. 앞이마에서 눈을 지나는 굵고 폭 넓은 검은색 눈선이 뚜렷하고 선명하다. 몸통 아랫면은 순백색으로 복부 옆은 회색을 띤다. 암컷은 복부 옆과 옆구리에 흑갈색 가로띠가 있다. 짧고 날카로운 부리는 흑회색이며 홍채는 갈색이고 다리는 회색이다.

노랫소리 '키욧, 키욧' 또는 '키치, 키치, 키치' 하며 특이한 소리로 노래한다.

생활권 관목림이나 낙엽활엽수림, 혼효림, 과수원, 야산, 평지, 농촌에서 먹이를 구하며 생활한다.

번식 산란기는 6월 상순~7월 하순이며 잡목림이나 적송림에서 쑥대와 들풀, 풀뿌리, 마른 풀줄기로 밥그릇형 둥지를 튼다. 둥지의 크기는 외경 150mm, 내경 81mm, 높이 50mm다. 산좌에는 잔풀뿌리와 솔잎을 깔고 알을 낳는다. 산란수는 4~6개 정도이며 알의 색은 청록색 바탕에 갈색과 자색, 회색 얼룩무늬가 산재해 있다. 알의 크기는 20mm다. 포란은 암컷이 전담하며 포란 기간은 14~15일이다. 육추는 암수가 함께하며 육추 기간은 14~15일이다.

먹이 곤충류, 거미류, 파충류, 양서류, 조류.

현황 한반도 전역에서 드물게 볼 수 있는 여름철새다. 때까치처럼 먹이를 나무에 꽂아 갈무리하는 습성이 있다.

때까치

북한명 | 개구마리
Lanius bucephalus
Bull-headed Shrike

■ 여름철새 ■ 흔함

형태 수컷의 이마는 회색이 도는 흰색이며 머리와 뒷목은 다갈색이다. 눈썹선은 흰색이며 눈에 검은색 눈선이 있다. 몸통 윗면은 회색이며 아랫면은 엷은 황백색이고 가슴 양면은 오렌지색을 띤다. 등은 청회색이며 꼬리는 흑갈색이다. 암컷은 몸통 윗면이 갈색을 띠고 날개는 흑갈색이며 눈에 갈색 띠가 지난다. 몸통 아랫면은 엷은 갈색 바탕에 흐린 회갈색 가로줄무늬가 있다. 부리는 검고 갈고리형이다. 홍채는 갈색이며 다리는 회색이다.

노랫소리 '키킷, 키킷, 키킷 키. 키. 키, 키-이, 키-이, 키이' 노래한다.

생활권 인가 주변 풀밭이나 농경지, 야산에서 먹이를 구하며 생활한다.

번식 산란기는 4월 초순~8월 상순이며 관목림이나 공원의 나무 위, 인가 부근 야산의 나뭇가지 위에 잔가지와 마른풀, 짚, 풀뿌리, 이끼, 끈 등을 이용하여 밥그릇형 둥지를 만든다. 둥지의 크기는 외경 160mm, 내경 80mm, 깊이 50mm, 높이 80mm이며 산좌에 풀뿌리, 동물의 털과 깃털, 휴지를 깔고 알을 낳는다. 산란수는 5~7개 정도이며 알의 색은 청록색 바탕에 회갈색과 자색 얼룩점이 산재해 있다. 알의 크기는 23mm다. 포란은 암컷이 전담하며 포란 기간은 15~16일이다. 육추는 암수가 함께 하며 육추 기간은 14~15일 정도다.

먹이 곤충류, 거미류, 설치류, 양서류, 파충류, 조류. 때까치류는 사나운 약탈자로서 갈고리가 있는 부리로 사냥을 한다. 주로 곤충을 먹지만 개구리, 도마뱀, 들쥐, 조류도 잡아먹고 자기만 한 동물도 잡는다. 사냥감을 가시덤불에 찔러놓고 갈무리해두었다가 며칠 후 먹이가 부족해지면 가져가서 먹는 습성이 있다.

현황 한반도 전역에서 흔히 볼 수 있는 여름철새다.

몸길이 180mm 몸무게 30~45g
부리 14~17mm **날개** ♂84~92mm ♀80~87mm **꼬리** 80~97mm **부척** 24~27mm
분포권 러시아 사할린, 우수리강, 중국 북동부, 일본
    남한 전역
    북한 전역
도래 시기[월] 1 2 3 **4 5 6 7 8 9** 10 11 12

♀

♂

노랑때까치

북한명 | 붉은꼬리개구마리
Lanius cristatus
Brown Shrike

■ 여름철새 ■ 흔치 않음

몸길이 180~200mm **몸무게** 26~40g
부리 15~18mm **날개** 82~94mm **꼬리** 78~92mm **부척** 23~25mm
분포권 아시아 남동부, 필리핀, 인도네시아, 중국 동부, 만주 남부, 타이완,
　　　　일본
　　　　남한 전역
　　　　북한 전역
도래 시기[월] 1 2 3 **4 5 6 7 8 9** 10 11 12

홍때까치

형태 수컷은 이마와 머리 상단이 회색이고 몸통 윗면은 회갈색이며 날개는 흑갈색이다. 부리 기부에서 뻗어 나온 굵은 검은색 눈선이 눈뒤로 이어지고, 턱밑과 뺨은 순백색이며 몸통 아랫면은 흰색 또는 엷은 황백색이다. 암컷은 가슴 양쪽과 옆구리에 갈색 잔줄무늬가 있다. 부리는 검고 갈고리형으로 날카롭다. 홍채는 갈색이며 다리는 검다.
노랫소리 '키요, 키요, 큐, 큐' 또는 '키찌, 키찌 키찌' 하며 노래한다.
생활권 인가 주변 풀밭이나 공원, 야산, 과수원에서 먹이를 구하며 생활한다.
번식 때까치속의 구애행위는 날개 치기, 꼬리 펼치기, 머리 움직이기와 기타 행위로 구성된다. *Tephrodornis* 속은 빠른 속도로 고개를 상하로 끄덕이고 머리깃을 세운다. 두 다리를 구부리고 날개를 퍼덕이며 암컷에게 노래를 바친 뒤 먹이를 먹여주면 부부의 연이 시작된다. 산란기는 5월 하순~6월이며 잡목림에 둥지를 튼다. 교목, 관목의 나뭇가지에 마른 풀줄기와 잔뿌리, 칡 등을 이용하여 밥그릇형 둥지를 만들고 산좌에 잔풀뿌리나 동물의 털, 마른풀을 깔고 알을 낳는다. 산란수는 5~7개 정도이며 알의 색은 청록색을 띤 회백색 바탕에 회갈색과 자색 얼룩점이 산재해 있다. 알의 크기는 23mm다. 포란은 암컷이 전담하며 포란 기간은 15~16일이다. 육추는 암수가 함께 하며 육추 기간은 13~15일 정도다.
먹이 곤충류, 거미류, 설치류, 양서류, 파충류, 조류.
현황 한반도 전역에서 흔히 볼 수 있는 여름철새로 성격이 거칠다. 아종인 홍때까치(*L.c. cristatus*)는 길잃은새로 머리 상단과 등이 적갈색이다.

홍때까치

우

♂

붉은등때까치

북한명 | 없음
Lanius collurio
Red-backed Shrike

형태 수컷은 이마와 머리 상단, 뒷머리, 뒷목이 회색이다. 부리 기부와 이마 사이에 있는 가는 검은색 띠는 눈선을 지나면서 굵고 폭 넓은 띠를 이룬다. 턱밑과 멱, 뺨은 흰색이고 등과 날개덮깃은 적갈색이며 첫째날개깃은 검은색이다. 가슴과 복부는 엷은 황갈색을 띤다. 꼬리덮깃의 중앙깃은 검고 꼬리깃의 양쪽 바깥깃은 흰색이다. 암컷은 이마와 멱, 옆구리에 암갈색 비늘무늬가 산재해 있고 온몸의 깃털이 적갈색이다. 부리와 홍채, 다리는 흑갈색이다.

노랫소리 '트르르트르, 트르트, 텍텍' 한다.

생활권 활엽수림과 침엽수림이 혼재된 혼효림이나 잡목과 교목이 밀집된 숲에서 먹이를 구하며 생활한다.

번식 산란기는 5~6월이며 나뭇가지에 마른풀과 줄기, 잎, 이끼로 밥그릇형 둥지를 만들고 산좌에는 동물의 털과 섬유를 깔고 알을 낳는다. 산란수는 5~6개 정도이며 알의 색은 크림색 바탕에 녹색과 적갈색 얼룩무늬가 있다. 알의 크기는 23mm다. 포란은 암컷이 전담하며 포란 기간은 13~16일이다. 육추는 암수가 함께 하며 육추 기간은 14일이다.

먹이 곤충류와 무척추동물 등을 사냥하여 잡아먹는다. 때까치류는 대개 나무 위의 사냥하기 유리한 위치를 차지하고 지상의 사냥감을 관찰한 다음 급강하해서 공격한다. 공중에서 나는 곤충을 잡기도 한다. 또한 사냥감을 갈무리할 줄도 아는 영리한 조류다. 맹금류처럼 바로 발톱으로 문제를 해결할 수는 없지만, 날카로운 갈고리형 부리로 먹잇감을 찢을 수 있다.

현황 기상 이변이나 난기류 또는 기타 상황으로 무리에서 이탈하여 한반도로 유입된 길잃은새다. 한반도 남부 도서지역인 홍도와 가거도에서 9월경에 관찰된 기록이 있다.

몸길이 170mm 몸무게 22~47g
분포권 유럽, 중앙아시아, 이란, 인도, 히말라야
　　　　남한 전라남도 신안군 홍도, 가거도, 흑산도
　　　　북한 자료 없음
도래 시기[월] 길잃은새

아성조

우

♂

황여새

북한명 | 노랑꼬리여새(노랑여새)
Bombycilla garrulus
Waxwing (Bohemian Waxwing)

■ 겨울철새 ■ 흔치 않음

몸길이 180~200mm **몸무게** 40~68g
부리 11~13mm **날개** 109~122mm **꼬리** 58~72mm **부척** 18~22.5mm
분포권 아메리카 북서부, 유럽, 스칸디나비아반도, 러시아 시베리아,
　　　　우랄 지역, 오호츠크 연안, 캄차카반도, 이란, 중국 북부, 일본,
　　　　남한 전역
　　　　북한 전역
도래 시기[월] **1** **2** **3** 4 5 6 7 8 9 **10** **11** **12**

형태 겨울깃은 이마와 머리 상단이 적갈색이며 머리 상단에 나 있는 부드럽고 긴 관모가 특징이다. 온몸의 깃털은 회갈색이며 눈을 지나는 검은색 눈선은 뒷머리까지 흐른다. 턱밑과 날개깃은 검은색이며 첫째날개깃에는 V자형 황색 무늬가 있다. 가슴과 옆구리, 등은 회갈색이며 배는 회색으로 가운데는 황색을 띤다. 꼬리는 검고 끝단에 황색 띠가 선명하다. 부리는 검고 홍채는 갈색이며 다리는 검다.
노랫소리 '찌리리' 또는 '삐이, 삐이, 삐이, 히이, 히이, 히이' 하며 노래를 부른다.
생활권 침엽수림과 공원, 정원 등의 숲속에서 먹이를 구하며 소수의 무리를 지어 생활한다.
번식 산란기는 6~7월이며 침엽수와 낙엽활엽수림의 지상 15~16m 높이의 나뭇가지에 둥지를 튼다. 마른 나뭇가지와 이끼류를 이용하여 밥그릇형 둥지를 만들고 산좌에는 동물의 털이나 깃털을 깔고 알을 낳는다. 산란수는 4~6개 정도이며 둥지의 크기는 외경 210mm, 내경 90mm, 높이 99mm, 깊이 58mm다. 알의 색은 회색 또는 청회색 바탕에 검은색과 흑회색 얼룩무늬가 산재해 있고 크기는 25mm다. 포란은 암컷이 전담하며 포란 기간은 13~14일이다. 육추는 암수가 함께 하며 육추 기간은 15~17일이다.
먹이 침엽수열매, 장과, 곤충류.
현황 한반도 전역에서 볼 수 있는 겨울철새다. 해에 따라 불규칙적으로 도래하며 개체수 변화가 크다.

홍여새

북한명 | 붉은꼬리여새(붉은여새)

Bombycilla japonica

Japanese Waxwing

여새과

형태 황여새와 흡사하나 체구가 약간 작고 관모도 작다. 꼬리 끝단에 붉은색 가로띠가 뚜렷하다. 겨울깃은 황여새와 같으나 날개에 황색 무늬가 없다. 어깨에는 적갈색 무늬가 있고 검은색 눈선은 황여새보다 길어 뒷목까지 흐른다. 첫째날개깃에는 V자형 흰색 무늬가 있다. 부리는 검고 홍채는 적갈색이며 다리는 검다.

노랫소리 '찌리리 지리지리지리' 또는 '히리, 히리, 히리' 노래한다.

생활권 침엽수림과 농원, 정원, 야산의 숲, 과수원에서 먹이를 구하며 생활한다.

번식 산란기와 산란수, 알의 생김새와 크기, 포란과 육추 과정 등을 조사한 자료가 전무하다.

먹이 곤충류(번식기), 향나무열매, 쥐똥나무열매, 광나무열매, 버즘나무열매, 메타세쿼이아 새순 등.

현황 한반도 전역에 도래하는 드문 겨울철새로 개체수는 해에 따라 불규칙적이다. 번식지가 러시아 극동부에 국한되어 있어 번식이나 서식에 대한 연구자료가 부족하다.

몸길이 180mm **몸무게** 40~47g
부리 10~12mm **날개** 103~112mm **꼬리** 49~59mm **부척** 18~20mm
분포권 러시아 시베리아 남동부, 아무르강, 우수리강, 중국, 일본
　　　남한 전역
　　　북한 전역
도래 시기[월] 1 **2** **3** 4 5 6 7 8 9 **10** **11** **12**

물까마귀

북한명 | 물쥐새
Cinclus pallasii
Brown Dipper

물까마귀과

몸길이 220mm 몸무게 78~90g
부리 19~23mm **날개** 94~116mm **꼬리** 60~72mm **부척** 28~36mm
분포권 오호츠크해 연안, 아무르강, 우수리강, 러시아 캄차카반도, 사할린,
쿠릴열도, 베트남, 동아시아, 중국, 만주, 티베트, 타이완, 일본
남한 전역
북한 전역
도래 시기[월] 텃새

형태 몸통이 통통하며 꼬리가 짧고 다리는 길다. 온몸의 깃은 흑갈색이며 허리와 위꼬리덮깃은 회색이다. 어린새는 깃털 색이 옅으며 몸통 윗면은 다갈색 바탕에 흑갈색 비늘무늬가 산재해 있고 몸통 아랫면은 흰 바탕에 흑갈색 가로무늬가 있다. 부리는 검은색에 가늘고 길다. 홍채는 갈색이고 다리는 회색이다.
노랫소리 '찌찌이, 쪼이, 쪼이, 쪼이' 하는 소리로 노래한다.
생활권 개울 상류의 맑은 물 또는 산간 계곡의 맑은 물에서 먹이를 구하며 생활한다.
번식 산란기는 3월 하순~6월이며 계곡의 물이 떨어지는 곳, 폭포 뒤 암석 틈, 계류 주변 나무 밑에 둥지를 튼다. 이끼를 이용하여 원형으로 둥지의 틀을 만들고 산좌에 낙엽과 풀뿌리 또는 마른풀을 깔고 알을 낳는다. 이끼류를 두껍게 바르기 때문에 둥지가 젖어도 안은 건조하다. 둥지 모양은 타원형이며 크기는 외경 140×110mm, 내경 60×60mm, 높이 34mm, 깊이 26mm다. 산란수는 4~5개이며 알은 타원형에 엷은 분홍색을 띠고 몽툭한 주변에 연한 갈색 반점이 있다. 알의 크기는 22mm다. 포란과 육추는 암수가 함께 하며 포란 기간은 15~16일, 육추 기간은 16~18일이다.
먹이 수서곤충류, 날도래목 유충, 딱정벌레목과 파리목 성충.
현황 한반도 전역에서 쉽게 볼 수 있는 텃새다. 기름샘이 발달하여 깃이 젖지 않아 물속을 잠수하면서 먹이를 사냥할 수 있다.

아성조

굴뚝새

북한명 | 쥐새
Troglodytes troglodytes
Winter Wren

■ 텃새 ■ 흔함

형태 한반도에 서식하는 조류 중에서 가장 작은 편이다. 몸이 둥글고 짧은 꼬리가 위로 치켜 올라간 앙증스러운 새다. 온몸의 깃털이 짙은 다갈색이며 머리 상단에서 위꼬리덮깃까지 어두운 적갈색을 띤다. 등과 어깨깃에는 가는 갈색 줄무늬가 있고 첫째날개깃에는 작은 흰색 무늬가 있다. 눈에는 황백색 눈썹선이 흐르고 배에는 갈색 선과 흰색 가로무늬가 있다. 부리는 가늘고 갈색이며 홍채도 갈색이다. 다리는 가늘고 엷은 갈색이다.

노랫소리 '찌찌 찌찌 쫏 쫏 쫏 찌찌 쪼로로로로' 하며 가볍고 맑은 소리로 노래한다.

생활권 산골짜기 계곡, 정원, 개울이나 도랑가, 시골의 갈대울타리 밑 잡목림에서 먹이를 구하며 생활한다.

번식 산란기는 5~7월 하순이며 인가의 처마 밑이나 교목 뿌리 밑, 암벽 틈에 둥지를 튼다. 둥지는 주로 이끼류를 이용하여 둥근 모양으로 만들고 산좌에는 이끼류와 동물의 털, 깃털을 깔고 알을 낳는다. 둥지의 크기는 외경 150mm, 내경 40mm, 깊이 100mm이고, 출입구의 직경은 30mm다. 산란수는 5~6개 정도이며 알의 색은 순백색 또는 흰색 바탕에 옅은 적갈색 얼룩무늬가 있다. 알의 크기는 13mm이며 무게는 1.6g이다. 포란은 암컷이 전담하며 포란 기간은 14~15일이다. 육추는 주로 암컷이 하며 육추 기간은 16~17일이다.

먹이 곤충류의 성충과 유충, 거미류.

현황 백두산 무두봉에서 한라산과 울릉도까지 한반도 전역에서 흔히 볼 수 있는 텃새로 암수 또는 단독생활을 한다. 여름철 번식기에는 산으로 이동하며 겨울철에는 근처 마을과 정원으로 내려와 생활한다.

몸길이 100mm   몸무게 9g
부리 11.5~13mm **날개** 46.5~52.5mm **꼬리** 31~38mm **부척** 17~18mm
분포권 아메리카 북부, 유럽, 러시아 시베리아 남동부, 캄차카반도, 이란,
　　　　히말라야, 중국, 만주, 타이완, 일본
　　　　남한 울릉도, 제주도
　　　　북한 백두산 무두봉과 묘향산, 고산지역 일대
도래 시기[월] 텃새

바위종다리

북한명 | 바위종다리
Prunella collaris
Alpine Accentor

■ 텃새　■ 흔치 않음

몸길이 180mm　**몸무게** 25~35g
부리 12.5~15mm **날개** 95~108mm **꼬리** 63~75mm **부척** 23~26mm
분포권 유럽 남부, 이란, 히말라야, 중앙아시아, 러시아 시베리아, 아무르강,
　　　　우수리강, 만주, 중국 서북부, 몽골, 타이완, 일본
　　남한 경기도 가평군, 남양주시, 경상북도 김천시 직지사
　　북한 백두산 무두봉, 개마고원 일대 고산지역

도래 시기[월] 텃새

형태 이마와 머리 상단, 뒷머리, 뒷목과 가슴은 회갈색이며 턱에는 검은색과 흰색 비늘무늬 얼룩점이 있다. 몸통 윗면은 회갈색이며 등에 회갈색 줄무늬가 있고 허리에는 갈색 줄무늬가 있다. 어깨깃은 갈색으로 흑갈색 무늬가 있다. 날개는 흑갈색이며 큰덮깃과 중간덮깃의 끝은 흰색으로 불규칙한 흰색 띠가 두 줄 있다. 꼬리는 흑갈색이며 끝부분은 다색(茶色)이다. 배는 적갈색에 흰색 세로줄무늬가 있다. 부리는 흑회색이며 홍채는 갈색이다. 다리는 황색빛이 도는 암적색이다. 꼬리는 모난 모양이고 중앙에 짧은 깃 1쌍이 나 있다.
노랫소리 '쬬로, 쬬로, 쪼리, 쪼리, 쪼리, 지지, 죠, 죠' 하며 노래한다.
생활권 바위가 있는 산과 경사지 또는 바위 위에서 먹이를 구하며 생활한다.
번식 산란기는 5~7월이며 산악의 암반 틈에 마른 풀줄기와 잎 또는 이끼류를 이용하여 밥그릇형 둥지를 튼다. 산좌에는 동물의 털이나 풀줄기, 풀뿌리와 섬유 같은 부드러운 소재를 깔고 알을 낳는다. 둥지의 크기는 외경 105mm, 내경 67mm, 높이 75mm, 깊이 50mm다. 산란수는 3~4개 정도이며 알의 색은 밝은 푸른색이고 크기는 23mm다. 포란과 육추는 암수가 함께 하며 포란 기간은 15일, 육추 기간은 16일이다.
먹이 곤충류, 거미류, 식물의 씨앗.
현황 주로 한반도 북부지역에서 많은 개체수가 번식하는 텃새다. 백두산 무두봉과 개마고원 일대 고산지역에서 많은 개체가 번식하고 생활한다. 늦가을이 되면 적은 무리가 월동을 위해 중부 이남지역으로 남하한다.

멧종다리

북한명 | 멧종다리
Prunella montanella
Siberian Accentor

형태 겨울깃은 이마와 머리 상단, 뒷목, 눈을 지나는 눈선이 짙은 흑갈색이며 눈뒤에 황색 반점이 뚜렷하게 자리 잡고 있다. 눈썹선은 황갈색으로 턱밑과 가슴은 짙은 황갈색을 띤다. 복부는 엷은 황갈색이며 옆구리에는 진한 갈색 세로무늬가 있다. 등과 날개덮깃, 날개는 진한 회갈색이며 검은색 얼룩무늬가 있다. 암컷은 수컷보다 색이 엷고 배가 흰색을 띤다. 부리는 검고 홍채는 황갈색이며 다리는 담황색이다.

노랫소리 휘파람 소리와 비슷한 부드러우며 우아한 소리로 노래한다.

생활권 계곡의 숲과 냇가 덤불 속, 관목림, 경작지 부근 수풀 등에서 먹이를 구하며 생활한다.

번식 산란기는 5월 하순~7월 초순이며 시베리아 고산지대나 산악지역에서 번식한다. 얇은 나뭇가지 위에 마른 풀줄기와 잔가지를 엮어 밥그릇형 둥지를 만들고 산좌에 이끼류와 동물의 털이나 섬유를 깔고 알을 낳는다. 산란수는 4~6개 정도이며 알의 색은 청록색 광택이 나며 크기는 19mm다. 포란과 육추는 암수가 함께 하며 포란 기간은 13~14일, 육추 기간은 15~16일이다.

먹이 곤충류, 화본과 식물의 열매.

현황 한반도 전역에서 흔치 않게 볼 수 있는 겨울철새로 단독 또는 암수가 함께 생활한다.

몸길이 150mm   몸무게 22~29mm
부리 10~12mm **날개** 65~78mm **꼬리** 52~71mm **부척** 18~21mm
분포권 러시아 시베리아 고원지역과 알타이, 사할린, 우랄 북부, 아무르강,
　　　　동아시아, 몽골, 중국 북부, 산시성 시안, 만주 남부
　　　남한 전역
　　　북한 전역

도래 시기[월] **1** **2** **3** 4 5 6 7 8 9 **10** **11** **12**

울새

북한명 | 울타리새
Luscinia sibilans
Rufous-tailed Robin(Swinhoe's Robin)

■ 나그네새   ■ 흔함

몸길이 120~140mm **몸무게** 14~17g
부리 11~13mm **날개** 63~73.5mm **꼬리** 44~52.5mm **부척** 22~26mm
분포권 러시아 극동부, 사할린, 아무르강, 우수리강, 캄차카반도, 중국 남부,
　　　　만주 동북부, 동남아시아, 베트남, 일본
　　　　남한 전역
　　　　북한 전역
도래 시기[월] 1 2 **3 4** 5 6 7 8 **9 10** 11 12

형태 이마와 머리 상단, 뒷머리, 뒷목, 등, 날개는 엷은 녹색을 띤 올리브갈색이며 위꼬리덮깃과 꼬리는 적갈색이다. 멱과 가슴에는 갈색 비늘문양이 산재해 있고 배는 흰색이다. 암컷은 수컷과 흡사하나 몸집이 작고 색깔이 옅다. 부리는 가늘고 홍채는 갈색이다. 다리는 개체에 따라 다르며 주로 담황색이다.
노랫소리 '히히힌, 루르르르' 또는 '히히힌, 기요로로로' 하며 조용히 노래한다.
생활권 주로 습기가 있는 평지의 나무가 울창한 곳을 선호하며 번식기에는 교목림, 습지림과 침엽수림에서 주로 생활한다. 한반도에서는 공원과 정원의 관목림에서 먹이를 구하며 이동한다.
번식 산란기는 6월 중순~7월 중순이며 침엽수림에 둥지를 튼다. 주로 오래된 나무의 수동에 이끼류와 마른 풀줄기, 잎, 잔가지로 밥그릇형 둥지를 만들고 산좌에 마른 풀잎과 풀뿌리를 깔고 알을 낳는다. 둥지의 크기는 직경 65×55mm, 깊이 35mm다. 산란수는 5~6개 정도이며 알의 색은 엷은 녹청색 바탕에 흐린 적갈색 얼룩무늬가 있다. 알의 크기는 19mm다. 포란은 암컷이 전담하며 포란 기간은 12~13일이다. 육추는 암수가 함께 하며 육추 기간은 14~15일이다.
먹이 곤충류의 성충과 유충.
현황 봄철과 가을철에 한반도를 지나가는 나그네새로 공원과 숲에서 어렵지 않게 관찰할 수 있다.

진홍가슴

북한명 | 붉은턱울타리새
Luscinia calliope
Siberian Rubythroat

■ 나그네새   ■ 적음

형태 수컷은 이마와 머리, 등, 꼬리 부분까지 다갈색이며 눈썹선과 뺨선은 흰색이다. 턱밑과 멱은 선홍색으로 기품 있는 아름다움을 자아낸다. 가슴과 옆구리는 회갈색이며 배 부분은 연한 갈색이 도는 흰색이다. 암컷은 멱이 흰색이며 온몸의 색깔이 수컷에 비해 다소 흐리다. 부리는 여름에 검고 겨울에는 갈색이다. 홍채와 다리도 갈색이다.

노랫소리 '꼬요르르, 꼬요르르' 또는 '쪼르, 찌리, 쫏, 쫏, 찌리리' 하는 다양한 소리로 노래한다.

생활권 덤불이 있는 경사진 곳이나 바위가 있는 풀밭, 관목이 있는 개활지, 숲속과 평지에서 먹이를 구하고 생활한다.

번식 산란기는 6~8월이며 풀밭과 바위가 많고 덩굴식물이 자라는 경사진 맨땅에 마른 풀줄기를 둥글게 엮어 밥그릇형 둥지를 만든다. 산좌에는 마른풀과 잔뿌리를 깔고 알을 낳는다. 둥지의 크기는 외경 104mm, 내경 98mm, 깊이 90mm이며 산란수는 3~5개 정도다. 알의 색깔은 청록색 또는 녹갈색 바탕에 갈색 반점이 있고, 크기는 20mm다. 포란은 암컷이 전담하며 포란 기간은 14~15일이다. 육추는 암수가 함께 하며 육추 기간은 14일 정도다. 필자는 1990년대 초 오호츠크해 연안의 무인도 탈란섬에서 진홍가슴이 알을 낳는 현장을 조사한 바 있다. 당시에 이들이 산란과 포란하는 모습을 직접 보고 촬영한 자료를 바탕으로 기술한 것이다.

먹이 곤충류의 성충과 유충, 식물의 열매.

현황 한반도 북부 고산지역에서는 번식도 하는 여름철새이지만, 중부 이남지역에서는 봄철과 가을철에 소수의 무리가 통과하는 나그네새다.

몸길이 150~160mm   **몸무게** 21~29g
부리 12~16mm **날개** ♂71~78mm ♀70~77.5mm **꼬리** ♂51~62mm ♀50~55.5mm
부척 27~31mm

분포권 러시아 극동부, 오호츠크해 연안과 무인도, 시베리아, 아무르강, 우수리강, 캄차카반도, 사할린, 인도, 동남아시아, 베트남, 필리핀, 몽골 북부, 중국 남부와 서부, 만주, 타이완, 일본 북부
　　　　남한 중부 이남지역
　　　　북한 동북지역 일대, 장진호반, 함경남도 장진군, 강원도, 평안남도 안주시, 평원군, 증산군 등

도래 시기[월] 1 2 **3 4** 5 6 7 8 **9 10** 11 12

우

♂

흰눈썹울새

몸길이 140mm **몸무게** 15~23g
부리 11.5~13mm **날개** 70~75mm **꼬리** 51~52mm **부척** 26~28mm
분포권 아프리카 북부, 미국 알래스카 서부, 유라시아 아한대, 유럽,
스칸디나비아반도, 러시아 캄차카반도 북부, 오호츠크해 서해안,
아시아 동남부, 만주, 일본
남한 서해안 도서지역
북한 자료 없음

도래 시기[월] 1 2 **3** **4** 5 6 7 8 **9** **10** 11 12

형태 수컷의 이마와 머리 상단, 뒷머리, 뒷목, 등, 꼬리는 엷은 녹색을 띤 갈색에 검은색 줄무늬가 있다. 눈썹선은 흰색이고, 여름깃은 멱과 윗가슴이 푸른색이며 그 중간에 적갈색 띠가 있다. 그 밑으로 검은색과 흰색, 적갈색 가는 띠가 있다. 배와 옆구리는 엷은 갈색빛이 도는 흰색이다. 꼬리는 짙은 갈색이며 끝은 검은색이다. 암컷의 멱은 흰색이며 가슴에 흑갈색 세로줄무늬가 있다. 부리는 검고 홍채는 짙은 갈색이며 다리도 갈색이다.
노랫소리 '짯짯, 즌즌즌, 찌르, 찌르, 찌르' 하며 노래한다.
생활권 번식기에는 하천가 갈대숲이나 호숫가의 관목림이 있는 풀밭과 덤불에서 먹이를 구하며 생활한다. 남부지역에서는 산악조류다.
번식 산란기는 4~6월이며 관목이 산재한 습지 또는 물가의 오목한 곳에 이끼류와 마른풀로 밥그릇형 둥지를 튼다. 산란수는 5~6개 정도이며 알의 색은 청록색 또는 녹갈색 바탕에 갈색 반점이 있다. 알의 크기는 19mm다. 포란은 암컷이 전담하며 포란 기간은 14~15일이다. 육추는 암수가 함께 하며 육추 기간은 14~15일 정도다.
먹이 곤충류의 성충과 유충, 환형동물(지렁이), 복족류, 거미류, 식물의 열매.
현황 봄철과 가을철에 한반도를 통과하는 나그네새로 소수 무리가 서해안의 섬을 이동경로로 삼고 있다.

♀

♂

♂ 아성조

쇠유리새

북한명 | 작은유리새
Luscinia cyane
Siberian Blue Robin

형태 수컷의 이마와 머리 상단, 뒷머리, 뒷목, 위꼬리덮깃과 날개는 암청색이고 눈앞과 뺨, 귀깃, 옆목, 옆가슴은 검은색이며 첫째날개깃과 둘째날개깃, 첫째날개덮깃, 큰날개덮깃은 검은색이 도는 짙은 푸른색이다. 턱과 가슴, 복부는 순백색이다. 암컷의 머리와 등은 엷은 연두색을 띤 갈색이며 턱과 가슴, 복부의 아랫면은 연한 갈색이다. 허리와 꼬리는 푸른색이 돈다. 부리는 검고 홍채는 갈색이며 다리는 담황색이다.

노랫소리 '쮸릿, 쮸릿, 칫칫칫' 또는 '삐르르르' 하며 맑고 밝은 소리로 노래한다.

생활권 낙엽활엽수림과 고산지역의 초원 등지에서 먹이를 구하며 생활한다.

번식 산란기는 5~7월이며 관목림이나 혼효림지역의 벼랑, 나무뿌리 밑 또는 평탄한 초지가 있는 맨땅 오목한 곳에 둥지를 튼다. 활엽수 잎과 이끼류, 초목의 마른 잔가지와 마른 풀줄기를 이용하여 밥그릇형 둥지를 만들고 산좌에 마른 식물의 줄기, 잎, 이끼류와 동물의 털을 깔고 알을 낳는다. 둥지의 크기는 외경 100~140mm, 내경 60~80mm, 깊이 39~69mm, 높이 57~90mm다. 산란수는 3~5개 정도이며 알의 색은 군청색에 무늬가 없다. 알의 크기는 18mm다. 포란은 암컷이 전담하며 포란 기간은 13~14일이다. 육추는 암수가 함께 하며 육추 기간은 14~16일 정도다.

먹이 곤충류의 성충과 유충.

현황 봄철과 가을철에 한반도를 중간기착지로 삼고 지나가는 나그네새이며 한반도 중부 이북지역에서는 번식도 하는 여름철새이기도 하다. 매년 개체수가 줄고 있다.

몸길이 140mm   **몸무게** 14~18g
부리 ♂10~13mm ♀12~14mm **날개** ♂71~76mm ♀68~73mm **꼬리** ♂42~50mm ♀43~49mm **부척** ♂25~28mm ♀25~26mm
분포권 러시아 시베리아 남부, 사할린, 아무르강, 우수리강, 말레이시아반도, 베트남, 필리핀, 인도네시아, 중국 북부와 남부, 일본
남한 자료 없음
북한: 함경북도, 평안북도 묘향산, 강원도 금강산 만물상

도래 시기[월] 1 2 **3 4** 5 6 7 8 **9 10** 11 12

아성조

우

♂

453

유리딱새

북한명 | 류리딱새
Tarsiger cyanurus
Red-flanked Bluetail (Orange-flanked Blue Robin)

■ 나그네새　■ 흔치 않음

몸길이 140mm　**몸무게** 13~19g
부리 9~11.5mm **날개** 73~83.5mm **꼬리** 51~65mm **부척** 21~24mm
분포권 러시아 시베리아 동부, 우랄산맥, 아무르강, 우수리강, 사할린,
　　　　캄차카반도, 동남아시아, 베트남, 만주, 몽골 북부, 타이완, 일본
　　　남한 자료 없음
　　　북한 백두산 무두봉 일대

도래 시기[월] 1 2 **3 4** 5 6 7 8 **9 10** 11 12

형태 수컷은 이마와 머리 상단, 뒷머리, 뒷목 등과 꼬리깃이 밝은 푸른
색이며 눈썹선은 흰색이다. 얼굴과 뺨은 탁한 회청색을 띠며 멱과 가슴,
복부는 흰색이고 옆구리는 주황색이 선명하다. 암컷은 머리와 등이 연
두색을 띤 갈색이며 멱과 복부는 흰색이다. 옆구리의 주황색은 흐리고
수컷에 비해 폭이 좁다. 허리와 꼬리는 엷은 푸른색이다. 부리는 흑갈색
이고 홍채는 갈색이며 다리는 엷은 흑갈색이다.
노랫소리 '삐요로로, 삐요로로' 또는 '치이치카' 하며 노래한다.
생활권 산림과 인가 근처의 산림, 침엽수림, 관목림에서 먹이를 구하며
생활한다.
번식 산란기는 5~7월이며 고산지역 관목림에 둥지를 튼다. 노출된 나
무뿌리나 쓰러진 나무 밑에 이끼류와 식물 줄기를 이용하여 밥그릇형
둥지를 만들고 산좌에 이끼류와 마른 잎, 동물의 털을 깔고 알을 낳는
다. 둥지의 크기는 외경 95~120mm, 내경 55~80mm, 깊이 13~47mm,
높이 30~70mm다. 산란수는 3~5개 정도이며 알의 색은 흰색 바탕에
엷은 적갈색 얼룩무늬가 산재해 있다. 알의 크기는 18mm이며 무게는
1.37g이다. 포란은 암컷이 전담하며 포란 기간은 13~14일이다. 육추는
암수가 함께 하며 육추 기간은 14~15일 정도다.
먹이 곤충류, 거미류, 식물의 열매.
현황 봄철과 가을철에 한반도를 중간기착지로 삼고 지나가는 나그네새
이며 한반도 북부 백두산 고산지대에서는 적은 무리가 번식한다. 남부
에서 소수 개체가 월동하기도 한다.

♂ 아성조

♂

우

검은머리딱새

북한명 | 검은딱새
Phoenicurus ochruros
Black Redstart

■ 길잃은새 ■ 희귀함

형태 수컷의 이마와 머리 상단, 뒷머리, 뒷목은 검은색이 도는 짙은 회색이고 멱과 가슴은 짙은 흑회색이다. 배와 허리, 꼬리는 붉은 갈색이다. 꼬리깃의 중앙부는 검고 깃가는 적갈색이며 날개는 흑회색이다. 암컷은 몸통 전체가 회갈색이며 허리와 위꼬리덮깃은 적갈색이다. 부리는 가늘고 검은색이며 홍채는 갈색이고 다리는 흑회색이다.

노랫소리 '찌르르- 티, 티' 하며 소리를 낸다.

생활권 산악의 벼랑이나 인가 근처 숲, 공원이나 오솔길에서 먹이를 구하며 생활한다.

번식 산란기는 4~7월 초순이다. 폐가의 헛간 선반이나 벽의 갈라진 틈 또는 오목하게 들어간 곳에 풀뿌리와 이삭 또는 화본과 마른풀, 섬유로 엉성하게 둥지의 틀을 만들고 산좌에 동물의 털이나 깃털을 깔고 알을 낳는다. 산란수는 4~6개 정도이며 알의 색은 흰색 또는 엷은 청색이다. 알의 크기는 20mm다. 포란은 암컷이 진담하며 포란 기간은 12··13일이다. 육추는 암수가 함께 하며 육추 기간은 16~18일 정도다.

먹이 곤충류의 성충과 유충, 장과.

현황 기상 이변이나 난기류 또는 기타 상황으로 무리에서 이탈하여 한반도로 유입된 길잃은새다. 매년 봄철인 4~5월 이동기에 남해 도서지역인 홍도와 칠발도, 어청도, 외연도, 서산간척지 등에서 목격되며, 이에 따라 일부 학자는 나그네새로 구분하는 것이 옳다고 주장하기도 한다.

몸길이 140mm 몸무게 14~19g
부리 12mm, **날개** 86~89mm, **꼬리** 58~62mm, **부척** 22.5~25mm(베커)
분포권 아프리카, 유럽 남부, 스칸디나비아반도, 영국, 지중해 연안, 중앙아시아, 알타이, 시리아, 이라크, 아프가니스탄, 인도 카슈미르, 파키스탄, 네팔, 중국, 몽골
남한 남해 도서지역(홍도, 칠발도, 어청도, 외연도, 서산간척지)
북한 자료 없음
도래 시기[월] 길잃은새

딱새

북한명 | 딱새
Phoenicurus auroreus
Daurian Redstart

■ 텃새 ■ 흔함

몸길이 140mm **몸무게** 17~18g
부리 10~13.5mm **날개** 65.5~77mm **꼬리** 56~68mm **부척** 21~24mm
분포권 아프리카 북부, 북유럽, 러시아 사할린, 시베리아 바이칼호,
　　　　유럽 남서부, 인도, 베트남, 타이 북부, 중국 중북부, 타이완, 일본
　　　　남한 전역
　　　　북한 전역
도래 시기[월] 텃새

형태 소형 조류로, 수컷은 이마와 머리 상단, 뒷머리, 뒷목이 밝은 회백색이고 얼굴과 뺨, 턱밑과 멱은 검은색이다. 등과 날개는 흑갈색이며 날개에 흰 무늬가 뚜렷하다. 가슴과 배, 허리는 적갈색이며 꼬리 중앙부는 검고 깃가는 적갈색이다. 암컷은 이마와 머리, 등, 가슴이 엷은 갈색을 띠고 허리는 적갈색이다. 부리는 검고 홍채는 갈색이며 다리는 흑갈색이다.

노랫소리 '힛힛힛' 또는 '횟횟횟' 하는 작은 소리를 낸다.

생활권 임지나 산지에 서식하는데 인가 부근의 작은 덤불이나 과수원, 정원, 농경지, 오솔길 근처에서 먹이를 구하며 생활한다.

번식 산란기는 5~7월이다. 시골의 담벽 틈이나 헛간의 빈 그릇, 선반 구석이나 사찰 현판에 이끼류와 풀줄기 또는 잔뿌리로 밥그릇 모양 둥지를 만들고 산좌에 동물의 털이나 마른 풀줄기를 깔고 알을 4~6개 낳는다. 둥지의 크기는 외경 115mm, 내경 6.5mm, 깊이 45mm, 높이 60mm다. 알은 흰색과 청색 바탕에 작은 갈색 얼룩점이 있고 크기는 20mm다. 포란은 암컷이 전담하며 포란 기간은 12~13일이다. 육추는 암수가 함께 하며 육추 기간은 14~16일 정도다. 딱새류는 대부분 일부일처제로 알려져 있으나, 수컷은 연달아 2개 이상 영역을 구축하고 영역별로 다른 암컷 1마리씩을 유인하기도 한다. 알락딱새 수컷은 봄에 번식지에 도착하면 둥지 주위에 암컷을 유인하는 영역을 구축한다. 3마리를 유인하는 데 성공했다는 기록도 있다. 두 영역 사이 평균 거리는 200m로, 최대 3.5km에 달하며 그 중간에 다른 여러 수컷의 영역이 존재한다. 두 영역을 구축함으로써 수컷은 이미 배우자가 있다는 사실을 숨길 수 있다. 두 번째 암컷이 산란하면 수컷은 첫 번째 암컷을 도와 새끼를 먹이는 데 힘을 쏟기 위해 두 번째 암컷을 버리고 간다. 연구에 따르면 수컷의 약 15%가 1마리 이상의 암컷을 유인하는 데 성공한다.

먹이 곤충류(주식), 식물의 열매. '조용한 관찰자' 전략을 취해 낮은 횟대에 앉아 있다가 지면에서 날아오르는 사냥감을 갑자기 습격하여 포획하는 방법으로 18초에 1마리씩 곤충을 잡아먹는다. 날씨가 추워지면 나무그늘의 나뭇잎 더미 사이를 선회하며 먹이를 찾는다.

현황 한반도 전역에서 흔히 볼 수 있는 텃새다. 주로 인가 근처에서 생활한다.

♂

♂

♂ 아성조

♀

검은딱새

북한명 | 흰허리딱새
Saxicola torquata
Common Stonechat

형태 수컷의 여름깃은 이마와 머리 상단, 뒷머리, 뒷목, 얼굴, 뺨, 턱밑, 먹, 등, 날개, 꼬리가 검고 어깨깃에 흰색 띠가 있다. 가슴과 배는 흰색이며 윗가슴은 적갈색이다. 암컷의 머리와 등은 회갈색이며 검은색 줄무늬가 있다. 가슴과 배는 흰색이며 가슴과 옆구리는 엷은 적갈색이 돈다. 겨울깃은 몸 전체가 흐려진다. 부리는 검고 홍채는 흑갈색이며 다리는 회갈색이다. 부리가 비교적 넓고 편평하며 콧구멍 주위에 '콧수염'이라고 불리는 변이된 깃털이 있어서 날아다니는 곤충을 잡는 데 유리한 기능을 한다.

노랫소리 '쨋 쨋' 또는 '히히히, 쨋쨋' 하며 노래한다.

생활권 뚝방의 풀이 있는 곳이나 덤불, 농경지의 둔덕, 풀밭, 관목지, 개활지에서 먹이를 구하며 생활한다.

번식 산란기는 5~7월이다. 풀밭이나 관목이 있는 초지의 맨땅 위에 식물의 줄기나 잎 또는 풀뿌리와 이끼로 밥그릇형 둥지를 만들고 산좌에 잔뿌리나 동물의 털, 깃털, 섬유, 휴지 등을 깔고 알을 4~6개 낳는다. 알은 흰색 또는 녹청색 바탕에 자색과 갈색 점이 있고 크기는 20mm다. 포란은 암컷이 전담하며 포란 기간은 14~15일이다. 육추는 암수가 함께 하며 육추 기간은 14~16일이다. 대다수 수컷은 산란할 때까지 암컷의 곁을 지키면서 다른 수컷과 교배하는 것을 방지하지만, 재혼하여 두 번째 영역으로 가면 결과적으로 한 둥지에 아비가 다른 새끼들이 생길 수 있다. 재혼하지 않더라도 침입자를 영역에서 쫓아내기 위해 둥지를 비우기도 하는데, 관찰 결과에 따르면 수컷 딱새가 암컷에게서 10m 밖으로 벗어나면 배우자 외의 수컷과 교배할 가능성이 커진다. 연구대상인 각 둥지의 새끼들 중 육추하는 수컷이 진짜 아빠인 새끼는 약 4분의 3에 불과했다. 다처교배를 하는 수컷은 더 큰 리스크를 떠안기는 하지만 두 번째 암컷과 교배함으로써 더 많은 자녀를 둘 수 있다. 딱새에게 다처교배제는 사실상 상황에 적응한 결과다.

먹이 곤충류의 성충과 유충, 거미류.

현황 한반도 전역에서 흔히 볼 수 있는 여름철새로, 나라별·지역별로 서식지 차이가 심하다. 유럽에서는 주로 평지에서 생활하지만 티베트나 기타 지역에서는 고산지역에 서식하며 해발 335~518m에서 번식도 한다.

몸길이 130~143mm 몸무게 12~16g
부리 10~11mm **날개** 64~71mm **꼬리** 42~55mm **부척** 21~23.5mm
분포권 아프리카 남동부, 유라시아, 유럽, 영국, 프랑스, 이베리아반도, 몽골 북부, 아무르강 남부, 우수리강, 러시아 사할린, 만주, 베트남, 필리핀, 인도네시아, 중국 남부, 타이완, 일본
　　　　남한 전역
　　　　북한 전역

도래 시기[월] 1 2 3 **4 5 6 7 8 9** 10 11 12

우

♂ 겨울깃

♂ 여름깃

검은뺨딱새

북한명 | 없음

Saxicola ferreus

Grey Bushchat

■ 길잃은새 ■ 희귀함

몸길이 120~150mm 몸무게 13~21g

분포권 인도차이나반도 북부, 네팔, 히말라야, 중국 남부

남한 전라남도 신안군 홍도, 칠발도, 전라북도 군산시 어청도,

충청남도 보령시 외연도, 인천시 소청도 등 서해안지역

북한 자료 없음

도래 시기[월] 길잃은새

형태 수컷의 앞머리와 머리 상단, 뒷머리, 뒷목은 회백색이고 흑회색 세로줄무늬가 산재해 있다. 턱밑과 멱은 순백색이고 부리 기부에서 흘러내린 폭 넓은 검은색 뺨선은 옆목까지 이어진다. 눈썹선은 순백색이며 가슴과 복부는 회백색이다. 첫째날개덮깃은 검은색이며 검은 꼬리깃의 밑쪽은 희다. 암컷의 이마와 머리 상단, 뒷머리, 뒷목은 엷은 갈색을 띤다. 뺨에는 흑갈색의 엷은 흔적만 남았고 등과 꼬리는 엷은 흑갈색이며 멱과 턱밑은 회백색이다. 가슴과 복부는 엷은 적갈색이며 허리는 짙은 적갈색이다. 꼬리깃은 검은색이 도는 갈색이다. 부리는 검고 홍채는 흑갈색이며 다리는 검은색이다.

노랫소리 '찌찌찌찌' 또는 '지지지지', '택택택' 하고 노래한다.

생활권 경작지와 풀밭이 있는 습지, 숲 언저리에서 먹이를 구하며 단독 생활을 한다.

번식 산란기는 5~6월 하순이다. 돌 틈이나 풀숲 밑 맨땅에 마른 풀잎이나 줄기, 잔뿌리로 밥그릇형 둥지를 틀고 산좌에 부드러운 잎이나 깃털을 깔고 알을 낳는다. 산란수는 3~4개 정도이며 알의 색은 청록색 바탕에 적갈색 얼룩점이 산재해 있다. 포란은 암컷이 주로 하며 포란 기간은 12일이다. 육추는 암수가 함께 하며 육추 기간은 13~14일 정도다.

먹이 주로 곤충류의 성충과 애벌레, 거미류, 식물의 씨앗.

현황 기상 이변이나 난기류 또는 기타 상황으로 무리에서 이탈하여 한반도로 유입된 길잃은새다. 1987년 5월 5일과 1988년 3월 인천시 옹진군 대청도에서 윤무부가 처음으로 발견했고, 이후 한반도 남부 도서지역인 홍도, 어청도, 외연도, 칠발도, 소청도 등지의 서해안에서 간혹 목격된다.

붉은가슴울새

북한명 | 붉은가슴울타리새
Erithacus akahige
Japanese Robin

형태 수컷은 이마와 머리 상단, 뒷머리, 턱밑이 화려한 적갈색이며 얼굴과 멱은 주황색이다. 등과 허리, 날개는 어두운 오렌지빛이 도는 갈색이다. 아랫가슴은 흑회색이고 배는 흰색이다. 암컷과 수컷이 흡사하나 암컷은 색이 연하다. 꼬리는 적갈색이며 부리는 어두운 갈색이고 홍채와 다리가 갈색이다.

노랫소리 '카라라' 하는 명쾌한 소리로 노래한다.

생활권 아고산지역의 침엽수림이나 혼효림에서 먹이를 구하며 생활한다.

번식 산란기는 6~7월이며 아고산대 산림의 맨땅 위 오목한 곳에 풀뿌리와 줄기, 낙엽을 이용하여 밥그릇형 둥지를 튼다. 산좌에는 낙엽을 깔고 알을 낳는다. 산란수는 3~5개 정도이며, 알의 색은 녹청색이다. 포란은 암컷이 전담하며 포란 기간은 13~14일이다. 육추는 암수가 함께 하고 육추 기간은 12~14일이다.

먹이 곤충류(딱정벌레목, 나비목, 벌목, 잠자리목)의 성충이나 유충.

현황 봄철과 가을철에 소수 개체가 무리를 지어 지나가는 나그네새다. 한반도 남부, 특히 경상남도지역에서 자주 목격된다.

몸길이 140mm 몸무게 17~25g
부리 11~15mm **날개** ♂70~76mm ♀70~76mm **꼬리** ♂50~58mm ♀49~56mm
분포권 중국 남부, 일본
　　　　남한 경상남도
　　　　북한 자료 없음
도래 시기[월] 1 2 **3 4** 5 6 7 8 **9 10** 11 12

꼬까울새

북한명 | 없음
Erithacus rubecula
European Robin

■ 길잃은새　■ 희귀함

몸길이 140mm　**몸무게** 20~25g
분포권 유럽, 스칸디나비아반도, 러시아 시베리아 남서부
　　남한 전라남도 신안군 홍도, 충청남도 서산간척지, 한강 고수부지
　　북한 자료 없음
도래 시기[월] 길잃은새

형태 머리 상단, 뒷머리, 뒷목은 엷은 회갈색이며 이마와 얼굴, 뺨, 턱 밑, 멱, 윗가슴은 오렌지색이다. 등과 꼬리깃, 날개깃은 회갈색이고 복부는 갈색빛이 도는 흰색이다. 부리는 흑갈색이며 홍채는 적갈색이고 다리는 엷은 흑갈색이다.

노랫소리 자료 없음.

생활권 바위가 있는 숲과 정원, 인가 근처의 산림에서 먹이를 구하며 생활한다.

번식 산란기는 5~6월 초순이다. 나무나 풀이 우거진 풀밭 오목한 곳이나 나무 수공에 둥지를 튼다. 마른 풀잎과 줄기 또는 이끼로 밥그릇형 둥지를 짓고 산좌에는 부드러운 낙엽과 동물의 털을 깔고 알을 낳는다. 산란수는 4~5개이며 알의 색은 흰색 바탕에 적갈색 무늬가 있다. 알의 크기는 22mm다. 포란은 암컷이 전담하며 포란 기간은 13~14일이다. 육추는 암수가 함께 하며 육추 기간은 12~13일 정도다.

먹이 곤충류의 성충과 유충, 환형동물, 거미류, 식물의 열매.

현황 기상 이변이나 난기류 또는 기타 상황으로 무리에서 이탈하여 길을 잃고 한반도에 유입된 길잃은새다. 한반도 남부와 서부 도서지역인 홍도와 서산간척지, 서울 근교인 한강 고수부지 등지에서 생태사진가 이진섭이 촬영한 기록이 있다.

흰머리바위딱새

북한명 | 없음
Chaimarrornis leucocephalus
White-capped Redstart

■ 길잃은새 ■ 매우 희귀함

형태 수컷은 이마와 머리 상단이 흰색 모자를 쓴 것처럼 순백색이다. 얼굴과 뺨, 멱과 턱밑, 가슴, 어깨깃, 등, 날개덮깃은 남색 금속광택이 나는 검은색이며 첫째, 둘째날개덮깃은 흑갈색이다. 배 부위와 허리, 옆구리, 위꼬리덮깃은 선홍색이다. 암컷은 이마와 머리가 흰색이며 검은색의 가는 가로줄무늬가 산재해 있다. 등과 날개덮깃은 흑갈색이며 황갈색의 줄무늬가 산재해 있다. 얼굴과 뺨, 멱과 턱밑, 윗가슴은 검은색이며 배와 옆구리는 황갈색 바탕에 검은색과 황색의 잔세로줄무늬가 산재해 있다. 허리와 위꼬리덮깃은 적갈색이며 허리에는 검은 가로줄무늬가 있다. 꼬리 끝에는 검은색의 폭 넓은 가로띠가 암수 모두 있다. 부리는 가늘고 검은색이다. 홍채는 적갈색이고 다리는 흑갈색이다.

노랫소리 '트시-트, 트시-트' 하며 노래한다.

생활권 바위와 돌이 있는 계곡, 맑은 물이 흐르는 냇가에서 먹이를 구하며 생활한다.

번식 산란기는 5~6월이다. 냇가 바위 밑이나 경사지에 움푹 파인 곳에 마른 풀줄기와 이끼로 밥그릇형 둥지를 튼다. 산좌에 풀잎과 줄기, 동물의 털을 깔고 알을 낳는다. 산란수는 4~5개 정도다. 포란은 암컷이 전담하며 포란 기간은 13~14일 정도다. 육추는 암수가 함께 하며 육추 기간은 15일 정도다.

먹이 곤충류, 거미류, 식물의 씨앗이나 열매.

현황 길잃은새다. 한반도에 유입된 시기와 장소가 확실히 기록된 것은 2003년 11월 홍도에서 1개체가 관찰된 기록뿐이다.

몸길이 180~190mm 몸무게 24~42g
분포권 중앙아시아, 카자흐스탄, 아프가니스탄, 투르키스탄, 파키스탄, 히말라야, 인도차이나반도, 중국 동북부
　　　　남한 전라남도 신안군 홍도
　　　　북한 자료 없음
도래 시기[월] 길잃은새

부채꼬리바위딱새

북한명 | 없음

Rhyacornis fuliginosa

Plumbeous Water Redstart

■ 길잃은새   ■ 희귀함

몸길이 120~130mm   몸무게 13~23g

분포권 아시아 남서부, 히말라야, 아프가니스탄, 동남아시아, 중국, 타이완

　　　남한 전라남도 신안군 홍도, 제주도

　　　북한 자료 없음

도래 시기[월] 길잃은새

형태 수컷은 이마와 얼굴, 뺨, 머리 상단, 뒷머리, 뒷목, 등, 윗날개덮깃이 청회색이다. 턱밑과 멱, 가슴, 배는 청회색이며 하복부는 색이 엷어진다. 꼬리깃, 아래꼬리덮깃, 위꼬리덮깃, 허리는 적황색이고 첫째날개깃은 희미한 황갈색이다. 꼬리깃은 12매로, 상태에 따라 부챗살 모양으로 접었다 폈다 하며 아래로 내리거나 위로 올리기도 한다. 암컷은 수컷에 비해 색깔이 옅다. 눈테가 회백색이며 멱과 턱밑, 가슴, 복부는 색이 엷고 흰색 비늘문양이 산재해 있다. 꼬리깃 기부는 희고 끝부분은 갈색을 띤다. 큰날개덮깃, 중간날개덮깃 끝에 작은 흰색 반점이 산재해 있다. 부리는 청색이 도는 검은색이며 짧고 가늘다. 홍채는 적갈색을 띠며 다리도 적갈색이다.

노랫소리 '피-트, 피-트' 하며 노래한다.

생활권 번식기에 대체로 고산지역에서 생활하며 계곡과 냇가 또는 강가에서 먹이를 구하며 생활한다.

번식 산란기는 4~6월 하순이다. 나무의 수동이나 바위 밑에 둥지를 튼다. 둥지는 마른 나무 잔가지와 마른 풀줄기, 잎, 풀뿌리, 이끼로 틀을 만들고 산좌에는 깃털과 마른풀, 섬유를 깔고 알을 낳는다. 둥지의 크기는 외경 125mm, 내경 85mm, 깊이 45mm, 높이 60mm다. 산란수는 3~5개 정도이며 알의 색은 엷은 황백색이다. 포란은 주로 암컷이 하며 포란 기간은 14~15일이다. 육추는 암수가 함께 하며 육추 기간은 15~16일 정도다.

먹이 곤충류의 성충과 유충, 식물의 씨앗과 열매.

현황 기상 이변이나 난기류 또는 기타 상황으로 무리에서 이탈하여 한반도로 유입된 길잃은새다. 한반도 남부 도서지역인 홍도와 제주도에서 드물게 관찰된다.

우

♂

검은등사막딱새

북한명 | 없음
Oenanthe pleschanka
Pied Wheatear

■ 길잃은새 ■ 희귀함

형태 수컷의 여름깃은 이마와 머리 상단, 뒷머리, 뒷목이 회색빛이 도는 백색이며 얼굴과 멱, 뺨, 등, 날개는 검은색이다. 꼬리의 바깥쪽은 검으며 중간은 희고 검은 부분이 T자형을 이룬다. 가슴과 배는 밝은 회백색이고 허리는 흰색이다. 암컷은 이마와 머리 상단, 뒷목, 등은 엷은 갈색이며 허리는 흰색이다. 턱밑과 멱, 앞가슴은 갈색을 띠며 하복부는 갈색빛이 도는 흰색이다. 날개는 흑갈색이며 꼬리는 검다. 부리는 흑회색이며 홍채는 흑갈색이고 다리는 검다.

노랫소리 '짝, 짝짝, 짝' 하며 귀에 몹시 거슬리는 거친 소리로 노래한다.

생활권 산허리의 바위가 많은 곳이나 벼랑가나 개활지의 풀밭 또는 경작지 등지에서 먹이를 구하며 생활한다.

번식 산란기는 5~6월이며 바위틈이나 관목이 산재해 있는 곳에 마른 풀줄기나 잎, 이끼로 높힌 컵 모양 둥지를 만들고 산좌에는 잔모래나 부드러운 잎, 깃털을 깔고 알을 낳는다. 산란수는 4~5개 정도이며 알의 색은 청색 바탕에 적갈색 반점이 산재해 있다. 포란은 암컷이 전담하며 포란 기간은 12~13일이다. 육추는 암수가 함께 하며 육추 기간은 14~16일이다.

먹이 곤충류의 성충과 유충.

현황 1988년 5월에 강화도 여차리 부근에서 암컷 1개체가 관찰된 기록(관찰자 미상)이 있다.

몸길이 140~165mm   몸무게 15~22g
분포권 아프리카 남부, 유럽 동남부, 불가리아, 러시아 시베리아 남부, 이란, 요르단, 아프가니스탄, 중국 북부
남한 인천시 강화도 여차리
북한 자료 없음
도래 시기[월] 길잃은새

흰머리딱새

Oenanthe hispanica
Black-eared Wheatear

■ 길잃은새 ■ 희귀함

몸길이 140~165mm 몸무게 15~22g
분포권 아프리카 중부, 유럽 남부
　　　　남한 자료 없음
　　　　북한 함경남도 고원지역
도래 시기[월] 길잃은새

형태 수컷은 이마와 머리 상단, 뒷머리, 뒷목이 황갈색이 도는 흰색이며 얼굴과 빰, 턱밑, 멱은 검은색이다. 날개덮깃은 검고 첫째, 둘째날개깃은 갈색빛이 도는 검은색이다. 꼬리깃은 검고 T자형이며 허리는 흰색이다. 가슴과 배는 엷은 황갈색이 도는 흰색이다. 암컷은 이마와 머리 상단, 뒷머리, 뒷목, 등이 엷은 갈색이며 빰은 옅은 회갈색이다. 턱밑과 멱은 희고 가슴과 복부, 허리, 위꼬리덮깃은 황갈색이 도는 흰색이다. 꼬리는 검고 부리는 흑갈색이며 홍채는 갈색이고 다리는 회갈색이다.
노랫소리 '핍, 핍, 피윗, 피윗', '틱틱틱, 티딕, 틱틱틱' 하는 탁한 단음을 낸다. 과시행위를 할 때는 딱새 무리와 흡사한 소리로 노래한다.
생활권 돌이 많은 곳과 산허리의 경사진 곳, 건조하게 말라버린 강바닥, 농경지나 경작지, 건조한 덤불가에서 먹이를 구하며 생활한다.
번식 산란기는 4~6월이며 돌 밑 또는 바위틈, 벽의 빈틈, 건물의 추녀 밑에 둥지를 튼다. 여러 가지 마른 나뭇가지와 잡초 또는 마른풀로 둥지를 만들고 산좌에 동물의 털이나 잎을 깔고 알을 낳는다. 둥지의 크기는 외경 102~160mm, 내경 25~93mm, 높이 44~72mm다. 산란수는 4~5개 정도이며 알의 색은 담청색 바탕에 적갈색의 미세한 점무늬가 얼룩져 있다. 알의 크기는 20mm(스반겐베르그)다. 포란은 암컷이 전담하며 포란 기간은 14~15일이다. 육추는 암수가 함께 하며 육추 기간은 15일이다.
먹이 주로 곤충류의 성충과 유충, 거미류.
현황 기상 이변이나 난기류 또는 기타 상황으로 무리에서 이탈하여 한반도로 유입된 길잃은새다. 1956년 4월 함경남도 고원지역에서 암컷 1개체가 채집된 기록이 있다.

사막딱새

북한명 | 없음
Oenanthe oenanthe
Northern Wheatear

형태 수컷은 이마가 희고 머리와 머리 상단, 뒷머리, 뒷목, 어깨, 등은 회색이다. 부리 기부에서 뻗어 나온 검은색 띠가 눈선을 이루고 눈 위로 흰색 눈썹선이 흐른다. 턱밑과 멱은 흰색에 엷은 황갈색이 돈다. 가슴과 복부도 흰색에 황갈색이 돈다. 날개깃과 날개덮깃은 흑갈색에 황갈색빛이 돈다. 암컷은 머리와 뒷머리, 뒷목이 엷은 회갈색이며 검은색 눈선이 수컷보다 흐리다. 눈에는 폭이 좁은 엷은 흰색 눈썹선이 흐르고 턱밑과 멱은 엷은 흰색에 회갈색빛이 감돈다. 가슴과 복부는 엷은 황갈색이고 날개는 흑갈색에 검은색 세로줄무늬가 있다.

노랫소리 '챠크, 챠크, 챠크, 휘트, 휘트' 하며 반복해서 노래한다.

생활권 경작지나 초지, 농경지에서 먹이를 구하며 생활한다.

번식 산란기는 4월 중순~6월이다. 풀이 무성한 건조한 땅이나 쌓아 놓은 건초의 구멍, 나무 틈 속에 작은 나뭇가지와 마른 풀줄기, 이끼로 둥지를 만들고 산좌에 이끼와 털을 깔고 알을 낳는다. 산란수는 4~6개 정도다. 알은 푸른색이 도는 흰색이고 크기는 22mm다. 포란은 암컷이 전담하며 포란 기간은 15일이다. 육추는 암수가 함께 하며 육추 기간은 15~16일 정도다.

먹이 곤충류의 성충과 유충.

현황 기상 이변이나 난기류 또는 기타 상황으로 무리에서 이탈하여 한반도로 유입된 길잃은새다. 근자에 충청남도 태안군이나 전라북도 군산시 어청도를 비롯한 서해 도서지역에서 목격되고 있다.

몸길이 150~160mm　몸무게 17~41g
분포권 아프리카, 유럽 서남부, 러시아 동남부, 히말라야, 인도, 중국 북부, 몽골
　　　남한 충청남도 태안군, 전라북도 군산시 어청도, 서해 도서지역
　　　북한 자료 없음
도래 시기[월] 길잃은새

우

♂

검은꼬리사막딱새

북한명 | 없음
Oenanthe deserti
Desert Wheatear

■ 길잃은새 ■ 희귀함

몸길이 140~150mm 몸무게 15~34g
분포권 아프리카 사막지역, 히말라야, 중국 서북부, 몽골
남한 자료 없음
북한 자료 없음
도래 시기[월] 길잃은새

형태 수컷은 이마와 머리 상단, 뒷머리, 뒷목이 황갈색이 도는 흰색이고 턱밑과 멱, 얼굴과 뺨은 검은색이다. 어깨덮깃과 등, 가슴은 황갈색이 도는 흰색이다. 복부와 하복부, 옆구리는 순백색이며 날개깃은 흑갈색이고 꼬리깃은 검다. 암컷은 이마와 머리 상단, 뒷머리가 회갈색이며 턱밑과 멱은 엷은 황갈색이다. 등과 어깨깃은 황갈색에 검은색 무늬가 있다. 눈썹선은 황갈색이며 뺨과 옆목, 옆가슴은 짙은 황갈색이다. 홍채는 적갈색이며 부리와 다리는 검다.
노랫소리 '스위, 스위, 틱딕딕' 하고 탁한 소리를 내며 노래한다.
생활권 반사막지역과 바위와 모래로 된 황무지나 풀이 있는 개활지에서 먹이를 구하며 생활한다.
번식 산란기는 4~6월 초순이며 바위틈이나 고사목 틈, 벼랑의 틈에 마른 풀줄기나 잎, 식물의 뿌리로 밥그릇형 둥지를 만들고 산좌에는 깃털과 잎을 깔고 알을 낳는다. 산란수는 4~5개 정도이며 알의 색은 흰색에 엷은 갈색 점이 있다. 포란은 암컷이 전담하며 포란 기간은 14~15일이다. 육추는 암수가 함께 하며 육추 기간은 15일 정도다.
먹이 곤충류, 무척추동물, 식물의 씨앗.
현황 기상 이변이나 난기류 또는 기타 상황으로 무리에서 이탈하여 한반도로 유입된 길잃은새다. 아직 누가 어디서 관찰했는지 불분명한 종이다.

우

♂

긴다리사막딱새

북한명 | 없음
Oenanthe isabellina
Iisabelline Wheatear

■ 길잃은새 ■ 희귀함

형태 암컷과 수컷이 흡사하다. 수컷은 온몸이 황색이 도는 회갈색을 띠며 이마와 머리 상단, 뒷머리는 황갈색이다. 얼굴은 옅은 황갈색이 도는 적황색이다. 눈썹선이 가늘고 길며 옅은 황색을 띤다. 턱밑과 멱은 회갈색이며 가슴과 복부는 황색빛이 도는 회갈색이다. 아랫배는 희고 꼬리가 짧고 검다. 암컷의 이마와 머리, 등, 어깨는 회갈색이고 얼굴도 회갈색을 띠며 흰색 눈썹선이 있다. 턱밑과 멱, 가슴, 복부는 옅은 회갈색이다. 흑회색 부리는 가늘고 긴 편이며 홍채는 적갈색이다. 다리는 길고 검은색이다.

노랫소리 '칩칩칩' 또는 '쩍쩍비비비, 비비뷔뷔' 하고 다양한 짧은 소리로 노래한다.

생활권 건조한 초원지역이나 민둥 산야, 언덕의 초지, 황무지 등에서 먹이를 구하며 생활한다.

번식 산란기는 6월이며 초지의 맨땅 또는 바위, 돌 틈새나 움푹 들어간 곳에 마른풀의 잎과 줄기, 풀뿌리로 밥그릇형 둥지를 만든다. 산좌에는 동물의 털을 깔고 알을 낳는다. 산란수는 4~6개 정도다. 알은 푸른색이 도는 흰색이며 크기는 22mm다. 포란은 암컷이 전담하며 포란 기간은 14~15일이다. 육추는 암수가 함께 하며 육추 기간은 15일 정도다.

먹이 곤충류의 성충과 애벌레

현황 길잃은새다. 필자는 1997년 7월 15일 조류생태 조사차 방문한 몽골에서 긴다리사막딱새의 구애 동작과 각종 모습을 촬영했다. 한반도에서는 2003년 6월 전라남도 신안군 대흑산도 예리마을에서 박종길이 처음으로 발견했다.

몸길이 150~165mm 몸무게 22~35g
분포권 아프리카 중부, 유럽 남동부, 러시아 남부, 인도 북서부, 중국 북부, 몽골
　　　　남한 전라남도 신안군 대흑산도
　　　　북한 자료 없음
도래 시기[월] 길잃은새

바다직박구리

북한명 | 바다찍바구리
Monticola solitarius
Blue Rock Thrush

■ 텃새 ■ 흔함

몸길이 200~220mm **몸무게** 37~54g
부리 21.5~24.5mm **날개** ♂117~131mm ♀115~126mm **꼬리** ♂71~88.5mm
♀70~86mm **부척** 28~32.5mm
분포권 아프리카 북부, 유라시아의 온대와 아열대지역, 지중해 연안,
아라비아반도, 인도, 히말라야, 우수리강, 인도차이나반도, 베트남,
필리핀, 인도네시아, 중국, 만주, 타이완, 일본
남한 해안가 바위, 내륙의 바위산
북한 해안가 바위, 내륙의 바위산

도래 시기[월] 텃새

형태 수컷은 이마와 머리 상단, 뒷머리, 뒷목, 등, 위꼬리덮깃이 푸른색
이며 얼굴과 뺨, 턱밑, 멱, 가슴도 푸른색이다. 복부와 옆구리, 아래꼬리
덮깃은 적갈색으로 화려하다. 날개는 짙은 흑청색이며 흑갈색 줄무늬
가 있다. 암컷은 온몸이 회갈색이고 가슴과 복부는 갈색을 띤 크림색이
며 깃마다 흑갈색 초승달 무늬가 산재해 있다. 복부와 옆구리, 아래꼬리
덮깃에도 초승달 무늬가 있다. 날개깃은 암갈색이며 바깥쪽은 청색빛
이 도는 암회색이다. 부리는 흑회색이며 홍채는 갈색이고 다리는 검다.
노랫소리 '쯔쯔죠죠, 죠죠죠, 쮸리리' 하는 맑고 밝은 소리로 노래한다.
생활권 주로 해안가 바위에서 먹이를 구하며 생활한다.
번식 산란기는 5~6월이며 바닷가 바위틈이 벼랑가의 빈틈, 어촌마을
의 건물 틈에 둥지를 튼다. 식물의 뿌리와 마른 풀줄기, 잎을 모아 밥그
릇형 둥지를 만들고 산좌에는 식물의 뿌리와 섬유 등을 깔고 알을 낳
는다. 둥지의 크기는 외경 135mm, 깊이 25mm, 높이 50mm다. 산란수
는 4~5개 정도이며 알의 색은 흰색 바탕에 청색빛이 돈다. 알의 크기는
27mm다. 포란은 암컷이 전담하며 포란 기간은 12~13일이다. 육추는
암수가 함께 하며 육추 기간은 16~17일이다.
먹이 곤충류, 갑각류, 파충류, 복족류.
현황 한반도 전역의 해안가 바위에서 볼 수 있는 텃새다. 소수의 무리
가 내륙의 바위산에서 생활하기도 한다.

♀

♂

♂

아성조

꼬까직박구리

북한명 | 흰턱바위찍바구리
Monticola gularis
White-throated Rock Thrush

■ 길잃은새(여름철새) ■ 희귀함

형태 수컷은 이마와 머리 상단, 뒷머리, 뒷목이 코발트색이며 뒷머리 끝에 검은색 무늬가 있다. 부리 기부에서 눈뒤로 이어지는 검은색 눈선이 있다. 등과 어깨깃은 검은색인데 깃에는 갈색을 띤 흑갈색의 좁은 무늬가 있고 허리와 위꼬리덮깃은 적갈색이며 꼬리는 암갈색이다. 멱과 턱밑 부분의 중앙부에서 흰색 세로줄무늬가 앞가슴까지 이어진다. 가슴은 짙은 적갈색이며 하복부로 내려갈수록 엷어진다. 옆목은 검은색이며 등과 어깨깃 또한 검은색인데 황백색의 조그마한 초승달무늬가 산재해 있다. 허리는 적갈색이다. 암컷은 온몸의 깃털이 흑갈색이며 옆목과 날개깃, 허리, 꼬리는 검은색이다. 턱의 중앙부에는 수컷과 같은 흰색 세로줄무늬가 자리 잡고 있으며 가슴과 멱, 복부, 허리, 날개덮깃에는 흑갈색 비늘무늬가 산재해 있다. 부리는 흑회색이고 홍채는 진갈색이며 다리는 핑크색이 도는 살색이다.

노랫소리 '차크, 차크' 또는 '타크- 타크-', '스위, 스위', '라리, 루루루' 하면서 노래한다.

생활권 산 경사지의 암벽이나 침엽수림, 울창한 혼효림과 산불로 소실된 지역, 개울가나 산림, 관목림에서 먹이를 구하며 생활한다.

번식 북한지역의 산란기는 6월 초순~7월이며 백두산 삼지연과 함경북도 고산지역에서 번식하고 있다. 쓰러진 나무 밑이나 노출된 나무뿌리 밑에 마른풀과 솔잎 등으로 엉성한 밥그릇형 둥지를 만들고 산좌에 약간의 이끼를 깔고 알을 낳는다. 산란수는 6~8개 정도이며 알의 색은 적갈색 바탕에 암갈색 얼룩무늬가 있다. 알의 크기는 21mm다. 포란과 육추는 암수가 함께 하며 포란 기간은 12~13일, 육추 기간은 15일 정도다.

먹이 주로 초시목, 직시목 등 곤충류.

현황 남한지역에서는 길잃은새 또는 나그네새 어느 것을 택하기 곤란하나 북한지역에서 번식하는 것이 확인된 이상 여름철새로 기록해야 할 것 같다. 한반도 남부 도서지역인 전라남도 신안군 홍도를 비롯하여 서해안 여러 섬에서도 봄철과 가을철에 정기적으로 관찰된 기록이 있다.

몸길이 185~190mm 몸무게 23.95g

부리 16.5~18mm **날개** ♂98~105mm ♀94mm **꼬리** ♂62.5~67mm ♀59~65mm
부척 ♂22.5~24mm ♀22~26mm

분포권 러시아 동부와 연해주, 아무르강, 인도차이나반도, 중국 북동부

　　남한 전라남도 신안군 홍도 등, 서해안 도서지역

　　북한 량강도 백두산 삼지연, 평안북도 묘향산, 함경북도 무산군, 룡천군, 룡암포, 평안남도 안주시, 대보산, 간상봉, 자강도 오가산

도래 시기[월] 길잃은새

귤빛지빠귀

북한명 | 없음
Zoothera(*Geokichla*) *citrina*
Orange-headed Thrush

몸길이 200~230mm   몸무게 47~67g
분포권 러시아 시베리아 남동부, 파키스탄, 인도, 동남아시아, 중국 동북부
　　　남한 남해안, 서해안, 전라남도 신안군 홍도
　　　북한 자료 없음
도래 시기[월] 길잃은새

형태 수컷의 이마와 머리 상단, 뒷머리, 뒷목은 귤빛 나는 주황색이며 등과 어깨, 위꼬리덮깃은 암회색이다. 얼굴과 뺨은 황색빛이 도는 흰색 바탕에 눈의 중앙부를 지나는 흑갈색 세로줄무늬가 귀깃을 타고 내리는 흑갈색 무늬와 나란히 세로무늬를 이룬다. 턱밑과 멱은 옅은 황색 바탕에 적황색 무늬가 흔적을 어지럽게 남긴다. 가슴과 복부, 옆구리는 적갈색이며 아래꼬리덮깃은 흰색이다. 하복부는 황색을 띠고 날개는 암회색 바탕에 흰색 무늬가 있다. 암컷은 몸통 윗면이 갈색이며 얼굴에 옅은 흑갈색 무늬가 있다. 부리는 검고 홍채는 적갈색이며 다리는 적갈색이 도는 살색이다.
노랫소리 '티찌-트, 트찟', '트쭉, 트리트리, 프리프리 크리루 크리루' 하며 다양한 소리로 노래한다.
생활권 활엽수림과 침엽수림이 무성한 혼효림 깊은 수림에서 먹이를 구하며 생활한다.
번식 산란기는 5월 하순~7월 하순이다. 나뭇가지 위에 잔가지와 풀뿌리, 마른 풀잎과 줄기, 이끼로 밥그릇형 둥지를 튼다. 산좌에는 나뭇잎과 솔잎을 깔고 알을 낳는다. 산란수는 4~5개 정도이며 알의 색은 옅은 적갈색 바탕에 회갈색과 청록색의 반점이 산재해 있다. 포란은 암컷이 전담하며 포란 기간은 12~14일이다. 육추는 암수가 함께 하며 육추 기간은 13일 정도다.
먹이 곤충류의 성충과 애벌레, 무척추동물, 식물의 씨앗과 열매.
현황 기상 이변이나 난기류 또는 기타 상황으로 무리에서 이탈하여 한반도로 유입된 길잃은새다. 이동기에 한반도 남부와 서해안 또는 도서 지역에서 목격된다. 2004년 5월 전라남도 신안군 홍도에서 생태사진작가 김수만과 국립공원관리공단 박종길 등 다수인이 목격하고 촬영했다.

아성조

우

♂

호랑지빠귀

북한명 | 호랑티티
Zoothera dauma
White's Thrush (Scaly Thrush)

■ 여름철새 　■ 흔함

형태 암수가 흡사하다. 이마와 머리 상단, 뒷머리, 뒷목은 황갈색에 흑갈색 작은 반점이 산재해 있고 등과 어깨는 황갈색에 흑갈색의 얼룩무늬가 있다. 황갈색과 진갈색이 어우러진 몸통 윗면의 얼룩무늬는 마치 호랑이의 모습을 떠올리게 한다. 날개는 흑갈색이며 깃가는 황갈색이 돈다. 꼬리가운데깃은 암황색에 갈색빛이 돌며 바깥쪽은 흑갈색이다. 몸통의 아랫면은 흰색 바탕에 검은색 비늘무늬가 가슴과 배, 옆구리에 산재해 있다. 부리는 회갈색이며 홍채는 갈색이고 다리는 황갈색이다.

노랫소리 '히이- 호이-휘이- 피이- 피이-'하며 스산한 여운을 남기는 기분 나쁜 소리로 노래한다.

생활권 울창한 침엽수림과 활엽수림, 혼효림에서 먹이를 구하며 인가 부근의 숲, 과수원 등지에서도 생활한다.

번식 산란기는 4월 하순~7월 하순이다. 우거진 숲속 나무줄기와 가지 틈에 주로 이끼를 이용하여 밥그릇형 둥지를 만들고 산좌에는 잔뿌리와 마른풀, 낙엽을 깔고 알을 낳는다. 둥지의 크기는 외경 210mm, 내경 120mm, 높이 106mm다. 산란수는 3~5개 정도이며 알의 색은 청백색 바탕에 옅은 적갈색 반점이 산재해 있고 크기는 31mm다. 포란 기간은 12~13일 정도다. 육추는 암수가 함께 하며 육추 기간은 13~15일 정도다.

먹이 환형동물(지렁이), 곤충류, 거미류, 연체동물, 식물의 열매.

현황 한반도 전역에서 흔히 볼 수 있는 여름철새다.

몸길이 295mm　몸무게 260~278g
부리 23~30mm **날개** ♂154~166mm ♀149~165mm **꼬리** ♂95~115mm ♀89~112mm
부척 33~39mm
분포권 유라시아 동부, 러시아 시베리아 남부, 우수리강, 중국 남부,
　　　몽골, 동남아시아, 필리핀, 만주 동북부, 타이완, 일본
　　　남한 전역
　　　북한 전역
도래 시기[월] 1 2 3 **4 5 6 7 8 9** 10 11 12

회색머리지빠귀

북한명 | 없음
Turdus pilaris
Fieldfare

■ 길잃은새 ■ 희귀함

몸길이 260mm **몸무게** 80~110g
분포권 유럽 전역, 러시아 시베리아, 몽골, 중국 동북부
　　　남한 경기도, 서울
　　　북한 자료 없음
도래 시기[월] 길잃은새

형태 앞이마와 머리 상단, 뒷목은 짙은 회색이며 눈앞은 검은색이고 턱 밑과 턱, 윗가슴은 황백색 바탕에 가는 세로줄무늬가 있다. 아랫가슴과 옆구리는 황백색 바탕에 검은색 비늘무늬가 산재해 있고 등과 날개덮깃은 적갈색이며 비상할 때 보이는 아랫날개덮깃은 흰색이다. 복부는 황백색이다. 윗부리는 흑갈색이며 아랫부리는 황적색을 띤다. 홍채가 검고 다리는 흑회색이며 꼬리는 검은색으로 모난 모양이다.
노랫소리 시끄럽게 '츄크, 츄크' 한다.
생활권 우거진 숲과 관목림 또는 산림 주변에서 생활한다.
산란기 번식기는 4~6월이며, 우거진 산림의 나뭇가지에 군체를 이룬다. 마른 풀줄기와 이끼로 밥그릇형 둥지를 만들고 산좌에 부드러운 풀잎을 깐 뒤 녹갈색에 분홍색 반점이 산재해 있는 알을 4~6개 정도 낳는다. 알의 크기는 29mm다. 포란은 암컷이 전담하며 포란 기간은 13~14일 걸린다. 육추는 암수가 함께 하며 육추 기간은 13일 걸린다.
먹이 곤충류와 애벌레, 포도나 딸기 등 장과.
현황 기상 이변이나 난기류 또는 기타 상황으로 무리에서 이탈하여 한반도로 유입된 길잃은새다. 2014년 2월 경기도와 서울에서 관찰된 기록이 있다.

아성조

흰배지빠귀

북한명 | 흰배티티
Turdus pallidus
Pale Thrush

■ 여름철새 ■ 흔함

형태 수컷은 머리와 멱이 검은색이 도는 짙은 회갈색이며 뒷목과 등, 허리, 날개는 연한 녹색이 도는 갈색이다. 꼬리는 흑갈색이며 끝부분에 흰색 무늬가 있다. 몸통 아래쪽은 담갈색으로 복부 중간과 꼬리 쪽은 흰색이다. 암컷은 머리와 등이 연한 녹색이 도는 갈색이다. 턱에는 흰색 턱선이 있고 부리는 갈색이며 아랫부리는 황색을 띤다. 홍채는 갈색이고 눈테와 다리는 황색이다.

노랫소리 '교로, 교로, 교로로-' 또는 '끼욧, 끼욧' 하며 경계음을 내기도 한다.

생활권 침엽수림과 활엽수림 또는 혼효림에서 먹이를 구하며 생활한다.

번식 산란기는 6월이며 활엽수림의 나뭇가지에 둥지를 튼다. 풀뿌리와 이끼류, 마른풀로 밥그릇형 둥지를 만들고 산좌에는 식물의 마른풀과 솔잎을 깔고 알을 낳는다. 둥지의 크기는 외경 120mm, 내경 85mm, 높이 95mm, 깊이 55mm다. 산란수는 4~5개 정도이며 알의 색은 녹청색 바탕에 적갈색과 회색 반점이 산재해 있다. 알의 크기는 29mm다. 포란은 암컷이 전담하며 포란 기간은 13~14일 정도다. 육추는 암수가 함께 하며 육추 기간은 13~15일 정도다.

먹이 곤충류, 거미류, 다족류(지네), 식물의 씨앗.

현황 봄철 한반도에 도래해 번식하며 여름을 지내는 여름철새이자 봄철과 가을철 한반도 전역을 지나가는 나그네새다. 일부는 번식도 하고 남부 도서지역에서 월동하는 텃새이기도 하다.

몸길이 230~250mm 몸무게 67~77g
부리 19~22mm **날개** 116~134mm **꼬리** 84~106mm **부척** 29~33mm
분포권 아무르강 하류, 우수리강, 베트남, 중국 동부, 만주 동부, 타이완, 일본
　　　남한 전국, 남부 도서지역
　　　북한 평안북도 묘향산, 평안남도 안주시, 아미산, 개성시 박연폭포, 평양시 주암산
도래 시기[월] 1 2 3 **4 5 6 7 8 9** 10 11 12

우

♂

개똥지빠귀

북한명 | 개티티
Turdus naumanni eunomus
Dusky Thrush

■ 겨울철새 ■ 흔함

몸길이 230~250mm 몸무게 50~88g
부리 17~21mm **날개** 120~137mm **꼬리** 81~98mm **부척** 29~34mm
분포권 러시아 시베리아 북부, 캄차카반도, 연해주, 사할린, 바이칼호, 미얀마,
　　　　몽골, 인도 북부, 중국 남부, 일본
　　　　남한 전역
　　　　북한 전역
도래 시기[월] **1 2 3** 4 5 6 7 8 9 **10 11 12**

형태 수컷의 겨울깃은 이마와 머리 상단, 뒷목, 등, 어깨, 위꼬리덮깃이 짙은 갈색과 흑갈색이다. 등과 어깨에는 진갈색과 적갈색 또는 황갈색 문양이 있다. 멱과 눈썹선은 황색빛이 도는 흰색이다. 가슴과 복부, 옆구리는 흰색 바탕에 검은색 반점이 있다. 날개깃은 적갈색이다. 암컷은 수컷에 비해 얼룩무늬의 색깔이 옅고 등과 날개에 갈색빛이 많다. 부리는 갈색이며 홍채도 갈색이고 다리도 갈색이다.
노랫소리 '삣, 삣', '키이, 키이', '키찌키찌', '끼욧, 끼욧' 하며 다양한 소리로 노래한다.
생활권 한반도에서는 가을부터 겨울까지 산림지역에서 살며 봄에는 농경지와 강변 또는 초지를 따라 먹이를 구하며 생활한다.
번식 산란기는 5~6월 중순이다. 관목의 나뭇가지 위에 둥지를 틀며 때로는 땅 위에 둥지를 틀 때도 있다. 마른 풀줄기와 잎을 이용하여 밥그릇형 둥지를 만든다. 산좌에는 부드러운 마른풀을 깔고 알을 낳는다. 둥지의 크기는 외경 480~530mm, 내경 120~150mm다. 산란수는 4~5개 정도이며 알의 색은 청록색 바탕에 적갈색과 자색의 얼룩점이 산재해 있다. 알의 크기는 27mm다. 포란은 암컷이 전담하며 포란 기간은 13~14일이다. 육추는 암수가 함께 하며 육추 기간은 14~15일이다.
먹이 곤충류(번식기), 노간주나무열매나 마가목열매 등 장과, 식물의 씨앗이나 열매(비번식기).
현황 한반도 전역에서 흔하게 볼 수 있는 겨울철새로 봄철과 가을철 이동기에 흔하게 목격된다.

474

노랑지빠귀

북한명 | 티티새
Turdus naumanni naumanni
Naumann's Thrush

■ 겨울철새 ■ 흔함

형태 겨울깃은 암수가 거의 흡사하며 온몸의 색깔이 적갈색이다. 이마와 머리는 회갈색이며 뒷목과 등은 적갈색으로 회색빛이 감돈다. 허리와 위꼬리덮깃은 회갈색으로 적갈색이 감돈다. 눈썹선은 적갈색이고 턱밑과 멱은 옅은 적갈색을 띠며 주위는 흰색이다. 가슴과 옆구리는 적갈색이며 깃가는 흰색이다. 암컷은 수컷에 비해 색깔이 흐리고 윗가슴에 짙은 갈색 얼룩점이 있다. 부리는 회갈색이고 홍채는 갈색이며 다리는 옅은 갈색이다.

노랫소리 '끼요롯, 끼요롯, 끼지 끼지 끼지' 하며 노래한다.

생활권 한반도에서는 가을부터 겨울까지 마을 근처 숲이나 산림지역에서 생활하며 봄이 되면 평지로 내려와 경작지에서 먹이를 구하며 생활한다.

번식 산란기는 5~6월이며 숲속 관목 나뭇가지 위에 마른풀과 잔가지를 이용하여 밥그릇형 둥지를 튼다. 산좌에는 부드러운 마른 풀잎을 깔고 알을 4~5개 정도 낳는다. 둥지의 크기는 외경 150~156mm, 내경 120~140mm, 높이 90mm, 깊이 55mm이며 알의 색은 녹색 바탕에 붉은색 얼룩무늬가 있다. 포란은 암컷이 전담하며 포란 기간은 13~15일이다. 육추는 암수가 함께 하며 육추 기간은 14~16일 정도다.

먹이 나무열매, 노박덩굴열매, 초시목 곤충의 성충과 유충.

현황 한반도 중부지역에서 흔히 볼 수 있는 종이다. 노랑지빠귀는 남부지역에서 흔히 볼 수 있는 개똥지빠귀와 마찬가지로 색채변이가 심하며, 학자에 따라 하나의 종으로 분류하기도 한다.

몸길이 230~240mm **몸무게** 63~94g
부리 19~21mm **날개** 121~140mm **꼬리** 80~101mm **부척** 29.5~34mm
분포권 러시아 시베리아 중동부, 아무르강 중류, 사할린, 오호츠크해 연안, 중국 북부, 몽골 북동부, 만주 남부, 일본 남서부
남한 전역, 중부지방
북한 전역

도래 시기[월] **1 2 3** 4 5 6 7 8 9 **10 11 12**

흰눈썹지빠귀

북한명 | 흰눈썹티티
Zoothera sibirica
Siberian Thrush

몸길이 200~215mm   몸무게 56~76g
부리 19~22mm **날개** ♂117~130mm ♀114~127mm **꼬리** ♂82, 5~97mm
♀85~93mm **부척** 27~32mm
분포권 러시아 시베리아 남서부, 사할린, 미얀마, 타이, 말레이시아,
보르네오섬, 수마트라섬, 베트남, 중국 남부, 일본
남한 전역
북한 전역
도래 시기[월] 1 2 **3 4** 5 6 7 8 **9 10** 11 12

형태 수컷의 겨울깃은 온몸의 체모가 검은색이다. 눈 위의 순백색 눈썹선이 유난히 선명하다. 몸통 아랫부분은 윗부분에 비해 검은색이 흐리다. 꼬리깃은 검은색으로 바깥쪽 끝부분에 작은 흰색 반점이 있다. 암컷은 이마와 머리 상단, 뒷머리, 뒷목, 등, 위꼬리덮깃이 옅은 녹색을 띤 갈색이다. 눈썹선은 흐린 황백색이다. 멱은 흰색이며 가슴과 복부에 흰색과 갈색 비늘무늬가 있다. 부리는 검고 홍채는 갈색이며 다리는 황색이다.
노랫소리 '지로이, 지이, 지로이, 지이' 또는 '끼욧, 끼욧 쪼뿌이 지이' 하는 다양한 소리로 노래한다.
생활권 야산이나 공원, 마을 어귀 숲과 산림 속, 드물게는 2,400m 고산 지역에서 먹이를 찾고 생활하기도 한다.
번식 산란기는 5월 중순~7월이다. 잡목림이나 낙엽활엽수림, 침엽수림의 나뭇가지 위에 식물 줄기나 잔가지를 이용하여 틀을 만들고 이끼와 나뭇잎, 흙을 이용하여 밥그릇형 둥지를 만든다. 산좌에는 풀뿌리나 마른식물의 줄기를 깔고 알을 낳는다. 둥지는 지상 1~6m 높이에 짓는데 크기는 외경 120~180mm, 내경 90mm, 높이 60~90mm, 깊이 55mm다. 산란수는 3~4개이며 알의 색은 청록색 바탕에 적갈색과 자색 얼룩점이 있다. 알의 크기는 31mm다. 포란과 육추는 암수가 함께 하며 포란 기간은 13~14일, 육추 기간은 15~16일 정도다.
먹이 초시목, 쌍시목, 린시목, 직시목, 유문목, 막시목 등 곤충류.
현황 봄철과 가을철에 한반도를 통과하는 나그네새다. 여름철에도 간혹 목격되는 것으로 보아 소수 개체가 번식하는 것으로 추정된다.

검은지빠귀

북한명 | 검은티티
Turdus cardis
Grey Thrush

형태 수컷의 겨울깃은 이마와 머리 상단, 뒷목, 등, 위꼬리덮깃을 비롯한 몸통의 윗면과 날개, 턱밑, 윗가슴이 검은색이다. 복부와 옆구리, 항문까지는 흰색 바탕에 삼각형 검은색 반점이 산재해 있다. 암컷은 이마와 머리 상단, 뒷머리, 뒷목, 등, 위꼬리덮깃을 비롯한 몸통의 윗면이 암갈색과 다갈색이고 턱밑과 몸통 아랫면은 흰색이다. 옆구리는 갈색을 띠고 가슴과 옆구리에는 삼각형의 검은색 반점이 산재해 있다. 수컷의 부리는 황색이며 암컷은 갈색이다. 눈에는 황색의 눈테가 있고 홍채는 갈색이며 다리는 황색이다.

노랫소리 '삐요, 삐요' 또는 '끼요이, 끼요이, 삐리꼬, 삐리꼬', '끼욧, 끼욧' 하며 다양한 소리로 노래한다.

생활권 수풀이 무성한 산림이나 야산의 숲에서 생활하며 번식기에 도시의 공원에서도 목격된다. 일본에서는 번식기에 해발 600~1,500m 고산지역에서도 생활한다. 일본의 실험 자료에 따르면 성체를 잡아 조사한 결과, 동물성 먹이 60%와 식물성 먹이 40%가 위를 채우고 있었다.

번식 산란기는 5월 초순~7월 하순이며 잡목림이나 낙엽활엽수림의 나뭇가지 위에 둥지를 튼다. 이끼류와 식물의 줄기, 잎, 뿌리를 이용하여 밥그릇형 틀을 잡고 산좌에 부드러운 풀뿌리와 동물의 털을 깔고 알을 낳는다. 둥지의 크기는 외경 110~170mm, 내경 80mm, 높이 60~90mm, 깊이 50mm다. 산란수는 3~4개 정도이며 알의 색은 청색 또는 적갈색 바탕에 자색과 적갈색의 얼룩점이 산재해 있다. 알의 크기는 29mm다(라무쉬). 포란은 암컷이 전담하며 포란 기간은 13~14일이다. 육추는 암수가 함께 하며 육추 기간은 13~15일 정도다.

먹이 초시목, 린시목 등 곤충류, 야도충, 자벌레, 다족류, 환형동물, 식물의 열매.

현황 아주 드물게 한반도에서 관찰되는 종으로 학자에 따라 나그네새 또는 길잃은새로 보기도 하나, 필자는 길잃은새로 본다.

몸길이 210~220mm 몸무게 57~65g
부리 18~21mm **날개** 107~122mm **꼬리** 64~82mm **부척** 28~31mm
분포권 타이, 베트남, 중국 남부, 일본
　　　남한 전역
　　　북한 전역
도래 시기[월] 길잃은새

♀

♀

♂

검은목지빠귀

북한명 | 없음
Turdus atrogularis
Dark-throated Thrush(Black-throated Thrush)

▪ 길잃은새 ▪ 희귀함

몸길이 230~260mm   몸무게 68~73g

분포권 몽골 서북부, 바이칼호 부근, 우랄산맥 서북부, 아시아 서남부,
　　　동남아시아
　　　남한 광주시 무등산
　　　북한 자료 없음

도래 시기[월] 길잃은새

형태 수컷의 이마와 머리 상단, 뒷머리 뒷목, 등, 허리는 갈색이 도는 회색이다. 턱밑과 멱, 윗가슴은 검은색이며 날개와 꼬리는 흑갈색이다. 복부는 흰색이며 옆구리에 회색 반점이 산재해 있다. 암컷의 이마와 머리 상단, 뒷머리, 뒷목, 등은 짙은 회색을 띠며 복부는 회색이 감도는 흰색이다. 가슴에는 흑회색 세로줄무늬가 산재해 있다. 눈에는 흐린 흰색 눈썹선이 흐르고 부리는 황색을 띠며 홍채는 흑갈색이다. 다리는 검은색이 도는 갈색이다.

노랫소리 '기비, 기비, 기비' 또는 '타그, 타그, 타그', '취리-추, 취비, 취비, 츄리, 츄리' 하며 다양한 소리로 노래한다.

생활권 숲이 우거진 침엽수림과 낙엽활엽수림, 혼효림지역의 산림이나 야산에서 먹이를 구하며 생활한다.

번식 산란기는 5~6월이며 대개 침엽수의 가지 위에 잔가지와 마른 풀줄기, 잎, 흙을 섞어 밥그릇형 둥지를 만들고 산좌에 풀잎과 솔잎을 깔고 알을 낳는다. 둥지의 크기는 외경 118mm, 내경 85mm, 높이 95mm, 깊이 55mm다. 산란수는 4~6개 정도이며 알의 색은 청록색 바탕에 갈색 점무늬가 얼룩져 있다. 알의 크기는 26mm다. 포란은 암컷이 전담하며 포란 기간은 14~15일이다. 육추는 암수가 함께 하며 육추 기간은 12~14일 정도다.

먹이 곤충류의 성충과 유충, 식물의 씨앗과 열매.

현황 기상 이변이나 난기류 또는 기타 상황으로 무리에서 이탈하여 한반도로 유입된 길잃은새다. 1989년 광주시 무등산에서 5개체 발견된 적이 있다.

478

붉은목지빠귀

북한명 | 없음
Turdus ruficollis
Red-throated Thrush

형태 수컷의 이마와 머리 상단, 뒷머리, 뒷목은 적갈색이고 등은 회갈색이다. 위꼬리덮깃은 적갈색에 검은 선이 있고 날개덮깃은 회갈색이며 몸통 아랫면은 적갈색이다. 눈 밑에는 흰색 반점이 있고 눈썹선은 황갈색이다. 턱밑과 멱, 앞가슴도 황갈색이고 가슴에 황갈색 비늘문양이 산재해 있다. 어린새의 머리와 등은 회갈색을 띠며 턱밑과 멱, 가슴에 황갈색 무늬가 발현하나 선명치 못하다가 한 해가 지나면 성조와 같이 짙은색으로 변한다. 부리는 회갈색을 띠고 홍채는 적갈색이며 다리는 황갈색이다.

노랫소리 '타크- 타크' 하며 2음절로 반복하여 소리 낸다.

생활권 침엽수림과 활엽수림, 혼효림에서 먹이를 구하며 생활한다.

번식 산란기는 5~6월이며 침엽수나 활엽수의 나뭇가지 위에 둥지를 튼다. 둥지는 마른 잔가지와 마른 풀줄기, 잎을 진흙과 섞어 틀을 만들고 산좌에 마른풀과 솔잎을 깔고 알을 낳는다. 둥지의 크기는 외경 116mm, 내경 83mm, 높이 92mm, 깊이 53mm다. 산란수는 5~7개 정도이며 알의 색은 청록색 바탕에 작은 적갈색 얼룩무늬가 산재해 있다. 알의 크기는 24mm다. 포란은 암컷이 전담하며 포란 기간은 12~13일이다. 육추는 암수가 함께 하며 육추 기간은 13~14일 정도다.

먹이 곤충류의 유충, 식물의 씨앗이나 열매.

현황 기상 이변이나 난기류 또는 기타 상황으로 무리에서 이탈하여 한반도로 유입된 길잃은새다. 한반도 남부 도서지역에서 목격된다고 하나, 누가 어디서 언제 관찰했다는 정확한 자료는 없다.

몸길이 245mm 몸무게 92g
분포권 몽골 북서부, 바이칼호 부근, 우랄 지역, 아시아 남서부, 동남아시아
    남한 남부 도서지역
    북한 자료 없음
도래 시기[월] 길잃은새

붉은배지빠귀

북한명 | 감색배티티
Turdus chrysolaus
Brown Thrush

■ 나그네새 ■ 희귀함

몸길이 230~240mm **몸무게** 64~90g
부리 19~22mm **날개** 118~124mm
분포권 동부아시아, 러시아 사할린, 필리핀, 중국, 타이완, 일본
　　　　남한 전역
　　　　북한 전역
도래 시기[월] 1 2 **3 4** 5 6 7 8 **9 10** 11 12

형태 수컷의 이마와 머리 상단, 뒷머리, 뒷목은 붉은색빛이 도는 올리브갈색이다. 눈 주위가 흑갈색이며 귀깃과 턱밑, 멱은 올리브암갈색이고 등과 어깨깃, 윗가슴, 허리, 위꼬리덮깃은 붉은색빛이 도는 올리브갈색이다. 아랫가슴과 옆구리, 복부 옆은 옅은 적갈색이며 배와 가슴 중앙부는 흰색이다. 아래꼬리덮깃은 흰색이며 기부의 양쪽에는 갈색의 넓은 띠가 있다. 부리는 암갈색이고 아랫부리 기부는 갈색빛이 도는 황색이다. 홍채는 갈색이며 다리는 옅은 갈색이다. 꼬리깃은 12매이며 모난형이다.

노랫소리 '추크 추크, 지-, 키론 킬론 찌-, 키론 키론 류크 류크' 하며 다양한 소리로 노래한다.

생활권 수풀이 우거진 관목림의 낙엽 속에서 먹이를 구하며 생활한다.

번식 산란기는 5~8월이며 한여름 동안 2번 번식한다. 관목이나 침엽수의 가지 위에 마른 잔가지와 마른 잎을 진흙과 섞어 밥그릇형 둥지를 만들고 산좌에 마른 잎을 깔고 알을 낳는다. 산란수는 4개 정도이며 알의 크기는 28mm다. 포란은 암컷이 전담하며 포란 기간은 12~13일이다. 육추는 암수가 함께 하며 육추 기간은 14일 정도다.

먹이 환형동물, 곤충류(여름), 식물의 씨앗, 장과(봄, 가을).

현황 봄, 가을철 이동기에 한반도를 중간기착지로 삼고 드물게 지나가는 나그네새다.

흰눈썹붉은배지빠귀

북한명 | 회색머리티티
Turdus obscurus
Eye-browed Thrush

■ 나그네새 ■ 적음

형태 수컷의 머리, 멱, 윗가슴은 철회색이며 눈에는 순백색 눈썹선이 선명하다. 등과 허리, 위꼬리덮깃은 갈색이다. 아랫가슴과 옆구리는 주황색을 띤 갈색이며 배는 흰색이다. 암컷은 수컷과 흡사하나 색이 엷다. 멱은 흰색이며 연한 회색 세로줄무늬가 있다. 부리는 갈색이며 홍채도 갈색이고 다리는 황갈색이다.

노랫소리 '츄리이, 츄리이' 또는 '큐루, 큐루' 하며 소리 낸다.

생활권 야산, 잡목림, 마을 어귀 숲, 정원.

번식 산란기는 6~7월이며 소나무 숲이나 이깔나무 숲의 나뭇가지 위에 풀줄기와 잔뿌리, 마른 잔가지, 이끼류, 흙을 이용하여 밥그릇형 둥지를 만든다. 둥지의 크기는 외경 120~180mm, 내경 90mm, 높이 60~90mm, 깊이 55mm다. 산좌에는 식물의 풀뿌리나 줄기, 솔잎을 깐다. 산란수는 4~6개 정도이며 알의 색은 청록색 바탕에 진한 적갈색 또는 암갈색 얼룩점이 있고 크기는 29.5mm다. 포란과 육추는 암수가 함께 하며 포란 기간은 12~14일, 육추 기간은 15~16일이다.

먹이 곤충류, 연체동물의 복족류, 다족류, 식물의 열매.

현황 봄, 가을철에 한반도를 드물게 통과하는 나그네새다.

몸길이 215mm 몸무게 50~117g

부리 19mm **날개** 115mm **꼬리** 77mm **부척** 30mm

분포권 러시아 시베리아 동부, 사할린, 쿠릴열도, 캄차카반도, 오호츠크해 연안, 몽골 북부, 아무르강, 우수리강, 동남아시아, 인도네시아, 베트남, 필리핀, 중국, 만주, 타이완, 일본

남한 전역

북한 전역

도래 시기[월] 1 2 **3 4** 5 6 7 8 **9 10** 11 12

지빠귀과

되지빠귀

북한명 | 붉은배티티
Turdus hortulorum
Grey-backed Thrush

■ 나그네새 ■ 흔치 않음

몸길이 230mm 몸무게 62~69mm
부리 18~22mm **날개** 110~112mm **꼬리** 74~89mm **부척** 29~34mm
분포권 러시아 시베리아 남동부, 아무르강, 우수리강, 베트남, 중국,
　　　　만주 동북부
　　　　남한 전역
　　　　북한 전역
도래 시기[월] 1 2 **3 4** 5 6 7 8 **9 10** 11 12

형태 수컷의 겨울깃은 이마와 머리 상단, 뒷머리, 뒷목, 등, 어깨, 날개, 꼬리까지 옅은 청색이 도는 회색이다. 턱밑과 멱, 윗가슴은 옅은 청회색이며 아랫가슴과 복부는 흰색, 옆구리는 주황색이다. 암컷의 이마와 머리 상단, 뒷머리, 뒷목, 등은 갈색이며 복부는 흰색이다. 옆구리는 주황색이며 가슴과 옆구리에 검은색 반점이 있다. 부리는 황색이며 홍채는 갈색이고 다리는 갈색이 도는 황색이다.
노랫소리 '교로르, 교로르, 교로' 또는 '끼욧, 끼욧' 하며 맑고 큰 소리로 노래한다.
생활권 하천가나 야산, 평지의 숲, 울창한 관목림과 활엽수림지역에서 먹이를 구하며 생활한다.
번식 산란기는 5~6월이며 숲속 관목이나 낮은 나뭇가지에 둥지를 튼다. 화본과 식물의 마른 풀줄기를 진흙과 섞어 견고한 밥그릇형 틀을 만들고 산좌에는 풀뿌리를 깔고 알을 낳는다. 둥지는 타원형이며 크기는 외경 125×106mm, 내경 95×90mm, 높이 74mm, 깊이 45mm다. 산란수는 4~5개 정도이며 알의 색은 녹청색 바탕에 적갈색 얼룩점이 있다. 알의 크기는 27mm다. 포란은 암컷이 전담하며 포란 기간은 13~14일이다. 육추는 암수가 함께 하며 육추 기간은 12~13일 정도다.
먹이 곤충류, 곡식의 낟알, 식물의 씨앗과 열매.
현황 봄철과 가을철 이동기에 드물지 않게 관찰되는 나그네새이며, 일부는 여름을 지내는 여름철새이기도 하다.

대륙검은지빠귀

북한명 | 없음
Turdus merula
Eurasian Blackbird

■ 길잃은새 ■ 희귀함

형태 수컷은 이마와 머리 상단, 뒷머리, 뒷목과 얼굴, 뺨, 턱밑, 멱이 짙은 검은색이며 등과 어깨깃, 꼬리는 남빛이 도는 검은색이다. 가슴은 옅은 남색 광택이 도는 검은색이다. 복부와 하복부는 짙은 검은색이다. 날개는 검고 부리는 옅은 적색이 도는 황색이며 눈테는 황색이다. 암컷의 온몸은 옅은 검은색 바탕에 적갈색이 감돈다. 부리는 짙은 황색이며 턱밑과 멱, 가슴은 검고 복부에 짧은 세로줄 모양으로 점무늬가 산재해 있다. 홍채는 암적색이며 다리는 회갈색이다.

노랫소리 '프릭, 프릭, 프릭' 또는 '교트, 교트, 쭙, 쭙, 피유, 피유' 하며 다양한 소리로 노래한다.

생활권 야산의 숲과 농경지, 공원 등에서 먹이를 구하며 생활한다.

번식 산란기는 4~7월이며 나뭇가지에 둥지를 튼다. 마른 나뭇가지나 마른 풀줄기, 잎을 진흙과 섞어 밥그릇형 틀을 만들고 산좌에는 마른풀과 풀뿌리를 깔고 알을 낳는다. 둥지의 크기는 외경 120~130mm, 내경 85mm, 높이 86mm, 깊이 60mm다. 산란수는 3~5개 정도이며 알의 색은 청록색 바탕에 적갈색 반점이 있다. 알의 크기는 29mm다. 포란은 암컷이 전담하고 포란 기간은 13~15일이다. 육추는 암수가 함께 하며 육추 기간은 12~15일 정도다.

먹이 환형동물, 곤충류의 성충과 애벌레, 식물의 씨앗과 열매.

현황 기상 이변이나 난기류 또는 기타 상황으로 무리에서 이탈하여 한반도로 유입된 길잃은새다. 1999년 7월에 강원도 고성군에서 번식한 기록이 있으며 제주도, 남해안, 서해안 도서지역에서 드물게 관찰되고 있다.

몸길이 235~250mm 몸무게 80~110g
분포권 아프리카 북부, 유라시아, 중앙아시아, 중국 서부와 남부
　　남한 강원도 고성군, 제주도, 남해안과 서해안 도서지역
　　북한 자료 없음
도래 시기[월] 길잃은새

우

♂

483

붉은날개지빠귀

북한명 | 없음
Turdus iliacus
Redwing

몸길이 210mm **몸무게** 55~75g

분포권 아프리카 북부, 유럽 중북부, 러시아 시베리아 툰드라 지역, 아시아,
이란

　남한 강원도 철원군, 전라북도 군산시 어청도, 전라남도 신안군 홍도
　북한 자료 없음

도래 시기[월] 길잃은새

형태 이마와 머리 상단, 뒷머리, 뒷목은 흑갈색이며 등과 어깨, 위꼬
리덮깃은 회갈색이다. 날개덮깃은 흑회색이며 첫째날개깃과 둘째날
개깃은 황갈색이다. 턱밑과 멱은 황색 바탕에 작은 회갈색 세로무늬
가 촘촘하다. 눈에는 옅은 황색의 눈썹선이 선명하며 얼굴과 뺨은 짙
은 회갈색이다. 가슴과 복부는 황색 바탕에 회갈색 세로무늬가 뚜렷
하다. 옆구리에 적갈색 무늬가 있고 하복부는 황색빛이 도는 흰색이
다. 윗부리는 흑회색이며 아랫부리 기부는 황색이고 끝이 흑회색이
다. 홍채는 짙은 갈색이며 다리는 살색이다.

노랫소리 '찟찟찟, 치틱 치틱 트르트, 트르트, 첼, 첼' 하며 다양한 소
리로 노래한다.

생활권 관목림과 침엽수, 활엽수가 혼재된 숲에서 먹이를 구하며 생
활한다.

번식 산란기는 5~7월이며 울창한 관목림 나뭇가지에 마른풀과 줄기,
잎을 진흙과 섞어 둥근 밥그릇형 둥지를 만들고 산좌에 이끼와 마른
풀을 깔고 알을 낳는다. 산란수는 5~6개 정도다. 알은 청록색 바탕에
적갈색 얼룩반점이 산재되어 있고 크기는 26mm다. 포란은 암컷이
전담하며 포란 기간은 12~14일이다. 육추는 암수가 함께 하며 육추
기간은 13~14일 정도다.

먹이 곤충류, 연체동물, 장과(포도, 딸기).

현황 기상 이변이나 난기류 또는 기타 상황으로 무리에서 이탈하여
한반도로 유입된 길잃은새다. 한반도 남서부 도서지역인 전라북도 군
산시 어청도와 전라남도 신안군 홍도에서 관찰되었고 내륙지역인 강
원도 철원에서도 목격되었다는 기록이 있으나 확인된 자료는 없다.

큰흑점지빠귀

북한명 | 없음
Turdus mupinensis
Chinese Thrush

■ 길잃은새 ■ 희귀함

형태 이마와 머리 상단, 뒷머리, 뒷목, 어깨, 등, 위꼬리덮깃이 회갈색이고 얼굴과 뺨은 황회색 바탕에 검은색 세로줄무늬가 있다. 날개덮깃의 끝깃은 흰색이며 날개에 흰색 줄무늬가 두 줄 있다. 턱밑과 멱은 황회색이며 검은색 턱선이 있다. 가슴과 복부, 하복부는 황회색 바탕에 검은 점무늬가 어지럽게 산재해 있다. 부리는 회갈색이며 홍채는 짙은 적갈색이다. 다리는 살색이다.

노랫소리 '트릎두- 트릎두-, 트위, 트위쭈 위위트위-트위-' 하며 다양한 소리로 노래한다.

생활권 침엽수림과 낙엽활엽수림이 혼재된 혼효림에서 먹이를 구하며 생활한다.

번식 산란기는 5~6월 하순이며 번식기가 되면 해발 1,300~3,200m 고산지역으로 이동해 번식한다. 마른 잔가지와 풀뿌리, 줄기, 잎을 진흙과 섞어 밥그릇형 둥지를 만들고 산좌에 솔잎과 마른풀을 깔고 알을 낳는다. 둥지의 크기는 외경 120mm, 내경 90mm, 높이 75mm, 깊이 50mm다. 산란수는 3~5개 정도이며 알의 색은 옅은 청색 바탕에 적갈색 얼룩점이 산재해 있다. 알의 크기는 21mm다. 포란은 암컷이 전담하며 포란 기간은 12~14일이다. 육추는 암수가 함께 하며 육추 기간은 14~15일 정도다.

먹이 곤충류의 성충과 유충, 식물의 씨앗이나 열매.

현황 기상 이변이나 난기류 또는 기타 상황으로 무리에서 이탈하여 한반도로 유입된 길잃은새다. 한반도 남해와 서해 도서지역인 전라남도 신안군 홍도와 무인도에서 봄철에 드물게 목격된다는 기록은 있으나 확실한 근거는 부족하다.

몸길이 230mm 몸무게 65~90g
분포권 중국 북서부(번식지)와 남서부(월동지)
　　　　남한 남해와 서해 도서지역, 전라남도 신안군 홍도
　　　　북한 자료 없음
도래 시기[월] 길잃은새

꼬리치레

북한명 | 노래쟁이
Rhopophilus pekinensis
Chinese Hill Warbler

■ 텃새   ■ 희귀함(남한)·드묾(북한)

몸길이 170mm   몸무게 자료 없음
부리 10〜13mm **날개** ♂56〜64mm ♀57〜59mm **꼬리** ♂88〜97mm ♀88.5mm
부척 ♂22〜24mm ♀23mm
분포권 중국 동북부, 만주 남부, 티베트, 파키스탄
    남한 중부 이북
    북한 평안남도, 평안북도, 평양시, 황해북도
도래 시기[월] 텃새

형태 암수의 색이 같고 겨울깃과 여름깃의 차이가 없다. 수컷의 이마와 머리 상단, 뒷머리, 뒷목, 등, 허리는 회갈색에 검은색 줄무늬가 있다. 눈에는 옅은 회갈색의 눈썹선이 있으며 뺨에는 검은색의 뺨선이 있다. 턱 밑과 멱, 가슴, 복부는 흰색이며 복부 양쪽과 옆구리에는 갈색 줄무늬가 있다. 위꼬리덮깃은 옅은 회색인데 꼬리 중앙의 1쌍은 갈색을 띤 회색이고 깃축은 짙은 회색이며 그 밖의 꼬리깃은 옅은 흑회색이다. 암컷은 수컷과 흡사하여 구별하기가 어렵다. 부리는 적갈색이며 홍채는 희백색이고 다리는 황회색이다.
노랫소리 꼬리치레과는 중소형의 명금류로 다양한 음색과 아름다운 소리로 노래하기 때문에 관상용으로 기르기도 한다.
생활권 한반도 북부지역에서는 산지에서 번식도 하며 겨울에는 우거진 산림이나 관목이 있는 덤불, 넓은 초원에서 먹이를 구하며 생활한다. 꼬리치레과 대부분의 종은 곤충을 주식으로 하지만, 북한 자료에 따르면 잡초 씨앗과 덩이열매도 먹는다.
번식 산란기는 4월 하순~6월 초순이다. 숲속이나 덤불 속 땅 위에 마른 쑥대나 마른 풀줄기, 잎, 나무껍질로 밥그릇형 둥지를 만들고, 산좌에 잘게 부순 나무껍질을 깔고 알을 낳는다. 크기는 외경 98mm, 내경 53mm, 높이 94mm다. 산란수는 4~5개 정도이고 알은 녹색이 도는 흰색 바탕에 옅은 검은색과 자색 무늬가 산재해 있다. 포란은 암컷이 주로 하며 포란 기간은 14~15일이다. 육추는 암수가 함께 하며 육추 기간은 15일 정도다.
먹이 초시목 곤충의 성충과 유충, 잡초 씨앗과 덩이열매.
현황 북한에는 적지 않은 무리가 산림지역에서 번식하며 겨울에는 평지로 내려오는 비교적 드물지 않은 종이나 중부 이남지역에서는 보기 힘든 텃새다. 꼬리치레과는 52속 285종으로 구성되는데 주로 구대륙의 산림성 조류이며 동남아시아, 마다카스카르섬, 히말라야산맥에서 발견된다.

뱁새 붉은머리오목눈이

북한명 | 부비새
Paradoxornis webbianus
Vinous-throated Parrotbill

■ 텃새   ■ 흔함

형태 몸이 작고 꼬리가 길며 온몸의 체모는 적갈색이다. 이마와 머리 상단, 뒷머리가 다른 부위보다 색이 짙고 뒷목은 탈색된 옅은 황백색을 띤다. 등과 어깨, 위꼬리덮깃은 회색을 띤다. 얼굴과 뺨, 턱밑과 멱은 적 갈색이며 앞가슴과 복부는 옅은 적갈색이고 하복부는 옅은 황백색을 띤다. 첫째날개깃은 짙은 적갈색이다. 부리는 회색이며 홍채는 암갈색 이고 다리는 시멘트색이다. 암컷은 수컷에 비해 색이 전체적으로 엷다.
노랫소리 '찌찍, 찌찍, 찌찍, 찌찍' 하며 반복적으로 노래한다.
생활권 덤불과 잡초가 무성한 갈대밭이나 관목림, 경작지에서 무리를 지어 먹이를 구하며 생활한다.
번식 산란기는 4~7월이며 잡목림이나 관상수 또는 쥐똥나무 등 나뭇 가지에 마른 풀줄기나 섬유로 된 끈, 나뭇잎을 거미줄로 엮어 밥그릇형 둥지를 만들고 산좌에는 부드러운 섬유나 풀잎과 줄기를 깔고 알을 낳 는다. 둥지의 크기는 외경 75~80mm, 내경 50mm, 길이 50mm, 높이 80mm다. 산란수는 4~5개 정도이며 알의 색은 청색이고 크기는 15mm 다. 포란과 육추는 암수가 함께 하며 포란 기간은 12~13일, 육추 기간 은 12~13일 정도다.
먹이 식물의 씨앗, 초시목 곤충, 거미류.
현황 한반도 전역에서 흔하게 서식하는 텃새로 수십 마리가 무리를 지 어 이동하면서 먹이를 구하며 생활한다. '붉은머리오목눈이'는 1950년 출판된 『한국조류명휘』에 등재되어 계속 사용해온 이름이지만 새의 모 습과 상이한 것이 문제다. 예전부터 사용해왔고 친숙한 이름인 '뱁새'로 칭하는 것이 바람직하다.

몸길이 11~13mm   몸무게 10~14g
부리 8~9.2mm **날개** ♂49.5mm ♀48~51.5mm **꼬리** 59.5~65mm **부척** 19.5~21mm
분포권 히말라야, 미얀마, 우수리강, 중국 남동부, 타이완
남한 전역
북한 전역
도래 시기[월] 텃새

수염오목눈이

북한명 | 없음
Panurus biarmicus
Bearded Tit

■ 길잃은새   ■ 희귀함

몸길이 155~190mm   몸무게 14~19g
분포권 유럽, 그리스, 영국, 스페인 동부, 터키, 러시아 서부, 아시아 동부,
　　　　만주 북부, 중국 북부
　　남한 강원도 속초시 청초호
　　북한 자료 없음
도래 시기[월] 길잃은새

형태 수컷의 이마와 머리 상단, 뒷머리, 뒷목은 푸른색이 도는 회색이며 몸통 윗면인 등과 어깨덮깃, 위꼬리덮깃은 적갈색이다. 날개에 검은색과 흰색 무늬가 있다. 얼굴과 뺨은 흰색이며 눈과 부리의 기부 사이에서 흘러내린 폭 넓은 검은색 줄무늬가 마치 수염을 연상케 한다. 턱밑과 멱은 희고 가슴과 복부는 옅은 붉은색빛이 도는 흰색이며 옆구리는 적갈색이다. 아래꼬리덮깃은 흑회색이다. 부리와 홍채가 황색이며 다리는 검다. 암컷의 이마와 머리 상단, 뒷머리는 옅은 회갈색을 띠고 온몸의 체모가 수컷에 비해 색이 엷고 탈색된 느낌이다.

노랫소리 '치르르르' 하며 구르는 소리를 내거나 '틱틱틱' 하는 단음을 반복적으로 내며 노래한다.

생활권 넓은 갈대밭이나 늪가의 풀밭 또는 건조한 냇가의 풀숲에서 소규모의 무리를 짓고 먹이를 구하며 생활한다.

번식 산란기는 3월 하순~7월 중순이다. 비스듬히 경사진 언덕, 풀이 무성하게 자라는 관목림의 건조한 땅 위, 갈대숲에 둥지를 튼다. 식물의 줄기나 잎을 이용하여 밥그릇형 둥지를 만들고 산좌에는 마른 식물의 잎이나 줄기를 깔고 알을 낳는다. 둥지의 크기는 외경 94mm, 내경 78mm, 높이 55mm, 깊이 48mm이며 산란수는 5~7개 정도다. 알의 색은 크림색 바탕에 암갈색 얼룩무늬가 산재해 있고 크기는 17mm다. 포란과 육추는 암수가 함께 하며 포란 기간은 12~13일, 육추 기간은 9~12일 정도다.

먹이 곤충류, 식물의 씨앗.

현황 기상 이변이나 난기류 또는 기타 상황으로 무리에서 이탈하여 한반도로 유입된 길잃은새다. 1996년 2월 강원도 속초시 청초호 부근에서 윤종민이 수컷 1개체를 관찰한 기록이 있다.

점무늬가슴쥐발귀

북한명 | 없음
Bradypterus thoracicus
Spotted Bush Warbler

■ 길잃은새 ■ 희귀함

형태 이마와 머리 상단, 뒷머리, 뒷목, 등, 어깨덮깃, 위꼬리덮깃은 붉은색이 도는 회갈색이며 얼굴과 뺨은 회갈색을 띤다. 눈에는 희미한 흰색빛이 도는 눈썹선이 있고 턱밑과 멱은 흰색이며 아랫부리 기부에서 흘러내린 흰색 턱선이 보인다. 가슴과 복부는 흰색이며 옆구리는 희미한 적갈색이다. 윗가슴에는 검은색 점무늬가 세로줄을 이루고, 아랫가슴에는 밝은 순백색 비늘무늬가 자리 잡고 있다. 아래꼬리덮깃에는 흰색 줄무늬가 있다. 부리는 가늘고 뾰족하며 흑회색이다. 홍채는 갈색이며 다리는 담황색이다.

노랫소리 '트릭-이-디' 하는 소리로 노래한다.

생활권 광활한 초지와 개활지의 풀밭, 습지의 초지, 덤불과 관목지역에서 먹이를 구하며 생활한다.

번식 산란기는 5월 하순~7월 초순이며 주로 덩굴성 식물이 무성한 곳에서 마른 나뭇가지와 마른 풀뿌리, 줄기로 밥그릇형 둥지를 만들고 산좌에는 부드러운 풀줄기와 잎을 깔고 알을 낳는다. 산란수는 3~4개 정도이며 알의 색은 흰색 바탕에 적갈색 얼룩무늬가 산재해 있다. 포란과 육추는 암수가 함께 하며 포란 기간은 12~13일, 육추 기간은 14~16일 정도다.

먹이 곤충류의 성충과 애벌레, 식물의 씨앗과 열매.

현황 길잃은새로 함경북도 고산지역에서 소수의 무리가 번식하는 것으로 추정된다.

몸길이 130mm **몸무게** 10g
분포권 시베리아 서북부, 중국 중북부, 타이완
　　　남한 함경북도 고산지역, 백두산
　　　북한 전라북도 군산시 어청도, 부안군 상왕등도 등 서해 도서지역
도래 시기[월] 길잃은새

개개비사촌

북한명 | 부채꼬리솔새
Cisticola juncidis
Fan-tailed Warbler

■ 여름철새　　■ 흔치 않음(중부지역)·적음(남부지역)

몸길이 125mm　**몸무게** ♂ 7~12g ♀ 6~8g
부리 10~11.5mm **날개** 46.5~57mm **중앙꼬리** 39~56.5mm **바깥꼬리** 24~28mm
부척 19~21mm
분포권 오스트레일리아, 아프리카 북부, 유럽 남부, 인도, 동남아시아, 필리핀,
　　　인도네시아, 베트남, 중국, 일본
　　　남한 제주도, 낙동강 하구, 한강
　　　북한 함경북도, 평안북도 룡천군, 염주군, 함경남도 장진군

도래 시기[월] 1 2 3 **4 5 6 7 8 9** 10 11 12

형태 암수의 색깔이 같다. 여름깃은 이마와 머리 상단, 뒷머리, 뒷목이 적갈색이며 등과 허리는 올리브갈색에 검은색 세로무늬가 있다. 어깨깃과 날개는 흑갈색이다. 눈에는 황백색 눈썹선이 흐르는데 눈을 지나는 검은색 눈선이 수컷에게만 있다. 턱밑과 멱, 가슴과 복부는 황색이고 옆구리는 적갈색이다. 눈앞과 눈뒤는 담갈색이며 귀깃은 등과 같은 색으로 약간 엷다. 부리는 암갈색에 홍채는 담갈색이며 다리는 갈색이다.

노랫소리 '쪼쫏, 쪼쪼-쫏' 또는 '삣삣삣, 힛힛힛' 하며 다양한 소리로 노래한다.

생활권 강변의 풀밭이나 소택지 또는 농경지에서 먹이를 구하며 생활한다.

번식 산란기는 4월 중순~6월 하순이며 풀밭이 무성한 초습지의 관목에 둥지를 튼다. 나뭇가지에 마른풀과 띠풀의 줄기를 거미줄과 띠식물의 솜꽃으로 엮어서 호리병형 틀을 잡고 산좌에는 띠의 꽃이나 마른 풀줄기와 잎을 깔고 알을 낳는다. 둥지의 크기는 외경 65mm, 내경 54mm, 깊이 45mm다. 산란수는 4~6개 정도이고 알의 색은 흰색이 도는 푸른색 바탕에 자색과 적갈색의 옅은 점이 산재해 있다. 알의 크기는 16mm다. 포란과 육추는 암수가 함께 하며 포란 기간은 12~13일, 육추 기간은 13~15일 정도다.

먹이 쌍시목 곤충의 성충과 유충, 나방, 막시목 곤충.

현황 과거에는 제주도 북동부와 모슬포 부근의 풀밭에서 드물게 번식하던 텃새였다. 이후 낙동강 하구에서도 소수의 무리가 번식하다가 계속 북상하여 1995년도 이후에는 한강 주변 풀밭에서 번식한다. 요즘은 북한지역에서 여름을 지내는 여름철새다.

큰개개비

북한명 | 강숲새
Locustella pryeri
Japanese Marsh Warbler

■ 나그네새 ■ 귀함, IUCN Red List NT

형태 수컷의 겨울깃은 몸통 윗면이 적갈색이고, 이마와 머리 상단, 뒷머리, 등, 어깨에는 넓은 검은색 줄무늬가, 뒷목과 허리에는 가늘고 긴 검은색 줄무늬가 있다. 눈에는 흰색 눈썹선이 선명하게 흐르고 턱밑과 멱, 가슴, 복부는 흰색이며 가슴과 배 옆면은 황갈색이다. 꼬리는 둥근형으로 비교적 긴 편이며 아래꼬리덮깃은 황갈색이다. 부리는 가늘며 갈색이다. 홍채는 흑갈색이며 다리는 갈색이다.

노랫소리 수컷이 '쭉크 죽크, 쿠르르우, 쿠르르우' 하면 암컷은 '죽, 죽' 반복하며 화답한다.

생활권 습지와 갈대밭을 무대로 먹이를 구하며 생활한다.

번식 산란기는 7~8월 상순이며 화본과 식물이 밀생하는 초습지에 둥지를 튼다. 일부일처제로 마른 풀잎이나 줄기를 말아 둥근형의 틀을 만들고 마른 풀줄기나 잎으로 타원형 둥지를 만든다. 산좌에는 마른 줄기와 잎, 동물의 털과 깃털을 깔고 순백색 알을 5~6개 낳는다. 포란은 암컷이 전담하며 포란 기간은 12~13일이다. 육추는 암수가 함께 하며 육추 기간은 13~14일 정도다.

먹이 곤충류의 성충과 애벌레.

현황 나그네새로 1962년 11월 서울지역에서 암컷 1마리를 채집한 기록이 있다. 북한지역에서는 소수의 무리가 서식하고 있는 것으로 추정된다.

몸길이 130mm **몸무게** 12~17g
부리 13~15.5mm **날개** 73~86mm **꼬리** 72~87mm **부척** 25~28mm
분포권 아시아 동부, 일본 북부와 중부, 중국 만주
　　　남한 서울시
　　　북한 자료 없음
도래 시기[월] 1 2 **3 4** 5 6 7 8 **9 10** 11 12

붉은허리개개비

북한명 | 붉은허리쥐발귀(우쑤리쥐발귀)
Locustella fasciolata
Gray's Grasshopper Warbler

■ 나그네새   ■ 흔치 않음

몸길이 170~180mm   **몸무게** 14~15g
부리 16~18.5mm **날개** 72~86mm **꼬리** 62~75mm **부척** 26~29mm
분포권 러시아 시베리아 남동부, 우수리강, 아무르강, 사할린, 연해주,
   쿠릴열도, 필리핀, 뉴기니, 중국 동부, 타이완, 일본
   남한 전역
   북한 전역
도래 시기[월] 1 2 **3 4** 5 6 7 8 **9 10** 11 12

형태 한반도에서 생활하는 개개비 4종 중에서 가장 큰 대형종이다. 이마와 머리 상단, 뒷머리, 뒷목, 등은 짙은 흑갈색이다. 눈에는 옅은 황색 눈썹선이 흐르고 턱밑과 멱의 중앙은 흰색이다. 아랫멱과 가슴은 회색이며 복부는 흰색, 옆구리는 회색이 도는 황갈색이다. 아래꼬리덮깃은 황갈색을 띠며 허리와 위꼬리덮깃은 적갈색을 띤다. 부리는 회갈색이며 홍채는 갈색이고 다리는 담황색이다.
노랫소리 두견이와 흡사한 소리로 노래한다. '꾜킷카키기교' 또는 '킷-킷-킷-' 하며 밤에도 노래한다.
생활권 냇가의 숲이나 평지의 수풀 속 또는 물가의 관목과 초원 등지에서 먹이를 구하며 생활한다.
번식 산란기는 6~7월 하순이며 물가의 관목림이나 풀밭에 둥지를 튼다. 식물의 줄기와 잎을 이용하여 밥그릇형 둥지를 만들고 산좌에는 풀뿌리와 동물의 털을 깔고 알을 낳는다. 둥지의 크기는 외경 140~160mm, 내경 60~70mm, 높이 100mm, 깊이 45mm다. 산란수는 3~5개 정도이며 알의 색은 회색이 도는 흰색 바탕에 적갈색 반점이 있다. 알의 크기는 23mm다. 포란은 암컷이 전담하며 포란 기간은 12~13일이다. 육추는 암수가 함께 하며 육추 기간은 13~14일 정도다.
먹이 곤충류.
현황 봄철과 가을철에 한반도를 지나가는 나그네새로 풀밭이나 관목이 우거진 물가에서 흔하지 않게 관찰할 수 있다.

북방개개비

북한명 | 북쥐발귀(씨비리쥐발귀)
Locustella certhiola
Pallas's Grasshopper Warbler

■ 나그네새 ■ 희귀함

형태 수컷은 이마가 옅은 갈색을 띠며 머리 상단의 깃은 흑갈색이다. 뒷목과 등은 황갈색을 띠며 흑갈색 줄무늬가 있다. 눈에 옅은 황갈색 눈썹선이 흐른다. 턱밑과 멱, 아랫가슴의 중앙부와 복부 중앙부는 흰색 또는 황갈색을 띤 흰색이다. 허리와 위꼬리덮깃은 적갈색이다. 암컷은 수컷과 흡사하나 허리에 검은색 얼룩무늬가 있고 멱과 가슴에 작은 갈색 얼룩무늬가 있다. 위꼬리덮깃은 진갈색이며 부리는 흑갈색이다. 홍채는 진갈색이며 다리는 옅은 담황색이다.

노랫소리 '칙칙칙' 또는 '풋풋풋', '트리-프르트, 칩프- 칩프-' 하며 다양한 소리로 노래한다.

생활권 잡목림과 개활 소택지나 화본과 식물이 무성하게 자라는 곳 또는 냇가에 관목림이 있는 곳에서 먹이를 구하며 생활한다.

번식 산란기는 5월 하순~7월 초순이며 초습지의 풀밭이나 갈대밭에 둥지를 튼다. 둥지는 풀잎으로 은폐되어 있는데, 마른풀과 줄기, 잎 또는 이끼류를 이용하여 항아리형 둥지를 만들고 출구는 옆으로 비스듬히 낸다. 산좌에 마른풀과 식물의 솜털을 깔고 알을 4~6개 정도 낳는다. 알의 색은 붉은색과 옅은 장미색을 띠며 작은 갈색 반점이 산재해 있고 크기는 19mm다. 포란은 암컷이 주로 하며 포란 기간은 13~14일이다. 육추는 암수가 함께 하며 육추 기간은 13~14일 정도다.

먹이 곤충류와 유충.

현황 봄철과 가을철에 한반도를 드물게 지나가는 나그네새다. 습지의 갈대숲과 초목지에서 소수 개체가 관찰된다.

몸길이 130~140mm 몸무게 13~18g
부리 12~13.5mm **날개** ♂62~64mm ♀60~65mm **꼬리** ♂50~53mm ♀47~52mm
부척 21.5~22mm
분포권 러시아 캄차카반도, 내몽골, 아무르강, 우수리강, 인도차이나반도, 말레이반도, 미얀마, 베트남, 중국, 만주, 일본 서북부
　　　　남한 전역
　　　　북한 전역
도래 시기[월] 1 2 **3 4** 5 6 7 8 **9 10** 11 12

아성조

쥐발귀개개비

북한명 | 쥐발귀
Locustella lanceolata
Lanceolated Grasshooper Warbler

■ 나그네새　■ 흔치 않음

몸길이 115~125mm　**몸무게** 11~13g
부리 9~12mm **날개** 53~62mm **꼬리** 41~52mm **부척** 17~20mm
분포권 러시아 캄차카반도, 시베리아 동부, 우랄 서부지역, 아무르강,
　　　　 사할린, 쿠릴열도, 인도, 미얀마, 말레이반도, 수마트라섬, 자바섬,
　　　　 보르네오섬, 중국 만주, 타이완, 일본 북부
　　　　 남한 전역
　　　　 북한 전역
도래 시기[월] 1 2 **3 4** 5 6 7 8 **9 10** 11 12

형태 암수의 색이 같다. 이마와 머리 상단, 뒷머리, 뒷목은 황갈색 바탕
에 짧은 흑갈색 세로줄무늬가 산재해 있다. 몸통 윗면은 황갈색이며 흑
갈색 세로얼룩줄무늬가 있다. 눈에는 황갈색 눈썹선이 흐리게 자리 잡
고 있다. 턱밑과 멱, 가슴은 황색이 도는 흰색으로 흑갈색의 작은 세모
형 반점이 세로줄무늬를 이루고 있다. 복부는 황색빛이 도는 흰색이며
옆구리는 황갈색 바탕에 흑갈색 세로줄무늬가 있다. 꼬리는 비교적 짧
은 편이며 볼록형이다. 위꼬리덮깃은 적갈색을 띠며 흑갈색 세로무늬
가 얼룩져 있다. 부리는 갈색이며 홍채는 진갈색이고 다리는 옅은 담황
색이다.
노랫소리 '찟찟찟' 또는 '쮸리, 쮸리리리' 하고 소리를 내며 노래한다.
생활권 개활지나 갈대밭, 습지의 관목이 울창한 곳, 물가의 갈밭, 소택
지, 늪, 물가의 풀이 무성한 은폐지역에서 먹이를 구하며 생활한다.
번식 산란기는 6월 중순~7월 하순이며 풀이 무성하고 관목림이 울창한
곳에 둥지를 튼다. 마른 풀줄기와 잎, 잡초의 뿌리를 이용하여 밥그릇형
틀을 만들고 산좌에는 마른 풀잎과 줄기를 깔고 알을 3~5개 낳는다. 둥
지의 크기는 외경 105~130mm, 내경 55~70mm, 깊이 20~30mm, 높이
40~60mm다. 알의 색은 흰색 바탕에 적갈색과 갈색, 홍색의 작은 얼룩
점이 혼재되어 있고, 크기는 18mm다. 포란은 암컷이 전담하며 포란 기
간은 12~13일이다. 육추는 암수가 함께 하며 육추 기간은 14~15일 정
도다.
먹이 곤충류, 연체동물의 복족류.
현황 봄철과 가을철에 한반도 전역에서 작은 무리가 관찰되는 나그네
새다.

알락꼬리쥐발귀

북한명 | 알락꼬리쥐발귀
Locustella ochotensis
Middendorff's Grasshopper Warbler

■ 나그네새 ■ 흔치 않음

형태 암수의 색이 같다. 이마와 머리 상단, 뒷머리는 흑갈색이며 뒷목과 어깨, 등, 허리, 위꼬리덮깃은 적갈색이다. 등과 어깨덮깃은 연한 갈색이다. 턱밑과 멱은 흰색이며 가슴은 옅은 갈색이다. 눈에는 주변의 색과 흡사하여 선명하지 않은 옅은 갈색을 띤 눈썹선이 있다. 복부는 올리브갈색을 띤 흰색이며 옆구리는 적갈색이고 아래꼬리덮깃은 옅은 갈색이다. 꼬리의 끝은 볼록형이며 꼬리를 밑에서 보면 안판의 깃이 알락알락하게 보인다. 부리는 갈색이며 홍채는 황갈색이고 다리는 담황색이다.

노랫소리 '찟찟찟 쯔르르르' 또는 '삣삣삐이- 쪼이쪼이' 하고 노래하며 밤에도 자주 노래한다.

생활권 숲이 울창한 관목림과 물가의 풀밭 또는 소택지에서 먹이를 구하며 생활한다.

번식 산란기는 6월 하순~7월이며 둥지는 물가의 풀밭이나 울창한 숲의 나무 위 또는 땅 위에 튼다. 화본과 식물의 줄기나 잎을 이용하여 밥그릇형 또는 항아리형 둥지를 만들고 산좌에는 마른 식물의 줄기나 잎, 깃털을 깔고 알을 낳는다. 산란수는 5~6개이며 알의 색은 아름다운 선홍색 바탕에 연한 적갈색 무늬가 있다. 알의 크기는 평균 21mm다. 포란은 암컷이 주로 하며 포란 기간은 12~13일이다. 육추는 암수가 함께 하며 육추 기간은 14~15일 정도다.

먹이 곤충류의 성충과 유충, 거미류.

현황 봄철과 가을철에 한반도를 중간기착지로 삼고 지나가는 흔치 않은 나그네새다. 이 종은 단형종이라는 설과 섬개개비(*L.Pleskei*)의 아종이라는 설이 있다. 북한에서는 1951년 9월 27일 평안북도 곽산읍에서 채집하여 조선조류목록에 아종으로 새로 추가했으며 1954년 『과학원학보』 제6호에 발표했다. 그 후 1958년 5월 7일에 평안북도 염주군에서 수컷 1개체를 채집했다.

몸길이 155~160mm 몸무게 19~23g

부리 11~16.5mm **날개** 62~76mm **꼬리** 48~64.5mm **부척** 20~26mm

분포권 러시아 캄차카반도, 오호츠크해 서부연안, 쿠릴열도, 사할린, 필리핀, 보르네오섬, 타이완, 일본 북부

남한 전역

북한 평안북도

도래 시기[월] 1 2 **3 4** 5 6 7 8 **9 10** 11 12

섬개개비

북한명 | 없음
Locustella pleskei
Styan's Grasshopper Warbler

■ 나그네새　■ 환경부 지정 멸종위기 야생조류 Ⅱ급,
IUCN Red List VU C2a(i)

몸길이 165~170mm　몸무게 16~24g
부리 15~17.5mm **날개** 65~74mm **꼬리** 56~68mm **부척** 23~27mm
분포권 동남아시아, 중국 동부, 일본
　　　남한 남해안, 서해안 도서지역
　　　북한 원고 없음
도래 시기[월] 1　2　**3**　**4**　5　6　7　8　**9**　**10**　11　12

형태 알락꼬리쥐발귀와 매우 흡사한 종으로 이마와 머리 상단, 뒷머리, 뒷목은 적갈색에 흑회색빛이 감돈다. 몸통 윗면은 회갈색을 띠며 턱밑과 멱은 흰색이다. 몸통 아랫면은 황색빛이 도는 흰색이며 가슴은 적갈색빛이 감도는 황백색이고 옆구리는 회갈색에 옅은 적갈색이 감돈다. 뺨은 담갈색이며 눈 주위가 알락꼬리쥐발귀보다 색이 밝고 엷다. 눈썹선은 회백색이며 눈선은 선명하지 않다. 부리는 회갈색이며 홍채는 갈색이고 다리는 청색을 띤 회색이다.

노랫소리 '치치, 치치, 쥬이쥬이, 치치치, 쵸촛 쵸촛' 하며 반복해서 노래한다.

생활권 물가의 풀숲이나 갈대밭 또는 소택지에서 먹이를 구하며 생활한다.

번식 산란기는 6~7월 하순이며 물가의 풀밭이나 습지의 나뭇가지 위에 둥지를 튼다. 식물의 마른 줄기나 잎으로 둥지의 틀을 만들고 산좌에는 식물의 줄기나 풀뿌리, 잎, 동물의 털을 깔고 알을 낳는다. 산란수는 4~6개 정도이며 알의 색은 녹색을 띤 옅은 황갈색 바탕에 적갈색 얼룩점이 산재해 있다. 포란은 암컷이 주로 하며 포란 기간은 12~14일이다. 육추는 암수가 함께 하며 육추 기간은 14~15일 정도다.

먹이 곤충류, 연체동물(복족류), 식물의 종자.

현황 봄철과 가을철에 한반도를 중간기착지로 삼고 잠시 쉬어가는 나그네새다. 일부는 한반도 해안 도서지역에서 번식하는 여름철새이기도 하다.

쇠개개비

북한명 | 작은갈새
Acrocephalus bistrigiceps
Black-browed Reed Warbler

■ 나그네새 ■ 흔치 않음

형태 개개비와 흡사하나 체구가 작다. 이마와 머리 상단, 뒷머리의 중앙부분은 회갈색이며 부리 기부에서 머리 상단 양편으로 검은색 선이 흰 눈썹선과 나란히 자리 잡고 있다. 뒷목과 등, 어깨덮깃은 회갈색을 띠며 꼬리는 흑갈색이다. 턱밑과 멱은 황백색을 띠며 가슴과 복부는 옅은 황색빛이 돈다. 옆구리는 황갈색이며 부리는 회갈색이다. 홍채는 갈색이고 다리는 청색을 띤 회색이다.

노랫소리 '치치, 쥬이, 쥬이, 치치 치치, 쵸촛 쵸촛' 하며 노래한다.

생활권 물가의 풀숲이나 갈대밭 또는 소택지에서 먹이를 구하며 생활한다.

번식 산란기는 6~8월 초순이며 물가의 풀밭이나 초습지 관목림의 나뭇가지에 둥지를 튼다. 마른풀과 줄기, 잎을 이용하여 컵 모양 틀을 만들고 산좌에는 풀뿌리와 줄기, 잎, 동물의 털을 깔고 알을 낳는다. 둥지의 크기는 외경 65mm, 내경 54mm, 깊이 45mm다. 산란수는 4~6개 정도이며 알의 색은 남회색 바탕에 옅은 갈색 반점이 산재해 있다. 알의 크기는 16mm다. 포란은 암컷이 전담하며 포란 기간은 13~14일이다. 육추는 암수가 함께 하며 육추 기간은 14~15일 정도다.

먹이 곤충류, 거미류, 연체동물(복족류).

현황 봄철과 가을철에 한반도를 중간기착지로 삼고 잠시 머물다 지나가는 나그네새이며, 한반도 전역의 습지 갈대밭에서 드물게 관찰할 수 있다.

몸길이 135mm 몸무게 7~11g
부리 ♂18~19mm ♀22.6~24.0mm **날개** ♂81~87mm ♀82~88.9mm **꼬리** 69~74mm
부척 ♂29~32mm ♀28~30mm
분포권 중국 동부, 만주, 우수리강, 아무르강, 러시아 사할린, 타이, 미얀마, 베트남, 중국 남부, 일본
　　　　남한 전역
　　　　북한 전역
도래 시기[월] 1 2 **3 4** 5 6 7 8 **9 10** 11 12

개개비

북한명 | 갈새
Acrocephalus orientalis
Oriental Great Reed Warbler

몸길이 185~190mm **몸무게** ♂17~33g ♀18~28g
부리 17~20mm **날개** ♂80~95mm ♀76~84.5mm **꼬리** 62~78mm **부척** 26~30mm
분포권 동남아시아, 필리핀, 인도네시아, 술라웨시섬, 수마트라섬,
　　　　보르네오섬, 자바, 베트남, 미얀마, 중국, 만주, 아무르강, 우수리강,
　　　　몽골, 동부, 일본
　　　　남한 전역
　　　　북한 전역
도래 시기[월] 1 2 3 **4 5 6 7 8 9** 10 11 12

형태 암수의 색이 같다. 이마와 머리 상단, 뒷머리, 뒷목, 어깨, 등, 위꼬리덮깃은 황갈색이며 위꼬리덮깃과 옆구리는 색이 엷다. 날개깃은 암갈색이다. 턱밑과 멱, 앞가슴은 엷은 황색이며 눈에는 황갈색의 눈썹선이 있고 가슴 아랫부분과 복부, 옆구리, 아래꼬리덮깃은 엷은 회백색이다. 암컷은 수컷보다 작고 색깔이 엷다. 윗부리는 암갈색, 아랫부리는 살색이며 홍채는 암갈색이고 다리는 회색이다.
노랫소리 '끼욧, 끼욧, 끼욧' 또는 '개개개, 가가가, 게게게' 하며 시끄러운 소리로 노래한다.
생활권 갈대밭이나 물가의 갈밭, 습지의 풀숲 또는 강변이나 소호의 갈대숲에서 먹이를 구하며 생활한다.
번식 산란기는 5~8월 상순이며 물가의 갈대숲에 둥지를 튼다. 갈대줄기에 식물의 줄기를 이용하여 컵 모양 둥지를 만들고 산좌에는 식물의 잎과 잔뿌리를 깔고 알을 낳는다. 둥지의 크기는 외경 65mm, 내경 54mm, 깊이 45mm이며 산란수는 4~6개 정도다. 알의 색은 청록색이 도는 흰색 바탕에 갈색과 흑갈색 반점이 산재해 있다. 알의 크기는 16mm다. 포란은 암컷이 전담하며 포란 기간은 12~13일이다. 육추는 암수가 함께 하며 육추 기간은 14일 정도다.
먹이 곤충류, 연체동물(복족류), 거미류.
현황 한반도 전역에서 흔히 볼 수 있는 여름철새이며 주로 물가의 갈대밭에서 쉽게 볼 수 있다.

큰부리개개비

북한명 | 굵은부리갈새
Acrocephalus aedon
Thick-billed Warbler

■ 나그네새   ■ 희귀함

형태 이마와 머리 상단, 뒷머리, 뒷목은 옅은 녹색을 띤 갈색이다. 등과 허리, 어깨덮깃, 위꼬리덮깃은 적갈색이다. 눈에는 눈썹선이 흔적만 남아 잘 보이지 않는다. 눈앞과 눈테는 옅은 황색이다. 턱밑과 멱, 가슴과 복부는 황백색이며 옆구리와 하복부, 아래꼬리덮깃은 옅은 회백색을 띤다. 윗부리는 굵고 길며 회갈색이며 아랫부리는 옅은 황적색이다. 홍채는 갈색이며 다리는 청색이 도는 회색이다.

노랫소리 '짝짝짝' 하는 소리를 반복한다.

생활권 키가 큰 초본과 식물이 무성한 습지에서 관목이 밀집되어 있는 곳과 소택지 또는 갈대밭이 무성한 물가에서 먹이를 구하며 생활한다.

번식 산란기는 6~7월이며 물가의 갈대숲이나 관목림에 둥지를 튼다. 지상 30cm에서 1.5m 높이 사이에 둥지를 트는데, 화본과 식물의 잎을 나뭇가지에 엮어 컵 모양 둥지를 만든다. 산좌에는 식물의 마른 줄기와 잎, 이끼류, 동물의 털을 깔고 알을 낳는다. 둥지의 크기는 외경 100~130mm, 내경 60mm, 높이 100~200mm, 깊이 40~80mm다. 산란수는 4~6개 정도이며 알의 색은 분홍색과 자주색 바탕에 검은색의 가는 곡선형 얼룩무늬가 있다. 포란은 암컷이 주로 하며 포란 기간은 13~14일이다. 육추는 암수가 함께 하며 육추 기간은 15일 정도다.

먹이 곤충류, 거미류.

현황 매우 희귀한 나그네새로 한반도 서부지역인 전라남도에서 4회 채집한 기록이 있다. 북한에서의 채집지는 평안북도 룡암포, 룡천군 양시, 묘향산 등이다.

몸길이 200mm   몸무게 15~28g
부리 ♂15~15.5mm **날개** ♂74~79mm ♀74~77mm **꼬리** ♂81~84mm
부척 26~27mm (북한 자료)
분포권 우수리강, 아무르강, 러시아 시베리아 남부, 아시아 동부, 네팔, 동남아시아, 인도네시아, 말레이시아, 베트남, 미얀마, 중국 남부와 북부, 만주, 몽골 북부
남한 전라남도
북한 평안북도 룡암포, 룡천군, 묘향산

도래 시기[월] 1 2 **3 4** 5 6 7 8 **9 10** 11 12

북방쇠개개비

북한명 | 없음

Acrocephalus agricola
Paddyfield Warbler

■ 길잃은새 ■ 희귀함

몸길이 120~130mm 몸무게 10~15g
분포권 중국 동북부, 몽골, 인도, 파키스탄, 일본
남한 전라남도 신안군 홍도
북한 자료 없음
도래 시기[월] 길잃은새

형태 암수가 흡사하다. 이마와 머리 상단, 뺨, 뒷머리, 뒷목은 황색빛이 도는 회갈색이며, 몸통 윗면은 황색빛이 도는 회갈색이다. 턱밑과 멱은 흰색이며, 가슴은 호아적색이고 복부와 아랫면은 회갈색이다. 눈썹선은 흰색이며 눈선은 검다. 허리와 위꼬리덮깃은 적갈색이다. 부리가 가늘고 흑갈색이며, 부리 기부는 엷은 분홍색이다. 홍채는 검고 다리는 황갈색이며 꼬리는 회갈색이다.
노랫소리 '쯔르르, 츠르르, 쯔르르, 츠르르' 하며 소란스럽게 지저귄다.
생활권 주로 갈대밭이 무성한 곳을 선호하며, 하천가나 습지의 관목림에서 생활한다.
산란기 번식기는 4~5월이며, 마른 풀줄기나 잎, 지푸라기, 비닐 끈 등으로 둥지의 틀을 만들고 산좌에 부드러운 잎과 동물 털을 깔고 흰색 알을 4~5개 낳는다. 알의 크기는 19mm다. 포란은 주로 암컷이 하며 포란 기간은 11~12일이다. 육추는 암수가 함께 하며 육추 기간은 12~13일이다.
먹이 주로 수서곤충류.
현황 기상 이변이나 난기류 또는 기타 상황으로 무리에서 이탈하여 한반도에 유입된 길잃은새다. 국립공원관리공단 철새연구센터가 2004년 4월 전라남도 신안군 홍도에서 관찰한 기록이 있다.

숲새

북한명 | 땃새
Urosphena squameiceps
Short-tailed Bush Warbler(Asian Stubtail)

형태 몸이 작고 꼬리도 짧다. 이마와 머리 상단, 뒷머리, 뒷목은 다갈색이며 등과 꼬리, 날개는 다갈색 바탕에 흑갈색 얼룩무늬가 있다. 턱밑과 멱은 옅은 황색을 띠며 가슴은 옅은 담갈색을 띤다. 배의 중앙부는 흰색이며 옆구리는 갈색을 띠고 배 양옆은 황갈색이다. 눈에는 황색빛이 도는 흰색 눈썹선이 선명하며 검은색 눈선이 나란히 있다. 부리는 회갈색이며 몸 길이에 비해 긴 편이다. 홍채는 짙은 갈색이며 다리는 옅은 담황색이다.

노랫소리 '씨씨씨씨' 또는 '씨이, 씨이, 씨이, 지이, 지이, 지, 지, 지' 하고 반복하며 노래한다.

생활권 우거진 숲속 침엽수림과 활엽수림, 혼효림이나 소호의 풀밭 또는 덤불지역에서 먹이를 구하며 생활한다.

번식 산란기는 5~7월이며 좁은 덤불 속이나 관목림 또는 노출된 나무뿌리 밑에 둥지를 튼다. 낙엽이나 이끼류를 이용하여 밥그릇형 둥지를 만들고 산좌에는 이끼류와 동물의 털, 풀뿌리 등 부드러운 소재를 깔고 알을 낳는다. 둥지의 상호 간 거리는 200~300m 정도를 유지한다. 둥지의 크기는 외경 100~140mm, 내경 60mm, 깊이 140mm다. 산란수는 5~7개 정도이며 알의 색은 흰색 바탕에 적갈색 얼룩점이 산재해 있다. 알의 크기는 16mm이며 타원형이다. 포란은 암컷이 전담하며 포란 기간은 13~14일이다. 육추는 암수가 함께 하며 육추 기간은 14일 정도다.

먹이 곤충류, 거미류.

현황 한반도 전역에서 흔히 볼 수 있는 여름철새로 단독 또는 암수가 함께 생활한다. 크기와 형태, 꼬리를 흔드는 동작, 노랫소리, 기타 동작이 굴뚝새를 연상케 한다.

몸길이 90~100mm **몸무게** 8g
부리 10~12mm **날개** ♂53~55mm ♀51~57mm **꼬리** 28~32mm **부척** 18~20mm
분포권 중국 북동부, 러시아 사할린, 연해주, 우수리강, 일본 혼슈, 타이완, 동남아시아, 인도네시아, 미얀마, 베트남, 필리핀 군도
　　　남한 전역
　　　북한 전역

도래 시기[월] 1 2 3 **4 5 6 7 8 9** 10 11 12

휘파람새

북한명 | 휘파람새
Cettia diphone borealis
Japanese Bush Warbler

몸길이 170~180mm   몸무게 18~19g

부리 14~16mm **날개** ♂72~76mm ♀63mm **꼬리** ♂65~70mm ♀67mm
부척 ♂27~29mm ♀25.5mm

분포권 베트남, 중국 남동부, 러시아 사할린, 우수리강, 만주 남동부,
싱카이호 부근, 타이완, 일본
남한 전역
북한 전역

도래 시기[월] 1 2 3 **4 5 6 7 8 9** 10 11 12

형태 암수의 색은 흡사하나 수컷이 훨씬 크다. 이마와 머리 상단은 붉은빛이 도는 회갈색이고 뒷목과 등은 회갈색을 띠며 꼬리는 적갈색이다. 몸통의 아랫면은 황백색이다. 눈에는 황갈색의 눈썹선이 흐르고 얼굴과 뺨은 옅은 회갈색을 띠며 턱밑과 멱은 황갈색이다. 굵고 튼튼한 부리는 회색이고 홍채는 적갈색이다. 다리는 튼튼하며 오렌지색이다.

노랫소리 '찍찍찍, 호호호 호케교, 케케케, 케교, 케교'한다. 수컷은 번식기에 높은 나뭇가지 꼭대기에 올라 요란스럽게 노래한다.

생활권 무성한 관목림이나 산악지대에서 산다.

번식 산란기는 4월 중순~6월 중순이며 관목림이나 대나무 숲에 둥지를 튼다. 지상에서 높지 않은 관목 나뭇가지 위에 마른풀과 줄기, 뿌리, 잎으로 타원 모양의 밥그릇형 틀을 만들고 산좌에는 풀줄기와 잎, 깃털과 동물의 털을 깔고 알을 낳는다. 산란수는 4~6개 정도이며 알의 색은 붉은색빛이 도는 포도색이다. 알의 크기는 18.5mm다. 포란은 주로 암컷이 하며 포란 기간은 12~13일이다. 육추는 암수가 함께 하며 육추 기간은 14일 정도다.

먹이 곤충류(초시목), 거미류, 식물의 씨앗.

현황 한반도 전역에 도래하는 흔한 여름철새다. 휘파람새류(*Cettia diphone*)는 12아종으로 구분하는데 한반도에는 휘파람새(*C.d. borealis*)와 섬휘파람새(제주휘파람새, *C.d. cantans*)의 2종이 있다. 또한 이 아종(*C.d. borealis*)이 별개 종인 *C. borealis* 또는 *C. canturians*라고 하는 학설도 있다.

제주휘파람새 섬휘파람새

형태 휘파람새와 비슷하다. 암수가 흡사하게 생겼으며 수컷이 암컷에 비해 다소 몸집이 크다. 수컷은 이마부터 머리 상단까지 적갈색을 띠며 등과 어깨, 허리 위꼬리덮깃은 붉은색빛이 도는 회갈색인데 위꼬리덮깃은 붉은색빛이 더욱 짙다. 눈썹선이 흐린 흰색이고 뺨과 귀깃은 옅은 회색이며 멱과 턱밑, 가슴, 배는 갈색빛이 도는 흰색이다. 옆구리와 배의 양쪽 가장자리는 회색을 띤 흑회색이다. 아래꼬리덮깃은 옅은 회색을 띤다. 여름깃은 등면과 날개깃 가장자리에 붉은색빛이 돈다. 부리는 갈색이며 홍채는 적갈색에 다리는 살색이다.

노랫소리 '찍찍찍' 하는 소리를 내며 숲속에서 먹이를 사냥한다. 4~7월에 관목 위에서 '호-칠증, 호칠증' 하며 큰 소리로 노래한다.

생활권 주로 산림에서 먹이를 구하며 생활한다.

번식 산란기는 4~6월이며 갈대숲이나 덤불에 둥지를 튼다. 풀잎과 갈대잎, 마른 풀줄기나 잎으로 컵 모양 틀을 만들고 산좌에는 마른풀과 풀뿌리, 줄기와 잎을 깔고 알을 낳는다. 산란수는 4~5개 정도이며 알의 색은 청록색 바탕에 적갈색 얼룩점이 산재해 있다. 포란은 암컷이 전담하며 포란 기간은 14~16일이다. 육추는 암수가 함께 하며 육추 기간은 18~19일 정도다.

먹이 곤충류, 거미류.

현황 한반도 남부 도서지역과 제주도 한라산 주변에서 서식하는 텃새다. 다른 아종들과 비슷하나 등쪽의 붉은색빛이 적고 아랫면도 회색빛이 적다.

몸길이 155~160mm   **몸무게** 17~19g
부리 ♂12mm ♀11mm **날개** ♂63~68mm ♀55~56.5mm **꼬리** ♂66~73mm
♀55~60mm **부척** ♂24~25mm ♀21~22mm
분포권 아시아 동부, 러시아 사할린, 우수리강, 중국 동북부, 일본
   남한 제주도와 남부 도서지역
   북한 자료 없음
도래 시기[월] 텃새

쇠흰턱딱새

북한명 | 없음
Sylvia curruca
Lesser Whitethroat

■ 길잃은새 ■ 희귀함

몸길이 130~135mm 몸무게 10~16g
부리 12.5~14mm **날개** ♂64~70 ♀60~67mm **꼬리** ♂47~59mm ♀67mm
부척 19~21mm
분포권 유라시아, 유럽, 말레이반도, 중국 남동부, 몽골
　　　남한 부산시
　　　북한 자료 없음
도래 시기[월] 길잃은새

형태 암수가 흡사하다. 이마와 머리 상단, 뒷머리, 뒷목은 회색이며 눈에는 희미한 눈썹선이 흔적만 남아 있다. 등과 어깨는 회갈색이며 위꼬리덮깃은 갈색이고 바깥꼬리깃은 흰색이어서 비상할 때 선명하게 눈에 띈다. 검은색의 폭 넓은 눈선은 수컷이 암컷보다 짙고 넓다. 턱밑과 멱은 순백색이며 가슴과 복부, 하복부는 지저분한 흰색이다. 옆구리는 옅은 황갈색이다. 부리는 검은색이며 홍채는 갈색이고 다리는 검다.
노랫소리 '드리 드리 드리, 첵첵첵 쳇쳇쳇' 하며 노래한다.
생활권 주로 공원이나 정원, 삼림지의 경계면에서 먹이를 찾고 생활한다.
번식 산란기는 5~6월이며 관목이나 덤불 나뭇가지 위에 마른 나뭇가지와 풀뿌리, 마른 풀줄기와 잎을 이용하여 컵 모양 틀을 만들고, 산좌에는 마른 풀잎과 줄기를 깔고 알을 낳는다. 산란수는 4~6개 정도이며 흰색 바탕에 갈색과 회색 무늬가 있고 알의 크기는 17mm다. 포란과 육추는 암수가 함께 하며 포란 기간은 11~12일, 육추 기간은 11~12일 정도다.
먹이 곤충류, 무척추동물, 식물의 씨앗과 열매.
현황 기상 이변이나 난기류 또는 기타 상황으로 무리에서 이탈하여 한반도로 유입된 길잃은새다. 1982년 2월 부산시 금강원이라는 동물원 내의 숲속에서 경희대학교 원병오 교수가 처음으로 발견한 기록이 단 한 차례 있을 뿐이다.

비늘무늬덤불개개비

북한명 | 없음
Sylvia nisoria
Barred Warbler

■ 길잃은새 ■ 희귀함

형태 암수 형태가 흡사하나 수컷의 색이 좀더 짙다. 수컷의 이마와 머리, 뺨, 뒷머리, 뒷목은 회갈색이며 등과 몸통 윗면은 갈색빛이 도는 회색이다. 턱밑과 멱, 몸통 아랫면은 회백색이고, 옆구리에 회갈색 가로줄무늬가 있다. 날개덮깃은 회갈색이며 흰 줄무늬가 있다. 홍채는 황적색이다. 위꼬리는 회갈색인데 아랫면은 회백색이며 꼬리 끝은 모난형이다. 윗부리는 검고 아랫부리 기부는 노란색이다. 다리는 흑회색이다. 어린새는 온몸이 황갈색이고, 홍채는 검다.

노랫소리 수컷은 '오르르, 트르르, 트르르, 탁크, 타쯔' 하면서 요란스럽게 지저귄다.

생활권 주로 관목림에서 생활한다.

번식 번식기는 4~5월이다. 관목림과 수풀이 무성한 가시나무 덤불의 나뭇가지에 마른 풀줄기와 식물의 뿌리, 지푸라기, 거미줄 등으로 둥지의 틀을 만들고 산좌에 부드러운 동물 털을 깔고 알을 4~6개 낳는다. 알의 색은 흰백색으로 밝은 갈새 점이 산개해 있고 크기는 21mm다. 포란과 육추는 암수가 함께 하며 기간은 각각 12~15일이다.

먹이 곤충류와 애벌레(번식기), 장과(포도, 딸기).

현황 길잃은새다. 2013년 제주도 남쪽 도서지역인 가파도와 마라도에서 관찰된 기록이 있으나 확실한 정보는 없다.

몸길이 145~150mm 몸무게 21~32g
분포권 중부 유럽, 지중해 연안, 중국 중북부
　　　　남한 제주도 남쪽 도서지역인 가파도와 마라도
　　　　북한 자료 없음
도래 시기[월] 길잃은새

어린새

우

송

505

상모솔새

북한명 | 금상모박새
Regulus regulus
Goldcrest

몸길이 90~100mm **몸무게** 5~7g
부리 ♂8~10mm ♀8.2~9mm **날개** ♂51.5~57mm ♀51.2~53mm **꼬리** 35~40mm
부척 16~17mm
분포권 유라시아, 러시아 사할린, 아무르강, 우수리강, 중국 동부, 만주,
　　　　　타이완, 일본
　　　　　남한 전역
　　　　　북한 전역

도래 시기[월] **1** **2** **3** 4 5 6 7 8 9 **10** **11** **12**

형태 한반도의 조류 중에서 가장 작은 종이다. 암수가 흡사하나 머리 상단의 반점에 차이가 있다. 이마와 눈 주위는 회백색이며 등은 회색빛이 감도는 연두색이다. 머리 상단 중앙에 선명한 주황색이 빛나고 그 곁은 밝은 황색이며 검은색 줄무늬가 둘러 있다. 수컷은 황색 반점 뒤쪽 끝에 붉은색 반점이 있으나 암컷에게는 없다. 눈테는 넓고 흰색이다. 어깨와 허리는 옅은 황록색이며 날개에는 검은 부분과 두 줄의 흰색 날개띠가 있다. 꼬리는 오목형이며 흑갈색이다. 부리도 흑갈색이며 홍채와 다리는 갈색이다.

노랫소리 '찌리리, 찌이, 찌이' 또는 '지이지이, 지지, 지지' 하며 노래한다.

생활권 침엽수림과 혼효림에서 먹이를 구하며 생활한다.

번식 산란기는 4~6월이며 지상 2.6~7m 높이의 침엽수림에 주로 이끼를 사용하여 둥지를 튼다. 식물의 줄기와 마른풀, 이끼를 거미줄로 엮어 컵 모양 둥지를 만들고 산좌에 이끼와 동물의 털, 깃털을 깔고 알을 낳는다. 둥지의 크기는 외경 70~100mm, 내경 30~50mm, 깊이 34~55mm, 높이 71~100mm다. 산란수는 7~8개 정도이며 알의 색은 갈색빛이 도는 흰색 바탕에 옅은 갈색 무늬가 산재해 있다. 알의 크기는 14mm다. 포란은 암컷이 전담하며 포란 기간은 16일이다. 육추는 암수가 함께 하며 육추 기간은 18~20일 정도다.

먹이 곤충류, 거미류, 소나무 씨앗.

현황 한반도 전역에서 월동하는 겨울철새로, 큰 무리를 이루기도 하지만 때로는 소수 개체가 생활한다.

♂

우

솔새사촌

북한명 | 갈색숲솔새(갈색솔새)
Phylloscopus fuscatus
Dusky Warbler

형태 암수의 색이 같다. 이마와 머리 상단, 뒷목, 등, 어깨깃은 붉은색이 도는 갈색을 띠며 눈에는 흰색 눈썹선이 흐르고 눈 언저리는 흑갈색이다. 턱밑과 멱은 흰색이며 가슴과 복부는 갈색빛이 도는 흰색이다. 위꼬리덮깃은 흑갈색이며 아래꼬리덮깃은 크림색이다. 윗부리는 암갈색이며 아랫부리는 회색이다. 홍채는 암갈색이고 다리는 담황색이다.

노랫소리 '텍텍텍' 하며 노래한다.

생활권 울창한 관목림이나 버드나무 숲, 습지의 초원에서 생활한다. 남부지역에서는 고지대에서 살며 북부지역에서는 산림지역과 평지에서 생활한다. 중국 황허강 상류에서는 해발 2,400~2,900m에서, 알타이 지역에서는 400~2,400m에 이르는 고지에서 생활하며 사할린에서는 하천 계곡 또는 평지대와 초습지에서 먹이를 구하며 생활한다.

번식 산란기는 6월 중순~7월 중순이다. 산림 속 풀숲의 땅 위에 마른 풀잎이나 줄기, 잎과 이끼로 둥근형 둥지를 만들고 산좌에는 마른풀과 동물의 털을 깔고 알을 낳는다. 둥지의 크기는 높이 130~140mm, 너비 120~130mm, 깊이 55mm이고 출입구의 구경은 30~40mm다. 산란수는 4~6개 정도이며 알의 색은 흰색 바탕에 적갈색 얼룩점이 산재해 있다. 알의 크기는 16.5mm다. 포란은 암컷이 전담하며 포란 기간은 12~13일이다. 육추는 암수가 함께 하며 육추 기간은 13일 정도다.

먹이 주로 곤충류, 거미류.

현황 봄철과 가을철에 드물게 한반도를 지나가는 나그네새로 알려져 있으나 확인하기 어렵다. 전라남도에서 채집된 기록이 있으며 북한에서는 여름철새로 기록된다.

몸길이 105mm   몸무게 8~10g

부리 ♂9~10mm ♀9~9.5mm 날개 ♂63~65mm ♀54mm 꼬리 ♂52~55.5mm ♀49mm 부척 ♂ 21~24mm ♀22mm

분포권 러시아 시베리아 툰드라 지역, 캄차카반도 북부, 동남아시아, 중국, 몽골, 만주
　　　남한 전라남도
　　　북한 량강도 백두산 삼지연 일대, 묘향산, 함경남도 장진호 일대

도래 시기[월] 1 2 **3 4** 5 6 7 8 **9 10** 11 12

겨울깃

여름깃

긴다리솔새사촌

북한명 | 긴다리솔새
Phylloscopus schwarzi
Radde's Warbler

몸길이 130mm **몸무게** ♂19~17g ♀8~12g
부리 8.5~10mm **날개** ♂61~68mm ♀55~56mm **꼬리** 51.3~56mm **부척** 21.5~22mm
분포권 러시아 시베리아, 사할린, 우수리강, 아무르강, 바이칼호 남부,
　　　　중국 동북부와 남부, 만주, 동남아시아, 베트남
　　　남한 설악산 대청봉
　　　북한 함경남도 장진호 일대, 함경북도 무산군, 연사군,
　　　　량강도 백두산 삼지연, 평안북도 고산지역, 묘향산 비로봉, 월망봉
도래 시기[월] 1 2 **3 4** 5 6 7 8 **9 10** 11 12

형태 이마와 머리 상단, 뒷목은 갈색이며 등과 어깨, 허리, 위꼬리덮
깃은 짙은 갈색이다. 눈에는 황갈색 눈썹선이 흐르고 턱밑과 먹은 흰
색이다. 가슴과 복부는 흰색 바탕에 가슴은 황갈색이며 복부는 옅은
황색이다. 여름에는 온몸의 체모 색깔이 옅어진다. 부리는 갈색이며
홍채는 짙은 갈색이고 다리는 황색빛이 도는 담황색이다.
노랫소리 '칫카 칫카 칫카' 또는 '칫기칫가치치쥬 치카치리리' 하고
다양한 소리로 노래한다.
생활권 울창한 숲의 덤불이나 삼림에서 먹이를 구하며 생활한다.
번식 산란기는 6월 상순~7월 하순이며 울창한 침엽수림에 둥지를
튼다. 왜소목이나 관목의 나뭇가지에 마른 풀줄기나 잎을 이용하여
원형 둥지를 만들고 출입구를 옆으로 낸다. 산좌에는 가는 풀줄기
나 잎, 동물의 털이나 깃털을 깔고 알을 낳는다. 둥지의 크기는 외경
86~92mm, 내경 49mm, 깊이 91~94mm다. 산란수는 4~5개 정도이
며 알의 색은 흰색 바탕에 갈색의 작은 반점이 산재해 있고 크기는
18mm다. 포란은 주로 암컷이 하며 포란 기간은 12~13일이다. 육추
는 암수가 함께 하며 육추 기간은 12~13일 정도다.
먹이 곤충류, 거미류.
현황 봄철과 가을철에 한반도를 지나가는 나그네새이며, 북한 고산
지역에서 번식하는 여름철새이기도 하다.

겨울깃

노랑허리솔새

북한명 | 노랑허리솔새
Phylloscopus proregulus
Pallas's Leaf Warbler

■ 나그네새 ■ 희귀함

형태 솔새류 중에서 가장 작은 소형종이다. 몸통의 윗면은 황록색을 띠며 머리 상단이 등과 어깨보다 더 짙다. 머리 중앙에는 오렌지색빛이 도는 황색 선과 암갈색의 가는 실선이 자리 잡고 있다. 눈에는 황색의 눈썹선이 뚜렷하고 부리 기부에서 흘러내린 검은색의 폭 넓은 눈선이 있다. 턱밑과 멱, 가슴, 복부는 탁한 흰색이며 아래꼬리덮깃은 담황색이다. 날개에는 두 줄의 황색 띠가 선명하며 허리도 황색이다. 꼬리는 모난형이며 부리는 가늘고 황갈색이다. 홍채는 짙은 갈색이며 다리는 옅은 회색이다.

노랫소리 '찌이 쪼이 쪼이 쪼이' 또는 '찟찟찟' 하며 노래한다.

생활권 침엽수림이 울창한 삼림지역이나 관목림이 혼재된 해발 700~1,100m 삼림지역까지 생활권을 형성하기도 한다.

번식 산란기는 5월 중순~7월 상순이며 침엽수림과 관목림이 혼재된 곳에 둥지를 튼다. 나뭇가지에 마른 풀줄기와 잎, 이끼류, 나무껍질 등으로 둥지를 만들고 산좌에 이끼류와 동물의 털을 깔고 알을 낳는다. 산란수는 5~6개 정도이며 알의 색은 흰색 바탕에 적갈색과 회색 얼룩점이 산재해 있다. 알의 크기는 14mm다. 포란은 암컷이 주로 하며 포란 기간은 13~14일이다. 육추는 암수가 함께 한다.

먹이 곤충류의 성충과 유충(딱정벌레목, 매미목).

현황 봄철과 가을철에 한반도를 지나가는 나그네새로 중부 이남에서 드물게 관찰된다. 북한에서는 고산지역에서 흔하게 볼 수 있다.

몸길이 90~95mm   몸무게 5~7.5g
부리 8~10.5mm **날개** 46~58mm **꼬리** 34.5~45mm **부척** 15~17mm
분포권 아시아 동부와 중부, 러시아 시베리아 남부, 사할린, 아무르강,
　　　우수리강, 바이칼호 부근, 베트남, 미얀마, 중국 서북부, 만주 북부,
　　　몽골
　　남한 중부 이남지역
　　북한 함경북도 경성군, 량강도 백두산 삼지연, 평안북도 묘향산,
　　　진귀봉, 자강도 오가산, 함경남도 장진호

도래 시기[월] 1 2 **3 4** 5 6 7 8 **9 10** 11 12

노랑눈썹솔새

북한명 | 노랑눈썹솔새
Phylloscopus inornatus
Yellow-browed Warbler(Inornate Warbler)

■ 나그네새 ■ 흔함

몸길이 105mm **몸무게** 5.5~8g
부리 ♂8~10mm ♀10mm **날개** ♂53~59mm ♀52~59mm **꼬리** ♂36~45mm
♀37~40mm **부척** ♂16.9~19mm ♀16.7~20mm
분포권 유라시아, 러시아 시베리아 동북부, 아무르강, 우수리강, 베트남,
　　　　인도차이나반도, 말레이반도, 몽골 북부, 만주, 중국 동부, 타이완
　　　남한 서해안 도서지역
　　　북한 평안북도 정주군, 묘향산, 염주군, 평안남도 순천군,
　　　　함경북도 웅기군, 룡강군, 자강도 오가산, 함경남도 흥원군

도래 시기[월] 1 2 **3 4** 5 6 7 8 **9 10** 11 12

형태 암수의 색이 같다. 이마와 머리 상단, 뒷머리, 뒷목, 등, 어깨는 황록색이다. 머리 중앙에는 옅은 황색 선이 흐르고 부리 기부에서 선명한 황색 눈썹선이 이어진다. 몸통 아랫면은 황색빛이 도는 흰색이며 턱밑과 멱, 가슴과 복부는 흰색이다. 허리는 옅은 황색을 띠고 위꼬리덮깃은 옅은 녹색이 도는 황록색이다. 날개에 흰 줄무늬 2개가 선명하다. 부리는 가늘고 황갈색이며 홍채는 짙은 갈색이다. 다리는 회갈색이다.
노랫소리 '삐잇, 삐잇, 삐시, 삐시' 하며 노래한다.
생활권 주로 평지에서 살며 남부지역에서는 고지대에서, 북부지역에서는 산림과 관목림의 경계면에서 생활한다.
번식 산란기는 6~7월 중순이며 숲속의 풀숲 밑 땅 위 또는 노출된 나무뿌리 밑에 둥지를 튼다. 마른 식물의 줄기나 잎, 이끼류를 이용하여 원형 틀을 만들고 출입구를 낸다. 산좌에는 마른 풀잎과 이끼, 동물의 털을 깔고 알을 낳는다. 산란수는 5~6개 정도이며 알의 색은 흰색 바탕에 적갈색 얼룩점이 산재해 있다. 알의 크기는 16mm이며, 4개의 알을 낳은 후 포란에 들어간다. 포란과 육추에 대한 생태자료는 아직 밝혀진 것이 없다.
먹이 곤충류, 거미류.
현황 봄철과 가을철에 한반도를 중간기착지로 삼고 지나가는 나그네새이자 한반도 북부지역에서는 여름철새이기도 하다. 필자는 1997년 6월 생태조사차 방문한 시베리아 툰드라 지역에서 이 종을 촬영한 바 있다.

연노랑눈썹솔새

북한명 | 없음
Phylloscopus humei
Hume's Warbler

■ 길잃은새 ■ 흔함

형태 노랑눈썹솔새와 매우 흡사하여 구별하기 쉽지 않다. 가운데날개 덮깃 끝부분에 흰색 반점의 흔적이 있고, 몸통 윗면의 깃털 색이 유사종에 비해 회갈색을 띠며 부리 기부가 짙다. 이마와 머리 상단, 뒷머리가 짙은 올리브색이며, 어두운 노란색 눈썹선이 길게 이어진다. 날개에는 엷은 황백색 세로줄무늬 두 줄이 선명하다. 어린새는 이마와 머리 상단, 멱, 뺨에 검은색 잔무늬가 산재해 있고, 가슴은 어두운 회색이다. 부리가 짧고 가늘며 짙은 검은색이다. 다리는 흑갈색이고 홍채는 어두운 흑갈색이다.

노랫소리 다른 솔새류에 비해 지저귀는 소리가 길다. 매우 경쾌하게 '삐지르르르' 또는 '삐지잇' 한다.

생활권 나무나 관목이 자라는 삼림, 공원의 숲 또는 인가의 정원, 침엽수림과 활엽수림이 혼재된 고산지역에서 서식한다.

번식 번식기는 5~8월이다. 관목림 나뭇가지에 마른 풀줄기와 나무껍질로 둥지의 틀을 만들고 산좌에 동물 털과 깃털을 깐다. 갈색 반점이 있는 흰색 알을 5~8개 낳는데 알의 크기는 14mm다. 포란은 암컷이 전담하며 포란 기간은 12~13일 정도다. 육추는 암수가 함께 하며 육추 기간은 13~14일 정도다.

먹이 곤충류와 유충, 거미류.

현황 길잃은새다.

몸길이 100~105mm 몸무게 6~8.5g
분포권 러시아 중남부, 중국 중서부, 중앙아시아, 아프가니스탄, 히말라야, 동남아시아
　　　　남한 전역
　　　　북한 전역
도래 시기[월] 길잃은새

아성조

노랑배솔새

북한명 | 없음
Phylloscopus ricketti
Sulphur-breasted Warbler

몸길이 100~110mm 몸무게 자료 없음
부리 13~14mm **날개** 54~60mm **꼬리** ♂35~38mm **부척** 16~19mm
분포권 동남아시아, 베트남, 라오스, 미얀마, 중국 중남부
남한 전라남도 신안군 흑산도, 강원도 강릉시
북한 자료 없음
도래 시기[월] 미기록종

형태 부리가 가늘다. 윗부리는 흑회색이며 아랫부리는 핑크색이다. 홍채는 짙은 흑갈색이며 다리는 살색이다. 머리는 밝은 황색이며 머리 상단 중앙부에서부터 폭 넓은 흑갈색 머리중앙선이 뒷머리까지 이어진다. 눈썹선은 황색이며 폭 넓은 흑갈색 머리옆선이 눈썹선과 나란히 함께 흐른다. 눈에는 흑갈색 눈선이 지나고 얼굴과 뺨은 황색이다. 턱밑과 멱, 앞가슴과 복부는 황색이며 등과 어깨, 윗날개덮깃은 황록색이고 큰날개덮깃에는 흰색 줄무늬가 있다. 꼬리는 비교적 짧은 편이며 황록색을 띤다. 일반적으로 몸통 윗면은 밝은 황록색이며 아랫면은 밝은 황색이다.
노랫소리 '피치, 피치, 칯시리, 시-시-시치' 하고 노래한다.
생활권 침엽수림과 활엽수림이 혼재된 혼효림에서 생활한다.
번식 산란기는 5~7월 초다. 해발 1,500m 고산지역 산언덕의 혼효림과 관목림의 수동이나 바위 밑 또는 수풀 땅 위에 마른 풀줄기와 마른 잎, 깃털을 깔고 둥지를 만든다. 산란수는 5~6개이며 포란과 육추 과정은 자세히 밝혀진 것이 없다.
먹이 곤충류의 선충과 애벌레.
참고 미기록종으로 기상 이변이나 난기류 또는 기타 상황으로 무리에서 이탈하여 한반도로 유입된 길잃은새다. 2015년 4월 19일 전라남도 신안군 흑산도에서 1개체가 처음으로 발견되었고 같은 달 23일 강원도 강릉시 견지동에서도 1개체가 목격되었다.

노랑배솔새사촌

북한명 | 없음
Phylloscopus affinis
Tickell's Leaf Warbler

■ 길잃은새 ■ 희귀함

형태 암수의 형태가 같다. 이마와 머리 상단, 뒷목은 녹색빛이 도는 짙은 황갈색이며 노란 눈썹선과 짙은 갈색 눈선이 부리 기부에서부터 가늘고 길게 나란히 흘러내린다. 턱밑과 멱은 어두운 갈색이고 옆구리는 밝은 황색이며, 등과 날개덮깃, 꼬리의 윗면은 녹색빛이 도는 황갈색이다. 가슴과 배는 회갈색빛이 도는 황색이다. 부리는 가늘고 윗부리는 짙은 적갈색이며 아랫부리 기부는 옅은 분홍색이다. 홍채는 흑갈색이며 다리는 등황색이다.

노랫소리 밝고 명쾌한 소리로 '츄리츄리 츄르-츄르르, 츠츠' 하며 반복적으로 지저귄다.

생활권 수풀과 덤불이 자라는 관목림과 농경지에서 주로 서식하며, 높은 고산지역에서도 생활한다.

번식 번식기는 6월 초~8월 초다. 초원이나 관목림이 있는 고산지역의 덤불이 우거진 땅바닥에 마른 풀줄기, 잔가지, 나무껍질, 이끼로 밥그릇형 둥지를 튼다. 산좌에 동물 털과 깃털을 깔고 15mm 크기의 흰색 알을 4~6개 낳는다. 포란은 암컷이 전담하며 포란 기간은 14~16일이다. 육추는 암수가 함께 하며 육추 기간은 15~17일이다.

먹이 주로 곤충류의 유충, 거미류.

현황 길잃은새로, 2005년 5월 19일 인천시 옹진군 소청도에서 관찰되었다. 충청남도 보령시 외연도, 전라북도 군산시 어청도, 전라남도 신안군 가거도 등지에서 관찰된 기록이 있다.

몸길이 105~110mm **몸무게** 7~9g

분포권 파키스탄, 인도, 카슈미르 지역, 네팔 남동부, 히말라야, 티베트, 동남아시아, 중국 동서지역, 일본

　　남한 인천시 옹진군 소청도, 충청남도 보령시 외연도, 전라북도 군산시 어청도, 전라남도 신안군 가거도 등

　　북한 자료 없음

도래 시기[월] 길잃은새

쇠솔새

북한명 | 솔새
Phylloscopus borealis
Arctic Warbler

■ 나그네새 ■ 흔함

몸길이 110~130mm **몸무게** 7.5~15g
부리 ♂11~11.5mm ♀10~11mm **날개** ♂61~67mm ♀61~66.5mm **꼬리** ♂46~49mm
♀46~49mm **부척** ♂18~24mm ♀18~20mm
분포권 스칸디나비아반도 북부, 시베리아, 사할린, 아무르강, 우수리강,
쿠릴열도, 캄차카반도, 오호츠크해 연안, 미얀마, 베트남,
인도네시아, 필리핀, 몰루카제도, 중국 남부, 타이완, 일본
남한 강원도 산간지역을 비롯한 남한 전역
북한 고산지대

도래 시기[월] 1 2 **3 4** 5 6 7 8 **9 10** 11 12

형태 암수의 색이 같다. 이마와 머리 상단, 뒷머리, 뒷목, 등, 어깨, 허리를 지나 위꼬리덮깃까지 황갈색을 띤 암녹색이며 눈에는 황백색의 가늘고 선명한 눈썹선이 흐른다. 턱밑과 멱, 가슴과 복부는 담황색이 도는 흰색이다. 꼬리는 모각을 이루고 암컷이 수컷보다 작다. 꼬리는 암갈색을 띠고 날개에는 희미한 올리브녹색 줄 2개가 있다. 부리는 암갈색이며 아랫부리는 황백색이다. 홍채는 짙은 갈색이고 다리는 회갈색이다.
노랫소리 '쪼리, 쪼리, 쪼리, 찟, 찟, 찟' 또는 '쮸리, 쮸리, 쮸리 찟, 찟, 찟' 하며 높고 빠른 소리로 노래한다.
생활권 혼효림과 산림지역에서 먹이를 구하며 생활한다.
번식 산란기는 6~7월이며 침엽수림이나 관목림이 울창한 숲속의 풀숲 밑에 둥지를 튼다. 식물의 마른 줄기와 잎, 잔뿌리와 이끼를 이용해서 원형 둥지를 만들고 출입구는 옆으로 낸다. 산좌에는 잔뿌리와 마른 풀잎, 동물의 털을 깔고 알을 낳는다. 산란수는 5~6개이며 알의 색은 흰색 바탕에 적갈색과 옅은 자색의 얼룩점이 산재해 있다. 알의 크기는 15.5mm다. 포란은 암컷이 전담하며 포란 기간은 12~13일이다. 육추는 암수가 함께 하며 육추 기간은 12~14일 정도다.
먹이 곤충류, 식물의 씨앗과 열매.
현황 봄철과 가을철에 한반도 전역에서 흔히 볼 수 있는 나그네새이며 일부는 강원도 산간지역에서 번식하는 것으로 추정된다. 1981년 7월 강원도 홍천군 내면 운두령에서 번식장면이 목격된 바 있다. 북한 고산지역에서 번식하는 여름철새이기도 하다.

솔새

쇠솔새

되솔새

북한명 | 북솔새
Phylloscopus tenellipes
Pale-legged Willow (Leaf) Warbler

■ 나그네새 ■ 흔치 않음

형태 암수의 색이 흡사하다. 이마와 머리 상단, 뒷머리, 뒷목, 등과 어깨는 녹갈색이며 허리와 위꼬리덮깃은 적갈색을 띤다. 눈에는 순백색 눈썹선이 뚜렷하고 날개에 희미한 흰색 줄이 2개 있다. 몸통 아랫면인 턱밑과 멱은 흰색이며 가슴과 복부는 회색빛이 도는 흰색이고 하복부는 옅은 황갈색이 돈다. 꼬리는 모각을 이루며 암컷은 흰색빛이 수컷보다 선명하지 못하다. 윗부리는 회갈색이며 아랫부리는 옅은 갈색이다. 홍채는 짙은 갈색이며 다리는 연한 갈색이다.

노랫소리 '힛쯔- 힛쯔- 히이, 즈끼- 즈끼- 히이' 하며 노래한다.

생활권 낙엽활엽수림과 관목이나 침엽수가 울창한 삼림에서 생활한다.

번식 산란기는 6~7월이며 침엽수가 우거진 숲속 풀숲 밑이나 노출된 나무뿌리 틈에 둥지를 튼다. 이끼나 풀뿌리, 줄기와 잎으로 원형의 둥지를 만들고 출입구는 옆면에 둔다. 산좌에는 이끼와 풀줄기, 잎, 동물의 털을 깔고 알을 4~6개 정도 낳는다. 알의 색은 흰색 바탕에 적갈색 반점이 산재해 있고 크기는 15mm다. 포란과 육추에 관한 자료는 없다.

먹이 곤충류의 성충과 유충, 거미류.

현황 봄철과 가을철에 한반도를 중간기착지로 삼고 잠시 머물다 지나가는 나그네새다. 북한에서는 여름철새로 기록되고 있다.

몸길이 120~130mm **몸무게** 8~11g

부리 ♂9.5~12mm ♀10~12mm **날개** ♂60~65mm ♀57~63mm **꼬리** ♂44~49mm ♀42~48mm **부척** ♂16~20mm ♀18mm

분포권 러시아 연해주, 시베리아 북부, 쿠릴열도, 동남아시아, 미얀마, 인도네시아, 말레이반도, 중국 남동부

남한 전국

북한 전국

도래 시기[월] 1 2 **3 4** 5 6 7 8 **9 10** 11 12

산솔새

북한명 | 산솔새
Phylloscopus coronatus
Eastern Crowned Warbler

■ 여름철새   ■ 흔함

몸길이 125~130mm   **몸무게** 7~12g
부리 ♂10~12mm ♀10~11mm **날개** ♂60~65mm ♀56~62mm **꼬리** ♂45~50mm
♀42~47mm **부척** ♂17~18.5mm ♀17~18mm
분포권 러시아 시베리아 동부, 아무르강, 우수리강, 인도네시아와 도서지역,
　　　　미얀마, 베트남, 말레이반도, 중국 서부, 만주, 타이완, 일본
　　　　남한 전역
　　　　북한 전역
도래 시기[월] 1 2 3 **4 5 6 7 8 9** 10 11 12

형태 암수의 색이 같다. 이마와 뒷목, 등과 어깨, 위꼬리덮깃은 회색을
띤 암갈색이다. 머리 상단 중앙부에는 선명하지 않은 황색 또는 녹색
선이 2개 있다. 눈에는 황백색 눈썹선이 흐르고 턱밑과 멱, 가슴, 복부
는 회색빛이 도는 흰색이다. 아래꼬리덮깃은 옅은 황색을 띤다. 윗부
리는 암갈색이며 아랫부리는 옅은 등황색이다. 홍채는 짙은 갈색이고
다리도 갈색이다.
노랫소리 '삐지, 삐지, 쮸잇, 쭈잇' 또는 '찌지부, 찌지부, 쥬이, 찌지부,
쥬이' 하며 노래한다.
생활권 활엽수림과 산림, 관목림에서 생활한다.
번식 산란기는 5~6월이며 활엽수림이나 관목림의 풀밭 언덕의 오목
한 곳에 둥지를 튼다. 이끼류와 마른 풀줄기나 잎을 이용하여 원형 둥
지를 만들고 출입구를 옆으로 낸다. 산좌에는 이끼류와 동물의 털을
깔고 알을 낳는다. 알의 색은 흰색 바탕에 적갈색 반점이 있다. 산란수
는 4~6개 정도이며 알의 크기는 14mm다. 포란은 암컷이 전담하며 포
란 기간은 13일이다. 암컷이 산란 도중에 알을 품기 시작하므로 새끼
의 부화일이 서로 다르다. 육추는 암수가 함께 한다.
먹이 곤충류와 거미류.
현황 한반도 전역에서 흔히 볼 수 있는 여름철새로 활엽수림에서 생
활한다.

버들솔새

북한명 | 버들솔새
Phylloscopus trochiloides
Greenish Warbler

형태 암수의 색이 흡사하다. 이마와 머리 상단, 뒷머리, 뒷목은 녹색이 도는 회색이다. 어깨와 등, 허리, 위꼬리덮깃은 갈색을 띤 올리브색이다. 눈에는 부리 기부에서 흘러내리는 황색 눈썹선이 선명하다. 눈의 앞쪽에서 뒤쪽까지와 뺨은 암갈색이며 턱밑과 멱, 가슴, 복부는 옅은 회색이 도는 흰색이다. 옆구리와 하복부는 지저분한 흰색이다. 날개에는 황색 줄무늬가 자리 잡고 있다. 부리는 갈색이며 홍채는 암갈색이고 다리는 올리브갈색이다.

노랫소리 '삐지, 삐지, 삐지, 쥬잇, 쥬잇' 또는 '찌지부, 찌지부, 쥬이 찌지부 쥬이' 하며 다양한 소리로 노래한다.

생활권 침엽수와 활엽수의 혼효림과 하천, 계곡 등지에서 먹이를 구하며 생활한다.

번식 산란기는 6~7월이며 침엽수림이나 활엽수림의 언덕이나 동굴 속 또는 노출된 나무뿌리 밑의 깊숙한 곳에 둥지를 튼다. 다량의 이끼류와 낙엽, 식물의 잔뿌리를 섞어 원형 둥지를 만들고 출입구를 옆으로 낸다. 산좌에는 이끼류와 잎, 풀뿌리를 깔고 알을 낳는다. 산란수는 4~6개 정도이며 알의 색은 순백색이다. 알의 크기는 16mm다. 포란은 암컷이 전담하며 포란과 육추 기간은 아직 자료가 없다.

먹이 곤충류의 성충과 유충, 거미류.

현황 봄철과 가을철에 한반도를 지나가는 나그네새다. 한반도 북부지역인 함경북도에서 6월에 채집되었고 묘향산에서는 6월 1일과 16일에 채집되었으며 금강산 비로봉에서는 5월 말과 6월 초에 관찰된 일이 있으므로 번식하고 있다는 심증은 있으나 확증된 바 없다.

몸길이 110mm   **몸무게** 7~9g
부리 ♂9~11mm ♀10~11mm **날개** ♂56~62mm ♀59~61mm **꼬리** ♂46~50mm ♀43~48mm **부척** ♂18~19mm ♀18~19mm
분포권 유럽 북동부, 러시아 사할린, 우수리강, 쿠릴열도, 인도차이나반도, 말레이반도, 베트남, 중국 동부, 만주 남동부, 타이완, 일본 혼슈
남한 중부 이북지역
북한 금강산 비로봉, 함경북도, 묘향산

도래 시기[월] 1 2 **3 4** 5 6 7 8 **9 10** 11 12

검은다리솔새

북한명 | 없음
Phylloscopus collybita
Siberian Chiffchaff

■ 나그네새   ■ 희귀함

몸길이 110mm   **몸무게** 6~9g
부리 10.1~12.5mm **날개** ♂57~67mm ♀54~63mm **꼬리** 42~54mm **부척** 17.5~21mm
분포권 아프리카 북부, 유럽 남서부, 러시아 시베리아 동부, 동남아시아,
　　　중국, 일본
　　남한 서해안 도서지역(흑산도, 어청도, 외연도)
　　북한 평양시

도래 시기[월] 1 2 **3 4** 5 6 7 8 **9 10** 11 12

형태 암수의 색이 흡사하다. 이마와 머리 상단, 뒷머리, 뒷목은 검은색이 도는 황록색이며 눈에는 노란색 눈썹선이 선명하다. 눈테는 황백색이다. 등과 어깨는 회갈색이며 위꼬리덮깃의 중앙부는 검은색이고 깃가는 황갈색이다. 턱밑과 멱은 옅은 황백색이며 가슴과 복부는 황백색이고 옆구리는 황갈색이다. 아래꼬리덮깃은 옅은 흑회색이며 끝은 검고 볼록하다. 부리는 흑회색이며 홍채는 적갈색이고 다리는 검다.
노랫소리 나무 위에 앉아 '찌짚, 찌짚, 찔찔 찌짚 찔' 하며 노래한다.
생활권 침엽수림과 활엽수림이 혼재되어 있는 풀이 무성한 혼효림에서 먹이를 구하며 생활한다.
번식 산란기는 4~6월이며 숲이 우거진 언덕 덤불 속의 풀숲 밑에 둥지를 튼다. 마른 풀줄기와 잎, 이끼로 원형 둥지를 만들고 출입구는 옆으로 낸다. 산좌에는 마른 잎과 잔뿌리, 깃털과 이끼를 깔고 알을 낳는다. 산란수는 5~6개 정도이며 알의 색은 흰색 바탕에 적갈색 반점이 있고 크기는 15mm다. 포란은 암컷이 전담하며 포란 기간은 12~13일이다. 육추는 암수가 함께 하며 육추 기간은 13~14일 정도다.
먹이 곤충류의 성충과 유충, 거미류.
현황 봄철과 가을철에 한반도를 지나가는 나그네새인지 아니면 길잃은 새인지 아직 확실한 자료가 없다. 이동기에 일본과 한반도 서해안 도서 지역인 흑산도와 어청도, 외연도에서 드물게 관찰된다 하나 확실한 자료가 없다.

아성조

연록잎산솔새

북한명 | 없음

Phylloscopus claudiae
Claudia's Leaf Warbler

■ 길잃은새　■ 희귀함

형태 암수의 외형이 비슷하다. 이마와 머리 상단, 뒷머리, 뒷목과 어깨는 옅은 연록색이 도는 흑회색이다. 위꼬리덮깃은 중앙부의 깃털이 회갈색이나 가장자리 깃털은 연록색이다. 눈에는 연록색 눈썹선이 있고 부리 기부에서 흘러내린 흑회색 눈선이 있다. 턱밑과 멱, 가슴과 복부는 옅은 연록색을 띤 흰색이며 날개에는 옅은 황색 줄이 두 줄 있다. 부리는 옅은 붉은색이 도는 포도색이다. 홍채는 짙은 흑갈색이며 다리도 흑갈색이다.

노랫소리 '핏-차, 핏-차 핏-차' 또는 '핏-취, 핏-취' 하며 노래한다.

생활권 주로 혼효림과 초지에서 먹이를 구하며 생활한다.

번식 산란기는 6~8월 초순이며 울창한 관목림이나 혼효림의 나뭇가지 위에 둥지를 튼다. 둥지는 마른 잎이나 줄기, 풀뿌리로 틀을 만들고 산좌에는 마른 잎과 줄기, 솔잎을 깔고 알을 낳는다. 산란수는 4~5개 정도이며 알의 색은 흰색이다. 포란은 주로 암컷이 하며 포란 기간은 12·13일이다. 육추는 암수가 함께 하며 육추 기간은 13·14일 정도다.

먹이 곤충류의 성충과 유충, 거미류, 식물의 씨앗.

현황 기상 이변이나 난기류 또는 기타 상황으로 무리에서 이탈하여 한반도로 유입된 길잃은새다. 2009년 4월 한반도 남서쪽 도서지역인 인천시 옹진군 소청도와 전라남도 신안군 홍도에서 관찰되었다고 하나 확인된 자료는 없다.

몸길이 105~120mm　몸무게 7.5~10g
부리 11.5~13mm **날개** 58~66mm **꼬리** 36~45mm **부척** 16~19mm
분포권 히말라야, 방글라데시, 중국 남서부
　　　　남한 인천시 옹진군 소청도, 전라남도 신안군 홍도
　　　　북한 자료 없음
도래 시기[월] 길잃은새

아성조

사할린되솔새

북한명 | 없음
Phylloscopus borealides
Sakhalin Leaf Warbler

■ 길잃은새 ■ 귀함

몸길이 115mm **몸무게** 10.7g
날개 ♂62~69mm **꼬리** ♂45.7~51.1mm **부척** ♂18~19mm
분포권 러시아 사할린, 쿠릴열도, 동남아시아, 말레이반도, 인도네시아,
　　　　 보르네오섬, 수마트라섬, 자바섬, 일본
　　　　 남한 남서쪽 도서지역
　　　　 북한 자료 없음
도래 시기[월] 길잃은새

형태 되솔새와 비슷하며, 암수가 색이 같다. 이마와 머리 상단, 뒷머리
와 뒷목은 짙은 회갈색이며 등과 어깨는 회갈색이고 아래꼬리덮깃은
적갈색이다. 눈에 황백색 눈썹선이 길며 선명하다. 턱밑과 멱, 가슴, 복
부는 회백색이고 날개깃은 녹갈색을 띠며 날개깃의 끝은 적갈색이다.
부리는 긴 편으로 회갈색을 띠며 홍채는 적갈색, 다리는 적회색이다.
노랫소리 '히-쭈, 힛쥬, 히-쮸기- 히-쥬기-' 하며 노래한다.
생활권 낙엽활엽수림과 침엽수림이 혼재된 고산지대의 혼효림지역에
서 생활하며 평지의 숲과 공원 등지에서도 먹이를 구하며 생활한다.
번식 산란기는 6월 초순~7월 하순이다. 숲이 울창한 곳의 나무뿌리 밑
이나 바위 밑에 둥지를 튼다. 마른 풀줄기나 잎, 이끼류로 밥그릇형 둥
지를 만들고 산좌에는 마른 풀잎이나 솔잎을 깔고 알을 낳는다. 산란수
는 4~5개 정도이며 알의 색은 흰색이고 크기는 16mm다. 포란은 암컷
이 전담하며 포란 기간은 13~14일이다. 육추는 암수가 함께 하며 육추
기간은 12~14일 정도다.
먹이 곤충류, 거미류.
현황 미기록종으로 기상 이변이나 난기류 또는 기타 상황으로 무리에
서 이탈하여 한반도로 유입된 길잃은새다. 한반도 남서쪽 도서지역에
서 목격되었다는 기록은 있으나 확실하지는 않다.

연노랑솔새

북한명 | 없음
Phylloscopus trochilus
Willow Warbler

■ 길잃은새   ■ 희귀함

형태 이마와 머리 상단, 뒷머리, 뒷목, 빰은 올리브갈색이며, 등과 어깨는 황록색이다. 엷은 연노랑색 눈썹선이 가늘고 길며 뚜렷한 편이다. 여름깃은 턱밑과 멱, 가슴, 옆구리, 아래꼬리덮깃이 연노랑색이며 배는 흰색이 도는 노란색이다. 부리가 가늘고 뾰족하며 윗부리는 흑갈색, 아랫부리는 황색이다. 홍채는 짙은 흑갈색이다. 다리는 가늘며 계절에 따라 연갈색을 띠고 가을과 겨울에는 붉은빛이 돈다.

노랫소리 '삐이짓, 삐짓, 삐이짓' 하면서 가늘고 날카롭게 지저귄다.

생활권 덤불이 자라는 관목림과 초원, 공원이나 정원, 강변의 수림에서 생활한다.

번식 번식기는 5~8월이다. 관목림의 덤불이 자라는 땅바닥에 식물 줄기와 나뭇잎, 풀잎, 이끼 등으로 밥그릇형 둥지를 튼다. 산좌에 마른 풀잎과 이끼, 동물 털과 깃털을 깔고 흰색 알을 4~6개 낳는다. 알의 크기는 15mm다. 포란은 암컷이 전담하며 포란 기간이나 육추 기간은 정확히 밝혀지지 않았다.

먹이 주로 곤충류와 유충, 거미류.

현황 길잃은새다. 시베리아 극동지역에 서식하는 일부 개체가 월동하기 위해 한반도 남단의 이어도, 서해안의 여러 섬을 거쳐 홍도와 흑산도를 경유할 때 드물게 관찰된다.

몸길이 110~115mm   **몸무게** 7~9g

분포권 아프리카 북부, 유라시아 북부, 스칸디나비아반도 북부, 러시아 시베리아 서남부

　　　　　남한 전라남도 신안군 홍도 등 서해안과 남해안 도서지역

　　　　　북한 자료 없음

도래 시기[월] 길잃은새

아성조

여름깃

겨울깃

흰눈썹황금새

북한명 | 흰눈썹황금새
Ficedula zanthopygia
Tricolor Flycatcher

■ 여름철새　■ 흔치 않음

몸길이 130mm　**몸무게** 12~15g
부리 ♂10~12mm ♀9.5~10mm　**날개** ♂65~75mm ♀65~71mm
꼬리 ♂44~50mm ♀43~51mm　**부척** ♂15~19mm ♀14~16mm
분포권 러시아 남동부, 아무르강, 우수리강, 말레이반도, 수마트라섬,
　　　　　 베트남, 인도차이나반도, 몽골 동부, 만주, 중국 동부, 일본, 타이완
　　　　　 남한 전역
　　　　　 북한 전역

도래 시기[월] 1 2 3 **4 5 6 7 8 9** 10 11 12

형태 수컷은 이마와 머리 상단, 뒷머리, 뒷목, 등, 어깨, 위꼬리덮깃이 검은색이다. 눈에는 순백색의 눈썹선이 흐르고 등에는 깃축을 따라 회색빛이 돈다. 몸통 아랫면은 선황색이며 날개에는 흰색 무늬가 뚜렷하다. 암컷은 이마와 머리 상단, 뒷머리, 뒷목, 등, 위꼬리덮깃이 황갈색이며 허리는 황색이다. 날개와 꼬리는 암갈색이며 턱밑과 멱, 가슴, 복부는 담백색이다. 턱밑과 가슴에 갈색 비늘무늬가 있는 것도 있다. 날개에는 흰색 무늬가 있다. 수컷의 부리는 검은색이며 암컷은 흑갈색이다. 홍채는 갈색이며 다리는 짙은 흑갈색이다.

노랫소리 '피-피-피-피티오우-' 하는 소리를 반복하여 노래한다.

생활권 야산의 숲속이나 혼효림, 공원, 정원 등에서 먹이를 구하며 생활한다.

번식 산란기는 4월 하순~6월 초순이며 활엽수림이나 혼효림 등의 나무구멍이나 인공새집(인공소상), 건물의 틈새 또는 나뭇가지 위에 이끼류와 마른 풀잎 또는 줄기로 밥그릇형 둥지를 튼다. 둥지는 지상 2.5~7m 정도 높이에 지으며 크기는 외경 108~110mm, 내경 53~61mm, 깊이 35mm, 높이 55mm다. 산좌에는 이끼류와 식물의 잔뿌리, 솔잎을 깔고 알을 낳는다. 산란수는 4~6개 정도다. 알의 색은 담백색 바탕에 적갈색의 무늬가 있다. 알의 크기는 평균 14mm이며 무게는 평균 1,337g이다. 포란은 암컷이 전담하며 포란 기간은 11~12일이다. 육추는 암수가 함께 하며 육추 기간은 12~13일 정도다.

먹이 곤충류, 거미류. 북한생물학연구소에서 26마리의 위를 조사한 결과, 초시목 곤충 1마리, 직시목 곤충 1마리, 초시목과 린시목 유충 1마리, 막시목 곤충 1마리가 나왔다.

현황 한반도 전역에 도래하는 여름철새다. 과거에는 많은 개체수가 관찰되었으나 근래에 들어와 보기 드문 종이 되어간다.

황금새

북한명 | 노랑눈썹황금새
Ficedula narcissina
Narcissus Flycatcher

형태 수컷은 이마와 머리 상단, 뒷머리, 뒷목, 등, 위꼬리덮깃이 검은색이며 눈에 황색의 눈썹선이 선명하게 흐르고 허리는 붉은색이 도는 황색이다. 몸통 아랫면의 턱밑과 멱, 가슴, 복부는 오렌지색을 띤 황색인데 멱과 턱밑은 붉은색이 도는 옅은 황색이다. 하복부는 흰색이며 날개에는 흰색 무늬가 있다. 암컷의 몸통 윗면은 옅은 녹색을 띤 갈색이며 꼬리는 적갈색이다. 몸통 아랫면은 흰색이며 가슴과 옆구리는 담갈색이다. 부리는 검고 홍채는 갈색이며 다리는 짙은 갈색이다.

노랫소리 '찟쩌리리, 찟쩌리리, 히이' 또는 '삐이삐, 뽀요코삐' 하며 노래한다.

생활권 활엽수림이 울창한 산림 또는 공원과 정원, 나무가 있는 강가에서 먹이를 구하며 생활한다.

번식 산란기는 5~7월이며 활엽수림이나 혼효림에 둥지를 튼다. 나무 구멍이나 딱따구리가 뚫다 만 구멍, 인공새집을 이용한다. 마른 풀잎이나 줄기를 이용하여 밥그릇형으로 둥지의 틀을 만들고 이끼류와 취, 풀뿌리로 외형을 가꾼다. 산좌에는 잔뿌리와 이끼류, 동물의 털을 깔고 알을 낳는다. 둥지의 크기는 외경 200mm, 내경 75mm, 높이 100mm, 깊이 50mm다. 산란수는 4~5개 정도이며 알의 색은 옅은 분홍색 바탕에 적갈색과 자색 얼룩점이 있고, 또한 청록색 바탕에 적갈색과 자색 얼룩점이 있는 것도 있다. 포란은 암컷이 전담하며 포란 기간은 13일이다. 육추는 암수가 함께 하며 육추 기간은 13~15일 정도다.

먹이 곤충류의 성충과 유충, 거미류.

현황 봄철과 가을철에 한반도를 지나가는 나그네새로 최근 한반도 남부에서 소수의 무리가 번식하는 것이 확인되었다.

몸길이 135mm　**몸무게** 14~17g
부리 ♂12mm ♀11~12mm **날개** ♂73mm ♀70~76mm **꼬리** ♂47mm ♀47~56mm
부척 ♂16.5mm ♀15.5~16mm
분포권 러시아 사할린, 보르네오섬, 베트남, 인도차이나반도, 필리핀,
　　　　중국 동부, 타이완, 일본
　　　　남한 남부지방
　　　　북한 자료 없음

도래 시기[월] 1 2 **3 4** 5 6 7 8 **9 10** 11 12

노랑딱새

북한명 | 노랑솔딱새
Ficedula mugimaki
Mugimaki Flycatcher

■ 나그네새　■ 흔함

몸길이 130mm　**몸무게** 10~13g
부리 ♂8.5~10mm ♀8~10mm **날개** ♂70.5~77mm ♀69.5~73mm **꼬리** ♂46~57mm
♀45.5~46mm **부척** ♂15.0~18mm ♀15.5~19mm
분포권 러시아 시베리아 남동부, 사할린, 오호츠크해 연안, 아무르강,
　　　　 우수리강, 말레이반도, 자바섬, 보르네오섬, 베트남, 중국,
　　　　 만주 동북부, 타이완, 일본
　　　　남한 자료 없음
　　　　북한 백두산 일대, 무두봉 일대의 침엽수림
도래 시기[월] 1 2 **3 4** 5 6 7 8 **9 10** 11 12

흰눈썹황금새　　황금새　　노랑딱새

형태 수컷은 이마와 머리 상단, 뒷머리, 뒷목, 등, 허리, 위꼬리덮깃은 검은색이다. 눈뒤에 순백색의 짧은 눈썹선이 자리하고 큰날개덮깃과 바깥꼬리깃의 기부에 흰색 띠가 있다. 턱밑과 멱, 가슴은 오렌지색을 띤 갈색이며 배 부분은 흰색이다. 암컷은 이마와 머리 상단, 뒷머리, 뒷목, 등과 위꼬리덮깃이 옅은 녹색을 띤 갈색이고 턱밑과 멱, 가슴은 옅은 황갈색이며 배 부분은 흰색이다. 수컷의 부리는 검고 암컷은 짙은 갈색이다. 홍채는 갈색이며 다리는 회갈색이다.
노랫소리 '삐, 삐, 삐, 삐삐, 삐삐삐삐' 하며 부드러운 소리로 노래한다.
생활권 소나무 숲과 잡목림이 울창한 곳에서 먹이를 구하며 생활한다.
번식 산란기는 6월 상순~중순이며 침엽수의 가지에 둥지를 튼다. 이끼류와 화본과의 마른 풀줄기와 잎으로 둥지를 만들고 산좌에는 마른 풀줄기와 잎, 동물의 털을 깔고 알을 낳는다. 둥지의 크기는 외경 90~110mm, 내경 60mm, 깊이 36mm다. 산란수는 4~8개 정도이며 알의 색은 옅은 올리브녹색 바탕에 적갈색 얼룩점이 산재해 있다. 알의 크기는 평균 17mm이다. 포란은 암컷이 전담하며 포란 기간은 12~14일 정도다. 육추는 암수가 함께 한다.
먹이 곤충류의 성충과 유충, 장과, 식물의 씨앗. 북한생물학연구소에서 5월 15일~7월 20일에 16마리를 포획하여 위 속 내용물을 조사한 결과 초시목 곤충을 먹은 것이 14마리, 초시목 곤충과 장과를 먹은 것이 1마리, 기타 곤충의 성충과 유충을 먹은 것이 1마리였다.
현황 봄철과 가을철에 한반도를 지나가는 나그네새다. 백두산 고산지역에서 번식기에 채집된 기록이 있다.

아성조

우

♂

붉은가슴흰꼬리딱새

북한명 | 흰꼬리솔딱새
Ficedula parva
Red-breasted Flycatcher

형태 수컷은 이마와 머리 상단, 뒷머리, 뒷목, 등, 허리가 회갈색이며 날개깃은 갈색이다. 위꼬리덮깃은 흑갈색이며 꼬리는 기부가 회백색이고 중간 이후는 흑갈색이다. 턱밑과 멱, 가슴은 주황색이며 아랫가슴과 복부는 흰색이고 양옆은 회색이다. 아래꼬리덮깃의 기부는 흰색이며 아래는 갈색이다. 암컷은 몸통 윗면이 갈색이고 턱밑과 멱, 가슴과 복부는 갈색이 도는 흰색이다. 날개와 꼬리는 갈색이고 끝부분은 검다. 홍채는 갈색이고 부리와 다리는 흑회색이다.

노랫소리 빠른 소리로 반복하여 '트비, 트비, 드르르르 롯, 트르, 트비, 짓' 하며 노래한다.

생활권 평지와 낮은 산의 수풀과 공원, 정원에서 먹이를 구하며 생활한다.

번식 산란기는 5~6월이며 오래된 나무의 수공이나 가문비나무의 갈라진 가지에 마른 풀잎과 줄기, 섬유로 밥그릇형 둥지를 만들고 산좌에 이끼와 섬유를 깔고 알을 낳는다. 산란수는 5~6개 정도이며 알의 색은 옅은 회색 바탕에 작은 적갈색 얼룩점이 산재해 있다. 포란은 암컷이 전담하며 포란 기간은 12~13일이다. 육추는 암수가 함께 하며 육추 기간은 16일이다.

먹이 곤충류의 성충과 유충.

현황 길잃은새로 분류되고 있으나 근래에 들어와 서해 도서지역에서 자주 관찰된다. 매년 소수 무리가 도래하고 있다.

몸길이 115~125mm 몸무게 8.5~11.5g
분포권 스칸디나비아반도, 중부 유럽, 우크라이나, 코카서스, 파키스탄, 인도, 타이완, 일본
　　　남한 서해 도서지역
　　　북한 자료 없음
도래 시기[월] 1 2 **3 4** 5 6 7 8 **9 10** 11 12

흰꼬리딱새

북한명 | 흰꼬리솔딱새
Ficedula albicilla
Taiga Flycatcher

■ 나그네새 ■ 희귀함

몸길이 115~120mm **몸무게** 8~13.5g
부리 9~11mm **날개** 64~69mm **꼬리** 53~57mm **부척** 16~18mm
분포권 **동양형** 러시아 시베리아 동부, 오호츠크해 연안, 캄차카반도,
　　　쿠릴열도, 아무르강, 우수리강, 중국 중북부, 만주, 몽골 북부,
　　　티베트, 인도차이나반도, 말레이반도, 베트남, 일본
　　　유럽형 중부 유럽 전역
　　　남한 자료 없음
　　　북한 중부 이북지역

도래 시기[월] 1 2 **3 4** 5 6 7 8 **9 10** 11 12

형태 수컷의 아마와 머리 상단, 뒷머리, 뒷목, 등, 허리는 회갈색이다.
턱밑과 멱, 윗가슴은 주황색이며 복부는 황갈색이 도는 흰색이다. 위꼬
리덮깃은 검은색이며 바깥꼬리깃은 흰색이다. 암컷의 멱과 가슴은 수
컷과 흡사하나 갈색빛이 돈다. 턱밑과 멱은 크림색이다. 눈앞, 얼굴, 가
슴, 옆구리는 황갈색이 도는 회색이다. 부리는 흑갈색이며 홍채는 갈색
이다. 다리는 갈색이다.
노랫소리 '삐요, 삐삐, 삐요, 삐삐' 하며 노래한다.
생활권 공원, 정원, 야산의 숲에서 먹이를 구하며 생활한다.
번식 산란기는 5~6월이며 야산의 교목이나 노거수 수동에 이끼류와
마른 식물의 풀과 줄기 또는 잔가지를 이용하여 밥그릇형 둥지를 만
든다. 산좌에는 동물의 털을 깔고 마른 잎을 깐다. 둥지의 크기는 외경
900mm, 내경 60mm, 높이 35mm, 깊이 25mm다. 산란수는 5~6개이며
알의 색은 푸른색빛이 도는 탁한 흰색 바탕에 적갈색 얼룩점이 있다. 알
의 크기는 17mm다. 포란은 암컷이 전담하며 포란 기간은 12~13일이
다. 육추는 암수가 함께 하며 육추 기간은 15~16일 정도다.
먹이 곤충류, 장미과 열매.
현황 봄, 가을철에 한반도를 지나가는 나그네새로 중부 이북지역을 드
물게 통과한다.

우 어린새

우

♂

큰유리새

북한명 | 큰류리새
Cyanoptila cyanomelana
Blue-and-white Flycatcher

■ 여름철새 ■ 드묾

형태 수컷의 이마와 머리 상단, 뒷머리, 뒷목, 등, 꼬리는 군청색이다. 얼굴과 옆목, 턱밑, 멱, 앞목, 윗가슴은 검은색인데 가슴과 멱은 군청색이 돈다. 아랫가슴과 복부, 아래꼬리덮깃은 흰색이다. 날개덮깃은 군청색이며 날개깃은 검고 바깥쪽은 군청색을 띤다. 암컷의 이마와 머리 상단, 뒷머리, 뒷목, 등, 꼬리는 녹색이 도는 갈색이다. 턱밑과 멱, 가슴은 회갈색이며 배와 아래꼬리덮깃은 흰색이다. 허리와 위꼬리덮깃은 다갈색이다. 수컷의 부리는 검고 암컷은 흑갈색이다. 홍채는 갈색이며 다리는 짙은 갈색이다.

노랫소리 '삐리 삐리 삐리 삐이 삐이, 삐이 쯔그, 기지, 기지' 하며 반복해서 노래한다.

생활권 계곡을 끼고 있는 활엽수림에서 주로 생활한다. 묘향산에서는 해발 1,500m 고산지역에서도 생활한다.

번식 산란기는 5~7월이며 낙엽활엽수림이 있는 계곡에 둥지를 튼다. 바위나 암벽의 틈에 나냥의 이끼류와 산뿌리, 낙엽을 섞어 밥그릇형 둥지를 만들고 산좌에 잔뿌리와 이끼류를 깔고 알을 낳는다. 둥지의 크기는 외경 110mm, 내경 65mm, 높이 55mm, 깊이 40mm다. 산란수는 3~5개 정도이고 알의 색은 흰색 또는 갈색이 도는 흰색이며 담갈색 얼룩점이 있다. 알의 크기는 20mm이며 무게는 2.5g이다. 포란은 암컷이 전담하며 포란 기간은 12~13일이다. 육추는 암수가 함께 하며 육추 기간은 13일 정도다.

먹이 곤충류, 거미류, 다족류, 장미과 열매.

현황 한반도 전역에서 흔히 번식하는 여름철새다. 근래에 들어와 개체수가 급격하게 줄어드는 추세다.

몸길이 165mm **몸무게** 20~26g
부리 10~12mm **날개** ♂90~97mm ♀86~92mm **꼬리** ♂61~68mm ♀57~63mm
부척 15~17mm
분포권 인도차이나반도, 필리핀, 보르네오섬, 베트남, 중국 동부, 타이완, 일본
　　　　남한 전역
　　　　북한 전역
도래 시기[월] 1 2 3 **4 5 6 7 8 9** 10 11 12

솔딱새

북한명 | 담색솔딱새
Muscicapa sibirica
Sooty Flycatcher(Dark-sided Flycatcher)

■ 나그네새 ■ 흔치 않음

몸길이 135mm **몸무게** 12~16g
부리 8~13mm **날개** ♂80~83mm ♀77~82mm **꼬리** 51~54mm **부척** ♂12~13mm
♀12~13.5mm
분포권 러시아 시베리아 남동부, 아무르강, 우수리강, 사할린, 캄차카반도,
　　　　쿠릴열도, 타이완, 자바섬, 수마트라섬, 보르네오섬, 인도차이나반도
　　　　말레이반도, 베트남, 중국 동부, 만주, 몽골 북부, 일본
　　　　남한 자료 없음
　　　　북한 함경북도, 평안북도, 평안남도 증산군, 차일봉, 강원도 고산지역
도래 시기[월] 1 2 **3** **4** 5 6 7 8 **9** **10** 11 12

형태 암수의 색이 같다. 이마와 머리 상단, 뒷머리, 뒷목, 등은 탁한 회갈색이며 위꼬리덮깃은 흐린 회색이다. 눈앞은 담회색이며 뺨과 귀깃은 옅은 회색이다. 턱밑과 멱은 흰색이며 가슴과 옆구리에는 짙은 회갈색 세로무늬가 있다. 배와 아래꼬리덮깃은 흰색이다. 날개는 흑갈색이며 흰색의 띠가 있다. 암컷의 몸통 아랫면은 회색이지만 수컷과 구별하기 어렵다. 눈테는 희고 부리는 흑갈색이며 홍채와 다리는 갈색이다.

노랫소리 '찟 찟 찌찟' 또는 '치이지크 치이지크' 하며 노래한다.

생활권 우리나라에서는 활엽수림이나 침엽수림의 혼효림에서 생활한다. 번식기에는 활엽수림의 한계선이자 침엽수림이 시작되는 해발 1,500~2,300m 혼효림지역에서 목격되며 러시아에서도 침엽수림에서 생활한다.

번식 산란기는 6~7월이며 침엽수림과 활엽수림이 혼재된 아고산지역에서 지상 2~20m의 높은 나뭇가지 위에 둥지를 튼다. 소나무 겨우살이인 송라(松蘿)를 주로 사용하며 이끼와 마른 풀줄기, 작은 나뭇가지를 섞어 밥그릇형 둥지를 만들고 산좌에 송라와 이끼, 낙엽을 깔고 알을 낳는다. 둥지의 크기는 지역에 따라 다소 차이가 나는데, 외경 90~120mm, 내경 60mm, 깊이 25mm, 높이 50~60mm이며 러시아에서는 외경 75~120mm, 내경 44~60mm, 깊이 15~41mm다. 산란수는 3~5개 정도다. 알은 청백색 또는 청록색 바탕에 자색이 도는 갈색 얼룩점이 있고 크기는 평균 17mm다. 포란은 암컷이 전담하며 포란 기간은 12~13일이다. 육추는 암수가 함께 하며 육추 기간은 13일 정도다.

먹이 곤충류, 거미류.

현황 봄철과 가을철에 한반도를 지나가는 나그네새다. 한반도 북부 지역에서 소수 무리가 번식하는 것으로 짐작된다.

제비딱새

북한명 | 제비솔딱새
Muscicapa griseisticta
Grey-spotted Flycatcher(Grey-streaked Flycatcher)

■ 나그네새 ■ 흔함

형태 암수의 색이 같다. 이마와 머리 상단, 뒷머리, 뒷목, 등, 위꼬리덮깃은 갈색을 띤 회색이다. 등과 그 아랫면은 암갈색을 띤 회색이다. 눈앞은 담갈색이며 귀깃과 뺨은 회갈색이다. 턱밑과 멱, 가슴, 복부는 모두 흰색이며 가슴과 옆구리에 갈색을 띤 회색 세로줄무늬가 있다. 위꼬리덮깃은 암갈색이다. 윗부리는 흑갈색이며 아랫부리 기부는 색이 엷다. 홍채는 갈색이며 다리는 흑갈색이다.

노랫소리 평소 소리를 내지 않는 조용한 습성을 가진 새로 노랫소리를 듣는 것이 매우 어렵다.

생활권 야산의 숲속이나 공원과 정원에서 모습을 볼 수 있다. 딱새류는 임지나 삼림에서 서식하는 작은 새로, 곤충을 잡아먹는 방식으로 식별할 수 있다. '조용한 관찰자' 전략을 구사해 낮은 나뭇가지에 앉아 있다가 날아드는 곤충을 갑자기 습격하여 사냥감을 포획하는데 18초마다 1마리씩 잡아먹을 수 있다. 날씨가 추워지고 곤충이 적어지면 그늘 층의 나뭇잎 더미 사이를 선회하며 먹이를 찾는다. 이렇게 하려면 더 많은 에너지가 소모된다.

번식 산란기에 대한 자료는 조사된 기록이 거의 없다. 북한생물학연구소 자료를 보면 봄철인 5월과 가을철인 9월에 지나가는 나그네새로 알려졌으나 최근 백두산 삼지연 일대에서 6월과 7월에 여러 마리가 포획되었고 특히 7월 10일에는 어린 새끼까지 포획해 이 일대에서 번식한다고 결정한 바 있다. 알의 색은 녹색 바탕에 옅은 담갈색 구름무늬가 있고, 크기는 17mm, 무게는 0.75g이다.

먹이 초시목 곤충의 성충과 애벌레, 개미류.

현황 봄철과 가을철에 한반도 전역에 걸쳐 드물지 않게 관찰되는 나그네새다. 북한의 고산지역에서는 여러 가지 정황상 소수의 무리가 번식하고 있는 것으로 보이나 확인되지는 않고 있다.

몸길이 145~150mm **몸무게** 13~19g
부리 ♂8.5~10mm ♀9~110mm **날개** ♂78~86mm ♀76~80mm **꼬리** ♂48~57mm ♀45~50mm **부척** ♂13~15mm ♀13~13.1mm
분포권 러시아 캄차카반도, 쿠릴열도, 사할린, 아무르강, 우수리강, 중국 동부, 만주, 타이완, 일본 북부, 필리핀, 몰루카제도, 뉴기니 서북부
  남한 전역
  북한 고산지역

도래 시기[월] 1 2 **3** **4** 5 6 7 8 **9** **10** 11 12

우

♂

쇠솔딱새

북한명 | 솔딱새
Muscicapa dauurica
Asian Brown Flycatcher

몸길이 130mm　**몸무게** 12~16g

부리 ♂8.5~10mm ♀9~11mm 날개 ♂76~86mm ♀76~80mm 꼬리 ♂48~57mm ♀45~50mm 부척 ♂13~15mm ♀13~13.1mm

분포권 러시아 시베리아 동부, 아무르강, 우수리강, 사할린, 쿠릴열도 남부, 인도 북부, 히말라야, 미얀마, 스리랑카, 자바섬, 보르네오섬, 수마트라섬, 필리핀, 베트남, 중국 서북부, 만주, 몽골 북부, 일본, 타이완

남한 강원도 방태산, 충청북도 월악산

북한 전역

도래 시기[월] 1 2 **3 4** 5 6 7 8 **9 10** 11 12

형태 암수의 색이 같다. 이마와 머리 상단, 뒷머리, 뒷목, 등, 허리는 회갈색이다. 머리 상단과 뒷목에 암색 세로무늬가 있다. 눈앞은 희백색이며 흰색 눈테가 있다. 뺨과 귀깃, 옆목, 옆구리, 가슴 양쪽은 회갈색이다. 턱밑과 멱, 아랫가슴의 가운데는 엷은 회백색이고 하복부와 아래꼬리덮깃은 흰색이다. 꼬리는 짙은 회갈색이며 바깥깃은 색이 엷다. 부리의 끝은 검고 황갈색을 띤다. 홍채는 갈색이며 다리는 흑갈색이다.

노랫소리 '삐삐 삐이, 삐이, 삐지, 삐지' 하며 작은 소리로 노래한다.

생활권 서식지가 다양하지만 주로 활엽수림을 선호하며 기타 산림에서도 흔히 목격된다. 햇빛이 잘 드는 산록과 계곡에서 먹이를 구하며 생활한다.

번식 산란기는 5~6월이며 침엽수와 활엽수가 혼재된 숲에 둥지를 튼다. 나뭇가지 위에 다량의 이끼류와 섬유, 나무껍질, 거미줄로 단단하게 밥그릇형 둥지를 만들고 산좌에는 식물의 잔뿌리와 깃털, 동물의 털을 깔고 알을 낳는다. 둥지의 크기는 17mm이며 산란수는 4~5개 정도다. 알의 색은 청색 또는 갈색이 도는 회백색이다. 포란은 암컷이 전담하며 포란 기간은 12~13일이다. 육추는 암수가 함께하며 육추 기간은 14일 정도다.

먹이 곤충류, 거미류.

현황 봄철과 가을철에 한반도를 흔히 지나가는 나그네새다. 최근에 밝혀진 바에 따르면 강원도 방태산과 충청북도 월악산에서 번식하는 것이 확인되어 일부는 여름철새로 기록하기도 한다. 하지만 청둥오리 같은 겨울철새도 여름에 번식하고 있는 것을 미루어볼 때, 소수 개체가 계절을 바꿔 생식활동을 한다 하여 종 전체를 대표하는 것은 아닐 것이다.

어린새

회색머리딱새

북한명 | 없음
Muscicapa ferruginea
Ferruginous Flycatcher

형태 수컷의 이마와 머리 상단, 뒷머리는 흑회색이며 등과 어깨, 위꼬리덮깃은 적갈색이다. 턱밑과 멱은 흰색이며 검은색의 턱선이 있다. 뺨과 귀깃은 흑회색이며 앞가슴과 옆구리는 적갈색이다. 가슴과 복부의 중앙부는 황백색이며 아래꼬리덮깃은 적황색이다. 멱과 가슴의 경계선에는 검은색의 가는 실띠가 있다. 암컷의 이마와 머리 상단, 뒷머리, 뒷목은 흑회색이며 뺨은 황갈색빛이 도는 회갈색이다. 멱과 가슴 사이에 흑회색 띠가 있다. 가슴과 옆구리는 적황색이며 가슴 중앙부는 황색이다. 옆가슴과 배, 허리, 아래꼬리덮깃은 적갈색이다. 눈에 황백색 눈테가 있다. 부리는 흑회색이고 홍채는 적갈색이며 다리는 회색이다.
노랫소리 매우 높은 소리로 '취이이이, 칫트, 칫트, 칫트' 하며 노래한다.
생활권 주로 낙엽활엽수림과 침엽수림의 경계지역에서 먹이를 구하며 생활한다. 딱새류는 유럽, 아프리카, 아시아, 오스트레일리아의 대부분 지역과 태평양 섬에서 발견되며 연해 수풀이나 해발 4,000m 고산 숲에서도 생활한다.
번식 번식 생태에 관한 조사가 이루어지지 않은 종이다. 일부 딱새들은 사람들이 달아놓은 인공새집을 즐겨 이용한다.
먹이 곤충류. 전형적인 딱새는 상대적으로 넓고 편평한 부리와 콧구멍 주위에 '콧수염'이라고 불리는 변이된 깃털이 있어서 날아다니는 곤충을 잡는 데 유리하다.
현황 봄철과 가을철에 이동 경로에서 이탈하여 한반도로 유입된 길잃은새로 한반도 남서부 도서지역인 홍도와 어청도, 외연도에서 목격된다는 기록이 있으나 확실한 근거는 취약하다.

몸길이 120~130mm **몸무게** 9~16.7g
분포권 히말라야, 동남아시아, 필리핀, 보르네오섬, 수마트라섬, 중국 남부
　　남한 전라남도 신안군 홍도, 충청북도 보령시 외연도,
　　　　　전라북도 군산시 어청도
　　북한 자료 없음
도래 시기[월] 길잃은새

아성조

♀

♂

파랑딱새

북한명 | 없음
Eumyias thalassina
Asian Verditer Flycatcher

■ 길잃은새 ■ 희귀함

몸길이 120~180mm 몸무게 15~20g
분포권 인도, 아시아 서남부, 인도네시아, 타이완, 필리핀, 보르네오섬,
　　　수마트라섬, 중국 서남부
　　남한 제주도, 전라남도 신안군 흑산도, 가거도
　　북한 자료 없음
도래 시기[월] 길잃은새

형태 수컷의 이마와 머리 상단, 뒷머리, 뒷목은 청백색을 띠며 짙은 검은색 눈선이 부리 기부에서 이마와 눈앞을 지난다. 등과 어깨는 청백색을 띠며 날개와 날개의 끝부분은 검은색이다. 꼬리깃은 청색인데 중앙부 깃의 깃축은 검고 청색이며 끝자락은 검다. 턱밑과 멱은 청백색이며 가슴과 복부는 탈색된 청색이다. 아래꼬리덮깃은 청색빛이 도는 검은색이다. 암컷은 수컷에 비해 갈색빛이 도는 청색이며 색이 엷고 흐리다. 이마와 눈앞의 눈선은 옅은 회색이다. 부리는 검고 홍채는 흑갈색이며 다리는 검다.
노랫소리 '쯔쭈, 쭈이, 쯔쭈, 쭈이' 하며 노래한다.
생활권 저지대의 활엽수림에서 주로 생활한다.
번식 산란기는 5~6월 하순이며 숲속 나무줄기의 수공이나 딱따구리가 사용했던 낡은 둥지를 이용하기도 한다. 마른 풀줄기와 잎, 이끼류로 밥그릇형 둥지를 만들고 산좌에는 마른 풀뿌리와 잎, 이끼를 깔고 알을 낳는다. 둥지의 크기는 외경 170mm, 내경 120mm, 깊이 25mm, 높이 75mm다. 산란수는 3~4개이며 알의 크기는 19mm다. 알의 색은 붉은색이 도는 흰색이며 타원형이다. 포란은 주로 암컷이 하며 포란 기간은 12~13일이다. 육추는 암수가 함께 한다.
먹이 곤충류의 성충과 애벌레.
현황 길잃은새로 이동기에 경로를 이탈하여 한반도로 유입된 새로 간주된다. 4~5월경 제주도와 흑산도 등 한반도 남서부 일부 도서지역에서 관찰된다.

우

♂

긴꼬리딱새 삼광조

북한명 | 검은긴꼬리새

Terpsiphone atrocaudata

Black Paradise Flycatcher

■ 여름철새
■ 환경부 지정 멸종위기 야생조류 Ⅱ급,
IUCN Red List NT

형태 이마와 머리 상단, 목은 검은색빛이 도는 적갈색을 띠며 보라색 광택이 난다. 뒷머리에 짧은 모관이 있고 등은 광택이 나는 보라색 또는 다갈색이며 날개와 허리, 위꼬리덮깃은 보라빛을 띤 검은색이다. 중앙의 꼬리깃 2개는 유난히 길다. 수컷은 꼬리를 제외한 몸길이가 100mm에 불과하다. 배는 흰색이며 암수 모두 푸른색 눈테가 있다. 암컷의 이마와 머리 상단, 뒷머리는 흑회색을 띤다. 등은 다갈색이며 날개는 흑갈색 덮깃에 첫째, 둘째날개깃의 가장자리와 셋째날개깃의 바깥쪽은 다갈색이다. 꼬리도 다갈색인데 수컷보다 훨씬 짧으며 뒷머리에 있는 관모도 수컷보다 짧다. 부리는 청색이며 홍채는 갈색이고 다리는 회색이다.

노랫소리 '찌이, 찌이, 쯔끼, 쯔끼, 히오시, 뽀이, 뽀이' 또는 '꽈이, 꽈이, 쿠이쿠이, 쿠잇' 하며 다양한 소리로 노래한다.

생활권 침엽수와 활엽수가 혼재된 곳에서 먹이를 구하며 생활한다. 울창한 숲속에서도 습하고 그늘이 져 침침하고 음산한 곳이 이들의 거처다.

번식 산란기는 5~7월이다. 울창하여 그늘진 음침한 숲속 나뭇가지에 둥지를 튼다. 특히 활엽수림의 물푸레나무 가지가 갈라진 틈을 선호하며 겉에는 물이끼를 두껍게 바르고 그 위를 거미줄로 엮어 밑은 뾰족하고 위는 둥근 컵 모양 둥지를 만든다. 둥지의 크기는 외경 96×64mm, 내경 58×40mm, 높이 74mm, 깊이 35mm다. 산좌에 가늘게 자른 나무껍질과 깃털, 동물의 털을 깔고 알을 낳는다. 산란 수는 일반적으로 3~5개 정도이며 간혹 8~10개 낳기도 한다. 알의 색은 흰색이나 담갈색 바탕에 적갈색이나 보라색 반점이 산재해 있다. 알의 크기는 21mm다. 포란과 육추는 암수가 함께 하며 포란 기간은 12~13일, 육추 기간은 10~12일 정도다.

먹이 곤충류, 거미류.

현황 한반도 전역에서 번식하는 여름철새로 특히 거제도와 제주도 등지에서 많이 서식한다. 이 새의 명칭인 '삼광조'는 일본식 이름이며, 우리말 이름인 '긴꼬리딱새'로 시급히 개명해야 한다.

몸길이 ♂350~445mm ♀175~180mm 몸무게 17~22g
부리 15~21mm 날개 ♂89~96mm ♀83~91mm 꼬리 ♂256~340mm ♀77~100mm
부척 15~17mm

분포권 러시아 시베리아 남부, 동남아시아, 수마트라섬, 베트남, 중국 남동부, 타이완, 일본
　　　남한 전역, 거제도, 제주도 등 남부지역
　　　북한 함경남도 신상군, 개성시 박연, 천마산, 구월산

도래 시기[월] 1 2 3 **4 5 6 7 8 9** 10 11 12

♂

♀

♂

붉은긴꼬리딱새 별삼광조

북한명 | 붉은긴꼬리새   ● 여름철새   ● 희귀함

Terpsiphone paradisi
Asian Paradise Flycatcher

몸길이 ♂470~480mm ♀200~210mm   **몸무게** 20~22g

부리 ♂20mm ♀18.8~20mm   **날개** ♂94~94.5mm   **꼬리** 223~331mm   **부척** 16mm

분포권 아프가니스탄, 말레이시아, 필리핀, 수마트라섬, 우수리강, 중국 서부,
타이완, 일본 홋카이도

남한 자료 없음

북한 평안북도 룡천군 저호

도래 시기[월] 1 2 3 **4 5 6 7 8 9** 10 11 12

형태 수컷은 백색형과 갈색형이 있다. 갈색형의 이마와 머리 상단, 뒷머리, 뒷목은 청색 광택이 나는 검은색이며 뒷머리에 18mm 길이의 관모가 있다. 등과 어깨, 위꼬리덮깃은 흰색이지만 가늘고, 중앙에 난 깃 1쌍의 검은색 축과 그 양쪽에 검은색 축무늬가 있기 때문에 검게 보인다. 날개깃은 검고 윗가슴은 흑회색이며 아랫가슴과 배, 아래꼬리덮깃은 흰색이다. 암컷은 눈앞이 옅은 검은색이며 눈테는 청색이다. 머리 상단, 뒷머리, 뒷목은 청색 광택이 있는 검은색이다. 수컷에 비해 색이 흐리고 관모도 짧다. 등면은 수컷의 겨울깃 색과 비슷하나 옅은 갈색이다. 날개는 수컷과 같고 뺨과 귀깃, 턱밑과 멱은 옅은 청색을 띤 암회색이다. 가슴과 옆구리는 옅은 회색을 띠며 배의 중앙부와 아래꼬리덮깃은 흰색이다. 부리는 남청색이며 홍채는 갈색이고 다리는 옅은 회색이다.

노랫소리 '휘잇, 휘잇, 휘잇, 호잇, 호잇, 호잇' 하며 노래한다.

생활권 어두컴컴하고 습기 찬 활엽수림에서 먹이를 구하며 생활한다.

번식 산란기는 5~7월이며 높은 산지나 평지의 울창하고 습기가 있는 활엽수림의 나뭇가지 위에 둥지를 튼다. 둥지는 지상 6~10m 높이에 가장 많이 틀고 때로는 1m 정도의 낮은 높이에 틀기도 한다. 식물의 풀뿌리와 섬유, 풀줄기와 잎을 거미줄로 결합시켜 단단하게 외형을 만들고 산좌에는 깃털과 이끼를 깔고 알을 낳는다. 둥지의 크기는 긴꼬리딱새의 것보다 작은데 외경 65mm, 내경 49mm, 높이 70~80mm, 깊이 25~35mm다. 산란수는 3~4개 정도이며 알의 색은 흰색 또는 적갈색의 얼룩점이 산재해 있다. 알의 크기는 평균 20mm다. 포란과 육추는 암수가 함께 하며 포란 기간은 12~13일, 육추 기간은 12~13일 정도다.

먹이 곤충류.

현황 평안북도 룡천군 저호에서 5~6월에 자주 목격되며 여러 차례 채집된 기록이 있다. 4월에서 10월까지 번식하며 여름을 보내는 드문 여름철새다.

♂

♂ 백색형 개체

♂

우

오목눈이

북한명 | 오목눈
Aegithalos caudatus
Long-tailed Tit

형태 수컷의 이마와 머리 상단, 뒷머리, 뒷목은 흰색이고 폭이 넓은 검은색 눈썹선이 등과 어깨까지 이어져 있다. 등의 중앙부와 허리는 검은색이며 자주색과 흰색이 섞여 있다. 어깨덮깃은 적갈색이고 위꼬리덮깃은 검은색이며 꼬리깃가는 흰색이다. 턱밑과 멱은 흰색이며 가슴과 복부는 흰색에 옅은 흑갈색이 산재해 있다. 암컷은 수컷과 비슷하나 눈썹선 대신 검은색의 눈선이 폭 넓게 자리 잡고 있으며 몸통 아랫면은 전부 흰색이다. 부리는 검고 홍채는 짙은 갈색이며 다리도 갈색이다.

노랫소리 '찌르르, 찌르르' 또는 '찌리, 찌리, 쮜리, 쮜리' 하며 소리 내어 노래한다.

생활권 야산의 숲과 산림 속을 떼를 지어 다닌다. 덩굴숲, 나뭇가지에서 먹이를 구하면서 계속 이동한다.

번식 산란기는 4~6월이며 잡목림이나 관목림에 둥지를 튼다. 나뭇가지 사이에 다량의 이끼류와 거미줄로 타원형 둥지를 만든다. 둥지는 겉면에 나무줄기로 위장도 하며 출입구는 좁고 옆면 아래쪽을 향한다. 산좌에는 깃털을 깔고 알을 낳는데 산란수는 7~12개 정도이며 알의 색은 흰색 바탕에 자색과 적갈색의 작은 얼룩점이 산재해 있다. 알의 크기는 14mm다. 포란은 암컷이 전담하며 포란 기간은 13~14일이다. 육추는 암수가 함께 하며 육추 기간은 15~16일 정도다.

먹이 곤충류, 거미류, 식물의 씨앗.

현황 한반도 전역에서 흔히 볼 수 있는 텃새로 무리를 지어 생활한다. 북쪽에서 번식하던 흰머리오목눈이(*A.c.caudatus*)는 겨울철에 드물게 도래하는 아종으로 검은 눈썹선 없이 머리가 전부 순백색이다.

몸길이 135~145mm 몸무게 7~9g
부리 6~8mm **날개** 56~64mm **꼬리** 68~84mm **부척** 16~18mm
분포권 유라시아, 유럽 동부, 이란, 러시아 사할린, 연해주, 시베리아,
　　　　　오호츠크해 연안, 캄차카반도, 아무르강, 우수리강, 사할린, 연해주,
　　　　　중국 서북부, 만주, 몽골 북부, 일본
　　　　남한 전역
　　　　북한 전역
도래 시기[월] 텃새

흰머리오목눈이

♂

♀

갈박새 스윈호오목눈이

북한명 | 곧은부리박새
Remiz consobrinus
Chinese Penduline Tit

▪ 나그네새 ▪ 흔치 않음

몸길이 110mm 몸무게 8~11g
부리 ♂8.5~9mm **날개** ♂57.5~58mm **꼬리** ♂47.5mm **부척** ♂15mm
분포권 유럽, 아시아, 러시아 시베리아, 인도, 이란, 필리핀, 중국, 몽골, 일본
　　　남한 부산시 을숙도 일대
　　　북한 자료 없음

도래 시기[월] 1 2 **3 4** 5 6 7 8 **9 10** 11 12

형태 수컷은 눈을 지나는 검은색 띠가 뚜렷한 눈선을 이룬다. 눈앞의 아래쪽은 탁한 흰색이고 머리 상단과 뒷머리, 뒷목은 흑회색이며 이마와 검은색 띠의 경계면에는 흰색 줄이 있다. 턱밑과 멱은 흰색이며 뺨은 희다. 등과 어깻깃은 엷은 갈색을 띠며 가슴은 지저분한 적갈색을 띤 크림색이고 배와 옆구리도 크림색이다. 허리는 황색을 띤 갈색이며 위꼬리덮깃은 회갈색인데 각 깃 끝은 크림색을 띤다. 아래꼬리덮깃은 지저분한 흰색이며 깃 끝에는 회갈색 축무늬가 있다. 꼬리는 흑갈색이며 부리는 흑회색이다. 홍채는 암갈색이며 다리는 암회색이다. 암컷은 수컷과 비슷하나 색이 흐리고 머리와 눈선은 엷은 갈색이다. 부리는 회색이며 홍채는 갈색이고 다리는 암회색이다.

노랫소리 '삐-잇, 삐-잇' 또는 '치잇, 치잇, 휫, 휫, 휫' 하며 다양한 소리로 노래한다.

생활권 한반도에서 봄, 가을, 겨울에는 적은 수가 서식하며 여름에는 강 기슭, 호숫가 등 물가 갈대밭이나 습지 풀밭에서 먹이를 구하며 생활한다.

번식 산란기는 4월 하순~7월이며 물가의 버드나무, 자작나무, 사시나무가지 끝에 매달린 둥근형 둥지를 튼다. 식물의 줄기와 풀이삭, 버드나무의 솜털 따위를 재료로 틀을 만들고 산좌에는 섬유와 솜털, 마른 풀줄기와 잎을 깔고 출입구는 둥지의 윗면 옆으로 낸다. 둥지의 크기는 높이 140~175mm, 너비 95~120mm다. 둥지의 겉면은 수컷이 만들고 내부는 암컷이 꾸민다. 암컷은 산란 후에도 둥지를 꾸미는데 완성하기까지 2~4주가 걸린다. 산란수는 6~8개 정도이며 알의 색은 흰색이다. 알의 크기는 평균 16mm이며 무게는 5.5~7.5g이다. 포란은 암컷이 전담하며 포란 기간은 13~14일이다. 육추는 암수가 함께 하며 육추 기간은 16~18일 정도다.

먹이 곤충류의 성충과 유충, 식물의 씨앗.

현황 봄철과 가을철에 소수의 무리가 한반도를 지나가는 나그네새다. 1984년 부산시 을숙도 일대의 갈대숲에서 1,000여 마리 이상의 무리가 발견되었으나 현재는 찾아보기가 쉽지 않다. 1950년 출판된 『한국조류명휘』에서 표기한 대로 스윈호오목눈이라고 칭했으나, 서식지가 갈밭이며 갈박새과에 소속된 종이므로 '갈박새'라 개칭하는 것이 이치에 맞다.

우

♂

곤줄박이

북한명 | 곤줄메기
Parus varius
Varied Tit

■ 텃새 ■ 흔함

형태 암수의 색이 같다. 이마와 얼굴은 황색빛이 도는 흰색이다. 머리 상단과 뒷머리, 뒷목은 검은색인데 뒷머리와 뒷목 중앙으로 난 흰색 세로줄무늬가 선명하다. 등 위쪽은 갈색 반달무늬가 있고 나머지 몸통 윗면은 청회색이다. 턱밑과 멱은 검은색으로 가슴과 경계부분에 희미한 황백색 띠가 있다. 복부 중앙부는 황백색이며 하복부는 적갈색이다. 날개덮깃과 아래꼬리덮깃은 청회색이다. 부리는 회색이며 홍채는 갈색이고 다리는 흑회색이다.

노랫소리 '쯔쯔, 삐이, 삐이' 하며 반복적으로 소리를 내며 노래한다.

생활권 여름에는 산지의 혼효림에서 생활하며 겨울에는 평지로 내려와 잡목림이나 인가 근처에서 생활한다.

번식 산란기는 4~7월이며 잡목림이나 활엽수림의 노거수 수공, 건물의 벽 틈에 둥지를 튼다. 마른 풀줄기나 뿌리, 이끼류로 틀을 만들고 산좌에 동물의 털이나 깃털을 깔고 알을 낳는다. 산란수는 5~6개 정도이며 알이 새은 흰색 바탕에 저갈새 또는 가새와 작은 얼룩점이 산재해 있고 크기는 18mm다. 포란은 암컷이 주로 하며 포란 기간은 12~13일이다. 육추는 암수가 함께 하며 육추 기간은 14~16일 정도다.

먹이 곤충류, 거미류, 식물의 씨앗과 열매.

현황 한반도 전역에서 흔히 볼 수 있는 텃새로 특히 사찰 주변에서 자주 관찰된다. 호기심이 강해 사람의 행동에 민감하게 반응하며 신뢰가 쌓이면 사람과 접촉도 허용한다.

몸길이 140mm **몸무게** 14~20g
부리 ♂13.1~13.5mm ♀13.1~13.8mm **날개** ♂76~84mm ♀71~79mm
꼬리 ♂56~59mm ♀50.5~59mm **부척** ♂18.5~21mm ♀19~21mm
분포권 쿠릴열도, 중국 북동부, 일본
　　　남한 전역
　　　북한 전역
도래 시기[월] 텃새

쇠박새

북한명 | 굵은부리박새
Parus palustris
Marsh Tit

몸길이 115~125mm 몸무게 9~12g
부리 9~10mm **날개** ♂58~66mm ♀58~62mm **꼬리** ♂51~59mm ♀50~54mm
부척 14~15mm
분포권 유라시아 동부, 중국 북부, 만주, 일본
　　　남한 전역
　　　북한 전역
도래 시기[월] 텃새

형태 암수의 색이 흡사하다. 이마와 머리 상단, 뒷머리, 뒷목의 깃털은 길고 광택이 나는 검은색이다. 등과 허리, 어깨, 날개덮깃, 위꼬리덮깃은 옅은 회갈색이다. 턱밑과 멱은 검은색이며 얼굴과 목, 가슴과 배, 옆구리는 옅은 회백색으로 황갈색빛이 돈다. 아래꼬리덮깃은 흐린 흰색이다. 꼬리는 갈색을 띤 암회색이며 바깥깃은 회백색이다. 겨드랑이는 흰색이며 부리는 검고 홍채는 암갈색에 다리는 옅은 회색이다.
노랫소리 '쓰쯔삐이 쓰쯔삐이, 삐이 삐이' 하며 반복해서 노래한다.
생활권 산림이나 정원, 평지나 산지의 활엽수림에서 먹이를 구하며 생활한다.
번식 산란기는 4월 하순~5월 하순이다. 노거수의 수공이나 오래된 딱따구리 둥지를 이용하며 인공새집도 사용한다. 둥지는 다량의 이끼류로 밥그릇형 틀을 만들고 산좌에 섬유와 종이, 깃털과 동물의 털을 깔고 알을 6~8개 정도 낳는다. 대한조류협회에서 1996년 도봉산에 인공새집을 달고 관찰한 결과 매일 1개씩 산란한 것을 확인했다. 인공새집의 산란일과 산란수를 조사한 결과 5월 17일부터 23일까지 매일 1개씩 총 7개를 산란하고 포란하기 시작했다. 알의 색은 흰색 바탕에 적갈색의 작은 얼룩점이 산재해 있으며 크기는 미세한 차이는 있으나 평균 11mm다. 포란은 주로 암컷이 하며 가끔 수컷도 함께 한다. 포란 기간은 13~14일이다. 육추는 암수가 함께 하며 육추 기간은 16~18일이다.
먹이 곤충류의 성충과 애벌레, 식물의 열매.
현황 한반도 전역에서 쉽게 볼 수 있는 텃새다.

북방쇠박새

북한명 | 작은박새
Parus montanus
Willow Tit

■ 텃새　■ 희귀함

형태 쇠박새와 흡사하다. 이마와 머리 상단, 뒷머리는 광택이 없는 짙은 검은색이다. 뒷머리의 깃털이 등 위쪽 부분까지 내려오고 등과 허리는 옅은 회백색이며 빰과 옆목은 흰색이다. 턱밑과 멱에 폭이 좁은 검은색 무늬가 있다. 가슴과 배는 회색을 띤 흰색이다. 꼬리덮깃은 갈색을 띤 회갈색이며 모각을 이루지 않고 둥근 것이 특징이다. 암컷은 수컷과 흡사하지만 머리 상단이 갈색을 띤다. 부리는 쇠박새보다 작고 가늘며 검은색이다. 홍채는 갈색이며 다리는 회색이다.

노랫소리 '치이- 후우-, 치이-' 또는 '잇쯔, 잇쯔, 잇쯔' 하는 밝은 소리로 노래한다.

생활권 해발 600~1,000m 침엽수와 활엽수가 혼재된 수림에서 생활하며 시베리아 툰드라 지역에서 번식한다.

번식 산란기는 4~5월이다. 잡목림이나 활엽수림과 침엽수림에서 썩은 나무둥치의 구멍이나 딱따구리가 사용했던 둥지를 이용한다. 이끼류의 부드러운 깃털(솜털), 동물의 털을 산좌에 깔고 알을 낳는다. 산란수는 6~9개 정도이며 알의 색은 흰색 바탕에 적갈색 얼룩점이 산재해 있다. 포란은 주로 암컷이 하며 포란 기간은 12~13일이다. 육추는 암수가 함께 하며 육추 기간은 16~18일 정도다.

먹이 곤충류, 식물의 씨앗.

현황 북한의 텃새로 쇠박새와 흡사하여 야외에서 눈으로 식별하기는 불가능하다. 주로 한반도 북부 고산지역에서 서식한다. 1998년 지리산에서 채집된 기록이 있으며 한반도 전역에서 채집된 표본을 조사한 결과 드물게 서식하는 것으로 확인되었다. 필자는 시베리아 툰드라 지역 생태조사 때 이 새의 번식 장면을 사진으로 촬영한 바 있다.

몸길이 115mm　몸무게 9~12g
분포권 유럽, 러시아 시베리아 남동부, 사할린, 중국 중북부, 만주, 몽골, 일본
　　　남한 지리산
　　　북한 북부 고산지역
도래 시기[월] 텃새

진박새

북한명 | 깨새

Parus ater

Coal Tit

■ 텃새 ■ 흔함

몸길이 115mm **몸무게** 8~10g

부리 9~9.3mm **날개** 57~60.7mm **꼬리** 43~45.8mm **부척** 15.1~16mm

분포권 아프리카, 유라시아, 유럽, 러시아 사할린, 오호츠크해, 캄차카반도, 아무르강, 미얀마, 네팔, 이란, 중국 북부, 몽골 북부, 일본, 타이완

남한 전역

북한 전역

도래 시기[월] 텃새

형태 박새류 중에서 가장 작은 새로 북한에서는 '깨새'로 부른다. 암수의 색이 약간 다르다. 수컷은 눈앞과 이마, 머리 상단, 뒷머리, 뒷목의 양옆이 청색 광택이 강하게 나는 검은색이다. 뒷머리에 10mm 크기의 모관이 있고 뒷머리에서 뒷목으로는 순백색의 무늬가 자리 잡고 있다. 뺨은 흰색이며 등과 어깨, 허리, 위꼬리덮깃은 황갈색을 띤 청회색이다. 날개에는 흰색 줄이 2개 있다. 턱밑과 멱은 검은색이며 가슴과 배는 회색이 도는 흰색이다. 암컷은 모관이 짧고 턱밑과 멱의 검은색 범위가 좁고 짧다. 부리는 가늘고 흑회색이며 홍채는 짙은 갈색이고 다리는 청회색이다.

노랫소리 '치이, 치이, 치이, 삐이' 또는 '히치삐, 히치삐, 시치삐, 시치삐' 하며 빠른 소리로 노래한다.

생활권 평지보다 산지를 서식지로 선호한다. 침엽수와 활엽수가 혼재된 곳에서 먹이를 구하며 생활한다.

번식 산란기는 4~6월이다. 잡목림이나 활엽수림에서 굵은 나무의 수공이나 딱따구리가 사용했던 둥지, 인공새집, 나무가 갈라진 틈에 둥지를 튼다. 둥지의 소재는 주로 이끼류이며 버드나무 솜털과 동물의 털, 섬유, 휴지 등으로 밥그릇형 틀을 만들고 산좌에는 부드러운 이끼와 솜털, 동물의 털을 깔고 알을 낳는다. 둥지의 크기는 외경 100mm, 내경 46~50mm, 깊이 67mm, 높이 90mm다. 산란수는 7~11개이며 알의 색은 흰색 바탕에 옅은 자색과 적갈색의 작은 얼룩점이 산재해 있다. 크기는 15mm이며 무게는 0.75g이다. 포란은 암컷이 전담하며 포란 기간은 14일이다. 육추는 암수가 함께 하며 육추 기간은 16~19일이다.

먹이 곤충류, 거미류, 식물의 씨앗과 열매.

현황 한반도 전역에서 흔히 볼 수 있는 텃새다.

노랑배진박새

북한명 | 없음
Parus venustulus
Yellow-bellied Tit

■ 길잃은새 ■ 희귀함

형태 수컷의 이마와 머리 상단, 뒷머리, 뒷목은 검은색이며 황록색의 깃털이 산재해 있고 뒷목에는 흰색 반점이 있다. 눈에는 황백색 눈썹선이 있고 뺨과 얼굴은 검은색이며 뺨에는 폭 넓은 순백색 뺨선이 뚜렷하게 자리 잡고 있다. 어깨깃은 청회색이며 등과 위꼬리덮깃은 흑회색이다. 턱밑과 멱은 붉은색빛이 도는 황색이며 아랫부리 기부에서 흘러내린 검은색 턱선이 뚜렷하다. 가슴과 배는 황색이며 하복부는 황백색이고 아래꼬리덮깃은 회백색이다. 암컷은 수컷에 비해 색이 흐리고 체구도 작다. 턱선은 옅은 회색이며 몸통 아랫면의 노란색은 흐리다. 부리는 흑회색이며 홍채는 흑갈색이고 다리는 청회색이다.
노랫소리 '쮜쮜쮜 티, 쮜쮜쮜 티' 또는 '쭈쮸쮸, 횟, 횟, 휘' 하며 노래한다.
생활권 번식기에는 주로 침엽수림이 울창한 고산지역에서 생활하며 비번식기에는 저지대의 활엽수림에서 생활한다.
번식 산란기는 5월 상순~6월 초순이며 침엽수림의 관목 수공이나 딱따구리 둥지를 이용한다. 주로 이끼류와 잔뿌리, 식물의 줄기와 솔잎으로 밥그릇형 둥지를 만들고 산좌에는 이끼와 솔잎을 깔고 알을 낳는다. 산란수는 6~8개 정도다. 포란은 주로 암컷이 하며 포란 기간은 13~14일이다. 육추는 암수가 함께 하며 육추 기간은 13~14일 정도다.
먹이 곤충류의 성충과 애벌레.
현황 기상 이변이나 난기류 또는 기타 상황으로 무리에서 이탈하여 한반도로 유입된 길잃은새로 한반도 남부지역과 서해 도서지역에서 이따금 목격된다.

몸길이 100~120mm 몸무게 10~13g
분포권 인도 북부, 히말라야, 중국 남동부
　　　남한 서해 도서지역, 남부지역
　　　북한 자료 없음
도래 시기[월] 길잃은새

어린새

♀

♂

박새

북한명 | 박새
Parus major
Great Tit

몸길이 140mm **몸무게** 16~21g

부리 9~11mm **날개** ♂68~72mm ♀65~70mm **꼬리** ♂60~65mm ♀56~62mm **부척** 17~19mm

분포권 아프리카, 유라시아, 지중해 연안, 카나리아제도, 러시아 사할린, 아무르강, 우수리강, 쿠릴열도, 중국 북부, 만주, 일본

남한 전역

북한 전역

도래 시기[월] 텃새

형태 수컷의 이마와 머리 상단, 뒷머리는 금속광택이 나는 검은색이며 뒷목 중앙에 흰색의 큰 무늬가 자리 잡고 있다. 귀깃은 흰색이며 턱밑과 멱은 검은색이다. 옆목의 검은색 띠는 뒷머리와 합치되며 턱밑과 멱, 앞가슴을 따라 폭 넓은 검은색 띠가 하복부까지 흘러내리는데 이는 수컷의 특징이다. 등과 어깨깃은 황록색인데 아래로 내려가면서 회청색이 두드러진다. 가슴과 배는 순백색이며 중앙의 검은색 띠와 대비되어 더욱 하얗다. 위꼬리덮깃은 회청색이며 아래꼬리덮깃은 흰색이고 날개깃은 검은색이다. 암컷은 수컷과 흡사하나 가슴과 하복부의 검은색 띠가 수컷에 비해 좁고 빈약하다. 부리는 흑갈색이며 홍채는 갈색이고 다리는 흑회색이다.

노랫소리 '쮸그, 쮸그, 치이, 치이' 또는 '쯔삐 쯔삐 쯔쯔비' 하고 노래한다.

생활권 활엽수와 침엽수가 혼재된 수풀과 정원, 야산, 인가 근처 잡목림에서 먹이를 구하며 생활한다.

번식 산란기는 4~7월이며 숲속과 공원, 농촌의 인가 근처의 나무의 수공이나 돌 틈, 건물의 벽 틈, 인공새집에 둥지를 튼다. 다량의 마른 풀줄기와 잎, 섬유와 이끼를 이용하여 밥그릇형으로 둥지의 틀을 만들고 산좌에는 마른풀과 줄기, 깃털, 머리털, 동물 털을 깔고 알을 낳는다. 둥지의 크기는 외경 100~150mm, 내경 70mm, 깊이 40mm다. 산란수는 5~11개 정도이며 알의 색은 붉은빛이 도는 흰색 바탕에 붉은색 반점이 산재해 있다. 알의 크기는 평균 18mm이고, 무게는 1.1~1.6g 정도다. 포란은 암컷이 전담하며 포란 기간은 12~14일이다. 육추는 암수가 함께 하며 육추 기간은 19~21일 정도다.

먹이 곤충류, 거미류, 식물의 씨앗과 열매.

현황 대표적인 산림성 조류로 삼림의 해충을 잡아먹는 익조다. 한반도 전 지역에서 흔히 볼 수 있는 텃새다.

♂   ♀

동고비

북한명 | 동고비
Sitta europaea
Eurasian Nuthatch

■ 텃새　■ 흔함

형태 암수의 색이 같다. 이마와 머리 상단, 뒷머리, 뒷목은 청회색이다. 눈에는 흰색 눈썹선이 흐르고 부리 기부에서 흘러내린 검은색 띠가 눈을 관통하는 눈선을 이룬다. 턱밑과 멱, 가슴, 옆구리, 뺨은 흰색이다. 하복부는 황토색이며 아래꼬리덮깃은 흰색이다. 몸통 윗면은 청회색이며 위꼬리덮깃은 청색을 띤 회색이다. 날개깃은 검고 겨드랑이깃은 회색을 띤다. 윗부리는 검고 아랫부리는 흑회색이다. 홍채는 암갈색이며 다리는 갈색이다.

노랫소리 '삐잇, 삐잇 삐잇' 또는 '삐비비비비' 하며 빠른 소리로 노래한다.

생활권 한반도의 고산지역인 백두산 무두봉에서부터 삼림한계선인 낙엽활엽수림까지 서식한다. 겨울철에는 평지대인 잡목림과 혼효림에서 먹이를 구하며 단독생활을 즐긴다.

번식 산란기는 4~6월이며 잡목림의 수공이나 딱따구리가 사용했던 나무구멍 또는 인공새집을 둥지로 사용한다. 출입구가 크면 진흙으로 적당히 크기를 조절한다. 둥지를 만드는 데 소재를 전혀 사용하지 않기도 한다. 산좌에 식물의 마른 줄기와 뿌리, 솔잎과 낙엽을 깔고 알을 낳는다. 산란수는 5~8개 정도이며 알의 색은 흰색 바탕에 적갈색의 작은 얼룩점이 산재해 있다. 알의 크기는 19mm이며 무게는 18~20g이다. 포란은 암수가 함께 하며 포란 기간은 14~15일, 육추 기간은 23~25일 정도다.

먹이 곤충류와 거미류, 식물의 씨앗.

현황 한반도 전역에서 흔히 볼 수 있는 텃새로 특히 사찰 부근에서 많이 관찰된다. 나무를 거꾸로 오르내리는 특이한 행동을 하는데 이때 딱따구리는 꼬리를 이용하지만 동고비는 발가락만을 사용한다.

몸길이 140mm　**몸무게** 19~24g
부리 ♂16~19.5mm　♀17.5~20.5mm　**날개** ♂78~85mm　♀77~84mm　**꼬리** ♂41~47mm　♀41.2~44mm　**부척** ♂18~21mm　♀18.5~20mm
분포권 유라시아, 러시아 시베리아, 아무르강, 우수리강, 베트남, 중국 남동부, 만주, 일본
　　　　남한 전역, 사찰 부근
　　　　북한 전역, 백두산 무두봉
도래 시기[월] 텃새

쇠동고비

북한명 | 작은동고비
Sitta villosa
Chinese Nuthatch

■ 겨울철새 ■ 적음

몸길이 120mm 몸무게 13g
부리 ♂14~15mm ♀14~15mm **날개** ♂64~68mm ♀63~64mm **꼬리** ♂33~37mm
♀34~35mm **부척** ♂15~16.5mm ♀16mm
분포권 중국 북부, 만주 남부
　　　　남한 중부 이북지역
　　　　북한 백두산 일대
도래 시기[월] **1 2 3** 4 5 6 7 8 9 **10 11 12**

형태 수컷은 이마와 머리 상단, 뒷머리, 뒷목이 광택이 나는 검은색이
다. 부리 기부에서 흘러내리는 흰색 띠는 눈썹선으로 이어지고 부리기
부에서 흘러내린 검은색 띠는 눈선과 나란히 붙어 흐른다. 등과 허리,
위꼬리덮깃의 가운데 깃 1쌍은 청회색이다. 꼬리깃은 가장자리의 깃 중
3분의 1이 검은색이고 끝은 회색인데 바깥 판에는 두 색의 경계에 흰
무늬가 있다. 턱밑과 멱, 귀깃은 옅은 크림색이다. 뺨은 흰색이며 가슴
과 복부, 옆구리는 황갈색이 짙고 아래꼬리덮깃은 회백색이다. 암컷은
머리와 눈선의 색이 흐리고 옅다. 부리는 길고 흑회색이며 홍채는 회갈
색에 다리도 회갈색이다.
노랫소리 '피피피' 또는 '휘휘휘, 슈아 슈아 슈아' 하는 다양한 소리로
노래한다.
생활권 산림과 산악지역, 침엽수림이다.
번식 자세히 조사된 것이 없는 종으로 산란기는 4~5월이며 죽은 침엽
수의 높은 곳에 구멍을 파고 둥지를 틀거나 딱따구리가 사용했던 둥지
를 사용하기도 한다. 산좌에는 다량의 이끼류와 깃털, 동물의 털, 솔잎
을 깔고 알을 낳는다. 산란수는 5~6개 정도이며, 알의 색은 흰색 바탕
에 홍색이 도는 갈색 얼룩점이 있다. 포란과 육추에 대한 자료는 조사
된 것이 없다.
먹이 곤충류, 거미류, 식물의 씨앗.
현황 한반도 북부지역인 백두산 일대에서는 흔한 텃새이나 남부지역에
서는 가을철에 도래하여 월동하는 겨울철새. 한반도 중부 이남에서
는 매우 드문 종으로 적은 수가 채집될 뿐이다.

우

♂

나무발발이

북한명 | 나무발발이
Certhia familiaris
Common Treecreeper(Eurasian Treecreeper)

■ 겨울철새   ■ 흔치 않음

형태 암수의 색이 같다. 암컷은 수컷보다 작고 머리 상단에서 등 위쪽까지 짙은 갈색이며 옅은 흰색 무늬가 있다. 등 아랫부분은 옅은 흰색에 갈색 무늬가 있다. 꼬리깃은 회갈색이다. 여름깃은 회색이 짙고 몸통 아랫면의 비단실 같은 광택이 없어진다. 부리와 홍채는 갈색이고 다리는 담황색이다. 나무발발이속 5종은 외모와 습성 면에서 매우 흡사하다. 긴 발가락과 굽은 발톱으로 나무를 쉽게 오르내리며 부리가 길고 약간 아래로 굽어서 곤충을 잡아먹을 때 나무 틈이나 나무껍질 밑을 공략할 수 있다. 모두 뾰족한 꼬리깃과 단단한 우간이 있어 나무를 탈 때 지탱해준다. 꼬리깃은 깃털갈이가 금방 끝나지만 가운데꼬리깃의 발육이 끝나서 지탱 기능을 충분히 발휘할 수 있을 때 깃털갈이를 한다. 이렇게 꼬리깃의 견고성을 유지하는 현상은 나무발발이와 근연관계가 없는 딱따구리과와 도깨비나무발발이과에게서도 관찰된다.

노랫소리 '삐이삐이삐이삐이' 또는 '삐리삐리삐리' 하며 첫소리를 내며 누래하다

생활권 수목한계선인 해발 약 3,500m까지 이르며 겨울에는 상대적으로 따뜻한 산비탈과 평원으로 이동하여 생활한다.

번식 산란기는 4월 상순~6월이며 노거수 침엽수의 줄기구멍이나 나뭇가지에 둥지를 튼다. 잔가지와 풀뿌리, 이끼, 솔잎을 거미줄로 엮어 컵 모양 둥지를 짓고 산좌에 깃털과 버드나무 솜을 깔고 알을 낳는다. 산란수는 5~9개 정도이며 알의 색은 흰색 바탕에 적갈색의 작은 점이 산재해 있다. 알의 크기는 평균 16mm다. 포란은 암컷이 전담하며 포란 기간은 14~15일이다. 육추는 암수가 함께 하며 육추 기간은 14~15일 정도다.

먹이 곤충류, 거미류.

현황 한반도 남부지역에서는 보기 드문 겨울철새이며 한반도 북부지역에서는 흔하지 않은 텃새다. 나뭇가지에서 S자형으로 오르내리며 나무껍질 밑의 곤충을 잡아먹는다.

몸길이 125mm   **몸무게** 8~12g
부리 ♂14.5~16mm ♀14mm **날개** ♂63~67mm ♀62~65mm
꼬리 ♂55.5~67mm ♀51~61mm **부척** ♂14.5~16mm ♀14~15mm
분포권 북아메리카 중서부, 유럽, 러시아 사할린, 오호츠크해 연안, 아무르강, 우수리강, 쿠릴열도, 중국, 만주, 일본
　　　　남한 중부 이남(월동지)
　　　　북한 중부 이북(번식지)

도래 시기[월] **1 2 3** 4 5 6 7 8 9 **10 11 12**

동박새

북한명 | 동박새(남동박새)
Zosterops japonicus
Japanese White-eye

몸길이 115mm **몸무게** 9∼11g
부리 ♂12∼13mm ♀12mm **날개** ♂55∼62mm ♀61mm **꼬리** ♂38∼43mm ♀45mm
부척 ♂17∼18.5mm ♀18mm
분포권 미얀마, 베트남, 필리핀, 중국 남부, 일본
　　남한 중부 이남의 해안가와 도서지역(제주도, 울릉도, 거제도)
　　북한 자료 없음
도래 시기[월] 텃새

형태 암수의 색이 흡사하다. 이마와 머리 상단, 뒷머리, 뒷목, 어깨는 황록색이며 등은 황색빛이 도는 올리브녹색이다. 날개덮깃과 위꼬리덮깃은 암갈색이다. 눈에는 흰색 눈테가 뚜렷하다. 턱밑과 멱은 옅은 황색이며 가슴과 배는 옅은 포도색을 띠고 복부는 옅은 흰색이다. 아래꼬리덮깃은 담황색이다. 윗부리는 뿔색이며 아랫부리 기부는 청회색이다. 홍채는 갈색이고 다리는 회갈색이다.
노랫소리 '진, 진, 진, 찌이, 찌이 쮸, 쮸, 찌이, 찌이'하며 빠른 소리로 노래한다.
생활권 울창한 활엽수림이나 동백나무 숲 또는 산 중턱의 산림과 공원, 정원 등에서 먹이를 구하며 생활한다.
번식 산란기는 5월 상순~6월이며 무성한 잡목림이나 관목림의 작은 나무, 덩굴이 무성하게 엉겨 있는 곳이나 나뭇가지 사이에 튼다. 둥지는 주로 이끼를 소재로 하며 화본과 식물의 마른 줄기나 잎, 나무껍질로 둥근 원형 둥지를 만들고 거미줄로 단단히 고정시킨다. 산좌에는 마른 잎과 가는 줄기, 동물의 털을 깔고 알을 낳는다. 둥지의 크기는 외경 60~90mm, 내경 40~60mm, 깊이 38~50mm, 높이 45~60mm다. 산란수는 4~5개 정도이며 알의 색은 흰색 또는 청색이다. 알의 크기는 17mm이며 알의 무게는 1.4~1.7g이다. 포란은 암컷이 주로 하며 포란 기간은 11~13일이다. 육추는 암수가 함께 하며 육추 기간은 13일 정도다.
먹이 초시목, 막시목, 린시목, 청령목 등 곤충류의 성충과 유충, 동백나무의 꿀, 장과, 거미류.
현황 한반도 중부 이남의 해안가와 도서지역, 제주도, 울릉도, 거제도 등에서 번식하며 상록활엽수림에서 흔히 볼 수 있는 텃새다. 동백꽃 개화기에는 꿀을 먹기 위해 모이는 많은 무리를 볼 수 있다.

한국동박새

북한명 | 북동박새
Zosterops erythropleurus
Chestnut-flanked White-eye

■ 길잃은새(여름철새)　■ 귀함

형태 동박새와 흡사하다. 암수의 색이 약간 다르다. 수컷은 등면과 꼬리깃이 동박새와 같거나 약간 황색이 많은 올리브녹색이다. 꼬리깃과 날개깃은 바깥깃가를 제외하고는 암갈색이다. 눈의 앞쪽은 검고 순백색 눈테가 뚜렷하다. 턱밑과 멱은 동박새보다 선명한 황색이다. 가슴은 회백색이며 가슴의 양쪽 가장자리는 회색이다. 복부는 희고 옆구리에는 밤색 무늬가 있다. 하복부와 아래꼬리덮깃은 담황색이다. 여름철에는 옆구리의 밤색 무늬가 적갈색으로 변한다. 암컷은 수컷과 같이 올리브황색인데 눈앞의 검은색은 흐리다. 턱밑과 멱은 올리브색이고 무늬는 옅은 회색이다. 부리는 회색이며 홍채는 갈색이고 다리는 회색이다.

노랫소리 '찌이, 찌이' 하며 노래한다.

생활권 활엽수림에서 먹이를 구하며 생활한다. 북한 자료에 따르면 포획한 개체 5마리의 위 안에 작은 초시목 곤충과 그 유충이 있었고, 교목과 관목림에서 벌레를 잡아먹는다고 기술하고 있다.

번식 이 종의 번식 생태에 관한 자료는 전무하다.

먹이 작은 초시목 곤충과 유충.

현황 한반도에서는 길잃은새로 기록되고 있으나 학자에 따라 나그네새로 분류하기도 한다. 필자의 소견으로는 여름철새로 분류해야 한다. 평안북도와 평안남도 안주시, 자강도 오가산 등지에서 번식기에 주로 발견된다. 번식철 오가산에서 포획한 암컷의 배에 알을 품을 때 나타나는 무늬가 있었다고 기록(원홍구, 허헌)된 것을 보면 북한에서는 번식하는 것으로 확신할 수 있다.

몸길이 10~120mm　**몸무게** 7~13g
부리 10.0~11.7mm **날개** 57~62mm **꼬리** 37.1~39.5mm **부척** 14.7~16.0mm
분포권 싱카이호, 아무르강, 우수리강, 미얀마, 베트남, 타이, 말레이반도,
　　　　만주 동부, 중국 동부
　　　　남한 남해안 도서지역
　　　　북한 평안북도, 평안남도 안주시, 자강도 오가산
도래 시기[월] 길잃은새

멧새

북한명 | 밭멧새
Emberiza cioides
Meadow Bunting

몸길이 165mm　**몸무게** 20~34g
부리 10~11.5mm **날개** ♂73~84mm ♀70~81mm **꼬리** ♂68~80mm ♀67~78mm
부척 ♂18~20mm ♀17~20mm
분포권 러시아 시베리아 남부, 아무르강, 우수리강, 알타이, 중국,
　　　　　몽골, 일본
　　　　　남한 전역
　　　　　북한 전역
도래 시기[월] 텃새

형태 이마와 머리 상단, 뒷머리, 뒷목은 황갈색을 띠며 흑갈색 세로무
늬가 있다. 등도 황갈색을 띠며 흑갈색 줄무늬가 있다. 얼굴은 흰색 바
탕에 눈 옆으로 갈색 무늬가 크게 자리 잡고 있으며 검은색 턱선이 수
염처럼 자리 잡고 있다. 눈에는 폭 넓은 눈썹선이 뚜렷하다. 턱밑과 멱
은 흰색이며 목과 등의 경계에 흰색 띠가 있다. 가슴과 옆구리는 다갈
색이며 복부와 하복부는 흰색이다. 위꼬리덮깃은 적갈색이며 꼬리 끝
은 오목형이다. 아래꼬리덮깃은 옅은 갈색을 띤 황갈색이다. 암컷은 대
체로 체모의 색이 옅다. 부리는 작고 옅은 회색이며 홍채는 갈색이고
다리는 연한 갈색이다.
노랫소리 '쫓 쯔쯔, 쫓 쯔 쯔-' 또는 '찌이 쮸리이, 쮸리' 하며 노래한다.
생활권 평지나 산지의 관목림, 농경지 주변 덤불이나 초지의 풀숲에서
먹이를 구하며 생활한다.
번식 산란기는 4월 중순~7월 하순이며 무성한 관목림 밑이나 풀숲 밑
땅 위 또는 묘지 비석 밑, 관목림의 나뭇가지에 밥그릇형 둥지를 튼다.
마른 풀줄기나 잎, 풀뿌리로 틀을 만들고 산좌에 잔뿌리와 마른 잎, 동
물의 털이나 깃털을 깔고 알을 낳는다. 둥지의 크기는 외경 120mm, 내
경 70mm, 높이 78mm, 깊이 70mm이며 산란수는 4~5개 정도다. 알
의 색은 흰색 또는 회색 바탕에 푸른색이 돌며 흑갈색 얼룩점이 산재
해 있다. 알의 크기는 22mm다. 포란은 주로 암컷이 하며 포란 기간은
11~12일이다. 육추는 암수가 함께 하며 육추 기간은 12~13일 정도다.
먹이 곤충류, 거미류, 식물의 씨앗과 열매, 곡물의 낟알.
현황 한반도 전역에서 흔히 볼 수 있는 텃새였으나 오늘날 개체수가 급
감하여 찾아보기가 쉽지 않다.

흰머리멧새

북한명 | 흰머리멧새
Emberiza leucocephala
Pine Bunting

■ 겨울철새 ■ 희귀함

형태 수컷의 겨울깃은 이마와 머리 양쪽이 검은색이고 머리 상단은 순백색이며 깃 가장자리가 갈색과 검은색이다. 뒷머리는 회갈색이다. 등은 흰색에 흑갈색 세로무늬가 있고 위꼬리덮깃은 밤색이다. 꼬리 하단부는 검은색이며 오목하다. 턱밑과 멱은 밤색이며 윗가슴과의 경계에 흰색 가로띠가 있다. 가슴과 복부는 흰색이며 양쪽 면은 적갈색이다. 아랫가슴과 하복부, 아래꼬리덮깃은 흰색이다. 여름깃은 머리 상단과 뺨이 흰색이며 눈썹선과 멱은 밤색이고 배는 흰색이다. 암컷의 머리는 회갈색을 띠며 검은색 줄무늬가 있다. 가슴은 옅은 갈색으로 검은색 줄무늬가 있다. 부리는 짧고 갈색이며 홍채는 짙은 갈색이다. 다리도 갈색이다.

노랫소리 '치치치친' 또는 '비비비빈, 삐와 삐와 삐와 삔' 하며 특이한 소리로 노래한다.

생활권 침엽수림과 활엽수림이 혼재된 혼효림이나 해발 1,300m 이상의 고원에서 생활한다.

번식 산란기는 5~7월로 시베리아 번식지에서는 4월 상순부터 수컷들이 활기차게 노래하며 묵은 풀숲 밑이나 관목림에 둥지를 튼다. 암컷이 마른풀과 줄기, 잎, 잔뿌리로 밥그릇형 둥지를 만들고 산좌에는 풀잎과 낙엽, 동물의 털을 깔고 알을 낳는다. 둥지의 크기는 외경 130mm, 내경 60mm, 깊이 30mm이며 산란수는 4~6개 정도다. 알의 색은 자색 또는 청백색 바탕에 갈색과 흑갈색의 얼룩점이 산재해 있다. 알의 크기는 평균 22mm다. 포란은 암컷이 전담하며 포란 기간은 12~13일이다. 육추는 암수가 함께 하며 육추 기간은 13~14일 정도인데, 암컷은 수컷에게 육추를 맡기고 2차 산란에 들어간다.

먹이 곤충류, 거미류, 식물의 씨앗, 농작물의 이삭(벼, 귀리).

현황 한반도 북부지역에 주로 도래하며 중부 이남에서는 희귀한 겨울철새다.

몸길이 170mm **몸무게** 21~35g
부리 ♂10~12mm ♀11~12mm **날개** ♂90~100mm ♀82~91mm **꼬리** ♂74.5~85mm ♀73~79mm **부척** ♂20.5mm ♀19mm
분포권 유럽, 오호츠크해 연안, 러시아 동부, 사할린, 시베리아, 아무르강, 중앙아시아, 쿠릴열도, 몽골 북부, 중국, 우수리강 남부, 만주, 일본
남한 전역
북한 전역

도래 시기[월] 1 2 **3** 4 5 6 7 8 9 **10 11 12**

♂ 여름깃

우

♂ 겨울깃

노랑멧새

Emberiza citrinella
Yellowhammer

■ 길잃은새   ■ 희귀함

몸길이 165mm   몸무게 24~30g
부리 11~12mm **날개** 85~92mm **꼬리** 75~80mm **부척** 19~20mm
분포권 유럽 중앙부, 러시아 시베리아 툰드라 지역, 바이칼호 부근,
　　　　중앙아시아, 카자흐스탄, 몽골 북부, 일본 북부
　　　　남한 남부 도서지역
　　　　북한 자료 없음
도래 시기[월] 길잃은새

©Andreas Trepte, www.photo-natur.net

형태 부리는 석판색이며 홍채는 적갈색, 다리는 적황색이다. 수컷의 이마와 머리 상단, 뒷머리, 뒷목, 얼굴, 턱밑, 멱, 가슴, 복부는 황색이다. 등과 윗날개덮깃은 적갈색에 검은 얼룩무늬가 있고 꼬리는 비교적 긴 편이며 옆구리에 회갈색 세로줄무늬가 있다. 허리는 갈색이며 아래꼬리덮깃은 황색이다. 암컷은 부리가 짙은 석판색이며 이마와 머리, 뒷머리, 목, 등은 흑갈색에 검은 얼룩무늬가 있다.
노랫소리 '지지지지지-, 지이-뒤-, 비비비, 직' 하고 소리를 낸다.
생활권 농경지와 관목림, 울창한 숲가에서 생활한다.
번식 산란기는 4~7월이며 풀숲 밑 땅 위에 마른 풀줄기와 잎, 말의 털, 이끼로 밥그릇형 틀을 만들고 산좌에는 부드러운 깃털을 깔고 산란한다. 산란수는 3~5개 정도이며 알의 색은 흰색 바탕에 붉은빛이 도는 갈색 또는 푸른색과 검은색 얼룩무늬가 있다. 알의 크기는 22mm다. 포란은 암컷이 전담하며 포란 기간은 12~14일이다. 육추는 암수가 함께 하며 육추 기간은 12~13일 정도다.
먹이 곤충류의 성충과 애벌레, 식물의 씨앗과 열매.
현황 겨울철 남쪽으로 이동하며 드물게 한반도로 유입되는 길잃은새다.

점박이멧새

북한명 | 함북멧새
Emberiza jankowskii
Jankowski's Bunting (Rufous-backed Bunting)

■ 길잃은새　　■ 희귀함, IUCN Red List EN

형태 수컷의 이마와 머리 상단, 뒷머리는 적갈색이며 뒷목이 황갈색이다. 등에는 넓은 검은색 세로줄무늬와 밤색 줄무늬가 있다. 어깨깃과 허리, 위꼬리덮깃은 옅은 회갈색이다. 날개깃은 옅은 암갈색이며 흰색 띠가 있다. 눈앞과 턱선은 밤색이며 눈에는 흰색의 좁은 눈썹선이 흐르고 뺨에는 흰색 뺨선이 있다. 귀깃은 회갈색이며 턱밑과 멱은 흰색이다. 가슴과 배, 배의 옆면은 회색을 띠며 아래꼬리덮깃도 회색이다. 배 중앙부에 암갈색의 무늬가 뚜렷하다. 꼬리는 긴 편이며 폭이 좁고 오목하다. 중앙꼬리깃의 바깥깃은 황색을 띤 흑갈색이며 맨 바깥쪽 깃은 흰색이다. 암컷의 머리 상단은 회갈색이며 암갈색 세로줄무늬가 있다. 등은 수컷과 비슷하며 갈색빛이 적고 회색이 많다. 눈썹선과 뺨선은 회색이며 턱선은 암갈색이다. 배 중앙의 무늬는 없거나 흐리다. 부리는 암갈색이며 홍채는 갈색이고 다리는 회갈색이다.

노랫소리 분포지역이 좁고 외진 곳이어서 아직 조사가 이루어지지 않은 좋이다.

생활권 주로 개활지의 작은 언덕 또는 초지, 싸리나무나 자작나무 숲, 진달래 군락지, 야산의 계곡 등지에서 먹이를 구하며 생활한다.

번식 한 조사기록에 따르면 4월 하순에 수컷의 성기가 매우 커진다고 한다. 5월 초순에는 정소의 크기가 6~8mm에 달하며 6월 9일과 17일에 포획한 암컷 5마리가 거의 성숙한 알을 갖고 있는 것으로 보아 산란기는 6월 초순에서 하순으로 짐작되며 육추기는 5월 하순에서 7월로 짐작된다.

먹이 곤충류, 애벌레, 식물의 씨앗.

현황 한반도 북부지역에서 소수 무리가 서식하고 있으며 중부 이남에서는 볼 수 없는 길잃은새다. 분포지역이 러시아 연해주 하산의 가장 좁은 구역과 중국 동북지역, 두만강에 인접한 함경북도에 한정되어 있다.

몸길이 160~170mm　몸무게 20g
부리 ♂7~7.5mm ♀10~10.5mm **날개** ♂75~77mm ♀70~75mm **꼬리** ♂71~76mm ♀71~74mm **부척** ♂20~21mm ♀19.5~21mm
분포권 만주 서남부, 러시아 연해주
　　　남한 중부 이북지역
　　　북한 함경북도 두만강 일대
도래 시기[월] 길잃은새

쑥새

북한명 | 뿔멧새
Emberiza rustica
Rustic Bunting

몸길이 145mm　몸무게 18~24g
부리 ♂9.5~11mm ♀9.5~11mm **날개** ♂74~81mm ♀70~78mm **꼬리** ♂54~60mm
♀52~60mm **부척** ♂20~23mm ♀19~21mm
분포권 유라시아, 유럽 북부, 스칸디나비아반도, 러시아 캄차카반도,
　　　중국 동부, 일본
　　　남한 전역
　　　북한 전역
도래 시기[월] **1 2 3** 4 5 6 7 8 9 **10 11 12**

형태 수컷의 겨울깃은 이마와 머리 상단, 뒷머리가 검은색이며 짧은 관모가 있고 뒷목은 흑갈색이다. 등은 황갈색 바탕에 검은색 세로줄무늬가 있다. 허리와 위꼬리덮깃은 적갈색이다. 얼굴은 검고 흰색이 도는 황갈색 눈썹선이 있으며 뺨밑에는 작은 흰색 반점이 있다. 턱밑과 멱은 황갈색이 도는 흰색이며 흑갈색 무늬가 있다. 아랫가슴과 배는 흰색이며 옆구리에는 적갈색의 긴 세로무늬가 있다. 암컷은 머리 상단과 얼굴 색이 흐리고 몸통 아랫면의 줄무늬도 색이 엷다. 부리는 갈색이며 홍채는 검고 다리는 갈색이다.
노랫소리 '삐삐, 삐삐, 삐요, 삐삐 삐요, 치칫구, 치칫구, 칫구' 하며 낮은 소리로 노래한다.
생활권 월동기에 주로 산록지역과 경작지에서 먹이를 구하며 생활한다.
번식 산란기는 5~7월이다. 잡목림의 나뭇가지 위나 풀숲 밑 땅 위에 마른 풀줄기와 뿌리, 잎 등으로 밥그릇형 둥지를 만들고 산좌에는 부드러운 풀뿌리나 섬유, 동물의 털을 깔고 알을 낳는다. 둥지의 크기는 외경 100mm, 내경 70mm, 깊이 50mm, 두께 20mm이며 산란수는 4~6개 정도다. 알의 색은 흰색 또는 녹청색 바탕에 회갈색 얼룩점이 있다. 알의 크기는 19mm다. 포란은 암컷이 전담하며 포란 기간은 12~13일이다. 육추는 암수가 함께 하며 육추 기간은 14~16일 정도다.
먹이 곤충류, 식물의 씨앗.
현황 한반도 전역에서 흔히 볼 수 있는 겨울철새이며 멧새과 우점종이다. 수십, 수백 마리가 떼를 지어 다니기도 한다.

♂ 겨울깃

우

♂ 여름깃

우

흰배멧새

북한명 | 흰배멧새
Emberiza tristrami
Tristram's Bunting

■ 나그네새 ■ 흔함

멧새과

형태 수컷의 여름깃은 머리가 검은색이며 중앙에 흰색 줄무늬가 있다. 턱밑과 멱은 검은색이며 부리 기부에서 흘러내린 흰색 눈썹선과 빰선이 있다. 등과 어깨깃은 회갈색이며 검은색 세로줄무늬가 있다. 날개는 흑갈색이고 허리와 위꼬리덮깃은 적갈색이며 꼬리는 오목하다. 윗가슴은 옅은 황적색이며 아랫가슴과 배, 아래꼬리덮깃은 흰색이다. 암컷은 수컷과 흡사하나 머리의 검은색이 흐리고 빰은 회갈색이며 주위는 옅은 검은색이다. 부리는 갈색이며 홍채도 갈색이다. 다리는 담황색이다.

노랫소리 '찌짓 찌짓' 하고 반복해서 노래한다.

생활권 관목이 우거진 하천가나 잣나무, 분비나무가 서식하는 삼림과 농경지 주변의 덤불숲 또는 잡목림이나 침엽수림에서 먹이를 구하며 생활한다.

번식 산란기는 5~7월 하순이다. 러시아에서는 6월 초순에 둥지를 틀기 시작하며 우수리강 하류에서는 6월 중순에 둥지를 튼다. 마른 풀줄기와 잎, 잔뿌리로 밥그릇형 틀을 만들고 산좌에 솜잎과 동물 털을 깔고 알을 낳는다. 둥지의 크기는 외경 130mm, 내경 70mm, 높이 45mm, 깊이 25mm이며 산란수는 4~6개이다. 알의 색은 청백색 또는 홍백색 바탕에 흑갈색 얼룩무늬가 있다. 알의 크기는 19mm다. 포란은 암컷이 전담하며 포란 기간은 13~14일이다. 육추는 암수가 함께 하며 육추 기간은 14일 정도다. 대다수 멧새류는 영역성을 지니며, 철새종들은 수컷이 암컷보다 먼저 영역에 도착해 다른 수컷의 침입을 저지한다. 보통 수컷은 지난해에 사용했던 영역을 다시 점거하고 암컷도 전에 둥지를 지었던 영역으로 다시 돌아오곤 한다. 대부분 번식행위에는 구애, 짝짓기, 둥지 짓기, 육추가 포함되며 모두 영역 내에서 일어난다.

먹이 곤충류, 거미류, 식물의 씨앗.

현황 봄철과 가을철에 한반도 전역을 지나며, 흔히 볼 수 있는 나그네새다.

몸길이 140~150mm **몸무게** 14~21g
부리 ♂10~11.5mm ♀11~11.2mm **날개** ♂70.5~75mm ♀68~70mm
꼬리 ♂56~61mm ♀48.5~58mm **부척** ♂18~20mm ♀19.8~21mm
분포권 러시아 시베리아, 우수리강, 아무르강, 미얀마, 베트남, 중국 북동부, 만주 북동부, 일본
　　　　남한 전역
　　　　북한 전역
도래 시기[월] 1 2 **3 4** 5 6 7 8 **9 10** 11 12

♀

♂

노랑눈썹멧새

북한명 | 노랑눈썹멧새
Emberiza chrysophrys
Yellow-browed Bunting

■ 나그네새   ■ 적음

몸길이 130~140mm   **몸무게** 19~25g
부리 10~11.5mm **날개** ♂75~79mm ♀71~76mm **꼬리** ♂60~65mm ♀51~62mm
부척 ♂17.5~20mm ♀17.0~19mm
분포권 러시아 시베리아 중부, 바이칼호 북서부, 아무르강, 우수리강,
　　　　중국 남부, 몽골 동부, 만주, 일본
　　　남한 전역
　　　북한 전역

도래 시기[월] 1 2 **3 4** 5 6 7 8 **9 10** 11 12

형태 수컷은 이마와 머리가 흑갈색이며 머리 상단 중앙에서부터 좁은
흰색 선이 뒷목까지 이어진다. 눈에는 노란 눈썹선이 있고 뺨은 검은색
이며 흰색 점이 있다. 뒷목과 등, 위꼬리덮깃은 회갈색이고 등에 흑갈색
줄무늬가 있다. 턱밑과 멱은 흰색이고 아랫부리 기부에서부터 흑갈색
선이 목까지 이어진다. 윗가슴은 흰색에 검은색 세로줄무늬가 있다. 배
와 하복부는 희며 아래꼬리덮깃도 희고 오목하다. 가슴과 옆구리는 황
갈색을 띠고 흑갈색 세로줄무늬가 있다. 암컷은 수컷의 겨울깃과 흡사
하나 머리색이 흐리고 머리 위 흰색 중앙선도 흐리다. 부리는 흑갈색이
며 홍채는 갈색이고 다리는 담황색이다.
노랫소리 '크릭크릭' 또는 '칫칫칫' 하며 맑은 소리로 노래한다.
생활권 시베리아의 관목림과 소나무 숲, 활엽수림에서 먹이를 구하며
지낸다. 이동기에는 덤불과 관목림 또는 농경지에서 먹이를 구하며 생
활한다.
번식 산란기와 번식형태는 아직 확실한 조사가 이루어지지 않았다.
1936년 6월 14일에 러시아 안가라강 상류에서 발견한 첫 번째 둥지는
지상 1m 높이의 전나무 가지에 튼 것이었다. 마른 풀줄기와 잎으로 둥
지의 틀을 만들고 산좌에 말의 털을 깔고 알을 낳았다. 산란수는 4개이
며 알의 색은 푸르스름한 흰색 바탕에 희미한 회색 점무늬 또는 흑갈색
의 짧은 줄무늬가 있다. 알의 크기는 21mm다. 포란일과 육추일은 아직
조사되지 않았다.
먹이 곤충류, 거미류, 잡초 씨앗.
현황 봄철과 가을철에 작은 무리가 쇠붉은뺨멧새, 검은머리촉새 등 다
른 멧새류와 혼성하여 한반도 전역을 드물게 지나가는 나그네새다.

노랑턱멧새

북한명 | 노랑턱멧새
Emberiza elegans
Yellow-throated Bunting

■ 텃새 ■ 흔함

형태 수컷의 머리는 황백색이며 머리 상단에 갈색을 띤 검은색의 짧은 관모가 있는데 자주 관모를 세운다. 뒷목의 중앙에는 직사각형의 폭 넓은 검은색 띠가 있고 양쪽 면은 흰색이다. 턱밑은 황색이고 윗가슴은 검은색이다. 아랫가슴과 복부는 흰색이며 양옆은 적갈색이다. 턱밑과 가슴 사이에 흰색 띠가 경계를 이루고 뺨은 흑갈색이다. 등과 어깨는 밤색에 흑갈색 세로무늬가 있고 깃가는 담황색이다. 위꼬리덮깃은 회색이 도는 갈색이며 오목형이다. 암컷의 멱은 옅은 황색을 띠며 가슴에 검은색 무늬가 없다. 부리는 흑갈색이고 홍채는 갈색이며 다리는 옅은 갈색이다.

노랫소리 '치짓, 치짓, 치짓' 또는 '츄-이 츄-이' 하며 시원한 소리로 노래한다.

생활권 야산과 인가 근처 농경지 또는 잡목림과 낙엽수림에서 먹이를 구하며 생활한다.

번식 산란기는 5~7월이며 칡풀림이니 풀밑에 둥지를 튼다. 풀숲 밑이나 노출된 나무뿌리 밑의 땅 위에 마른 풀줄기나 잔뿌리, 잎을 이용하여 밥그릇형 둥지를 만들고 산좌에 식물의 잔뿌리나 줄기, 섬유, 동물의 털을 깔고 알을 낳는다. 둥지의 크기는 외경 115mm, 내경 60.5mm, 깊이 57mm, 높이 181mm이며 산란수는 5~6개 정도다. 알의 색은 흰색 또는 적갈색 바탕에 흑갈색 얼룩점이 산재해 있고, 크기는 18mm다. 포란은 암컷이 전담하며 포란 기간은 12~13일이다. 육추는 암수가 함께 하며 육추 기간은 14일 정도다.

먹이 곤충류, 식물의 씨앗.

현황 한반도 전역에서 흔히 볼 수 있는 텃새로 농작물에 전혀 해를 주지 않는 이로운 종이다. 북부지역에 있는 무리의 일부가 가을철에 남쪽으로 이동하기도 한다.

몸길이 150~160mm **몸무게** 14~22g
부리 9~11mm **날개** ♂72~80mm ♀68~74mm **꼬리** 60~74mm **부척** 18~20mm
분포권 러시아 시베리아 남부, 아무르강, 우수리강, 중국 북동부, 일본
남한 전역
북한 전역
도래 시기[월] 텃새

555

붉은머리멧새

북한명 | 없음

Emberiza bruniceps

Red-headed Bunting

■ 길잃은새 ■ 희귀함

몸길이 160mm **몸무게** 18~31g

분포권 중앙아시아, 카자흐스탄, 인도, 파키스탄, 티베트, 중국 북서부, 일본

  남한 경기도 남양주시, 경상북도 독도, 전라남도 신안군 홍도, 가거도

  북한 자료 없음

도래 시기[월] 길잃은새

형태 수컷의 여름깃은 이마와 머리 상단, 뒷머리, 얼굴, 뺨, 턱밑과 멱, 앞가슴이 적갈색을 띠며 등과 허리는 황색이 도는 회색으로 흑회색 세로줄무늬가 있다. 날개와 위꼬리덮깃은 흑회색이며 배와 옆구리, 하복부는 눈부신 황색이다. 암컷은 온몸의 체모가 옅은 갈색을 띠며 몸통 윗면은 옅은 황색이 도는 갈색이다. 아래꼬리덮깃은 황색이며 바깥꼬리덮깃은 갈색을 띠고 오목하다. 부리는 흑회색이며 홍채는 흑갈색이고 다리는 담황색이다.

노랫소리 '트맆, 트맆, 프맆 프릿' 하며 부드러운 소리로 노래한다.

생활권 앞이 탁 트인 개활지와 관목림이 우거진 곳 언저리의 농경지에서 먹이를 구하며 생활한다. 멧새류는 비번식기에 대다수가 집단을 이룬다. 주로 먹이를 찾기 위한 집단이며 여러 상이한 종의 개체로 구성된다. 멧새류의 월동 집단은 규모가 작고 느슨하다.

번식 산란기는 5월 초순~6월 중순이다. 관목림 나뭇가지 위 또는 풀숲 밑에 마른 풀줄기나 잎, 풀뿌리로 밥그릇형 틀을 만들고 산좌에는 마른 풀줄기와 잎을 깔고 알을 낳는다. 산란수는 4~5개 정도다. 포란은 암컷이 전담하며 포란 기간은 12~13일 정도다. 육추는 암수가 함께 하며 육추 기간은 14일 정도다.

먹이 곤충류, 거미류, 식물의 씨앗.

현황 기상 이변이나 난기류 또는 기타 상황으로 무리에서 이탈하여 한반도에 유입된 길잃은새다. 1982년 9월 경기도 남양주시 덕소에서 수컷 1개체가 채집된 이래 독도, 홍도, 가거도 등 도서지역에서 계속 목격되고 있다.

검은머리촉새

북한명 | 노랑가슴멧새
Emberiza aureola
Yellow-breasted Bunting

■ 나그네새　■ 흔치 않음,
IUCN Red List EN

멧새과

형태 수컷은 머리 상단, 뒷머리, 뒷목, 등과 허리가 갈색이며 등에 검은색 줄무늬가 있다. 이마와 얼굴, 뺨, 턱밑, 멱은 검은색이며 턱밑과 가슴 사이에 황색 띠가 경계를 이룬다. 윗가슴은 노란 바탕에 적갈색 띠가 있고 아랫가슴과 복부, 하복부는 밝은 황색이다. 옆구리에는 흑갈색 세로줄무늬가 있다. 날개에는 순백색의 띠가 두 줄 있다. 위꼬리덮깃은 회갈색이며 약간 파인 오목형이다. 암컷의 머리 상단은 황갈색이며 검은색 줄무늬가 있다. 눈에는 옅은 황갈색 눈썹선이 흐르고 귀깃은 황갈색과 갈색이 혼재되어 선명치 않다. 부리는 갈색이며 홍채는 짙은 갈색이고 다리는 옅은 회갈색이다.

노래 '쫏쪼 히리 히이 효요 히리' 하며 다양한 소리로 노래한다.

생활권 연해주에서는 강 유역 저지대의 초원이나 관목이 산재한 곳에서 생활한다. 이동기에는 인가 주변의 잡목림이나 조밭이 형성된 농경지와 하천가의 갈대밭에서 먹이를 구하며 이동한다.

번식 산란기는 5월 하순~7월 중순이며 관목림의 풀밭, 산림의 풀숲 밑 땅 위에 둥지를 튼다. 각 쌍이 서로 인접하게 둥지를 트는데 마른 풀과 줄기, 잎, 잔뿌리로 밥그릇형 틀을 만들고 산좌에 부드러운 풀잎과 잔뿌리, 섬유, 동물의 털을 깔고 알을 낳는다. 둥지의 크기는 외경 89~107mm, 내경 64~74mm, 깊이 37~49mm이고 산란수는 4~6개 정도다. 알의 색은 옅은 녹청색 또는 회백색 바탕에 회갈색 얼룩무늬가 있다. 알의 크기는 평균 21mm다. 포란과 육추는 암수가 함께 하며 포란 기간은 12~13일, 육추 기간은 14일 정도다. 산란은 1년에 1회 한다.

먹이 곤충류, 거미류, 식물의 씨앗.

현황 봄철과 가을철에 한반도를 지나가는 나그네새로 이동기에 서해안 도서지역에서 흔하게 볼 수 있다.

몸길이 145mm　몸무게 14~33g

부리 ♂10~13mm ♀10~11mm **날개** ♂75~79mm ♀69~71mm **꼬리** ♂59~64mm ♀56~60mm **부척** ♂20~22mm ♀19~22mm

분포권 러시아 동부, 캄차카반도, 오호츠크해 연안, 아무르강, 사할린, 쿠릴열도, 베트남, 동아시아, 중국 남부, 만주, 몽골, 일본 북부

　　　　남한 전역, 서해안 도서지역

　　　　북한 전역

도래 시기[월] 1 2 **3 4** 5 6 7 8 **9 10** 11 12

우

♂

♂ 아성조

참새목

멧새과

꼬까참새

북한명 | 밤등멧새
Emberiza rutila
Chestnut Bunting

■ 나그네새 ■ 흔치 않음

몸길이 130~140mm **몸무게** 16~20g

부리 ♂10~13mm ♀10~11mm **날개** ♂75~79mm ♀69~71mm **꼬리** ♂59~64mm ♀56~60mm **부척** ♂20~22mm ♀19~22mm

분포권 러시아 시베리아 동남부, 캄차카반도, 오호츠크해 연안, 아무르강, 사할린, 쿠릴열도, 동남아시아, 베트남, 중국 동남부, 만주, 일본 북부

남한 전역, 서해안 도서지역

북한 전역

도래 시기[월] 1 2 **3 4** 5 6 7 8 **9 10** 11 12

형태 수컷의 이마와 머리 상단, 뒷머리, 뒷목, 얼굴, 뺨, 턱밑, 멱, 앞가슴, 어깨덮깃, 등은 적갈색이고 아랫가슴과 복부, 하복부는 밝은 황색이다. 암컷의 이마와 머리 상단, 뒷머리, 뒷목, 등과 어깨덮깃은 회갈색에 흑갈색 세로무늬가 있다. 턱밑과 멱, 가슴과 배는 담황색이며 턱에 흑회색 턱선이 있고 뺨은 회갈색이다. 꼬리는 적갈색이며 오목형이다. 부리는 갈색이며 홍채와 다리도 갈색이다.

노랫소리 '뽀, 뽀, 뽀뽀' 또는 '쪼이, 쪼이, 쪼이, 찌찌찌찌' 하며 맑은 소리로 노래한다.

생활권 수풀이 성근 산림지역이나 이깔나무가 무성한 숲 또는 조밭이 있는 농경지, 하천가 잡목림이나 갈대밭에서 먹이를 구하며 생활한다.

번식 산란기는 5~6월 상순이며 풀밭이나 관목이 있는 숲의 풀숲 밑에 둥지를 튼다. 마른 풀줄기와 잎, 풀뿌리로 밥그릇형 틀을 만들고 산좌에 풀뿌리와 잎을 깔고 알을 낳는다. 둥지의 크기는 외경 108mm, 내경 62mm, 깊이 60mm이며 산란수는 3~4개 정도다. 알의 색은 흰색 또는 황갈색이 도는 회색 바탕에 회갈색 점이 있다. 포란은 암컷이 전담하며 포란 기간은 12~13일이다. 육추는 암수가 함께 하며 육추 기간은 14일 정도다.

먹이 곤충류, 곡식의 낟알(특히 좁쌀), 식물의 씨앗.

현황 봄철과 가을철에 한반도를 지나가는 나그네새이며 이동기에는 내륙지방보다 서해안 도서지역을 경유한다. 멧새류의 개체수는 전 세계적으로 감소하고 있다. 그 원인은 농업의 발전과 도시화로 서식지가 축소되었기 때문이다. 유럽의 여러 지역에서 개체수가 감소하는 양상을 보이는 것 또한 토지 사용 방식이 변경된 것이 큰 원인이며, 북아메리카 초원의 멧새도 서식지의 축소로 개체수가 감소하고 있다.

무당새

북한명 | 노랑멧새
Emberiza sulphurata
Yellow Bunting

■ 나그네새　　■ 환경부 지정 멸종위기 야생조류 Ⅱ급,
IUCN Red List VU C2a(ii)

형태 겨울깃은 이마와 머리 상단, 뒷목이 녹색빛이 도는 황색이다. 등은 흑회색이며 검은색의 축무늬가 있다. 허리와 위꼬리덮깃은 녹회색이며 그중 긴 깃은 갈색이다. 날개깃은 흑갈색이며 날개에는 흰색 띠가 두 줄 있다. 눈테는 희고 턱밑과 멱은 황색이며 가슴은 담황색이다. 옆구리에는 흑갈색 세로줄무늬가 있다. 아래꼬리덮깃은 황백색이다. 암컷은 수컷과 비슷하나 여름에 얼굴이 검은색으로 변하지 않고 희미한 턱선이 나타난다. 머리와 뒷목은 녹색빛이 적은 회색이며 몸통 아랫면의 황색은 엷고 윗가슴은 담갈색이다. 부리는 적갈색이며 홍채는 갈색이고 다리는 담황색이다.

노랫소리 '쫀, 삐지, 쫀, 삐지' 또는 '찌징, 찌징' 하며 특이한 소리로 노래한다.

생활권 여름에는 일본 혼슈 중부의 후지산록에서 번식하며 생활한다. 북알프스에서는 해발 400~800m 고산지역의 관목림이나 관목이 산재한 초원 잡목림지역에서 먹이를 구하며 생활한다. 이동기에는 농경지가 있는 관목림을 따라 이동하며 생활한다.

번식 산란기는 5월 중순~7월 상순이며 관목림이 산재한 풀밭의 땅 위나 관목의 나뭇가지에 둥지를 튼다. 둥지는 식물의 마른 풀줄기나 잎, 잔뿌리로 밥그릇형 틀을 만들고 산좌에는 가는 풀이나 이끼류, 동물의 털을 깔고 알을 낳는다. 둥지의 크기는 외경 90~110mm, 내경 60~70mm, 깊이 34~63mm, 높이 109mm다. 산란수는 3~4개 정도다. 알은 회백색 바탕에 푸른색이 돌며 갈색 얼룩무늬가 있고 크기는 평균 18mm, 무게는 1.5~1.8g이다. 포란은 암컷이 주로 하며 포란 기간은 14일이다. 육추는 암수가 함께 하며 육추 기간은 14~15일 정도다.

먹이 곤충류, 식물의 씨앗(꿀풀의 종자).

현황 봄철과 가을철 이동기에 한반도 남쪽 바다의 도서지역을 소수 개체가 지나가는 나그네새다.

몸길이 130~140mm　**몸무게** 16g
부리 10~11mm　**날개** ♂70~74mm ♀70~73.8mm　**꼬리** ♂65~68mm ♀52~54mm
부척 17~18mm
분포권 필리핀 북부, 중국 남부, 타이완, 일본 남부(월동지)
　　　남한 경상남도 거제도 등 남해안 일대
　　　북한 자료 없음
도래 시기[월] 1 2 **3 4** 5 6 7 8 **9 10** 11 12

우

♂

회색머리멧새

북한명 | 없음
Emberiza hortulana
Ortolan Bunting

■ 길잃은새 ■ 희귀함

몸길이 165mm 몸무게 20~28g
부리 10mm **날개** 81~91mm **꼬리** 62~67mm **부척** 20~21mm
분포권 북아프리카, 지중해 연안, 유럽 중부
　　　　남한 남부 도서지역
　　　　북한 자료 없음
도래 시기[월] 길잃은새

형태 수컷은 이마와 머리 상단, 뒷머리, 뒷목과 가슴이 녹회갈색이며 턱밑과 멱은 황색이 도는 흰색이고 눈에 회백색 눈테가 있다. 등과 허리는 녹회색에 흑갈색 세로줄무늬가 있다. 위꼬리덮깃은 흑갈색이며 바깥깃은 회백색이다. 복부와 하복부는 담황색이며 아래꼬리덮깃은 옅은 회백색이다. 암컷은 이마와 머리 상단, 뒷머리, 뒷목은 회갈색이며 갈색의 가는 세로줄무늬가 있다. 부리는 붉은색이 도는 살색이고 홍채는 갈색이며 다리는 살색이다.
노랫소리 '쯔그 쯔그, 잇찌, 잇찌' 하며 노래한다.
생활권 산지와 농경지, 숲가에서 먹이를 구하며 생활한다.
번식 산란기는 5~6월이다. 관목림이 있는 풀숲 밑 땅 위에 마른풀과 줄기, 잔뿌리로 밥그릇형 둥지를 만들고 산좌에 작은 풀잎과 동물의 털을 깔고 알을 낳는다. 산란수는 4~6개 정도이며 알의 색은 회색 바탕에 지저분한 검은색 무늬가 있다. 알의 크기는 20mm다. 포란은 암컷이 전담하며 포란 기간은 10~14일이다. 육추는 암수가 함께 하며 육추 기간은 10~15일 정도다. 포란과 육추 기간의 차이는 산란 후 바로 포란하기 때문인 것으로 여겨진다.
먹이 곤충류, 작은 식물의 씨앗.
현황 기상 이변이나 난기류 또는 태풍과 기타 상황으로 무리에서 이탈하여 한반도로 유입된 길잃은새이며 한반도 남서부 도서지역에서 간혹 목격된다는 기록이 있다. 멧새류는 신대륙에서 기원했는데 전 세계 약 85%의 멧새과 종들이 아메리카에서 발견되며 이곳에서 서식지 범위가 넓고 종류가 다양하다. 신대륙종 중 약 60종이 멕시코 북쪽에 분포하며 북극 툰드라, 북온대 북부 삼림지, 초원과 초지, 사막, 고산성 목초지, 담수와 소택지, 활엽수림과 침엽수림에도 서식한다. 구대륙의 원종은 신대륙에서 베링해협을 거쳐 아시아로 들어왔을 것이며 그중 멧새속(*mberriza*) 종들은 아시아 온대지역에서 진화하여 현재 이곳의 종이 가장 풍부하다. 서쪽으로 유럽과 아프리카까지 서식지가 확대되었으며 관머리멧새와 Slaty Bunting만이 아시아 열대지역에서 번식한다.

붉은뺨멧새

북한명 | 붉은뺨멧새
Emberiza fucata
Grey-headed Bunting(Chestnut-eared Bunting)

■ 여름철새 ■ 흔치 않음

형태 수컷의 여름깃은 이마와 머리 상단, 뒷머리, 뒷목은 청회색이며 흑갈색 세로줄무늬가 있다. 뺨은 적갈색이며 귀밑에 흰색 반점이 있다. 턱밑과 멱은 흰색이며 흑갈색 턱선이 있다. 등과 어깨는 옅은 갈색에 흑갈색 세로무늬가 있다. 윗가슴에는 검은색과 밤색 띠가 있고 가슴과 복부는 흰색이다. 옆구리에는 갈색 세로무늬가 있고 날개는 흑갈색이다. 암컷은 수컷에 비해 머리의 회색과 가슴의 갈색이 흐리고 부리는 옅은 갈색을 띤다. 홍채는 갈색이며 다리는 담황색이다.

노랫소리 '쫀 삐지, 쫀 삐지' 또는 '찌징, 찌징' 하며 노래한다.

생활권 풀숲과 관목이 있는 개활지에서 주로 생활하며 농경지와 구릉지에서 먹이를 구한다.

번식 산란기는 5~6월 하순이며 풀밭이나 낮은 관목이 있는 초습지에만 둥지를 튼다. 마른풀과 줄기, 잎을 이용하여 밥그릇형 둥지를 만들고 산좌에는 마른 잎과 동물의 털을 깔고 알을 낳는다. 둥지의 크기는 외경 90mm, 내경 62mm, 높이 60mm다. 산란수는 4~5개 성노이며 알의 색은 옅은 청색이 도는 회백색 바탕에 갈색과 자색 얼룩무늬가 있다. 알의 크기는 19.5mm다. 포란은 암컷이 주로 하며 포란 기간은 12~13일이다. 육추는 암수가 함께 하며 육추 기간은 13~14일 정도다.

먹이 곤충류, 거미류, 식물의 씨앗.

현황 한반도 전역에서 번식하며 여름을 보내는 흔하지 않은 여름철새다.

몸길이 155~160mm 몸무게 14~29g
부리 ♂11~13mm ♀11~12.5mm **날개** ♂67~76mm ♀66~72mm **꼬리** ♂62~65mm ♀62~64.3mm **부척** ♂21~22mm ♀19~21mm
분포권 러시아 바이칼 지역, 아무르강, 우수리강, 연해주, 쿠릴열도, 동남아시아, 미얀마, 인도, 벵갈 지역, 부탄, 중국 동북부와 남부, 몽골 동북부, 일본 홋카이도와 남부
　　　남한 전역
　　　북한 전역

도래 시기[월] 1 2 3 **4 5 6 7 8 9** 10 11 12

우

♂

쇠붉은뺨멧새

북한명 | 작은붉은뺨멧새
Emberiza pusilla
Little Bunting

■ 나그네새   ■ 흔치 않음

몸길이 125∼135mm   **몸무게** 12∼15g
부리 ♂11∼13mm ♀11∼12.5mm **날개** ♂67∼76mm ♀66∼72mm **꼬리** ♂62∼65mm
♀60∼65mm **부척** ♂21∼22mm ♀19∼21mm
분포권 유럽 북부, 러시아 북부, 사할린, 시베리아, 바이칼호 부근,
아무르강, 이란, 인도차이나반도, 히말라야, 네팔, 베트남, 몽골,
중국 동부, 일본, 타이완
남한 전역, 남부지방
북한 전역

도래 시기[월] 1 2 **3 4** 5 6 7 8 **9 10** 11 12

형태 멧새류 중에서 가장 작은 종이다. 수컷은 머리 상단이 검은색이며
머리 중앙에 넓은 밤색 선이 지나고 그 양편에 검은색 세로줄무늬가 있
다. 눈에는 황갈색 눈썹선이 흐르고 얼굴과 뺨은 적갈색이다. 뒷목, 등,
허리, 위꼬리덮깃은 짙은 갈색으로 흑갈색 세로줄무늬가 있다. 턱밑과
멱은 황갈색이 도는 흰색으로 검은색 턱선이 있다. 가슴과 옆구리는 회
색으로 검은색의 짧은 세로줄무늬가 있고 배와 아래꼬리덮깃은 흰색이
다. 암컷은 수컷에 비해 색깔이 엷고 흐리다. 부리는 갈색이며 홍채는
짙은 갈색이고 다리도 갈색이다.
노랫소리 '쭈쭈, 찌이, 찌이, 찌이' 하며 노래한다.
생활권 동토대의 관목림에서 생활하다가 이동기에는 농경지와 관목이
있는 초원에서 먹이를 구하며 이동한다.
번식 산란기는 6월 중순∼7월이며 툰드라 습지에 조성된 버드나무 수
림의 풀밭에 둥지를 튼다. 관목이나 수풀이 무성하고 이끼류가 덮여 있
는 그늘 속 오목하게 파인 곳에 마른풀의 줄기와 잎, 이끼류, 낙엽을 이
용하여 밥그릇형 둥지를 만들고 산좌에는 마른 잎과 동물의 털을 깔고
알을 낳는다. 둥지의 크기는 외경 99mm, 내경 65mm, 깊이 40mm이며
산란수는 4∼5개 정도다. 알의 색은 녹색이 도는 회색 또는 회갈색 바탕
에 갈색과 적갈색의 얼룩무늬가 있다. 알의 크기는 18mm다. 포란은 암
컷이 전담하며 포란 기간은 11∼12일이다. 육추는 암수가 함께 하며 육
추 기간은 8∼9일 정도다.
먹이 곤충류, 식물의 씨앗.
현황 봄철과 가을철에 한반도를 지나가는 나그네새이며 일부는 남부지
역에서 월동하기도 한다.

촉새

북한명 | 버들멧새
Emberiza spodocephala
Black-faced Bunting

■ 나그네새 ■ 흔함

형태 수컷의 이마와 머리 상단, 뒷머리, 뒷목은 녹회색이며 가는 흑갈색 세로무늬가 있다. 눈 주위와 턱밑은 검은색을 띠며 등과 어깨에는 검은색의 넓은 축무늬가 있고 위꼬리덮깃은 갈색을 띤 녹회색이다. 꼬리는 오목형이며 멱과 윗가슴은 녹회색이다. 배는 녹황색이며 옆구리에 흑갈색 줄무늬가 있다. 암컷은 머리와 얼굴이 옅은 녹회색이며 눈썹선은 선명한 담황색이다. 부리는 갈색이며 홍채는 짙은 갈색이고 다리는 옅은 갈색이다.

노랫소리 '쫏찌찌리리리' 하며 맑은 소리로 노래한다.

생활권 나무가 없는 저지대, 강가, 하천가, 계곡의 풀이 울창한 곳이나 농경지가 있는 마을 주변 언덕, 나무가 드문 활엽수림에서 먹이를 구하며 생활한다.

번식 산란기는 5~7월이며 풀이 있는 초습지에 둥지를 튼다. 관목(조팝나무)의 기저 위 또는 땅 위에 마른풀과 잎, 줄기를 엮어 밥그릇형으로 둥지의 틀을 짜고 산좌에 마른 잎과 동물 털을 깔고 알을 낳는다. 둥지의 크기는 외경 80~100mm, 내경 60~80mm, 깊이 40~60mm다. 산란수는 4~5개 정도이며 알의 색은 회백색 바탕에 자색이 도는 갈색과 흑갈색 얼룩무늬가 있다. 알의 크기는 최대 21mm, 최소 18.5mm다. 포란은 주로 암컷이 하며 포란 기간은 13~14일이다. 육추는 암수가 함께 하며 육추 기간은 12~13일 정도다.

먹이 곤충류, 식물의 씨앗, 낟알(벼, 조).

현황 대부분 봄철과 가을철에 한반도를 지나가는 흔한 나그네새이자 일부는 한반도 북부 고원지대에서 번식하고 월동하는 겨울철새이기도 하다.

몸길이 150~160mm **몸무게** ♂17~18g ♀15~17g
부리 ♂9~12mm ♀9~12mm **날개** ♂65~75mm ♀63~73mm **꼬리** ♂60~63mm ♀57~65mm **부척** ♂18~20mm ♀19~20mm
분포권 러시아 연해주, 레나 강 상류, 아무르강, 우수리강, 알타이,
　　　　오호츠크해 연안, 시베리아 남부, 사할린, 필리핀, 중국 북동부, 만주,
　　　　타이완, 일본
　　　　남한 남부지방
　　　　북한 양강도 백두산 신무성 일대, 함경남도 장진호반 일대,
　　　　자강도 오가산, 평안도, 함경북도 일대

도래 시기[월] 1 2 **3 4** 5 6 7 8 **9 10** 11 12

우

촉새

우

섬촉새

♂

촉새

♂

섬촉새

검은멧새

북한명 | 검은멧새
Emberiza variabilis
Grey Bunting

■ 겨울철새   ■ 희귀함

몸길이 165mm(소형종), 180mm(대형종)   몸무게 20.9~30g
부리 10~14.5mm **날개** ♂77.5~92mm ♀74~89mm **꼬리** 60~81mm **부척** 19~24mm
분포권 러시아 캄차카반도, 사할린, 쿠릴열도, 우수리강, 동아시아,
　　　　일본 홋카이도
　　남한 경상남도 거제도, 통영시 매물도, 욕지도, 부산시 태종대
　　북한 자료 없음

도래 시기[월] **1 2 3** 4 5 6 7 8 9 **10 11 12**

형태 수컷의 겨울깃은 온몸의 체모가 푸른빛이 도는 흑회색이며 몸통 아랫면이 윗면보다 색이 엷다. 등과 어깨에는 검은색 세로무늬가 있으며 날개는 검고 둘째와 셋째날개깃은 갈색이다. 꼬리는 오목한 모양으로 갈색을 띤 흑회색이다. 여름깃은 갈색빛이 없어지고 흑회색으로 변한다. 암컷은 개체 간에 체구 차이가 심하다. 겨울깃은 온몸의 깃이 황갈색을 띠고 머리 상단의 중앙선과 눈썹선은 옅은 황갈색이며 뺨선과 턱밑은 황갈색을 띤다. 등은 황갈색으로 검은색 세로무늬가 있다. 허리와 위꼬리덮깃은 갈색이 도는 밤색이다. 여름깃은 머리 상단 양쪽의 짙은 갈색이 엷어지고 배와 허리, 위꼬리덮깃도 갈색빛이 엷어진다. 몸통 아랫면의 황색빛도 흑회색으로 변하며 수컷과 흡사해진다. 부리와 홍채는 갈색이며 다리는 옅은 갈색이다.

노랫소리 '삐, 쪼이 쪼이 쪼이 삐, 쪼이 쪼이 쪼이' 하며 노래한다.

생활권 대나무 숲이나 덤불숲 또는 활엽수림과 침엽수림이 혼재된 혼효림의 관목림에서 먹이를 구하며 생활한다.

번식 산란기는 6월이며 관목림의 낮은 가지에 둥지를 튼다. 풀뿌리와 잔가지, 나무껍질을 이용하여 밥그릇형 틀을 만들고 산좌에는 마른 풀뿌리를 깔고 알을 낳는다. 산란수는 4~5개 정도이며 알의 색은 푸른빛이 도는 회백색 바탕에 흑갈색과 회색의 얼룩점이 산재해 있다. 포란은 암컷이 주로 하며 포란 기간은 12~13일이다. 육추는 암수가 함께 하며 육추 기간은 13~14일 정도다.

먹이 곤충류, 거미류, 식물의 씨앗.

현황 1969년 1월 17일 경상남도 거제도 일운면 와현리 안내도에서 이정우(삼육대)에 의해 발견 및 채집되었다. 남해안의 동백나무 자생지인 경상남도 통영시 매물도와 욕지도, 부산시 태종대에 매년 소수 무리가 도래하여 월동하므로 겨울철새로 자리 잡았다.

♂ 아성조

♀

♂

쇠검은머리쑥새

북한명 | 검은머리멧새
Emberiza yessoensis
Japanese Reed Bunting
(Orchre-rumped Bunting)

■ 겨울철새　■ 흔치 않음,
환경부 지정 멸종위기 야생조류 Ⅱ급,
IUCN Red List NT

형태 수컷의 여름깃은 이마와 머리 상단, 뒷머리, 뒷목, 얼굴과 뺨, 턱 밑, 멱이 검고 등과 허리는 적갈색에 흑회색 줄무늬가 있다. 위꼬리덮깃 은 적갈색이고 오목형이다. 가슴과 복부, 옆구리, 아래꼬리덮깃은 회백 색이며 복부는 흰색에 가깝다. 가슴과 배 옆에는 담갈색의 세로줄무늬 가 있다. 암컷은 수컷의 겨울깃과 흡사하며 머리는 갈색이고 눈썹선은 황갈색이다. 턱선은 검고 가슴과 옆구리는 옅은 갈색이며 배는 흰색이 다. 수컷의 부리는 여름에 검고 겨울에는 갈색으로 변하지만, 암컷의 부 리는 항상 갈색이다. 홍채도 갈색이며 다리는 옅은 황갈색이다.

노랫소리 '삐쭛, 삐쭛' 또는 '짯시, 자시, 쮸뻿 쮸빗' 하며 노래한다.

생활권 주로 초습지와 개활지에서 생활하며 갈대와 덤불이 있는 물가 나 초목이 있는 습지에서 먹이를 구한다.

번식 산란기는 6월 상순~7월 중순이며 갈대와 덤불이 있는 물가 초습 지에 둥지를 튼다. 풀숲이나 풀포기 사이에 풀뿌리와 마른 풀줄기, 잎을 이용하여 밥그릇형 둥지를 만들고 산좌에 풀뿌리와 동물의 털을 깔고 알을 낳는다. 둥지의 크기는 외경 130mm, 내경 70mm, 높이 45mm, 깊 이 25mm다. 산란수는 4~5개 정도이며 알의 색은 흰색 바탕에 황갈색 또는 적갈색 얼룩무늬와 점이 산재해 있다. 알의 크기는 19mm다. 포란 은 암컷이 전담하며 포란 기간은 12~13일이다. 육추는 암수가 함께 하 며 육추 기간은 12일 정도다.

먹이 곤충류, 거미류, 식물의 씨앗.

현황 가을철에 도래하여 한반도 중부 이남지역에서 월동하는 겨울철새 이며 일부는 나그네새이기도 하다.

몸길이 140~150mm　몸무게 13~14g
부리 10~10.5mm **날개** ♂65~68.5mm ♀61~64mm **꼬리** 10~10.5mm **부척** 18~19mm
분포권 러시아 시베리아, 연해주, 아무르강, 우수리강, 미얀마,
　　　　중국 동부와 남부, 일본
　　　　남한 중부 이남지역
　　　　북한 자료 없음

도래 시기[월] **1 2 3** 4 5 6 7 8 9 **10 11 12**

↑ 여름깃

♀

↑ 겨울깃

북방검은머리쑥새

북한명 | 북검은머리멧새
Emberiza pallasi
Pallas's Reed Bunting

■ 겨울철새　■ 흔함

몸길이 120~135mm　**몸무게** 13~20g
부리 9~9.8mm **날개** ♂68~73mm ♀64~70mm **꼬리** 56~64mm **부척** 17~19mm
분포권 러시아 시베리아 동부와 중앙부, 우수리강, 예니세이강 유역, 몽골,
　　　　중국 북동부, 만주, 일본
　　　　남한 전역
　　　　북한 전역
도래 시기[월] **1** **2** **3** 4 5 6 7 8 9 **10** **11** **12**

형태 검은머리쑥새와 흡사하다. 수컷의 여름깃은 이마와 머리 상단이
검고 뒷머리는 회갈색을 띤다. 뒷목은 황갈색이고 몸통의 윗면은 옅
은 회갈색이며 뺨선은 황갈색이 도는 흰색이다. 눈 주위는 옅은 갈색이
며 턱밑과 멱, 윗가슴의 중심부는 검은색이다. 가슴과 배, 허리, 위꼬리
덮깃은 황갈색이 도는 흰색이다. 꼬리깃은 오목형이며 갈색이 도는 검
은색에 흰 얼룩무늬가 있다. 암컷의 겨울깃은 머리와 뺨이 갈색을 띠며
눈썹선은 흰색이고 눈선은 갈색이다. 등은 옅은 황갈색으로 담갈색 세
로무늬가 있다. 날개와 꼬리는 수컷과 같으나 옅은 갈색을 띤다. 부리는
담황색이며 홍채는 갈색이고 다리는 담황색이다.
노랫소리 '치릿 치릿 치릿' 하는 소리를 반복하면서 노래한다.
생활권 강변의 갈대숲이나 관목림이 있는 습지의 풀밭을 찾아다니며
먹이를 구한다. 소택지나 초원에서도 모습을 보인다.
번식 산란기는 6~7월이며 관목림의 풀이 무성한 곳에 작은 나뭇가지
나 마른풀의 줄기와 잎을 이용하여 밥그릇형 둥지를 만들고 산좌에 부
드러운 풀잎과 동물의 털을 깔고 알을 낳는다. 산란수는 4~5개 정도이
며 알의 색은 적갈색 또는 핑크색 바탕에 검은색 얼룩무늬가 있다. 포
란은 주로 암컷이 하며 포란 기간은 13~14일이다. 육추는 암수가 함께
하며 육추 기간은 14일 정도다.
먹이 곤충류, 식물의 씨앗.
현황 가을철 한반도에 도래하여 월동하는 흔한 겨울철새로 쇠검은머리
쑥새와 모양과 습성이 비슷하다.

♂ 여름깃

♀

♂ 겨울깃

검은머리쑥새

북한명 | 큰검은머리멧새
Emberiza schoeniclus
Reed Bunting

■ 겨울철새   ■ 흔치 않음

형태 북방검은머리쑥새보다 색이 짙고 부리가 크다. 수컷의 겨울깃은 이마와 머리 상단, 뒷머리와 멱이 검은색이 도는 황갈색을 띠고 뺨선은 흰색이며 턱밑, 귀깃은 검은색을 띤 황갈색이다. 뒷목은 순백색이며 가슴 중앙에는 검은빛을 띤 황갈색 무늬가 자리 잡고 있다. 등은 황갈색에 검은색 세로무늬가 있다. 여름깃은 머리와 얼굴, 턱밑, 윗가슴이 검은색이고 흰색 턱선이 있다. 등은 적갈색에 흑갈색 세로무늬가 있다. 날개덮깃은 다갈색이며 꼬리는 오목형으로 흑갈색이다. 암컷의 이마와 머리 상단, 뒷머리, 눈 주위, 귀깃은 갈색이며 눈썹선과 뺨선이 황백색이다. 부리는 갈색이고 홍채는 어두운 갈색이다. 다리도 갈색이다.
노랫소리 '쮸우잇 쮸우잇 쮸이 쮸이, 칫칫칫' 하며 노래한다.
생활권 강가의 갈대숲이나 풀이 무성한 물가의 잡초지에서 먹이를 구하며 생활한다.
번식 산란기는 5월 하순~7월 중순이며 풀이 무성하게 조성된 땅 위에 둥지를 튼다. 둥지는 풀뿌리와 화본, 식물의 마른 풀잎과 줄기로 밥그릇형 틀을 만들고 산좌에 이끼와 동물의 털을 깔고 알을 낳는다. 산란수는 4~5개 정도이며 알의 색은 옅은 회색 바탕에 갈색과 흑갈색 얼룩점이 산재해 있다. 알의 크기는 다소 차이가 나지만 평균 19.5mm다. 포란은 암컷이 전담하나 정오경 자리를 비우면 잠시 수컷이 포란하는 일도 간간이 있다. 포란 기간은 13~14일이다. 육추는 암수가 함께 하며 육추 기간은 10~13일 정도다.
먹이 곤충류, 식물의 씨앗.
현황 가을철 한반도에 도래하여 겨울을 지내는 겨울철새이며 일부는 남쪽지역으로 이동하기도 한다. 개체수가 급감하여 보기 힘든 새가 되었다.

몸길이 150mm   **몸무게** 15~22g
부리 ♂12mm ♀10~12mm **날개** ♂82.5mm ♀75~80mm **꼬리** ♂64mm
♀64~70mm **부척** ♂24mm ♀20~21mm
분포권 유럽, 러시아 캄차카반도, 아무르강, 우수리강, 쿠릴열도, 사할린,
중국 북동부, 만주, 일본 홋카이도
남한 전역
북한 전역
도래 시기[월] **1** **2** **3** 4 5 6 7 8 9 **10** **11** **12**

♂ 여름깃

우

♂ 겨울깃

검은머리멧새

북한명 | 없음
Emberiza melanocephala
Black-headed Bunting

■ 길잃은새　■ 희귀함

몸길이 160〜180mm　**몸무게** 18〜35g
부리 ♂16.51mm **날개** ♂95.25mm ♀75〜80mm **꼬리** 80mm **부척** 21.59mm
분포권 유럽 남동부, 서남아시아, 인도 중서부, 네팔, 파키스탄, 보르네오섬,
타이, 중국, 홍콩, 일본
남한 전라남도 신안군 홍도, 가거도, 전라북도 군산시 어청도
북한 자료 없음
도래 시기[월] 길잃은새

형태 수컷의 이마와 머리 상단, 뒷머리, 뺨과 얼굴은 검은색이고 턱밑과 멱은 노란색이며 가슴은 옅은 적갈색이 도는 황색이다. 아랫가슴과 옆구리, 복부, 아래꼬리덮깃은 황색이다. 몸통 윗면인 등면은 적갈색이며 날개덮깃과 날개깃은 회갈색에 흑갈색 무늬가 있고 위꼬리덮깃은 회갈색인데 오목형이다. 암컷은 앞이마와 뺨이 검은색이며 머리 상단과 뒷머리, 뒷목은 회갈색이고 등과 위꼬리덮깃도 회갈색이다. 턱밑과 멱은 노란색이고 가슴은 옅은 적갈색이 도는 황색이며 복부와 옆구리는 황색이다. 아래꼬리덮깃은 적갈색이 도는 황색이며 오목형이다. 부리는 옅은 황갈색이며 홍채는 갈색이고 다리는 담갈색이다.
노랫소리 비상할 때 '피옹-' 소리를 내며 평상시에는 조용하다.
생활권 농경지나 평지의 초원에서 먹이를 구하며 생활한다.
번식 산란기는 5〜6월이며 숲이 우거진 풀숲 밑 땅 위에 마른 줄기와 잎, 마른 작은 나뭇가지를 모아 밥그릇형 둥지를 만들고 산좌에는 짚과 동물의 털, 풀을 깔고 알을 낳는다. 산란수는 4~5개 정도이며 알의 색은 옅은 회갈색 바탕에 회색과 갈색 얼룩무늬가 산재해 있다. 알의 크기는 21mm다. 포란은 암컷이 전담하며 포란 기간은 13~14일이다. 육추는 암수가 함께 하며 육추 기간은 15일 정도다.
먹이 곤충류, 식물의 씨앗.
현황 기상 이변이나 난기류 또는 태풍의 영향으로 무리에서 이탈하여 한반도로 유입된 길잃은새로 한반도 남서부의 도서지역인 전라남도 신안군 홍도, 가거도, 전라북도 군산시 어청도에서 관찰되었다는 기록이 있으나 아직 확인된 바는 없다.

↑ 번식깃

우

노랑줄머리멧새

북한명 | 없음
Zonotrichia atricapilla
Golden-crowned Sparrow

■ 길잃은새 ■ 흔함

형태 암수 형태가 같다. 머리 중앙선이 노란색이며, 눈썹선은 짙은 검은색으로 폭이 넓다. 턱밑과 멱, 뺨, 뒷목은 갈색을 띤 탁한 회색이다. 몸통 윗면은 엷은 갈색이고 짙은 흑갈색 세로줄무늬가 있다. 머리는 엷은 갈색이며, 날개덮깃의 하단에 흰색 무늬가 있다. 가슴과 몸통 아랫면은 엷은 황갈색을 띠며 옆구리는 갈색이다. 홍채는 검은색이며 윗부리는 흑갈색을 띠고 아랫부리는 밝은색이다. 다리는 살색이고 꼬리는 밝은 갈색이며 오목형이다.

노랫소리 3음절로 연이어 '치-잉쮸, 칭쮸, 치-잉' 하면서 지저귄다.

생활권 덤불과 관목림이 있는 개활지나 농경지, 풀밭에서 생활한다.

산란기 번식기에 수컷은 지난해에 살던 곳으로 돌아와 일정한 영역을 구축한 뒤 암컷을 맞아 짝짓기를 시도한다. 관목림이 있는 높은 고지의 침엽수와 떡갈나무 숲이 우거진 풀밭 또는 덤불 후미진 곳에 컵 모양 둥지를 틀고 푸른빛이 돌며 작은 반점이 산재해 있는 알을 4~5개 낳는다. 포란은 암컷이 하며 포란 기간은 12~13일이다. 육추는 암수가 함께 하며 육추 기간은 13~14일 정도다.

먹이 곤충류와 유충(번식기), 식물의 씨앗이나 열매(비번식기).

현황 길잃은새로, 2010년 서해 연안 도서지역과 충청남도 보령시 외연도에서 관찰되었다고 하나 확실한 정보는 없다.

몸길이 150~180mm 몸무게 27~31g
분포권 미국 서부, 알래스카, 워싱턴, 캘리포니아
　　　　남한 충청남도 보령시 외연도 등 서해 연안 도서지역
　　　　북한 자료 없음
도래 시기[월] 길잃은새

여름깃

여름깃

흰줄머리멧새

북한명 | 없음
Zonotrichia leucophrys
White-crowned Sparrow

■ 길잃은새 ■ 드묾

몸길이 150~190mm **몸무게** 23~32g
부리 13mm **날개** 88mm **꼬리** 75mm **부척** 23mm
분포권 미국 알래스카, 캔자스, 켄터키, 뉴펀들랜드, 뉴멕시코,
　　　　캘리포니아 중부
　　　　남한 부산시 을숙도
　　　　북한 자료 없음
도래 시기[월] 길잃은새

형태 머리 중앙부에는 부리 기부에서 뒷머리까지 순백색 줄무늬가 흐르고 중앙선 옆으로 검은색 옆줄무늬가 따라 흐른다. 눈에는 순백색 눈썹선과 검은색 눈선이 있다. 얼굴과 턱밑, 멱, 가슴, 복부는 밝은 회색이며 옆구리는 옅은 황갈색을 띤다. 둘째날개덮깃과 작은날개덮깃은 적갈색이며 끝은 흰색이다. 겨울깃은 머리중앙선과 눈썹선, 머리옆선이 옅은 갈색으로 변하고 턱밑과 멱, 뒷목, 가슴은 회색이며 옆구리는 짙은 회갈색이다. 부리는 살색이며 끝이 검고, 홍채는 흑갈색이며 다리는 살색이다.
노랫소리 밝고 맑은 소리를 낸다.
생활권 풀이 무성한 관목림과 개활지에서 생활한다.
번식 산란기는 4~6월이며 풀이 무성한 풀숲이나 덤불 속에 마른 잔가시와 마른 풀줄기, 잎으로 컵 모양 둥지를 만든다. 산란수는 3~5개 정도이며 알에는 굵은 갈색 점이 산재해 있다. 포란은 암컷이 전담하며 포란 기간은 12~14일 정도. 육추는 암수가 함께 하며 육추 기간은 12~15일 정도다. 육추 기간이 끝나도 어린 새끼를 계속 가르친다.
먹이 곤충류, 식물의 씨앗과 열매.
현황 북아메리카 고유종으로 러시아 툰드라 지역과 일본, 한반도에서 드물게 관찰된다.

겨울깃

여름깃

초원멧새

북한명 | 없음

Passerculus sandwichensis
Savannah Sparrow

■ 길잃은새　■ 희귀함

형태 암수의 색이 같다. 이마와 머리 상단은 황갈색이며 황색 줄무늬가 부리 기부에서부터 머리 중앙부로 흘러가고 그 곁에 검은색 선이 나란히 흘러간다. 눈에는 황색 눈썹선이 선명하고 흑갈색 눈선이 눈 뒤에 있다. 턱밑과 멱은 황백색이며 흑갈색과 황백색 선, 흑갈색 악선이 나란히 있다. 등깃은 짙은 흑갈색에 굵은 검은색 세로줄무늬가 있고 어깨덮깃은 적갈색에 흑갈색 줄무늬가 있다. 허리는 적갈색에 황갈색 줄무늬가 있다. 위꼬리덮깃은 적갈색이며 중앙에는 황색 축선이 있고 꼬리는 오목형이다. 가슴과 배는 황백색이며 흑갈색 세로줄무늬가 있다. 하복부와 아래꼬리덮깃은 황색빛이 도는 흰색이다. 부리는 옅은 황갈색이며 홍채는 갈색이고 다리는 담황색이다.

노랫소리 '칫츠, 칫츠, 칫-, 수츠 수츠 수츠' 하며 노래한다.

생활권 풀이 자라는 나대지나 농경지에서 먹이를 구하며 생활한다.

번식 산란기는 5월 초순~7월 초순이다. 우거진 풀숲 밑에 마른 풀잎과 줄기로 밥그릇형 둥지를 만들고 산좌에는 부드러운 마른 풀잎과 깃털을 깔고 알을 낳는다. 산란수는 4~5개 정도이며 알의 색은 녹갈색 바탕에 황백색 얼룩점이 있다. 포란은 암컷이 전담하며 포란 기간은 12~13일이다. 육추는 암수가 함께 하며 육추 기간 또한 12~13일 정도다.

먹이 곤충류, 거미류, 갑각류, 식물의 씨앗과 열매.

현황 기상 이변이나 난기류 또는 태풍과 기타 상황으로 무리에서 이탈하여 한반도로 유입된 길잃은새다.

몸길이 140~150mm　몸무게 16~28g

분포권 북아메리카 중부, 캐나다 남부, 아메리카 남부, 러시아 북동부, 일본
　　남한 낙동강 하구둑, 전라남도 신안군 가거도
　　북한 자료 없음
도래 시기[월] 길잃은새

아성조

⇧　여름깃

긴발톱멧새

북한명 | 긴발톱멧새
Calcarius lapponicus
Lapland Longspur

■ 나그네새 ■ 흔치 않음

몸길이 150mm **몸무게** 19~25g
부리 10~11mm **날개** ♂92~96mm ♀84.5~91mm **꼬리** ♂60~64mm
♀52~59mm **부척** ♂22~23mm ♀20~22mm
분포권 유럽, 러시아 캄차카반도, 오호츠크해 북부, 사할린, 쿠릴열도,
중국 남동부, 만주, 일본 북부
남한 전역
북한 전역
도래 시기[월] 1 2 **3 4** 5 6 7 8 **9 10** 11 12

형태 수컷의 여름깃은 이마와 머리 상단, 뒷머리, 뒷목, 뺨, 턱밑과 멱, 윗가슴이 검은색이며 눈뒤로 난 순백색 무늬가 옆목을 지나 아랫가슴의 흰색과 합쳐진다. 뒷목과 등의 경계면에는 밤색 무늬가 있고 등과 허리는 갈색이며 암갈색 줄무늬가 있다. 배는 흰색이며 옆구리에 검은색 세로무늬가 있다. 수컷의 겨울깃은 암컷과 흡사해지는데 약간의 검은색 잔재만 남는다. 암컷의 겨울깃은 뺨선, 멱, 윗가슴이 황갈색으로 갈색 얼룩무늬가 있다. 턱밑과 멱의 중앙부, 복부, 아래꼬리덮깃은 황갈색이 도는 흰색이다. 날개에 흰색 띠가 2개 있다. 부리는 등황색이며 홍채는 갈색이다. 다리는 등황색으로 뒷발가락의 발톱이 유난히 길다
노랫소리 '쮸우이, 쮸우이, 쮸리리, 쮸리리' 하며 노래한다.
생활권 주로 동토대의 나무가 없고 바위가 있는 개활지와 농경지 주변에서 먹이를 구하며 생활한다.
번식 산란기는 5월 하순~6월이다. 시베리아 동토대 툰드라 지역의 풀밭 오목한 곳에 둥지를 튼다. 둥지는 마른 풀줄기와 잎, 이끼로 밥그릇형 틀을 만들고 산좌에는 가는 풀줄기와 잎, 이끼, 동물의 털을 깔고 알을 낳는다. 산란수는 5~6개 정도이며 알의 색은 녹회색 또는 갈색 바탕에 적갈색과 검은색의 얼룩점이 있다. 알의 크기는 21mm다. 포란은 암컷이 전담하며 포란 기간은 12~14일이다. 육추는 암수가 함께 하며 육추 기간은 8~10일 정도다. 번식은 1년에 2회 한다.
먹이 곤충류, 식물의 씨앗.
현황 소수의 무리가 봄철과 가을철에 한반도를 지나가는 드문 나그네새다. 일부는 가을철에 도래하여 월동하기도 한다.

♂ 여름깃

♀

♂ 겨울깃

흰멧새

북한명 | 눈빛멧새
Plectrophenax nivalis
Snow Bunting

■ 길잃은새 ■ 희귀함

형태 수컷의 겨울깃은 이마와 머리 상단, 뒷머리, 뒷목이 황갈색이다. 눈 주위도 황갈색이며 귀깃은 갈색이다. 등과 어깨깃은 검고 허리와 위꼬리덮깃은 흰색이다. 윗가슴은 갈색이며 복부는 흰색이다. 암컷은 수컷과 흡사하나 머리 상단이 어두운 갈색을 띤다. 여름깃은 등과 첫째날개깃, 첫째날개덮깃, 꼬리깃의 끝부분만 검고 나머지 부분은 모두 하얗다. 수컷의 부리는 겨울에 황색빛이 도는 갈색이며 여름에는 검다. 암컷의 부리는 계절과 관계없이 모두 황갈색이다. 꼬리는 오목형이며 홍채는 갈색이고 다리는 검다.

노랫소리 아름다운 소리로 '쥬리, 쥬리 쥬리' 또는 '찌리리리, 찌이' 하며 노래한다.

생활권 동토대의 암석이 많은 풀밭이나 해안가, 해발 2,300m 고지에서 먹이를 구하며 생활한다.

번식 산란기는 5월 중순~7월 중순이며 바위가 많은 해안가 또는 산지의 자갈밭에 둥지를 튼다. 바위틈이나 보이지 않는 은밀한 곳에 마른 풀의 줄기와 잎, 이끼류 등을 이용하여 밥그릇형 틀을 만들고 산좌에는 마른 풀줄기와 잎, 동물의 털을 깔고 알을 낳는다. 산란수는 4~6개 정도이며 알의 색은 황백색, 청백색, 녹백색 바탕에 적갈색의 거칠고 큰 얼룩점이 산재해 있다. 알의 크기는 21mm다. 포란은 암컷이 전담하며 포란 기간은 12~13일이다. 육추는 암수가 함께 하며 육추 기간은 10~12일 정도다.

먹이 곤충류, 갑각류, 식물의 씨앗.

현황 1888년 2월 원산 부근에서 폴란드인 칼리노우스키에 의해 처음 발견된 기록이 있는 길잃은새다. 겨울철에 아주 드물게 관찰된다고 하나 확인된 바 없다.

몸길이 165mm **몸무게** 26~40g
부리 ♂11~12mm ♀11~12mm **날개** ♂105~112mm ♀101~110mm **꼬리** ♂63~72mm
♀62~68mm **부척** ♂21.5~22.5mm ♀22mm
분포권 유럽, 미국 알래스카, 그린란드, 러시아 시베리아 북부,
알류산열도, 사할린, 캄차카반도 동부, 아무르강, 우수리강,
쿠릴열도, 내몽골, 중국 만주, 일본
남한 자료 없음
북한 강원도 원산시
도래 시기[월] 길잃은새

♂

♀

우

♂ 여름깃

♂ 겨울깃

방울새

북한명 | 방울새
Carduelis sinica
Oriental Greenfinch

■ 텃새 ■ 흔함

몸길이 135~140mm **몸무게** 16~22g
부리 ♂10~11mm ♀10~11mm **날개** ♂79~83.5mm ♀75~83mm **꼬리** ♂46~55mm
♀43~52mm **부척** ♂15~16mm ♀14~16mm
분포권 러시아 캄차카반도, 사할린, 아무르강, 우수리강, 동아시아,
　　　　중국 동남부, 만주, 일본,
　　　　남한 전역
　　　　북한 전역
도래 시기[월] 텃새

형태 암수의 색이 조금 차이가 난다. 수컷은 이마와 머리 상단, 뒷머리가 암회색이며 뒷목과 등, 어깨는 암갈색이다. 날개깃은 검은색을 띠며 날개덮깃은 갈색이다. 허리는 옅은 황색을 띠고 위꼬리덮깃은 회색이며 꼬리는 오목형이다. 턱밑과 멱은 짙은 올리브황색이고 가슴과 배는 옅은 갈색으로 황색빛이 돈다. 암컷은 수컷과 흡사하나 색이 옅고 등은 옅은 회갈색이다. 몸통 아랫면은 황갈색을 띠며 배는 옅은 황색빛이 돈다. 아래꼬리덮깃은 흰색이다. 부리는 담황색이며 홍채는 갈색이고 다리는 담황색이다. 방울새류는 부리의 크기가 각기 다른데 이는 각 종이 먹는 특정한 식물의 씨앗에 적응했기 때문이다.
노랫소리 '또르르르륵, 또륵, 또륵' 하며 영롱한 방울소리를 내며 노래한다.
생활권 공원과 정원, 산록지역과 경작지 부근의 혼효림, 계곡의 관목림에서 먹이를 구하며 생활한다. 방울새류는 먼저 짝짓기를 하고 나서 둥지터를 찾고 주변의 작은 영역을 구축한다.
번식 산란기는 4월 하순~8월 초순이며 1년에 2회 산란한다. 산림이나 인가 근처 관목림에 둥지를 튼다. 지상 2m 높이의 나뭇가지 위에 나무껍질과 이끼류, 마른 풀줄기, 잎 등으로 밥그릇형 둥지를 만들고 산좌에 마른 식물의 잔뿌리와 동물의 털을 깔고 알을 낳는다. 산란수는 3~5개 정도이며 알의 색은 크림색에 흑갈색 얼룩점이 산재해 있다. 알의 크기는 20mm다. 포란은 암컷이 전담하며 포란 기간은 12~13일이다. 육추는 암수가 함께 하며 육추 기간은 12~13일 정도다.
먹이 곤충류, 식물의 씨앗(무씨, 배추씨), 곡류(들깨).
현황 한반도 전역에서 흔히 볼 수 있는 텃새다.

검은머리방울새

북한명 | 검은머리방울새
Carduelis spinus
Siskin

■ 겨울철새　■ 흔함

형태 수컷의 겨울깃은 이마와 머리 상단이 검은색이며 뒷목과 어깨, 등은 황록색이다. 눈썹선과 턱밑, 멱, 가슴은 녹황색이고 배는 황색빛이 도는 흰색이다. 옆구리는 회색을 띠며 흑갈색 세로줄무늬가 있다. 꼬리는 오목형이며 위꼬리덮깃은 짙은 황록색으로 끝 부위가 짙은 회색을 띤 녹색이다. 암컷의 머리는 초록색을 띤 회색이며 배는 희고 옆구리에 갈색 세로줄무늬가 있다. 부리는 갈색이며 홍채도 갈색이다. 다리는 짙은 갈색이다. 방울새류의 부리 내부구조는 껍질을 효과적으로 제거하도록 진화했다. 나무열매, 화본과 식물의 씨앗 등이 위턱 가장자리 움푹 들어간 곳에 박히면 아래턱을 들어 그것을 깨무는데, 이때 혀가 보조 작용을 해서 껍질이 벗겨지면 뱉어내고 씨앗은 삼킨다. 부리가 일종의 도정기계인 셈이다. 검은머리방울새는 매우 민첩해서 나무에 걸려 있거나 아직 땅에 떨어지지 않은 씨앗을 먹을 수 있으며 핀셋 모양의 부리로 작은 공 모양 열매에서 씨앗을 쪼아 먹을 수 있다.

노랫소리 '삘리삐, 삘리삐, 쮸-잉, 쮸-잉, 쥬잉, 쥬잉' 하며 노래한다.

생활권 소형 조류로 무리를 이룬다. 하천가의 관목이나 야산의 침엽수림과 활엽수림에서 오리나무열매를 즐겨 먹고 생활한다.

번식 산란기는 4~6월이며 침엽수림의 나뭇가지에 둥지를 튼다. 높이 10m 정도의 나뭇가지 위에 마른 잔가지와 잔뿌리, 마른풀, 줄기, 잎, 거미줄을 이용하여 밥그릇형 둥지를 만들고 산좌에 이끼류와 동물의 털을 깔고 알을 낳는다. 산란수는 4~5개 정도이며 알의 색은 푸른색 또는 녹색, 흰색 바탕에 흑갈색과 적갈색 또는 담갈색 얼룩점이 산재해 있다. 알의 크기는 평균 16.4mm다. 포란은 암컷이 전담하며 포란 기간은 12~13일이다. 육추는 암수가 함께 하며 육추 기간은 14~15일 정도다.

먹이 식물의 씨앗, 곤충류.

현황 한반도 전역에서 월동하는 겨울철새다. 침엽수림과 농촌, 교외, 구릉지에서 흔히 볼 수 있는 일종의 침입조로 시기에 따라 무리의 수가 크게 달라진다.

몸길이 120~125mm　**몸무게** 10~14g
부리 ♂10~12mm ♀9.5~13mm **날개** ♂67~75mm ♀68.6~74mm **꼬리** ♂41~49mm ♀41.5~48mm **부척** ♂14~15mm ♀14~15mm
분포권 아프리카 서북부, 북아메리카 북부, 유럽 남부, 영국, 스칸디나비아반도 러시아 시베리아, 이란 남부, 중국 동부와 남부, 타이완, 일본
　　남한 전역
　　북한 전역
도래 시기[월] 1 2 3 4 5 6 7 8 9 10 11 12

우　　　♂

홍방울새

북한명 | 붉은방울새
Carduelis flammea
Common Redpoll

■ 겨울철새   ■ 흔치 않음

몸길이 135mm   **몸무게** 10~14g
부리 ♂9~10mm ♀8.5~9mm **날개** ♂72~78mm ♀73.5~74mm **꼬리** ♂54~58mm
♀53.5~54mm **부척** ♂14~16mm ♀14~14.4mm
분포권 아프리카 서북부, 북아메리카 북부, 유럽 북부와 남부, 영국, 스위스,
아시아 북부, 이란 남부, 중국 동부, 타이완, 일본 남부
남한 전역
북한 전역
도래 시기[월] 1 2 3 4 5 6 7 8 9 10 11 12

형태 암수의 색이 약간 다르다. 수컷의 겨울깃은 이마와 머리 상단에 진홍색 반점이 자리 잡고 있다. 몸통 윗면은 회색이 도는 황갈색으로 흑갈색 세로무늬가 있다. 가슴과 옆구리는 붉은색을 띠며 턱밑은 검고 날개에는 흰색 띠가 두 줄 있다. 배는 흐린 흰색을 띠며 옆구리에 검은색 줄무늬가 있다. 암컷은 가슴에 붉은색이 없다. 꼬리는 오목형이며 짙은 갈색이고 위꼬리덮깃도 짙은 갈색이다. 부리와 홍채, 다리도 갈색이다.
노랫소리 '쮸우이, 쮸우이, 쮸우이' 또는 '쮸이 쮸이 쮸이' 한다.
생활권 번식지인 동토대에서는 관목림과 버드나무, 자작나무 숲의 초습지에서 생활하며 캄차카반도에서는 해안에서부터 식물의 분포한계선까지의 관목림지역에서 먹이를 구하며 지낸다. 월동지에서는 산록지역과 농경지 부근에서 먹이를 구하며 월동한다.
번식 산란기는 5~7월이며 산자작나무 숲이나 산오리나무 숲에 둥지를 튼다. 나뭇가지 위에 잔가지와 식물의 뿌리, 나무껍질을 이용하여 밥그릇형 둥지를 만들고 산좌에는 마른풀이나 잎, 동물의 털과 깃을 깔고 알을 낳는다. 산란수는 4~6개 정도이며 알의 색은 청록색 바탕에 갈색과 적갈색 얼룩점이 산재해 있다. 알의 크기는 17.5mm다. 포란은 암컷이 전담하며 포란 기간은 12일 정도다. 육추는 암수가 함께하며 육추 기간은 12~13일 정도다.
먹이 자작나무 씨앗, 나무열매, 딱정벌레목 곤충.
현황 한반도 전역에 걸쳐 불규칙적으로 도래하는 겨울철새로 해에 따라 이동 개체수의 변화가 크다.

쇠홍방울새

북한명 | 작은붉은방울새
Carduelis hornemanni
Arctic Redpoll

■ 길잃은새　■ 흔치 않음

형태 홍방울새와 흡사하다. 이마는 붉은색이고 턱밑은 검은색이다. 몸통 윗면은 회갈색이며 등과 옆구리에는 어두운 갈색 줄무늬가 있다. 수컷의 가슴은 엷은 분홍색을 띠며 배는 흰색이다. 암컷은 수컷과 비슷하나 일반적으로 황갈색을 띤다. 가슴과 배는 모두 흰색이며 허리와 몸통 아랫면은 수컷보다 줄무늬가 많다. 꼬리는 오목형이며 회갈색이다. 부리는 엷은 황색이며 부리의 등은 암갈색이다. 홍채는 갈색이고 다리는 회갈색이다.

노랫소리 홍방울새와 흡사하다.

생활권 다양한 곳에서 생활한다. 개활지나 소택지, 관목림이 울창한 곳의 덤불에서도 먹이를 구하며 생활한다.

번식 산란기는 6~7월이며 관목림이 있는 초지에 둥지를 튼다. 풀이 무성하게 뒤덮인 곳에 있는 지상 1~2m 높이의 관목림 나뭇가지에 봇나무 껍질과 마른 풀줄기, 잔뿌리, 이끼류를 이용하여 밥그릇형 틀을 만들고 산좌에 마른 잎과 깃털, 동물의 털을 깔고 앉은 낳는다. 산란수는 4~6개 정도이며 알의 색은 어두운 청색이 도는 갈색이다. 알의 크기는 17mm다. 포란은 암컷이 전담하며 포란 기간은 11~12일이다. 육추는 암수가 함께 하며 육추 기간은 12일 정도다. 1년에 2번 번식한다.

먹이 식물의 씨앗.

현황 홍방울새보다 더 북쪽에서 번식한다. 한반도에서 길잃은새로 분류해왔으나 북한지역에서는 희귀한 겨울철새로 기록하고 있다. 채집지역은 함경북도 만포와 량강도 혜산시(11월), 평안남도 안주시(2월)다.

몸길이 13.5mm　**몸무게** 12g
부리 ♂8.2~10mm ♀8~9mm **날개** ♂72.5~75mm ♀70.5~73mm
꼬리 ♂53.5~58.5mm ♀53~56mm **부척** ♂15~17mm ♀15~16mm
분포권 유럽 북부, 스칸디나비아반도, 러시아 시베리아, 캄차카반도, 일본
　　　　남한 원고 없음
　　　　북한 함경북도 만포, 량강도 혜산시, 평안남도 안주시
도래 시기[월] 길잃은새

©Ron Knight

우

송

되새

북한명 | 꽃참새(화계)
Fringilla montifringilla
Brambling

■ 겨울철새 ■ 많음

몸길이 145~150mm 몸무게 23~29g
부리 ♂12.9~14mm ♀12~13.5mm **날개** ♂84~93.5mm ♀81~93mm
꼬리 ♂59~63mm ♀55~63mm **부척** ♂18.8~20mm ♀18~19mm
분포권 아프리카 북부, 유럽, 스칸디나비아반도, 영국, 유라시아 북부,
　　　　　러시아 캄차카반도, 터키, 이란, 인도 북서부, 동아시아, 중국 만주,
　　　　　타이완, 일본
　　　　　남한 전역
　　　　　북한 전역
도래 시기[월] 1 2 3 4 5 6 7 8 9 10 11 12

형태 수컷의 겨울깃은 머리와 얼굴이 흐린 검은색이며 머리에 회색 줄무늬가 2개 있다. 등 위쪽은 회색이 도는 검은색이고 등 아래쪽은 갈색을 띤 검은색이다. 어깨는 갈색을 띠며 턱밑과 아랫가슴까지 황갈색으로 턱밑과 멱은 색이 엷다. 배는 흰색이고 옆구리와 아래꼬리덮깃은 옅은 갈색을 띠며 꼬리는 검고 오목형이다. 암컷의 겨울깃은 수컷과 흡사하나 머리, 등면의 색깔이 선명하지 않다. 수컷의 여름깃은 이마와 머리 상단, 얼굴, 뒷머리, 뒷목이 청색이 도는 검은색이며 턱밑과 가슴은 황갈색이다. 날개는 검고 황색 띠가 두 줄 있다. 암컷의 여름깃은 이마와 머리, 뒷머리가 옅은 회갈색이며 멱과 가슴, 어깨의 황갈색이 수컷보다 엷다. 등에는 수컷과 같은 검은색 얼룩점이 있다. 부리는 검은색이 도는 황색이며 홍채는 갈색이고 다리도 갈색이다.
노랫소리 '뷔뷔뷔' 소리 내며 노래한다.
생활권 산림이나 농경지 부근의 관목림이나 하천가의 잡목림에서 먹이를 구하며 생활한다. 되새과 수컷은 먼저 영역을 구축한 후 배우자를 유인하여 짝짓기를 한다.
번식 산란기는 5월 중순~7월 상순이며 소나무, 자작나무, 전나무 숲에 둥지를 튼다. 보통 높지 않은 곳에 둥지를 트나 때로는 지상 4~5m 높이에 틀기도 한다. 교목의 나뭇가지 위에 마른풀의 줄기나 잎, 나무껍질, 이끼류를 섞어 밥그릇형 둥지를 치밀하고 견고하게 만들며 산좌에는 동물의 털이나 깃털을 깔고 알을 낳는다. 산란수는 5~7개 정도이며 알의 색은 청색 또는 갈색 바탕에 자갈색의 얼룩점이 산재해 있다. 알의 크기는 평균 19.5mm다. 포란은 암컷이 전담하며 포란 기간은 13~14일이다. 육추는 암수가 함께 하며 육추 기간은 14일 정도다.
먹이 농작물 낟알, 소나무과 씨앗, 식물의 씨앗, 곤충류.
현황 한반도 전역에서 흔히 볼 수 있는 겨울철새로 1993년 경상남도 하동군에서 수백만 마리의 거대한 무리가 집단으로 월동하기도 했다.

♂ 여름깃

♂ 겨울깃

♀

푸른머리되새

북한명 | 없음
Fringilla coelebs
Common Chaffinch

■ 길잃은새　■ 희귀함

형태 수컷의 앞이마와 머리 상단, 뒷머리, 뒷목은 푸른빛이 도는 청회색이고 등이 등황색이다. 부리와 이마의 경계선이 검고, 얼굴과 턱밑, 가슴은 분홍색이며 복부는 흰색이다. 몸통 대부분은 황갈색이며 꼬리는 흑갈색이다. 어깨는 흰색이고, 날개에 흰색 줄무늬와 가느다란 흰색 줄이 있다. 부리는 검은빛이 도는 살구색이며 홍채와 다리는 흑갈색이다. 암컷은 수컷과 흡사하나 색이 옅고 몸통이 비교적 작다. 겨울에는 분홍색 부분이 흔적만 남는다. 어린새는 붉은색 부분이 옅고, 머리의 청회색 부분이 담갈색을 띤다.

노랫소리 '핑크' 또는 '우우루, 쥡쥡' 하는 경쾌하고 맑은 소리로 지저귄다.

생활권 주로 관목이 있는 숲에서 생활한다.

산란기 번식기는 4~6월이다. 수컷은 먼저 일정한 영역을 구축한 뒤 배우자를 유혹한다. 나무나 관목림에 마른풀과 이끼, 식물 줄기와 뿌리로 둥지를 틀고 산좌에 부드러운 이끼와 동물 털을 간 뒤 알을 4~5개 낳는다. 알의 크기는 20mm이며, 푸른빛이 돌고 분홍색 얼룩점이 산재해 있다. 포란은 암컷이 전담하며 포란 기간은 12~13일이다. 육추는 암수가 함께 하며 육추 기간은 13~14일이다.

먹이 식물의 씨앗과 새순, 무척추동물, 곤충류와 애벌레.

현황 미기록종으로, 기상 이변이나 난기류 또는 기타 상황으로 무리에서 이탈하여 한반도에 유입된 길잃은새다. 국립공원관리공단 철새연구센터는 2016년 10월 전라남도 신안군 흑산도에서 암컷을 발견했다고 사진과 함께 발표했다. 방울새과와 형태학에 따른 분류학상 밀접한 근연관계가 있는 종이며, 최근 두 종이 동일한 원종에서 기원했음이 밝혀졌다.

몸길이 145~150mm　**몸무게** 19~24g
분포권 유럽 서부, 러시아 남부와 시베리아, 동아시아, 중국 북동부
　　　남한 전라남도 신안군 흑산도
　　　북한 자료 없음
도래 시기[월] 길잃은새

우

♂

붉은양진이 적원자

북한명 | 붉은양지니
Carpodacus erythrinus
Common Rosefinch

■ 나그네새 ■ 귀함

몸길이 145mm **몸무게** 25g
부리 ♂10~12mm ♀12mm **날개** ♂82~85mm ♀84mm **꼬리** ♂54~62mm ♀12mm
부척 ♂17~19mm ♀17mm
분포권 유럽, 러시아 캄차카반도, 시베리아 동부, 오호츠크해 연안,
사할린 북부, 알타이, 아무르강, 우수리강, 만주, 몽골 북부, 일본
남한 중부 이남
북한 백두산 일대, 부전고원 차일봉, 장진호반, 량강도 삼지연 일대,
무두봉 일대, 함경남도 대흥군 평화리

도래 시기[월] 1 2 **3 4** 5 6 7 8 **9 10** 11 12

형태 수컷의 겨울깃은 이마와 머리 상단, 뒷머리, 뒷목이 붉은색이며 뺨과 멱, 윗가슴은 밝은 장미색을 띤 붉은색이다. 몸통 윗면은 붉은빛이 도는 갈색이고 배는 흰색이다. 날개와 꼬리는 적갈색을 띠는데 개체에 따라 붉은 정도의 차이가 있다. 암컷의 겨울깃은 머리와 등이 어두운 황갈색을 띠며 머리와 목에 흑갈색 세로무늬가 있다. 배는 회갈색이고 날개와 꼬리는 어두운 갈색이며 꼬리는 오목형이다. 부리는 굵고 회색이며 홍채는 적갈색이고 다리는 흑색이다.
노랫소리 '쬐요-, 쬐요-' 또는 '삐쪼, 삐쪼 삐이 삣쪼 삐찌이' 하며 다양한 소리로 노래한다.
생활권 숲속의 덤불이나 관목림이 우거진 곳에서 먹이를 구하며 생활한다.
번식 산란기는 5~6월이며 물가 관목림의 땅 위나 나뭇가지 위에 둥지를 튼다. 지상 1.6m 높이에 마른풀의 줄기나 잎, 잔뿌리로 밥그릇형 둥지를 만들고 산좌에 풀뿌리와 동물의 털을 깔고 알을 낳는다. 둥지의 크기는 외경 94mm, 내경 68mm, 깊이 45mm다. 산란수는 3~6개 정도이며 알의 색은 밝은 청색 바탕에 짙은 흑갈색 얼룩점이 산재해 있다. 알의 크기는 21.5mm다. 포란은 암컷이 전담하며 포란 기간은 12~14일이다. 육추는 암수가 함께 하며 육추 기간은 12~16일 정도다.
먹이 식물의 씨앗, 관목의 새싹, 곤충류.
현황 매우 귀한 종으로 한반도 북부 고산지역에서 소수의 무리가 번식도 하며 한반도 남부지역에서는 봄철과 가을철에 아주 드물게 지나가는 나그네새다. 이 종의 이름으로 적원자(赤猿子)라는 일본명을 그대로 사용하는 것은 부당하므로 '붉은양진이'라고 칭해야 한다.

♂ 아성조

♂

우

양진이

북한명 | 양지니
Carpodacus roseus
Pallas's Rosefinch

■ 겨울철새 ■ 흔함

형태 수컷의 겨울깃은 이마와 머리 상단에 광택이 나는 은색 비늘무늬가 있고 뒷목과 얼굴은 붉은색이다. 등도 붉은색으로 검은색 세로줄무늬가 있고 멱은 붉은색 바탕에 은색 비늘무늬가 있다. 목과 가슴, 배는 붉은 장미색이다. 복부의 중앙부는 흰색이며 날개와 꼬리는 흑갈색으로 붉은빛이 돈다. 암컷의 머리 상단, 뒷머리, 등은 어두운 갈색을 띠고 몸통은 황갈색이다. 머리와 가슴은 붉은색이 도는 갈색이다. 꼬리는 갈색이며 오목형이다. 부리는 회갈색이며 홍채와 다리는 갈색이다.

노랫소리 '찟 찟 찟' 하는 소리를 반복적으로 낸다.

생활권 야산의 덤불숲이나 농경지 근처의 숲, 침엽수림과 농경지 주변의 혼효림, 구릉지에서 생활한다.

번식 산란기는 5~7월이며 관목림이 우거진 덤불 근처의 잡목림 나뭇가지에 둥지를 튼다. 마른 풀줄기나 잎과 풀뿌리로 밥그릇형 틀을 만들고 산좌에는 부드러운 풀잎과 섬유, 동물의 털을 깔고 알을 낳는다. 둥지의 크기는 외경 130mm, 내경 110mm, 깊이 43mm다. 산란수는 3~5개 정도이며 알의 색은 청록색 바탕에 갈색과 회갈색의 얼룩점이 산재해 있다. 포란은 암컷이 전담하며 포란 기간은 12~13일이다. 육추는 암수가 함께 하며 육추 기간은 13~14일 정도다.

먹이 식물의 씨앗과 열매, 곡물 낟알, 곤충류.

현황 가을철에 한반도 전역에 도래하여 월동하는 겨울철새로 무리를 지어 생활한다.

몸길이 150mm 몸무게 21~35g
부리 ♂10~12mm ♀10~11.4mm 날개 ♂89~91.5mm ♀84~91mm
꼬리 ♂64~85mm ♀59.9~85mm 부척 ♂19.5~21mm ♀19.5~21mm
분포권 동아시아, 러시아 시베리아 중동부, 바이칼호 북부, 사할린, 알타이, 우수리강, 중국 북부, 만주, 몽골 북부, 일본
  남한 전역
  북한 전역
도래 시기[월] **1 2 3** 4 5 6 7 8 9 **10 11 12**

♂

♂ 아성조

우

581

긴꼬리홍양진이

북한명 | 긴꼬리양지니
Uragus sibiricus
Long-tailed Rosefinch

■ 겨울철새 ■ 흔함

몸길이 165mm **몸무게** 17~26g
부리 ♂19.5~21mm ♀10~11.4mm **날개** ♂89~91.5mm ♀84~91mm
꼬리 ♂64~85mm ♀59.9~85mm **부척** ♂19.5~21mm ♀19.5~21mm
분포권 아시아 동북부, 러시아 시베리아 남부, 사할린, 우수리강, 만주 중부,
　　　　몽골 북부, 일본
　　　　남한 남부지역(월동지)
　　　　북한 북부 고산지역(번식지)
도래 시기[월] 1 2 3 4 5 6 7 8 9 **10 11 12**

형태 수컷의 여름깃은 이마와 머리 상단, 뒷머리, 목이 붉은색이며 중앙에 흑갈색 점무늬가 있다. 이마, 머리 상단, 멱은 은백색 반점이 산재해 있다. 등은 붉은색에 검은색 무늬가 있다. 날개는 검은색으로 두 줄의 흰색 띠가 선명하다. 복부와 허리는 붉은색이 선명하다. 꼬리는 길고 오목형이며 검은색인데 바깥꼬리깃은 흰색이다. 수컷의 겨울깃은 머리 상단, 등, 배, 허리의 붉었던 색이 흐려진다. 암컷의 몸통 색깔은 갈색을 띠며 검은색 세로줄무늬가 있다. 부리는 갈색이고 홍채는 갈색을 띤 회색이며 다리는 옅은 갈색을 띤다.
노랫소리 '휘이, 휘이, 쯔르삐이, 쓰삐에 삐료 히이 삐이료, 삐잇' 하며 다양한 소리로 노래한다.
생활권 냇가의 덤불이나 덤불이 많은 삼림 또는 농경지 주변의 잡목림이 있는 덤불지역에서 먹이를 구하며 생활한다.
번식 산란기는 5월 하순~6월 하순이며 하천가 관목림이나 농경지 주변의 잡목림이 있고 덤불이 우거진 곳의 나뭇가지에 둥지를 튼다. 마른 풀줄기나 잎, 풀뿌리와 나무껍질을 섞어 둥지의 틀을 만들고 산좌에는 풀뿌리와 줄기, 깃털을 깔고 알을 낳는다. 산란수는 4~5개 정도이며 알의 색은 녹청색 바탕에 흑갈색 얼룩점이 있다. 포란은 암컷이 전담하며 포란 기간은 12~13일이다. 육추는 암수가 함께 하며 육추 기간은 14일 정도다.
먹이 곤충류, 식물의 씨앗과 열매.
현황 한반도 북부 고산지역에서는 번식도 하는 여름철새이며 한반도 남부지역에서는 월동하는 겨울철새다.

♂ 겨울깃

♂ 여름깃

우

갈색양진이

북한명 | 싸리양지니
Leucosticte arctoa
Rosy Finch

■ 겨울철새　■ 희귀함

참새목

되새과

형태 수컷의 겨울깃은 이마와 머리 상단, 얼굴, 턱밑, 윗가슴이 검은색이며 뒷머리와 뒷목은 황갈색이다. 등과 어깨는 황갈색을 띠며 흑갈색 줄무늬가 있다. 허리는 붉은 보라빛이 도는 흑갈색이다. 날개는 흑갈색이며 날개덮깃과 날개깃의 일부는 붉은 보라색을 띤다. 위꼬리덮깃은 흑갈색이며 오목형이다. 암컷의 겨울깃은 수컷에 비해 색깔이 엷고 특히 붉은색이 흐리다. 복부는 어두운 갈색이며 머리와 등은 황색을 띤다. 부리는 굵고 회갈색이며 홍채와 다리는 갈색이다.

노랫소리 '찟 찟 찟' 하며 짧은 소리로 노래한다.

생활권 해안이나 산악지, 개활지 또는 숲이 있는 산림과 풀밭이 우거진 냇가 잡목림에서 먹이를 구하며 생활한다.

번식 산란기는 6~7월이며 바닷가의 바위틈이나 해안의 절벽 암벽 틈에 마른 풀잎과 줄기, 이끼를 이용하여 밥그릇형 둥지를 만들고 산좌에는 풀잎과 줄기, 섬유, 깃털을 깔고 알을 낳는다. 산란수는 3~5개 정도이고 알의 색깔은 흰색이며 얼룩무늬가 없다. 포란은 암컷이 전담하며 포란 기간은 13~14일이다. 육추는 암수가 함께 하며 육추 기간은 14~15일 정도다.

먹이 식물의 씨앗, 곤충류.

현황 한반도 전역에서 드물게 볼 수 있는 겨울철새로 함경도 고산지역에서 번식하는 것으로 알려져 있다.

몸길이 160mm　몸무게 26~30g
부리 10~12mm **날개** 97~112mm **꼬리** 62~75mm **부척** 19~22mm
분포권 러시아 시베리아 동부, 알류산열도, 캄차카반도, 쿠릴열도, 우수리강, 몽골, 일본 북부
　　　남한 전역
　　　북한 함경도 고산지역
도래 시기[월] **1 2 3** 4 5 6 7 8 9 **10 11 12**

우

♂

583

솔양진이

북한명 | 사할린솔양지니(솔양지니)
Pinicola enucleator
Pine Grosbeak

■ 길잃은새 ■ 희귀함

몸길이 195~210mm **몸무게** 56~60g
부리 15~16.5mm **날개** 105~110.5mm **꼬리** 90mm **부척** 21mm
분포권 스칸디나비아반도, 러시아 시베리아, 쿠릴열도. 캄차카반도,
　　　　미국 알래스카, 몽골, 중국, 만주, 일본 북부
　　　　남한 독도
　　　　북한 함경북도 웅기군
도래 시기[월] 길잃은새

형태 체구가 크고 우람하다. 수컷의 겨울깃은 이마와 머리 상단, 뒷목이 붉은색이며 뺨과 멱, 윗가슴은 밝은 장미색을 띤 붉은색이다. 몸통 윗면은 붉은색이 도는 갈색이고 배는 흰색이다. 날개와 위꼬리덮깃은 적갈색을 띠고 개체에 따라 붉은색의 차이가 있다. 암컷의 겨울깃은 머리와 등이 어두운 황갈색을 띠며 머리와 목에는 흑갈색 세로무늬가 있다. 배는 회갈색이며 날개와 꼬리도 어두운 갈색이다. 부리는 굵고 회색이며 홍채는 적갈색이고 다리는 흑색이다.
노랫소리 '삐이- 삐이-' 또는 '삐쪼 삐쪼, 삐이, 삣쪼 삐찌이' 하며 다양한 소리로 노래한다.
생활권 덤불이 있는 숲속 관목림이나 산림에서 먹이를 구하며 생활한다.
번식 산란기는 5~7월 상순이며 숲속 잡목림의 교목 가지 위에 둥지를 튼다. 마른풀과 줄기, 풀뿌리, 이끼류로 밥그릇형 틀을 만들고 산좌에 마른 풀잎과 잔뿌리, 섬유를 깔고 알을 낳는다. 산란수는 3~5개 정도이며 알의 색은 청록색 바탕에 어두운 갈색과 흑갈색 얼룩점이 산재해 있다. 포란은 암컷이 전담하며 포란 기간은 13~14일이다. 육추는 암수가 함께 하며 육추 기간은 14일 정도다.
먹이 식물의 씨앗과 열매(장과류).
현황 길잃은새로 1959년 11월에 함경북도 웅기군에서 암컷 1마리가 채집되었고 54년 만인 2013년 10월 독도(동도)에서 수컷 1마리가 발견되었다.

♀

♂ 아성조

♂

솔잣새

북한명 | 잣새
Loxia curvirostra
Red Crossbill (Common Crossbill)

■ 겨울철새 ■ 흔치 않음

형태 수컷의 겨울깃은 몸통이 대체로 붉은색을 띠나 서식처에 따라 붉은 오렌지색이나 붉은 분홍색을 띠는 등 차이가 있다. 이마와 머리 상단, 뒷목은 어두운 붉은색이며 등은 적갈색이다. 눈앞, 눈선, 귀깃의 윗부분은 옅은 흑갈색을 띠고 아랫면은 어두운 붉은색이다. 턱과 멱, 가슴, 배는 붉은색이며 배의 중앙과 아래꼬리덮깃은 흰색으로 갈색 무늬가 있다. 날개와 꼬리는 갈색을 띤 검은색이며 꼬리는 오목형이다. 암컷은 이마에서 등까지 갈색을 띠며 온몸이 회갈색이다. 부리는 갈색이며 윗부리와 아랫부리가 오른쪽 또는 왼쪽으로 어긋난 특이한 구조다. 홍채는 갈색이며 다리는 흑갈색이다.

노랫소리 '쮸삐, 쮸삐, 쯔삐, 쯔삐' 또는 '깊, 깊, 깊' 하며 소리를 낸다.

생활권 침엽수림과 활엽수림이 혼재된 곳에서 먹이를 구하며 생활한다.

번식 산란기는 1~4월(유럽)이며 소나무 숲이 우거진 곳에 둥지를 튼다. 교목의 나뭇가지 위에 마른 나뭇가지와 마른 풀줄기, 잎, 풀뿌리로 밥그릇형 둥지를 만들고 산좌에 마른 풀줄기와 잔뿌리, 동물의 털을 깔고 알을 낳는다. 산란수는 3~4개 정도이며 알의 색은 녹색이 도는 흰색 바탕에 적자색과 검은색 얼룩점이 산재해 있다. 알의 크기는 26mm다. 포란은 암컷이 전담하며 포란 기간은 13~16일이다. 육추는 암수가 함께 하며 육추 기간은 16~25일 정도다.

먹이 소나무과의 씨앗, 장미과나 국화과의 씨앗, 나무의 눈, 곤충류.

현황 한반도에서는 드물게 월동하는 겨울철새로 솔방울의 씨앗이나 잣 열매를 꺼내 먹을 수 있는 특이한 구조의 부리를 가진 산림성 조류다. 도래하는 마리 수는 일정하지 않다. 되새과 내의 솔잣새 속은 북반구에 분포하는데, 그중 부리 크기가 솔잣새의 작은 부리와 큰부리솔잣새의 큰 부리의 중간인 스코틀랜드솔잣새는 영국제도에서만 생활한다. 이러한 부리 모양은 스코틀랜드소나무의 솔방울을 먹기 위한 것으로 여겨지는데 때로는 솔잣새의 한 아종으로 여겨지기도 한다.

몸길이 165mm **몸무게** 28~40g
부리 17~21mm **날개** 85~102mm **꼬리** 50~62mm **부척** 17~21mm
분포권 아프리카 북부, 아메리카 북부, 유럽, 스칸디나비아반도 서부, 아시아, 러시아 사할린, 쿠릴열도, 아무르강, 우수리강, 오호츠크해 연안, 중국 북서부와 동부, 일본
남한 전역
북한 전역
도래 시기[월] 1 2 3 4 5 6 7 8 9 10 11 12

우

아성조

♂

흰죽지솔잣새

북한명 | 흰띠날개잣새
Loxia leucoptera
White-winged Crossbill

■ 길잃은새   ■ 희귀함

몸길이 145mm   **몸무게** 30g
부리 16~19mm **날개** 84~94mm **꼬리** 56~62mm **부척** 15~17mm
분포권 북아메리카, 유라시아, 핀란드, 러시아 북부, 사할린, 시베리아 동부,
아무르강, 인도, 중국 북부, 만주 북부, 일본
남한 경상남도 양산시
북한 자료 없음
도래 시기[월] 길잃은새

형태 솔잣새보다 체구가 작다. 겨울깃은 몸통이 붉고 날개는 검은색이
며 흰색 띠 두 줄이 선명하게 자리 잡고 있다. 셋째날개깃과 가운데날
개깃의 끝이 흰색이기 때문에 날개를 접었을 때 두 줄의 흰색 띠로 나
타나는 것이다. 아래꼬리덮깃은 흑회색이며 꼬리깃가는 흰색이다. 암컷
은 몸통이 옅은 회색을 띤 황색으로 등과 옆구리에는 옅은 갈색 줄무늬
가 있다. 엇갈린 부리는 솔잣새보다 작고 갈색이다. 홍채는 짙은 갈색이
며 다리도 갈색이다.
노랫소리 '찚프, 찚프, 찚프' 하며 반복하여 소리 낸다.
생활권 소나무가 울창한 곳이나 침엽수림 또는 혼효림에서 먹이를 구
하며 생활한다.
번식 산란기는 3월 하순~6월이며 침엽수림이 우거진 곳에 둥지를 튼
다. 마른 풀잎과 줄기, 나무껍질과 식물의 잔뿌리를 이용하여 밥그릇형
으로 둥지의 틀을 만들고 산좌에는 이끼류와 마른 풀잎, 동물의 털과
깃털을 깔고 알을 낳는다. 산란수는 3~4개 정도이며 알의 색깔은 녹색
이 도는 흰색 바탕에 자색의 얼룩무늬가 있다. 알의 크기는 21mm다.
포란은 암컷이 전담하며 포란 기간은 13~14일이다. 육추는 암수가 함
께 하며 육추 기간은 13~15일 정도다.
먹이 소나무 씨앗, 낙엽송 씨앗.
현황 기상 이변이나 난기류 또는 기타 상황으로 무리에서 이탈하여 한
반도로 유입된 길잃은새다. 1969년 2월 15일 경상남도 양산시 통도사
부근 솔밭에서 이정우가 1쌍을 채집한 기록이 있다.

멋쟁이새

북한명 | 산까치
Pyrrhula pyrrhula
Bullfinch

■ 겨울철새 ■ 흔치 않음

형태 수컷의 겨울깃은 이마와 머리 상단, 턱밑이 검고 얼굴은 붉은색이다. 뒷목과 등, 허리 윗부분은 암회색이며 허리 아랫부분은 순백색이다. 위꼬리덮깃과 꼬리깃은 검은색이며 날개깃에는 흰색 띠가 있다. 가슴과 배는 장미색을 띤 회색이며 개체에 따라 붉은색을 띠는 것도 있다. 암컷은 붉은색 부위가 없고 뒷목은 회색이다. 등과 어깨, 작은덮깃은 회갈색이고 몸통 아랫면은 엷은 회갈색을 띠며 그 외의 부위는 수컷과 같다. 부리는 검고 홍채는 갈색을 띠며 다리는 짙은 갈색이다.

노랫소리 '훼 훼 휘익 휘익' 하며 반복하여 소리 내며 노래한다.

생활권 한반도에서는 개활지와 농경지 주변의 잡목림에서 먹이를 구하며 생활한다. 침엽수림에서 생활하며 일본에서는 해발 1,500~2,900m 고원에서 산다. 멋쟁이새는 오랫동안 과수원에 해를 입혔다. 특히 배나무와 오얏나무의 새순과 꽃봉오리를 즐겨 먹기 때문에 한때 영국에서는 멋쟁이새를 잡아 죽이면 보상도 했다.

번식 산란기는 4월 하순~7월이며 아고산지역 침엽수림의 지상 1~2.7m 높이 나뭇가지에 둥지를 튼다. 둥지는 마른 풀줄기와 잎, 마른 덩굴, 이끼류 등으로 틀을 만들고 산좌에는 가는 풀뿌리와 깃털, 동물의 털을 깔고 알을 낳는다. 둥지의 크기는 외경 110~160mm, 내경 50~70mm, 깊이 25~42mm, 높이 50mm이며 산란수는 4~6개 정도다. 알의 색은 녹청색 바탕에 자줏빛이 도는 갈색 얼룩점이 산재해 있다. 알의 크기는 평균 20mm다. 포란은 암컷이 전담하며 포란 기간은 12~14일이다. 육추는 암수가 함께 하며 육추 기간은 12~16일이다.

먹이 식물의 눈, 새순, 잎, 씨앗, 열매, 곤충류.

현황 이 종의 아종은 10종으로 한반도에 도래하는 것은 멋쟁이새, 붉은배멋쟁이새, 회색멋쟁이새가 있다. 붉은배멋쟁이새는 캄차카반도에서 번식하며 길잃은새로 기록되고 있으며, 회색멋쟁이새는 해에 따라 불규칙적으로 도래하는 겨울철새로 1980년대에는 흔히 볼 수 있었다.

몸길이 150mm **몸무게** 21~27g
부리 ♂9~10.5mm ♀10mm **날개** ♂84~88mm ♀84~85mm **꼬리** ♂64~68mm ♀63~67mm **부척**♂17mm ♀17mm
분포권 유럽, 러시아 아무르강, 우수리강, 사할린, 캄차카반도, 중국 동남부, 만주, 일본
　남한 전역
　북한 전역

도래 시기[월] **1** **2** **3** 4 5 6 7 8 9 **10** **11** **12**

♂ 붉은배멋쟁이새　　♂ 회색멋쟁이새

♂ 멋쟁이새

우 회색멋쟁이새　　아성조

밀화부리

북한명 | 밀화부리
Eophona migratoria
Yellow-billed Grosbeak

몸길이 180~200mm　몸무게 42~55g
부리 ♂17~21mm ♀18~20mm **날개** ♂93~101mm ♀94~101mm **꼬리** ♂65~85mm
♀67~72mm **부척** ♂21~22mm ♀21~23mm
분포권 러시아 시베리아, 아무르강, 우수리강, 필리핀, 중국 북동부와 남부,
　　　만주, 타이완, 일본 남부
　　　남한 전역
　　　북한 전역
도래 시기[월] 1　2　3　**4　5　6　7　8　9**　10　11　12

형태 수컷의 이마와 머리 상단, 얼굴, 턱밑, 뒷머리는 광택이 나는 검은색이다. 뒷목과 등은 회갈색이며 날개는 광택이 나는 검은색으로 날개깃 끝부분과 첫째날개덮깃은 흰색이다. 꼬리는 오목형으로 청색이 도는 검은색이며 가슴과 배는 담황색이다. 암컷의 머리와 등은 회갈색이고 배는 담색이며 눈앞과 턱밑의 색이 짙다. 부리는 황색이나 번식기에는 등황색으로 변한다. 홍채는 갈색이며 다리는 담황색이다.
노랫소리 '키-코 키-고고고고, 고로르르르르' 하며 부드러운 소리로 노래하는 명금류에 속하므로 애완조류로 기르는 사람이 많다.
생활권 야산과 인가 근처의 숲이나 공원에서 생활한다.
번식 산란기는 5~6월이며 낙엽활엽수림에 둥지를 튼다. 가늘고 마른 나뭇가지와 식물의 줄기, 잎을 진흙과 거미줄로 엮어 밥그릇형 둥지를 만들고 겉을 칡덩굴로 보완한다. 산좌에는 풀뿌리와 줄기를 깔고 알을 낳는다. 산란수는 4~5개 정도이며 알의 색은 담녹색 바탕에 암갈색 반점과 선 모양의 얼룩무늬가 있다. 알의 크기는 25mm다. 포란은 암컷이 주로 하며 포란 기간은 12~13일 정도다. 육추는 암수가 함께 하며 육추 기간은 13~14일 정도로 추정된다.
먹이 식물의 씨앗, 곤충류의 성충과 애벌레
현황 흔한 여름철새였으나 최근 개체수가 급격하게 급감하여 보기 어려워졌다.

큰부리밀화부리

북한명 | 큰밀화부리
Eophona personata
Japanese Grosbeak

형태 암컷과 수컷의 색은 전 아종과 흡사하다. 체구가 크며 특히 부리가 눈에 띄게 큰데 부리의 기부가 높으며 부리의 등은 굽어 있다. 턱밑과 부리 기부 옆을 타고 올라간 검은색 줄은 눈가를 지나 앞머리로 이어지는데, 밀화부리에 비해 그 면적이 좁다. 등과 허리는 순회색이며 날개는 검은색으로 흰색 반점이 있다. 꼬리는 검고 오목형이다. 가슴과 배는 회색이며 배의 중앙부와 아래꼬리덮깃은 흰색이다. 암컷은 수컷에 비해 색깔이 엷고 갈색을 띤다. 부리는 황색이고 홍채는 갈색이며 다리는 담황색이다.

노랫소리 '콧, 콧, 키키, 키코, 키-키키키키' 하며 노래한다.

생활권 인가 근처의 산림지역과 농경지 또는 정원과 혼효림지역에서 먹이를 구하며 생활한다.

번식 산란 습성에 관한 자료가 부족하다. 산란기는 6~7월이며 낙엽활엽수림에 둥지를 튼다. 마른 풀줄기와 잎, 잔뿌리, 나뭇가지를 섞어 밥그릇형 둥지를 만들고 산좌에 풀잎과 줄기, 잔뿌리를 깔고 알을 낳는다. 산란수는 3~4개 정도이며 포란 기간은 13~14일이다. 육추는 암수가 함께 하는데 육추 기간은 확실하게 밝혀진 자료가 없다.

먹이 식물의 씨앗과 열매, 새순, 콩, 곤충류.

현황 한반도에는 가을철에 드물게 도래하여 월동하는 겨울철새로 북한 고산지역에서는 여름철새이기도 하다. 북한과학원에서는 평안남도 덕천시와 평안북도의 서식지역에서 이 새의 번식 생태를 조사하고 있다.

몸길이 210~230mm **몸무게** 65~95g
부리 ♂24~25.5mm(부리 기부의 높이 17.5~19mm) ♀21.5~24.5mm
날개 ♂112~118mm ♀102~111mm **꼬리** 83~95mm **부척** 23~29mm
분포권 아시아 동부, 우수리강, 중국 동북부, 만주, 일본
　　　　남한 북부지역
　　　　북한 평안남도 덕천시, 평안북도
도래 시기[월] **1 2 3** 4 5 6 7 8 9 **10 11 12**

589

콩새

북한명 | 콩새
Coccothraustes coccothraustes
Hawfinch

몸길이 180mm **몸무게** 48〜62g
부리 ♂20〜22mm ♀18〜21mm **날개** ♂102〜106mm ♀99〜106mm **꼬리** ♂54〜60mm
♀54〜57mm **부척** ♂20〜22mm ♀21〜22mm
분포권 아프리카 북부, 유럽, 이라크, 인도, 파미르고원, 러시아 사할린,
쿠릴열도, 우수리강, 아무르강, 중국 동부, 만주 북동부, 일본
남한 전역
북한 전역

도래 시기[월] **1 2 3** 4 5 6 7 8 9 **10 11 12**

형태 체구가 우람하고 머리가 크다. 수컷의 겨울깃은 이마와 머리 상
단, 뒷머리가 담황색이다. 등과 어깨깃은 짙은 갈색이며 위꼬리덮깃
은 갈색이 도는 담황색이다. 눈앞과 멱은 검고 얼굴은 담황색이다. 가
슴과 배는 회색빛이 도는 갈색이며 배의 중앙은 색이 엷다. 첫째날개
깃은 검고 광택이 나며 내판의 가운데에는 흰색 무늬가 있다. 꼬리는
짧고 오목형으로 갈색이며 끝자락에 흰색 띠가 있다. 암컷은 수컷에
비해 색깔이 엷고 부리는 투박하다. 여름에는 회색을 띠며 겨울에는
담황색이다. 홍채는 회백색이며 다리는 갈색이다.
노랫소리 '찌 찌 찌 찌' 또는 '부, 부, 부' 하는 단음을 반복하면서 노
래한다.
생활권 농경지 주변과 인가 근처의 산림, 공원, 정원에 모습을 자주
드러낸다.
번식 산란기는 4월 중순~6월이며 낙엽활엽수림이나 관목림에 둥
지를 튼다. 지상 2~2.5m 높이의 나뭇가지 위에 마른풀과 줄기, 잎,
마른 덩굴줄기를 이용하여 밥그릇형 틀을 짜고 산좌에 풀뿌리와
부드러운 섬유, 헝겊 등을 깔고 알을 낳는다. 둥지의 크기는 외경
200~220mm, 내경 160~180mm, 높이 90~100mm이며 산란수는
3~6개 정도다. 알의 색은 옅은 녹청색 바탕에 회색과 갈색의 얼룩점
이 산재해 있다. 알의 크기는 평균 24mm다. 포란은 암컷이 전담하
며 포란 기간은 12~13일이다. 육추는 암수가 함께 하며 육추 기간은
11~14일 정도다.
먹이 식물의 씨앗과 열매, 곤충류.
현황 한반도 전역에서 흔히 볼 수 있는 겨울철새다. 작은 무리를 이
루며 생활한다.

우 겨울깃

♂ 여름깃

참새

북한명 | 참새
Passer montanus
Tree Sparrow

■ 텃새 ■ 많음

형태 암수를 구별하기 어렵다. 이마와 머리 상단, 뒷머리, 뒷목은 밤색이고 눈앞과 턱밑, 귀깃은 검고 얼굴과 목은 흰색이다. 뺨에는 검은색 점무늬가 있고 등과 어깨는 갈색을 띠며 흑갈색 세로무늬가 있다. 날개는 갈색이며 흰색 띠가 두 줄 있다. 셋째날개깃의 바깥쪽 부분은 다색이며 큰덮깃과 가운데덮깃의 끝자락은 흰색으로 날개띠를 이룬다. 가슴과 배 부분은 회색이 도는 흰색이고 꼬리는 다갈색으로 모난형이다. 부리는 검고 홍채는 갈색이며 다리는 옅은 갈색이다.
노랫소리 '찟, 찟, 찟' 또는 '쨱, 쨱, 쨱' 하며 단음을 반복하면서 노래한다.
생활권 인가 주변과 농경지, 마을, 공원, 정원에서 먹이를 구하며 생활한다.
번식 산란기는 2~7월이며 사람이 살고 있는 마을의 건물에 주로 둥지를 튼다. 둥지는 마른풀, 짚, 섬유, 솜, 헝겊 등으로 둥글게 만들고 산좌에는 동물의 털이나 깃털을 깔고 알을 낳는다. 둥지의 크기는 장경 199.1mm, 단경 143mm, 내경 67.3mm, 깊이 29mm이며 둥지 간의 거리는 30cm 이상이다. 산란수는 4~8개 정도이며 알의 색은 푸른색이 도는 회백색 바탕에 회색과 갈색의 얼룩점이 산재해 있다. 포란과 육추는 암수가 함께 하며 포란 기간은 12~14일, 육추 기간은 12~14일이다.
먹이 농작물의 낟알, 식물의 씨앗, 나무열매, 곤충류.
현황 한반도 전역에서 쉽게 볼 수 있는 흔한 텃새다. 인간의 생활환경 속에서 함께 살아가는 대표적인 텃새다.

몸길이 140mm **몸무게** 19~25g
부리 ♂11~12mm ♀9.5~11mm **날개** ♂70~72mm ♀64~68mm **꼬리** ♂53~58mm ♀49~57mm **부척** ♂17~19mm ♀17~18mm
분포권 유라시아 아한대와 온대지역, 아무르강, 우수리강, 중국 동북부, 만주, 일본
    남한 전역
    북한 전역
도래 시기[월] 텃새

검은참새

여름깃

아성조

섬참새

북한명 | 섬참새
Passer rutilans
Russet Sparrow

몸길이 135mm **몸무게** 17~19.5g
부리 ♂11~12mm ♀12mm **날개** ♂70~73mm ♀67~69mm **꼬리** ♂44~49mm
♀43~46mm **부척** ♂16.5~18mm ♀17~17.5mm
분포권 히말라야, 러시아 사할린, 쿠릴열도 중부, 중국 중남부, 타이완,
　　　　 일본 북부
　　　남한 경상북도 울릉도, 제주도
　　　북한 자료 없음
도래 시기[월] 1 2 3 **4 5 6 7 8 9** 10 11 12

형태 참새와 흡사하다. 수컷의 여름깃은 이마와 머리 상단, 뒷머리, 뒷목, 등, 어깨가 붉은색이 도는 갈색이다. 흰색 뺨에는 검은색 반점이 없다. 등과 어깨에는 흑갈색 세로무늬가 있고 턱밑의 검은색 무늬가 참새보다 좁다. 날개는 암갈색을 띠며 흰색 띠가 두 줄 있다. 가슴과 배는 옅은 회백색을 띤다. 겨울철에는 눈 주위에 흰색 줄무늬가 생긴다. 꼬리는 암갈색을 띠며 오목형이다. 암컷은 색깔이 옅고 눈에 황백색 눈썹선이 흐르며 턱밑과 멱의 검은색 무늬가 없다. 부리는 참새보다 길고 겨울에는 갈색을 띠며 여름에는 검은색이다. 홍채는 적갈색이며 다리는 갈색이다.

노랫소리 '히-쵸, 쵸, 히-쵸, 쵸' 하며 부드러운 소리로 노래한다.

생활권 도서지역 또는 해안가의 마을 부근과 초원이나 수목이 있는 곳에서 먹이를 구하며 생활한다.

번식 산란기는 5월 하순~7월 상순이며 낙엽활엽수의 수공이나 딱따구리가 사용했던 둥지를 산란 장소로 이용한다. 산좌에 마른풀과 잎, 줄기, 잔뿌리를 깔고 알을 5~6개 낳는다. 알은 옅은 푸른색이 도는 흰색 바탕에 갈색과 회색의 얼룩점이 산재해 있고 크기는 19mm다. 포란은 주로 암컷이 하며 포란 기간은 13~14일 정도다. 육추는 암수가 함께 하며 육추 기간은 14~15일 정도다.

먹이 농작물의 낟알(벼, 조, 피), 곤충류.

현황 울릉도 동북쪽 나리분지의 농경지에서 흔히 볼 수 있다. 제주도에서도 볼 수 있으나 개체수가 적다. 겨울철에는 볼 수 없고 여름철에만 관찰되어 일부 학자들은 여름철새가 아닌가 하는 의문을 강하게 제기하기도 한다.

♂ 겨울깃

우

♂ 여름깃

집참새

북한명 | 없음
Passer domesticus
House Sparrow

■ 길잃은새 ■ 희귀함

형태 수컷의 앞이마와 머리 상단, 뒷목은 청색이 도는 회색이며 뺨과 옆목은 흑갈색을 띠고 몸통 윗면은 짙은 밤색에 흑갈색 세로줄무늬가 있다. 가운데날개덮깃은 짙은 밤색에 흰색 줄무늬가 있다. 턱밑과 멱, 윗가슴은 검고 몸통 아랫면은 회백색이며 꼬리는 흑갈색이다. 부리와 홍채는 검은색이고 다리는 황갈색이다. 암컷은 몸통 윗면이 밝은 회갈색이며 눈선이 검다. 홍채는 검고 부리와 다리는 황갈색이다.

노랫소리 '찌짓, 쩩쩩' 하는 소리로 지저귄다.

생활권 주로 인가 근처의 마을과 농경지, 공원, 도심, 교외에서 무리를 지어 생활한다.

산란기 번식기는 4~7월이며 건물의 처마, 가옥의 뚫린 벽 틈에 식물의 마른 줄기나 잎, 짚풀, 식물성 섬유로 밥그릇형 둥지를 만든다. 산좌에 부드러운 깃털을 깔고 흰색 바탕에 갈색과 회색 얼룩점이 산재해 있는 알을 3~6개 정도 낳는다. 알의 크기는 22㎜다. 포란은 암컷이 전담하며 포란 기간은 12~14일이다. 육추는 암수가 함께 하며 육추 기간은 14~16일이다.

먹이 식물의 씨앗, 곡식의 낟알, 장과, 곤충류와 애벌레, 환형동물. 잡식성이다.

현황 길잃은새로, 2006년 5월 전라남도 신안군 흑산도에서 최초로 관찰한 기록이 있다.

몸길이 145~150mm 몸무게 22~32g
분포권 북아프리카, 아메리카, 유럽 전역, 중동, 인도, 동남아시아,
　　　 중앙아시아, 중국, 일본
　　남한 전라남도 신안군 흑산도
　　북한 자료 없음
도래 시기[월] 길잃은새

우

♂ 여름깃

망복조 얼룩무늬납부리새

북한명 | 없음
Lonchura punctulata
Spotted Munia

■ 길잃은새 ■ 희귀함

몸길이 110~115mm 몸무게 18~21g

분포권 오스트레일리아, 동남아시아, 필리핀, 미얀마, 베트남, 인도네시아,
  중국 남서부, 타이완
  남한 남해, 서해 도서지역
  북한 자료 없음

도래 시기[월] 길잃은새

형태 암수가 흡사하다. 부리는 두껍고 흑갈색이며 홍채도 흑갈색이다.
다리는 청색이 도는 흑갈색이다. 이마와 앞얼굴, 턱밑, 멱은 초콜릿색이
고 머리 상단과 뒷머리는 적갈색을 띠며 날개깃은 짙은 갈색이다. 앞가
슴은 비늘무늬를 이루고 옆구리의 비늘무늬는 크고 선명하며 복부는
흰색이다. 암컷의 이마와 머리 상단, 뒷머리, 뒷목은 수컷에 비해 색이
엷고 가슴과 복부는 엷은 황갈색을 띤다.

노랫소리 '찍찍찍, 찌직찌직' 하며 노래한다.

생활권 농경지나 풀밭이 있는 관목림, 정원, 공원 등지에서 생활한다.

번식 산란기는 4~7월이다. 관목림이나 혼효림의 나뭇가지에 풀줄기와
잎, 섬유, 짚 등으로 원형 둥지를 만들고 산좌에는 깃털과 부드러운 이
끼를 깔고 알을 낳는다. 산란수는 4~6개 정도이며 알은 흰색이다. 포란
은 주로 암컷이 하며 포란 기간은 12~13일이다. 육추는 암수가 함께 하
며 육추 기간은 16~18일 정도다.

먹이 식물의 씨앗과 열매, 새순, 곤충류.

현황 관상조류로 한국에 유입되어 일반 가정에서 기른 역사가 오래되
었다. 일반적으로 망복조(網復鳥)라 하는데, 가슴과 옆구리가 그물망처
럼 생겼다 하여 붙은 이름이다. 남해와 서해 도서지역에서 관찰되며 해
가 갈수록 출현 빈도가 높아질 가능성이 높다.

찌르레기

북한명 | 찌르러기
Sturnus cineraceus
Grey Starling(White-cheeked Starling)

■ 여름철새 ■ 흔함

형태 수컷의 겨울깃은 머리와 뒷목이 검고 이마와 뺨은 흰색이며 검은 털이 불규칙적으로 산재해 있다. 등과 어깨, 날개, 꼬리는 흑갈색이다. 멱과 가슴은 흑회색을 띠며 배와 허리는 회색빛이 도는 흰색이다. 꼬리는 모난형이며 아래꼬리덮깃 중앙부의 깃털은 흐린 흰색이다. 바깥쪽 깃의 3분의 2는 검고 끝자락에 타원형의 흰색 무늬가 있다. 암컷은 수컷에 비해 색깔이 엷고 머리의 흰색이 넓다. 여름깃은 겨울깃에 비해 청동색의 광택이 엷다. 부리는 가늘고 길며 등황색을 띠나 끝은 검다. 홍채는 갈색이고 다리는 황색이다.

노랫소리 '귤리리릿 귤릿' 또는 '찌릇, 찌릇, 찌르릇' 하며 노래한다.

생활권 농경지나 농촌의 인가 근처의 잡목림 또는 야산, 과수원, 공원 등지에서 먹이를 구하며 생활한다.

번식 산란기는 4월 초순~6월 하순이며 낙엽활엽수나 잡목림이 있는 마을의 고옥이나 건물 또는 나무의 수공, 돌담 틈, 딱따구리가 사용했던 둥지에 마른 풀이나 줄기, 잎, 나무껍질, 깃털을 깔고 알을 낳는다. 산란수는 4~7개 정도이며 알의 색깔은 녹청색이고 무늬가 없다. 알의 크기는 30mm다. 포란은 주로 암컷이 하며 포란 기간은 11~12일이다. 육추는 암수가 함께 하며 육추 기간은 13~14일 정도다.

먹이 양서류, 연체동물, 곤충류, 농작물(보리, 밀, 완두콩), 과일, 나무열매.

현황 한반도 전역에서 흔히 볼 수 있는 여름철새이며 일부는 남쪽지방에서 월동도 한다.

몸길이 180~230mm **몸무게** 74~93g

부리 ♂24~26mm ♀25~27mm **날개** ♂121~125mm ♀124~131mm **꼬리** ♂63~67mm ♀59~66mm **부척** ♂28~29mm ♀29~32mm

분포권 러시아 사할린, 아무르강, 우수리강, 미얀마, 베트남, 인도차이나반도 북부, 몽골 동부, 중국 북부, 만주, 타이완, 일본
 남한 전역
 북한 전역

도래 시기[월] 1 2 3 **4 5 6 7 8 9** 10 11 12

아성조

쇠찌르레기

북한명 | 붉은뺨찌르러기
Sturnus philippensis
Violet-backed Starling(Chestnut-cheeked Starling)

■ 나그네새　■ 귀함

몸길이 190~200mm　**몸무게** 46~67g
부리 17mm **날개** 103~112mm **꼬리** 52mm **부척** 23mm
분포권 필리핀, 보르네오섬, 러시아 연해주, 사할린 남부, 중국 북부,
　　　　타이완, 일본 북부
　　　　남한 전역
　　　　북한 전역

도래 시기[월] 1 2 **3 4** 5 6 7 8 **9 10** 11 12

형태 수컷의 이마와 머리, 목, 윗가슴은 흰색이며 뺨에는 밤색 반점이 있다. 등과 허리는 광택이 나는 흑갈색이다. 꼬리는 짧고 녹색 광택이 나는 검은색이며 오목형이다. 가슴과 배 옆은 암회색이며 배는 흰색이고 아래꼬리덮깃은 회색이다. 날개깃은 검고 흰색의 띠가 있으며 배는 옅은 회백색을 띤다. 암컷의 등과 턱밑, 멱은 회갈색이고 머리와 위꼬리덮깃은 옅은 황색이 도는 암갈색이다. 가슴과 배 옆은 담회색이며 배는 흐린 흰색이다. 아래꼬리덮깃은 옅은 황백색이다. 윗부리는 흑회색이며 아랫부리 기부는 회색이다. 홍채는 갈색이고 다리는 담황색이다.

노랫소리 '뷰-이 큐, 큐, 뷰-이' 하는 소리를 반복한다.

생활권 낙엽활엽수림이 있는 야산이나 공원, 인가 부근 개활지에서 생활한다.

번식 산란기는 5~7월이며 인가 근처의 산림에 둥지를 튼다. 나무의 수공이나 건물 틈, 지붕, 돌담 틈, 딱따구리가 사용했던 둥지에 마른풀의 잎과 줄기, 깃털을 깔고 알을 낳는다. 산란수는 4~6개 정도이며 알의 색은 녹청색으로 얼룩무늬가 없다. 알의 크기는 25.5mm다. 포란은 암컷이 전담하며 포란 기간은 12~13일이다. 육추는 암수가 함께 하며 육추 기간은 13~14일이다.

먹이 곤충류, 거미류, 벚나무열매, 과일(포도, 감).

현황 한반도를 지나가는 드문 나그네새이자 여름철새이기도 하다. 1980년 기상대 부근과 서울에서 번식한 기록이 있다.

우

♂

북방쇠찌르레기

북한명 | 쇠찌르러기
Sturnus sturninus
Daurian Starling

■ 여름철새　■ 귀함(남한), 흔함(북한)

형태 수컷의 겨울깃은 이마와 머리 상단, 뒷머리가 회색이며 뒷머리에는 검은색 반점이 자리 잡고 있다. 등과 어깨, 허리는 검은색이고 날개와 꼬리는 자색이 도는 검은색이며 날개깃과 어깨깃에 흰색 띠가 있다. 턱밑과 멱, 목, 가슴, 복부와 하복부는 모두 회색이다. 암컷은 등과 날개, 꼬리가 모난형이며 짙은 흑갈색이다. 부리는 검고 홍채는 갈색이며 다리는 회갈색이다.

노랫소리 '찌륵 찌르륵, 찌륵 찌르륵' 하는 소리를 반복한다.

생활권 인가 근처의 공원이나 농경지에 산다. 번식기에는 빈 땅이 있는 활엽수림에서 생활한다.

번식 산란기는 5월 상순~6월 하순이며 마을 부근의 공원이나 정원의 노거수 또는 전신주 상단의 구멍에 둥지를 튼다. 인공새집에서도 번식한다. 둥지는 식물의 마른 줄기나 잎, 뿌리, 이끼류 등으로 밥그릇형 틀을 만들고 산좌에는 식물의 잔뿌리와 섬유, 이끼를 깔고 알을 낳는다. 산란수는 일반적으로 3~4개 정도다. 알의 색은 청색이 도는 남색이며 얼룩무늬는 없다. 알의 크기는 25mm다. 포란은 암컷이 전담하며 포란 기간은 13~14일이다. 육추는 암수가 함께 하며 육추 기간은 14일 정도다.

먹이 곤충류의 성충과 애벌레, 나무열매.

현황 한반도 북부 고산지역에서 흔한 여름철새다. 1956년부터 1965년까지 홍릉의 임업시험장에서 수백 마리를 볼 수 있었다. 현재 한반도 중부 이남지역에서는 희귀한 새가 되었다.

몸길이 160~180mm　몸무게 40~62g
부리 16~17mm **날개** 103~112mm **꼬리** 50~52mm **부척** 22~23mm
분포권 우수리강, 아무르강, 미얀마, 말레이반도, 자바섬, 보르네오섬, 수마트라섬, 베트남, 중국 북부와 남부, 만주, 아시아 동북부, 몽골 북부
　　　남한 서울시 홍릉
　　　북한 고산지역

도래 시기[월] 1 2 3 **4 5 6 7 8 9** 10 11 12

우

♂

잿빛쇠찌르레기

북한명 | 재빛찌르러기
Sturnus sinensis
Grey-backed Starling(White-shouldered Starling)

■ 길잃은새　■ 귀함

몸길이 180mm　몸무게 40~51g
부리 18~21mm **날개** 96~108mm **꼬리** 53~61mm **부척** 24~27mm
분포권 인도, 인도차이나반도 북부, 말레이반도, 베트남, 미얀마, 중국 남부,
　　　타이완, 일본
　　　남한 부산시, 전라남도 신안군 도초도
　　　북한 자료 없음
도래 시기[월] 길잃은새

형태 수컷의 여름깃은 이마와 머리가 회백색을 띠고 얼굴은 갈색빛이
돌며 멱은 회백색이다. 등은 회색이며 허리와 위꼬리덮깃은 회백색이
다. 가슴은 담회색이며 배와 옆구리, 아래꼬리덮깃은 흰색이다. 꼬리는
검고 끝부분은 회백색이며 모난형이다. 날개깃은 검은색에 녹색 광택
이 돌고 어깨깃은 흰색이다. 부리는 회색이며 홍채는 청백색이고 다리
는 청회색이다. 겨울깃은 여름깃과 비슷하나 등이 회색이다. 암컷은 몸
통 윗면이 수컷보다 색이 진하다. 몸통 아랫면은 담회색이며 목과 배,
아래꼬리덮깃은 흐린 흰색이다.
노랫소리 '촛캬, 캬캬캬' 또는 '쭈-이, 큐, 쭈-이, 큐' 하며 노래한다.
생활권 산림과 정원 또는 인가 근처의 숲이나 야산에서 생활한다.
번식 산란 습성은 쇠찌르레기와 흡사하다. 산란기는 5~6월이며 나무
의 빈 구멍이나 건물의 틈새에 참새와 같이 둥지를 튼다. 산좌에는 마
른 나뭇잎이나 휴지, 식물의 줄기와 풀뿌리, 헝겊을 깔고 알을 낳는다.
산란수는 4~5개 정도이며 알의 색은 청록색에 무늬는 없다. 알의 크기
는 26mm다. 포란은 암수가 교대로 하며 포란 기간은 11~12일이다. 육
추는 암수가 함께 하며 육추 기간은 14~18일 정도로 짐작된다.
먹이 농작물, 나무열매, 과일, 양서류, 곤충류, 연체동물.
현황 기상 이변이나 난기류 또는 기타 상황으로 무리에서 이탈하여 한
반도로 유입된 길잃은새다. 1959년 10월 부산에서 수컷 1마리가 채집
되었고 1998년 7월 전라남도 신안군 도초도에서 관찰된 기록이 있다.

은빛머리찌르레기

북한명 | 없음
Sturnus sericeus
Red-billed Starling (Silky Starling)

■ 길잃은새 ■ 희귀함

형태 수컷의 겨울깃은 이마와 머리 상단, 뒷머리, 뒷목, 얼굴이 은백색이며 턱밑과 멱, 목, 윗가슴은 순백색이다. 등과 어깨깃은 자회색을 띤 검은색이다. 날개깃의 끝자락과 꼬리깃은 검은색이며 흰색 점무늬가 있다. 아랫가슴과 배는 짙은 청회색을 띠며 항문 부분은 흰색이다. 수컷은 번식기가 되면 이마와 머리, 턱밑, 목이 순백색으로 변하고 등과 어깨깃에 흰색이 도는 청회색 생식깃이 늘어진다. 암컷의 이마와 머리, 얼굴은 황갈색을 띠고 몸통이 회갈색이며 꼬리와 날개깃의 끝자락은 검은색이다. 부리가 붉고 가늘며 홍채는 갈색이고 다리는 황적색이다.

노랫소리 '쯔리- 잎 쯔리- 잎 찌리- 잎' 하며 노래한다.

생활권 농경지나 마을 근처 잡목림, 개활지에서 생활한다.

번식 산란기는 5월 중순~6월 하순이다. 활엽수림과 침엽수림이 혼재된 혼효림의 노거수 수공이나 딱따구리가 사용했던 구멍에 둥지를 튼다. 산좌에는 마른 풀줄기나 잎을 깔고 알을 낳는다. 산란수는 4~6개 정도이며 알의 색은 푸른색이 도는 청색이다. 포란은 주로 암컷이 하며 포란 기간은 12~13일이다. 육추는 암수가 함께 하며 육추 기간은 14~15일 정도다.

먹이 식물의 열매나 과일, 곤충류.

현황 기상 이변이나 난기류 또는 태풍이나 기타 상황으로 무리에서 이탈하여 한반도로 유입된 길잃은새다. 2001년 9월 강릉시에서 처음 발견되었으며 2002년과 2003년 제주도에서 2~3마리가 관찰되었다. 2004년 2월 23일 제주도 서귀포시에서 26마리의 무리가 한곳에서 관찰된 기록이 있다.

몸길이 180~220mm 몸무게 68~88g
부리 26mm **날개** 118mm **꼬리** 60mm **부척** 29mm
분포권 베트남 북부, 중국 동남부, 황허강 남부
　　　남한 강원도 강릉시, 제주도
　　　북한 자료 없음
도래 시기[월] 길잃은새

아성조

흰점찌르레기

북한명 | 흰점찌르러기
Sturnus vulgaris
Common Starling

■ 길잃은새 ■ 귀함

몸길이 210mm 몸무게 75~90g
부리 25~32mm **날개** 118~138mm **꼬리** 58~68mm **부척** 27~32mm
분포권 유럽, 유라시아, 몽골 북부, 시베리아 동부
　　남한 제주도, 충청남도 천수만, 전라남도 해남군 등 남부지역
　　북한 자료 없음
도래 시기[월] 길잃은새

형태 여름깃은 몸통이 검은색에 녹색이 도는 자색 광택이 난다. 등과
날개는 회색이 도는 갈색이며 꼬리는 회갈색으로 오목형이다. 겨울깃
은 몸통에 흰색과 갈색의 작은 반점이 촘촘하게 온몸에 산재해 있으며
등과 날개, 꼬리깃은 검고 끝자락이 회갈색을 띤다. 부리는 계절에 따라
변하는데 여름철에는 노란색이며 겨울철에는 갈색으로 변한다. 홍채는
갈색이며 다리는 어두운 황색이다.
노랫소리 '에르- 위르, 캐르르르, 짚 짚' 하며 노래한다.
생활권 농촌의 농경지나 관목림이 있는 목초지에서 생활한다.
번식 산란기는 4~6월이며 관목림의 나무구멍이나 딱따구리가 사용했
던 둥지, 인공새집, 건물이나 구조물의 틈새에 둥지를 튼다. 산좌에 마
른풀과 줄기, 나뭇잎, 이끼류, 동물의 털을 깔고 알을 낳는다. 산란수
는 4~6개 정도다. 알의 색은 청색이며 얼룩무늬가 없다. 알의 크기는
30mm다. 포란과 육추는 암수가 함께 하며 포란 기간은 12~13일, 육추
기간은 20~22일 정도다.
먹이 곤충류, 무척추동물, 열매, 장과.
현황 기상 이변이나 난기류 또는 태풍이나 기타 상황으로 무리에서 이
탈하여 한반도로 유입된 길잃은새다. 1989년 2월 20일 제주도 표선면
성읍리에서 1마리가 채집되었고 천수만, 해남 등 남부지역에서 찌르레
기 무리와 함께 관찰되기도 한다.

겨울깃

여름깃

분홍찌르레기

북한명 | 없음
Sturnus roseus
Rosy Starling

형태 이마와 머리 상단, 뒷머리가 검고, 눈앞, 얼굴, 턱밑과 멱, 목, 앞가슴도 검은색이다. 등과 어깨깃은 분홍색이 도는 흰색이다. 아랫가슴과 옆구리, 복부는 분홍색이 도는 흰색이며 항문 부위는 검고 아래꼬리덮깃은 회갈색이다. 날개깃과 위꼬리덮깃은 검다. 부리와 다리는 분홍빛이 도는 살색이며 홍채는 짙은 갈색이다.

노랫소리 '츠리-잎, 쯔리-잎' 하며 노래한다.

생활권 인가 근처의 농경지나 개활지의 잡목림에서 생활한다.

번식 산란기는 5~6월이며 무리를 지어 번식한다. 둥지는 건축물의 벽 틈새나 나무구멍에 짚이나 나뭇잎, 돌조각, 풀줄기, 잔가지, 동물의 털을 깔고 알을 낳는다. 산란수는 5~6개 정도이며 알의 색은 옅은 푸른색이다. 알의 크기는 29mm다. 포란은 암컷이 전담하며 포란 기간은 12~14일이다. 육추는 암수가 함께 하며 육추 기간은 21~23일이다.

먹이 곤충류.

현황 기싱 이변이나 난기류 노는 태풍이나 기타 상황으로 무리에서 이탈하여 한반도로 유입된 길잃은새다. 한반도 서해 도서지역이나 내륙지역에서 이따금 관찰된다.

몸길이 210mm   몸무게 80g
부리 33mm **날개** 130mm **꼬리** 63.5mm **부척** 31.7mm
분포권 유럽, 아시아 남서부, 인도, 파키스탄, 중국 동부(상하이), 일본
　　　　남한 서해 도서지역, 내륙지역
　　　　북한 자료 없음
도래 시기[월] 길잃은새

ⓒJ.M.Garg

♀

♂ 여름깃

꾀꼬리

북한명 | 꾀꼬리
Oriolus chinensis
Black-naped Oriole

■ 여름철새　■ 흔함

몸길이 260mm　**몸무게** 72~100g
부리 ♂27~32mm ♀28~31mm **날개** ♂148~153mm ♀147~154mm **꼬리** ♂ 87~97mm
♀87~98mm **부척** ♂27~29mm ♀25~27mm
분포권 아무르강, 우수리강, 인도차이나반도 북부, 미얀마, 말레이반도,
　　　　중국 남부, 만주, 타이완, 일본
　　남한 전역
　　북한 전역
도래 시기[월] 1 2 3 **4 5 6 7 8 9** 10 11 12

형태 온몸의 체모가 황금색이다. 수컷의 머리는 황색이며 폭 15mm
의 검은색 띠가 눈앞에서부터 눈을 지나 눈뒤와 뒷머리까지 폭 넓게
이어진다. 날개는 검고 첫째날개깃은 검은색이며 끝자락은 황색이다.
위꼬리덮깃은 중앙의 깃 1쌍이 검은색이며 끝자락에 폭 20mm의 황
색 띠가 있다. 다른 꼬리깃의 기부는 검은색이고 폭 40mm의 황색 띠
가 있다. 부리는 옅은 복숭아색이며 홍채는 자줏빛이 도는 갈색이고
다리는 흑갈색이다. 암컷은 황금빛 황색이 수컷에 비해 엷고 흐리며
눈선의 검은색 띠도 폭이 좁고 흐리다. 꼬리는 검고 둥근형이며 끝자
락이 황색 띠를 이룬다.
노랫소리 '삐요 삣삐요 히요 호이오' 하는 소리로 노래한다.
생활권 인가 근처의 잡목림이나 산지의 혼효림과 낙엽활엽수림에서
먹이를 구하며 생활한다.
번식 산란기는 5~7월이며 야산의 잡목림이나 상수리나무가지에 둥
지를 튼다. 식물의 줄기와 풀뿌리, 나무껍질, 노끈, 섬유, 종이, 거미줄
로 둥지의 틀을 만들고 산좌에 풀줄기와 섬유, 솔잎, 깃털, 종이를 깔
고 알을 낳는다. 둥지의 크기는 외경 80~120mm, 내경 80mm, 깊이
60mm이며 나뭇잎으로 은폐되어 잘 보이지 않는다. 산란수는 4~5개
정도이며 알의 색은 붉은빛이 도는 흰색 바탕에 적갈색 얼룩점이 산
재해 있다. 포란과 육추는 암수가 함께 하며 포란 기간은 14~16일,
육추 기간은 15~16일이다.
먹이 곤충류, 거미류, 식물의 열매.
현황 한반도 전역에서 흔히 볼 수 있는 여름철새다. 새끼에 대한 모
성애가 극히 강하다.

아성조　♀　♂

검은바람까마귀

북한명 | 흑권미(검은권미)
Dicrurus macrocercus
Black Drongo

■ 길잃은새   ■ 희귀함

형태 온몸의 깃털이 검은색이며 이마와 머리 상단, 뒷머리, 뒷목, 등, 어깨, 위꼬리덮깃은 연록색 금속광택이 나는 검은색이다. 턱밑과 멱, 가슴, 복부도 검다. 꼬리가 길고 끝이 깊게 패인 제비형인데 바깥꼬리깃은 곧거나 안쪽으로 굽어 있고 꼬리 자락은 둥근형이다. 아성조는 날개와 복부, 아래꼬리덮깃에 흰색 비늘무늬가 있다. 부리는 검은색이며 부리 기부에 검은색 강모가 있다. 홍채는 갈색이며 다리는 검은색이다.

노랫소리 '찌- 찌- 샤-아, 찌- 찌- 샤-아' 하며 노래한다.

생활권 관목림과 대나무 숲, 목초가 무성한 개활지에서 생활한다.

번식 산란기는 5~6월이며 높은 나뭇가지 위에 둥지를 튼다. 식물의 마른풀과 줄기, 잎, 풀뿌리로 둥지의 틀을 만들고 산좌에 마른 잎이나 잔뿌리를 깔고 알을 낳는다. 산란수는 3~4개 정도다. 알의 색은 붉은색빛이 도는 흰색 바탕에 자주색 얼룩점이 산재해 있다. 포란과 육추는 암수가 함께 하며 포란 기간은 13~14일 정도, 육추 기간은 15~16일 정도다.

먹이 곤충류.

현황 기상 이변이나 난기류, 태풍 또는 기타 상황으로 무리에서 이탈하여 한반도로 유입된 길잃은새다. 1988년 5월 19일 충청남도 태안군 소원면 모항리 만리포로 가는 길가 전신주에서 관찰된 기록이 있으며 1999년 11월 강원도 고성군 송지호에서 1개체가 채집된 기록이 있다. 물결 모양으로 나는 습성이 있으며 전선 위에 앉아 있다가 날아가는 곤충을 잡아먹고 다시 제자리로 돌아오는 버릇이 있다. 2003년 5월 21일과 10월 21일 전라남도 신안군 대흑산도와 홍도에서 박종길에 의해 근접 촬영되었다.

몸길이 280~300mm   **몸무게** 42~65g
부리 25mm **날개** 140mm **꼬리** 140~160mm **부척** 23mm
분포권 이란, 인도, 미얀마 북부, 베트남, 타이, 인도차이나반도, 중국 동부
　　　남한 전라남도 신안군 대흑산도, 홍도, 강원도 고성군 송지호, 충청남도
　　　북한 자료 없음
도래 시기[월] 길잃은새

바람까마귀

북한명 | 바람까마귀(권미)
Dicrurus hottentottus
Hair-crested Drongo

몸길이 310~320mm   **몸무게** 68~100g
부리 ♂26mm **날개** ♂168mm **꼬리** 133mm **부척** 28mm
분포권 우수리강, 동남아시아, 미얀마 북부, 인도차이나반도 중부, 타이, 인도
베트남, 필리핀, 중국 동부
남한 경상남도 고성군, 전라남도 신안군 홍도
북한 자료 없음
도래 시기[월] 길잃은새

형태 온몸의 깃털이 녹색의 금속광택이 나는 검은색이며 가슴은 자줏
빛이 도는 검은색이다. 뒷머리와 앞가슴에는 비늘문양 반점이 산재해
있다. 부리 기부부터 이마까지 가는 강모가 솟아 있고 번식기에는 목에
약간의 생식깃털이 솟아난다. 꼬리는 길고 바깥꼬리깃이 말려 있으며
제비꼬리형을 닮은 오목형이다. 홍채는 적갈색을 띠며 부리와 다리는
검은색이다.
노랫소리 '치-위-치-위-'하는 소리를 반복해서 낸다.
생활권 해안가의 소택지, 산림지, 상록활엽수림에서 생활한다.
번식 산란기는 5~6월이며 야산의 숲속 나뭇가지 위에 둥지를 튼다. 풀
줄기와 풀뿌리, 마른 잔가지와 잎으로 둥지의 틀을 만들고 산좌에 부드
러운 풀잎과 줄기를 깔고 크림색 알을 3~5개 낳는다. 포란은 암수가 함
께 하며 포란 기간은 14~16일, 육추 기간은 16~18일이다.
먹이 곤충류.
현황 기상 이변이나 난기류 또는 태풍, 기타 상황으로 무리에서 이탈하
여 한반도로 유입된 길잃은새다. 산림성 조류로 1959년 11월 경상남도
고성군에서 1개체가 채집되었고 2003년 5월 11일에는 전라남도 신안
군 홍도에서 성조 1개체가 박종길에 의해 촬영되었다.

회색바람까마귀

북한명 | 재권미
Dicrurus leucophaeus
Ashy Drongo

■ 길잃은새   ■ 희귀함

형태 온몸의 깃털이 회색이며 이마와 머리 상단, 뒷머리, 뒷목, 등, 허리, 위꼬리덮깃은 어두운 회색이다. 눈앞 부위와 눈 주위, 귀깃은 짙은 회백색을 띠고 턱밑과 멱, 가슴, 복부는 어두운 회색을 띠나 몸통 윗면보다 색깔이 엷다. 꼬리는 길고 회색이며 제비형이다. 부리는 흑회색이며 홍채는 붉고 다리는 검은색이다.

노랫소리 '킬-키-킬-키-' 하고 킬킬대며 웃는 소리로 노래한다.

생활권 야산의 혼효림과 인가 부근 관목림에서 생활한다.

번식 산란기는 5~7월이며 야산 또는 인가 부근의 관목림 나뭇가지에 둥지를 튼다. 마른 풀줄기와 잎, 풀뿌리, 이끼류로 둥지의 틀을 만들고 산좌에는 솔잎과 깃털을 깔고 알을 낳는다. 산란수는 3~4개 정도이며 알의 색은 흰색 바탕에 붉은빛이 돌며 자주색 얼룩점이 산재해 있다. 알의 크기는 21mm이다. 포란과 육추는 암수가 함께 하며 포란 기간은 14~16일, 육추 기간은 20~21일 정도다.

먹이 곤충류, 식물의 씨앗과 열매.

현황 기상 이변이나 난기류, 태풍 또는 기타 상황으로 무리에서 이탈하여 한반도로 유입된 길잃은새다. 1961년 1월 11일 평안북도 룡천군 신도리에서 처음으로 암컷 1마리를 채집했다. 2010년 6월 경기도 과천시 우면산에서도 관찰된 기록이 있으며 근래에는 남해와 서해 도서지역인 홍도, 어청도, 가거도에서 5월과 9월 철새 이동기에 자주 관찰되고 있다.

몸길이 240~290mm   몸무게 40~53g
부리 ♂21.7~25.3mm ♀21.5~24.2mm **날개** ♂126~147mm ♀125~145mm
꼬리 ♂121.9~143.9mm ♀120.7mm~130.9mm **부척** ♂17.8~20.0mm ♀17.7~20.1mm
분포권 아시아 남부, 인도네시아, 중국 동부, 타이완, 일본
남한 경기도 과천시, 전라남도 신안군 홍도, 가거도,
전라북도 군산시 어청도 등 남해와 서해 도서지역
북한 평안북도 룡천군
도래 시기[월] 길잃은새

회색숲제비

북한명 | 없음
Artamus fuscus
Ashy Woodswallow

- 길잃은새 ■ 희귀함

몸길이 180mm 몸무게 20~24g
분포권 베트남, 타이, 필리핀 등 주로 동남아시아, 방글라데시, 스리랑카,
　　　인도, 중국 남부
　　남한 인천시 옹진군 소청도 등 서해 도서지역
　　북한 자료 없음
도래 시기[월] 길잃은새

형태 이마와 머리 상단이 회색이며, 몸통 윗면은 회갈색이다. 턱밑과 뺨, 윗가슴은 암갈색이 도는 회색이며, 몸통 아랫면은 흰색이 도는 연갈색이다. 날개가 다른 제비과 새들보다 넓고, 날개 안쪽 면은 흰색이 도는 연갈색이다. 부리는 청회색이며, 부리 끝은 검은색이다. 다른 제비류의 부리가 넓고 편평한 데 비해 부리의 구조가 다른 참새목 새들과 비슷해 보인다. 눈앞이 검고 홍채는 암갈색이다. 꼬리는 짧고 모난형이며 꼬리 끝의 안쪽 면은 흰색이다. 다리와 발이 크고 관련 근육 조직이 면적, 수량, 복잡성에서 덜 퇴화되었다.

노랫소리 단순하고 빠르게 '쩩쩩', '윙윙' 소리를 낸다. 평소에 지저귀는 소리는 지속 시간이 길고 음절 순서의 변화가 다양하다.

생활권 주로 초원이나 농경지와 같은 개활지와 수역에서 지내며, 해발 1,800m 높은 산지에서 생활하기도 한다.

번식 번식기는 4월 말~7월 말이며, 2~3개의 알을 낳는다. 둥지 짓기와 포란은 암컷이 맡으며 육추는 암수가 함께 한다. 포란 기간은 14~16일, 육추 기간은 16~18일 정도다. 제비류는 보편적으로 집단 서식하며 일부일처제를 고수한다. 일부 종에서는 일부다처제 현상을 보이기도 하며, 수컷 1마리가 암컷 2마리와 배우자관계를 맺기도 한다. 그 밖의 번식 생태에 대한 연구가 이루어지지 않았다.

먹이 제비과 새들은 거의 대부분 곤충류를 비롯한 공중의 무척추동물을 잡아먹는다. 소수 종만이 식물성 먹이를 먹으며 섭취량은 아주 적다. 숲제비류(Woodswallow)는 다육과를 위주로 식물성 먹이를 자주 섭취하지만, 이는 곤충이 부족한 기간에만 나타나는 현상이다.

현황 길잃은새다. 2009년 6월에 서해 도서지역인 인천시 옹진군 소청도에서 관찰되었다고 하지만, 자세한 정보는 없다.

흰가슴숲제비

북한명 | 없음
Artamus leucorhynchus
White-breasted Woodswallow

■ 길잃은새 ■ 희귀함

형태 이마와 머리 상단, 뒷머리, 뒷목, 등, 어깨, 위꼬리덮깃은 짙은 검은색이며 턱밑과 멱은 검고, 가슴과 배, 허리와 항문 부위는 순백색이다. 날개는 제비와 같이 길며 꼬리는 짧고 모난형이다. 부리는 청회색이며 끝이 검다. 홍채는 갈색이며 다리는 흑회색이다.

노랫소리 자료 없음.

생활권 농경지 또는 관목림이 우거진 숲과 목초지, 산악 절벽이 있는 곳에서 생활한다.

번식 산란기는 8~12월이며 나뭇가지나 산악 절벽의 틈새에 둥지를 튼다. 산란수는 3~4개 정도다. 그 밖의 자세한 생태조사는 이루어지지 않았다.

먹이 곤충류.

현황 기상 이변이나 난기류 또는 기타 상황으로 무리에서 이탈하여 한반도로 유입된 길잃은새다. 제주대학교 고(故) 박행신 교수가 처음으로 발견했으며 제주도 산악지역의 절벽에서 번식한 것인지는 확실히 밝혀지지 않았다.

몸길이 170~175mm 몸무게 36~49.6g
분포권 오스트레일리아, 동남아시아, 인도차이나반도, 자바섬, 수마트라섬, 보르네오섬
　　　　남한 제주도
　　　　북한 자료 없음
도래 시기[월] 길잃은새

©Savi.odl

어치

Garrulus glandarius
Jay

■ 텃새 ■ 흔함

몸길이 340~370mm   몸무게 140~190g
부리 ♂28~32mm ♀27~30mm **날개** ♂172~185mm ♀171~181mm
꼬리 ♂143~164mm ♀140~160mm **부척** ♂40~45mm ♀37~44mm
분포권 유럽, 영국, 러시아 시베리아 남부, 사할린, 알타이, 몽골 북부,
　　　　중국 만주, 일본
　　　　남한 전역
　　　　북한 전역
도래 시기[월] 텃새

형태 암수가 흡사하다. 이마와 머리 상단, 뒷머리는 적갈색이며 머리 위에 검은색 축무늬가 산재해 있다. 몸통 윗면은 회갈색이며 얼굴 앞쪽과 눈 주위가 검고 턱에는 검은색 턱선이 선명하다. 목과 등, 어깨, 가슴은 회갈색을 띠며 몸통 아랫면과 복부는 황색이 도는 회갈색이다. 날개는 큰 덮깃, 둘째날개깃, 바깥쪽 기부에 청색, 검은색, 흰색의 가로무늬가 현란하며 흰색 반문이 선명하다. 위꼬리덮깃은 검고 둥근형이다. 부리는 회갈색이며 홍채는 적갈색이고 다리는 갈색이다.
노랫소리 '갸아-갸아-' 또는 휘파람 같은 소리로 노래한다.
생활권 침엽수림과 상수리나무 숲, 삼나무 숲에서 생활한다. 4월 말에서 5월에 산란하며 6월 초에 새끼를 기르는데 이때가 어치의 먹이인 나무에서 잎을 먹고 자라는 모충이 가장 많은 때다.
번식 산란기는 4월 하순~6월 하순이며 활엽수림과 침엽수림이 혼재된 숲에서 지상 4~6m 높이의 나뭇가지 위에 둥지를 튼다. 마른 나뭇가지와 풀뿌리, 식물의 줄기와 잎으로 밥그릇형 둥지를 만들고 산좌에는 풀뿌리와 이끼류, 나뭇잎을 깔고 알을 낳는다. 둥지의 크기는 직경 130mm, 깊이 70mm다. 산란수는 5~6개 정도이며 알의 색은 녹청색 바탕에 옅은 갈색 얼룩점이 있다. 포란과 육추는 암수가 함께 하며 포란 기간은 16일, 육추 기간은 20일 정도다.
먹이 작은 포유류(설치류), 조류의 알, 양서류, 파충류, 어류, 연체동물, 농작물, 나무열매(도토리), 과일.
현황 한반도 전역에서 흔히 볼 수 있는 텃새로 '산까치'로도 불린다. 소수의 무리를 이루며 생활한다.

물까치

북한명 | 물까치
Cyanopica cyana
Azure-winged Magpie

■ 텃새   ■ 흔함

형태 암수가 흡사하며 암컷이 수컷보다 조금 작다. 이마와 눈앞, 뺨, 귀깃, 머리 상단, 뒷머리는 푸른빛이 도는 검은색이다. 뒷목은 엷은 회색이며 등과 등 아래는 엷은 암회색이다. 날개는 청회색이며 가슴과 배는 엷은 회색이다. 위꼬리덮깃은 엷은 청색이며 꼬리깃 중앙의 끝자락은 흰색이고 그 폭은 20~25mm다. 가장 긴 꼬리깃과 가장 짧은 꼬리깃의 차이는 139mm다. 부리가 검은색이며 홍채는 갈색이다. 다리는 검은색이다.

노랫소리 '구이-구이-구이' 또는 '꽉-꽉-' 하며 소리 내어 노래한다.

생활권 물가 주변 숲과 냇가 잡목림에서 주로 생활한다

번식 산란기는 4~5월이다. 인가 근처 숲에 둥지를 튼다. 높은 나뭇가지 위에 마른 나뭇가지와 마른 풀줄기, 잎, 이끼류로 틀을 만들고 산좌에는 마른 잎과 이끼를 깔고 알을 낳는다. 둥지의 크기는 외경 180×220mm, 내경 100mm, 깊이 60×70mm, 높이 130mm다. 산란수는 5~7개 정도이며, 알의 색은 다양한데 모래색 바탕에 회백색이 도는 갈색점이 산재해 있거나 엷은 녹색이 도는 흰색, 녹청색 바탕에 녹갈색 얼룩점이 산재해 있다. 알의 크기는 28mm, 무게는 5g 정도다. 포란은 암컷이 전담하며 포란 기간은 18~20일이다. 육추는 암수가 함께 하며 육추 기간은 17~18일 정도다.

먹이 곤충류, 양서류, 어류, 갑각류, 연체동물, 농작물, 나무열매, 과일.

현황 한반도 전역에서 흔히 볼 수 있는 텃새로 무리를 지어 생활한다. 특히 산간계류를 따라 이동하며 먹이를 구한다.

몸길이 340~350mm   몸무게 75g
부리 ♂26~28mm ♀26~27mm **날개** ♂138~141mm ♀135~140mm
꼬리 ♂235~238mm ♀205~223mm **부척** ♂36~38mm ♀35~36mm
분포권 유럽, 에스파냐, 포르투갈, 동아시아, 중국 동북부, 일본
    남한 전역
    북한 전역
도래 시기[월] 텃새

까마귀과

까치

북한명 | 까치
Pica pica
Black-billed Magpie

몸길이 450~460mm 몸무게 200~250g
부리 ♂31~35mm ♀31~35mm **날개** ♂186~210mm ♀186~203mm
꼬리 ♂206~278mm ♀212~255mm **부척** ♂45~54mm ♀45~51mm
분포권 유럽, 아시아, 아무르강, 우수리강, 미얀마, 인도차이나반도 북부, 중국,
　　　　만주, 타이완, 일본
　　　　남한 전역
　　　　북한 전역
도래 시기[월] 텃새

흰까치

흰머리까치

갈색까치

형태 암수가 흡사하다. 이마와 머리 상단, 뒷머리, 목, 등, 위꼬리덮깃은 짙은 검은색이며 턱밑과 멱, 윗가슴, 아래꼬리덮깃도 검은색이다. 어깨깃과 배는 순백색이며 꼬리는 짙고 길며 녹색 광택이 나는 검은색으로 쐐기형이다. 홍채는 짙은 갈색이며 부리와 다리는 검은색이다.
노랫소리 '깍깍깍' 또는 '카치 카치 카치' 하며 소리 높여 노래한다.
생활권 인가 근처 잡목림에서 인간과 함께 생활한다.
번식 산란기는 3~5월이며 농촌이나 교외의 교목의 나뭇가지나 전신주 또는 각종 구조물에 둥지를 짓는다. 둥지는 늦은 겨울부터 마른 나뭇가지를 소재로 둥근형 틀을 잡고 흙을 이용하여 단단하게 만들며 직경 100mm의 출입구를 둥지의 옆쪽으로 낸다. 둥지의 크기는 외경 400~900mm이며 산좌에는 마른풀과 잎, 헝겊, 동물 털, 깃털을 깔고 알을 낳는다. 산란수는 5~6개 정도이며 알의 색은 청록색 바탕에 회갈색 얼룩점이 있다. 알의 크기는 33mm다. 포란은 암컷이 전담하며 포란 기간은 17~18일이다. 육추는 암수가 함께 하며 육추 기간은 22~27일 정도다.
먹이 포유류, 조류, 파충류, 양서류, 어류, 곤충류, 농작물, 나무열매, 과일.
현황 한반도 전역에서 흔히 볼 수 있는 텃새다. 천적이 전무한 상태로 개체수가 급격하게 증가하여 심각한 사회문제가 유발되었으며 유해조수로 등재되었다.

잣까마귀

형태 암수가 흡사하다. 이마와 머리 상단, 뒷목은 짙은 초콜릿색을 띤 흑갈색이며 눈앞은 흰색이다. 얼굴과 옆목, 어깨, 등, 허리는 회갈색에 흰색 점무늬가 산재해 있다. 턱밑은 흑갈색에 흰색 세로줄무늬가 있고 가슴과 배는 회갈색에 둥글고 흰 점무늬가 있다. 아래꼬리덮깃은 흰색이며 위꼬리덮깃은 남빛 광택을 띤 검은색으로 꼬리 끝자락에 흰색 띠가 있다. 부리는 검은색으로 흰색 털이 있으며 부리의 기부는 갈색이다. 홍채는 갈색이며 다리는 검은색이다. 잣까마귀 2종은 각각 유라시아 대륙과 북아메리카에서 생활하는데, 유라시아의 잣까마귀는 밤색이며 흰색 점무늬가 있는 반면, 북아메리카의 잣까마귀는 주로 회색이다.

노랫소리 '케르- 케르- 케르-' 또는 '크라이- 크라이-' 하며 독특한 소리로 노래한다.

생활권 침엽수림과 잣나무 숲이 울창한 고산지역에서 서식한다.

번식 산란기는 5~9월(유럽은 3~5월)이다. 지상 4~10m 이상 높이의 침엽수림 가지에 마른 잔가지와 이끼류를 흙으로 배합하여 둥지의 틀을 만들고 산좌에 풀잎과 줄기, 이끼류를 깔고 알을 낳는다. 둥지의 크기는 외경 300~350mm, 내경 120~135mm, 깊이 65~80mm다. 산란수는 3~4개이며 알은 녹청색 바탕에 어두운 갈색 얼룩점이 산재해 있고 크기는 평균 34mm다. 포란과 육추는 암수가 함께 하며 포란 기간은 17~19일, 육추 기간은 21~28일 정도다.

먹이 곤충류, 조류, 포유류(설치류), 양서류, 연체동물, 환형동물, 동물의 사체, 벚나무열매, 딸기, 호두, 농작물, 잣. 씨앗과 견과류가 주식이고 저장한 먹이에 의존해 겨울을 난다.

현황 한반도에서 아주 드물게 번식하는 텃새다. 북한에서는 함경북도 고산지역과 금강산 비로봉, 묘향산 등지에서 번식하며 서식하고, 남한에서는 해발 1,000~1,200m 강원도 설악산 대청봉 고준지역의 눈잣나무 숲에서 찾아볼 수 있는 귀한 종이다. 겨울에는 저지대로 이동하며 근래에는 경기도 가평군 청평에서 발견되기도 했다.

몸길이 345~360mm　**몸무게** 160~250g
부리 ♂44~49mm ♀45~48mm **날개** ♂177~198mm ♀184~188mm
꼬리 ♂122~132mm ♀120~129mm **부척** ♂38~40mm ♀39~40mm
분포권 유라시아, 아한대 산악지대, 히말라야, 러시아 시베리아, 중국, 만주, 몽골, 일본
　　　남한 강원도 설악산, 인제군, 경기도 가평군
　　　북한 개마고원 고산지대, 백두산 일대, 천지연, 금강산 비로봉
도래 시기[월] 텃새

붉은부리까마귀

북한명 | 없음
Pyrrhocorax pyrrhocorax
Red-billed Chough

■ 길잃은새   ■ 희귀함

몸길이 310~400mm   **몸무게** 212~310g
부리 ♂31mm ♀31mm **날개** ♂223mm ♀225mm **꼬리** ♂137mm ♀136mm
부척 ♂44mm ♀42mm
분포권 스코틀랜드, 유럽 남부, 이베리아반도, 모로코, 튀니지, 에티오피아,
　　　　　카나리아제도, 월러스 지역, 히말라야, 중국 북동부와 중서부, 만주, 몽골
　　　　　남한 부산시
　　　　　북한 자료 없음
도래 시기[월] 길잃은새

형태 암수가 흡사하며 온몸이 금속광택이 나는 짙은 검은색이다. 어깨깃과 날개는 크고 넓어 보이며 갈색이 도는 검은색이다. 위꼬리덮깃은 짧은 편으로 갈색이 도는 검은색이며 꼬리는 모각을 이룬다. 꼬리까마귀와 흡사하나 부리와 다리가 붉은색이다. 부리는 가늘고 길며 아래로 굽어 있다. 홍채는 암갈색이다. 붉은부리까마귀와 노랑부리까마귀 2종(Chough)은 까마귀속 종들과 흡사하게 전신의 몸깃이 검고 윤이 난다. 다만 부리가 더 가늘고 길며 아래쪽으로 굽어 있고 붉은색 또는 황색을 띤다. 최근 유전자 감식에 따르면 두 종은 다른 까마귀과 종들과 다르다. 주로 산새이고 분포 범위가 해발 9,000m 정도의 히말라야 정상까지 이르며 해변 바위절벽 부근에서도 발견된다.
노랫소리 '키자르, 키자르' 또는 '크라아-, 크라아-' 하면서 노래한다.
생활권 농경지나 고산지역의 절벽, 바위가 혼재된 곳에서 생활한다.
번식 산란기는 4~6월이다. 산악의 절벽 틈새 오목한 곳이나 두꺼운 건물 벽 틈, 바위틈, 나무구멍 등 다양한 곳에 둥지를 튼다. 나뭇가지에 밥그릇형 둥지를 틀기도 한다. 산좌에는 양털과 깃털을 깔고 알을 3~5개 정도 낳는다. 알의 색은 푸른색 바탕에 옅은 암갈색 반점이 산재해 있고 크기는 34mm다. 포란은 암컷이 전담하며 포란 기간은 17~18일이다. 육추는 암수가 함께 하며 육추 기간은 38일로 오래 걸린다.
먹이 곤충류, 갑충류.
현황 기상 이변이나 난기류 또는 기타 상황으로 무리에서 이탈하여 한반도로 유입된 길잃은새다. 1981년 1월 20일 부산 사하구 에덴공원 숲에서 까치 무리에 섞여 있는 1개체를 경성대학교 우용태 교수가 처음으로 발견했다. 유럽 서북부에서는 200년 사이에 개체수가 급격하게 감소했는데 개발로 인한 서식환경의 파괴가 그 원인이다. 필자는 1996년 6월 생태 조사차 방문한 몽골고원에서 여러 마리가 취식하는 것을 촬영했다.

아성조

갈까마귀

북한명 | 당까마귀(갈까마귀)
Corvus dauuricus
Daurian Jackdaw

■ 텃새(겨울철새) ■ 흔치 않음

형태 한반도에 서식하는 까마귀류 중 가장 작은 종으로 담색형과 흑색형이 있다. 흑색형은 온몸이 검은색이고 금속광택이 나며 매우 드물다. 담색형은 이마와 머리 상단, 얼굴, 턱밑, 멱, 윗가슴이 검은색이며 귀깃부분에 회백색 줄무늬가 있다. 뒷목과 옆목, 아랫가슴, 배는 순백색이며 위꼬리덮깃은 광택이 나는 검은색으로 모난형이다. 부리는 검고 짧으며 홍채는 회갈색을 띠고 다리는 검다.

노랫소리 '캬카캬, 캬아-, 캬아-' 하며 단음으로 노래한다.

생활권 주로 농경지와 개활지에서 먹이를 구하며 까마귀 무리에 섞여 생활한다. 까마귀과의 여러 종은 각자 둥지를 짓고 번식 영역을 지키는데 철새까마귀, 어치는 암수 모두 영역에 들어오는 침입자를 위협한다. 소수 종은 집단으로 둥지를 짓는데 이러한 습성이 갈까마귀에게 비교적 두드러지며 느슨한 집단을 이루어 동굴에 둥지를 튼다. 집단으로 둥지를 짓는 종은 평생 집단 서식하며 번식 영역을 지키는 종들은 비번식기에 무리를 짓는다. 그중 일부는 대규모 서식 집단을 형성하기도 한다. 검은색형과 담색형이 혼재된 지역도 있다. 북부의 번식 집단은 겨울에 온대지역으로 이동한다.

번식 산란기는 4~6월이며 노거수의 빈 수동이나 건물의 틈, 벼랑 바위 틈에 무리를 이뤄 둥지를 튼다. 때로는 나뭇가지 위 또는 건물의 지붕 위에 둥지를 틀기도 한다. 마른풀의 줄기나 잎, 풀뿌리 등으로 밥그릇형 틀을 만들고 산좌에는 마른풀과 동물의 털, 깃털을 깔고 알을 낳는다. 산란수는 4~6개 정도이며 알의 색은 청록색 바탕에 암갈색 얼룩점이 산재해 있고 크기는 34mm다. 포란은 암컷이 전담하며 포란 기간은 18~19일이다. 육추는 암수가 함께 하며 육추 기간은 30~35일 정도다.

먹이 곤충류, 조류의 알과 어린 새끼, 포유류(설치류), 양서류, 연체동물, 환형동물, 식물의 열매, 딸기, 호두, 농작물(곡식의 낟알).

현황 한반도 북부 고준지역에서 작은 무리가 번식하는 텃새이며, 전라북도 군산시, 호남평야, 제주도, 경기도 김포매립지 주변에서 무리를 이루며 월동하는 겨울철새이기도 하다.

몸길이 330~350mm 몸무게 230~274g
부리 ♂28~31mm ♀27~31mm **날개** ♂233~240mm ♀230~231mm
꼬리 ♂118~137mm ♀116~131mm **부척** ♂42~44mm ♀40~42mm
분포권 유럽, 중앙아시아(검은색형), 동아시아(담색형)
　　　　남한 전라북도 군산시, 호남평야, 경기도 김포시, 제주도
　　　　북한 북부 고준지역

도래 시기[월] **1 2 3** 4 5 6 7 8 9 **10 11 12**

2년생　　　　1년생

아성조

떼까마귀

북한명 | 떼까마귀
Corvus frugilegus
Rook

■ 겨울철새 ■ 흔치 않음

몸길이 450~470mm 몸무게 460~520g
부리 ♂45~52mm ♀45~48mm **날개** ♂297~317mm ♀289~293mm
꼬리 ♂158~172mm ♀150~163mm **부척** ♂53~56mm ♀51~53mm
분포권 유럽, 러시아 연해주, 시베리아 남부, 알타이, 아무르강, 중앙아시아,
중국 남부, 몽골 북부, 만주, 일본 남서부
남한 전역, 경기도 김포시, 거제도, 호남평야, 제주도
북한 전역

도래 시기[월] **1 2 3** 4 5 6 7 8 9 **10 11 12**

형태 암수가 흡사하다. 온몸의 색이 검고 자색의 금속광택이 나며 가슴의 깃털은 광택이 더욱 강하다. 부리의 기부와 이마에는 깃이 없고 회백색 피부가 나출되어 있다. 어깨깃에는 자주색과 녹색 광택이 나며 뒷머리, 등, 가슴, 배, 허리, 위꼬리덮깃도 광택이 강하게 난다. 꼬리의 끝자락은 둥근형이며 옆구리와 아래꼬리덮깃은 광택이 있다. 체구가 까마귀보다 약간 작다. 부리는 가늘고 뾰족한데 검고 기부가 희뿌옇게 보이는 것이 특징이다. 홍채는 갈색이고 다리는 검은색이다.
노랫소리 '과아- 과아- 과아-' 또는 '카아- 카아-' 하며 노래한다.
생활권 주로 보리밭이나 농경지, 개활지에서 떼를 지어 생활한다.
번식 산란기는 3월, 육추기는 3월 하순~5월 하순이다. 평지나 개활지, 농경지 부근 교목의 나뭇가지 위에 무리를 이루어 둥지를 튼다. 수컷이 둥지의 소재인 나뭇가지를 가져오면 암컷이 둥지를 짓는다. 흙과 나뭇가지로 밥그릇형 틀을 만들고 산좌에 나뭇잎과 풀뿌리, 이끼류, 짚, 동물털을 깔고 알을 낳는다. 둥지의 크기는 외경 450~500mm, 내경 170~175mm, 깊이 55mm, 높이 65mm이며 산란수는 4~6개 정도다. 알의 색은 청록색, 녹색, 녹회색 바탕에 회갈색 얼룩무늬가 있고 크기는 평균 40mm다. 포란은 암컷이 전담하며 포란 기간은 16~19일이다. 육추는 암수가 함께 하며 육추 기간은 29~30일 정도다. 번식기가 먹이공급 절정기와 맞물려서 새끼의 발육에 유리한데, 이는 육추 시기인 4월이 먹이인 환형동물이 가장 많을 때와 맞물리기 때문이다. 떼까마귀는 여러 마리가 협동하여 번식하며 2마리 이상의 어미새가 한 둥지의 새끼를 돌보고 서로 먹이 먹는 것을 돕는다. 이처럼 함께 생활하며 새끼를 기르는 패거리의 이점을 생활 모든 면에 접목시킬 줄 아는 지혜로운 새다.
먹이 포유류, 조류의 알과 어린 새끼, 어류, 곤충류, 환형동물(지렁이), 농작물, 과일.
현황 제주도, 거제도, 호남평야, 경기도 김포시 등에 매년 많은 무리가 찾아온다. 특히 전라북도 군산시 만경강, 금강 주변 농경지에서 수천 마리가 월동하는 겨울철새다.

아성조

까마귀

북한명 | 까마귀
Corvus corone
Carrion Crow

■ 텃새 ■ 흔함

형태 암수의 색이 같다. 온몸의 깃털은 균일하게 청자색 광택이 나며 검은색이다. 이마와 머리 상단, 뒷머리, 목은 자주색과 녹색 금속광택이 나고 멱은 녹색 광택이 나며 턱밑과 멱, 가슴과 배, 아래꼬리덮깃은 남색 광택이 난다. 등과 어깨깃은 자색 광택이 나며 허리와 위꼬리덮깃은 붉은빛이 도는 녹색 광택이 난다. 꼬리에는 남색의 광택이 난다. 홍채는 흑갈색이고 부리와 다리는 검은색이다.

노랫소리 '꽈악-, 꽈악- 꽈악-' 또는 '과- 과- 과-' 하고 노래한다.

생활권 주로 농경지와 개활지 또는 교외 벌판이나 인가 근처에서 생활하며 먹이를 구한다.

번식 산란기는 4~6월이며 고산지역 침엽수림의 나무 위에 둥지를 튼다. 다량의 나뭇가지를 이용하여 밥그릇형 틀을 만들고 산좌에는 잔가지와 마른 풀잎, 줄기, 풀뿌리, 헝겊, 깃털, 동물의 털을 깔고 알을 낳는다. 둥지의 크기는 외경 600~700mm, 내경 150~200mm, 깊이 60~150mm, 높이 140~350mm이며, 산란수는 4~6개 정도다. 알의 색은 청록색 바탕에 회색, 녹갈색, 갈색의 얼룩점과 무늬가 있다. 알의 크기는 44mm이며 무게는 19g이다. 포란은 암컷이 전담하며 포란 기간은 19일이다. 육추는 암수가 함께 하며 육추 기간은 26~35일 정도다.

먹이 포유류(설치류), 조류의 알과 어린 새끼, 농작물(곡류의 낟알), 과일, 곤충류, 갑각류, 어류, 동물의 사체. 까마귀류의 적응 능력과 총명한 기지는 먹이와 먹이를 찾는 행동에서 가장 잘 나타난다. 대다수 좋은 동물성과 식물성 먹이를 모두 먹고 특히 큰 곤충과 작은 견과류를 먹는다. 또한 새로운 인공 먹이 공급원을 활용하는 데도 재빨리 적응할 수 있다. 보편적으로 부리가 강해서 먹이에 여유롭게 대처하며 다수 좋은 먹이를 찢을 때 발을 사용하기도 한다.

현황 한반도 전역에서 흔히 볼 수 있는 텃새이지만, 번식기에는 고산지역으로 이동하기 때문에 잘 보이지 않는다. 겨울철에는 북쪽의 무리가 남하하여 개체수가 증가한다.

몸길이 480~500mm 몸무게 540~600g

부리 ♂48~54mm ♀48~53mm **날개** ♂308~334mm ♀282~305mm

꼬리 ♂165~200mm ♀186~196mm **부척** ♂58~61mm ♀58~61mm

분포권 유라시아 온대지역, 아프가니스탄 북부, 이란 동북부, 러시아 시베리아, 아무르강, 우수리강, 캄차카반도, 쿠릴열도, 사할린, 중국 북서부, 몽골, 만주, 일본

남한 전역

북한 전역

도래 시기[월] 텃새

큰부리까마귀

북한명 | 굵은부리까마귀
Corvus macrorhynchos
Jungle Crow

■ 텃새 ■ 흔함

몸길이 580~640mm **몸무게** 530~560g
부리 ♂58~64mm **날개** ♂318~333mm ♀312~314mm **꼬리** ♂201~215mm ♀203mm
부척 ♂61mm ♀60mm
분포권 러시아 사할린, 연해주, 아무르강, 우수리강, 만주, 일본, 동남아시아,
　　　　인도, 아프가니스탄, 필리핀
　　　남한 전역, 경기도, 강원도 철원평야, 제주도
　　　북한 전역
도래 시기[월] 텃새

형태 체구가 우람한 편이다. 온몸의 깃이 검고 푸른빛이 도는 보라색 광택이 선명하다. 목깃의 일부는 회색빛이 돈다. 멱의 깃털 모양이 버드나무 잎과 같다. 부리는 검은색으로 굵고 큰데, 특히 윗부리가 굵고 등이 심하게 굽어 있다. 이마와 부리의 경사도가 가파르다. 특히 날개덮깃과 둘째날개깃은 유난히 자색 광택이 강하다. 꼬리는 둥근형이며 암컷은 수컷과 흡사하나 체구가 약간 작다. 홍채는 짙은 갈색이며 다리는 짙은 검은색이다.

노랫소리 '까악, 까악' 또는 '깍, 깍, 깍' 하며 짧은 소리로 노래한다.

생활권 농경지나 농촌의 산림지역, 때로는 인가 근처 숲과 개활지에서 생활한다.

번식 산란기는 3월 하순~6월이며 농촌의 산지나 해안가의 우거진 숲의 높은 나뭇가지 위에 둥지를 튼다. 마른 나뭇가지를 다량으로 쌓아올려 밥그릇형으로 둥지의 틀을 잡고, 산좌에 작은 나뭇가지와 흙, 마른 풀뿌리, 나무껍질, 덩굴, 깃털, 동물의 털을 깔고 알을 낳는다. 둥지의 크기는 외경 450~500mm, 내경 170~175mm, 깊이 55mm, 높이 65mm다. 산란수는 3~6개 정도이며 알의 색은 청록색 바탕에 갈색과 회갈색의 얼룩점과 세로줄무늬가 산재해 있다. 알의 크기는 평균 40mm다. 포란은 암컷이 전담하며 포란 기간은 16~18일이다. 육추는 암수가 함께하며 육추 기간은 29~35일이다.

먹이 포유류(설치류), 어류, 양서류, 곤충류, 동물의 사체, 곡류, 과일, 음식 찌꺼기.

현황 한반도 전역에서 흔히 볼 수 있는 텃새다. 까마귀보다 서식 밀도가 낮은 편이며 강원도 철원평야, 경기도 일대, 제주도에서 흔히 볼 수 있다.

큰까마귀

북한명 | 큰까마귀
Corvus corax
Northern Raven

■ 길잃은새 ■ 희귀함

형태 까마귀류 중에서 가장 큰 대형종이다. 암수가 흡사하며 몸통 전체가 검다. 턱밑과 멱, 윗가슴은 갈색빛이 도는 어두운 회색이며 가는 털이 솟아 있다. 날개는 검고 푸른 광택이 난다. 부리 기부에서 나온 털이 검은색 윗부리를 덮고 아랫부리는 회갈색이다. 홍채는 검고 다리는 푸른색이 도는 검은색이다. 꼬리도 검고 약간 뾰족한 모양이다.

노랫소리 소리가 비교적 크다. 입천장을 굴리는 소리처럼 '구르-륵, 크락, 크락' 한다.

생활권 혼효림과 침엽수림이 우거진 개활지 또는 고산지역의 산림이나 해안가, 풀이 무성한 초원에서 생활한다.

산란기 번식기는 3~4월이며, 큰 나무줄기나 수동에 마른 나뭇가지, 줄기, 나뭇잎, 이끼로 접시형 둥지를 튼다. 산좌에는 부드러운 동물 털을 깔고 알을 4~6개 정도 낳는다. 알은 녹색빛이 도는 푸른색에 어두운 녹갈색과 회색 얼룩무늬가 있고, 그기는 50㎜다. 포란은 암컷이 진 담하며 포란 기간은 21일이다. 육추는 암수가 함께 하며 육추 기간은 35~40일이다.

먹이 곤충류, 식물의 씨앗과 열매, 작은 설치류, 양서류, 동물의 썩은 사체. 잡식성이다.

현황 길잃은새다. 남한에서는 관찰 기록이 전무하지만, 한반도 북부에서 3차례 채집된 기록이 있다. 2008년 필자가 자료 수집차 북한을 방문했을 때, 근래에 북한지역에서 도래 현황이 자주 관찰된다고 들은 바 있다.

몸길이 610mm 몸무게 1,250g

분포권 유럽, 러시아 중북부, 시베리아 툰드라 전역, 중국 동북부, 타이완, 일본 북부

남한 자료 없음

북한 북부지방

도래 시기[월] 길잃은새

집까마귀

북한명 | 없음
Corvus splendens
House Crow

• 길잃은새 • 희귀함

몸길이 420~450mm **몸무게** 305~315g
부리 5mm **날개** 28mm **꼬리** 17.8mm **부척** 4.8mm
분포권 인도 전역, 캄보디아, 중국 남부
　　　남한 인천시 옹진군 문갑도
　　　북한 자료 없음
도래 시기[월] 길잃은새

형태 암수의 색이 같다. 담색형과 암색형이 있다. 담색형은 앞이마와 앞머리 상단, 턱밑, 멱은 검고 뒷머리와 뒷목, 가슴과 옆구리는 밤색이다. 복부와 날개, 꼬리는 검다. 부리는 두껍고 길며 윗부리 상단은 매우 검다. 다리의 경부는 잔털로 덮여 있고 부척과 발가락이 검은색이다. 날개폭은 비교적 좁고 길어 보인다. 홍채는 검고 꼬리 끝은 모난형이다. 암색형은 앞이마와 머리 상단, 뒷머리, 얼굴, 턱밑, 멱, 윗가슴이 검고 등과 목덜미, 아랫가슴과 복부는 흰색이다. 홍채와 부리, 다리는 담색형과 같다.

노랫소리 날카로운 소리로 다양한 음색을 낸다. 일부 종은 울음소리를 흉내내기도 한다.

생활권 까마귀과의 일부는 인간과 공존하도록 특화되어 있다. 크고 작은 도시나 농경지, 삼림, 초지, 사막, 초원, 개활지, 툰드라에서 폭넓게 생활하고 있다.

산란기 까마귀류는 대부분 각자 둥지를 짓고 번식할 영역을 구축하면 암수가 협동하여 영역에 들어오는 침입자를 쫓아낸다. 번식기는 먹이의 많고 적음에 따라 차이가 나지만 5~7월이 절정기다. 둥지는 높은 나뭇가지에 마른 나뭇가지를 모아 그릇 모양 틀을 만들고 마른풀과 헝겊, 나뭇잎이나 부드러운 동물의 털로 산좌를 만든 뒤, 흰색 바탕에 약간의 얼룩점이 산재해 있는 알을 4~5개 낳는다. 포란은 대다수 까마귀류와 마찬가지로 암컷이 홀로 하며 포란 기간은 16~22일이다. 육추할 때는 암수가 함께 새끼에게 먹일 먹이를 목에 저장해두었다가 둥지로 돌아와 먹인다. 육추 기간은 18~45일이다.

먹이 무척추동물, 곤충류, 환형동물, 소형 척추동물, 다른 종의 알이나 썩은 고기 등 동물성 먹이, 열매, 씨앗, 곡물, 견과류 등 식물성 먹이. 까마귀류는 적응능력과 총명한 기지를 발휘해 먹이를 찾는 능력이 뛰어나며, 미리 갈무리하여 저장해놓은 먹이로 겨울을 나는 지혜로운 새다.

현황 길잃은새로 2010년 5월에 인천시 옹진군 문갑도에서 1개체가 기록되었으나 확실한 정보는 없다. 까마귀류는 대부분 북극 고위도지역과 남극, 남아메리카 남부에 분포하지만, 집까마귀는 인도 전역과 캄보디아, 중국 남부에 분포한다.

부록

조류의 외청도 형태와
방향에 대한 비교학적 고찰*

귓바퀴가 없는 조류에서 외청도는 외부청각기의 기본 요소다. 음향학적으로 볼 때 음의 통로로서 외청도의 형태는 외부에서 들어오는 음파를 정리하거나 증폭하는 데 중요한 작용을 하며 외청도의 방향성은 소리 강화 효율에 영향을 미치는 주요 인자가 된다. 이 글에서는 조류의 외청도 형태와 그 각도를 정량적으로 해부 조사하고 그 결과를 종 또는 집단에 따라 비교했다.

1. 연구재료와 방법

연구재료는 평형청각기의 해부형태학적 특성을 제약하는 비행방식과 비행속도, 그리고 자연계에서 소리 신호를 이용하는 방식과 정도에서 차이를 나타내는 조류들로 선택했다.

외청도에 대한 해부 조사는 4% 포르말린에 하루 동안 고정한 재료로 했으며 외청도의 형태는 해부 조사 결과를 종합하여 5가지 기본 유형으로 구분했다. 외청도의 방향성은 조류의 정중단면에 대하여 기울어지는 각도로 결정했다.

* 김철웅·오명석, 『북한과학원통보』 제1호, 과학기술출판사, 2007.

2. 연구결과 및 고찰

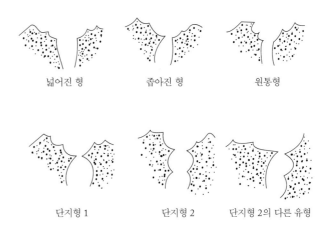

〈그림-1〉 조류의 외청도 형태와 기본 유형

〈그림-1〉에서 볼 수 있는 바와 같이 조류의 외청도는 일반적으로 개구부에서 각이한 형태로 좁아졌다가 점차 넓어진 상태로 고막에 이르거나 다시 좁아졌다가 고막에 이른다. 외청도의 이러한 형태는 음향학적으로 복잡한 공진계를 이루게 되며 이와 같은 공진계의 형태학적 특징에 따라 그것을 통과할 때 음 스펙트로로서의 소리는 각각 다른 정도로 '가공'된다.

	종명	외청도 형태		종명	외청도 형태
1	밀화부리	넓어진 형	17	외쏙도기	원통형
2	붉은뺨멧새	단지형 1	18	칼새	원통형
3	방울새	단지형 1	19	후투티	단지형
4	잣새	넓어진 형	20	래구매	넓어진 형
5	알락할미새	넓어진 형	21	조롱이	넓어진 형
6	숲할미새	단지형 1	22	멧비둘기	넓어진 형
7	찌르러기	단지형 1	23	큰됫부리도요	좁아진 형
8	쇠찌르러기	원통형	24	민물도요	넓어진 형
9	종다리	넓어진 형	25	알도요	단지형 2
10	꾀꼬리	원통형	26	솔부엉이	단지형 1
11	휘파람새	단지형 2	27	뜸부기	단지형 1
12	바위직박구리	넓어진 형	28	작은물병아리	단지형 1
13	까마귀	원통형	29	꿩	단지형 1
14	갈까마귀	원통형	30	검은머리쇠갈매기	좁아진 형
15	까치	단지형 2	31	검독오리	좁아진 형
16	쇠딱다구리	넓어진 형	32	물까마귀	좁아진 형

〈표 1〉 조류의 외청도 형태

조사한 32종의 조류에서 외청도 형태를 고찰한 결과는
〈표 1〉과 〈그림-2〉.

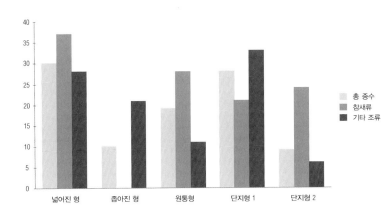

〈그림-2〉 참새류와 기타 조류의 외청도 형태 비율

〈표 1〉과 〈그림-2〉에서 볼 수 있듯이 조사한 조류 가운데서 단지형과 넓어진 형의 외청도를 가진 종이 많고 원통형과 넓어진 형의 순서로 적어진다. 특히 단지형 외청도를 가진 종은 총 종수의 약 38%로서 좁아진 형의 3배에 달한다. 소형 산림성 조류에서 보면 좁아진 형의 외청도를 가진 종은 없고 기타 유형의 외청도를 가진 종의 비율은 거의 일정하다.

나머지 조류에서는 역시 단지형 외청도를 가진 종이 가장 많고 원통형 외청도를 가진 종수가 제일 적다.

원통형 외청도를 제외한 모든 유형의 외청도에서 소리가 정리되거나 증폭된다고 볼 때 조사한 거의 모든 조류(91.26%)에서 외청도를 지나면서 소리는 각기 다르게 변화되어 고막에 이른다고 볼 수 있다. 그러나 해부 조사 결과에 따르면 이상적인 원통형 외청도를 가진 종은 없다.

따라서 조사한 모든 조류에서 외청도를 지날 때 소리는 정도의 차이는 있으나 예외 없이 '가공'된다고 말할 수 있다.

단지형 2와 같은 외청도를 가진 휘파람새, 까치, 알도요의 외청도에서는 소리가 가장 복잡하게 변화하며 그 밖의 단지형 1과 같은 외청도를 가진 14종의 산림성 조류와 솔부엉이, 뜸부기, 작은물병아리를 비롯한 18종의 다른 조류의 외청도에서도 소리는 심하게 변화될 것이다.

조류에서 고막의 진동을 조절하는 고막긴장근은 일정한 정도의 소리 자극이 있을 때만 기능을 수행하므로 외청도의 형태는 진화 과정에 해당 종의 구체적인 생태적 특성과 고막긴장근의 감수 특성이 상호 계속해서 변화했으리라는 것은 명백하다.

해부형태학적으로 볼 때 조류에서 소리 강화의 최대 효율은 머리 시상면에 대해 45° 각도로 들어오는 소리는 개체의 음감수에 가장 좋은 조건이 되며 그 반대의 경우에는 가장 불리한 조건이 된다. 그러므로 외청도의 방향성을 고찰하는 것은 종 또는 집단의 소리 감수 특성을 예측할 수 있게 하는 중요한 조건이다.

조사한 조류에서 외청도의 각도를 조사하고 종 또는 집

	종명	외청도 각도		종명	외청도 각도
1	참새	30°	19	칼새	110°
2	밀화부리	45°	20	물총새	45°
3	붉은뺨멧새	10°	21	후투디	45°
4	방울새	45°	22	래구매	80°
5	잣새	45°	23	조롱이	70°
6	알락할미새	30°	24	낭비둘기	30°
7	숲할미새	45°	25	멧비둘기	17°
8	찌르러기	45°	26	마도요	120°
9	쇠찌르러기	45°	27	큰됫부리도요	75°
10	종다리	45°	28	민물도요	45°
11	개구마리	45°	29	알도요	56°
12	휘파람새	45°	30	솔부엉이	45°
13	바위직박구리	50°	31	뜸부기	145°
14	까마귀	45°	32	작은물병아리	80°
15	갈까마귀	23°	33	꿩	60°
16	까치	45°	34	검은머리쇠갈매기	50°
17	쇠딱다구리	60°	35	검독오리	70°
18	외쑥도기	130°	36	물까마귀	80°

〈표 2〉 조류의 외청도 각도

단에 따라 그 결과를 비교 고찰한 결과는 〈표 2〉, 〈표 3〉과 같다.

〈표 2〉에서 보면 참새류의 많은 종에서 외청도의 방향이 45°라는 것을 쉽게 알 수 있다. 그러나 그 밖의 다른 조류에서 외청도 각도는 계통학적으로 가까운 종 사이에

서도 많은 차이를 나타낸다. 실례로 비둘기과에 속하는 멧비둘기와 남비둘기의 외청도 각도는 각각 17°, 30°이며 도요과에 속하는 마도요, 큰뒷부리도요, 민물도요의 외청도 각도는 각각 120°, 75°, 45°이다.

생태적 집단에서도 외청도 각도는 일반성을 나타내지 않는다. 실례로 갯벌이나 물가에서 주로 먹이 활동을 하는 도요류, 두루미류, 왜가리류는 적응한 결과로 다 같이 부리와 다리, 목이 길어졌으나 외청도의 각도에서는 이와 같은 보편성이 나타나지 않는다. 이것은 조류에서 외청도 각도가 음감수가 아닌 다른 생태적 특성과 관련된

외청도 각도	총 종수	산림성 조류	기타 조류
45°보다 큼	16.66	25.00	9.52
45°	38.88	75.00	19.04
45°보다 작음	44.46	0	71.43

〈표3〉 조류의 외청도 각 조별 종비(%)

인자가 아니라는 것을 보여주는 결과다.

〈표 3〉에서 보는 바와 같이 조사한 조류 전체에서는 외청도의 각도가 45°이상인 종들이 많은 몫을 차지하지만 작은 산림성 조류에서는 외청도 각도가 45°인 종수비가 75.00%로서 가장 많은 비중을 차지할 뿐 아니라 나머지 조류에서는 45°보다 큰 각도의 외청도를 가진 종이 제일 많은 비율을 차지한다(71.43%). 이것은 작은 산림성 조류(주로 참새류)들이 일반적으로 음감수 기능이 높다는 선행 자료와 일치되는 결과이다.

자료에 따르면 부엉이류를 제외한 맹금류 조류들도 청각 감수 능력이 높다. 그러나 조사한 맹금류인 래구매나 조롱이의 외청도 각도는 각각 80°, 70°로서 음감수 효율에서는 45° 각도를 가진 종들보다 떨어진다. 이러한 결과는 일부 맹금류들의 먹이 탐색과 공격에서 청각기관보다 시각기관이 더 중요한 의의를 가진다고 본다. 실제로 자연계에서 많은 주행성 맹금류가 높은 하늘에서 빠른 속도로 날면서도 발달된 시각의 도움으로 작은 먹이 대상들을 정확하게 포착하고 공격한다는 것은 잘 알려진 사실이다.

맺는말

1) 조사한 조류의 외청도는 크게 5가지 유형으로 구분할 수 있다.
2) 조사한 조류 가운데서 외청도의 형태는 단지형과 넓어진 형이 많고 좁아진 형은 적다.
3) 조사한 조류의 외청도 각도는 10~145° 사이다.
4) 산림성 조류의 많은 종에서 외청도의 각도는 45°이며 기타 조류에서는 외청도의 각도가 45°보다 큰 종들의 비율이 큰 몫을 차지한다.

조선조류의 구성과 특성[*]

지금까지 조류강의 분류군별 사이에 유연관계가 명백하지 않고 진화 발전 수준의 완전한 해명 없이 분류군 수와 순위가 결정되었다가 최근에 와서야 신분류체계에 따라 23목 142과 9,021종으로 알려졌다. 이 글에서는 현대조류분류학의 연구 성과에 기초하여 조선조류강을 새롭게 분류·체계화했다.

1. 조선조류강의 목집단별 구성

조선조류강은 현대조류분류학의 구성과 연구 성과에 기초하여 13목으로 새롭게 분류체계화되었으며 과분류는 55과로, 속분류는 201속으로 정리했다. 그리고 종 구성은 455종으로 정리했다. 남북한조류의 기본구성을 밝히기 위해 목집단별 구성을 조사·분석한 결과는 〈표 1〉과 같다.

분류군 목집단 \ 구성	과 수	과 %	종 수	종 %
참새목	20	36.4	171	37.6
비참새목	35	63.6	284	62.4
계	55	100.0	455	100.0

〈표1〉 목 집단별 구성

〈표 1〉에서 보는 바와 같이 현존 조선조류의 참새목 집단은 20과 171종으로 적고 비참새목 집단은 35과 284종으로 매우 많다는 것을 새로 밝혔다.

비참새목 집단의 목별 구성을 조사 분석한 결과는 〈표 2〉와 같다.

분류군 과별 \ 구성	과 수	과 %	속 수	속 %	종 수	종 %
닭목	1	2.9	4	3.1	4	1.4
기러기-오리목	1	2.9	13	10.2	46	16.2
세가락메추리목	1	2.9	1	0.8	1	0.4
딱따구리목	1	2.9	5	3.2	11	3.9
후투티목	1	2.9	1	0.8	1	0.4
청조목	3	8.6	4	3.1	5	1.8
두견목	1	2.9	2	1.6	6	2.1
칼새목	1	2.9	2	1.6	3	1.0
부엉이목	2	5.7	9	7.1	12	4.2
비둘기목	1	2.9	3	2.4	7	2.5
두루미목	3	8.6	9	7.1	17	6.0
황새-왜가리목	19	54.3	74	58	171	60.2
계	35	100.0	127	100.0	284	100.0

〈표2〉 비참새목 집단의 목별 구성

분류군 과별 \ 구성	속 수	속 %	종 수	종 %
팔색조과	1	1.4	1	0.6
개구마리과	1	1.4	6	3.5
까마귀과	12	16.2	19	11.1
여새과	1	1.4	2	1.2
물쥐새과	1	1.4	1	0.6
솔딱새과	11	14.9	33	19.3
찌르레기과	1	1.4	5	2.9
동고비과	1	1.4	2	1.2
나무발바리과	2	2.7	2	1.2
박새과	2	2.7	6	3.5
오목눈이과	1	1.4	1	0.6
제비과	3	4.1	4	2.4
금상모박새	1	1.4	1	0.6
찍박구리과	1	1.4	1	0.6
부채꼬리솔새과	2	2.7	2	1.2
동박새과	1	1.4	2	1.2
휘파람새과	11	14.9	23	13.5
종다리과	3	4.1	4	2.4
참새과	5	6.8	18	10.5
꽃참새과	13	17.6	38	22.2
계	74	100.0	171	100.0

〈표3〉 참새목의 과별 구성

〈표 2〉에서처럼 비참새목 가운데 세가락메추리목, 후투티목은 적고 청조목, 두루미목, 부엉이목, 기러기-오리

[*] 박래번·김혜영, 『북한과학원통보』 제2호, 과학기술출판사, 2007.

목은 많은 편이며 황새-왜가리목은 매우 많다. 참새목의
과별 구성을 조사 분석한 결과는 〈표 3〉과 같다.

〈표 3〉에서 보는 바와 같이 참새목의 20과 중에서 팔색
조과, 물쥐새과, 오목눈이과, 금상모박새과, 찍박구리과,
여새과, 동고비과, 동박새가 적으며 까마귀과, 솔딱새과,
참새과, 휘파람새과는 많은 편이며 꽃참새과가 가장 많
다. 따라서 현존 조선조류상은 황새-왜가리, 기러기-오
리목 위주이고 기러기-오리과, 도요과, 갈매기과, 독수
리과, 왜가리과, 까마귀과, 솔딱새과, 꽃참새과, 휘파람새
과가 많은 것이 특징이다.

2. 조선조류의 계절별 구성

조선조류의 체류성을 밝히기 위해 계절별 구성을 조사
분석한 결과는 〈표 4〉와 같다.

계절새 구성 / 체류성	사철새		여름새		겨울새		통과새		계	
	종수	%	종수	%	종수	%	종수	%	종수	%
분포종수	104	22.4	106	23.5	146	32.1	100	32.0	455	100.0
체류종수	103	27.6	98	25.5	112	30.0	60	16.9	373	100.0

〈표 4〉 계절별 종 구성

〈표 4〉에서 보는 바와 같이 철새류 가운데서 겨울새가
많고 체류성도 높다. 이것은 우리나라가 겨울새의 주요
한 겨울나기 장소로 되고 있다는 것을 보여준다.

3. 조선조류의 식성과 기원 계통별 구성

조선에 서식하는 조류의 식성과 기원계통별 구성은 〈표
5〉, 〈표 6〉과 같다.
〈표 5〉에서 보는 것처럼 식충성 조류가 가장 많고 식물
성 조류는 많은 편이며 육식성과 잡식성은 적다. 이것은
조선조류가 기본적으로 해로운 곤충과 야생식물을 먹으

식성별 구성	식물성	식충성	어식성	육식성	잡식성	계
종수	100	214	84	45	12	455
%	22.0	47.0	18.5	9.9	2.6	100.0

〈표 5〉 식성별 구성

기원계통 구성	북방형	남방형	광분포형	계
종수	246	106	103	455
%	54.1	23.5	22.4	100.0

〈표 6〉 기원 계통별 구성

며 수역 환경과 먹이 연관을 가지고 있는 이로운 생태학
적 역할을 하고 있다는 것을 보여준다.
〈표 6〉에서 보는 바와 같이 남방 기원 계통의 조류와 광
분포형 조류는 적고 북방 기원 계통의 조류가 가장 많으
며 남방 기원형이 20% 이상 많아졌다는 것을 알 수 있
다. 이것은 현재 조선조류상이 북방 기원 계통을 위주로
하는 조류동물상을 이루고 있으면서도 남방 기원 계통
의 조류가 많아지는 방향으로 발전하고 있다는 것을 보
여준다.

맺는말

1) 현존하는 조선조류의 새로운 분류체계와 구성은
   닭목 꿩과로부터 참새목 꽃참새과까지 13목 55과
   201속 455종이다.

2) 조선조류상의 분류군별 구성은 비참새목이 35과로
   가장 많고 황새-왜가리목이 19과, 참새목이 20과로
   많으며 도요과 14속, 기러기-오리과 13속, 갈매기과
   12속, 휘파람새과 11속, 솔딱새과 11속, 까마귀과
   12속 순서로 적어졌다.

3) 조선조류의 생태적 구성에서는 철새류가 355종,
   그 가운데서 겨울새가 146종으로 많으며 식충성
   조류는 214종으로 가장 많고 북방 기원 계통의
   조류가 246종으로 많으며 남방 기원 계통의 조류가
   20% 이상 늘어난 구성 특성을 가지고 있다.

참고문헌

Barbara Burn, *North American Birds*, New York: Bonanza Books, 1984.

──────────, *The National Audubon Society Collection Nature Series: North American Birds*, New York: Gramercy Books, 1991.

Bart Rulon, *Artist's Photo Reference: Birds*, North Light Books, 1998.

Bruce M. Beehler, Dale A. Zimmerman, Thane K. Pratt, *Burung-burung di Kawasan Papua: Papua, Papua Niugini, dan Pulau-pulau Satelitnya*, Princeton University Press, 1986.

Chim/Việt Nam/Cuon sách huông dẫn ve các Loài chim o Việt Nam, IUCN, 2000.

Christopher M. Perrins, Heinrich Hoerschelmann(ed.), *Pareys Naturführer Plus: Vögel*, Herausgeber: Hamburg Paul Parey Verlag, 1987.

Detlef Singer, *Die Vögel Mitteleuropas*, Kosmos Verlag, 1998, 2000.

──────────, *Vogeltreffpunkt Futterhaus*, Kosmos Naturführer, 1989.

Don Brathwaite, Don Hadden, John Warham, *New Zealand Birds*, New Holland Publishers(NZ) Ltd., 1991.

Don Harper, *Pet Birds: For Home And Garden*, Tetra Press, 1986.

Einhard Bezzel, *Einhard Bezzel: Vögel*(Band 1: Singvögel), München: BLV-Verlagsgesellschaft, 1984.

──────────, *Einhard Bezzel: Vögel*(Band 2: Spechte, Eulen, Greifvögel, Tauben, Hühner u.a.), München: BLV-Verlagsgesellschaft, 1985.

──────────, *Einhard Bezzel: Vögel*(Band 3: Taucher, Entenvogel, Reiher, Watvogel, Mowen u.a.), München: BLV-Verlagsgesellschaft, 1986.

Geoff Moon, *NEW ZEALAND BIRDS*, Revised Edition, 2000.

Gert Rohm, *Bunte Reihe Natur Vögel*, Stuttgart: Franckh, 1989.

Helgard Reichholf Riehm, *John J. Audubon's BIRDS OF AMERICA*, Benedikt Taschen, 1994

John Bull, John Farrand Jr., *Field Guide to North American Birds: Eastern Region*, New York: Alfred A. Knolf, Inc., 1998.

──────────, *Field Guide to North American Birds: Western Region*, New York: Alfred A. Knolf, Inc., 1998.

John Farrand Jr., *An Audubon Handbook: WESTERN BIRDS*, McGraw-Hill Book Company, 1988.

Klaus Ruge, *Helft den bedrohten Vögeln*, Otto Maier Ravensburg Verlag, 1982.

──────────, *Vogelschutz Ein praktisches Handbuch*, Naturerleben, 1989.

Lars Svensson, Peter J. Grant Killian Mullarney, Dan Zetterström, *THE COMPLETE GUIDE TO THE BIRDS OF EUROPE*, Princeton University Press, 2000.

Louis Gonnissen, Gerard Mornie, *Bestimmen und erkennen leicht gemacht Vögel: Die wichtigsten heimischen Arten*, Köln: Benziger, 1983.

Otto Von Frisch, *Vögel als Wintergäste Grafe und Unzer*, München: Gräfe und Unzer, 1984.

Peter Holden, *Vögel Europas*, Orvis Verlag, 1996.

──────────, *Vögel Europas: Club-Naturführer. Über 750 Abbildungen. Alle Arten schnell bestimmt*, München: Mosaik Verlag, 1999.

Roger Tory Peterson, *Peterson Field Guide to Birds of Eastern and Central North America*, Houghton Mifflin Harcourt, 2002.

Stuart Keith, John Gooders, *Bird Guide*, Collins, 1982.

Werner Keil, *Artgerechte Vogelfütterung im Winter*, Niedernhausen/Ts., Falken, 1989.

Akira Hibi & Takashi Taniguchi, *A Field Guide to the Waterbirds of Asia*, Wild Bird Society of Japan, 1993.

Colin Harrison, Alan Greensmith,『地球自然鳥寫眞圖鑑: 世界の鳥800』, 日本ウォーク社, 1995.

口哲一,『野鳥』, 山の溪谷社, 1995.

森岡照明,『水辺の鳥』, 日本野鳥の会, 1987.

中村登流,『野鳥の圖鑑: 水鳥1』, 保育社, 1986.

———,『野鳥の圖鑑: 水鳥2』, 保育社, 1986.

鴨川誠(長崎縣支部長),『出水のシルの渡リ』, 日本野鳥の会 長崎縣支部, 1985.

———,『長崎縣の鳥』, 日本野鳥の会長崎縣支部, 1985.

中村登流,『野鳥案內: 村里, 高原, 山頂, 水邊』, 光文社文庫, 1985.

高野伸二,『日本の野鳥: *A Field Guide to the Birds of Japan*』, 三洋印刷工藝, 1982.

岡埼立,『MYDATA 圖鑑野鳥日記』, 明光社, 1995.

藪內正幸,『野鳥の圖鑑』, 福音館書店, 1991.

高野伸二,『山溪カラ鑑名鑑: 日本 野鳥』, 大日本印刷株式會社, 1995.

石塚撤,『鳥 私生活: Watching at ease!』, 大日本印刷株式會社, 1997.

慶星大學校出版部,『鳥類官報』, 慶星大學校鳥類館, 1999.

鄭光美, 肖方 主編,『常見鳥類 生態圖集』, 三河富華印刷, 2002.

北京自然博物館,『鳥類博物館: *THE MUSEUM OF BIRDS*』, 2002.

박종길,『새와 새를 찾는 사람들』, 1998.

우용태,『부산의 새』, 혁신기획, 2002.

원병오,『한국동식물도감』 제25권(문교부. 동물편/조류생태), 삼화서적주식회사, 1981.

———,『한국의 조류』, 교학사, 1993, 1996.

윤무부,『한국의 새』, 교학사, 1992, 2000.

이우신, 구태회, 박진영,『한국의 새』, LG상록재단, 2000; Woo-Shin Lee, Tae-Hoe Koo, Jin-Young Park, *Field Guide to the Birds of Korea*, LG Evergreen Foundation, 2005.

우리말 새 이름 찾아보기

학명 찾아보기

A

B

영문명 찾아보기

Y

한반도의 주요 조류 관찰지

서울권

- 밤섬(여의도): 오리류, 흰꼬리수리, 해오라비, 왜가리, 백로류.
- 탄천, 중랑천, 안양천: 오리류.

경기권

- 임진강, 한강 하류(김포시, 파주시 일대의 경작지): 쇠기러기, 큰기러기, 황오리, 개리, 두루미류, 독수리, 흰꼬리수리, 매류.
- 광릉(국립수목원 일대): 크낙새, 까막딱따구리 외 딱따구리류, 동고비, 꾀꼬리, 뻐꾸기, 원앙이, 소쩍새류, 매류.
- 이가팔리(포천시): 백로류, 해오라비류.
- 시화호(안산시): 도요류, 해오라비, 물떼새류, 검은부리갈매기 외 갈매기류, 백로류.
- 여주군(북내면 신접리)-백로류, 왜가리, 해오라비.
- 미사리(하남시)-백로류, 개개비류, 제비갈매기류, 물떼새류.
- 남양만 일대: 도요류, 물떼새류.
- 양수리 일대(남양주시): 농병아리류, 물닭, 해오라비.
- 아산만: 오리류, 도요류, 갈매기류, 물떼새류, 기러기류.
- 행주산성(덕양산): 백로류, 왜가리, 해오라비.

인천권

- 강화도 일대: 저어새(길상면 포구), 도요류(볼음도, 석모도), 노랑부리백로(여차리), 두루미, 재두루미, 오리류, 검은머리물떼새.

- 백령도 일대(옹진군): 백로류, 가마우지류, 갈매기류.
- 영종도 일대: 노랑부리백로, 검은머리물떼새, 검은부리갈매기, 도요류, 물떼새류.
- 신도(옹진군): 노랑부리백로, 갈매기류, 저어새.
- 소래포구(염전): 도요류, 갈매기류.

강원권

- 송지호(고성군): 고니류, 오리류, 농병아리류, 가마우지류.
- 화진포(고성군): 고니, 큰고니, 오리류, 농병아리류, 가마우지류.
- 청초호(속초시): 갈매기류, 도요류, 오리류, 물떼새류, 바다오리류, 농병아리류, 가마우지류.
- 경포호(강릉시): 해오라비류, 갈매기류, 오리류, 고니류, 가마우지류.
- 포매리(양양군): 백로류, 왜가리.
- 압곡리(횡성군): 백로류, 왜가리.
- 철원평야(민통선 북방): 두루미, 재두루미, 기러기류(흰기러기), 수리류, 느시, 들새류, 백로, 흰날개해오라비.
- 설악산(양양군): 1982년 유네스코의 '생물권보존지역'으로 지정되어 자연환경이 건재한 곳. 1970년 국립공원으로 지정되었으며 크낙새, 까막딱따구리, 아물쇠딱따구리, 잣까마귀 등 희귀한 산림성 조류가 많음.

충청남도권

- 외언도, 대청도 일대(4~5월 이동기): 산새류, 들새류.
- 천수만(서산 A, B지구 간척지): 황새류, 기러기류, 오리류, 농병아리류, 저어새류, 백로류, 개개비.
- 삽교천(당진군): 갈매기류, 도요류, 물떼새류.
- 태안반도(태안군): 갈매기류, 도요류, 물떼새류.
- 대화사도(서천군): 갈매기류, 도요류, 물떼새류, 산새류(이동기).
- 감성리(연기군): 백로류, 왜가리.

경상남도권

- 낙동강 하류(을숙도 일대: 천연기념물 제179호): 기러기류, 흑기러기, 오리류, 바다비오리, 도요류, 고니류, 갈매기류, 농병아리류, 물떼새류, 수리류, 솔개, 왜가리, 개개비류, 가마우지류.
- 거제도(거제시): 아비류, 오리류, 가창오리, 고니류, 두

루미류, 저어새류, 수리류.

- 주남저수지(창원시): 기러기류, 오리류, 가창오리, 고니류, 두루미류, 저어새류, 수리류.
- 홍도(통영시): 괭이갈매기, 섬새류, 칼새류.
- 삼천포구(삼천포시): 검둥오리, 검둥오리사촌, 오리류, 갈매기류.
- 우포늪(오포, 목포, 사지포, 쪽지벌 4개의 늪으로 형성. 창녕군: 자연생태보전지역으로 지정): 기러기류, 고니류, 오리류, 쇠황조롱이, 백로류, 해오라비류, 개개비류, 물닭, 쇠물닭, 수리류.
- 지리산(하동군, 최초의 국립공원): 딱따구리류, 매류, 산림성 조류.

경상북도권
- 울릉도(사동): 흑비둘기.
- 독도(울릉도): 섬새, 괭이갈매기, 녹색비둘기.
- 장사면, 강구면(영덕군): 바다오리류, 갈매기류.

전라남도권
- 영암호, 금호호: 오리류, 기러기류, 물떼새류, 고니류, 도요류, 검은부리갈매기, 가창오리, 황새, 저어새, 독수리, 재두루미.
- 진도(진도군): 오리류, 고니류, 팔색조.
- 순천만(순천시): 오리류, 흑두루미, 먹황새, 검은부리갈매기, 도요류, 물떼새류, 노랑부리저어새, 황새, 매류.
- 구굴도(신안군): 뿔쇠오리, 섬새, 바다제비, 갈매기.
- 소흑산도(신안군): 바람까마귀류, 흑비둘기, 칼새류.
- 칠발도(신안군): 섬새, 칼새류, 바다쇠오리, 바다제비, 매류.

전라북도권
- 금강(익산): 고니류, 오리류, 기러기류, 도요류, 물떼새류.
- 만경강, 동진강: 도요류, 넓적부리도요, 청다리도요사촌, 매류, 오리류.
- 옥구염전(군산시): 도요류.

제주권
- 성산포 하도리 양식장(남제주도): 가마우지류, 고니류, 저어새류, 오리류, 먹황새, 황새, 물수리, 장다리물떼새,

뒷부리도요, 동박새, 섬휘파람새, 흑로, 해오라비류, 갈매기류.
- 사수도(북제주도): 칼새, 흑비둘기, 섬새.

북한권
- 철원, 원산만, 함흥만, 장진호, 두만강 하구, 삼지연, 압록강 하구, 참차도, 대감도, 소감도, 덕도, 대동강 하구 등.

한반도의 새

세밀화로 보는 야생조류 540종

지은이 송순창
그린이 송순광
펴낸이 김언호

펴낸곳 (주)도서출판 한길사
등록 1976년 12월 24일 제74호
주소 10881 경기도 파주시 광인사길 37
홈페이지 www.hangilsa.co.kr
전자우편 hangilsa@hangilsa.co.kr
전화 031-955-2000~3 **팩스** 031-955-2005

부사장 박관순 **총괄이사** 김서영 **관리이사** 곽명호
영업이사 이경호 **경영담당이사** 김관영
편집 안민재 김광연 신종우 백은숙 노유연 민현주
마케팅 양아람 **관리** 이중환 김선희 문주상 이희문 원선아
디자인 창포 031-955-9933
출력 및 인쇄 예림인쇄 **제본** 광성문화사

제1판 제1쇄 2017년 8월 25일

값 120,000원
ISBN 978-89-356-7023-9 96490